정나나의 화학분석 기사 필기

머리말 | PREFACE

화학분석기사는 분석화학 및 기기분석 분야의 제반 환경의 발전을 위한 전문지식과 기술을 갖춰 인재를 양성하고자 제정된 자격제도입니다. 인기가 높아짐에 따라 응시자 수가 해마다 증가하고 있지만, 시험 대비에 적절한 교재와 자료가 부족하여 학습하기 어려운 것이 현실입니다.

이러한 상황에서 저는 이해하기 쉽고 효율적으로 공부할 수 있는 교재의 필요성을 느껴 이 책을 출판하게 되었습니다.

2023년 1월부터 변경된 출제기준을 적용하였으며, 쉬운 설명과 그림으로 핵심 파악이 자연스럽게 이루어지도록 하였습니다. 광범위한 내용의 핵심 정리로 초석을 다지고, 문제풀이를 통해 다시 한번 기본기를 다지며, 다년간의 기출문제를 풀어봄으로써 기사 자격증 취득이라는 목표에 도달할 수 있도록 구성하였습니다. 또한, 2022년 제4회 시험부터 출제방식이 CBT(Computer-Based Test)로 변경되어 이에 대응할 수 있도록 복원 기출문제를 수록하였습니다.

수험생 여러분에게 도움이 될 수 있도록 최고의 교재를 만들기 위해 최선을 다했습니다. 출판과정에 많은 수고와 도움을 주신 예문사 관계자 여러분께 진심으로 감사드립니다.

정 나 나

이 책의 구성 | FEATURE

1 용어 해설을 통해 기본 개념을 이해할 수 있습니다.

2 시험에 자주 출제되는 내용을 중요도에 따라 3단계로 제시하였습니다.
- 🟦🟦🟦 매우 중요
- 🟦🟦⬜ 중요
- 🟦⬜⬜ 약간 중요

3 시험 준비에 유용한 내용을 TIP란에 담았습니다.

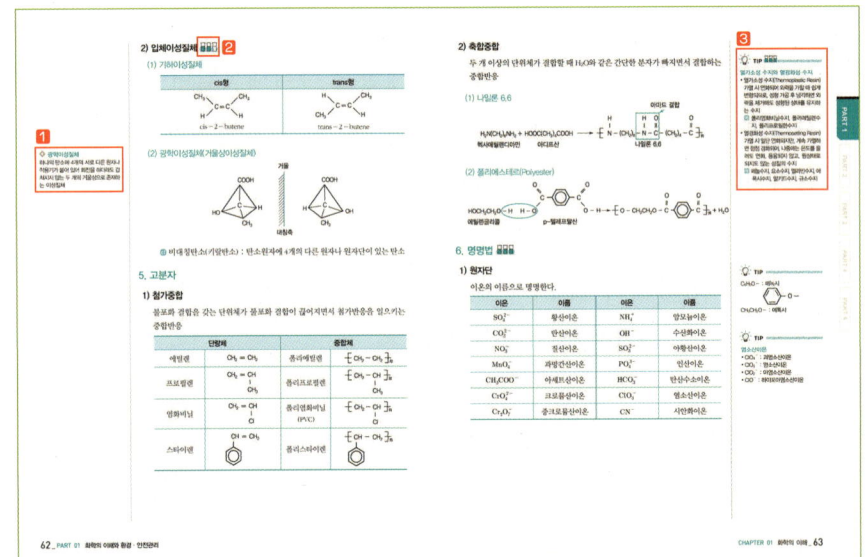

1 참고로 알아두면 도움이 되는 내용을 Reference란에 제시하였습니다.

2 중요한 공식은 눈에 잘 띄게 강조하였습니다.

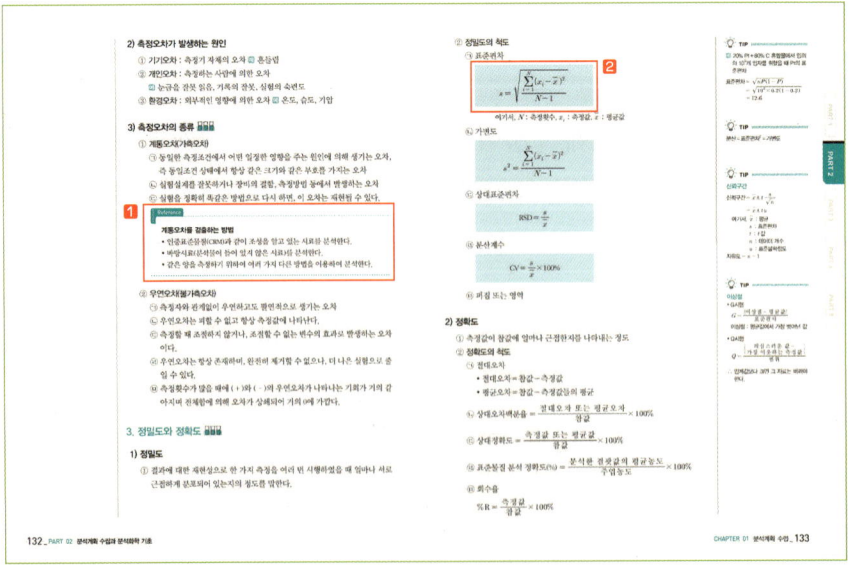

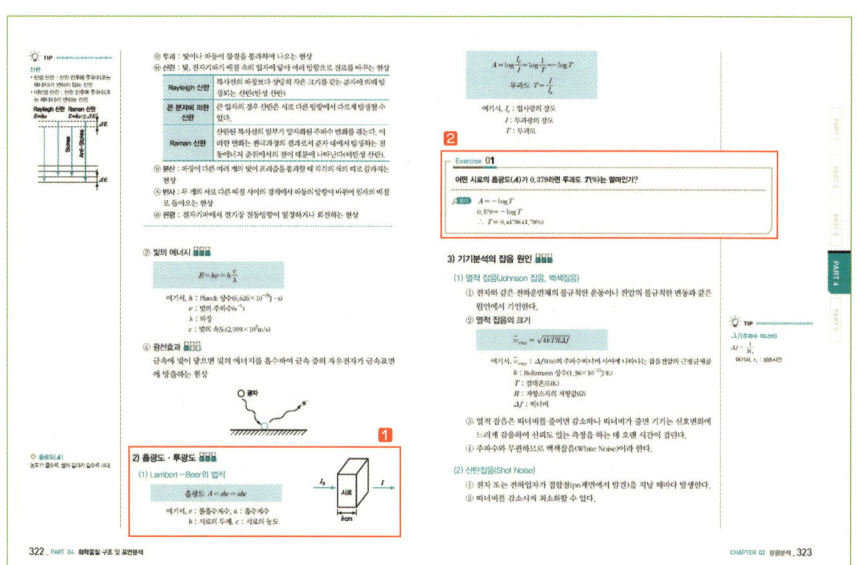

1 어렵고 복잡한 내용을 한눈에 볼 수 있도록 수식과 그림을 배치하였습니다.

2 간단한 예제 문제를 제시하여 개념 이해를 돕습니다.

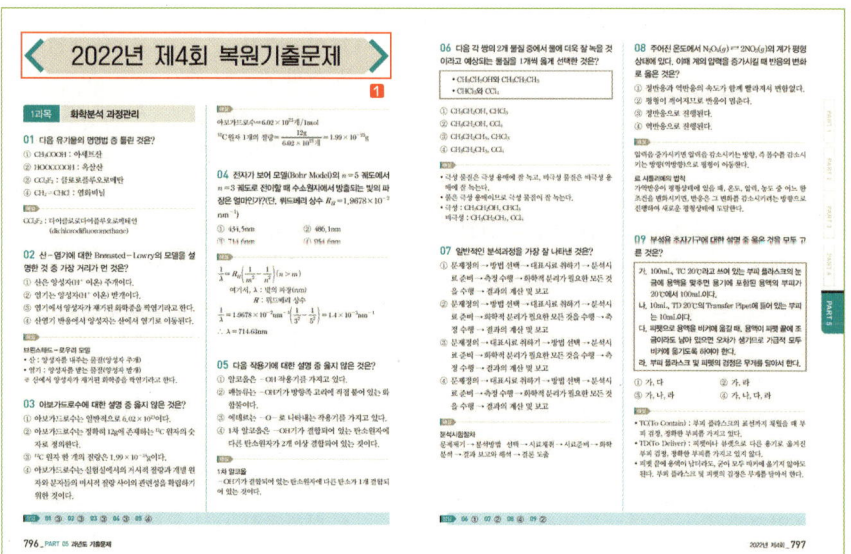

1 최신 기출문제를 실제 시험과 동일한 조건에서 풀어볼 수 있도록 회차별로 수록하였습니다.

시험 정보 | INFORMATION

☑ 필기 출제기준

직무 분야	화학	중직무분야	화공	자격 종목	화학분석기사	적용 기간	2026.1.1.~2030.12.31.

○ 직무내용 : 화학 관련 산업제품이나 의약품, 식품, 고분자, 반도체, 신소재 등 광범위한 분야의 화학제품이나 원료에 함유되어 있는 유기 및 무기화합물들의 화학적 조성 및 성분함량을 분석하여 제품 및 원료의 품질을 평가하거나 제품생산 공정의 이상 유무를 파악하고 신제품을 연구 개발하는 데 필요한 정보를 제공하는 등의 업무를 수행하는 직무이다.

필기검정방법	객관식	문제수	80	시험시간	2시간

필기 과목명	출제 문제수	주요항목	세부항목	세세항목
화학의 이해와 환경 안전관리	20	1. 화학의 이해	1. 원자모형과 주기율표	1. 에너지 준위와 부준위 2. 전자배치 3. 원소들의 족과 주기 4. 주기율 경향 5. 원소들의 성질 6. 원자가전자
			2. 화학양론	1. 아보가드로수 2. 몰계산 3. 성분비 4. 화학식 5. 반응비 6. 화학양론 계산
			3. 산과 염기	1. 산·염기 2. pH 개념 3. 산과 염기의 세기
			4. 산화와 환원	1. 산화, 환원반응 2. 산화수법 3. 반쪽반응법 4. 볼타전지 5. 전해전지
			5. 유기 및 무기화합물	1. 화합물의 종류와 특성 2. 명명법
		2. 환경관리	1. 화학물질 특성 확인	1. 화학물질의 물리화학적 성질 2. 화학물질의 화학반응 3. 물질안전보건자료의 이해
			2. 분석환경 관리	1. 실험실 환경 유지·관리 2. 화학물질 취급기술 3. 화학물질 보관 및 폐기방법
		3. 안전점검	1. 안전점검	1. 화학물질 사고 유형 및 원인분석 2. 화학물질관리법에 대한 지식
			2. 안전장비 사용법	1. 개인보호장구

필기 과목명	출제 문제수	주요항목	세부항목	세세항목
분석계획 수립과 분석화학 기초	20	1. 분석계획 수립	1. 요구사항 파악 및 분석시험 방법 조사	1. 표준시약 2. 공인시험규격 3. 실험기구 종류 4. 분석계획서 작성
		2. 이화학 분석	1. 단위와 농도	1. SI 단위 2. 단위의 환산과 표시 3. 용해도와 온도 4. 불포화, 포화, 과포화 5. 몰농도 6. 몰랄농도 7. 노르말농도 8. 포말농도
			2. 화학평형	1. 평형상수의 정의와 개념 2. 평형상수의 종류와 계산 3. 평형과 열역학 관계 4. 용해도곱 5. 착화합물 형성과 용해도
			3. 활동도	1. 이온 세기 2. 활동도 개념 3. 활동도 계수
			4. 무게 및 부피분석법	1. 무게분석, 부피분석의 원리 2. 무게분석, 부피분석의 계산
			5. 산·염기 적정	1. 산·염기 적정 기초 2. 산·염기 해리상수 3. 완충용액
			6. 킬레이트(EDTA) 적정법	1. 킬레이트 적정 기초 2. 금속, 킬레이트 착화합물 3. EDTA 적정
			7. 산화, 환원 적정법	1. 산화, 환원 적정 기초 2. 분석물질의 산화상태 조절 3. 산화, 환원 적정
		3. 전기화학 기초	1. 전기화학	1. 전기화학의 개념 2. 표준전위 3. Nernst 식 4. 갈바니전지
		4. 시험법 밸리데이션	1. 신뢰성 검증	1. 균질성 2. 재현성 3. 정확성, 정밀성 4. 반복성 5. 특이성 6. 통계처리
			2. 결과 해석	1. 시험법 밸리데이션 허용기준치 2. 시험법 밸리데이션 유효숫자 3. 시험법 밸리데이션 결과 해석

시험 정보 | INFORMATION

필기 과목명	출제 문제수	주요항목	세부항목	세세항목
화학물질 특성분석	20	1. 화학특성분석	1. 화학특성 확인	1. 화학물질 성상 확인 2. 화학물질 물리적 특성 3. 화학물질 화학적 특성 4. 분석기기 종류와 특징 5. 화학물질 취급
			2. 화학특성분석	1. 물성 측정기기 종류 2. 물성분석 시료 채취 3. 물성분석 시료 전처리 4. 물성 측정기기 작동법 5. 물성 측정기기 안전관리
		2. 크로마토그래피 분석	1. 크로마토그래피 분석 실시	1. 분석장비 운용기술 2. 분석조건 변경에 따른 결과 예측 3. 분리분석의 원리 및 이론 4. 얇은 막 크로마토그래피(TLC) 5. 기체 크로마토그래피(GC) 6. 고성능 액체 크로마토그래피(HPLC) 7. 이온크로마토그래피(IC) 8. 초임계유체 크로마토그래피(SFC) 9. 기타 크로마토그래피
		3. 질량분석	1. 원자 및 분자질량분석 실시	1. 분석장비 운용기술 2. 분석조건 변경에 따른 결과 예측 3. 질량분석의 원리 및 이론 4. 이온화 방법 5. 질량분석계의 원리 및 종류 6. 질량분석의 응용
		4. 전기화학분석	1. 전기화학분석 실시	1. 분석장비 운용기술 2. 분석조건 변경에 따른 결과 예측 3. 전위차법 4. 전기량법 5. 전압-전류법 6. 전도도법
		5. 열분석	1. 열분석 실시	1. 분석장비 운용기술 2. 분석조건 변경에 따른 결과 예측 3. 열분석의 원리 및 이론 4. 시차주사열량측정법(DSC) 5. 무게분석법(TGA) 6. 시차열분석법(DTA) 7. 기타 열분석법

필기 과목명	출제 문제수	주요항목	세부항목	세세항목
화학물질 구조 및 표면분석	20	1. 화학구조분석	1. 화학구조분석 방법 확인	1. 분석대상물질 분류 2. 유·무기 복합체 구조분석 방법 3. 구조분석기기
		2. 분광분석	1. 분광분석 기초	1. 광학측정 원리 2. 광학기기 구성 3. 광학스펙트럼
			2. 원자분광분석 실시	1. 분석장비 운용기술 2. 원자분광법의 원리 및 이론 3. 원자흡수 및 형광분광법 4. 유도결합플라스마(ICP) 원자방출분광법 5. X선 분광법
			3. 분자분광분석 실시	1. 분석장비 운용기술 2. 분자분광법의 원리 및 이론 3. 자외선-가시광선 분광법(UV-Vis) 4. 형광 및 인광 광도법 5. 적외선 분광법(IR) 6. 핵자기공명 분광법(NMR)
		3. 표면분석	1. 표면분석 실시	1. 분석장비 운용기술 2. 표면분석법의 원리 및 이론 3. 원자힘 현미경(AFM) 4. 전자탐침미세분석기(EPMA) 5. 주사전자현미경(SEM) 6. 투과전자현미경(TEM) 7. 기타 표면분석법

차례 | CONTENTS

PART 01 화학의 이해와 환경·안전관리

CHAPTER 01 화학의 이해
- 01 원소의 특성 ··· 2
  - ─실전문제 ··· 21
- 02 화학양론 ··· 25
  - ─실전문제 ··· 30
- 03 반응열 ··· 33
- 04 화학평형 ··· 35
  - ─실전문제 ··· 38
- 05 산과 염기 ·· 40
  - ─실전문제 ··· 47
- 06 산화와 환원 ·· 50
- 07 유기화합물 ··· 55
  - ─실전문제 ··· 65

CHAPTER 02 환경·안전관리
- 01 물질안전보건자료 확인 ··· 70
- 02 화학반응 확인 ·· 89
- 03 화학물질 특성 확인 ·· 91
- 04 분석환경관리 ·· 94
- 05 안전점검 ·· 110
  - ─실전문제 ·· 117

PART 02 분석계획 수립과 분석화학 기초

CHAPTER 01 분석계획 수립
- 01 요구사항 파악 ········· 122
- 02 분석시험방법 ········· 127
- 03 분석계획 수립하기 ········· 130
  - ―실전문제 ········· 135

CHAPTER 02 이화학 분석
- 01 단위와 농도 ········· 138
  - ―실전문제 ········· 147
- 02 화학평형 ········· 149
  - ―실전문제 ········· 159

CHAPTER 03 무게 및 부피분석
- 01 무게분석법 ········· 161
- 02 부피분석법 ········· 164

CHAPTER 04 적정법
- 01 산·염기의 적정 ········· 166
- 02 침전법 적정(은법 적정) ········· 183
- 03 착화합물 적정 ········· 189
  - ―실전문제 ········· 196
- 04 산화·환원 적정 ········· 204
  - ―실전문제 ········· 210

CHAPTER 05 전기화학 기초
- 01 전기화학의 기초 ········· 214
- 02 화학전지 ········· 215
  - ―실전문제 ········· 217

차례 | CONTENTS

CHAPTER 06 시험법 밸리데이션
01 신뢰성 검증 ··· 220
02 시험법 신뢰성 검증 ··· 227
03 결과 해석 ··· 228
　─실전문제 ··· 230

PART 03 화학물질 특성분석

CHAPTER 01 화학특성분석
01 화학특성 확인 ·· 240
02 화학특성 분석 데이터 확인 ···································· 244
　─실전문제 ··· 245

CHAPTER 02 크로마토그래피 분석
01 크로마토그래피 ·· 247
02 분리법 ·· 254
　─실전문제 ··· 267

CHAPTER 03 질량분석
01 질량분석법 ··· 271
　─실전문제 ··· 279

CHAPTER 04 전기화학분석
01 전기화학의 기초 ··· 281
02 전기화학분석법 ·· 284
　─실전문제 ··· 296

CHAPTER 05 열분석

01 열무게분석(TGA) ·· 299
02 시차열분석(DTA) ·· 300
03 시차주사열량법(DSC) ····································· 301
─실전문제 ··· 304

화학물질 구조 및 표면분석

CHAPTER 01 화학구조분석

01 화학구조분석 ··· 308
02 화학구조 분석방법 ······································· 311
03 유해화학물질분석 ·· 314
─실전문제 ··· 318

CHAPTER 02 분광분석

01 분광분석 ··· 320
02 분광분석법 ·· 334
─실전문제 ··· 364

CHAPTER 03 표면분석

01 표면특성분석 ·· 372
02 현미경법 ··· 380

과년도 기출문제

공업용 계산기 사용법

| CASIO fx-570EX | CASIO fx-570ES Plus |

- 평균·표준편차

  MENU + 6 + 1

  = : 데이터 입력

  OPTN + 4

  OPTN + 2

- 회귀직선식

  MENU + 6 + 2

  = : 데이터 입력

  OPTN + 4

- 평균·표준편차

  MODE + 3 : STAT

  1

  = : 데이터 입력

  AC

  SHIFT + 1 + 4 : VAR

  2 : 평균

  4 : 표준편차

- 회귀직선식

  MODE + 3 : STAT

  2

  = : 데이터 입력

  AC

  SHIFT + 1 + 5

  1 + = : y절편 = A

  2 + = : 기울기 = B

  $$y = Bx + A$$

  3 + = : 상관계수 = r

안전보건표지

주기율표

주기	1족	2	3	4	5	6	7	8	9	10	11	12	13	14	15	16	17	18족
1	1 H 수소																	2 He 헬륨
2	3 Li 리튬	4 Be 베릴륨											5 B 붕소	6 C 탄소	7 N 질소	8 O 산소	9 F 플루오린	10 Ne 네온
3	11 Na 소듐	12 Mg 마그네슘											13 Al 알루미늄	14 Si 규소	15 P 인	16 S 황	17 Cl 염소	18 Ar 아르곤
4	19 K 포타슘	20 Ca 칼슘	21 Sc 스칸듐	22 Ti 타이타늄	23 V 바나듐	24 Cr 크로뮴	25 Mn 망가니즈	26 Fe 철	27 Co 코발트	28 Ni 니켈	29 Cu 구리	30 Zn 아연	31 Ga 갈륨	32 Ge 저마늄	33 As 비소	34 Se 셀레늄	35 Br 브로민	36 Kr 크립톤
5	37 Rb 루비듐	38 Sr 스트론튬	39 Y 이트륨	40 Zr 지르코늄	41 Nb 나이오븀	42 Mo 몰리브데넘	43 Tc 테크네튬	44 Ru 루테늄	45 Rh 로듐	46 Pd 팔라듐	47 Ag 은	48 Cd 카드뮴	49 In 인듐	50 Sn 주석	51 Sb 안티모니	52 Te 텔루륨	53 I 아이오딘	54 Xe 제논
6	55 Cs 세슘	56 Ba 바륨	57-71 란타넘족	72 Hf 하프늄	73 Ta 탄탈럼	74 W 텅스텐	75 Re 레늄	76 Os 오스뮴	77 Ir 이리듐	78 Pt 백금	79 Au 금	80 Hg 수은	81 Tl 탈륨	82 Pb 납	83 Bi 비스무트	84 Po 폴로늄	85 At 아스타틴	86 Rn 라돈
7	87 Fr 프랑슘	88 Ra 라듐	89-103 악티늄족	104 Rf 러더포듐	105 Db 두브늄	106 Sg 시보귬	107 Bh 보륨	108 Hs 하슘	109 Mt 마이트너륨	110 Ds 다름슈타튬	111 Rg 뢴트게늄	112 Cn 코페르니슘	113 Nh 니호늄	114 Fl 플레로븀	115 Mc 모스코븀	116 Lv 리버모륨	117 Ts 테네신	118 Og 오가네손

- 알칼리금속
- 알칼리토금속
- 전이금속
- 전이후금속
- 준금속
- 비금속
- 할로겐
- 비활성기체

원자번호 → 1
원자기호 → H
이름 → 수소

란타넘족

57 La 란타넘	58 Ce 세륨	59 Pr 프라세오디뮴	60 Nd 네오디뮴	61 Pm 프로메튬	62 Sm 사마륨	63 Eu 유로퓸	64 Gd 가돌리늄	65 Tb 터븀	66 Dy 디스프로슘	67 Ho 홀뮴	68 Er 어븀	69 Tm 툴륨	70 Yb 이터븀	71 Lu 루테튬

악티늄족

89 Ac 악티늄	90 Th 토륨	91 Pa 프로트악티늄	92 U 우라늄	93 Np 넵투늄	94 Pu 플루토늄	95 Am 아메리슘	96 Cm 퀴륨	97 Bk 버클륨	98 Cf 캘리포늄	99 Es 아인슈타이늄	100 Fm 페르뮴	101 Md 멘델레븀	102 No 노벨륨	103 Lr 로렌슘

PART 01

화학의 이해와 환경·안전관리

CHAPTER 01 화학의 이해
CHAPTER 02 환경·안전관리

CHAPTER 01 화학의 이해

[01] 원소의 특성

1. 원자

1) 원자
물질을 구성하는 가장 작은 입자

2) 원자의 구조

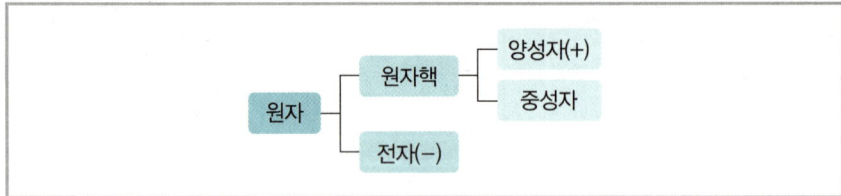

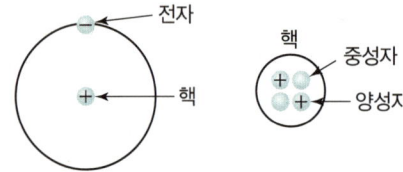

① 가운데에 (+)전하를 띤 원자핵이 있고 그 주위를 (−)전하를 띤 전자가 돌고 있다.
② 원자 전체는 전기적으로 중성이다.

3) 원자량
① 탄소원자 $^{12}_{6}C$의 질량을 12로 정하고 이와 비교한 원자들의 질량비를 원자량이라 한다.
② 원자 1mol(6.02×10^{23}개)의 질량

 TIP

원자량

원자번호	원자	원자량
1	H	1
2	He	4
6	C	12
7	N	14
8	O	16
11	Na	23
16	S	32
17	Cl	35.5

4) 질량수

- 원자번호＝양성자수＝전자수
- 질량수＝양성자수＋중성자수

예) $^{23}_{11}Na$
- 질량수＝양성자수＋중성자수
- 원자번호＝양성자수＝전자수

원자번호＝양성자수＝전자수＝11
중성자수＝12
질량수＝23

5) 동위원소

원자번호는 같으나 질량수가 다른 원소

예) ^1_1H ^2_1H ^3_1H , $^{12}_6C$ $^{13}_6C$

6) 동소체

같은 종류의 원소로 이루어져 있으나 성질이 다른 원소

예) O_2(산소), O_3(오존)
　　C(흑연), C(다이아몬드), C(숯)
　　P(적린), P_4(황린)

Reference

화학의 기본법칙

㉠ 질량보존의 법칙(라부아지에)
- 화학반응에서 질량은 생성되지도 소멸되지도 않는다.
- 반응 전 질량＝반응 후 질량

㉡ 일정성분비의 법칙(프루스트)
한 화합물을 구성하는 성분 원소의 질량비는 항상 일정하다.
예) CO_2
　　C : O의 질량비＝12 : 32＝3 : 8

㉢ 배수비례의 법칙
두 원소가 서로 다른 화합물을 만들 때 한 원소의 일정량과 화합하는 다른 원소의 질량비는 간단한 정수비를 이룬다.
예) CO와 CO_2
　　탄소 일정량과 결합하는 산소의 질량비＝1 : 2

TIP

기체의 운동 법칙

㉠ Boyle(보일)의 법칙
$P_1V_1 = P_2V_2 = a$

㉡ Charles(샤를)의 법칙
$\dfrac{V_1}{T_1} = \dfrac{V_2}{T_2} = b$

㉢ 보일-샤를의 법칙
$\dfrac{P_1V_1}{T_1} = \dfrac{P_2V_2}{T_2} = c$
여기시, a, b, c : 상수(일정)

㉣ 이상기체 상태방정식
$PV = nRT$

㉤ Graham의 확산법칙
$\dfrac{v_1}{v_2} = \dfrac{\sqrt{M_2}}{\sqrt{M_1}}$
여기서, v : 확산속도
　　　　M : 분자량

ㄹ. **기체반응의 법칙(게이뤼삭)**
화학반응을 하는 물질이 기체일 때 반응하는 물질과 생성되는 물질 사이에는 간단한 정수비가 성립한다.

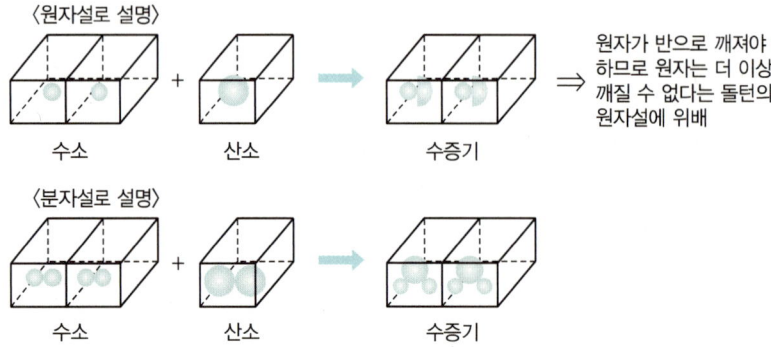

ㅁ. **아보가드로의 법칙**
모든 기체는 같은 온도, 같은 압력에서 같은 부피 안에 같은 수의 분자를 포함한다. 0℃, 1기압에서 모든 기체는 22.4L 안에 약 6.02×10^{23}개의 분자가 들어 있는데, 이 수를 아보가드로수라고 한다.

2. 원자설

1) 돌턴의 원자설

> 돌턴은 질량보존의 법칙과 일정성분비의 법칙을 바탕으로 원자설을 제시하였다.
> - 물질은 더 이상 쪼갤 수 없는 매우 작은 입자로 되어 있다.
> - 같은 원소의 원자들은 크기, 질량, 화학적 성질이 같고 다른 원소의 원자는 다르다.
> - 화학 변화에 의해 원자는 서로 생성되거나 소멸되지 않는다.
> - 화합물이 이루어질 때 각 원소의 원자는 간단한 정수비로 결합한다.

2) 원자설의 한계

① 기체반응의 법칙을 설명하는 데 한계를 보인다.
② 현대 과학에서는 원자를 쪼갤 수 있다(전자, 중성자, 양성자).
③ 동위원소가 존재한다. ➡ 같은 종류의 원자라도 질량이 다른 것이 존재한다.

3. 원자모형

1) 톰슨의 원자모형

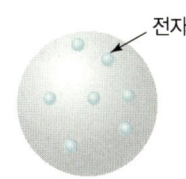

▲ 푸딩 모형

① 진공관에 높은 전압이 가해지면 광선이 발생하는데 광선은 음극에서 방출되므로 음극선이라 명명한다. ➡ 전자
② 퍼져 있는 양전하 구름에 음전하를 띤 전자가 무질서하게 박힌 모양으로 원자의 구조를 제안하였다. ➡ 푸딩 모형
③ 러더퍼드의 α입자 산란실험 결과에 대한 설명이 불가능하다.

2) 러더퍼드의 α입자 산란 실험

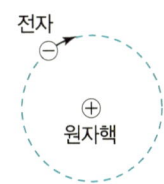

① 금속 박막으로 된 얇은 판을 향해 α입자를 발사하는 것에서 원자의 중심에 밀도가 매우 크고 양전하를 띠는 원자핵이 존재한다는 것을 밝혔다.
② 대부분의 α입자가 그대로 통과하므로 원자 내부는 비어 있다.

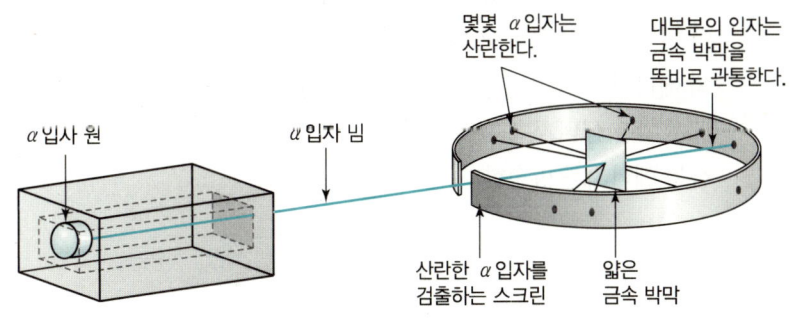

> **TIP**
>
> **원자모형**
> • 원자핵이 없는 경우
>
>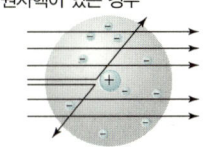
>
> • 원자핵이 있는 경우

3) 보어(Bohr)의 원자모형

(1) 수소원자의 선스펙트럼이 나타나는 이유

에너지 준위가 다른 전자껍질 사이에서 전자가 전이할 때 에너지 준위 차이에 해당하는 불연속적인 에너지의 빛만 방출하기 때문이다.

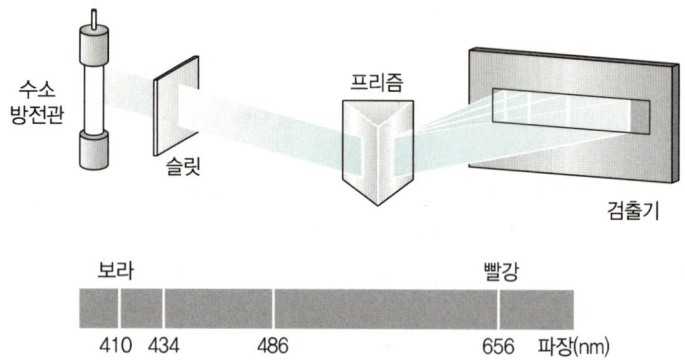

(2) 보어의 원자모형

① 전자가 원운동하는 궤도를 전자껍질이라 하며, 원자핵에서 가까운 것부터 K($n=1$), L($n=2$), M($n=3$), N($n=4$), …로 나타낸다(n : 주양자수).

② 전자껍질의 에너지 준위는 원자핵에서 멀어질수록 증가한다.
K < L < M < N < …

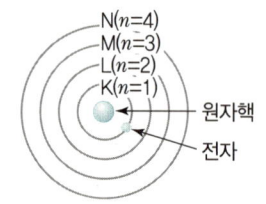

$$E_n = \frac{-1,312}{n^2}(\text{kJ/mol})$$
$$n = 1,\ 2,\ 3,\ \cdots$$

③ 전자가 특정 전자껍질을 돌고 있을 때에는 에너지를 흡수하거나 방출하지 않고 전자가 낮은 에너지 준위에서 높은 에너지 준위로 전이할 때 전자껍질의 에너지 준위 차이만큼에 해당하는 에너지를 흡수하며, 높은 에너지 준위에서 낮은 에너지 준위로 전이할 때 전자껍질의 에너지 준위 차이만큼 해당하는 에너지를 방출한다.

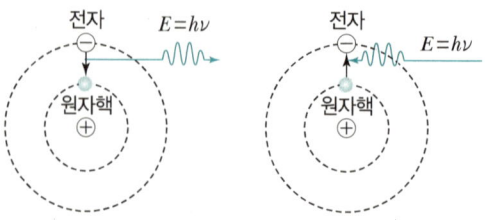

$$E = h\nu = \frac{hc}{\lambda}$$

여기서, h : 플랑크 상수(6.626×10^{-34} J·s)
ν : 진동수
λ : 파장
c : 빛의 속도(3.0×10^8 m/s)

④ 수소원자의 선스펙트럼

계열	파장 영역	공식	내용
라이먼 계열	자외선	$\frac{1}{\lambda} = R\left(\frac{1}{1^2} - \frac{1}{n^2}\right)$ $n = 2, 3, 4, \cdots$ 여기서, λ : 빛의 파장(nm) R : 리드베리상수 ($1.097 \times 10^7 \text{m}^{-1}$)	들뜬 상태의 전자가 K전자껍질, 바닥 상태($n=1$)로 전이할 때 방출
발머 계열	가시 광선	$\frac{1}{\lambda} = R\left(\frac{1}{2^2} - \frac{1}{n^2}\right)$ $n = 3, 4, 5 \cdots$	들뜬 상태의 전자가 L전자껍질, $n=2$로 전이할 때 방출
파센 계열	적외선	$\frac{1}{\lambda} = R\left(\frac{1}{3^2} - \frac{1}{n^2}\right)$ $n = 4, 5, 6 \cdots$	들뜬 상태의 전자가 M전자껍질, $n=3$으로 전이할 때 방출

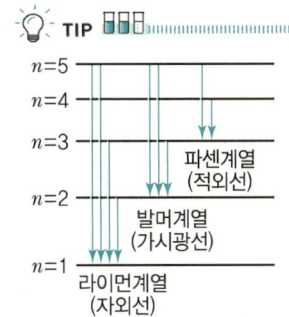

TIP

⑤ 전자가 2개 이상인 원자에 대해 적용하기 어렵다.

4) 현대적 원자모형과 오비탈

(1) 현대적 원자모형

전자는 입자성과 파동성을 모두 가지고 있어 그 위치와 운동량을 정확하게 알 수 없으므로 원자에서 일정한 에너지를 가진 전자의 존재는 확률로만 나타낼 수 있다.

(2) 오비탈

① 오비탈은 원자핵 주위의 공간에 전자가 존재할 확률을 나타낸 함수 s, p, d, f로 나타낸다.

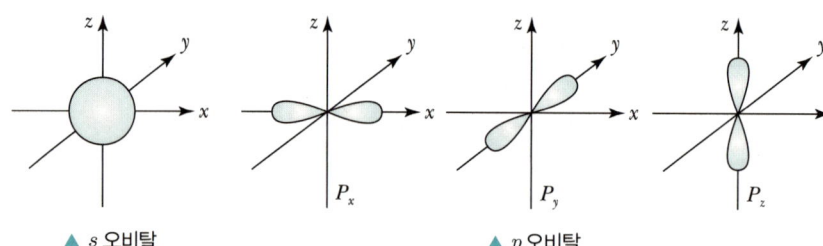

▲ s 오비탈　　　　　　　　　　▲ p 오비탈

② 오비탈의 표시

$$2p_x^3$$

오비탈의 종류 →
전자수 ←
주양자수 ←
오비탈의 공간 방향 →

③ 전자껍질에 따른 오비탈의 종류와 수

구분	K	L		M			N			
주양자수(n)	1	2		3			4			
오비탈 종류	$1s$	$2s$	$2p$	$3s$	$3p$	$3d$	$4s$	$4p$	$4d$	$4f$
오비탈수(n^2)	1	1	3	1	3	5	1	3	5	7
	1	4		9			16			
전자수($2n^2$)	2	8		18			32			

④ 양자수

㉠ 주양자수(n) : 껍질의 수, 에너지의 대부분을 결정

$n = 1, 2, 3, \cdots, n$

㉡ 부양자수(방위양자수, l) : 궤도함수의 모양($0 \sim n-1$)

부양자수	오비탈의 모양
$l = 0$	s
$l = 1$	p
$l = 2$	d
$l = 3$	f

㉢ 자기양자수(m_l) : 배향성 $m_l = 2l+1$

$-l, \cdots, 0, \cdots, l$ ➡ $m_l = 2l+1$

㉣ 스핀양자수(m_s) : 전자의 배열 상태

$m_s = +\dfrac{1}{2}, -\dfrac{1}{2}$

TIP

 주양자수 $n = 2$

- $n = 2$이므로 L껍질

- 부양자수(방위양자수)

l	0	1
오비탈	s	p

- 자기양자수

$l = 0$　$l = 1$
$m_l = 1$　$m_l = 3$(배향성 $-1, 0, 1$)

- 스핀양자수(m_s)

$+\dfrac{1}{2}, -\dfrac{1}{2}$

⑤ 다전자 원자의 에너지 준위

$$1s < 2s < 2p < 3s < 3p < 4s < 3d < 4p < 5s < 4d < 5p < 6s \cdots$$

(3) 전자배치의 원리

① 쌓음원리

전자는 에너지 준위가 낮은 오비탈부터 차례로 채워진다.

② 파울리의 배타원리

한 개의 오비탈에 채워질 수 있는 전자수는 최대 2개이며, 이때 두 전자의 스핀 방향은 서로 반대이다.

예) $_3$Li

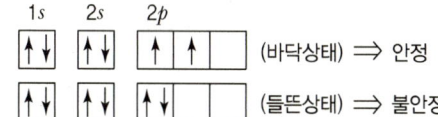

③ 훈트의 규칙

에너지 준위가 같은 여러 개의 오비탈에 전자가 채워질 때 쌍을 이루지 않는 홀전자수가 많은 전자배치일수록 안정하다.

예) $_6$C

1s	2s	2p		
↑↓	↑↓	↑ ↑		(바닥상태) ⇒ 안정
↑↓	↑↓	↑↓		(들뜬상태) ⇒ 불안정

(4) 원자가전자

① 가장 바깥 전자껍질에 존재하는 전자를 원자가전자라 한다.
② 원자가전자수는 원소의 화학적 성질을 결정하는 전자수이다.

(5) 이온의 전자배치

① 이온

중성인 원자가 전자를 잃거나(양이온), 얻어서(음이온) 전기를 띤 상태
㉠ 양이온 : 원자가 전자를 잃어서 (+)전하를 띤 입자
㉡ 음이온 : 원자가 전자를 얻어서 (−)전하를 띤 입자

② 이온의 전자배치

예) $_{11}\text{Na}^+ : 1s^2\ 2s^2\ 2p^6 = [\text{Ne}]$

$_{17}\text{Cl}^- : 1s^2\ 2s^2\ 2p^6\ 3s^2\ 3p^6 = [\text{Ar}]$

> **TIP**
>
> 다전자 원자의 전자배치 순서
>
>

> **TIP**
>
> 옥텟 규칙(팔전자 규칙)
> 18족 이외의 다른 원자는 원자가전자를 잃거나 얻어서 최외각껍질의 전자를 8개로 만들어 안정한 상태에 도달하고자 하는 경향성을 갖는다.

> **TIP**
>
> 이온 반지름
>
> Na(원자) > Na⁺(양이온)
>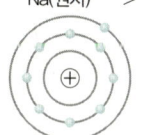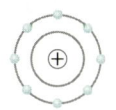
>
> F(원자) < F⁻(음이온)
>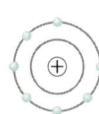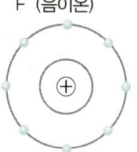

▼ 전자배치의 원리에 따른 원자들의 바닥 상태 전자배치

원자번호	전자껍질 오비탈	K 1s	L 2s	L 2p	M 3s	M 3p	M 3d	N 4s	전자배치	홀전자수
1	H	↑							$1s^1$	1
2	He	↑↓							$1s^2$	0
3	Li	↑↓	↑						$1s^2\,2s^1$	1
4	Be	↑↓	↑↓						$1s^2\,2s^2$	0
5	B	↑↓	↑↓	↑					$1s^2\,2s^2\,2p^1$	1
6	C	↑↓	↑↓	↑ ↑					$1s^2\,2s^2\,2p^2$	2
7	N	↑↓	↑↓	↑ ↑ ↑					$1s^2\,2s^2\,2p^3$	3
8	O	↑↓	↑↓	↑↓ ↑ ↑					$1s^2\,2s^2\,2p^4$	2
9	F	↑↓	↑↓	↑↓ ↑↓ ↑					$1s^2\,2s^2\,2p^5$	1
10	Ne	↑↓	↑↓	↑↓ ↑↓ ↑↓					$1s^2\,2s^2\,2p^6$	0
11	Na	↑↓	↑↓	↑↓ ↑↓ ↑↓	↑				$1s^2\,2s^2\,2p^6\,3s^1$	1
12	Mg	↑↓	↑↓	↑↓ ↑↓ ↑↓	↑↓				$1s^2\,2s^2\,2p^6\,3s^2$	0
13	Al	↑↓	↑↓	↑↓ ↑↓ ↑↓	↑↓	↑			$1s^2\,2s^2\,2p^6\,3s^2\,3p^1$	1
14	Si	↑↓	↑↓	↑↓ ↑↓ ↑↓	↑↓	↑ ↑			$1s^2\,2s^2\,2p^6\,3s^2\,3p^2$	2
15	P	↑↓	↑↓	↑↓ ↑↓ ↑↓	↑↓	↑ ↑ ↑			$1s^2\,2s^2\,2p^6\,3s^2\,3p^3$	3
16	S	↑↓	↑↓	↑↓ ↑↓ ↑↓	↑↓	↑↓ ↑ ↑			$1s^2\,2s^2\,2p^6\,3s^2\,3p^4$	2
17	Cl	↑↓	↑↓	↑↓ ↑↓ ↑↓	↑↓	↑↓ ↑↓ ↑			$1s^2\,2s^2\,2p^6\,3s^2\,3p^5$	1
18	Ar	↑↓	↑↓	↑↓ ↑↓ ↑↓	↑↓	↑↓ ↑↓ ↑↓			$1s^2\,2s^2\,2p^6\,3s^2\,3p^6$	0
19	K	↑↓	↑↓	↑↓ ↑↓ ↑↓	↑↓	↑↓ ↑↓ ↑↓		↑	$1s^2\,2s^2\,2p^6\,3s^2\,3p^6\,4s^1$	1
20	Ca	↑↓	↑↓	↑↓ ↑↓ ↑↓	↑↓	↑↓ ↑↓ ↑↓		↑↓	$1s^2\,2s^2\,2p^6\,3s^2\,3p^6\,4s^2$	0

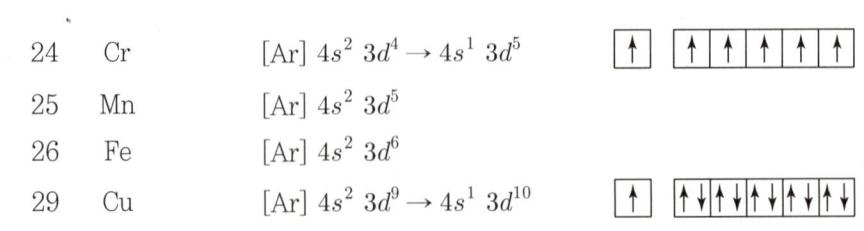

24	Cr	[Ar] $4s^2\,3d^4 \rightarrow 4s^1\,3d^5$
25	Mn	[Ar] $4s^2\,3d^5$
26	Fe	[Ar] $4s^2\,3d^6$
29	Cu	[Ar] $4s^2\,3d^9 \rightarrow 4s^1\,3d^{10}$

4. 화학식

1) 화학식

① **실험식**: 물질을 구성하는 원자나 이온의 종류와 수를 가장 간단한 정수비로 나타낸 화학식
② **분자식**: 물질을 구성하는 성분원소의 종류와 수를 모두 나타낸 식
③ **시성식**: 분자 속에 화학적 성질을 지배하는 작용기를 나타낸 식
④ **구조식**: 분자를 구성하는 원자들의 결합 모양이나 배열 상태를 결합선을 이용하여 나타낸 화학식

예

구분	아세트산(CH_3COOH)	에틸알코올(C_2H_5OH)
시성식	CH_3COOH	C_2H_5OH
분자식	$C_2H_4O_2$	C_2H_6O
실험식	CH_2O	C_2H_6O
구조식	$\begin{array}{c} H \ \ O \\ | \ \ || \\ H-C-C-O-H \\ | \\ H \end{array}$	$\begin{array}{c} H \ \ H \\ | \ \ | \\ H-C-C-O-H \\ | \ \ | \\ H \ \ H \end{array}$

TIP

SCN^-
- 전체 최외각전자수
  $= 6+4+5+1 = 16$
- Octet을 이루기 위한 전자수
  $= 8 \times 3 = 24$
- 공유전자수
  $= 24-16 = 8 \rightarrow$ 공유전자쌍(4쌍)

$$[\ddot{\ddot{S}}::C::\ddot{\ddot{N}}:]^-$$

2) 루이스 구조식

루이스 전자점식으로 원자들 간의 공유결합을 표시할 때 공유전자쌍을 결합선으로 표시한 식

분자	루이스 전자점식	루이스 구조식
H_2(수소)	H:H	H–H
H_2O(물)	$:\ddot{O}:H$ $\ \ \ H$	$:\ddot{O}-H$ $\ \ \ \|$ $\ \ \ H$
NH_3(암모니아)	$H:\ddot{N}:H$ $\ \ \ H$	$H-\ddot{N}-H$ $\ \ \ \|$ $\ \ \ H$
CO_2(이산화탄소)	$\ddot{\ddot{O}}::C::\ddot{\ddot{O}}$	$\ddot{O}=C=\ddot{O}$
HCl(염화수소)	$H:\ddot{\ddot{Cl}}:$	$H-\ddot{\ddot{Cl}}:$
N_2(질소)	$:N::\!:N:$	$:N\equiv N:$
OH^-(수산화이온)	$[:\ddot{O}:H]^-$	$[:\ddot{O}-H]^-$
SCN^- (티오시아네이트)	$[:\ddot{\ddot{S}}::C::\ddot{\ddot{N}}:]^-$	$[:\ddot{\ddot{S}}=C=\ddot{\ddot{N}}:]^-$

TIP

형식전하
- 공유전자쌍을 서로 균등하게 나누어 가졌다고 가정했을 때 계산되는 형식적인 전하이다.
- 형식전하
  $=$ 원자가전자수 $-$ 비공유전자쌍의 전자수 $- \frac{1}{2}$(공유전자쌍의 전자수)
  $=$ 원자가전자수 $-$ 분자 내 원자에 속한 원자가전자수

예 SO_4^{2-}

산소의 형식전하 $= 6-6-1$
$\ \ \ \ \ \ \ \ \ \ \ \ \ \ \ \ \ = 6-7 = -1$
황의 형식전하 $= 6-0-4$
$\ \ \ \ \ \ \ \ \ \ \ \ \ \ \ = 6-4 = 2$

TIP

공명구조 **예** O_3

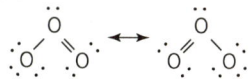

5. 분자의 구조와 성질

1) 분자 모양
전자쌍 반발원리와 혼성오비탈을 이용한다.

(1) 전자쌍 반발원리(VSEPR)
분자에서 중심원자를 둘러싸고 있는 전자쌍들은 그들 사이의 정전기적 반발력 때문에 반발력이 최소가 되기 위해서는 가능한 한 서로 멀리 떨어져 있어야 한다.

① **전자쌍들의 반발력 크기** : 비공유전자쌍 사이의 반발력 > 비공유전자쌍과 공유전자쌍 사이의 반발력 > 공유전자쌍 사이의 반발력

② **전자쌍의 개수에 따른 배열**

전자쌍의 수	2	3	4
전자쌍의 배치			
분자 모양	선형	평면삼각형	정사면체

2) 분자의 구조

형태	구조
직선형	중심원자에 2개의 원자가 결합한 경우 예 O_2, CO_2, HF 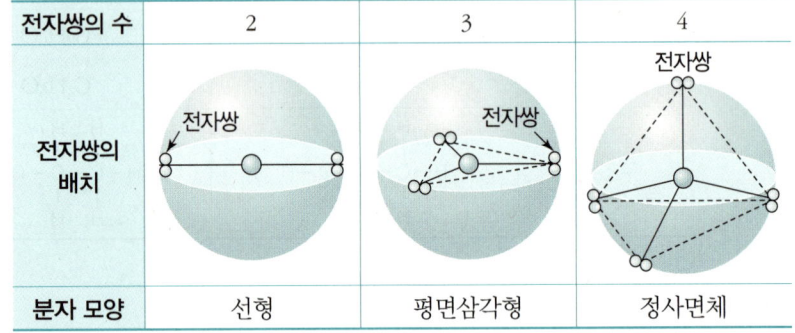
평면삼각형	중심원자에 3개의 원자가 결합한 경우 예 BF_3

사면체형	중심원자에 4개의 원자가 결합한 경우 예 CH_4	
삼각뿔형	중심원자가 비공유전자쌍을 가질 경우 예 NH_3	
굽은형	중심원자가 공유전자쌍 2개 + 비공유전자쌍 2개를 가지는 경우 예 H_2O	
삼각쌍뿔형	예 PCl_5	
팔면체형	예 SF_6	

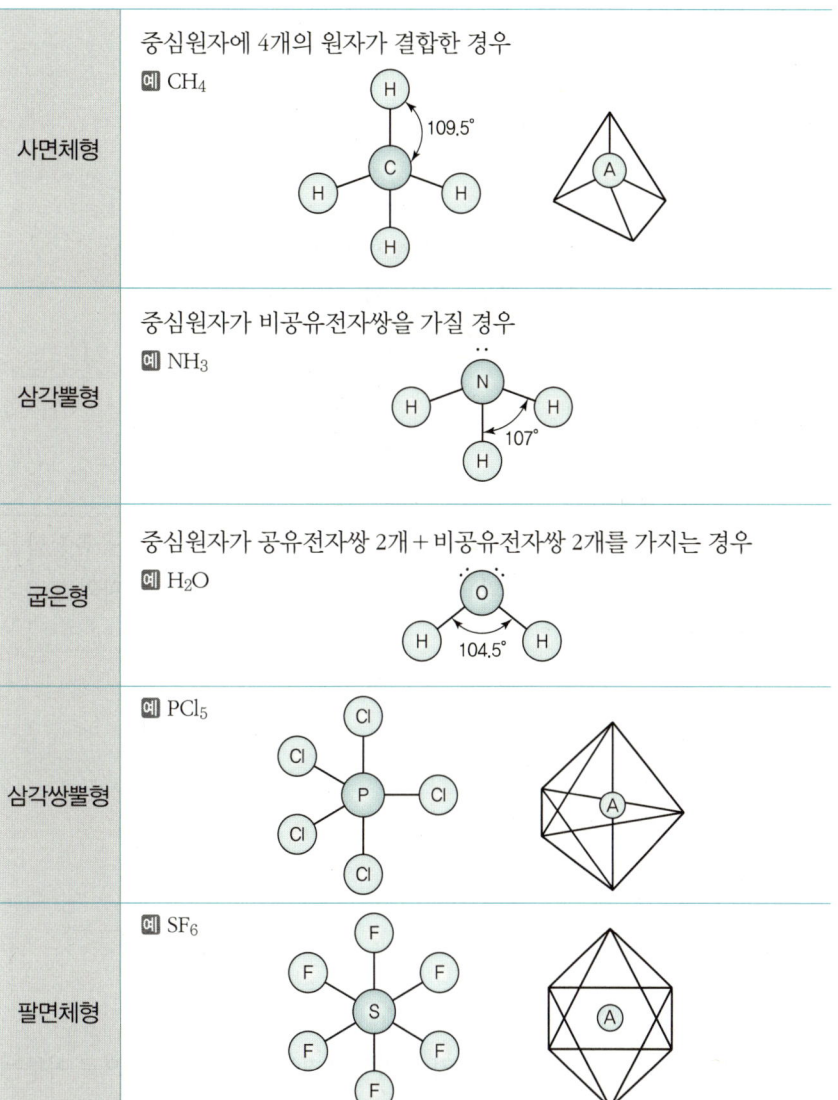

▼ 중심원자 주위에 있는 전자쌍 수에 따른 분자 모양

분자 모양	직선형	평면삼각형	정사면체형	삼각뿔형	굽은형
중심원자 주위의 공유전자쌍 수	2	3	4	3	2
중심원자 주위의 비공유전자쌍 수	0	0	0	1	2
결합각	180°	120°	109.5°	107°	104.5°
극성 유무	무극성	무극성	무극성	극성	극성
예	HF	BF_3	CH_4	NH_3	H_2O

TIP

혼성궤도함수

sp^3	sp^2	sp
CH_4	BF_3	BeF_2
C_2H_6	C_2H_4	C_2H_2
CCl_4		CO_2

3) 분자궤도함수

(1) σ결합(시그마 결합)

$s-s$, $s-p$, $p-p$에서 일어난다.

(2) π결합(파이 결합)

p오비탈과 p오비탈이 평행하게 겹쳐서 이루어진 분자오비탈

① 2중 결합 : σ결합 1개 + π결합 1개

② 3중 결합 : σ결합 1개 + π결합 2개

4) 분자 간의 힘

(1) 수소결합

전기음성도가 매우 큰 F, O, N와 전기음성도가 작은 H원자가 공유결합을 이룰 때 H원자가 다른 분자 중의 F, O, N에 끌리면서 이루어지는 분자와 분자 사이의 결합이다.

예
```
    H                    H
    |                    |
    O – H  ──수소결합──   O – H

    H – F  ──수소결합──   H – F
```

cf 수소결합은 이합체나 다합체를 형성한다.

$$H_3C-C\begin{smallmatrix}O\cdots H-O\\O-H\cdots O\end{smallmatrix}C-CH_3$$

아세트산 이합체

(2) 반데르발스 결합(Vander Waals Bond)

분자 사이에 약한 전기적 쌍극자에 의해 생기는 반데르발스 힘으로 이루는 분자 간의 결합이다.

예 요오드(I_2), 드라이아이스(CO_2), 나프탈렌 → 승화성 물질

◆ 분산력
극성이 없는 분자 사이에 작용하는 힘

6. 원소들의 주기적 성질

1) 주기율표

원소를 원자번호 순으로 배열하여 성질이 비슷한 원소가 주기적으로 세로줄에 위치하게 만들어 놓은 원소의 분류표

족→ ↓주기	1 1A	2 2A	3	4	5	6	7	8	9	10	11	12	13 3A	14 4A	15 5A	16 6A	17 7A	18 8A
1	1 H 1.008																	2 He 4.003
2	3 Li 6.941	4 Be 9.012											5 B 10.81	6 C 12.01	7 N 14.01	8 O 16.00	9 F 19.00	10 Ne 20.18
3	11 Na 22.99	12 Mg 24.31											13 Al 26.98	14 Si 28.09	15 P 30.97	16 S 32.07	17 Cl 35.45	18 Ar 39.95
4	19 K 39.10	20 Ca 40.08	21 Sc 44.96	22 Ti 47.88	23 V 50.94	24 Cr 52.00	25 Mn 54.94	26 Fe 55.85	27 Co 58.93	28 Ni 58.69	29 Cu 63.55	30 Zn 65.38	31 Ga 69.72	32 Ge 72.59	33 As 74.92	34 Se 78.96	35 Br 79.90	36 Kr 83.80
5	37 Rb 85.47	38 Sr 87.62	39 Y 88.91	40 Zr 91.22	41 Nb 92.91	42 Mo 95.94	43 Tc [98]	44 Ru 101.1	45 Rh 102.9	46 Pd 106.4	47 Ag 107.9	48 Cd 112.4	49 In 114.8	50 Sn 118.7	51 Sb 121.8	52 Te 127.6	53 I 126.9	54 Xe 131.3
6	55 Cs 132.9	56 Ba 137.3	57 La* 138.9	72 Hf 178.5	73 Ta 180.9	74 W 183.9	75 Re 186.2	76 Os 190.2	77 Ir 192.2	78 Pt 195.1	79 Au 197.0	80 Hg 200.6	81 Tl 204.4	82 Pb 207.2	83 Bi 209.0	84 Po [209]	85 At [210]	86 Rn [222]
7	87 Fr [223]	88 Ra 226	89 Ac+ [227]	104 Rf [261]	105 Db [262]	106 Sg [263]	107 Bh [264]	108 Hs [265]	109 Mt [268]	110 Ds [271]	111 Rg [272]	112 Cn [285]	113 Nh [289]	114 Fl [289]	115 Mc [293]	116 Lv [293]	117 Ts	118 Og

Lanthanides	58 Ce 140.1	59 Pr 140.9	60 Nd 144.2	61 Pm [145]	62 Sm 150.4	63 Eu 152.0	64 Gd 157.3	65 Tb 158.9	66 Dy 162.5	67 Ho 164.9	68 Er 167.3	69 Tm 168.9	70 Yb 173.0	71 Lu 175.0
Actinides	90 Th 232.0	91 Pa [231]	92 U 238.0	93 Np [237]	94 Pu [244]	95 Am [243]	96 Cm [247]	97 Bk [247]	98 Cf [251]	99 Es [252]	100 Fm [257]	101 Md [258]	102 No [259]	103 Lr [260]

- 알칼리금속 Alkaline (1족)
- 알칼리토금속 Earth Metals (2족)
- Transition Metals(전이원소)
- Alkali Metals
- 금속 Metals
- 비금속 Nometals
- 할로겐 Halogens
- 비활성 기체 Noble Gases

(1) 족

① 주기율표의 세로줄을 족이라 하며 1~18족이 있다.
② 족은 최외각전자수를 결정한다.
③ 같은 족의 원소를 동족원소라 한다.

(2) 주기

① 주기율표의 가로줄을 주기라 하며 1~7주기가 있으며 전자껍질을 결정한다.
② 4주기와 5주기에는 각각 18개의 원소가 존재하고, 6주기에는 32개의 원소가 존재한다.

③ 6주기, 7주기 원소들 중 f 오비탈에 전자가 부분적으로 채워지는 원소는 따로 떼어 분류하였다.
  ㉠ 란타넘족(6주기) : $^{57}La \sim {^{71}Lu}$ 이며, $4f$ 오비탈에 전자가 채워지는 원소
  ㉡ 악티늄족(7주기) : $^{89}Ac \sim {^{103}Lr}$ 이며, $5f$ 오비탈에 전자가 채워지는 원소
④ 7주기는 미완성주기이다.

(3) 전형원소
① 1족, 2족, 13~18족
② 전자배열에서 s 오비탈이나 p 오비탈에 전자가 채워지는 원소

(4) 전이원소
① 3족~12족
② d 오비탈이나 f 오비탈에 전자가 채워지는 원소
③ 여러 가지 산화수를 가지며, 수용액에서 이온이 되었을 때 색을 띠는 것이 많다.

> **TIP**
> 상온에서의 상태
> • H, N, O, F, Cl 및 18족 원소는 기체
> • Br, Hg(전이원소)은 액체
> • 나머지는 고체

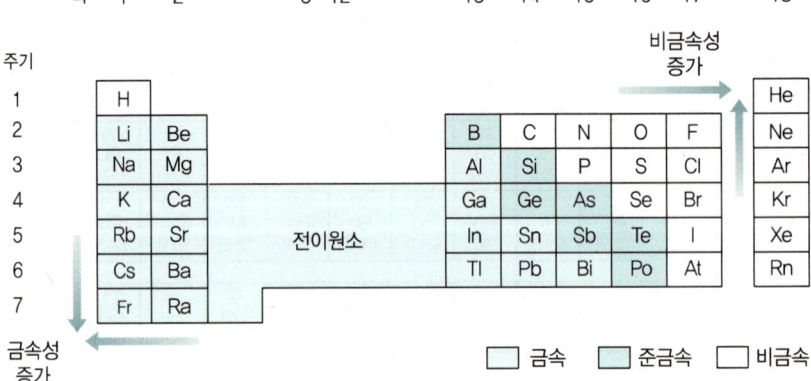

2) 원소들의 주기적 성질

(1) 원자 반지름
① 두 개의 같은 원자들이 결합되어 있을 때 두 핵 사이 거리의 절반
② 족 : 아래로 내려갈수록 증가(껍질수가 증가하기 때문)
③ 주기 : 오른쪽으로 갈수록 감소(유효핵전하가 증가하기 때문)

> **TIP**
> 원자 반지름
>

(2) 이온 반지름
① 주기가 클수록, 양성자수가 작을수록 이온 반지름이 크다.
② 양이온 : 반지름 감소

③ 음이온 : 반지름 증가
④ 등전자 이온 : 같은 전자배치를 갖는 이온

> 반지름 크기 : $O^{2-} > F^- > [Ne] > Na^+ > Mg^{2+} > Al^{3+}$

📖 등전자 이온에서 원자번호(양성자수)가 작을수록 이온의 크기가 크다.

(3) 이온화에너지

① 기체상태의 원자나 이온의 바닥 상태로부터 전자 하나를 제거하는 데 필요한 최소의 에너지

$$M(g) + E(\text{이온화에너지}) \rightarrow M^+ + e^-$$

② 이온화에너지는 같은 족에서는 원자번호가 작아질수록 증가하고, 같은 주기에서는 원자번호가 커질수록 증가한다(예외 존재).

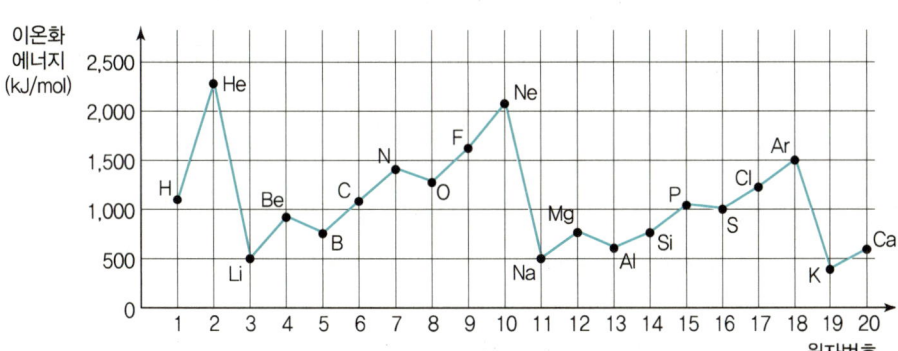

▲ 이온화에너지의 주기성

(예외)

$_4Be$의 E > $_5B$의 E, $_7N$의 E > $_8O$의 E

③ 순차적 이온화에너지

• $M(g) + E_1 \rightarrow M^+(g) + e^-$	E_1 : 제1이온화에너지
• $M^+(g) + E_2 \rightarrow M^{2+}(g) + e^-$	E_2 : 제2이온화에너지
• $M^{2+}(g) + E_3 \rightarrow M^{3+}(g) + e^-$	E_3 : 제3이온화에너지

$E_1 < E_2 < E_3 < E_4 < \cdots$

💡 **TIP**

이온화에너지 크기의 예외
• 2족 > 13족
• 15족 > 16족

TIP
격자에너지(Lattice Energy)
- 결정성 이온결합 화합물 1몰을 구성 성분의 기체상태 이온으로 만들 때 필요한 에너지
- 성분 이온의 크기가 작고 전하량이 클수록 격자에너지가 커진다.
- 격자에너지 값이 클수록 결정을 형성하고 있는 이온을 분리하기가 어렵기 때문에 안정하다.

(4) 전자친화도

① 기체상태의 중성원자에 전자가 첨가되어 음이온을 만들 때 방출하는 에너지

$$X(g) + e^- \rightarrow X^-(g) + E$$

② 일반적으로 같은 주기에서 원자번호가 증가하면 전자친화도가 증가하고, 같은 족에서 원자번호가 증가하면 전자친화도가 감소한다(예외 존재).

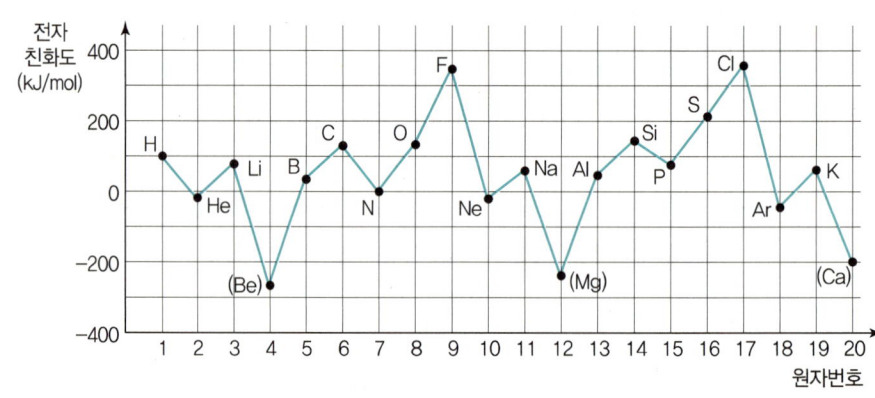

▲ 전자친화도의 주기성

(5) 전기음성도

① 두 원자가 전자를 공유하여 결합을 형성한 분자에서 원자가 전자쌍을 끌어당기는 힘을 상대적인 수치로 나타낸 것
② 같은 족에서 원자번호가 증가할수록 전기음성도는 감소하고, 같은 주기에서 원자번호가 증가할수록 전기음성도는 증가한다.

$$F > O > N > C > B > Be > Li$$
$$4.0 \quad 3.5 \quad 3.0 \quad 2.5 \quad 2.0 \quad 1.5 \quad 1.0$$

TIP
- 금속의 반응성(알칼리금속의 반응성)
  $Li < Na < K < Rb < Cs$
- 비금속의 반응성(할로겐 반응성)
  $F_2 > Cl_2 > Br_2 > I_2$

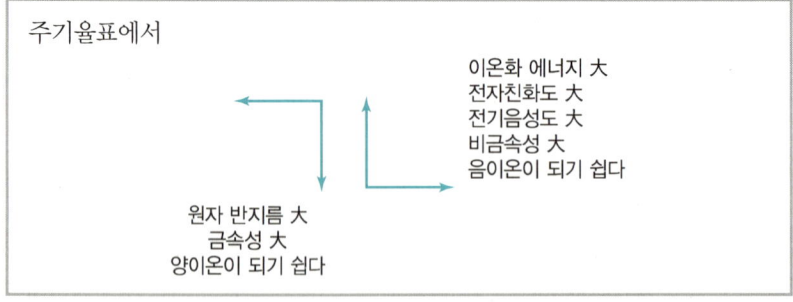

③ 공유결합의 극성

　㉠ 극성 공유결합 : HF와 같이 전기음성도가 서로 다른 원자들이 전자쌍을 공유하여 결합이 형성되며, 전기음성도가 큰 쪽이 전기적으로 음성(δ^-)이 되고, 작은 쪽이 양성(δ^+)이 된다.

　　예) $\overset{\delta^+}{H} - \overset{\delta^-}{F}$　　$HCl, NH_3, CH_3COCH_3, CH_3Cl$

　　cf) 쌍극자 모멘트의 합이 0이 아닌 비대칭구조이면 극성이다.

　㉡ 비극성 공유결합 : 전기음성도가 같으면 극성을 지니지 않아 전기적으로 중성인 결합으로 단체, 대칭구조로 이루어진 물질이다.

　　예) 단체 : $H-H, O=O, N\equiv N$
　　　　대칭구조 : $CO_2, BF_3, CH_4, CCl_4, C_2H_6$

> **TIP**
> 극성은 극성에 잘 녹고, 무극성은 무극성에 잘 녹는다.

> **TIP**
> 쌍극자 모멘트의 합이 0이면 비극성이다.

7. 원자핵 화학

1) 방사선

방사선	본체	투과력	감광 이온화
α선	He^{2+}	가장 약함	가장 강함
β선	e^-	중간	중간
γ선	전자기파	가장 강함	가장 약함

2) 방사성 원소의 붕괴

① α붕괴 : 방사성 원소가 α선(원자핵 ^4_2He의 흐름)을 방출하고, 1회 붕괴하면 원자번호는 2, 질량은 4 감소한다.

$$^{238}_{92}U \rightarrow ^4_2He + ^{234}_{90}Th$$

② β붕괴 : 원자핵 내에서 전자가 방출되는 것으로 1회 붕괴하면 원자번호만 1 증가한다. 원자핵 속의 중성자 1개가 β입자를 내놓고 양성자로 변하기 때문이다.

$$^{131}_{53}I \rightarrow ^{\ 0}_{-1}e + ^{131}_{54}Xe$$

③ γ붕괴 : α붕괴나 β붕괴 시에 같이 발생한다. 질량수나 원자번호의 변화는 없고, 불안정한 상태의 에너지를 방출하여 안정한 상태의 원자를 만드는 역할을 한다.

3) 반감기

방사성 물질의 최초의 수가 반으로 줄어드는 데 걸리는 시간

$$m = M\left(\frac{1}{2}\right)^{\frac{t}{T}}$$

여기서, T : 반감기
m : t시간 후 질량
M : 방사성 원소의 처음 질량
t : 시간

4) 핵분열

U(Uranium)에 속도가 느린 중성자(n)로 충격을 주면 원자 핵분열이 연쇄반응으로 일어나며, 막대한 에너지가 생기는 반응

$$^{235}_{92}U + ^{1}_{0}n \rightarrow ^{139}_{56}Ba + ^{94}_{36}Kr + 3M$$
$$M = ^{1}_{0}n$$

CHAPTER 01 화학의 이해

실전문제

01 다음 물질의 극성에 관한 설명 중 틀린 것은?
① 물은 극성 물질이다.
② 염화수소는 극성 물질이다.
③ 암모니아는 비극성 물질이다.
④ 이산화탄소는 비극성 물질이다.

해설
암모니아(NH_3) : 극성 공유결합

02 다음 중 비극성 공유결합을 하는 것은?
① 황화수소   ② 산소
③ 염화수소   ④ 이산화황

해설
산소 : 선형 구조 비극성 공유결합

03 다음 중 극성 분자가 아닌 것은?
① CCl_4 ② H_2O
③ CH_3OH ④ HCl

해설
비극성 : CH_4, CCl_4

04 다음 각 쌍의 2개 물질 중에서 물에 더욱 잘 녹을 것이라고 예상되는 물질을 1개씩 옳게 선택한 것은?

- CH_3CH_2OH와 $CH_3CH_2CH_3$
- $CHCl_3$와 CCl_4

① CH_3CH_2OH, $CHCl_3$
② CH_3CH_2OH, CCl_4
③ $CH_3CH_2CH_3$, $CHCl_3$
④ $CH_3CH_2CH_3$, CCl_4

해설
극성 물질은 극성 용매에 녹으므로 물에는 극성 물질이 잘 녹는다.

05 물은 비슷한 분자량을 갖는 메탄분자에 비해 끓는점이 훨씬 높다. 다음 중 이러한 물의 특성과 가장 관련이 깊은 것은?
① 수소결합   ② 배위결합
③ 공유결합   ④ 이온결합

해설
수소결합
전기음성도가 매우 큰 F, O, N와 H의 공유결합으로, H원자가 다른 분자 중의 F, O, N에 끌리면서 이루어지는 분자와 분자의 결합으로 강한 인력을 갖고 있으므로 끓는점이 매우 높다.

06 주기율표에 대한 일반적인 설명 중 가장 거리가 먼 것은?
① 주기율표는 원자번호가 증가하는 순서로 원소를 배치한 것이다.
② 세로 열에 있는 원소들이 유사한 성질을 가진다.
③ 1족 원소를 알칼리금속이라고 한다.
④ 2족 원소를 전이금속이라고 한다.

해설
- 2족 원소 : 알칼리토금속
- 3~12족 원소 : 전이금속

정답 01 ③ 02 ② 03 ① 04 ① 05 ① 06 ④

07 주기율표에서의 일반적인 경향으로 옳은 것은?
① 원자 반지름은 같은 족에서는 위로 올라갈수록 증가한다.
② 원자 반지름은 같은 주기에서는 오른쪽으로 갈수록 감소한다.
③ 같은 주기에서는 오른쪽으로 갈수록 금속성이 증가한다.
④ 0족에서는 금속성 물질만 존재한다.

해설
주기율표에서

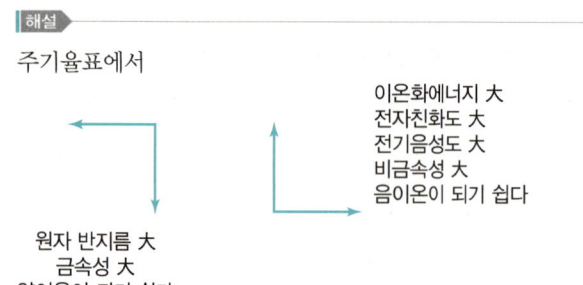

08 돌턴(Dalton)의 원자설에서 설명한 내용이 아닌 것은?
① 물질은 더 이상 나눌 수 없는 원자로 이루어져 있다.
② 원자가전자의 수는 화학결합에서 중요한 역할을 한다.
③ 같은 원소의 원자들은 질량이 동일하다.
④ 서로 다른 원소의 원자들이 간단한 정수비로 결합하여 화합물을 만든다.

해설
돌턴의 원자설
• 물질은 더 이상 쪼갤 수 없는 매우 작은 입자로 되어 있다.
• 같은 원소의 원자들은 크기, 질량, 화학적 성질이 같고, 다른 원소의 원자들은 다르다.
• 화학 변화에 의해 원자는 새로 생성되거나 소멸되지 않는다.
• 화합물이 이루어질 때 각 원소의 원자는 간단한 정수비로 결합한다.

09 S, Cl, F를 원자 반지름이 작은 것부터 증가되는 순서로 배열한 것은?
① Cl, S, F
② Cl, F, S
③ F, S, Cl
④ F, Cl, S

해설
원자 반지름은 같은 주기에서는 원자번호가 증가할수록 작아지고 같은 족에서는 원자번호가 증가할수록 커진다.

10 다음 원소 중에서 전자친화도가 가장 큰 원소는?
① Li
② B
③ Be
④ O

해설
• 전자친화도는 일반적으로 같은 주기에서는 원자번호가 증가할수록 커진다.
• 예외가 존재한다.
  Li > Be   C > N

11 아스파탐($C_{14}H_{18}N_2O_5$) 7.3g에 들어 있는 질소원자의 개수는 약 얼마인가?
① 3.0×10^{22}
② 1.5×10^{22}
③ 7.5×10^{22}
④ 3.7×10^{22}

해설
아스파탐 1mol = 294g

$7.3g \times \dfrac{1mol}{294g} = 0.0248mol$

$0.0248mol \times \dfrac{6.02 \times 10^{23}개\ 아스파탐}{1mol\ 아스파탐} \times \dfrac{2개\ N}{1개\ 아스파탐}$

$= 0.3 \times 10^{23}개 = 3 \times 10^{22}개$

12 다음 중 화합물의 실험식량이 가장 작은 것은?
① $C_{14}H_8O_4$
② $C_{10}H_8OS_3$
③ $C_{15}H_{12}O_3$
④ $C_{12}H_{18}O_4N$

정답 07 ② 08 ② 09 ④ 10 ④ 11 ① 12 ③

해설
- $C_{14}H_8O_4 : C_7H_4O_2$ 실험식량 : 120
- $C_{10}H_8OS_3$ 실험식량 : 240
- $C_{15}H_{12}O_3 : C_5H_4O$ 실험식량 : 80
- $C_{12}H_{18}O_4N$ 실험식량 : 240

13 물질량이 162g/mol이며 백분율 질량 성분비가 탄소 74.0%, 수소 8.7%, 질소 17.3%인 화합물의 분자식은?(단, 탄소, 수소, 질소의 원자량은 각각 12.0amu, 1.0amu, 14.0amu이다.)

① $C_{11}H_{16}N$ ② $C_{10}H_{14}N_2$
③ $C_9H_{26}N_4$ ④ $C_8H_{24}N_3$

해설
- C : $162g \times 0.74 = 119.88 ≒ 120$
- H : $162g \times 0.087 = 14.094 ≒ 14$
- N : $162g \times 0.173 = 28.026 ≒ 28$

$C_{\frac{120}{12}} H_{\frac{14}{1}} N_{\frac{28}{14}} = C_{10}H_{14}N_2$

14 벤젠을 실험식으로 옳게 나타낸 것은?

① C_6H_6 ② C_6H_5
③ C_5H_6 ④ CH

해설
실험식
화학식을 가장 간단한 정수비로 나타낸 식
C_6H_6 : CH

15 ^{222}Rn에 관한 내용 중 틀린 것은?(단, ^{222}Rn의 원자번호는 86이다.)

① 양성자수=86
② 중성자수=138
③ 전자수=86
④ 질량수=222

해설
질량수=양성자수+중성자수
중성자수=질량수−양성자수=222−86=136

16 79.59g Fe과 34.40g O를 포함하고 있는 시료 화합물의 실험식은?(단, Fe의 몰질량은 55.85g, O의 몰질량은 16.00g이다.)

① FeO_2 ② Fe_3O_5
③ Fe_2O_3 ④ Fe_2O_4

해설
$Fe_{\frac{79.59g}{55.85g}} O_{\frac{34.40g}{16g}} = Fe_{1.4}O_{2.1}$
$= Fe_2O_3$

17 탄소와 수소로만 이루어진 탄화수소 중 탄소의 질량 백분율이 85.6%인 화합물의 실험식은?

① CH ② CH_2
③ C_3H ④ C_6H

해설
$C_{\frac{85.6}{12}} H_{\frac{14.4}{1}} = C_{7.13}H_{14.4}$
$= CH_2$

18 스티렌(Styrene)의 실험식은 CH이고, 이것의 분자량은 약 104.1g/mol이다. 이 화합물의 분자식은?

① C_2H_4 ② C_8H_8
③ $C_{10}H_{12}$ ④ C_6H_6

해설
$(CH)_n = 104.1$
$n = 8$
∴ C_8H_8

정답 ▶ 13 ② 14 ④ 15 ② 16 ③ 17 ② 18 ②

19 원자에 대한 설명 중 틀린 것은?

① 수소원자(H)는 1개의 중성자와 1개의 양성자 그리고 1개의 전자로 이루어져 있다.
② 수소원자에서 전자가 빠져나가면 수소이온(H⁺)이 된다.
③ 수소원자에서 전자가 빠져나간 것이 양성자이다.
④ 탄소의 경우처럼 수소 역시 동위원소들이 존재한다.

> 해설

$_1^1H$ 원자
- 원자번호 = 양성자수 = 전자수 = 1
- 질량수 = 양성자수 + 중성자수
  1 = 1 + 중성자수
  ∴ 중성자수 = 0
- 동위원소 : $_1^1H, _1^2H, _1^3H$

20 전자들이 바닥 상태에 있다고 가정할 때 질소원자에 대한 전자배치로 옳은 것은?

① $1s^2\,2s^1\,2p^1$ ② $1s^2\,2s^2\,2p^6$
③ $1s^2\,2s^2\,2p^3$ ④ $1s^2\,2s^2\,3p^3$

> 해설

$_7N$의 전자배치
$1s^2\,2s^2\,2p^3$

21 바닥 상태 전자배치를 나타낸 것 중 틀린 것은?

① He : $1s^2$
② Li : $1s^2\,2s^1$
③ C : $1s^2\,2s^1\,2p_x^1\,2p_y^1$
④ O : $1s^2\,2s^2\,2p_x^2\,2p_y^1\,2p_z^1$

> 해설

$_6C$의 바닥 상태 전자배치

$1s^2$	$2s^2$	$2p^2$	
↑↓	↑↓	↑	↑
$1s^2$	$2s^2$	$2p_x^1$	$2p_y^1$

22 다음 아보가드로수와 관련된 설명 중 틀린 것은?

① 수소기체 1g 중의 수소원자수
② 물 18g 중의 물분자수
③ 표준상태의 수소기체 22.4L 중의 수소분자수
④ 표준상태의 암모니아기체 5.6L 중의 수소원자수

> 해설

표준상태(STP)

$NH_3\,5.6L \times \dfrac{1mol}{22.4L} \times \dfrac{3mol\,H}{1mol\,NH_3} \times \dfrac{6.02 \times 10^{23}개}{1mol}$

$= 4.5 \times 10^{23}개\ H$

23 다음 중 가장 큰 2차 이온화에너지를 가지는 것은?

① Mg ② Cl
③ S   ④ Na

> 해설

이온화에너지
중성원자에서 전자 1개를 분리할 때 필요한 에너지

24 $_{17}Cl$의 전자배치를 옳게 나타낸 것은?

① [Ar] $3s^2\,3p^6$ ② [Ar] $3s^2\,3p^5$
③ [Ne] $3s^2\,3p^6$ ④ [Ne] $3s^2\,3p^5$

> 해설

Cl은 원자번호가 17이므로
$\underbrace{1s^2\,2s^2\,2p^6}_{[Ne]}\,3s^2\,3p^5$

정답 19 ① 20 ③ 21 ③ 22 ④ 23 ④ 24 ④

[02] 화학양론

1. 몰

1) 1몰(mol)

아보가드로수 6.02×10^{23}개만큼의 입자를 1mol이라 한다.

① 원자 1mol : 원자 6.02×10^{23}개
② 분자 1mol : 분자 6.02×10^{23}개

2) 1mol의 질량

원자·분자·이온의 양에 g단위로 붙인 질량과 같다.

① C 1mol : 12g
② H_2O 1mol : $1 \times 2 + 16 = 18g$

3) 몰수

$$n = \frac{W}{M}$$

여기서, n : 몰수(mol)
W : 질량(g)
M : 몰질량(원자량, 분자량)(g/mol)

◆ 한계반응물
다른 반응물에 비해 먼저 소모되어 생성물의 양을 제한하는 반응물

Reference

| $2H_2(g)$ | + | $O_2(g)$ | → | $2H_2O(g)$ |

2mol	: 1mol	: 2mol
$2 \times 6.02 \times 10^{23}$개	: 6.02×10^{23}개	: $2 \times 6.02 \times 10^{23}$개
4g	: 32g	: 36g
1	: 8	: 9(질량비)
$2 \times 22.4L$	: 22.4L	: $2 \times 22.4L$(STP)
2	: 1	: 2(부피비)

Exercise 01

CO_2(이산화탄소) 2mol에는 몇 개의 분자가 존재하며 질량은 몇 g인가?

🔍 풀이

$$2\text{mol CO}_2 \times \frac{6.02 \times 10^{23}\text{개}}{1\text{mol CO}_2} = 12.04 \times 10^{23}\text{개}$$

$$2\text{mol CO}_2 \times \frac{44\text{g}}{1\text{mol CO}_2} = 88\text{g}$$

Exercise 02

수소 20wt%와 질소 80wt% 혼합기체가 있다. 수소의 몰분율을 구하여라.

🔍 풀이

$n = \dfrac{W}{M}$

100g 기준 ─── 수소 20g
　　　　　　　 질소 80g

$n_{H_2} = \dfrac{20\text{g}}{2\text{g/mol}} = 10\text{mol}$, $n_{N_2} = \dfrac{80\text{g}}{28\text{g/mol}} = 2.86\text{mol}$

$\therefore\ x_{H_2} = \dfrac{10\text{mol}}{10\text{mol} + 2.86\text{mol}} = 0.78(78\%)$

$x_{N_2} = 1 - x_{H_2} = 1 - 0.78 = 0.22(22\%)$

Reference

아보가드로의 법칙

- 같은 온도, 압력에서 같은 부피를 차지하는 기체는 종류에 관계없이 같은 수의 입자를 갖는다.
- 0℃, 1atm의 표준상태(STP)에서 기체 1mol이 차지하는 부피는 22.4L이다.

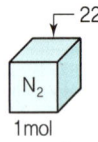
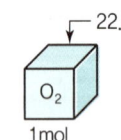
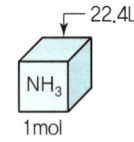

N_2 1mol 6.02×10^{23}개　　O_2 1mol 6.02×10^{23}개　　NH_3 1mol 6.02×10^{23}개 (각 22.4L)

$$\text{mol} = \frac{\text{질량}}{\text{화학식량}} = \frac{\text{개수}}{6.02 \times 10^{23}\text{개}} = \frac{\text{부피}}{22.4\text{L(STP)}}$$

4) 실험식 구하기

$$A_m B_n C_l$$
$$m : n : l = \frac{A의 \ 질량\%}{A원자량} : \frac{B의 \ 질량\%}{B원자량} : \frac{C의 \ 질량\%}{C원자량}$$

ⓒf 실험식을 정수배하면 분자식이 된다.

Exercise 03

어떤 화합물 3.6g은 탄소 1.876g, 수소 0.469g, 산소 1.255g으로 이루어져 있다. 이 화합물의 실험식을 나타내어라.

풀이
$$C : H : O = \frac{1.876}{12} : \frac{0.469}{1} : \frac{1.255}{16}$$
$$= 0.156 : 0.469 : 0.0784$$
$$= 2 : 6 : 1$$
실험식 : C_2H_6O

Exercise 04

다음 그림은 C, H, O로 구성된 물질 X의 실험식을 구하는 과정이다.

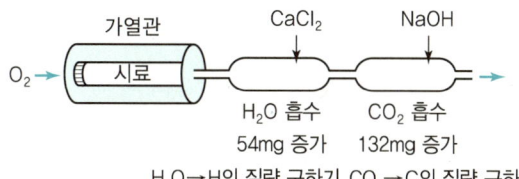

분자량이 180인 C, H, O 화합물 X 90mg을 원소분석한 결과를 이용하여 이 물질의 실험식과 분자식을 구하여라.

풀이
$$C : 132mg \ CO_2 \times \frac{12mg \ C}{44mg \ CO_2} = 36mg \ C$$

$$H : 54mg \ H_2O \times \frac{2mg \ H}{18mg \ H_2O} = 6mg \ H$$

$$O : 90mg - 36 - 6 = 48mg$$

$$C : H : O = \frac{36}{12} : \frac{6}{1} : \frac{48}{16}$$
$$= 3 : 6 : 3 = 1 : 2 : 1$$

실험식 : CH_2O 실험식량 = 12 + 2 + 16 = 30
분자식 : 180 = 30 × n ∴ n = 6
$(CH_2O)_n → C_6H_{12}O_6$ (포도당)

5) 분자식 구하기

$$\text{실험식} \times n = \text{분자식}$$

Exercise 05

어떤 물질의 실험식은 CH이며, 분자량은 104.1g/mol이다. 이 물질의 분자식을 구하여라.

풀이
$(CH)_n = 104.1$
$(12+1)_n = 104.1$
$n = 8$
∴ 분자식 C_8H_8

---

2. 물-몰 관계

Exercise 06

C_5H_{12} 0.5몰을 연소하기 위해 몇 mol의 산소가 필요한가?

풀이
$C_5H_{12}(g) + 8O_2(g) \rightarrow 5CO_2(g) + 6H_2O(g)$
1mol : 8mol
0.5mol : x
∴ $x = \dfrac{0.5 \times 8}{1} = 4\text{mol } O_2$

Exercise 07

Al 1.5몰과 Cl_2 3.0몰을 섞어 반응시켰을 때 $AlCl_3$ 몇 몰이 생성되는가?

풀이
$2Al(s) + 3Cl_2(g) \rightarrow 2AlCl_3(s)$
 2mol : 3mol
1.5mol : x
∴ $x = \dfrac{1.5 \times 3}{2} = 2.25\text{mol } Cl_2$ 필요
$2Al(s) + 3Cl_2(g) \rightarrow 2AlCl_3(s)$
 2mol : 2mol
1.5mol : y
∴ $y = 1.5\text{mol } AlCl_3$

3. 질량 – 질량 관계

> **TIP**
> • 질량 → 몰 : 질량÷분자량(원자량)
> • 몰 → 질량 : 몰×분자량(원자량)

Exercise 08

C_3H_8(프로판) 8g이 완전 연소하기 위해 필요한 산소는 몇 g인가?

풀이 C_3H_8 1mol = 12×3+1×8 = 44g

$C_3H_8(g) + 5O_2(g) \rightarrow 3CO_2(g) + 4H_2O(g)$

44g : 5×32g
8g   : x

∴ $x = \dfrac{8 \times 5 \times 32}{44} = 29.1\text{g}$

4. 질량 – 부피 관계

Exercise 09

0℃ 1atm에서 0.495g의 알루미늄이 모두 반응할 때 발생되는 수소기체의 부피는 몇 L인가?

풀이 $2Al(s) + 6HCl(aq) \rightarrow 2AlCl_3(aq) + 3H_2(g)$

2mol   3mol
2×27g   :   3×22.4L(STP)
0.495g   : x

∴ $x = \dfrac{0.495 \times 3 \times 22.4\text{L}}{2 \times 27} = 0.6\text{L}$

풀이 0.495g Al × $\dfrac{1\text{mol}}{27\text{g}}$ = 0.018mol Al

$2Al(s) + 6HCl(aq) \rightarrow 2AlCl_3(aq) + 3H_2(g)$

2mol   :   3×22.4L
0.018mol   : x

∴ $x = 0.6\text{L}$

CHAPTER 01 화학의 이해

실전문제

01 0.25M NaCl 용액 350mL에는 약 몇 g의 NaCl이 녹아 있는가?(단, 원자량은 Na 22.99g/mol, Cl 35.45g/mol이다.)

① 5.11g
② 14.6g
③ 41.7g
④ 87.5g

해설

$0.25M = \dfrac{0.25\text{mol}}{1\text{L}}$

$1\text{L} : 0.25\text{mol} = 0.35\text{L} : x$

$x = 0.0875\text{mol} \times \dfrac{58.44\text{g}}{1\text{mol}}$

$\quad = 5.11\text{g}$

02 산소 분자(O_2) 10.00몰은 산소 분자(O_2)와 산소 원자(O)가 각각 몇 개인가?(단, 아보가드로수는 6.022×10^{23} 개이다.)

① 산소 분자 10.00개, 산소 원자 20.00개
② 산소 분자 6.022×10^{24}개, 산소 원자 20.00개
③ 산소 분자 6.022×10^{24}개, 산소 원자 10.00개
④ 산소 분자 6.022×10^{24}개, 산소 원자 $2 \times 6.022 \times 10^{24}$개

해설

O_2 분자 $= 10\text{mol} \times 6.022 \times 10^{23}$개/mol
$\qquad\quad = 6.022 \times 10^{24}$개

O 원자 $= 20\text{mol} \times 6.022 \times 10^{23}$개/mol
$\qquad\quad = 2 \times 6.022 \times 10^{24}$개

03 다음은 계수를 맞추지 않은 C_5H_{12}의 연소반응식이다. C_5H_{12} 1몰을 연소하기 위해서는 산소가 몇 몰 필요한가?

$$C_5H_{12}(g) + O_2(g) \to CO_2(g) + H_2O(g)$$

① 2
② 5
③ 6
④ 8

해설

$C_5H_{12} + O_2 \to CO_2 + H_2O$

1. C의 수 : $C_5H_{12} + O_2 \to 5CO_2 + H_2O$
2. H의 수 : $C_5H_{12} + O_2 \to 5CO_2 + 6H_2O$
3. O의 수 : $C_5H_{12} + 8O_2 \to 5CO_2 + 6H_2O$

∴ $C_5H_{12} + 8O_2 \to 5CO_2 + 6H_2O$

04 다음은 질산을 생성하는 Ostwald 공정을 나타낸 화학반응식이다. 균형이 맞추어진 화학반응식의 반응물과 생성물의 계수 a, b, c, d가 옳게 나열된 것은?

$$aNH_3 + bO_2 \to cNO + dH_2O$$

① $a=2$, $b=3$, $c=2$, $d=3$
② $a=6$, $b=4$, $c=5$, $d=6$
③ $a=4$, $b=5$, $c=4$, $d=6$
④ $a=1$, $b=1$, $c=1$, $d=1$

해설

$NH_3 + O_2 \to NO + H_2O$

1. N의 수
2. H의 수 : $NH_3 + O_2 \to NO + \dfrac{3}{2}H_2O$
3. O의 수 : $NH_3 + \dfrac{5}{4}O_2 \to NO + \dfrac{3}{2}H_2O$

∴ $4NH_3 + 5O_2 \to 4NO + 6H_2O$

정답 01 ① 02 ④ 03 ④ 04 ③

05 다음 중 수소의 질량 백분율(%)이 가장 큰 것은?

① HCl　　　　　　② H_2O
③ H_2SO_4　　　　④ H_2S

▶ 해설

① HCl : $\dfrac{1}{1+35.5} \times 100 = 2.74\%$

② H_2O : $\dfrac{2}{2+16} \times 100 = 11.1\%$

③ H_2SO_4 : $\dfrac{2}{(2+32+16\times 4)} \times 100 = 2.04\%$

④ H_2S : $\dfrac{2}{2+32} \times 100 = 5.88\%$

06 메탄 2.80g에 들어 있는 메탄 분자수는 얼마인가?

① 0.98×10^{22} 분자　　② 1.05×10^{23} 분자
③ 1.93×10^{22} 분자　　④ 1.93×10^{23} 분자

▶ 해설

$2.8g\ CH_4 \times \dfrac{1mol\ CH_4}{16g\ CH_4} \times \dfrac{6.02 \times 10^{23}개\ CH_4}{1mol\ CH_4}$
$= 1.05 \times 10^{23}$개 CH_4분자

07 물 90g에 포도당($C_6H_{12}O_6$) 4.80g이 녹아 있는 용액에서 포도당의 몰랄농도를 구하면?

① 0.0296m　　　　② 0.296m
③ 2.96m　　　　　④ 29.6m

▶ 해설

$4.80g\ 포도당 \times \dfrac{1mol}{180g} = 0.0267mol$

$m(몰랄농도) = \dfrac{0.0267mol}{0.09kg} = 0.296m\ (mol/kg)$

08 다음과 같은 가역반응이 일어난다고 가정할 때 평형을 오른쪽으로 이동시킬 수 있는 변화는?

$$4HCl(g) + O_2(g) + heat \rightleftarrows 2Cl_2(g) + 2H_2O(g)$$

① Cl_2의 농도 증가　　② HCl의 농도 감소
③ 반응온도 감소　　　　④ 압력의 증가

▶ 해설

평형을 오른쪽으로 이동시키는 변화
• 온도 증가
• 압력 증가
• 반응물(HCl, O_2) 농도 증가
• 생성물(Cl_2, H_2O) 농도 감소

09 다음 반응에서 1.5몰 Al과 3.0몰 Cl_2를 섞어 반응시켰을 때 $AlCl_3$ 몇 몰을 생성하는가?

$$2Al(s) + 3Cl_2(g) \rightarrow 2AlCl_3(s)$$

① 2.3몰　　　　② 2.0몰
③ 1.5몰　　　　④ 1.0몰

▶ 해설

2Al　　+　　$3Cl_2$　　→　　$2AlCl_3$
2mol　：　3mol　：　2mol
1.5mol：　x　　：　1.5mol
$x = 2.25mol\ Cl_2$가 필요

10 3.0M $AgNO_3$ 200mL를 0.9M $CuCl_2$ 350mL에 가했을 경우, 생성되는 AgCl(분자량=143g)의 양은?

① 8.58g　　　　② 45.1g
③ 85.8g　　　　④ 451g

▶ 해설

$2AgNO_3$	+	$CuCl_2$	→	$2AgCl$	+	$Cu(NO_3)_2$
3M × 0.2L = 0.6mol 한계반응물		0.9M × 0.35L = 0.315mol		0		0
−0.6		−0.3		+0.6		+0.3
0		0.015		0.6mol		0.3

AgCl $0.6mol \times \dfrac{143g}{1mol} = 85.8g$

정답 05 ② 06 ② 07 ② 08 ④ 09 ③ 10 ③

11 다음 중 실험식이 다른 것은?

① CH_2O ② $C_2H_6O_2$
③ $C_6H_{12}O_6$ ④ $C_3H_6O_3$

해설

② CH_3O
①, ③, ④ CH_2O

12 1.87g의 아연금속으로부터 얻을 수 있는 산화아연의 질량(g)은?(단, Zn의 분자량은 65g/mol, 산화아연의 생성반응식은 $2Zn(s)+O_2(g) \rightarrow 2ZnO(s)$이다.)

① 1.17 ② 1.50
③ 2.33 ④ 4.66

해설

$2Zn+O_2 \rightarrow 2ZnO$
$2\times65g$: $2\times81g$
$1.87g$: x
∴ $x=2.33g$

13 인산(H_3PO_4)은 $P_4O_{10}(s)$과 $H_2O(l)$를 섞어서 만든다. $P_4O_{10}(s)$ 142g과 $H_2O(l)$ 180g이 섞였을 때 생성되는 인산은 몇 g인가?(단, P_4O_{10}, H_2O, H_3PO_4의 분자량은 각각 284, 18, 98이고, 다음 화학반응식의 반응계수는 맞추어지지 않은 상태이다.)

$$P_4O_{10}(s)+H_2O(l) \rightarrow H_3PO_4(aq)$$

① 98 ② 196
③ 980 ④ 1960

해설

$P_4O_{10}(s)\ 142g \times \dfrac{1mol}{284g}=0.5mol$

$H_2O(l)\ 180g \times \dfrac{1mol}{18g}=10mol$

$P_4O_{10}(s)+6H_2O(l) \rightarrow 4H_3PO_4(aq)$
1mol : $4\times98g$
0.5mol : x
∴ $x=196g$

14 표준상태에서 S_8 15g이 다음 반응식과 같이 완전연소될 때 생성된 이산화황의 부피는 약 몇 L인가?(단, 기체는 이상기체이며 S_8의 분자량은 256.48g/mol이다.)

$$S_8(g)+8O_2(g) \rightarrow 8SO_2(g)$$

① 0.47 ② 1.31
③ 4.7 ④ 10.5

해설

$S_8(g)+8O_2(g) \rightarrow 8SO_2(g)$
256.48g : $8\times22.4L$
15g : x
∴ $x=10.5L$

15 에탄올 50mL를 물 100mL와 혼합한 에탄올 수용액의 질량 백분율은?(단, 에탄올의 비중은 0.79이다.)

① 28.3 ② 33.3
③ 50.0 ④ 40.5

해설

$\dfrac{50mL\times0.79}{50mL\times0.79+100\times1mL}\times100\%=28.3\%$

16 수소연료전지에서 전기를 생산할 때의 반응식이 다음과 같을 때 10g의 H_2와 160g의 O_2가 반응하여 생성된 물은 몇 g인가?

$$2H_2(g)+O_2(g) \rightarrow 2H_2O(g)$$

① 90 ② 100
③ 110 ④ 120

해설

질량비
수소 : 산소 = 1 : 8
10g의 H_2와 80g의 O_2가 반응하여 90g H_2O가 생성된다.

정답 11 ② 12 ③ 13 ② 14 ④ 15 ① 16 ①

[03] 반응열

화학반응이 일어나면 반응물질과 생성물질의 에너지 차이만큼 방출하거나 흡수하는데 그 열을 반응열이라 한다.

$$반응열(Q) = \Sigma 반응물에너지 - \Sigma 생성물에너지$$

◆ **열화학반응식**
화학반응식에 반응열을 포함시켜 나타낸 화학반응식
예) $CH_4 + 2O_2$
→ $2H_2O + CO_2 + 890.4kJ$

1. 발열반응과 흡열반응

1) 발열반응($Q > 0$)
① 반응물의 에너지 총량 > 생성물의 에너지 총량
② 주위의 온도가 올라간다.
③ 연소반응, 중화반응, 진한 황산을 묽히는 반응

2) 흡열반응($Q < 0$)
① 반응물의 에너지 총량 < 생성물의 에너지 총량
② 주위의 온도가 내려간다.
③ 식물의 광합성, 열분해반응, 질산암모늄의 용해반응, 전기분해

2. 엔탈피

어떤 물질이 생성되는 동안 그 물질 속에 축적된 에너지·열함량

$$반응열(\Delta H_R) = (\Sigma H_f)_P - (\Sigma H_f)_R$$
$$= (\Sigma H_c)_R - (\Sigma H_c)_P$$

여기서, H_f : 생성열, H_c : 연소열, R : 반응물, P : 생성물

1) 발열반응($\Delta H < 0$, $Q > 0$)

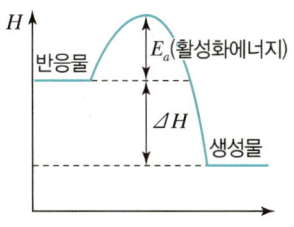

▲ 발열반응

2) 흡열반응($\Delta H > 0$, $Q < 0$)

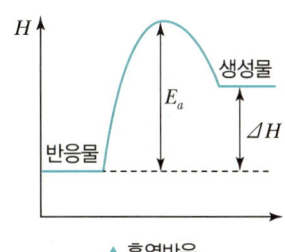

▲ 흡열반응

💡 TIP

- 단체=홑원소물질
- 예) H_2, O_2, N_2

◆ 비열
c(cal/g℃) : 어떤 물질 1g을 1℃ 높이는 데 필요한 열량

◆ 열용량
C(cal/℃) : 어떤 물질을 1℃ 높이는 데 필요한 열량

3) 반응열의 종류

구분	내용
생성열	물질 1몰이 그 성분원소(단체)로부터 생성될 때의 에너지(열)
분해열	물질 1몰이 그 성분원소(단체)로 분해될 때의 에너지(열)
연소열	물질 1몰을 완전 연소시키는 데 발생하는 에너지(열)
용해열	물질 1몰이 물(aq)에 녹을 때 수반되는 에너지(열)
중화열	산 1g 당량과 염기 1g 당량이 중화할 때 발생하는 에너지(열)

3. 열량의 측정

$$Q = m(질량) \times c(비열) \times \Delta t(온도변화)$$
$$= C(열용량) \times \Delta t(온도변화)$$

4. Hess의 법칙(총열량 불변의 법칙)

화학반응에서 반응물의 종류와 상태 및 생성물의 종류와 상태가 같으면 반응경로에 관계없이 출입하는 열량의 총합은 같다.

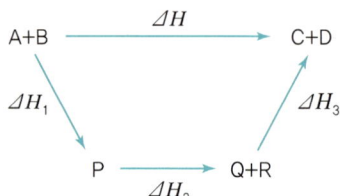

$\Delta H = \Delta H_1 + \Delta H_2 + \Delta H_3$

➡ 열화학반응식을 더하거나 빼서 반응열을 구할 수 있다.

예)
$$C(s) + \frac{1}{2}O_2(g) \rightarrow CO(g) \qquad \Delta H_1 = -110.5 \text{kJ}$$
$$+) \; CO(g) + \frac{1}{2}O_2(g) \rightarrow CO_2(g) \qquad \Delta H_2 = -283.0 \text{kJ}$$
$$\overline{C(s) + O_2(g) \rightarrow CO_2(g) \qquad \Delta H = \Delta H_1 + \Delta H_2}$$
$$= -393.5 \text{kJ}$$

5. 결합에너지

기체상태의 두 원자 사이의 공유결합 1mol을 끊어서 중성원자로 만드는 데 필요한 에너지

① 결합에너지는 원자 사이의 결합이 강할수록 크다.
② 결합에너지는 결합의 극성이 클수록 증가한다.

$$HF > HCl > HBr > HI$$

③ 결합에너지는 결합수가 증가할수록 커진다.
④ 결합에너지는 결합길이가 짧을수록 커진다.

$$\Delta H = \Sigma 반응물\ 결합에너지 - \Sigma 생성물\ 결합에너지$$

[04] 화학평형

가역반응에서 정반응의 속도와 역반응의 속도가 같아져서 겉보기에 반응이 정지된 것처럼 보이는 상태에 이르게 되는데, 이러한 상태를 화학평형이라 한다.
➡ 동적 평형상태

1. 화학평형

$$aA + bB \underset{v_2}{\overset{v_1}{\rightleftharpoons}} cC + dD$$

$$v_1(정반응속도) = v_2(역반응속도)$$

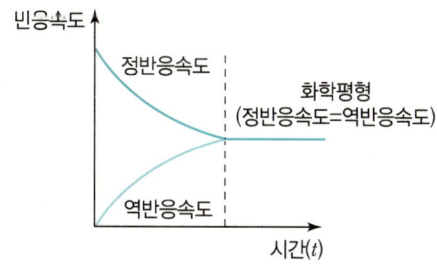

2. 평형상수(K)

$$aA + bB \rightleftarrows cC + dD$$

$$\text{평형상수 } K = \frac{[C]^c[D]^d}{[A]^a[B]^b}$$

① 일정 온도에서 농도에 관계없이 일정한 값을 갖는다(촉매, 압력, 농도에 무관).
  ➡ 온도가 변하면 평형상수가 달라진다.
② K값이 크다 → 생성물질의 농도가 크다 → 정반응 우세
③ 발열반응에서 온도가 높아지면 역반응이 진행되어 K값은 작아지고, 흡열반응에서 온도가 높아지면 정반응이 진행되어 K값은 커진다.

> **TIP**
> 평형상수식에서 고체(s), 용매(H_2O)는 제외한다.
> 예 $AgCl(s) \rightleftarrows Ag^+ + Cl^-$
> $K_{sp} = [Ag^+][Cl^-]$
> $H_2O \rightleftarrows H^+ + OH^-$
> $K_w = [H^+][OH^-]$

3. 반응지수(Q)

일정 온도에서 반응물과 생성물의 현재 농도를 평형상수식에 대입하여 얻은 값

> **Reference**
> **반응의 진행방향**
> • $Q < K$: 반응이 정반응 쪽으로 진행   • $Q = K$: 평형상태
> • $Q > K$: 반응이 역반응 쪽으로 진행

4. 화학평형과 깁스자유에너지 변화(ΔG)

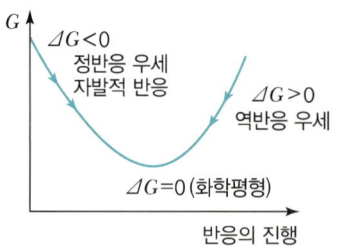

> **TIP**
> $\Delta G° = -RT\ln K = -nFE°$
> 여기서, R : 기체상수
> T : 절대온도
> K : 평형상수

5. 평형이동

화학평형을 유지하던 조건이 변하면 동적 평형이 깨지면서 반응이 진행되어 새로운 평형상태에 도달(르 샤틀리에 원리)

1) 농도변화

① 반응물 첨가(생성물 제거) : 정반응 쪽으로 진행
② 반응물 제거(생성물 첨가) : 역반응 쪽으로 진행

> **TIP**
> **르 샤틀리에 원리**
> 가역반응이 평형상태에 있을 때 농도, 온도, 압력을 변화시키면 그 변화를 감소시키려는 방향으로 새로운 평형상태에 도달한다.

2) 압력변화

① **압력을 높이면** : 압력이 낮아지는 방향, 분자수가 감소하는 방향, 기체의 몰수의 합이 작아지는 방향으로 진행

② **압력을 낮추면** : 압력이 높아지는 방향, 분자수가 증가하는 방향, 기체의 몰수의 합이 커지는 방향으로 진행

3) 온도변화

① **온도를 높이면** : 온도를 낮추려는 방향, 흡열반응 쪽으로 진행

② **온도를 낮추면** : 온도를 높이려는 방향, 발열반응 쪽으로 진행

　　cf **촉매변화** : 촉매는 평형에 도달할 때까지 속도만 조절할 뿐, 평형에 도달한 후 평형을 이동시킬 수 없다.

> **Reference**
>
> $N_2(g) + 3H_2(g) \rightleftarrows 2NH_3 \quad \Delta H = -92.2 kJ$
>
> - 반응물의 농도를 증가시키면 : 정반응
> - 압력을 높이면 : 정반응
> - 온도를 높이면 : 역반응

6. 반응속도

1) 반응속도의 정의

단위시간당 반응물의 농도변화 또는 단위시간당 생성물의 농도변화를 반응속도라 한다.

2) 반응속도에 영향을 주는 인자

① **온도** : 온도가 상승하면 반응속도는 빨라진다(온도 10℃ 상승 → 반응속도 2배 증가). ➡ 활성화에너지 이상의 에너지를 가진 분자수가 증가

② **농도** : 반응물의 농도가 클수록 반응속도는 빨라진다. ➡ 충돌횟수 증가

③ **촉매** : 자신은 변하지 않고 반응속도만 변화시킨다.

CHAPTER 01 화학의 이해

실전문제

01 다음 반응에서 K_p(부분 압력으로 나타낸 평형상수)를 평형상수(K)로 나타내면?

$$CO(g) + Cl_2(g) \rightleftharpoons COCl_2(g)$$

① $K(RT)$ ② $\dfrac{K}{RT}$

③ $K(RT)^2$ ④ $\dfrac{K}{(RT)^2}$

해설

$p = \dfrac{n}{V}RT = CRT$

$K_p = \dfrac{P_{COCl_2}}{P_{CO} \times P_{Cl_2}} = \dfrac{C_{COCl_2}RT}{C_{CO}RT \times C_{Cl_2}RT}$

$= \dfrac{C_{COCl_2}}{C_{CO}C_{Cl_2}RT} = \dfrac{K}{RT}$

02 525℃에서 다음 반응에 대한 평형상수 K값은 3.35×10^{-3}mol/L이다. 이때 평형에서 이산화탄소 농도를 구하면 얼마인가?

$$CaCO_3(s) \rightarrow CaO(s) + CO_2(g)$$

① 0.84×10^{-3}mol/L ② 1.68×10^{-3}mol/L
③ 3.35×10^{-3}mol/L ④ 6.77×10^{-3}mol/L

해설

$K = \dfrac{[CaO][CO_2]}{[CaCO_3]}$ 에서 고체 물질의 농도는 일정하므로,

∴ $K = [CO_2]$

∴ CO_2의 농도 $= 3.35 \times 10^{-3}$mol/L

03 르 샤틀리에의 원리와 관련하여 평형상태에 있는 다음과 같은 반응계의 부피를 감소시키면 어떠한 반응이 일어나겠는가?

$$2A_2(g) \rightleftharpoons A_4(g)$$

① 전체 압력이 증가하므로, 반응은 정방향으로 진행된다.
② 전체 압력이 감소하므로, 반응은 역방향으로 진행된다.
③ 전체 압력이 증가하므로, 반응은 역방향으로 진행된다.
④ 전체 압력이 감소하므로, 반응은 정방향으로 진행된다.

해설

부피를 감소시키면 압력이 증가하므로 몰수가 감소하는 정방향으로 반응이 진행된다.

04 25℃에서 용해도곱 상수(K_{sp})가 1.6×10^{-5}일 때, 염화납(Ⅱ)($PbCl_2$)의 용해도(mol/L)는 얼마인가?

① 1.6×10^{-2} ② 0.020
③ 7.1×10^{-5} ④ 2.1

해설

$PbCl_2 \rightleftharpoons Pb^{2+} + 2Cl^-$
           x : $2x$

$K_{sp} = [Pb^{2+}][Cl^-]^2$
$= x(2x)^2 = 1.6 \times 10^{-5}$

∴ $x = [Pb^{2+}] = 0.016 = 1.6 \times 10^{-2}$

05 15℃에서 물의 이온화 상수 K_w는 0.45×10^{-14}이다. 15℃에서 물속의 H_3O^+의 농도(M)는?

① 1.0×10^{-7} ② 1.5×10^{-7}
③ 6.7×10^{-8} ④ 4.2×10^{-15}

정답 01 ② 02 ③ 03 ① 04 ① 05 ③

해설

$K_w = [H_3O^+][OH^-] = 0.45 \times 10^{-14}$
$[H_3O^+] = 6.7 \times 10^{-8}$

06 에틸알코올(C_2H_5OH)의 융해열이 4.81kJ/mol이라고 할 때 알코올 8.72g을 얼리면 ΔH는 약 몇 kJ인가?

① +0.9
② −0.9
③ +41.9
④ −41.9

해설

$8.72g \times \dfrac{1mol}{46g} = 0.19mol$

$4.81kJ/mol \times 0.19mol = 0.9kJ$

$\Delta H = -0.9kJ$

※ 얼렸을 때는 열을 방출하므로 $\Delta H < 0$이 된다.

07 화학평형에 대한 설명 중 옳은 것은?
① 화학평형이란 더 이상의 반응이 없음을 의미한다.
② 반응물과 생성물의 양이 같다는 것을 의미한다.
③ 정반응과 역반응속도가 같다는 것을 의미한다.
④ 정반응과 역반응이 동시에 진행되는 비가역 반응이다.

해설

화학평형
가역반응에서 정반응속도와 역반응속도가 같아져서 겉보기에 반응이 정지된 것처럼 보이는 상태

정답 06 ② 07 ③

[05] 산과 염기

1. 산과 염기의 정의

1) 아레니우스의 산·염기

① 산 : 수용액에서 이온화하여 H^+(수소이온)를 내는 물질

    예) $HCl(aq) \rightarrow H^+(aq) + Cl^-(aq)$

② 염기 : 수용액에서 이온화하여 OH^-(수산화이온)를 내는 물질

    예) $NaOH(aq) \rightarrow Na^+(aq) + OH^-(aq)$

2) 브뢴스테드-로우리의 산·염기

① 산 : H^+을 내놓는 물질, 양성자 주개

② 염기 : H^+을 받아들이는 물질, 양성자 받개

③ 짝산과 짝염기

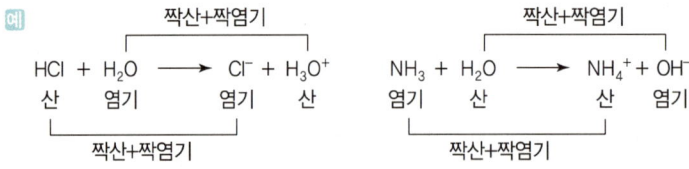

④ 양쪽성 물질 : 산도 되고 염기도 되는 물질

    예) H_2O, HCO_3^-, HSO_4^-

3) 루이스의 산·염기

① 산 : 비공유전자쌍을 받는 물질

② 염기 : 비공유전자쌍을 주는 물질

    예) $NH_3 + H^+ \rightarrow NH_4^+$

$$H-\underset{\underset{H}{|}}{\overset{..}{N}}-H + H^+ \rightarrow \left[H-\underset{\underset{H}{|}}{\overset{\overset{H}{|}}{N}}-H \right]^+$$

    염기   산

2. 산과 염기의 성질

1) 산성

① 푸른색 리트머스를 붉게 변화시킨다.

② 염기와 반응하여 염과 물을 만든다.

TIP

산과 염기의 정의

아레니우스	• 산 : H^+를 내는 물질 • 염기 : OH^-를 내는 물질
브뢴스테드 -로우리	• 산 : H^+를 주는 물질 • 염기 : H^+를 받는 물질
루이스	• 산 : 비공유전자쌍을 받는 물질 • 염기 : 비공유전자쌍을 주는 물질

TIP

양쪽성 물질

예) $HCO_3^- \rightarrow H^+ + CO_3^{2-}$
  산
$HCO_3^- + H^+ \rightarrow H_2CO_3$
  염기

③ 수소보다 이온화 경향이 큰 금속과 반응하여 H_2를 발생시킨다.

$Zn + 2HCl \rightarrow ZnCl_2 + H_2$

④ 신맛이 난다.

2) 염기성

① 붉은색 리트머스를 푸르게 변화시킨다.
② 산과 반응하여 염과 물을 만든다.
③ 페놀프탈레인 용액을 붉게 변화시킨다.
④ 쓴맛이 난다.

3. 산과 염기의 세기

1) 전해질과 비전해질

(1) 전해질

물에 녹아 이온화하여 전기를 통하는 물질

구분	내용
강전해질	• 강산 : 예 HCl, HNO_3, H_2SO_4 • 강염기 : 예 $NaOH$, KOH
약전해질	• 약산 : 예 CH_3COOH • 약염기 : 예 NH_4OH

(2) 비전해질

이온화하지 않아 전기가 통하지 않는 물질
예 설탕, 포도당, 알코올

2) 이온화도(해리도)

① 이온화도(α) : 전해질의 전체 몰수에 대한 이온화된 몰수의 비

$$이온화도(\alpha) = \frac{이온화된\ 전해질의\ 몰수}{전해질의\ 전체\ 몰수} \quad (0 \leq \alpha \leq 1)$$

② 이온화도가 클수록 강전해질, 즉 강산, 강염기를 나타낸다.

 TIP

같은 물질인 경우 온도가 높을수록 농도가 묽을수록 이온화도가 커진다.

3) pH

① 수용액의 수소이온농도를 표시하기 위한 척도로 pH를 이용하면 용액의 액성을 알 수 있다.

② pH와 pOH의 계산

$$pH = \log\frac{1}{[H^+]} = -\log[H^+]$$

$$pOH = \log\frac{1}{[OH^-]} = -\log[OH^-]$$

$$\therefore pH + pOH = 14$$

③ pH와 수용액의 액성
 ㉠ 산성 : pH < 7
 ㉡ 중성 : pH = 7
 ㉢ 염기성 : pH > 7

④ pH가 작을수록 산성도가 커지고, pH가 클수록 염기성도가 커진다.

```
0 ─────────── pH=7 ─────────── 14
산성 大         중성          염기성 大
```

4) 이온화 상수(평형상수)

산과 염기의 수용액은 이온화 평형을 이루고 있으므로 산과 염기의 이온화 정도를 나타내는 평형상수인 이온화 상수로 산과 염기의 세기를 비교할 수 있다.

(1) 산의 이온화 상수(K_a)

$$HA(aq) + H_2O(l) \rightleftharpoons A^-(aq) + H_3O^+(aq) \qquad K_a = \frac{[A^-][H_3O^+]}{[HA]}$$

(2) 염기의 이온화 상수(K_b)

$$B(aq) + H_2O(l) \rightarrow BH^+(aq) + OH^-(aq) \qquad K_b = \frac{[BH^+][OH^-]}{[B]}$$

(3) 이온화 상수와 산·염기의 세기

① 일정 온도에서 이온화 상수는 일정하다. (K_a, K_b는 온도만의 함수)
② 이온화 상수가 클수록 강산, 강염기이다.

(4) 이온화도(α)와 이온화 상수와의 관계

$$HA(aq) + H_2O(l) \rightleftharpoons A^-(aq) + H_3O^+(aq)$$

반응농도	C	0	0
반응	$-C\alpha$	$+C\alpha$	$+C\alpha$
평형농도	$C(1-\alpha)$	$C\alpha$	$C\alpha$

$$K_a = \frac{[A^-][H_3O^+]}{[HA]} = \frac{C\alpha \cdot C\alpha}{C(1-\alpha)} = \frac{C\alpha^2}{1-\alpha}$$

① 약산은 이온화도 α가 1보다 매우 작으므로 $1-\alpha \fallingdotseq 1$이 되어 $K_a = C\alpha^2$, $\alpha = \sqrt{\dfrac{K_a}{C}}$ 이다.

② 이온화 상수는 산의 종류와 온도에 의해서 결정되며 농도가 묽을수록 이온화도는 커진다.

$$[H_3O^+] = C\alpha = \sqrt{K_a C}$$

5) 물의 자동이온화

$$H_2O(l) + H_2O(l) \rightleftharpoons H_3O^+(aq) + OH^-(aq)$$

(1) 물의 이온곱상수(K_w)

$$K_w = [H_3O^+][OH^-] = K_a \times K_b$$

① $K_w = 1.0 \times 10^{-14}$이고, pH + pOH = 14이다.

② 강산의 짝염기는 약염기이고, 강염기의 짝산은 약산이다.

$$\underset{\text{산}}{HA} + \underset{\text{염기}}{H_2O} \rightleftharpoons \underset{\text{염기}}{A^-} + \underset{\text{산}}{H_3O^+}$$

(짝산+짝염기)

③ 중성에서 $[H_3O^+] = [OH^-] = 1.0 \times 10^{-7}$M

6) 양성자산

(1) 일양성자산

$$HCl \rightarrow H^+ + Cl^-$$

(2) 이양성자산

$$H_2CO_3 \rightarrow H^+ + HCO_3^- \qquad K_{a1} = \frac{[H^+][HCO_3^-]}{[H_2CO_3]}$$

$$HCO_3^- \rightarrow H^+ + CO_3^{2-} \qquad K_{a2} = \frac{[H^+][CO_3^{2-}]}{[HCO_3^-]}$$

$$\therefore K_{a1} > K_{a2}$$

> **TIP**
> 산의 세기 비교
> • 산의 세기
> $HF < HCl < HBr < HI$
> • 염소산의 세기
> $HClO_4 > HClO_3 > HClO_2 > HClO$

(3) 삼양성자산

$$H_3PO_4 \rightarrow H^+ + H_2PO_4^- \qquad K_{a1} = \frac{[H^+][H_2PO_4^-]}{[H_3PO_4]}$$

$$H_2PO_4^- \rightarrow H^+ + HPO_4^{2-} \qquad K_{a2} = \frac{[H^+][HPO_4^{2-}]}{[H_2PO_4^-]}$$

$$HPO_4^{2-} \rightarrow H^+ + PO_4^{3-} \qquad K_{a3} = \frac{[H^+][PO_4^{3-}]}{[HPO_4^{2-}]}$$

$$H_3PO_4 \rightarrow 3H^+ + PO_4^{3-} \qquad K_a = K_{a1} \times K_{a2} \times K_{a3}$$

$$= \frac{[H^+]^3[PO_4^{3-}]}{[H_3PO_4]}$$

$$\therefore K_{a1} > K_{a2} > K_{a3}$$

4. 염

산의 H^+이 염기의 양이온으로 치환된 화합물 또는 염기의 OH^-이 산의 음이온으로 치환된 화합물을 염이라 한다.

예 $NaOH + HCl \rightarrow NaCl + H_2O$

1) 염의 종류

① 산성염

강산 + 약염기 → 산성염

예 $HCl + NH_4OH \rightarrow NH_4Cl + H_2O$

> **TIP**
> • 산성염 : 염 속에 H가 들어 있는 염
>   예 $NaHSO_4$, $KHCO_3$
> • 염기성염 : 염 속에 OH가 들어 있는 염
>   예 $Ca(OH)Cl$, $Mg(OH)Cl$
> • 중성염 : 염 속에 H나 OH가 들어 있지 않은 염
>   예 $NaCl$, $CaCO_3$, $CaCl_2$
> • 복염 : 이종 이상의 염이 결합하여 만들어진 새로운 염
> • 착염 : 금속이온을 중심원자로 하여 리간드가 배위결합을 한 착이온의 염

② 염기성염

약산＋강염기 → 염기성염

예) $CH_3COOH + NaOH \rightarrow CH_3COONa + H_2O$

③ 중성염

강산＋강염기 → 중성염

예) $H_2SO_4 + 2NaOH \rightarrow Na_2SO_4 + 2H_2O$

2) 염의 가수분해

① 염의 양이온 ＋ H_2O → 염기＋ H^+ ➡ 용액이 산성을 나타낸다.

$$B^+ + H_2O \rightarrow BOH + H^+$$

② 염의 음이온 ＋ H_2O → 산＋ OH^- ➡ 용액이 염기성을 나타낸다.

$$A^- + H_2O \rightarrow HA + OH^-$$

> **TIP**
> • 약산의 음이온 → 염기성
>   예) HCO_3^-, CH_3COO^-
> • 약염기의 양이온 → 산성
>   예) NH_4^+

5. 중화반응

1) 중화반응

산과 염기가 반응하여 염과 물이 생기는 반응

$$HCl + NaOH \rightarrow NaCl + H_2O$$
$$\text{산} \quad \text{염기} \quad \text{염} \quad \text{물}$$
$$H^+ + OH^- \rightarrow H_2O$$

2) 중화적정

① 산과 염기가 완전중화하려면 "산의 g당량수 ＝ 염기의 g당량수"이어야 한다.

$$\text{g당량수} = N \times V$$

② N_1 농도의 산 V_1(mL)을 완전중화시키는 데 N_2 농도의 염기 V_2(mL)가 소비되었을 때의 식

$$N_1 V_1 = N_2 V_2$$

> ◆ **Kjeldahl법(케달법)**
> 유기화합물 중 질소를 진한 황산과 가열하여 암모니아로 만든 후 산에 흡수시켜 중화적정(역적정)에 의해 정량하는 방법

> **Reference**
>
> **산·염기의 당량**
>
> ㉠ 산의 1g당량
> - HCl의 1g당량 = $\frac{36.5g}{1}$ = 36.5g
> - H$_2$SO$_4$의 1g당량 = $\frac{98g}{2}$ = 49g
>
> ㉡ 염기의 1g당량
> - NaOH의 1g당량 = $\frac{40g}{1}$ = 40g
> - Ca(OH)$_2$의 1g당량 = $\frac{74g}{2}$ = 37g

6. 완충용액

① 산 또는 염기를 소량 첨가해도 거의 일정한 pH를 유지하는 용액
② 약산에 그 짝염기가 포함된 염 또는 약염기에 그 짝산이 포함된 염을 넣는다.

CH$_3$COOH + CH$_3$COONa (약산 + 산의 염)
└──── 완충용액 ────┘

NH$_4$OH + NH$_4$Cl (약염기 + 염기의 염)
└──── 완충용액 ────┘

TIP
㉠ 완충용액
- 약산+짝염기
- 약염기+짝산

㉡ 완충영역(반당량점)
- 약산+강염기 $\left(\frac{1}{2}\right)$
- 약염기+강산 $\left(\frac{1}{2}\right)$

TIP
헨더슨-하셀바흐 식
(Henderson – Hasselbalch 식)
$$pH = pK_a + \log\frac{[A^-]}{[HA]}$$

7. 지시약

색의 변화로 용액의 액성을 나타내는 시약

지시약 \ pH	산성 1	2	3	중성 4	5	6	7	8	9	염기성 10	11~14	pH의 변색범위
메틸오렌지			적색	등황색								3.2~4.4
메틸레드				적색		황색						4.2~6.3
리트머스						적색		청색				6.0~8.0
크레졸레드							황색		적색			7.0~8.8
페놀프탈레인								무색		적색		8.0~10.0

실전문제

01 수용액 중 H^+이온의 농도가 0.1M이다. H^+이온의 농도를 pH로 나타내면?

① 0.01 ② 0.1
③ 1   ④ 10

해설
$pH = -\log[H^+] = -\log[0.1] = 1$

02 수소이온농도 0.0001M의 pH는?

① 3 ② 4
③ 5 ④ 6

해설
$pH = -\log[H^+] = -\log(10^{-4}) = 4$

03 다음 물질의 산해리상수 K_a값이 다음과 같을 때, 다음 중 산의 세기가 가장 큰 것은?

- HF : 7.1×10^{-4}
- HCN : 4.9×10^{-10}
- HNO_2 : 4.5×10^{-4}
- CH_3COOH : 1.8×10^{-5}

① HF   ② HCN
③ HNO_2 ④ CH_3COOH

해설
K_a는 산해리상수이므로 K_a값이 클수록 강산을 의미한다.

04 다음 중 산의 세기가 가장 강한 것은?

① HClO   ② HF
③ CH_3COOH ④ HCl

해설
- 강산 : HCl, HNO_3, H_2SO_4, $HClO_4$
- 약산 : CH_3COOH, HF, HClO

05 0.52% 해리되는 2.5M 약한 산성용액의 해리상수(K_a) 값은?

① 6.8×10^{-5} ② 1.1×10^{-5}
③ 0.11   ④ 1.3×10^{-2}

해설

	HA	$\rightleftharpoons$	H^+	+	A^-
	2.5M		0		0
	-2.5×0.0052		2.5×0.0052		2.5×0.0052
	$2.5 - 2.5 \times 0.0052$		2.5×0.0052		2.5×0.0052
	≒ 2.5				

$K_a = \dfrac{[H^+][A^-]}{[HA]} = \dfrac{(2.5 \times 0.0052)^2}{2.5}$
$= 6.76 \times 10^{-5}$
$≒ 6.8 \times 10^{-5}$

06 물질을 수용액에 녹였을 때의 성질이 틀린 것은?

① CO_2 - 산성   ② Na_2O - 염기성
③ Na_2CO_3 - 산성   ④ N_2O_5 - 산성

해설
Na_2CO_3 - 염기성
약산+강염기의 염

정답 01 ③ 02 ② 03 ① 04 ④ 05 ① 06 ③

07 다음 물질을 전해질의 세기가 강한 것부터 약해지는 순서로 나열한 것은?

$$NaCl, NH_3, CH_3COCH_3$$

① $NaCl > CH_3COCH_3 > NH_3$
② $NaCl > NH_3 > CH_3COCH_3$
③ $CH_3COCH_3 > NH_3 > NaCl$
④ $CH_3COCH_3 > NaCl > NH_3$

해설

NaCl : 전해질
CH_3COCH_3 : 비전해질

08 포름산($HCOOH$)의 이온화 상수(K_a)는 1.80×10^{-4}이다. 0.001M의 포름산 용액에는 포름산 약 몇 %가 이온화되어 있는가?

① 4.2 ② 34
③ 82   ④ 88

해설

$HCOOH \rightarrow H^+ + COO^-$

0.001M	0	0
$-x$	x	x
$0.001-x$	x	x

$K_a = \dfrac{[H^+][COO^-]}{[HCOOH]} = \dfrac{x^2}{0.001-x} = 1.80 \times 10^{-4}$

$\therefore x^2 + 1.8 \times 10^{-4}x - 1.8 \times 10^{-7} = 0$

$x = [H^+]$
$= \dfrac{-1.8 \times 10^{-4} + \sqrt{(1.8 \times 10^{-4})^2 + 4(1.8 \times 10^{-7})}}{2}$
$= 3.43 \times 10^{-4} M$

이온화도 $= \dfrac{3.43 \times 10^{-4}}{0.001} \times 100\%$
$= 34.4\%$

09 산·염기에 대한 설명으로 틀린 것은?

① Brönsted–Lowry 산은 양성자 주개(Proton Donor)이다.
② 염기는 물에서 수산화이온을 생성한다.
③ 강산은 물에서 완전히 또는 거의 이온화되는 산이다.
④ Lewis 산은 비공유전자쌍을 줄 수 있는 물질이다.

해설

- Lewis 산은 비공유전자쌍을 받을 수 있는 물질이다.
- Lewis 염기는 비공유전자쌍을 줄 수 있는 물질이다.

10 다음 각 산 또는 염기에 대하여 필요한 짝산 또는 짝염기가 틀린 것은?

① H_2O가 염기로 작용할 때 짝산은 H_3O^+이다.
② HSO_3^-가 산으로 작용할 때 짝염기는 SO_3^{2-}이다.
③ HCO_3^-가 산으로 작용할 때 짝염기는 H_2CO_3이다.
④ NH_3가 염기로 작용할 때 짝산은 NH_4^+이다.

해설

① $H_2O + H_2O \longrightarrow H_3O^+ + OH^-$
   산   짝염기

② $HSO_3^- + H_2O \longrightarrow H_3O^+ + SO_3^{2-}$
   산   짝염기

③ $HCO_3^- + H_2O \longrightarrow H_3O^+ + CO_3^{2-}$
   산   짝염기

④ $NH_3 + H_2O \longrightarrow NH_4^+ + OH^-$
   염기   짝산

11 암모니아 용액의 수산화이온의 농도가 5.0×10^{-6}M일 때 하이드로늄 이온의 농도를 계산하면 얼마인가?

① 5.0×10^{-6}M   ② 2.0×10^{-6}M
③ 5.0×10^{-9}M   ④ 2.0×10^{-9}M

정답 07 ② 08 ② 09 ④ 10 ③ 11 ④

해설

$K_w = [H^+][OH^-] = 1.0 \times 10^{-14}$
$[H^+](5.0 \times 10^{-6}) = 1.0 \times 10^{-14}$
$\therefore [H^+] = 2.0 \times 10^{-9}$

12 다음 설명 중 틀린 것은?

① 산은 수용액 중에서 양성자(H^+)를 내놓는 물질이다.
② 양성자를 주거나 받는 물질로 산과 염기를 정의하는 것은 브뢴스테드에 의한 산·염기 개념이다.
③ 산과 염기의 세기는 해리도를 통해 가늠할 수 있다.
④ 아레니우스에 의한 산의 정의는 물에서 해리되어 수산화이온을 내놓는 물질이다.

해설

아레니우스에 의한 산의 정의는 물에서 해리되어 수소이온을 내놓는 물질이다.

정답 12 ④

[06] 산화와 환원

TIP

산화 · 환원반응의 예
- 철이 녹스는 것
- 소화
- 연소
- 전지

1. 산화 · 환원

구분	산화	환원
산소	+(얻음)	-(잃음)
수소	-(잃음)	+(얻음)
전자	-(잃음)	+(얻음)
산화수	+(증가)	-(감소)

1) 산화

산소를 얻음. 수소를 잃음. 전자를 잃음. 산화수 증가

예 $2Mg + O_2 \rightarrow 2MgO$

$Na \rightarrow Na^+ + e^-$

산화수 증가(산화)

$Ag^+(aq) + Fe^{2+}(aq) \longrightarrow Ag(s) + Fe^{3+}(aq)$
$+1 \qquad\quad +2 \qquad\qquad\quad 0 \qquad\quad +3$

산화수 감소(환원)

2) 환원

산소를 잃음. 수소를 얻음. 전자를 얻음. 산화수 감소

예 $N_2 + 3H_2 \rightarrow 2NH_3$

$Cl + e^- \rightarrow Cl^-$

산화

$CuO + H_2 \longrightarrow Cu + H_2O$

환원

산화
(산화수 증가)

$2Al^{3+} + 3Mg(s) \longrightarrow 2Al(s) + 3Mg^{2+}(aq)$
$+3 \qquad\quad 0 \qquad\qquad\quad 0 \qquad\quad +2$

환원
(산화수 감소)

2. 반응성의 크기

1) 금속의 이온화 경향

$$K > Ca > Na > Mg > Al > Zn > Fe > Ni > Sn > Pb > (H) > Cu > Hg > Ag > Pt > Au$$

← 이온화 경향이 크다.
산화되기 쉽다.
양이온이 되기 쉽다.

→ 이온화 경향이 작다.
산화되기 어렵다.
양이온이 되기 어렵다.

> **TIP**
> 이온화 경향이 $Zn > H$ 이므로
> $Zn + 2HCl \rightarrow ZnCl_2 + H_2 \uparrow$

2) 할로겐 원소의 반응성

$$F_2 > Cl_2 > Br_2 > I_2$$

예) $2Br^- + Cl_2 \rightarrow 2Cl^- + Br_2$

> **TIP**
> 반응성이 $Cl_2 > Br_2$ 이므로
> $2Cl^- + Br_2 \rightarrow$ 반응이 일어나지 않는다.

3) 산화수

① 분자 = 0
② 이온의 산화수 = 그 이온의 전하수
③ 다원자분자 또는 다원자이온에서 구성원자들의 산화수의 합 = 그 다원자 분자(이온)의 전하
④ 중성화합물에서 모든 원자의 산화수의 합 = 0

예)
- H_2, O_2, N_2 산화수 = 0
- O 산화수 = -2 (예외) 과산화물 Na_2O_2에서 O의 산화수 = -1
- H^+ 산화수 = $+1$ (예외) 금속의 수소화물에서 H의 산화수 = -1
- H_2SO_4 산화수 = $(+1) \times 2 + S + (-2) \times 4 = 0$
  ∴ S의 산화수 = $+6$
- $KMnO_4$ 산화수 = $(+1) + Mn + (-2) \times 4 = 0$
  ∴ Mn의 산화수 = $+7$
- MnO_4^- 산화수 = $Mn + (-2) \times 4 = -1$
  ∴ $Mn = +7$

3. 산화·환원 반응식 균형 맞추기

1) 산화상태법

① 산화수가 변한 원자를 확인한다.
② 산화수가 변한 같은 원자를 서로 연결하여 잃은 전자와 얻은 전자를 표시한다.
③ 공배수가 되도록 숫자를 곱한다.
④ 반응식을 완성한다.

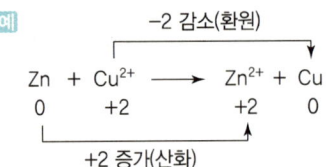

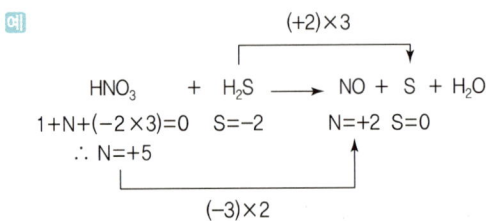

$$\therefore 2HNO_3 + 3H_2S \rightarrow 2NO + 3S + 4H_2O$$

2) 반쪽반응법(이온전자법)

① 산화반쪽반응과 환원반쪽반응으로 분리한다.
② 산화수가 변화하는 원자의 수를 맞춘다.
③ 산소가 부족한 쪽에 H_2O를 더하여 산소원자의 수를 맞춘다.
④ H_2O를 더한 반대쪽에 H^+이온을 더하여 수소원자의 수를 맞춘다.
⑤ 모든 원자들이 균형을 이루고 있는지 확인하여 전하균형을 맞춘다.
⑥ 산화반응에 의해 잃은 전자수와 환원반응에 의해 얻는 전자수를 같게 한다.
⑦ 두 반쪽반응을 합하여 반응식을 완성한다.

> 예 $Cr_2O_7^{2-} + Fe^{2+} \rightarrow Cr^{3+} + Fe^{3+}$
> ㉠ 산화·환원 반응식을 반쪽반응으로 분리한다.
> $Cr_2O_7^{2-} \rightarrow Cr^{3+}, Fe^{2+} \rightarrow Fe^{3+}$
> ㉡ H, O 이외의 원자들의 원자수를 맞춘다.
> $Cr_2O_7^{2-} \rightarrow 2Cr^{3+}, Fe^{2+} \rightarrow Fe^{3+}$
> ㉢ O를 필요로 하는 쪽에 H_2O를 더하여 산소원자의 수를 맞춘다.
> $Cr_2O_7^{2-} \rightarrow 2Cr^{3+} + 7H_2O, Fe^{2+} \rightarrow Fe^{3+}$
> ㉣ H_2O를 더한 반대쪽에 H^+을 더해 수소의 균형을 맞춘다.
> $14H^+ + Cr_2O_7^{2-} \rightarrow 2Cr^{3+} + 7H_2O, Fe^{2+} \rightarrow Fe^{3+}$
> $+14-2=+12$ $(+3) \times 2 = +6$

ⓗ 전하의 균형을 맞춘다.
$14H^+ + Cr_2O_7^{2-} + 6e^- \rightarrow 2Cr^{3+} + 7H_2O$: 환원반응
$Fe^{2+} \rightarrow Fe^{3+} + e^-$: 산화반응
ⓑ 잃은 전자수와 얻은 전자수를 같게 한다.
$14H^+ + Cr_2O_7^{2-} + 6e^- \rightarrow 2Cr^{3+} + 7H_2O$
$6Fe^{2+} \rightarrow 6Fe^{3+} + 6e^-$
ⓢ 두 반쪽반응식을 더하여 화학반응식을 완성한다.
$14H^+ + 6Fe^{2+} + Cr_2O_7^{2-} \rightarrow 2Cr^{3+} + 6Fe^{3+} + 7H_2O$

4. 산화제와 환원제

1) 산화제
① 자신은 환원되고 다른 물질을 산화시키는 물질
② 전자를 얻는 성질이 클수록 강한 산화제

2) 환원제
① 자신은 산화되고 다른 물질을 환원시키는 물질
② 전자를 잃는 성질이 클수록 강한 환원제

예

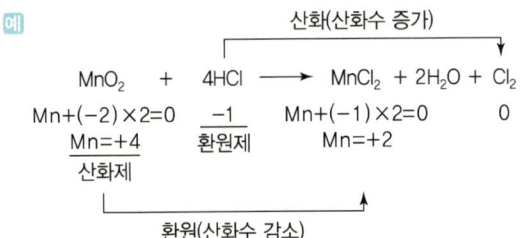

Exercise 01

$KMnO_4$와 H_2O_2의 산화·환원 반응식을 쓰시오.

풀이 $2MnO_4^- + 5H_2O_2 + 6H^+ \rightarrow 2Mn^{2+} + 8H_2O + 5O_2$

$$\underset{+7}{MnO_4^-} + \underset{-2}{H_2O_2} \rightarrow \underset{+2}{Mn^{2+}} + H_2O + \underset{0}{O_2}$$

위: $+2 \times ⑤$
아래: $-5 \times ②$

$2MnO_4^- + 5H_2O_2 \rightarrow 2Mn^{2+} + H_2O + 5O_2$
산소의 수를 H_2O로 맞추고, 수소의 수를 H^+로 맞춘다.
$2MnO_4^- + 5H_2O_2 + 6H^+ \rightarrow 2Mn^{2+} + 8H_2O + 5O_2$

5. 전지

① 자발적으로 일어나는 산화환원반응으로, 화학에너지를 전기에너지로 전환한다.
② 볼타전지 혹은 갈바니전지가 대표적이다.
③ 전지의 표현

> (−)산화전극 | 산화전극의 전해질 용액 ‖ 환원전극의 전해질 용액 | 환원전극(+)

④ 산화전극은 왼쪽에 환원전극은 오른쪽에 쓰고, 상의 경계는 | 로, 염다리는 ‖ 로 표시한다.

Reference

볼타전지

(−) Zn | H_2SO_4 | Cu (+)

(−)극 (산화전극) : $Zn \rightarrow Zn^{2+} + 2e^-$
(+)극 (환원전극) : $2H^+ + 2e^- \rightarrow H_2$
―――――――――――――――――――
전체반응 : $Zn + 2H^+ \rightarrow Zn^{2+} + H_2$

- (−)극은 아연판이 녹아 질량이 감소하고 (+)극은 수소가 발생하므로 구리판의 질량이 변하지 않는다.
- 분극현상 : (+)극에서 발생한 H_2 기체가 수소이온의 환원반응이 일어나는 것을 막아 전류의 흐름을 방해해 전압이 떨어지는 현상이다.
- 분극제 : MnO_2(이산화망간), H_2O_2(과산화수소)

6. 전해전지

① 비자발적으로 일어나는 산화환원반응으로, 전기에너지를 화학에너지로 전환한다.
② **산화전극** : (+)극, 전자를 내준다.
③ **환원전극** : (−)극, 전자를 얻는다.

TIP

갈바니전지	전해전지
자발적 반응	비자발적 반응
화학에너지 → 전기에너지	전기에너지 → 화학에너지

[07] 유기화합물

1. 탄화수소

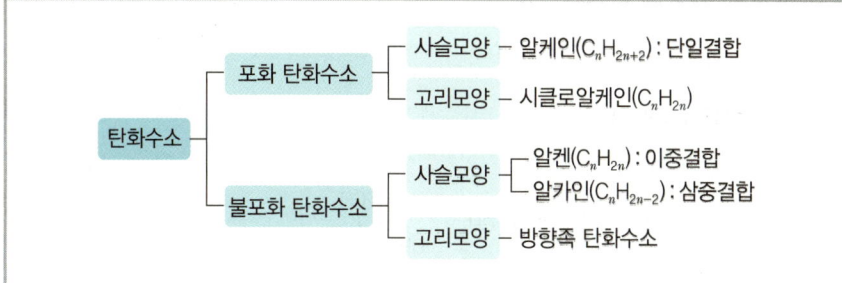

> ◆ 유기화합물
> C(탄소)를 가지는 화합물
>
> ◆ 탄화수소
> C, H 를 가지는 화합물
>
> ◆ 탄화수소유도체
> C, H 외에 다른 원자나 원자단이 있는 화합물
>
> ◆ 무기화합물
> 유기화합물을 제외한 모든 화합물
> 예 산화물, 시안화물, 탄산염

1) Alkane(알칸, 알케인)

(1) 일반적 성질

① 메탄계, 파라핀계 탄화수소
② 일반식 : C_nH_{2n+2}
③ 단일결합
④ 반응성이 작아 안정된 화합물
⑤ 치환반응 : $CH_4 + Cl_2 \rightarrow CH_3Cl + HCl$
⑥ C의 수가 1~4개 : 기체, 5~16개 : 액체, 17개 이상 : 고체

(2) 명명법

이름 끝에 -ane를 붙인다.

화학식	명명법		화학식	명명법	
CH_4	methane	메탄	C_6H_{14}	hexane	헥산
C_2H_6	ethane	에탄	C_7H_{16}	heptane	헵탄
C_3H_8	propane	프로판	C_8H_{18}	octane	옥탄
C_4H_{10}	butane	부탄	C_9H_{20}	nonane	노난
C_5H_{12}	pentane	펜탄	$C_{10}H_{22}$	decane	데칸

> 💡 **TIP**
>
> alkane(알칸, 알케인) 명명법
> • 메탄 = 메테인
> • 에탄 = 에테인
> • 프로판 = 프로페인
> • 부탄 = 부테인
> • 펜탄 = 펜테인

TIP

분자식	구조이성질체 수
C_4H_{10}	2개
C_5H_{12}	3개
C_6H_{14}	5개
C_7H_{16}	9개
C_8H_{18}	18개
C_9H_{20}	35개
$C_{10}H_{22}$	75개

(3) 구조이성질체

분자식은 같으나 결합구조식이 달라, 물리적, 화학적 성질이 다르다.

① 부탄(C_4H_{10})

$CH_3-CH_2-CH_2-CH_3$　　　$CH_3-CH(CH_3)-CH_3$

n-butane　　　　　　iso-butane

② 펜탄(C_5H_{12})

n-pentane　　　iso-pentane　　　neo-pentane

(4) cyclo-alcane(고리형 C_nH_{2n})

cyclo-propane　　cyclo-butane

cyclo-pentane　　cyclo-hexane

TIP

• 의자형

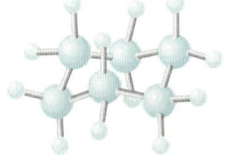

• 배형

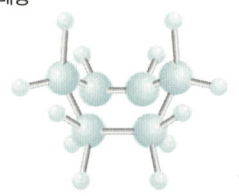

> **Reference**
>
> **cyclo-hexane의 구조**
>
>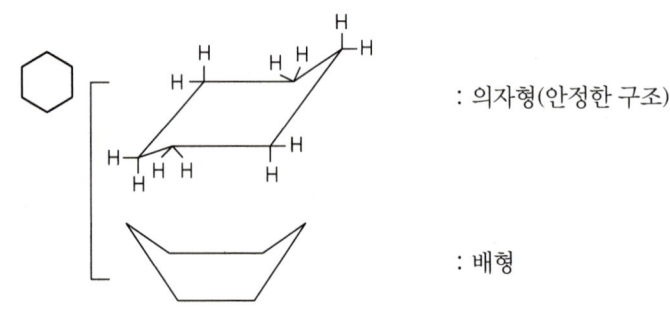
>
> : 의자형(안정한 구조)
>
> : 배형

2) Alkene(알켄)

(1) 일반적 성질

① 에틸렌계, 올레핀계 탄화수소

② 일반식 : C_nH_{2n}

③ 불포화 탄화수소로서 이중결합을 하므로 알칸보다 반응성이 크다.

④ 첨가반응을 한다.

예)
$$\begin{matrix} H \\ H \end{matrix} C=C \begin{matrix} H \\ H \end{matrix} + H_2O \longrightarrow H-\underset{H}{\overset{H}{C}}-\underset{OH}{\overset{H}{C}}-H$$

⑤ 구조이성질체와 기하이성질체(cis형, trans형)를 갖는다.

(2) 명명법

이름 끝에 −ene를 붙인다.

화학식	명명법	
C_2H_4	ethene	에텐
C_3H_6	propene	프로펜
C_4H_8	butene	부텐

① $\overset{4}{C}H_3-\overset{3}{C}H_2-\overset{2}{C}H=\overset{1}{C}H_2$ 1−butene

② $\overset{1}{C}H_3-\overset{2}{C}H=\overset{3}{C}H-\overset{4}{C}H_2$ 2−butene

③ $\overset{3}{C}H_3-\overset{2}{\underset{CH_3}{C}}=\overset{1}{C}H_2$ 2−methyl propene

cf) ①, ②, ③은 구조이성질체

④ $\overset{1}{C}H_3-\overset{2}{\underset{CH_3}{C}}=\overset{3}{C}H-\overset{4}{C}H_3$ 2−methyl 2−butene

(3) 기하이성질체

cis형(극성 분자)	trans형(비극성 분자)
$\begin{matrix} H \\ Cl \end{matrix} C=C \begin{matrix} H \\ Cl \end{matrix}$	$\begin{matrix} H \\ Cl \end{matrix} C=C \begin{matrix} Cl \\ H \end{matrix}$

> **TIP**
>
> **C_4H_8의 이성질체**
>
> • 1−butene
> $CH_2=CH-CH_2-CH_3$
>
> • cis−2−butene
> $\begin{matrix} CH_3 \\ H \end{matrix} C=C \begin{matrix} CH_3 \\ H \end{matrix}$
>
> • trans−2−butene
> $\begin{matrix} CH_3 \\ H \end{matrix} C=C \begin{matrix} H \\ CH_3 \end{matrix}$
>
> • 2−methyl propene
> $CH_2=C \begin{matrix} CH_3 \\ CH_3 \end{matrix}$
>
> • methyl cyclopropane(고리형)
> $\begin{matrix} CH_2 \\ CH_2 - CH - CH_3 \end{matrix}$
>
> • cyclo butane(고리형)
> $\begin{matrix} CH_2-CH_2 \\ | \quad\quad | \\ CH_2-CH_2 \end{matrix}$

TIP

화학식	명칭
CH_4	metane (메탄, 메테인)
CH_3CH_3	ethane (에탄, 에테인)
$CH_2=CH_2$	ethene (에텐, 에틸렌)
$CH_3-CH=CH_2$	propene (프로필렌, 프로펜)
$CH\equiv CH$	ethyne (에틴, 아세틸렌)

3) Alkyne(알킨, 알카인)

(1) 일반적인 성질

① 일반식 : C_nH_{2n-2}

② 불포화 탄화수소로서 삼중결합을 하므로 반응성이 크다.

③ 첨가반응, 중합반응이 쉽게 일어나고 치환반응도 한다.

> **Reference**
>
> **반응성의 크기**
> 알카인(삼중결합) > 알켄(이중결합) > 알케인(단일결합)

(2) 명명법

이름 끝에 −yne를 붙인다.

$H-C\equiv C-H$ 아세틸렌 ethyne(에틴)

$H-C\equiv C-CH_3$ propyne (프로핀)

4) 방향족 화합물

① 벤젠 및 벤젠고리를 가지고 있는 화합물

② 단일결합과 이중결합의 중간적 성질을 가진다.

③ 공명구조

예 벤젠(C_6H_6)

TIP

공명구조의 표시

 또는

④ 종류

toluene	nitrobenzene	TNT(trinitrotoluene)
CH₃	NO₂	CH₃ / O₂N, NO₂ / NO₂
o-xylene	m-xylene	p-xylene
CH₃, CH₃	CH₃, CH₃	CH₃ / CH₃
페놀	나프탈렌	살리실산
OH		COOH, OH

> **TIP 다이나이트로벤젠의 구조**
> - o-dichlorobenzene (ortho)
> - m-dichlorobenzene (meta)
> - p-dichlorobenzene (para)

> **TIP 벤조산**
> COOH

5) 탄화수소 유도체

   ① 탄화수소에 결합된 수소원자 대신 다른 원소의 원자나 원자단이 결합되어 있는 탄소화합물

   ② 탄화수소유도체= R(알킬기 : $C_nH_{2n+1}-$)+작용기

R(알킬기) 작용기	CH_3-	C_2H_5-	C_3H_7-	C_4H_9-
이름	메틸기	에틸기	프로필기	부틸기

예) $CH_3-CH_2-CH_2-$: n-프로필기

$CH_3-CH-CH_3$: iso-프로필기

6) 벤젠 이성질체

ortho-	meta-	para-
X, X (인접)	X, X (하나 건너)	X, X (둘 건너)
인접 탄소에 치환체가 결합	하나 건너 탄소에 치환체가 결합	둘 건너 탄소에 치환체가 결합

CHAPTER 01 화학의 이해 _ 59

2. 작용기

작용기
- $-NH_2$ 아미노기
- $-CONH-$ 아마이드기

작용기	이름	일반식	일반명	화합물	
$-OH$	히드록시기	ROH	알코올	CH_3OH	메탄올
$-CHO$	포르밀기	RCHO	알데하이드	CH_3CHO	아세트알데하이드
$-COOH$	카르복시기	RCOOH	카르복시산	CH_3COOH	아세트산
$-CO-$	카르보닐기	RCOR′	케톤	CH_3COCH_3	아세톤(다이메틸케톤)
$-COO-$	에스테르(에스터)기	RCOOR′	에스테르(에스터)	CH_3COOCH_3	아세트산메틸
$-O-$	에테르기	ROR′	에테르	CH_3OCH_3	다이메틸에테르

아민
NH_3의 H 대신 R(알킬기)가 치환된 물질
- 1차 아민 : $R-NH_2$
- 2차 아민 : $R_1 R_2 NH$
- 3차 아민 : $R_1 R_2 R_3 N$

작용기의 구조
- 포르밀기 : $-\overset{O}{\underset{}{C}}-H$
- 카르복시기 : $-\overset{O}{\underset{}{C}}-O-H$
- 카르보닐기 : $-\overset{O}{\underset{}{C}}-$
- 에스테르기 : $-\overset{O}{\underset{}{C}}-O-$

①
$$R-\underset{H}{\overset{H}{C}}-OH \underset{환원}{\overset{-H_2(산화)}{\rightleftharpoons}} R-\overset{O}{C}-H \underset{환원}{\overset{+O(산화)}{\rightleftharpoons}} R-\overset{O}{C}-O-H$$
1차 알코올   알데하이드   카르복시산

②
$$R-\underset{H}{\overset{R'}{C}}-OH \underset{환원}{\overset{-H_2(산화)}{\rightleftharpoons}} R-\overset{O}{C}-R'$$
2차 알코올   케톤

알코올과 금속의 반응
$2C_2H_5OH + 2K \rightarrow 2C_2H_5OK + H_2$

③ 알코올 + 알코올 $\underset{축합반응}{\overset{탈수}{\longrightarrow}}$ 에테르 + 물

$CH_3-CH_2-OH + HO-CH_2-CH_3 \overset{H_2SO_4}{\longrightarrow} CH_3CH_2OCH_2CH_3 + H_2O$
                                                                에테르

④ 산 + 알코올 $\underset{가수분해}{\overset{에스테르화}{\rightleftharpoons}}$ 에스테르 + 물

$RCO(OH) + R'OH \rightleftharpoons RCOOR' + H_2O$

비누화 반응
에스테르 + 강염기 → 카르복시산염(비누) + 알코올

Exercise 01

다음 유기화합물의 명칭을 쓰시오.

Cl-⟨benzene⟩-O-CH_2-COOH (with Cl at 2-position)

🔍 **풀이** 2,4-다이클로로페녹시아세트산

3. 알코올의 분류

1) -OH의 수에 따라

1가 알코올	2가 알코올	3가 알코올

-OH가 1개
예 CH_3CH_2OH(에탄올)
	-OH가 2개
	예 $OH-CH_2CH_2-OH$
	(에틸렌글리콜)
		-OH가 3개
		예 CH_2-OH(글리세린)
		  $\|$
		  $CH-OH$
		  $\|$
		  CH_2-OH

2) 알킬기의 수에 따라

1차 알코올	2차 알코올	3차 알코올
-OH기가 결합되어 있는 탄소에 탄소 1개가 결합된 경우 예 $R-CH_2-OH$	-OH기가 결합되어 있는 탄소에 탄소 2개가 결합된 경우 예 $R-\underset{R'}{\overset{H}{C}}-OH$	-OH기가 결합되어 있는 탄소에 탄소 3개가 결합된 경우 예 $R-\underset{R''}{\overset{R'}{C}}-OH$

4. 이성질체

- 분자식은 같으나 결합구조식이 다르다.
- 물리적 화학적으로 다른 성질을 나타낸다.

1) 구조이성질체

① 연쇄이성질체 : 탄소사슬의 배열이 다른 경우로 가지의 유무와 가지의 모양에 의한 이성질체

예 n-, iso, nco

② 작용기 이성질체 : 작용기가 서로 달라 생기는 이성질체

예
- 알코올(C_2H_5OH)과 에테르(CH_3OCH_3)
- 알데하이드(C_2H_5CHO)와 케톤(CH_3COCH_3)
- 카르복시산(CH_3COOH)과 에스터($HCOOCH_3$)

③ 위치이성질체 : 작용기의 결합위치에 의해 생기는 이성질체

TIP

은거울 반응
- 환원성 유기화합물 검출방법
- 암모니아성 질산은 용액과 알데히드가 반응하여 Ag^+(은이온)을 환원시켜 Ag(은)을 석출하는 반응
 예 알데하이드

TIP

펠링 반응
청남색의 펠링 용액이 환원성 물질과 반응하여 Cu^{2+}가 환원되어 붉은색 침전(Cu_2O)을 형성하는 반응
 예 알데하이드

2) 입체이성질체

(1) 기하이성질체

cis형	trans형
cis-2-butene	trans-2-butene

(2) 광학이성질체(거울상이성질체)

◆ **광학이성질체**
하나의 탄소에 4개의 서로 다른 원자나 작용기가 붙어 있어 회전을 하더라도 겹쳐지지 않는 두 개의 거울상으로 존재하는 이성질체

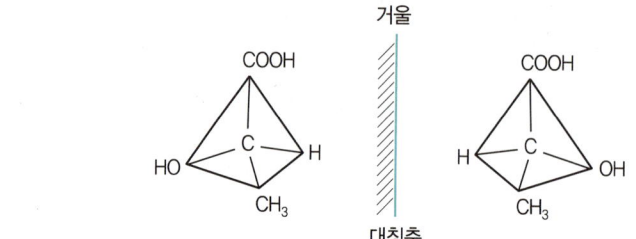

ⓓ 비대칭탄소(키랄탄소) : 탄소원자에 4개의 다른 원자나 원자단이 있는 탄소

5. 고분자

1) 첨가중합

불포화 결합을 갖는 단위체가 불포화 결합이 끊어지면서 첨가반응을 일으키는 중합반응

단량체		중합체	
에틸렌	$CH_2 = CH_2$	폴리에틸렌	$-[CH_2-CH_2]_n-$
프로필렌	$CH_2 = CH$ | CH_3	폴리프로필렌	$-[CH_2-CH]_n-$ | CH_3
염화비닐	$CH_2 = CH$ | Cl	폴리염화비닐 (PVC)	$-[CH_2-CH]_n-$ | Cl
스타이렌	$CH = CH_2$ — (phenyl)	폴리스타이렌	$-[CH-CH_2]_n-$ — (phenyl)

2) 축합중합

두 개 이상의 단위체가 결합할 때 H_2O와 같은 간단한 분자가 빠지면서 결합하는 중합반응

(1) 나일론 6.6

$$H_2N(CH_2)_6NH_2 + HOOC(CH_2)_4COOH \longrightarrow \left[N-(CH_2)_6-\underset{\text{아미드 결합}}{N-C}-(CH_2)_4-C \right]_n$$

헥사메틸렌디아민   아디프산   나일론 6.6

(2) 폴리에스테르(Polyester)

$$HOCH_2CH_2O-H \quad H-O-C-\bigcirc-C-O-H \longrightarrow \left[O-CH_2CH_2O-C-\bigcirc-C \right]_n + H_2O$$

에틸렌글리콜   p-텔레프탈산

6. 명명법

1) 원자단

이온의 이름으로 명명한다.

이온	이름	이온	이름
SO_4^{2-}	황산이온	NH_4^+	암모늄이온
CO_3^{2-}	탄산이온	OH^-	수산화이온
NO_3^-	질산이온	SO_3^{2-}	아황산이온
MnO_4^-	과망간산이온	PO_4^{3-}	인산이온
CH_3COO^-	아세트산이온	HCO_3^-	탄산수소이온
CrO_4^{2-}	크로뮴산이온	ClO_3^-	염소산이온
$Cr_2O_7^-$	중크로뮴산이온	CN^-	시안화이온

> **TIP**
>
> **열가소성 수지와 열경화성 수지**
> - 열가소성 수지(Thermoplastic Resin) 가열 시 연화되어 외력을 가할 때 쉽게 변형되므로, 성형 가공 후 냉각하면 외력을 제거해도 성형된 상태를 유지하는 수지
>   - 예 폴리염화비닐수지, 폴리에틸렌수지, 폴리프로필렌수지
> - 열경화성 수지(Thermosetting Resin) 가열 시 일단 연화되지만, 계속 가열하면 점점 경화되어, 나중에는 온도를 올려도 연화, 용융되지 않고, 원상태로 되지도 않는 성질의 수지
>   - 예 페놀수지, 요소수지, 멜라민수지, 에폭시수지, 알키드수지, 규소수지

> **TIP**
>
> C_6H_5O- : 페녹시
>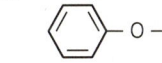
> CH_3CH_2O- : 에톡시

> **TIP**
>
> **염소산이온**
> - ClO_4^- : 과염소산이온
> - ClO_3^- : 염소산이온
> - ClO_2^- : 아염소산이온
> - ClO^- : 하이포아염소산이온

2) 한글 명명법

① 음이온을 먼저, 양이온을 나중에 쓴다.
② 음이온 이름 뒤에 "화"를 붙인다.
　예 산화~, 수산화~
③ 양이온이 금속이온일 때 산화수를 로마자로 붙이거나, 산화수가 작은 순서대로 제일, 제이, …를 붙인다.
　예
　　$FeCl_2$: 염화철(Ⅱ), 염화제일철
　　$FeCl_3$: 염화철(Ⅲ), 염화제이철
　　$CuCl$: 염화구리, 염화제일구리
　　$CuCl_2$: 염화구리(Ⅱ), 염화제이구리

3) 영어 명명법

① 양이온을 먼저, 음이온을 나중에 쓴다.
② 양이온이 금속이온일 때 산화수를 로마자로 나타낸다.
③ 음이온 뒤에 $-ide$, $-ite$, $-ate$를 붙인다.

4) 숫자 표현

숫자	명칭		숫자	명칭	
1	mono–	모노	6	hexa–	헥사
2	di–	다이	7	hepta–	헵타
3	tri–	트라이	8	octa–	옥타
4	tetra–	테트라	9	nona–	노나
5	penta–	펜타	10	deca–	데카

> **TIP**
> 산의 세기
> $HF \ll HCl < HBr < HI$
> $HClO_4 > HClO_3 > HClO_2 > HClO$

5) 염소산의 명칭

① $HClO_4$: 과염소산
② $HClO_3$: 염소산
③ $HClO_2$: 아염소산
④ $HClO$: 차아염소산(하이포아염소산)

실전문제

01 C_6H_{14}에는 몇 개의 구조이성질체(Isomers)가 존재하는가?

① 3개   ② 4개
③ 5개   ④ 6개

해설

C_6H_{14}의 구조이성질체

㉠ C-C-C-C-C-C

㉡ C-C-C-C-C
          |
          C

㉢ C-C-C-C-C
        |
        C

㉣ C-C-C-C
      |
      C
      |
      C

㉤   C
     |
   C-C-C-C
     |
     C

02 화학식과 그 명칭을 잘못 연결한 것은?

① C_3H_8 – 프로판   ② C_4H_{10} – 펜탄
③ C_6H_{14} – 헥산   ④ C_8H_{18} – 옥탄

해설

C_4H_{10} – 부탄
C_5H_{12} – 펜탄

03 이성질체에 대한 설명 중 틀린 것은?

① 동일한 분자식을 가진다.
② 실험식이 다른 물질이다.
③ 구조가 다른 물질이다.
④ 물리적 성질이 다른 물질이다.

해설

이성질체는 화학식은 같으나 구조가 다른 것을 의미한다.

04 유기화합물의 작용기 구조를 나타낸 것 중 틀린 것은?

① 케톤 : $>C=O$

② 아민 : $-\overset{|}{\underset{|}{C}}-\overset{|}{N}-$

③ 알데하이드 : $-\overset{O}{\overset{\|}{C}}-H$

④ 에스테르 : $-\overset{O}{\overset{\|}{C}}-O-$

해설

아민 : NH_3에서 H대신 R(알킬기)가 치환된 물질

05 이소프로필알코올(Isopropyl Alcohol)을 옳게 나타낸 것은?

① CH_3-CH_2-OH
② $CH_3-CH(OH)-CH_3$
③ $CH_3-CH(OH)-CH_2-CH_3$
④ $CH_3-CH_2-CH_2-OH$

해설

이소프로필알코올
C_3H_8(프로판)의 수소 하나가 중간에 하이드록시기로 치환된 형태

정답 01 ③ 02 ② 03 ② 04 ② 05 ②

06 다음 구조의 이름은 무엇인가?

① 1,3 - 다이클로로벤젠 아세트산
② 1 - 옥시 아세트산 2,4 - 클로로벤젠
③ 2,4 - 클로로페닐 아세트산
④ 2,4 - 다이클로로펜옥시 아세트산

해설

2,4 - 다이클로로펜옥시 아세트산의 구조식

07 시트르산(Citric Acid)은 몇 개의 카르복실(Carboxyl) 작용기를 갖고 있는가?

① 0개   ② 1개
③ 2개   ④ 3개

해설

시트르산의 구조식

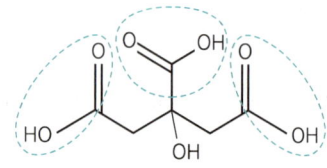

08 Alkene에 해당하는 것은?

① C_6H_{14} ② C_6H_{12}
③ C_6H_{10} ④ C_6H_6

해설

- Alkane : C_nH_{2n+2}
- Alkene : C_nH_{2n}
- Alkyne : C_nH_{2n-2}

09 유기화합물의 이름이 틀린 것은?

① $CH_3 - (CH_2)_4 - CH_3$: 헥산
② C_2H_5OH : 에틸알코올
③ $C_2H_5OC_2H_5$: 다이에틸에테르
④ $H - COOH$: 벤조산

해설

$H - COOH$: 포름산

 : 벤조산

10 카르보닐(Carbonyl)기를 가지고 있지 않은 것은?

① 알데하이드   ② 아미드
③ 에스테르   ④ 페놀

해설

카르보닐기($-C=O$)를 가지고 있지 않은 것은 페놀이다.
① 알데하이드 : RCHO
② 아미드 : CONH
③ 에스테르 : RCOOR′
④ 페놀 :

11 HClO의 명칭은 무엇인가?

① 염소산   ② 과염소산
③ 아염소산   ④ 하이포아염소산

해설

- $HClO_4$: 과염소산
- $HClO_3$: 염소산
- $HClO_2$: 아염소산
- $HClO$: 차아염소산(하이포아염소산)

정답 06 ④ 07 ④ 08 ② 09 ④ 10 ④ 11 ④

12 다원자 이온에 대한 명명 중 옳지 않은 것은?

① CH_3COO^- : 아세트산이온
② NO_3^- : 질산이온
③ SO_3^{2-} : 황산이온
④ HCO_3^- : 탄산수소이온

해설

SO_4^{2-} : 황산이온
SO_3^{2-} : 아황산이온

13 고리구조를 갖지 않은 어떤 화합물의 화학식이 C_4H_8일 경우 이 물질이 갖는 이성질체 수는 모두 몇 개인가?

① 2개 ② 3개
③ 4개 ④ 5개

해설

㉠ $CH_2=CH-CH_2-CH_3$
㉡ $CH_2=C(CH_3)CH_3$
㉢ $CH_3\,H\ C=C\ H\,CH_3$
㉣ $H\,H\ C=C\ CH_3\,CH_3$

14 어떤 물질의 화학식이 C_2H_2ClBr로 주어졌고 그 구조가 다음과 같을 때에 대한 설명으로 틀린 것은?

㉠ H,Cl – C=C – Br,H
㉡ Br,H – C=C – H,Cl
㉢ H,Br – C=C – H,Cl
㉣ Cl,H – C=C – Br,H

① ㉠과 ㉡은 동일구조이다.
② ㉡과 ㉣은 동일구조이다.
③ ㉡과 ㉢은 기하이성질체 관계이다.
④ ㉢과 ㉣은 동일구조이다.

해설

㉠과 ㉡, ㉢과 ㉣은 동일구조이다.

trans: Br,H – C=C – H,Cl
cis: Cl,H – C=C – Br,H

기하이성질체

15 화학식의 이름이 틀린 것은?

① HClO : 하이포아염소산
② $HBrO_3$: 브로민산
③ H_2SO_4 : 황산
④ $Ca(ClO)_2$: 염소산칼슘

해설

$Ca(ClO)_2$: 차아염소산칼슘

16 다원자 이온 중 명명법이 틀린 것은?

① 아염소산 = ClO^-
② 아황산 = SO_3^{2-}
③ 염소산 = ClO_3^-
④ 과염소산 = ClO_4^-

해설

아염소산 = ClO_2^-
차아염소산 = ClO^-

17 메타-다이나이트로벤젠의 구조를 옳게 나타낸 것은?

①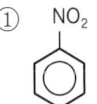
② 벤젠고리에 NO_2 2개 (1,2 위치)
③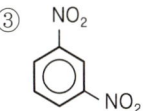
④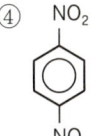

정답 12 ③ 13 ③ 14 ② 15 ④ 16 ① 17 ③

해설

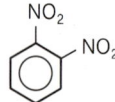 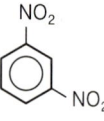 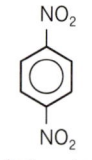

오르토-다이 나이트로벤젠 (o) 메타-다이 나이트로벤젠 (m) 파라-다이 나이트로벤젠 (p)

18 탄화수소유도체를 잘못 나타낸 것은?
① R-OH : 알코올
② R-CONH$_2$: 아마이드
③ R-CO-R : 케톤
④ R-CHO : 에테르

해설

R-O-R' : 에테르
R-CHO : 알데히드

19 아세톤의 다른 명칭으로 옳은 것은?
① Dimethyl ketone
② 1-propanone
③ Propanal
④ Methylethyl ketone

해설

CH_3COCH_3 : 아세톤, 다이메틸케톤

20 다음 유기화합물의 명명이 잘못된 것은?
① $CH_3CHClCH_3$: 2-chloropropane
② $CH_3-CH(OH)-CH_3$: 2-propanol
③ $CH_3-O-CH_2CH_3$: Methoxyethane
④ CH_3-CH_2-COOH : Propanone

해설

- CH_3CH_2COOH : 프로피온산(Propionic Acid)
- CH_3COCH_3 : 2-프로판온(Propanone), 아세톤, 다이메틸 케톤

정답 18 ④ 19 ① 20 ④

02 환경·안전관리

■ **화학물질관리법(환경부)**

1. 유해화학물질의 특성
   ① 유해성 : 화학물질의 독성 등 사람의 건강이나 환경에 좋지 않은 영향을 미치는 화학물질 고유의 성질
   ② 위해성 : 유해성이 있는 화학물질이 노출되는 경우 사람의 건강이나 환경에 피해를 줄 수 있는 정도

2. GHS(Globally Harmonized System of Classification and Labelling of Chemical)
   ① 유해화학물질의 분류·표시 및 경고 표시는 GHS 국제 합의를 따른다.
   ② GHS에서 물질 유해성의 분류
      • 물리적 위험성
      • 건강유해성
      • 환경유해성

■ **위험물안전관리법(소방청)**

① 화재·폭발과 관련이 있는 물질의 저장, 취급, 운반에 따른 안전관리를 목적으로 제정한 법이다.
② 인화성 또는 발화성 등의 성질이 있는 것으로 대통령령으로 정한 물질이다.
③ 기체상태의 위험물은 가스 관련 법에서 다루고, 액체·고체위험물은 위험물안전관리법에서 다룬다.
④ 위험물의 효율적인 안전관리를 위하여 유사한 성상끼리 모아 제1류~제6류로 구별하고 각 종류별로 대표적인 품명과 그에 따른 지정수량을 정하고 있다.

■ **산업안전보건법(고용노동부)**

① 산업재해를 예방하고 쾌적한 작업환경을 조성함으로써 근로자의 안전과 보건을 유지·증진함을 목적으로 제정한 법이다.
② 근로자의 건강장해를 유발하는 화학물질 및 물리적 인자 등을 유해인자로 정의하고 분류하여 관리한다.

③ 화학물질 및 혼합물의 제조나 수입을 하는 사업자는 그 물질의 유해성과 위험성을 조사하여 물질안전보건자료(MSDS : Material Safety Data Sheet)를 작성하여 비치하고 경고 표시를 해야 할 의무가 있다. 이때 납품사나 제조사에게 물질안전보건자료를 요청할 수 있으며 납품사는 제공할 의무가 있다.

[01] 물질안전보건자료 확인

1. 물질안전보건자료(MSDS)

1) 개요
화학물질의 유해성·위험성·응급조치 요령, 취급방법 등을 설명한 자료로서 사업주는 MSDS상의 유해성·위험성 정보, 취급·저장방법, 응급조치 요령, 독성 등의 정보를 통해 사업장에서 취급하는 화학물질에 대해 관리하고, 근로자는 직업병이나 사고로부터 스스로를 보호하며 불의의 화학사고에 신속히 대응할 수 있도록 설명한 자료이다.

2) GHS 기준 적용 대상 물질
세계적으로 통일된 화학물질의 유해성 분류를 제시한 GHS(세계조화시스템 : Globally Harmonized System)의 기준에 따라 대상 물질을 아래와 같이 분류하고 있다.

3) 물질안전보건자료 구성 항목

구분	정보
① 화학제품과 회사에 관한 정보	제품명, 제품의 권고 용도와 사용상의 제한 등
② 유해성·위험성	유해·위험성 분류, 예방 조치 문구를 포함한 경고 표시 항목 등
③ 구성성분의 명칭 및 함유량	화학물질명, 관용명 및 이명, CAS 번호 또는 식별 번호, 함유량
④ 응급조치 요령	눈에 들어갔을 때, 피부에 접촉했을 때, 흡입했을 때 등
⑤ 폭발·화재 시 대처방법	적절한 소화제, 화재 진압 시 착용할 보호구 및 예방 조치 등

구분	정보
⑥ 누출사고 시 대처방법	인체 보호를 위한 조치사항 및 보호구, 정화 또는 제거방법 등
⑦ 취급 및 저장방법	안전 취급 요령, 안전한 저장방법
⑧ 노출방지 및 개인보호구	노출기준, 적절한 공학적 관리, 개인보호구 등
⑨ 물리·화학적 특성	외관, 냄새, 인화점, 인화 또는 폭발한계 상·하한, 자연발화온도 등
⑩ 안정성 및 반응성	화학적 안정성, 유해 반응의 가능성, 피해야 할 조건 등
⑪ 독성에 관한 정보	가능성이 높은 노출 경로에 대한 정보, 단기 및 장기 노출에 의한 영향 등
⑫ 환경에 미치는 영향	수생·육생 생태 독성, 잔류성과 분해성, 생물 농축성 등
⑬ 폐기 시 주의사항	폐기방법, 폐기 시 주의사항
⑭ 운송에 필요한 정보	유엔 번호(UN No.), 유엔 적정 운송명, 운송 시의 위험등급 등
⑮ 법적 규제 현황	「산업안전보건법」에 의한 규제, 「화학물질관리법」에 의한 규제 등
⑯ 기타 참고사항	자료의 출처, 최초 작성일자, 개정 횟수 및 최종 개정일자 등

2. 화학물질의 물리·화학적 특성

1) 화학물질

원소·화합물 및 인위적인 반응에 의해 얻어진 물질과 자연상태에서 존재하는 물질을 화학적으로 변형시키거나 추출 또는 정제한 것을 말한다(화학물질관리법).

① 유독물질 : 유해성이 있는 화학물질
② 허가물질 : 위해성이 있다고 우려되는 화학물질
③ 제한물질 : 특정 용도로 사용되는 경우 위해성이 크다고 인정되는 화학물질
④ 금지물질 : 위해성이 크다고 인정되는 화학물질
⑤ 사고대비물질 : 급성독성·폭발성이 강하며 화학사고의 발생 가능성이 높거나 화학사고 발생 시 피해규모가 클 것으로 우려되는 화학물질
⑥ 유해화학물질 : 유독물질, 허가물질, 금지물질, 사고대비물질, 그 밖에 유해성, 위해성이 있거나 그러할 우려가 있는 화학물질

◆ 유해성
화학물질의 특성 등 사람의 건강이나 환경에 좋지 않은 영향을 미치는 화학물질 고유의 성질

◆ 위해성
유해성이 있는 화학물질이 노출되는 경우 사람의 건강이나 환경에 피해를 줄 수 있는 정도

◆ 염류
산과 염기의 중화반응에 의해 생성된 화합물질

◆ 화합물질
2종 이상의 원소가 화학적인 결합에 의해 생성하여 일정의 조성을 가지고 있는 물질

◆ 혼합물질
불순물이 아닌 2종 이상의 화학물질이 화학적인 반응을 하지 않는 상태로 인위적으로 혼합되어 있는 것

 TIP

유해성의 정도
- 화학물질 본래의 독성
- 화학물질이 건강에 끼치는 나쁜 영향 "위력"

2) 화학물질의 분류

(1) 물리적 위험성에 의한 분류

구분	내용
① 폭발성 물질	자체의 화학반응에 의하여 주위 환경에 손상을 입힐 수 있는 온도, 압력, 속도를 가진 가스를 발생시키는 고체·액체 물질이나 혼합물
② 인화성 가스	20℃, 표준압력 101.3kPa에서 공기와 혼합하여 인화 범위에 있는 가스와 54℃ 이하 공기 중에서 자연발화하는 가스
③ 에어로졸	재충전이 불가능한 금속·유리 또는 플라스틱 용기에 압축가스·액화가스 또는 용해가스를 충전하고 내용물을 가스에 현탁시킨 고체나 액상입자로, 액상 또는 가스상에서 폼·페이스트·분말상으로 배출하는 분사장치를 갖춘 것
④ 산화성 가스	일반적으로 산소를 공급함으로써 공기와 비교하여 다른 물질의 연소를 더 잘 일으키거나 연소를 돕는 가스
⑤ 고압가스	200kPa 이상의 게이지 압력 상태로 용기에 충전되어 있는 가스 또는 액화되거나 냉동 액화된 가스
⑥ 인화성 액체	인화점이 60℃ 이하인 액체
⑦ 인화성 고체	쉽게 연소되는 고체, 마찰에 의해 화재를 일으키거나 화재를 돕는 고체
⑧ 자기반응성 물질 및 혼합물	열적으로 불안정하여 산소의 공급이 없어도 강하게 발열 분해하기 쉬운 액체·고체 물질이나 혼합물
⑨ 자연발화성 액체	적은 양으로도 공기와 접촉하여 5분 안에 발화할 수 있는 액체
⑩ 자연발화성 고체	적은 양으로도 공기와 접촉하여 5분 안에 발화할 수 있는 고체
⑪ 자기발열성 물질 및 혼합물	자기발화성 물질이 아니면서 주위에서 에너지의 공급 없이 공기와 반응하여 스스로 발열하는 고체·액체 물질이나 혼합물
⑫ 물 반응성 물질 및 혼합물	물과 상호작용하여 자연발화성이 되거나 인화성 가스를 위험한 수준의 양으로 발생하는 고체·액체 물질이나 혼합물
⑬ 산화성 액체	그 자체로는 연소하지 않더라도 일반적으로 산소를 발생시켜 다른 물질의 연소를 돕는 액체
⑭ 산화성 고체	그 자체로는 연소하지 않더라도 일반적으로 산소를 발생시켜 다른 물질을 연소시키거나 연소를 돕는 고체
⑮ 유기과산화물	1개 또는 2개의 수소 원자가 유기라디칼에 의하여 치환된 과산화수소의 유도체인 2개의 -O-O- 구조를 갖는 액체나 고체 유기물질
⑯ 금속 부식성 물질	화학 작용으로 금속을 손상 또는 파괴시키는 물질이나 혼합물

TIP

고압가스
압축가스, 액화가스, 냉동액화가스, 용해가스

◆ **인화성 액체**
표준압력(101.3kPa)에서 인화점이 93℃ 이하인 액체(KOSHA Guide)

◆ **쉽게 연소되는 고체**
분말, 과립상, 페이스트 형태의 물질로 성냥 불씨와 같은 점화원을 잠깐 접촉하여도 쉽게 점화되거나 화염이 빠르게 확산되는 물질

(2) 건강 유해성에 의한 분류

구분	내용
① 급성독성 물질	입이나 피부를 통하여 1회 또는 24시간 이내에 수회로 나누어 투여하거나 4시간 동안 흡입 노출시켰을 때 유해한 영향을 일으키는 물질
② 피부 부식성 또는 자극성 물질	최대 4시간 동안 접촉시켰을 때 비가역적인 피부 손상을 일으키는 물질(피부 부식성 물질) 또는 회복 가능한 피부 손상을 일으키는 물질(피부 자극성 물질)
③ 심한 눈 손상 또는 자극성 물질	21일 이내 완전히 회복되지 않는 눈 조직 손상을 일으키거나 심한 물리적 시력 감퇴를 일으키는물질(심한 눈 손상 물질) 또는 21일 이내 완전히 회복 가능하지만 눈에 어떤 변화를 일으키는 물질(눈 자극성 물질)
④ 호흡기 또는 피부 과민성 물질	호흡을 통하여 노출되어 기도에 과민 반응을 일으키거나 피부 접촉을 통하여 알레르기 반응을 일으키는 물질
⑤ 생식세포 변이원성 물질	자손에게 유전될 수 있는 사람의 생식세포에 돌연변이를 일으킬 수 있는 물질
⑥ 발암성 물질	암을 일으키거나 암의 발생을 증가시키는 물질
⑦ 생식독성 물질	생식 기능, 생식 능력 또는 태아 발육에 유해한 영향을 일으키는 물질
⑧ 특정 표적장기 독성 물질(1회 노출)	1회 노출에 의해 특이한 비치사적 특정 표적장기 또는 전신에 독성을 일으키는 물질
⑨ 특정 표적장기 독성 물질(반복 노출)	반복 노출에 의해 특정 표적장기 독성을 일으키는 물질
⑩ 흡인 유해성 물질	액체나 고체 화학물질이 입이나 코를 통하여 직접적으로 또는 구토로 인하여 간접적으로, 기관 및 더 깊은 호흡 기관으로 유입되어 화학 폐렴, 다양한 폐 손상이나 사망과 같은 심각한 급성 영향을 일으키는 물질

TIP

피부 부식성
- 비가역적인 손상 : 피부에 시험물질이 4시간 동안 노출되었을 때 표피에서 진피까지 눈으로 식별 가능한 괴사가 생기는 것
- 전형적으로 궤양, 출혈, 혈가피를 유발
- 노출 14일 후 표백작용이 일어나 피부 전체에 탈모와 상처자국이 생긴다.

TIP

피부 자극성
가역적인 손상 : 피부에 시험물질이 4시간 동안 노출되었을 때 회복이 가능한 손상

◆ **비치사적**
죽음에 이르지 않는 정도

(3) 환경 유해성에 의한 분류

구분	내용
① 수생 환경 유해성 물질	단기간 또는 장기간 노출에 의하여 수생생물과 수생 생태계에 유해한 영향을 일으키는 물질
② 오존층 유해성 물질	• 오존을 파괴하여 오존층을 고갈시키는 물질 • 오존파괴 잠재성은 오존에 대한 교란 정도의 비, 즉 특정 화합물의 트리클로로플루오로메탄(CFC-11)과 동등 방출량의 비이다.

3) 화학물질의 세부 분류기준

(1) 물리적 위험성에 의한 분류

① 폭발성 물질

구분	구분 기준
불안정한 폭발성 물질	일반적인 방법으로 취급, 운송 및 사용하기에 열역학적으로 불안정하거나 너무 민감한 폭발성 물질과 혼합물
등급 1.1	대폭발 위험성이 있는 물질, 혼합물과 제품
등급 1.2	대폭발 위험성은 없으나 분출 위험성(Projection Hazard)이 있는 물질, 혼합물과 제품
등급 1.3	대폭발 위험성은 없으나, 화재 위험성이 있고, 약한 폭풍 위험성(Blast Hazard) 또는 약한 분출 위험성이 있는 다음과 같은 물질, 혼합물과 제품 • 대량의 복사열을 발산하면서 연소하거나 • 약한 폭풍 또는 분출 영향을 일으키면서 순차적으로 연소
등급 1.4	심각한 위험성은 없으나, 다음과 같이 발화 또는 기폭에 의해 약간의 위험성이 있는 물질, 혼합물과 제품 • 영향은 주로 포장품에 국한되고, 주의할 정도의 크기 또는 범위로 파편의 발사가 일어나지 않고, • 외부 화재에 의해 포장품의 거의 모든 내용물이 실질적으로 동시에 폭발을 일으키지 않음
등급 1.5	대폭발의 위험성은 있지만 매우 둔감하여 정상적인 상태에서는 기폭의 가능성 또는 연소가 폭굉으로 전이될 가능성이 거의 없는 물질과 혼합물
등급 1.6	극히 둔감한 물질 또는 혼합물만을 포함하여 대폭발 위험성이 없으며, 우발적인 기폭 또는 전파의 가능성이 거의 없는 제품

② 인화성 가스

구분	구분 기준
구분 1	20℃, 표준압력 101.3kPa에서 다음 어느 하나에 해당하는 가스 • 공기와 13%(용적) 이하의 혼합물일 때 연소할 수 있는 가스 • 인화 하한과 관계없이 공기 중 12% 이상의 인화 범위를 가지는 가스
구분 2	구분 1에 해당하지 않으면서 20℃, 표준압력 101.3kPa에서 공기와 혼합하여 인화 범위를 가지는 가스
자연발화성 가스	54℃ 이하 공기 중에서 자연발화하는 인화성 가스

③ 에어로졸

구분	구분 기준
1	다음 어느 하나에 해당하는 에어로졸 • 인화성 성분의 함량이 85%(중량비) 이상이며, 연소열이 30kJ/g 이상인 에어로졸 • 착화거리 시험에서, 75cm 이상의 거리에서 착화하는 스프레이 에어로졸 • 폼(Form) 시험에서, 다음에 해당하는 폼(Form) 에어로졸 　- 불꽃의 높이가 20cm 이상이면서 불꽃 지속시간이 2초 이상 　- 불꽃의 높이가 4cm 이상이면서 불꽃 지속시간이 7초 이상
2	구분 1에 해당하지 않으면서 다음 어느 하나에 해당하는 에어로졸 ㉠ 스프레이 에어로졸 　• 연소열이 20kJ/g 이상 　• 연소열이 20kJ/g 미만이고 다음 어느 하나에 해당하는 경우 　　- 발화거리 시험에서, 15cm 이상의 거리에서 발화하거나 　　- 밀폐공간 발화시험에서, 발화시간 환산 300초/m^3 이하 또는 폭연밀도 300g/m^3 이하 ㉡ 폼(Form) 에어로졸 　폼(Form) 시험에서 불꽃의 높이가 4cm 이상이고 불꽃 지속시간이 2초 이상
3	다음 어느 하나에 해당하는 에어로졸 • 인화성 성분의 함량이 1%(중량비) 이하이면서 연소열이 20kJ/g 미만인 에어로졸 • 구분 1과 2에 해당하지 않는 스프레이 에어로졸 또는 • 구분 1과 2에 해당하지 않는 폼(Form) 에어로졸

④ 산화성 가스

구분	구분 기준
1	일반적으로 산소를 발생시켜 다른 물질의 연소가 더 잘되도록 하거나 연소에 기여하는 가스

⑤ 고압가스

구분	구분 기준
압축가스	가압하여 용기에 충전했을 때, -50℃에서 완전히 가스상인 가스 (임계온도 -50℃ 이하의 모든 가스를 포함)
액화가스	가압하여 용기에 충전했을 때, -50℃ 초과 온도에서 부분적으로 액체인 가스 • 고압액화가스 : 임계온도가 -50℃에서 65℃인 가스 • 저압액화가스 : 임계온도가 65℃를 초과하는 가스

구분	구분 기준
냉동액화 가스	용기에 충전한 가스가 낮은 온도 때문에 부분적으로 액체인 가스
용해가스	가압하여 용기에 충전한 가스가 액상 용매에 용해된 가스

⑥ 인화성 액체

구분	구분 기준
1	인화점이 23℃ 미만이고 초기 끓는점이 35℃ 이하인 액체
2	인화점이 23℃ 미만이고 초기 끓는점이 35℃를 초과하는 액체
3	인화점이 23℃ 이상 60℃ 이하인 액체
4	인화점이 60℃ 초과 93℃ 이하인 액체

⑦ 인화성 고체

구분	구분 기준
1	연소속도 시험결과 다음 어느 하나에 해당하는 물질 또는 혼합물 • 금속 분말 이외의 물질 또는 혼합물 : 습윤 부분이 연소를 중지시키지 못하고, 연소시간이 45초 미만이거나 연소속도가 2.2mm/s를 초과 • 금속 분말 : 연소시간이 5분 이하
2	연소속도 시험결과 다음 어느 하나에 해당하는 물질 또는 혼합물 • 금속 분말 이외의 물질 또는 혼합물 : 습윤 부분이 4분 이상 연소를 중지시키고, 연소시간이 45초 미만이거나 연소속도가 2.2mm/s를 초과 • 금속 분말 : 연소시간이 5분 초과, 10분 이하

⑧ 자기반응성 물질 및 혼합물

구분	구분 기준
형식 A	포장된 상태에서 폭굉하거나 급속히 폭연하는 자기반응성 물질 또는 혼합물
형식 B	폭발성을 가지며 포장된 상태에서 폭굉도 급속한 폭연도 하지 않지만 그 포장물 내에서 열폭발을 일으키는 경향을 가지는 자기반응성 물질 또는 혼합물
형식 C	폭발성을 가지며 포장된 상태에서 폭굉도 폭연도 열폭발도 일으키지 않는 자기반응성 물질 또는 혼합물

구분	구분 기준
형식 D	실험실 시험에서 다음 어느 하나의 성질과 상태를 나타내는 자기반응성 물질 또는 혼합물 • 폭굉이 부분적이고 빨리 폭연하지 않으며 밀폐상태에서 가열하면 격렬한 반응을 일으키지 않음 • 전혀 폭굉하지 않고 완만하게 폭연하며 밀폐상태에서 가열하면 격렬한 반응을 일으키지 않음 • 전혀 폭굉 또는 폭연하지 않고 밀폐상태에서 가열하면 중간 정도의 반응을 일으킴
형식 E	실험실 시험에서 전혀 폭굉도 폭연도 하지 않고 밀폐상태에서 가열하면 반응이 약하거나 없다고 판단되는 자기반응성 물질 또는 혼합물
형식 F	실험실 시험에서 공동상태(Cavitated State)하에서 폭굉하지 않거나 전혀 폭연하지 않고 밀폐상태에서 가열하면 반응이 약하거나 없는 또는 폭발력이 약하거나 없다고 판단되는 자기반응성 물질 또는 혼합물
형식 G	실험실 시험에서 공동상태하에서 폭굉하지 않거나 전혀 폭연하지 않고, 밀폐상태에서 가열하면 반응이 없거나 폭발력이 없다고 판단되는 자기반응성 물질 또는 혼합물. 다만, 열역학적으로 안정하고 (50kg의 포장물에서 자기가속분해온도(SADT)가 60℃와 75℃ 사이), 액체 혼합물의 경우에는 끓는점이 150℃ 이상의 희석제로 둔화시키는 것을 조건으로 한다. 혼합물이 열역학적으로 안정하지 않거나 끓는점이 150℃ 미만의 희석제로 둔화되고 있는 경우에는 형식 F로 해야 한다.

⑨ **자연발화성 액체**

구분	구분 기준
1	다음 어느 하나에 해당하는 자연발화성 액체 ① 액체를 불활성 담체에 가해 공기에 접촉시키면 5분 이내 발화 ② 액체를 적하한 여과지를 공기에 접촉시키면 5분 이내 여과지가 발화 또는 탄화

⑩ **자연발화성 고체**

구분	구분 기준
1	공기와 접촉하면 5분 안에 발화하는 고체

⑪ 자기발열성 물질 및 혼합물

구분	구분 기준
1	140℃에서 25mm 정방형 용기를 이용한 시험에서 양성인 물질 또는 혼합물
2	다음 어느 하나에 해당하는 물질 또는 혼합물 ㉠ 140℃에서 100mm 정방형 용기를 이용한 시험에서 양성이고, 140℃에서 25mm 정방형 용기를 이용한 시험에서 음성이며, 포장이 $3m^3$를 초과 ㉡ 140℃에서 100mm 정방형 용기를 이용한 시험에서 양성이고, 140℃에서 25mm 정방형 용기를 이용한 시험에서 음성이며, 120℃에서 100mm 정방형 용기를 이용한 시험에서 양성이고, 포장이 450L를 초과 ㉢ 140℃에서 100mm 정방형 용기를 이용한 시험에서 양성이고, 140℃에서 25mm 정방형 용기를 이용한 시험에서 음성이며, 100℃에서 100mm 정방형 용기를 이용한 시험에서 양성

⑫ 물 반응성 물질 및 혼합물

구분	구분 기준
1	상온에서 물과 격렬하게 반응하여 발생 가스가 자연발화하는 경향을 보이거나, 상온에서 물과 반응하여 인화성 가스의 발생 속도가 1분간 물질 1kg에 대해 10L 이상인 물질 또는 혼합물
2	상온에서 물과 반응하여 인화성 가스의 최대 발생속도가 1시간당 물질 1kg에 대해 20L 이상이며, 구분 1에 해당되지 않는 물질 또는 혼합물
3	상온에서는 물과 천천히 반응하여 인화성 가스의 최대 발생속도가 1시간당 물질 1kg에 대해 1L 이상이며, 구분 1과 구분 2에 해당되지 않는 물질 또는 혼합물

⑬ 산화성 액체

구분	구분 기준
1	물질(또는 혼합물)과 셀룰로오스의 중량비 1 : 1 혼합물을 시험한 경우, 자연발화하거나 그 평균 압력상승시간이 50% 과염소산과 셀룰로오스의 중량비 1 : 1 혼합물의 평균 압력상승시간 미만인 물질 또는 혼합물
2	물질(또는 혼합물)과 셀룰로오스의 중량비 1 : 1 혼합물을 시험한 경우, 그 평균 압력상승시간이 염소산나트륨 40% 수용액과 셀룰로오스의 중량비 1 : 1 혼합물의 평균 압력상승시간 이하이며, 구분 1에 해당되지 않는 물질 또는 혼합물

구분	구분 기준
3	물질(또는 혼합물)과 셀룰로오스의 중량비 1 : 1 혼합물을 시험한 경우, 그 평균 압력상승시간이 질산 65% 수용액과 셀룰로오스의 중량비 1 : 1 혼합물의 평균 압력상승시간 이하이며, 구분 1과 구분 2에 해당되지 않는 물질 또는 혼합물

⑭ 산화성 고체

구분	구분 기준	
	시험방법 1 적용	시험방법 3 적용
1	물질(또는 혼합물)과 셀룰로오스의 중량비 4 : 1 또는 1 : 1 혼합물을 시험한 경우, 그 평균 연소시간이 브롬산칼륨과 셀룰로오스의 중량비 3 : 2 혼합물의 평균 연소시간 미만인 물질 또는 혼합물	물질(또는 혼합물)과 셀룰로오스의 중량비 4 : 1 또는 1 : 1 혼합물로 시험 시, 그 평균 연소시간이 과산화칼슘과 셀룰로오스의 중량비 3 : 1 혼합물의 평균 연소속도 이상인 물질 또는 혼합물
2	물질(또는 혼합물)과 셀룰로오스의 중량비 4 : 1 또는 1 : 1 혼합물을 시험한 경우, 그 평균 연소시간이 브롬산칼륨과 셀룰로오스의 중량비 2 : 3 혼합물의 평균 연소시간 이하이며, 구분 1에 해당하지 않는 물질 또는 혼합물	물질(또는 혼합물)과 셀룰로오스의 중량비 4 : 1 또는 1 : 1 혼합물로 시험 시, 그 평균 연소시간이 과산화칼슘과 셀룰로오스의 중량비 1 : 1 혼합물의 평균 연소속도 이상이고, 구분 1에 해당하지 않는 물질 또는 혼합물
3	물질(또는 혼합물)과 셀룰로오스의 중량비 4 : 1 또는 1 : 1 혼합물을 시험한 경우, 그 평균 연소시간이 브롬산칼륨과 셀룰로오스의 중량비 3 : 7 혼합물의 평균 연소시간 이하이며, 구분 1과 구분 2에 해당하지 않는 물질 또는 혼합물	물질(또는 혼합물)과 셀룰로오스의 중량비 4 : 1 또는 1 : 1 혼합물로 시험 시, 그 평균 연소시간이 과산화칼슘과 셀룰로오스의 중량비 1 : 2 혼합물의 평균 연소속도 이상이고, 구분 1 및 2에 해당하지 않는 물질 또는 혼합물

⑮ 유기과산화물

구분	구분 기준
형식 A	포장된 상태에서 폭굉하거나 급속히 폭연하는 유기과산화물
형식 B	폭발성을 가지며, 포장된 상태에서 폭굉도 급속한 폭연도 하지 않으나, 그 포장물 내에서 열폭발을 일으키는 경향을 가지는 유기과산화물
형식 C	폭발성을 가지며, 포장된 상태에서 폭굉도 급속한 폭연도 열폭발도 일으키지 않는 유기과산화물

구분	구분 기준
형식 D	실험실 시험에서 다음 어느 하나의 성질과 상태를 나타내는 유기과산화물 • 폭굉이 부분적이고 빨리 폭연하지 않으며 밀폐상태에서 가열하면 격렬한 반응을 일으키지 않음 • 전혀 폭굉하지 않고 완만하게 폭연하며 밀폐상태에서 가열하면 격렬한 반응을 일으키지 않음 • 전혀 폭굉 또는 폭연하지 않고 밀폐상태에서 가열하면 중간 정도 반응을 일으킴
형식 E	실험실 시험에서 전혀 폭굉도 폭연도 하지 않고, 밀폐상태에서 가열하면 반응이 약하거나 없다고 판단되는 유기과산화물
형식 F	실험실 시험에서 공동상태하에서 폭굉하지 않거나 전혀 폭연하지 않고 밀폐상태에서 가열하면 반응이 약하거나 없는 또는 폭발력이 약하거나 없다고 판단되는 유기과산화물
형식 G	실험실 시험에서 공동상태하에서 폭굉하지 않거나 전혀 폭연하지 않고, 밀폐상태에서 가열하면 반응이 없거나 폭발력이 없다고 판단되는 유기과산화물. 다만, 열역학적으로 안정하고(자기가속분해온도(SADT)가 50kg의 포장물에서 60℃ 이상), 액체 혼합물의 경우에는 끓는점이 150℃ 이상의 희석제로 둔화시키는 것을 조건으로 한다. 혼합물이 열역학적으로 안정하지 않거나 끓는점이 150℃ 미만의 희석제로 둔화되고 있는 경우에는 형식 F로 해야 한다.

(2) 건강 유해성에 의한 분류

① 급성독성 물질

㉠ 단일물질의 분류 : 급성독성 추정값(ATE : Acute Toxicity Estimate)의 범위에 따라 1~4로 구분할 수 있다.

㉡ 혼합물의 분류
  • 혼합물 전체로 시험한 자료가 있는 경우 : 혼합물 전체로 시험한 자료를 이용하여 급성독성 분류기준에 따라 분류한다.
  • 혼합물 전체로 시험한 자료가 없는 경우 : 가교 원리를 적용할 수 있는 경우, 희석, 뱃치, 농축, 내삽, 유사혼합물, 에어로졸의 가교 원리를 적용하여 분류한다.

㉢ 위의 ㉠, ㉡ 방법을 적용할 수 없으면서 구성 성분의 급성독성 자료가 있는 경우 : 공식 1 또는 공식 2를 이용하여 혼합물의 급성독성 추정값을 구한 후 급성독성 분류방법에 따라 분류한다.

[공식 1]

$$\frac{100}{ATE_{mix}} = \sum_n \frac{C_i}{ATE_i}$$

여기서, C_i : 성분 i의 농도(%)
ATE_i : 성분 i의 ATE

◆ ATE
추정된 과반수 치사량을 의미

[공식 2]

$$\frac{100 - (\sum C_{unknown} \text{ if} > 10\%)}{ATE_{mix}} = \sum_n \frac{C_i}{ATE_i}$$

② 피부 부식성 및 피부 자극성 물질
  ㉠ 단일물질의 분류

구분		구분 기준
1 (피부 부식성)		실험동물을 노출시킨 후 4시간 안에 적어도 한 마리라도 피부 조직 파괴현상, 즉 표피를 지난 진피까지 가시적인 괴사를 일으키는 경우
	1A	3분 이하의 노출 후 1시간의 관찰시간 동안에 적어도 한 마리의 동물에서 부식성 반응을 일으키는 경우
	1B	3분 초과, 1시간 이하 노출 후 14일 동안의 관찰기간 동안에 적어도 한 마리의 동물에서 부식성 반응을 일으키는 경우
	1C	1시간 초과, 4시간 이하의 노출 후 14일 동안의 관찰기간 동안에 적어도 한 마리의 동물에서 부식성 반응을 일으키는 경우
2 (피부 자극성)		• 패치 제거 후 24, 48, 72시간에 따라 또는 반응이 지연될 경우 피부 반응 시작일부터 3일 연속으로 관찰하였을 때, 시험동물 3마리 중 적어도 2마리에서 홍반, 가피 또는 부종의 증상을 나타내는 피부 자극 평균값이 2.3 이상 4.0 이하, 또는 • 14일의 관찰기간 종료일까지 최소 2마리의 시험동물에서 염증, 특히 (제한된 부위에 대한) 탈모증, 각화증, 비후(증식), 피부각질화 증상이 지속적으로 관찰, 또는 • 시험동물 간 반응이 차이가 있어, 한 마리에서 화학물질이 노출과 관련된 아주 명확한 양성반응이 관찰되지만, 위의 분류 구분에는 못 미치는 경우 중 일부

  ㉡ 혼합물의 분류
    ▼ 일반적 방법

구분	구분 기준
1 (피부 부식성)	구분 1인 성분의 총함량이 5% 이상인 혼합물

구분	구분 기준
2 (피부 자극성)	• 구분 1인 성분의 총함량이 1% 이상 5% 미만 • 구분 2인 성분의 총함량이 10% 이상 • 구분 1인 성분의 총함량에 가중치 10을 곱한 값과 구분 2인 성분의 총함량의 합이 10% 이상

▼ 강산, 강염기, 무기염류, 알데히드류, 페놀류, 계면활성제 또는 이와 유사한 특징을 갖는 물질

구분	구분 기준
1 (피부 부식성)	다음 어느 하나에 해당하는 혼합물 • pH 2 이하인 성분의 함량이 1% 이상 • pH 11.5 이상인 성분의 함량이 1% 이상 • 기타 가산 방식이 적용되지 않는 다른 구분 1인 성분의 함량이 1% 이상
2 (피부 자극성)	산, 알칼리 등 가산 방식이 적용되지 않는 다른 피부 자극성(구분 2)인 성분의 함량이 3% 이상인 혼합물

③ 심한 눈 손상 또는 자극성 물질
  ㉠ 단일물질의 분류

구분	구분 기준
1 (심한 눈 손상성)	어떤 물질은 다음과 같은 영향을 나타낸다. • 최소한 하나의 동물에서 각막, 홍채, 결막에서 회복되지 않을 것이라 예상되는 영향이 발생한 경우 또는 일반적으로 21일의 관찰기간 안에 완전히 회복되지 않는 경우 • 3마리 중 최소한 2마리에서 시험물질 주입 후 24, 48, 72시간 반응에 대한 평균점수로서 계산된 수치가 - 각막 불투명도 ≥ 3, 또는 - 홍채염 > 1.5
2 (눈 자극성)	2A	실험동물 3마리 중 적어도 2마리가 다음의 양성반응을 보이는 물질 • 각막 불투명도 ≥ 1, 그리고/또는 • 홍채염 > 1, 그리고/또는 • 결막 충혈 상태 ≥ 2, 그리고/또는 • 결막 부종 상태 ≥ 2 시험물질을 주입 후 24, 48, 72시간 반응에 대한 평균점수를 계산한다. 21일 이내의 관찰기간 동안 완전히 회복된다.
	2B	구분 2A에서 눈 자극은 위에 열거된 영향들이 관찰기 7일 이내에 완전히 회복한다면 경미한 눈 자극(구분 2B)으로 고려될 수 있다.

ⓒ 혼합물의 분류

▼ **일반적 방법**

구분	구분 기준
1 (심한 눈 손상성)	심한 눈 손상 또는 피부 부식성인 성분의 총함량이 3% 이상

2
(2A/2B)
(눈 자극성)
	다음 어느 하나에 해당하는 혼합물
	• 심한 눈 손상 또는 피부 부식성인 성분의 총함량이 1% 이상 3% 미만
	• 구분 2인 성분의 총함량이 10% 이상
	• 구분 1인 성분의 총함량에 가중치 10을 곱한 값과 구분 2인 성분의 총함량의 합이 10% 이상
	• 심한 눈 손상인 성분의 총함량과 피부 부식성인 성분의 총함량의 합이 1% 이상 3% 미만
	• 다음의 합이 10% 이상
	  – 심한 눈 손상인 성분의 총함량과 피부 부식성인 성분의 총함량의 합에 가중치 10을 곱한 값
	  – 구분 2인 성분의 총함량

▼ **강산, 강염기, 무기염류, 알데히드류, 페놀류, 계면활성제 또는 이와 유사한 특징을 갖는 물질**

구분	구분 기준
1 (심한 눈 손상성)	다음 어느 하나에 해당하는 혼합물 • pH 2 이하인 성분 함량이 1% 이상 • pH 11.5 이상인 성분 함량이 1% 이상 • 기타 가산 방식이 적용되지 않는 다른 구분 1인 성분의 함량이 1% 이상
2 (눈 자극성)	산, 알칼리 등 가산 방식이 적용되지 않는 다른 구분 2인 성분의 함량이 3% 이상인 혼합물

④ 호흡기 또는 피부 과민성 물질
  ㉠ 단일물질의 분류

구분		구분 기준
호흡기 과민성1		다음 어느 하나에 해당하는 물질 • 사람에게 특이적인 호흡기 과민성을 일으킨다는 증거가 있음 • 적절한 동물 시험에서 양성
	1A	• 사람에게 높은 빈도로 호흡기 과민성이 일어나는 물질 또는 동물 실험 및 다른 실험에 따라 사람에게 높은 빈도로 호흡기 과민성이 일어날 가능성이 있는 물질 • 반응의 강도도 고려될 수 있다.

구분		구분 기준
피부 과민성1	1B	• 사람에게 중간 또는 낮은 빈도로 호흡기 과민성이 일어나는 물질 또는 동물 실험 및 다른 실험에 따라 사람에게 중간 또는 낮은 빈도로 호흡기 과민성이 일어날 가능성이 있는 물질 • 반응의 강도도 고려될 수 있다.
		다음 어느 하나에 해당하는 물질 • 다수의 사람에게 피부 접촉에 의해 과민증을 유발할 수 있다는 증거가 있음 • 적절한 동물 시험에서 양성
	1A	• 사람에게 높은 빈도로 피부 과민성이 일어나는 물질 또는 동물에게 상당한 피부 과민성이 일어나 사람에게도 상당한 피부 과민성이 일어날 것으로 추정되는 물질 • 반응의 강도도 고려될 수 있다.
	1B	• 사람에게 중간 또는 낮은 빈도로 피부 과민성이 일어나는 물질 또는 동물에게 중간 또는 낮은 정도의 피부 과민성이 일어나 사람에게도 중간 또는 낮은 정도의 피부 과민성이 일어날 것으로 추정되는 물질 • 반응의 강도도 고려될 수 있다.

⑤ 생식세포 변이원성 물질
  ㉠ 단일물질의 분류

구분		구분 기준
1	1A	사람에서의 역학조사 연구결과 양성의 증거가 있는 물질
	1B	다음 어느 하나에 해당하는 물질 • 포유류를 이용한 생체내(*in vivo*) 유전성 생식세포 변이원성 시험에서 양성 • 포유류를 이용한 생체내(*in vivo*) 체세포 변이원성 시험에서 양성이고, 생식세포에 돌연변이를 일으킬 수 있다는 증거가 있음 • 노출된 사람의 정자 세포에서 이수체 발생빈도의 증가와 같이 사람의 생식세포 변이원성 시험에서 양성
2		다음 어느 하나에 해당되어 생식세포에 유전성 돌연변이를 일으킬 가능성이 있는 물질 • 포유류를 이용한 생체내(*in vivo*) 체세포 변이원성 시험에서 양성 • 기타 시험동물을 이용한 생체내(*in vivo*) 체세포 유전독성 시험에서 양성이고, 시험관내(*in vitro*) 변이원성 시험에서 추가로 입증된 경우 • 포유류 세포를 이용한 변이원성 시험에서 양성이며, 알려진 생식세포 변이원성 물질과 화학적 구조활성관계를 가지는 경우

ⓒ 혼합물의 분류

구분		구분 기준
1	1A	생식세포 변이원성(구분 1A)인 성분의 함량이 0.1% 이상인 혼합물
	1B	생식세포 변이원성(구분 1B)인 성분의 함량이 0.1% 이상인 혼합물
2		생식세포 변이원성(구분 2)인 성분의 함량이 1.0% 이상인 혼합물

⑥ 발암성 물질
  ㉠ 단일물질의 분류

구분		구분 기준
1	1A	사람에게 충분한 발암성 증거가 있는 물질
	1B	시험동물에서 발암성 증거가 충분히 있거나, 시험동물과 사람 모두에서 제한된 발암성 증거가 있는 물질
2		사람이나 동물에서 제한된 증거가 있지만, 구분 1로 분류하기에는 증거가 충분하지 않은 물질

  ㉡ 혼합물의 분류

구분		구분 기준
1	1A	발암성(구분 1A)인 성분의 함량이 0.1% 이상인 혼합물
	1B	발암성(구분 1B)인 성분의 함량이 0.1% 이상인 혼합물
2		발암성(구분 2)인 성분의 함량이 1.0% 이상인 혼합물

⑦ 생식독성 물질
  ㉠ 단일물질의 분류

구분		구분 기준
1	1A	사람에게 성적 기능, 생식능력이나 발육에 악영향을 주는 것으로 판단할 정도의 사람에서의 증거가 있는 물질
	1B	사람에게 성적 기능, 생식능력이나 발육에 악영향을 주는 것으로 추정할 정도의 동물 시험 증거가 있는 물질
2		사람에게 성적 기능, 생식능력이나 발육에 악영향을 주는 것으로 의심할 정도의 사람 또는 동물 시험 증거가 있는 물질

구분	구분 기준
수유독성	다음 어느 하나에 해당하는 물질 • 흡수, 대사, 분포 및 배설에 대한 연구에서, 해당 물질이 잠재적으로 유독한 수준으로 모유에 존재할 가능성을 보임 • 동물에 대한 1세대 또는 2세대 연구결과에서, 모유를 통해 전이되어 자손에게 유해영향을 주거나, 모유의 질에 유해영향을 준다는 명확한 증거가 있음 • 수유기간 동안 아기에게 유해성을 유발한다는 사람에 대한 증거가 있음

ⓒ 혼합물의 분류

구분		구분 기준
1	1A	생식독성(구분 1A)인 성분의 함량이 0.3% 이상인 혼합물
	1B	생식독성(구분 1B)인 성분의 함량이 0.3% 이상인 혼합물
2		생식독성(구분 2)인 성분의 함량이 3.0% 이상인 혼합물
수유독성		수유독성을 가지는 성분의 함량이 0.3% 이상인 혼합물

⑧ 특정 표적장기 독성 물질(1회 노출)
  ㉠ 단일물질의 분류

구분	구분 기준
1	사람에 중대한 독성을 일으키는 물질 또는 실험동물을 이용한 시험의 증거에 기초하여 1회 노출에 의해 사람에게 중대한 독성을 일으킬 가능성이 있다고 판단되는 물질
2	실험동물을 이용한 시험의 증거에 기초하여 1회 노출에 의해 사람의 건강에 유해를 일으킬 가능성이 있다고 판단되는 물질
3	일시적으로 표적 장기에 영향을 주는 물질 • 사람의 호흡기계 기도를 일시적으로 자극하는 것으로 알려지거나 동물 실험결과 호흡기계를 자극한다고 밝혀진 경우 (호흡기 자극) • 사람에게 마취작용을 일으키는 것으로 알려지거나 동물 실험결과 마취작용을 일으킨다고 밝혀진 경우(마취영향)

ⓒ 혼합물의 분류

구분	구분 기준
1	구분 1인 성분의 함량이 10% 이상인 혼합물

구분	구분 기준
2	다음 어느 하나에 해당하는 혼합물 • 구분 1인 성분의 함량이 1.0% 이상, 10% 미만인 경우 • 구분 2인 성분의 함량이 10% 이상인 경우
3	다음 어느 하나에 해당하는 혼합물 • 호흡기계 자극성을 나타내는 성분의 함량이 20% 이상인 경우 • 마취작용을 나타내는 성분의 함량이 20% 이상인 경우

⑨ 특정 표적장기 독성 물질(반복 노출)

㉠ 단일물질의 분류

구분	구분 기준
1	사람에 중대한 독성을 일으키는 물질 또는 실험동물에서의 시험의 증거에 기초하여 반복 노출에 의해 사람에게 중대한 독성을 일으킬 가능성이 있다고 판단되는 물질
2	실험동물을 이용한 시험의 증거에 기초하여 반복 노출에 의해 사람의 건강에 유해를 일으킬 가능성이 있다고 판단되는 물질

㉡ 혼합물의 분류

구분	구분 기준
1	구분 1인 성분의 함량이 10% 이상인 혼합물
2	• 구분 1인 성분의 함량이 1.0% 이상, 10% 미만인 경우 • 구분 2인 성분의 함량이 10% 이상인 경우

⑩ 흡인 유해성 물질

㉠ 단일물질의 분류

구분	구분 기준
1	사람에 흡인 독성을 일으키는 것으로 알려지거나 흡인 독성을 일으킬 것으로 간주되는 물질로 다음 어느 하나에 해당하는 물질 • 사람에서 흡인 유해성을 일으킨다는 신뢰성 있는 결과가 발표된 경우 • 40℃에서 동점도가 20.5mm^2/s 이하인 탄화수소
2	사람에 흡인 독성 유해성을 일으킬 우려가 있는 물질로, 구분 1에 분류되지 않으면서, 40℃에서 동점도가 14mm^2/s 이하인 물질로 기존의 동물 실험결과와 표면장력, 수용해도, 끓는점 및 휘발성 등을 고려하여 흡인 유해성을 일으키는 것으로 추정되는 물질

> **TIP**
>
> 유해성 항목과 구분에 따른 약속된 유해·위험 문구와 코드
> - H200~H290 : 물리적 위험성 유해·위험 문구
> - H300~H373 : 건강 유해성 유해·위험 문구
> - H400, H410, H412, H413 : 환경 유해성 유해·위험 문구
> - P201~P284 : 예방
> - P301~P391 : 대응
> - P401~P420 : 저장
> - P501~P502 : 폐기

4) 표시사항

① GHS(Globally Harmonized System of Classification and Labelling of Chemicals, 화학물질의 분류, 표시의 세계조화시스템) : 화학물질 분류 및 표시를 세계적으로 통일시킨 것

▼ 유독물 그림문자

GHS01	GHS02	GHS03
폭발성	• 인화성 • 자연발화성 • 자기발열성 • 물 반응성	산화성
GHS04	GHS05	GHS06
고압가스	• 금속 부식성 • 피부 부식성/자극성 • 심한 눈 손상/자극성	급성독성
GHS07	GHS08	GHS09
경고	• 호흡기 과민성 • 발암성 • 변이원성 • 생식독성 • 표적 장기독성 • 흡입 유해성	수생환경 유해성

➡ 흰색 바탕에 검은색 그림, 빨간색 마름모 형태의 테두리 그림

[02] 화학반응 확인

1. 화학반응 경로와 폭발성 반응 확인

연소는 발열과 발광을 수반하는 산화반응이고, 폭발은 연소의 한 형태로서 그 반응이 급격히 진행되며 빛을 발하는 것 외에 폭발음과 충격압력을 내며 순간적으로 반응이 완료된다.

구분	내용
화학적 폭발	• 폭발성 물질의 폭발, 화약의 폭발 등 • 산화 폭발, 가연성 가스나 인화성 액체 증기의 연소폭발
분진폭발	• 석탄, 플라스틱, 알루미늄 등의 금속분 • 소맥분 • 가연성 미스트의 폭발
분해폭발	• 아세틸렌(C_2H_2) • 에틸렌($CH_2=CH_2$) • 산화에틸렌 • 히드라진(NH_2-NH_2)
증기폭발(물리적 폭발)	급격한 상변화에 의한 폭발로 주로 수증기를 많이 발생하여 일어나는 폭발

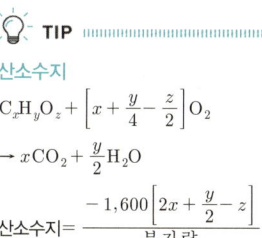

TIP
산소수지

$$C_xH_yO_z + \left[x + \frac{y}{4} - \frac{z}{2}\right]O_2$$
$$\rightarrow xCO_2 + \frac{y}{2}H_2O$$

$$산소수지 = \frac{-1,600\left[2x + \frac{y}{2} - z\right]}{분자량}$$

2. 폭발성 반응을 일으킬 수 있는 유해물질의 취급 주의사항

1) 산 및 알칼리류

① 화상에 주의한다.
② 강산과 강염기는 공기 중 수분과 반응하여 치명적 증기를 생성하므로 사용하지 않을 때는 뚜껑을 닫아 놓는다.
③ 희석 용액을 제조할 경우에는 물에 소량의 산 또는 알칼리를 조금씩 첨가하여 희석한다.
④ 강한 부식성이 있으므로 금속성 용기에 저장을 금하며, 적합한 보호구(내산성)를 반드시 착용한다.
⑤ 산이나 염기가 눈이나 피부에 묻었을 때에는 즉시 흐르는 물에 15분 이상 씻어 내고 도움을 요청한다.
⑥ 플루오린화수소(HF)는 가스 및 용액이 극한 독성을 나타내며, 화상과 같은 즉각적인 증상 없이 피부에 흡수되므로 취급에 주의해야 한다.
⑦ 과염소산($HClO_4$)은 강산의 특성을 띠고 유기화물 및 무기화물과 반응하여 폭발할 수 있으며, 특히 가열, 화기 접촉, 마찰에 의해 스스로 폭발하므로 주의해야 한다.

TIP
절대 산에 물을 첨가하지 않는다. 격렬한 발열반응으로 폭발할 수 있다.

2) 산화제

① 과염소산($HClO_4$), 과산화수소(H_2O_2), 질산(HNO_3), 할로겐 화합물 등
② 강산화제는 매우 적은 양으로 강렬한 폭발을 일으킬 수 있으므로 방호복, 고무장갑, 보안경 및 보안면 같은 보호구를 착용하고 취급하여야 한다.

3) 금속 분말

① 초미세한 금속 분말의 분진들은 폐질환, 호흡기 질환 등을 일으킬 수 있으므로 방진 마스크 등 올바른 호흡기 보호구를 착용해야 한다.
② 실험실 오염을 방지하기 위해 가능한 한 부스나 후드 아래에서 취급한다.
③ 대부분의 미세한 금속 분말은 물과 산의 접촉으로 수소 가스를 발생하고 발열한다. 습기와 접촉할 때 자연발화의 위험이 있어 폭발할 수 있으므로 특별히 주의한다.
④ 금속분, 유화 가루, 철분은 밀폐된 공간 내에서 부유할 때 분진 폭발의 위험이 있다.

4) 유기 질소 화합물

① 질산에스터류($-ONO_2$), 나이트로 화합물($-NO_2$), 나이트로소 화합물($-NO$), 아조 화합물($-N=N-$), 다이아조 화합물($=N_2$), 하이드라진 유도체($-N_2H_2-$), 하이드록실아민(NH_2OH) 등
② 가열, 충격, 마찰 등으로 폭발할 수 있다.
③ 연소 속도가 매우 빨라 폭발성이 있다(화약의 원료로 사용).
④ 불안정한 물질로서 공기 중 장시간 저장 시 분해하여 분해열이 축적되어 자연발화의 위험이 있다.

5) 기타

알킬알루미늄, 알킬리튬은 물 또는 공기와 접촉하면 폭발한다.

3. 인체 유해 가스 화학반응

1) 인체 유해 가스

인체에 유해한 가스를 총칭하여 인체 유해 가스라고 하며, 상온에서 가스상 물질로 황산화물(SOx), 질소산화물(NOx), 산화물, 탄화수소, 플루오르 화합물, 이산화탄소, 암모니아(NH_3) 등이 있다.

(1) 인화성 액체
① 이황화탄소, 다이에틸에테르, 아세톤, 휘발유, 알코올, 등유, 경유 등
② 상온에서 액체이며, 인화되기 쉽다.
③ 발생증기는 가연성이며 공기보다 무겁다.
④ 증기는 연소하한이 낮아 공기와 약간만 혼합되어도 연소한다.

(2) 유기화합물
가연성 액체 또는 고체 물질이고 연소 시 다량의 유독가스를 발생한다.

(3) 자연발화성 물질 및 금수성 물질
① 칼륨, 나트륨, 알킬알루미늄, 알킬리튬, 알칼리금속, 알칼리토금속, 유기금속화합물, 금속의 수소화물, 금속의 인화물, 칼슘 또는 알루미늄의 탄화물
② 물과 접촉하면 반응하여 가연성 가스가 발생한다.

[03] 화학물질 특성 확인

1. 위험물의 종류와 성질

1) 제1류 위험물 – 산화성 고체

유별	성질	품명	지정수량
제1류	산화성 고체	1. 아염소산염류 2. 염소산염류 3. 과염소산염류 4. 무기과산화물류	50kg
		5. 브롬산염류 6. 질산염류 7. 요오드산염류	300kg
		8. 과망간산염류 9. 중크롬산염류	1,000kg

TIP

위험물의 종류별 주의사항 표시
㉠ 제1류 위험물
  • 알칼리금속의 과산화물 : 화기·충격주의, 물기엄금, 가연물 접촉주의
  • 그 밖의 것 : 화기·충격주의, 가연물 접촉주의
㉡ 제2류 위험물
  • 철분·금속분·마그네슘 : 화기주의, 물기엄금
  • 인화성 고체 : 화기엄금
  • 그 밖의 것 : 화기주의
㉢ 제3류 위험물
  • 자연발화성 물질 : 화기엄금, 공기접촉엄금
  • 금수성 물질 : 물기엄금
㉣ 제4류 위험물 : 화기엄금
㉤ 제5류 위험물 : 화기엄금, 충격주의
㉥ 제6류 위험물 : 가연물 접촉주의

TIP

가연성 고체
- 유황 : 순도 60wt% 이상인 것
- 철분 : 철의 분말로 53μm의 표준체를 통과하는 것이 50wt% 미만인 것은 제외한다.
- 금속분 : 150μm 표준체를 통과한 것 중 순도 50wt% 이상인 것으로 구리, 니켈을 제외한다.
- 마그네슘 : 2mm의 체를 통과하지 않는 덩어리 상태의 것이나 지름 2mm 이상의 막대 모양의 것은 제외한다.
- 인화성 고체 : 고형알코올, 그 밖에 1기압에서 인화점이 40℃ 미만인 고체

2) 제2류 위험물 – 가연성 고체

유별	성질	품명	지정수량
제2류	가연성 고체	1. 황화린 2. 적린 3. 유황	100kg
		4. 철분 5. 금속분 6. 마그네슘	500kg
		9. 인화성 고체	1,000kg

3) 제3류 위험물 – 자연발화성 물질 및 금수성 물질

유별	성질	품명	지정수량
제3류	자연발화성 물질 및 금수성 물질	1. 칼륨 2. 나트륨 3. 알킬알루미늄 4. 알킬리튬	10kg
		5. 황린	20kg
		6. 알칼리금속(칼륨 및 나트륨을 제외한다.) 및 알칼리토금속 7. 유기금속화합물(알킬알루미늄 및 알킬리튬을 제외한다.)	50kg
		8. 금속의 수소화물 9. 금속의 인화물 10. 칼슘 또는 알루미늄의 탄화물	300kg

TIP

인화성 액체
대부분 물보다 비중이 작고, 증기비중은 공기보다 크다.

4) 제4류 위험물 – 인화성 액체

유별	성질	품명		지정수량
제4류	인화성 액체	1. 특수인화물		50L
		2. 제1석유류	비수용성 액체	200L
			수용성 액체	400L
		3. 알코올류		400L
		4. 제2석유류	비수용성 액체	1,000L
			수용성 액체	2,000L
		5. 제3석유류	비수용성 액체	2,000L
			수용성 액체	4,000L
		6. 제4석유류		6,000L
		7. 동식물유		10,000L

(1) 제4류 위험물의 기준

① **특수인화물** : 1기압에서 발화점 100℃ 이하인 것 또는 인화점이 -20℃ 이하이고, 비점이 40℃ 이하인 것
   예 이황화탄소, 디에틸에테르
② **제1석유류** : 1기압에서 인화점이 21℃ 미만인 것
   예 아세톤, 휘발유
③ **알코올류** : 탄소원자의 수가 1~3개까지인 포화 1가 알코올
④ **제2석유류** : 1기압에서 인화점이 21℃ 이상~70℃ 미만인 것
   예 등유, 경유
⑤ **제3석유류** : 1기압에서 인화점이 70℃ 이상~200℃ 미만인 것
   예 중유, 클레오소트유
⑥ **제4석유류** : 1기압에서 인화점이 200℃ 이상~250℃ 미만인 것
   예 기어유, 실린더유
⑦ **동식물유** : 동물의 지육 등 또는 식물의 종자나 과육으로부터 추출한 것으로 1기압에서 인화점이 250℃ 미만인 것

TIP
저장소
- 옥내저장소
- 옥외탱크저장소
- 옥내탱크저장소
- 지하탱크저장소
- 간이탱크저장소
- 이동탱크저장소
- 옥외저장소
- 암반탱크저장소

TIP
취급소
- 주유취급소
- 판매취급소
- 이송취급소
- 일반취급소

5) 제5류 위험물 - 자기반응성 물질

유별	성질	품명	지정수량
제5류	자기반응성 물질	1. 유기과산화물	10kg
		2. 질산에스테르류	10kg
		3. 니트로화합물	200kg
		4. 니트로소화합물	200kg
		5. 아조화합물	200kg
		6. 디아조화합물	200kg
		7. 히드라진 유도체	200kg
		8. 히드록실아민	100kg
		9. 히드록실아민염류	100kg

TIP
산화성 액체
- 과산화수소 : 농도 36wt% 이상인 것
- 질산 : 비중 1.49 이상인 것

6) 제6류 위험물 - 산화성 액체

유별	성질	품명	지정수량
제6류	산화성 액체	1. 과염소산	300kg
		2. 과산화수소	300kg
		3. 질산	300kg

TIP
위험물

유별	성질
제1류	산화성 고체
제2류	가연성 고체
제3류	자연발화성 물질 및 금수성 물질
제4류	인화성 액체
제5류	자기반응성 물질
제6류	산화성 액체

7) 위험물 보관방법

① 온도변화 등에 의하여 누설되지 않도록 운반용기를 주의하여 밀봉, 수납한다.
② 온도변화 등에 의하여 증기를 발생시키는 위험물의 경우는 운반용기 안의 압력이 상승할 우려가 있으므로 이러한 경우 가스 배출구를 설치한 운반용기에 수납한다.
③ 운반용기는 위험물과 위험한 반응을 일으키지 않는 적합한 재질의 운반용기로 선정한다.
④ 고체 위험물은 운반용기 내용적의 95% 이하로 수납한다.
⑤ 액체 위험물은 운반용기 내용적의 98% 이하로 수납하되, 55℃의 온도에서 누설되지 않도록 충분한 공간 용적을 유지해야 한다.
⑥ 하나의 외장용기에는 다른 종류의 위험물을 같이 보관하지 않는다.

> **TIP**
> **알킬알루미늄(자연발화성)**
> 운반용기의 내용적의 90% 이하의 수납율로 수납하되 50℃의 온도에서 5% 이상의 공간용적을 유지한다.

[04] 분석환경관리

1. 실험실 환경 유지 관리

1) 안전보건 관리 수칙

① 실험대, 실험 부스, 안전 통로 등은 항상 깨끗하게 유지해야 한다.
② 실험실의 전반적인 구조를 숙지하고 있어야 하며, 특히 출입구는 비상시 항상 피난이 가능한 상태로 유지해야 한다.
③ 사고 시 연락 및 대피를 위해 출입구 벽면 등 눈에 잘 띄는 곳에 비상 연락망 및 대피경로를 부착해야 한다.
④ 소화기는 눈에 잘 띄는 위치에 비치하고, 소화기 사용법을 숙지해야 한다.
⑤ 취급하고 있는 유해물질에 대한 물질안전보건자료(MSDS)를 게시하고 이를 숙지해야 한다.
⑥ 실험실 내에는 금지 표지, 경고 표지, 지시 표지 및 안내 표지 등 필요한 안전보건 표지를 부착한다.
⑦ 유해물질이 누출되었을 경우에는 싱크대나 일반 쓰레기통에 버리지 말고 폐액 수거용기에 안전하게 버린다.
⑧ 실험실의 안전 점검표를 작성하여 월 1회 이상 정기적으로 안전 상태를 점검한다.

> **TIP**
> **노출기준**
> 근로자가 유해인자에 노출되는 경우 노출기준 이하 수준에서는 거의 모든 근로자에게 건강상 나쁜 영향을 미치지 않는 기준
> ㉠ TWA(Time Weighted Average) : 1일 작업시간 동안의 시간가중평균노출기준
>
> TWA 환산값
> $= \dfrac{C_1 T_1 + C_2 T_2 + \cdots + C_n T_n}{8}$
> (1일 8시간 작업기준)
>
> 여기서, C : 유해인자의 측정값(ppm, mg/m³)
> T : 유해인자의 발생시간(hr)
> ㉡ 단시간노출기준(STEL) : 15분간의 시간가중평균노출값으로서 노출농도가 TWA를 초과하고 단시간노출기준(STEL) 이하인 경우에는 1회 노출 지속시간이 15분 미만이어야 하고, 1일 4회 이하로 발생해야 하며, 각 노출의 간격은 60분 이상이어야 한다.
> ㉢ 최고노출기준(C)
> • 근로자가 1일 작업시간 동안 잠시라도 노출되면 안 되는 기준
> • 노출기준 앞에 C를 붙여 표시한다.

2) 실험실 시약 관리

① 실험에 필요한 시약만 실험대에 두고, 실험실 내에는 일일 사용에 필요한 최소량만 보관해야 한다.

② 시약병은 깨끗하게 유지하고, 라벨에는 물질명, 뚜껑에는 개봉한 날짜를 기록한다.

③ 유해물질을 실험실 내에 저장할 경우 강제 배기 장치가 설치되어 있어 통풍이 되는 캐비닛에 저장해야 한다.

④ 유해물질의 사용 및 유지
  ㉠ 유해물질은 이름의 알파벳이나 가나다 순 등으로 저장하는 것이 아니라 반드시 물성이나 특성별로 저장해야 한다.
  ㉡ 서로 반응할 수 있는 유해물질을 함께 두지 않는다.
  ㉢ 유리 상자에 저장된 것은 되도록 캐비닛 선반의 제일 아래에 보관한다.

⑤ 캐비닛의 형식
  ㉠ 가연성 물질용 캐비닛은 가연성 물질 및 인화성 액체 저장용으로 사용한다.
  ㉡ 산이나 부식 물질용 캐비닛은 내부식성 재질로 된 것을 사용한다.
  ㉢ 실험실 외부에 가연성 및 부식성 액체를 저장할 때에는 저장 캐비닛을 별도로 설치하여 사용한다.

⑥ 개별 저장용기
  ㉠ 유해물질 저장용기를 선택할 때에는 약품과 반응하지 않는지 확인한다.
  ㉡ 용기의 크기는 20L 이하로 제한한다.
  ㉢ 용기는 꼭 막을 수 있는 뚜껑이나 배출구 덮개가 있어야 하며, 용기 내부 압력이 상승하지 않도록 서늘한 장소에 보관한다.
  ㉣ 유리 용기를 구매할 때에는 폭발 위험을 최소화할 수 있도록 배기구 뚜껑 등이 부착된 것으로 한다.

⑦ 실험실용 냉장고
  ㉠ 일반 냉장고를 가연성 물질과 같은 특별한 위험이 있는 물질 보관용으로 사용하지 않는다
  ㉡ 실험실 용도의 냉장고는 유해물질의 저장이 가능한 것을 사용한다.
  ㉢ 위험물질의 보관 기간은 가능한 한 짧게 한다.
  ㉣ 냉장고는 정기적으로 점검해야 한다.
  ㉤ 냉장고의 사용 및 유지 방법
    • 냉장고에 저장할 수 있는 유해물질은 표지를 붙여야 한다.
    • 방사능 물질을 저장할 경우, 냉장고에 방사능 물질을 저장하고 있다는 표지를 붙인다.

> **TIP**
>
> **혼합물 산출식**
> • 화학물질이 2종 이상 혼재하는 물질 간에 유해성이 인체의 서로 다른 부위에 작용한다는 증거가 없는 한 유해 작용은 가중되므로 노출기간은 다음에 의해 산출한다.
>
> $$\frac{C_1}{T_1} + \frac{C_2}{T_2} + \cdots + \frac{C_n}{T_n}$$
>
> 여기서, C : 화학물질 각각의 측정치
> T : 화학물질 각각의 노출 기준
>
> • 산출되는 수치가 1을 초과하지 않는 것으로 한다.
> • 혼재하는 물질 중 어느 한 가지라도 노출기준을 넘는 경우는 노출기준을 초과한 것으로 한다.

- 냉장고 속에 보관되는 용기들은 완전히 밀폐되거나 뚜껑이 덮여 있어야 하며, 안전하게 놓이고 물질 표지가 붙어 있어야 한다.
- 뚜껑이 알루미늄 포일, 코르크 마개, 유리 마개 등으로 제작된 것은 저장을 피한다.
- 냉장고는 물이 떨어지는 것을 방지할 수 있도록 성에가 끼지 않는 것을 사용한다.

3) 실험 기구 및 장치 취급

(1) 화학 실험용 기구

① 비커류에 용매 등을 넣을 때는 액이 벽면을 따라 상승하여 밖으로 나오는 크리프 현상 및 증발에 의한 비산에 주의해야 한다.
② 플라스크류는 압력 및 열에 의한 변형에 약하므로 직화에 의한 가열 및 감압 조작에 사용해서는 안 된다.

◆ 크리프 현상
외력이 일정하게 유지되어 있을 때, 시간이 흐름에 따라 재료의 변형이 증가하면서 결국 파단되는 현상

(2) 실험 장치

① 실행하려는 화학 실험은 어떠한 종류와 기계적 강도가 요구되는가를 예상한다.
② 빈번한 사용으로 인하여 기계적 강도가 떨어지는 기구를 사용해야 할 때는 보호, 보강, 방어 등 적절한 조치를 강구한다.
③ 유리관은 클램프로 직접 고정하지 말고 부드러운 고무 등으로 고정한다.
④ 온도가 변화하면 기계적 강도가 변화하는 것에 유의한다.
⑤ 사용하는 약품에 따라 기계적 강도가 변화하는 것에 유의한다.

2. 화학물질 취급 및 보관

1) 화학물질의 운반

실험실에서도 시약이나 화학물질을 손으로 운반할 경우 넘어지거나 깨지는 위험을 막기 위해 운반용 용기에 넣어 운반한다.

적은 양의 가연성 액체 운반
- 증기를 발산하지 않는 내압성 보관용기로 운반해야 한다.
- 저장소 보관 중 통풍이 되어 환기가 잘 되도록 한다.
- 점화원을 제거해야 한다.
- 화학물질은 엎어지거나 넘어질 수 있으므로 엘리베이터나 복도에서 용기를 개봉한 채로 운반해서는 안 된다.

2) 화학물질의 저장

① 모든 화학물질은 특별한 저장 공간이 있거나 확보한다.
② 모든 화학물질은 물질 명칭, 소유자, 구입일, 위험성, 응급 절차를 나타내는 라벨을 부착하여 정보를 공유한다.
③ 일반적으로 위험한 물질은 직사광선을 피하고 냉소에 저장하며, 이종 물질을 혼합하지 않고, 동시에 화기나 열원에서 격리하여 저장해야 한다.

④ 다량의 위험한 물질은 법령에 의하여 소정의 저장고에 종류별로 저장하며, 독극물은 약품 선반에 잠금 장치(시건)를 설치하여 보관한다.
⑤ 특히 위험한 약품의 분실, 도난 시에는 사고가 일어날 우려가 있으므로, 발생 즉시 담당 책임자에게 보고해야 한다.
⑥ 위험한 물질을 사용할 때는 가능한 한 소량을 사용하고, 알 수 없는 물질은 예비시험을 할 필요가 있다.
⑦ 위험한 물질을 사용하기 전에 재해 방호 수단을 미리 생각하여 만전의 대비를 한다. 화재 폭발의 위험이 있을 때는 방호면, 내열 보호복, 소화기 등을, 중독의 염려가 있을 때는 장갑, 방독면, 방독복 등을 구비 또는 착용하여 사고에 대비한다.
⑧ 유독한 약품이 있는 폐기물의 처리는 수질 오염, 대기 오염을 일으키지 않도록 주의해야 한다.

3) 화학물질의 취급 사용 기준

① 모든 용기에는 약품의 명칭을 기재한다. 표시는 약품의 이름, 위험성(가장 심한 것), 예방 조치, 구입일, 사용자 이름을 포함한다.
② 약품 명칭이 없는 용기의 약품은 사용하지 않는다.
　㉠ 표기를 하는 것은 사용자가 즉각적으로 약품을 사용할 수 있다는 것보다는 화재, 폭발 또는 용기가 넘어졌을 때 어떠한 성분인지를 알 수 있도록 하기 위한 것이다.
　㉡ 용기가 찌그러지거나 본래의 성질을 잃어버리면 실험실에 보관할 필요가 없다.
　㉢ 실험 후에는 폐기용 약품을 안전하게 처분한다.
③ 모든 약품의 맛 또는 냄새를 맡는 행위는 절대로 금하고, 입으로 피펫을 빨지 않는다.
④ 사용한 물질의 성상, 특히 화재·폭발·중독의 위험성을 잘 조사한 후 위험한 물질을 취급해야 한다.
⑤ 위험한 물질을 사용할 때는 가능한 한 소량을 사용하고, 미지의 물질은 예비시험을 할 필요가 있다.
⑥ 위험한 물질을 사용하기 전에 재해 방호 수단을 미리 생각하여 대비를 해야 한다. 화재 폭발의 위험이 있을 때는 방호면, 내열 방호복, 소화기 등을, 중독의 염려가 있을 때는 장갑, 방독면, 방독복 등을 구비 또는 착용해야 한다.
⑦ 유독한 약품 및 이것을 함유하고 있는 폐기물 처리는 수질 오염, 대기 오염을 일으키지 않도록 해야 한다.

⑧ 약품이 엎질러졌을 때는 즉시 청결하게 조치한다. 누출량이 많을 때에는 그 물질의 전문가가 안전하게 치우도록 한다.
⑨ 고열이 발생되는 실험 기기(Furnace, Hot Plate)에는 '고열' 또는 이와 유사한 경고문을 붙여 실험실 종사자끼리 공유해야 한다.
⑩ 화학물질과 직접적인 접촉을 피한다.

3. 화학물질의 특성

1) 산성·알칼리성 화학물질

산과 염기의 위험은 약품이 넘어져서 발생할 수 있는 화상, 해로운 증기의 흡입, 강산이 희석되면서 생겨나는 열에 의해 야기되는 화재·폭발 등이 있다.

(1) 염산

① 염산의 특성
  ㉠ 색깔이 없고 자극성이 매우 강한 기체이다.
  ㉡ 공기보다 무겁고 물에 잘 녹으며, 부식성이 있다.
  ㉢ 진한 염산(HCl)은 비중이 1.18이며, 염화수소 기체가 약 35% 정도 녹아 있는 수용액이다.
  ㉣ 「화학물질관리법」상 유독물질, 사고대비물질이다.

② 염산의 유해·위험성
  ㉠ 염화수소 가스는 가열하면 폭발할 수 있다.
  ㉡ 삼키면 유독하며, 피부에 심한 화상과 눈 손상을 일으킨다.
  ㉢ 흡입하면 인체에 유독하며, 수생 생물에도 매우 유독하다.

③ 저장 및 취급방법
  ㉠ 염화수소 가스 용기는 열이나 물을 피한다.
  ㉡ 용기는 환기가 잘되는 곳에 밀폐하여 저장한다.
  ㉢ 직사광선을 피하고, 환기가 잘되는 곳에 저장한다.

(2) 황산

① 황산의 특성
  ㉠ 순수한 황산은 무색의 액체이다.
  ㉡ 화학식은 H_2SO_4, 분자량은 98이다.
  ㉢ 18℃에서의 비중은 1.834, 어는점은 10.49℃이다.
  ㉣ 물에 대해 강한 친화력이 있어, 강력한 탈수제로 작용한다.
  ㉤ 「화학물질관리법」상 유독물질, 사고대비물질이다.

염산의 GHS 그림문자

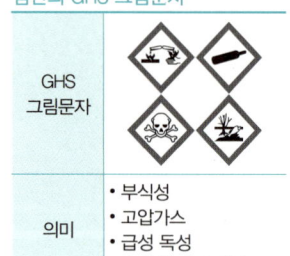

GHS 그림문자	
의미	• 부식성 • 고압가스 • 급성 독성 • 수생 환경 유해성

황산의 GHS 그림문자

GHS 그림문자	
의미	• 부식성 • 급성 독성 • 호흡기 과민성

② 황산의 유해 · 위험성
　㉠ 묽은 황산은 이온화 경향이 높은 금속과 반응하여 수소를 발생하며, 거의 모든 금속을 부식시킨다.
　㉡ 피부에 묻으면 피부의 수분을 흡수하며, 심한 화상과 눈 손상을 일으킨다.
　㉢ 흡입하면 치명적이고, 암을 일으킬 수 있다.

③ 저장 및 취급방법
　㉠ 금속 부식성 물질이므로 내부식성 용기에 저장한다.
　㉡ 용기는 밀폐하여, 환기가 잘되는 곳에 저장한다. 밀폐하지 않으면 대기 중의 수분을 흡수하여 황산이 묽어진다.
　㉢ 황산에 물을 주입하면 황산이 튀거나 심한 발열로 폭발할 우려가 있으므로 물에 진한 황산을 투입하면서 교반하여 열이 축적되지 않도록 하여야 한다.
　㉣ 가연성 물질(나무, 종이, 기름, 의류 등), 금속, 물을 피한다.

(3) 질산

① 질산의 특성
　㉠ 화학식은 HNO_3, 어는점 $-42℃$, 끓는점 $83℃$이다.
　㉡ 보통 실험용 시약, 비료 및 폭발물 제조에 사용되는 화학약품이다.
　㉢ 「화학물질관리법」상 유독물질, 사고대비물질이다.

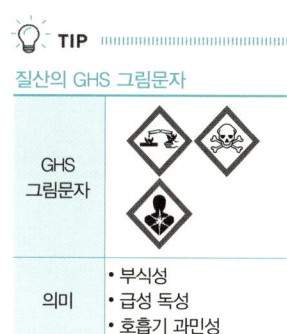

TIP
질산의 GHS 그림문자

GHS 그림문자	
의미	• 부식성 • 급성 독성 • 호흡기 과민성

② 질산의 유해 · 위험성
　㉠ 강산화제로 화재 또는 폭발을 일으킬 수 있다.
　㉡ 거의 모든 금속을 부식시키거나 녹인다.
　㉢ 피부에 심한 화상 및 눈 손상을 일으킨다.
　㉣ 흡입하면 유독하므로 질산 가스(NOx)는 흡입하지 않도록 한다.

③ 저장 및 취급방법
　㉠ 열, 스파크 등의 화염이나 고열과 멀리한다.
　㉡ 용기는 밀폐하여 환기가 잘되는 곳에 저장한다.
　㉢ 가연성 물질이나 금속 등과 접촉을 피한다.

(4) 수산화나트륨

① 수산화나트륨의 특성
　㉠ 화학식은 $NaOH$이며, 흰색의 무른 고체이다.
　㉡ 물속에서 열을 내면서 잘 녹는다.
　㉢ 수산화나트륨 수용액은 강한 염기성을 나타낸다.

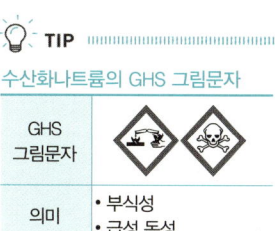

TIP
수산화나트륨의 GHS 그림문자

GHS 그림문자	
의미	• 부식성 • 급성 독성

ㄹ 공기 중의 수분을 흡수하여 녹는 조해성과 공기 중의 이산화탄소를 흡수하여 탄산화나트륨이 되려는 성질이 있다.
ㅁ 「화학물질관리법」상 유독물질이다.

② 수산화나트륨의 유해·위험성
ㄱ 금속을 부식시킬 수 있다.
ㄴ 삼키거나 피부와 접촉하면 안 된다.
ㄷ 피부에 심한 화상과 눈 손상을 일으킨다.

③ 저장 및 취급방법
ㄱ 금속 부식성 물질로, 내부식성 용기에 보관한다.
ㄴ 가연성 물질, 환원성 물질을 피하여 저장한다.

2) 유기용제 및 가연성(인화성) 화학물질

- 일반적으로 휘발성이 매우 크며, 증발하기 쉬운 인화성 액체로, 점화원에 의해 인화, 폭발의 위험이 큰 물질이다.
- 대부분 물보다 가볍고, 물에 녹지 않는다.
- 증기 비중이 1보다 커서 유증기가 바닥에 체류하므로 화재 위험성이 크다.
- 아세톤, 메탄올, 벤젠, 에테르 등이 있다.
- 대부분의 유기용제는 「위험물안전관리법」상 제4류 위험물에 속하며, 해로운 증기를 발생하여 인체에 쉽게 스며들기 때문에 건강에 위험을 야기한다.
- 생체 영향은 말초신경 장해, 중추신경 장해가 있다.
- 실험실에서도 취급 시 관련 보호구를 착용하거나 후드 내에서 취급한다.

(1) 아세톤
① 독성과 가연성 증기를 내므로 취급 시 적절한 환기 시설에서 보호 장갑, 보안경 등 보호구를 착용한다.
② 가연성 액체 저장실에 저장한다.

(2) 메탄올
① 현기증, 신경 조직 약화, 헐떡임의 원인이 되는 해로운 증기를 발생한다.
② 심하게 노출되면 혼수상태가 되고, 결국에는 사망하는 경우도 있다.
③ 약간의 노출에도 두통, 위장 장애, 시력 장애의 원인이 되므로 주의해야 한다.
④ 메탄올은 환기 시설이 잘된 후드에서 사용하고, 손을 보호하기 위해 네오프렌(Neoprene) 장갑을 착용한다.

(3) 벤젠

① 발암 물질이다.
② 적은 양을 오랜 기간에 걸쳐 흡입할 때 만성 중독이 일어날 수 있으며, 피부를 통해 침투되기도 한다.
③ 휘발된 증기는 가연성이고 공기보다 무거우며, 가연성 액체와 같이 저장한다.

(4) 에테르(에터)

예 에틸에테르, 아이소프로필에테르, 다이옥신

① 에테르가 증류나 증발 시 농축되거나 폭발될 수 있는 물질과 결합했을 때, 또는 고열·충격·작은 마찰에도 공기 중 산소와 결합하여 불안전한 과산화물을 형성하여 매우 격렬하게 폭발할 수 있다.
② 좀 더 안전한 대체물이 있으면 가급적 사용하지 않는 것이 바람직하다.
③ 과산화물을 생성하는 에테르는 완전히 공기를 차단하고 황갈색 유리병에 저장하여 암실이나 금속 용기에 보관한다.
④ 에틸에테르는 방폭용 냉장고에 보관하지만, 냉장 보관이 과산화물 생성을 방지한다는 뚜렷 증거는 없어, 냉장고에서 누출이라도 일어나면 인화점이 45℃ 이하인 에테르는 폭발성 화합물을 생성할 수 있으므로 주의해야 한다.

4. 분석환경 관리

- 분석장비의 설치 장소는 진동이 없어야 한다.
- 분석에 사용되는 유해물질을 안전하게 처리할 수 있어야 한다.
- 부식가스나 먼지가 적어야 한다.
- 상대습도 85% 이하의 직사광선이 비치지 않는 곳이 적절하다.
- 강한 자장, 전장, 고주파 등이 발생하는 장치가 가까이 있지 않은 곳이 좋다.
- 공급전원은 지정된 전력용량 및 주파수이어야 한다.
- 전원 변동은 지정전압의 ±10% 내로 주파수 변동이 없어야 한다.
- 내형 변압기, 고주파 가열로와 같은 것에서 전자기 유도를 받지 않아야 한다.
- 접지저항은 10Ω 이하이어야 한다.

1) 시료보관시설

① 분석과 실험 전에 시료를 보관하는 공간으로 시료의 변질을 최대한 억제하기 위한 시설이다.
② 시료보관시설은 최소한 3개월분의 시료를 보관할 수 있는 공간이 되어야 한다.
③ 보관온도는 시료의 변질을 막기 위해 4℃로 유지한다.

④ 독성 물질, 방사성 물질, 감염성 물질 시료
  ㉠ 표기(Label) 및 보관조건을 기재하여 소형 냉장고 또는 별도의 냉장시설과 같은 별도의 공간을 확보하여 보관해야 한다.
  ㉡ 안전장치를 반드시 설치하고 물질에 대한 사용 및 보관을 유지해야 한다.
⑤ 시료보관시설의 잠금장치는 내부에서도 풀 수 있도록 해야 한다.
⑥ 전기공급은 일정기간 공급되지 않아도 최소한 1시간 정도는 4℃를 유지할 수 있는 별도의 무정전 전원(UPS)을 설치하는 것이 좋다.
⑦ 환기시설
  ㉠ 시료의 장기간 보관 때문에 변질로 인한 악취가 발생할 경우를 대비하여 설치한다.
  ㉡ 환기시설은 독립적으로 개폐할 수 있도록 한다.
  ㉢ 작동 시 짧은 시간 내 환기할 수 있도록 약 0.5m/s 이상의 풍속으로 환기되어야 한다.
⑧ 시료보관시설은 벽면 응축이 발생할 수 있으므로 상대습도를 25~30% 정도로 조절한다.
⑨ 배수 라인을 별도로 설비하여 바닥에 물이 고이지 않도록 해야 한다.

2) 시약보관시설

① 시료를 보관하기 위한 고체·액체 시약을 보관하는 공간으로 실험이 이루어지는 공간과 분리된 곳을 말한다.
② 시약의 균질성과 안정성을 확보하고, 오염이나 혼동을 막기 위해 별도로 갖추어야 한다.
③ 공간은 한 시약 여유분의 약 1.5배 이상 확보되어야 한다.
④ 시약은 종류별로 구분하여 배치하고 반드시 눈에 잘 띄는 곳에 비치한다.
⑤ 시약 보관용으로 상온, 냉장, 냉동 등의 설비를 갖추어야 한다.
⑥ 독성 물질, 방사성 물질, 감염성 물질의 시약
  ㉠ 별도의 공간에 보관해야 한다.
  ㉡ 표기 및 보관조건 등이 기재되어야 한다.
  ㉢ 안전장치를 설치하고 물질에 대한 기록을 보관해야 한다.
⑦ 무기물질, 유기물질, 유기용매, 부식성 물질의 시약
  실험실의 안전과 오염을 방지하기 위해 별도로 용기를 선택하여 보관한다.
⑧ 조명은 기재사항을 볼 수 있을 정도인 150lx 이상이어야 한다.
⑨ 항상 통풍이 잘되도록 설비해야 하고, 외부공기와 원활하게 접촉할 수 있도록 환기속도는 최소한 약 0.3~0.4m/s 이상이어야 한다.

3) 전처리 시설

① 시료분석을 위한 이화학 및 추출·정제 실험을 수행하는 공간이다.
② 시료분석을 위한 전처리 과정에서 발생할 수 있는 오염물질을 제어하거나 실험실 내 안정성을 확보하기 위해 별도의 전처리 시설이 필요하다.
③ 전처리 시설이 필요한 실험실에서는 실험실 면적의 약 15% 이상을 별도로 확보해야 하며, 안전시설 또한 별도로 갖추어야 한다.
④ 시료의 전처리 시 발생하는 오염물질을 배출시킬 수 있는 환기설비(후드, 유해가스의 흡입 방지 및 폭발에 대비한 투명 칸막이) 등의 안전설비를 갖추어야 한다.
⑤ 전처리 과정에서 발생하는 가스 및 폐수는 실험실 내로 유입되지 않아야 하며, 가능한 한 신속하게 처리할 수 있도록 별도의 오염 제어 장치나 처리 장치를 설비해야 한다.
⑥ 실험실 내에 전처리 시설을 설치한 경우에는 외부에서 내부를 확인할 수 있어야 한다.
⑦ 내부에서 잠금장치를 풀 수 있도록 해야 한다.
⑧ 전처리 시설에서 상호 오염을 방지하기 위해 유기성·무기성 물질의 전처리 시설을 별도로 구분하여 설비해야 한다.
⑨ 각 전처리 시설별로 환기시설을 갖추어야 한다.
⑩ 조명은 실험을 용이하게 하도록 적어도 300lx 이상이어야 한다.
⑪ 실험자의 안전을 위해 여러 보호장비 등을 갖추도록 해야 한다.
⑫ 화재 예방을 위해 소화기를 반드시 비치해야 한다.

4) 유리기구의 보관시설

① 시료분석에 사용하는 유리기구를 보관하는 공간이다.
② 최소한의 면적은 전체 유리기구를 보관할 수 있는 공간의 약 1.5배 이상이어야 한다.
③ 조명은 150lx 이상이어야 한다.
④ 유리기구의 안전한 보관을 위해 가능한 한 종류별로 분리 보관해야 한다.
⑤ 별도의 유리기구 보관시설이 없는 경우 실험실 내에 비치한다.
⑥ 미생물 실험 등에 사용한 유리기구는 감염이나 오염이 되지 않도록 별도의 보관실에서 세척한 후 건조대나 건조시설을 갖추어 보관한다.

5) 저울실

① 시료분석에 필요한 시약 등의 무게를 측정하는 공간이다.
② 시약 제조 시 표준성 및 정확성을 확보하고 분석오차를 줄이기 위하여 실험이 이루어지는 곳과 다른 별도의 공간을 확보하는 것이 바람직하다.
③ 별도의 저울실을 확보하지 못한 경우에는 저울을 사용할 공간을 확보하여 주변의 영향을 최소한으로 줄이는 것이 좋다.
④ 조명은 약 300lx 이상이어야 한다.
⑤ 효과적인 측정을 위하여 진동에 요동하지 않는 곳에 두어야 하며, 저울실의 바닥 역시 내진에 요동하지 않기 위한 설비를 해야 한다. 이러한 설비를 갖출 수 없는 경우에는 저울 하단부에 저울대를 두어 이용하는 것이 바람직하다.
⑥ 주변의 공기를 차단할 수 있는 덮개 등을 이용하는 것이 바람직하다.
⑦ 시약의 변질을 방지하기 위해 온도는 약 18~20℃로 유지한다.
⑧ 습도는 약간 건조한 상태인 상대습도 40~60%를 유지해야 한다.
⑨ 환기시설은 독립적으로 개폐할 수 있도록 해야 하며, 작동 시 짧은 시간 내에 환기할 수 있도록 약 0.3m/s 이상 환기되어야 한다.

6) 분석실

(1) 이화학 분석실

① 일정 규모 이상으로 분리하여 설치한다.
② 냉난방장치 설비
  ㉠ 실내온도 : 18~28℃
  ㉡ 상대습도 : 40~60%
③ 환기 · 통풍
  ㉠ 환기는 항상 외부공기와 접촉을 차단하지 않는 것이 좋다.
  ㉡ 배출된 공기는 내부로 재유입되지 않아야 한다.
  ㉢ 환기횟수 : 10~15회/시간
  ㉣ 환기장치 높이 : 바닥에서 약 2.5~3.0m
  ㉤ 공기의 기류 속도 : 0.5m/s
④ 환기로 인해 실험 수행에 지장이 없어야 하며 실험자의 호흡에 지장이 없는 위치에 설치해야 한다.
⑤ 환기장치 가동 시 소음이 60dB 이하가 되도록 해야 한다.
⑥ 조명은 300lx 이상이어야 한다.
⑦ 생물학적 산소요구량(BOD) 분석실
  ㉠ 실내온도 : 20℃ 유지

ⓒ 상대습도 : 65% 유지
ⓒ 적절한 환기가 필요하므로 독립적인 환기설비를 통해 실험실 환경을 유지하는 것이 좋다.
ⓔ 생물학적 산소요구량 실험은 온도가 매우 중요하므로 배양기(Incubator)의 전원이 차단되지 않도록 설비해야 한다.
⑧ 배수설비
ⓐ 관의 재질은 가능한 한 산성이나 알칼리성 물질에 잘 부식되지 않는 재질을 선택해야 한다.
ⓑ 쉽게 파손되지 않도록 하고 외부 폐기물 처리장으로 직접 이송되도록 설비해야 한다.
ⓒ 배수설비가 되어 있지 않다면 별도의 공간에 산성과 알칼리성 물질의 폐액통을 구분하여 처리하는 것이 좋다.

(2) 기기 분석실(GC, GC/MS, AA, UV 등)

① 질소 가스 등과 같은 운반 가스(Carrier Gas)를 이용하여 기기를 통해 시료를 분석하는 별도의 공간을 말한다.
② 시료분석 항목별로 독립적으로 설비되어야 하며, 별도의 공간을 갖추어야 한다.
③ 냉난방장치 설비
　ⓐ 실내온도 : 18~28℃ 유지
　ⓑ 환기 및 통풍 : 실험실 조건과 유사하게 설비
　ⓒ 조명 : 최소 300lx 이상
④ 기기실 벽면에서 분석장비로 연결되는 가스배관
　ⓐ 가변성 자재를 사용하여 장비 이동 시 배관시설을 조정할 수 있도록 한다.
　ⓑ 각 라인에 가스 목록을 부착하여 사용한다.
　ⓒ 각 가스배관은 외부의 가스 저장실에서부터 일괄적으로 연결해야 하며, 배관의 스톱 밸브, 필터, 압력 게이지 등은 각 가스배관별로 설치한다.
　ⓓ 가스배관의 형태는 일반 스테인리스 관(ϕ5~10mm)을 설치한다.
　ⓔ 분석기기에 단독적으로 가스를 연결할 경우에는 가스통에 대한 안전장치를 반드시 설치해야 한다.
⑤ 전원
　ⓐ 무정전 전원장치(UPS) 또는 전압조정장치(AVR)로 설치한다.
　ⓑ UPS는 정전 시 사용시간이 총 1시간 이상 될 수 있도록 설비해야 한다.
⑥ 가스 누출 경보장치를 조작이 용이하고 쉽게 볼 수 있는 곳에 설치해야 한다.

7) 분석용 가스 저장시설

① 분석기기에 사용되는 가스를 저장하는 공간이다.
② 가능한 한 실험실 외부 공간에 배치한다.
③ 외부의 열을 차단할 수 있는 지하 공간이나 음지 쪽에 설치한다.
④ 상대습도를 65% 이상 유지하도록 환기시설을 설비하는 것이 바람직하다.
⑤ 분석용 가스 저장시설의 최소 면적은 분석용 가스 저장분의 약 1.5배 이상이어야 한다.
⑥ 가스별로 배관을 별도로 설비하고 가능한 한 이음매 없이 설비해야 한다.
⑦ 가스 저장시설의 안전표시와 각 가스라인을 표기하고 구분하여 사용한다.
⑧ 가스통이 넘어지는 것을 방지하기 위해 자물쇠 등 잠금장치를 별도로 설비한다.
⑨ 출입문에 위험 표지 등 경고문을 부착한다.
⑩ 가스통의 유·출입 상황을 기재하고 잠금장치를 설치한다.
⑪ 지붕과 벽에는 불연재료를 사용한다.
⑫ 가스 저장실의 안전관리시설은 「고압가스안전관리법」의 기준에 맞게 설비해야 한다.
⑬ 조명
  ㉠ 독립적으로 조절할 수 있어야 한다.
  ㉡ 각 가스라인을 구별할 수 있도록 최소 150lx 이상이어야 한다.
  ㉢ 방폭등으로 설치한다.
  ㉣ 점멸스위치는 출입구 바깥부분에 설치한다.
⑭ 채광
  ㉠ 불연재료로 한다.
  ㉡ 연소의 우려가 없는 장소에 채광면적을 최소화하여 설치한다.
⑮ 환기
  ㉠ 자연배기 방식으로 한다.
  ㉡ 환기구를 설치할 경우 지붕 위 또는 지상 2m 이상의 높이에서 회전식이나 루프팬 방식으로 설치한다.

8) 폐기물·폐수처리 또는 저장시설

① 폐기물 저장시설은 실험실과는 별도로 외부에 설치하는 것이 바람직하다.
② 폐기물에 의한 오염 및 혐오감을 주지 않도록 하고 최소한 3개월 이상 폐기물을 보관할 수 있는 공간이어야 한다.
③ 재활용이 가능한 폐기물과 지정폐기물 등 각 종류별로 별도 보관할 수 있는 공간을 배치하는 것이 바람직하다.

◆ **지정폐기물**
사업장폐기물 중 폐유, 폐산 등 주변 환경을 오염시키거나 인체에 해를 끼칠 수 있는 물질로서 대통령령으로 정하는 폐기물
예 폐합성 고분자화합물(폐합성수지, 폐합성고무 : 고체상태 제외), 오니류, 폐농약, 폐산(pH 2 이하 액체), 폐알칼리(pH 12.5 이상 액체), 폐촉매, 폐유기용제, 폐페인트, 폐래커, 폐유, 폐석면, 폐유독물질, 수은폐기물, 의료폐기물

④ 폐기물의 저장시설은 습기로 인한 냄새 발생이나 썩는 것을 방지하기 위해 외부와의 환기 및 통풍이 잘될 수 있도록 해야 한다.
  ㉠ 온도 : 10~20℃
  ㉡ 습도 : 45% 이상
⑤ 가연성 폐기물은 화재가 발생하지 않도록 구분하여 시설을 갖추는 것이 바람직하다.
⑥ 지정폐기물은 부식 또는 손상되지 않는 재질로 된 보관용기나 보관시설에 보관해야 한다.
⑦ 폐유기 용매는 휘발되지 않도록 밀폐된 용기에 보관한다.
⑧ 지정폐기물의 보관 창고에 지정폐기물의 종류별로 양 및 보관 기간 등을 기재한 표지판을 설치하여 보관한다.
⑨ 독성 물질이나 감염성 폐기물의 보관
  ㉠ 성상별로 밀폐 포장하여 보관한다.
  ㉡ 보관용기는 감염성 폐기물 전용 용기를 사용한다.
  ㉢ 보관 창고, 보관 장소 및 냉동시설에는 보관 중인 감염성 폐기물의 종류, 양 및 보관 기간 등을 기재한 표지판을 설치한다.
⑩ 폐수의 저장시설
  ㉠ 일일 발생량을 기준으로 최소한 6개월 이상 저장할 수 있는 여유공간에 설비해야 한다.
  ㉡ 가능한 한 지하나 혐오감을 주지 않는 공간에 설비한다.
  ㉢ 방수처리가 완벽한 재질을 사용하여 폐수가 외부로 유출되지 않도록 해야 한다.
  ㉣ 폐액(산, 알칼리)에 따라 저장시설을 별도로 분리 보관할 수 있도록 설비해야 한다.
  ㉤ 악취 및 냄새가 외부로 유출되지 않도록 밀폐하며, 부식, 훼손되지 않는 재질로 설비한다.

9) 분석실 지원시설(창고, 샤워 및 세척시설)

① 시료를 분석할 때 원활한 분석과 함께 분석 요원의 안전 및 건강을 위한 시설인 샤워시설, 세척시설, 창고 등을 말한다.
② 창고는 현장 시료 채취 등에 사용되는 기기 및 장비를 두는 곳으로 실험실과는 달리 별도로 설비한다.
③ 공간은 최소한 실험실 면적의 약 7% 이상이어야 한다.
④ 창고는 환기 및 통풍이 원활하여야 하며, 장비 보관을 위해 분석실 온도 및 환기 조건과 유사하도록 설비하는 것이 좋다.

⑤ 조명은 300lx 이상이어야 한다.
⑥ 장비의 보관을 위해서 장비별로 레이블링을 하고, 내부의 선반 등으로 구분하여 보관할 수 있도록 설비하는 것이 좋다.
⑦ 샤워 및 세척 시설의 공간
  ㉠ 최소한 10m² 이상이어야 한다.
  ㉡ 분석실과 근접한 위치에 별도로 설치한다.
  ㉢ 노동부 산업안전공단의 실험실 안전 지침서에 있는 샤워 장치 기준에 맞게 설비한다.
⑧ 응급샤워시설
  ㉠ 산, 알칼리, 기타 부식성 물질 등이 있는 곳에 반드시 설치한다.
  ㉡ 신속하게 접근 가능한 위치에 설치한다.
  ㉢ 쉽게 작동할 수 있게 사슬이나 삼각형 손잡이로 하고, 전체적으로 몸을 씻을 수 있도록 한다.
  ㉣ 전기 인입구 등에서 떨어져 있어야 하고 배수구 근처에 설치한다.

10) 출입문 및 출입로

① 시료나 장비 등 무거운 장비의 운반이 용이하도록 한다.
② 폭은 최소 2m 이상이어야 한다.
③ 장비·기기 운반을 고려한다면 폭은 최소 3m 이상으로 한다.
④ 출입문
  ㉠ 경첩 등 돌출이 없는 것으로 설비한다.
  ㉡ 한쪽 문 : 최소 폭 1.2m 이상
  ㉢ 양쪽 문 : 2m 이상
  ㉣ 높이 : 2.5~3m
⑤ 실험실 출입문
  ㉠ 실험실 안쪽으로 열리도록 설비한다.
  ㉡ 출입문의 개수는 2개 이상 설비한다.
  ㉢ 개폐 시 출입자의 힘이 크게 가해지지 않도록 최소 2~6kg의 무게로 개폐할 수 있도록 한다.
  ㉣ 실험실 출입문 주변에는 분석자의 원활한 출입을 위해 기구, 위험물질, 분석장치를 설치하지 않는다.

11) 실험실 내 안전보건 표지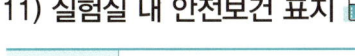

1. 금지 표지	출입금지	 보행금지	 차량통행금지	 사용금지	탑승금지
	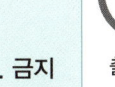 금연	화기금지	물체이동금지		
2. 경고 표지	 인화성물질경고	 산화성물질경고	 폭발성물질경고	 급성독성물질경고	 부식성물질경고
	 방사성물질경고	 고압전기경고	 매달린물체경고	 낙하물경고	 고온경고
	저온경고	몸균형상실경고	레이저광선경고	 발암성·변이원성· 생식독성·전신독성· 호흡기 과민성 물질경고	 위험장소경고
3. 지시 표지	 보안경착용	 방독마스크착용	 방진마스크착용	 보안면착용	안전모착용
	 귀마개착용	 안전화착용	 안전장갑착용	 안전복착용	
4. 안내 표지	 녹십자표지	 응급구호표지	들것	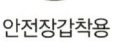 세안장치	 비상용기구 비상구
	좌측비상구	 우측비상구			

> **TIP** 실험실 내 안전보건 표지
> ㉠ 금지
>   ⬤ (빨간색)
>   • 빨간색 테두리, 흰색 바탕, 검은색 그림문자
>   • 정지신호, 소화설비 및 그 장소, 유해 행위의 금지
> ㉡ 경고
>   ◆ (빨간색)
>   • 빨간색 테두리, 흰색 바탕, 검은색 그림문자
>   • 화합물질 취급장소에서의 유해·위험의 경고, 그 밖의 위험경고 등
>   ▲ (노란색)
>   • 노란색 바탕, 검은색 테두리, 검은색 그림문자
>   • 화합물질 취급장소에서의 유해·위험의 경고, 주의 표지 또는 기계 방호물 등
> ㉢ 지시
>   ⬤ (파란색)
>   • 파란색 바탕, 흰색 그림문자
>   • 특정 행위의 지시 및 사실의 고지
> ㉣ 안내
>   ■ (녹색)
>   • 녹색 바탕, 흰색 그림문자
>   • 비상구 및 피난소, 사람 또는 차량의 통행 표지 등
>   ⭕ (녹색)
>   • 흰색 바탕, 녹색 테두리, 녹색 그림문자

[05] 안전점검

1. 유해화학물질 누출 시 대처방법

1) 인화성 유기용매 누출
- 온도상승에 의해 증기가 발생한다.
- 점화하면 증기가 점화원에 의해 순간 연소하는 유기용매이다.
- 알코올, 석유류, 에스터 등이 있다.

(1) 인화성 유기용매의 성질
① 화기 등에 의한 인화·폭발의 위험이 크다.
② 액체의 비중은 대부분 물보다 가볍고 물과 친하지 않다.
③ 증기의 비중은 1보다 커서 낮은 곳에 체류하고, 낮게 멀리 이동한다.
④ 일반적으로 정전기의 방전불꽃에 인화하기 쉽다.
⑤ 액체는 유동성이 있고 화재의 확대 위험이 있다.

(2) 대처방법
① 불꽃을 일으킬 수 있는 모든 발화원을 차단한다.
② 유기용매의 휘발성을 낮출 수 있는 흡수제를 사용한다.
③ 모래는 휘발성을 낮추는 데 효과가 크지 않으므로 후속조치가 필요하다.
④ 흡수제나 부직포 등 흡착제를 사용하는 경우에는 엎질러진 약품의 외곽에서 시작해서 차츰 가운데로 향하여 뿌려준다.
⑤ 흡수된 혼합물은 비닐백에 넣어서 폐기물로 처리한다.

2) 산화성 고체(제1류 위험물) 누출

(1) 산화성 고체(제1류 위험물)의 성질
① 강력한 산화제로 연소가 잘되도록 도와주는 조연성 물질이다.
② 산소가 많아서 분해 시 산소를 방출한다.
③ 열, 타격, 충격, 마찰에 의해서 분해된다.
④ 공기 중의 습기와 만나면 녹는 성질(조해성)이 있으므로 보관 시 밀폐 보관한다.
⑤ 산화성 고체로는 아염소산염류, 염소산염류, 아이오딘산염류, 질산염류 등이 있다.
⑥ 통풍이 잘되는 서늘한 냉암소에 보관한다.

(2) 대처방법

① 가연물이나 피부와 격리하는 것이 우선이다.
② 소량인 경우는 다량의 물로 희석할 수 있으나 물과 반응하는 무기과산화물, 삼산화크로뮴, 퍼옥소붕산염류 등은 물과 폭발적으로 반응하여 발열과 함께 산소를 방출하므로 유의한다.
③ 사고 물질과 반응하지 않는 재료의 도구와 용기에 담아 폐기한다.
④ 폐기물도 가연물과 격리해야 한다.

3) 알칼리금속 누출

① 수분과 접촉을 금지한다.
② 피부는 수은과 반응하여 화상을 입을 수 있으므로 피부에 묻었을 경우, 마른 걸레 등으로 닦아내거나 털어낸다.
③ 수집된 약품은 외부에서 서서히 태우거나 무수아이소프로필 알코올을 사용하여 혼합해서 폐기해야 한다.

4) 브로민(Bromine) 누출

① 싸이오황산나트륨 5~10% 수용액으로 중화한다.
② 폭발의 위험이 있으므로 어떠한 경우에도 암모늄 수용액(Ammonium Hydroxide)을 사용해서는 안 된다.

5) 히드라진(Hydrazine) 누출

(1) 히드라진

① $NH_2 - NH_2$
② 로켓 연료로 사용한다.
③ 인체 발암성이 높고 호흡기 피부 등에 영향을 미치는 유독성 물질이다.

(2) 대치방법

① 충분한 양의 물로 씻어 내야 한다.
② 유기물질이 조금이라도 들어 있는 흡수제는 사용하지 않는다.
③ 증기를 마시면 점막을 자극하고 적혈구를 용해하는 성질이 있으므로 중화 세척 시에는 개인 보호 장구를 반드시 갖추어야 한다.

2. 개인보호장구

근로자의 신체 일부 또는 전체에 착용하여 외부의 유해·위험 요인을 차단하거나 그 영향을 감소시켜 산업재해를 예방하거나 피해의 정도를 줄여주는 기구이다.

1) 실험복

① 실험실에서 피부 보호를 위한 최소한의 보호장비이다.
② 1인당 한 벌씩 보유하며 반드시 착용을 원칙으로 한다.
③ 실험복에 묻어 있는 화합물 등이 다른 사람에게 옮겨져 사고가 나지 않도록 주의한다.
④ 실험복은 실험실 내에서만 착용하고, 실험실 밖에서는 절대로 착용하지 않는다.
⑤ 실험복은 열과 산에 약한 합성섬유는 피하고 면으로 된 것을 사용한다.

2) 보안경(고글)

① 화합물이나 유리파편 등으로부터 눈을 보호하는 장비로 화학약품 취급 시 반드시 착용한다.
② 화학물질 취급시 화합물이나 파손의 위험이 있는 유리가구를 다룰 때 꼭 착용한다.
③ 안경을 착용하는 실험자는 고글을 사용하거나, 도수가 있는 보안경을 착용한다.
④ 콘텍트렌즈는 렌즈와 망막 사이에 화합물이 낄 수 있으므로 사용을 금지한다.

3) 보안면

① 안면 전체를 보호할 필요가 있을 때 착용한다.
② 진공유리기구를 다루거나, 폭발 위험이 있는 실험을 할 경우 착용한다.

4) 보호장갑

① 손을 보호하기 위해 착용한다.
② 폴리에틸렌 장갑은 손을 편하게 하는 장점이 있으나 유기용매가 쉽게 투과되기 때문에 피부 보호가 되지 않는다.
③ 강산이나 부식성 화합물을 다룰 때에는 두꺼운 합성고무로 된 장갑을 착용한다.
   ➡ 플라스틱이나 고무로 된 앞치마를 함께 사용한다.
④ 액체질소나 드라이아이스 등의 극저온 물질을 다룰 때에는 두꺼운 가죽장갑을 착용하여 동상을 방지한다.
⑤ 뜨거운 물체를 만질 때에는 열에 견딜 수 있는 장갑을 착용한다.

⑥ 고무장갑 착용 전에 구멍(찢김)이 확인되면 즉시 폐기한다.
⑦ 장갑에 묻은 오염물질이 다른 곳을 오염시키지 않도록 주의한다.
⑧ 유리기구를 세척할 때 유리가 깨져 손을 베는 경우가 발생하므로 세척용 장갑 안에 목장갑을 착용한다.

5) 귀마개와 이어머프
① 과한 소음(85dB 이상)이 발생하는 곳에서는 반드시 착용한다.
② 초음파를 사용하는 실험실에서는 반드시 헤드폰 모양의 이어머프를 착용한다.

6) 방독면
① 유기용제, 산, 알칼리성 화학물질의 가스와 증기독성을 제거하여 호흡기를 보호하기 위해 사용한다.
② 유독가스가 발생하는 실험을 퓸후드(Fume Hood) 밖에서 수행해야 할 경우에는 반드시 착용한다.
③ 올바른 정화통이 부착된 방독면을 착용해야 한다.

3. 유해가스별 정화통의 종류

▼ 정화통의 종류

시험 가스	정화통의 색	대상 유해물질
유기화합물용	갈색	유기용제, 유기화합물 등의 가스 또는 증기
할로젠용	회색	할로젠 가스나 증기
황화수소용		황화수소 가스
사이안화수소용		사이안화수소 가스나 사이안산 증기
일산화탄소용	적색	일산화탄소 가스
암모니아용	녹색	암모니아 가스
아황산 가스용	노란색	아황산 가스나 증기
아황신황용(복합용)	백색 및 노란색	아황산 가스 및 황의 증기 또는 분진

4. NFPA 위험성 코드

1) NFPA 704

미국화재예방협회(NFPA : National Fire Protection Association)에서 발표한 규격의 일종이다.

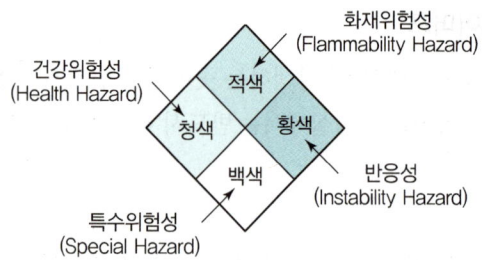

2) 위험도

① 건강위험성 : 청색

지수	건강위험성	예
4	매우 짧은 신체적 노출로도 사망 혹은 심각한 부상을 야기	시안화수소, 포스겐, 불화수소산
3	매우 짧은 신체적 노출로도 일시적 혹은 만성적 부상을 야기, 전신보호구 착용	염소기체, 일산화탄소
2	만성적 접촉이 아닌 지속적 혹은 일반적 접촉으로 일시적 장애 혹은 부상 유발	클로로포름
1	노출 시 경미한 부상 유발, 호흡보호구 착용	아세톤
0	건강상 위협이 되지 않으며, 특별한 주의가 필요하지 않음	나무, 종이

② 화재위험성 : 적색

지수	화재위험성	인화점 범위	예시
4	평상적인 대기환경에서 즉시 혹은 완전히 증발하거나 공기와 잘 혼합되어 쉽게 타버리는 물질	22.8℃ 이하	프로판 가스
3	일반적인 대기환경에서 연소할 수 있는 물질	22.8℃ 이상 37.8℃ 이하	가솔린
2	상대적으로 높은 대기온도이거나 지속해서 가열하여 발화	37.8℃ 이상 93.3℃ 이하	경유
1	높은 온도로 가열해야 발화	93.3℃ 이상	팜유
0	타지 않는 물질	–	물

③ 반응성 : 황색

지수	반응위험성	예시
4	일반적인 대기환경에서 폭발성 반응을 일으킬 수 있는 물질	니트로글리세린
3	강한 기폭원이 있거나, 충분히 가열되면 폭발하는 물질 혹은 물과의 반응성이 높은 물질	불소
2	기온이나 기압 상승 시 화학적 변화를 수반할 수 있고, 맹렬한 반응을 일으킬 수 있는 물질, 물과 쉽게 반응하거나 혼합 시 폭발가능성이 있는 물질	나트륨
1	일반적으로 안정하나, 고온 혹은 고압하에서 불안정해지거나 물과 반응하여 소량의 에너지를 방출하는 물질	아세틸렌
0	화기에 노출되어도 안정하며, 물과 반응하지 않는 물질	헬륨

④ 특수위험성 : 백색

지수	특수위험성	예시
W	물과 반응할 수 있으며, 반응 시 심각한 위험을 수반할 수 있음	나트륨, 세슘
OX or OXY	산화성 물질, 산화제	질산암모늄
SA	질식성 가스	
COR	부식성(ACID : 강산, ALK : 강염기)	수산화나트륨
BIO	생물학적 위험	천연두 바이러스
POI	독성	뱀독
RA 	방사능물질	우라늄, 플루토늄
CRY or CRYO	극저온물질	액체질소

> **TIP**
> **할론소화약제(Halon) 명명**
> C F Cl Br의 순서
>
> | 명칭 | 화학식 |
> |---|---|
> | Halon 1211 | CF_2ClBr |
> | Halon 1301 | CF_3Br |
> | Halon 2402 | $C_2F_4Br_2$ |

> **TIP**
> **CFC 명명법**
> $CFC - xyz$
> 여기서, $x : C - 1$
> $y : H + 1$
> $z : F$
> 예 $CFC - 113$
> $C_2F_3Cl_3$

5. 화재 및 소화

1) 화재의 종류

화재의 종류	등급	색상	소화방법
일반화재	A	백색	냉각소화
유류화재	B	황색	질식소화
전기화재	C	청색	질식소화
금속화재	D	–	피복소화

> **TIP**
> **소화기 표시**
> A2
> └→ 능력단위
> └→ 화재의 종류

2) 소화약제

(1) 분말소화약제

구분	주성분	화학식	착색
제1종	탄산수소나트륨	$NaHCO_3$	백색
제2종	탄산수소칼륨	$KHCO_3$	보라색
제3종	제1인산암모늄	$NH_4H_2PO_4$	담홍색
제4종	탄산수소칼륨 + 요소의 반응생성물	$KHCO_3 + (NH_2)_2CO$	회색

(2) 분말소화약제의 열분해 반응식

① 제1종 분말소화약제

1차(270℃) : $2NaHCO_3 \longrightarrow Na_2CO_3 + H_2O + CO_2$

2차(850℃) : $2NaHCO_3 \longrightarrow Na_2O + H_2O + 2CO_2$

② 제2종 분말소화약제

1차(190℃) : $2KHCO_3 \longrightarrow K_2CO_3 + H_2O + CO_2$

2차(590℃) : $2KHCO_3 \longrightarrow K_2O + H_2O + 2CO_2$

③ 제3종 분말소화약제

1차(190℃) : $NH_4H_2PO_4 \longrightarrow H_3PO_4 + NH_3$
　　　　　　　　인산암모늄

2차(215℃) : $2H_3PO_4 \longrightarrow H_4P_2O_7 + H_2O$
　　　　　　　　　　　피로인산

3차(300℃) : $H_4P_2O_7 \longrightarrow 2HPO_3 + H_2O$
　　　　　　　　　　　메타인산

완전분해 : $NH_4H_2PO_4 \longrightarrow NH_3 + H_2O + HPO_3$

④ 제4종 분말소화약제

$2KHCO_3 + (NH_2)_2CO \longrightarrow K_2CO_3 + 2NH_3 + 2CO_2$

실전문제

01 물질안전보건자료(GHS/MSDS)의 표시사항에서 폭발성 물질(등급 1.2)의 구분 기준으로 옳은 것은?

① 대폭발의 위험성이 있는 물질, 혼합물과 제품
② 대폭발의 위험성은 없으나 발사 위험성(Projection Hazard)이 있는 물질, 혼합물과 제품
③ 대폭발의 위험성은 없으나 화재 위험성이 있고 약한 폭풍 위험성(Blast Hazard) 또는 약한 발사 위험성(Projection Hazard)이 있는 물질, 혼합물과 제품
④ 심각한 위험성은 없으나 발화 또는 기폭에 의해 약간의 위험성이 있는 물질, 혼합물과 제품

해설

① 등급 1.1
② 등급 1.2
③ 등급 1.3
④ 등급 1.4

02 화학물질의 분류·표시 및 물질안전보건자료에 관한 기준에 따른 경고 표지의 색상 및 위치에 대한 설명으로 옳은 것은?

① 경고 표지 전체의 바탕은 흰색으로, 글씨와 테두리는 검정색으로 하여야 한다.
② 예방 조치 문구를 생략해도 된다.
③ 비닐포대 등 바탕색을 흰색으로 하기 어려운 경우에는 그 포장 또는 용기의 표면을 바탕색으로 사용할 수 없다.
④ 그림문자는 유해성·위험성을 나타내는 그림과 테두리로 구성하며, 유해성·위험성을 나타내는 그림은 백색으로 한다.

해설

경고표지의 색상 및 위치
- 경고표지 전체의 바탕은 흰색으로, 글씨와 테두리는 검은색으로 한다.
- 비닐포대 등 바탕색을 흰색으로 하기 어려운 경우 포장 또는 용기의 표면을 바탕색으로 사용할 수 있다. 단, 바탕색이 검은색에 가까운 경우 글씨와 테두리를 바탕색과 대비색상으로 한다.
- 그림문자는 유해성·위험성을 나타내는 그림과 테두리로 하되 유해성·위험성을 나타내는 그림은 검은색으로 한다. 그림문자의 테두리는 빨간색으로 하는 것을 원칙으로 하되 바탕색과 테두리 구분이 어려운 경우, 바탕색의 대비색상으로 할 수 있다.
- 경고표지는 취급 근로자가 사용 중에도 쉽게 볼 수 있는 위치에 견고하게 부착하여야 한다.

03 산화성 가스를 나타내는 그림문자는?

①
②
③
④

해설

① 경고
② 인화성, 자연발화성, 자기발열성, 물 반응성
③ 금속 부식성, 피부 부식성/자극성, 심한 눈 손상/자극성
④ 산화성

정답 01 ② 02 ① 03 ④

04 UN에서 정하는 화학물질의 분류 및 표시에 관한 세계조화시스템(GHS)의 대분류가 아닌 것은?

① 물리적 위험성(Physical Hazards)
② 화학적 위험성(Chemical Hazards)
③ 건강 유해성(Health Hazards)
④ 환경 유해성(Environmental Hazards)

> 해설

GHS 분류기준
㉠ 단일물질 : 물리적 위험성, 건강 유해성, 환경 유해성
㉡ 혼합물 : 건강 유해성, 환경 유해성

05 화학물질의 분류 및 표시 등에 관한 규정 및 화학물질의 분류·표시 및 물질안전보건자료에 관한 기준상 유해화학물질의 표시 기준에 맞지 않는 것은?

① 5개 이상의 그림문자에 해당하는 물질의 경우 4개만 표시하여도 무방하다.
② "위험", "경고" 모두에 해당되는 경우 "위험"만 표시한다.
③ 대상 화학물질 이름으로 IUPAC 표준 명칭을 사용할 수 있다.
④ 급성독성의 그림문자는 "해골과 X자형 뼈"와 "감탄부호" 두 가지를 모두 사용해야 한다.

> 해설

• 그림문자 : 5개 이상일 경우 4개만 표시 가능
• 신호어 : 위험 또는 경고 표시가 모두 해당되는 경우에는 위험만 표시

06 다음의 유해화학물질의 건강 유해성의 표시 그림문자가 나타내지 않는 사항은?

① 호흡기 과민성
② 발암성
③ 생식독성
④ 급성독성

> 해설

호흡기 과민성, 발암성, 변이원성, 생식독성, 표적 장기독성, 흡입 유해성을 나타낸다.

07 실험실에서 활용되는 다양한 화학물질에 대한 설명으로 틀린 것은?

① 실험실 청소에 활용되는 표백제는 하이포염소산나트륨(NaClO) 성분으로 구성되어 있으며, 암모니아와 섞으면 독가스가 형성되어 취급에 주의를 요한다.
② 불산은 이온화 반응에서 약간만 이온화되는 약산으로 인체 위험도가 낮은 화학물질이다.
③ 염산은 이온화 반응에서 거의 100% 이온화되므로 강산이다.
④ 아세트산은 이온화 과정에서 1% 정도만 이온화되므로 약산이다.

> 해설

HF(불화수소산)
• 무색 자극성 냄새의 휘발성 액체
• 약산
• 피부를 뚫고 조직 속으로 쉽게 침투해 강력한 독성을 일으킨다.

08 물질안전보건자료(MSDS) 구성항목이 아닌 것은?

① 화학제품과 회사에 관한 정보
② 화학제품의 제조방법
③ 취급 및 저장방법
④ 유해·위험성

> 해설

MSDS(물질안전보건자료) 구성항목
1. 화학제품과 회사에 관한 정보 2. 유해·위험성
3. 구성성분의 명칭 및 함유량   4. 응급조치 요령
5. 폭발·화재 시 대처방법   6. 누출사고 시 대처방법
7. 취급 및 저장방법   8. 노출방지 및 개인보호구
9. 물리·화학적 특성   10. 안정성 및 반응성
11. 독성에 관한 정보   12. 환경에 미치는 영향
13. 폐기 시 주의사항   14. 운송에 필요한 정보
15. 법적 규제 현황   16. 기타 참고사항

> 정답 04 ② 05 ④ 06 ④ 07 ② 08 ②

09 어떤 방사능 폐기물에서 방사능 정도가 12차 반감기가 지난 후에 비교적 무해하게 될 것이라고 가정한다. 이 기간 후 남아 있는 방사성 물질의 비는?

① 0.0144%
② 0.0244%
③ 0.0344%
④ 0.0444%

해설

$$\left(\frac{1}{2}\right)^n = \left(\frac{1}{2}\right)^{12} \times 100\% = 0.0244\%$$

10 인화성 유기용매의 성질이 아닌 것은?

① 인화성 유기용매의 액체 비중은 대부분 물보다 가볍고 소수성이다.
② 인화성 유기용매의 증기 비중은 공기보다 작기 때문에 공기보다 높은 위치에서 확산된다.
③ 일반적으로 정전기의 방전 불꽃에 인화되기 쉽다.
④ 화기 등에 의한 인화, 폭발 위험성이 있다.

해설

인화성 액체는 대부분 물보다 비중은 작으나 증기 비중은 공기보다 크다.

11 다음 NFPA 라벨에 해당하는 물질에 대한 설명으로 틀린 것은?

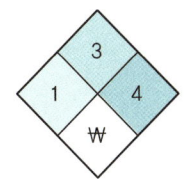

① 폭발성이 대단히 크다.
② 물에 대한 반응성이 있다.
③ 일반적인 대기환경에서 쉽게 연소될 수 있다.
④ 노출 시 경미한 부상을 유발할 수 있으나 특별한 주의가 필요하지 않다.

해설

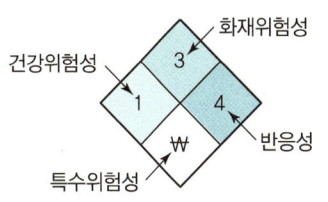

- 건강위험성 1등급 : 노출 시 경미한 부상 유발, 호흡보호구 착용
- 화재위험성 3등급 : 일반적인 대기환경에서 연소할 수 있는 물질로 22.8℃ 이상 37.8℃ 이하인 물질
- 반응성 4등급 : 일반적인 대기환경에서 폭발성 반응을 일으킬 수 있는 물질
- 특수위험성 ₩ : 물과 반응할 수 있으며, 반응 시 심각한 위험을 수반할 수 있음

12 석유화학공장에서 측정한 공기 중 톨루엔의 농도가 아래와 같을 때 톨루엔에 대한 이 공장 근로자의 시간가중평균노출량(TWA, ppm)은?

| 1차 측정(3시간) : 95.2ppm |
| 2차 측정(3시간) : 102.1ppm |
| 3차 측정(2시간) : 87.7ppm |

① 91.4
② 93.1
③ 95.9
④ 97.2

해설

$$TWA = \frac{C_1 T_1 + C_2 T_2 + \cdots + C_n T_n}{8}$$
$$= \frac{95.2\text{ppm} \times 3\text{h} + 102.1\text{ppm} \times 3\text{h} + 87.7\text{ppm} \times 2\text{h}}{8\text{h}}$$
$$= 95.9\text{ppm}$$

분석계획 수립과 분석화학 기초

CHAPTER 01 분석계획 수립
CHAPTER 02 이화학 분석
CHAPTER 03 무게 및 부피분석
CHAPTER 04 적정법
CHAPTER 05 전기화학 기초
CHAPTER 06 시험법 밸리데이션

CHAPTER 01 분석계획 수립

[01] 요구사항 파악

1. 시험분석

1) 시험분석
주어진 물체 또는 물질이 화학적으로 어떤 조성을 가지고 있는지, 그리고 각각의 성분이 얼마나 존재하는지를 알아보는 것을 시험분석이라 한다.

2) 시료(검체, Sample)
시험분석의 대상

3) 정성분석과 정량분석

(1) 정성분석(Qualitative Analysis)

시료 중에 포함되어 있는 물질종이 무엇인지, 즉 원소, 작용기(관능기), 원자단, 분자 등의 종류를 밝혀내는 조작

구분	내용
건식법	시료를 고체 그대로 성분을 검출하는 방법 예 광물분석, 불꽃반응
습식법	시료나 시약을 용매에 녹여 용액으로 만든 후 여기에 적당한 시약 용액을 가해 화학반응을 일으켜 침전시킨 후 침전을 분리하여 분석하는 방법

(2) 정량분석(Quantitative Analysis)

시료 중의 각 성분의 존재량을 결정하는 조작

TIP

분석과정
문제정의 → 방법 선택 → 시료 취하기 → 시료 준비 → 전처리 → 측정 수행 → 결과 계산 및 보고

TIP

불꽃반응(금속원소)

원소	불꽃색
Li	빨간색
Ca	주황색
Na	노란색
Ba	황록색
Cu	청록색
K	보라색
Sr	빨간색
Cs	파란색

구분	내용
부피분석 (용량분석)	시료에 화학양론적으로 반응하는 표준용액으로 적정하여 반응이 정량적으로 끝날 때까지 소모된 부피를 측정하여 정량하고자 하는 물질의 양을 측정하는 방법
무게분석	시료용액에 침전제를 가하여 구하고자 하는 성분을 침전으로 만들고 여과, 건조하여 무게를 측정하여 정량하고자 하는 물질의 양을 측정하는 방법
기기분석	기기를 사용하여 분석하는 방법

2. 시험분석 업무의 일반적 처리 절차

1) 시험분석 의뢰 흐름도

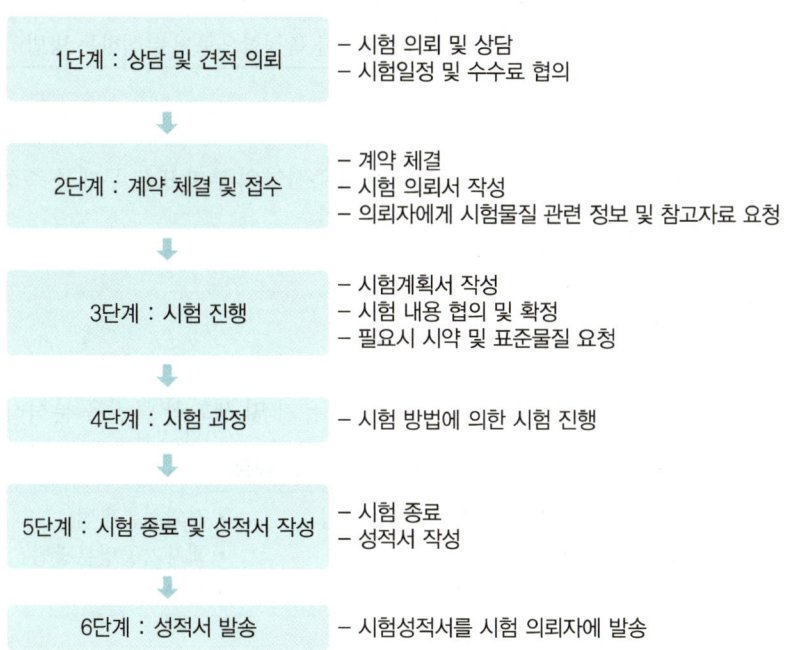

2) 시험분석의뢰서

① 기업 또는 기관 등이 해당 제품 또는 시료, 물질 등의 분석을 의뢰하기 위해 작성하는 문서를 말한다.

② 신청업체명, 신청일자, 분석의뢰내용 등으로 구분하여 각 항목에 정확한 내용을 기재한다.

3. 분석방법의 분류

1) 고전분석법

침전법, 추출법, 증류법을 이용하여 시료에서 관심을 두는 성분을 분리해 내고, 분리된 성분들을 시약과 반응시켜 색깔, 끓는점, 녹는점, 일련의 용매에서의 용해도, 향기, 광학활성도, 굴절률 등을 이용하여 식별할 수 있는 생성물을 만들어 분석하는 방법

(1) 무게법

분석물 또는 분석물에서 만들어진 어떤 화합물의 질량을 측정하는 방법

구분	내용
침전법	침전을 이용하여 분석하는 방법
휘발법	시료를 휘발시켜 무게를 측정함으로써 분석하는 방법

(2) 적정법

분석물과 완전히 반응하는 데 필요한 표준시약의 부피 또는 무게를 측정하여 분석하는 방법

2) 기기분석법

분석물들의 물리적 성질, 즉 빛의 흡수 또는 방출, 전도도, 전극전위, 형광, 질량대 전하비 등을 측정하여 여러 가지 무기, 유기 및 생화학 물질을 분석하는 방법

구분	내용	
분광법	• 자외선/가시광선분광법 • 원자흡수분광법 • X선분광법	• 적외선분광법 • 핵자기공명분광법 • 형광분광법
전기화학법	• 전위차법 • 전압전류법 • 전기량법	
크로마토그래피법	• 고성능 액체 크로마토그래피법(HPLC) • 기체 크로마토그래피법 • 초임계유체 크로마토그래피법 • 이온 크로마토그래피법	

4. 표준시험

1) 표준시험방법

(1) 한국산업표준(KS : Korean Industrial Standards)
  ① 「산업표준화법」에 의거하여 제정한 국가규격
  ② 총 21개 부문(A~X) 중 한 부문을 나타내는 알파벳 기호와 규격의 고유번호인 아라비아숫자 4자리로 구성
  ③ 규격(표준)
   ㉠ **제품표준** : 제품의 형태, 치수, 품질 등을 규정한 것
   ㉡ **방법표준** : 시험방법, 분석, 검사 및 측정방법, 작업표준 등을 규정한 것
   ㉢ **전달표준** : 용어, 기술, 단위, 수열 등을 규정한 것

(2) 미국재료시험협회(ASTM : American Society for Testing Materials)
  미국의 재료규격 및 재료시험에 관한 기준을 정하는 기관
  ① 표준화의 대상을 규격, 방법, 정의로 대별하며, 다시 이를 정식규격과 가규격으로 구분한다.
  ② 규격번호와 기호를 붙여 품종 내용을 표시한다.

(3) 일본공업규격(JIS : Japanese Industrial Standard)
  각 부문은 분류번호가 네 자리 숫자로 된 규격번호로 되어 있으며, 총 18개 부문(A~Z) 중 한 부문을 나타내는 알파벳 기호와 규격의 고유번호인 아라비아숫자 4자리로 구성

(4) 국제표준화기구(ISO : International Organization for Standardization)
  ① 표준화를 위한 국제위원회로서 모든 나라의 공업규격을 표준화, 규격화하기 위해 설립되었다.
  ② 표준 및 관련 활동의 세계적인 조화를 촉진시키기 위한 조치를 취한다.

(5) 영국국가규격(BS : British Standard)

(6) 독일공업규격(DIN : Deutsche Industries Normen)

◆ **국가규격**
국가표준기관으로 인정된 단체에 의해 제정되고 적용되는 규칙

◆ **국제규격**
국제적 조직에 의해 개정되고 국제적으로 적용되는 규칙

◆ **단체규격**
단체, 사업자, 학회에 의해 제정되고 적용되는 규칙

◆ **IEC : 국제전기표준회의**
전기, 전자, 통신, 원자력 등의 분야에서 각국의 규격, 표준의 조정을 행하는 국제기관

◆ **RoSH**
EU(유럽연합)에서 시행되고 있는 유해물질제한지침으로서 해로운 물질을 사용한 전자제품이나 전자기기를 제한하는 지침

TIP

사내표준화
- 회사규격
  회사·공장 등에서 재료, 제품, 구매, 제조, 검사, 관리 등에 적용할 목적으로 정한 규격
- 작업표준
  사용재료, 사용설비, 작업방법, 작업조건, 공정관리방법, 주의사항 등에 기준을 정한 것

Reference

표준시험규격의 분류

제정자에 의한 분류	기능에 따른 분류
• 국가규격(국가표준) • 국제규격(국제표준) • 단체규격 • 회사규격(사내규격) • 관공서규격	• 제품규격 • 방법규격 • 전달(기본)규격

5. 표준의 특성

표준화를 시행함으로써 품질의 향상, 경제적 생산, 거래공정화를 도모 ➡ 산업사회에서 이익이 증진되는 것은 표준에 대한 다음과 같은 성질이 있기 때문이다.

① **호환성** : 표준의 가장 중요한 특성으로, 동일부품을 서로 바꿔 끼울 수 있는 것은 치수상의 호환성이 있기 때문이다.

② **기준성** : 품질, 방법, 행동, 사고 등에 호환성이 있다는 것은 공통성이 있기 때문인데, 많은 물품을 많은 사람이 다루고 판단하고 행동할 때의 기준이 된다.

③ **통일성** : 표준에는 물품이나 행동을 정해진 대로 통일하는 힘이 있다. 물품의 성질, 작업방법, 사고방식을 표준이라는 틀에 맞추는 것을 의미한다.

④ **반복성** : 표준이 대량생산체제에서 경제적 효과를 올리는 것은 표준을 반복 사용하기 때문이다.

⑤ **객관성** : 표준은 합리적인 수치나 수칙, 정확한 용어, 명확한 도표로 표현되어야 한다.

⑥ **고정성과 진보성** : 표준을 정하는 것은 치수, 시험방법 등을 일정 수준에서 고정하며, 기술은 진보하므로 이에 따라 기술표준은 개정되어야 한다. 양자를 조화시켜 나가는 것이 표준화 추진에 중요한 문제가 된다.

⑦ **경제성** : 표준을 정해서 지켜나가는 이유는 경제적 효과가 있기 때문이다.

[02] 분석시험방법

1. 표준물질

1) 표준물질
기기의 교정이나 측정기기의 평가 또는 재료의 값을 부여하는 데에 사용하기 위하여 하나 또는 그 이상의 특정값에 충분히 균일하고 잘 확정되어 있는 재료 또는 물질

2) 인증표준물질
① 인증서가 수반되는 표준물질
② 소급성을 확립하는 절차에 따라 인증되고, 각 인증값에는 표기된 신뢰수준에서의 불확도가 첨부된 것

3) 일차표준물질
적정이나 다른 형태의 정량분석을 위한 기준물질이 되는 초순수한 물질

① 일차측정법에 의해 만들어지며 국제핵심비교를 통하여 국제적 동등성을 확보하거나 국가측정표준과의 소급성 구축과 같이 특정한 목적으로 만들어져 사용되는 인증표준물질이다.

② 표준물질이 없는 경우 표준물질을 제조할 1차 표준물질을 이용하여 2차 표준물질을 제조한다.

③ 일차표준물질이 되기 위한 조건

> ㉠ 고순도(99.9%)이어야 한다.
> ㉡ 정제하기 쉬워야 한다.
> ㉢ 흡수, 풍화, 공기산화 등의 성질이 없고, 오랫동안 보관하여도 변질되지 않아야 한다(공기 중에서 안정).
> ㉣ 공기 중이나 용액 내에서 안정해야 한다.
> ㉤ 물, 산, 알칼리에 잘 용해되어야 한다.
> ㉥ 반응이 정량적으로 진행되어야 한다.
> ㉦ 비교적 큰 화학식량을 가져서 측량오차를 줄일 수 있어야 한다.
> ㉧ 상대습도의 변화에 대하여 조성이 변하지 않고, 수화된 물이 없어야 한다.

◆ **표준(Standard)**
관계 있는 사람들 사이에서 이익 또는 편의가 공정하게 얻어질 수 있도록 통일화를 목적으로 구체적인 표현형식으로 표시한 것

◆ **표준화(Standardization)**
사물에 합리적인 기준을 설정하고 그 기준에 맞추는 것

◆ **시방(Specification)**
제품, 재료, 공구, 설비 등에 관하여 요구되는 특정한 형상, 구조, 치수, 성분, 능력, 정밀도, 성능, 제조방법 및 시험방법에 관하여 규정한 것

💡 **TIP**

표준의 특성
- 호환성
- 기준성
- 통일성
- 반복성
- 객관성
- 고정성과 진보성
- 경제성

◆ **소급성**
연구개발, 산업생산, 시험검사현장 등에서 측정한 결과가 명시될 불확정 정도의 범위 내에서 국가측정표준 또는 국제측정표준에 일치하도록 연속적으로 비교하고 교정하는 체계

💡 **TIP**

이상적인 표준용액의 조건
- 충분히 안정해야 한다.
- 분석물과 빠르게 반응해야 한다.
- 분석물과 거의 완전히 반응해야 한다.
- 분석물과 선택적으로 반응해야 한다.

💡 **TIP**

대표적 일차표준물질의 종류
- 프탈산수소칼륨(KHP)
- 아이오딘산수소칼륨
- 설포살리실산염
- 설파민산
- 트리스(하이드록시메틸) 아미노산메테인
- 산화수은

4) 상용표준물질

① 일차측정법 또는 일차표준물질에 의해 국가측정표준과 소급성이 확립된 표준물질
② 측정 및 분석 현장에서 사용할 수 있도록 할 목적으로 생산, 판매되는 인증표준물질

5) 중금속 표준물질 제조

(1) 표준저장용액(100mg/L의 농도) 제조방법

① 카드뮴(Cd) : 4mL 진한 HNO_3에 카드뮴 금속 0.100g을 녹인 후, 진한 HNO_3 5mL를 첨가하고, 증류수를 가하여 1,000mL로 만든다.

② 칼슘(Ca) : 증류수에 $CaCO_3$ 0.2497g을 넣고 50% HNO_3으로 녹인다. 여기에 진한 HNO_3 10mL를 첨가하고, 증류수를 가하여 1,000mL로 만든다.

③ 크로뮴(Cr) : 증류수에 CrO_3 0.1923g을 녹이고, 10mL 진한 HNO_3을 첨가한 후 증류수를 가하여 1,000mL로 만든다.

④ 구리(Cu) : 2mL 진한 HNO_3에 구리 금속 0.100g을 녹이고, 10mL 진한 HNO_3을 첨가한 후 증류수를 가하여 1,000mL로 만든다.

⑤ 철(Fe) : 10mL 50% HCl과 3mL 진한 HNO_3의 혼합물에 철 와이어 0.100g을 녹이고, 5mL 진한 HNO_3을 첨가한 후 증류수를 가하여 1,000mL로 만든다.

⑥ 납(Pb) : 소량의 HNO_3에 $Pb(NO_3)_2$ 0.1598g을 녹이고, 증류수를 가하여 1,000mL로 만든다.

⑦ 마그네슘(Mg) : 50% HNO_3 소량에 MgO 0.1658g을 녹이고, 10mL 진한 HNO_3을 첨가한 후 증류수를 가하여 1,000mL로 만든다.

⑧ 망가니즈(Mn) : 1mL 진한 HNO_3을 혼합한 10mL 진한 HCl에 망가니즈 금속 0.100g을 녹이고, 증류수를 가하여 1,000mL로 만든다.

⑨ 니켈(Ni) : 10mL의 뜨거운 진한 HNO_3에 니켈 금속 0.100g을 녹이고, 냉각 후 증류수를 가하여 1,000mL로 만든다.

⑩ 칼륨(K) : 증류수에 0.1907g의 KCl을 녹인 후, 증류수를 가하여 1,000mL로 만든다.

⑪ 나트륨(Na) : 증류수에 NaCl 0.2542g을 녹이고, 10mL 진한 HNO_3을 첨가한 후 증류수를 가하여 1,000mL로 만든다.

⑫ 주석(Sn) : 100mL 진한 HCl에 주석 금속 1.000g을 녹이고, 증류수를 가하여 1,000mL로 만든다.

⑬ 아연(Zn) : 10mL 50% HCl에 아연 금속 1.000g을 녹이고, 증류수를 가하여 1,000mL로 만든다.

(2) 원자흡수분광도법으로 물속에 존재하는 납을 측정할 때 표준용액을 만드는 방법

① 납 표준원액(100mg/L)

질산납(Ⅱ)(Lead nitrate, Pb(NO$_3$)$_2$, 분자량 : 331.21, 99.5% 이상) 0.1597g을 소량의 질산(1+1)에 녹인 후, 다시 질산 10mL를 가해 1L 부피 플라스크에 넣고 정제수를 표선까지 가한다.

② 납 표준용액(10mg/L)

납 표준원액(100mg/L) 10mL를 100mL 부피 플라스크에 넣고, 정제수를 표선까지 가한다. 이 용액은 사용 시 항상 새로 조제한다.

2. 비표준시험법에 대한 유효성 수행인자

1) 유효성 수행인자

(1) 선택성, 특이성

간섭물질이 존재할 때의 측정의 정확성을 뜻한다.

(2) 직선성

측정모델의 장비응답값과 농도 간의 관계로 정의한다.

(3) 감도

① 분석대상 성분의 농도변화에 따른 측정신호값의 변화에 대한 비율이다.
② 감도(검정곡선의 기울기)가 클수록 분석대상 성분 농도의 미세한 변화를 확인하기가 더 용이하다.
③ 감도 = $\dfrac{측정신호값의\ 변화}{농도의\ 변화}$

(4) 정확도 : 시험결과의 품질 측정

① **정밀도** : 반복성과 재현성이 정밀도를 나타내는 두 가지 척도로 사용된다.
② **진도** : 시험결과인 측정량이 인정받은 참조값에 얼마나 근접하는가에 대한 것이다.

(5) 검출한계

① 시험방법의 검출한계(LOD)는 0과 확실하게 구분할 수 있는 분석대상 성분의 최소량 또는 최저농도이다.
② LOD는 시험방법으로 측정한 값이 시험방법과 관련된 불확도보다 클 때 그 값들 중 가장 낮은 값이다.

◆ 유효화
성능변수, 성능특성을 결정하는 것

 TIP

시험항목별 파라미터 설정
- 특이성
- 직선성
- 적용범위
- 정확성
- 정밀성
- 검출한계

◆ 정확도
측정값이 참값에 얼마나 근접하고 있는가를 나타낸다.

◆ 정밀도
같은 양을 여러 번 측정하였을 때 측정값들이 얼마나 서로 비슷한지를 나타낸다. 즉, 정밀도는 측정의 재현성을 나타낸다.

 TIP

오차
㉠ 우연오차(불가측오차)
- 우연하고 필연적으로 생기는 오차
- 우연오차는 항상 존재하며 완전히 제거할 수는 없다.
㉡ 계통오차(가측오차)
- 동일한 측정조건에서 어떤 일정한 영향을 주는 원인에 의해 생기는 오차
- 실험설계를 잘못하거나 장비의 결함, 측정방법 등에서 발생하는 오차
- 실험을 정확히 같은 방법으로 다시 하면 이 오차는 재현될 수 있다.

(6) 범위
적절한 불확도 수준을 갖는 시험결과를 얻을 수 있는 농도범위로 정의한다.

(7) 둔감도(견뢰성)
① 시험결과가 절차상에 제시된 시험조건, 예를 들면 온도, pH, 시약농도, 유속, 추출시간, 이동상의 조성 등의 작은 변화에 영향을 받지 않는 수준을 나타내는 것이다.
② 계획된 시험방법 조건들의 작은 변화가 결과에 미치는 영향을 측정하여 파악할 수 있다.

(8) 측정불확도
① 시험방법이 아니라 시험결과의 특성이다.
② 시험방법의 효과를 나타내는 중요한 지표이다.
③ 충분히 타당성 있는 이유에 의해 측정량에 영향을 미칠 수 있는 값들의 분포를 특성화한 파라미터이다.

[03] 분석계획 수립하기

1. 시약 및 초자기구 사용법

1) 시약의 조제 및 사용법

① 분석에 사용되는 물은 증류수 또는 이와 동등한 순도의 물을 사용하며, 적합한 용매 등으로 분석 방해 물질을 제거하여 사용한다.
② 잔류 농약 분석용 시약은 잔류 농약 시험용 또는 이와 동등한 규격의 시약을 사용하며, 각종 시험법에 따라 시험할 때 크로마토그램 등에 방해 피크가 나타나지 않아야 한다.
③ 시료, 목적 성분 및 흡착제의 특성 등을 고려하여 적절한 정제용 흡착제를 사용하고, 보관 시에는 대기 중의 불순물 등에 오염되지 않도록 밀봉 등 필요한 조치를 하여 보관한다.
④ 표준물질은 4℃ 정도의 냉암소에 흡습되지 않도록 보관해야 하며, 사용할 때는 실온에 일정 시간(30분 정도) 동안 방치 후 사용한다.
⑤ 표준원액은 100~1,000ppm의 농도로 조제하며, 물질별 용해도, 조제 후의 분해 여부, 시험 조작 및 저장 등을 감안하여 적절한 용매를 선택하여 조제하고, 조제된 표준원액은 성분 및 함량의 변화가 없도록 보관해야 하며, 시약명, 조제 농도, 사용 용매, 조제 월일, 조제자 등을 기재한 표찰을 붙여야 한다.

> **TIP**
> 부피 측정
> • 피펫, 뷰렛, 부피플라스크 등
> • TC(To Contain) : 부피플라스크의 표선까지 채웠을 때의 부피 측정
> • TD(To Deliver) : 피펫이나 뷰렛으로 다른 용기로 옮겨진 부피 측정
>
> 예 TC 20℃ : 20℃에서 표시된 부피를 담는다.

⑥ 표준용액은 표준원액을 단계적으로 희석하여 적절한 농도로 조제하며, 분석할 때마다 조제하며, 조제 후 농도 적합 여부에 대한 실험을 한 후 사용해야 한다.
⑦ 기타 시약은 분석 목적에 맞게 제조된 전용 시약(잔류 농약 분석용 시약 등) 또는 특급 시약을 사용하며, 가급적 동일한 순도 및 규격을 사용하고, 시약의 특성에 따라 알맞은 온도, 습도, 보관 장소 등을 고려하여 보관 및 관리한다.
⑧ 분석용 가스는 각 분석방법이 정하는 순도 이상으로 사용하며, 별도의 규정이 없는 경우는 고순도(99.999% 이상)를 사용해야 한다.

2) 초자기구

① 시험법별로 적정한 초자기구를 사용하며 필요시 내열 유리(Pyrex제), 실레인(Silane) 처리된 제품을 사용할 수 있다.
② 분석용 초자기구는 기기분석용과 전처리용으로 구분하여 사용 및 보관한다.
③ 초자기구의 세척은 먼저 수돗물로 잘 헹구고 초음파 세척기 등을 사용하여 실험실용 세제로 세척한 다음 아세톤 등의 용매로 세척하고, 다시 증류수로 세척하여 건조한 후 사용해야 하며, 특히 피펫 등 오염될 가능성이 크거나 농도가 높은 시약 또는 시료를 취급한 경우에는 사용 후 즉시 세척해야 한다.

◆ 실레인(silane) = 실란
수소화규소의 총칭

2. 화학분석의 오차

1) 측정오차

① 측정결과는 피측정물, 측정기, 측정방법, 측정환경, 측정하는 사람 등의 요인에 의해 정확하지 못하다.
② 환경에 의한 요인으로는 온도, 대기압, 진동, 충격 등이 있다.
③ 개인적인 영향으로는 숙련도, 시차, 심리상태 등이 있다.

> **Reference**
>
> **측정오차 계산법**
> - 측정오차 = 측정값 − 참값
> - 측정오차율 = $\dfrac{측정오차}{참값}$
> - 오차백분율(%) = 측정오차율 × 100

2) 측정오차가 발생하는 원인

① 기기오차 : 측정기 자체의 오차 예 흔들림
② 개인오차 : 측정하는 사람에 의한 오차
  예 눈금을 잘못 읽음, 기록의 잘못, 실험의 숙련도
③ 환경오차 : 외부적인 영향에 의한 오차 예 온도, 습도, 기압

3) 측정오차의 종류

① 계통오차(가측오차)
  ㉠ 동일한 측정조건에서 어떤 일정한 영향을 주는 원인에 의해 생기는 오차, 즉 동일조건 상태에서 항상 같은 크기와 같은 부호를 가지는 오차
  ㉡ 실험설계를 잘못하거나 장비의 결함, 측정방법 등에서 발생하는 오차
  ㉢ 실험을 정확히 똑같은 방법으로 다시 하면, 이 오차는 재현될 수 있다.

> **Reference**
>
> **계통오차를 검출하는 방법**
> - 인증표준물질(CRM)과 같이 조성을 알고 있는 시료를 분석한다.
> - 바탕시료(분석물이 들어 있지 않은 시료)를 분석한다.
> - 같은 양을 측정하기 위하여 여러 가지 다른 방법을 이용하여 분석한다.

② 우연오차(불가측오차)
  ㉠ 측정자와 관계없이 우연하고도 필연적으로 생기는 오차
  ㉡ 우연오차는 피할 수 없고 항상 측정값에 나타난다.
  ㉢ 측정할 때 조절하지 않거나, 조절할 수 없는 변수의 효과로 발생하는 오차이다.
  ㉣ 우연오차는 항상 존재하며, 완전히 제거할 수 없으나, 더 나은 실험으로 줄일 수 있다.
  ㉤ 측정횟수가 많을 때에 (+)와 (-)의 우연오차가 나타나는 기회가 거의 같아지며 전체합에 의해 오차가 상쇄되어 거의 0에 가깝다.

3. 정밀도와 정확도

1) 정밀도

① 결과에 대한 재현성으로 한 가지 측정을 여러 번 시행하였을 때 얼마나 서로 근접하게 분포되어 있는지의 정도를 말한다.

② 정밀도의 척도
　㉠ 표준편차
$$s = \sqrt{\dfrac{\sum_{i=1}^{N}(x_i - \overline{x})^2}{N-1}}$$

여기서, N : 측정횟수, x_i : 측정값, $\overline{x}$: 평균값

　㉡ 가변도
$$s^2 = \dfrac{\sum_{i=1}^{N}(x_i - \overline{x})^2}{N-1}$$

　㉢ 상대표준편차
$$\text{RSD} = \dfrac{s}{\overline{x}}$$

　㉣ 분산계수
$$\text{CV} = \dfrac{s}{\overline{x}} \times 100\%$$

　㉤ 퍼짐 또는 영역

2) 정확도

① 측정값이 참값에 얼마나 근접한지를 나타내는 정도

② 정확도의 척도
　㉠ 절대오차
　　• 절대오차 = 참값 − 측정값
　　• 평균오차 = 참값 − 측정값들의 평균

　㉡ 상대오차백분율 = $\dfrac{\text{절대오차 또는 평균오차}}{\text{참값}} \times 100\%$

　㉢ 상대정확도 = $\dfrac{\text{측정값 또는 평균값}}{\text{참값}} \times 100\%$

　㉣ 표준물질 분석 정확도(%) = $\dfrac{\text{분석한 결괏값의 평균농도}}{\text{주입농도}} \times 100\%$

　㉤ 회수율
$$\%\text{R} = \dfrac{\text{측정값}}{\text{참값}} \times 100\%$$

 TIP

예 20% Pt + 80% C 혼합물에서 임의의 10^3개 입자를 취했을 때 Pt의 표준편차

표준편차 = $\sqrt{nP(1-P)}$
　　　　 = $\sqrt{10^3 \times 0.2(1-0.2)}$
　　　　 = 12.6

TIP

분산 = 표준편차^2 = 가변도

 TIP

신뢰구간

신뢰구간 = $\overline{x} \pm t\dfrac{s}{\sqrt{n}}$
　　　　 = $\overline{x} \pm tu$

여기서, $\overline{x}$: 평균
　　　　s : 표준편차
　　　　t : Student의 t값
　　　　n : 데이터 개수
　　　　u : 평균의 표준편차(표준오차) 표준불확정도

자유도 = $n-1$

 TIP

이상점
• G시험
$$G = \dfrac{|\text{이상점} - \text{평균값}|}{\text{표준편차}}$$
이상점 : 평균값에서 가장 벗어난 값

• Q시험
$$Q = \dfrac{|\text{의심스러운 값} - \text{가장 이웃하는 측정값}|}{\text{범위}}$$

∴ 임계값보다 크면 그 자료는 버려야 한다.

4. 시료횟수 결정

시료의 정밀성 및 정확성을 결정하기 위해 시료횟수를 결정한다.

시료횟수	1	2	3	4
측정값 x_i(ppm)	3.29	3.22	3.30	3.23

① 평균값

$$\bar{x} = \frac{\sum_{i=1}^{N} x_i}{N}$$

$$\therefore \bar{x} = \frac{3.29 + 3.22 + 3.30 + 3.23}{4} = 3.26$$

② 표준편차

$$s = \sqrt{\frac{\sum (x_i - \bar{x})^2}{N-1}}$$

$$\therefore s = \sqrt{\frac{(3.29-3.26)^2 + (3.22-3.26)^2 + (3.30-3.26)^2 + (3.23-3.26)^2}{4-1}}$$

$$= 0.041$$

③ 상대표준편차(RSD)

$$\text{RSD} = \frac{s}{\bar{x}} \times 1,000 \text{ppt}$$

$$\therefore \text{RSD} = \frac{0.041}{3.26} \times 1,000 = 12.58$$

④ 분산계수(CV)

$$\text{CV} = \frac{s}{\bar{x}} \times 100\%$$

$$\therefore \text{CV} = \frac{0.041}{3.26} \times 100 = 1.26$$

⑤ 가변도(분산)

가변도 = 표준편차^2

$$\therefore \text{가변도} = 0.041^2 = 1.68 \times 10^{-3}$$

⑥ 95% 신뢰도 한계 설정

$$95\% \text{ 신뢰구간} = \bar{x} \pm t \frac{s}{\sqrt{N}}$$

$$\therefore 95\% \text{ 신뢰구간} = 3.26 \pm 1.96 \frac{0.041}{\sqrt{4}} = 3.26 \pm 0.04 \rightarrow 3.3 \sim 3.22$$

CHAPTER 01 분석계획 수립

실전문제

01 분석계획 수립 시 필요한 지식이 아닌 것은?
① 표준분석법에 대한 지식
② 시험기구의 종류에 대한 지식
③ 분석시험 절차에 대한 지식
④ 동료 연구자에 대한 지식

02 시험분석의뢰 업무처리 절차에 대한 설명으로 옳지 않은 것은?
① 시험과정에서는 시험의뢰서에 준하여 시험을 실시한다.
② 시험과정에서 필요한 경우 시험의뢰자와 협의하여 결정한다.
③ 시험종료 후 시험 성적서를 작성하여 의뢰자에게 발송한다.
④ 분석시험 후 남은 시료는 즉시 처분한다.

해설
시험 후 남은 시료는 일정기간 동안 보관한다.

03 기기분석법에서 분석방법에 대한 설명으로 가장 옳은 것은?
① 전류계는 분석물을 산화 또는 환원하는 데 필요한 전하를 공급하는 장치로 교류전원을 많이 사용한다.
② pH미터는 가스전극을 사용하므로 취급에 각별히 주의하여야 한다.
③ 질량분석기는 분석물을 이온화하여 질량 대 전하비를 측정하는 장치이다.
④ GC는 GLC와 GSC로 나뉘는데 두 기기의 차이는 분석물의 상(Phase)이다.

해설
- pH미터는 유리전극과 비교전극 사이에서 발생하는 전위차로부터 pH를 구하는 기구이다.
- GC는 가스 크로마토그래피로 이동상이 가스상태이고 GLC는 고정상이 액상, GSC는 고정상이 고상이다.

04 시험분석의뢰서에 대한 설명으로 옳지 않은 것은?
① 시험분석의뢰서는 기업 또는 기관이 해당 제품 물질의 분석을 의뢰하기 위해 작성하는 문서이다.
② 의뢰하고자 하는 내용을 간단명료하게 작성한다.
③ 시험검사 의뢰 목적을 작성한다.
④ 실시하고자 하는 분석과 관련하여 비용이 발생할 경우 의뢰서에는 따로 기재하지 않아도 된다.

해설
해당 분석과 관련된 비용이 발생하는 경우 기재한다.

05 금속 이온과 불꽃 반응색이 잘못 짝지어진 것은?
① 나트륨 – 노란색   ② 리튬 – 빨간색
③ 칼륨 – 황록색   ④ 구리 – 청록색

해설

금속	불꽃 반응색	금속	불꽃 반응색
Li	빨간색	Sr	빨간색
Na	노란색	Ba	황록색
K	보라색	Cu	청록색
Ca	주황색	Cs	청색

정답 01 ④ 02 ④ 03 ③ 04 ④ 05 ③

06 다음 표준규격에 관한 설명 중에서 옳은 것으로만 짝지어진 것은?

> A. 국내 분석과 관련된 규격에는 국가표준과 단체표준이 있으며, 이 중에서 국가표준은 KS이다.
> B. ASTM은 미국에서 통용되고 있는 분석 관련 규격이다.
> C. ISO와 IEC는 국제표준화기구로서 국제표준을 제작한다.
> D. 전기전자제품을 수출할 때 유용한 유해물질 분석규격인 RoHS는 ISO에서 제작한 국제표준이다.

① A, B
② A, B, C
③ A, C, D
④ A, B, C, D

해설
RoHS
유럽연합(EU)에서 제정한 전기 및 전자장비 내의 특정 유해물질 사용에 관한 제한 지침 기준

07 분석에 사용하는 시약 및 초자기구의 주의사항에 대한 설명으로 옳은 것은?

① 표준물질은 25℃ 정도의 실온에 흡습되지 않게 보관한다.
② 표준용액은 미리 조제하여 보관 후 사용한다.
③ 조제된 시약에는 시약명, 농도, 사용 용매, 조제 월일, 조제자 등을 라벨에 기입하여 부착해야 한다.
④ 분석용 초자기구는 기기분석용과 전처리용을 함께 사용해도 무방하다.

해설
① 표준물질은 4℃ 정도의 냉암소에 흡습되지 않게 보관하여야 하며, 사용할 때는 실온에 30분 정도 방치한 후 사용한다.
② 표준용액은 표준원액을 단계적으로 희석하여 적절한 농도를 조제하되, 분석할 때마다 조제하여 사용한다.
④ 분석용 초자기구는 기기분석용과 전처리용으로 구분하여 사용한다.

08 한국산업표준(Korean Industrial Standard)에 대한 설명으로 옳지 않은 것은?

① 「산업표준화법」에 의거하여 우리나라에서 제정한 국가규격이다.
② 방법표준이란 시험 · 분석 · 검사 및 측정방법 작업표준 등을 규정한 것이다.
③ 총 26개(A~Z) 부문 중 한 부문을 나타내는 알파벳 기호와 아라비아숫자 3자리로 구성되어 있다.
④ 제품표준이란 제품의 향상, 치수 · 품질 등을 규정한 것이다.

해설
총 21개 부문(A~X) 중의 한 부문을 나타내는 알파벳 기호와 규격의 고유번호인 아라비아숫자 네 자리로 구성되어 있다.

09 다음 중 표준에 대한 용어 설명 중 틀린 것은?

① 표준화란 시험에 합리적인 기준을 설정하고 다수의 사람들이 어떤 사물을 그 기준에 맞추는 것이라고 해석하고 있다.
② 규격은 제품, 재료, 공구, 설비 등에 관하여 요구하는 특정한 형상, 치수, 제조방법 및 시험방법에 관하여 규정한 것이다.
③ 표준이란 관계 있는 사람들 사이에서 이익 또는 편의가 공정하게 얻어질 수 있도록 통일화, 단순화를 도모할 목적으로 물체, 성능, 방법, 절차, 책임, 사고방식, 개념 등에 대하여 설정한 것이다.
④ 사내 표준화에는 회사규격, 작업표준이 있다.

해설
- 규격 : 주로 물건에 직접 또는 간접으로 관계되는 기술적 사항에 관하여 규정된 기준이다.
- 시방 : 제품, 재료, 공구, 설비 등에 관하여 요구하는 특정한 형상, 구조, 치수, 성분, 능력, 정밀도, 성능, 제조방법 및 시험방법에 관하여 규정한 것이다.

정답 06 ② 07 ③ 08 ③ 09 ②

10 표준의 특성 중 틀린 것은?

① 호환성 : 품질, 방법, 행동, 사고 등에 호환성이 있다는 것은 공통성이 있기 때문에 많은 물품을 많은 사람이 다루고 판단하고 행동할 때의 기준이 된다.
② 반복성 : 표준이 대량 생산 체제에서 경제적 효과를 올리는 것은 표준을 반복해서 사용하기 때문이다.
③ 통일성 : 표준에는 물품이나 행동을 정해진 대로 통일하는 힘이 있다.
④ 진보성 : 기술은 진보하므로 기술진보에 따라서 기술표준은 개정되어야 한다.

해설

- 호환성 : 표준의 가장 중요한 특성으로, 동일부품을 서로 바꿔 끼울 수 있는 것은 치수상의 호환성이 있기 때문이다.
- 기준성 : 품질, 방법, 행동, 사고 등에 호환성이 있는 것은 공통성이 있기 때문으로 많은 물품을 많은 사람이 다루고 판단하고 행동할 때의 기준이 된다.

11 비표준시험법에 대한 유효성 수행인자에 해당하지 않는 것은?

① 선택성　　　② 직선성
③ 감도　　　　④ 반복성

해설

유효성 수행인자
- 선택성
- 직선성
- 감도
- 정확도
- 검출한계
- 범위
- 둔감도
- 측정불확도

12 일차표준물질이 되기 위한 조건 중 가장 거리가 먼 것은?

① 물, 산, 알칼리에 잘 용해되어야 한다.
② 정제하기 쉬워야 한다.
③ 대기 중에서 안정해야 한다.
④ 비교적 작은 화학식량을 가져서 측량오차를 최소화한다.

해설

일차표준물질이 되기 위한 조건
- 고순도(99.9% 이상)이어야 한다.
- 정제하기 쉬워야 한다.
- 흡수, 풍화, 공기산화 등의 성질이 없고 오랫동안 보관하여도 변질되지 않아야 한다.
- 공기 중이나 용액 내에서 안정해야 한다.
- 물, 산, 알칼리에 잘 용해되어야 한다.
- 반응이 정량적으로 진행되어야 한다.
- 비교적 큰 화학식량을 가져서 측량오차를 최소화한다.

13 분석방법의 정밀도를 나타내는 성능계수가 아닌 것은?

① 상대표준편차
② 평균
③ 평균치의 표준편차
④ 변동계수

해설

정밀도 표현

- 상대표준편차 = $\dfrac{s}{\overline{x}}$

  여기서, s : 표준편차
  $\overline{x}$: N회 측정한 결과의 평균치

- 평균치의 표준편차 = $\dfrac{s}{\sqrt{N}}$
- 가변도(분산)
- 변동계수 = 상대표준편차 × 100%

정답 10 ① 11 ④ 12 ④ 13 ②

CHAPTER 02 이화학 분석

[01] 단위와 농도

1. 단위

1) SI 단위

(1) 기본 SI 단위

물리량	질량	길이	시간	온도	물질의 양	전류	광도
단위	kg	m	s	K	mol	A	cd
이름	킬로그램	미터	초	켈빈	몰	암페어	칸델라

(2) 접두어

접두어	기호	자릿수	접두어	기호	자릿수
엑사(exa)	E	10^{18}	데시(deci)	d	10^{-1}
페타(peta)	P	10^{15}	센티(centi)	c	10^{-2}
테라(tera)	T	10^{12}	밀리(milli)	m	10^{-3}
기가(giga)	G	10^{9}	마이크로(micro)	μ	10^{-6}
메가(mega)	M	10^{6}	나노(nano)	n	10^{-9}
킬로(kilo)	k	10^{3}	피코(pico)	p	10^{-12}
헥토(hecto)	h	10^{2}	펨토(femto)	f	10^{-15}
데카(deca)	da	10^{1}	아토(atto)	a	10^{-18}

(3) SI 유도단위

물리량	기호	이름	다른 단위	SI 기본단위로 표시
주파수	Hz	헤르츠(Hertz)		
힘	N	뉴턴(Newton)		$kg \cdot m/s^2$
압력	Pa	파스칼(Pascal)	N/m^2	$kg \cdot m/s^2 \cdot m^2$
에너지, 일, 열량	J	줄(Joule)	Nm	$kg \cdot m^2/s^2$

물리량	기호	이름	다른 단위	SI 기본단위로 표시
일률, 전력	W	와트(Watt)	J/s	$kg \cdot m^2/s^3$
전하량	C	쿨롱(Coulomb)	$A \cdot s$	
전위, 기전력	V	볼트(Volt)	J/C	
전기저항	Ω	옴(Ohm)	V/A	
전기용량	F	패럿(Farad)	C/V	

2) 단위 환산

구분	내용
질량	$1kg = 1,000g$, $1lb = 0.4536kg = 453.6g$
길이	$1m = 100cm$, $1ft = 0.3048m = 30.48cm$
부피	$1L = 1,000mL$, $1m^3 = 1,000L$, $1mL = 1cm^3$
압력	$1atm = 1.0325 \times 10^5 Pa(N/m^2) = 1.01325 bar = 760mmHg$ $= 10.33mH_2O = 14.7psi = 14.7lbf/in^2$
일	$1cal = 4.184J$, $1kcal = 1,000cal$

2. 농도

1) 몰농도(M, molarity)

① 용액 1L 중에 들어 있는 용질의 몰수

② 단위 : M, mol/L

③ 관계식

$$몰농도(M) = \frac{용질의\ 몰수(mol)}{용액의\ 부피(L)}$$
$$= \frac{용질의\ 질량(g)}{용질의\ 분자량(g/mol)} \times \frac{1,000(mL/L)}{용질의\ 부피(mL)}$$

💡 **TIP**

M(몰농도)
mol/L = mmol/mL

2) 몰랄농도(m, molality)

① 용매 1kg 속에 들어 있는 용질의 몰수

② 단위 : m, mol/kg

③ 관계식

$$몰랄농도(m) = \frac{용질의\ 몰수(mol)}{용매의\ 질량(kg)}$$
$$= \frac{용질의\ 몰수(mol)}{용액의질량(kg) - 용질의\ 질량(kg)}$$

💡 **TIP**

몰농도는 온도에 따라 변하지만, 몰랄농도는 온도에 따라 변하지 않는다.

g당량수
예 H_2SO_4 1mol 98g 중 H 원자가 2mol 이 있으므로 2당량이 된다.

몰농도(mol/L)×당량수=노르말농도

3) 노르말농도(N, normality)

① 용액 1L 중에 들어 있는 용질의 당량수
② 단위 : N
③ 관계식

$$노르말농도(N) = \frac{용질의\ g당량수(mol)}{용액의\ 부피(L)}$$

4) 포말농도(F, formality)

① 고체상 또는 용액으로 분자로 존재하지 않는 이온성염의 농도를 나타낼 때 사용하는 농도이다.
② 수치적으로는 몰농도와 같으나, 의미는 다르다.

5) %농도

(1) 무게백분율

$$w\% = \frac{용질의\ 질량}{용액의\ 질량} \times 100\%$$

(2) 부피백분율

$$vol\% = \frac{용질의\ 부피}{용액의\ 부피} \times 100\%$$

6) ppm(백만분율), ppb(십억분율)

① $ppm = \dfrac{1}{10^6} = \dfrac{\mu g\ 용질}{g\ 용액} = \dfrac{mg\ 용질}{kg\ 용액}$

② $ppb = \dfrac{1}{10^9} = \dfrac{ng\ 용질}{g\ 용액} = \dfrac{\mu g\ 용질}{kg\ 용액}$

③ $ppt = \dfrac{1}{10^{12}} = \dfrac{ng\ 용질}{kg\ 용액}$

> **Exercise 01**
>
> 37wt% HCl의 ① 몰농도와 ② 몰랄농도를 구하여라.(단, HCl 용액의 밀도는 1.19g/mL이다.)
>
> ---
>
> **풀이** 37wt% HCl : 100g 기준 HCl 37g 물 63g
>
> $$\frac{100g}{1.19g/mL} = 84mL = 0.084L, \ 37g \ HCl \times \frac{1mol}{36.5g} = 1.01mol$$
>
> ① 몰농도 = $\dfrac{용질의\ 몰수(mol)}{용액의\ 부피(L)} = \dfrac{1.01mol}{0.084L} = 12.02 mol/L(M)$
>
> ② 몰랄농도 = $\dfrac{용질의\ 몰수(mol)}{용매의\ 질량(kg)} = \dfrac{1.01mol}{63g \times \dfrac{1kg}{1,000g}} = 16.03 mol/kg(m)$

7) 몰분율

① 몰분율(Mole Fraction) : 존재하는 모든 성분의 몰수에 대한 한 성분의 몰수의 비

㉠ A성분 몰분율 $x_A = \dfrac{n_A}{n_A + n_B} = \dfrac{n_A}{n_T}$

㉡ B성분 몰분율 $x_B = \dfrac{n_B}{n_A + n_B} = \dfrac{n_B}{n_T}$

② 모든 성분의 몰분율의 합은 1이다.

㉠ 이성분계 : $x_A + x_B = 1$

㉡ 다성분계 : $\sum_{i=1}^{n} x_i = 1$

> **TIP**
>
> $n = \dfrac{W}{M}$
>
> 여기서, n : 몰수(mol)
> W : 질량(g)
> M : 분자량(g/mol)
>
> $W = nM$

3. 용액의 제조

① 묽은 용액은 진한 용액을 이용하여 만들 수 있다.

② 묽혀진 용액에 들어 있는 용질의 몰수 = 진한 용액에 들어 있는 용질의 몰수

$$M_{진한} \times V_{진한} = M_{묽힌} \times V_{묽힌}$$

여기서, M : 몰농도
V : 부피

Exercise 02

HCl 용액 100mL을 중화하기 위해 0.2M NaOH 200mL를 가하였다. HCl 용액의 몰농도는 얼마인가?

풀이
$MV = M'V'$
$M \times 100\text{mL} = 0.2\text{M} \times 200\text{mL}$
$\therefore M = 0.4\text{M}$

Exercise 03

H₂SO₄ 0.1M 200mL에 NaOH 0.5M 몇 mL가 필요한가?

풀이
$nMV = n'M'V'$
$2 \times 0.1 \times 200 = 1 \times 0.5 \times V$
$\therefore V = 80\text{mL}$

Exercise 04

HCl 16M이 있다. 이 시약 몇 mL를 묽혀야 0.1M HCl 용액 1.0L를 만들 수 있는가?

풀이
$MV = M'V'$
$16\text{M} \times V\text{mL} = 0.1\text{M} \times 1,000\text{mL}$ $\therefore V = 6.25\text{mL}$
∴ 0.1M HCl 용액을 만들기 위해서는 진한 HCl 6.25mL를 취해서 1.0L로 묽히면 된다.

Exercise 05

2.0L의 0.5M NH₄Cl을 제조하려고 한다. NH₄Cl을 몇 g 취해야 하는가?

풀이
$$\frac{0.5\text{mol NH}_4\text{Cl}}{1\text{L 용액}} \times 2\text{L} = 1.0\text{mol NH}_4\text{Cl}$$
$$1.0\text{mol NH}_4\text{Cl} \times \frac{53.5\text{g}}{1\text{mol}} = 53.5\text{g NH}_4\text{Cl}$$

Exercise 06

15mL 4.0M HCl을 300mL가 되게 묽혀서 만든 용액의 몰농도는 얼마인가?

풀이
$4.0\text{M} \times 15\text{mL} = x \times 300\text{mL}$
$\therefore x = 0.2\text{M}$

Exercise 07

0.1M 과망간산칼륨이 황산철(Ⅱ)을 적정하기 위하여 산성용액에서 사용되었다면 과망간산칼륨의 노르말농도(N)는 얼마인가?

풀이

$$MnO_4^- + Fe^{2+} \rightleftarrows Mn^{2+} + Fe^{3+}$$

$$MnO_4^- + 5Fe^{2+} + 8H^+ \rightleftarrows Mn^{2+} + 5Fe^{3+} + 4H_2O$$

$(+1) \times 5$

Mn+(-2)×4=-1 +2   +2   +3
∴ Mn=+7

$(-5) \times 1$ / 5당량

$$N(노르말농도) = \frac{용질의\ g\ 당량수}{용액\ 1L} = 0.1M \times 5당량 = 0.5N$$

Exercise 08

6M NaOH 수용액의 몰랄농도를 구하시오. (단, NaOH 수용액의 밀도=1.2g/mL)

풀이

$$6M = \frac{용질\ 6mol}{용액\ 1L(1,000mL)}$$

용액 $1,000mL \times 1.2g/mL = 1,200g$ NaOH 수용액

용질 $6mol \times \frac{40g}{1mol} = 240g$ NaOH

용매(물) $= 1,200g - 240g = 960g\ H_2O$

$$\therefore m = \frac{6mol}{0.96kg} = 6.25m(mol/kg)$$

Exercise 09

0.1M 황산용액 1L를 제조하는 데 94wt%, 밀도 1.831g/mL인 진한 황산 몇 mL를 물과 섞어 희석시켜야 하는가?

풀이

$1.831g/mL \times x\,mL \times 0.94 = 98g/mol \times 0.1mol$

$\therefore x = 5.7mL$

4. 용액과 용해도

1) 용액

$$\text{용질} + \text{용매} \xrightarrow{\text{용해}} \text{용액}$$
$$(\text{소금}) \quad (\text{물}) \qquad\qquad (\text{소금물})$$

① **용질** : 용매에 용해되는 물질
② **용매** : 용질을 녹이는 물질
③ **용액** : 용질+용매

2) 용해도

(1) 용매 100g에 녹을 수 있는 용질의 g수

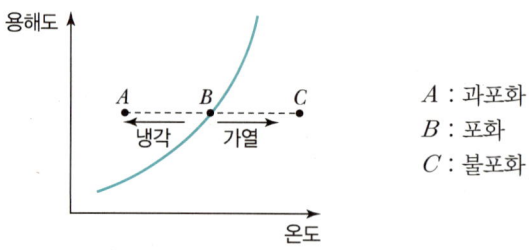

A : 과포화
B : 포화
C : 불포화

(2) 용해도에 영향을 주는 인자

① **온도**
  ㉠ **고체의 용해도** : 온도가 증가 → 일반적으로 고체의 용해도 증가
  　　　　　　　　　　　　　　　　　　(예외 : $CaSO_4$)
  ㉡ **기체의 용해도** : 온도가 증가 → 기체의 용해도 감소

② **압력**
  ㉠ **고체의 용해도** : 압력에 크게 영향을 받지 않는다.
  ㉡ **기체의 용해도** : 압력이 증가 → 기체의 용해도 증가

TIP
고체의 용해도 곡선

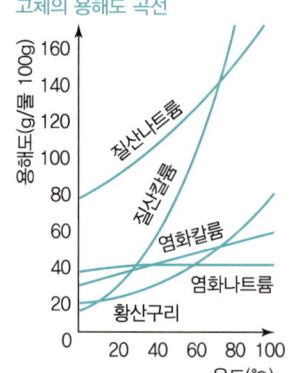

> **Reference**
>
> **Henry's Law**
> 일정한 온도에서 일정한 양의 용매에 용해하는 기체의 질량, 즉 용해도는 그 기체의 압력에 정비례한다. ➡ 용해도가 작은 기체에 대하여 낮은 압력에만 적용한다.
>
> $$C = Hp$$
>
> 여기서, C : 농도
> H : 헨리상수
> p : 기체의 분압
>
> - 적용되는 기체(물에 대한 용해도가 작다) : H_2, O_2, N_2, CO_2
> - 적용되지 않는 기체(물에 대한 용해도가 크다) : HCl, SO_2, NH_3

(3) 특성

극성 물질은 극성 용매에 잘 녹고(물+에탄올), 무극성 물질은 무극성 용매에 잘 녹는다(벤젠+헥산).

3) 총괄성

용액 내에 있는 비휘발성 용질의 수에만 의존하고 용질의 종류에는 무관한 용액의 성질 예 증기압력 내림, 끓는점 오름, 어는점 내림, 삼투압

◆ **총괄성**
물질의 종류에 상관없이 용질의 입자수에 의해서만 결정되는 성질

(1) 증기압력 내림

① 용질이 비휘발성일 때 용액의 증기압력은 용매의 증기압력보다 작다.
② 용매에 비휘발성 물질을 첨가하면 증기압이 낮아지는데, 증기압이 낮아지는 정도는 용질의 농도에 비례한다.

$$P = P_A^\circ x_A$$
$$\Delta P = P_A^\circ x_B$$

여기서, P : 용액의 증기압력
P_A° : 용매의 증기압
x_A : 용매의 몰분율
x_B : 용질의 몰분율

💡 **TIP**

증기압력 내림
용매만 있는 경우 모든 표면에서 증발하지만, 용질의 입자수가 많으면 용질이 차지하는 상대적인 표면적이 커져 용매의 증발을 방해한다.

 용매 분자

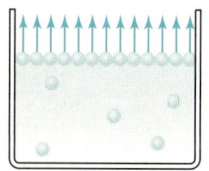
▲ 순수한 용매

● 비휘발성 용질 분자

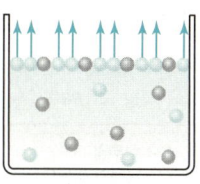
▲ 용액

TIP

용질이 이온화되는 경우 반트호프인자 i를 곱한다.

예) $NaCl \rightarrow Na^+ + Cl^-$
$i = 2$
$\Delta T_b = iK_b m$
$\Delta T_f = iK_f m$
$\pi = iCRT$

(2) 끓는점 오름

① 비휘발성 용질이 용매에 용해되면 용매의 증기압을 낮춘다.
② 용액의 끓는점은 순수한 용매의 끓는점보다 더 높다.
③ 순수한 용매의 끓는점에 비해 끓는점 오름은 용매 분자 1몰당 용질의 분자수에 비례하고, 용액 중 용질의 몰랄농도에 비례한다.

$$\Delta T_b = K_b m$$

여기서, ΔT_b : 끓는점 오름
K_b : 몰랄 끓는점 오름상수
m : 용질의 몰랄농도

(3) 어는점 내림

① 용액의 어는점은 순수한 용매의 어는점보다 낮다.
② 어는점 내림은 용액 중 용질의 몰랄농도에 비례한다.

$$\Delta T_f = K_f m$$

여기서, ΔT_f : 어는점 내림
K_f : 몰랄 어는점 내림상수
m : 용질의 몰랄농도

(4) 삼투압

① **반투막** : 용매는 통과하지만 용질분자는 통과할 수 없는 막.
② **삼투현상** : 용액과 순수한 용매를 분리시킨 후 시간이 지나면 용액의 부피는 증가하고 용매의 부피는 감소한다. 이와 같이 반투막을 통하여 용매가 용액으로 흘러 들어가는 현상을 말한다.
③ **삼투압** : 삼투현상으로 두 액체의 높이가 달라져 순수한 용매보다는 용액이 더 큰 수압을 받게 되는데, 이 압력을 삼투압이라 한다.

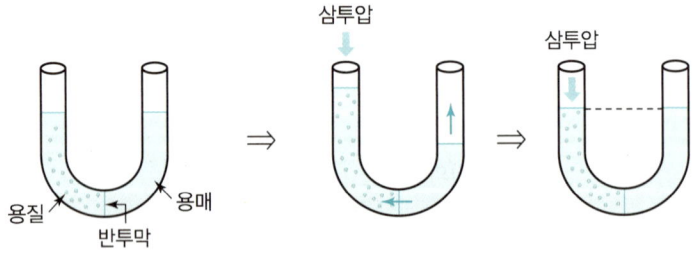

④ **삼투압의 작용** : 용액의 부피가 증가하고 그 결과 압력이 커지므로 반투막을 통해 밀어내게 된다. 그러므로 양쪽의 용매 이동이 같아져서 평형에 도달하게 되고 용액의 높이는 변하지 않게 된다.

TIP

Van't Hoff's Law

$$\Pi = CRT$$

여기서, Π : 삼투압
C : 용액의 몰농도
R : 기체상수
K : 온도(K)

CHAPTER 02 이화학 분석

실전문제

01 다음의 단위 변환에서 알맞은 숫자를 차례대로 나타낸 것은 무엇인가?

- 5.32cm = (　)millimeters
- 2.0femtoseconds = (　)microseconds
- 5.0L = (　)dm^3

① 0.532, 2.0 × 10^9, 5.0
② 53.2, 2.0 × 10^9, 5.0 × 10^{-3}
③ 53.2, 2.0 × 10^{-9}, 5.0
④ 53.2, 2.0 × 10^{-9}, 5.0 × 10^{-3}

해설

- 1cm = 10mm이므로 5.32cm = 53.2mm
- femto = 10^{-15}이고 micro = 10^{-6}이므로
  2.0×10^{-15} seconds = $2.0 \times 10^{-9} \mu s$
- $5.0L \times \dfrac{1m^3}{1,000L} \times \dfrac{(10dm)^3}{1m^3} = 5dm^3$

02 250Gbyte는 50Mbyte의 몇 배인가?

① 50배　　② 500배
③ 5,000배　　④ 50,000배

해설

250Gbyte = 250 × 10^{9}byte = 250 × 10^{3}Mbyte

$\dfrac{250 \times 10^3 \text{Mbyte}}{50 \text{Mbyte}} = 5,000$배

03 농도의 크기를 작은 값부터 큰 순서대로 옳게 표현한 것은?

① 1ppb < 1ppt < 1ppm
② 1ppt < 1ppb < 1ppm
③ 1ppb < 1ppm < 1ppt
④ 1ppm < 1ppb < 1ppt

해설

- 1ppm = $\dfrac{1}{10^6}$ (백만분율)
- 1ppb = $\dfrac{1}{10^9}$ (십억분율)
- 1ppt = $\dfrac{1}{10^{12}}$ (일조분율)

04 기본적인 SI 단위가 아닌 유도된 SI 단위에 해당하는 것은?

① m(미터)　　② K(켈빈)
③ mol(몰)　　④ Pa(파스칼)

해설

$1Pa = 1\dfrac{N}{m^2} = 1\dfrac{kg \cdot m/s^2}{m^2} = 1kg/m \cdot s^2$

05 1,000L · atm/mol · K을 kJ/mol · K로 환산하면 얼마인가?

① 1.013　　② 10.13
③ 101.3　　④ 1,013

해설

$\dfrac{1,000L \cdot atm}{mol \cdot K} \times \dfrac{8.314 J/mol \cdot K}{0.082 L \cdot atm/mol \cdot K}$
= 101,390J/mol · K
= 101.39kJ/mol · K

[별해]

$\dfrac{1,000L \cdot atm}{mol \cdot K} \times \dfrac{1m^3}{1,000L} \times \dfrac{101.3 \times 10^3 N/m^2}{1atm}$
$\times \dfrac{1J}{1N \cdot m} \times \dfrac{1kJ}{1,000J} = 101.3 kJ/mol \cdot K$

정답 01 ③　02 ③　03 ②　04 ④　05 ③

06 질량 백분율이 37%인 염산의 몰농도는 약 얼마인가?(단, 염산의 밀도는 1.188g/mL이다.)

① 0.121M ② 0.161M
③ 12.1M   ④ 16.1M

해설

100g 기준 37% ─┬─ 염산 37g
              └─ 물 63g

$37g \times \dfrac{1mol}{36.5g} = 1.01mol$

$100g \times \dfrac{1mL}{1.188g} \times \dfrac{1L}{1000mL} = 0.084L$

M농도(mol/L) $= \dfrac{1.01mol}{0.084L} = 12M$

07 수크로스($C_{12}H_{22}O_{11}$) 684g을 물에 녹여 전체 부피를 4.0L로 만들었을 때 이 용액의 몰농도(M)는?

① 0.25 ② 0.50
③ 0.75 ④ 1.00

해설

수크로스 $= 12 \times 12 + 1 \times 22 + 16 \times 11 = 342g/mol$

수크로스 684g = 2mol

M농도 $= \dfrac{2mol}{4L} = 0.5M$

08 몰랄농도가 3.24m인 K_2SO_4 수용액 내 K_2SO_4의 몰분율은?(단, 원자량은 K가 39.10, O가 16.00, H가 1.008, S가 32.06이다.)

① 0.36   ② 0.036
③ 0.551 ④ 0.0551

해설

$3.24m = \dfrac{3.24mol\ K_2SO_4}{1kg\ H_2O}$

$H_2O = \dfrac{1,000g}{18g/mol} = 55.56mol$

$x_{K_2SO_4} = \dfrac{3.24}{3.24 + 55.56} = 0.0551$

09 순도가 96wt%인 진한 황산용액의 몰랄농도는 약 몇 m인가?(단, 황산의 분자량은 98이다.)

① 20   ② 135
③ 200 ④ 245

해설

100g 기준 96wt% ─┬─ H_2SO_4 96g
                └─ H_2O 4g

$96g\ H_2SO_4 \times \dfrac{1mol}{98g} = 0.98mol$

m농도 $= \dfrac{용질의\ 몰수(mol)}{용매의\ 질량(kg)} = \dfrac{0.98mol}{4 \times 10^{-3}kg} = 245m$

정답 06 ③ 07 ② 08 ④ 09 ④

[02] 화학평형

■ 화학평형
반응물의 농도와 생성물의 농도가 일정한 상태

■ 동적 평형상태
정반응의 속도 = 역반응의 속도

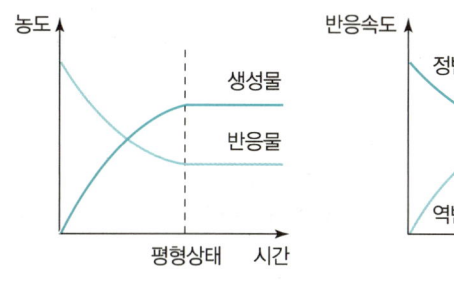

1. 평형상수

$$aA + bB \rightleftarrows cC + dD$$

$$K(\text{평형상수}) = \frac{[C]^c[D]^d}{[A]^a[B]^b}$$

여기서, [A] : A의 농도

① 화학종이 용해되면 몰농도로 나타낸다.
② 화학종이 기체이면 부분압력(atm)으로 나타낸다.
③ 화학종이 순수한 액체, 고체이면 평형상수에서 제외한다.

$$K(\text{평형상수}) = \frac{a_C^c \, a_D^d}{a_A^a \, a_B^b}$$

여기서, a_A : A의 활동도

> **Reference**
>
> **평형상수의 성질**
> - K는 촉매, 압력, 농도에 무관하고 온도에만 의존한다.
> - K값이 크면 정반응 쪽으로 치우치고, K값이 작으면 역반응 쪽으로 치우친다.
> - 평형상수의 크기는 반응속도와 관계가 없다.

> 💡 **TIP**
> **활동도(a_A)**
> $a_A = \gamma_A [A]$
> γ_A : 활동도 계수
> [A] : A의 몰농도

2. 평형상수의 계산

반응식이 2A+B → C+2D라고 할 때 1L 용기 내에 반응물 A는 a mol, B는 b mol 존재한다면 평형상수는 다음과 같이 계산된다.

	2A	+ B	⇌ C	+ 2D
초기	a mol	b mol	0	0
반응	$-2x$	$-x$	x	$2x$
평형	$a-2x$	$b-x$	x	$2x$

평형상수 $K = \dfrac{[C][D]^2}{[A]^2[B]}$ 에 농도를 대입하면 $K = \dfrac{x \cdot (2x)^2}{(a-2x)^2(b-x)}$ 이다.

Exercise 01

일정 온도에서 1mol의 SO_3을 1L 반응용기에 담았다. 반응이 평형에 도달하였을 때 SO_2의 mol수가 0.6mol로 측정되었다면 평형상수 값은 얼마인가?

$$2SO_3(g) \rightleftarrows 2SO_2(g) + O_2(g)$$

풀이

	$2SO_3$	⇌ $2SO_2$	+ O_2
초기	1mol	0	0
반응	-0.6mol	0.6mol	0.3mol
평형	0.4mol	0.6mol	0.3mol

$$K = \frac{[SO_2]^2[O_2]}{[SO_3]^2} = \frac{(0.6)^2(0.3)}{0.4^2} = 0.68$$

TIP 평형상수에 H_2O나 고체는 제외한다.

3. 평형상수의 종류

1) 물의 이온곱 상수(K_w)

$$H_2O + H_2O \rightleftarrows H_3O^+ + OH^-$$

$$K_w = [H_3O^+][OH^-] = 1.0 \times 10^{-14} \, (25℃)$$

2) 용해도곱 상수(K_{sp})

난용성 염은 포화수용액에서 일부만 이온화한다.

$AgCl(s) \rightleftarrows Ag^+(aq) + Cl^-(aq)$

AgCl은 고체이므로

$$K_{sp} = [Ag^+][Cl^-]$$

3) 산과 염기의 이온화 상수

① 산의 이온화 상수(K_a)

$HNO_3 + H_2O \rightleftarrows H_3O^+ + NO_3^-$

$$K_a = \frac{[H_3O^+][NO_3^-]}{[HNO_3]}$$

② 염기의 이온화 상수(K_b)

$NH_3 + H_2O \rightleftarrows NH_4^+ + OH^-$

$$K_b = \frac{[NH_4^+][OH^-]}{[NH_3]}$$

4. 평형과 열역학

1) 엔탈피(Enthalpy)

① 일정한 압력하에서 반응이 일어날 때 흡수되는 열
② 발열반응 : $\Delta H < 0$, 흡열반응 : $\Delta H > 0$
③ 반응엔탈피

$$\Delta H_R° = (\sum \Delta H_f°)_{생성물} - (\sum \Delta H_f°)_{반응물}$$

여기서, $\Delta H_f°$: 표준생성 엔탈피

> **TIP**
>
> 반응열(엔탈피)
>
> ΔH_R
> $= (\sum \Delta H_f)_{생성물} - (\sum \Delta H_f)_{반응물}$
> $= (\sum \Delta H_c)_{반응물} - (\sum \Delta H_c)_{생성물}$
>
> 여기서, ΔH_f : 생성열
>
> ΔH_c : 연소열

2) 엔트로피(Entropy)

① 무질서도의 척도 : 고체 < 액체 ≪ 기체
② 엔트로피는 증가하는 방향으로 흐른다.

$$\Delta S > 0$$

여기서, ΔS : 엔트로피

3) 자유에너지

① 깁스자유에너지(Gibbs Free Energy)

$$\Delta G = \Delta H - T\Delta S$$

여기서, ΔG : Gibbs 자유에너지
ΔH : 엔탈피
ΔS : 엔트로피
T : 절대온도

② 반응의 진행방향

㉠ $\Delta G < 0$: 자발적 반응, 정반응이 자발적 $K > 1$
㉡ $\Delta G = 0$: 평형상태 $K = 1$
㉢ $\Delta G > 0$: 비자발적 반응, 역반응이 자발적 $K < 1$

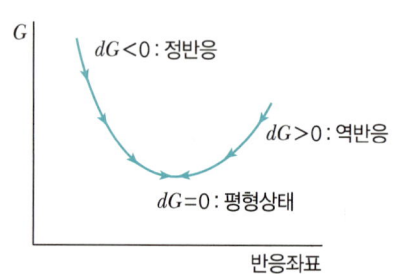

$$\Delta G = -RT \ln K$$

여기서, R : 기체상수
T : 절대온도
K : 평형상수

4) 르 샤틀리에 원리

① 가역반응이 평형상태에 있을 때 농도, 온도, 압력 중 어느 한 조건을 변화시키면 반응은 그 변화를 감소시키려는 방향으로 진행하여 새로운 평형상태에 도달한다.

예 $N_2 + 3H_2 \rightleftarrows 2NH_3$ $\Delta H = -46.1 \text{kJ/mol}$

발열반응이므로 온도를 올리면 역반응이 일어난다.
N_2, H_2의 농도를 높이면 : 정반응
N_2, H_2의 압력을 높이면 : 정반응

② 반응지수

㉠ $Q < K$: 반응이 오른쪽으로 진행
㉡ $Q = K$: 평형상태
㉢ $Q > K$: 반응이 왼쪽으로 진행

 TIP

흡열반응의 평형상수(K)는 온도가 상승하면 커지고, 발열반응의 평형상수(K)는 온도가 상승하면 작아진다.

5) 물의 평형

$H_2O + H_2O \rightleftharpoons H_3O^+ + OH^-$

H_2O는 평형상수에서 제외하므로

물의 이온곱 상수(K_w)

$$K_w = [H_3O^+][OH^-] = 1.0 \times 10^{-14} \, (25℃, 1기압)$$

Exercise 02

0.5M NaOH 수용액 중 H_3O^+ 이온과 OH^- 이온의 농도를 각각 구하여라.

풀이 $[OH^-] = 0.5M$

$[H_3O^+] = \dfrac{K_w}{[OH^-]} = \dfrac{1.0 \times 10^{-14}}{0.5} = 2.0 \times 10^{-14} M$

6) 침전물 평형

① 용해도곱 상수

고체염이 물에 용해되어 성분이온을 생성하는 정도를 나타내는 평형상수

$$M_xN_y(s) \rightleftharpoons xM^{y+}(aq) + yN^{x-}(aq)$$
$$K_{sp} = [M^{y+}]^x[N^{x-}]^y$$

예) $Ag_2CO_3(s) \rightleftharpoons 2Ag^+(aq) + CO_3^{2-}(aq)$

$K_{sp} = [Ag^+]^2[CO_3^{2-}]$

② 반응지수

㉠ $Q < K_{sp}$: 정반응, 이온생성반응

㉡ $Q = K_{sp}$: 평형상태

㉢ $Q > K_{sp}$: 역반응, 앙금생성반응

Exercise 03

CaF_2의 용해도는 $2.0 \times 10^{-4} M$이다. 용해도곱 상수 K_{sp}를 구하여라.

풀이
$CaF_2 \rightleftharpoons Ca^{2+} + 2F^-$
$ x \quad\;\; 2x$

$K_{sp} = [Ca^{2+}][F^-]^2 = x(2x)^2$
$\phantom{K_{sp}} = 4x^3 = 4(2.0 \times 10^{-4})^3 = 3.2 \times 10^{-11}$

Exercise 04

요오드화납(PbI_2)이 물에 용해되었을 때 Pb^{2+}의 용해도는 얼마인가?(단, $K_{sp} = 7.9 \times 10^{-9}$)

풀이

	$PbI_2(s)$	$\rightleftarrows$	Pb^{2+}	+	$2I^-$
초기	c		0		0
반응	$-x$		x		$2x$
평형	$c-x$		x		$2x$

$K_{sp} = [Pb^{2+}][I^-]^2 = x \cdot (2x)^2 = 4x^3 = 7.9 \times 10^{-9}$

∴ $x = [Pb^{2+}] = 1.25 \times 10^{-3}$

I^-의 용해도 $= 2x = 2.5 \times 10^{-3}$

7) 공통이온효과

약전해질의 전리는 공통되는 이온을 함유한 강전해질을 가해주면 현저하게 감소되는데, 이와 같은 현상을 공통이온효과라 한다.

Exercise 05

CH_3COOH 0.3몰에 CH_3COONa 0.3몰을 넣어 물을 가해 1.0L의 용액을 만들었을 때 pH는 얼마인가?(단, $K_a = 1.8 \times 10^{-5}$)

풀이

	$CH_3COOH(aq)$	$\rightleftarrows$	$H^+(aq)$	+	$CH_3COO^-(aq)$
초기	0.3		0		0.3
반응	$-x$		$+x$		$+x$
평형	$0.3-x$		x		$0.3+x$

∴ $K_a = \dfrac{[H^+][CH_3COO^-]}{[CH_3COOH]} = 1.8 \times 10^{-5}$

$K_a = \dfrac{x(0.3+x)}{0.3-x} \fallingdotseq \dfrac{0.3x}{0.3} = 1.8 \times 10^{-5}$

∴ $x = [H^+] = 1.8 \times 10^{-5}$

∴ $pH = -\log[H^+] = -\log(1.8 \times 10^{-5}) = 4.74$

공통이온이 없는 경우 pH

	CH_3COOH	$\rightleftarrows$	H^+	+	CH_3COO^-
	0.3		0		0
	$-x$		$+x$		$+x$
	$0.3-x$		x		x

$$K_a = \frac{x^2}{(0.3-x)} = \frac{x^2}{0.3} = 1.8 \times 10^{-5}$$

$$\therefore x = [\text{H}^+] = 2.3 \times 10^{-3}$$

$$\therefore \text{pH} = -\log[\text{H}^+] = -\log(2.3 \times 10^{-3}) = 2.64$$

Exercise 06

$PbI_2(s)$에 KI를 0.05M 첨가시키면 Pb^{2+}의 용해도는 얼마인가?(단, $K_{sp} = 7.9 \times 10^{-9}$이다.)

풀이

	$PbI_2(s)$ ⇌	Pb^{2+}	+	$2I^-$
초기	c	0		0.05
반응	$-x$	x		$2x$
평형	$c-x$	x		$0.05+2x$

$K_{sp} = [\text{Pb}^{2+}][\text{I}^-]^2$
$\quad = x(0.05+2x)^2 \qquad 0.05+2x \simeq 0.05$
$\quad = x(0.05)^2$
$\quad = 0.0025x = 7.9 \times 10^{-9}$

$\therefore x = [\text{Pb}^{2+}] = 3.16 \times 10^{-6} \text{M}$

Exercise 07

25℃에서 2.5×10^{-3}M $AgNO_3$ 용액에서 AgCl의 용해도(g/L)는 얼마인가?(단, 25℃에서 AgCl의 용해도곱 상수 $K_{sp} = 1.0 \times 10^{-10}$이며, AgCl의 분자량은 143.43g/mol이다.)

풀이

	$AgCl(s)$ ⇌	Ag^+	+	Cl^-
초기	c	2.5×10^{-3}M		0
반응	$-x$	x		x
평형	$c-x$	$2.5 \times 10^{-3}+x$		x

$K_{sp} = [\text{Ag}^+][\text{Cl}^-]$
$\quad = (2.5 \times 10^{-3}+x)x = 1.0 \times 10^{-10}$

$\therefore x = 4.0 \times 10^{-8}\text{M}$

$[\text{Ag}^+] = 4.0 \times 10^{-8} \text{mol/L} \times \dfrac{143.43\text{g}}{1\text{mol}} = 5.74 \times 10^{-6} \text{g/L}$

Exercise 08

염화수은(I) Hg_2Cl_2의 용해도곱 상수를 1.2×10^{-18}이라 할 때 순수한 물에 염화수은(I)을 포화시키면 Cl^-의 농도는 몇 M인가?

풀이

	Hg_2Cl_2	$\rightarrow$	Hg_2^{2+}	+	$2Cl^-$
초기	c		0		0
반응	$-x$		x		$2x$
평형	$c-x$		x		$2x$

$K_{sp} = [Hg_2^{2+}][Cl^-]^2 = x(2x)^2 = 4x^3 = 1.2 \times 10^{-18}$

$\therefore x = 6.7 \times 10^{-7}$

$[Cl^-] = 2x = 2 \times 6.7 \times 10^{-7} = 1.34 \times 10^{-6}$

9) pH

① $pH = -\log[H^+]$

② $H_2O \rightleftarrows H^+ + OH^-$

$K_w = [H^+][OH^-] = 1.0 \times 10^{-14}$

③ $pH + pOH = 14$

$[H^+] = 10^{-1}$ ➡ $pH = -\log[H^+] = 1$

$[H^+] = 10^{-2}$ ➡ $pH = -\log[H^+] = 2$

10) 활동도 계수

① 활동도 : 실제 용액에서 사용되는 몰농도

$$a_A = \gamma_A [A]$$

여기서, a_A : 활동도
γ_A : 활동도 계수(무차원)
[A] : A의 몰농도

② 평형상수

활동도 계수 = 1

$$K = \frac{a_C^c a_D^d}{a_A^a a_B^b} = \frac{[C]^c \gamma_C^c [D]^d \gamma_D^d}{[A]^a \gamma_A^a [B]^b \gamma_B^b} = \frac{[C]^c [D]^d}{[A]^a [B]^b}$$

③ 활동도는 농도와 온도의 함수이다.

TIP

이상용액
- 활동도 계수 $\gamma_A = 1$
- 활동도 $a_A = [A] =$ 몰농도

④ 이온의 세기(μ)

　㉠ 용액 중에 들어 있는 전체 이온의 농도를 나타내는 척도

$$\mu = \frac{1}{2}(C_A Z_A^2 + C_B Z_B^2 + \cdots) = \frac{1}{2}\sum C_i Z_i^2$$

　　여기서, C_i : 몰농도, Z_i : 전하량

　㉡ 이온의 세기에 따라 활동도 계수(γ_A)의 값이 변화한다.
　　• 이온 세기 증가 ➡ γ_A 감소
　　• 전하량 증가 ➡ γ_A 감소

> **TIP**
> 전하가 없는 분자의 활동도는 대략 1이다.

Exercise 09

0.01M NaBr에 0.02M Na$_2$SO$_4$를 넣었을 때 이온 세기는 얼마인가?

풀이
NaBr → Na$^+$ + Br$^-$
0.01　　0.01　　0.01
Na$_2$SO$_4$ → 2Na$^+$ + SO$_4^{2-}$
0.02　　2×0.02　　0.02

$\mu = \frac{1}{2}[(0.01)(1)^2 + (0.01)(-1)^2 + (0.04)(1)^2 + (0.02)(-2)^2] = 0.07$

⑤ 이온 세기가 최소인 묽은 용액에서 활동도 계수가 1이 된다. ($\mu \to 0,\ \gamma_A \to 1$)
⑥ 이온의 전하가 커질수록 활동도 계수가 1에서 벗어나는 정도가 커지므로 보정의 필요성이 증가한다.
⑦ 수화반지름이 작으면 γ_A도 작아진다.
⑧ Debye—Huckel 식

$$-\log \gamma_A = \frac{0.51 Z_A^2 \sqrt{\mu}}{1 + 3.28 \alpha_A \sqrt{\mu}}$$

　여기서, A : 화학종
　　　　Z_A : 전하량
　　　　μ : 이온 세기
　　　　α_A : 수화된 유효이온지름

이온 세기 $\mu \leq 0.1M$이면 $-\log \gamma_A = 0.51 Z_A^2 \sqrt{\mu}$

◆ **수화반지름**
이온이 물에 녹았을 때, 물분자들이 이온 주위에 결합하여 형성된 크기(반지름)

㉠ 실제 기체

$$f_A = \phi_A P_A$$

여기서, f_A : 퓨가시티
ϕ_A : 퓨가시티 계수
P_A : 압력

㉡ 실제 용액

$$a_A = \gamma_A [A]$$

여기서, a_A : 활동도
γ_A : 활동도 계수
[A] : A의 몰농도

Exercise 10

CaF_2가 0.050M NaF에 포화되어 있을 때 Ca^{2+}의 농도를 구하여라. (단, Ca^{2+}의 활동도 계수는 0.485, F^-의 활동도 계수는 0.81이며, $K_{sp} = 3.9 \times 10^{-11}$이다.)

풀이

	CaF_2	⇌	Ca^{2+}	+	$2F^-$
초기	c		0		0.050
반응	$-x$		$+x$		$+2x$
평형	$c-x$		x		$0.050+2x$

$K_{sp} = \gamma_{Ca^{2+}}[Ca^{2+}](\gamma_{F^-}[F^-])^2$

$\quad = (0.485x)[0.81(0.050+2x)]^2 \qquad 0.050+2x \simeq 0.05$

$\quad = (0.485x)(0.81 \times 0.050)^2$

$\quad = 3.9 \times 10^{-11}$

∴ $x = [Ca^{2+}] = 4.9 \times 10^{-8}$ M

실전문제

01 질소와 수소로부터 암모니아를 만드는 반응에서 평형을 이동시켜 암모니아의 수득률을 높이는 방법이 아닌 것은?

$$N_2(g) + 3H_2(g) \rightleftharpoons 2NH_3(g) + 22kcal$$

① 질소의 농도를 증가시킨다.
② 압력을 높인다.
③ 암모니아의 농도를 증가시킨다.
④ 수소의 농도를 증가시킨다.

해설

암모니아의 수득률을 높이기 위해서는 반응이 오른쪽으로 진행되어야 하므로 르 샤틀리에 원리에 따라
• 온도를 낮춘다.
• 압력을 높인다.
• N_2, H_2의 농도를 증가시킨다.
※ 암모니아의 농도를 증가시키면 역반응으로 진행된다.

02 0.05M Na_2SO_4 용액의 이온 세기는 얼마인가?

① 0.05M   ② 0.10M
③ 0.15M   ④ 0.20M

해설

$Na_2SO_4 \rightleftharpoons 2Na^+ + SO_4^{2-}$
$\mu = \frac{1}{2}[(0.05 \times (+1)^2 \times 2) + (0.05 \times (-2)^2 \times 1)] = 0.15M$

03 1.0M Na_3PO_4의 이온 세기는?

① 2.0M   ② 4.0M
③ 6.0M   ④ 8.0M

해설

$\mu = \frac{1}{2}[3 \times 1 \times (+1)^2 + 1 \times 1 \times (-3)^2] = 6.0M$

04 활동도는 용액 속에 존재하는 화학종의 실제 농도 또는 유효농도를 나타낸다. 다음 중 활동도 계수의 성질이 아닌 것은?(단, $a_i = f_i[i]$이고 a_i는 화학종 i의 활동도, f_i는 i의 활동도 계수, $[i]$는 i의 농도이다.)

① 동일한 수화 이온 반지름을 갖는 경우 +이온이든 −이온이든 전하수가 같으면 f_i의 값은 같다.
② 수화된 이온의 반지름이 작으면 작을수록 f_i의 값도 작아진다.
③ 이온의 세기가 증가하면 f_i의 값도 증가한다.
④ 무한히 묽은 용액일 경우에는 $f_i = 1$이다.

해설

활동도 계수는 이온의 세기가 증가하면 감소한다.

05 자유에너지 $\Delta G°$와 평형상수 K 사이의 관계에 대한 설명으로 옳은 것은?

① $\Delta G°$와 K는 서로 관계가 없다.
② $\Delta G°$가 양수이면, K는 1보다 작다.
③ $\Delta G°$가 음수이면, K는 0보다 작다.
④ $\Delta G°$가 음수이면, K는 0과 1 사이의 값을 갖는다.

해설

$\Delta G° = -RT\ln K$
$\Delta G° > 0$, $K < 1$

06 다음 수용액들의 농도는 모두 0.1M이다. 이온 세기(Ionic Strength)가 가장 큰 것은?

① NaCl   ② Na_2SO_4
③ $Al(NO_3)_3$ ④ $MgSO_4$

정답 01 ③ 02 ③ 03 ③ 04 ③ 05 ② 06 ③

해설

① $NaCl \rightarrow Na^+ + Cl^-$

이온 세기 $= \dfrac{1}{2}[(0.1 \times 1^2 \times 1) + \{0.1 \times (-1)^2 \times 1\}] = 0.1$

② $Na_2SO_4 \rightarrow 2Na^+ + SO_4^{2-}$

이온 세기 $= \dfrac{1}{2}[(0.1 \times 1^2 \times 2) + \{0.1 \times (-2)^2 \times 1\}] = 0.3$

③ $Al(NO_3)_3 \rightarrow Al^{3+} + 3NO_3^-$

이온 세기 $= \dfrac{1}{2}[(0.1 \times 3^2 \times 1) + \{0.1 \times (-1)^2 \times 3\}] = 0.6$

④ $MgSO_4 \rightarrow Mg^{2+} + SO_4^{2-}$

이온 세기 $= \dfrac{1}{2}[(0.1 \times 2^2 \times 1) + \{0.1 \times (-2)^2 \times 1\}] = 0.4$

07 전하를 띠지 않는 중성분자들은 이온 세기가 0.1M 보다 작을 경우 활동도 계수(Activity Coefficient)를 얼마라고 할 수 있는가?

① 0
② 0.1
③ 0.5
④ 1

해설

활동도 계수
어떤 물질의 농도에 대한 활동도의 비
※ 전하를 띠지 않는 중성분자는 이온의 세기가 0.1M보다 작을 경우 활동도 계수를 1로 정의한다.

정답 07 ④

03 무게 및 부피분석

[01] 무게분석법

1. 질량을 측정하여 분석물의 양을 알 수 있는 방법

1) 침전법
분석물을 침전물로 바꾼 후 불순물을 씻고 적당히 가열하여, 순수하고 잘 알려진 조성을 갖는 생성물로 바꾼 후 이 생성물의 무게를 달아 분석물의 양을 구한다.

> 용액 → 침전 → 삭임 → 거르기 → 씻기 → 건조 및 강열 → 무게 측정 → 계산

◆ 삭임
침전물을 뜨거운 용액 속에 가만히 놓아두면 약하게 결합된 물과 불순물이 떨어져 나가 재결정화를 촉진

예) Cl^-을 정량하기 위해 $AgNO_3$을 침전시약으로 넣어 $AgCl$로 침전여과 세척, 건조 후 무게를 측정한다.
$Cl^- + Ag^+ \rightarrow AgCl \downarrow$

2) 휘발법
분석물 또는 분해생성물을 적당한 온도에서 휘발시킨 후 휘발생성물을 모아 질량을 측정하거나 시료의 손실된 무게를 측정하여 원래 분석물의 양을 구한다.
예) $NaHCO_3 + HCl \rightarrow NaCl + CO_2\uparrow + H_2O$
         (휘발)

3) 전해법
전극에 전압을 걸어주어 분석물을 석출시킨 후에 이 석출된 물질의 질량을 구한다.
예) $Ag^+ + e^- \rightarrow Ag$

2. 침전무게법(침전법)

1) Ca^{2+}을 무게분석법으로 정량하는 방법
효과적으로 사용할 수 있는 음이온 : $C_2O_4^{2-}$(옥살산이온)
$Ca^{2+} + C_2O_4^{2-} \rightarrow CaC_2O_4(s)$
                옥살산칼슘

> **TIP**
> - Ca^{2+} 분석 음이온 : SO_4^{2-}, $C_2O_4^{2-}$
> - Ba^{2+} 분석 음이온 : SO_4^{2-}, CO_3^{2-}

CaC_2O_4를 걸러서 건조 후 가열하면

$CaC_2O_4 \rightarrow CaO + CO_2\uparrow + CO\uparrow$

CaO의 질량을 측정하여 Ca^{2+}의 양을 알 수 있다.

2) 침전물

(1) 상대과포화도

$$상대과포화도 = \frac{Q-S}{S}$$

여기서, Q : 반응물의 농도(용질의 농도)
S : 침전물의 용해도(용질의 포화농도)

① **상대과포화도가 클 때** : 핵심 생성속도는 빠르나 결정의 성장속도가 느리다 (결정의 크기가 작다).
② **상대과포화도가 작을 때** : 핵심 생성속도는 느리지만 결정의 성장속도가 빠르다(결정의 크기가 크다).

(2) 결정 성장

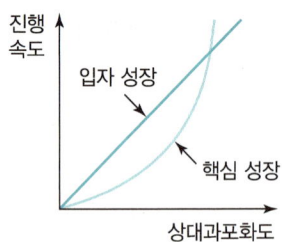

① **핵심 생성** : 용액 중의 분자들이 무질서하게 서로 부딪쳐 작은 응집체를 형성하는 과정
② **입자 성장** : 핵에 더 많은 분자들이 모여 결정을 생성하는 과정

(3) 결정성 침전물 생성(큰 입자의 침전물을 얻기 위한 조건)

① 입자 성장 > 핵심 생성
② 용해도를 크게 하고 과포화도를 작게 하여 상대과포화도를 작게 한다.
③ 온도를 증가시킨다($S\uparrow$).
④ 묽은 용액에서 잘 저어주면서 침전제를 서서히 가해준다($Q\downarrow$).

3) 콜로이드 침전

콜로이드 침전물은 크기가 작아 쉽게 거를 수 없으므로 콜로이드 침전물을 엉기게 하거나 응집시켜 거를 수 있는 침전물을 만든다.

(1) 엉김

① 짧은 시간 동안 가열하면서 세게 저어준다.
② 콜로이드 용액에 비반응성 전해질 물질을 넣어 전해질 농도를 증가시킨다.
➡ 표면에 흡착된 이온들로 인한 반발을 줄여주기 위해서이다.

(2) 풀림

엉긴 콜로이드가 원래 상태로 되돌아가는 과정으로, 침전물을 씻는다.

(3) 삭임

콜로이드 침전물을 만들었던 뜨거운 용액 속에 가만히 놓아두면 약하게 결합된 물과 불순물이 콜로이드 침전물로부터 떨어져 나가 재결정화를 촉진하여 크기가 크고 조밀한 침전물이 만들어지는 과정

TIP
콜로이드 용액에 있는 콜로이드 입자는 크기가 매우 크지만 중력에 의해 가라앉지 않는다. 이는 입자가 전하를 띠므로 서로 반발작용을 일으키기 때문이며, 콜로이드 입자가 중성이 되어 가라앉게 된다.

4) 공동침전(공침)

침전물이 만들어지는 동안 용해되어 있어야 하는 물질이 함께 침전되는 현상

(1) 표면흡착

용액에 용해되어 있어야 할 화학종이 침전물 표면에 흡착되어 함께 침전된다.

(2) 혼성결정 생성

두 화합물이 유사한 형태로 결정화될 때 결정 크기가 비슷하면 한 이온이 결정 내 이온 대신 치환되어 혼성결정이 생긴다.

(3) 내포

결정이 생성될 때 결정 속에 불순물 이온이 포칙되어 함께 침전된다. 침전이 생성되는 동안 반대 이온층에 들어 있는 다른 이온들이 결정 안에 포착되어 함께 침전한다.

(4) 기계적 포획

결정이 성장하는 동안 결정들이 서로 근접해 있을 때 기계적 포획이 일어난다.
[해결책] ① 침전 생성속도를 느리게 한다. ➡ 과포화도를 낮춘다.
② 삭임 ➡ 불순물이 침전에서 떨어져나간다.

Exercise 01

무게분석을 위해 침전된 옥살산칼슘(CaC_2O_4)을 무게를 아는 거름도가니로 침전물을 거르고, 건조시킨 후 붉은 불꽃으로 강열한다면 도가니에 남은 고체성분은 무엇인가?

풀이 $CaC_2O_4 \rightarrow CaO + CO_2\uparrow + CO\uparrow$
∴ CaO(산화칼슘)

[02] 부피분석법

정량하려고 하는 물질의 미지의 양을 포함하는 용액에 농도를 알고 있는 표준용액을 가하여 화학반응을 종료시키고 그 부피를 측정하여 표준물질의 양에서 미지의 양을 산출하는 방법

1. 표준용액

① 농도를 정확히 알고 있는 적정용액으로 적정에서 기준물질로 사용한다.
② 일차표준물질 : 순도가 높고 용액을 만들었을 때 오차가 적어 예상한 농도와 거의 동일한 농도의 용액을 만들 수 있는 물질
③ 표준물질의 조건
  ㉠ 순도가 매우 높아야 한다(99.9% 이상).
  ㉡ 건조, 정제하기 쉽고 값이 싸며 공기 중에서 반응성이 없어야 한다.
    ➡ 안정해야 한다.
  ㉢ 적정용액에서 용해도가 커야 한다.
  ㉣ 비교적 큰 화학식량을 가지고 있어야 한다.

2. 부피분석법의 분류

1) 중화법 적정

① 강염기 또는 강산 표준용액으로 적정할 수 있다.
② 종말점은 지시약을 사용하거나 pH 변화를 측정하여 검출할 수 있다.

2) 침전법 적정

적정시약이 분석물과 반응하여 불용성 생성물을 만든다.
  예 Cl^-을 $AgNO_3$로 적정

◆ 표준용액
농도를 정확히 알고 있는 적정용액으로, 적정에서 기준물질로 사용

◆ 적정
뷰렛을 사용하여 분석물과 표준용액이 완전히 반응할 때까지 표준용액을 분석물에 서서히 가하는 과정

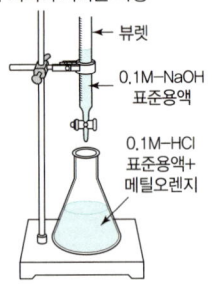
뷰렛
0.1M-NaOH 표준용액
0.1M-HCl 표준용액+ 메틸오렌지

◆ 역적정
분석물에 농도를 아는 첫 번째 표준용액을 과량으로 가한 뒤 반응이 완결된 후 두 번째 표준용액으로 첫 번째 표준용액의 과량을 적정하는 방법

◆ 당량점
분석물과 표준용액이 화학량적으로 반응하는 이론적인 지점

◆ 종말점
적정 과정 중에 당량점의 신호가 나타나는 실험적인 지점

3) 착화합물 적정

① 적정시약이 착화제이며 분석물질인 금속이온과 결합하여 물에 녹는 착물을 형성한다.
② 적정시약은 흔히 킬레이트제이다.

4) 산화환원 적정

① 환원제로 산화제를 적정하거나 산화제로 환원제를 적정하는 것이다.
② 환원제는 전자를 잃고 산화제는 전자를 얻는다.
③ 산화력과 환원력 사이에 큰 차이가 있어야 반응이 완결되어 날카로운 종말점이 나타날 수 있다.

3. 부피분석법

1) 반응형식

① 산·염기 적정(중화법 적정)
② 침전 적정
③ 착화합물 적정
④ 산화환원 적정

2) 적정조작

① **직접적정법** : 미지농도의 용액을 표준용액으로 직접 적정하는 방법으로 표준용액의 소모량으로 미지농도를 산출한다.
② **역적정법** : 미지농도의 용액에 일정 과잉량의 표준용액을 가하여 반응이 완료한 뒤 그 과잉량을 다른 표준용액으로 적정한다.

> **TIP**
> 역적정
>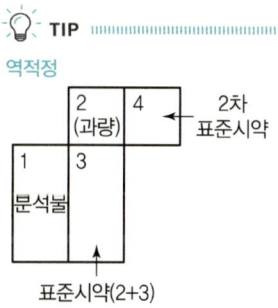
> 2+3의 농도를 알고, 4의 농도를 알기 때문에 1의 농도를 구할 수 있다.

CHAPTER 04 적정법

[01] 산·염기의 적정

1. 산·염기의 적정방법

산이나 염기인 분석물을 강산 또는 강염기 표준용액으로 적정하여 정량한다.

① 당량점에서의 pH는 생성되는 염의 가수분해에 따라서 결정한다.
  ㉠ 강산+강염기 : 당량점 pH=7
  ㉡ 약산+강염기 : 당량점 pH>7
  ㉢ 강산+약염기 : 당량점 pH<7
  ㉣ 약산+약염기 : 당량점이 분명하지 않아 보통 이용하지 않는다.

② 중화적정에서 산과 염기는 같은 g당량수로 완전히 중화한다.

$$NV = N'V' \text{ 또는 } nMV = n'M'V'$$

2. 산·염기의 pH

1) 강산

$HA \rightarrow H^+ + A^-$

$pH = -\log[H^+] = -\log[HA]$

$$[H^+] = [HA]$$

예 HCl, H_2SO_4, HNO_3

2) 강염기

$BOH \rightarrow B^+ + OH^-$

$\therefore [OH^-] = [BOH]$

$pH + pOH = 14$

$pH = 14 - pOH = 14 - (-\log[OH^-]) = 14 + \log[OH^-]$

3) 약산

$$\begin{array}{cccc} & HA & \rightleftarrows & H^+ + A^- \\ & HA + H_2O & \rightleftarrows & H_3O^+ + A^- \end{array}$$

	HA	H₃O⁺	A⁻
초기	C_{HA}	0	0
반응	$-x$	x	x
평형	$C_{HA}-x$	x	x

$\therefore [H^+] = x$

$$K_a = \frac{[H^+][A^-]}{[HA]} = \frac{x^2}{C_{HA}-x} = \frac{[H^+]^2}{C_{HA}-[H^+]}$$

$[H^+]^2 = K_a C_{HA} - K_a[H^+]$

$[H^+]^2 + K_a[H^+] - K_a C_{HA} = 0$

$$[H^+] = \frac{-K_a + \sqrt{K_a^2 + 4K_a C_{HA}}}{2}$$

아주 약산인 경우 $C_{HA} \gg [H^+]$

$$[H^+] = \sqrt{K_a C_{HA}}$$

4) 약염기

$$B + H_2O \rightleftarrows BH^+ + OH^-$$

	B	BH⁺	OH⁻
초기	C_B	0	0
반응	$-x$	x	x
평형	C_B-x	x	x

$\therefore [OH^-] = [BH^+] = x$

$$K_b = \frac{[BH^+][OH^-]}{[B]} = \frac{x^2}{C_B - x} = \frac{[OH^-]^2}{C_B - [OH^-]}$$

$[OH^-]^2 = K_b C_B - K_b[OH^-]$

$[OH^-]^2 + K_b[OH^-] - K_b C_B = 0$

$$[OH^-] = \frac{-K_b + \sqrt{K_b^2 + 4K_b C_B}}{2}$$

$pH = 14 - pOH = 14 + \log[OH^-]$

아주 약염기인 경우 $C_B \gg [OH^-]$

$$[OH^-] = \sqrt{K_b C_B}$$

> **TIP**
>
> 아주 약산인 경우
> $K_a = \dfrac{x^2}{C_{HA}-x}$
> $= \dfrac{[H^+]^2}{C_{HA}-[H^+]}$
> $\fallingdotseq \dfrac{[H^+]^2}{C_{HA}}$
> $\therefore [H^+] = \sqrt{K_a C_{HA}}$

> **TIP**
>
> **종말점 관찰**
> - 산-염기 지시약을 이용한다.
> - 유리전극을 갖춘 pH 측정기를 이용하여 pH를 측정한다.

3. 지시약

① 산·염기 지시약은 약한 유기산 또는 유기염기이고, H^+를 해리하거나 결합함으로써 구조가 바뀌어 색의 변화가 일어난다.

예) $HIn + H_2O \rightleftharpoons H_3O^+ + In^-$
 A색 　　　　　　 B색

② 산·염기 지시약의 색변화는 평형으로 나타낼 수 있다.

예) 해리에 대한 평형상수식 $K_a = \dfrac{[H_3O^+][In^-]}{[HIn]}$

③ Henderson-Hasselbalch 식

예) $pH = pK_{HIn} + \log \dfrac{[In^-]}{[HIn]}$

$\dfrac{[In^-]}{[HIn]} \geq 10$: 염기성색

$\dfrac{[In^-]}{[HIn]} \leq \dfrac{1}{10}$: 산성색

④ 지시약의 pH 범위(지시약이 변색하는 pH 범위)
 ㉠ pH(산성색) = $pK_a - 1$
 ㉡ pH(염기성색) = $pK_a + 1$
 ㉢ 지시약의 pH 변색 범위 = $pK_a \pm 1$

⑤ 지시약의 pH에 따른 색 변화

종류	pH	색 변화
티몰블루(Thymol Blue)	1.2~2.8	빨강 - 노랑
메틸오렌지(Methyl Orange)	3.1~4.4	빨강 - 주황
브로모크레졸그린(Bromocresol Green)	3.8~5.4	노랑 - 파랑
메틸레드(Methyl Red)	4.2~6.3	빨강 - 노랑
브로모티몰블루(Bromothymol Blue)	6.2~7.6	노랑 - 파랑
페놀레드(Phenol Red)	6.8~8.4	노랑 - 빨강
페놀프탈레인(Phenolphthalein)	8.3~10.0	무색 - 빨강
알리자린옐로우GG(Alizarin Yellow GG)	10~12	무색 - 노랑

4. 산·염기 적정 계산

1) 강산을 강염기로 적정

$$0.2\text{M HCl } 5\text{mL} + 0.1\text{M NaOH } x\,\text{mL}$$
$$\text{HCl}(aq) + \text{NaOH}(aq) \rightarrow \text{H}_2\text{O}(l) + \text{NaCl}(aq)$$

① NaOH 첨가 전 : HCl은 강산이므로 완전 해리

$\text{pH} = -\log[\text{H}^+] =$ 산의 농도

$\text{pH} = -\log 0.2 = 0.7$

∴ $[\text{H}^+] = [\text{HCl}]$

② 0.1M NaOH 5mL 첨가 : 당량점 이전

H$^+$	+	OH$^-$	→	H$_2$O
0.2M × 5mL		0.1M × 5mL		
= 1mmol		= 0.5mmol		
−0.5		−0.5		
0.5mmol		0		

$\text{pH} = -\log[\text{H}^+]$

$[\text{H}^+] = \dfrac{0.5\text{mmol}}{5\text{mL} + 5\text{mL}} = 0.05\text{mol/L}$

∴ $\text{pH} = -\log(0.05) = 1.3$

③ 0.1M NaOH 10mL 첨가 : 당량점

$K_w = [\text{H}^+][\text{OH}^-] = 1.0 \times 10^{-14}$

$[\text{H}^+] = [\text{OH}^-] = 10^{-7}$

pH = 7(중성)

④ 0.1M NaOH 15mL 첨가 : 당량점 이후

H$^+$	+	OH$^-$	→	H$_2$O
0.2M × 5mL		0.1M × 15mL		
= 1mmol		= 1.5mmol		
−1mmol		−1mmol		
0		0.5mmol		

$[\text{OH}^-] = \dfrac{0.5\text{mmol}}{5\text{mL} + 15\text{mL}} = 0.025\text{mol/L}$

$\text{pOH} = -\log[\text{OH}^-] = -\log(0.025) = 1.6$

$\text{pH} = 14 - \text{pOH} = 14 - 1.6 = 12.4$

TIP
NaOH를 HCl로 적정할 때 곡선

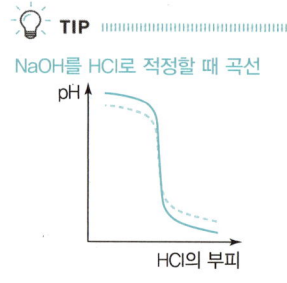

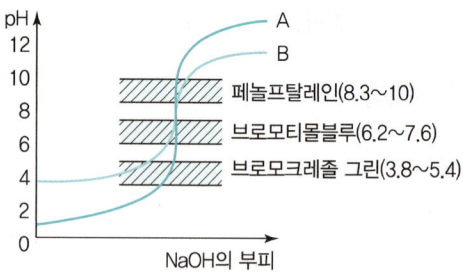

A : 0.05M HCl 50mL를 0.1M NaOH로 적정
B : 0.0005M HCl 50mL를 0.001M NaOH로 적정

▲ HCl을 NaOH로 적정할 때 적정곡선

Exercise 01

0.1M HCl 50mL를 0.1M NaOH 25mL로 적정할 때 pH는 얼마인가?

풀이

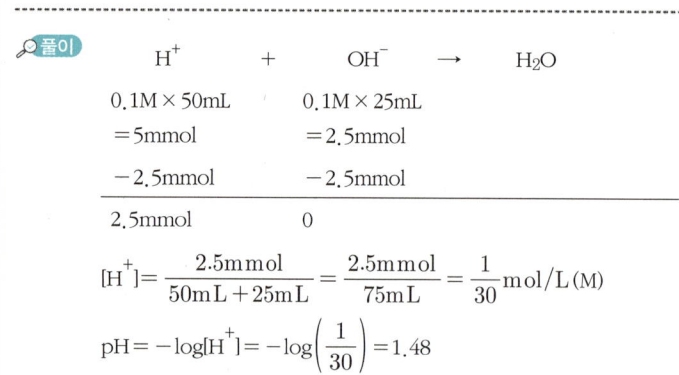

$$[H^+] = \frac{2.5\,mmol}{50\,mL + 25\,mL} = \frac{2.5\,mmol}{75\,mL} = \frac{1}{30}\,mol/L\,(M)$$

$$pH = -\log[H^+] = -\log\left(\frac{1}{30}\right) = 1.48$$

2) 약산을 강염기로 적정

0.1M CH$_3$COOH 50mL + 0.1M NaOH x mL
CH$_3$COOH(aq) + NaOH(aq) → CH$_3$COONa(aq) + H$_2$O(l)

① 약산

NaOH 첨가 전

산의 이온화 상수 $K_a = 1.8 \times 10^{-5}$

CH$_3$COOH → H$^+$ + CH$_3$COO$^-$

$$K_a = \frac{[H^+][CH_3COO^-]}{[CH_3COOH]}$$

$$\text{CH}_3\text{COOH} \rightarrow \text{H}^+ + \text{CH}_3\text{COO}^-$$

0.1M	0	0
$-x$	$+x$	$+x$
$0.1-x$	x	x

$$K_a = \frac{x^2}{0.1-x} = \frac{x^2}{0.1} = 1.8 \times 10^{-5}$$

$$\therefore x = [\text{H}^+] = \sqrt{0.1 \times 1.8 \times 10^{-5}}$$

$[\text{H}^+] = 0.00134$

$\text{pH} = -\log[\text{H}^+] = -\log(0.00134) = 2.87$

② 약산 > 강염기

0.1M CH_3COOH 50mL + 0.1M NaOH 20mL : 당량점 이전

㉠ 적정 계산

$$K_a = \frac{[\text{H}^+][\text{A}^-]}{[\text{HA}]}$$ 양변에 log를 취하면

$$\log K_a = \log[\text{H}^+] + \log\frac{[\text{A}^-]}{[\text{HA}]}$$

$$-\log[\text{H}^+] = -\log K_a + \log\frac{[\text{A}^-]}{[\text{HA}]}$$

$$\therefore \text{pH} = \text{p}K_a + \log\frac{[\text{A}^-]}{[\text{HA}]}$$

$$\text{CH}_3\text{COOH} + \text{NaOH} \rightarrow \text{CH}_3\text{COO}^- + \text{Na}^+ + \text{H}_2\text{O}$$

0.1M × 50mL	0.1M × 20mL			
=5mmol	=2mmol			
−2mmol	−2mmol	2mmol		
3mmol	0mmol	2mmol		

$$K_a = \frac{[\text{H}^+][\text{CH}_3\text{COO}^-]}{[\text{CH}_3\text{COOH}]} = 1.8 \times 10^{-5}$$

$$\frac{[\text{H}^+](2/70)}{(3/70)} = 1.8 \times 10^{-5}$$

$\therefore [\text{H}^+] = 2.7 \times 10^{-5}$

$\therefore \text{pH} = -\log(2.7 \times 10^{-5}) = 4.57$

㉡ Henderson − Hasselbalch 식

$$\text{pH} = \text{p}K_a + \log\frac{[\text{A}^-]}{[\text{HA}]} \begin{array}{l} \rightarrow \text{약산의 음이온} \\ \rightarrow \text{약산} \end{array}$$

$$\therefore \text{pH} = -\log K_a + \log\frac{[\text{A}^-]}{[\text{HA}]} = -\log(1.8 \times 10^{-5}) + \log\frac{2/70}{3/70} = 4.57$$

TIP

CH_3COOH를 NaOH로 적정할 때의 곡선

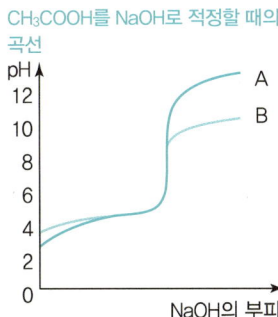

A : 0.1M 산을 0.1M 염기로 적정
B : 0.001M 산을 0.001M 염기로 적정

TIP

일반식

$$K_a = \frac{x^2}{c-x}$$

여기서, c : 약산의 초기 농도

$c - x ≒ c$

$\therefore x = [\text{H}^+] = \sqrt{cK_a}$

TIP

Henderson − Hasselbalch 식

$$\text{pH} = \text{p}K_a + \log\frac{[\text{A}^-]}{[\text{HA}]}$$

> **Reference**

반당량점 → 완충용량 최대

0.1M CH_3COOH 50mL + 0.1M NaOH 25mL

| CH_3COOH | + | NaOH | → | CH_3COO^- | $+ Na^+ + H_2O$ |

$0.1M \times 50mL$ $0.1M \times 25mL$ 0
= 5mmol   = 2.5mmol
−2.5mmol   −2.5mmol   +2.5mmol
―――――――――――――――――――――
2.5mmol   0   2.5mmol

$$pH = -\log K_a + \log \frac{[A^-]}{[HA]} = -\log K_a + \log \left(\frac{\frac{2.5\,mmol}{75\,mL}}{\frac{2.5\,mmol}{75\,mL}}\right)$$

$$\boxed{pH = -\log K_a}$$

$$pH = -\log(1.8 \times 10^{-5}) = 4.74$$

③ 약산＝강염기

0.1M CH_3COOH 50mL + 0.1M NaOH 50mL 첨가 : 당량점

CH_3COOH + NaOH → CH_3COO^- + Na^+ + H_2O
$0.1M \times 50mL$ $0.1M \times 50mL$
= 5mmol   = 5mmol
−5mmol   −5mmol   5mmol
―――――――――――――――――――――
0   0   5mmol

$CH_3COO^- + H_2O \rightarrow CH_3COOH + OH^-$ ➡ 염기성

$$[CH_3COO^-] = \frac{5\,mmol}{50\,mL + 50\,mL} = 0.05M$$

$$K_b = \frac{[CH_3COOH][OH^-]}{[CH_3COO^-]} = \frac{x^2}{0.05 - x} \approx \frac{x^2}{0.05}$$

∴ $x = [OH^-]$

$$[OH^-] = \sqrt{CK_b} = \sqrt{C\frac{K_w}{K_a}}$$

$$= \sqrt{0.05 \times \frac{10^{-14}}{1.8 \times 10^{-5}}} = 5.27 \times 10^{-6}$$

$pOH = -\log[OH^-] = -\log(5.27 \times 10^{-6}) = 5.28$
$pH + pOH = 14$
∴ $pH = 14 - pOH = 14 - 5.28 = 8.72$

④ 약산＜강염기

0.1M CH₃COOH 50mL＋0.1M NaOH 60mL 첨가 : 당량점 이후

$$
\begin{array}{cccccc}
\text{CH}_3\text{COOH} & + & \text{NaOH} & \to & \text{CH}_3\text{COO}^- + \text{Na}^+ + \text{H}_2\text{O} \\
0.1\text{M} \times 50\text{mL} & & 0.1\text{M} \times 60\text{mL} & & \\
=5\text{mmol} & & =6\text{mmol} & & 0 \\
-5\text{mmol} & & -5\text{mmol} & & 5\text{mmol} \\
\hline
0 & & 1\text{mmol} & & 5\text{mmol}
\end{array}
$$

$[\text{OH}^-] = \dfrac{1\text{mmol}}{50\text{mL}+60\text{mL}} = \dfrac{1}{110}\text{mol/L(M)}$

$\text{pOH} = -\log[\text{OH}^-] = -\log\left(\dfrac{1}{110}\right) = 2.04$

$\text{pH} + \text{pOH} = 14$

∴ $\text{pH} = 14 - 2.04 = 11.96$

Exercise 02

0.122M인 약산 HA($pK_a = 9.747$) 59.6mL 용액에 0.0431M NaOH 용액 몇 mL를 첨가하면 pH＝8인 용액을 만들 수 있는가?

풀이

$$
\begin{array}{ccccc}
\text{HA} & + & \text{NaOH} & \to & \text{A}^- + \text{Na}^+ + \text{H}_2\text{O} \\
0.122\text{M} \times 59.6\text{mL} & & 0.0431\text{M} \times x\text{mL} & & \\
=7.271\text{mmol} & & & &
\end{array}
$$

$\text{pH} = pK_a + \log\dfrac{[\text{A}^-]}{[\text{HA}]}$

$8 = 9.747 + \log\dfrac{[\text{A}^-]}{[\text{HA}]}$

$\log\dfrac{[\text{A}^-]}{[\text{HA}]} = -1.747$

$\dfrac{[\text{A}^-]}{[\text{HA}]} = 10^{-1.747} = 0.0179$

$\dfrac{0.0431\text{M} \times x\text{mL}}{7.271\text{mmol} - 0.0431x} = 0.0179$

∴ $x = 2.97\text{mL}$

3) 약염기를 강산으로 적정

$$0.1\text{M B } 30\text{mL} + 0.1\text{M HCl } x\text{mL}$$

① 약염기

0.1M B 30mL : 적정 전

이온화 상수 $K_b = 1.61 \times 10^{-5}$

$$\text{B} + \text{H}_2\text{O} \rightarrow \text{BH}^+ + \text{OH}^-$$

$0.1\text{M} \times 30\text{mL}$
$= 3\text{mmol}$

$[\text{OH}^-] = \sqrt{CK_b} = \sqrt{0.1 \times 1.61 \times 10^{-5}} = 1.27 \times 10^{-3}$
$\text{pOH} = -\log[\text{OH}^-] = -\log(1.27 \times 10^{-3}) = 2.9$
$\text{pH} + \text{pOH} = 14$
$\therefore \text{pH} = 14 - 2.9 = 11.1$

② 약염기 > 강산

0.1M B 30mL + 0.1M HCl 10mL : 당량점 이전

$$\text{B} + \text{H}^+ \rightarrow \text{BH}^+$$

$0.1\text{M} \times 30\text{mL}$	$0.1\text{M} \times 10\text{mL}$	
$=3\text{mmol}$	$=1\text{mmol}$	
-1	-1	$+1$
2mmol	0	1mmol

$\text{pOH} = \text{p}K_b + \log\dfrac{[\text{BH}^+]}{[\text{B}]}$

$\qquad = -\log(1.61 \times 10^{-5}) + \log\dfrac{1/40}{2/40} = 4.49$

$\therefore \text{pH} = 14 - 4.49 = 9.51$

$K_a = \dfrac{10^{-14}}{1.61 \times 10^{-5}} = 6.21 \times 10^{-10}$

또는, $\text{pH} = \text{p}K_a + \log\dfrac{[\text{B}]}{[\text{BH}^+]}$

$\qquad = -\log(6.21 \times 10^{-10}) + \log\dfrac{2/40}{1/40} = 9.51$

③ 약염기=강산

0.1M B 30mL + 0.1M HCl 30mL : 당량점

| | B | + | H^+ | → | BH^+ |

$0.1M \times 30mL \quad 0.1M \times 30mL$
$= 3mmol \quad\quad = 3mmol$

$$\begin{array}{ccc} -3 & -3 & +3 \\ \hline 0 & 0 & 3mmol \end{array}$$

$[BH^+] = \dfrac{3mmol}{60mL} = 0.05M$

$$\begin{array}{cccc} BH^+ & \to & H^+ & + & B \\ 0.05 & & 0 & & 0 \\ -x & & x & & x \\ \hline 0.05-x & & x & & x \end{array}$$

$K_a = \dfrac{x^2}{0.05-x} \fallingdotseq \dfrac{x^2}{0.05}$

$\therefore x = [H^+] = \sqrt{0.05 K_a}$

$[H^+] = \sqrt{CK_a} = \sqrt{0.05 \times 6.2 \times 10^{-10}} = 5.57 \times 10^{-6}$

$pH = -\log[H^+] = -\log(5.57 \times 10^{-6}) = 5.25$

④ 약염기<강산

0.1M B 30mL + 0.1M HCl 40mL : 당량점 이후

| | B | + | H^+ | → | BH^+ |

$0.1M \times 30mL \quad 0.1M \times 40mL$
$= 3mmol \quad\quad = 4mmol$

$$\begin{array}{ccc} -3 & -3 & +3 \\ \hline 0 & 1mmol & 3mmol \end{array}$$

$[H^+] = \dfrac{1mmol}{(30+40)mL} = 0.0143 mol/L(M)$

$pH = -\log[H^+] = -\log(0.0143) = 1.84$

 TIP

과량의 H^+가 존재하므로 약산인 BH^+의 영향은 무시한다.

Exercise 03

0.1M 약염기 B($K_b = 2.6 \times 10^{-6}$) 100mL 수용액에 0.1M HNO_3 50mL 수용액을 가했을 때의 pH는?(단, K_b는 염기해리상수이고 물의 해리상수는 1.0×10^{-14}이다.)

풀이

$$
\begin{array}{cccc}
B & + & H^+ & \to & BH^+ \\
0.1M \times 100mL & & 0.1M \times 50mL & & \\
= 10mmol & & = 5mmol & & \\
-5 & & -5 & & +5 \\
\hline
5mmol & & 0 & & 5mmol
\end{array}
$$

약염기 > 강산

$pOH = pK_b + \log \dfrac{[BH^+]}{[B]}$

$K_a = \dfrac{K_w}{K_b} = \dfrac{10^{-14}}{2.6 \times 10^{-6}} = 3.85 \times 10^{-9}$

$pH = pK_a + \log \dfrac{[B]}{[BH^+]}$

$\quad = -\log(3.85 \times 10^{-9}) + \log \dfrac{5/150}{5/150} = 8.41$

$\therefore pH = pK_a = 8.41$

TIP

완충용량(β)

- 강산 또는 강염기가 첨가될 때 용액이 얼마나 pH 변화를 잘 막는지에 대한 척도
- $\beta = \dfrac{dC_b}{dpH} = -\dfrac{dC_a}{dpH}$
  여기서, C_a : 첨가한 강산의 농도
  C_b : 첨가한 강염기의 농도
- β가 클수록 용액은 pH 변화에 더 잘 견딘다.

Reference

완충용액

- 약산 + 짝염기   예) $CH_3COOH + CH_3COONa$
- 약산 + 강염기 ($\frac{1}{2}$)   예) $CH_3COOH + NaOH$ ($\frac{1}{2}$)
- 약염기 + 짝산   예) $NH_3 + NH_4^+$
- 약염기 + 강산 ($\frac{1}{2}$)   예) $NH_3 + HCl$ ($\frac{1}{2}$)

예) $CH_3COOH + NaOH \to CH_3COO^- + Na^+ + H_2O$

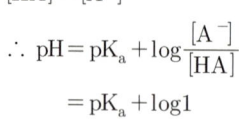

$[HA] = [A^-]$

$\therefore pH = pK_a + \log \dfrac{[A^-]}{[HA]}$

$\quad = pK_a + \log 1$

$\quad = pK_a$

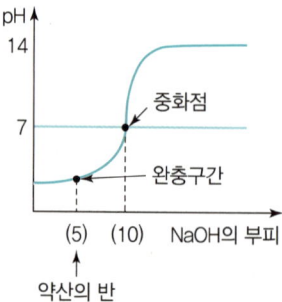

5. 다양성자산에서의 적정

0.1M H_2CO_3 10mL를 0.1M NaOH로 적정하는 경우

- $H_2A \rightarrow H^+ + HA^-$ $K_{a1} = 1.0 \times 10^{-4}$
- $HA^- \rightarrow H^+ + A^{2-}$ $K_{a2} = 1.0 \times 10^{-8}$

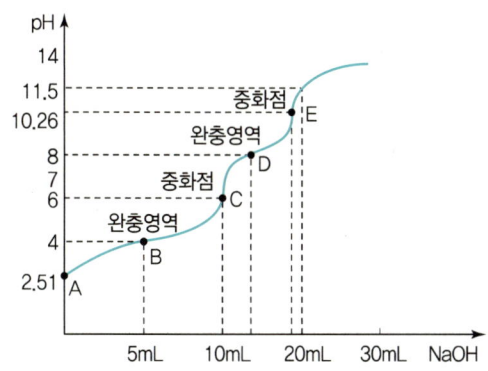

1) 적정 전(점 A)

0.1M H_2A를 일양성자산이라고 간주하고 계산한다.

$$
\begin{array}{ccccc}
H_2A & + & H_2O & \rightarrow & H_3O^+ + HA^- \\
0.1 & & & & 0 \quad\quad 0 \\
-x & & & & x \quad\quad x \\
\hline
0.1-x & & & & x \quad\quad x
\end{array}
$$

$$K_{a1} = \frac{[H_3O^+][HA^-]}{[H_2A]} = 1.0 \times 10^{-4}$$

$$\frac{x^2}{0.1-x} = 1.0 \times 10^{-4}$$

$$x^2 + (1.0 \times 10^{-4})x - 1.0 \times 10^{-5} = 0$$

$$x = \frac{-10^{-4} \pm \sqrt{10^{-8} + 4 \times 10^{-5}}}{2} = 0.00311$$

$$pH = -\log[H_3O^+] = -\log(0.00311) = 2.51$$

> **TIP**
> **다양성자산에서의 적정**
> ㉠ 적정 전
> $$K_{a1} = \frac{[H_3O^+][HA^-]}{[H_2A]}$$
> $$pH = -\log[H_3O^+]$$
> ㉡ 첫 번째 완충영역
> $$pH = pK_{a1}$$
> ㉢ 제1당량점
> $$pH = \frac{pK_{a1} + pK_{a2}}{2}$$
> ㉣ 두 번째 완충영역
> $$pH = pK_{a2}$$
> ㉤ 제2당량점
> $$[OH^-] = \sqrt{CK_b}$$
> $$pH = 14 + \log[OH^-]$$

2) 첫 번째 완충영역(점 B)

0.1M H_2A 10mL + 0.1M NaOH 5mL

	H_2A	+	OH^-	→	HA^-	+	H_2O
	0.1M × 10mL		0.1M × 5mL				
	= 1mmol		= 0.5mmol				
	−0.5		−0.5		+0.5		
	0.5mmol		0		0.5mmol		

$$pH = pK_{a1} + \log\frac{[HA^-]}{[H_2A]} = 4 + \log\frac{0.5/15}{0.5/15} = 4$$

∴ $pH = pK_{a1}$

3) 제1당량점(점 C)

$$pH = \frac{pK_{a1} + pK_{a2}}{2} = \frac{4+8}{2} = 6$$

4) 2번째 완충영역(점 D)

0.1M H_2A 10mL + 0.1M NaOH 15mL

15mL NaOH 중 10mL는 제1당량점에 소요 → 5mL NaOH 남음

	HA^-	+	OH^-	→	A^{2-}	+	H_2O
	0.1M × 10mL		0.1M × 5mL				
	= 1mmol		= 0.5mmol				
	−0.5		−0.5		+0.5		
	0.5mmol		0		0.5mmol		

$$pH = pK_{a2} + \log\frac{[A^{2-}]}{[HA^-]} = 8 + \log\frac{0.5/25}{0.5/25} = 8$$

∴ $pH = pK_{a2}$

5) 제2당량점(점 E)

0.1M H_2A 10mL + 0.1M NaOH 20mL

	HA^-	+	OH^-	→	A^{2-}	+	H_2O
	0.1M × 10mL		0.1M × 10mL				
	=1mmol		=1mmol				
	−1		−1		+1		
	0		0		1mmol		

$A^{2-} + H_2O \rightarrow OH^- + HA^-$

$$K_b = \frac{[OH^-][HA^-]}{[A^{2-}]} = \frac{K_w}{K_{a2}} = \frac{1.0 \times 10^{-14}}{1.0 \times 10^{-8}} = 1.0 \times 10^{-6}$$

$$[A^{2-}] = \frac{1\text{mmol}}{(10+20)\text{mL}} = 0.0333\text{M}$$

	A^{2-}	+	H_2O	→	OH^-	+	HA^-
	0.0333				0		0
	−x				x		x
	0.0333−x				x		x

$[OH^-] = \sqrt{CK_b}$

$$K_b = \frac{x^2}{0.0333-x} \fallingdotseq \frac{x^2}{0.0333} = 1.0 \times 10^{-6}$$

$\therefore x = [OH^-] = 0.000182 = 1.82 \times 10^{-4}$

$pOH = -\log[OH^-] = 3.74$

$\therefore pH = 14 - 3.74 = 10.26$

6) 제2당량점 후 : 과량의 OH^-

0.1M H_2A 10mL + 0.1M NaOH 21mL

NaOH를 더 첨가하면 A^{2-}에 의해 물이 가수분해되는 것이 억제된다. 과량으로 남아 있는 NaOH의 농도로부터 pH를 계산한다.

$\therefore$ 0.1M NaOH 1mL가 더 들어간 것이다.

$$[OH^-] = \frac{0.1\text{M} \times 1\text{mL}}{(10+21)\text{mL}} = 0.00322\text{M}$$

$pOH = -\log[OH^-] = 2.5$

$\therefore pH = 14 - pOH = 14 - 2.5 = 11.5$

6. 전하균형

$$HA^- \rightleftharpoons H^+ + A^{2-}$$
$$HA^- + H_2O \rightleftharpoons H_2A + OH^-$$

전하균형
$$[H^+] = [HA^-] + 2[A^{2-}] + [OH^-]$$

예 KH_2PO_4와 KOH로 구성된 혼합용액

$$KOH \rightarrow K^+ + OH^-$$
$$KH_2PO_4 \rightarrow K^+ + H_2PO_4^-$$
$$H_2PO_4^- \rightarrow H^+ + HPO_4^{2-}$$
$$HPO_4^{2-} \rightarrow H^+ + PO_4^{3-}$$

전하균형
$$[K^+] + [H^+] = [OH^-] + [H_2PO_4^-] + 2[HPO_4^{2-}] + 3[PO_4^{3-}]$$

7. 완충용액

1) 완충용액

① 외부로부터 어느 정도의 산이나 염기를 가했을 때 영향을 크게 받지 않고 수소이온농도를 일정하게 유지하는 용액

② 약산과 그 약산의 염의 혼합용액 또는 약염기와 그 약염기의 염의 혼합용액이 완충작용을 한다.

예 아세트산 + 아세트산나트륨

$$CH_3COOH \rightleftharpoons CH_3COO^- + H^+ \quad \cdots\cdots ⓐ$$
　　많은 양　　　적은 양　　적은 양

$$CH_3COONa \rightarrow CH_3COO^- + Na^+ \quad \cdots\cdots ⓑ$$
　　많은 양　　　많은 양　　많은 양

∴ 용액은 약한 산성을 띠며, 용액 속의 CH_3COO^-의 농도는 CH_3COONa의 농도에 따라 결정된다.

- 이 용액에 외부에서 산이 가해져 H^+이 증가하면 ⓐ식의 평형에 의해 반응이 왼쪽으로 진행된다.

  $$CH_3COO^- + H^+ \rightarrow CH_3COOH$$

  ➡ 수소이온의 농도는 거의 변하지 않는다.

- 염기를 가해 OH^-이 증가하면 용액 속의 H^+이 중화되어 감소하게 된다. 그러면 ⓐ식의 반응은 오른쪽으로 진행되어 다시 H^+이 생성된다.

  ➡ 수소이온의 농도는 거의 변하지 않는다.

2) 완충용액 계산

(1) 약산의 짝염기 완충용액

$$[H^+] = K_a \times \frac{[약산]}{[짝염기]}$$

$$K_a = \frac{[H^+][CH_3COO^-]}{[CH_3COOH]} = \frac{x^2}{a-x}$$

예 아세트산 + 아세트산나트륨

CH_3COOH	$\rightleftarrows$	H^+	$+$	CH_3COO^-
a		0		b
$-x$		x		x
$a-x$		x		$b+x$

$x = [H^+]$

CH_3COONa가 bM이면 CH_3COO^-도 bM이다.

$b = [CH_3COO^-]$

$$\therefore K_a = \frac{[H^+][CH_3COO^-]}{[CH_3COOH]} = \frac{x(b+x)}{a-x} \fallingdotseq \frac{x(b)}{a} = [H^+]\frac{b}{a}$$

$$\therefore [H^+] = K_a \frac{a}{b} = K_a \frac{[CH_3COOH]}{[CH_3COO^-]} = K_a \frac{[약산]}{[짝염기]}$$

(2) 약염기의 짝산 완충용액

$$[OH^-] = K_b \times \frac{[약염기]}{[짝산]}$$

(3) Henderson – Hasselbalch 식

$$K_a = \frac{[H^+][A^-]}{[HA]}$$

양변에 log를 취하면

$$\log K_a = \log[H^+] + \log\frac{[A^-]}{[HA]}$$

$$-\log[H^+] = -\log K_a + \log\frac{[A^-]}{[HA]}$$

$$pH = pK_a + \log\frac{[A^-]}{[HA]}$$

TIP

약염기 B와 그 짝산으로 만든 용액의 경우

$pH = pK_a + \log\frac{[B]}{[BH^+]}$

Exercise 04

0.1M의 약산 HA와 0.1M의 짝염기 A⁻를 같은 양을 가해 완충용액을 만들고 다시 이를 10배 희석하였다. 희석 후 완충용액의 pH는 얼마인가?(단, 약산 HA의 pK_a는 5.0이다.)

풀이
$$pH = pK_a + \log\frac{[\text{짝염기}]}{[\text{산}]} = 5 + \log\frac{0.1}{0.1} = 5$$

Exercise 05

우리가 먹는 식초는 아세트산 4~8% 정도를 함유하고 있다. 다음 완충용액의 pH 값은 얼마인가? (단, CH_3COOH의 $K_a = 1.8 \times 10^{-5}$, $pK_a = 4.74$, 완충용액은 0.5M CH_3COOH/0.25M CH_3COONa이다.)

풀이
$$pH = pK_a + \log\frac{[CH_3COO^-]}{[CH_3COOH]} = 4.74 + \log\frac{0.25}{0.5} = 4.44$$

Exercise 06

CH_3COO^-/CH_3COOH 완충용액의 pH가 4.98이고 이때 $[CH_3COO^-] = 0.1M$이다. 이 용액 200mL에 0.1M NaOH 용액 10mL를 가한 후 완충용액의 pH는 얼마인가?(단, CH_3COOH의 $K_a = 1.75 \times 10^{-5}$이다.)

풀이
$$pH = pK_a + \log\frac{[\text{짝염기}]}{[\text{산}]}$$

$$4.98 = -\log(1.75 \times 10^{-5}) + \log\frac{0.1}{[CH_3COOH]}$$

$[CH_3COOH] = 0.06M$

- 처음 완충용액 200mL
  $CH_3COOH = 0.06\text{mol/L} \times 0.2\text{L} = 0.012\text{mol}$
  $CH_3COO^- = 0.1\text{mol/L} \times 0.2\text{L} = 0.02\text{mol}$
- 0.1M NaOH 10mL를 가한 후
  $0.1M \times 10\text{mL} = 1\text{mmol} = 0.001\text{mol}$
  $CH_3COOH = (0.012 - 0.001)\text{mol} = 0.011\text{mol}$
  $CH_3COO^- = 0.02 + 0.001 = 0.021\text{mol}$
  $pK_a = -\log(1.75 \times 10^{-5}) = 4.757$

$$\therefore pH = 4.757 + \log\frac{0.021}{0.011} = 5.04$$

Exercise 07

Tris(분자량 121.14g/mol) 12g과 Tris·HCl(분자량 157.6g/mol) 5g을 물에 녹여 500mL로 만든 용액의 pH는 얼마인가?(단, Tris는 약염기이며, $K_b = 1.1806 \times 10^{-6}$이다.)

풀이 Tris + H₂O → Tris H⁺ + OH⁻

$$[\text{Tris}] = 12\text{g} \times \frac{1\text{mol}}{121.14\text{g}} \times \frac{1}{0.5\text{L}} = 0.198\text{M}$$

$$[\text{Tris H}^+] = 5\text{g} \times \frac{1\text{mol}}{157.6\text{g}} \times \frac{1}{0.5\text{L}} = 0.06345\text{M}$$

$$pK_b = -\log(1.1806 \times 10^{-6}) = 5.928$$

$$\therefore pOH = pK_b + \log\frac{[\text{Tris}\cdot\text{H}^+]}{[\text{Tris}]}$$

$$= 5.928 + \log\frac{0.06345}{0.198}$$

$$= 5.43$$

$$\therefore pH = 14 - 5.43 = 8.57$$

[02] 침전법 적정(은법 적정)

침전법 적정의 대표적인 것은 침전제 AgNO₃을 이용하는 은법 적정이다.

$$\text{Ag}^+(aq) + \text{X}^-(aq) \rightarrow \text{AgX} \downarrow$$

1. 은법 적정에서 Ag⁺의 농도변화

① **당량점 전** : Ag⁺ 표준용액을 넣어 반응한 후 남은 분석물의 농도와 용액의 부피를 이용하여 분석물의 농도를 계산한다.
   ➡ 용해도곱 상수식에 분석물의 농도를 대입하여 Ag⁺의 농도를 얻는다.
② **당량점** : Ag⁺ 농도를 용해도곱 상수로부터 직접 얻는다.
③ **당량점 후** : 과량으로 넣은 Ag⁺의 농도를 계산한다.

TIP
침전법 적정(은법 적정)
• Mohr법 : 직접 적정
• Volhard법 : 역적정
• Fajans법 : 흡착지시약 적정

Exercise 01

0.05M NaBr 용액 100mL를 0.1M AgNO₃ 표준용액으로 적정할 때 pAg를 구하여라. (단, AgBr의 K_{sp} = 5.0×10^{-13}이다.)

풀이

① 당량점 전 : 0.05M NaBr 100mL + 0.1M AgNO₃ 25mL

$$0.05M \times 100mL = 5mmol \qquad 0.1M \times 25mL = 2.5mmol$$

$$[Br^-] = \frac{5mmol - 2.5mmol}{100mL + 25mL} = 0.02M(mol/L)$$

$$K_{sp} = [Ag^+][Br^-]$$

$$[Ag^+] = \frac{K_{sp}}{[Br^-]} = \frac{5.0 \times 10^{-13}}{0.02} = 2.5 \times 10^{-11}$$

$$pAg = -\log[Ag^+] = -\log(2.5 \times 10^{-11}) = 10.6$$

② 당량점 : 0.05M NaBr 100mL + 0.1M AgNO₃ 50mL

당량점에서 $[Ag^+] = [Br^-]$이므로

$$[Ag^+] = [Br^-] = \sqrt{5.0 \times 10^{-13}} = 7.07 \times 10^{-7}$$

$$pAg = -\log[Ag^+] = -\log(7.07 \times 10^{-7}) = 6.15$$

③ 당량점 후 : 0.05M NaBr 100mL + 0.1M AgNO₃ 100mL

$$0.05M \times 100mL = 5mmol \qquad 0.1M \times 100mL = 10mmol$$

$$[Ag^+] = \frac{10mmol - 5mmol}{100mL + 100mL} = 0.025M(mol/L)$$

$$pAg = -\log[Ag^+] = -\log(0.025) = 1.6$$

2. Mohr법(모어법) : CrO_4^{2-} 이용, 직접 적정

지시약은 K₂CrO₄ 용액(크롬산칼륨)이고 Ag⁺ 표준용액은 분석물(Cl⁻, Br⁻, CN⁻)과 반응하여 Ag₂CrO₄의 붉은색 침전을 만든다.

$$2Ag^+ + CrO_4^{2-} \rightarrow Ag_2CrO_4(s)$$

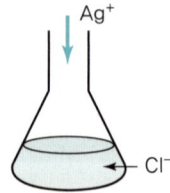

3. Volhard법(볼하드법) : Fe^{3+} 이용, 역적정

① Cl^- 용액에 일정량의 과량 $AgNO_3$ 표준용액을 넣어 Cl^-을 전부 침전시킨다.

$$Ag^+ + Cl^- \rightarrow AgCl(s)$$

② AgCl을 분리한 후 Fe^{3+}을 넣고 KSCN(티오시안산칼륨) 표준용액으로 남아 있는 Ag^+을 적정한다.

$$Ag^+ + SCN^- \rightarrow AgSCN$$

③ Ag^+이 모두 반응하면 SCN^-은 Fe^{3+}과 반응하여 붉은색의 착물인 $FeSCN^{2+}$을 생성한다. ➡ 종말점

$$Fe^{3+} + SCN^- \rightarrow FeSCN^{2+}$$
(붉은색)

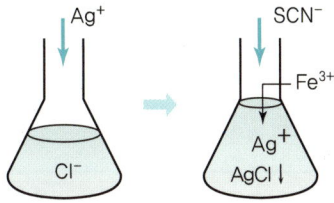

4. Fajans법(파얀스법) : 흡착지시약 이용

① 흡착지시약은 고체 침전물, 콜로이드 침전물 표면에 흡착되는 성질이 있는 유기화합물이다.
② Cl^-을 Ag^+으로 적정할 때 흡착지시약은 fluorescein(플루오레세인, HFI)과 dichlorofluorescein이 있다.
③ 수용액에서 fluorescein(HFI)은 부분적으로 해리하여 FI^-가 되어 당량점 후 AgCl 표면에 Ag^+이 흡착된 곳에 FI^-가 반응하여 붉은색 침전을 만든다.

Exercise 02

AgI의 용해도곱은 8.3×10^{-17}이다. 50mL의 0.1M I^-를 0.05M Ag^+으로 적정하였다. Ag^+ 용액을 110mL 가했을 때 Ag^+ 농도는 얼마인가?

풀이

$$AgI \rightleftarrows Ag^+ + I^-$$
$$ 0.05M \times 110mL \quad 0.1M \times 50mL$$
$$ = 5.5mmol \quad\quad = 5mmol$$

$$[Ag^+] = \frac{5.5mmol - 5mmol}{50mL + 110mL} = 0.003125 = 3.125 \times 10^{-3}M$$

Exercise 03

25℃에서 100mL의 물에 녹을 수 있는 AgCl(143g/mol)의 양은 얼마인가?(단, 이 온도에서 AgCl의 용해도곱 상수는 1.0×10^{-10}이다.)

풀이

$$AgCl \rightleftarrows Ag^+ + Cl^-$$
$$K_{sp} = [Ag^+][Cl^-] = 1.0 \times 10^{-10}$$
$$\therefore [Ag^+] = [Cl^-] = 10^{-5}M$$
$$10^{-5} mol/L\ AgCl \times \frac{143g}{1mol} \times 0.1L = 1.43 \times 10^{-4}g$$

Exercise 04

50mL의 0.1M I^- 수용액을 0.2M Ag^+ 수용액으로 적정하고자 한다. Ag^+ 수용액을 15mL 첨가하였을 때, 첨가한 후의 I^-의 농도(M)는 얼마인가?

풀이

$$AgI \rightleftarrows Ag^+ + I^-$$
$$ 0.2M \times 15mL \quad 0.1M \times 50mL$$
$$ = 3mmol \quad\quad = 5mmol$$

$$[I^-] = \frac{2mmol}{(15+50)mL} = 0.031M$$

Exercise 05

CaF_2의 용해도곱은 3.9×10^{-11}M이다. 이 염의 포화용액에서 칼슘이온의 몰농도는 얼마인가?

풀이

$$CaF_2 \rightleftarrows Ca^{2+} + 2F^-$$
$$ x \quad\quad 2x$$
$$K_{sp} = (x)(2x)^2 = 3.9 \times 10^{-11}$$
$$\therefore x = [Ca^{2+}] = 2.1 \times 10^{-4}M$$

Exercise 06

40.00mL의 0.1M I^-를 0.2M Pb^{2+}로 적정하고자 한다. Pb^{2+}를 5.00mL 첨가하였을 때, 이 용액 속의 I^-의 농도는 몇 M인가?(단, $PbI_2(s) \rightleftarrows Pb^{2+}(aq) + 2I^-(aq)$, $K_{sp} = 7.9 \times 10^{-9}$)

풀이 I^-의 mol수 $= 0.1M \times 40mL = 4mmol = 0.1M \times 0.04L = 0.004mol = 4.0 \times 10^{-3}mol$

Pb^{2+}의 mol수 $= 0.2M \times 5mL = 1mmol$
$= 0.2M \times 0.005L = 0.001mol = 1.0 \times 10^{-3}mol$

$$
\begin{array}{cccc}
PbI_2 & \rightleftarrows & Pb^{2+} & + \quad 2I^- \\
 & & 1.0 \times 10^{-3}mol & 4.0 \times 10^{-3}mol \\
+1.0 \times 10^{-3}mol & & -1.0 \times 10^{-3}mol & -2.0 \times 10^{-3}mol \\ \hline
1.0 \times 10^{-3}mol & & 0 & 2.0 \times 10^{-3}mol
\end{array}
$$

$[I^-] = \dfrac{2.0 \times 10^{-3}mol}{(0.04L + 0.005L)} = 0.044M$

Exercise 07

0.010M $AgNO_3$ 용액에 H_3PO_4를 첨가하여 Ag_3PO_4 침전이 생기기 시작하려면 PO_4^{3-} 농도는 얼마보다 커야 하는가?(단, Ag_3PO_4의 $K_{sp} = 1.3 \times 10^{-20}$이다.)

풀이 $K_{sp} = [Ag^+]^3[PO_4^{3-}] = 1.3 \times 10^{-20}$
$(0.01)^3[PO_4^{3-}] = 1.3 \times 10^{-20}$
$\therefore [PO_4^{3-}] = 1.3 \times 10^{-14}$

Exercise 08

0.1M NaCl 용액 속에 PbI_2가 용해되어 생성된 Pb^{2+}(원자량 207.0g/mol) 농도(mg/L)는 약 얼마인가?(단, PbI_2의 용해도곱 상수는 7.9×10^{-9}이고 이온 세기가 0.1M일 때 Pb^{2+}과 I^-의 활동도 계수는 각각 0.36과 0.75이다.)

풀이 $PbI_2 \rightleftarrows Pb^{2+} + 2I^-$
$\qquad\qquad x \qquad 2x$
$K_{sp} = [Pb^{2+}][I^-]^2$
$7.9 \times 10^{-9} = (x \times 0.36)(2x \times 0.75)^2$
$9.753 \times 10^{-9} = x^3$
$\therefore x = [Pb^{2+}] = 2.14 \times 10^{-3}M$

$\dfrac{2.14 \times 10^{-3}mol}{L} \times \dfrac{207.0g}{1mol} \times \dfrac{1,000mg}{1g} = 443 mg/L$

Exercise 09

20.00mL의 0.1000M Hg_2^{2+}를 0.1000M Cl^-로 적정하고자 한다. Cl^-를 40.00mL 첨가하였을 때, 이 용액 속에서 Hg_2^{2+}의 농도는 약 얼마인가?(단, $Hg_2Cl_2(s) \rightleftarrows Hg_2^{2+}(aq) + 2Cl^-(aq)$, $K_{sp} = 1.2 \times 10^{-18}$이다.)

풀이

$$\begin{array}{cccc}
Hg_2Cl_2(s) & \rightleftarrows & Hg_2^{2+}(aq) & + & 2Cl^-(aq) \\
 & & 0.1M \times 20mL & & 0.1M \times 40mL \\
0 & & = 2mmol & & = 4mmol \\
+2mmol & & -2mmol & & -4mmol \\
\hline
2 & & 0 & & 0 \quad \rightarrow \text{당량점}
\end{array}$$

x만큼 이온화되므로
$K_{sp} = [Hg_2^{2+}][Cl^-]^2 = (x)(2x)^2 = 1.2 \times 10^{-18}$
$x = [Hg_2^{2+}] = 6.7 \times 10^{-7} M$

Exercise 10

NaF와 $NaClO_4$이 0.050M 녹아 있는 두 수용액에서 각각 불화칼슘($Ca^{2+} + 2F^-$)을 포화용액으로 만들었다. 각 용액에 녹은 칼슘 이온(Ca^{2+})의 몰농도(M)의 비율 $\dfrac{[Ca^{2+}]_{NaClO_4}}{[Ca^{2+}]_{NaF}}$는?(단, 용액의 이온 세기가 0.050M일 때 활동도 계수 $\gamma_{Ca^{2+}} = 0.485$, $\gamma_{F^-} = 0.81$이고, CaF_2의 용해도곱 상수 $K_{sp} = 3.9 \times 10^{-11}$이다.)

풀이

$$\begin{array}{ccc}
NaF \rightarrow & Na^+ & + & F^- \\
 & 0.05 & & 0.05M
\end{array}$$

$$\begin{array}{ccccc}
CaF_2 & \rightarrow & Ca^{2+} & + & 2F^- \\
 & & 0 & & 0.05 \\
 & & +x & & +2x \\
\hline
 & & x & & 0.05 + 2x \fallingdotseq 0.05
\end{array}$$

$K_{sp} = [Ca^{2+}][F^-]^2$
$\quad = (x \times 0.485)(0.05 \times 0.81)^2$
$\quad = 3.9 \times 10^{-11}$
$\therefore x = [Ca^{2+}] = 4.9 \times 10^{-8} M$

$$\begin{array}{ccc}
NaClO_4 \rightarrow & Na^+ & + & ClO_4^- \\
 & 0.05 & & 0.05
\end{array}$$

$$\begin{array}{ccc}
CaF_2 \rightarrow & Ca^{2+} & + & 2F^- \\
 & x & & 2x
\end{array}$$

$K_{sp} = [Ca^{2+}][F^-]^2$
$\quad = (x \times 0.485)(2x \times 0.81)^2 = 3.9 \times 10^{-11}$
$\therefore x = [Ca^{2+}] = 3.13 \times 10^{-4} M$

$\dfrac{[Ca^{2+}]_{NaClO_4}}{[Ca^{2+}]_{NaF}} = \dfrac{3.13 \times 10^{-4}}{4.9 \times 10^{-8}} = 6,388$

[03] 착화합물 적정

1. 킬레이트(EDTA) 적정

1) 금속킬레이트 착물

① 금속이온은 전자쌍을 주는 리간드로부터 전자쌍을 받을 수 있으므로 Lewis 산이고 리간드는 Lewis 염기이다.
② CN⁻(시안화이온)은 금속이온과 1개의 원자만 결합하므로 한 자리 리간드라 한다.
③ 금속이온이 2개 이상의 전자공여기를 가진 배위자와 결합한 배위화합물을 금속킬레이트 화합물이라 하고, 그 배위자를 킬레이트라 한다.
④ Li^+, Na^+, K^+과 같은 1가 이온을 제외한 모든 금속이온과 강한 1 : 1 착물을 형성한다.

> **TIP**
> **리간드(배위자)**
> - 중심금속 원자에 결합하여 배위착화합물을 형성하는 이온 또는 분자
> - 금속과의 결합은 하나 이상의 리간드로부터 전자쌍을 제공받아 이루어진다.

2) 킬레이트 효과

여러 자리 리간드가 유사한 한 자리 리간드보다 더 안정한 금속착물을 형성한다.

예 에틸렌디아민 두 분자와 Cd^{2+}의 반응이 메틸아민 4분자와 Cd^{2+}의 반응보다 우세하다.

$$Cd^{2+} + 2H_2N\frown NH_2 \rightleftharpoons \left[\begin{array}{c} NH_2 \frown NH_2 \\ Cd \\ NH_2 \smile NH_2 \end{array} \right]^{2+}$$

Ethylenediamine $K = 2 \times 10^{10}$

$$Cd^{2+} + 4CH_3NH_2 \rightleftharpoons \left[\begin{array}{cc} CH_3NH_2 & H_2NCH_3 \\ & Cd \\ CH_3NH_2 & H_2NCH_3 \end{array} \right]^{2+}$$

Methylamine $K = 3 \times 10^6$

3) EDTA 적정법

① EDTA(Ethylene Diamine Tetraacetic Acid)
EDTA는 대부분의 금속이온과 1 : 1의 착물을 형성한다.

> **TIP**
> **EDTA**
>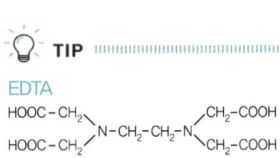

6군데 리간드 결합 Y^{4-} (EDTA)

$6H^+ + Y^{4-} \rightarrow H_6Y^{2+}$

$5H^+ + Y^{4-} \rightarrow H_5Y^+$

$4H^+ + Y^{4-} \rightarrow H_4Y$

$3H^+ + Y^{4-} \rightarrow H_3Y^-$

$2H^+ + Y^{4-} \rightarrow H_2Y^{2-}$

$H^+ + Y^{4-} \rightarrow HY^{3-}$

$Y^{4-} \rightarrow Y^{4-}$

∴ M^{n+} + Y^{4-} ⇌ MY^{n-4}

금속이온   리간드   착물

$$K_f = \frac{[MY^{n-4}]}{[M^{n+}][Y^{4-}]}$$

여기서, K_f : 형성상수(안정도 상수, 착물의 평형상수)

➡ K 값이 크면 착물을 잘 형성한다.

② 조건형성상수(K_f')

$$\alpha_{Y^{4-}} = \frac{[Y^{4-}]}{[H_6Y^{2+}]+[H_5Y^+]+[H_4Y]+\cdots+[Y^{4-}]}$$

Y^{4-}의 비율 $= \dfrac{[Y^{4-}]}{C_{EDTA}}$

여기서, C_{EDTA} : EDTA 전체 농도

$[Y^{4-}] = C_{EDTA} \cdot \alpha_{Y^{4-}}$

$\alpha_{Y^{4-}} K_f = \dfrac{[Y^{4-}]}{C_{EDTA}} \cdot \dfrac{[MY^{n-4}]}{[M^{n+}][Y^{4-}]} = \dfrac{[MY^{n-4}]}{C_{EDTA}[M^{n+}]} = K_f'$

㉠ 조건형성상수(K_f')는 pH에 따라 달라지는 평형상수로, 전체 EDTA 농도를 사용하므로 편리하다.

㉡ 낮은 pH에서 금속과 결합하는 Y^{4-}의 양이 적어져서 금속과 EDTA 착물이 형성되는 정도도 작아진다.

> **TIP**
>
> pH에 따른 $\alpha_{Y^{4-}}$
>
> | pH | $\alpha_{Y^{4-}}$ | pH | $\alpha_{Y^{4-}}$ |
> |---|---|---|---|
> | 0 | 1.3×10^{-23} | 8 | 5.4×10^{-3} |
> | 1 | 1.9×10^{-18} | 9 | 5.2×10^{-2} |
> | 2 | 3.7×10^{-14} | 10 | 0.35 |
> | 3 | 2.5×10^{-11} | 11 | 0.85 |
> | 4 | 3.6×10^{-9} | 12 | 0.98 |
> | 5 | 3.5×10^{-7} | 13 | 1.00 |
> | 6 | 2.2×10^{-5} | 14 | 1.00 |
> | 7 | 4.8×10^{-4} | | |

Exercise 01

Pb^{2+}와 EDTA의 형성상수가 1.0×10^{18}이다. pH 10에서 EDTA 중 Y^{4-}의 분율이 0.3일 때 pH 10에서 조건부 형성상수는 얼마인가?

풀이 $K_f' = \alpha_{Y^{4-}} K_f = 0.3 \times 1.0 \times 10^{18} = 3 \times 10^{17}$

Exercise 02

pH 4인 0.02M NiY^{2-} 용액에서 Ni^{2+}의 평형농도는 얼마인가?(단, pH 4에서 $\alpha_{Y^{4-}} = 3.6 \times 10^{-9}$, $K_{NiY^{2-}} = 4.2 \times 10^{18}$이다.)

풀이

$$\begin{array}{ccccc} Ni^{2+} & + & Y^{4-} & \rightleftarrows & NiY^{2-} \\ 0 & & 0 & & 0.02M \\ +x & & +x & & -x \\ \hline x & & x & & 0.02-x \end{array}$$

$\alpha_{Y^{4-}} = \dfrac{[Y^{4-}]}{C_{EDTA}} \rightarrow [Y^{4-}] = C_{EDTA} \alpha_{Y^{4-}}$

$K_{NiY^{2-}} = \dfrac{[NiY^{2-}]}{[Ni^{2+}][Y^{4-}]} = 4.2 \times 10^{18}$

$K'_{NiY^{2-}} = \alpha_{Y^{4-}} K_{NiY^{2-}} = \dfrac{[NiY^{2-}]}{[Ni^{2+}] C_{EDTA}}$

$(3.6 \times 10^{-9})(4.2 \times 10^{18}) = \dfrac{0.02}{x^2}$

$x = [Ni^{2+}] = C_{EDTA}$ ∴ $x = [Ni^{2+}] = 1.15 \times 10^{-6} M$

2. EDTA 적정방법

1) 적정방법

(1) 직접 적정

① 분석용액을 EDTA 표준용액으로 직접 적정한다.
② 분석용액은 금속-EDTA 착물이 잘 형성되도록 최적의 pH로 완충되어야 한다.
③ 자유지시약은 금속-지시약 착물의 색깔과 차이가 나야 한다.
④ EDTA가 없는 상태에서 금속이온이 침전되는 것을 막기 위해 암모니아, 주석산염, 구연산염, 트리에탄올아민과 같은 보조 착화제를 사용한다.

TIP

종말법에서의 검출방법
- 금속이온지시약법
- 전위차법 : 수은전극법, 유리전극법
- 분광광도법

역적정

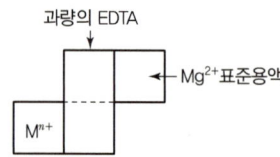

(2) 역적정
① 분석용액에 일정 과량의 EDTA 표준용액을 가하고 반응 후 남아 있는 EDTA를 EBT(Eriochrome Black T) 지시약의 종말점이 될 때까지 Mg^{2+} 표준용액으로 적정한다.
② 역적정법이 사용되는 경우
㉠ 분석물이 EDTA를 가하기 전에 음이온과 침전물을 형성하는 경우
㉡ EDTA와 너무 느리게 반응하는 경우
㉢ 만족할 만한 지시약이 없는 경우

(3) 치환적정
① 분석물 금속이온에 만족스러운 지시약이 없을 때 사용된다.
② Mg^{2+} - EDTA 착물이 들어 있는 용액을 분석물 용액에 일정 과량으로 넣어준다.
③ M^{2+}와 EDTA의 몰수는 1 : 1로 한다.
④ 분석물(M^{2+})이 Mg^{2+}보다 더 안정한 EDTA 착물을 형성하면 치환반응이 일어난다.

$$MgY^{2-} + M^{2+} \rightarrow MY^{2-} + Mg^{2+}$$

⑤ 유리된 Mg^{2+}을 EDTA로 적정하면 분석물 M^{2+}의 양을 알 수 있다.

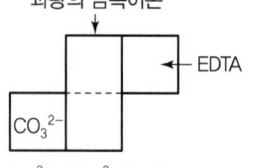
간접 적정

CO_3^{2-}나 SO_4^{2-}와 같은 음이온을 적정하는 방법으로 음이온을 과량의 금속이온으로 침전시킨 후 거른 액 중에 들어 있는 금속이온을 EDTA로 적정한다.

(4) 간접 적정
어떤 금속이온과 침전물을 형성하는 음이온은 과량의 금속이온으로 침전시킨 후, 거른 액에 들어 있는 금속이온을 EDTA로 간접 적정해서 분석할 수 있다.

2) EDTA 적정곡선

$$M^{n+} + EDTA \rightleftharpoons MY^{n-4}$$

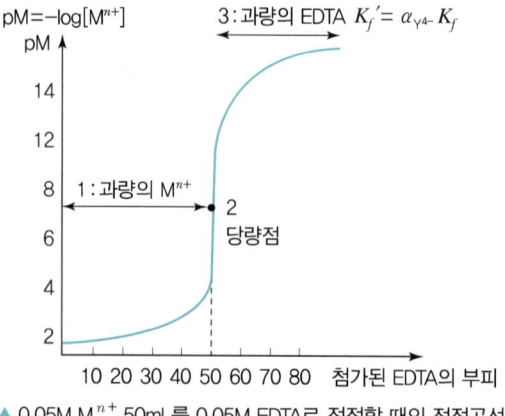

▲ 0.05M M^{n+} 50mL를 0.05M EDTA로 적정할 때의 적정곡선

(1) 당량점 이전(1구간)

① EDTA가 모두 소모되고, 용액에는 과량의 M^{n+}이 남는다.

② MY^{n-4}의 해리는 무시한다.

(2) 당량점(2구간)

① 용액에 금속이온과 EDTA가 같은 양만큼 존재한다.

$$MY^{n-4} \rightleftharpoons M^{n+} + EDTA$$
$$[M^{n+}] = [EDTA]$$

② MY^{n-4}가 약간 해리하여 소량의 M^{n+}이 생성된다.

(3) 당량점 이후

① 과량의 EDTA가 존재하며, 모든 금속이온은 MY^{n-4}의 형태로 존재한다.

② 측정된 EDTA의 농도는 당량점 이후에 첨가된 과량의 EDTA의 농도와 같다.

3) 적정 계산

> [문제] pH 10으로 완충된 0.05M Mg^{2+} 용액 50.0mL를 0.1M EDTA 용액으로 적정할 때 각 과정에서의 pMg 계산(단, $\alpha_{Y^{4-}} = 0.35$, $K_{MgY^{4-}} = 6.2 \times 10^8$)
>
> $K'_{MgY^{2-}} = \alpha_{Y^{4-}} K_{MgY^{2-}}$
> $\qquad\qquad = 0.35 \times 6.2 \times 10^8 = 2.17 \times 10^8$

(1) 당량점 이전

EDTA 10mL를 가했을 때

$[Mg^{2+}] = \dfrac{(0.05M \times 50mL - 0.1M \times 10mL)}{50mL + 10mL} = 0.025M$

$pMg = -\log[Mg^{2+}] = -\log(0.025) = 1.602$

(2) 당량점

EDTA 25mL를 가했을 때

$[MgY^{2-}] = \dfrac{0.05M \times 50mL}{(50+25)mL} = 0.0333M$

	Mg^{2+}	+	EDTA	$\rightleftharpoons$	MgY^{2-}
	0		0		0.0333
	$+x$		$+x$		$-x$
	x		x		$0.0333-x$

$$K_f' = \frac{[\text{MgY}^{2-}]}{[\text{Mg}^{2+}][\text{EDTA}]} = \frac{0.0333-x}{x^2} = 2.17 \times 10^8$$

$$\therefore x = [\text{Mg}^{2+}] = 1.24 \times 10^{-5}$$

$$\text{pMg} = -\log[\text{Mg}^{2+}] = -\log(1.24 \times 10^{-5}) = 4.91$$

(3) 당량점 이후

EDTA 26mL를 가했을 때

$$[\text{MgY}^{2-}] = \frac{0.05\text{M} \times 50\text{mL}}{(50+26)\text{mL}} = 0.033\text{M}$$

$$[\text{EDTA}] = \frac{0.1\text{M} \times 26\text{mL} - 0.1\text{M} \times 25\text{mL}}{(50+26)\text{mL}} = 0.00132\text{M}$$

$$K_f' = \frac{[\text{MgY}^{2-}]}{[\text{Mg}^{2+}][\text{EDTA}]} = 2.17 \times 10^8$$

$$\frac{0.033}{[\text{Mg}^{2+}](0.00132)} = 2.17 \times 10^8$$

$$\therefore [\text{Mg}^{2+}] = 1.16 \times 10^{-7}$$

$$\text{pMg} = -\log[\text{Mg}^{2+}] = -\log(1.16 \times 10^{-7}) = 6.94$$

(4) 적정곡선

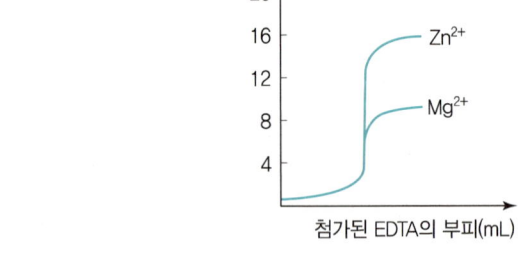

> **TIP**
>
> **보조착화제**
> - EDTA 적정은 보통 pH 10 이상의 용액에서 진행된다.
> - pH가 높은 경우 EDTA를 넣기 전에 금속수산화물인 $M(OH)_n$의 침전물을 형성하는 것을 방지하기 위해 넣어주는 물질이다.
> - 금속과 강하게 결합하는 리간드로 NH_3(암모니아), 시트르산, 트리에탄올아민 등이 사용된다.
> - 보조착화제와 금속이온과의 형성상수는 EDTA와 금속이온의 형성상수보다 작아야 한다.

① 반응완결도는 pH에 의존하는 조건형성상수 $\alpha_{Y^{4-}} K_f(K_f')$에 의해 결정된다.

② 높은 pH에서 종말점을 더욱 명확하게 나타난다.

③ pH가 너무 높은 경우 EDTA를 넣기 전에 수산화물인 $M(OH)_n$의 침전물이 형성되어 오차가 발생하므로 이를 방지하기 위해 암모니아와 같은 보조착화제를 가한다.

4) EDTA 적정에서의 지시약(금속이온 지시약)

① 금속이온과 결합하여 색깔이 변하는 화합물

② Eriochrome Black T(EBT)는 대표적인 금속이온 지시약이다.

$$\text{MgIn} + \text{EDTA} \rightarrow \text{Mg} - \text{EDTA} + \text{In}^-$$
적색   무색   무색   청색

금속지시약 $-$ M(금속이온)의 K_f $<$ M(금속이온) $-$ EDTA K_f의 경우 금속은 지시약을 막는다.

5) 가리움제

분석물질 중의 어떤 성분이 EDTA와 반응하지 못하게 막는 시약이다.

예
- Mg^{2+}, Al^{3+}의 혼합물에서 Mg^{2+}을 적정할 경우 Al^{3+}을 F^-로 가리우고 Mg^{2+}와 EDTA를 반응하게 한다.
- Cd^{2+}, Pb^{2+}의 혼합물에서 Pb^{2+}을 적정할 경우 CN^-을 첨가하여 $Cd-CN$ 착물을 형성시켜 가리우고 Pb^{2+}와 EDTA를 반응하게 한다.

> **TIP**
>
> **금속이온 지시약**
> - EDTA 적정에서 종말점 검출에 사용된다.
> - 지시약 색깔이 pH에 의존하므로 산·염기 지시약이 된다.
> - 지시약과 금속이온과의 형성상수는 EDTA와 금속이온의 형성상수보다 작아야 한다.
> - Xylenol Orarge, EBT(에리오크롬블랙) 등이 있다.

CHAPTER 04 적정법

실전문제

01 약산인 HF($K_a = 6.8 \times 10^{-4}$)와 약산인 CH_3COOH ($K_a' = 1.8 \times 10^{-5}$)에 대한 다음 반응식의 평형상수 값은 얼마인가?

$$HF + CH_3COO^- \rightleftharpoons CH_3COOH + F^-$$

① 1.2×10^{-8} ② 2.6×10^2
③ 3.8×10 ④ 6.6×10^{-4}

해설

- $HF + H_2O \rightleftharpoons H_3O^+ + F^-$

$$K_a = \frac{[H_3O^+][F^-]}{[HF]}$$

- $CH_3COOH + H_2O \rightleftharpoons H_3O^+ + CH_3COO^-$

$$K_a' = \frac{[H_3O^+][CH_3COO^-]}{[CH_3COOH]}$$

- $HF + CH_3COO^- \rightleftharpoons CH_3COOH + F^-$

$$K_a'' = \frac{[CH_3COOH][F^-]}{[HF][CH_3COO^-]}$$

$$= \frac{[H_3O^+][F^-]}{[HF]} \times \frac{[CH_3COOH]}{[H_3O^+][CH_3COO^-]}$$

$$= K_a \times \frac{1}{K_a'} = \frac{K_a}{K_a'} = \frac{6.8 \times 10^{-4}}{1.8 \times 10^{-5}} = 3.8 \times 10$$

02 0.2M인 산 HA는 3.2% 해리한다. HA의 pK_a 값은 얼마인가?

① 1.7 ② 2.7
③ 3.7 ④ 4.7

해설

HA	$\rightleftharpoons$	H^+	+	A^-
0.2M		0		0
-0.2×0.032		0.2×0.032		0.2×0.032
$\fallingdotseq 0.2$		0.0064		0.0064

$$K_a = \frac{[H^+][A^-]}{[HA]} = \frac{0.0064^2}{0.2} = 2.05 \times 10^{-4}$$

$$\therefore pK_a = -\log(2.05 \times 10^{-4}) = 3.7$$

03 $Ba(OH)_2$ 용액 200mL를 중화하기 위해 0.2M HCl 용액 100mL가 필요하였다. $Ba(OH)_2$ 용액의 노르말농도는 몇 N인가?

① 0.01 ② 0.05
③ 0.1 ④ 0.5

해설

$N_1 V_1 = N_2 V_2$
$N_1 \times 200 = 0.2 \times 100$ $\therefore N_1 = 0.1N$

04 0.1M 약염기 B($K_b = 2.6 \times 10^{-6}$) 100mL 수용액에 0.1M HNO_3 50mL 수용액을 가했을 때의 pH는?

① 5.74 ② 7.0
③ 8.41 ④ 9.18

해설

	B	+	H^+	$\rightarrow$	BH^+
	$0.1M \times 100mL$		$0.1M \times 50mL$		
	=10mmol		=5mmol		
	-5		-5		$+5$
	5mmol		0		5mmol

$$pH = pK_a + \log\frac{[\text{짝염기}]}{[\text{산}]}$$

$$K_a = \frac{K_w}{K_b} = \frac{1.0 \times 10^{-14}}{2.6 \times 10^{-6}} = 3.85 \times 10^{-9}$$

$$pK_a = -\log(3.85 \times 10^{-9}) = 8.41$$

$$\therefore pH = pK_a + \log\frac{[B]}{[BH^+]} = 8.41 + \log\frac{5}{5} = 8.41$$

정답 01 ③ 02 ③ 03 ③ 04 ③

05 이양성자산(H_2A)의 pK_{a1}이 4이고 pK_{a2}는 8이다. 1.0M의 이양성자산(H_2A)의 pH는?

① 1.0　　　　　② 2.0
③ 4.0　　　　　④ 6.0

해설

$H_2A \rightarrow H^+ + HA^-$　　$K_{a1} = 10^{-4}$
$HA^- \rightarrow H^+ + A^{2-}$　　$K_{a2} = 10^{-8}$
$K_{a1} \gg K_{a2}$이므로 K_{a1}만 고려한다.
$K_a = \dfrac{[H^+][HA^-]}{[H_2A]} = \dfrac{x^2}{1.0-x} = 10^{-4}$
$1.0 - x ≒ 1.0$이라 하면
$x = [H^+] = 10^{-2}$
∴ $pH = -\log[H^+] = -\log(10^{-2}) = 2$

06 다음 표에서 약염기성 용액을 강산으로 적정할 때 적합한 지시약과 적정이 끝난 후 용액의 색깔을 옳게 나타낸 것은?

지시약	변색범위(pH)	산성 용액 색	염기성 용액 색
메틸레드	4.8~6.0	빨강	노랑
페놀레드	6.4~8.0	노랑	빨강
페놀프탈레인	8.0~9.6	무색	빨강

① 메틸레드, 빨강　　② 메틸레드, 노랑
③ 페놀프탈레인, 빨강　④ 페놀레드, 빨강

해설

• 약염기+강산 → 산성
• 산성(pH<7)에서 변색되는 지시약을 사용

07 $pK_a = 4.76$인 아세트산 수용액의 pH가 4.76일 때 $\dfrac{[CH_3COO^-]}{[CH_3COOH]}$의 값은 얼마인가?

① 0.18　　　　　② 0.36
③ 0.5　　　　　④ 1.0

해설

$pH = pK_a + \log\dfrac{[CH_3COO^-]}{[CH_3COOH]}$

$4.76 = 4.76 + \log\dfrac{[CH_3COO^-]}{[CH_3COOH]}$

$\log\dfrac{[CH_3COO^-]}{[CH_3COOH]} = 0$　∴ $\dfrac{[CH_3COO^-]}{[CH_3COOH]} = 1$

08 산해리상수(K_a)가 1.0×10^{-3}인 약산(HA)의 농도가 0.1M일 때 해리분율을 구하면?

① 10%　　　　　② 20%
③ 30%　　　　　④ 40%

해설

HA	→	H^+	+	A^-
0.1		0		0
$-x$		x		x
$0.1-x$		x		x

$K_a = \dfrac{[H^+][A^-]}{[HA]} = \dfrac{x^2}{1.0-x} = 1.0 \times 10^{-3}$
$x = [H^+] = \sqrt{0.1 \times 10^{-3}} = 10^{-2}$
$x = 0.1 \times$ 해리분율 $= 10^{-2}$
∴ 해리분율 $= 10^{-1} = 10^{-1} \times 100\% = 10\%$

09 프탈산의 $K_1 = 1.12 \times 10^{-3}$이고 $K_2 = 3.9 \times 10^{-6}$이다. 0.05M 프탈산 30mL를 0.1M NaOH로 적정하였다. NaOH를 30mL 가했을 때 pH는 얼마인가?

① 3.90　　　　　② 5.90
③ 7.0　　　　　④ 8.90

해설

프탈산(다이카르복시산의 일종)
O－벤젠다이카르복시산
화학식 : $C_8H_6O_4$

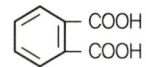

프탈산은 이양성자산이므로 H_2A로 한다.

	H₂A	+	OH⁻	→	HA⁻	+	H₂O
	0.05M × 30mL		0.1M × 30mL				
	= 1.5mmol		= 3mmol				
	−1.5		−1.5		+1.5		
	0		1.5mmol		1.5mmol		

	HA⁻	+	OH⁻	→	A²⁻	+	H₂O
	1.5mmol		1.5mmol				
	−1.5		−1.5		+1.5		
	0		0		1.5mmol		

$N_1 V_1 = N_2 V_2$

$2 \times 0.05 \times 30 = 0.1 \times 30$이므로 완전 중화

∴ 프탈산(약이양성자산) = 강염기

$[A^{2-}] = \dfrac{1.5\,\text{mmol}}{(30+30)\,\text{mL}} = 0.025M$

	A²⁻	+	H₂O	⇌	HA⁻	+	OH⁻
	0.025M				0		0
	−x				x		x
	0.025−x				x		x

$K_b = \dfrac{[HA^-][OH^-]}{[A^{2-}]} = \dfrac{K_w}{K_a} = \dfrac{1.0 \times 10^{-14}}{3.9 \times 10^{-6}} = 2.56 \times 10^{-9}$

$K_b = \dfrac{x^2}{0.025-x} = 2.56 \times 10^{-9}$

∴ $[HA^-] = [OH^-] = \sqrt{0.025 \times 2.56 \times 10^{-9}} = 8 \times 10^{-6}$

$pOH = pK_b + \log\dfrac{[HA^-]}{[A^{2-}]}$

$= -\log(2.56 \times 10^{-9}) + \log\dfrac{8 \times 10^{-6}}{0.025} = 5.1$

∴ $pH = 14 - pOH = 14 - 5.1 = 8.9$

10 25℃에서 0.05M의 트리메틸암모늄 클로라이드 수용액의 pH는 약 얼마인가?(25℃에서 (CH₃)₃NHCl의 K_a값은 1.58×10^{-10}이다.)

① 5.55 ② 6.55
③ 7.55 ④ 8.55

해설

(CH₃)₃NH⁺
HA → H⁺ + A⁻

$K_a = \dfrac{x^2}{0.05} = 1.58 \times 10^{-10}$

∴ $x = [H^+] = \sqrt{0.05 \times 1.58 \times 10^{-10}} = 2.81 \times 10^{-6}$

$pH = -\log(2.81 \times 10^{-6}) = 5.55$

11 0.1M CH₃COOH 용액 50mL를 0.05M NaOH로 적정 시 가장 적합한 지시약은?

① 메틸오렌지 ② 페놀프탈레인
③ 브로모크레졸그린 ④ 메틸레드

해설

㉠ 약산 + 강염기 반응이므로 염기에서 변화가 나타나는 페놀프탈레인 용액을 지시약으로 사용해야 한다.
㉡ 지시약의 변색범위(pH)
  • 메틸오렌지 : 3.1~4.4
  • 페놀프탈레인 : 8.3~10.0
  • 브로모크레졸그린 : 3.8~5.4
  • 메틸레드 : 4.4~6.3

12 0.1M HCl 용액 25mL를 0.1M NaOH 용액으로 적정하고 있다. NaOH 용액 25.1mL가 첨가되었을 때의 용액의 pH는 얼마인가?

① 11.6 ② 10.3
③ 3.7 ④ 2.4

해설

$N_1 V_1 = N_2 V_2$

$0.1 \times 25 = 0.1 \times 25$

0.1M NaOH 0.1mL가 남았으므로

$[OH^-] = \dfrac{0.1M \times 0.1\,\text{mL}}{(25+25.1)\,\text{mL}} = 2 \times 10^{-4}M$

$pOH = -\log[OH^-] = -\log(2 \times 10^{-4}) = 3.7$

$pH = 14 - pOH = 14 - 3.7 = 10.3$

13 탄산($pK_{a1} = 6.4$, $pK_{a2} = 10.3$) 용액을 수산화나트륨 용액으로 적정할 때 첫 번째 종말점의 pH에 가장 가까운 것은?

① 6 ② 7
③ 8 ④ 10

정답 10 ① 11 ② 12 ② 13 ③

해설

$H_2CO_3 \rightleftharpoons H^+ + HCO_3^-$
$HCO_3^- \rightleftharpoons H^+ + CO_3^{2-}$

$pH = \dfrac{pK_{a1} + pK_{a2}}{2} = \dfrac{6.4 + 10.3}{2} = 8.35$

14 다음 평형 반응에 대한 K_b는 얼마인가?(단, HCN의 K_a 값은 6.20×10^{-10}이다.)

$$CN^- + H_2O \rightleftharpoons HCN + OH^-$$

① 1.61×10^{-5}
② 1.54×10^{-6}
③ 1.73×10^{-5}
④ 1.45×10^{-6}

해설

$K_w = K_a \times K_b = 10^{-14}$

$K_b = \dfrac{K_w}{K_a} = \dfrac{10^{-14}}{6.2 \times 10^{-10}} ≒ 1.61 \times 10^{-5}$

15 어떤 삼양성자산의 수용액에서 다음과 같은 평형을 가질 때 pH 9.0에서 가장 많이 존재하는 화학종은?

H_3A	$\rightleftharpoons$	$H_2A^- + H^+$	$pK_{a1} = 2.0$
H_2A^-	$\rightleftharpoons$	$HA^{2-} + H^+$	$pK_{a2} = 6.0$
HA^{2-}	$\rightleftharpoons$	$A^{3-} + H^+$	$pK_{a3} = 10.0$

① H_3A
② H_2A^-
③ HA^{2-}
④ A^{3-}

해설

• $[H_3A]$와 $[H_2A^-]$

$pH = pK_{a1} + \log \dfrac{[H_2A^-]}{[H_3A]}$

$9 = 2 + \log \dfrac{[H_2A^-]}{[H_3A]}$

$\log \dfrac{[H_2A^-]}{[H_3A]} = 7, \dfrac{[H_2A^-]}{[H_3A]} = 10^7$

∴ $[H_2A^-]$가 $[H_3A]$보다 10^7배 더 많이 존재한다.

• $[H_2A^-]$와 $[HA^{2-}]$

$pH = pK_{a2} + \log \dfrac{[HA^{2-}]}{[H_2A^-]}$

$9 = 6 + \log \dfrac{[HA^{2-}]}{[H_2A^-]}$

$\log \dfrac{[HA^{2-}]}{[H_2A^-]} = 3, \dfrac{[HA^{2-}]}{[H_2A^-]} = 10^3$

∴ $[HA^{2-}]$가 $[H_2A^-]$보다 10^3배 더 많이 존재한다.

• $[HA^{2-}]$와 $[A^{3-}]$

$pH = pK_{a3} + \log \dfrac{[A^{3-}]}{[HA^{2-}]}$

$9 = 10 + \log \dfrac{[A^{3-}]}{[HA^{2-}]}$

$\log \dfrac{[A^{3-}]}{[HA^{2-}]} = -1, \dfrac{[A^{3-}]}{[HA^{2-}]} = 10^{-1}$

∴ $[HA^{2-}]$가 $[A^{3-}]$보다 10배 더 많이 존재한다.

∴ 가장 많이 존재하는 화학종은 $[HA^{2-}]$이다.

16 메틸아민(Methylamine)은 약한 염기로, 염해리상수(K_b) 값은 다음과 같은 평형식에서 구할 수 있다. 메틸아민의 짝산인 메틸암모늄 이온(Methylammonium Ion)의 산해리상수(K_a)를 구하기 위한 화학평형식으로 옳은 것은?

$$CH_3NH_2 + H_2O \rightleftharpoons CH_3NH_3^+ + OH^-$$
$$K_b = 4.4 \times 10^{-4}$$

① $CH_3NH_2 \rightleftharpoons CH_3N^-H + H^+$
② $CH_3NH_3^+ + OH^- \rightleftharpoons CH_3NH_2 + H_2O$
③ $CH_3NH_2 + OH^- \rightleftharpoons CH_3N^-H + H_2O$
④ $CH_3NH_3^+ \rightleftharpoons CH_3NH_2 + H^+$

해설

$K_b = \dfrac{[CH_3NH_3^+][OH^-]}{[CH_3NH_2]}$

$K_w = K_a \cdot K_b$

$K_a = \dfrac{K_w}{K_b} = \dfrac{[OH^-][H^+][CH_3NH_2]}{[CH_3NH_3^+][OH^-]} = \dfrac{[H^+][CH_3NH_2]}{[CH_3NH_3^+]}$

∴ $CH_3NH_3^+ \rightleftharpoons CH_3NH_2 + H^+$

정답 14 ① 15 ③ 16 ④

17 다음 반응에서 염기-짝산과 산-짝염기 쌍을 각각 옳게 나타낸 것은?

$$NH_3 + H_2O \rightleftarrows NH_4^+ + OH^-$$

① $NH_3 - OH^-$, $H_2O - NH_4^+$
② $NH_3 - NH_4^+$, $H_2O - OH^-$
③ $H_2O - NH_3$, $NH_4^+ - OH^-$
④ $H_2O - NH_4^+$, $NH_3 - OH^-$

해설

$$NH_3 + H_2O \rightleftarrows NH_4^+ + OH^-$$
염기   산   짝산   짝염기

(H⁺ 잃음: NH₃ → NH₄⁺ 방향은 아님; H⁺ 얻음)

18 산(Acid)에 관한 일반적인 설명으로 옳은 것은?
① 알코올은 산성 용액으로 알코올의 특징을 나타내는 OH의 H가 쉽게 해리된다.
② 페놀은 중성 용액으로 OH의 H는 해리되지 않는다.
③ 물속에서 H^+는 H_3O^+로 존재한다.
④ 다이에틸에테르는 산성 용액으로 H가 쉽게 해리된다.

해설
- 일반적으로 산은 H^+가 존재하는 것을 의미하며, 수용액 상태에서 H^+는 H_3O^+의 형태로 존재한다.
- 페놀 : 약산성

19 산/염기 적정에 대한 설명으로 옳은 것은?
① 약산의 해리상수 K_a의 양의 대수인 pK_a는 양의 값을 가지며, pK_a가 큰 값일수록 강산이다.
② 유기산의 pK_a가 큰 값일수록 해리분율이 크다.
③ 약산을 강염기로 적정 시에 당량점의 pH는 7.00이며, 종말점의 pH는 7보다 큰 값으로 산성을 나타낸다.
④ 0.10M 이양성자산 $H_2A(K_{a1}/K_{a2}>10^4)$ 10.0mL를 0.075M KOH로 적정할 때 적정곡선(pH vs KOH의 적정량)은 2개의 변곡점을 나타낸다.

해설
① $pK_a = -\log K_a$이므로 pK_a가 작을수록 강산이다.
② 약산의 용액이 묽을수록 해리분율은 커지며, 강산은 약산보다 더 많이 해리된다.
③ 약산을 강염기로 적정 시에 당량점의 pH는 7 이상이며 종말점의 pH는 7보다 큰 값으로 염기성을 나타낸다.

20 적정에 관한 용어의 설명으로 틀린 것은?
① 종말점(Ending Point)은 분석물질과 적정액이 정확하게 화학 양론적으로 가해진 점이다.
② 당량점(Equivalent Point)과 종말점의 차이를 적정오차(Titration Error)라고 한다.
③ 적정은 분석물과 시약 사이의 반응이 완전하게 연결되었다고 판단될 때까지 표준시약을 가하는 과정이다.
④ 역적정은 분석물질에 농도를 알고 있는 첫 번째 표준시약을 과량 가해 반응시키고, 두 번째 표준시약을 가하여 첫 번째 표준시약의 과량을 적정하는 방법이다.

해설
적정에서 종말점은 지시약의 색이 완전히 변하는 지점을 의미한다.

21 pH 10으로 완충된 0.1M Ca^{2+} 용액 20mL를 0.1M EDTA로 적정하고자 한다. 당량점($V_{EDTA}=20mL$)에서의 Ca^{2+} 몰농도(mol/L)는 얼마인가?(단, CaY^{2-}의 $K_f=5.0\times10^{10}$이고 Y^{4-}로 존재하는 EDTA 분율 $\alpha_{Y^{4-}} = \frac{[Y^{4-}]}{[EDTA]} = 0.35$이다.)

① 1.7×10^{-4}M
② 1.7×10^{-5}M
③ 1.7×10^{-6}M
④ 1.7×10^{-7}M

정답 17 ② 18 ③ 19 ④ 20 ① 21 ③

해설

$Ca^{2+} + EDTA \rightleftharpoons CaY^{2-}$

$[CaY^{2-}] = \dfrac{0.1M \times 20mL}{(20+20)mL} = 0.05M$

$K_f' = \alpha_{Y^{4-}} \cdot K_f = 0.35 \times 5 \times 10^{10} = 1.75 \times 10^{10}$

	Ca^{2+}	$+$	$EDTA$	$\rightleftharpoons$	CaY^{2-}
	0		0		0.05
	x		x		$-x$
	x		x		$0.05-x$

$K_f' = \dfrac{[CaY^{2-}]}{[Ca^{2+}][EDTA]} = \dfrac{0.05-x}{x^2} = 1.75 \times 10^{10}$

$0.05 - x ≒ 0.05$

$\therefore x = [Ca^{2+}] = [EDTA] = 1.7 \times 10^{-6} M$

---

22 pH 10인 10mL의 0.02M Ca^{2+}를 0.04M EDTA로 적정하고자 한다. 7.00mL EDTA가 첨가되었을 때 Ca^{2+}의 농도는 약 얼마인가?(단, $Ca^{2+} + EDTA \rightleftharpoons CaY^{2-}$, $K_f = 1.8 \times 10^{10}$이다.)

① $1.4 \times 10^{-10} M$
② $5.6 \times 10^{-11} M$
③ $7.4 \times 10^{-13} M$
④ $0.02M$

해설

$Ca^{2+} + EDTA \rightleftharpoons CaY^{2-}$

$K_f = \dfrac{[CaY^{2-}]}{[Ca^{2+}][EDTA]} = 1.8 \times 10^{10}$

$[Ca^{2+}] = 0.02M \times 10mL = 0.2mmol$
$[EDTA] = 0.04M \times 7mL = 0.28mmol$

	Ca^{2+}	$+$	$EDTA$	$\rightleftharpoons$	CaY^{2-}
	0.2mmol		0.28mmol		0
	-0.2		-0.2		$+0.2$
	0		0.08mmol		0.2mmol

$[EDTA] = \dfrac{0.08mmol}{(10+7)mL} = 4.7 \times 10^{-3} M$

$[CaY^{2-}] = \dfrac{0.2mmol}{(10+7)mL} = 0.0118M$

$K_f = \dfrac{[CaY^{2-}]}{[Ca^{2+}][EDTA]}$

$= \dfrac{[0.0118]}{[Ca^{2+}][4.7 \times 10^{-3}]} = 1.8 \times 10^{10}$

$\therefore [Ca^{2+}] = 1.4 \times 10^{-10}$

---

23 EDTA의 pK_1부터 pK_6까지의 값은 0.0, 1.5, 2.0, 2.66, 6.16, 10.24이다. 다음 EDTA의 구조식은 pH가 얼마일 때 주요 성분인가?

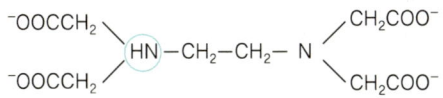

① pH=12 ② pH=7
③ pH=3   ④ pH=1

해설

pH=10.24, Y^{4-}
pH=6.16, HY^{3-}
위 구조식은 H^+가 한 개 결합되어 있으므로 pH=6.16과 가까운 값인 pH=7이 정답이다.

---

24 Fe^{3+}를 포함하는 시료 10mL를 0.02M EDTA 20mL와 반응시켰다. 이때 Fe^{3+}는 모두 착물을 형성했고 EDTA는 과량으로 남게 된다. 과량의 EDTA는 0.05M Mg^{2+} 용액 3mL로 역적정하였다. 원래 시료용액 중에 있는 Fe^{3+}의 몰농도는?

① 0.025M ② 0.05M
③ 0.25M   ④ 0.5M

해설

$EDTA = 0.02M \times 20mL = 0.4mmol$
$Mg^{2+} = 0.05M \times 3mL = 0.15mmol$
EDTA 0.4mmol 중 Mg^{2+} 0.15mmol과 반응하고 나머지 0.25mmol은 Fe^{3+}와 반응했으므로
$Fe^{3+} = x M \times 10mL = 0.25mmol$
$\therefore x = 0.025M$
$\therefore [Fe^{3+}] = 0.025M$

---

25 pH 10인 완충용액에서 0.036M Ca^{2+} 용액 50mL를 0.072M EDTA로 적정할 경우 당량점에서의 칼슘이온농도 $[Ca^{2+}]$는 얼마인가?(단, 조건형성상수 $K_f' = 1.34 \times 10^{10}$이다.)

① 0.024M ② $1.34 \times 10^{-6} M$
③ $1.64 \times 10^{-6} M$ ④ $1.79 \times 10^{-12} M$

정답 22 ① 23 ② 24 ① 25 ②

해설

$Ca^{2+} = 0.036M \times 50mL = 1.8mmol$
$\quad\quad = 0.036M \times 0.05L = 0.0018mol$

당량점에서 EDTA의 mol수
$0.072M \times V = 0.0018mol$
$\therefore V = 0.025L$

$[CaY^{2-}] = \dfrac{0.0018mol}{(0.05+0.025)L} = 0.024M$

$Ca^{2+} + EDTA \rightleftharpoons CaY^{2-}$

$K_f' = \dfrac{0.024-x}{x^2} \fallingdotseq \dfrac{0.024}{x^2} = 1.34 \times 10^{10}$

$\therefore x = [Ca^{2+}] = 1.34 \times 10^{-6}M$

26 Mn^{2+}가 들어 있는 시료용액 50mL를 0.1M EDTA 용액 100mL와 반응시켰다. 모든 Mn^{2+}와 반응하고 남은 여분의 EDTA를 금속지시약을 사용하여 0.1M Mg^{2+} 용액으로 적정하였더니 당량점까지 50mL가 소비되었다. 시료용액에 들어 있는 Mn^{2+}의 농도는 몇 M인가?

① 0.1　　② 0.2
③ 0.3　　④ 0.4

해설

$Mg^{2+} = 0.1M \times 50mL = 5mmol$
$EDTA = 0.1M \times 100mL = 10mmol$
10mmol 중 5mmol은 Mg^{2+}와 반응하고 나머지 5mmol은 Mn^{2+}와 반응했으므로
$Mn^{2+} = xM \times 50mL = 5mmol$
$\therefore x = 0.1M$
$\therefore [Mn^{2+}] = 0.1M$
또는 $[Mn^{2+}] = \dfrac{0.1M \times 100mL - 0.1M \times 50mL}{50mL} = 0.1M$

27 F^-는 Al^{3+}에 가리움제로 작용하지만, Mg^{2+}에는 반응하지 않는다. 어떤 미지시료에 Mg^{2+}와 Al^{3+}가 혼합되어 있다. 이 미지시료 20.0mL를 0.08M EDTA로 적정하였을 때 50.0mL가 소모되었다. 같은 미지시료를 새로 20.0mL를 취하여 충분한 농도의 KF를 5mL 가한 후 0.08M EDTA로 적정하였을 때 30mL가 소모되었다. 미지시료 중의 Al^{3+} 농도는?

① 0.08M　　② 0.096M
③ 0.104M　　④ 1.120M

해설

$EDTA = 0.08M \times 50mL = 4mmol$
$\quad\quad = 0.08M \times 0.05L = 0.004mol$
$\quad\quad = 4 \times 10^{-3}mol$

KF를 가한 시료를 적정한 EDTA의 mol수
$\dfrac{0.08mol}{L} \times 0.03L = 0.0024mol = 2.4 \times 10^{-3}mol$

$[Al^{3+}] = \dfrac{4 \times 10^{-3}mol - 2.4 \times 10^{-3}mol}{0.02L} = 0.08M$

※ 가리움제 : 분석물질 중의 어떤 성분이 EDTA와 반응하지 못하게 막는 시약

28 pH 10인 50.00mL의 0.0400M Ca^{2+}를 0.0800M EDTA로 적정하고자 한다. 6.0mL EDTA가 첨가되었을 때 Ca^{2+}의 몰농도(M)는?

① 0.00271　　② 0.00542
③ 0.0271　　④ 0.0542

해설

$Ca^{2+} = 0.04M \times \dfrac{50}{1,000}L = 0.002mol$

$EDTA = 0.08M \times \dfrac{6}{100}L = 0.00048mol$

$[Ca^{2+}] = \dfrac{(0.002-0.00048)mol}{(0.05+0.006)L} = 0.0271M$

29 EDTA에 대한 일반적인 설명 중 틀린 것은?

① 음이온과 강하게 결합하여 착물을 형성한다.
② 여섯 개의 리간드 자리를 가지고 있다.
③ 4개의 카르복실 작용기를 포함하고 있다.
④ pH 조절을 통해 금속이온의 선택성을 높일 수도 있다.

해설

EDTA는 거의 모든 금속이온과 반응하여 착물을 형성한다.

정답 26 ① 27 ① 28 ③ 29 ①

30 EDTA 적정에 일반적으로 사용되는 금속이온 지시약으로만 되어 있는 것은?

① 페놀프탈레인, 메틸오렌지
② 페놀프탈레인, EBT(Eriochrome Black T)
③ EBT(Eriochrome Black T), 크실레놀오렌지(Xylenol Orange)
④ 크실레놀오렌지(Xylenol Orange), 메틸오렌지

해설
페놀프탈레인, 메틸오렌지는 산·염기 적정에 사용하는 지시약이다.

31 EDTA(Etylenediaminetetraacetic Acid, H_4Y)를 이용한 금속 M^{n+} 적정으로 조건형성상수(Conditional Formation Constant) K_f'에 대한 설명 중 잘못된 것은?(단, K_f는 형성상수이다.)

① EDTA(H_4Y) 화학종 중 $[Y^{4-}]$의 농도 분율을 $\alpha_{Y^{4-}}$로 나타내면, $\alpha_{Y^{4-}} = \dfrac{[Y^{4-}]}{[EDTA]}$이고, $K_f' = \alpha_{Y^{4-}} K_f$이다.
② K_f'는 특정한 pH에서 MY^{n-4}의 형성을 의미한다.
③ K_f'는 pH가 높을수록 큰 값을 갖는다.
④ K_f'를 이용하면 해리된 EDTA의 각각의 이온 농도를 계산할 수 있다.

해설
조건형성상수
$K_f' = \alpha_{Y^{4-}} K_f = \dfrac{[MY^{n-4}]}{[M^{n+}][EDTA]}$
- EDTA 전체 농도를 사용할 수 있어 편리하다.
- 낮은 pH에서 금속과 결합하는 Y^{4-}의 양이 적어져서 금속-EDTA 착물이 적게 형성된다.

32 Cd^{2+}와 Pb^{2+}가 혼합된 분석 물질 내의 Pb^{2+}의 양을 EDTA 적정법으로 구해내고자 할 때, CN^-를 첨가하면 Cd^{2+}에 방해받지 않고 적정을 수행할 수 있다. 이때 첨가해주는 CN^-과 같은 시약을 무엇이라 하는가?

① 보조착화제 ② 금속이온 지시약
③ 킬레이트제 ④ 가리움제

해설
가리움제
분석물질 중 어떤 성분이 EDTA와 반응하지 못하게 막는 시약

33 금속착화합물(Metal Complex)에서 금속이온과 리간드 간의 결합 형태는 무엇인가?

① 금속결합 ② 이온결합
③ 수소결합 ④ 배위결합

해설
배위결합
한쪽 원자에서 전자쌍이 일방적으로 제공되는 결합

34 EDTA에 대한 설명으로 틀린 것은?

① EDTA는 금속이온의 전화와는 무관하게 금속이온과 일정비율로 결합한다.
② EDTA는 적정법은 물의 경도를 측정할 때 사용할 수 있다.
③ EDTA는 Li^+, Na^+, K^+와 같은 1가 양이온들 하고만 착물을 형성한다.
④ EDTA 적정 시 금속-지시약 착화합물은 금속-EDTA 착화합물보다 덜 안정하다.

해설
EDTA는 Li^+, Na^+, K^+과 같은 1가 이온을 제외한 금속이온과 강한 1:1 착물을 형성한다.

정답 30 ③ 31 ④ 32 ④ 33 ④ 34 ③

[04] 산화 · 환원 적정

1. 산화 · 환원

구분	산화	환원
전자	전자를 잃음	전자를 얻음
산화수	산화수 증가	산화수 감소
산소	산소를 얻음	산소를 잃음
수소	수소를 잃음	수소를 얻음

① 산화는 산화수가 증가하는 반응이고 환원은 산화수가 감소하는 반응이다.
② 산화제 1g당량 : 1mol의 전자를 받아들이는 산화제의 양
③ 환원제 1g당량 : 1mol의 전자를 방출하는 환원제의 양
④ 산화제 또는 환원제의 표준용액으로 적정한다.
   ➡ 같은 g당량수로 반응하므로 종말점을 알 수 있으며 적정에 의해 정량할 수 있다.

> **Reference**
>
> **산화제 · 환원제**
>
>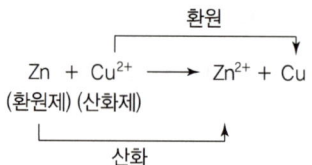
>
> - Zn : 자신은 산화되고 Cu를 환원시켰으므로 환원제이다.
> - Cu^{2+} : 자신은 환원되고 Zn을 산화시켰으므로 산화제이다.
> - 산화 · 환원반응에서 "잃은 전자수 = 얻은 전자수"이다.

2. 산화 · 환원 지시약

① 산화 · 환원 적정의 종말점을 검출하는 데 이용한다.
② 산화된 상태와 환원된 상태의 색이 달라야 한다.

▼ 산화·환원 지시약

지시약	색상		
	산화형	환원형	$E°$
페노사프라닌(Phenosafranine)	붉은색	무색	0.28
테트라 술폰산 인디고	푸른색	무색	0.36
메틸렌블루(Methylene Blue)	푸른색	무색	0.53
디페닐아민(Diphenylamine)	보라색	무색	0.75
4′-에톡시-2,4-디아미노아조벤젠	노란색	붉은색	0.76
디페닐아민 술폰산	붉은색-보라색	무색	0.85
디페닐벤지딘 술폰산	보라색	무색	0.87
트리스(2,2′-비피리딘)철	연한 푸른색	붉은색	1.120
트리스(1,10-페난트롤린)철(페로인)	연한 푸른색	붉은색	1.147
트리스(5-니트로-1,10-페난트롤린)철	연한 푸른색	붉은 보라색	1.25
트리스(2,2′-비피리딘)루테늄	연한 푸른색	노란색	1.29

3. 분석물질의 산화상태 조절

1) 예비산화제

시료를 산화시켜 분석이 쉬운 상태로 변환

예 $Ce^{3+} \rightarrow Ce^{4+}$, $Mn^{2+} \rightarrow MnO_4^-$

① $(NH_4)_2S_2O_8$이 강산화제로 이용하려면 Ag^+ 이온이 필요하다.
$S_2O_8^{2-} + Ag^+ \rightarrow SO_4^{2-} + SO_4^- + Ag^{2+}$

② 과량의 $S_2O_8^{2-}$는 끓이면 파괴된다.
$2S_2O_8^{2-} + 2H_2O \rightarrow 4SO_4^{2-} + O_2 + 4H^+$

③ 종류 : $(NH_4)_2S_2O_8$(과산화이황산암모늄), $NaBiO_3$(비스무트산나트륨), H_2O_2(과산화수소)

2) 예비환원제

시료를 환원시켜 분석이 쉬운 상태로 변환

예 $Fe^{3+} \rightarrow Fe^{2+}$

(1) 금속(Zn, Al, Cd, Pb, Ni 등)

① Jones 환원관
  ㉠ Zn 조각을 $HgCl_2$ 용액에 넣어 만든 아연아말감이 유리관에 채워져 있다.
  ㉡ Zn은 매우 강한 환원제이므로 Jones 환원관은 선택적이지 못하다.

> **TIP**
>
> **예비산화제와 예비환원제**
> 분석물질은 여러 가지 산화 상태로 있을 수 있기 때문에 적정하기 전에 산화·환원을 통해 단일 산화 상태로 조절해야 한다.
> - 이때 예비산화제 또는 예비환원제를 사용한다.
> - 예비산화제, 예비환원제는 분석물과 정량적으로 반응해야 하고 과량으로 넣어준 경우 제거할 수 있어야 한다.
>
> 예 Fe가 Fe^{2+}와 Fe^{3+}로 존재할 때 산화제로 적정하려면 모두 Fe^{2+}가 되도록 해야 한다(예비환원제 이용).

② Walden 환원관
  ㉠ 환원제인 금속 Ag 알갱이와 1M HCl이 유리관에 채워져 있다.
  ㉡ HCl을 사용하여 AgCl을 생성하면 더 좋은 환원제가 된다.

(2) $SnCl_2$(염화주석)

뜨거운 HCl 용액에 들어 있는 Fe^{3+}를 Fe^{2+}로 환원시키는 데 이용된다.

(3) $CrCl_2$(염화크롬(Ⅱ))

강력한 환원제이므로, 과량의 Cr^{2+}는 공기 중 산소에 의해 산화되어 환원력을 잃는다.

◆ 환원관
분석물의 예비환원에 이용될 고체 시약이 채워진 관

4. 산화·환원 적정

1) $KMnO_4$(과망간산칼륨) 적정

$$MnO_4^- + 8H^+ + 5e^- \rightleftarrows Mn^{2+} + 4H_2O \qquad E° = 1.507V$$
자주색　　　　　　　　　　무색
(보라색)
강산화제

TIP
과산화수소의 적정
$2MnO_4^- + 5H_2O_2 + 6H^+$
$\rightarrow 2Mn^{2+} + 8H_2O + 5O_2$

① pH≤1(0.1M 이상)인 센 산성 용액에서만 일어난다.
② 자주색(보라색)의 MnO_4^-는 반응 후 무색의 Mn^{2+}가 되고 당량점 이후에는 MnO_4^-에 의해 다시 자주색이 된다.
  ➡ 지시약이 따로 필요 없다(MnO_4^-가 지시약 역할).
③ 과망간산 용액의 표준화

$$2MnO_4^- + 5H_2C_2O_4 + 6H^+ \rightleftarrows 2Mn^{2+} + 10CO_2 + 8H_2O$$
옥살산

TIP
철이온의 적정
$MnO_4^- + 5Fe^{2+} + 8H^+$
$\rightarrow Mn^{2+} + 5Fe^{3+} + 4H_2O$

2) $K_2Cr_2O_7$(중크롬산칼륨) 적정

① 산성 용액에서 오렌지색의 중크롬산이온($Cr_2O_7^{2-}$)을 초록색 크롬이온(Cr^{3+})으로 환원시키는 강산화제이다.

$$Cr_2O_7^{2-} + 14H^+ + 6e^- \rightleftarrows 2Cr^{3+} + 7H_2O \qquad E° = 1.33V$$

② $KMnO_4$와 달리 $Cr_2O_7^{2-}$의 색이 연하므로 지시약이 필요하다.
③ $Cr_2O_7^{2-}$는 주로 Fe^{2+}를 부피법으로 정량하는 데 이용된다.

$$Cr_2O_7^{2-} + 6Fe^{2+} + 14H^+ \rightleftarrows 2Cr^{3+} + 6Fe^{3+} + 7H_2O$$

TIP
염기성 용액에서 $Cr_2O_7^{2-}$는 산화력이 없는 노란색의 CrO_4^{2-}로 변한다.

3) I_2 적정

① 요오드 적정은 종말점이 명확하므로 정밀도가 좋다.

② **요오드 산화적정(직접 요오드 적정)** : 요오드의 산화작용을 이용해서 요오드 표준용액으로 직접 적정한다.

③ **요오드 환원적정(간접 요오드 적정)** : 요오드화 이온 I^-(KI)의 환원작용을 이용해서 유리된 I_2를 티오황산나트륨($Na_2S_2O_3$)으로 적정하는 방법이다.

④ **종말점의 결정**

㉠ I_2 용액 중에 Na_2SO_3 표준액을 적정했을 때 I_2의 엷은 갈색이 옅어지므로 무색 용액의 적정에서는 지시약을 사용하지 않고 종말점을 결정할 수 있지만 명확하지 않다.

㉡ 종말점을 명확하게 하기 위해서 전분용액을 지시약으로 사용한다.

➡ 요오드와 전분이 반응해서 진한 청색을 띠지만 I_2가 완전히 I^-로 변하면 청색이 사라지므로 이 점을 종말점이라 한다.

4) Ce^{4+} 적정

산성 용액에서 Ce^{4+}에서 Ce^{3+}로 환원된다.

> **Reference**
>
> **Nernst 식**
> - 전위차 $E = E° - \dfrac{0.0592}{n} \log \dfrac{[C]^c[D]^d}{[A]^a[B]^b}$
> - 전위차 = 환원전극 − 산화전극
>   - (+)극   (−)극
>   - 큰 값의 표준환원전위   작은 값의 표준환원전위
>   - 지시전극   기준전극

TIP

$E = E° - \dfrac{RT}{nF} \ln K$

여기서, $R = 8.314 J/mol\, K$
$T = 298 K$
$F = 96,485 C/mol$
$\ln K = 2.303 \log K$

$E = E° - \dfrac{0.05916}{n} \log K$

$Ox + e^- \rightarrow Red$

$\therefore E = E° - \dfrac{0.05916}{n} \log \dfrac{[Red]}{[Ox]}$

Fe^{2+}를 Ce^{4+} 표준용액으로 적정하는 경우

$$Fe^{2+} + Ce^{4+} \rightleftarrows Fe^{3+} + Ce^{3+}$$

(환원: $Ce^{4+} \to Ce^{3+}$, 산화: $Fe^{2+} \to Fe^{3+}$)

두 반쪽반응의 전극전위는 항상 같다.

$$E = E_{Ce^{4+}/Ce^{3+}} = E_{Fe^{3+}/Fe^{2+}}$$

TIP

$E = E° - \dfrac{0.0592}{n} \log \dfrac{[\text{Red}]}{[\text{OX}]}$

TIP

- 표준수소전극
  SHE $E° = 0.00V$
- 표준 칼로멜 전극
  SHE $E° = 0.241V$

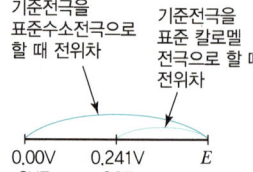

① 당량점 전 : Fe^{3+}/Fe^{2+} 전극전위 이용

② 당량점

$$E_{eq} = E°_{Ce^{4+}/Ce^{3+}} - 0.0592 \log \dfrac{[Ce^{3+}]}{[Ce^{4+}]}$$

$$+)\ E_{eq} = E°_{Fe^{3+}/Fe^{2+}} - 0.0592 \log \dfrac{[Fe^{2+}]}{[Fe^{3+}]}$$

$$2E_{eq} = E°_{Ce^{4+}/Ce^{3+}} + E°_{Fe^{3+}/Fe^{2+}} - 0.0592 \log \dfrac{[Ce^{3+}][Fe^{2+}]}{[Ce^{4+}][Fe^{3+}]}$$

$[Fe^{3+}] = [Ce^{3+}]$, $[Fe^{2+}] = [Ce^{4+}]$

$$E_{eq} = \dfrac{E°_{Ce^{4+}/Ce^{3+}} + E°_{Fe^{3+}/Fe^{2+}}}{2}$$

③ 당량점 후 : Ce^{4+}/Ce^{3+} 전극전위 이용

Exercise 01

0.5M Fe^{2+} 20mL를 1.0M Ce^{4+}로 적정한다. 두 전극의 전위차를 구하시오.

$Fe^{3+} + e^- \rightleftarrows Fe^{2+}$	$E° = 0.767V$
$Ce^{4+} + e^- \rightleftarrows Ce^{3+}$	$E° = 1.70V$

풀이 ㉠ 당량점 이전 : 1.0M Ce^{4+} 2mL

Ce^{4+}	+	Fe^{2+}	→	Ce^{3+}	+	Fe^{3+}
1.0M×2mL		0.5M×20mL		0		0
=2mmol		=10mmol				
−2		−2		+2		+2
0		8mmol		2mmol		2mmol

$\therefore E = 0.767V - \dfrac{0.0592}{n} \log \dfrac{[Fe^{2+}]}{[Fe^{3+}]}$

$= 0.767V - \dfrac{0.0592}{1} \log \dfrac{8}{2}$

$= 0.731V$

※ 여기서 $\log \dfrac{8}{2}$는 $\log \dfrac{8/22}{2/22}$인데 부피(22)가 같으므로 몰농도가 아닌 몰비로 나타낸 것이다.

기준전극을 포화 칼로멜 전극으로 할 때 전위차(SCE $E° = 0.241V$)
$E = 0.731V - 0.241V = 0.49V$

ⓒ 반당량점 : 1.0M Ce^{4+} 5mL

$$\begin{array}{cccc}
Ce^{4+} & + & Fe^{2+} & \rightarrow & Ce^{3+} & + & Fe^{3+} \\
1.0M \times 5mL & & 0.5M \times 20mL & & 0 & & 0 \\
= 5mmol & & = 10mmol & & & & \\
-5 & & -5 & & +5 & & +5 \\
\hline
0 & & \boxed{5mmol} & & 5mmol & & \boxed{5mmol}
\end{array}$$

$$\therefore E = 0.767V - \frac{0.0592}{1} \log \frac{5}{5}$$
$$= 0.767V (\text{농도에 무관})$$

기준전극을 포화 칼로멜 전극으로 할 때 전위차
$E = 0.767V - 0.241V = 0.526V$

ⓒ 당량점 : 1.0M Ce^{4+} 10mL

$$\begin{array}{cccc}
Ce^{4+} & + & Fe^{2+} & \rightarrow & Ce^{3+} & + & Fe^{3+} \\
1.0M \times 10mL & & 0.5M \times 20mL & & 0 & & 0 \\
= 10mmol & & = 10mmol & & & & \\
-10 & & -10 & & +10 & & +10 \\
\hline
0 & & 0 & & 10 & & 10
\end{array}$$

$$E = 0.767V - \frac{0.0592}{1} \log \frac{[Fe^{2+}]}{[Fe^{3+}]}$$

$$+) \ \underline{E = 1.70V - \frac{0.0592}{1} \log \frac{[Ce^{3+}]}{[Ce^{4+}]}}$$

$$2E = (0.767 + 1.70)V - 0.0592 \log \frac{[Fe^{2+}][Ce^{3+}]}{[Fe^{3+}][Ce^{4+}]}$$

$[Ce^{3+}] = [Fe^{3+}]$, $[Ce^{4+}] = [Fe^{2+}]$이므로

$$\therefore E = \frac{(0.767 + 1.70)V}{2} = 1.2335V$$

기준전극을 포화 칼로멜 전극으로 할 때 전위차
$E = 1.2335V - 0.241V = 0.99V$

CHAPTER 04 적정법

실전문제

01 0.18M NaCl 용액에 담겨 있는 은전극의 전위는? (단, Nernst 식에서 $RT/F=0.05916V$이며, 기준전극은 표준수소전극(SHE)이고 $Ag^+ + e^- \rightleftarrows Ag(s)$에 대한 표준전극전위 $E°$는 0.799V, AgCl의 용해도곱 상수 K_{sp}는 1.8×10^{-8}이다.)

① 0.085
② 0.185
③ 0.285
④ 0.385

해설

$Ag^+(aq) + e^- \rightarrow Ag(s) \quad E° = 0.799V \rightarrow$ 환원전극
$H_2(g) \rightarrow 2H^+ + 2e^- \quad E° = 0V \rightarrow$ 산화전극
$K_{sp} = [Ag^+][Cl^-] = 1.8 \times 10^{-8}$
$[Ag^+](0.18) = 1.8 \times 10^{-8}$
$\therefore [Ag^+] = 10^{-7}$
$E° = 0.799 - 0 = 0.799V$
$E = E° - \dfrac{0.05916}{n} \log \dfrac{1}{[Ag^+]^2}$
$= 0.799 - \dfrac{0.05916}{2} \log \dfrac{1}{(10^{-7})^2} = 0.385$

02 다음과 같이 구성된 전지의 측정된 전압이 25℃에서 1.05V이었다. $E°$cell$=0.80V$일 때, 백금전극이 담긴 용액의 pH 값은?(단, $Ag^+(aq) + e^- \rightarrow Ag(s)$, $E° = 0.80V$)

$$Pt(s) | H_2(1.0atm) | H^+ \| Ag^+(1.0M) | Ag(s)$$

① 2.1
② 3.2
③ 4.2
④ 8.4

해설

$H_2(g, 1.0atm) + 2Ag^+(1.0M) \rightarrow 2H^+ + 2Ag(s)$
$E = E° - \dfrac{RT}{nF} \log \dfrac{[H^+]^2}{P_{H_2} \times [Ag^+]^2}$
$1.05 = 0.8 - \dfrac{0.05916}{2} \log \dfrac{[H^+]^2}{1 \times (1.0)^2}$
$-\log[H^+] = 4.22$
$\therefore pH = -\log[H^+] = 4.22$

03 다음 산화 · 환원반응에 대한 설명 중 틀린 것은?

$$Fe^{3+} + 3V^{2+} \rightarrow Fe(s) + 3V^{3+}$$

① Fe^{3+}의 전자수가 증가되었다.
② Fe^{3+}가 환원되었다.
③ Fe^{3+}는 산화제이다.
④ $Fe(s)$의 산화수는 3이다.

해설

$Fe(s)$의 산화수는 0이다.

04 산성 용액하에서 0.1M 과망간산칼륨 용액을 사용하여 미지의 황산철(Ⅱ) 용액을 적정하였다. 이와 관련된 반응식이 다음과 같을 때, 사용된 과망간산칼륨 용액의 노르말농도(N)는 얼마인가?

$$MnO_4^- + 5Fe^{2+} + 8H^+ \rightleftarrows Mn^{2+} + 5Fe^{3+} + 4H_2O$$

① 0.1
② 0.3
③ 0.4
④ 0.5

해설

- 노르말농도(N) : 용액 1L에 녹아 있는 용질의 g당량수
- Mn의 당량수 = M(몰농도) × 산화수 변화량
  $= 0.1M \times 5 = 0.5N$

$MnO_4^- \rightarrow Mn^{2+}$
$\quad +7 \quad\quad +2$

정답 01 ④ 02 ③ 03 ④ 04 ④

05 La^{3+} 이온을 포함하는 미지시료 25.00mL를 옥살산나트륨으로 처리하여 $La_2(C_2O_4)_3$의 침전을 얻었다. 침전 전부를 산에 녹여 0.004321M 농도의 과망간산칼륨 용액 12.34mL로 적정하였다. 미지시료에 포함된 La^{3+}의 몰농도는 몇 mM인가?

① 0.3555　　② 1.255
③ 3.555　　④ 12.55

해설

$2MnO_4^- + 5C_2O_4^{2-} + 16H^+ \rightarrow 2Mn^{2+} + 10CO_2 + 8H_2O$
과망간산 2mol이 반응할 때, 옥살산은 5mol이 반응한다.
- 옥살산이온 적정 시 사용된 과망간산칼륨의 mol수
　$0.004321M \times 12.34mL = 0.0533mmol$
- La^{3+}와 결합한 옥살산의 mol수
　$0.0533mmol \times \dfrac{5}{2} = 0.13325mmol$
- $La_2(C_2O_4)_3$에서 La^{3+}의 mol수
　$0.13325mmol \times \dfrac{2}{3} = 0.08883mmol$
- 시료부피가 25mL일 때 La^{3+}의 몰농도(M)
　$\dfrac{0.08883mmol}{25mL} = 0.00355M = 3.55mM$

06 요오드 적정법에서 일반적으로 사용하는 지시약으로서 요오드와 반응하여 짙은 청색을 발현하는 것은?

① 페놀프탈레인
② 브로모크레졸 그린
③ 에리오크롬 블랙 T
④ 녹말(Starch)

해설

일반적으로 요오드와 반응하여 청색을 띠는 것은 전분(Starch)류이다.

07 중크로뮴산 적정에 대한 설명으로 틀린 것은?

① 중크로뮴산 이온이 분석에 응용될 때 초록색의 크로뮴(Ⅲ)이온으로 환원된다.
② 중크로뮴산 적정은 일반적으로 염기성 용액에서 이루어진다.
③ 중크로뮴산칼륨 용액은 안정하다.
④ 시약급 중크로뮴산칼륨은 순수하여 표준용액을 만들 수 있다.

해설

중크로뮴산 적정은 일반적으로 산성 용액의 적정에 이용된다.

08 $S_4O_6^{2-}$ 이온에서 황(S)의 산화수는 얼마인가?

① 2　　② 2.5
③ 3　　④ 3.5

해설

$S \times 4 + (-2) \times 6 = -2$
∴ $S = 2.5$

09 MnO_4^- 이온에서 망간(Mn)의 산화수는 얼마인가?

① -1　　② $+4$
③ $+6$　　④ $+7$

해설

$Mn + (-2) \times 4 = -1$
∴ $Mn = +7$

10 다음 반응에 대한 화학평형상수 K를 옳게 나타낸 것은?

$$Zn(s) + 2H^+(aq) \rightleftarrows Zn^{2+}(aq) + H_2(g)$$

① $K = \dfrac{P_{H_2} \times [Zn]}{[H^+]}$　　② $K = \dfrac{P_{H_2} \times [Zn^{2+}]}{[H^+]^2}$

③ $K = \dfrac{[H^+]^2}{P_{H_2} \times [Zn]}$　　④ $K = \dfrac{P_{H_2}}{[H^+] \times [Zn]}$

정답 05 ③　06 ④　07 ②　08 ②　09 ④　10 ②

11 $[Fe^{2+}]=0.02M$이고 $[Cd^{2+}]=0.20M$일 때 298K에서 다음 산화-환원반응의 전지 전위(V)는 약 얼마인가?

$$Fe(s)+Cd^{2+}(aq) \rightarrow Fe^{2+}(aq)+Cd(s)$$
$$E° = 0.040V$$

① +0.099　　② +0.069
③ +0.039　　④ +0.011

해설

25℃(298K)에서 Nernst 식

$$E = E° - \frac{0.0592}{n} \log \frac{[Fe^{2+}]}{[Cd^{2+}]}$$
$$= 0.04V - \frac{0.0592}{2} \log \frac{0.02}{0.2}$$
$$= 0.069V$$

12 0.1M의 Fe^{2+} 50mL를 0.1M의 Tl^{3+}로 적정한다. 반응식과 각각의 표준전위가 다음과 같을 때 당량점에서 전위(V)는 얼마인가?

$$2Fe^{2+} + Tl^{3+} \rightarrow 2Fe^{3+} + Tl^+$$
$$Fe^{3+} + e^- \rightarrow Fe^{2+} \quad E° = 0.77V$$
$$Tl^{3+} + 2e^- \rightarrow Tl^+ \quad E° = 1.28V$$

① 0.94　　② 1.02
③ 1.11　　④ 1.20

해설

$$E_{eq} = 0.77 - \frac{0.0592}{1} \log \frac{[Fe^{2+}]}{[Fe^{3+}]} \quad \cdots\cdots ⓐ$$

$$E_{eq} = 1.28 - \frac{0.0592}{2} \log \frac{[Tl^+]}{[Tl^{3+}]} \quad \cdots\cdots ⓑ$$

$2Fe^{2+} + Tl^{3+} \rightarrow 2Fe^{3+} + Tl^+$

당량점에서 $2[Tl^+]=[Fe^{3+}]$, $2[Tl^{3+}]=[Fe^{2+}]$가 성립한다.

ⓐ식+2×ⓑ식을 계산하면

$$3E_{eq} = 3.33 - 0.0592 \log \frac{[Fe^{2+}][Tl^+]}{[Fe^{3+}][Tl^{3+}]}$$
$$= 3.33 - 0.0592 \log \frac{2[Tl^{3+}][Tl^+]}{2[Tl^+][Tl^{3+}]}$$
$$= 3.33$$

∴ $E_{eq} = 1.11V$

13 산화·환원 적정에서 과망간산칼륨($KMnO_4$)은 산화제로 작용하며 센 산성 용액(pH 1 이하)에서 다음과 같은 반응이 일어난다. 과망간산칼륨을 산화제로 사용하는 산화·환원 적정에서 종말점을 구하기 위한 지시약으로 가장 적절한 것은?

$$MnO_4^- + 8H^+ + 5e^- \rightleftarrows Mn^{2+} + 4H_2O$$
$$E° = 1.507V$$

① 페로인　　② 메틸렌블루
③ 과망간산칼륨　　④ 다이페닐아민설폰산

해설

$MnO_4^- \rightarrow Mn^{2+}$
적자색(보라색)　무색

14 옥살산($H_2C_2O_4$)은 뜨거운 산성 용액에서 과망간산이온(MnO_4^-)과 다음과 같이 반응한다. 이 반응에서 지시약 역할을 하는 것은?

$$5H_2C_2O_4 + 2MnO_4^- + 6H^+ \rightleftarrows 10CO_2 + 2Mn^{2+} + 8H_2O$$

① $H_2C_2O_4$　　② MnO_4^-
③ CO_2　　④ H_2O

해설

$MnO_4^- \rightarrow Mn^{2+}$
적자색(보라색)　무색

정답 11 ②　12 ③　13 ①　14 ②

15 과망간산칼륨 5.00g을 물에 녹이고 500mL로 묽혀 과망간산칼륨 용액을 준비하였다. Fe_2O_3를 24.5% 포함하는 광석 0.500g 속에 든 철은 몇 mL의 $KMnO_4$ 용액과 반응하는가?(단, $KMnO_4$의 분자량은 158.04g/mol, Fe_2O_3의 분자량은 159.69g/mol이다.)

① 2.43
② 4.86
③ 12.2
④ 24.3

해설

$5Fe^{2+} + MnO_4^- + 8H^+ \rightleftarrows 5Fe^{3+} + Mn^{2+} + 4H_2O$

$[MnO_4^-] = 5g \times \dfrac{1mol}{158.04g} \times \dfrac{1}{0.5L} = 0.063M$

철의 mol수 $= 0.5g$ 광석 $\times \dfrac{24.5g\ Fe_2O_3}{100g\ 광석}$

$\times \dfrac{1mol\ Fe_2O_3}{159.69g\ Fe_2O_3} \times \dfrac{2mol\ 철}{1mol\ Fe_2O_3}$

$= 0.00153mol = 1.53 \times 10^{-3}mol$

철 : 과망간산 $= 5 : 1$이므로

$0.063 \times V = 1.53 \times 10^{-3}mol \times \dfrac{1}{5}$

∴ $V = 0.00486L = 4.86mL$

정답 15 ②

CHAPTER 05 전기화학 기초

[01] 전기화학의 기초

1. 산화와 환원

① 산화 : 전자를 잃는다. 산화수가 증가한다.
② 환원 : 전자를 얻는다. 산화수가 감소한다.
③ 산화제 : 자신은 환원되며 남을 산화시킨다.
④ 환원제 : 자신은 산화되며 남을 환원시킨다.

 TIP
화학전지에서도 산화·환원반응이 일어난다.

2. 전기전하

① 전기전하(q)는 쿨롱(C) 단위로 측정한다.
② 한 전자의 전하량은 1.602×10^{-19}C이고 1mol의 전자는 96,500C의 전하를 갖는다.
③ 패러데이(Faraday) 상수 $1F = 96,500 C/mol$
④ $q(C) = n(mol) \times F(C/mol)$
⑤ $Ag^+ + e^- \rightarrow Ag$
      1F   1mol 석출

 TIP
1mol의 전하량
$= 1.602 \times 10^{-19}$C/개
   $\times 6.02 \times 10^{23}$개/mol
$= 96,485$C/mol
$\fallingdotseq 96,500$C/mol

3. 전기전류

① 전류 : 단위시간당 흐르는 전하의 양
② 단위 : A(암페어)
③ $1A = 1C/s$

4. 전압, 일, 저항, 일률

① 전위차(E) : V(볼트)로 측정
② 일(W) : 1J의 에너지는 1C의 전하가 전위차 1V인 지점들 사이를 이동할 때 얻거나 잃는 양이다(1V=1J/C).

$$W = VIt = Eq$$

여기서, W : 일(J), V : 전압(V), I : 전류(A)
t : 시간(s), E : 전위차(V), q : 전하량(C)

③ 옴(Ohm)의 법칙
 ㉠ 금속도체에서 전류의 세기는 전압에 비례하고 전기저항에 반비례한다.

$$I(A) = \frac{E(V)}{R(\Omega)}$$

 ㉡ Ω(옴)은 저항의 단위이다.

④ 일률

$$P = \frac{W}{t} = \frac{E \cdot q}{s} = E \cdot \frac{q}{s} = E \cdot I$$

여기서, P : 일률(W), E : 전위차(V), I : 전류(A)

[02] 화학전지

1. 갈바니전지

① 자발적인 화학반응으로 전기를 발생, 즉 두 전극 사이에서 산화·환원반응에 의해 전기에너지를 발생한다.
② 산화전극(Anode)   : (−)극 $Zn(s) \rightarrow Zn^{2+}(aq) + 2e^-$
  환원전극(Cathode) : (+)극 $Cu^{2+}(aq) + 2e^- \rightarrow Cu(s)$
③ 염다리 : KCl, KNO$_3$, NH$_4$Cl 등으로 반응과 무관한 고농도의 염으로 이루어져 있으며, 이온의 이동으로 전하를 상쇄시켜 전기적으로 중성을 유지한다.
④ 전지의 표시
  (−)극 $Zn(s) | ZnCl_2(aq) \parallel CuSO_4(aq) | Cu(s)$ (+)극
  (−)극 $Cd(s) | CdCl_2(aq) \parallel AgNO_3(aq) | Ag(s)$ (+)극

◆ 갈바니전지
자발적인 산화·환원반응을 통해 전기에너지를 발생하는 전지

◆ 전해전지
외부의 전기에너지로 비자발적인 산화·환원반응을 일으키는 전지
예 전기분해, 전기도금

💡 TIP
전지의 선 표시법
• 왼쪽에 산화전극, 오른쪽에 환원전극을 나타낸다.
• 상이 바뀔 때는 | 로 분리하여 나타낸다.
• 상이 같을 때는 , 로 나타낸다.
• 염다리는 ∥ 로 나타낸다.
• 다공성 막은 : 로 나타낸다.

2. Nernst 식

$$aA + bB + ne^- \rightleftharpoons cC + dD$$

위 전극반응의 전위를 나타낼 수 있는 식을 Nernst 식이라 한다.

$$E = E° - \frac{RT}{nF} \ln \frac{[C]^c[D]^d}{[A]^a[B]^b}$$
$$= E° - \frac{0.0592}{n} \log \frac{[C]^c[D]^d}{[A]^a[B]^b}$$

여기서, E : 전극전위
  $E°$: 표준전극전위
  F : Faraday 상수(1F=96,500C)
  R : 기체상수(8.314J/mol·K)
  T : 절대온도(K)
  $[A]$: A의 몰농도

> **TIP**
> - 만일 A가 기체라면 [A]에 A의 부분압력 P_A를 사용한다.
> - A가 순수한 액체나 고체, 용매라면 [A]≒1.0로 한다.

3. 표준전극전위

① 표준전극전위는 반쪽전지 반응이 얼마나 잘 일어날지 알려준다.

$$\Delta G° = -RT \ln K = -nFE°$$

② 표준전극전위의 특성
  ㉠ 표준전극전위는 산화전극의 전위를 0V로 규정한 표준수소전극의 화학전지 전위로 상대적인 값이다.
  ㉡ 반쪽반응의 표준전극전위는 항상 환원반응으로 나타낸다.
  ㉢ 표준전극전위는 반쪽반응의 반응물과 생성물의 몰수와는 무관하다.
   예 $Cu^{2+} + 2e^- \rightleftharpoons Cu$　　$E° = 0.337V$
   　$5Cu^{2+} + 10e^- \rightleftharpoons 5Cu$　　$E° = 0.337V$
  ㉣ 표준전극전위가 양의 값을 가지면 환원 반쪽반응이 자발적으로 일어난다.
  ㉤ 표준전극전위는 온도에 따라 달라진다.

> **TIP**
> $E°$(표준환원전위)가 클수록 환원이 잘 일어나 산화제로 작용하고 $E°$가 작을수록 산화가 잘 일어나 환원제로 작용한다.

4. 전지전위

$$E_{전지} = E_{환원전극} - E_{산화전극}$$

CHAPTER 05 전기화학 기초

실전문제

01 $Cu(s) + 2Ag^+ \rightleftharpoons Cu^{2+} + 2Ag(s)$ 반응의 평형상수 값은 약 얼마인가?(단, 반쪽반응과 표준전극전위는 다음과 같다.)

| $Ag^+ + e^- \rightleftharpoons Ag(s)$ | $E° = 0.799V$ |
| $Cu^{2+} + 2e^- \rightleftharpoons Cu(s)$ | $E° = 0.337V$ |

① 2.5×10^{12}
② 4.1×10^{15}
③ 4.1×10^{18}
④ 2.5×10^{10}

해설

$E° = E°_{환원전극} - E°_{산화전극}$
$= 0.799V - 0.337V = 0.462V$
$\Delta G° = -RT \ln K = -nFE°$
$E° = \dfrac{RT}{nF} \ln K = \dfrac{0.0592}{n} \log K$
$0.462 = \dfrac{0.0592}{2} \log K$
$\therefore K = 4.1 \times 10^{15}$

02 다음 반쪽반응에 대해 Nernst 식을 이용하여 pH $= 3.00$이고 $P(AsH_3) = 1.00$mbar일 때 반쪽전지전위 E를 구하면 몇 V인가?

| $As(s) + 3H^+ + 3e^- \rightleftharpoons AsH_3(g)$ | $E° = -0.238V$ |

① -0.592
② -0.415
③ -0.356
④ -0.120

해설

$pH = -\log[H^+] = 3$
$\therefore [H^+] = 10^{-3}$
$E = E° - \dfrac{0.0592}{n} \log \dfrac{[AsH_3]}{[H^+]^3}$
$= -0.238 - \dfrac{0.0592}{3} \log \dfrac{10^{-3}}{(10^{-3})^3} = -0.356$

03 2.00μmol의 Fe^{2+} 이온이 Fe^{3+} 이온으로 산화되면서 발생한 전자가 1.5V의 전위차를 가진 장치를 거치면서 수행할 수 있는 최대 일의 양은 몇 J인가?

① 29J
② 2.9J
③ 0.29J
④ 0.029J

해설

일 = 전하량 × 전위차 $W = q \times E$
$q = nF$
$\therefore W = nFE$
$= 2 \times 10^{-6}$mol $\times 96,500$C/mol $\times 1.5$V
$= 0.29$J

04 다음 중 가장 센 산화력을 가진 산화제는?(단, $E°$는 표준환원전위이다.)

① Ce^{4+} $E° = 1.44V$
② CrO_4^{2-} $E° = -0.12V$
③ MnO_4^- $E° = 1.507V$
④ $Cr_2O_7^{2-}$ $E° = 1.36V$

해설

$E°$가 클수록 환원이 잘되므로 센 산화제가 된다.

05 다음 갈바니전지의 전지전압(E_{cell})은 얼마인가?

$Zn(s)	0.1M\ ZnCl_2 \parallel 0.1M\ CuSO_4	Cu(s)$
$Zn^{2+} + 2e^- \rightarrow Zn$	$E° = -0.762V$
$Cu^{2+} + 2e^- \rightarrow Cu$	$E° = +0.339V$

① 0.5505V
② 0.7340V
③ 1.101V
④ 1.651V

정답 01 ② 02 ③ 03 ③ 04 ③ 05 ③

해설

$E° = E°_{환원} - E°_{산화}$
$\quad = 0.339V - (-0.762V)$
$\quad = 1.101V$

06 다음 각각의 반쪽반응식에서 비교할 때 강한 산화제와 강한 환원제를 모두 옳게 나타낸 것은?

$Ag^+ + e^- \rightleftharpoons Ag(s)$	$E° = 0.799V$
$2H^+ + 2e^- \rightleftharpoons H_2(g)$	$E° = 0.000V$
$Cd^{2+} + 2e^- \rightleftharpoons Cd(s)$	$E° = -0.402V$

① 강한 산화제 : Ag^+ 강한 환원제 : $Ag(s)$
② 강한 산화제 : H^+ 환원제 : $H_2(g)$
③ 강한 산화제 : Cd^{2+} 환원제 : $Ag(s)$
④ 강한 산화제 : Ag^+ 환원제 : $Cd(s)$

해설

$E°$의 값이 클수록 환원이 잘 일어나고, 작을수록 산화가 잘 일어난다.
- Ag^+ : 강산화제(자신은 환원)
- Cd : 강환원제(자신은 산화)

07 다음 표의 표준환원전위를 참고할 때 가장 강한 산화제는?

화학반응	$E°(V)$
$Na^+ + e^- \rightleftharpoons Na(s)$	-2.71
$Ag^+ + e^- \rightleftharpoons Ag(s)$	$+0.80$

① Na^+ ② Ag^+
③ $Na(s)$ ④ $Ag(s)$

해설

산화제는 자신이 환원되는 성질을 가지므로 $E°$가 가장 큰 Ag^+가 가장 강한 산화제이다.

08 1.74mmol의 전자가 2.52V의 전위차를 통하여 이동할 때 필요한 일은 약 몇 J인가?

① 423   ② 523
③ 623   ④ 723

해설

$W = nFE = qE$
일(J) = 전하량(C) × 전위차(V)
$\quad = 96,500C/mol \times 1.74mmol \times \dfrac{1mol}{1,000mmol} \times 2.52V$
$\quad = 423J$

09 패러데이 상수는 전류량과 반응한 화합물의 양과의 관계를 알아내는 데 사용되는 값으로 96,485가 자주 사용되고 있다. 이러한 패러데이 상수의 단위(Unit)로 알맞은 것은?

① C/mol   ② A/mol
③ C/g   ④ A/g

해설

$F = 96,485 C/mol$

10 다음 중 산화전극(Anode)에서 일어나는 반응이 아닌 것은?

① $Ag^+ + e^- \rightarrow Ag(s)$
② $Fe^{2+} \rightarrow Fe^{3+} + e^-$
③ $Fe(CN)_6^{4-} \rightarrow Fe(CN)_6^{3-} + e^-$
④ $Ru(NH_3)_6^{2+} \rightarrow Ru(NH_3)_6^{3+} + e^-$

해설

- 산화반응 : (−)극, Anode 전극(산화전극)
- 환원반응 : (+)극, Cathode 전극(환원전극)

①은 전자를 얻어 환원반응이 일어나므로 환원전극이다.

정답 06 ④ 07 ② 08 ① 09 ① 10 ①

11 다음과 같은 전기화학전지에 대한 설명으로 틀린 것은?

$$Cu\,|\,Cu^{2+}(0.0200M)\,\|\,Ag^{+}(0.0400M)\,|\,Ag$$

① 한줄 수직선(|)은 전위가 발생하는 상 경계나 전위가 발생할 수 있는 접촉면이다.
② 이중 수직선(‖)은 염다리의 양 끝에 있는 두 개의 상 경계이다.
③ 0.0400M은 은이온(Ag^+)의 농도이다.
④ 구리(Cu)는 환원전극이다.

▶ 해설

전지를 표시할 때 왼쪽에 산화전극((−)극), 오른쪽에 환원전극((+)극)을 표시한다.

12 다음 전기화학에 관한 설명으로 옳은 것은?

① 전자를 잃었을 때 산화되었다고 하며, 산화제는 전자를 잃고 자신이 산화된다.
② 전자를 얻게 되었을 때 산화되었다고 하며, 환원제는 전자를 얻고 자신이 산화된다.
③ 볼트(V)의 크기는 쿨롱(C)당 줄(J)의 양이다.
④ 갈바니전지(Galvanic Cell)는 자발적인 화학반응으로부터 전기를 발생시키는 영구기관이다.

▶ 해설

• 산화제 : 자신은 환원되고 남을 산화시킨다.
• 환원제 : 자신은 산화되고 남을 환원시킨다.

13 갈바니전지(Galvanic Cell)의 염다리에 관한 설명 중 틀린 것은?

① 염다리는 KCl, KNO_3, NH_4Cl과 같은 염으로 채워져 있다.
② 염다리를 통하여 갈바니전지는 전체적으로 전기적 중성이 유지된다.
③ 염다리의 염용액 농도는 매우 낮다.
④ 염다리에는 다공성 마개가 있어 서로 다른 두 용액이 서로 섞이는 것을 방지한다.

▶ 해설

염다리는 KCl, KNO_3, NH_4Cl 등으로 반응과 무관한 고농도의 염으로 이온의 이동으로 전기적으로 중성을 유지한다.

정답 11 ④ 12 ③ 13 ③

CHAPTER 06 시험법 밸리데이션

[01] 신뢰성 검증

1. 시험법 밸리데이션

1) 시험법 밸리데이션의 목적

시험법 밸리데이션이란 시험법의 타당성을 미리 확인하여 문서화하는 과정을 말하며 시험법이 원하는 목적에 적합한지를 증명하는 것이다.

2) 밸리데이션 대상 평가항목

(1) 특이성(Specificity)

측정대상물질, 불순물, 분해물, 배합성분 등이 혼재된 상태에서 분석대상물질을 선택적이고 정확하게 측정할 수 있는 정도를 말한다.

(2) 정확성(Accuracy)

분석결과가 이미 알고 있는 참값이나 표준값에 근접한 정도를 말한다.

(3) 정밀성(Precision)

균질한 검체(시료)에서 반복적으로 채취한 검체를 정해진 절차에 따라 측정했을 때 각각의 측정값들 사이의 근접성(분산 정도)을 말한다.

구분	내용
반복성 (병행정밀성)	동일한 시험자가 동일한 실험실 내에서 동일한 분석장비와 실험기구, 동일한 시약을 동일조건에서 복수의 검체를 시간차로 반복 분석하여 얻은 결과들 사이의 근접성을 의미한다.
실험실 간 정밀성 (재현성)	일반적으로 규격화된 분석방법을 사용한 연구에 적용하며, 서로 다른 공간의 실험실에서 동일한 검체로부터 얻은 분석결과들 사이의 근접성을 의미한다.
실험실 내 정밀성 (중간정밀도)	동일한 실험실 내에서 다른 시험자, 다른 시험일, 다른 장비·기구 등을 사용하여 분석한 측정값들 사이의 근접성을 의미한다.

> **TIP**
> 밸리데이션 실험요소
> - 특이성
> - 직선성
> - 범위
> - 정밀성
> - 정확성
> - 검출한계
> - 정량한계
> - 회수율
> - 완건성
> - 안정성

> **TIP**
> 반복성 평가방법
> - 규정된 범위를 포함한 농도에 대해 최소 9번 반복 측정한다.(세 가지 농도에 대해 각 농도당 각 3회 반복 측정)
> - 시험농도의 100%에 해당하는 농도로 시험방법의 전 조작을 적어도 6번 반복 측정한다.

(4) 검출한계(Detection Limit)

① 검체 중에 함유된 대상물질의 검출이 가능한 최소 농도를 의미한다.
② 반드시 정량할 필요는 없다.

(5) 정량한계(Quantitation Limit)

① 기준에 적합한 정밀성과 정확성이 확보된 정량값으로 나타낼 수 있는 검체 중 대상물질의 최소농도를 의미한다.
② 분석대상물질을 소량으로 함유하는 검체의 정량시험이나 분해생성물, 불순물 분석에 사용되는 정량시험의 밸리데이션 평가지표이다.

(6) 직선성(Linearity)

검체 중 분석대상물질의 양(또는 농도)에 비례하여 일정범위 내에 직선적인 측정값을 얻어낼 수 있는 능력이다.

(7) 범위(Range)

적절한 정밀성, 정확성, 직선성을 충분히 제시할 수 있는 검체 중 분석대상물질의 양(또는 농도)의 하한값~상한값 사이의 영역이다.

(8) 완건성(Robustness)

① 시험법의 조건 중 일부가 변경되었을 때 측정값이 영향을 받지 않는지에 대한 지표를 말한다.
  ➡ 분석조건을 고의로 변동시켰을 때 분석법의 신뢰성을 나타낸다.
② 일반적으로 시험법이 사용되는 동안 그 시험법이 얼마나 정확한 결과를 산출할 수 있는지에 대한 평가지표이다.
③ 완건성은 분석법을 개발하는 단계에서 평가되어야 한다.

◆ 견뢰성(Ruggedness)
정상적인 시험조건의 변화하에서 동일한 시료를 시험하여 얻어지는 시험결과의 재현성의 정도

2. 분석한계 결정

1) 검출한계(DL : Detection Limit)

(1) 시각적 평가를 이용하는 방법

이미 알고 있는 양의 분석대상물질을 함유한 검체를 분석하고, 그 물질을 확실히 검출할 수 있는 최저농도를 확인한다.

(2) 신호 대 잡음비(S/N)를 이용하는 방법

① 바탕선에 잡음이 있는 경우의 시험방법(예 크로마토그래피)에 적용 가능하다.

② 이미 알고 있는 저농도 분석대상물질을 함유하는 검체의 신호와 공시험 검체의 신호를 비교하여 설정함으로써 신호 대 잡음비를 구할 수 있다.

③ 보통 3~2 : 1의 신호 대 잡음비가 사용된다($S/N = 2H/h$).

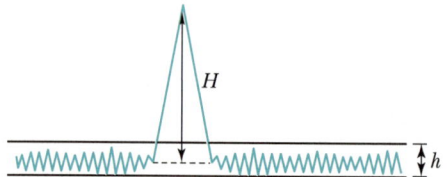

④ S/N을 산출할 때, 잡음의 높이는 분석대상물질 피크의 1/2의 높이에서 피크 폭의 20배 이상의 시간 동안 측정한 크로마토그램으로부터 구한다.

(3) 반응의 표준편차와 검량선의 기울기에 근거하는 방법

$$검출한계 = 3.3 \times \frac{\sigma}{S}$$

여기서, σ : 반응의 표준편차
S : 검량선의 기울기(x축 : 농도, y축 : 신호의 세기)

> **TIP**
> σ를 구하는 방법
> • 공시험 검체의 표준편차를 이용하는 방법
> • 검량선을 이용하는 방법

2) 정량한계(QL : Quantitation Limit)

(1) 시각적 평가를 이용하는 방법

이미 알고 있는 농도의 분석대상물질을 함유한 검체를 분석하여 정밀성과 정확성이 확보된 정량할 수 있는 최저 농도를 확인한다.

(2) 신호 대 잡음비를 이용하는 방법

① 이미 알고 있는 저농도 분석대상물질이 함유된 검체와 공시험 검체의 신호를 비교하여 S/N을 구할 수 있다.

② 정량한계를 구하는 데 S/N은 일반적으로 10 : 1이 적절하다.

(3) 반응의 표준편차와 검량선의 기울기를 이용하는 방법

$$정량한계 = 10 \times \frac{\sigma}{S}$$

여기서, σ : 반응의 표준편차
S : 검량선의 기울기

3) 정밀성

① 시험분석 결과의 반복성을 나타내는 값

② 정밀성을 나타내는 방법

㉠ 표준편차(SD) : $s = \sqrt{\dfrac{\sum_{i=1}^{n}(x_i - \overline{x})^2}{n-1}}$

㉡ 상대표준편차(변동계수, RSD) = $\dfrac{s}{\overline{x}} \times 100\%$

> **TIP**
> 정밀도 표현방법
> - 표준편차(s)
> - 분산(s^2)
> - 상대표준편차(RSD), 변동계수(CV)

4) 정확성

① 시험분석 결과가 참값에 얼마나 근접한가를 나타내는 정도

② 동일한 매질의 인증시료를 확보할 수 있는 경우
표준절차서(SOP)에 의해 인증표준물질을 분석한 결괏값(C_M)과 인증값(C_c)의 상대백분율로 계산한다.

③ 인증시료를 확보할 수 없는 경우
해당 표준물질을 첨가하여 시료를 분석한 분석값(C_{AM})과 첨가하지 않은 시료의 분석값(C_s)의 차를 첨가농도(C_A)의 상대백분율 또는 회수율로 계산한다.

$$정확도(\%) = \left(\dfrac{C_M}{C_c}\right) \times 100 = \left(\dfrac{C_{AM} - C_s}{C_A}\right) \times 100$$

> **TIP**
> 정확도 표현방법
> ㉠ 절대오차
>   - 절대오차 = 참값 − 측정값
>   - 평균오차 = 참값 − 측정값들의 평균
> ㉡ 상대오차백분율
>   = $\dfrac{절대오차 \text{ 또는 } 평균오차}{참값} \times 100\%$
> ㉢ 상대정확도
>   = $\dfrac{측정값 \text{ 또는 } 평균값}{참값} \times 100\%$
> ㉣ 표준물질분석 정확도(%)
>   = $\dfrac{분석한 결괏값의 평균농도}{주입농도} \times 100\%$
> ㉤ 회수율
> $\%R = \dfrac{측정값}{참값} \times 100\%$

3. 오차

1) 오차

① 오차 = 측정값 − 참값

② 오차% = $\dfrac{오차}{참값} \times 100$

> **TIP**
> 정확성 검증
> 규정된 범위에 있는 최소한 3가지 농도에 대해서 각 농도당 3회 반복 측정(분석방법의 모든 조작을 적어도 9회 반복 분석)한 결과로 평가한다.

2) 오차의 생성 원인

구분	내용
기기오차	측정기기의 오차 예 지시오차, 흔들림오차
개인오차	측정하는 사람에 의한 오차
환경오차	외부의 영향에 의한 오차 예 온도, 습도, 기압, 진동

3) 오차의 종류

(1) 우연오차(우발오차, 확률오차, 불가측오차)

① 오차의 원인이 불분명하고 측정값이 불규칙하여 그 양을 측정할 수 없는 오차
② 보정이 불가능하다.
③ 측정값들은 정규분포를 나타낸다.

(2) 계통오차(가측오차)

- 오차의 원인이 각 측정결과에 동일한 크기로 영향을 미쳐 모든 측정값과 참값 사이에 동일한 크기의 편차가 생기는 경우가 있는데, 이러한 편차를 계통오차라 한다.
- 측정값과 참값의 일치 정도를 나타내는 계통오차를 치우침, Bias라고 한다.
- 크기를 알 수 있고 보정이 가능한 오차이다.

① 계통오차의 원인

구분	내용
시약 및 기기의 오차	검정되지 않은 측정기기나 시약 및 용매에 포함되어 있는 불순물 등으로 인해 일어나는 오차
조작오차	시료의 채취 시 실수, 과도한 침전물, 충분하지 않은 세척, 온도의 변화에 따른 침전물의 생성 및 가온 등과 같은 대부분 실험 조작의 실수로 인한 오차
개인(시험자)오차	측정하는 사람에 의한 오차
방법오차	반응의 미완결, 침전물의 용해도, 공침, 무게 측정 시 검체의 휘발성 또는 흡습성에 의한 부반응, 부정확 또는 유발반응 등과 같이 분석과정의 화학반응에 원인이 있는 오차

② 측정항목의 농도에 따른 분류

㉠ 고정오차
- 측정항목의 농도와 무관하게 크기가 일정하게 나타나는 계통오차
- 여러 가지 농도의 분석에서 얻은 측정값들이 같은 크기의 오차를 갖는다.
- 표준물질 또는 기지농도의 동일한 시료를 반복 측정하여 평균값을 계산한 다음 참값과 비교하는 검정 방법을 통해 알 수 있다.

㉡ 비례오차
- 측정항목의 농도에 따라 크기가 변화하는 계통오차
- 농도가 커질수록 증가하지만 상대오차로 환산하면 일정한 크기의 오차가 된다.

4) 오차를 줄이기 위한 시험법

(1) 공시험(Blank Test)
① 시료를 사용하지 않고 기타 모든 조건을 시료분석법과 같은 방법으로 실험하는 것
② 시약 중의 불순물로 인한 오차, 지시약 오차 등 대부분의 계통오차를 효과적으로 제거할 수 있다.

(2) 조절시험(Control Test)
시료와 가급적 같은 성분을 함유한 대조시료를 만들어 시료분석법과 같은 방법으로 여러 번 실험한 다음 기지함량값과 실제로 얻은 분석값의 차만큼 시료분석값을 보정한다.

(3) 회수시험(Recovery Test)
시료와 같은 공존물질을 함유하는 기지농도의 대조시료를 분석함으로써 공존물질의 방해작용 등으로 인한 분석값의 회수율을 검토하는 방법이다.

(4) 맹시험(Blind Test)
① 처음 분석값은 조작에 익숙하지 못하여 오차가 크게 나타나므로 맹시험이라 하며 버리는 경우가 많다.
② 예비시험에 해당된다.

(5) 평행시험(Parallel Test)
① 같은 시료를 같은 방법으로 여러 번 되풀이하는 시험이다.
② 우연오차가 있는 측정값으로부터 그 평균값과 표준편차 등을 얻기 위한 수단이다.

4. 측정불확도

1) 측정불확도
① 결괏값을 어느 정도나 신뢰할 것인지에 대한 불확실한 정도를 전략적, 수치적으로 표현한 것이다.
② 결괏값과 관련하여 결괏값을 합리적으로 추정한 값의 분산상태를 나타내는 척도이다.
③ 충분히 타당성 있는 이유에 의해 측정량에 영향을 미칠 수 있는 값들의 분포를 특성화한 파라미터이다.
④ 시험방법이 아니라 시험결과의 특성이다.

2) 불확도 요인

① 측정량에 대한 불완전한 정의
② 측정량의 정의에 대한 불완전한 측정값
③ 환경조건에 대한 불완전한 측정값
④ 장비 / 기구의 부정확한 값
⑤ 아날로그 기기에서의 개인적 판독 차이
⑥ 기기의 분해능과 검출한계
⑦ 표준물질의 부정확한 값
⑧ 외관상 같은 조건이지만, 반복측정에서 나타나는 변동

3) 불확정도 전파규칙

> **TIP**
> 예) pH = 5.21 ± 0.03
> $[H^+]$의 측정불확도
> $[H^+] = 10^{-pH}$
> $\quad = 10^{-(5.21 \pm 0.03)}$
> $\quad = 6.17 \times 10^{-6} M \pm e_y$
> $e_y = y(\ln 10)e_x$
> $\quad = (6.17 \times 10^{-6}) \times \ln 10 \times 0.03$
> $\quad = 0.43 \times 10^{-6}$
> $\therefore (6.2 \pm 0.4) \times 10^{-6} M$

연산	함수	불확정도
덧셈·뺄셈	$y = x_1 + x_2$ $y = x_1 - x_2$	$e_y = \sqrt{e_{x1}^2 + e_{x2}^2}$
곱셈·나눗셈	$y = x_1 \cdot x_2$ $y = \dfrac{x_1}{x_2}$	$\%e_y = \sqrt{\%e_{x1}^2 + \%e_{x2}^2}$
지수·로그	$y = x^a$	$\%e_y = a(\%e_x)$
	$y = \log x$	$e_y = \dfrac{1}{\ln 10} \dfrac{e_x}{x}$
	$y = \ln x$	$e_y = \dfrac{e_x}{x}$
	$y = 10^x$	$\dfrac{e_y}{y} = (\ln 10)e_x$
	$y = e^x$	$\dfrac{e_y}{y} = e_x$

예) $\dfrac{0.494M(\pm 0.004M) \times 5.00mL(\pm 0.01mL)}{100.00mL(\pm 0.08mL)} = 0.0247M \pm e_4$

$\%e_x = \dfrac{e_x}{x} \times 100$

$\%e_{x1} = \dfrac{0.004}{0.494} \times 100 = 0.81\%$

$\%e_{x2} = \dfrac{0.01}{5.00} \times 100 = 0.20\%$

$\%e_{x3} = \dfrac{0.08}{100} \times 100 = 0.080\%$

$\dfrac{0.494M(\pm 0.81\%) \times 5.00mL(\pm 0.20\%)}{100mL(\pm 0.080\%)} = 0.0247M \pm e_4$

$$\%e_4 = \sqrt{\%e_{x1}^2 + \%e_{x2}^2 + \%e_{x3}^2} = \sqrt{(0.81)^2 + (0.20)^2 + (0.080)^2} = 0.84\%$$

∴ $0.0247\text{M}(\pm 0.8\%)$

　$0.0247\text{M} \times 0.84\% = 0.00021\text{M}$

　➡ 절대불확정도 : $0.0247\text{M}(\pm 0.0002\text{M})$
　　상대불확정도 : $0.0247\text{M}(\pm 0.8\%)$

[02] 시험법 신뢰성 검증

1. 시험장비의 신뢰성 검증

시험방법의 신뢰성을 검증할 때에는 가장 먼저 시험에 사용할 시험장비의 관리가 적절하게 되어 있는지 확인하여야 한다. 즉, 시험에 사용할 장비가 정확한 분석결과를 나타낼 수 있는지를 검증하기 위해서 시험장비의 적격성 평가가 선행되어야 한다.

1) 분석장비의 적격성 평가

(1) 설계 적격성(DQ : Design Qualification) 평가

분석장비의 사용목적에 맞는 장비 선택과 도입, 설치, 운용에 관련 전반적 조건, 사양, 재질 등에 대한 설계의 적합성을 검토하는 과정이다.

(2) 설치 적격성(IQ : Installation Qualification) 평가

시험장비의 신규 도입 또는 설치장소 이동 등 설치와 관련된 상황 발생에 따라 장비의 적절한 설치 여부를 검증하는 과정으로 기계적 시스템 구성을 평가한다.

(3) 운전 적격성(OQ : Operation Qualification) 평가

분석장비의 설치환경에서 정상적인 운전 가능 여부 등을 기능적 검증 측면에서 적격성 평가를 진행해야 한다.

(4) 성능 적격성(PQ : Performance Qualification) 평가

분석장비의 운용목적에 따른 실제의 분석환경과 조건에서 분석대상물질 또는 특정표준물질 등에 대한 적격성 평가를 수행한다.

2) 분석장비의 검정 및 교정

① 공인인증기관을 통해 진행한다.
② ISO, KOLAS(한국인정기구) 인증, 교정기관

> **TIP**
> 설치 적격성 평가의 구성요소
> • 목적
> • 적용범위
> • 의무이행조건
> • 수행배경
> • 장비설명
> • 설치 적격성 평가 **프로토콜**
> • 설치 적격성 평가 결과 보고
> • 기타 참고 · **첨부 자료**

2. 시험재료의 신뢰성 검증

1) 표준품

① 표준품은 일정한 순도 또는 생물학적 작용을 하게 만들어진 물질로서 상용 표준품의 역가를 평가하기 위한 표준이 되는 물질이다.

② 정확한 시험결과를 얻기 위해서는 정해진 규격의 표준품을 사용하여 시험해야 하며 표준품의 종류에 따라 적절한 조건에 보관, 기록, 관리하여야 한다.

2) 시약 및 시액

온도·습도가 관리되는 공간에 보관, 기록, 확인해야 한다.

3) 표준 초자 및 기구

온도변화에 따라 용량 등의 크기에 변화가 일어날 수 있으므로 시약 및 시액과 동일한 조건에서 보관, 관리, 기록해야 한다.

4) 검체(시료)

변질이 일어날 수 있으므로 특히 주의하여 보관, 관리해야 한다.

TIP

정도관리
실험결과의 신뢰성을 확보하기 위해 정도관리 규정에 따라 분석을 수행해야 한다.

◆ **방법검출한계**
99% 신뢰수준으로 분석할 수 있는 최소농도

3. 시험법의 신뢰성 검증

1) 실험원 데이터(Raw Data)의 확인

기기분석 또는 이화학분석을 통해 산출 데이터의 결과가 결과 계산에 있어서 정확히 산출되었는지 확인해야 한다.

2) 계산식의 확인

계산식의 검증은 교차확인을 통해 정확성을 검증해야 한다.

TIP

밸리데이션의 종류
- 공정 밸리데이션
- 제조 지원 설비 밸리데이션
- 시험방법 밸리데이션
- 세척 밸리데이션
- 컴퓨터 시스템 밸리데이션

[03] 결과 해석

1. 유효숫자

1) 유효숫자

① 화학분석에서 측정결과를 산출할 때 반올림 등에 의하여 처리되지 않은 부분으로 오차를 반영하여도 신뢰할 수 있는 숫자를 자릿수로 나타낸 것이다.

② 유효숫자의 부분을 따로 떼어서 정수부분이 한 자리인 소수로 쓰고, 소수점의 위치는 10의 거듭제곱으로 나타낸다.

TIP

밸리데이션 실시대상
- 새로운 품목의 의약품을 처음 제조하는 경우
- 제품의 품질에 영향을 미치는 기계, 설비를 설치하는 경우
- 제품의 품질에 영향을 미치는 제조 공정을 변경하는 경우
- 제조환경을 변경하는 경우

2) 유효숫자의 규칙

① 0이 아닌 정수는 언제나 유효숫자이다.

② 0의 경우
- ㉠ 앞부분에 있는 0은 유효숫자로 간주하지 않는다.
  - 예) 0.0036 : 유효숫자 2개
- ㉡ 중간에 있는 0은 유효숫자로 간주한다.
  - 예) 1.0007 : 유효숫자 5개
- ㉢ 끝부분에 있는 0은 숫자에 소수점이 있는 경우에만 유효숫자로 인정한다.
  - 예) 100 : 유효숫자 1개
  - 1.00×10^2 : 유효숫자 3개

3) 계산

① 곱셈, 나눗셈 : 유효숫자의 개수가 가장 적은 측정값과 유효숫자가 같도록 해야 한다.
- 예) $4.6 \times 2.11 = 9.7$

② 덧셈, 뺄셈 : 계산에 이용되는 측정값의 소수점 아랫자리가 적은 쪽에 일치시킨다.
- 예) $126.15 + 26.5 + 3.0265 = 155.7$

③ 반올림
- ㉠ 5보다 작으면, 앞에 있는 숫자는 그대로 남는다.
- ㉡ 5보다 크면, 앞에 있는 숫자가 1 증가한다.

> **TIP**
>
> **결과 기록방법**
> ㉠ 수치와 단위는 한 칸 띄운다.
>   - 예) 12g (X) → 12 g (O)
>   20℃ (X) → 20 ℃ (O)
>   100% (X) → 100 % (O)
> ㉡ 시간의 단위
>   - 예) 초 sec (X) → s (O)
>   시간 hr (X) → h (O)
> ㉢ 접두어와 단위는 붙여쓰며 접두어는 소문자로 쓴다.
>   - 예) 밀리리터 : mL
>   킬로미터 : km
>   kilo-meter (X) → kilometer (O)
> ㉣ 범위로 표현되는 수치에는 각각의 단위를 붙인다.
>   - 예) 10~20 % (X) → 10 %~20 % (O)
> ㉤ 부피의 단위 : L 또는 l로 쓴다. 다만 L을 권장한다.
> ㉥ ppm, ppb, ppt는 약어이므로 정확한 단위로 표현하거나 백만분율, 십억분율, 일조분율 등의 수치로 표현한다.
>   - 예) 5 ppm (X) → 5 mg/kg (O) 또는 5×10^{-6} (O)
> ㉦ 1 mμm (X) → 1 nm (O)
>   kJ/g (O) = MJ/kg (O)

> **TIP**
>
> 최소 눈금이 0.01mm인 마이크로미터로 측정하면, 물체의 길이는 12.30mm와 12.35mm 사이에 있을 것이다. 어림짐작하여 12.32mm라 하면 맨 마지막 자리인 소수점 둘째 자리의 2는 불확실한 값이 되고 유효숫자는 4개가 된다.

Exercise 01

log1.324를 유효숫자를 고려하여 나타내어라.

🔍 **풀이** log1.324 = 3.1219
유효숫자가 4개이므로 계산 결괏값의 소수점 뒤가 4자리가 되도록 한다.

[04] 분석시료

1. 시료 샘플링 방법

구분	내용
유의적 샘플링	• 전문적인 지식을 바탕으로 주관적인 선택에 따른 채취방법 • 선행연구나 정보가 있을 경우 또는 현장 방문에 의한 시각적 정보, 현장채수요원의 개인적인 지식과 경험을 바탕으로 채취지점을 선정하는 방법이다. • 연구기간이 짧고, 예산이 충분하지 않을 때 과거 측정지점에 대한 조사자료가 있을 때, 특정 지점의 오염 발생 여부를 확인하고자 할 때 선택한다.
임의적 샘플링	• 임의적으로 시료를 채취하는 방법 • 시료군에서 연구목적에 적합하다고 판단되는 시료를 대상으로 하며, 선행시료와 관계없이 다음 시료의 채취지점을 선택해야 한다. • 시료가 우연히 발견되는 것이 아니라 폭넓게 모든 지점(장소)에서 발생할 수 있다는 것을 전제로 한다.
계통 표본 샘플링	• 시료군을 일정한 패턴으로 구획하여 선택하는 방법 • 시료군을 일정한 격자로 구분하여 시료를 채취하며, 시료채취지점은 격자의 교차점 또는 중심에서 채취한다. • 채취지점이 명확하여 시료채취가 쉽고, 현장요원이 쉽게 찾을 수 있다. • 시공간적 영향을 고려하여 충분히 작은 구간으로 구획하는 것이 좋다.

> **TIP**
>
> **대시료 채취방법**
> - **구획법** : 모아진 대시료를 네모꼴로 만들어 가로 4등분 세로 5등분으로 나누어 20개의 각 부분에서 균등한 양을 취한 후 혼합하여 시료를 만든다.
> - **교호삽법** : 원뿔을 만들어 시료를 채취하며, 2개의 원뿔 중 하나만 취한다(반복).
> - **원뿔 4분법** : 원뿔의 꼭지를 눌러 평평하게 만들고, 이를 부채꼴로 4등분한다. 마주보는 두 부분을 취하고 반은 버린다(반복하여 적당량을 취한다).

> **TIP**
>
> **시료의 질량(m)**
> $$mR^2 = k_s$$
> 여기서, R : 표준편차
> k_s : 시료채취상수

2. 바탕시료

1) **바탕시료** : 시험과정의 바탕값을 보정하고 분석과정 중 발생할 수 있는 오염을 확인하기 위해서 사용하는 시료이다.

> **TIP**
>
> **시료의 수(n)**
> $$n = \frac{t^2 s^2}{(\mu - \bar{x})^2}$$
> 여기서, t : t값
> s : 표준편차
> μ : 실제 모집단 평균

(1) 방법바탕시료(Method Blank Sample)
① 분석물질만 제외한 모든 성분이 들어 있는 시료로 모든 분석절차를 거친다.
② 분석시료의 시험·검사 시 시약, 수행절차, 분석장비 등으로부터 발생하는 오염을 확인한다.
③ 분석시료에 미치는 바탕의 영향을 추정할 수 있다.

(2) 시약바탕시료(Reagent Blank Sample)
① 실험절차, 시약 및 측정장비 등으로부터 발생하는 오염물질을 확인할 수 있다.
② 방법바탕과 유사하지만, 모든 시료 준비절차를 따르지는 않는다.

(3) 현장바탕시료(Field Blank Sample)
① 시료채취과정에서 시료와 동일한 채취과정의 조작을 수행하는 시료를 말한다.
② 현장에서 만들어지는 깨끗한 시료로 분석의 모든 과정에서 발생하는 문제점을 찾는 데 사용된다.

(4) 기구바탕시료(Eqipment Blank Sample) & 세척바탕시료(Rinsate Blank Sample)
시료채취기구의 오염을 확인하기 위해 사용되는 바탕시료이다.

(5) 운송바탕시료(Trip Blank Sample)
① 용기바탕시료(Container Blank Sample)라고도 한다.
② 시료채취 후 보관용기에 담아 운송 중에 용기로부터 오염되는 것을 확인하기 위한 바탕시료이다.

(6) 전처리 바탕시료(Preparation Blank Sample)
전처리에 사용되는 기구에서 발생할 수 있는 오염을 확인하기 위한 바탕시료이다.

(7) 매질바탕시료(Matrix Blank Sample)
시료매질에 존재할 수 있는 물질에 대한 평가에 사용된다.

(8) 검정곡선 바탕시료(Calibration Blank Sample)
분석장비의 바탕값을 평가하기 위해 사용하는 시료이다.

◆ 가양성
실제 농도는 그 허용치 미만이지만, 농도가 허용치를 넘는 것을 말한다.

◆ 가음성
실제 농도가 그 허용치를 초과할 때 농도가 허용치 미만인 것을 말한다.

[05] 표준작업지침서(표준작업절차서, SOP : Standard Operating Procedures)

1. 정의
① 특정 업무를 표준화된 방법에 따라 일관되게 실시할 목적으로 해당 절차 및 수행방법 등을 상세하게 기술한 문서이다.
② 표준작업에 대한 상세한 지침을 제공하여 일관되게 업무를 수행하도록 하는 문서이다.
③ 품질관리가 필요한 모든 업무에 필요하다.

2. 목적
① 업무를 표준화된 방법에 따라 일관되게 수행할 수 있도록 해당 절차 및 수행방법 전달
② 업무 수행에 필요한 모든 정보를 제공
③ 결과의 검증에서 특정 절차의 과정 단계를 설명
④ 시험자의 안전과 사고 예방
⑤ 생산성을 개선하고 시험계획의 수립에 기여
⑥ 정해진 규정에 따른 업무 진행 가능
⑦ 교육을 위한 도구로 사용

TIP

표준작업절차서의 내용
• 시험방법 개요
• 검출한계
• 간섭물질(매트릭스 효과)
• 시험 · 검사 장비
• 시료보관방법 및 전처리방법
• 벗어난 값에 대한 시정조치 및 처리절차
• 실험실 환경 · 폐기물 관리
• 표, 그림, 도표와 유효성 검증자료
• 참고자료

CHAPTER 06 시험법 밸리데이션

실전문제

01 전처리 과정에서 발생 가능한 오차를 줄이기 위한 시험법 중 시료를 사용하지 않고 기타 모든 조건을 시료분석법과 같은 방법으로 시험하는 방법은?
① 맹시험
② 공시험
③ 조절시험
④ 회수시험

해설
오차를 줄이기 위한 시험법
- 공시험 : 시료를 사용하지 않고 기타 모든 조건을 시료분석법과 같은 방법으로 실험하는 것을 말한다.
- 조절시험 : 시료와 가급적 같은 성분을 함유한 대조시료를 만들어 시료분석법과 같은 방법으로 여러 번 실험한 다음, 기지 함량값과 실제로 얻은 분석값의 차만큼 시료분석값을 보정하여 준다.
- 회수시험 : 시료와 같은 공존물질을 함유하는 기지농도의 대조시료를 분석함으로써 공존물질의 방해 작용 등으로 인한 분석값의 회수율을 검토하는 방법이다.
- 맹시험 : 처음 분석값은 조작에 익숙하지 못하여 흔히 오차가 크게 나타나므로 맹시험이라 하여 버리는 경우가 많다.
- 평행시험 : 같은 시료를 같은 방법으로 여러 번 되풀이하는 시험이다.

02 견뢰성(Ruggedness)의 정의는?(단, USP(United States Pharmacopoeia)를 기준으로 한다.)
① 동일한 실험실, 시험자, 장치, 기구, 시약 및 동일 조건 하에서 균일한 검체로부터 얻은 복수의 시료를 단기간에 걸쳐 반복시험하여 얻은 결괏값들 사이의 근접성
② 측정값이 이미 알고 있는 참값 또는 허용 참조값으로 인정되는 값에 근접하는 정도
③ 정상적인 시험 조건의 변화하에서 동일한 시료를 시험하여 얻어지는 시험결과의 재현성의 정도
④ 시험방법 중 일부 조건이 작지만 의도된 변화에 의해 영향을 받지 않고 유지될 수 있는 능력의 척도

해설
① 정밀도, ② 정확도, ③ 견뢰성, ④ 완건성에 대한 설명이다.

03 시험장비 밸리데이션 범위에 포함되지 않는 것은?
① 설계 적격성 평가
② 설치 적격성 평가
③ 가격 적격성 평가
④ 운전 적격성 평가

해설
적격성 평가
설비 또는 시스템이 적합하게 설치되고 올바로 작동하며 예상 결과를 실제로 낼 수 있음을 증명하고 문서화하는 행위
- DQ(설계 적격성) 평가 : 분석장비의 사용목적에 맞는 장비 선택과 도입, 설치, 운용에 관련 전반적 조건, 사양, 재질 등에 대한 설계의 적합성을 검토하는 과정이다.
- IQ(설치 적격성) 평가 : 시험장비의 신규 도입 또는 설치장소 이동 등 설치와 관련된 상황 발생에 따라 장비의 적절한 설치 여부를 검증하는 과정으로 기계적 시스템 구성을 평가한다.
- OQ(운전 적격성) 평가 : 분석장비의 설치환경에서 정상적인 운전 가능 여부 등을 기능적 검증 측면에서 적격성 평가를 진행해야 한다.
- PQ(성능 적격성) 평가 : 분석장비의 운용목적에 따른 실제의 분석환경과 조건에서 분석대상물질 또는 특정표준물질 등에 대한 적격성 평가를 수행한다.

04 확인 시험의 밸리데이션에서 일반적으로 필요한 평가 파라미터는?
① 정확성
② 특이성
③ 직선성
④ 검출한계

해설
특이성
존재할 것으로 예상되는 방해물질이 있음에도 불구하고 분석물질을 선택적으로 분석할 수 있는 능력이다.

정답 01 ② 02 ③ 03 ③ 04 ②

05 재현성에 관한 내용이 아닌 것은?

① 연구실 내 재현성에서 검토가 필요한 대표적인 변동요인은 시험일, 시험자, 장치 등이다.
② 연구실 간 재현성은 실험실 간의 공동실험 시 분석법을 표준화할 필요가 있을 때 평가한다.
③ 연구실 간 재현성이 표현된다면 연구실 내 재현성은 검증할 필요가 없다.
④ 재현성을 검증할 때는 분석법 전 조작을 6회 반복 측정하여 상대표준편차값이 3% 이내가 되어야 한다.

06 검량선에서 y절편의 표준편차가 0.1, 기울기가 0.1일 때 정량한계는?

① 10 ② 1
③ 0.1 ④ 3.3

해설

정량한계 $= 10 \times \dfrac{\sigma}{S} = 10 \times \dfrac{0.1}{0.1} = 10$

07 다음 중 밸리데이션 항목에 포함되지 않는 것은?

① 재현성 ② 특이성
③ 직선성 ④ 정량한계

해설

밸리데이션 항목
- 특이성
- 범위
- 정밀성
- 정량한계
- 직선성
- 정확성
- 검출한계
- 완건성

08 평균값과 표준오차를 얻기 위한 시험으로 계통오차를 제거하지 못하는 시험법은?

① 공시험 ② 조절시험
③ 맹시험 ④ 평행시험

해설

오차를 줄이기 위한 시험법
- 공시험 : 시료를 사용하지 않고 기타 모든 조건을 시료분석법과 같은 방법으로 실험하는 것을 말한다.
- 조절시험 : 시료와 가급적 같은 성분을 함유한 대조시료를 만들어 시료분석법과 같은 방법으로 여러 번 실험한 다음, 기지 함량값과 실제로 얻은 분석값의 차만큼 시료분석값을 보정하여 준다.
- 회수시험 : 시료와 같은 공존물질을 함유하는 기지농도의 대조시료를 분석함으로써 공존물질의 방해 작용 등으로 인한 분석값의 회수율을 검토하는 방법이다.
- 맹시험 : 처음 분석값은 조작에 익숙하지 못하여 흔히 오차가 크게 나타나므로 맹시험이라 하여 버리는 경우가 많다.
- 평행시험 : 같은 시료를 같은 방법으로 여러 번 되풀이하는 시험이다.

09 최저 정량한계에서 추출한 시료의 신호 대 잡음비를 계산한 값을 무엇이라 하는가?

① 정확성 ② 회수율
③ 감도 ④ 정밀성

해설

감도
- 감도 $= \dfrac{\text{측정신호값의 변화}}{\text{농도의 변화}}$
- 감도(검량선의 기울기)가 클수록 분석성분 농도의 미세한 변화를 확인하기가 용이하다.

10 표준편차에 대해 올바르게 설명한 것은?

① 표준편차가 작을수록 정밀도가 더 크다.
② 표준편차가 클수록 정밀도가 더 크다.
③ 표준편차와 정밀도는 상호 관계가 없다.
④ 표준편차는 정확도와 가장 큰 상호 관계를 갖는다.

해설

표준편차가 작을수록 정밀도가 크다.

정답 05 ④ 06 ① 07 ① 08 ④ 09 ③ 10 ①

11 다음 오차의 설명 중 계통오차에 대한 설명이 아닌 것은?

① 오차의 원인이 불분명하고 측정값이 불규칙하여 그 양을 측정할 수 없다.
② 오차의 원인이 각 측정결과에 동일한 크기로 영향을 미친다.
③ 크기를 알 수 있고 보정이 가능한 오차이다.
④ 검증되지 않은 측정기기나 시약, 용매에 포함되어 있는 불순물 등으로 인해 일어나는 오차이다.

해설
우연오차
오차의 원인이 불분명하고 측정값이 불규칙하여 그 양을 측정할 수 없다.

12 다음 중 정밀도를 나타내는 표현방법으로 옳지 않은 것은?

① 표준편차
② 평균의 표준오차
③ 산술평균
④ 상대표준편차

해설
정밀도를 나타내는 방법
- 표준편차
- 평균의 표준오차
- 분산
- 상대표준편차, 변동계수
- 퍼짐, 영역

13 정밀도와 정확도를 표현하는 방법이 바르게 짝지어진 것은?

① 정밀도 : 중앙값, 정확도 : 회수율
② 정밀도 : 중앙값, 정확도 : 변동계수
③ 정밀도 : 상대표준편차, 정확도 : 변동계수
④ 정밀도 : 상대표준편차, 정확도 : 회수율

해설
- 정밀도 : 표준편차, 상대표준편차, 변동계수
- 정확도 : 오차, 회수율

14 시험법 밸리데이션 과정에 일반적으로 요구되는 방법검증항목을 모두 고른 것은?

A. 검정곡선의 직선성	B. 특이성
C. 정확도 및 정밀도	D. 정량한계 및 검출한계
E. 안정성	

① A, B, C, D, E
② A, C, D, E
③ A, B, C, D
④ A, B, C

해설
밸리데이션 검증항목
- 특이성
- 직선성
- 범위
- 정밀성
- 정확성
- 검출한계
- 정량한계
- 회수율
- 완건성
- 안정성

15 평균값이 4.74이고 표준편차가 0.11일 때 분산계수(CV)는?

① 0.023%
② 2.3%
③ 4.3%
④ 43.09%

해설
$$CV = \frac{s}{x} \times 100\%$$
$$= \frac{0.11}{4.74} \times 100 = 2.32\%$$

16 정량분석을 위해 분석물질과 다른 화학적으로 안정한 화합물을 미지시료에 첨가하는 것은?

① 절대검량선법
② 표준첨가법
③ 내부표준법
④ 분광간섭법

해설
내부표준법
표준용액과 시료에 동일한 양의 내부표준물질을 첨가하여 시험분석 절차, 기기 또는 시스템의 변동으로 발생하는 오차를 보정하기 위해 사용하는 방법
※ 내부표준물질 : 시료에 일정량을 첨가하는 표준물질

정답 11 ① 12 ③ 13 ④ 14 ① 15 ② 16 ③

17 유효숫자 표기방법에 의한 계산 결괏값이 유효숫자 2자리인 것은?

① $(7.6 - 0.34) \div 1.95$
② $(1.05 \times 10^4) \times (9.92 \times 10^6)$
③ $850,000 - (9.0 \times 10^5)$
④ $83.25 \times 10^2 + 1.35 \times 10^2$

> 해설
① $(7.6 - 0.34) \div 1.95 = 3.7$
계산 전의 가장 작은 자릿수로 한다. 유효숫자 2개
② $(1.05 \times 10^4) \times (9.92 \times 10^6) = 1.04 \times 10^{11}$ 유효숫자 3개
③ $850,000 - (9.0 \times 10^5) = -0.5 \times 10^5$ 유효숫자 1개
④ $83.25 \times 10^2 + 1.35 \times 10^2 = 84.60 \times 10^2$ 유효숫자 4개

18 일반적으로 전처리 과정에서 대상 성분의 함량이 낮은 경우 더욱 고려해야 하는 검체의 특성은?

① 안정성 ② 균질성
③ 흡습성 ④ 용해도

> 해설
검체의 균질성은 대상 성분의 함량이 낮은 경우 더 고려해야 한다.

19 시료분석 시의 정도관리 요소 중 바탕값(Blank)의 종류와 내용이 옳게 연결된 것은?

① 현장바탕시료(Field Blank Sample)는 시료채취과정에서 시료와 동일한 채취과정의 조작을 수행하는 시료를 말한다.
② 운송바탕시료(Trip Blank Sample)는 시험 수행과정에서 사용하는 시약과 성세수의 오염과 실험절차의 오염, 이상 유무를 확인하기 위한 목적에 사용한다.
③ 정제수 바탕시료(Reagent Blank Sample)는 시료채취과정의 오염과 채취용기의 오염 등 현장 이상 유무를 확인하기 위함이다.
④ 시험바탕시료(Method Blanks)는 시약 조제, 시료 희석, 세척 등에 사용하는 시료를 말한다.

> 해설
- 운송바탕시료(Trip Blank Sample) : 시료채취 후 보관용기에 담아 운송 중에 용기로부터 오염되는 것을 확인하기 위한 바탕시료이다.
- 방법바탕시료(Method Blank Sample) : 분석시료의 시험·검사 시 시약, 수행절차, 분석장비 등으로부터 오염을 확인한다.
- 시약바탕시료(Reagent Blank Sample) : 시험절차, 시약 및 측정장비 등으로부터 발생하는 오염물질을 확인할 수 있다.

20 화학분석의 일반적 단계를 설명한 내용 중 틀린 것은?

① 시료 채취는 분석할 대표 물질을 선택하는 과정이다.
② 시료 준비는 대표 시료를 녹여 화학 분석에 적합한 시료로 바꾸는 과정이다.
③ 분석은 분취량에 들어 있는 분석물질의 농도를 측정하는 과정이다.
④ 보고와 해석은 대략적으로 작성하고, 결론 도출에서 명료하고 완전하며 책임질 수 있는 자료를 작성한다.

> 해설
보고와 해석은 정확하게 작성하고, 결론 도출에서 명료하게 알아볼 수 있는 자료를 만들어야 한다.

21 20% Pt 입자와 80% C 입자의 혼합물에서 임의의 10^3개 입자를 취했을 때, 예상되는 Pt 입자수와 표준편차는?

① 입자수 : 200, 표준편차 : 9.9
② 입자수 : 200, 표준편차 : 12.6
③ 입자수 : 800, 표준편차 : 11.2
④ 입자수 : 800, 표준편차 : 19.8

> 해설
- 입자수 $= nP$
  $= 1,000 \times 0.2 = 200$
- 표준편차 $= \sqrt{np(1-p)}$
  $= \sqrt{1,000 \times 0.2(1-0.2)}$
  $= 12.65$

정답 17 ① 18 ② 19 ① 20 ④ 21 ②

22 내부표준에 관한 다음 설명 중 옳은 내용을 모두 고른 것은?

> 가. 감응인자는 아는 양의 분석물과 내부표준을 함유한 혼합을 사용하여 얻은 분석물과 내부표준의 검출기 감응을 사용하여 계산한다.
> 나. 기기 감응과 분석되는 시료의 양이 시간에 따라 변하는 경우에 유용하다.
> 다. 검출기 감응은 농도에 반비례한다.
> 라. 분석물과 내부표준의 검출기 감응비는 농도범위에 걸쳐 일정하다고 가정한다.

① 다
② 가, 나
③ 가, 나, 라
④ 옳은 설명이 없다.

해설

내부표준물법
- 분석신호와 내부표준물 신호의 비(A_x/A_s)와 농도와의 관계를 그래프에 작성하여 검량선을 만든다.
- $\dfrac{A_x}{A_s} = K\dfrac{[X]}{[S]}$

  여기서, K : 감응인자

23 카페인 시료의 농도를 분광광도법으로 분석하여 아래의 표와 같은 데이터를 얻었을 때, 이 분광광도계의 최소 검출 가능 농도(mM)는?

시료의 흡광도 측정값 평균	0.1180
시료의 흡광도 표준편차	0.005927
바탕시료의 평균 흡광도	0.0182
검량선의 기울기	0.59mM^{-1}

① 0.0332 ② 0.0409
③ 0.0697 ④ 0.1180

해설

$LOD = 3.3 \times \dfrac{\sigma}{S}$
$= 3.3 \times \dfrac{0.005927}{0.59} = 0.0332$

24 원료의약품의 정량시험을 밸리데이션하는 과정에서 얻은 결과 중 틀린 것은?(단, 허용기준은 $R \geq 0.990$이다.)

농도(mg/mL)	Peak Area
6	537.6
8	712.1
10	886.5
12	1,071.8
14	1,241.7

① 기울기 : 88.395
② y절편 : -5.99
③ Linearity 시험 : 만족
④ 농도 Level : 60~140%

해설

계산기의 통계모드를 이용한다.
- 회귀직선식 : $y = 88.395x + 5.99$
- 상관계수 $R = 0.99993$
- 농도

  $\dfrac{6}{10} \times 100 = 60\%$, $\dfrac{14}{10} \times 100 = 140\%$

  ∴ 농도 Level : 60~140%

25 아래 측정값의 평균(A), 표준편차(B), 분산(C), 변동계수(D), 범위(E)는?

(단위 : ppm)

0.752, 0.756, 0.752, 0.751, 0.760

① A : 0.754, B : 0.004, C : 1.4×10^{-5}, D : 0.5%, E : 0.009
② A : 0.754, B : 0.003, C : 1.4×10^{-5}, D : 0.1%, E : 0.09
③ A : 0.754, B : 0.004, C : 1.4×10^{-6}, D : 0.5%, E : 0.009
④ A : 0.754, B : 0.003, C : 1.4×10^{-6}, D : 0.1%, E : 0.09

정답 22 ③ 23 ① 24 ② 25 ①

해설

- 평균(A) = $\dfrac{0.752+0.756+0.752+0.751+0.760}{5}$
  $= 0.754$
- 표준편차(B)
  $= \sqrt{\dfrac{0.002^2+0.002^2+0.002^2+0.003^2+0.006^2}{5-1}}$
  $= 0.0038$
- 분산(C) = 표준편차^2 = 1.42×10^{-5}
- 변동계수(D) = $\dfrac{B}{A} = \dfrac{0.0038}{0.754} \times 100\% = 0.5\%$
- 범위(E) = $0.760 - 0.751 = 0.009$

26 Na$^+$을 포함하는 미지시료를 AES를 이용해 측정한 결과 4.00mV이고, 미지시료 95.0mL에 2.00M NaCl 표준용액 5.00mL를 첨가한 후 측정하였더니 8.00mV였을 때, 미지시료 중에 함유된 Na$^+$의 농도(M)는?

① 0.95 ② 0.095
③ 0.0095 ④ 0.00095

해설

$\dfrac{2.00\text{mol/L} \times 5\text{mL} + C \times 95\text{mL}}{100\text{mL}}$: $C = 8 : 4$

$\therefore C = 0.095\text{mol/L}(M)$

27 기기검출한계에 대한 설명으로 옳은 것은?

① 일반적으로 S/N비의 2~5배 농도이다.
② 바탕시료를 반복 측정 분석한 결과 표준편차의 10배한 값이다.
③ 시험분서대상을 검출할 수 있는 최대한의 양이다.
④ 시험분석대상을 정량화할 수 있는 값이다.

해설

기기검출한계(IDL)
- 일반적으로 S/N비의 2~5배 농도이다.
- 바탕시료를 반복 측정 분석한 결과 표준편차의 3배에 해당하는 농도이다.

28 평균값이 ±4% 이내일 때, 95%의 신뢰도를 얻기 위한 2.8g 시료의 분석횟수는?(단, 분석 불정확도는 시료채취 불정확도보다 매우 작아 무시할 만하며, 주어진 조건에서 시료채취상수는 41g이다.)

t-table	one-tail	
자유도	0.05	0.025
1	6.314	12.710
2	2.920	4.303
3	2.353	3.182
4	2.132	2.776
5	2.015	2.571
6	1.943	2.447
7	1.895	2.365
8	1.860	2.306
9	1.833	2.262
10	1.812	2.228
∞	1.645	1.960

① 2 ② 4
③ 6 ④ 8

해설

$n = \dfrac{t^2 s^2}{(\mu - \bar{x})^2}$

$\mu - \bar{x} = \pm 4\% = 0.04$

$mR^2 = K_s$

$R = \sqrt{\dfrac{K_s}{m}} = \sqrt{\dfrac{41\text{g}}{2.8\text{g}}} = 3.8266\% = 0.03827$

- $n = 5$로 가정

$n = \dfrac{(2.776 \times 0.03827)^2}{(0.04)^2} = 7.05$: 불성립

- $n = 6$으로 가정

$n = \dfrac{(2.571 \times 0.03827)^2}{(0.04)^2} = 6$: 성립

정답 ▶ 26 ② 27 ① 28 ③

PART 03

화학물질 특성분석

CHAPTER 01 화학특성분석
CHAPTER 02 크로마토그래피 분석
CHAPTER 03 질량분석
CHAPTER 04 전기화학분석
CHAPTER 05 열분석

01 화학특성분석

[01] 화학특성 확인

1. 화합물의 물리적 특성

1) 인장특성
① 재료가 인장하중에 의해 파단될 때의 최대응력
② 최대하중을 시험편 원래의 단면적으로 나눈 값(kg/cm^2)이다.
③ 인장강도
  ㉠ 항복점 : 재료가 받는 최고점에서의 힘
  ㉡ 파단점 : 재료가 끊어지는 시점에서의 힘
④ 신율 : 재료가 인장하중에 의해 파단될 때 원래의 길이 10에 대하여 최대로 늘어난 길이(l_e)의 비율

$$신율 = \frac{(l_e - 10)}{10} \times 100\%$$

2) 굴곡특성
① 재료를 휘게 하는 굴곡력을 가했을 때 발생하는 응력의 변화와 관련된 물성을 의미한다.
② 굴곡강도 : 굴곡력을 적용할 때 로드(Load)가 더 이상 증가하지 않는 최댓값을 굴곡강도라 한다.
③ 굴곡탄성률 : 굴곡력 vs 로드(Load) 커브상에서 초기 직선구간의 기울기로 산출해 낸 값을 의미한다.

> **TIP**
> 인장
> • 시험편에 인장하중을 가해 기계적 성질을 측정
> • 인장강도 = $\frac{최대인장하중}{시험편\ 단면적}$

3) 충격특성

(1) 충격강도

$$\text{충격강도}(kJ/m^2) = \frac{\text{필요한 에너지}}{\text{재료의 단위면적 또는 단위폭}}$$

(2) 아이조드 충격강도

시편의 중간부위에 흠집을 낸 후 수직으로 세워 놓고 윗부분에 충격을 가해 파괴되는 데 소모되는 에너지이다.

4) 압축특성

(1) 압축강도

① 압축강도

$$\text{압축강도}(kg/cm^2) = \frac{\text{압축에 의해 파괴될 때까지의 최대하중}}{\text{시험편의 원단면적}}$$

② 파괴되지 않은 재료

규정 변형치에 대한 하중을 원단면적으로 나눈 값으로 나타낸다.

5) 인열특성

① **인열** : 시편에 90°로 야기되는 응력집중으로 시작되어 파열되는 순간까지의 현상을 말한다.
② **인열강도** : 파단될 때까지의 최대강도를 의미한다.

2. 화합물의 화학적 특성

1) 내화학성

① 물질이 화학적 물질이나 처리에 견디는 정도
② 재료는 용매에 의해 영향을 받게 되며, 그 영향의 정도는 용매의 극성, 점도에 의해 결정된다.
③ 용매의 극성이 재료의 극성과 일치하면 기계적 물성의 손실은 다른 용매에서보다 커진다.
④ 내화학성은 일반적으로 사용온도에 따라 달라진다.

2) 내후성

(1) 내후성 시험
기능성 고분자가 옥외에서 사용될 경우 기후(일광이나 비바람) 노출을 어느 정도 오래 견디는가를 측정하는 시험

(2) 측정방법
① 옥외폭로 시험 : 재료가 옥외에서 일광, 폭우 등의 자연조건에 노출되어 일정 시간이 경과한 후의 변화물성과 최초물성을 비교하는 시험
② 인공촉진 내후성 시험
  ㉠ 웨더-오미터법
  ㉡ 자외선 시험기법

3) 용해도

① 일정 온도에서 용질이 일정량의 용매에 녹는 정도
② 재료의 용해성은 용질과 용매의 화학구조 및 분자간력에 의해 결정된다.
③ 친수성과 소수성
  ㉠ 친수성기(수산기, 카복실기, 아미노기, 설폰기 등) : 극성 용매에 용해
  ㉡ 소수성기(알킬기, 페닐기 등) : 비극성 용매에 용해
④ 고분자는 일단 팽윤된 후 녹으며 가교구조가 많을수록 용해성은 더욱 떨어진다.
⑤ 용질과 용매분자 사이의 인력이 강할수록 그 용매에 대한 용해도는 커진다.
⑥ 압력에 대한 효과

> **Reference**
>
> Henry's Law
> 어떤 액체 용매에 대한 기체의 용해도는 기체의 부분압력에 비례한다.
>
> $$S = kP$$
>
> 여기서, S : 용매에 대한 기체의 용해도
> k : 헨리상수
> P : 기체의 부분압력

⑦ 온도에 대한 효과
  ㉠ 대부분 고체 용질의 물에 대한 용해도는 용액의 온도가 상승함에 따라 증가한다.
  ㉡ 물에 대한 기체의 용해도는 온도가 상승함에 따라 감소한다.

TIP

- **기체의 용해도**
  온도가 증가하면 용해도는 감소하고, 압력이 증가하면 용해도는 증가한다.
- **액체의 용해도**
  극성 분자는 극성 용매에 잘 녹고 비극성 분자는 비극성 용매에 잘 녹는다.
- **고체의 용해도**
  일반적으로 온도가 올라갈수록 잘 녹고, 압력에는 거의 영향이 없다.

3. 화합물의 열적 특성

1) 유리전이온도(T_g, Glass Transition Temperature)

① 유리전이 : 비정질 고분자 또는 준결정 고분자의 비결정 영역에서 점성이 있는 상태 또는 고무상의 상태에서 딱딱하고 상대적으로 깨지기 쉬운 상태로 바뀌는 가역적 변화 또는 그 반대방향으로의 변화를 유리전이라 한다.
② 유리전이온도(T_g) : 유리전이가 일어나는 온도범위의 중간지점
③ 유리전이온도는 결정성을 늘리면 높아지는데, 가소제를 첨가하거나 또는 공중합에 의하여 떨어뜨릴 수도 있다.
④ T_g 측정방법 : 시차주사열량계(DSC)

2) 비카트연화온도(VST : Vicat Softening Temperature)

① 연화온도 : 재료가 사용될 수 있는 최고한계온도를 나타내는 척도로서 일정 하중에서 임의의 양만큼의 변형이 발생하는 온도를 말한다.
② 비카트연화온도(VST) : 하중(10N, 50N)과 승온속도(50℃/시간, 120℃/시간)의 4종류의 시험방법하에서 시편의 표면에서 침상입자가 1mm 침투하였을 때의 온도를 말한다.

3) 선 열팽창계수(CLTE : Coefficient of Linear Thermal Expansion)

① 재료의 온도에 따른 길이의 변화를 나타내는 물성
② 단위길이당 온도 1℃ 변화 시 재료의 길이 변화율로 환산하여 나타낸다.

4) 열안정성

① 온도변화에 따른 재료의 무게변화를 측정하여 얻어지는 특성이다.
② 열중량분석기(TGA : Thermo Gravimetric Analyzer)
  ㉠ 온도-무게 변화량의 곡선을 얻을 수 있다.
  ㉡ 사용한 시료의 열안정성 및 물질의 구성비 등을 나타내고, 가열 종료 시 남은 잔류체의 무게비도 알 수 있다.

[02] 화학특성 분석 데이터 확인

1. 대푯값

① 주어진 데이터를 대표하는 특정값
② 데이터의 중심적인 경향이나 데이터 분포의 중심의 위치로 나타낸다.
③ 대푯값의 예
　㉠ **평균** : 산술평균 $= \dfrac{\Sigma \text{데이터의 측정값의 합}}{\text{전체 데이터 수}}$
　㉡ **중위수(중앙값)** : 데이터를 크기 순으로 나열했을 때 한가운데에 위치하는 데이터의 값
　㉢ **최빈수** : 빈도수가 가장 높은 데이터의 값

2. 산포도

① 대푯값을 중심으로 데이터들이 흩어져 있는 정도를 의미
② 산포도의 수치가 작을수록 데이터들이 대푯값에 밀집되어 있고, 클수록 데이터들이 대푯값을 중심으로 멀리 흩어져 있다.
③ 산포도의 예
　㉠ 편차＝평균－특정 데이터 값
　㉡ 표준편차＝$\sqrt{\text{분산}}$

CHAPTER 01 화학특성분석

실전문제

01 다음 화합물의 물리적 특성에 대한 내용 중 틀린 것은?

① 인장특성 – 재료가 인장하중에 의해 파단될 때의 최대 응력이다.
② 굴곡강도 – 굴곡력을 적용할 때 로드(Load)가 더 이상 증가하지 않는 최댓값이다.
③ 압축강도 – 압축에 의해 파괴될 때까지의 최대하중을 시험편의 원단면적으로 나눈 값이다.
④ 인열강도 – 충격적인 하중에 의해서 재료를 파괴하는 데 필요한 에너지를 재료의 단위면적으로 나눈 수치이다.

해설
- 인열강도 : 시편에 90°로 야기되는 응력집중으로 시작하여 파단될 때까지의 최대강도
- 충격강도 : 충격적인 하중에 의해서 재료를 파괴하는 데 필요한 에너지를 재료의 단위면적 또는 단위폭으로 나눈 수치이다(kJ/m^2).

02 다음 시험으로 측정되는 화합물의 화학적 특성은?

옥외 폭로 시험 : 재료가 옥외에서 일광, 폭우 등의 자연조건에 노출되어 일정 시간이 경과한 후의 변화 물성과 최초 물성을 비교하는 시험

① 내후성
② 내화학성
③ 용해도
④ 비카트 연화온도

해설
내후성
- 기능성 고분자가 옥외에서 사용될 경우 기후(일광, 비바람) 노출을 견디는 성질
- 옥외폭로실험, 인공촉진 내후성 시험

03 유리전이온도(T_g)에 대한 설명으로 틀린 것은?

① 비정질 고분자 또는 준결정 고분자에 해당된다.
② 딱딱하고 깨지기 쉬운 상태에서 고무상의 상태로의 변화이다.
③ 재료가 사용될 수 있는 최고한계온도를 나타내는 척도이다.
④ 결정성을 늘리면 유리전이온도가 올라간다.

해설
비카트 연화온도
재료가 사용될 수 있는 최고한계온도를 나타내는 척도이다.

04 다음에서 설명하는 화합물의 물리적 특성은?

ㄱ. 압축에 의해 파괴될 때까지의 최대하중을 시험편의 원단면적으로 나눈 값이다(kg/cm^2).
ㄴ. 시편의 중간 부위에 흠집을 낸 후 수직으로 세워 놓고 윗부분에 충격을 가해 파괴되는 데 소모되는 에너지이다.

① ㄱ : 압축강도   ㄴ : 아이조드 충격강도
② ㄱ : 인장강도   ㄴ : 아이조드 충격강도
③ ㄱ : 압축강도   ㄴ : 인장강도
④ ㄱ : 인열강도   ㄴ : 충격강도

해설
- 압축강도 : 압축에 의해 파괴될 때까지의 최대하중을 시험편의 원단면적으로 나눈 값이다(kg/cm^2).
- 아이조드 충격강도 : 시편의 중간 부위에 흠집을 낸 후 수직으로 세워 놓고 윗부분에 충격을 가해 파괴되는 데 소모되는 에너지이다.
- 충격강도 : 충격적인 하중에 의해서 재료를 파괴하는 데 필요한 에너지를 재료의 단위면적 또는 단위폭으로 나눈 수치이다(kJ/m^2).

정답 01 ④ 02 ① 03 ③ 04 ①

- 인열강도 : 시편에 90°로 야기되는 응력집중으로 시작하여 파단될 때까지의 최대강도이다.
- 굴곡 탄성률 : 굴곡력 대 로드 곡선상에서 초기 직선 구간의 기울기로 산출한 값이다.
- 인장강도 : 재료가 인장하중에 의해 파단될 때의 최대응력이다.

05 다음 중 화합물의 열적 특성에 대한 설명으로 틀린 것은?

① 연화온도 : 재료가 사용될 수 있는 최고한계온도를 나타내는 척도이다.
② 비카트 연화온도 : 하중과 승온속도의 4종류의 시험방법에서 시편의 표면에서 침상입자가 1mm 침투하였을 때의 온도이다.
③ 선 열팽창계수 : 재료의 온도에 따른 길이의 변화를 나타내는 물성이다.
④ 열안정성 : 열중량분석기(TGA)를 통하여 온도-열량 곡선을 얻는다.

|해설|

TGA(열중량분석기)
온도-무게 변화량의 곡선을 얻는다.

정답 05 ④

크로마토그래피 분석

[01] 크로마토그래피

1. 크로마토그래피

① 복잡한 혼합물을 구성하고 있는 매우 유사한 성분들을 정량적·정성적으로 분리할 수 있는 분리법이다.
② 시료는 기체, 액체 또는 초임계유체인 이동상에 의해 이동한다. 이동상은 관 또는 고체판 위에 고정되어 있는 정지상을 통해 지나간다.
③ 시료 성분 중 정지상에 세게 붙잡히는 성분은 이동상의 흐름에 따라 천천히 움직이고, 정지상에 약하게 붙잡히는 성분은 빠르게 운반된다.

▼ 크로마토그래피의 종류

이동상의 종류	이름	정지상	상호작용
기체 크로마토그래피 (GC)	기체 – 액체(GLC)	액체	분배
	기체 – 고체(GSC)	고체	흡착
액체 크로마토그래피 (LC)	액체 – 액체, 분배	액체	분배
	액체 – 고체, 흡착	고체	흡착
	이온교환	이온교환수지	이온교환
	크기 배제(겔 투과)	중합체로 된 다공성 겔	거름/분배
	친화	작용기 선택적인 액체	결합/분배
초임계유체 크로마토그래피(SFC)		액체	분배

2. 용질의 이동속도

1) 용리(Elution)

① 이동상을 계속 공급함으로써 칼럼을 통해 화학종을 이동시키는 것
② 정지상과 흡착되어 있는 시료물질에 이동상을 흘려보낼 때 정지상에 흡착된 시료물질의 농도(C_S)와 이동상 중 시료농도(C_M) 간의 평형을 이루면서 시료물질이 유출된다.

2) 분포상수(분배비, 분배계수)

용질 A의 분포 평형 ($A_{이동상} \rightleftarrows A_{정지상}$)일 때의 평형상수($K$)는 다음과 같다.

$$K_A = \frac{C_S}{C_M}$$

여기서, C_S : 정지상에 흡착된 시료농도
C_M : 이동상 중의 시료농도

3) 머무름시간

① 머무름시간(t_R) : 시료를 주입한 후 용질이 칼럼에서 용출되는 데 걸리는 시간
② 보정머무름시간(t'_R) : 용질과 머무르지 않는 화학종이 칼럼에서 용출되는 데 걸리는 시간 차이

$$t'_R = t_R - t_M$$

◆ 불감시간
머무르지 않는 화학종이 칼럼에서 용출되는 데 걸리는 시간

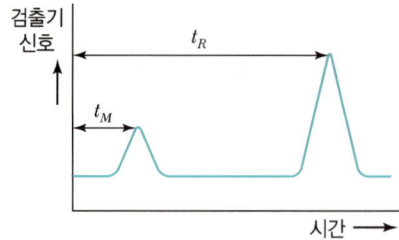

4) 머무름인자(용량인자, k_A)

① 용질 A의 머무름인자는 정지상과 이동상 사이에서 분포되는 용질 A의 몰수의 비
② 용질의 이동속도와 관계 있다.

$$k_A = \frac{C_S V_S}{C_M V_M} = \frac{K_A V_S}{V_M} = \frac{t_R - t_M}{t_M}$$

여기서, K_A : 분포상수(분배계수, 분배비)

◆ 머무름인자
정지상이 분석물을 얼마나 머무르게 할 수 있는지를 나타내는 지표

㉠ 머무름인자 < 1 : 용리시간이 매우 짧아 혼합물 내의 용질을 잘 분리할 수 없다.
㉡ 머무름인자 > 20 : 혼합물 내 용질들을 잘 분리할 수 있으나, 용리시간이 너무 길다.

ⓒ 2 < 머무름인자 < 10 : 혼합물 내 용질들을 적절한 시간에 잘 분리할 수 있다.

5) 선택인자

① 두 분석물질 간의 상대이동속도를 나타낸다.

$$\alpha = \frac{K_B}{K_A} = \frac{k_B}{k_A} = \frac{(t_R)_B - t_M}{(t_R)_A - t_M}$$

여기서, K_B : 더 세게 붙잡혀 있는 화학종 B의 분포상수
K_A : 더 약하게 붙잡혀 있거나, 더 빠르게 용리되는 화학종 A의 분포상수
k_B : 화학종 B의 머무름인자
k_A : 화학종 A의 머무름인자

② α는 항상 1보다 크다.

3. 띠넓힘과 칼럼효율

1) 단수와 단높이

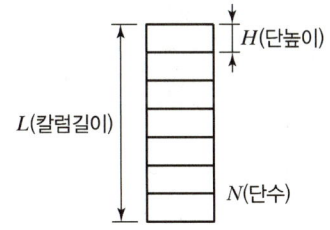

(1) 단높이

$$H = \frac{L}{N}$$

(2) 칼럼단수

$$N = 16\left(\frac{t_R}{W}\right)^2 \text{ 또는 } N = 5.54\left(\frac{t_R}{W_{1/2}}\right)^2$$

여기서, t_R : 머무름시간
W : 봉우리 밑면의 너비
$W_{1/2}$: 봉우리 높이의 $\frac{1}{2}$이 되는 지점에서의 봉우리 너비

(3) 관의 효율

단수가 클수록, 단높이가 작을수록, 관의 길이가 길수록 관의 효율이 크다.

> **TIP**
>
> $$H = \frac{\sigma^2}{L}$$
>
> 여기서, σ : 표준편차
> L : 이동한 거리(칼럼길이)

> **TIP**
>
>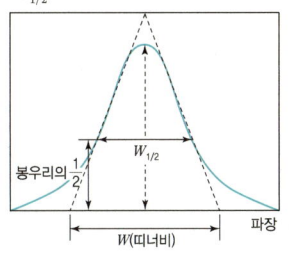

TIP

칼럼의 효율에 영향을 미치는 요소
- 소용돌이 확산
- 다중통로 흐름
- 세로확산
- 이동상의 속도
- 충전물 입자의 지름
- 정지상 액체막의 두께
- 모세관 직경

2) 띠넓힘

(1) 띠넓힘에 영향을 주는 인자

① 이동상의 선형속도(u)

② 이동상에서 용질의 확산계수(D_M)

③ 정지상에서 용질의 확산계수(D_S)

④ 머무름인자(k)

⑤ 충전물 입자의 지름(d_p)

⑥ 정지상의 액체막의 두께(d_r)

⑦ 충전계수(λ)

(2) Van Deemter 식

칼럼과 흐름 속도가 단높이에 어떤 영향을 주는지 설명하는 식

$$H = A + \frac{B}{u} + C_S u + C_M u$$

여기서, H : 단높이(cm)
u : 이동상의 선형속도(cm/s)
A : 다중흐름통로계수
B : 세로확산계수
C_S : 정지상에 대한 질량이동계수
C_M : 이동상 중의 질량이동계수

띠넓힘은 단높이 H를 이동상의 흐름 속도 u에 대해 측정하여 확인한다.

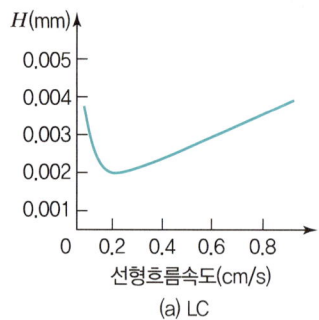
(a) LC

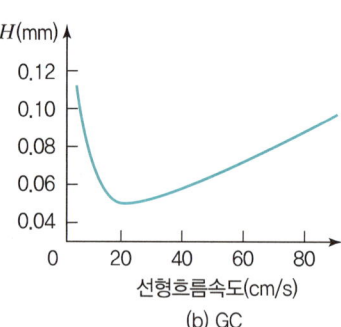
(b) GC

① 다중흐름통로 A
  ㉠ 용질이 충전칼럼 안에서 지나가는 통로가 다양하기 때문에 띠넓힘이 나타난다.

ⓛ 충전계수(λ)는 충전이 균일하게 잘되어 있을수록 작아진다.
➡ 충전이 불균일하게 되어 있으면 통과거리가 더 많이 달라지기 때문에 띠넓힘이 더 크게 나타난다.
ⓒ 정지상 입자의 크기(d_p)가 클수록 용질이 들어가는 거리가 더 커지므로 띠넓힘이 크게 발생한다.

② 세로확산 $\dfrac{B}{u}$

ⓐ 크로마토그래피 관에서 농도가 진한 띠의 중앙부분에서 농도가 묽은 띠의 위아래로 용질이 이동하는 확산현상
ⓛ 기체 크로마토그래피에서 띠넓힘의 원인이 된다.
ⓒ 이동상의 속도가 커지면 확산시간 부족으로 세로확산이 감소된다.
➡ 기체 이동상의 경우 온도를 낮추면 세로확산을 줄일 수 있다.

③ 질량이동항 Cu

ⓐ 용질, 즉 질량이 비교적 느린 비평형상태로 이동상과 정지상 사이에서 이동하기 때문에 띠넓힘이 나타난다.
ⓛ 단높이가 작을수록 관의 효율이 증가하므로 질량이동계수를 작게 해야 한다.

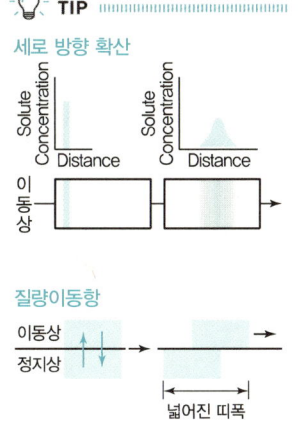

TIP
세로 방향 확산

질량이동항

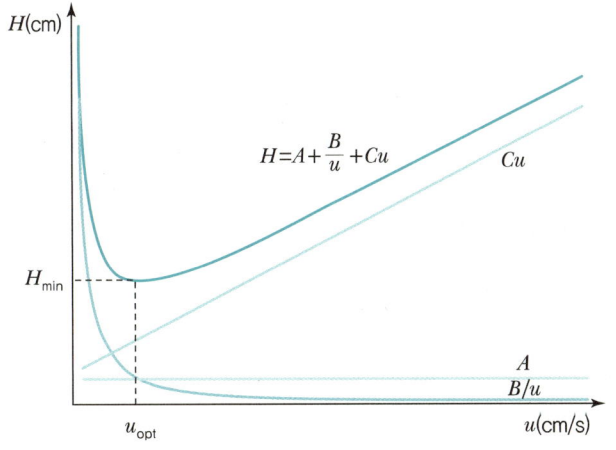

3) 칼럼의 성능을 최적화하기 위한 방법

(1) 분리효율
① 피크 사이의 용리시간의 차이가 클수록 분리가 좋다.
② 피크가 퍼져 있지 않고 Sharp할수록 분리가 좋다.

(2) 분해능(분리능, Resolution, R_s)
① 두 가지 용질을 분리할 수 있는 칼럼의 능력

② $$R_s = \frac{\Delta Z}{W_A/2 + W_B/2} = \frac{2\Delta Z}{W_A + W_B} = \frac{2[(t_R)_B - (t_R)_A]}{W_A + W_B}$$

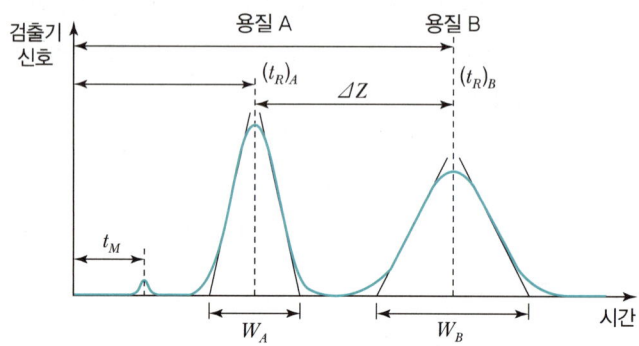

㉠ $R_s = 0.75$: 분리가 되지 않음
㉡ $R_s = 1$: A와 B가 약 4% 겹침
㉢ $R_s = 1.5$: A와 B가 약 0.3% 정도 겹치므로 분리가 잘된 것임
㉣ 칼럼의 길이를 길게 하면, 즉 단수를 증가시키면 분해능은 증가하지만 시간이 길어진다.

③ $$R_s = \frac{\sqrt{N}}{4}\left(\frac{\alpha - 1}{\alpha}\right)\left(\frac{k_B}{1 + k_B}\right)$$

여기서, N : 단수
α : 선택인자
k_B : 느리게 이동하는 화학종의 머무름인자

㉠ k를 증가시키면 분해능이 높아지나 용리시간이 길어진다.
㉡ 관의 분해능 R_s는 $\sqrt{N}$에 비례한다.

(3) 띠넓힘을 감소시키는 방법
① 충전제의 입자 크기를 작게 한다.
② 지름이 작은 충전관을 사용한다.

TIP
$k_A \simeq k_B$이면 $k_A \simeq k_B \simeq k$, $\alpha \to 1$
$\therefore R_s = \frac{\sqrt{N}}{4}(\alpha - 1)\left(\frac{k}{1+k}\right)$
$N = 16R_s^2\left(\frac{1}{\alpha - 1}\right)^2\left(\frac{1+k}{k}\right)^2$

③ 액체 정지상의 막 두께를 최소화한다.
④ GC의 경우 온도를 낮추면 확산계수가 작아져 세로확산속도가 감소한다.
➡ 이동상의 속도가 커지면 세로 확산이 감소된다.

4. 크로마토그래피의 응용

> **Reference**
>
> **정성분석과 정량분석 방법**
> ㉠ 정성분석
>   각 화학종의 머무름시간, 정지상에 있는 화합물의 위치 측정
> ㉡ 정량분석
>   • 칼럼 크로마토그래피 : 피크(봉우리)의 면적을 표준물의 면적과 비교
>   • 평면 크로마토그래피 : 반점 면적을 표준물의 면적과 비교

1) 검정곡선법

① 미지시료의 조성과 비슷한 일련의 표준용액을 만들어 검정곡선을 얻는다.
② 표준물의 피크 높이나 면적을 농도의 함수로 도시하여 검량선(원점을 지나는 직선)을 얻는다.
③ 미지시료의 지시값을 측정하여 농도를 구한다.

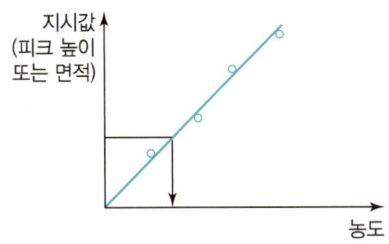

2) 내부표준물법

① 검정곡선 표준용액과 시료에 동일한 양의 내부표준물질을 첨가한다.

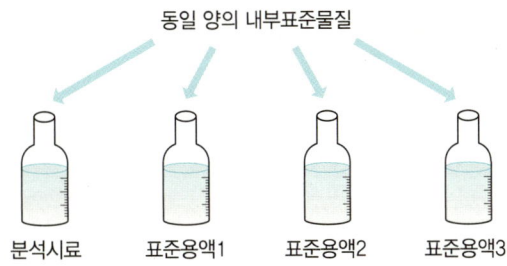

② 시료와 검정곡선 작성용 표준용액의 내부표준물질과 측정성분의 지시값을 각각 구한다.
③ 분석성분농도(C_x)와 내부표준물질농도(C_s)의 비 C_x/C_s, 분석성분의 지시값(R_x)과 내부표준물질 지시값(R_s)의 비 R_x/R_s를 구하여 그래프를 작성한다.
④ 시료를 분석하여 얻는 분석성분의 지시값(R_x')과 내부표준물질 지시값(R_s')의 비 R_x'/R_s'를 구한 후 검정곡선에 대입하여 분석성분농도(C_x')와 내부표준물질농도(C_s')의 비 C_x'/C_s'에 첨가한 내부표준물질농도(C_s)를 곱하여 시료의 농도(C_x)를 구한다.

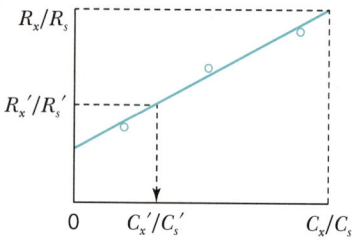

3) 면적표준화법
① 모든 시료 성분을 완전히 용리시켜서 피크의 면적을 계산한다.
② 화합물의 종류에 따른 검출기의 감응 차이에 대하여 면적들을 보정한 후, 모든 피크의 전체 면적에 대한 각 피크의 면적의 비로부터 분석물질의 농도를 계산한다.

[02] 분리법

기체화된 시료 성분들이 칼럼에 부착되어 있는 액체 또는 고체 정지상과 기체 이동상 사이에서 분배되는 과정을 거쳐 분리한다.

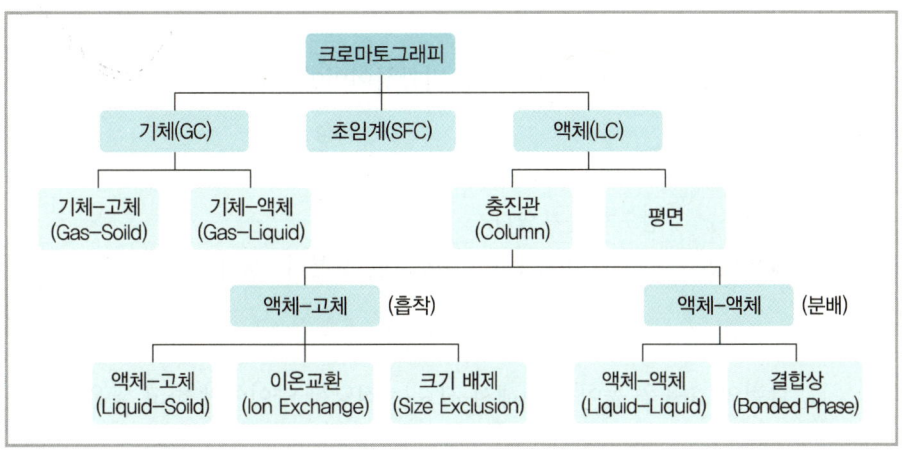

1. 기체 크로마토그래피(GC : Gas Chromatography)

1) 기체 크로마토그래피의 분류

(1) 기체 – 고체 크로마토그래피(GSC)

고체 정지상에 분석물이 물리적으로 흡착됨으로써 머물게 되는 현상을 이용한다.

(2) 기체 – 액체 크로마토그래피(GLC)

비활성 고체 충전물의 표면 또는 모세관 내부 벽에 고정시킨 액체 정지상과 기체 이동상 사이에서 분석물이 분배되는 과정을 거쳐 분리한다.

2) 기체 크로마토그래피 기기 구성

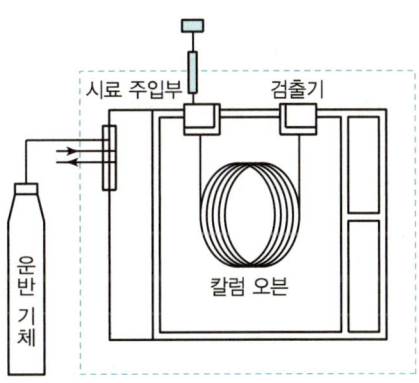

(1) 이동상 가스(Carrier Gas)

H_2, He, N_2를 사용하며 화학적으로 비활성이어야 한다.

종류	특성
H_2(수소)	감도는 좋으나 위험성이 있다.
N_2(질소)	감도가 높지 않다.
He(헬륨)	가장 많이 사용하며, 칼럼효율 및 분리감도가 좋다.

(2) 시료주입장치

① 칼럼의 효율을 높이기 위해서 시료는 적당한 양이어야 하고 짧은 증기층(Plug)으로 주입되어야 한다.
② 천천히 주입하거나 시료의 양이 많으면 띠퍼짐이 유발되어 분해능이 떨어진다.
③ 칼럼 입구에 위치한 가열된 시료 주입구 내부의 고무 또는 실리콘 격막을 통해 액체시료를 주입한다.
④ 시료 주입구는 시료 중 가장 비휘발성인 물질의 끓는점보다 50℃ 정도 높아야 한다.
⑤ 충전 칼럼에 주입하는 시료의 양은 수 $\mu L \sim 20 \mu L$ 정도이다. 모세관 칼럼에는 이보다 100배 이상 더 적은 시료를 주입한다. ➡ 시료분할기 이용
⑥ 시료분할기를 이용하여 주입된 시료의 일부만 칼럼에 주입하고 나머지는 배출한다.
⑦ 종류

> ㉠ **분할주입법**(Split Injection) : 고농도 분석물질, 기체시료에 적합하며, 불순물이 많은 시료도 분석이 가능하고, 분리도가 높다.
> ㉡ **비분할주입법** : 농도가 낮은 희석된 용액에 적합하며, 분석의 감도를 높인다.
> ㉢ **칼럼 내 주입법** : 칼럼에 직접 주입하는 방법으로 정량분석에 적합하며, 분리도가 낮다.

⑧ 주입방법
  ㉠ 자동주입방법 : 시료가 주사기를 통해 자동으로 자동주입장치에 채워지고 크로마토 기기에 자동으로 주입된다.
  ㉡ 시료밸브 : 기체시료를 주입할 때 주사기 대신 시료밸브를 사용한다.

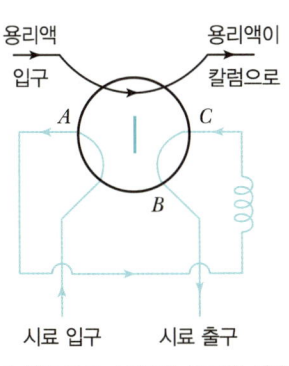
(a) 시료루프 ACB에 시료를 채운다.

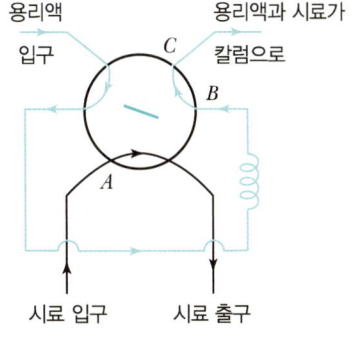
(b) 시료가 칼럼으로 주입된다.

▲ 회전식 시료주입밸브

(3) 칼럼 형태
① 충전 칼럼
② 모세관 칼럼

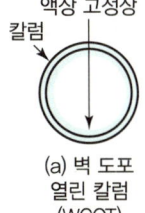
(a) 벽 도포 열린 칼럼 (WCOT)

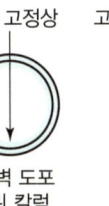
(b) 지지체 도포 열린 칼럼 (SCOT)

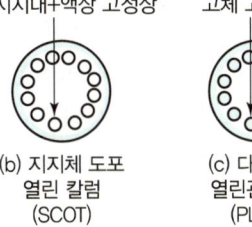
(c) 다공성층 열린관 칼럼 (PLOT)

▲ 충전 칼럼   ▲ 모세관 칼럼

> **TIP**
> 용융 실리카 벽도포 열린관 칼럼(FSWC)
> • 가장 널리 사용되는 모세관 칼럼
> • 유연성, 물리적 강도가 우수
> • 화학적으로 비활성(반응성 ×)이며 분리효율이 우수한 칼럼

> **TIP**
> Megabore 칼럼
> • 530μm 모세관이 상용화됨
> • 충전칼럼의 시료량과 비슷한 양의 시료에도 적용
> • 성능특성은 내경이 작은 칼럼보다는 좋지 못하지만, 충전칼럼보다는 훨씬 좋다.

(4) 기체 크로마토그래피 검출기
① 이상적인 검출기의 특성
  ㉠ 적당한 감도($10^{-8} \sim 10^{-15}$g용질/s 영역)를 가져야 한다.
  ㉡ 높은 안정성과 재현성이 있어야 한다.
  ㉢ 여러 자릿수 질량의 용질에 대한 검출기 감응의 직선성을 나타내어야 한다.
  ㉣ 실온~400℃ 정도의 온도범위를 가지고 있어야 한다.
  ㉤ 흐름 속도와 무관한 짧은 감응시간을 가져야 한다.
  ㉥ 신뢰도가 높고 사용하기 편리하며 조작방법이 쉬워야 한다.
  ㉦ 모든 용질에 대한 감응이 비슷하거나 하나 또는 그 이상의 분석물질 종류에 대하여 선택적인 감응을 보여야 하며 쉽게 예측할 수 있어야 한다.
  ㉧ 시료를 파괴하지 않아야 한다.

> **TIP** 대표적인 GC 검출기

검출기 종류	시료
불꽃이온화(FID)	대부분 유기화합물 (탄화수소물)
열전도도(TCD)	일반 검출기
전자포획(ECD)	할로겐 화합물
열이온(TID)	N(질소), P(인) 화합물
전해질 전도도 (Hall)	할로겐, 황, 질소를 포함한 화합물
원자방출(AED)	대부분 유기화합물
질량분석(MS)	모든 화학종
불꽃광도(FPD)	P(인), S(황) 화합물
광이온화	UV 빛에 의한 이온화 화합물
Fourier 변환 IR (FTIR)	유기화합물

> **TIP** 퀴논

② 기체 크로마토그래피의 검출기
  ㉠ 불꽃이온화 검출기(FID : Flame Ionization Detector)
    • 가장 널리 사용된다.
    • 대부분의 유기화합물들이 공기-수소 불꽃온도에서 열분해되어 전자와 이온들이 만들어진다.
    • 전하를 띤 물질들을 수집할 때 발생하는 전류를 측정하여 검출한다.
    • 검출기에 단위시간당 들어가는 탄소원자의 수에 감응한다.
    • 카르보닐, 알코올, 할로겐, 아민과 같은 작용기는 불꽃에 의해 이온화하지 않는다.
    • H_2O, CO_2, SO_2, CO, 비활성 기체, NOx와 같이 연소하지 않는 기체에 대해서는 감응하지 않는다.
    • 유기시료를 분석하는 데 사용한다.
    • 감도가 높고 선형 감응범위가 넓으며, 잡신호가 적다.
    • 시료가 파괴된다.
  ㉡ 열전도도 검출기(TCD : Thermal Conductivity Detector)
    • 운반기체(이동상 기체)와 시료의 열전도 차이에 감응하여 변하는 전위를 측정한다.
    • 장치가 간단하고 선형 감응범위가 넓다.
    • 유기, 무기 화학종 모두에 감응한다.
    • 감도가 낮다.
    • 시료가 파괴되지 않는다.
  ㉢ 전자포착 검출기(전자포획 검출기, ECD : Electron Capture Detector)
    • 살충제와 같은 유기화합물에 함유된 할로겐 원소에 선택적으로 감응한다.
    • 선택적인 감응을 한다. ➡ 할로겐화물, 과산화물, 퀴논 및 나이트로화합물들은 높은 감도로 검출된다.
    • 니켈-63(^{63}Ni)과 같은 β-방사선 방출기를 사용한다.
    • 감도가 매우 좋으며, 시료를 파괴하는 불꽃이온화 검출기에 비해 시료를 크게 변화시키지 않는다.
    • 선형 감응범위는 10^2 정도의 한계를 가지고 있다.
  ㉣ 열이온 검출기(TID)
    • NPD(질소, 인 검출기)이다.
    • 인, 질소를 함유하는 유기화합물에 대하여 선택적으로 감응한다.
  ㉤ 전해질 전도도 검출기
    • Hall 전해질 전도도 검출기에서 할로겐, 황, 질소를 포함하는 화합물은 니켈로 만들어진 작은 반응용기에서 반응기체와 혼합된다.

- 반응의 생성물은 전도성 용액을 생성할 수 있는 액체에 용해된다. 그 다음에 전도도 전지에서 이온 화학종으로 인해 생긴 전도도 변화를 측정한다.

ⓑ 원자방출 검출기(AED)
- GC에서 나오는 용출기체를 MIP(마이크로 유도플라스마), ICP(유도결합플라스마), DCP(직류플라스마)로 주입한다.
- 시료 속 원소들을 원자화시켜 들뜨게 한 후 원자방출스펙트럼을 얻어 분석한다.
- 원소 – 선택성 검출기이다.

ⓢ 질량분석 검출기(MS)
  시료로부터 생성되는 이온의 질량 대 전하비(m/z)로 측정한다.

ⓞ 불꽃광도 검출기(FPD)
- 공기와 오염물질, 살충제 및 석탄의 수소화 생성물 등을 분석하는 데 이용된다.
- 황과 인을 포함하는 화합물에 감응하는 선택성 검출기이다.

ⓩ 광이온화 검출기
- 방향족이나 불포화 화합물을 이온화하기 위해 진공 자외선 광원을 사용한다.
- 포화탄화수소나 할로겐화 탄소화합물에는 감응이 거의 없다.
- 이온화에 의해 발생된 전자들을 수집하여 측정한다.

> **Reference**
>
> **온도 프로그래밍(Temperature Programming)**
> - 끓는점이 넓은 영역에 걸쳐 있는 시료는 온도 프로그래밍을 사용한다.
> - 시간에 따라 칼럼의 온도를 올려주어 늦게 용리하는 성분의 머무름시간을 올려준다.

3) 기체 크로마토그래피의 응용

(1) 정성분석

① 선택인자 : 두 분석물질 간의 상대 이동속도

$$\alpha = \frac{K_B}{K_A} = \frac{k_B}{k_A} = \frac{(t_R)_B - t_M}{(t_R)_A - t_M} = \frac{(t_R')_B}{(t_R')_A}$$

여기서, $(t_R')_A = [(t_R)_A - t_M]$: 보정머무름시간

TIP

노르말 알케인의 머무름지수는 칼럼충전물 온도 및 크로마토그래피의 다른 조건과 관계없이 그 화합물이 지닌 탄소 수의 100배에 해당하는 값이다.

 TIP

머무름인자는 정지상이 분석물을 얼마나 머무르게 할 수 있는지 나타내는 지표이지만, 머무름지수는 GC에서 각종 분석물의 머무름을 표준화하기 위해 쓰인다.

② 머무름지수(I)

크로마토그램에서 용질을 확인하는 데 사용되는 파라미터

㉠ n-alkane

$$I = 탄소원자수 \times 100$$

예) n-프로판 : $I = 3 \times 100 = 300$, n-펜탄 : $I = 5 \times 100 = 500$

㉡ n-alkane 이외의 화합물

$$\log t_R' = \log(t_R - t_M) = an + b$$

여기서, n : 탄소의 수, a, b : 상수

탄소원자수에 대한 보정머무름시간의 $\log t_R'$를 도시하면 직선이 얻어지고, 이 직선의 기울기를 이용하여 탄소원자수를 구해서 100을 곱한다.

(2) 정량분석

① 면적표준화법   ② 검정곡선법(외부표준물법)   ③ 내부표준물법

2. 고성능 액체 크로마토그래피
(HPLC : High Performance Liquid Chromatography)

이동상이 액체인 크로마토그래피이며, 감도가 높고 쉽게 정확한 정량을 할 수 있다.

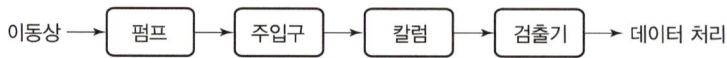

이동상 → 펌프 → 주입구 → 칼럼 → 검출기 → 데이터 처리

▼ 액체 크로마토그래피의 종류

이름	정지상	상호작용
분배 크로마토그래피	액체	분배
흡착 크로마토그래피	고체	흡착
이온교환 크로마토그래피	이온교환수지	이온교환
크기 배제 크로마토그래피	중합체로 된 다공성 겔	거름, 분배

Reference

HPLC 펌프장치의 조건

- 6,000psi 또는 40MPa(414bar)까지 압력 발생
- 펄스 없는 출력
- 0.1~10mL/분 범위의 흐름 속도
- 흐름 속도 재현성의 상대오차를 0.5% 이하로 유지
- 잘 부식되지 않는다.

 TIP

전치칼럼
㉠ 청소부 칼럼
  • 이동상 저장용기와 시료주입기 사이의 전치칼럼을 이동상 조절을 위해 사용
  • 용매는 실리카 충전물을 부분적으로 용해시키므로 이동상이 분석칼럼에 들어가기 전에 규산으로 포화되도록 해야 한다.
  • 이와 같은 포화상태는 분석칼럼의 정지상의 손실을 최소화한다.
㉡ 보호칼럼
  • 시료주입기와 분석칼럼 사이에 위치하는 보호칼럼
  • 정지상에 강하게 잔류되는 분석칼럼에 도달하여 오염시키는 것을 방지한다.
  • 분석칼럼의 오염을 방지하여 분석칼럼의 수명을 연장시킬 수 있다.
  • 분석칼럼과 동일한 정지상으로 충전된 짧은 칼럼

1) 기울기 용리

① 고성능 액체 크로마토그래피에서 분리효율을 높이기 위해 사용한다.
② 극성이 다른 2~3가지 용매를 선택하여 조성의 비율을 단계적으로 변화시켜 사용하는 방법이다.
③ 기체 크로마토그래피(GC)의 온도 프로그래밍과 유사하다.

2) 분배 크로마토그래피

① 액체 – 액체 크로마토그래피와 액체 – 결합상 크로마토그래피가 있다.
② 액체 크로마토그래피 중 가장 널리 이용된다.
③ 시료가 이동상과 정지상 액체의 용해도 차이에 따라 분배됨으로써 분리한다.
④ 액체 정지상이 고체 지지체 표면에 얇은 막을 형성하는 방법
　㉠ 액체 – 액체 크로마토그래피 : 정지상이 충전물 표면에 물리적으로 흡착되어 있다.
　㉡ 액체 – 결합상 크로마토그래피 : 정지상이 충전물 표면에 화학적으로 결합되어 있다. 안전성이 매우 높고 기울기 용리에도 사용할 수 있다.

> **Reference**
>
> **정상 크로마토그래피와 역상 크로마토그래피의 비교**
>
> | 정상 크로마토그래피 | 역상 크로마토그래피 |
> |---|---|
> | 정지상 – 극성(친수성)
이동상 – 비극성(소수성) | 정지상 – 비극성(소수성)
이동상 – 극성(친수성) |
> | 극성이 작은 시료가 먼저 용출 | 극성이 큰 시료가 먼저 용출 |
> | C B A → 시간
용질의 극성 : $A > B > C$ | A B C → 시간
용질의 극성 : $A > B > C$ |
> | • 정지상 : 트라이에틸렌글리콜
• 이동상 : n – 헥세인 | • 정지상 : 탄화수소
• 이동상 : 물, 메탄올, 아세토니트릴 |

3) 흡착 크로마토그래피

① 고체 정지상으로 실리카와 알루미나를 사용하여 흡착 – 치환과정에 의해 분리된다.
② 비극성 화학종을 분리하는 데 사용된다.
③ 고체 정지상에서 머무름의 재현성 및 비가역적 흡착으로 인해 흡착 크로마토그래피는 정상(결합상) 크로마토그래피로 거의 대체된다.

> 💡 **TIP**
>
> 액체 크로마토그래피
> • 분배 크로마토그래피
> • 흡착 크로마토그래피
> • 이온교환 크로마토그래피
> • 크기 배제 크로마토그래피
> • 친화 크로마토그래피
> • 카이랄 크로마토그래피

> 💡 **TIP**
>
> 용매
> H_2O, CH_3OH(메탄올), CH_3CN(아세토니트릴)

> 💡 **TIP**
>
> ㉠ 정상 크로마토그래피
> • 이동상 : 비극성
> • 정지상 : 극성
> ㉡ 역상 크로마토그래피
> • 이동상 : 극성
> • 정지상 : 비극성

> 💡 **TIP**
>
> 정상 크로마토그래피에서는 극성이 가장 작은 성분이 제일 먼저 용리되고, 이동상의 극성을 증가시키면 용리시간은 짧아진다. 그러나 역상 크로마토그래피에서는 극성이 가장 큰 성분이 먼저 용리되고, 이동상의 극성을 증가시키면 용리시간도 길어진다.

4) 이온교환 크로마토그래피

① 정지상으로 $-SO_3^-H^+$, $-N(CH_3)_3^+OH^-$ 등이 결합되어 있는 이온교환 수지를 사용하여 용질이온들이 정지상에 끌려 이온교환이 일어나는 것을 이용한다.

② 분석하고자 하는 시료에 있는 이온종과 정지상의 전하(시료와 반대전하)의 상호작용을 이용하여 분리한다.

③ 비교적 낮은 이온교환용량을 가지고 있는 칼럼에서 이온들을 분리한다.

④ 이온교환 평형

　㉠ 양이온교환반응

$$RSO_3^-H^+ + M^+ \rightleftarrows RSO_3^-M^+ + H^+$$
$$\text{고체 \quad 용액 \quad 고체 \quad 용액}$$
$$K_{ex} = \frac{[RSO_3^-M^+][H^+]}{[RSO_3^-H^+][M^+]}$$

　　• K_{ex}가 큰 경우 : $[M^+]$ 농도가 작다. 머무름시간이 길다.
　　• K_{ex}가 작은 경우 : $[M^+]$ 농도가 크다. 머무름시간이 짧다.

　㉡ 음이온교환반응

$$RN(CH_3)_3^+OH^- + A^- \rightleftarrows RN(CH_3)_3^+A^- + OH^-$$
$$K_{ex} = \frac{[RN(CH_3)_3^+A^-][OH^-]}{[RN(CH_3)_3^+OH^-][A^-]}$$

5) 크기 배제 크로마토그래피(겔(Gel) 투과 크로마토그래피, GPC)

① 고분자량 화학종을 분리하는 데 이용한다(분자량 10,000 이상).

② 시료를 크기별로 분리 : 크기가 작은 시료는 정지상의 작은 구멍에까지 들어갔다 나오게 되므로 칼럼을 빠져나오는 데 오랜 시간이 걸린다. 반면에 크기가 큰 시료는 용리시간이 빠르다.

6) 친화 크로마토그래피

① 생체분자들의 분리와 회수에 주로 사용된다.

② 고체 지지체에 친화 리간드라고 하는 시약을 공유결합시켜 정지상으로 사용한다.

③ 항원과 항체, 효소와 기질

TIP

억제칼럼(Suppressor 칼럼)
- 분석물 이온의 전도도에는 영향을 주지 않고 용매 중의 전해질을 이온화하지 않는 분자화학종으로 바꿔주는 이온교환수지로 충전되어 있다.
- 이온크로마토그래피에서 전도도 검출기를 사용하게 해주는 중요한 장치

TIP

친화 리간드는 항체, 효소억제제, 분석물질 분자와 가역적이고 선택적으로 결합하는 분자이다. 그러므로 시료가 칼럼을 통과할 때 친화 리간드와 선택적으로 결합하는 분자만 머무르고, 결합하지 않는 분자는 이동상과 함께 칼럼을 통과한다.

7) 카이랄 크로마토그래피

거울상이성질체를 분리하는 데 사용된다.

8) 검출기

① 이동상과 분석 성분들을 일정한 시간 간격을 두고 측정하여 전기적 신호로 바꾸어주는 장치이다.
② 검출기를 통과한 시료의 양에 따라 전기적 신호의 크기가 달라지며, 신호의 크기로 정량분석이 가능하다.
③ 검출기의 종류
  ㉠ 자외선-가시선 흡수검출기
   - 불포화 결합을 갖는 물질의 빛에 대한 흡광도를 측정하여 성분농도를 알 수 있다.
   - 가장 널리 사용된다.
  ㉡ 적외선 흡수검출기(IR 검출기)
   적외선 영역에서 용리액의 흡광도를 측정하여 검출한다.
  ㉢ 형광 검출기
   - 빛이 시료를 통과하면 시료는 들뜬 상태가 되었다가 바닥 상태로 돌아오며 빛을 방출한다.
   - 형광은 들뜸빛살에 대하여 90° 방향에 놓여 있는 광전 검출기로 측정한다.
  ㉣ 굴절률 검출기(RI)
   - 이동상과 시료용액과의 굴절률 차이를 이용한 것이다.
   - 기준용액과 굴절률이 다른 시료용액이 들어오면 유리판에서 빛살이 굴절되는 각도가 달라져 출력신호의 변화가 일어나고 이를 기록하면 크로마토그램이 된다.
   - 거의 모든 용질에 감응한다.

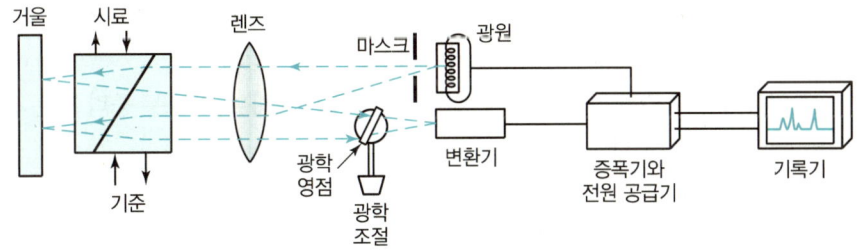

▲ 시차굴절률 검출기의 개략도

ⓜ 증발 광산란 검출기(ELSD)
- 이동상은 증발되고 분석물질은 미세입자로 레이저살 속으로 통과시킨다. 산란된 복사선은 분석물질 흐름에 수직인 위치에서 반도체 광다이오드에 의해 검출된다.
- 장점 : 비휘발성 용질에 대해 거의 동일한 감응을 나타내며 검출한계가 매우 좋다.
- 단점 : 이동상 성분이 휘발성이어야 한다.

ⓑ 전기화학 검출기(ECD)
- 검출기의 작업전극과 기준전극 사이의 전기화학반응을 분석하여 검출한다.
- 전류법, 전압전류법, 전기량법, 전도도법에 기초를 두고 있다.
- 감도가 높고, 간단하고 편리하며, 분리 응용할 수 있다.

ⓢ 질량분석 검출기(MS)
- 시료가 기체상이어야 하는데, LC는 용매에 용해되어 있는 용질이므로 증발하여 용매를 제거한다.
- HPLC와 질량분석기를 연결하면 선택성이 매우 높아진다. 그 이유는 분리되지 않는 피크도 선택된 질량에서 확인할 수 있기 때문이다.
- 기존의 HPLC에서 머무름시간으로 측정하는 것과 달리 LC/MS에서는 분자량과 구조적 정보도 제공하고 정확한 정량분석도 가능하다.

3. 얇은 층 크로마토그래피(TLC : Thin Layer Chromatography)

1) 얇은 층 크로마토그래피의 특성

① 평면 크로마토그래피
  ㉠ 얇은 층 크로마토그래피
  ㉡ 종이 크로마토그래피
② 자체가 지지체이거나, 지지체로서 유리, 플라스틱, 금속을 사용하는데, 그 표면에 평평하고 비교적 얇은 층으로 물질을 도포시킨다.
③ 이동상은 모세관 작용에 의해 정지상을 통해 이동하며, 때로는 중력 또는 전위의 도움을 받는다.
④ 얇은 층 크로마토그래피는 종이 크로마토그래피보다 분리능이 좋고 감도도 좋다.

TIP

얇은 층 크로마토그래피(TLC)의 이용
제약업계, 임상실험실, 생화학과 생물학 연구에 이용된다.

TIP

얇은 층 크로마토그래피의 원리
㉠ 얇은 층 전개판 만들기
㉡ 시료점적법 : 점적의 지름이 작아야 한다. 정성분석은 5mm이고 정량분석은 더 작아야 한다.
㉢ 전개판 전개 : 시료가 이동상에 의해 정지상을 통해 운반되는 과정
- 상향-흐름 전개 용기 : 전개판의 한쪽 끝에 시료를 점적한 후 시료와 전개액이 직접 접촉하지 않도록 전개판의 한쪽 끝을 전개액에 담근다.

▲ 상향-흐름 전개 용기

- 수평-흐름 전개 용기 : 시료는 전개판의 양쪽 끝에 점적하고, 중앙을 향해 전개를 한다. 따라서 측정할 수 있는 시료의 수는 두 배가 된다.

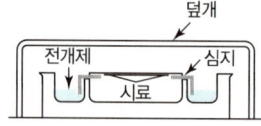

▲ 수평-흐름 전개 용기

㉣ 전개판 위의 분석물 위치 확인 : 황산용액을 뿌려주거나 적은 양의 요오드 결정이 들어 있는 용기에 전개판을 놓는 것이다. 이 시약들은 전개판 위의 유기화합물과 반응하여 검은 생성물을 만든다.

2) 지연인자(R_F)

$$R_F = \frac{d_R}{d_M} = \frac{용질의 이동거리}{용매의 이동거리}$$

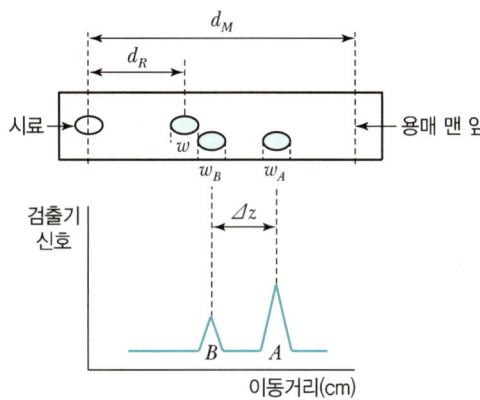

3) 머무름인자(k)와 지연인자(R_F)의 관계

① 머무름인자 : $k = \dfrac{t_R - t_M}{t_M}$

② 지연인자 : $R_F = \dfrac{d_R}{d_M}$

$$t_M = \frac{d_R}{u}, \quad t_R = \frac{d_M}{u}, \quad k = \frac{d_M - d_R}{d_R}$$

$$k = \frac{1 - R_F}{R_F}$$

4) 단높이

① 단수 : $N = 16\left(\dfrac{d_R}{W}\right)^2$

② 단높이 : $H = \dfrac{d_R}{N}$

TIP
- SFC : 초임계유체 크로마토그래피
- SFE : 초임계유체 추출

TIP
초임계유체
- 물질이 임계온도 이상으로 가열되었을 때 초임계유체가 형성된다.
- 임계온도와 임계압력보다 높은 상태에 있는 물질을 초임계유체라고 한다.

4. 초임계유체 크로마토그래피(SFC)

① GC와 LC의 혼합된 방법으로 기존의 GC 또는 LC를 이용하여 분석하기 어려운 화학종들을 분리·측정할 수 있다.
② 분자량이 큰 비휘발성 분자를 잘 용해할 수 있다.
③ 분석물질을 쉽게 회수할 수 있다.
④ 추출시간이 빠르다.

> **Reference**
>
> **이산화탄소 초임계유체**
> - 5~22개의 탄소를 가지는 n-알케인, 탄소 4~16개인 알킬기를 가지는 di-n-alkyl phthalate, 다양한 다환고리 방향족 탄화수소 화합물을 쉽게 용해한다.
> - 유기화합물들이 이산화탄소 초임계유체에 잘 용해되므로 커피 원두에서 카페인을 추출하여 디카페인 커피를 만들고, 담배에서 니코틴을 추출한다.
> - 초임계 이산화탄소에 녹아 있는 물질을 실온의 실험실 조건에서 단순히 압력을 낮추어 초임계유체를 증발시키면 회수할 수 있다.
> - 친환경적인 방법이다.

5. 모세관 전기이동법

1) 모세관 전기이동(CE)

① DC 전위가 걸려 있는 전기장에서 하전된 화학종들의 이동속도에 차이가 나는 것을 이용한다.
② 무기 음이온과 양이온, 아미노산, Catecholamine, 의약품, 비타민, 탄수화물, 펩타이드, 단백질, 핵산, 뉴클레오타이드 등의 분석에 이용한다.

TIP
모세관 전기이동법
- 모세관띠 전기이동
- 모세관겔 전기이동
- 모세관 등속 이동
- 모세관 등전 집중
- 마이셀 동전기 크로마토그래피

2) 마이셀 동전기 크로마토그래피
(MEKC : Micellar Electrokinetic Chromatography)

① 모세관 전기이동법과 HPLC의 장점을 갖는다.
② 낮은 분자량의 방향족 페놀류와 나이트로 화합물을 분리할 수 있다.
③ 계면활성제로 도데실황산소듐(SDS)을 사용해서 마이셀을 형성한다.
④ 고압 펌프장치 없이도 효율적으로 분리할 수 있다.
⑤ 키랄 화합물을 분리하는 데 이용된다.

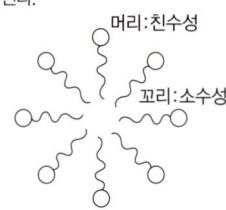
TIP
마이셀(Micelle)
계면활성제가 물에 녹을 때 형성하는 구조로 물속에서 계면활성제 농도가 임계 마이셀 농도 이상일 때 마이셀이 생성된다.

머리:친수성
꼬리:소수성

CHAPTER 02 크로마토그래피 분석

실전문제

01 Van Deemter 도시로부터 얻을 수 있는 가장 유용한 정보는?
① 이동상의 적절한 유속(Flow Rate)
② 정지상의 적절한 온도(Temperature)
③ 분석물질의 머무름시간(Retention Time)
④ 선택계수(α, Selectivity Coefficient)

해설

Van Deemter 식
단높이와 칼럼 변수와의 관계를 나타내는 식

$$H = A + \frac{B}{u} + Cu$$

여기서, H : 단높이
A : 다중흐름통로
B : 세로흐름확산
C : 질량이동계수
u : 이동상의 선형속도

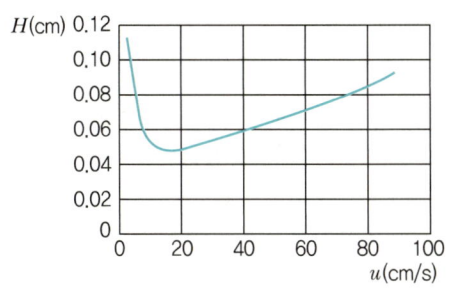

02 크로마토그래피에서 관의 성능을 비교하기 위해 도입된 관의 이론적 단수를 실험적으로 구하는 데 필요한 것으로만 옳게 나열된 것은?

ⓐ 봉우리 최대 높이의 반지점 봉우리 너비
ⓑ 충전관의 길이
ⓒ 분석물의 머무름시간
ⓓ 이동상의 속도

① ⓐ, ⓑ
② ⓐ, ⓒ
③ ⓐ, ⓓ
④ ⓑ, ⓓ

해설

이론 단수

$$N = 16\left(\frac{t_R}{W}\right)^2 \text{ 또는 } N = 5.54\left(\frac{t_R}{W_{1/2}}\right)^2$$

여기서, N : 단수
t_R : 머무름시간
W : 봉우리의 밑너비
$W_{1/2}$: 봉우리 최대 높이의 반지점 봉우리 너비

03 얇은 층 크로마토그래피에서 시료 전개 시점부터 전개용매가 이동한 거리가 7cm, 용질 A가 이동한 거리가 4.5cm라면 지연인자(R_F) 값은?

① 0.56
② 0.64
③ 2.5
④ 4.5

해설

$$\text{지연인자}(R_F) = \frac{\text{용질이 이동한 거리}}{\text{용매가 이동한 거리}}$$
$$= \frac{4.5}{7} = 0.64$$

04 액체 크로마토그래피 방법 중 가장 널리 이용되는 방법으로, 고체 지지체 표면에 액체 정지상 얇은 막을 형성하여 용질이 정지상 액체와 이동상 사이에서 나뉘어져 평형을 이루는 것을 이용한 크로마토그래피법은?

① 흡착 크로마토그래피
② 분배 크로마토그래피
③ 이온교환 크로마토그래피
④ 분자 배제 크로마토그래피

정답 01 ① 02 ② 03 ② 04 ②

[해설]

분배 크로마토그래피
- 정상 크로마토그래피 : 이동상 → 비극성, 정지상 → 극성
- 역상 크로마토그래피 : 이동상 → 극성, 정지상 → 비극성

05 머무름시간이 410초인 용질의 봉우리 너비를 바탕선에서 측정해 보니 13초였다. 다음의 봉우리는 430초에 용리되었고, 너비는 16초였다. 두 성분의 분리도는?

① 1.18
② 1.28
③ 1.38
④ 1.48

[해설]

관의 분리능(R_s)

$$R_s = \frac{2\{(t_R)_B - (t_R)_A\}}{W_A + W_B}$$

여기서, $(t_R)_A, (t_R)_B$: 봉우리 A, B의 머무름시간
W_A, W_B : 봉우리 A, B의 너비

$$R_s = \frac{2(430-410)}{13+16} = 1.388$$

06 단높이를 나타내는 Van Deemter 식을 올바르게 나타낸 것은?(단, H : 단높이, A : 다중흐름통로, B : 세로확산, C : 질량이동, u : 이동상의 선형 흐름 속도)

① $H = A + B + C$
② $H = \frac{A}{u} + Bu + C$
③ $H = A + \frac{B}{u} + \frac{C}{u}$
④ $H = A + \frac{B}{u} + Cu$

[해설]

Van Deemter 식

$$H = A + \frac{B}{u} + Cu$$
$$= A + \frac{B}{u} + (C_s + C_m)u$$

07 전자포착 검출기(Electron Capture Detector)로서 검출 감도가 가장 좋은 것은?

① 인과 질소를 포함하는 유기화합물
② 메르캅탄과 같은 유기 황화합물
③ 할로겐(Halogen)을 포함하는 유기화합물
④ 탄소와 수소를 포함하는 일반적인 탄화수소 화합물

[해설]

전자포획 검출기(ECD)
GC의 검출기로 할로겐화물, 과산화물, 퀴논, 나이트로화합물 등 전기음성도가 큰 작용기를 가지고 있는 유기화합물에 감도가 좋다.

08 크로마토그래피에서 봉우리의 띠넓힘을 줄이는 방법으로 가장 적합한 것은?

① 지름이 큰 충진관을 사용한다.
② 이동상인 액체의 온도를 높인다.
③ 고체 충전제의 입자 크기를 크게 한다.
④ 액체 정지상의 막 두께를 줄인다.

[해설]

띠넓힘을 줄이는 방법
- 지름이 작은 충진관을 사용한다. → 질량이동계수를 줄이는 효과
- 이동상의 온도를 낮춘다. → 세로확산을 줄이는 효과
- 충전제의 입자 크기를 작게 한다. → 소용돌이 확산을 줄이는 효과
- 정지상의 막 두께를 줄인다. → 질량이동계수를 줄이는 효과

09 크로마토그래피에서 칼럼의 효율에 영향을 미치는 요소로 볼 수 없는 것은?

① 소용돌이 확산(Eddy Diffusion)
② 가로확산(Transverse Diffusion)
③ 이동상 속도(Mobile Phase Velocity)
④ 질량이동속도(Mass Transfer Rate)

정답 05 ③ 06 ④ 07 ③ 08 ④ 09 ②

> 해설

칼럼의 효율에 영향을 미치는 요소
- 소용돌이 확산 또는 다중흐름통로
- 세로확산
- 이동상의 속도
- 질량이동속도
- 충전물 입자의 지름
- 정지상 액체막의 두께
- 모세관 직경

10 고성능 액체 크로마토그래피(HPLC)의 용매 중 용해 기체에 관한 설명으로 옳은 것은?

① 띠넓힘을 발생시킨다.
② 칼럼을 쉽게 손상시킨다.
③ 용해되어 있는 산소가 펌프를 부식시킨다.
④ 용해도가 낮은 질소를 불어넣어 제거할 수 있다.

> 해설

용해된 기체는 흐름 속도의 재현성을 떨어뜨려 띠넓힘의 원인이 된다.

11 역상 분리를 하였을 때 다음 물질들의 용리 순서를 예측하면?

n-Hexane, n-Hexanol, Benzene

① Benzene → n-Hexanol → n-Hexane
② n-Hexane → Benzene → n-Hexanol
③ n-Hexane → n-Hexanol → Benzene
④ n-Hexanol → Benzene → n-Hexane

> 해설

- 역상 분리 : 이동상 → 극성, 정지상 → 비극성
- 이동상이 극성이므로 극성이 큰 물질부터 용리된다.

12 기체 크로마토그래피에서 비교적 낮은 농도의 할로겐을 함유하고 있는 분자와 콘주게이션된 C=O기를 가진 화합물의 검출에 가장 적합한 검출기는?

① 열전도도 검출기
② 불꽃이온화 검출기
③ 전자포획 검출기
④ 불꽃광도법 검출기

> 해설

검출기	시료
불꽃이온화 검출기(FID)	탄화수소물
전자포획 검출기(ECD)	할로겐 화합물
열전도도 검출기(TCD)	일반 검출기
NPD, 열이온 검출기(TID)	질소와 인화합물
질량분석계(MS)	어떤 화학종에도 적용
전해질 전도도(Hall)	할로겐, 황, 질소를 포함한 화합물
광이온화 검출기	UV 빛에 의한 이온화합물
Fourier 변환 IR(FTIR)	유기화합물

13 30cm의 칼럼을 이용하여 물질 A와 B를 분리할 때 머무름시간이 각각 16.40분과 17.63분, A와 B의 봉우리 밑너비는 1.11분과 1.21분이었다. 칼럼의 성능을 나타내는 칼럼의 평균 단수(N)와 단높이(H)는 각각 얼마인가?

① $N=3.44\times 10^3$, $H=8.7\times 10^{-3}$cm
② $N=1.72\times 10^3$, $H=8.7\times 10^{-3}$cm
③ $N=3.44\times 10^3$, $H=19.4\times 10^{-3}$cm
④ $N=1.72\times 10^3$, $H=19.4\times 10^{-3}$cm

> 해설

㉠ 이론 단수 N

$$N=16\left(\frac{t_R}{W}\right)^2$$

여기서, t_R : 머무름시간
W : 봉우리의 밑너비

$(t_R)_A=16.40$분, $W_A=1.11$분
$(t_R)_B=17.63$분, $W_B=1.21$분

$$N_A=16\left(\frac{16.40}{1.11}\right)^2=3,493$$

$$N_B=16\left(\frac{17.63}{1.21}\right)^2=3,397$$

정답 10 ① 11 ④ 12 ③ 13 ①

$$N_{av} = \frac{3,493 + 3,397}{2} = 3,445$$

ⓒ 단높이 $H = \frac{L}{N} = \frac{30\text{cm}}{3,445} = 0.0087 = 8.7 \times 10^{-3}\text{cm}$

14 띠넓힘에 영향을 주는 속도론적 변수에 대한 설명 중 틀린 것은?

① 이동상의 흐름 속도가 낮을 때 최댓값을 가진다.
② 다중 통로 넓힘은 분자가 한 통로에서 다른 통로 흐름으로 부분적으로 상쇄될 수 있다.
③ 세로확산 넓힘과 질량이동 넓힘은 모두 분석물의 확산 속도에 의존한다.
④ 기체 이동상의 경우 세로확산 속도는 온도를 낮추므로 현저히 줄일 수 있다.

해설

Van Deemter 식

$H = A + \dfrac{B}{u} + Cu$

여기서, u : 이동상의 흐름 속도
A : 다중흐름통로
B : 세로확산
C : 질량이동계수

- 최적 선형속도를 가질 때 H(단높이)가 최솟값을 갖게 되어 띠넓힘이 최소가 된다.
- 분석물의 확산속도가 증가하면 세로확산 넓힘은 증가하고, 질량이동 넓힘은 감소한다.

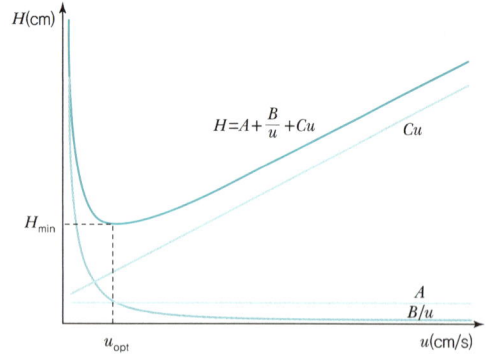

15 분자량이 큰 글루코오스 계열의 혼합물을 분리하고자 할 때 가장 적합한 크로마토그래피는 어느 것인가?

① 겔 투과 액체 크로마토그래피
② 이온교환 크로마토그래피
③ 분배 액체 크로마토그래피
④ 흡착 액체 크로마토그래피

해설

① 겔 투과 액체 크로마토그래피 : 크기별 배제, 분자 배제, 분자량이 큰 화학종의 분리에 적합
② 이온교환 크로마토그래피 : 분자량이 작은 이온 화학종의 분리에 적합
③ 분배 액체 크로마토그래피 : 분자량이 작고 비이온성인 극성 화학종의 분리에 적합
④ 흡착 액체 크로마토그래피 : 분자량이 크지 않고 비극성인 화학종, 구조이성질체의 분리에 적합

정답 14 ① 15 ①

CHAPTER 03 질량분석

[01] 질량분석법

시료를 기체상태로 이온화한 다음 자기장, 전기장을 통해 각 이온을 질량 대 전하비 (m/z)에 따라 분리하여 질량스펙트럼을 얻는 방법이다.

1. 기기장치

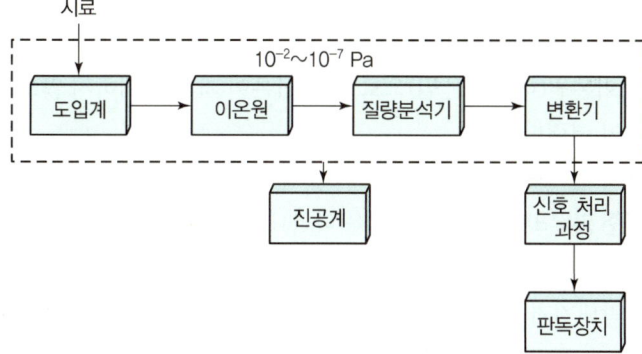

> **TIP**
> 질량분석기를 통해 얻을 수 있는 정보
> - 시료를 이루는 물질의 화학식
> - 무기, 유기, 바이오 분자들의 구조
> - 복잡한 혼합물 화학조성의 정성 및 정량
> - 고체 표면의 구조 및 화학조성
> - 시료를 구성하는 원소의 동위원소비

2. 시료 도입장치

① 직접도입장치
② 배치식 도입장치
③ 크로마토그래피 또는 모세관 전기이동 도입장치

> **TIP**
> 이온화 장치
> - 기체상 이온화원
> - 탈착 이온화원
> - 대기 탈착 이온화원

3. 이온화 장치

1) 기체상 이온화원

- 시료를 먼저 증기로 만든 다음 이온화시킨다.
- 약 500℃의 끓는점을 가진 열에 안정적인 화합물의 분석에 한정된다.
- 약 10^3 Da(돌턴) 이하의 분자량을 갖는 화합물이 적용된다.

> **TIP**
> 이온화원
> - **하드 이온화원**
>   생성된 이온은 큰 에너지를 받아 높은 에너지 상태로 들뜨게 된다. 이 경우 이완과정에서 화학결합이 끊어지게 되어 분자이온의 질량 대 전하비보다 작은 조각 이온들이 생긴다.
> - **소프트 이온화원**
>   조각이온이 적게 발생한다.
>
> ※ 하드 이온화원으로부터 얻은 복잡한 스펙트럼은 작용기에 대한 정보를 제공함으로써 분석물질의 구조 확인에 이용되고, 소프트 이온화원으로 얻은 간단한 스펙트럼은 분석물질의 분자량을 정확하게 결정하는 데 유용하다.

전자 이온화원
㉠ 장점
 • 사용하기 편리하다.
 • 높은 이온전류를 발생하므로 감도가 좋다.
 • 토막내기 과정이 잘 일어나므로 많은 피크가 생겨 분석물질을 확인하는 데 편리하다.
㉡ 단점
 • 토막내기 과정이 잘 일어나 분자이온피크가 없어져 분자량을 알 수 없다. ➡ 어미이온 봉우리가 없다.
 • 이온화가 일어나기 전 기화 과정에서 분석물질이 열분해될 수 있다.
   ➡ 시료를 기화시켜야 한다.
㉢ 열분해 방지방법
 • 분석기 입구 슬릿 가까이 장치된 가열된 탐침으로 시료를 기화시켜 열분해를 최소화할 수 있다.
 • 압력을 낮게 하여 시료의 기화가 낮은 온도에서 일어날 수 있게 한다.
 • 열분해가 일어나지 않도록 빠른 시간에 기화시킨다.

• 분자이온 : 어미이온
• 토막 낸 이온 : 딸이온

(1) 전자충격 이온화(EI : Electron Impact Ionization, 전자이온화)

① 온도를 충분히 높여 시료분자를 기화시킨 후 고에너지 전자살과 충돌시켜 이온화한다.

② 고에너지의 빠른 전자로 분자를 때리므로 토막내기 과정이 매우 잘 일어난다.

$$M + e^- \rightarrow M^{\cdot +} + 2e^-$$

여기서, M : 분석물질
$M^{\cdot +}$: 분자 라디칼 양이온

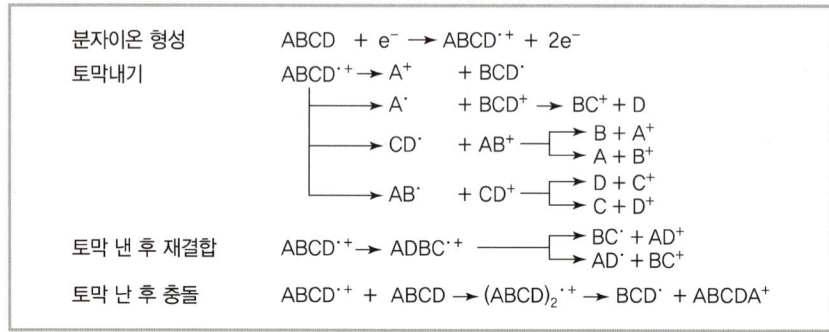

③ 센 이온원(하드이온원)으로 분자 이온이 거의 존재하지 않으므로 분자량 결정이 어렵다.

④ 분자 간 충돌은 분자이온보다 질량수가 큰 봉우리를 생성할 수 있다.

⑤ **기준 봉우리** : 가장 높은 값을 나타내는 봉우리로 크기를 임의로 100으로 정한다.

⑥ 토막내기가 잘 일어나므로 스펙트럼이 복잡하다.

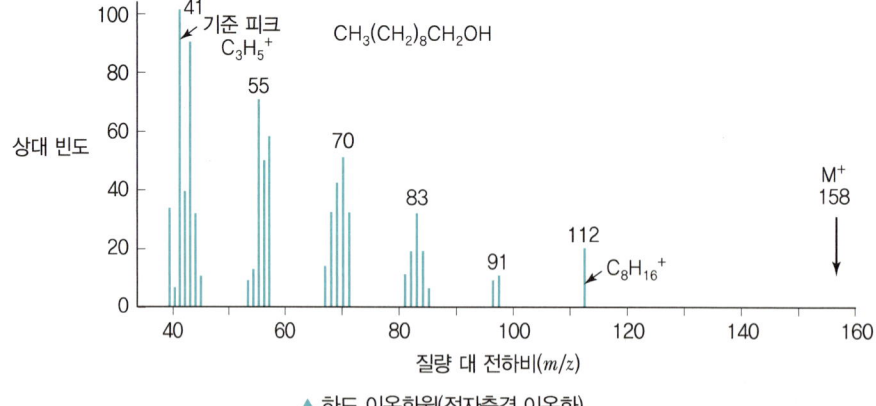

▲ 하드 이온화원(전자충격 이온화)

⑦ 기화하기 전에 분석물의 열분해가 일어날 수 있다.

(2) 화학 이온화(CI : Chemical Ionization)

① 시료의 기체분자(배치식 도입부나 가열장치에서 생성)를 전자충격으로 생성된 과량의 시약기체와 충돌시켜 이온화한다.

② 가장 일반적인 시약 중 하나인 메테인은 높은 에너지를 가지는 전자와 반응하여 CH_4^+, CH_3^+, CH_2^+ 등으로 바뀌어 CH_4^+와 CH_3^+ 이온이 가장 많이 생성된다.

$$CH_4^+ + CH_4 \rightarrow CH_5^+ + CH_3$$
$$CH_3^+ + CH_4 \rightarrow C_2H_5^+ + H_2$$

③ 시료분자 M과 CH_5^+, $C_2H_5^+$ 간의 충돌은 매우 반응성이 높아 H^+(양성자)나 H^-(수소화이온) 전이가 일어난다.

$$CH_5^+ + M \rightarrow MH^+ + CH_4 \quad : \text{양성자 이동}$$
$$C_2H_5^+ + M \rightarrow MH^+ + C_2H_4 \quad : \text{양성자 이동}$$
$$C_2H_5^+ + MH \rightarrow M^+ + C_2H_6 \quad : \text{수소화이온 이동}$$

양성자 이동으로 $(M+H)^+$ 이온이, 수소화이온의 이동으로 분석물보다 질량이 1 작은 $(MH-H)^+$ 이온이 만들어지고, $C_2H_5^+$ 이온의 결합으로 $(MH+29)^+$ 피크가 생긴다.

④ 전자충격법에 비해 약한 이온화원으로 스펙트럼이 단순하다.

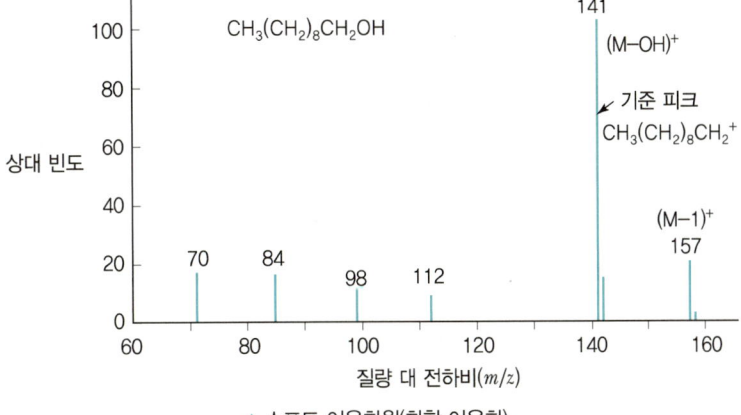

▲ 소프트 이온화원(화학 이온화)

(3) 장 이온화(FI : Field Ionization)

장 이온화원은 센 자기장의 영향으로 이온이 생성된다.

> **TIP**
> 일반적으로 양이온을 측정하지만 전기음성도가 매우 큰 원소를 포함하는 분석물질의 경우 음이온을 측정하기도 한다.

TIP

탈착 이온화 방법
- 장 탈착법(FD)
- 매트릭스 지원 레이저 탈착 이온화 (MALDI)
- 빠른 원자 충격법(FAB)
- 이차 이온 질량분석법(SIMS)

2) 탈착 이온화원

- 고체나 액체의 분석시료가 기화하지 않고 직접 기체상태의 이온으로 만든다.
- 휘발성이 낮고 열에 불안정한 시료에 사용할 수 있다.
- 열에 예민한 생화학적 물질과 분자량이 100,000Dalton보다 큰 화학종의 질량 스펙트럼을 얻기 위해 사용된다.

(1) 장 탈착법(FD : Field Desorption)
① 탐침에 전극을 올리고 시료용액으로 표면을 입힌다.
② 시료도입탐침을 시료실에 넣고 높은 전위를 가해서 이온화시킨다.

(2) 매트릭스 지원 레이저 탈착 이온화(MALDI : Matrix Assisted Laser Desorption Ionization)
① 수천~수십만 Dalton의 분자량을 갖는 극성 생화학고분자 화합물의 정확한 분자 질량에 대한 정보를 얻을 수 있다.
② 분석물과 매트릭스를 균일하게 분산해 금속시료판에 놓은 후 레이저 빔을 쪼이면, 레이저 빔이 시료를 때려 매트릭스, 분석물, 다른 이온들을 탈착시킨다.
③ MALDI와 같이 사용하는 질량분석장치는 비행시간(TOF) 질량분석장치이다.

(3) 빠른 원자 충격법(FAB : Fast Atom Bombardment)
① 글리세롤 용액 매트릭스와 응축된 시료를 Xe(제논), Ar(아르곤)의 빠른 원자로 충격하여 이온화시키는 방법이다.
② 분자량이 크고 극성인 화학종을 이온화시킨다.

(4) 이차 이온 질량분석법(SIMS : Secondary Ion Mass Spectroscopy)
① 표면분석에 사용된다.
② 보통 Ar^+ 이온이 사용되나, Cs^+, N_2^+, O_2^+도 사용된다.
③ 1차 이온빔을 고체시료 표면에 조사하여 고체 표면을 순간적으로 스퍼터링하여 입자를 방출한다. 표면에서 튀어나온 입자 중 일부가 이온화(이차 이온)되며 이차 이온의 m/z를 측정하여 성분을 분석한다.

(5) 전기분무 이온화(ESI : Electro Spray Ionization)
① 대기압 이온화
② 시료용액은 수 $\mu L/min$로 모세관 바늘을 통해 주입한다.
③ 바늘을 통해 나온 미세한 방울들이 하전 및 분사되어 탈용매 – 모세관을 통과하게 된다.
④ 100,000Dalton 이상의 분자량을 갖는 폴리펩티드, 단백질, Oligonucleotides 등 생화학물질을 분석하는 방법 중 하나이다.
⑤ 에너지가 적기 때문에 크고 열화학적으로 깨지기 쉬운 생화학분자의 조각화

TIP

대기압 이온화 방법
- 전기분무 이온화법(ESI)
- 대기압 화학 이온화원
- 대기압 광 이온화원

가 거의 일어나지 않는다.

⑥ HPLC나 모세관 전기이동법과 바로 연결되어 시료를 직접 도입할 수 있다.

3) 대기 탈착 이온화

최소의 시료 준비로 일반적인 이온화원에서 사용되는 탈착 이온화원을 사용할 수 있다.

4. 질량분석기

질량분석기는 생성된 이온들을 질량 대 전하비(m/z)에 따라 분리하는 장치이다.

1) 분해능(분리능)

① 질량분석기가 두 질량 사이의 차를 식별할 수 있는 능력

$$R = \frac{m}{\Delta m}$$

여기서, m : 첫 번째 피크의 명목상 질량. 두 피크의 평균 질량이 사용되기도 한다.
Δm : 두 봉우리 사이의 질량 차이

② 두 피크(봉우리) 사이의 골짜기 높이가 피크 높이의 수 %보다 작으면 두 피크는 분리되었다고 간주한다.

예 10%를 판단기준으로 사용하므로, 4,000의 분해능을 갖는 분석기는 m/z값이 400.0과 400.1인 피크를 분리해 낸다.

2) 질량분석기의 종류

(1) 부채꼴 자기장 분석기

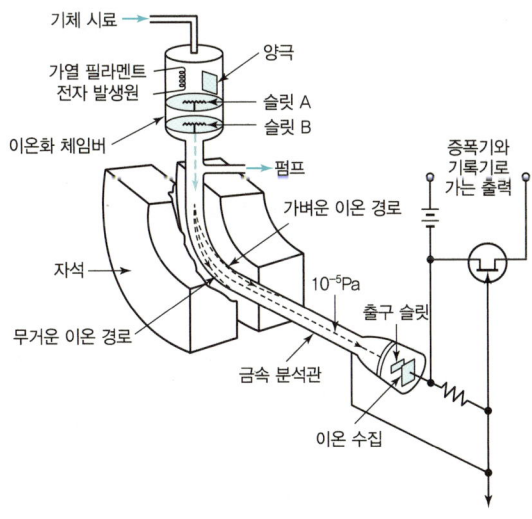

▲ 부채꼴 자기장 분석기

> **TIP**
> **실내 이온화 방법**
> 대기압 이온화원을 가지고 있는 대부분의 질량분석기기가 사용될 수 있다.
> • 탈착 전기분무 이온화(DESI)
> • 실시간 직접 분석(DART)

> **TIP**
> **부채꼴 자기장 분석장치**
> ① 영구자석이나 전자석으로 이온화원으로부터 이동하는 이온을 굴절시켜 180°, 90°, 60°로 굽어진 원호형 통로를 지나가게 한다.
> ② 옆의 그림은 90° 부채꼴 기기에서 전자 이온화에 의해 생긴 이온이 가속되어 슬릿 B를 지난 뒤 약 10^{-5}Pa 압력으로 유지되는 금속 분석관으로 들어가는 것을 보여주고 있다.
> ③ 자석의 자기장 세기를 변화시키거나 슬릿 A와 B 사이에 걸린 전위를 변화시켜 질량이 다른 이온들을 스캔한다.
> ④ 출구 슬릿을 통과한 이온은 수집 전극에 도달하여 이온전류를 만들고, 이것은 증폭되어 기록된다.

① 영구자석이나 전자석으로 이온화원으로부터 이동하는 이온을 굴절시켜 무거운 이온은 적게 휘고 가벼운 이온은 많이 휘는 성질을 이용하여 분리한다.

② 질량 m, 전하 z인 이온의 병진 또는 운동에너지(KE)는 다음과 같다.

$$KE = \frac{1}{2}mv^2 = zeV$$

$$\frac{mv^2}{r}(\text{원심력}) = Bzev(\text{자기력})$$

$$v = \frac{Bzer}{m}$$

$$\therefore \frac{m}{z} = \frac{B^2r^2e}{2V}$$

여기서, $e = 1.60 \times 10^{-19}$C
V : 전압차, v : 가속된 이온의 속도
B : 자기장의 세기, r : 부채꼴 자석의 곡률반경

(2) 이중초점 분석기

① 정전기장 분석기와 자기장 부채꼴 분석기를 연결하여 사용한다.

② 이온 다발의 방향과 에너지 오차를 동시에 최소화하여 이중초점에 있는 m/z 값을 갖는 이온을 분리할 수 있다.

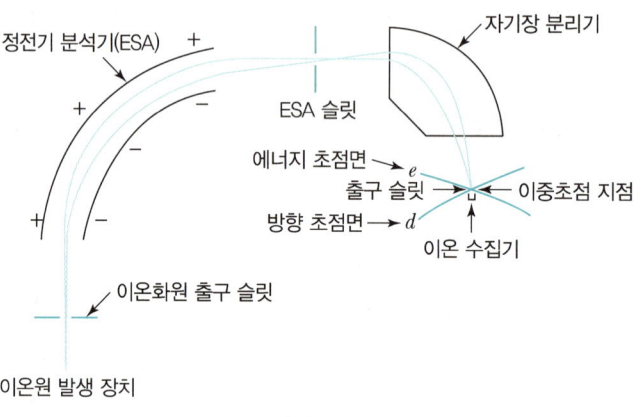

▲ Nier-Johnson 설계의 이중초점 질량분석기

(3) 사중극자 질량분석기

① 4개의 원통형 금속막대에 가변 DC 전위와 가변 고주파수 AC 전위를 걸어주면 특정 m/z 값을 갖는 이온들만 검출기로 보내어 분리한다.

② 크기가 작고 비용이 적게 들고 내구성이 좋다.

③ 스펙트럼의 전 범위를 100ms 이내에 얻을 수 있을 정도로 주사 시간이 짧다.

④ 부채꼴 자기장 질량분석기보다 일반적으로 작고, 값이 싸며, 고장이 적다.

> **TIP**
>
> 사중극자 필터에서의 주사
>
> • 고질량 통과 필터
>
>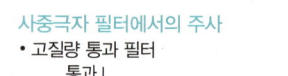
>
> • 저질량 통과 필터
>
>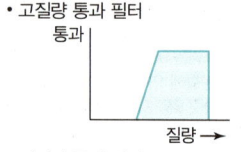
>
> • 고질량 + 저질량 필터(좁은띠 필터)
>
>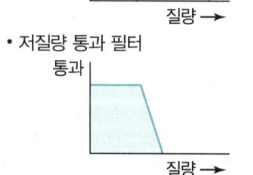

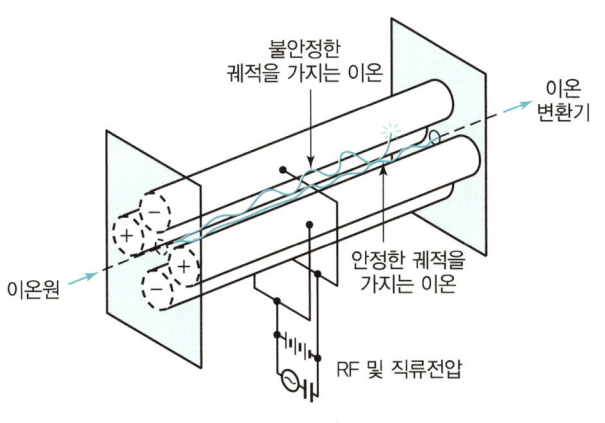

▲ 사중극자 질량분석기

(4) 비행시간 분석기(TOF : Time-Of-Flight)
① 양이온이 이온원에서 검출기로 이동하는 시간을 측정한다.
② 속도는 질량에 반비례하므로 이온이 이동할 때 무거운 이온은 늦게 이동하고, 가벼운 이온은 빨리 이동하는 원리를 이용한다.
③ 제한된 분해능과 감도를 가진다는 단점이 있다.

> **Reference**
>
> **TOF의 장점**
> - 단순하다.
> - 고장이 적다.
> - 이온화원과 연결하기 쉽다.
> - 사실상 무제한인 넓은 질량범위를 가진다.
> - 정교하고 빠른 전자부품을 필요로 한다.
> - 부채꼴 자기장이나 사중극자 질량분석기처럼 널리 사용되지는 않는다.

(5) 이온포획 분석기(이온포착 분석기)
① 이온포획은 기체상의 음이온이나 양이온을 전기장이나 자기장을 이용하여 가두어 놓을 수 있는 장치이다.
② 주파수 전압을 증가시켜 질량 순서에 따라 포집된 이온을 순차적으로 방출한다.

(6) Fourier 변환(FT) 질량분석기
① 신호 대 잡음비, 속도, 감도, 분해능이 우수하다.
② 이온이 일정한 궤도를 회전할 수 있는 이온포획이 되는 공간은 이온사이클로트론 공명 현상을 이용하도록 만들어졌다.

 TIP

TOF
짧은 펄스의 전자, 이차 이온, 레이저 광자를 주기적으로 가해 주어 양이온이 생성된다. 이 이온들은 $10^3 \sim 10^4 V$의 전기장 펄스에 가속되어 전기장이 없는 비행관으로 보내진다. 비행관의 끝에 있는 검출기에 도달하는 동안에 질량에 따른 이온들의 분리가 일어난다. 가벼운 이온은 무거운 이온보다 먼저 검출기에 도달한다.

비행시간 $t_F = \dfrac{L}{\nu} = L\sqrt{\dfrac{m}{2zeV}}$

(일반적으로 비행시간은 $1 \sim 50\mu s$)

 TIP

질량분석기의 종류
- 부채꼴 자기장 분석기
- 이중초점 분석기
- 시중극자 질량분석기
- 비행시간 분석기(TOF)
- 이온포획 분석기
- Fourier 변환 질량분석기
- 탄뎀 질량분석기(MS/MS)

③ 사이클로트론 주파수(ω_c)의 원운동

$$\omega_c = \frac{zeB}{m}$$

여기서, z : 전하량
e : 전자의 하전량
B : 자기장의 세기
m : 이온의 질량

(7) 탠덤 질량분석기(MS/MS)

① 2개의 질량분석기로 구성된다.
② 연성(Soft) 이온화원에 의해 생성된 이온들이 첫 번째 질량분석기에서 선택된 이온만 방출된다.
  ➡ 분자량을 알 수 있다.
③ 강한 이온화원에 의해 생성된 조각 이온들을 분리한다.
  ➡ 조각나기 패턴으로 구조를 알 수 있다.

5. ICP/MS

1) 특징

① 유도결합플라스마(ICP) 원자방출광원장치와 질량분석기가 결합하여 금속의 정성 및 정량에 가장 많이 사용되고 있는 원자질량분석장치이다.
② 원소분석법으로 대부분의 원소들에 대해 낮은 검출한계와 높은 선택성을 가지며, 정확성과 정밀성이 매우 우수하다.

2) 분광학적 방해

플라스마에 존재하는 한 이온 화학종이 분석이온과 같은 m/z 값을 가질 때 발생한다.

① 동중핵 이온방해 : $^{113}In^+$는 $^{113}Cd^+$를 방해
  예) 동위원소들이 동일한 질량을 갖는 경우
② 다원자이온 또는 첨가 생성물 이온방해 : $^{16}O^+$, $^{16}OH_2^+$, $^{40}Ar^+$, $^{40}ArH^+$ 등의 방해
  예) $^{28}Si^+$에 대해 $^{14}N_2^+$, $^{31}P^+$에 대해 NOH^+, $^{32}S^+$에 대해 $^{16}O_2^+$, $^{56}Fe^+$에 대해 $^{40}ArO^+$ 등
③ 이중하전이온 : Ba^{2+}는 Ga^+를 방해
④ 내화성 산화물 이온(산화물 및 수산화물 화학종) : MO^+, MOH^+의 방해

TIP

ICP/MS의 응용
동위원소비 측정 : 다양한 종류의 퇴적물과 유물의 연대를 측정한다.
예) $^{35}Cl : ^{37}Cl = 3 : 1$
  $^{79}Br : ^{81}Br = 1 : 1$

◆ **동중핵**
질량이 같은 두 가지 원소

TIP

검출기
• 전자증배관(EM)
• 패러데이컵
• 배열 변환기

CHAPTER 03 질량분석

실전문제

01 질량분석기 $CH_3CH_2^+$ ($m = 29.03858$)와 HCO^+ ($m = 29.00218$) 질량 피크를 분리하려면 최소로 필요한 분해능은 약 얼마인가?

① 13.6
② 27.5
③ 800
④ 1.25×10^3

해설

분해능(분리능)
두 질량 간의 차를 분리할 수 있는 능력

$R = \dfrac{m}{\Delta m}$

여기서, Δm : 두 봉우리 사이의 질량 차이
m : 두 봉우리의 평균 질량

$R = \dfrac{\left(\dfrac{29.03858 + 29.00218}{2}\right)}{29.03858 - 29.00218} = 797 ≒ 800$

02 다음 중 질량분석법에서 m/z비에 따라 질량을 분리하는 장치가 아닌 것은?(단, m : 질량, z : 전하)

① 사중극자(Quadrupole) 분석기
② 이중초점(Double Focusing) 분석기
③ 전자증배관(Electron Multiplier) 분석기
④ 자기장 부채꼴(Magnetic Sector) 분석기

해설

질량분석기의 종류
• 자기장 부채꼴 분석기(자기장 섹터 분석기)
• 사중극자 분석기
• 비행시간 분석기
• 이중초점 분석기
• 이온포집 분석기
• Fourier Transform(FT) 기기

※ 전자증배관 : 질량분석법의 검출기

03 다음 중 질량분석계의 이온화 방법 중 고성능 액체 크로마토그래피나 모세관 전기 영동법과 연결하여 사용하는 데 가장 적합한 방법은?

① 장 탈착법(FD : Field Desorption)
② 빠른 원자 충격법(FAB : Fast Atom Bombardment)
③ 전기분무 이온화법(ESI : Electrospray Ionization)
④ 이차 이온 질량분석법(SIMS : Secondary Ion Mass Spectrometry)

해설

전기분무 이온화법(ESI)
고성능 액체 크로마토그래피(HPLC)의 칼럼이나 모세관 전기영동법의 모세관으로부터 나오는 시료용액을 직접 이온화 장치로 도입시킬 수 있다.

04 다음 중 질량분석계(Mass Spectrometer)의 이온화 방법이 아닌 것은?

① 화학적 이온화(CI)
② 비행시간(Time of Flight)법
③ 전자충격(EI)
④ 빠른 원자 충격(FAB)법

해설

비행시간(TOF)법 : 질량분석기

질량분석계의 이온화 방법
㉠ 기체상
 • 전자충격 이온화(EI)
 • 화학적 이온화(CI)
 • 장 이온화(FI)
㉡ 탈착식
 • 장 탈착(FD)
 • 전기분무 이온화(ESI)
 • 매트릭스 지원 탈착 이온화(MALDI)
 • 빠른 원자 충격(FAB)

정답 01 ③ 02 ③ 03 ③ 04 ②

05 다음 분자질량법의 이온화 방법 중 스펙트럼이 가장 복잡한 것은?

① 전자충격 이온화(Electron Impact Ionization)
② 화학적 이온화(Chemical Ionization)
③ 장 이온화(Field Ionization)
④ 장 탈착 이온화(Field Desorption Ionization)

> **해설**

전자충격 이온화법
토막내기 과정이 잘 일어나 많은 봉우리가 생겨 스펙트럼이 가장 복잡하다.

06 질량분석법에서 시료의 이온화 과정은 매우 중요하다. 전기장으로 가속시킨 전자 또는 음으로 하전된 이온을 시료 분자에 충격하면 시료 분자의 양이온을 얻을 수 있다. 2가로 하전된 이온(질량 3.32×10^{-23}kg)을 10^4V의 전기장으로 가속시켜 시료 분자에 충격하려 한다. 다음 설명 중 틀린 것은?(단, 전자의 전하는 1.6×10^{-19}C이다.)

① 이 이온의 운동에너지는 3.2×10^{-15}J이다.
② 이 이온의 속도는 1.39×10^4m/sec이다.
③ 질량이 6.64×10^{-23}kg인 이온을 이용하면 운동에너지는 2배가 된다.
④ 같은 양의 운동에너지를 갖는다면 가장 큰 질량을 가진 이온이 가장 느린 속도를 갖는다.

> **해설**

㉠ $KE = zeV$(질량에 무관)
여기서, z : 이온의 전하수
e : 전자의 전하(1.6×10^{-19}C)
V : 가속전압
$KE = 2 \times 1.6 \times 10^{-19}$C $\times 10^4$V $= 3.2 \times 10^{-15}$J

㉡ $KE = \frac{1}{2}mv^2$
여기서, m : 이온의 질량
v : 이온의 속도
3.2×10^{-15}J $= \frac{1}{2} \times (3.32 \times 10^{-23}kg) \times v^2$
∴ $v = 1.39 \times 10^4$m/s

㉢ 질량이 2배가 되면 속도는 작아지고 운동에너지는 같다.

07 이온 사이클로트론 공명(Ion Cyclotron Resonance) 현상을 이용하는 질량분석기는?

① 사중극자(Quadrupole) 분석기
② 이온포착(Ion Trap) 분석기
③ 비행시간(Time of Flight) 분석기
④ 자기장 부채꼴(Magnetic Sector) 분석기

> **해설**

이온 사이클로트론 공명 현상
전자기장 중에 놓여진 이온이 주기가 일정한 원운동을 할 때 사이클론 진동수와 같은 주파수의 전자기파를 공명으로 흡수하여 궤도 반지름이 점점 커지는 현상

이온 사이클로트론 공명 현상을 이용한 질량분석기
• 이온포착 분석기
• Fourier 변환(FT) 기기

08 질량분석법에 대한 설명으로 틀린 것은?

① 분자 이온 봉우리가 미지시료의 분자량을 알려 주기 때문에 구조 결정에 중요하다.
② 가상의 분자 ABCD에서 BCD^+는 딸-이온(Daughter -ion)이다.
③ 질량스펙트럼에서 가장 큰 봉우리의 크기를 임의로 100으로 정한 것이 기준 봉우리이다.
④ 질량스펙트럼에서 분자 이온보다 질량수가 큰 봉우리는 생기지 않는다.

> **해설**

이온과 분자 간 충돌로 인해 분자 이온보다 질량수가 큰 봉우리를 생성할 수 있다.

정답 05 ① 06 ③ 07 ② 08 ④

CHAPTER 04 전기화학분석

[01] 전기화학의 기초

1. 전기화학전지

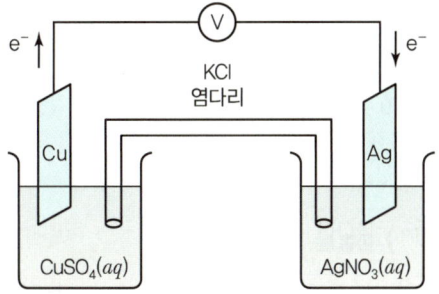

$$(-)\ Cu|CuSO_4\ \|\ AgNO_3|Ag\ (+)$$

① 산화전극(Anode) : 산화가 일어나는 전극
② 환원전극(Cathode) : 환원이 일어나는 전극
③ 전해질 용액 : 한쪽에서 다른 쪽으로 이온이 이동할 수 있게 염다리를 연결
④ 염다리
  ㉠ 고농도의 KCl, KNO_3, NH_4Cl과 같은 전해질을 포함하고 있는 겔(Gel)로 채워진 U자형 관
  ㉡ 염다리의 양쪽 끝에는 다공성 마개가 있어 서로 다른 두 용액이 섞이는 것을 방지하고 이온은 이동할 수 있다.
  ㉢ 두 반쪽전지를 연결해 준다.
  ㉣ 염다리의 목적은 전지 전체를 통해 전기적 중성(전하의 균형)을 유지하는 데에 있다.

 TIP
- 갈바니전지 : 전기에너지를 생산하는 전지
- 전해전지 : 전기에너지를 소비하는 전지

2. 전기화학의 기초

1) 전기화학전지의 전위

$$E_{cell} = E_{환원} - E_{산화} = E_{오른쪽} - E_{왼쪽} = E_{지시} - E_{기준}$$

2) Nernst 식

$$E = E° - \frac{RT}{nF} \ln Q$$

여기서, E : 전극전위, $E°$: 표준전극전위
R : 기체상수(8.314 J/mol·K), T : 절대온도(298K), Q : 반응지수
n : 반응에 관여한 전자수, F : 패러데이 상수(96,485C/mol)

25℃에서 상용대수로 나타내면

$$E = E° - \frac{0.05916}{n} \log Q$$

> **TIP** 전기회로의 기초
> - 전자 1개의 전하량
> 1.6×10^{-19}C
> - 전자 1mol의 전하량
> 1.6×10^{-19}C $\times 6.02 \times 10^{23}$개/mol
> $= 96,500$C
> - 1A : 1s 동안 1C의 전하가 흐를 때 나타내는 전류의 세기
> - 1V = 1J/C
> - $V = IR$
>   여기서, V : 전압(V)
> R : 저항(Ω)

3) 표준전극전위($E°$)

산화환원반응이 25℃, 1기압에서 얼마나 잘 일어나는가에 대한 척도로 사용할 수 있으며, 대부분 환원 반쪽반응을 기준으로 하여 표준환원전위로 나타낸다.

$Cu^{2+} + 2e^- \rightarrow Cu$ $E° = +0.34V$ +인 경우 수소보다 환원되기 쉽다.
$2H^+ + 2e^- \rightarrow H_2(g)$ $E° = 0V$ 기준
$Zn^{2+} + 2e^- \rightarrow Zn$ $E° = -0.76V$ -인 경우 수소보다 산화되기 쉽다.

> **TIP**
> $Ag^+ + e^- \rightleftarrows Ag(s)$
> $E° = +0.799V$
> $100Ag^+ + 100e^- \rightleftarrows 100Ag(s)$
> $E° = +0.799V$
> 1mol, 100mol Ag의 전위
> $E = 0.799V - \frac{0.0592}{1} \log \frac{1}{a_{Ag^+}}$

4) 액간접촉전위

① 조성이 다른 두 전해질 용액이 접촉 시에 경계면에서 생기는 전위차이다.
② 양이온과 음이온의 확산속도 차이에 의해 경계면에서 이들의 분포상태가 같지 않기 때문에 생긴다.

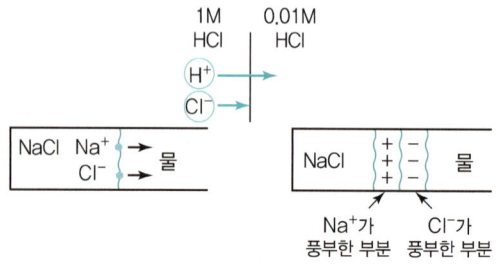

5) 전기화학전지에서의 전류

전기화학전지에서 직류 전기가 흐르면, 측정된 전지 전위는 계산된 열역학적 전위와 다르다. 이러한 차이는 전하 이동 과전압, 반응 과전압, 확산 과전압 및 결정화 과전압과 같은 몇 가지 편극효과와 옴저항을 포함한 많은 현상 때문에 생긴다. 일반적으로 이러한 현상은 갈바니전지의 전압을 감소시키거나 전해전지에서 전류를 생산하는 데 필요한 전압을 증가시킨다.

(1) 저항전위 : IR 강하

$$E_{전지} = E_{오른쪽} - E_{왼쪽} - IR$$

> **TIP**
> 옴(Ohm) 법칙
> $E = IR$
> 여기서, E : 이온 이동에 대한 전위차 (V)
> I : 전류(A)
> R : 전류에 대한 전해질의 저항(Ω)

(2) 편극

① 전극전위가 일정할 때 전지전압과 전류 사이에는 직선 관계가 있다. 그러나 전류-전압곡선 끝부분은 직선모양이 아니다. 이런 경우 전지는 편극되었다고 한다.

② 편극은 한 전극 또는 두 전극 모두에서 일어날 수 있다.

③ 편극의 원인

　㉠ 농도편극
　　• 반응 화학종이 전극 표면으로 이동하는 속도가 요구되는 전류를 유지하기에 충분하지 않을 때 일어난다. 농도편극이 일어나기 시작하면 물질 이동 과전압이 나타난다.
　　• 반응물 농도가 높을수록, 전해질 농도가 낮을수록, 전극의 표면적이 클수록, 온도가 높을수록, 잘 저어줄수록 농도편극이 감소한다.

　㉡ 반응편극 : 반쪽전지 반응은 중간체가 생기는 화학과정을 통해 이루어지는데, 중간체의 생성 또는 분해속도가 전류를 제한하는 경우 반응편극이 발생한다.

　㉢ 흡착, 탈착 또는 결정화 편극 : 흡착, 탈착 또는 결정화와 같은 물리적 과정의 속도가 전류를 제한한다.

　㉣ 전하-이동편극 : 반응화학종과 전극 사이의 전자 이동속도가 느려 전극에서 산화환원반응의 속도 감소로 인해 발생한다.

> ◆ 과전압
> 예상되는 전류를 얻기 위해 이론값보다 더 걸어주어야 하는 전압

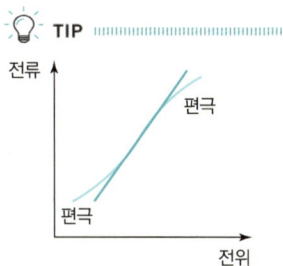

> **TIP**
> 전지의 이상적인 전위와 실제적인 전위 사이에 차이가 생긴다.

6) 전기화학전지에서 흐르는 전류의 종류

패러데이 전류	분석물질의 산화·환원이 원인이 되어 흐르는 전류
비패러데이 전류	산화·환원과정이 아닌 다른 과정을 통하여 흐르는 전류

7) 질량이동 메커니즘

전기화학 반응을 하는 이온이나 분자들이 벌크용액에서 전극표면까지 이동하는 메커니즘을 질량이동 메커니즘이라 한다.

① 확산 : 용액의 두 영역에서 농도 차이가 생길 때 분자 또는 이온은 진한 영역에서 더 묽은 영역으로 확산한다.

② 전기이동 : 정전기장의 영향 아래에서 이온과 전극 사이의 정전기적 인력에 의해 이온이 이동하는 과정

③ 대류 : 기계적인 방법이나 온도, 밀도 차에 의한 용액의 움직임에 의해 분자나 이온이 이동하는 과정

TIP

전기화학분석법의 종류
- 전위차법
- 전기량법
- 전압전류법

TIP

전위차 분석법의 장치
- 지시전극
- 기준전극
- 전위측정장치

[02] 전기화학분석법

분석물질 용액이 전기화학전지의 일부를 구성하고 있을 때, 분석물질 용액의 전기적 성질에 바탕을 두고 있는 정성·정량분석법이다.

1. 전위차법

- 전류가 흐르지 않는 상태에서 전기화학전지의 전위를 측정하는 데 근거한 분석법이다.
- 전위차 분석에 사용되는 전형적인 전지 형태이다.
- 적정의 종말점을 찾는 데 사용되며, 시료를 파괴하지 않고, 극미량물질도 분석할 수 있다.

$$\text{기준전극 | 염다리 | 분석물질 용액 | 지시전극}$$
$$E_{ref} \qquad E_j \qquad\qquad\qquad E_{ind}$$
$$E_{전지} = E_{ind} - E_{ref} + E_j$$

여기서, E_{ind} : 지시전극
E_{ref} : 기준전극
E_j : 접촉전위

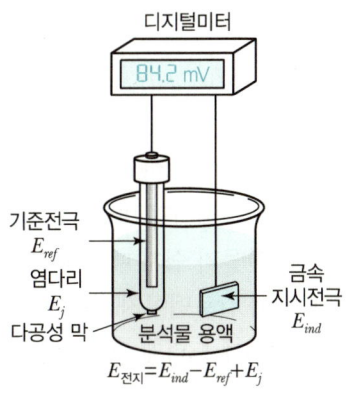

▲ 전위차 측정에 사용되는 전지

1) 기준전극

측정하고자 하는 분석물질 용액에 전혀 감응하지 않고 일정한 전위를 유지해야 한다.

> **Reference**
>
> **기준전극의 조건**
> - 분석물 용액에 감응하지 않는다.
> - 표준수소전극에 대해 일정한 전위를 갖는다.
> - 작은 전류를 흘려도 일정한 전위를 유지해야 한다.
> - 반응이 가역적이고 Nernst 식을 따라야 한다.
> - 온도가 주기적으로 변해도 과민반응을 나타내지 않아야 한다.
> - 전극은 간단하고 만들기 쉬워야 한다.

2) 기준전극의 종류

(1) 칼로멜 전극

$$\text{Hg} \mid \text{Hg}_2\text{Cl}_2(\text{포화}), \text{KCl}(x\text{M}) \parallel$$

① 칼로멜 기준전극은 염화수은(I)(칼로멜)으로 포화되어 있고 일정한 농도의 KCl을 포함하는 용액과 접촉하고 있는 수은으로 이루어져 있다.

② $\text{Hg}_2\text{Cl}_2(s) + 2e^- \rightleftarrows 2\text{Hg}(l) + 2\text{Cl}^-$

③ $E = E° - \dfrac{0.0592}{2} \log[\text{Cl}^-]^2$

TIP

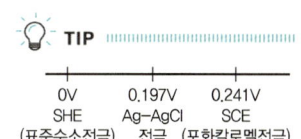

(2) 포화 칼로멜 전극(SCE)

$$\text{Hg}(l) \mid \text{Hg}_2\text{Cl}_2(sat'd), \text{KCl}(sat'd) \parallel \quad 25°C에서 \ SCE의 \ 전위 = 0.241V$$

① 칼로멜 전극에서 일정 농도가 아닌 포화된 염화칼륨 용액을 사용한다.
② 전극의 전위는 온도에 의해서만 변한다.
③ 포화 칼로멜 전극은 만들기 쉽기 때문에 널리 사용되고 있다.
④ 온도가 변할 때 KCl과 칼로멜이 새로운 용해평형에 도달하는 데 걸리는 시간 때문에 새로운 전위에 느리게 도달한다.

(3) 은-염화은 전극

$$\text{Ag} \mid \text{AgCl}(포화), \text{KCl}(x\text{M}) \parallel$$

① $\text{AgCl}(s) + e^- \rightleftarrows \text{Ag}(s) + \text{Cl}^-$
② 60°C 이상의 온도에서도 사용할 수 있는 장점이 있다.

(4) 표준수소전극(SHE)

① 표준수소전극의 전위는 0이다.
② H_2 기체의 사용과 백금전극의 오염으로 잘 사용하지 않는다.

3) 지시전극

지시전극은 분석물의 활동도 변화에 감응하는 전극이다.

(1) 금속지시전극

① **1차 전극** : 1차 금속전극은 용액 안의 금속양이온과 직접적인 평형에 있는 순수한 금속전극이다.

  예 $Cu^{2+} + 2e^- \rightleftarrows Cu(s)$

  전위 $E_{ind} = E°_{Cu} - \dfrac{0.0592}{2} \log \dfrac{1}{a_{Cu^{2+}}}$

  $\quad\quad\quad = E°_{Cu} - \dfrac{0.0592}{2} \text{pCu}$

② **2차 전극** : 금속전극은 금속이온과 침전이나 안정한 착물이온을 형성하는 음이온의 활동도에 감응할 수 있다.

- 예 Ag 전극은 할로겐화물이나 할로겐화물과 유사한 음이온에 대해 2차 전극으로 이용된다.

  전극반응

  $AgCl(s) + e^- \rightleftarrows Ag(s) + Cl^-$

  $E° = 0.222V$

  $E_{ind} = 0.222 - \dfrac{0.0592}{1} \log a_{Cl^-}$

  $\qquad = 0.222 + 0.0592 \, pCl$

- 예 EDTA 음이온 Y^{4-}의 활동도를 측정하는 데 사용된다. 이것은 수은전극의 낮은 농도의 안정한 Hg(Ⅱ)-EDTA 착물에 대한 감응에 기반을 두고 있다.

  $HgY^{2-} + 2e^- \rightleftarrows Hg(l) + Y^{4-}$

  $E_{ind} = 0.21 - \dfrac{0.0592}{2} \log \left(\dfrac{a_{Y^{4-}}}{a_{HgY^{2-}}} \right)$

③ **3차 전극** : 금속전극은 다른 양이온에 감응할 수 있다. 이 경우 3차 전극이 된다.

- 예 수은전극은 칼슘을 포함하고 있는 용액의 pCa를 측정하는 데 사용된다.

④ **금속산화-환원전극** : 백금, 금, 팔라듐 또는 다른 비활성 금속들로 만들어진 전극들은 종종 산화-환원계의 지시전극으로 사용된다.

- 예 Ce^{3+}와 Ce^{4+}가 들어 있는 용액에서 Pt 전극전위

  $E_{ind} = E° - 0.0592 \log \dfrac{a_{Ce^{3+}}}{a_{Ce^{4+}}}$

(2) 막지시전극(이온선택성 전극)

- 직접 전위차 측정을 이용하여 여러 이온들을 빠르고 선택적으로 정량할 수 있다. 이러한 막전극들은 대부분이 높은 선택성을 가지고 있어 종종 이온선택성 전극(ISE)이라 불리기도 한다.
- 한 종류의 이온에 대해 선택적으로 감응한다.

① **이온선택성 막의 성질**

  ㉠ **최소용해도** : 이온선택성 막의 필수적인 성질은 분석물질 용액에서 용해도가 0에 가까워야 한다.

  ㉡ **전기전도도** : 약간의 전기전도도를 가져야 한다.

  ㉢ **분석물질과 선택적인 반응성** : 막, 막의 매트릭스 안에 있는 몇 가지 화학종들은 분석물질이온과 선택적으로 결합할 수 있어야 한다. 결합은 이온교환, 결정화, 착물화이다.

> **TIP**
> **이온선택성 막전극의 종류**
> ㉠ 결정성 막전극
> - 단결정
>   예 F^- 측정용 LaF_3
> - 다중결정 또는 혼합결정
>   예 S^{2-}와 Ag^+ 측정용 Ag_2S
> ㉡ 비결정성 막전극
> - 유리
>   예 Na^+와 H^+ 측정용 규산염 유리
> - 액체
>   예 Ca^{2+} 측정용액에 이온교환체와 K^+ 측정용 중성 운반체
> - 단단한 고분자에 고정된 액체
>   예 Ca^{2+}와 NO_3^- 측정용 PVC 매트릭스

TIP

선택계수(K_{AX})
- 분석물 이온(A)의 감응도에 대한 같은 전하를 가진 다른 이온(X)의 상대적 감응도를 나타낸다.
- 선택계수가 작을수록 다른 이온의 방해가 작아 성능이 우수한 전극이다.

$K_{AX} = \dfrac{X에 대한 감응}{A에 대한 감응}$

$K_{AX} = 0$: A에 대한 감응도가 크다.
$K_{AX} = 1$: A와 X에 대한 감응도가 비슷하여 방해가 크다.

② 유리전극으로 pH를 측정할 때 영향을 주는 오차

구분	내용
알칼리오차	유리전극은 염기성 용액에서 H^+의 농도뿐 아니라, 알칼리 금속이온의 농도(Na^+, K^+)에도 감응한다.
산오차	pH가 0.5보다 작은 강산 용액에서 유리표면이 H^+로 포화되어 H^+가 더 이상 결합할 수 없기 때문에 측정된 pH는 실제 pH보다 크다.
탈수	전극이 탈수되면 불안정한 기능을 하고 오차를 일으킨다.
낮은 이온 세기의 용액	이온 세기가 너무 낮으면 용액의 전기전도도가 작아 pH 측정이 어려워진다.
접촉전위의 변화	표준용액과 시료용액 사이의 접촉전위가 변화되기 때문에 pH 측정에서 교정할 수 없는 근본적인 불확정도가 발생한다.
표준 완충용액의 pH 오차	교정을 위해 사용하는 완충용액을 정확히 만들지 못하거나 보관하는 동안 성분이 변하면 pH 측정에 오차가 발생한다.
온도변화에 따른 오차	25℃ 이외의 온도에서 pH를 측정할 때 유리전극의 Nernst 감응의 변화를 보정하기 위하여 pH미터를 조절해야 한다.
전극의 세척 불량	전극의 세척 상태가 불량하면 오차를 일으킨다.

(3) 이온선택성 전극의 장점

① 감응시간이 짧다.
② 직선성 감응의 범위가 넓다.
③ 색이나 혼탁도에 영향을 받지 않는다.
④ 비파괴성, 비오염성이다.

4) 직접전위차법

① 시료용액에 담근 지시전극의 전위를 분석물 표준용액에 담근 전극의 전위와 비교한다.
② 기준전극은 항상 산화전극으로 취급하고 지시전극은 항상 환원전극으로 한다.
③ 전지의 전위는 지시전극의 전위, 기준전극의 전위, 액간접촉전위의 합으로 한다.

$$E_{cell} = E_{ind} - E_{ref} + E_j$$

여기서, E_{ind} : 지시전극
E_{ref} : 기준전극

2. 전기량법

분석물질을 충분한 시간 동안 산화·환원시켜서 분석물질을 완전히 전기분해하는 데 필요한 전기량을 측정하는 방법이다.
- 일정전위 전기량법
- 일정전류 전기량법(전기량법 적정)
- 전해무게분석법 : 전기분해로 인해 생기는 생성물을 한 전극에서 석출시켜 무게를 측정하는 방법이다.

> **TIP**
> 일정전위 전기량법, 일정전류 전기량법은 전기분해를 완결시키는 데 필요한 전기량을 측정함으로써 존재하는 분석물질의 양을 정량하는 것이다.

1) 일정전위 전기량법

① 작업전극(분석물질의 반응이 일어나는 전극)의 전위를 일정하게 유지시켜 시료 또는 용매 중에서 반응성이 덜한 화학종은 반응하지 않고, 분석물질만이 정량적으로 산화·환원이 일어나게 하는 것이다.
② 전류가 처음에는 높으나 분석물질이 용액으로부터 사라짐에 따라 급격히 감소하여 마침내 0으로 떨어진다.
③ 전기량 측정방법은 대부분 전자적분기를 이용한다.
④ 분석물질을 반응생성물로 전환하는 데 필요한 전하량은 전류 – 시간 곡선을 전기분해 동안 적분하여 계산한다.
⑤ 기기장치
　㉠ 전지
　㉡ 일정전위기
　　• 작업전극의 전위를 기준전극에 대해 일정하게 유지시키는 장치
　　• 전기분해의 선택성을 높인다.
　㉢ 적분장치
⑥ 3전극계
　㉠ **작업전극** : 분석물의 반응이 일어나는 전극
　㉡ **기준전극** : 작업전극의 전위를 측정하기 위한 전극
　㉢ **보조전극(상대전극)** : 전류의 흐름을 위해 필요한 또 다른 전극
　　➡ 3전극계에서는 전류가 작업전극과 보조전극 사이를 흐르고 기준전극으로는 거의 흐르지 않아 기준전극의 전위가 일정하므로, 작업전극과 기준전극 사이의 전압을 전위차계로 측정하고, 작업전극에 흐르는 전류를 전류계로 측정한다.

> **TIP**
> 일정전위기
>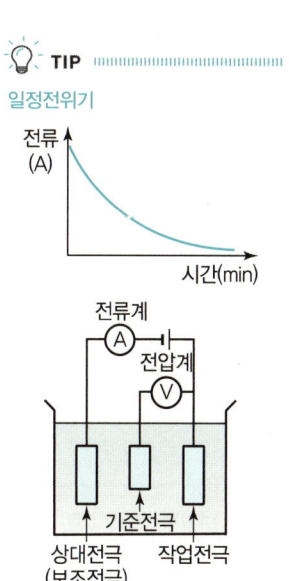

일정전류 전기분해
전류를 일정하게 흐르게 하기 위해서는 환원전위를 지속적으로 높여야 한다.

2) 일정전류 전기량법(전기량법 적정)

일정한 전류량에 의해 100% 효율로 전기분해되어 생성된 직접시약을 분석물질과 반응시키는 방법이다.

예 은 산화전극에서 생성되는 은이온으로 할로겐화 이온을 적정

① 일정전류기(정전류기)를 이용하여 일정전류를 유지한다.
② 반응이 완결된 종말점에 도달할 때까지 사용되는 전기량은 전류의 크기와 반응시간으로 계산된다.
③ 전위차법, 전류법, 전기전도도법, 지시약을 이용하는 방법을 통해 종말점을 검출하는 데 이용한다.
④ 전기량법 적정용 전지

전기량법 적정용 전지

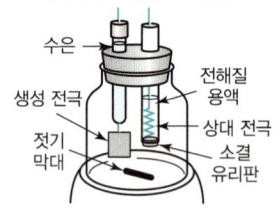

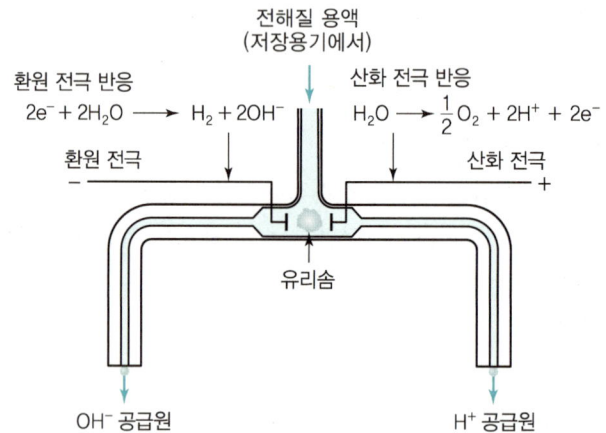

▲ 산과 염기를 외부에서 생성하는 전해 전기장치 모식도

⑤ 전기량법 적정의 응용
    ㉠ 중화적정
    ㉡ 침전법과 착화법 적정
    ㉢ 체액에서 Cl^-의 전기량법 적정
    ㉣ 산화-환원법 적정

3. 전압전류법

- 지시전극 또는 작업전극이 편극된 상태에서 걸어준 전위의 함수로 전류를 측정함으로써 분석물에 대한 정보를 얻는 전기분석법
- 전위차법은 편극되지 않은 상태에서 전류가 흐르지 않게 하여 전위를 측정하고 전압전류법은 완전히 농도편극된 상태에서 전기화학전지에 흐르는 전류를 측정한다.

◆ **전류법**
분석농도에 비례하는 전류를 일정전위에서 측정하는 방법

편극된 상태에서 걸어준 전위
= 전극에 인위적으로 인가한 전위

- 작업전극은 편극을 증가시키기 위해 표면적이 작은(μm^2, mm^2) 미소전극을 사용한다.
- 최소한의 분석물을 사용한다.
- 전압전류법은 폴라로그래피부터 시작하여 발전하였는데, 미소작업전극으로 적하수은전극을 사용한다.

1) 들뜸전위신호

전압전류법에서는 가변전위 들뜸신호를 작업전극이 들어 있는 전기화학전지에 걸어준다. 들뜸신호를 걸어주면 그 방법에 따라 특징적인 전류가 나타난다.

▼ **전압전류법에 이용되는 들뜸 전위신호**

이름	파형	전압전류법 종류
직선주사 (선형주사)	E 시간 → (직선 증가)	유체역학 전압전류법 폴라로그래피
제곱파 (네모파)	E 시간 → (계단형)	네모파 전압전류법 제곱파 전압전류법
시차펄스	E 시간 → (펄스 계단형)	시차펄스 전압전류법
삼각형	E 시간 → (삼각파)	순환 전압전류법

> **TIP** 연산증폭기
>
> ㉠ 전류-전압 변환회로
> - 작업전극에 흐르는 전류신호를 전압신호로 변환시키는 회로로 전압전류법에서 전류를 측정하는 데 사용된다.
> - 출력전압은 입력전류에 비례하며 로드저항에는 무관하다.
>
>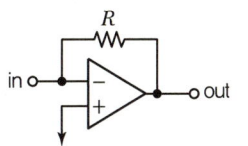
>
> ㉡ 전압-전류 변환회로
> - 출력전류는 입력전압에 비례하며, 로드저항에는 무관하다.
>
>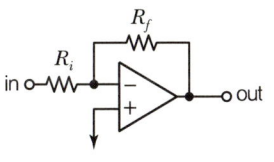

2) 폴라로그래피

① 적하수은전극이 완전히 편극된 상태에서 정량 분석하는 방법이다.
② 유체역학 전압전류법과의 차이는 대류가 일어나지 않게 하고, 작업전극으로 적하수은전극을 사용하는 것이다.
③ 폴라로그래피의 질량 이동은 확산에 의해서만 일어난다.

④ 분석원리

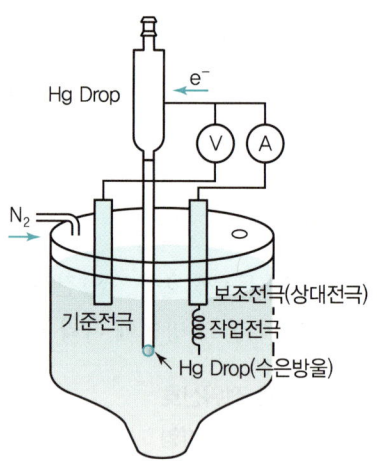

㉠ 적하수은전극은 폴라로그래피에서 사용되는 작업전극으로 수은 저장용기로부터 가는 모세관으로 수은이 흘러나와 수은방울이 만들어지고 전압, 전류가 측정된 후 수은방울이 기계적으로 제거되고 다시 수은방울이 생성되어 측정이 반복된다.
㉡ 기준전극 : 전위가 정확히 알려져 있고 작은 전류가 흐르는 동안 일정한 전위를 유지한다.
㉢ 상대전극 : 화학반응에 관여하지 않으며, 전자의 전달 역할을 한다.
㉣ 작업전극 : 분석하고자 하는 물질이 반응하는 전극이다.
㉤ 분석물질의 농도와 전류는 비례한다.

⑤ 장점
㉠ 수은전극에서 수소이온의 환원에 대한 과전압이 크다.
　➡ 수소기체의 발생으로 인한 방해가 적고, 금속이온 환원전극으로 사용할 수 있다.
㉡ 수은방울이 계속적으로 생성되어, 적하된다.
　➡ 수은전극 표면이 시료용액과 접촉한다.
㉢ 재현성이 좋다.

⑥ 단점
㉠ 수은이 쉽게 산화되므로 산화전극으로 사용하기 곤란하다.
㉡ 잔류전류(충전전류)가 발생하여 확산전류의 정확한 측정에 방해가 된다.
㉢ 전류극대현상이 발생한다.

 TIP

충전전류는 전극의 전자와 용액 속의 이온들 간의 정전기적 인력 또는 척력에 기인한다.

◆ 전류극대현상
분해전압 부근에 전류가 직선적으로 증대하고 어느 전위에서는 날카로운 산형의 정점을 이룬 후 급격히 떨어져 보통의 한계전류가 되는 현상

⑦ 폴라로그램

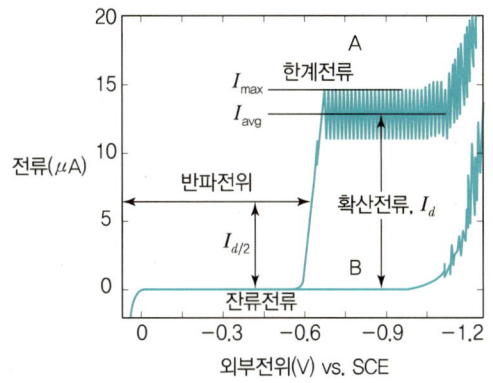

㉠ 확산전류
- 확산전류 = 한계전류 - 잔류전류
- 확산전류는 분석물의 농도에 비례하므로 정량분석이 가능하다.
- 폴라로그래피의 한계전류는 확산에 의해서만 나타나므로 확산전류이다.

㉡ 한계전류 : 미소전극 주위 이온이 모두 전해되었을 때 나타나는 전류

㉢ 잔류전류 : 산화환원반응으로 생기는 이외의 원인에 의해 나타나는 전류

㉣ 반파전위
- 확산전류의 절반이 되는 전위이다.
- 분석하는 화학종의 특성에 따라 달라지므로 정성 정보를 얻을 수 있다.
- 반파전위는 금속이온과 착화제(리간드)의 종류에 따라 달라진다.

◆ 확산전류
전기활성 화학종이 수은 표면으로 확산할 때의 전류

◆ 잔류전류
전기화학변화가 일어나지 않을 때의 전류

3) 벗김법

① 먼저 분석물은 저어준 용액에서 작업전극에 석출된다. 일정한 시간이 지난 후 전기분해를 중지하고, 그다음 저어주는 것을 멈추고 석출된 분석물을 전압전류법 중 하나로 정량한다. 분석물은 작업전극에서 다시 용해되어 벗겨 나온다.

② 극미량 분석에 유용하다.

③ 예비농축과정이 있어 감도가 좋고, 검출한계가 아주 낮다.

④ 매달린 수은방울 전극(HMDE)이 주로 사용된다.

⑤ 산화전극벗김법(음극벗김법) : 작업전극이 석출단계에서 환원전극으로 작용하고, 벗김단계에서 산화전극으로 작용한다.

⑥ 환원전극벗김법(양극벗김법) : 작업전극이 석출단계에서 산화전극으로 작용하고, 벗김단계에서 환원전극으로 작용한다.

💡 TIP
벗김법은 예비농축과정이 있어 감도가 좋다.

> **TIP** 세모파(삼각파) 들뜸신호

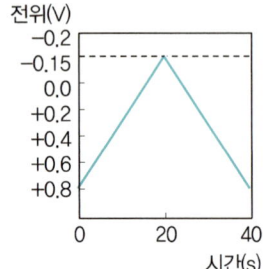

4) 순환전압전류법

① 세모파(삼각파)의 들뜸신호를 이용하는 전압전류법이다.
② (+)전위와 (−)전위를 교대로 반복한다.
③ 화합물의 산화-환원 메커니즘 연구에 이용한다.
④ 전압전류곡선

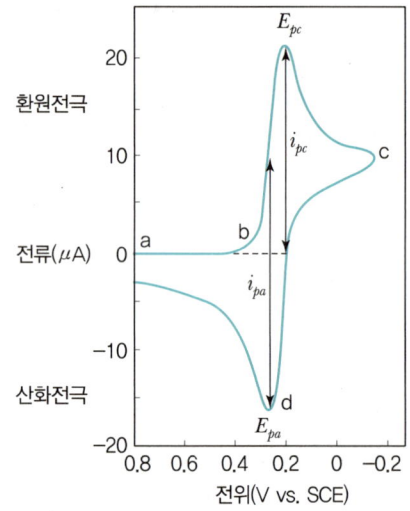

▲ 6.0mM $K_3Fe(CN)_6$ + 1.0M KNO_3에서의 순환전압전류곡선

㉠ a-b : 산화·환원될 수 있는 화학종이 없으므로 전류를 관찰할 수 없다.
㉡ b : $Fe(CN)_6^{3-} + e^- \rightleftarrows Fe(CN)_6^{4-}$
➡ 환원되므로 환원전류가 나타난다.
㉢ c : 주사방향이 바뀐다.
㉣ c-d : 전위가 증가해도 $Fe(CN)_6^{3-}$가 환원된다. 그러나 전위가 충분히 커지면 더 이상 $Fe(CN)_6^{3-}$가 환원되지 않아 전류는 0이 된다. 그다음 정방향 주사를 하면 전극표면 가까이에 축적된 $Fe(CN)_6^{4-}$가 산화되어 산화전류가 흐른다.
㉤ d-a : 축적된 $Fe(CN)_6^{4-}$가 산화전극 반응으로 소모되므로 감소한다.

5) 미세전극 전압전류법

① 미세전극 : 전극의 크기가 20μm 이하이고 직경이 30nm, 길이가 2μm인 전극
② 미세전극의 장점
㉠ 패러데이 과정의 정류상태는 μs(마이크로초)~ms(밀리초) 정도로 매우 빠르게 얻어진다.

ⓒ 충전전류는 전극면적 A에 비례하고 패러데이 전류는 A/r에 비례하므로 전체 전류에 대한 충전전류의 상대 기여도, 미세전극의 크기에 따라 감소한다.

③ 충전전류는 미세전극에서 작기 때문에 전위는 매우 빠르게 주사된다.
④ 전류가 매우 작기 때문에 IR강하는 미세전극의 크기가 감소할수록 감소한다.
⑤ 미세전극이 정류상태 조건에서 작동될 때 전류의 신호 대 잡음비는 동적 상태 조건에서보다 더 크다.
⑥ 흐름계에서 작업전극 표면의 용액은 계속 새로워지므로 δ가 최소가 되고 패러데이 전류는 최대가 된다.
⑦ 작업전극을 사용한 측정은 아주 작은 부피, 예를 들어 생물 세포 부피에서 이루어진다.
⑧ 아주 작은 전류 때문에 정상 액체 크로마토그래피에서와 같이 높은 저항을 갖는 비수용매에서의 전압전류법에 의한 측정이 가능하다.

◆ r : 구의 반경

◆ δ : Nernst 확산층의 두께

4. 전기전도도법

1) 중화반응

H^+의 이온 전도율이 높아 초기 전도도는 높게 나타나고 중화가 일어나면서 H^+의 수가 줄어 전기전도도가 떨어진다. 중화점 이후에는 OH^-가 증가하여 전기전도도는 증가한다.

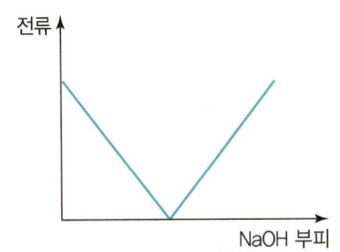

$H^+ + Cl^- + Na^+ + OH^- \rightarrow Na^+ + Cl^- + H_2O$

여기서, Na^+, Cl^- : 구경꾼이온
H^+, OH^- : 알짜이온

💡 **TIP**

전기전도도(G)의 측정
$G = \dfrac{1}{R} = K\dfrac{A}{l}$
여기서, R : 전기저항(Ω)
A : 도체의 단면적
l : 두 전극 간의 거리
K : 비전도도($\Omega^{-1}\text{cm}^{-1}$)

CHAPTER 04 전기화학분석

실전문제

01 0.1M Cu^{2+}가 $Cu(s)$로 99.99% 환원되었을 때 필요한 환원전극전위는 몇 V인가?

$$Cu^{2+}+2e^- \rightleftarrows Cu(s), \quad E°=0.339V$$

① 0.043
② 0.19
③ 0.25
④ 0.28

해설

Nernst 식

$$E = E° - \frac{0.0592}{n}\log Q$$

여기서, n : 이동하는 전자의 몰수
Q : 반응지수

Cu^{2+}가 Cu로 99.99% 환원되므로
남아 있는 Cu^{2+}의 농도

$[Cu^{2+}] = 0.1M \times \frac{0.01}{100} = 10^{-5}M$

$\therefore E = 0.339 - \frac{0.0592}{2}\log\frac{1}{10^{-5}} = 0.19$

02 전압전류법에서 벗김법(Stripping Method)에 대한 설명으로 틀린 것은?

① 전극은 적하수은전극을 사용한다.
② 농도가 작을수록 석출시간이 길어진다.
③ 예비 농축 과정이 포함되므로 감도가 좋다.
④ 석출할 때는 작업전극의 전위를 일정하게 유지한다.

해설

- 적하수은전극 : 폴라로그래피에서 사용하는 작업전극
- 벗김법 : 매달린 수은방울 전극을 사용

03 갈바니전지에 대한 설명으로 틀린 것은?

① 갈바니전지는 에너지를 생성할 수 있다.
② 산화전극(Anode)은 산화가 일어나는 전극이다.
③ 전자는 산화전극에서 생성되어 도선을 따라 환원전극으로 흐른다.
④ 산화전극을 오른쪽에, 환원전극을 왼쪽에 표시한다.

해설

갈바니전지
- 자발적인 화학반응으로 전기에너지를 생성한다.
- 산화전극 : 왼쪽
- 환원전극 : 오른쪽

04 다음 중 전위차법에 사용하는 이상적인 기준전극의 조건이 아닌 것은?

① 시간이 지나도 일정한 전위를 나타내어야 한다.
② 반응이 비가역적이어야 한다.
③ 온도가 주기적으로 변해도 과민반응을 나타내지 않아야 한다.
④ 작은 전류가 흐른 뒤에도 원래의 전위로 되돌아와야 한다.

해설

기준전극의 조건
- 분석물 용액에 감응하지 않는다.
- 표준수소전극에 대해 일정 전위를 갖는다.
- 작은 전류를 흘려도 일정 전위를 유지해야 한다.
- 반응이 가역적이고 Nernst 식을 따라야 한다.
- 온도가 주기적으로 변해도 과민반응을 나타내지 않아야 한다.
- 전극은 간단하고 만들기 쉬워야 한다.

정답 01 ② 02 ① 03 ④ 04 ②

05 전압전류법에서 세모파의 들뜸신호를 이용하는 것으로서, 유기화합물과 금속-유기화합물계의 산화-환원반응 속도 및 반응 메커니즘 연구에 대한 수단으로 주로 이용되는 방법은?

① 순환 전압전류법
② 네모파 전압전류법
③ 펄스 차이 폴라로그래피법
④ 폴라로그래피 선형주사 전압전류법

> **해설**

① 순환 전압전류법
  세모파(삼각파) 들뜸신호

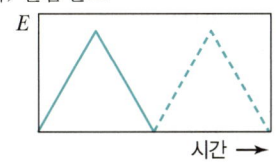

② 네모파 전압전류법
  네모파(제곱파) : 계단주사 위에 중첩된 펄스 들뜸신호

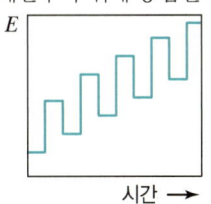

③ 펄스 차이 폴라로그래피법(시차 펄스법 폴라로그래피)
  시차 펄스 : 선형주사 위에 중첩된 펄스

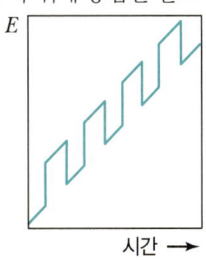

④ 폴라로그래피 선형주사 전압전류법
  직선주사(선형주사)

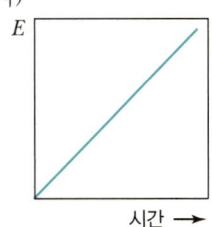

06 순환 전압전류법(Cyclic Voltammetry)에 대한 설명으로 틀린 것은?

① 두 전극 사이에 정주사(Forward Scan) 방향으로 전위를 걸다가 역주사(Reverse Scan) 방향으로 원점까지 전위를 낮춘다.
② 전압전극의 표면적이 같다면, 전류의 크기는 펄스 차이 폴라로그래피 전류와 거의 같다.
③ 가역반응에서는 양극 봉우리 전류와 음극 봉우리 전류가 거의 같다.
④ 가역반응에서는 양극 봉우리 전위와 음극 봉우리 전위의 차이는 $\dfrac{0.0592}{n}$V 이다.

> **해설**

펄스 차이 폴라로그래피에서는 전류의 측정이 전류의 급증이 완전히 끝나기 전과 펄스의 끝부분, 비패러데이 전류가 거의 0이 되는 지점에서 이루어지므로 작업전극의 표면적이 같다면 전압전류법에 비해 전류의 크기가 크다.

07 폴라로그래피에서 작업전극으로 주로 사용하는 전극은?

① 적하수은전극
② 백금전극
③ 흑연전극
④ 포화 칼로멜 전극

> **해설**

적하수은전극을 사용한 전압전류법이 폴라로그래피이다.

08 2.00mol의 전자가 2.00V 전위차를 가진 전지를 통하여 이동할 때 행한 전기적인 일의 크기는 약 몇 kJ인가?(단, Faraday 상수=96,500C/mol)

① 193
② 386
③ 483
④ 965

> **해설**

전기적인 일=$q \cdot E$
  여기서, q : 전하량(C), E : 전위차(V)
$J = C \cdot V = 2\text{mol} \times 96{,}500\text{C/mol} \times 2.00\text{V}$
  $= 386{,}000\text{J} = 386\text{kJ}$

정답 05 ① 06 ② 07 ① 08 ②

09 그래프는 1.0M KNO_3와 6.0mM의 $K_3Fe(CN)_6$가 녹아 있는 용액에 백금전극을 이용하여 얻은 순환 전압전류곡선이다. b지점에서 일어나는 전기화학반응은?

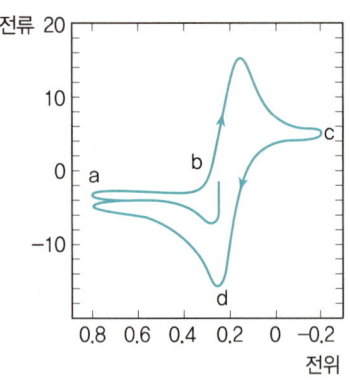

① $Fe^{2+} \rightleftarrows Fe^{4+} + e^{2-}$
② $Fe(CN)_6^{4-} \rightleftarrows Fe(CN)_6^{2-} + e^{2-}$
③ $Fe^{3+} + e^- \rightleftarrows Fe^{2+}$
④ $Fe(CN)_6^{3-} + e^- \rightleftarrows Fe(CN)_6^{4-}$

해설

- a에서 b까지 : 산화, 환원될 수 있는 화학종이 없으므로 전류를 관찰할 수 없다.
- b지점 : $Fe(CN)_6^{3-} \rightarrow Fe(CN_6)^{4-}$로 환원

10 유리전극으로 pH를 측정할 때 알칼리 오차의 원인은 무엇인가?

① pH 11~12보다 큰 용액 중에서 알칼리금속이온에 감응하기 때문에
② pH를 측정할 때 생기는 근본적인 불확정성 때문에
③ 완충용액의 불확정성 때문에
④ 유기성분에 박테리아가 작용하기 때문에

해설

알칼리 오차
유리전극은 H^+에 선택적으로 감응하는데 pH 11~12보다 큰 용액에서는 H^+의 농도가 낮고 알칼리금속이온의 농도가 커서 전극이 알칼리금속이온에 감응하기 때문에 측정된 pH는 실제 pH보다 낮게 된다.

11 전해전지를 이용하여 환원전극에서 Cu를 석출하고자 한다. 2A의 전류가 48.25분 동안 흘렀을 때 석출된 Cu(63.5g/mol)는 몇 g인가?(단, Faraday 상수(F)는 96,500C/mol·e^-이다.)

① 0.952　　② 1.905
③ 3.810　　④ 5.715

해설

전하량(C) = 전류(A) × 시간(s)
　　　　　= 2 × 48.25 × 60 = 5,790C

소모된 전자의 몰수 = $\dfrac{5,790C}{96,500C/mol \cdot e^-}$
　　　　　　　　= 0.06mol·e^-

$Cu^{2+} + 2e^- \rightarrow Cu$
Cu 1mol은 2당량이므로
석출된 Cu의 몰수 = 0.06 × $\dfrac{1}{2}$ = 0.03mol

∴ Cu의 질량 = 0.03mol × 63.5g/mol
　　　　　　= 1.905g

12 적하수은전극(DME)의 특성에 대한 설명으로 틀린 것은?

① 석출된 불순물의 영향을 많이 받는다.
② 수은이 쉽게 산화된다는 단점이 있다.
③ 산화전극으로 사용하는 데 제한이 크다.
④ 재현성 있는 평균 전류를 얻을 수 있다.

해설

적하수은전극
- 폴라로그래피에서 음극으로 사용되는 작업전극
- 수은 방울 생성속도와 관계없이 새로운 전극표면이 계속 생성되므로 불순물의 영향이 적어 재현성이 좋다.
- 수소이온의 환원에 대한 과전압이 커서 수소기체 발생으로 인한 방해가 적다.
- 수은이 쉽게 산화되어 산화전극으로 사용하기 곤란하다.
  → 질소기체를 흘려주어 수은의 산화를 방지한다.

CHAPTER 05 열분석

물질 또는 생성물의 물리적 특성을 온도의 함수로 측정하는 기술이다.

- 열무게분석(TGA) : 온도변화에 따른 시료의 질량변화를 측정
- 시차열분석(DTA) : 시료물질과 기준물질의 온도 차이를 측정
- 시차주사열량법(DSC) : 두 물질에 흘러 들어간 열량(에너지) 차이를 측정
- 미세열분석(MTA) : 열적 분석에 원자힘 현미경법을 결합한 것

[01] 열무게분석(TGA)

온도변화에 대한 시료의 질량(무게)을 측정한다.

1. 기기장치

① **열저울** : 1mg 미만에서 100g까지 질량 범위를 갖는 시료에 대한 정량적 정보를 제공할 수 있으나, 열저울의 일반적인 측정범위는 1~100mg이다.

② **전기로**
  ㉠ TGA에서 사용되는 전기로의 온도범위는 상온에서 1,000℃ 이내이지만 일부는 1,600℃까지 사용될 수 있다.
  ㉡ 질소 또는 아르곤이 전기로에 주입되어 시료의 산화를 방지하는 데 이용된다.
  ㉢ 열이 저울로 전달되는 것을 막기 위해 전기로 외부의 절연과 냉각이 필요하다.

③ **시료받침대(시료잡이)**
  ㉠ 백금, 알루미늄, 알루미나와 같은 세라믹으로 만들어진 시료접시에 놓는다.
  ㉡ 백금은 반응성이 낮고 세척이 용이하여 가장 많이 사용된다.
  ㉢ 시료접시의 부피는 400~500μL 이상까지 다양하다.

④ **기체주입장치** : 비활성 환경 기체를 넣어주기 위한 장치

⑤ **온도제어, 데이터 처리**

2. 열분석도(열분해곡선)

질량 또는 질량 백분율을 시간의 함수로 도시한 것

예 $CaC_2O_4 \cdot H_2O$의 열분해 열분석도

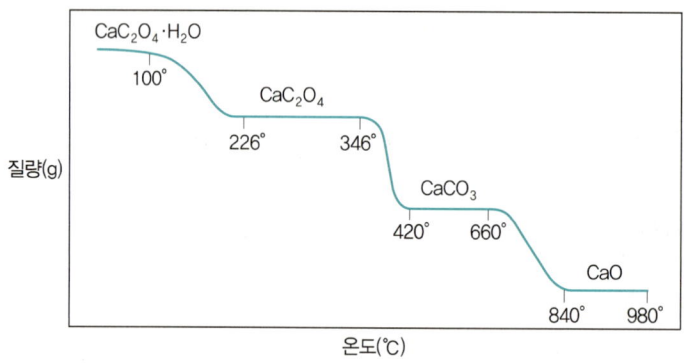

① 순수한 $CaC_2O_4 \cdot H_2O$의 온도를 5℃/분의 속도로 증가시키면서 얻은 열분석도이다.
② TGA를 사용하여 순수한 화학종으로 만드는 데 필요한 열적 조건을 알 수 있다.
③ 질량변화가 없는 수평영역은 칼슘화합물이 안정하게 존재하는 온도의 영역이다.

[02] 시차열분석(DTA)

> **TIP**
> **DTA의 용도**
> 상평형 그림을 얻고 상전이과정에 대해 연구할 수 있다.

시료물질과 기준물질이 온도제어 프로그램으로 가열되면서 시료와 기준물질 사이의 온도 차이를 온도의 함수로 측정하는 방법이다.

1. 시차열분석도

유리전이 → 결정 형성 → 용융 → 산화 → 분해

> **TIP**
> **벤조산의 시차열분석도**
>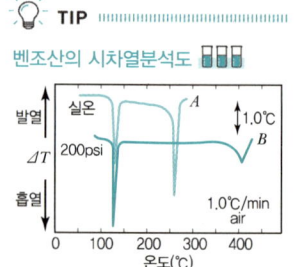
> • 첫 번째 피크 : 녹는점
> • 두 번째 피크 : 끓는점
> → 끓는점은 압력에 영향을 받음

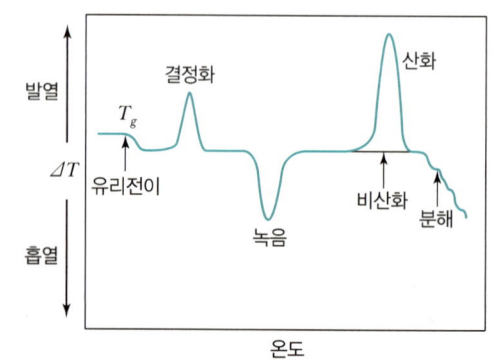

▲ 중합체 물질에서 나타나는 변화의 유형을 보여주는 시차열분석

① 유리전이온도(T_g)
  - 유리질 무정형 중합체가 고무처럼 말랑해지는 특성적 온도
  - 전이과정에서 열을 방출하거나 흡수하지 않으므로 엔탈피 변화가 없어 봉우리가 나타나지 않는다($\Delta H = 0$).
  - 고무질과 유리질의 열용량이 달라 기준선이 살짝 낮아진다.
② 결정화 : 특정 온도로 가열되면 무정형 중합체가 미세결정으로 결정화되기 시작하면서 열을 방출한다.
③ 녹음 : 흡열과정으로, 초기 발열과정에서 형성된 미세결정이 녹음으로써 생긴다.
④ 산화 : 발열과정에 기인한 것으로 가열이 공기나 산소의 존재하에 이루어지는 경우에 발생한다.
⑤ 분해 : 중합체가 흡열 분해하여 다른 물질을 생성할 때 나타난다(결합이 깨지는 과정).

TIP
- 흡열과정 : 용융, 기화, 승화, 흡수, 탈착
- 발열과정 : 흡착, 결정화

TIP
화학반응
- 흡열반응 : 탈수, 기체분위기의 환원 및 분해
- 발열반응 : 산화, 중합, 촉매반응

2. 응용

① DTA는 정성적인 정보를 주는 분석법이다.
② 중합체의 특성을 연구하는 데 널리 사용되는 방법이다.
③ 온도를 측정할 수 있지만 각 과정과 관련된 에너지를 측정할 수 없다.
④ 세라믹, 금속산업에도 널리 사용되고 있다.

[03] 시차주사열량법(DSC)

- 측정속도가 빠르며 간단하고 쉽게 사용할 수 있으므로 널리 사용되는 열분석법이다.
- 시차주사열량법은 시료물질과 기준물질을 조절된 온도프로그램으로 가열하면서 시료와 기준물질 사이의 온도를 동일하게 유지시키는 데 필요한 열입력(열량의 차이, 에너지 차이, 열흐름 차이)을 시료온도의 함수로 측정한다.

TIP
- DSC는 에너지 차이를 측정하는 열량 측정방법인 반면, DTA는 온도의 차이가 기록된다.
- DSC는 DTA와 달리 정량적 분석기술로 간주된다.

> **TIP**
>
> **DSC**
> 산소분위기에서 고분자물질 분석결과

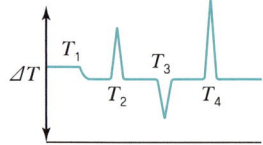

여기서, T_1 : 유리전이온도
T_2 : 결정화 과정, 발열과정
T_3 : 녹는 과정, 흡열과정
T_4 : 산화과정, 발열과정

1. 시차주사열량법

DSC는 측정속도가 빠르고, 간단하며 쉽게 사용할 수 있다는 것 때문에 가장 널리 사용되는 열분석법이다.

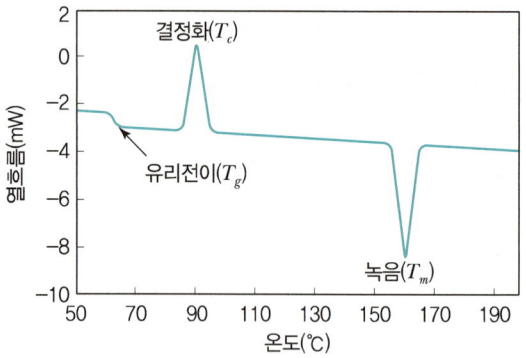

① **유리전이온도(T_g)의 측정** : 물질은 유리질 상태에서 고무질 상태로 변하는 T_g에서 극적인 변화를 겪는다. 중합체는 T_g에서 부피, 팽창, 열흐름, 열용량의 변화가 나타나고 열용량의 변화는 DSC로 쉽게 측정된다.

② **정량적 응용** : 결정형 물질의 용융열과 결정화 정도를 결정한다.

③ **정성적 응용** : 열법분석 하나로 정성분석을 할 수는 없지만, 유리전이온도와 녹는점이 물질을 정성적으로 분류하는 데 유용하다.

④ **결정성과 결정화 속도**

㉠ 열을 방출하는 속도, 즉 결정화 속도는 DSC로 측정한다.

㉡ 결정화 분율 = $\dfrac{(\Delta H_f)_{시료}}{(\Delta H_f)_{결정}}$

㉢ 결정화 정도는 IR 분광법, X선 회절법, 밀도 측정, 열분석법에 의해 결정할 수 있다.

2. 기기

1) 전력보상 DSC

① 시료와 기준물질의 온도가 서로 동일하게 유지되며 선형적으로 증가 또는 감소한다.

② 시료와 기준물질 사이의 온도를 동일하게 유지시키는 데 필요한 전력을 측정한다.

③ 전력보상 DSC는 열흐름 DSC보다 감도가 낮지만 감응시간은 더 빠르다.

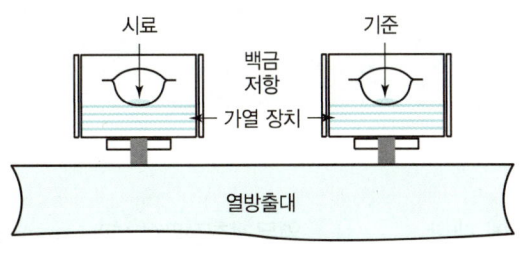

▲ 전력보상 DSC

2) 열흐름 DSC

① 열흐름 DSC는 시료온도가 일정한 속도로 변경되는 동안 시료와 기준물질로 흘러 들어오는 열흐름의 차이를 측정한다.
② 열은 전기적으로 가열된 콘스탄탄 열전기원판을 통해 시료와 기준물질로 흐른다.
③ 시료와 기준물질로 흐르는 열의 차이는 콘스탄탄판과 판 밑면에 부착된 크로멜 원판 사이의 접합부에 형성된 크로멜-콘스탄탄 열전기쌍의 면적에서 측정된다.

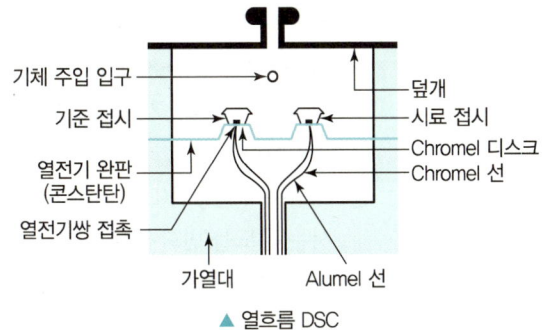

▲ 열흐름 DSC

3) 변조 DSC

① 변조 DSC는 열흐름 DSC 방법과 동일한 가열장치와 용기배열을 사용한다.
② 온도 프로그램에 Sine파 함수가 중첩된다.
③ Fourier 변환을 사용하여 전체 신호는 가역적 열흐름 신호와 비가역적 열흐름 신호 두 부분으로 수학적으로 분리된다.
  ㉠ 가역적 열흐름 : 열분석도의 열용량 구성요소와 관련
  ㉡ 비가역적 열흐름 : 속도론적 과정과 관련

CHAPTER 05 열분석

실전문제

01 중합체를 분석하는 시차주사열량법(DSC)에 대한 설명으로 옳지 않은 것은?
① 시료와 기준물질 간의 온도 차이를 측정한다.
② 결정화 온도(T_c)는 발열 봉우리로 나타난다.
③ 유리전이온도(T_g) 전후에는 열흐름(Heat Flow)의 변화가 생긴다.
④ 결정화 온도(T_c)는 유리전이온도(T_g)와 녹는점 온도(T_m) 사이에 위치한다.

해설

중합체 물질에 대한 전형적인 DSC 주사
- DSC(시차주사열량법) : 시료와 기준물질 간의 에너지 차이를 측정

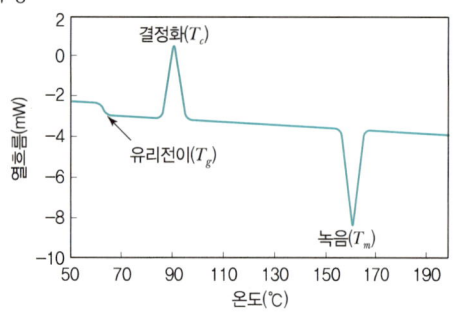

- DTA(시차열분석법) : 시료와 기준물질 간의 온도 차이를 측정

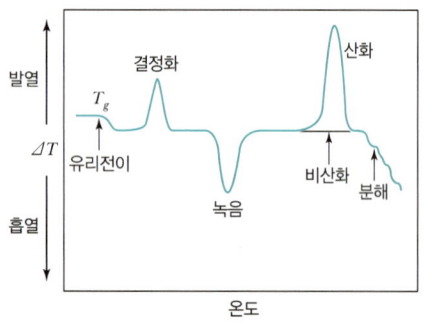

02 열무게측정(TG : Thermogravimetry)법에 사용되는 전기로에서 시료가 산화되는 것을 막기 위해 전기로에 넣어 주는 기체는?
① 산소　　　　② 질소
③ 이산화탄소　④ 수소

해설

Ar, N_2를 넣어 준다.

03 열분석법에 대한 설명 중 옳지 않은 것은?
① 열적정법에서는 용액의 온도를 변화시키면서 필요한 적정액의 부피를 측정한다.
② 열무게법(Thermogravimetry)에서는 시료의 온도를 증가시키면서 질량변화를 측정한다.
③ 시차열분석법(Differential Thermal Analysis)에서는 시료와 기준물질 사이의 온도 차이를 온도의 함수로서 측정한다.
④ 시차주사열량법(Differential Scanning Calorimetry)에서는 온도를 변화시킬 때, 시료와 기준물질 사이의 온도를 동일하게 유지시키는 데 필요한 열 입력을 측정한다.

해설

열분석법의 종류
- 열무게법(TGA)
- 시차열분석법(DTA)
- 시차주사열량법(DSC)

정답 01 ① 02 ② 03 ①

04 시차주사열량법(DSC : Differential Scanning Calorimetry)에 대한 설명 중 틀린 것은?
① 온도변화에 따른 무게 변화를 측정
② 시료물질과 기준물질의 열량 차이를 시료온도 함수로 측정
③ 열흐름 DSC는 열흐름의 차이를 온도를 직선적으로 증가하면서 측정
④ 전력보상 DSC는 시료물질과 기준물질을 두 개의 다른 가열기로 가열

>해설

시차주사열량법(DSC)
시료와 기준물질이 온도제어 프로그램으로 가열되면서 시료와 기준물질 사이의 온도 차이를 온도의 함수로 측정하는 방법이다.

정답 04 ①

PART 04

화학물질 구조 및 표면분석

CHAPTER 01 화학구조분석
CHAPTER 02 분광분석
CHAPTER 03 표면분석

CHAPTER 01 화학구조분석

[01] 화학구조분석

1. 분석대상물의 분류

1) 분석대상물질에 대한 구조 분석방법

(1) 유기화합물 구조 분석방법

① 순수한 유기화합물 : 분광학적 방법 사용
② 혼합물 : 크로마토그래피와 같은 분리분석법 사용

구분		항목
분석시료		생체시료, 의약품, 식품, 환경시료, 천연물, 합성고분자, 석유제품 등
분석법	분리분석법	GC, GC-MS, HPLC, LC-MS 등
	분광학적 분석법	NMR, IR, UV-Vis 분광법, 형광분광법 등

(2) 무기 및 금속화합물 구조 분석방법

① 순수한 무기화합물 : 분광학적 방법 사용
② 혼합물 : 크로마토그래피와 같은 분리분석법 사용

구분		항목
분석시료		반도체, 전자재료, 세라믹, 금속, 합금, 환경, 생체시료 등
분석법	분리분석법	IC, CE 등
	분광학적 분석법	AAS, ICP, XRD, NMR 등

◆ **유기화합물**
- 화학구조의 기본골격으로 탄소원자를 갖는 화합물
- 탄소와 수소로 이루어진 화합물
- CH, CHO, CHN, CHNO 등으로 구성되며 이 외에 황, 인, 붕소, 실리콘, 금속 등을 포함한다.

◆ **무기화합물**
- 탄소를 포함하지 않는 화합물의 총칭
- 예외로서 CO_2, CO, C(다이아몬드), 칼슘카바이드는 무기화합물이다.

 TIP

약어
- IC : 이온 크로마토그래피
- CE : 전기영동
- AAS : 원자흡수분광법
- ICP : 유도결합플라스마분광법
- XRD : X선 회절분광법
- NMR : 핵자기공명분광법
- XPS : X선 광전자분광법
- DSC : 시차주사열량법
- GPC : 겔 투과 크로마토그래피

2) 분석대상물질의 상태 및 구조분석 목적에 따른 분석방법 파악

구분	분석방법
혼합물을 성분별로 분리 분석	크로마토그래피(GC, HPLC, IC) 분석법
화합물의 성분 및 구조 분석	NMR, IR, UV-Vis, MS 분석법
화합물의 결정구조	XRD 분석법
화합물의 상전이온도 및 비열 분석	DSC 분석법
고분자 분자량 평가	GPC 분석법 : 분자량 및 분자량 분포
금속성분의 정성분석	ICP, XPS 분석법

2. 유기물과 무기물의 재료분석방법 및 분석기기

1) 화합물의 작용기, 성분 및 결합구조 분석

종류	대상물질
IR (적외선분광기)	유기화합물 및 고분자와 IR 영역에 감응하는 일부 비금속 화합물(P, S, Si, 할로겐) 검출 가능
UV-Vis (자외선-가시광선분광기)	• 유기발색단 및 조색단을 가진 화합물을 관찰 • 대상물질로는 유기물질, 고분자 성분, 용액(유기용매, 수용액) 금속성분 등
NMR(핵자기공명)	유기물의 분자종 및 탄소와 수소의 성분 함량 확인
MS (질량분석기)	• 분자의 질량을 측정하는 기기 • 물질의 질량을 질량 대 전하비로 측정하여 분자식을 결정하는 데 유용
XPS(X선 광전자광도기)	금속재료, 반도체, 세라믹스, 고분자 소재의 연구에 활용
ICP (유도결합플라스마분광기)	• 중금속 분석, 섬유조제, 염, 안료 등에서 중금속 분석 • 전자전기제품의 중금속 시험분석 • 폐수 및 슬러지 등 환경시료의 중금속 및 미량원소 분석, 폐촉매, 폐전기, 전자제품 내에 함유되어 있는 유기금속 및 미량원소 분석 등에 활용
AAS (원자흡광광도기)	• 알칼리, 알칼리토금속 분석 • 폐수 및 슬러지 등 환경시료이 중금속 및 미량원소 분석
SEM-EDS (주사전자현미경-EDS 검출기)	• 분석대상 시료의 표면 형상 관찰 및 구성원소를 평가하는 장비 • 무기물의 함유 여부와 상대적인 함유량 비교분석 가능

2) 혼합물의 분리 및 구조분석

종류	대상물질
GC (가스 크로마토그래피)	• 휘발성 유기화합물의 분리분석에 이용 • 소량의 시료를 사용하고 검출감도 및 정량의 정도가 높음
HPLC (고성능 액체 크로마토그래피)	• 비휘발성 유기화합물의 분리분석에 이용 • 검출감도가 매우 높음 • 유기산(아세트산, 말릭산, 폼산 등), 알코올류의 함량시험에도 활용
IC (이온 크로마토그래피)	• 음이온(F^-, Cl^-, Br^-, NO_3^-, SO_4^{2-}, PO_4^{3-}, I^-) 분석에 활용 • 각종 수용성 매질(공업용수 및 폐수 등)에 존재하는 미량 음이온 분석, 무기혼합산(질산-염산, 질산-인산)에 활용

3) 열적 특성 평가

종류	대상물질
DSC (시차주사 열량 측정기)	고분자 시료의 유리전이온도(T_g), 결정화온도(T_c), 녹는점(T_m), 순도, 비열(C_p), 결정화도, 열경화도 등을 측정하는 데 활용
TGA (열중량분석기)	고분자의 열분해 온도, 고분자 구조의 확인, 용매나 수분의 조성, 열안정성 측정에 활용

4) 응집구조 평가

종류	대상물질
XRD(X선 회절)	분석대상 시료의 결정구조를 파악하는 데 활용
GPC (겔 투과 크로마토그래피)	• 미지의 고분자 물질의 수평균분자량(M_n), 중량평균분자량(M_w), 분산도(PD) 및 분자량 분포곡선을 산출하는 데 활용 • 합성고분자의 상대분자량 측정 및 분자량 분포 확인, 합성 및 생체고분자(단백질)의 상대분자량 측정 및 분자량 분포 확인 등에 활용

[02] 화학구조 분석방법

1. 화학구조 분석방법

1) 유기화합물 분석 : IR, NMR, UV-Vis 분광법

① 첫 번째로 IR 분석을 고려한다.
  ㉠ 유기분자 및 작용기 분석이 용이하여 가장 광범위하게 사용된다.
  ㉡ 적외선에 의한 진동 또는 회전 운동에 의해 쌍극자 모멘트의 알짜 변화가 있는 분자에 유효하다.

② 분석 시료의 주 원자핵에 근거하여 분석을 하고자 할 때는 NMR 분석을 고려한다. 분석하고자 하는 시료의 주 원자핵에 따라 ^{13}C, ^{19}F 및 ^{31}P NMR을 사용하여 분석한다.

③ 발색단 및 조색단을 가지고 있는 화합물인 경우에는 UV-Vis 분광법을 사용하여 보다 정확한 분석을 고려한다.
  ㉠ 주로 C=C, C=O 이중결합 및 C≡C 삼중결합과 비공유전자쌍 같은 발색단을 포함하거나 조색단(수산기, 할로겐 원자, 아미노기, 알콕시기)을 포함하는 화학종을 분석할 때 주로 활용된다.
  ㉡ 자외선 또는 가시광선을 흡수하면 전자전이가 일어나는 화학종에서 사용된다. π, σ, n과 d, f 전자, 그리고 전하 이동 전자가 있는 물질에서 사용한다.

④ 분자식을 결정하고자 할 때는 질량(MS)분석을 고려한다. 미지시료에 들어 있는 원소의 정량 및 정성 분석을 통하여 분자량과 분자식을 파악할 수 있다.

⑤ 표면분석을 실시하고자 할 때는 XPS 및 SEM-EDS 분석을 고려한다.

⑥ 시료의 결정 구조를 확인하고자 할 때는 XRD 분석을 고려한다.

⑦ 상전이 온도를 평가하고자 할 때는 DSC 분석을 실시한다.

2) 유기혼합물 분석 : GC, HPLC

① 기체 혼합물 및 휘발성 액체는 GC 분석을 고려한다.
② 비휘발성 액체 혼합물은 HPLC를 고려한다.
③ 각 성분별 조성 및 분자 구조 확인을 위해 추가로 MS 분석을 고려한다.

3) 무기물 및 금속분석 : UV-Vis 분광법, XPS

① 무기 음이온 분석에는 UV-Vis 흡수분광법 사용을 고려한다.
② 반도체, 세라믹스 및 금속 소재 분석에는 XPS 분석을 고려한다.
③ 보편적인 금속 소재 분석에는 ICP 분석을 고려한다.

TIP

표면분석
- X선 광전자분광법(XPS)
- Auger 전자분광법(AES)
- 주사전자현미경(SEM)
- 이차 이온 질량분석법(SIMS)
- 레이저 마이크로 탐침 질량분석법(LMMS)

④ 알칼리금속, 알칼리토금속 분석 등에는 AAS 분석을 고려한다.
⑤ 시료의 결정 구조를 확인하고자 할 때는 XRD 분석을 고려한다.

4) 고분자 및 복합소재 분석

① 고분자 소재의 분자량 분석에는 GPC 분석을 고려한다.
② 유무기 복합 소재에는 IR 분석을 고려한다.
③ 금속 복합 소재에는 IR 및 IC 분석을 고려한다.

◆ GPC
겔 투과 크로마토그래피

2. 화학물질의 분리방법

1) 여과법(Filtration)

① 고체와 액체의 혼합물을 적당한 여과 방법을 통하여 고상과 액상을 분리하는 방법이다.
② 용해성 차이를 이용하여 유동성 화합물을 여과지에 투과시켜 고체와 액체로 분리하는 조작 방법이다.
③ 종류

구분	내용
보통 여과(자연 여과)	원액 자체 무게에 의한 압력으로 여과한다.
가압 여과	압축 공기 등이 들어 있는 가스봄베나 압축기에 의해 가압하여 여과한다.
감압 여과(흡입 여과)	진공 펌프 등으로 감압하여 여과한다.
원심 여과	원심력을 이용하여 여과한다.

2) 증류법(Distillation)

휘발성(끓는점) 차이를 이용하여, 증기압이 높은 물질을 더 빠르게 증발시켜 응축시키는 방법이다.

3) 원심분리법

밀도의 차이를 이용하는 방법이다.

① 분별원심법
  ㉠ 균일한 용액 매체를 사용하는 보통 원심분리법이다.
  ㉡ 여러 종류의 시료를 한 번에 처리할 수 있다.
  ㉢ 비교적 작은 원심력으로 단시간에 분리할 수 있다.
  ㉣ 침강계수가 비슷한 입자 간에는 적합하지 않다.

② 밀도구배원심법
  ㉠ 원심관 내에 밀도 기울기를 만들고, 원심 분리하여 두 종류를 분리할 수 있다.
  ㉡ 세 종류의 혼합물을 분리할 수도 있다.
  ㉢ 시료 상태에 따라 적절한 rpm을 설정한다.

4) 재결정법(Recrystallization)
  ① 온도에 따른 용해도 차이를 이용하는 방법이다.
  ② 용액에서 고체를 천천히 결정화하여 석출하는 방법이다.
  ③ 불순물을 분석대상물질과 용해도 차이에 의해서 분리하는 방법이다.

5) 용매 추출법
  각종 원소가 포함된 혼합 시료에 대해 서로 혼합되지 않는 두 액상 간의 분배계수 차이를 이용하여 용매로 추출 분리하는 방법이다.

6) 공기 액화 분리법
  차가운 공기를 이용하여 기체를 액화하는 방법이다.

7) 투석(Dialysis)
  반투과막(투석막)을 이용하여 고분자 물질과 저분자 물질을 분리하는 방법이다.

8) 이온교환수지(Ion Exchange Resin)
  ① 미세한 3차원 구조의 고분자에 이온 교환기를 결합시킨 것이다.
  ② 극성, 비극성 용액 중에 녹아 있는 이온성 물질을 교환, 정제하는 방법이다.

9) 흡착(Adsorption)
  2개 상의 계면에 특정 성분 물질이 농축되는 현상을 이용하여 흡착 물질을 흡착제에 부착시킴으로써 분리하는 방법이다.

10) 크로마토그래피(Chromatography)
  이동상의 혼합물 유체를 정지상의 칼럼을 따라 이동시켜 혼합물의 여러 성분들이 각각 다른 속도로 이동하여 분리가 일어나는 현상을 이용하는 방법이다.

  ① 액체 크로마토그래피 : 이동상이 액체인 크로마토그래피로 액체 혼합물의 분리에 활용된다.
  ② 기체 크로마토그래피 : 이동상이 기체인 크로마토그래피로 휘발성 기체 혼합물의 분리에 활용된다.

[03] 유해화학물질분석

1. 유해화학물질 전처리

1) 기계적 전처리 방법

(1) 분쇄
① 최종 분석에 사용되는 중량은 전처리 단계에서 사용되는 중량보다 월등히 작다.
② 전체를 대표할 수 있도록 균일하게 분쇄한다.
③ 시료 상태가 큰 경우는 용해도를 증가시키기 위해서 분쇄하여 표면적을 증가시킨다.
④ 분쇄 공정은 시료 입자의 지름에 따라 조쇄(수십 mm), 중쇄(수 mm), 미분쇄(그 이하)로 분류한다.
⑤ 분쇄 용기 등의 오염에 주의한다.

(2) 절단
① 큰 시료를 분석에 필요한 크기로 절단한다.
② 하나의 시료를 여러 개의 시료로 절단한다.
③ 시료의 내부를 관찰하기 위하여 단면을 절단한다.
④ 분석에 필요한 형태를 얻기 위하여 절단한다.

(3) 진탕
① 시료 용기를 운동함으로써 용기 내의 시료를 뒤섞는다.
② 시료의 추출, 혼합, 배양 등의 목적으로 사용한다.
③ 진탕 운동에는 수직 운동, 수평 회전 운동, 왕복 운동, 평면 팔자 운동 등이 있다.

(4) 혼합 · 교반
① 분말 시료를 혼합할 경우 분쇄 시 좀 더 미세 분말을 형성하면서 분말 입자 간 상대적 위치가 바뀌면서 분쇄 용기 안에서 혼합 균일화가 일어난다.
② 액체와 액체 또는 액체와 고체 간에 교반 장치에서 시료의 회전 운동에 따라 혼합 균일화가 일어난다.

2) 물리적 전처리 방법

(1) 경사법(Decantation)
① 침전을 충분히 침강시킨 후에 용기를 기울여 윗물을 따라 내어 침전물과 소량의 용액을 남긴다.
② 불순물 분리나 시료를 정제할 때 사용한다.
③ 침전의 세정 횟수에 의한 불순물 농도를 계산한다.

> **TIP**
> **경사법의 단점**
> • 액상 중에 고상이 혼입하기 쉽다.
> • 고상 중에 일부의 액상이 남아 있어서 완전히 분리하기 어렵다.
> • 재현성이 있는 데이터를 얻기 어렵다.

(2) 여과법
고체와 액체의 혼합물을 적당한 여과 방법을 통하여 고상과 액상을 분리하는 방법이다.
① 보통 여과(자연 여과)
② 가압 여과
③ 감압 여과(흡입 여과)
④ 원심 여과

(3) 원심분리법
① **분별원심법(Differential Centrifugation)**
  ㉠ 균일한 용액 매체를 사용하는 원심분리법이다.
  ㉡ 여러 종류의 시료를 한 번에 처리할 수 있다.
  ㉢ 비교적 작은 원심력으로 단시간에 분리할 수 있다.
  ㉣ 침강계수의 차이가 작은 입자 간에는 적합하지 않다.
② **밀도구배원심법(Density Gradient Centrifugation)**
  ㉠ 원심관 내에 자당 또는 염화세슘 등의 밀도 기울기를 만들고, 원심 분리하여 두 종류를 분리할 수 있다.
  ㉡ 세 종류의 혼합물을 분리할 수 있다.
  ㉢ 시료 상태에 따라 적절한 rpm을 설정한다.

(4) 재결정법
① 물질의 정제 기술로 분석 시료의 전처리에 중요하다.
② 불순물이 포함되어 있는 시료를 분석대상물질과 용해도 차이에 의해서 혼합 성분을 분리한다.

(5) 탈수법
시료 전처리 과정에서 탈수 건조 제습 또는 유기 용매 중의 수분을 제거하는 방법으로 건조제를 사용한다.

(6) 건조법

① 전열 건조, 드라이어, 적외선 램프, 가스버너, 전열판 등을 사용한다.
② 실온에서 통풍, 감압 건조, 건조제 등을 사용한다.
③ 동결 건조, 냉각 트랩에 의한 건조를 사용한다.

(7) 증류법

액체 혼합물을 구성 성분의 끓는점 차이를 이용하여 성분별로 분리, 분취, 정제한다.

(8) 증발법

① 액체의 액량 감소가 필요할 때 사용한다.
② 용질의 농도 증가가 필요할 때 사용한다.
③ 용액의 용매를 완전하게 제거가 필요할 때 사용한다.

3) 화학적 전처리 방법

방법	내용
세정	실험기구는 깨끗이 세정하며, 필요시 초음파 세정을 한다.
pH	완충용액을 이용하여 pH를 조정한다.
회화	• 시료 중 무기성분 분석 시 회화가 필요하다. • 목적 성분의 측정을 방해하는 성분을 분해, 제거하기 위해 사용한다. • 건식 회화법, 습식 회화법, 저온 회화법, 플라스크 연소법 등이 있다.
용해	• 물, 산 등을 이용하여 용해한다. • 가열산분해법, 가압분해용기, 마이크로파 시료분해장치, 추출 및 선택적 용해법 등이 있다.
희석	측정기기의 감도에 따른 농도 조절을 위해 필요하다.
가열	가스버너, 핫플레이트, 가열욕, 가열로, 고주파유도가열 등의 방법이 있다.
농축	분석하고자 하는 물질의 농도가 낮을 때 필요하며, 회전식 농축기를 사용한다.
침전	• 시료 용액에 침전제를 첨가하여 분석 성분을 침전으로 석출하여 분리한다. • 공침 현상에 의해서 순도가 낮아지므로 주의를 요한다.
기포 분리	• 광업 분야의 부유선광에 많이 사용된다. • 미량의 무기·유기 화학종의 분리 농축, 산업 폐수 등에 사용한다.

◆ **부유선광**
기름이나 비누의 포말에 광석분말을 선택적으로 부착, 부유시켜 목적하는 광물을 분리하는 방법

방법	내용
용매 추출	• 한 성분은 용매에 녹고, 다른 성분은 용매에 용해되지 않는 원리를 이용한다. • 액체-액체 용매 추출로 원하는 성분을 추출할 때 사용한다. • 목적 성분에 잘 맞는 용매를 선정해야 한다.
고상 추출 (SPE : Solid Phase Extraction)	• 시료 중 매트릭스 및 측정 대상 성분과 고정상과의 상호작용 차이를 이용한다. • 고정상과 용매는 목적 성분에 따라 선정한다.
초임계 추출 (SFE : Supercritical Fluid Extraction)	• 확산성이 높아 시료 속으로 침투하기 쉽고 추출 속도가 빠르다. • 일반적으로 이산화탄소에 의한 초임계 추출을 많이 사용한다. • 환경 시료, 식품, 천연물 중 잔류 약물, 지방, 카페인 등에 주로 사용한다.
가스 추출	• 밀폐된 용기에서 직접 기상 중으로 추출하여 사용한다. • 주로 헤드스페이스 방법을 사용한다.
유도체화	• 목적 성분을 화학적으로 처리하여 분리 검출하기에 적당한 물질로 만든다. • 고감도, 고선택적 검출을 할 때 사용한다. • 주로 GC, HPLC 등에 사용한다.

TIP

속슬렛 추출기

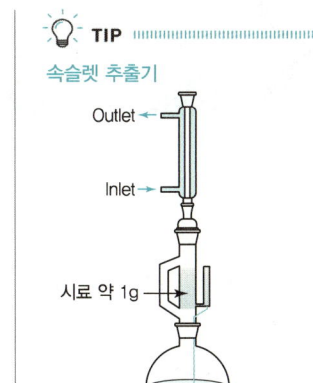

TIP

헤드스페이스 분석
시료를 밀폐된 용기에 넣고 불활성 기체를 흘려서 시료의 휘발성 성분을 모아 가스 크로마토그래프로 분석한다.

CHAPTER 01 화학구조분석

실전문제

01 열중량분석기(TGA)에서 시료가 산화되는 것을 막기 위해서 넣어주는 기체는?

① 산소 ② 질소
③ 이산화탄소 ④ 수소

해설

Ar, N_2와 같은 비활성 기체를 넣어준다.

02 재료의 결정구조를 파악하기 위한 X선 분석방법은?

① XRD ② DSC
③ XPS ④ GC

해설

② DSC(시차주사열량법) : 고분자 시료의 유리전이온도, 결정화온도, 녹는점, 순도, 비열, 결정화도, 열경화도 등을 측정
③ XPS(X선 광전자분광법) : 금속재료, 반도체, 세라믹, 고분자 소재의 연구에 활용
④ GC(가스 크로마토그래피) : 휘발성 유기화합물의 분리분석에 이용

03 화합물의 열적 특성 분석에 사용되는 분석방법으로 옳게 짝지어진 것은?

① XRD, GPC ② HPLC, TGA
③ DSC, TGA ④ AAS, XRD

해설

열적 특성 분석방법
㉠ DSC(시차주사열량법)
 • 시료와 기준물질 사이의 온도를 동일하게 유지시키는 데 필요한 열량의 차이(에너지 차이)를 시료온도의 함수로 측정한다.
 • 고분자 시료의 유리전이온도, 결정화온도, 녹는점, 순도, 비열, 결정화도, 열경화도 등을 측정한다.
 • 온도변화에 따른 시료의 질량변화를 측정한다.
㉡ TGA(열무게분석법) : 고분자의 열분해온도, 고분자의 구조 확인, 용매나 수분 조성, 열안정성 측정에 활용한다.
㉢ DTA(시차열분석법) : 시료물질과 기준물질의 온도 차이를 측정한다.

04 열분석은 물질의 특이한 물리적 성질을 온도의 함수로 측정하는 기술이다. 열분석의 종류와 측정방법을 연결한 것 중 잘못된 것은?

① 시차주사열량법(DSC) – 열과 전이 및 반응온도
② 시차열분석(DTA) – 전이와 반응온도
③ 열중량분석(TGA) – 크기와 정도의 변화
④ 방출기체분석(EGA) – 열적으로 유도된 기체생성물의 양

해설

열무게분석(TGA)
가열에 의한 물질의 중량 변화를 측정하여 분석하는 방법으로 온도와 무게 변화를 측정한다.

05 열무게분석법(TGA : Thermogravimetric Analysis)으로 얻을 수 있는 정보가 아닌 것은?

① 분해반응 ② 산화반응
③ 기화 및 승화 ④ 고분자 분자량

해설

열무게분석법(TGA)으로 얻을 수 있는 정보
• 분해 · 산화반응
• 기화, 승화, 탈착

06 유해화학물질의 전처리 방법이 아닌 것은?

① 진탕 ② 침전
③ 희석 또는 농축 ④ pH 조정

정답 01 ② 02 ① 03 ③ 04 ③ 05 ④ 06 ①

[해설]
진탕
- 기계적 전처리 방법
- 시료용기를 운동함으로써 용기 내의 시료를 뒤섞는다.

07 다음의 물리적 전처리 방법에 해당하는 것은?

> - 원심관 내에 자당 또는 염화세슘 등의 밀도 기울기를 만들고, 이 속에서 원심 분리하여 분리한다.
> - 세 종류의 혼합물도 분리 가능하다.

① 경사법　　　　② 재결정법
③ 여과법　　　　④ 밀도구배원심법

[해설]
밀도구배원심법
- 원심관 내에 자당 또는 염화세슘 등의 밀도 기울기를 만들고, 이 속에서 원심 분리하여 두 종류를 분리할 수 있다.
- 세 종류의 혼합물도 분리가능하다.
- 시료 상태에 따라 적절한 rpm을 설정한다.

08 화학적 전처리 방법에 대한 설명으로 옳지 않은 것은?

① 회화 : 목적 성분의 측정을 방해하는 성분을 분해, 제거하기 위해 사용한다.
② 희석 : 측정기기의 감도에 따른 농도 조절이 필요할 때 사용한다.
③ 농축 : 분석하고자 하는 물질의 농도가 낮을 때 사용한다.
④ 침전 : 공침 현상에 의해서 순도를 높게 하므로 주의를 요한다.

[해설]
침전 시 공침 현상에 의해서 순도가 낮아지므로 주의를 요한다.

09 기계적 전처리 방법에 대한 설명으로 옳지 않은 것은?

① 분쇄 : 시료 상태가 큰 경우에는 용해도를 증가시키기 위해 분쇄하여 표면적을 감소시킨다.
② 절단 : 하나의 시료로 여러 개의 시료를 얻을 수 있다.
③ 진탕 : 시료용기를 운동함으로써 용기 내의 시료를 뒤섞는다.
④ 혼합·교반 : 액체와 액체 또는 액체와 고체 간에 교반 장치에서 시료의 회전 운동에 따라 혼합 균일화가 일어난다.

[해설]
분쇄 시 시료 상태가 큰 경우에는 용해도를 증가시키기 위해 분쇄하여 표면적을 증가시킨다.

10 화학물질의 분리 방법으로 옳지 않은 것은?

① 증류법 : 끓는점 차이를 이용하여 증기압이 낮은 물질을 더 빠르게 증발시켜 분리한다.
② 투석 : 반투과막(투석막)을 이용하여 고분자 물질과 저분자 물질을 분리한다.
③ 재결정법 : 온도에 따른 용해도 차이를 이용하여 분리한다.
④ 용매 추출법 : 각종 원소가 포함된 혼합 시료에 대해 서로 혼합되지 않는 두 액상 간의 분배계수 차이를 이용하여 용매로 추출 분리한다.

[해설]
증류법
끓는점 차이를 이용하여 증기압이 높은 물질을 더 빠르게 증발시켜 분리하는 방법이다.

정답　07 ④　08 ④　09 ①　10 ①

CHAPTER 02 분광분석

[01] 분광분석

■ 분광법

물질이 방출 또는 흡수하는 빛을 분광계나 분광기 등을 사용하여 스펙트럼을 측정하여 그것으로부터 물질의 정량·정성분석을 하는 방법이다.

◆ 정성분석
- 시료에 들어 있는 화학종 또는 작용기가 무엇인지를 결정하는 것
- "성분" 분석

◆ 정량분석
- 시료에 존재하는 화학종의 정확한 양을 결정하는 것
- "정확한 양, 농도" 분석

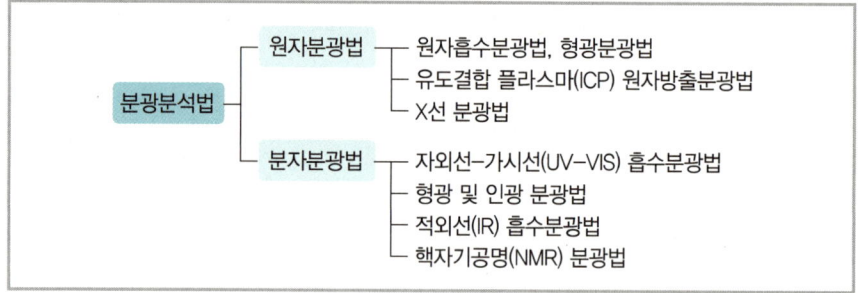

■ 전자기복사선

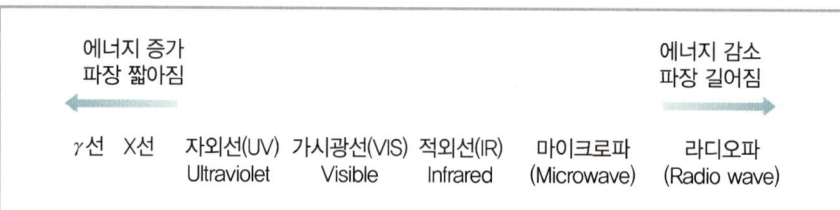

전자기파	파장범위	유발전이	분광법
라디오파	0.6~10m	핵스핀	NMR 분광법
마이크로파	1mm~1m	전자스핀	–
적외선(IR)	0.78~1,000μm	분자의 진동, 회전	IR 흡수분광법(2.5~50μm)
가시광선(Vis)	380~780nm	최외각전자, 결합전자	UV-Vis 흡수분광법
자외선(UV)	180~380nm		원자분광법
X선	0.1~100Å	내각전자	X선 분광법(0.1~25Å)

1. 분광분석의 기초

1) 빛의 성질

① 빛은 입자성과 파동성의 두 가지 성질을 가지고 있다.
② 파동으로서의 빛은 서로 수직 방향으로 진동하는 전기장과 자기장으로 이루어져 있으며, 이를 전자기파(Electromagnetic Wave)라고 한다.

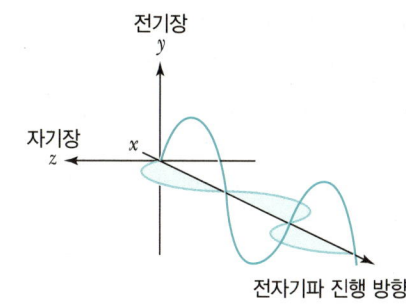

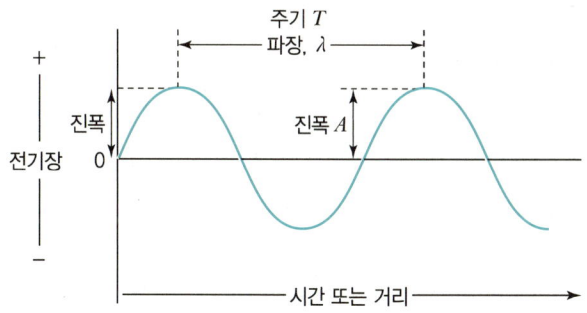

> **TIP**
> - 진동수 ν : 1초 동안 진동하는 횟수
> $\nu = \dfrac{1}{T} = \dfrac{1}{주기}$
> - 파장 λ : 1회 진동하는 길이
>   속도 $= \dfrac{거리}{시간}$ $c = \dfrac{\lambda}{T} = \lambda\nu$
> - 파수 $\bar{\nu}$: 길이 1cm 안에 반복되는 파동의 수
> $\bar{\nu} = \dfrac{1}{\lambda} = \dfrac{1}{파장}$

Reference

파동에서 나타나는 특징

㉠ 간섭 : 두 가지 이상의 파장이 소멸되거나 보강되어 새로운 파장의 형태를 나타내는 현상

보강간섭   상쇄간섭

㉡ 회절 : 복사선의 평행한 빛살이 장애물의 작은 구멍을 통과할 때 장애물 뒤쪽으로 돌아 들어가는 현상

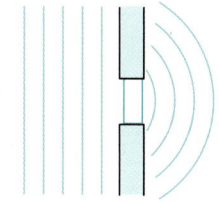

㉢ 굴절 : 서로 다른 매질로 이동하면서 속도가 변해 방향이 바뀌는 현상

> **TIP**
> Snell의 법칙
>
>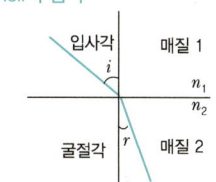
>
> 매질 1에 대한 2의 굴절률
> $n_{12} = \dfrac{n_2}{n_1} = \dfrac{\sin i}{\sin r} = \dfrac{V_1}{V_2}$

TIP
산란
- 탄성 산란 : 산란 전후에 주파수(또는 에너지)가 변하지 않는 산란
- 비탄성 산란 : 산란 전후에 주파수(또는 에너지)가 변하는 산란

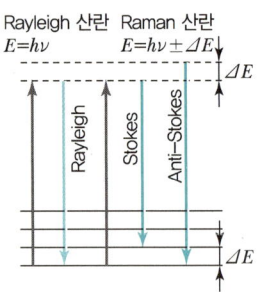

ⓒ 투과 : 빛이나 파동이 물질을 통과하여 나오는 현상
ⓓ 산란 : 빛, 전자기파가 매질 속의 입자에 닿아 여러 방향으로 진로를 바꾸는 현상

Rayleigh 산란	복사선의 파장보다 상당히 작은 크기를 갖는 분자에 의해 발생되는 산란(탄성 산란)
큰 분자에 의한 산란	큰 입자의 경우 산란은 서로 다른 방향에서 다르게 발생될 수 있다.
Raman 산란	산란된 복사선의 일부가 양자화된 주파수 변화를 겪는다. 이러한 변화는 편극과정의 결과로서 분자 내에서 발생하는 진동에너지 준위에서의 전이 때문에 나타난다(비탄성 산란).

ⓔ 분산 : 파장이 다른 여러 개의 빛이 프리즘을 통과할 때 각각의 색의 띠로 갈라지는 현상
ⓕ 반사 : 두 개의 서로 다른 매질 사이의 경계에서 파동의 방향이 바뀌어 원래의 매질로 돌아오는 현상
ⓖ 편광 : 전자기파에서 전기장 진동방향이 일정하거나 회전하는 현상

③ 빛의 에너지

$$E = h\nu = h\frac{c}{\lambda}$$

여기서, h : Planck 상수(6.626×10^{-34} J·s)
　　　　ν : 빛의 주파수(s^{-1})
　　　　λ : 파장
　　　　c : 빛의 속도(2.998×10^8 m/s)

④ 광전효과
금속에 빛이 닿으면 빛의 에너지를 흡수하여 금속 중의 자유전자가 금속표면에 방출하는 현상

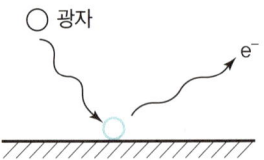

2) 흡광도·투광도

◆ 흡광도(A)
농도가 클수록, 셀의 길이가 길수록 크다.

(1) Lambert–Beer의 법칙

$$\text{흡광도 } A = \varepsilon bc = abc$$

여기서, ε : 몰흡수계수, a : 흡수계수
　　　　b : 시료의 두께, c : 시료의 농도

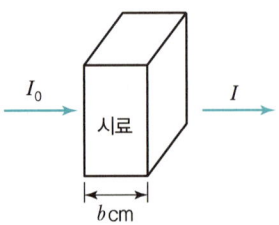

$$A = \log \frac{I_o}{I} = \log \frac{1}{T} = -\log T$$

$$\text{투과도 } T = \frac{I}{I_o}$$

여기서, I_o : 입사광의 강도
 I : 투과광의 강도
 T : 투과도

Exercise 01

어떤 시료의 흡광도(A)가 0.379라면 투과도 T(%)는 얼마인가?

풀이 $A = -\log T$
        $0.379 = -\log T$
        $\therefore T = 0.4178 (41.78\%)$

3) 기기분석의 잡음 원인

(1) 열적 잡음(Johnson 잡음, 백색잡음)

① 전자와 같은 전하운반체의 불규칙한 운동이나 전압의 불규칙한 변동과 같은 원인에서 기인한다.

② 열적 잡음의 크기

$$\bar{v}_{rms} = \sqrt{4kTR\Delta f}$$

여기서, $\bar{v}_{rms}$: Δf(Hz)의 주파수띠너비 사이에 나타나는 잡음전압의 근평균제곱
 k : Boltzmann 상수(1.38×10^{-23}J/K)
 T : 절대온도(K)
 R : 저항소자의 저항값(Ω)
 Δf : 띠너비

③ 열적 잡음은 띠너비를 줄이면 감소하나 띠너비가 줄면 기기는 신호변화에 느리게 감응하여 신뢰도 있는 측정을 하는 데 오랜 시간이 걸린다.

④ 주파수와 무관하므로 백색잡음(White Noise)이라 한다.

(2) 산탄잡음(Shot Noise)

① 전자 또는 전하입자가 접합점(pn계면에서 발견)을 지날 때마다 발생한다.
② 띠너비를 감소시켜 최소화할 수 있다.

> **TIP**
>
> Δf(주파수 띠너비)
> $\Delta f = \dfrac{1}{3t_r}$
> 여기서, t_r : 상승시간

(3) 깜박이 잡음(Flicker Noise)

① $\frac{1}{f}$ 잡음, 즉 관찰되는 신호의 주파수에 역비례하는 크기를 가진다.

② 깜박이 잡음은 어디서나 존재하며 주파수의 의존성을 통해 알 수 있다.

③ 약 100Hz 이하의 저주파에서 크게 나타난다.

(4) 환경잡음(Environment Noise)

① 주변으로부터 오는 다양한 형태의 잡음으로 구성되어 있다.

② 기기 내부의 각 전도체가 잠재적 안테나로 작용하여 생성된다.

4) 신호 대 잡음비의 개선

① 측정신호는 분석물에 관한 정보인 신호와 원하지 않는 여분의 정보인 잡음으로 이루어져 있다.

② 신호 대 잡음비

$$S/N(\text{신호 대 잡음비}) = \frac{\text{평균}}{\text{표준편차}} = \frac{\overline{x}}{s} = \frac{1}{\text{상대표준편차}(RSD)}$$

③ S/N(Signal to Noise)을 향상시키는 방법

㉠ 하드웨어 장치

- **접지와 차폐(가로막기)** : 환경에서 생성된 전자기 방사선으로부터 발생하는 잡음을 감소시킬 수 있다.
- **시차 및 기기장치 증폭기** : 변환기 회로에서 생성된 잡음은 기기 판독기에서 증폭된 형태로 나타나기 때문에 중요하다. 이러한 종류의 잡음을 줄이기 위해서 차동증폭기나 계측증폭기를 사용한다.
- **아날로그 필터** : 저주파 통과필터를 이용하면 열적 잡음과 산탄잡음을 포함하여 고주파 성분의 잡음을 효과적으로 감쇄시킬 수 있다.
- **변조** : 변환기의 저주파 또는 직류신호를 고주파로 변환시켜 플리커 잡음($\frac{1}{f}$ 잡음)을 감소시킨다.

㉡ 소프트웨어 장치

$$\left(\frac{S}{N}\right)_n = \left(\frac{S}{N}\right)_i \sqrt{n}$$

➡ S/N은 측정횟수 n의 제곱근에 비례한다.

> **TIP**
> $\left(\frac{S}{N}\right)$를 2배로 하려면 측정횟수를 4번으로 해야 한다.

2. 분광기기

- 광원
- 시료용기
- 파장선택기
- 복사선 검출기
- 신호처리기 및 판독기

1) 광학기기 구성장치

(1) 흡수법

외부 전자기 복사선 광원으로 분석물 화학종을 들뜨게 하여 파장에 따른 흡수된 빛의 양을 측정한다.

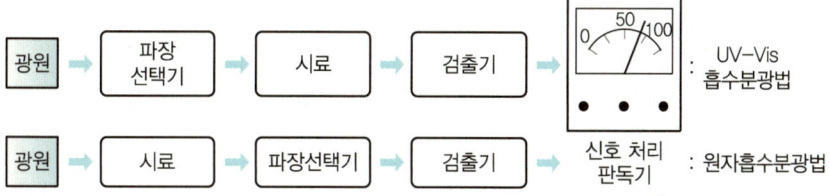

(2) 형광법

형광 측정장치는 들뜸과 방출 파장을 선택하기 위해 두 개의 파장선택기가 필요하고, 선택된 복사선 광원이 시료에 입사하며 90° 각도에서 발생하는 방출 복사선을 측정한다.

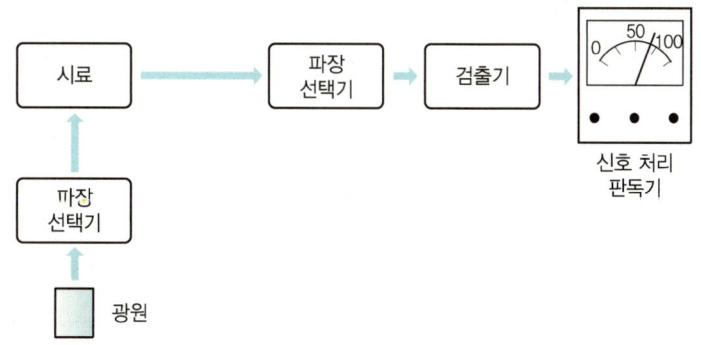

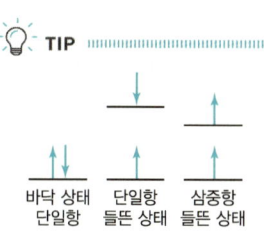

> **TIP**
>
> 바닥 상태 단일항 / 단일항 들뜬 상태 / 삼중항 들뜬 상태
> - 형광 : 들뜬 상태의 단일항 → 바닥 상태 단일항
> - 인광 : 들뜬 상태의 삼중항 → 바닥 상태 단일항

(3) 방출법

방출법에서는 광원을 따로 주지 않고 자신이 가진 고유의 빛으로 복사선을 측정한다.

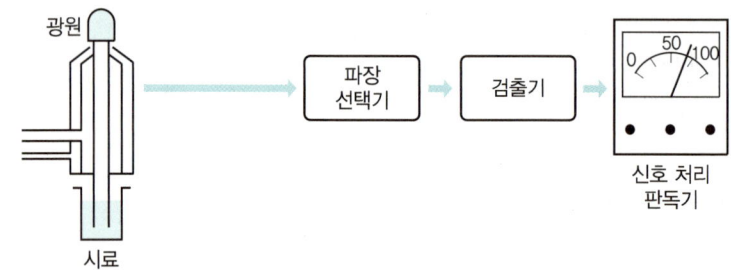

2) 광원

(1) 연속광원

① 흡수 · 형광분광법에서 널리 사용한다.

② 파장에 따라 세기가 변하는 복사선을 방출한다.

자외선 영역	중수소램프
강한 광원	아르곤, 제논, 수은이 포함된 고압기체 충전 아크램프
가시광선 영역	텅스텐 필라멘트 램프
적외선 영역	1,500~2,000K으로 가열된 비활성 고체

(2) 선광원

① 원자흡수분광법, 원자 및 분자형광법, Raman 분광법에서 널리 사용한다.

② 속빈음극등, 전극 없는 방전등 : 원자흡수법과 형광법에서 사용한다.

③ 수은증기등, 소듐증기등 : 자외선, 가시광선 영역에서 사용한다.

(3) 레이저광원

① 레이저 : 빛의 유도방출에 의한 빛의 증폭

② 펌핑 → 자발방출 → 유도방출 → 흡수

㉠ 펌핑 : 레이저 활성 화학종이 전기방전, 센 복사선의 쪼여줌과 같은 방법에 의해 전자의 에너지 준위를 들뜬 상태로 전이시키는 과정이다.

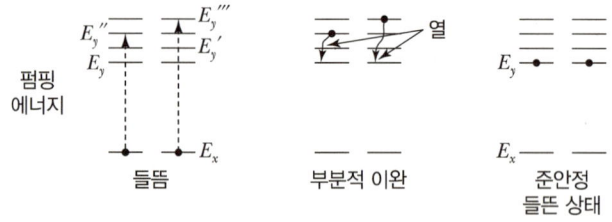

TIP

파장에 따른 광원

자외선	• Ar등, H₂등, D₂등 • Xe등, 속빈음극등 • 레이저, 텅스텐등, Nernst 백열등
가시광선	• Xe등, 속빈음극등 • 레이저, 텅스텐등, Nernst 백열등
적외선	• 레이저, 텅스텐등, Nernst 백열등 • 니크롬선, 글로바

TIP

선스펙트럼
- 기체상태의 멀리 떨어진 개별적 원자 입자들이 빛을 방출할 때 나타난다.
- 기체상태의 개별적 원자입자들은 서로 독립적으로 행동하며, 스펙트럼은 매우 좁은 선으로 이루어져 있다.

ⓒ **자발방출** : 들뜬 상태의 화학종이 빛의 형태로 에너지를 방출하며, 바닥 상태로 되돌아오는 현상으로, 간섭성이 없어서 증폭되지 않는다.

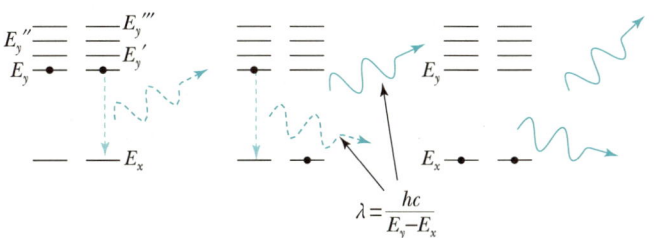

ⓒ **유도방출(자극방출)** : 들뜬 상태에 있는 레이저 매질의 화학종이 자발방출하는 빛과 정확하게 같은 에너지를 갖는 빛에 의해 자극을 받으면 들뜬 화학종은 낮은 에너지 상태로 전이된다. 이때 방출되는 복사선은 간섭성을 가져 증폭된다.

ⓔ **흡수** : 유도방출과 경쟁하는 관계에 있으며, 낮은 에너지 상태의 화학종이 자발방출하는 빛에 의해 들뜨게 하는 과정이다.

③ **분포상태 반전** : 복사선이 증폭되려면 유도방출된 복사선이 흡수로 잃어버린 복사선보다 커야 한다.

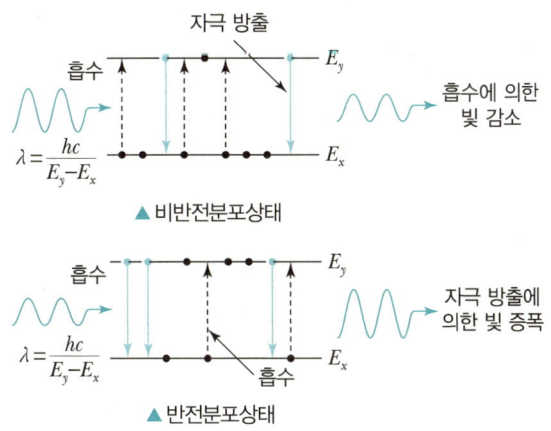

TIP

띠스펙트럼
- 기체상태의 라디칼 또는 작은 분자들이 존재할 때 나타난다.
- 분자의 바닥 상태 전자에서의 준위에 겹쳐진 수많은 양자화된 진동준위에 의해 생성된다.
- 분자(다원자화학종)의 전기적, 열적 들뜸에 의해 발생하는 복사선은 거의 항상 들뜬 전자 상태의 가장 낮은 진동준위로부터 바닥 상태의 여러 진동준위 중 어느 한 곳으로 전이되면 발생한다.

◆ **분포상태 반전**
높은 에너지 상태의 입자수가 낮은 에너지 상태의 입자수보다 많아지는 비정상적 상태

CHAPTER 02 분광분석_327

TIP

네 단계 시스템 레이저에서는 적은 펌핑에너지로도 분포 반전을 일으킬 수 있다.

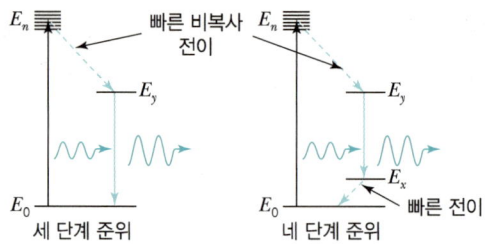

※ 네 단계 준위에서 분포상태 반전이 더 쉽게 일어난다.

TIP

연속스펙트럼
- 고체를 백열상태로 가열했을 때 발생한다.
- 온도가 높을수록 피크가 짧은 파장 쪽으로 이동한다.
- 열적으로 들뜨는 광원이 자외선을 방출하기 위해서는 매우 높은 온도를 필요로 한다.

3) 시료용기(Cell, Cuvette)

자외선	석영, 용융실리카
가시광선	플라스틱, 유리
적외선	NaCl, KBr

4) 파장선택기

- 분광분석 장치에서 특정한 파장영역의 빛(단색광)을 선택할 때 사용한다.
- 종류 : 필터, 단색화 장치
- 제한된 스펙트럼 영역을 제공하는 장치

(1) 단색화 장치

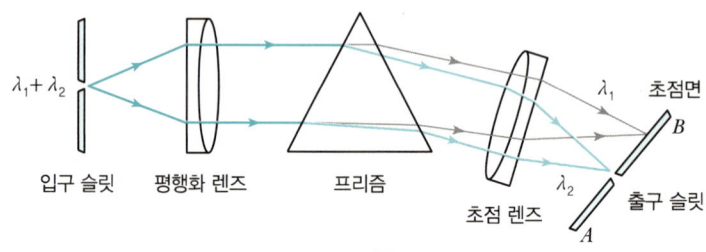

▲ 프리즘

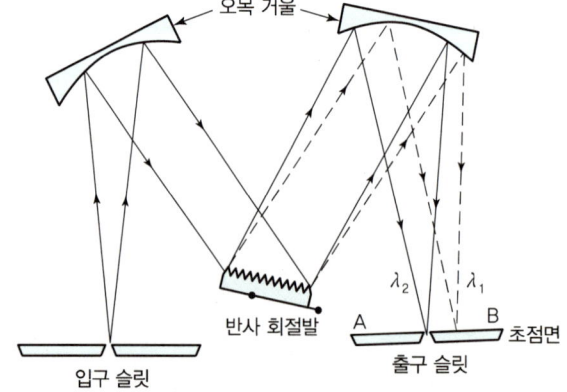

▲ Czerney-Turner 회절발 단색화 장치

① **입구 슬릿** : 광원에서 나오는 복사선 중 일부가 들어온다.
② **평행화렌즈 또는 거울** : 평행한 복사선을 만들어 분산장치에 보낸다.
③ **분산장치** : 프리즘, 회절발로 복사선을 그의 성분 파장으로 분산시킨다.
④ **초점장치** : 각 성분 파장의 복사선이 각각 출구 슬릿의 초점면에 모이도록 한다.
⑤ **출구 슬릿** : 초점면에서 원하는 스펙트럼띠를 분리해 낸다.

> **TIP**
> **분산**
> 단색화 장치가 서로 다른 파장을 분리하는 능력은 그것의 분산에 따라 달라진다.
> 각 분산은 $\dfrac{dr}{d\lambda}$로 주어지며, 여기서 dr은 파장의 변화 $d\lambda$에 대한 굴절각 또는 반사각의 변화를 말한다.
> $nd\lambda = d\cos r\, dr$
> $\dfrac{dr}{d\lambda} = \dfrac{n}{d\cos r}$
> 선형 분산은 다음과 같다.
> $D = \dfrac{dy}{d\lambda} = \dfrac{f dr}{d\lambda}$
> 여기서, D : 선형 분산
> f : 단색화 장치의 초점거리
> 유용한 분석의 척도는 역선형 분산
> $D^{-1} = \dfrac{d\lambda}{dy} = \dfrac{1}{f}\dfrac{d\lambda}{dr} = \dfrac{d\cos r}{nf}$
> 작은 회절각에서 $\cos r \fallingdotseq 1$
> $\therefore D^{-1} = \dfrac{d}{nf}$

Reference

에셀레트 회절발

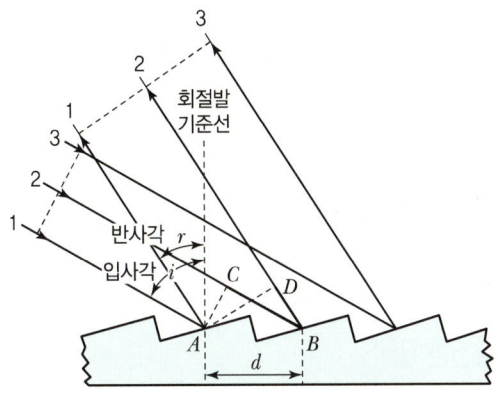

▲ 에셀레트형 회절발의 메커니즘 개요도

㉠ 반사가 일어나는 비교적 넓은 면과 사용하지 않는 좁은 면으로 된 홈이 있으며 이 구조로 인해 복사선의 회절이 잘 일어난다.
㉡ 회절을 일으킬 수 있는 조건

$$n\lambda = d(\sin i + \sin r)$$

여기서, n : 회절차수
λ : 회절되는 파장
d : 홈 사이의 거리
i : 입사각
r : 반사각

> **TIP**
> **에셀레 회절발**
> ① 입사각을 크게 하기 위해 홈의 넓은 면보다 좁은 면을 사용한다.
> ② 에셀레트 회절발은 홈의 밀도가 작은 데 비해 에셀레 회절발은 자외선 – 가시광선 영역에서 300홈/mm 또는 그 이상을 사용한다.
> ③ $n\lambda = 2d\sin\beta$
> $i \fallingdotseq r = \beta$

예 580nm와 581nm인 두 파장의 분해능

$$R = \frac{\lambda}{\Delta\lambda} = \frac{\left(\frac{580+581}{2}\right)}{581-580}$$
$$= 580.5$$

분해능에 미치는 슬릿 너비

$$\Delta\lambda_{eff} = \frac{\lambda_2 - \lambda_1}{2} = wD^{-1}$$

여기서, $\Delta\lambda_{eff}$: 유효 띠너비
  w : 슬릿 너비

(2) 단색화 장치의 분해능(R)

파장 차이가 매우 작은 인접 파장의 상을 분리할 수 있는 능력

$$R = \frac{\lambda}{\Delta\lambda} = nN$$

여기서, λ : 두 상의 평균파장, $\Delta\lambda$: 두 상의 평균파장 차이
  n : 회절차수, N : 홈수

➡ 회절발이 길수록, 홈의 간격이 작을수록, 회절차수가 클수록 분해능이 좋다.

5) 복사선 변환기

빛을 전기적 신호로 바꾸는 장치로 검출기이다.

(1) 광자변환기

① 광전압전지
  ㉠ 가시광선 영역의 복사선을 검출하고 측정하는 데 사용한다.
  ㉡ 복사에너지가 반도체층과 금속판의 경계면에서 전류를 발생시킨다. 반도체 표면에 부딪히는 광자의 수에 비례하는 크기의 전류가 흐른다.

② 진공광전관

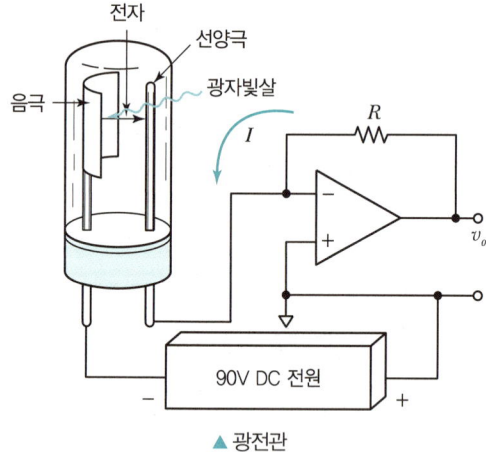

▲ 광전관

  ㉠ 반원통 모양인 음극과 양극선이 투명한 진공관 속에 들어 있는 구조이다.
  ㉡ 음극 표면에 복사선이 들어오면 전자를 방출하는데, 음극과 양극 사이에 90V 전압을 걸어주면 음극에서 전자가 튀어나와 양극으로 이동하고 전류가 흐른다.
  ㉢ 전류의 크기는 복사선의 세기에 비례한다.

③ 광전증배관
  자외선이나 가시광선에서 매우 감도가 좋고, 감응시간이 매우 빠르다.

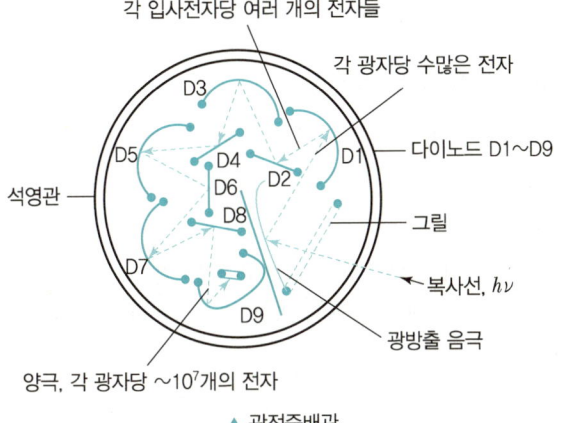

▲ 광전증배관

④ 광전도 검출기

반도체에 복사선이 흡수되면 전자와 구멍(Hole)을 생성하여 전도도를 증가시킨다.

⑤ 규소광다이오드 검출기
㉠ 규소칩 위에 형성된 역방향 바이어스가 걸린 pn접합으로 구성된다.
㉡ 복사선이 칩에 충돌하는 경우 정공과 전자가 결핍층에 형성되고 적절한 전극에 끌려 복사선의 세기에 비례하는 전류가 발생한다.
㉢ 규소광다이오드 검출기는 진공광전관보다 감도가 좋지만 광전자증배관보다는 감도가 낮다.

(2) 열 검출기
① 열 검출기는 열변환기라고도 하며, 복사선에 의한 온도변화를 감지한다.
② 주로 적외선을 검출하는 데 이용한다.
③ 적외선의 광자는 전자를 광방출시킬 수 있을 만큼 에너지가 크지 못하므로 광자변환기로 검출할 수 없다.
④ 종류
㉠ 열전기쌍 : 온도 차이에 따라 변하는 두 개의 접합부 사이에서 전압이 발생한다.
㉡ 볼로미터 : 백금이나 니켈 혹은 반도체와 같은 금속선으로 구성된 저항온도계 유형이다.
㉢ 파이로전기 검출기(Pyroelectric detector, 열전기 변환기) : 특별한 열적 및 전기적 특성을 갖는 절연체인 열전기물질(파이로전기물질)의 단결정 웨이퍼로 구성되며, 전류의 크기는 결정의 표면적과 온도에 따른 편극의 변화율에 비례한다.

TIP
다중채널 광자변환기
여러 파장의 복사선을 동시에 검출한다.

TIP
규소광다이오드 검출기

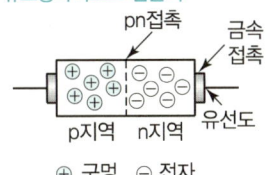

▲ 규소다이오드

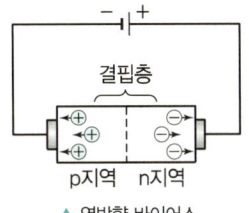

▲ 역방향 바이어스

3. 기기분석 검정법

1) 표준검정곡선(외부표준물법)

① **표준용액(표준물)** : 알려진 농도의 분석물을 포함하는 용액
② **바탕시료** : 분석물이 포함되지 않는 표준물로서 기기의 바탕선을 확인하는 데 사용한다.
③ 정확한 농도의 분석물을 포함하고 있는 몇 개의 표준용액을 만들어 농도 증가에 따른 신호의 세기 변화에 대한 검정곡선을 얻어 분석물질의 양을 알아내는 방법이다.
④ 측정된 각각의 기기신호(흡광도)에서 바탕용액의 평균 기기신호를 빼주어 보정기기신호를 구한다.

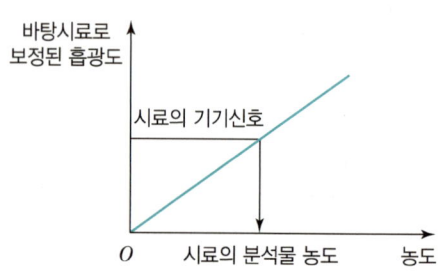

> **TIP**
> **검정곡선법**
> 최소제곱법으로 적절한 함수를 결정한다.
>
>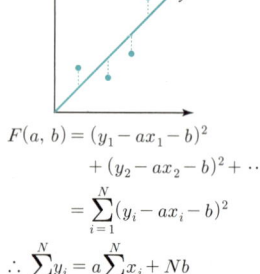
>
> $F(a, b) = (y_1 - ax_1 - b)^2$
> $\qquad + (y_2 - ax_2 - b)^2 + \cdots$
> $\qquad = \sum_{i=1}^{N}(y_i - ax_i - b)^2$
> $\therefore \sum_{i=1}^{N} y_i = a\sum_{i=1}^{N} x_i + Nb$

2) 표준물첨가법

① 미지시료에 분석물 표준용액(이미 알고 있는 양의 분석물질)을 각각 일정량씩 첨가한 용액을 만들어 증가된 신호 세기로부터 원래 분석물질의 양을 알아내는 방법이다.
② 시료의 조성이 잘 알려져 있지 않거나 매트릭스 효과가 있는 복잡한 시료의 분석에 유용하다.
　㉠ **매트릭스(Matrix)** : 미지시료 중에 함유되어 있는 분석물을 제외한 화학종
　㉡ **매트릭스 효과** : 시료 중에 존재하고 있는 매트릭스에 의해서 분석신호가 변화되는 효과
③ 표준물첨가법의 예

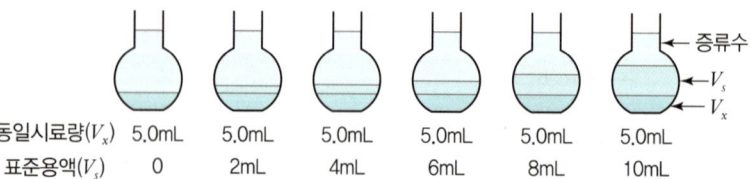

> **TIP**
> 표준물첨가법은 시료 매트릭스에 의해 생기는 화학적 방해, 스펙트럼 방해를 부분적으로 또는 완전히 없애기 위하여 원자흡수분광법에서도 널리 사용된다.

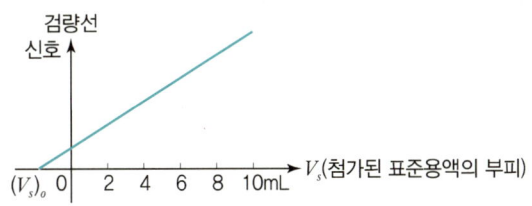

전체 신호 = 시료의 신호 + 표준용액의 신호

신호∝농도이므로 비례상수를 K라 하면, $S = KC$

$$V_t = V_x + V_s + V_{증류수}$$

$$C_{mix} = \frac{C_x V_x + C_s V_s}{V_x + V_s + V_{증류수}}$$

여기서, C_x : 미지시료의 농도, C_s : 표준용액의 농도
V_x : 미지시료의 부피, V_s : 표준용액의 부피

$$\text{Signal(신호)} = K\frac{C_x V_x + C_s V_s}{V_t} = K\frac{C_x V_x}{V_t} + K\frac{C_s}{V_t}V_s \leftarrow 변수$$

$\underset{b(y절편)}{} \underset{m(기울기)}{}$

$$\therefore \frac{b}{m} = \frac{K\dfrac{C_x V_x}{V_t}}{K\dfrac{C_s}{V_t}} = \frac{C_x V_x}{C_s} \rightarrow C_x = \left(\frac{b}{m}\right)\left(\frac{C_s}{V_x}\right)$$

기기감응이 0인 경우 $\text{Signal} = 0 = K\dfrac{C_x V_x}{V_t} + \dfrac{KC_s(V_s)_o}{V_t}$

$$\therefore C_x = -\frac{(V_s)_o C_s}{V_x}$$

3) 내부표준물법

① 모든 시료, 바탕 검정표준물에 동일한 양의 내부표준물을 첨가하여 분석물질의 신호와 내부표준물의 신호를 비교하여 분석물질의 양을 알아내는 방법
② 시험분석 절차, 기기 또는 시스템의 변동으로 발생하는 오차를 보정하기 위해 사용하는 방법
③ 신호의 비는 농도비에 비례한다.

$$\frac{A_x}{A_s} = F\frac{[X]}{[S]}$$

여기서, A_x : 분석물질의 신호, A_s : 내부표준물의 신호, F : 감응인자
[X] : 분석물질의 농도, [S] : 내부표준물의 농도

[02] 분광분석법

■ 분광법

◆ 분광법(Spectroscopy)
분광계나 분광기 등을 사용하여 물질이 방출 또는 흡수하는 빛의 스펙트럼을 측정하여 그것으로 물질의 정성·정량분석과 상태분석을 하는 방법

구분	내용
원자흡수분광법	불꽃이나 전기적 가열에 의해 시료용액으로부터 기체상태의 중성원자를 만들고 복사선을 투과시켜 최외각전자를 들뜨게 하여 흡수스펙트럼을 얻어 분석원소를 정량하는 방법
원자방출분광법	원소를 들뜨게 한 후 흡수한 빛을 다시 방출하는 양을 정량하는 방법
원자형광분광법	중성원자를 들뜨게 하여 방출하는 형광을 분석하는 방법
자외선-가시선 분자흡수분광법	분자의 결합전자가 빛을 흡수하여 최외각전자가 바닥 상태에서 들뜬 상태로 전이될 때의 파장과 흡광도를 측정하는 방법

■ 원자선 너비

원자선의 선 너비가 좁으면 스펙트럼선이 겹쳐서 방해가 일어날 가능성을 감소시켜 주기 때문에 흡수·방출스펙트럼에 매우 바람직하다.

> **선넓힘의 원인**
> - **불확정성 효과** : 전이와 관련된 높은 에너지 상태와 낮은 에너지 상태의 수명이 한정되어 있고, 이로 인해 각 상태의 에너지에 불확정성과 선넓힘이 일어나기 때문에 스펙트럼선들은 일정한 폭을 갖게 된다. 하이젠베르크(Heisenberg)의 불확정성 원리에 따른다.
> - **도플러(Doppler) 효과** : 빠르게 움직이는 원자에 의해 흡수되거나 방출되는 복사선의 파장은 원자의 움직임이 검출기 쪽을 향하면 감소하고, 원자들이 검출기로부터 멀어지면 증가한다.
> - **압력효과** : 충돌넓힘으로, 가열된 매체에서 방출하거나 흡수하는 화학종이 다른 원자나 이온들과 충돌하면서 생긴다. 이러한 충돌은 에너지 준위에서 작은 변화를 만들어 흡수하거나 방출하는 파장이 어떤 범위를 가지게 되어 생기는 선넓힘이다.
> - **전기장과 자기장 효과** : 센 자기장에서는 원자의 전자에너지가 여러 상태로 분리되므로(Zeeman 효과) 이들 사이에서 전이가 일어나면 선 너비가 넓어진다.

💡 **TIP**

원자스펙트럼에 미치는 온도효과
원자화 장치에서 온도는 들뜬 원자 입자수와 들뜨지 않은 원자 입자수 사이의 비에 중대한 영향을 미친다.
이 효과의 크기는 Boltzmann 식으로 계산할 수 있다.

$$\frac{N_j}{N_o} = \frac{g_j}{g_o} \exp\left(-\frac{E_j}{kT}\right)$$

여기서, N_j : 들뜬 상태 원자수
N_o : 바닥 상태 원자수
k : Boltzmann 상수
 $(1.38 \times 10^{-23} \text{J/K})$
T : 절대온도
E_j : 들뜬 상태와 바닥 상태의 에너지 차이
g_j, g_o : 각 양자준위에서 같은 에너지를 갖는 상태수에 따라 결정되는 통계적 무게
예 $3s \rightarrow 3p$

$$\frac{g_i}{g_o} = \frac{6}{2} = 3$$

■ 시료 도입방법

시료를 원자화 장치로 도입시키는 방법

① 용액시료의 도입

- 기압식 분무기 : 동심관 기압식 분무기 형태, 기체 분무기

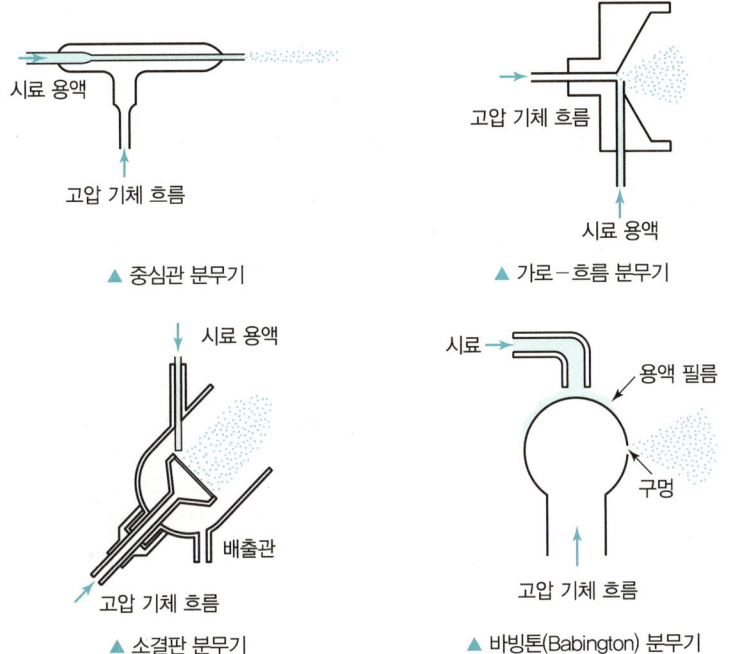

▲ 중심관 분무기   ▲ 가로-흐름 분무기

▲ 소결판 분무기   ▲ 바빙톤(Babington) 분무기

- 초음파 분무기 : 20kHz~수 MHz 주파수에서 진동하는 압전기 결정의 표면으로 시료를 주입
- 전열 증기화 : 증기화된 시료를 아르곤과 같은 불활성 기체를 흘려 원자화 장치로 운반
- 수소화물 생성법 : 비소(As), 안티몬(Sb), 주석(Sn), 셀렌(Se), 비스무트(Bi), 납(Pb)을 함유한 시료를 추출하여 기체상태로 만들어 원자화 장치에 도입하는 방법으로 수소화붕소소듐(NaBH₄) 수용액을 가하여 휘발성 수소화물을 생성

② 고체시료의 도입

- 직접 주입
- 전열 증기화 : 시료는 흑연 또는 탄탈 막대나 보트에 놓고 전류를 주어 가열하여 증기화된 시료를 비활성 기체에 의해 원자화 장치로 운반
- 레이저 증발 : Nd, YAG나 엑시머 레이저살을 집중시켜 얻은 충분한 에너지를 고체시료의 표면에 조사하여 시료를 증기화된 미세입자 시료집합체로 전환시켜 원자화 장치로 운반

> **TIP**
>
> **기압식 분무기**
> 수용액을 기체의 압력으로 분무시켜 미세한 안개나 에어로졸로 만들어 원자화 장치로 도입

> **TIP**
>
> **초음파 분무기**
> - 기압식 분무기보다 고밀도이고 더 균일한 에어로졸을 만든다.
> - 점도가 있는 용액이나 입자들이 존재하는 용액에서는 낮은 효율을 가진다.

> **TIP**
>
> **시료 도입방법**
>
> | 방법 | 시료 형태 |
> |---|---|
> | 기체 분무기 | 용액 |
> | 초음파 분무기 | 용액 |
> | 전열 증기화 | 고체, 용액 |
> | 수소화물 생성법 | 용액(As, Sb, Sn, Se, Bi, Pb) |
> | 직접 주입 | 고체 |
> | 레이저 증발 | 고체 |
> | 아크와 스파크 | 전도성 고체 |
> | 글로우 방전법 | 전도성 고체 |

- 아크와 스파크 증발(전도성 고체) : 전기방전에 의해 고체시료를 증발시켜 원자화 장치에 도입
- 글로우 방전법(전도성 고체) : 250~1,000V의 DC 전위로 유지되어 있는 글로우 방전관에서 Ar 기체를 이온화시켜 시료가 있는 전극 표면으로 가속시켜 원자를 튕겨내어 도입

1. 원자분광법

1) 원자흡수분광법(AAS : Atomic Absorption Spectrometry)

시료에 들어 있는 원소들을 원자화 과정을 통해 기체상태의 중성원자로 만든 후 복사선을 투과시켜 바닥 상태에 있는 최외각전자를 들뜨게 하여 흡수스펙트럼을 얻어 분석원소를 정량하는 방법으로, 단일원소를 측정하는 데 가장 널리 사용되는 방법이다.

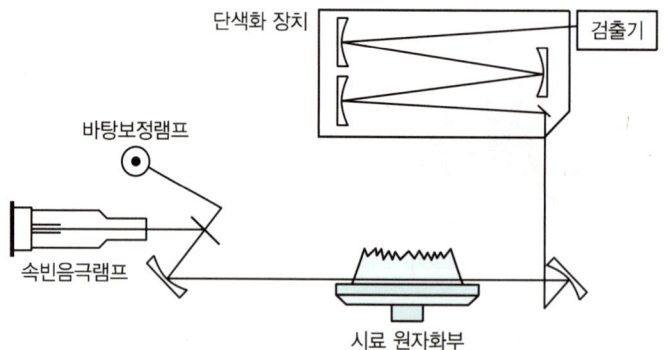

(1) 광원

- 원자흡수선들은 아주 좁고 각 원소마다 전자전이 에너지가 독특하므로 매우 높은 선택성을 갖는다.
- 광원의 방출복사선이 한 원소의 빛살이며, 그 원소의 원자만을 들뜨게 하므로 각 원소를 분석할 때마다 각각의 선광원을 필요로 한다.

① 속빈음극등(HCL : Hollow Cathode Lamp)
  ㉠ 원자흡수법 측정을 위한 가장 일반적인 광원
  ㉡ 양극(Anode)에 높은 전압을 걸어 불활성 기체(Ne, Ar)를 이온화시킨다. 양이온화된 불활성 기체가 음극(Cathode)을 때리면 금속 원자가 떨어져 나온다. 떨어져 나온 금속 원자는 불활성 기체와 충돌하여 여기 상태가 되며 그 원자의 고유 공명 흡수선을 방출한다.
  ㉢ 각 원소를 분석할 때마다 각각의 광원이 필요하다.

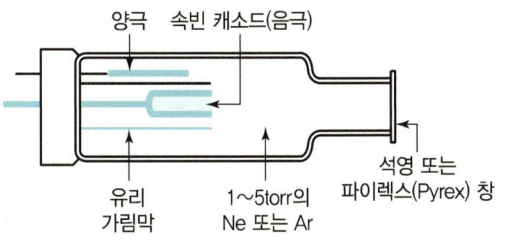

② 전극 없는 방전등(EDL, 무전극방전등)

원자선스펙트럼을 내는 유용한 광원이며, 속빈음극등보다 10~100배의 더 큰 복사선 세기를 얻을 수 있다.

③ 광원변조

전형적인 원자흡수기기에서는 불꽃 자체에서 방출하는 복사선에 의한 간섭을 제거할 필요가 있다. 이러한 종류의 방출복사선은 단색화 장치에 의해 대부분 제거된다. 그러나 분석물 원자와 불꽃기체 화학종의 들뜨기와 방출 때문에 불꽃에는 단색화 장치에 설정된 파장과 동일한 파장이 존재하게 된다. 이러한 불꽃방출선의 영향을 제거하기 위해서는 광원의 출력을 일정한 주파수로 변화시키도록 출력을 변조시켜야 한다.

(2) 원자화

① 불꽃원자화

㉠ 용액상태인 시료가 연료와 섞인 기체 산화제의 흐름에 의해 분무되어 원자화가 일어나는 불꽃 속으로 운반된다.

㉡ 불꽃원자화는 현재 사용되는 AAS에 액체시료 도입방법 중 가장 재현성이 있다.

㉢ 시료의 많은 부분이 폐기통을 빠져나가고, 불꽃의 광학경로에 머무르는 원자들의 체류시간이 짧아(10^{-4}s 정도) 시료 효율이 낮다.

> **TIP**
>
> **불꽃원자화의 특징**
> - 원자들의 체류시간이 짧다.
> - 시료 효율이 낮다.
> - 재현성이 있다.

ⓓ 원자화 발생과정

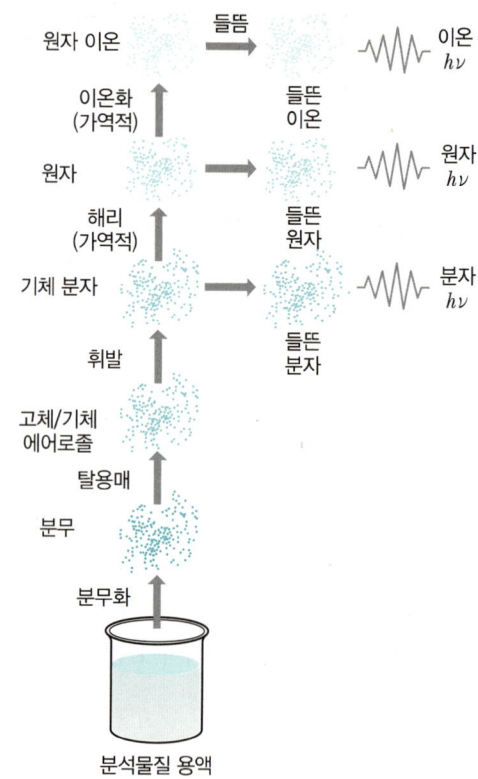

ⓔ 불꽃의 종류

연료	산화제	온도(℃)
천연가스	공기	1,700~1,900
	산소	2,700~2,800
수소	공기	2,000~2,100
	산소	2,550~2,700
아세틸렌	공기	2,100~2,400
	산소	3,050~3,150
	산화이질소(N_2O)	2,600~2,800

ⓕ 불꽃의 구조

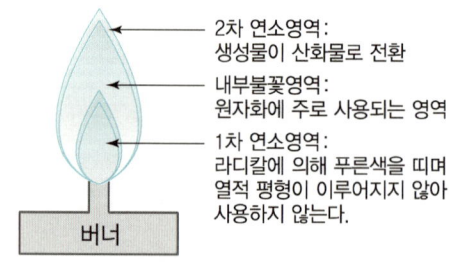

ⓢ 불꽃흡수 유형

원소에 따라 최적의 흡광도를 보이는 위치에서 사용한다.

구분	내용
Cr	쉽게 산화되어 비교적 온도가 낮은 불꽃 바로 위에서 흡광도를 측정한다.
Ag	쉽게 산화되지 않으므로 불꽃 끝까지 원자화가 일어나 흡광도가 증가한다.
Mg	불꽃 바로 위에서부터 원자화가 일어나지만, 곧 산화물이 생성되어 흡광도가 감소한다.

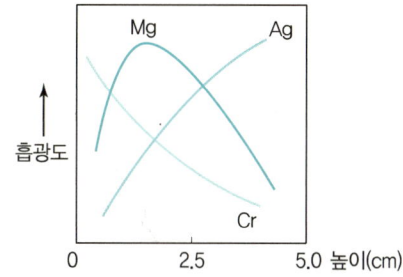

② 전열원자화

㉠ 전체 시료가 짧은 시간에 원자화되고, 원자가 빛의 진로에 평균적으로 머무는 시간이 1초 이상이다. ➡ 감도가 높다.

㉡ 원자흡수법, 원자형광법에 사용하지만 원자방출법에는 사용하지 않는다(ICP 유도결합플라스마 방출분광법에서 시료를 증발시키는 데는 사용).

㉢ 전열원자화장치 가열순서

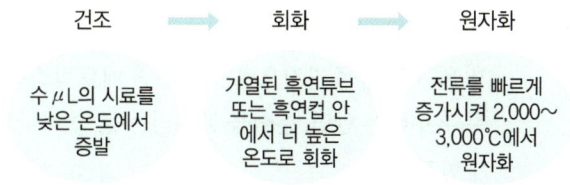

㉣ 불꽃 또는 플라스마 원자화가 좋지 않은 검출한계를 보일 경우 사용한다.

③ 수소화물생성원자화

㉠ 비소(As), 안티몬(Sb), 주석(Sn), 셀렌(Se), 비스무트(Bi), 납(Pb)을 포함하는 시료를 원자화 장치에 도입하기 위해 수소화붕소소듐($NaBH_4$) 수용액을 가하여 휘발성 수소화물을 생성

㉡ 검출한계를 10~100배 정도 향상시킬 수 있다.

TIP

전열원자화의 장단점

㉠ 장점
- 감도가 우수하다.
- 시료량이 적게 든다.

㉡ 단점
- 재현성이 낮다.
- 시간이 오래 걸린다.
- 측정농도 범위가 좁다.

TIP

회화
- 유기물을 연소시켜 재(무기질의 화분)를 만드는 것
- 비교적 높은 온도에서 매트릭스를 회화시켜 제거한다.

④ 찬증기원자화

상온에서 수은이 상당한 증기압을 갖는 유일한 금속원소이기 때문에 수은(Hg) 측정에만 적용 가능한 원자화 방법

(3) 원자흡수분광법에서의 방해

① 스펙트럼 방해

㉠ 방해 화학종의 흡수선 또는 방출선이 분석선에 너무 가까이 있거나 겹쳐져서 단색화 장치에 의해 분리가 불가능한 경우에 발생한다.

㉡ 보정법

ⓐ **연속광원보정법** : 중수소(D_2) 등의 연속광원과 속빈음극등이 번갈아 시료를 통과하게 하여 중수소 등에서 나오는 연속광원의 세기의 감소를 매트릭스에 의한 흡수로 보고 연속광원의 흡광도를 시료빛살의 흡광도에서 빼주어 보정하는 방법

ⓑ **두선보정법** : 광원에서 나오는 시료가 흡수하지 않는 방출선 하나를 기준선으로 사용하여, 시료를 통과하고 나온 기준선의 세기 감소를 매트릭스 방해로 보고 기준선의 흡광도를 시료빛살의 흡광도에서 빼주어 보정하는 방법

ⓒ **Zeeman 효과에 의한 바탕보정** : 원자증기에 센 자기장을 걸어 원자의 전자에너지 준위의 분리가 일어나는 현상(Zeeman 효과)을 이용하는 바탕보정법

- 원자증기에 센 자기장을 걸어주면 원자의 에너지 준위는 분리되어 분석물 봉우리와는 다른 흡수 봉우리가 생기는데, 두 흡수 봉우리는 편광복사선에 대해 서로 다른 감응도를 나타낸다.
- 광원 앞에 회전편광판을 놓고 회전시켜 수직 또는 수평으로 편광된 빛을 시료에 주기적으로 쪼여주면 매트릭스는 두 편광복사선을 모두 흡수하는 반면, 분석물 봉우리는 둘 중 하나의 편광복사선만을 흡수한다.
- 분석물과 매트릭스가 모두 흡수한 편광복사선의 흡광도에서 매트릭스만이 흡수한 편광복사선의 흡광도를 빼주어 보정한다.

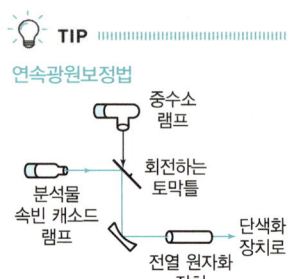

TIP
연속광원보정법

◆ Zeeman 효과
특정한 종류의 방출 또는 흡수스펙트럼을 내는 원자들이 센 자기장이 있을 때 분광선이 스펙트럼상에서 여러 개로 갈라지는 현상

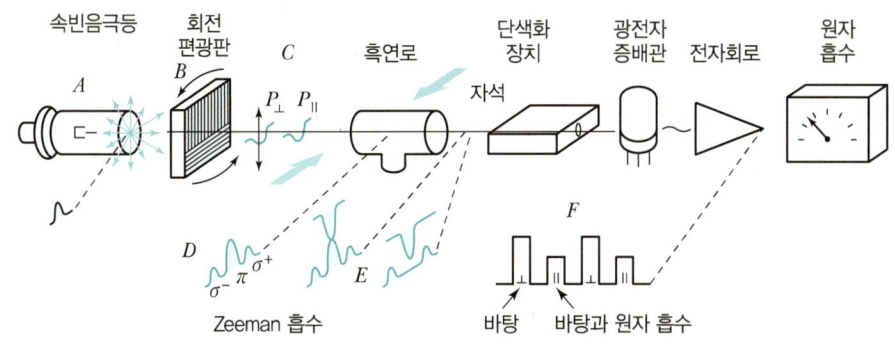

▲ Zeeman 효과에 근거한 바탕보정을 제공하는 전열 원자흡수기기의 도식

ⓓ 광원 자체의 반전에 의한 바탕보정(Smith-Hieftje 바탕보정)
- 높은 전류가 흐를 때 속빈 캐소드 램프에서 방출되는 복사선의 자체 반전 또는 자체 흡수 현상에 바탕을 두고 있다.
- 높은 전류의 효과는 들뜬 화학종의 방출선 띠를 상당히 넓게 하는데 이 효과는 흡수선 피크 파장과 정확히 일치하는 중앙에서 최솟값을 갖는 피크를 만든다.
- 낮은 전류가 흐르는 동안 전체 흡광도를 측정하고 큰 전류가 흐르는 동안 매트릭스에 의한 흡광도를 측정하여 빼주어 바탕보정을 한다.

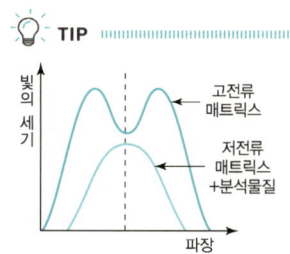

TIP

② 화학적 방해
  ㉠ 낮은 휘발성 화합물 생성
    ⓐ 음이온에 의한 방해
      분석물이 음이온과 반응하여 휘발성이 작은 화합물을 만들어 원자화 효율을 감소시키는 음이온에 의한 방해
      예 Ca흡광도는 SO_4^{2-}, PO_4^{3-} 농도 증가에 따라 감소한다.
      ➡ Sr, La 첨가
    ⓑ 양이온에 의한 방해
      예 Mg을 정량할 때 Al으로 인해 Mg의 원자화 효율이 나빠진다.
      ➡ Al/Mg 복합산화물 생성
    ⓒ 휘발성이 낮은 화합물의 생성에 의한 방해를 줄이는 방법
      - 가능한 한 높은 온도의 불꽃을 사용한다.
      - 해방제 사용 : 방해물질과 우선적으로 반응하여 방해물질이 분석물질과 반응하는 것을 막을 수 있는 시약인 해방제를 사용한다.
        예 Mg 정량 시 Al을 막기 위해 Sr(스트론튬), La(란타넘)을 사용한다.

TIP
- EDTA
  Ca 정량 시 Al, Si, PO_4^{3-}, SO_4^{2-}의 방해를 막기 위해 사용한다.
- 8-hydroxyquinoline
  Ca, Mg 정량 시 Al의 방해를 억제한다.

◆ **APDC**
1-pyrrolidinecarbodithioic acid

TIP
해리평형

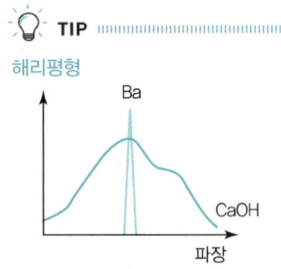

높은 온도로 올리면 CaOH가 분해된다.

- 보호제 사용 : 분석물과 반응하여 안정하고 휘발성 있는 화합물을 형성하여 방해물질로부터 분석물을 보호해 주는 시약인 보호제를 사용한다.
  예 EDTA, 8-hydroxyquinoline, APDC

ⓛ 해리평형
- 원자화 과정에서 생성되는 금속산화물(MO)이나 금속수산화물(MOH)의 해리가 잘 일어나지 않아 원자화 효율을 감소시키는 해리평형에 의한 방해가 일어난다.
- 산화제로 산화이질소를 사용하여 높은 온도의 불꽃을 사용하면 줄일 수 있다.

ⓒ 이온화 평형
- 산소 또는 산화이질소가 산화제 역할을 하는 높은 온도의 불꽃에서는 이온화가 많이 일어나 원자의 농도를 감소시켜 방해가 일어난다(산화제가 공기인 경우, 이온화는 무시).
- 이온화 억제제를 사용하여 이온화를 억제시킬 수 있다.

2) 원자방출분광법(AES : Atomic Emission Spectrometry)

(1) 장점

① 높은 온도의 원자화로 화학적 방해가 적게 나타난다.
② 많은 원소의 스펙트럼을 동시에 측정할 수 있다.
③ 높은 에너지를 갖는 플라스마 광원은 내화성 화합물을 만드는 경향이 있는 낮은 농도의 원소들(붕소, 인, 텅스텐, 우라늄, 지르코늄, 니오븀의 산화물)을 측정할 수 있고, 염소, 브로민, 아이오딘, 황과 같은 비금속들도 측정할 수 있다.

(2) 유도결합플라스마 원자방출분광법

고온의 아르곤 플라스마로 원자를 들뜨게 하면 각 원자들은 빠른 이완으로 자외선-가시광선 스펙트럼을 방출하는데, 이 방출스펙트럼의 파장 및 세기를 측정하여 특정 원소를 정량·정성분석하는 방법

◆ **플라스마**
진한 농도의 양이온과 전자의 전도성 기체 혼합물

TIP
AES
시료의 성분을 고온에서 원자상태로 만들어 들뜨게 한다. 들뜬 에너지 상태의 화학종들의 빠른 이완으로 원소들의 정성 및 정량분석에 유용한 자외선 및 가시선 스펙트럼을 방출한다.

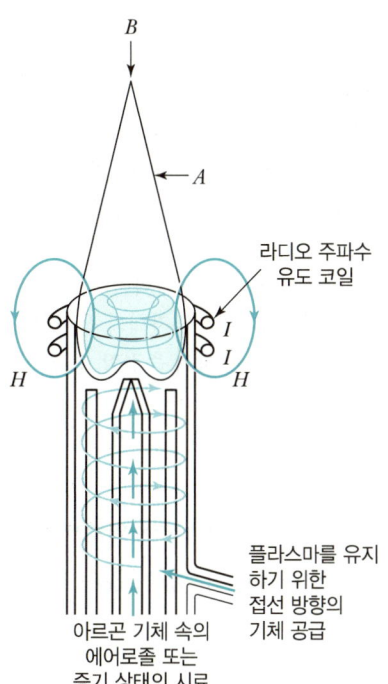

Ar
- 시료의 이동을 돕는 수단
- 냉각 수단

① 고온 플라스마
  ㉠ ICP(유도쌍 플라스마) : 대부분 사용
  ㉡ DCP(직류 플라스마)
  ㉢ MIP(마이크로파 유도 플라스마)

② 시료 도입방법
  ㉠ 시료는 중심 석영관으로 흐르는 Ar(약 1L/min)에 의해 ICP로 도입된다.
  ㉡ 시료는 에어로졸, 열로 생긴 증기 또는 미세분말 형태로 도입한다.

  Reference

  시료 도입방법
  - 집중유리 분무기법 : 일반적인 액체시료 도입방법
  - 교차흐름 분무기법 : 액체시료 도입방법
  - 전열증기화 방법 : 고체와 액체시료 도입방법

③ 내부표준물 사용
  ㉠ 기기표류(Drift) 효과를 보정하여 정밀도를 향상시키기 위해 사용한다.
  ㉡ 검정을 자주 하고, 분석물의 농도가 클수록 정밀도가 향상된다.

ICP 불꽃온도
6,000~10,000K

원자화 형태	원자화 온도
불꽃	1,700~3,150
전열증기화	1,200~3,000
ICP	4,000~6,000
DCP	4,000~6,000
MIP	2,000~3,000
레이저 유도 플라즈마	8,000~15,000
글로우 방전	열 X
전기 아크	4,000~5,000

> **Reference**
>
> **ICP 원자화 광원의 장점**
> ㉠ 플라스마 광원의 온도가 매우 높아 원자화 효율이 좋고, 화학적 방해도 거의 없다.
> ㉡ 플라스마 단면의 온도 분포가 균일하여 자체 흡수나 반전이 나타나지 않는다.
> ㉢ 아르곤의 이온화로 인해 전자밀도가 높아서 시료의 이온화에 의한 방해가 거의 없다.
> ㉣ 높은 온도에서 잘 분해되지 않는 산화물(내화성 산화물)을 형성하는 텅스텐(W), 우라늄(U), 지르코늄(Zr) 등의 원자화가 용이하다.
> ㉤ 많은 원소의 스펙트럼을 동시에 측정할 수 있어 다원소 분석이 가능하다.

3) X선 분광법

X선 흡수법과 X선 형광법은 Na보다 큰 원자번호를 갖는 주기율표상 모든 원소들의 정성·정량분석에 사용하며, 방출, 흡수, 형광, 회절측정을 기반으로 한다.

(1) X선 분광법의 기본원리

① X선 : 고에너지 전자의 감속 또는 원자의 내부 오비탈에 있는 전자들의 전자전이에 의해 생성된 짧은 파장의 전자기 복사선(X선의 파장 : $10^{-5} \sim 100\,\text{Å}$)

② X선 분광법에서 사용하는 파장 : 약 $0.1 \sim 25\,\text{Å}$

③ 광원
   ㉠ X선관 : Coolidge관
   ㉡ 방사성 동위원소
   ㉢ 이차 형광 광원

④ Duane-Hunt 법칙

$$\lambda_o = \frac{12{,}398}{V}$$

여기서, λ_o : 복사선의 가장 낮은 파장한계(Å)
V : 전압(V)

> **Reference**
>
> **X선 방출법**
> • 고에너지 전자실로 금속 표적에 충격을 가하는 방법
> • X선 형광(XRF)의 이차살을 생성하기 위해 X선 일차살에 어떤 물질을 노출시키는 방법
> • 방사성 동위원소의 붕괴과정에서 X선 방출을 만드는 방법
> • 가속기 복사선 광원으로부터 얻는 방법

TIP
X선 분광법
• X선 방출   • X선 흡수
• X선 산란   • X선 형광
• X선 회절

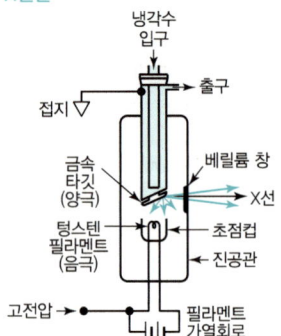

TIP
X선관

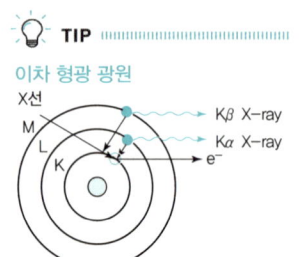

TIP
이차 형광 광원

TIP
XRF는 산소원자수보다 큰 원소의 정성분석 및 정량분석에 사용된다.

(2) X선 형광분광법(XRF)의 장단점

장점	단점

㉠ 스펙트럼이 단순하여 스펙트럼선 방해가 작다.
㉡ 비파괴분석법이어서 시료의 손상을 주지 않는다.
㉢ 분석과정이 수분 이내로 빠르다.
㉣ 다중원소의 분석이 가능하다.
	㉠ 감도가 좋지 않다.
	㉡ 가벼운 원소 측정이 어렵다.
	㉢ Auger 방출
	  • 바깥껍질 전자가 발생된 X선을 흡수하여 방출되는 현상 ➡ 형광 세기 감소
	  • 원자번호가 23(바나듐)보다 작은 원소의 검출 및 측정은 어렵다.

(3) 매트릭스 효과

① **흡수효과**: 분석원소보다 입사된 빛살이나 방출된 빛살을 더 강하게 흡수하는 원소들이 매트릭스에 많이 포함되어 있으면, 흡수가 적은 표준물로 P_x(선 스펙트럼의 상대적 세기)를 측정했으므로 W_x(시료 중 분석원소의 무게분율)는 낮게 되고, 반면에 시료의 매트릭스 원소가 표준물보다 적게 흡수하면 높은 W_x를 얻게 된다.

② **상승효과(증강효과)**: 입사 빛살에 의해 들떠서 만들어진 특징적 방출스펙트럼을 내는 원소가 시료에 포함되어 있을 때 나타나는데, 이 방출스펙트럼이 분석선의 이차들뜸을 유발한다.

③ **산란효과**: 복사선과 얻어진 형광의 일부가 시료를 깊숙이 투과하면서 흡수와 산란이 일어난다. 어떤 빛살의 감소되는 정도는 매질의 질량흡수계수에 비례한다.

④ **매트릭스 효과를 상쇄하기 위한 방법**
   ㉠ 외부표준물 검정법
   ㉡ 내부표준물의 사용
   ㉢ 시료와 표준물의 묽힘

(4) X선 회절

① X선 회절법은 결정성 화합물을 분석할 수 있다.
② 스테로이드, 비타민, 항생물질과 같은 복잡한 천연물의 구조를 밝히는 데 중요한 방법이다.
③ X선이 물질을 통과할 때 복사선의 전기적 벡터가 물질의 원자에 있는 전자들과 상호작용하여 산란을 일으킨다.
④ X선이 잘 정렬된 결정의 환경에서 산란될 때 산란 중심 간의 거리와 복사선의 파장이 같은 크기를 가지는 산란복사선 사이에서 보강간섭과 상쇄간섭이 일어난다. 이 결과가 회절이다. ➡ 회절무늬

TIP

X선 단색화 장치
필터를 이용한 단색 복사선의 생성방법

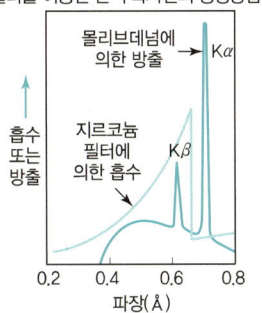

TIP

X선 변환기
• 광자계측법
• 기체-충전 변환기
• Geiger 관
• 비례계측기
• 섬광계측기

TIP

시료와 표준물 묽힘
X선을 약하게 흡수하는 물질, 즉 낮은 원자번호와 원소로만 구성된 물질로 시료와 표준물을 묽힌다.

TIP

X선 회절
• 규칙적으로 배열되어 있는 원자에 X선이 조사되면 원자는 X선에 의해 강제진동되어 같은 파장의 X선을 방출한다. 여러 원자로부터의 X선은 서로 간섭하고 특정한 방향으로만 회절파가 진행된다.
• X선 회절의 강도와 진행방향은 물질을 구성하는 원자의 종류와 배열 상태에 따라 달라진다. 이러한 특징을 이용하여 X선 회절을 조사함으로써 물질의 미세한 구조를 알 수 있다.

⑤ Bragg 법칙

$$n\lambda = 2d\sin\theta$$

여기서, n : 정수
λ : 빛의 파장
d : 결정의 층간 거리
θ : 결정면과 입사된 빛 사이의 각도

➡ 각 θ로 입사되는 빛살의 보강간섭을 위한 조건

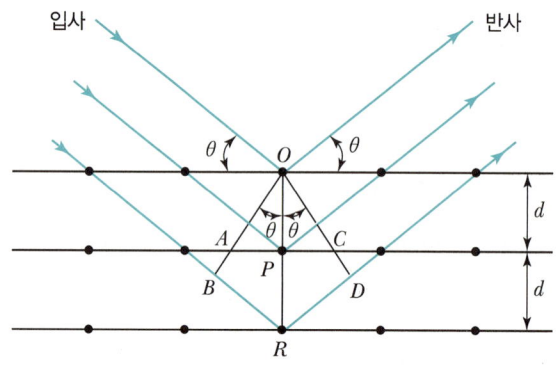

▲ 결정에 의한 X선의 회절

2. 분자분광법

TIP

분자분광법의 종류
- 자외선–가시선(UV–Vis) 흡수분광법
- 분자발광분광법(형광 및 인광광도법)
- 적외선(IR) 흡수분광법
- 핵자기공명(NMR) 분광법

1) 자외선–가시선 흡수분광법

(1) Beer 법칙

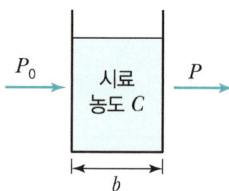

TIP

UV–Vis 흡수분광법
자외선–가시광선 영역의 빛이 분자 및 이온에 흡수되어 얻어지는 흡수스펙트럼은 전자의 전이에 기인하며, 흡수되는 빛의 세기로부터 성분을 정량한다.

투과도 $T = \dfrac{P}{P_o}$

흡광도 $A = -\log T = \log \dfrac{P_o}{P} = \varepsilon b c$

여기서, ε : 몰흡광계수

➡ 흡수분석물의 농도는 흡광도와 선형 관계에 있다.

> **Reference**
>
> **Beer 법칙의 한계**
> - Beer 법칙은 낮은 농도(0.01M 이하)에서 잘 성립하고, 높은 농도에서는 편차가 생긴다.
> - 화학적 편차 : 흡수 물질이 해리, 화합 또는 용매와 반응하여 다른 생성물을 만들면 흡수파장이 달라져 편차가 발생한다.
>   예 산-염기 지시약 수용액
> - 다색복사선에 대한 겉보기 기기편차 : Beer 법칙은 단색복사선에서만 확실하게 적용된다. 다색복사선의 경우 농도가 커질수록 흡광도가 감소한다.
> - 미광복사선(떠돌이 빛)에 의한 기기편차 : 회절발, 렌즈나 거울, 필터 및 창과 같은 광학기기의 표면에서 일어나는 산란과 반사의 결과로 편차가 발생한다. 떠돌이 빛은 시료를 통과하지 않고 검출기에 도달하므로 시료에 흡수되지 않고 투과하는 빛의 세기에 더해져 투광도가 증가하는 결과가 되어 흡광도는 감소한다.
> - 기기적인 편차 : 항상 기기적인 편차는 음의 흡광도 오차의 원인이 된다.

(2) 분자의 에너지

$$E_{전체} = E_{병진} + E_{회전} + E_{진동} + E_{전자}$$

① 자외선 또는 가시광선을 흡수하면 전자전이가 일어난다.
② 흡수파장은 결합 형태와 관련 있으므로 분자 내 작용기를 확인하는 데 이용한다(정성분석).
③ 흡광도로 흡수 화학종의 양을 측정한다(정량분석).
④ 분자궤도함수 에너지

> 결합궤도함수(σ, π) 에너지 < 비결합 전자(n) 에너지
> < 반결합 궤도함수(σ^*, π^*) 에너지
> $\sigma \to \sigma^* > n \to \sigma^* > \pi \to \pi^* > n \to \pi^*$

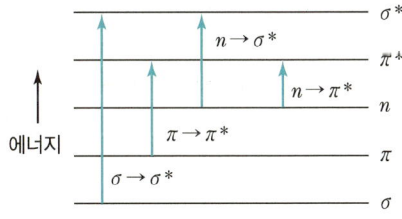

▲ 분자의 에너지 준위

> **TIP**
>
> ㉠ 청색이동
> - $n \to \pi^*$. 단파장 쪽으로 이동
> - 극성 용매와 분석물질의 상호작용으로 비공유전자쌍을 안정화시키므로 n오비탈의 에너지 준위를 낮추어 더 큰 에너지를 흡수하기 때문이다.
>
> ㉡ 적색이동
> - $\pi \to \pi^*$. 장파장 쪽으로 이동
> - 극성 용매와 분석물질의 상호작용으로 π^*오비탈의 에너지 준위를 낮추어 더 적은 에너지를 흡수하기 때문이다.

㉠ $\sigma \to \sigma^*$ 전이 : 단일결합만으로 되어 있는 포화분자에서 일어나는 전이
㉡ $n \to \sigma^*$ 전이 : 비공유전자쌍을 포함하는 원자를 갖고 있는 포화분자에서의 전이
㉢ $n \to \pi^*$와 $\pi \to \pi^*$ 전이
  ⓐ π궤도함수를 갖는 불포화 작용기(발색단)가 있는 분자에서의 전이
  ⓑ 봉우리 파장에 대한 용매의 효과
  • $n \to \pi^*$ 전이 : 용매의 극성이 증가함에 따라 봉우리 파장이 짧은 파장 쪽으로 이동
    ➡ 청색 이동, 단파장 쪽 이동
    ➡ 비결합전자쌍의 용매화가 더 잘 일어나 n궤도함수의 에너지가 낮아지기 때문
  • $\pi \to \pi^*$ 전이 : 용매의 극성이 증가함에 따라 봉우리 파장이 긴 파장 쪽으로 이동
    ➡ 적색 이동, 장파장 쪽 이동
    ➡ 용매와 흡수 화학종 사이에서 극성 인력으로 인해 들뜬 상태, 에너지를 더 낮추어 적은 에너지를 흡수하기 때문

> **Reference**
>
> **발색단과 조색단**
> ㉠ 발색단
>   • 불포화 작용기를 포함하고 있는 자외선 – 가시광선을 흡수할 수 있는 분자
>   • 특징적인 전이에너지와 흡수파장에 대해 흡광하는 원자단
>   • 유기화합물의 흡수는 대부분 $n \to \pi^*$, $\pi \to \pi^*$ 전이에서 일어나며 π궤도함수를 제공하는 발색단이 있어야 한다.
> ㉡ 조색단
>   • 자신은 빛을 흡수하지 못하지만, 이웃하는 발색단의 흡수파장이나 흡광도에 영향을 미치는 관능기
>   • $-OR$, $-NH_3$, $-NR_3$, $-OH$, $-X$
>   • 조색단은 발색단이 색을 띠는 데 도움만을 주는 것으로, 발색단에 치환되어 콘주게이션이 작용하면 원래 분자의 λ_{max}와 ε_{max}에 이동을 일으킨다.

봉우리의 세기와 위치에 영향을 주는 요소
• 용매효과
• 콘주게이션 효과
• 입체효과

TIP

용매효과
용매의 극성이 증가함에 따라 용매와 분석물질의 상호작용으로 흡수 봉우리의 파장이 이동하는 효과

TIP

콘주게이션 효과
• 장파장 쪽으로 이동
• 이중결합이나 삼중결합이 단일결합과 교대로 연결되어 있는 구조
• 콘주게이션 수가 많을수록 π오비탈과 π^*오비탈의 에너지 간격이 줄어 $\pi \to \pi^*$ 전이에너지가 작아져 장파장 쪽으로 이동한다.

TIP

입체효과
발색단이나 조색단의 유무 및 분자의 세부 구조에 의해 흡수 봉우리의 위치와 세기가 조금씩 달라진다.

(3) 기기 구성요소

① 광원
  ㉠ 중수소램프와 수소램프
  ㉡ 텅스텐 필라멘트 램프
  ㉢ 광-방출 다이오드
  ㉣ 제논아크램프

② 시료용기(Cell, Cuvettes)

석영 또는 용융실리카	자외선, 가시광선, 적외선 영역에서 사용
실리카유리	가시광선, 근적외선 영역에서 사용
플라스틱 용기	가시광선 영역에서 사용

③ 기기의 형태 : 홑살형, 공간적 겹살형, 시간적 겹살형, 다중채널형

(4) 광도법 적정

① 광도법 적정곡선은 적정액의 부피의 함수로 부피변화에 대해 보정된 흡광도에 대한 도시이다.
② 곡선은 기울기가 다른 두 선형 영역으로 구성되어 있다. 하나는 적정 초기에 발생하고 다른 하나는 당량점 이후에 위치한다.
③ 광도법 적정곡선

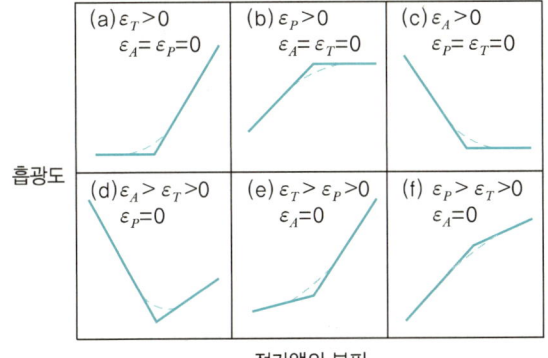

> **TIP**
> $A + T \rightarrow P$
>
>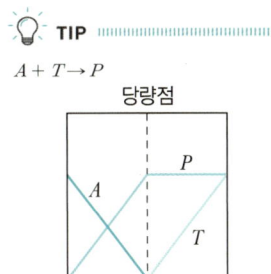

> **TIP**
> $A = -\log T = \varepsilon bc$
> 여기서, A : 흡광도
> ε : 몰흡광계수
> b : 셀의 길이
> c : 농도
>
> $\varepsilon = 8.7 \times 10^{19} PA$
> 여기서, P : 에너지흡수 전이확률
> A : 화학종의 표면적(cm²)

2) 분자발광분광법

(1) 개요

① 분자형광, 인광, 화학발광
② 분석성분의 분자가 자외선-가시선 영역의 빛을 흡수하여 들뜬 후 바닥 상태로 되돌아가면서 다시 빛을 방출하는 과정을 발광이라 하며, 이때 방출스펙트럼으로부터 분석물의 정성 및 정량분석을 하는 분광법이다.
③ 감도가 좋고, 검출한계는 흡수법보다 10~1,000배 정도 낮다.
④ 정량 농도범위가 흡수법보다 넓다.

⑤ 감도가 매우 좋아 정량분석 시 시료 매트릭스에 의해 심한 방해를 받기 쉽다.
  ➡ 크로마토그래피와 전기이동을 이용하여 매트릭스를 분리한 후 사용하면 효율적이다.
⑥ 많은 화학종이 UV – Vis 복사선을 흡수하므로, 흡수법만큼 정량분석에 널리 사용되지는 않는다.
⑦ 발광분광기는 복사선 광원이 시료에 입사되고 90° 각도에서 발생하는 방출 복사선을 측정한다.

(2) 발광의 원리

① 단일항과 삼중항

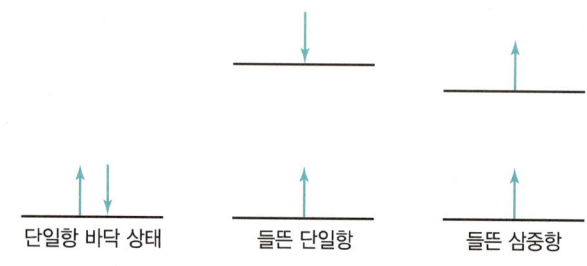

◆ **공명형광**
방출된 복사선이 들뜸 복사선의 주파수와 동일하다.

◆ **비공명형광**
방출된 복사선의 에너지는 흡수된 복사선의 에너지보다 들뜸 진동에너지만큼 더 작아진다.

② 형광과 인광
  ㉠ 형광
    • 들뜬 단일항 상태에서 바닥 단일항 상태로 전이할 때 일어난다.
    • 빛이 밝고 발광 시간이 짧다.
  ㉡ 인광
    • 들뜬 삼중항 상태에서 바닥 단일항 상태로 전이할 때 일어난다.
    • 형광보다 발광 시간이 길다.

 TIP

Stokes 이동
방출된 복사선은 형광의 들뜸 복사선보다 더 낮은 주파수, 즉 더 긴 파장을 가지게 될 것이다. 이렇게 더 낮은 주파수 쪽으로 파장이 이동하는 것을 Stokes Shift 라고 한다.

(3) 이완 과정(비활성화 과정)

들뜬 분자가 복사선을 방출하지 않고 바닥 상태로 돌아가는 과정

구분	내용
진동이완	분자는 전자들뜸 과정에서 여러 진동준위 중 하나로 들뜰 수 있다. 들뜬 분자가 용매분자와의 충돌로 인해 빠른 에너지 전이를 유발하여 복사선 방출이 없다.
내부전환	들뜬 분자가 복사선을 방출하지 않고 더 낮은 에너지의 전자 상태로 전이하는 분자 내부의 과정
외부전환	들뜬 분자와 용매 또는 다른 용질 사이의 상호작용(용매, 용질과의 충돌)으로 인한 에너지 전이 과정
계간전이	서로 다른 다중성의 전자 상태 사이에 교차가 있는 과정

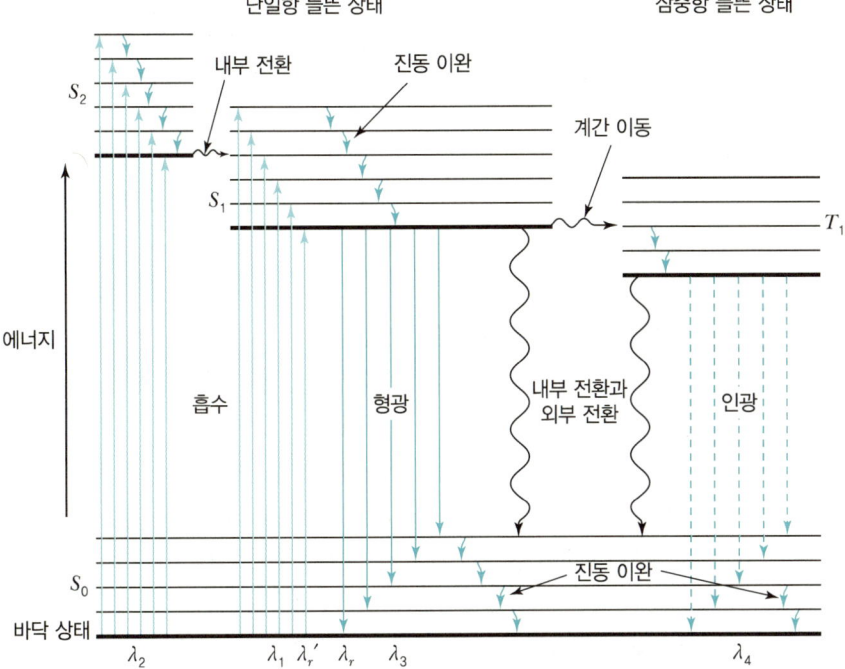

▲ 광발광 시스템에 대한 부분 에너지 준위 도표

(4) 형광과 인광에 영향을 주는 변수

① 양자 수득률(양자 효율)
　㉠ 들뜬 전체 분자수에 대한 발광 분자수의 비

$$\text{양자 수득률(양자 효율)} = \frac{\text{발광 분자수}}{\text{들뜬 분자수}}$$

　㉡ 형광을 매우 잘 방출하는 분자의 양자 수득률은 1에 가깝고, 형광을 거의 내지 않는 화학종의 수득률은 0에 가깝다.

② 형광과 전이 형태
　㉠ 형광은 250nm보다 짧은 파장의 UV복사선을 흡수할 때는 거의 발생하지 않는다.
　　➡ 에너지가 충분한 복사선이므로 선해리나 해리에 의해 들뜬 상태의 비활성화를 일으키기 때문이다.
　㉡ $\sigma^* \to \sigma$ 전이로 인한 형광은 드물게 나타난다.
　　➡ 에너지가 작은 $\pi^* \to \pi$, $\pi^* \to n$ 과정에서만 형광이 나타난다.

◆ 선해리
에너지를 받아들인 분자가 방출로 에너지를 잃기 전에 해리하는 현상

③ 양자 효율과 전이 형태 : 형광은 가장 작은 전이에너지가 $n \rightarrow \pi^*$ 형인 화합물에서보다 $\pi \rightarrow \pi^*$ 형인 화합물에서 더 많이 발생하므로 $\pi \rightarrow \pi^*$ 전이의 양자 효율이 더 크다.

④ 형광과 분자구조
  ㉠ 가장 세고 유용한 형광은 저에너지 $\pi^* \rightarrow \pi$ 전이를 가진 방향족 작용기를 함유하는 화합물에서 발견된다.
  ㉡ 지방족 및 지방족 고리구조 또는 고도로 콘주게이션된 이중결합구조를 함유하는 화합물은 형광을 발생한다.
  ㉢ 대부분 치환되지 않은 방향족 탄화수소는 용액에서 형광을 나타내며, 양자 효율은 고리 수와 축합의 정도에 따라 증가한다.
  ㉣ Pyridine, Furan, Thiophene, Pyrrole과 같은 간단한 헤테로 화합물은 형광을 발생하지 않지만, Quinoline, Isoquinoline, Indole과 같은 접합 고리구조를 갖는 화합물은 일반적으로 형광을 발생한다.

형광을 발생하지 않는 물질	pyridine	furan	thiophene	pyrrole
형광을 발생하는 물질	quinoline	isoquinoline	indole	

⑤ 구조적 단단하기의 영향
  ㉠ 형광은 단단한 구조를 가진 분자에서 더 잘 발생한다.
  ㉡ Fluorene은 메틸렌기가 다리 결합하여 더 단단해졌기 때문에 Biphenyl보다 형광이 더 잘 발생한다.

fluorene   biphenyl

⑥ 온도와 용매의 영향 : 온도가 상승하면 증가된 충돌빈도는 외부전환에 의한 비활성화 가능성을 향상시키므로 대부분 분자에서 형광의 양자 효율은 온도 증가에 따라 감소한다.

⑦ **형광에서 pH의 영향** : 산성 또는 염기성 고리 치환체를 갖는 방향족 화합물의 형광은 일반적으로 pH 의존적이다.

⑧ **형광 세기에 대한 농도 효과** : 형광 방출의 세기는 시스템에 의해 흡수된 들뜬 빛살의 복사 세기에 비례한다.

3) 적외선(IR) 흡수분광법

(1) 개요
① 적외선 스펙트럼은 $12,800 \sim 10 cm^{-1}$의 파수를 갖거나 $0.78 \sim 1,000 \mu m$의 파장영역을 갖는 복사선을 말한다.
② 진동운동과 회전운동에 의해 쌍극자 모멘트의 알짜변화가 있는 경우에 적외선 흡수가 일어난다.
   cf 적외선 흡수가 일어나지 않는 경우 : N_2, O_2, Cl_2
③ 주로 정성분석에 이용한다.

(2) 지문영역
① $1,200 \sim 600 cm^{-1}$
② 분자구조와 구성원소의 차이로 흡수 봉우리 분포가 달라지는 영역
③ 지문영역 스펙트럼이 일치하면 같은 화합물

(3) 분자의 진동
① 진동의 종류
   ㉠ 신축(Stretching) 진동 : 원자들 사이의 결합길이 변화
   ㉡ 굽힘(Bending) 진동 : 원자들 사이의 결합각 변화

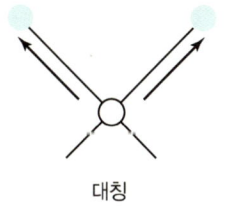 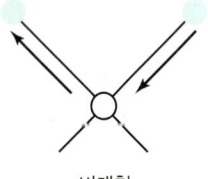
대칭 　　　　　　　　　　비대칭
▲ 신축진동

TIP

IR 분석법
- Beer 법칙에서 종종 벗어난다.
- 스펙트럼이 복잡하다.

TIP

IR 광원
- Nernst 백열등
- Globar
- 백열선 광원
- 수은아크
- 텅스텐 필라멘트 램프
- 이산화탄소 레이저 광원
- 반도체 IR 레이저 광원

TIP

IR 변환기
- 파이로 전기변환기
- 광전도변환기
- 열변환기 ─ 열전기쌍
　　　　　　└ 볼로미터

TIP

셀의 폭(b)
$$b = \frac{\Delta N}{2(\overline{\nu_1} - \overline{\nu_2})}$$
여기서, ΔN : 피크의 수
　　　　$\overline{\nu}$: 진동수

예
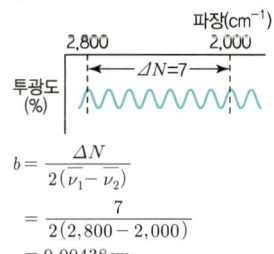

$$b = \frac{\Delta N}{2(\overline{\nu_1} - \overline{\nu_2})}$$
$$= \frac{7}{2(2,800 - 2,000)}$$
$$= 0.00438 cm$$

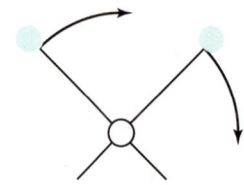
면 내 좌우 흔듦(Rocking)

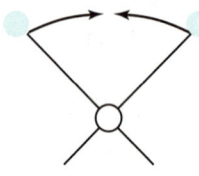
면 내 가위질(Scissoring)

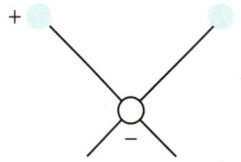
면 내 앞뒤 흔듦(Wagging)

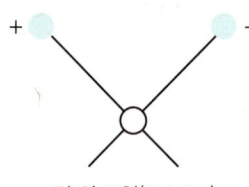
면 외 꼬임(Twisting)

▲ 굽힘 진동

② 신축운동에서의 주파수

$$\text{진동수}: \nu = \frac{1}{2\pi}\sqrt{\frac{k}{m}}, \quad \text{파수}: \bar{\nu} = \frac{1}{2\pi c}\sqrt{\frac{k}{m}}$$

여기서, k : 힘상수
 m : 환산질량
$$\frac{1}{m} = \frac{1}{m_1} + \frac{1}{m_2} = \frac{m_1 + m_2}{m_1 m_2}$$
 c : 빛의 속도

㉠ 분자가 신축운동을 일으킬 때 주파수는 결합세기에 비례하며, 질량에 반비례한다.

㉡ k : $C \equiv C > C = C > C - C$

㉢ 유효질량 : $C - H < C - C < C - O < C - Cl$

③ 진동방식의 수

㉠ 이원자분자(CO, HCl) : 원자 사이의 결합각이 없어 굽힘진동은 일어나지 않고 신축진동만 일어난다.

㉡ 다원자분자

다원자 분자	진동방식의 수
선형 분자	$3N-5$
비선형 분자	$3N-6$ 여기서, N : 원자수

예 CO_2 : 선형이므로 $3 \times 3 - 5 = 4$
 H_2O : 비선형이므로 $3 \times 3 - 6 = 3$

TIP

$E = h\nu = h\dfrac{c}{\lambda} = hc\bar{\nu}$

$\therefore \bar{\nu} = \dfrac{\nu}{c}$

여기서, $\bar{\nu}$: 파수
 ν : 진동수
 c : 빛의 속도

ⓒ 기준 진동방식보다 봉우리 수가 감소하는 경우
- 분자가 대칭이어서 쌍극자 모멘트 변화가 없는 경우
- 두 개 또는 그 이상의 진동에너지가 서로 같거나 거의 같을 경우
- 흡수 세기가 검출할 수 없을 만큼 너무 낮은 경우
- 진동에너지가 측정기기 범위 밖의 파장영역에서 일어나는 경우

ⓔ 기준 진동방식보다 봉우리 수가 증가하는 경우
- 기준 피크의 2배 또는 3배의 주파수를 갖는 배진동 피크가 나타난다.
- 한 광자가 동시에 두 진동방식을 들뜨게 할 때 복합띠가 나타난다.
    ➡ 한 개 보다는 두 개의 결합이 하나의 양자에너지를 흡수할 때 나타난다.

ⓜ **진동 짝지음** : 진동에너지, 즉 흡수피크의 최대파장은 분자 내 다른 진동자에 의해 영향을 받거나 짝지음을 한다.
- 한 원자를 공유하며 생기는 두 신축진동 사이에는 센 짝지음이 일어난다.
- 굽힘진동 사이에서 상호작용이 일어나려면 진동하는 결합 사이에 공통인 결합이 필요하다.
- 신축결합이 굽힘진동이 변하는 각의 한쪽을 이루면 신축진동과 굽힘진동 사이에서 짝지음이 일어난다.
- 각각 대략 같은 에너지를 갖는 짝지음 진동들의 상호작용은 크게 일어난다.
- 두 개 이상의 결합에 의해 떨어져 진동할 때 상호작용은 전혀 또는 거의 일어나지 않는다.
- 짝지음은 같은 대칭성 화학종에서 진동할 때 일어난다.

(4) 물질의 구조 확인

① 작용기에 따라 특정 파장에서 스펙트럼이 나타나므로 스펙트럼을 분석하여 물질의 구조를 확인할 수 있다.

② **정성분석**

㉠ 분석범위
- $3,600 \sim 1,250 cm^{-1}$: 어떤 작용기가 존재할 가능성이 큰가를 결정
- $1,200 \sim 600 cm^{-1}$: 어떤 작용기가 존재하는지 결정(지문영역)

TIP

작용기 주파수 영역
$1,200 \sim 3,600 cm^{-1}$
- 피크의 위치는 작용기들의 종류를 나타낸다.
- 용매나 환경의 영향으로 위치 변화가 있을 수 있다.

TIP

지문영역
$600 \sim 1,200 cm^{-1}$
지문영역 스펙트럼이 일치하면 같은 화합물이다.

ⓛ 작용기 주파수

결합	종류	주파수 범위(cm^{-1})
C-H	알칸	2,850~2,970 1,340~1,470
	C=C (H)	3,010~3,095 675~995
	-C≡C-H	3,300
	벤젠(방향족)	3,030~3,100 690~900
O-H	모노머 알코올, 페놀	3,590~3,650
	수소결합 알코올, 페놀	3,200~3,600
	모노머 카르복시산	3,500~3,650
	수소결합 카르복시산	2,500~2,700
N-H	아민, 아미드	3,300~3,500
C=C	알켄	1,610~1,680
	벤젠(방향족)	1,500~1,600
C≡C	알킨	2,100~2,260
C-N	아민, 아마이드	1,180~1,360
C≡N	니트릴	2,210~2,280
C-O	알코올, 에테르, 카르복시산, 에스터	1,050~1,300
C=O	알데히드, 케톤, 카르복시산, 에스터	1,690~1,760
NO$_2$	니트로 화합물	1,500~1,570 1,300~1,370
C-Cl	염화물	700~800

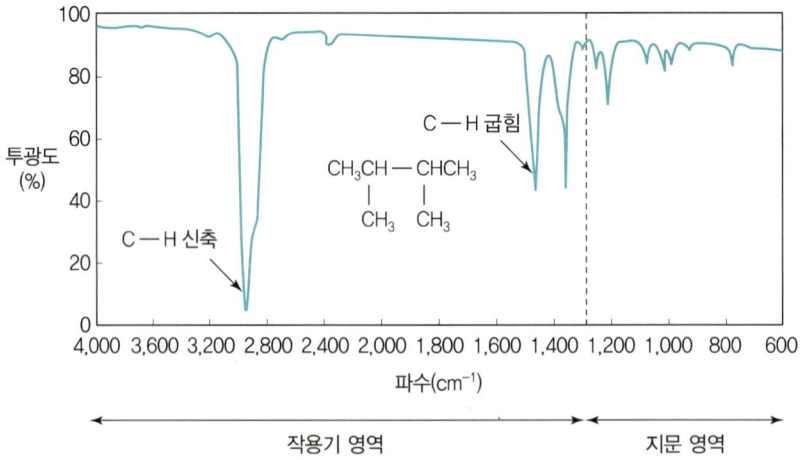

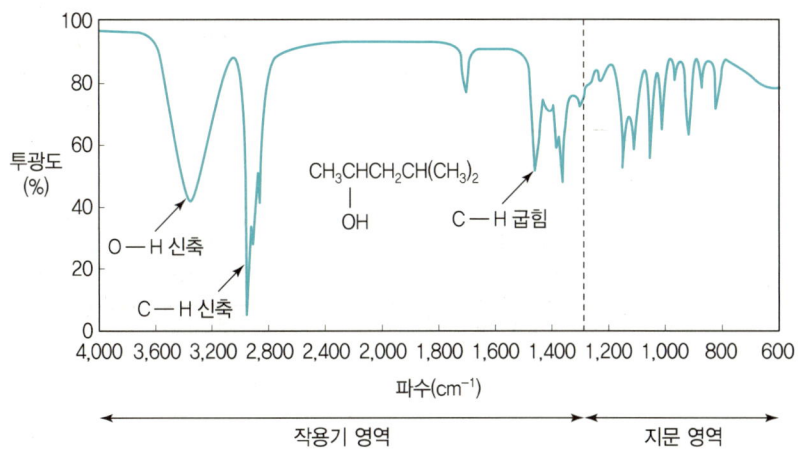

(5) Fourier 변환(FT : Fourier Transform) 분광법

빛을 분할하지 않고 전체 빛살을 일시에 받아들이는 간섭계를 사용하여 먼저 시간에 따른 복사선의 세기변화 관계를 나타내는 시간 함수 스펙트럼을 기록한 후 Fourier 변환을 통해 주파수 함수 스펙트럼으로 변환시킨다.

➡ 적외선 분광계는 Fourier 변환기기를 사용

① 장점
- ㉠ 분산형보다 10배 이상 좋은 S/N을 갖는다.
- ㉡ 높은 분해능을 갖는다.
- ㉢ 매우 정확한 주파수를 재현성 있게 측정할 수 있다.
- ㉣ 슬릿을 사용하지 않으므로 더 많은 에너지를 통과시킬 수 있다.
- ㉤ 미광에 의한 문제가 없다.

② FT-IR 기기
- ㉠ 단색화 장치가 필요 없다.
- ㉡ 광원
- ㉢ 광검출기
- ㉣ 미켈슨 간섭계(Michelson Interferometer)
  - 빛살분할기
  - 고정거울
  - 이동거울

TIP

Fourier 변환 적외선 분광기기
- 파장선택기 대신 미켈슨 간섭계를 사용한다.
- 전 파장을 한 번에 보내므로 빠르다.

TIP

시료
- ㉠ 기체 : 진공 상태의 원통형 셀에 시료를 확산시킨다.
- ㉡ 액체 : 한 방울의 액체를 두 개의 NaCl 또는 KBr 판에 압착시킨다.
- ㉢ 고체
  - KBr 약 100mg에 시료 1mg을 섞어 막자로 분말을 만든 후 압착하여 펠렛을 만든다.
  - 광유 또는 플루오린 함유 탄화수소에 고체시료를 분산시킨 멀(Mull)을 만든다.

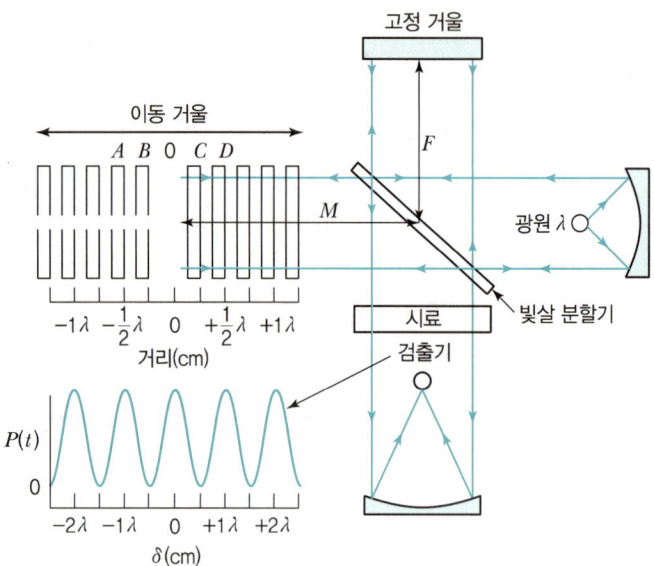

4) 핵자기공명(NMR) 분광법

(1) 개요

① **핵자기공명** : 원자핵이 자기장 속에서 라디오파를 흡수하여 스핀 전이를 일으키는 현상

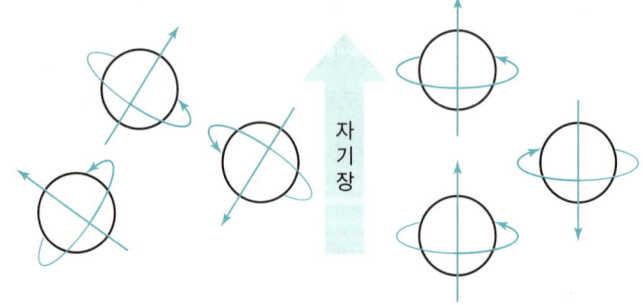

② NMR은 원자의 핵과 자기장의 관계로 분자구조를 밝힌다.
③ 약 4~900MHz의 라디오 주파수 영역에서 전자기복사선의 흡수 측정을 기반으로 한다.

(2) 원리

① 홀수전자수나 홀수질량수를 갖는 핵 ^1H, ^{13}C는 스핀을 갖는데, 이 스핀상태는 외부 자기장이 없을 때에는 동일한 에너지 상태에 있다가 외부 자기장을 걸어주면 차이가 나며 갈라진다.

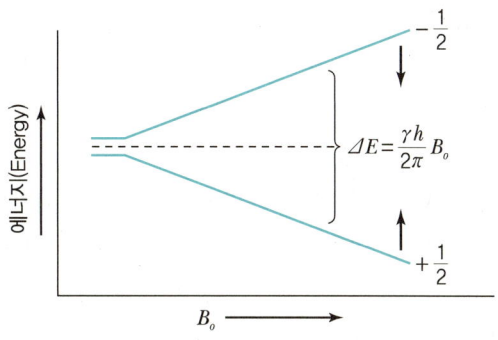

▲ 외부 자기장의 세기 B_o의 함수로서의 스핀 상태 에너지 갈라짐

② 이들 두 상태의 에너지 차이는 자기장의 세기에 비례한다.
③ 핵은 스핀(회전)하는데 자기장에 놓이면 스핀양자수가 I일 때, $(2I+1)$개의 스핀상태를 갖는다.
④ NMR에서는 일반적으로 ^1H, ^{13}C, ^{19}F, ^{31}P의 핵을 사용한다.

> **TIP**
> NMR에 사용되는 핵종
>
> | 핵종 | 자연존재비 |
> |---|---|
> | ^1H | 99.98% |
> | ^{13}C | 1.11% |
> | ^{19}F | 100% |
> | ^{31}P | 100% |

(3) 자기장에서 에너지 준위

$$\Delta E = \frac{\gamma h}{2\pi} B_o = h\nu_o$$

여기서, B_o : 외부 자기장, γ : 양성자의 자기회전비
h : 플랑크 상수($6.626 \times 10^{-34} J \cdot s$)

$E = -\frac{\gamma m h}{2\pi} B_o$

$m = +\frac{1}{2}$ 일 때 $E_{+1/2} = -\frac{\gamma h}{4\pi} B_o$

$m = -\frac{1}{2}$ 일 때 $E_{-1/2} = \frac{\gamma h}{4\pi} B_o$

$\Delta E = \frac{\gamma h}{4\pi} B_o - \left(-\frac{\gamma h}{4\pi} B_o\right) = \frac{\gamma h}{2\pi} B_o = h\nu_0$

(4) 화학적 이동(Chemical Shift)

① 핵 주위의 전자밀도가 아주 큰 물질을 기준으로 시료의 전자밀도, 구조적 차이에 의해 공명흡수선의 위치가 기준물질보다 얼마나 차이가 나는지를 측정함으로써 물질의 성분을 파악한다.
② 화학적 이동은 편재 반자기 전류효과 때문에 나타난다.
  cf) **편재 반자기(국지적인 반자성) 전류효과** : 핵 주위를 돌고 있는 전자들도 일종의 내부 자기장을 형성하는데, 이 자기장들이 보통 외부 자기장과는 반대방향이므로 핵들이 실제로 느끼는 유효자기장의 값은 외부에서 걸어준 자기장 값과는 다르게 된다. 이를 편재 반자기 전류효과라 한다.

> **TIP**
> 핵의 반자성 가리움
>
>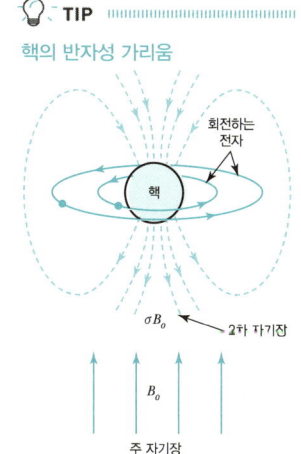

③ 화학적 이동에 영향을 주는 요인
  ㉠ 외부 자기장의 세기가 클수록 화학적 이동(Hz)은 커진다. 하지만 δ, ppm 은 일정하다(δ는 상대적인 이동을 나타내는 값).
  ㉡ 가리움 효과(핵 주위의 전자밀도)
    - 핵 주위의 전자밀도가 크면 외부 자기장의 세기를 많이 상쇄시켜 주므로 가리움이 크고, 핵 주위의 전자밀도가 작으면 외부 자기장의 세기를 적게 상쇄시켜 주므로 가리움이 작다.
    - 가리움이 적을수록 낮은 자기장에서 봉우리(피크)가 나타나고, 가리움이 클수록 높은 자기장에서 봉우리가 나타난다.
  ㉢ 가리움 상수(σ)
    - 전자가 외부 자기장을 가리는 정도
    - $B_o = B(1-\sigma)$
      여기서, B_o : 핵의 공명을 일으키는 최종 자기장의 세기
      B : 외부 자기장
      σ : 가리움 상수
  ㉣ 자기 이방성 효과(자기적 비등방성 효과)
    ⓐ 방향족 화합물

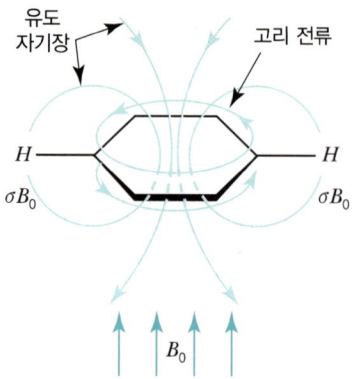

▲ 고리 전류에 의한 방향족 수소의 벗김

    - 고리의 면은 자기장에 수직이며, 이 위치에서 자기장은 고리 주변에 π전자가 흐르도록, 고리 전류를 생성한다.
      ➡ 가해준 자기장에 반대로 작용하는 자기장이 유도된다.
    - 고리에 결합된 수소에 대해 이 유도 자기장은 자기장과 같은 방향으로 영향을 준다.
      ➡ 방향족 수소는 더 낮은 외부 자기장에서 공명이 일어난다.

ⓑ 에틸렌과 아세틸렌

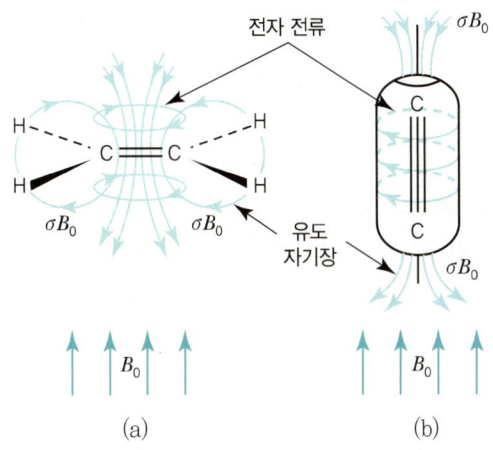

▲ 전자 전류에 의한 에틸렌의 벗김과 아세틸렌의 가리움

(a) 에틸렌
- 분자의 이중결합의 축에 수직으로 자기장이 가해지면 결합의 위와 아래에서 π 전자가 회전한다.
    ➡ 생성된 자기장은 가해준 자기장과 같은 방향으로 수소에 작용하므로 낮은 자기장 쪽, 즉 더 큰 δ 값으로 이동한다.

(b) 아세틸렌
- 결합축에 대해 π 전자의 대칭적 분포가 전자를 결합 주위에서 회전하게 한다.
- 전자 분포에서의 마디평면(Nodal Plane)이 이러한 회전을 가로막는다.
    ➡ 자기장은 수소를 가리워주므로 δ 값이 작은 쪽에서 나타난다.

④ 화학적 이동의 기준물질
㉠ TMS(Tetra Methyl Silane, $Si(CH_3)_4$)가 가장 많이 사용된다.

$$CH_3-\underset{\underset{CH_3}{|}}{\overset{\overset{CH_3}{|}}{Si}}-CH_3$$

㉡ 가리움 효과가 커서 높은 자기장(High Field)에서 피크가 나타난다.
㉢ 기준 : $\delta = 0\text{ppm}$
㉣ 화학적으로 안정하고, 시료로부터 쉽게 회수가 가능하다.

⑤ 화학적 이동(δ)

$$\text{화학적 이동(ppm)} = \frac{\text{화학적 이동(Hz)}}{\text{자기장(MHz)}}$$

TMS에서 얼마나 떨어진 곳에 위치하는가를 나타낸다.

(5) NMR 스펙트럼의 분석

① **전기음성도 효과** : 인접하고 있는 원자단의 전기음성도가 클수록 전자밀도가 감소하므로 가로막기 효과가 약해진다.
② 전기음성도가 클수록(가로막기 효과가 작을수록) 낮은 자기장(Low Field)에서 피크가 나타난다.

예 CH_3CH_2OH(에탄올)

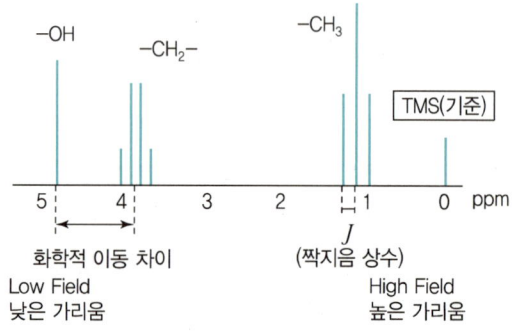

③ 스펙트럼 봉우리 갈라짐은 인접한 탄소에 결합한 수소의 수에 하나를 더한 만큼 갈라진다.(짝지음, 스핀 - 스핀 갈라짐)
④ NMR 스펙트럼의 가로축 눈금

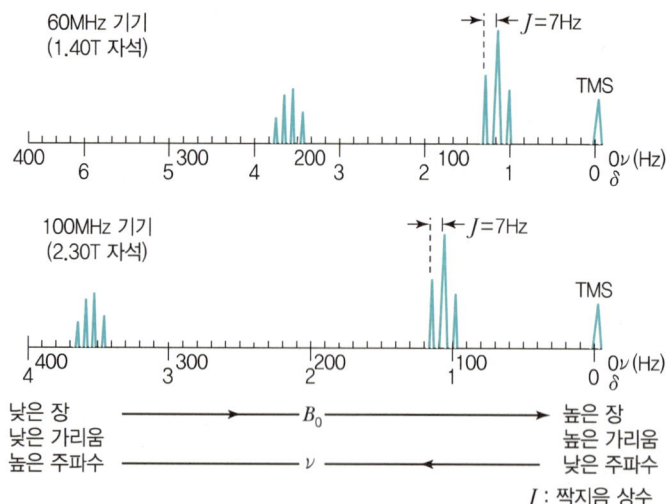

TIP

밑줄 친 수소의 다중도
$C\underline{H_3}C\underline{H_2}C\underline{H_2}Cl$에서

Ⓗ의 다중도 = (2+1) = 3
△의 다중도 = (3+1)×(2+1) = 12
☐의 다중도 = (2+1) = 3

동등한 양성자수 (n)	다중도 ($n+1$)	상대적 봉우리 면적
0	1	1
1	2	1 1
2	3	1 2 1
3	4	1 3 3 1
4	5	1 4 6 4 1
5	6	1 5 10 10 5 1
6	7	1 6 15 20 15 6 1

◆ **짝지음**
주변에 있는 같은 종류의 원자핵 스핀의 영향을 받아 피크가 갈라지는 것

◆ **짝지음상수(J)**
다중선에서의 각 봉우리 사이의 거리

(6) ¹³C NMR

① 동위원소의 자연존재비가 낮고 자기회전비가 작아서 신호 세기가 작다.
② 분자 골격에 대한 정보를 얻을 수 있다.
③ 탄소원자 사이에 스핀-스핀 짝지음이 거의 없다.
④ 화학적 이동이 넓어 봉우리 겹침이 적다.
⑤ ¹³C NMR에 이용되는 양성자 짝풀림
  ㉠ 넓은 띠 짝풀림 : 이종핵 짝풀림의 한 형태로 ¹H 핵에 의한 ¹³C 피크들의 스핀-스핀 갈리짐이 일어나지 않게 하는 방법
  ㉡ 공명비킴 짝풀림 : 짝풀림 주파수를 양성자 스펙트럼 영역보다 1,000~2,000Hz 정도 높게 설정한다.
  ㉢ 펄스법을 이용한 짝풀림 : 공명비킴 짝풀림보다 높은 신호 대 잡음비를 제공하면서 더 빨리 수행할 수 있어서 많이 사용되는 방법이다.
  ㉣ 핵의 Overhauser 효과 : 넓은 띠 짝풀림의 조건에서 ¹³C 피크들의 면적은 다중선이 단일선으로 합쳐져서 증가되는 것보다 더 크게 증가된다.

◆ **짝풀림**
피크들의 갈리짐을 제거하는 것

💡 **TIP**

NMR 기기
㉠ 자석
  자기장이 균일하고 재현성 있는 높은 세기의 자석이 요구된다.
  예 초전도 솔레노이드 자석
㉡ 시료관(Tube)
  예 유리, 파이렉스관
㉢ 시료탐침기(Probe)
  • 자기장 내에 일정하게 같은 위치에 시료가 놓이게 한다.
  • 시료를 회전시키는 공기터빈 포함
  • NMR 신호를 들뜨게 하고 검출할 수 있는 송신기·수신기 코일

💡 **TIP**

NMR 용매
CDCl₃, DMSO-d6, D₂O
cf CCl₄가 이상적이나 화합물들이 거의 용해가 되지 않아 중수소가 치환된 용매를 사용한다.

CHAPTER 02 분광분석

실전문제

01 원자흡수분광법에서 화학적 방해 시 방해물질과 우선적으로 반응하여 분석물질과 작용하는 것을 막을 수 있는 시약을 무엇이라고 하는가?
① 해방제
② 보호제
③ 착화제
④ 산화제

해설
① 해방제 : 방해물질과 우선적으로 반응하여 분석물질과 작용하는 것을 막을 수 있는 시약
② 보호제 : 분석물과 반응하여 안정하고 휘발성 있는 물질을 형성하여 방해물로부터 분석물을 보호하게 하는 물질
③ 착화제 : 금속이온 주위에 배위하여 착이온을 생성하는 분자 또는 이온
④ 산화제 : 자신은 환원되면서 상대물질을 산화시키는 물질

02 원자흡수분광 분석방법에서 가장 중요한 것은 광원이다. 버너에서 발생된 불꽃의 높이에 따라서 측정하고자 하는 원소들의 행태에 대한 다음 설명 중 틀린 것은?
① Cr은 측정 높이가 낮은 곳에서 최적화된다.
② Ag는 측정 높이가 높을수록 흡광도가 증가한다.
③ Mg는 쉽게 이온화되므로 Cr보다 낮은 높이에서 최적화될 것이다.
④ 불꽃의 온도에 따라 원소들의 최대 흡광도가 다르므로, 측정 원소를 바꿀 때마다 측정 높이를 조절한다.

해설
높이에 따른 흡광도

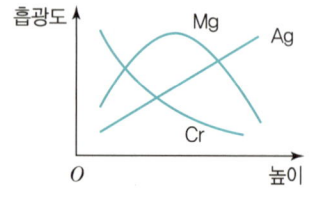

- Mg는 불꽃 바닥에서 높아질수록 시료가 불꽃의 열에 오랫동안 노출되어 원자수가 많아져서 흡광도가 증가하나, 더 높아지면 Mg가 산화되어 복사선을 흡수하지 않으므로 흡광도가 감소한다.
- Cr은 불꽃의 바닥에서부터 흡광도가 감소하는 것으로 처음부터 산화물이 생성되었음을 의미한다.
- Ag는 불꽃의 바닥에서부터 높아질수록 흡광도가 증가한다.

03 다음 중 원자방출분광법의 광원이 아닌 것은?
① 유도쌍 플라스마
② X선 플라스마
③ 직류 플라스마
④ 마이크로파 유도 플라스마

해설
플라스마 광원
- 유도쌍 플라스마(ICP)
- 직류 플라스마(DCP)
- 마이크로파 유도 플라스마(MIP)

04 분자의 전자 에너지 준위는 σ, π, n, π^*, σ^*로 나타낼 수 있다. 이들 간의 전이에서 가장 에너지가 작은 광선으로도 가능한 것은?
① $\pi \rightarrow \pi^*$
② $n \rightarrow \pi^*$
③ $\sigma \rightarrow \sigma^*$
④ $n \rightarrow \sigma^*$

해설
분자 내 전자전이의 에너지 크기
$n \rightarrow \pi^* < \pi \rightarrow \pi^* < n \rightarrow \sigma^* < \sigma \rightarrow \sigma^*$

정답 01 ① 02 ③ 03 ② 04 ②

05 ^{13}C NMR의 장점이 아닌 것은?

① 분자의 골격에 대한 정보를 제공한다.
② 봉우리의 겹침이 적다.
③ 탄소 간 동종 핵의 스핀 – 스핀 짝지음이 일어나지 않는다.
④ 스핀 – 격자 이완시간이 길다.

해설

^{13}C NMR의 장점
- 분자의 골격에 대한 정보를 제공한다.
- ^{13}C의 화학적 이동은 200ppm 정도이므로 봉우리의 겹침이 적다.
- 탄소 간 동종핵의 스핀 – 스핀 짝지음이 일어나지 않는다.
- ^{13}C와 ^{12}C 간의 이종핵 스핀 짝지음도 일어나지 않는다.

06 들뜬 분자가 바닥 상태로 되돌아가는 데는 여러 가지 복잡한 단계들을 거친다. 이러한 과정들 중에서 전자의 스핀이 반대방향으로 되어 분자의 다중도가 변하는 과정을 무엇이라 하는가?

① 계간전이   ② 외부전환
③ 내부전환   ④ 진동이완

해설

② 외부전환 : 들뜬 분자가 다른 용매 또는 용질분자와 충돌하여 바닥 상태로 전이하는 과정
③ 내부전환 : 들뜬 분자가 더 낮은 에너지의 전자 상태로 전이하는 과정
④ 진동이완 : 들뜬 분자가 과도한 진동에너지를 빠르게 손실하고 바닥 상태로 전이하는 과정

07 X선 흡수분광법과 밀접한 관련이 있는 것은?

① 내부 전자   ② 결합 전자
③ 분자의 회전/진동   ④ 자기장 내에서 핵스핀

해설

① 내부 전자 : X선 흡수분광법
② 결합 전자 : 자외선/가시광선 흡수분광법
③ 분자의 회전/진동 : 적외선 흡수분광법
④ 자기장 내에서 핵스핀 : 라디오파 영역을 흡수하는 핵자기 공명 분광법

08 다음 중 X선 형광법(XRF)에 대한 설명으로 틀린 것은?

① 실험과정이 빠르고 편리하다.
② 원자번호가 작은 가벼운 원소 측정에 편리하다.
③ 비파괴 분석법이기 때문에 시료에 손상을 주지 않는다.
④ 스펙트럼이 비교적 단순하여 스펙트럼선 방해 가능성이 적다.

해설

X선 형광법
Na(나트륨)보다 큰 원소의 정성분석, 정량분석에 사용된다.

09 다음 중 적외선 흡수스펙트럼이 관찰되지 않는 분자는?

① H_2O ② CO_2
③ N_2 ④ HCl

해설

N_2, O_2, Cl_2 등은 쌍극자 모멘트 알짜변화가 없으므로 적외선 분광법으로 측정할 수 없다.

10 형광과 인광에서 사용되는 용어에 대한 설명으로 틀린 것은?

① 모든 전자스핀이 짝지어져 있는 분자의 전자 상태를 단일항 상태(Singlet State)라 한다.
② 흡수한 파장을 변화시키지 않고 그대로 방출하는 것을 공명 형광이라 한다.
③ 흡수한 파장보다 긴 파장의 빛을 방출하는 것을 Stockes Shift라 한다.
④ 들뜬 전자의 스핀이 반대방향으로 바뀌어 분자의 다중도가 변화하는 과정을 외부전환이라 한다.

정답 05 ④ 06 ① 07 ① 08 ② 09 ③ 10 ④

> 해설

계간전이
들뜬 전자의 스핀이 반대방향으로 바뀌어 분자의 다중도가 변화하는 과정

11 원자 X선 분광법에 이용되는 파장의 범위는?

① 0.1~25Å
② 100~1,000Å
③ 200~700nm
④ 700~900nm

> 해설

X선 분광법에 이용되는 파장의 범위
0.1~25Å

12 X선 분광계에서 사용되는 광원이 아닌 것은?

① Coolidge관
② 방사성 동위원소 광원
③ 속빈음극등
④ 이차 형광 광원

> 해설

속빈음극등은 원자흡수분광법에 사용되는 선광원이다.
X선 분광법의 광원
- Coolidge관(X선관)
- 방사성 동위원소
- 2차 형광 광원

13 원자분광법 분석을 수행하기 위한 원자화 과정에서는 화학적 간섭(Chemical Interference)이 분석 감도에 영향을 미친다. 다음 보기에 열거한 효과 중 화학적 간섭만으로 나열된 것은?

ⓐ 저휘발성 화합물 생성 효과
ⓑ 전하이동 효과
ⓒ 이온화 효과
ⓓ 도플러 효과
ⓔ 해리평형 효과

① ⓑ, ⓒ, ⓓ
② ⓐ, ⓒ, ⓔ
③ ⓐ, ⓑ, ⓓ
④ ⓒ, ⓓ, ⓔ

> 해설

화학적 방해
- 낮은 휘발성 화합물 생성
- 해리평형 : MO(금속산화물), MOH(금속수산화물)의 해리가 잘 일어나지 않아 원자화를 방해
- 이온화 평형 : 이온화가 일어나 원자의 농도를 감소시켜 나타나는 방해

14 기기분석에서 분석신호는 화학적 잡음과 기기적 잡음의 영향을 받는다. 다음 중 기기적 잡음에 속하지 않는 것은?

① 산탄(Shot) 잡음
② 열적(Thermal) 잡음
③ 깜박이(Flicker) 잡음
④ 열역학적(Thermodynamic) 잡음

> 해설

분광법에서의 기기 잡음
- 열적 잡음(Johnson 잡음, 백색잡음) : 전자 또는 하전체가 기기의 저항회로 소자 속에서 열적 진동을 하기 때문에 생기는 잡음이다.
- 산탄잡음(Shot Noise) : 전자 또는 전하입자가 접합점(pn계면)을 지날 때 발생한다.
- 깜박이 잡음(Flicker Noise, $\frac{1}{f}$ 잡음) : 관찰되는 신호의 주파수에 역비례하는 크기를 갖는다.
- 환경잡음 : 주변으로부터 오는 다양한 형태의 잡음으로 구성된다.

15 전자전이가 일어날 때 자외선-가시광선의 흡수가 일어난다. 다음 중 몰흡광계수가 일반적으로 가장 큰 전자전이는?

① $n \to \sigma^*$
② $\pi \to \pi^*$
③ $\sigma \to \sigma^*$
④ $\pi \to \sigma^*$

> 해설

Lambert-Beer 법칙
$A = \varepsilon bc$
여기서, A : 흡광도, ε : 몰흡광계수
b : 셀의 길이, c : 시료농도

> 정답 11 ① 12 ③ 13 ② 14 ④ 15 ②

각 전이에 대한 몰흡광계수($Lmol^{-1}cm^{-1}$)
- $n \to \pi^*$: 10~100으로 가장 작다.
- $n \to \sigma^*$: 100~3,000
- $\pi \to \pi^*$: 1,000~15,000으로 가장 크다.

16 X선의 회절에 이용되는 대표적인 법칙은?
① Bragg 법칙
② Raman 법칙
③ Beer 법칙
④ Hunt 법칙

해설

Bragg 법칙
X선이 결정에 입사될 때 보강간섭을 일으킬 조건을 나타내는 법칙
$n\lambda = 2d\sin\theta$
여기서, n : 회절차수
λ : X선의 파장
d : 결정의 층간 거리
θ : 입사각

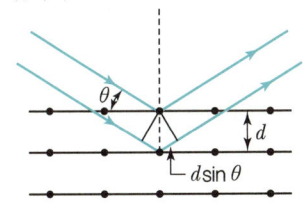

17 다음 광자변환기(Photon Transducer) 중 자외선 영역에 가장 좋은 감도를 나타내며, 감응시간이 매우 빠르나 열적 방출로 인하여 냉각장치가 필요한 것은?
① 규소다이오드 검출기(Silicon Diode Detector)
② 광전압전지(Photoboltaic Cell)
③ 전하-쌍장치(Charge-coupled Device)
④ 광전증배관(Photomultiplier Tube)

해설

광전자증배관
- 낮은 복사선 측정에 유리하다.
- 자외선이나 가시선에 매우 감도가 좋고 응답시간이 매우 빠르다.
- 열적 방출은 암전류전자를 생성하므로 냉각에 의해 광전자 증배관의 성능을 향상시킬 수 있다.

규소다이오드 검출기
규소칩 위에 형성된 역방향 바이어스가 걸린 pn접합으로 구성된다.

광전압전지
주로 가시광선 영역의 복사선을 검출한다.

18 BODIPY는 505nm에서 강한 흡수를 하며, BODIPY의 농도를 알기 위해 흡광도를 측정하고자 한다. 다음 중 적당하지 않은 광원은?
① 크세논(Xe)등
② 텅스텐등
③ 글로바(Globar)
④ 속빈음극등

해설

파장에 따른 광원

자외선	가시광선	적외선
Ar등 H_2등, D_2등	—	—
Xe등 속빈음극등	Xe등 속빈음극등	—
레이저, 텅스텐등 Nernst 백열등	레이저, 텅스텐등 Nernst 백열등	레이저, 텅스텐등 Nernst 백열등
—	—	니크롬선 글로바

※ 505nm는 가시광선(380~780nm)에 포함된다.

19 FT-NMR에서 스캔수(n)가 10일 때 어떤 피크의 신호 대 잡음비(S/N Ratio)를 계산하였더니 40이었다. 스캔수(n)가 40일 때, 같은 피크의 신호 대 잡음비는 얼마인가?
① 10
② 40
③ 80
④ 160

해설

S/N(신호 대 잡음비)은 $\sqrt{n}$ 에 비례하므로
$40 : \sqrt{10} = x : \sqrt{40}$
∴ $x = 80$

정답 ▶ 16 ① 17 ④ 18 ③ 19 ③

20 X선 분광법에서 주로 사용하는 원리가 아닌 것은?
① 산란   ② 형광
③ 회절   ④ 진동

해설
진동은 적외선 분광법의 원리이다.

21 분광법에서 용액 시료를 원자화 장치로 도입하는 방법 중 비소, 안티몬, 셀렌, 납 등을 포함하는 시료를 기체상태로 만들어 원자화 장치에 도입하는 방법은?
① 기압식 분무화법   ② 초음파 분무화법
③ 수소화물 분무화법   ④ 레이저 증발법

해설
수소화물 분무화법
비소(As), 안티몬(Sb), 주석(Sn), 셀렌(Se), 비스무트(Bi), 납(Pb)을 함유한 시료를 추출하여 기체상태로 만들어 원자화 장치에 도입하는 방법

22 전자 또는 다른 하전입자가 접촉계면을 가로지를 때 나타나는 기기적 잡음은?
① 존슨잡음   ② 산탄잡음
③ 환경잡음   ④ 깜박이 잡음

해설
분광법에서의 기기 잡음
- 열적 잡음(Johnson 잡음, 백색잡음) : 전자 또는 하전체가 기기의 저항회로 소자 속에서 열적 진동을 하기 때문에 생기는 잡음이다.
- 산탄잡음(Shot Noise) : 전자 또는 전하입자가 접합점(pn계면)을 지날 때 발생한다.
- 깜박이 잡음(Flicker Noise, $\frac{1}{f}$ 잡음) : 관찰되는 신호의 주파수에 역비례하는 크기를 갖는다.
- 환경잡음 : 주변으로부터 오는 다양한 형태의 잡음으로 구성된다.

23 다음 중 선광원(Line Sources)에 해당하는 것은?
① Nernst 백열등   ② 니크롬선
③ 글로바   ④ 속빈음극등

해설
- 선광원 : 속빈음극등, 전극 없는 방전등
- 연속광원 : Nernst 백열등, 니크롬선, 글로바

24 모든 종류의 분석방법은 측정된 분석신호와 분석농도를 연관 짓는 과정으로 검정이 필요하다. 일반적으로 사용되는 방법과 이에 대한 설명을 연결한 것 중 잘못된 것은?
① 검정곡선 – 정확한 농도의 분석물을 포함하고 있는 몇 개의 표준용액을 넣고 검정곡선을 얻어 사용한다.
② 표준물첨가법 – 매트릭스 효과가 있을 가능성이 상당히 있는 복잡한 시료분석에 특히 유용하다.
③ 내부표준물 – 모든 시료, 바탕용액과 검정 표준물에 일정량의 내부표준물을 첨가하는 방식이다.
④ 표준물첨가법 – 대부분 형태의 표준물첨가법에서 시료 매트릭스는 각 표준물을 첨가한 후에 변화한다.

해설
표준물첨가법
- 시료용액에 일정량의 표준물을 더하여 화학적 방해나 간섭에 의한 분석결과의 부정확성을 보완시키기 위해 사용한다.
- 시료의 조성이 잘 알려져 있지 않거나, 매트릭스 효과가 있는 복잡한 시료의 분석에 유용하다.

25 원자흡수분광법(AAS)에서 주로 사용되는 연료가스는 천연가스, 수소, 아세틸렌이다. 또한 산화제로서 공기, 산소, 산화이질소가 사용된다. 가장 높은 불꽃온도를 내는 연료가스와 산화제의 조합은?
① 천연가스 – 공기   ② 수소 – 산소
③ 아세틸렌 – 산화이질소   ④ 아세틸렌 – 산소

해설
천연가스, 수소, 아세틸렌 순으로 온도가 증가하며 같은 연료에서는 공기보다 산소를 쓸 경우 온도가 가장 높다.

정답 20 ④ 21 ③ 22 ② 23 ④ 24 ④ 25 ④

26 원자분광법에서 고체시료를 원자화하기 위해 도입하는 방법은?

① 기체 분무기 ② 글로우 방전
③ 초음파 분무기 ④ 수소화물 생성법

해설

용액시료 도입방법	고체시료 도입방법
• 기체 분무기 • 초음파 분무기 • 전열 증기화 • 수소화물 생성법	• 직접 주입 • 전열 증기화 • 레이저 증발 • 아크와 스파크 증발 • 글로우 방전법

27 나트륨은 589.0nm와 589.6nm에서 강한 스펙트럼띠(선)를 나타낸다. 두 선을 구분하기 위해 필요한 분해능은?

① 0.6 ② 491.2
③ 589.3 ④ 982.2

해설

분해능(Resolution, R)
파장 차이가 아주 작은 인접한 피크들을 분리하는 능력

$$R = \frac{\lambda}{\Delta\lambda} = \frac{\left(\frac{589.0+589.6}{2}\right)}{589.6-589.0} = 982.2$$

28 형광과 인광에 영향을 주는 변수로서 가장 거리가 먼 것은?

① pH ② 온도
③ 압력 ④ 분자구조

해설

형광 및 인광에 영향을 주는 인자
• 양자 수득률(양자 효율, 형광 효율)
• 전이 형태
• 분자의 구조와 구조적 단단하기
• 용존산소
• pH
• 온도와 용매

29 $n \rightarrow \pi^*$ 전이의 경우 흡수 봉우리는 용매의 극성 증가에 따라 파장이 어느 쪽으로 이동하는지와 이동의 명칭을 옳게 나타낸 것은?

① 짧은 파장 쪽, 적색 이동
② 짧은 파장 쪽, 청색 이동
③ 긴 파장 쪽, 적색 이동
④ 긴 파장 쪽, 청색 이동

해설

$n \rightarrow \pi^*$ 전이의 경우 흡수 봉우리는 용매의 극성이 증가하면 짧은 파장 쪽으로 이동하는 청색 이동이 나타난다.

30 다음 그래프와 같은 적외선 흡수스펙트럼을 나타낼 수 있는 화합물을 추정하였을 때 가장 적합한 것은?

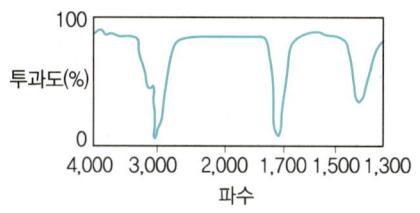

① NH₂ (cyclopentane) ② OH (cyclopentane)
③ O (cyclopentanone)   ④ SH (cyclopentane)

해설

유기 작용기가 IR을 흡수하는 주파수
• O−H : $3,650 \sim 3,590 cm^{-1}$
• C=O : $1,760 \sim 1,690 cm^{-1}$
• C−O : $1,300 \sim 1,050 cm^{-1}$
• C=C : $1,680 \sim 1,610 cm^{-1}$
• C−H : $2,850 \sim 2,970 cm^{-1}$
   $1,340 \sim 1,470 cm^{-1}$

정답 26 ② 27 ④ 28 ③ 29 ② 30 ③

31 투광도가 0.010인 용액의 흡광도는 얼마인가?

① 0.398 ② 0.699
③ 1.00   ④ 2.00

해설

$A = -\log T = -\log 0.010 = 2.00$

32 다음 그림은 무엇을 측정하기 위한 장치의 개요도인가?

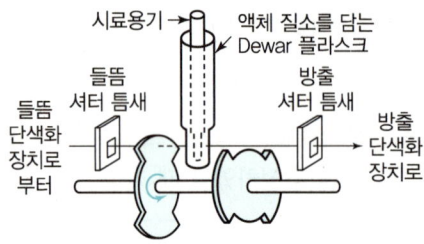

① 형광   ② 화학발광
③ 인광   ④ 러만 산란광

33 이산화탄소 분자는 모두 몇 개의 기준 진동방식을 갖는가?

① 3   ② 4
③ 5   ④ 6

해설

기준 진동방식의 수
- 선형 분자 : $3N-5$
- 비선형 분자 : $3N-6$

$CO_2 = 3N-5 = 3 \times 3 - 5 = 4$

34 파장 500nm의 가시광선의 광자 에너지는 약 몇 kJ/mol인가?(단, $h = 6.63 \times 10^{-34} J \cdot s$)

① 226kJ/mol   ② 239kJ/mol
③ 269kJ/mol   ④ 300kJ/mol

해설

$$E = h\nu = \frac{hc}{\lambda}$$
$$= \frac{(6.63 \times 10^{-34} J \cdot s) \times (3.00 \times 10^8 m/s)}{500 \times 10^{-9} m}$$
$$= 3.978 \times 10^{-19} J/photon$$
$$\therefore E = (3.978 \times 10^{-19} J/photon)$$
$$\times \frac{6.02 \times 10^{23} photon}{mol} \times \frac{1 kJ}{10^3 J}$$
$$= 239 kJ/mol$$

35 인광이 발생하는 조건으로 가장 옳은 것은?

① 들뜬 단일항 상태에서 바닥 상태로 되돌아올 때
② 바닥 단일항 상태에서 들뜬 바닥 상태로 되돌아올 때
③ 바닥 삼중항 상태에서 들뜬 단일항 상태로 되돌아올 때
④ 들뜬 삼중항 상태에서 바닥 단일항 상태로 되돌아올 때

해설

- 형광 : 들뜬 단일항 상태에서 바닥 단일항 상태로 전이할 때 방출
- 인광 : 들뜬 삼중항 상태에서 바닥 단일항 상태로 전이할 때 방출

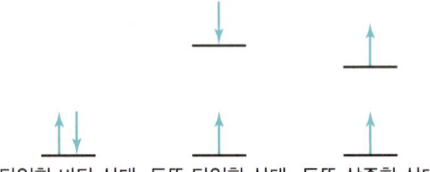

36 원자흡수분광법과 원자형광분광법에서 기기의 부분장치 배열에서의 가장 큰 차이는?

① 원자흡수분광법은 광원 다음에 시료가 나오고 원자형광분광법은 그 반대이다.
② 원자흡수분광법은 파장선택기가 광원보다 먼저 나오고 원자형광분광법은 그 반대이다.
③ 원자흡수분광법과는 다르게 원자형광분광법에서는 입사광원과 직각방향에서 형광선을 검출한다.
④ 원자흡수분광법은 레이저광원을 사용할 수 없으나 원자형광분광법에서는 사용 가능하다.

정답 31 ④ 32 ③ 33 ② 34 ② 35 ④ 36 ③

해설

흡수법

원자흡수분광법

형광법

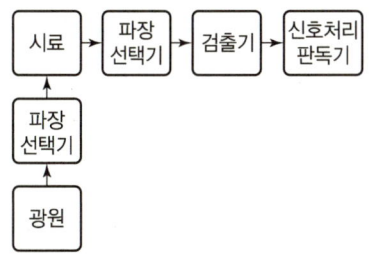

방출법

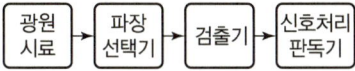

37 초미립 세라믹 분말이나 세라믹 분말로 만들어진 소재 및 부품들에 존재하는 금속원소들을 분석할 때, 시료를 단일 산이나 혼합 산으로 녹일 때 잘 녹지 않는 시료들이 많다. 이러한 경우에 시료를 전처리 없이 직접 원자화 장치에 도입할 수 있는 방법은 여러 가지가 있다. 다음 중 고체 분말이나 시편을 녹이지 않고 직접 도입하는 방법이 아닌 것은?

① 전열 가열법
② 레이저 증발법
③ Fritted Disk 분무법
④ 글로우 방전법

해설

고체시료 도입법
- 직접 시료 도입
- 전열 가열법
- 레이저 증발법
- 아크와 스파크 증발법(전도성 고체)
- 글로우 방전법(전도성 고체)

38 유도결합플라스마(ICP) 원자 방출 광원장치는 원자 방출 및 질량분석기와 결합하여, 금속의 정성 및 정량에 많이 사용되고 있다. 이에 대한 설명으로 틀린 것은?

① 무전극으로 광원을 발생시켜, 기존의 다른 방출 광원보다 오염 가능성이 적다.
② 불활성 기체를 사용하여 광원을 발생시켜, 산화물 분자들의 간섭을 줄였다.
③ 상대적으로 이온이 많이 발생하여, 쉽게 이온화되는 원소들에 의한 영향이 크다.
④ 고온으로서 원자화 및 여기상태로 만드는 효율이 높다.

해설

유도결합플라스마(ICP)
- 원자화가 고온에서 이루어져 이온화에 대한 방해효과가 거의 없다.
- 원자화가 화학적으로 비활성인 환경에서 일어나며, 산화물 형성을 방지하여 원자의 수명이 길어진다.
- 플라스마 단면의 온도분포가 비교적 균일하여 자체 흡수와 자체 반전 효과가 자주 나타나지 않는다.

정답 37 ③ 38 ③

CHAPTER 03 표면분석

[01] 표면특성분석

1. 표면

1) 표면(Surface)
① 고체(또는 액체)와 진공, 기체 또는 액체 사이의 경계면을 의미한다.
② 본체(벌크) 물질의 평균 조성과는 다른 물질의 일부분이다.
③ 고체 표면은 고체 내부의 화학조성과 물리적 성질에 있어서 차이가 있다.

 표면 측정의 형태
흡착 등온선, 표면적, 표면 거칠기, 동공 크기, 반사도 측정, 광학현미경, 전자현미경을 이용

2) 분광학적 표면분석 방법
① 십분의 수 nm(수Å)~수 nm(수십Å) 두께의 표면층의 조성에 대한 정성적이고 정량적인 화학정보를 제공한다.

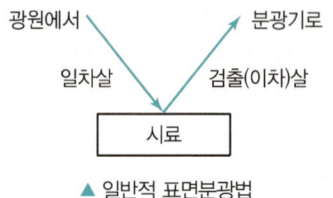

▲ 일반적 표면분광법

 살의 종류
광자, 전자, 이온, 중성분자

② 고체시료는 광자, 전자, 이온, 중성 분자로 이루어진 일차살로 조사되어, 표면에 충돌시키면 고체 표면으로부터 광자, 전자, 분자, 이온으로 이루어진 이차살이 형성된다.
③ 산란, 스퍼터링, 방출로 나온 이차살은 다양한 분광학적 방법에 의해 연구된다.
④ 가장 효과적인 표면분석 방법들은 일차살, 이차살, 또는 둘 다 광자가 아닌 전자, 이온, 분자로 이루어져야 한다.
   ➡ 1keV의 전자나 이온살의 최대 투과깊이는 2.5nm(25Å)인데, 동일한 에너지의 광자살의 투과깊이는 1,000nm(10^4Å)이다.

⑤ 표면분석을 위한 분광학적 기법

방법	1차살	검출(2차)살
X선 광전자분광법(XPS)	X선 광자	전자
Auger 전자분광법(AES)	전자, X선 광자	전자
이온산란분광법(ISS)	이온	이온
이차 이온 질량분석법(SIMS)	이온	이온
전자현미경(EM)	전자	X선 광자
전자에너지손실분광법(EELS)	전자	전자

3) 표면 시료처리

① 일차살을 시료의 작은 단일지역에 집중시키는 것과 이차살을 관찰하는 것을 포함한다.

② 래스터 방식(Raster Pattern)
표면을 가로질러 일차살을 움직여 표면의 일정 부분을 주사하여 표면의 지도를 제작하는 것과 이차살의 변화를 관찰하는 것이다.

③ 깊이 관련 정보수집(Depth Profiling)
이온총에서 나온 이온살이 스퍼터링에 의해 표면에 구멍을 식각한다. 미세한 일차살이 구멍의 중심에서 이차살을 생성하는데, 이는 깊이함수로 표면 조성에 대한 분석자료를 제공한다.

◆ 스퍼터링
타격을 주어 튀어나오게 하는 것

4) 표면환경 : "진공"환경

① 고진공 조건은 사용한 입자가 관심대상 표면과 상호작용하는 평균자유행로를 길게 한다.

② 진공환경은 표면분석실험 동안 표면에 기체흡착이 일어나지 않도록 해준다.
cf 고진공 요구의 예외 : 광자 – 광자 기술들

③ 문제는 산소, 물, 이산화탄소와 같은 대기 성분의 흡착에 의한 표면오염이다.

④ 일차살에 의해 발생된 손상은 이온이 손상을 가장 많이 주고 광자가 가장 적게 준다.

> **Reference**
>
> **시료 표면의 세척**
> - 고온에서 시료를 굽는 것
> - 전자총으로부터 생성된 비활성 기체 이온살로 시료를 스퍼터하는 것
> - 연마재로 시료 표면을 긁어내거나 연마하는 것
> - 여러 용매로 표면을 초음파 세척하는 것
> - 산화물을 제거하기 위해 환원대기에서 시료를 씻는 것

2. 전자분광법

- 입사살에 의해 생성된 방출전자를 측정한다.
- 분광계 측정은 전자의 에너지 $h\nu$나 주파수 ν의 함수로 전자살의 출력을 결정한다.

> **Reference**
>
> **전자분광법의 종류**
> ㉠ X선 광전자분광법(XPS)
>   단색 X선으로 시료 표면을 조사하는 것에 기반한다.
> ㉡ Auger(오제) 전자분광법(AES)
>   X선 또는 전자살에 의해 들뜨게 된다.
> ㉢ 전자에너지 손실 분광법(EELS)
>   저에너지 전자살이 표면에 충돌하고 상호작용하여 표면 진동전이를 들뜨게 한다. 그 결과로 생긴 에너지 손실이 검출되고, 이는 들뜬 진동과 연관된다.

TIP
X선 광전자분광법
= 전자분광화학분석법(ESCA)

1) X선 광전자분광법(XPS : X-ray Photoelectron Spectroscopy)

- 방출전자의 운동에너지가 기록된다.
- 방출전자의 수나 전자살의 세기가 방출전자에 에너지(또는 주파수, 파장)의 함수로 표시된다.
- 단색 X선 빛살의 광자가 K껍질 및 L껍질의 내부전자를 방출시켜 방출된 전자의 운동에너지를 측정하여 시료원자의 산화상태와 결합상태에 대한 정보를 동시에 얻을 수 있는 전자분광법이다.

(1) XPS 원리

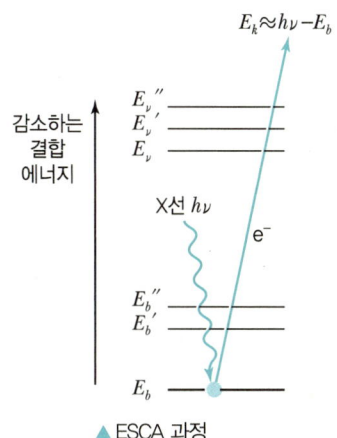
▲ ESCA 과정

 TIP
- 입사살은 단일 에너지 X선으로 이루어져 있고 방출살은 전자로 구성되어 있다.
- 시료의 원자 조성뿐만 아니라 화합물의 구조와 산화 상태에 대한 정보를 제공한다.

(2) 기기장치

기기장치
- 광원
- 시료잡이
- 단색화 장치와 동일한 작용을 하는 분석기
- 검출기
- 데이터 분석계

참 전자분광기는 일반적으로 모든 구성요소의 압력을 $10^{-6} \sim 10^{-8} Pa(10^{-8} \sim 10^{-10} torr)$로 낮출 수 있는 진공계가 필요하다.

 TIP

XPS의 응용
- 촉매 표면의 활성자리와 훼손부위의 확인
- 반도체의 표면오염 결정
- 사람 피부의 조성 분석
- 금속과 합금의 산화 표면층에 대한 연구
- 공간지도 제작과 영상화(미세탐침)

2) Auger 전자분광법(AES : Auger Electron Spectroscopy)

(1) 개요

① 전자빔을 재료의 표면에 입사시켜 방출되는 Auger 전자의 에너지를 측정하여 재료 표면을 구성하고 있는 원소의 종류 및 양을 분석하는 방법이다.

② XPS와 유사하지만, 두 단계의 과정을 거친다.

㉠ 1단계 : 전자살 또는 X선살에 분석물질을 노출시켜 전자적으로 들뜬 이온 A^{+*}이 형성된다.

$$A + e_i^- \rightarrow A^{+*} + e_i'^- + e_A^-$$

여기서, e_i^- : 입사원에서 나온 입사 전자
$e_i'^-$: A와 상호작용해서 에너지 일부를 잃은 후의 동일한 전자
e_A^- : A의 내부 오비탈 중 하나로부터 방출된 전자

ⓛ 2단계 : 들뜬 이온 A^{+*}이 이완된다.

$$A^{+*} \rightarrow A^{++} + e_A^- \quad \cdots\cdots\cdots \text{Auger 방출}$$
$$\text{또는 } A^{++} \rightarrow A^+ + h\nu_f \quad \cdots\cdots \text{X선 형광}$$

여기서, e_A^- : Auger 전자
$h\nu_f$: 형광 광자

> **TIP**
> 형광 복사선의 에너지 $h\nu_f$는 들뜸에너지와 상관없으므로 다색 복사선이 들뜸 단계에서 사용될 수 있다.

Reference

Auger 방출의 에너지
- 이완에서 포기된 에너지는 운동에너지 E_k를 갖는 Auger 전자 e_A^-의 방출로 나타난다.
- Auger 전자의 에너지는 에너지 준위 E_b의 빈 자리를 만드는 입사 광자나 전자의 에너지와는 무관하다.
- Auger 선은 입력에너지와 무관하다.

③ 내부껍질의 전자가 방출되면 내부껍질에 빈 공간이 남게 되고, 바깥껍질의 전자 하나가 내부껍질로 내려오며, 이어서 이온이 X선 광자 또는 Auger 전자를 방출한다.

(2) Auger 전자 방출

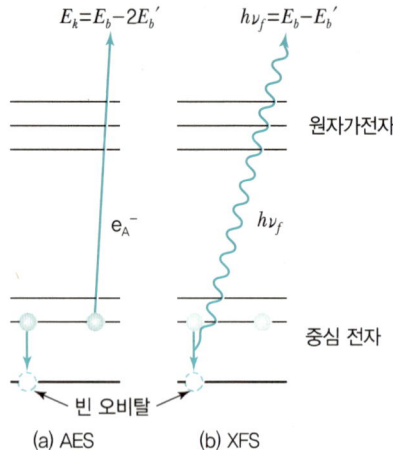

▲ (a) Auger 전자 방출과 Auger 방출과 경쟁하는 (b) X선 형광의 근원에 대한 표현

① 예를 들면, KLL Auger 전이는 K 전자의 최초 제거와 L 전자의 K 오비탈로의 전이와 이와 동시에 일어나는 L 전자의 방출을 포함한다.

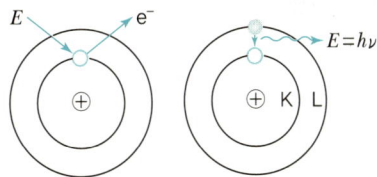

② Auger 전자 방출과 X선 형광은 경쟁과정이고, 이들의 상대비율은 원소의 원자번호에 의존한다. 높은 원자번호는 형광에 유리하고, Auger 방출은 낮은 원자번호에 유리하다.

> **Reference**
>
> **Auger 분광법의 장점**
> - 낮은 원자번호의 원자에 대한 감도가 좋다.
> - 최소 매트릭스 효과가 있다.
> - 높은 공간분해능으로 고체 표면의 상세 연구가 가능하다.
>   ➡ 높은 공간분해능은 일차살이 X선보다 더 조밀하게 표면에 집중될 수 있는 전자로 이루어졌기 때문이다.

> **Reference**
>
> **AES의 응용**
> ㉠ 고체 표면의 정성분석
> ㉡ 표면의 깊이분석
> - 깊이분석(깊이 분포 측정)은 아르곤 이온살에 의해 표면이 식각(스퍼터)됨에 따라 표면의 원소 조성 결정을 포함한다.
> - Auger 분광법이 더 일반적이지만, XPS, Auger 분광법 모두 원소 검출에 사용될 수 있다.
>
>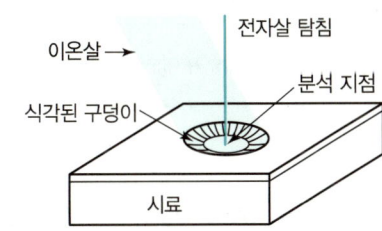
>
> ▲ 이온 스퍼터 식각과 Auger 분광법의 동시 사용
>
> ㉢ 선주사

> **TIP**
> AES는 방출원이 보통 X선관이 아니라 전자총이라는 것을 제외하면 XPS와 유사하다.

Exercise 01

표면분석장치 중 1차살과 2차살 모두 전자를 이용하는 것은?

① Auger 전자 분광법
② X선 광전자 분광법
③ 이차 이온 질량분석법
④ 전자 미세 탐침 미량분석법

[정답] ①

 풀이 Auger 전자 분광법(AES)
㉠ 표면분석장치에서 1차살, 2차살 모두 전자를 이용하는 분석법
㉡ 시료 표면에 빛을 쬐어 나오는 전자의 에너지를 분석함으로써 고체 표면의 원소 조성을 확인하는 분광법
㉢ 1차살과 2차살
  • 1차살 : X선 혹은 전자빔을 사용하여 들뜬 이온을 형성
  • 2차살 : 이완과정에서 내어 놓는 에너지가 운동에너지를 가진 Auger 전자를 방출

> **TIP**
> 이온분광법의 종류
> • 이차 이온 질량분석법(SIMS)
> • 이온산란분광법(ISS)
> • 후방산란분광법(RBS)
> • 레이저 마이크로 탐침 질량분석법 (LMMS)

3. 이온분광기술

이차살 이온을 검출하는 방법이다.

1) 이차 이온 질량분석법(SIMS : Secondary-Ion Mass Spectrometry)

SIMS는 고체 표면의 원자와 분자 조성을 결정하는 데 유용하다.

(1) 종류

구분	내용
정적 SIMS (Static SIMS)	표면의 아단일층(단일층 이하)의 원소 분석에 사용된다. 실험 시간 동안 표면을 온전하게 유지시킨다.
동적 SIMS (Dynamic SIMS)	표면 아래 깊이의 함수로 조성 정보를 얻기 위해 SIMS의 파괴 특성을 이용한다.
주사 SIMS (Scanning SIMS)	영상 SIMS 표면의 공간 영상을 제공하기 위해 사용된다.

(2) SIMS 기기

① 이차 이온 질량분석기(Secondary-Ion Mass Analyzer)
  ㉠ 정적과 동적 SIMS에 사용한다.
  ㉡ 표면분석과 깊이분석에 사용한다.

② 미세탐침분석기(Microprobe Analyzer) : 영상 SIMS에 사용한다.

> **Reference**
>
> **이차 이온 질량분석기와 미세탐침분석기의 원리**
> - 시료 표면에 5~20keV의 이온살을 가격한다.
> - 보통 Ar^+ 이온이 사용되나, Cs^+, N_2^+, O_2^+도 사용된다.
> - 이온살은 전자 이온화원에 의해 원자나 분자가 이온화되는 이온총에서 만들어진다.
> - 이어서 양이온은 높은 직류전압을 걸어 가속시킨다.
> - 일차 이온의 가격은 시료 표면층의 원자를 중성원자 형태로 벗겨지게 하지만, 일부는 이차 양이온이나 음이온으로 생성되어 질량분석기로 끌어당겨진다.
> - 정적 SIMS에서 식각은 매우 천천히 일어나 시료의 손실을 무시할 수 있다.

③ 이중초점, 단일초점, 비행시간, 사중극자 질량분석기 : 질량 결정에 사용한다.
④ 변환기 : 전자증배관, Faraday 컵, 영상화 검출기
⑤ 이온 미세탐침분석기

2) 레이저 마이크로 탐침 질량분석법(LMMS)

① 고체 표면의 연구에 사용된다.
② 표면의 깎임은 고출력 펄스 레이저(보통 Nd : YAG 레이저)를 이용하여 사용한다.
③ 표면이 깎일 때 일부 원자가 이온화되며, 생성된 이온은 가속되어 보통 비행시간 질량분석법으로 분석된다. 경우에 따라 사중극자트랩과 푸리에 변환 질량분석기와 결합한다.
④ 감도가 매우 높으며, 유기·무기 시료분석에 이용된다.

TIP

질량분석기
표면에 존재하는 동위원소들(수소~우라늄)에 대한 정성·정량정보를 제공한다.

[02] 현미경법

1. 주사탐침현미경(SPM)

SPM은 시료의 평면 x축과 y축, z축에 대해서도 상세하게 보여준다.

> **Reference**
>
> **표면분석에 사용되는 현미경의 종류**
> - 주사 터널링 현미경(STM : Scanning Tunneling Microscope)
> - 원자 힘 현미경(AFM : Atomic Force Microscope)
> - 주사 전기화학 현미경(SEM : Scanning Electrochemical Microscope)

1) 주사 터널링 현미경(STM)

(1) 원리

① 시료 표면은 매우 정밀한 금속 끝에 의해 래스터 방식으로 주사된다.
② 작은 바이어스 전류(mV~3V)가 뾰족한 끝과 전도성 시료 사이에 가해지고 그 끝이 표면의 수 nm 내에 있을 때 일어난다.
③ 일정 높이 방식(Constant-height Mode)
  탐침 끝의 위치가 z방향으로 일정하게 유지되면서 터널링 전류 I_t가 관찰된다.
④ 일정 전류 방식(Constant-current Mode)
  탐침 끝의 z위치가 거리 d를 일정하게 유지하기 위해 변하는 동안 터널링 전류 I_t가 일정하게 유지되고, 이 경우 탐침 끝의 z위치가 관찰된다.

(2) 시료주사 장치

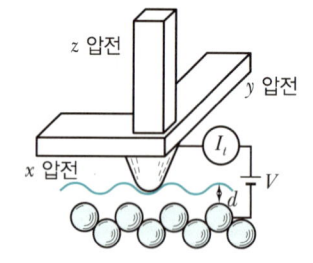
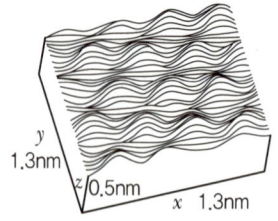

▲ x방향으로 시료를 주사하는 STM 탐침   ▲ 시료 표면의 등고선 지도

① 직각으로 배열된 3개의 압전 변환기가 탐침 끝을 3차원으로 움직인다.
② 터널링이 탐침 끝에 있는 단일 금속원자로 국한될 때 가장 좋은 영상이 얻어진다.

TIP

STM과 AFM은 시료 표면을 매우 뾰족한 끝으로 xy축 래스터 방식으로 주사한다. 이 뾰족한 끝이 표면 지형이 변함에 따라 z축을 따라 위·아래로 움직인다. 이 움직임이 측정되고 컴퓨터에 의해 표면 지형이 영상으로 옮겨진다.

TIP

주사탐침현미경의 응용
- 반도체 분야에서는 자성물질의 자성영역의 영상화뿐 아니라, 규소 표면과 표면결함의 특성분석에 사용되고 있다.
- 생명공학에서는 DNA, 염색질, 단백질-효소 상호작용, 세포막 바이러스 등과 같은 물질의 영상화에 사용되고 있다.
- AFM의 장점은 영상의 뒤틀림이 덜 일어나는 조건에서 생체시료의 수중영상을 얻을 수 있다.
- 부드러운 시료의 경우 미세 물방울이 탐침 끝 표면경계에서 형성되기 때문에 뒤틀림 현상이 일어난다. 시료가 물에 있으면, 물은 탐침 끝 위와 아래에 있고 상하방향에서 걸리는 모세관힘은 상쇄된다.

2) 원자 힘 현미경(AFM)

(1) 원리
① 전도성과 절연성 표면 모두 관찰 가능하다.
② 유연한 힘 – 감지 캔틸레버(Cantilever) 바늘이 시료 표면 위에 래스터 방식으로 주사된다.
③ 캔틸레버와 시료 표면 사이에 작동하는 힘은 캔틸레버의 미세한 굴절을 일으키고 이것이 광학도구에 의해 검출된다.
④ 주사하는 동안 탐침 끝에 걸리는 힘은 탐침 끝의 상하 움직임에 의해 일정하게 유지되고 지형적 정보를 제공한다.
⑤ AFM의 장점은 비전도성 시료에 적용이 가능하다는 것이다.

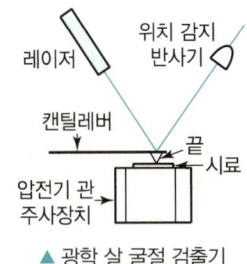

▲ 광학 살 굴절 검출기

(2) AFM 방식
① 접촉 방식(Contact Mode)
  ㉠ 가장 일반적인 방법이다.
  ㉡ 탐침 끝은 시료 표면과 일정하게 접촉한다.
  ㉢ 대부분 AFM 측정은 대기압 상태나 액체에서 이루어지고 흡착된 기체나 액체층에서 오는 표면장력은 탐침 끝을 아래로 당긴다. 이 힘은 매우 작지만, 시료 표면을 손상시키고 영상을 왜곡시킬 수 있다.

② 비접촉 방식(Noncontact Mode)
  ㉠ 탐침 끝이 시료 표면 위 수 nm에서 서성이게 하는 것이다.
  ㉡ 탐침 끝과 시료 간 Van der Waals 인력이 탐침 끝이 표면 위를 주사하면서 검출된다.

③ 톡톡 두드리기 방식(Tapping Mode)
  ㉠ 캔틸레버는 수백 kHz로 진동한다.
  ㉡ 캔틸레버는 탐침 끝이 각 진동주기의 바닥에서만 표면에 닿도록 배치된다.
  ㉢ 접촉 방식으로 영상화하기 어려운 물질을 영상화할 수 있다.

TIP

화학 힘 현미경법
다양한 유기 작용기가 붙은 표면을 가로질러 주사될 때, 탐침 끝의 작용기와 시료 표면의 다른 작용기 간의 마찰력의 차이가 표면 작용기의 위치 지도 영상으로 나타난다.

> **TIP**
>
> **EPMA의 응용**
> - 표면의 물리적 · 화학적 성질에 대한 풍부한 정보를 제공
> - 표면에 대한 정성 · 정량분석
> - 야금과 세라믹의 위상 연구
> - 합금의 입계조사
> - 반도체에서 불순물의 확산속도 측정
> - 결정에서 폐색종의 결정
> - 비균질 촉매의 활성자리 연구

2. 전자미세탐침(EPMA)

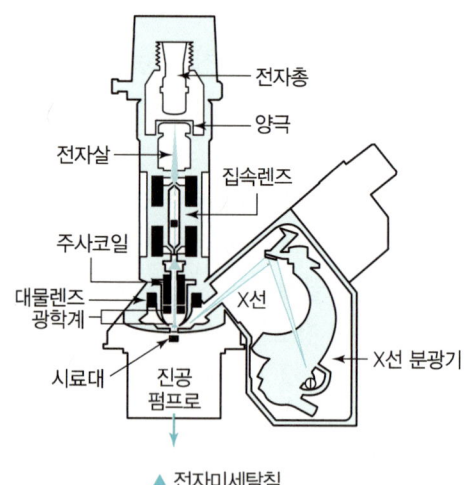

▲ 전자미세탐침

① 전자살, 가시선살, X선살의 통합 복사선원을 사용한다.
② 파장이나 에너지 분산 분광기는 10^{-3}Pa 이하의 압력을 제공하는 진공계가 필요하다.
③ 고에너지 전자살을 사용하여 고체시료의 표면을 충격하여 내부 전자껍질을 제거하여 광전자 방출(XPS)과 X선 광자 방출을 야기한다.
④ 방출된 X선 광자는 존재하는 원소의 특징적 파장을 갖는다.
⑤ EPMA는 방출된 X선을 구별하기 위해 파장 분산형(WD) 또는 에너지 분산형(ED) X선 분광기를 사용한다.
⑥ EDX 분광기를 사용하면 붕소에서 우라늄까지 모든 원소의 X선 스펙트럼을 동시에 측정할 수 있다.
⑦ WDX 분광기는 우수한 분해능을 가지며 원소의 정량분석에 사용된다.

3. 주사전자현미경법(SEM : Scanning Electron Microscopy)

1) 원리

① 미세하게 집중된 전자살이 고체시료 표면과 충돌한다.
② 아날로그 기기에서는 전자살이 주사 코일에 의한 래스터 주사(Raster Scan)로 시료를 가로질러 주사된다.
③ 전자살이 x방향 직선으로 표면을 가로질러 지나고 출발점으로 되돌아온다.
④ 표준증가량만큼 y방향 아래쪽으로 이동한다. 표면의 원하는 영역이 주사될 때까지 반복된다.
   디지털로 시료 위의 살 위치를 조정할 수 있다.

> **TIP**
>
> - 주사전자현미경은 사람의 눈으로 본 것과 같은 결과(3차원)를 보여주고 투과전자현미경은 고체 내부 구조를 조사하고 눈과는 다른 미세 구조(단면)에 대한 상세정보를 제공해 준다.
> - 전자는 가시광선보다 파장이 짧아 분해능이 좋다.

⑤ 신호는 표면 위(z방향)에서 얻어지고, 컴퓨터에 저장되고, 영상으로 변환된다.
⑥ 후방산란 전자, 이차 전자, Auger 전자 등 여러 형태의 신호가 위 과정에서 표면으로부터 생성된다.

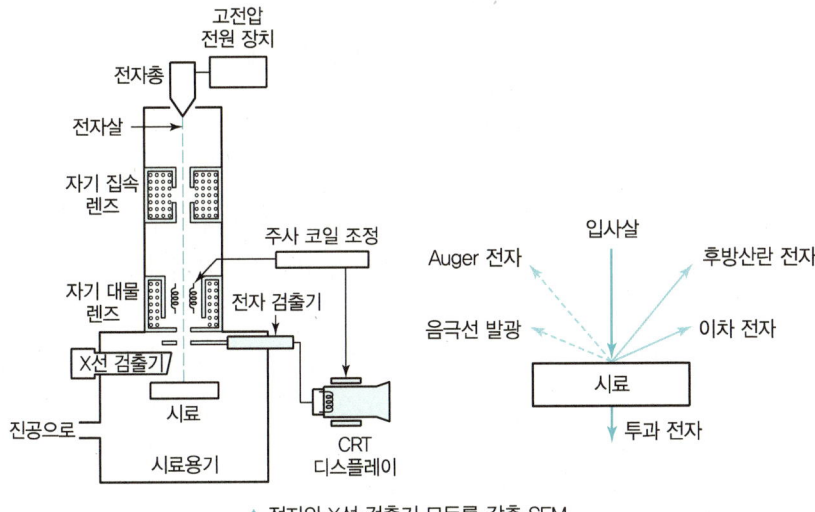
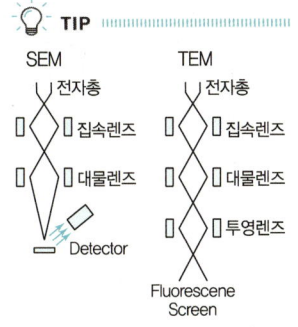

▲ 전자와 X선 검출기 모두를 갖춘 SEM

2) 기기장치

(1) 전자총
① 전자 방출원은 보통 텅스텐 필라멘트 방출원이다.
② 전자는 1~30keV의 에너지로 가속된다.

(2) 렌즈
① 자기집속과 대물렌즈계가 전자살이 시료에 도달할 때 크기를 직경 2~10nm로 줄인다.
② 하나 이상의 집속렌즈는 대물렌즈에 도달하는 전자살의 처리량을 좌우한다.
③ 대물렌즈는 시료 표면을 가격하는 살의 크기를 결정한다.
④ SEM을 이용한 주사는 대물렌즈 내에 위치한 두 쌍의 전자기 코일에 의해 이루어진다.

(3) 시료와 시료잡이
① SEM은 대기압에서 10^{-4}Pa 이하로 변경할 수 있도록 대용량 진공펌프가 사용된다.
② 시료잡이 혹은 시료대는 끝에서 수 cm의 시료를 잡을 수 있고, 시료대는 x, y, z 방향으로 움직일 수 있으며 회전도 할 수 있다.
③ 전기가 통하는 시료는 접지로 전자흐름이 방해받지 않아 전하 축적을 최소화하여 연구하기 쉽다.

> **TIP**
> SEM에서 도달 가능한 확대배율(M)
> $M = \dfrac{W}{w}$
> 여기서, W : CRT 디스플레이의 폭 (일정)
> w : 시료를 가로지르는 단일선 주사의 폭

환경 SEM
- 높은 압력의 시료용기에서 사용될 수 있고, 온도와 기체 조성도 변화시켜 사용할 수 있다.
- 비전도성 시편에 사용될 수 있다.

후방산란 전자살
- 입사살보다 큰 직경을 갖는다.
- 후방 전자살의 직경은 전자현미경의 분해능을 제한하는 요소 중 하나이다.

상호작용 부피와 각 형태의 SEM 신호에서 나타나는 부피

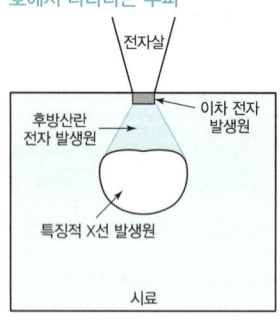

④ 우수한 전도체인 시료는 보통 열전도성도 우수하여 열분해 가능성을 최소화한다.
⑤ 비전도성 시료의 경우 스퍼터링이나 진공증착으로 시료 표면을 얇은 금속막(~10nm)으로 덮어 전도성 코팅을 한다.
  ➡ 가장 얇고 균일한 코팅과 미세한 구조를 해치는 두꺼운 코팅 간에 정교한 균형이 이루어져야 한다.

(4) 전자살의 상호작용
① 전자살이 고체와 상호작용하여 다양한 신호가 나온다.
  ㉠ 탄성 상호작용 : 큰 에너지 변화가 없는 전자살에서 전자의 궤적에 영향을 준다.
  ㉡ 비탄성 상호작용 : 전자에너지의 일부 또는 전부가 고체로 전달된다.
② 후방산란 전자, 2차 전자, X선 방출, 이차 전자, Auger 전자, 긴 파장의 광자를 방출한다.
③ 전자가 원자와 탄성적으로 충돌할 때, 전자의 방향은 변하지만, 전자의 속도는 거의 영향을 받지 않아 운동에너지는 일정하게 유지된다.
④ 전자살이 시료를 투과하며, 일부 전자는 비탄성 충돌에 의해 에너지를 잃고 고체에 남는다. 하지만 대부분의 전자는 수많은 충돌을 하고 결국 후방산란 전자로 표면으로부터 탈출한다.
⑤ 상호작용 부피
  ㉠ 전자가 투과하는 영역이다.
  ㉡ 복사선이 상호작용 부피 내에서 생성되었을지라도 시료에서 탈출하지 않으면 검출되지 않는다.
  ㉢ 후방산란 전자는 $1\mu m$의 몇분의 1보다 더 침투하면 탈출하지 못한다.
    ➡ 후방산란 신호는 매우 작은 부피에서 비롯된다.
  ㉣ 이차 전자 신호는 다른 신호들보다 훨씬 더 높은 공간분해능을 제공할 수 있고 SEM계에서 가장 널리 사용하는 신호이다.

(5) 변환기
① 이차 전자 검출기
  ㉠ Everhart – Thornleyh 검출기라 불리는 섬광체 – 광전자증배관계에 의해 가장 잘 검출된다.
  ㉡ 이차 전자가 섬광체를 가격하면 빛을 방출한다.
  ㉢ 방출된 복사선은 빛파이프에 의해 전자 펄스로 변환되는 광전자증배관으로 옮겨진다.

② 후방산란 전자 검출기
  ㉠ 섬광체 검출기
  ㉡ 반도체 검출기 : 후방산란 전자용으로 널리 사용된다.
③ X선 분석
  리튬-이동 실리콘[Si(Li)], 리튬-이동 저마늄[Ge(Li)], 실리콘 핀 광다이오드, 혹은 실리콘 이동 검출기(SDD)와 같은 반도체 검출기를 이용한 에너지 분산 분석기이다.
④ 데이터 조작과 처리
  ㉠ 아날로그 현미경 : 두 개의 영상화면이 사용된다.
  ㉡ 디지털 현미경 : 아날로그계의 래스터 주사 대신 예정기간 동안 전자살이 시료 위에 머문다.

◆ 섬광체
전자, 감마선 혹은 방사성 입자 같은 에너지 입자에 의해 가격되었을 때 빛을 내는 인광체

TIP
주사전자현미경
매우 다양한 고체 표면에 대한 형태적이고 위생적인 정보를 제공한다.

4. 투과전자현미경법(TEM : Transmission Electron Microscopy)

전자빔을 얇은 시료 표면에 조사하여 투과된 빔을 이용해 이미지를 형성하는 현미경이다.

1) 원리

① 해상력이 뛰어나 미시적인 내부 구조를 고배율로 확대하여 직접 관찰하며, 화학조성도 분석할 수 있다.
② TEM에서 전자빔이 시료에 조사되면, 고에너지 전자는 원자와 충돌하여 산란하면서 시편을 통과한다. 이 과정에서 전자빔은 재료와 무관하게 원래대로 진행하거나 재료에 의한 산란과정을 겪게 된다.
③ TEM에서의 이미지 형성은 재료에 투과되는 산란 전자빔에 의한다.

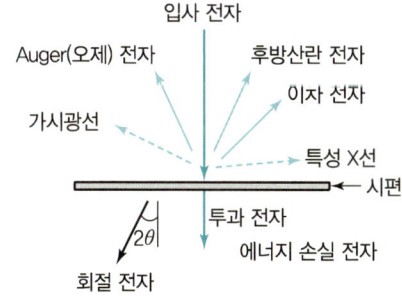
▲ 입사 전자와 시편과의 상호반응

TIP
TEM의 장단점
㉠ 장점
  • 높은 가속전압에 의한 높은 분해능
  • 미세조직 내 원자단위 구조분석 가능
㉡ 단점
  • 시험편 준비의 어려움
  • 2차원적인 조직 관찰만 가능
  • 좁은 관찰범위

TIP
이미지(영상)에 영향을 주는 변수
• 시험편 두께
• 원자의 무게
• 결정구조
• 결함

④ 산란
  ㉠ 탄성 산란 : 입사 전자의 진행방향이 변화되지만, 에너지의 감소는 거의 없거나 무시할 수 있을 정도로 작다.
    예 전자빔의 회절
  ㉡ 비탄성 산란
    - 가속 전자가 전자각에 있는 전자와 충돌하여 특정의 에너지를 잃게 되는 반응이며, 비탄성 산란으로 손실된 에너지는 항상 새로운 신호를 발생시킨다.
      예 이차 전자, X-ray, Auger 전자
    - 시편 내의 화학조성과 원자결합에 관한 정보를 얻을 수 있다.
    - 전자신호로 이미지를 얻을 수 있고(영상 모드), 회절 패턴을 얻을 수 있다(회절 모드).

PART 05

과년도 기출문제

2014년 제1회 기출문제

1과목 일반화학

01 0.10M KNO₃ 용액에 관한 설명으로 옳은 것은?
① 이 용액 0.10L에는 6.0×10^{23}개의 K^+ 이온들이 존재한다.
② 이 용액 0.10L에는 1.0몰의 K^+ 이온들이 존재한다.
③ 이 용액 0.10L에는 0.010몰의 K^+ 이온들이 존재한다.
④ 이 용액 0.10L에는 6.0×10^{22}개의 K^+ 이온들이 존재한다.

해설

$KNO_3 \rightarrow K^+ + NO_3^-$

- K^+의 mol수 : $\dfrac{0.1\text{mol}}{1\text{L}} \times 0.1\text{L} = 0.01\text{mol}$

- K^+의 개수 : $0.01\text{mol} \times \dfrac{6.02 \times 10^{23}개}{1\text{mol}} = 6.02 \times 10^{21}개$

02 다음 중 수소의 질량 백분율(%)이 가장 큰 것은?
① HCl   ② H₂O
③ H₂SO₄   ④ H₂S

해설

수소의 질량백분율
① $HCl = \dfrac{1}{1+35.5} \times 100\% = 2.74\%$
② $H_2O = \dfrac{2}{2+16} \times 100\% = 11.11\%$
③ $H_2SO_4 = \dfrac{2}{2+32+64} \times 100\% = 2.04\%$
④ $H_2S = \dfrac{2}{2+32} \times 100\% = 5.88\%$

03 다음 물질을 전해질의 세기가 강한 것부터 약해지는 순서로 나열한 것은?

NaCl, NH₃, CH₃COCH₃

① NaCl > CH₃COCH₃ > NH₃
② NaCl > NH₃ > CH₃COCH₃
③ CH₃COCH₃ > NH₃ > NaCl
④ CH₃COCH₃ > NaCl > NH₃

해설

NaCl : 강전해질
CH₃COCH₃ : 비전해질
∴ NaCl > NH₃ > CH₃COCH₃

04 다음 중 산-염기 반응의 쌍이 아닌 것은?
① C₂H₅OH + HCOOH   ② CH₃COOH + NaOH
③ CO₂ + NaOH   ④ H₂CO₃ + Ca(OH)₂

해설

C₂H₅OH + HCOOH
에틸알코올 포름산

05 다음 물질을 녹이고자 할 때, 물(H₂O)과 사염화탄소(CCl₄) 중에서 물(H₂O)에 더욱 잘 녹을 것이라고 예상되는 물질을 모두 나타낸 것은?

(a) CO₂   (b) CH₃COOH
(c) NH₄NO₃   (d) CH₂CH₂CH₂CH₂CH₃

① (a), (b)   ② (b), (c)
③ (a), (b), (c)   ④ (b), (c), (d)

정답 01 ③ 02 ② 03 ② 04 ① 05 ②

> 해설

극성 물질(CH_3COOH, NH_4NO_3)은 극성 용매(H_2O)에 잘 녹고 비극성 물질(CO_2, $CH_2CH_2CH_2CH_2CH_3$)은 비극성 용매(CCl_4)에 잘 녹는다.

06 1.00g의 아세틸렌이 완전히 연소할 때 생성되는 이산화탄소의 부피는 표준상태에서 몇 L인가?(단, 모든 기체는 이상기체라 가정한다.)

① 1.225L ② 1.725L
③ 2.225L ④ 2.725L

> 해설

$C_2H_2 + \dfrac{5}{2}O_2 \rightarrow 2CO_2 + H_2O$

26g : $2 \times 22.4L$(표준상태)
1g : x

$\therefore x = \dfrac{1 \times 2 \times 22.4L}{26} = 1.723L$

07 산과 염기에 대한 설명 중 틀린 것은?

① 아레니우스 염기는 물에 녹으면 해리되어 수산화이온을 내놓는 물질이다.
② 아레니우스 산은 물에 녹으면 해리되어 수소이온을 내놓는 물질이다.
③ 염기는 리트머스의 색깔을 파란색에서 빨간색으로 변화시킨다.
④ 산은 마그네슘, 아연 등의 금속과 반응하여 수소기체를 발생시킨다.

> 해설

- 아레니우스 산 : 수소이온(H^+)을 내놓는 물질
  아레니우스 염기 : 수산화이온(OH^-)을 내놓는 물질
- 산 : 푸른색 리트머스 → 빨간색
  염기 : 붉은색 리트머스 → 파란색
- $Zn + 2HCl \rightarrow ZnCl_2 + H_2\uparrow$
  $Mg + 2HCl \rightarrow MgCl_2 + H_2\uparrow$

08 이소프로필알코올(isopropyl alcohol)을 옳게 나타낸 것은?

① CH_3-CH_2-OH
② $CH_3-CH(OH)-CH_3$
③ $CH_3CH(OH)-CH_2-CH_3$
④ $CH_3CH_2-CH_2-OH$

> 해설

① CH_3-CH_2-OH : 에탄올
② $CH_3-CH-CH_3$: 이소프로필알코올
　　　　|
　　　OH
③ $CH_3-CH-CH_2-CH_3$: 이소부탄올
　　　　|
　　　OH
④ $CH_3CH_2-CH_2-OH$: n-프로판올

09 $H_2C_2O_4$에서 C의 산화수는?

① +1 ② +2
③ +3 ④ +4

> 해설

$H_2C_2O_4$
$(+1) \times 2 + 2 \times C + (-2) \times 4 = 0$
$\therefore C = +3$

10 수소연료전지에서 전기를 생산할 때의 반응식이 다음과 같을 때 10g의 H_2와 160g의 O_2가 반응하여 생성된 물은 몇 g인가?

$2H_2(g) + O_2(g) \rightarrow 2H_2O(g)$

① 90g ② 100g
③ 110g ④ 120g

> 해설

$2H_2(g) + O_2(g) \rightarrow 2H_2O(g)$
2×2 : 32
10g : x　　$\therefore x = 80g \rightarrow O_2$는 과잉반응물
y : 160g　$\therefore y = 20g \rightarrow H_2$는 한정반응물

정답 06 ② 07 ③ 08 ② 09 ③ 10 ①

$2H_2(g) + O_2(g) \rightarrow 2H_2O(g)$
$2 \times 2 \quad : \quad 2 \times 18$
$10g \quad : \quad z \quad \therefore z = 90g$

11 다음 두 반응의 평형상수 K는 온도가 증가하면 어떻게 되는가?

(a) $N_2O_4(g) \rightarrow 2NO_2(g)$, $\Delta H° = 58kJ$
(b) $2SO_2(g) + O_2(g) \rightarrow 2SO_3(g)$, $\Delta H° = -198kJ$

① (a), (b) 모두 증가
② (a), (b) 모두 감소
③ (a) 증가, (b) 감소
④ (a) 감소, (b) 증가

해설

(a)는 흡열반응이므로 온도가 증가하면 평형상수 K는 증가하고, (b)는 발열반응이므로 온도가 증가하면 평형상수 K는 감소한다.

12 원자에 공통적으로 있는 입자이며 단위 음전하를 갖고 가장 가벼운 양성자 질량의 약 1/2,000 정도로 매우 작은 질량을 갖는 것은?

① 원자
② 전자
③ 미립자
④ 중성자

해설

원자의 구조

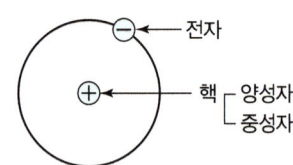

전자의 질량은 양성자의 1/2,000 정도이다.

13 0.3M의 황산용액 농도를 노르말농도로 환산하면?

① 0.3N
② 0.6N
③ 0.9N
④ 1.2N

해설

$N = nM = 2 \times 0.3M = 0.6N$(노르말)

14 다음 중 비금속의 특징이 아닌 것은?

① 전기 전도성을 띠지 않는다.
② 공유결합을 통해 서로 결합할 수 있다.
③ 금속과 반응하여 음이온을 형성하려는 경향이 있다.
④ 주기율표의 왼쪽 윗부분에 배치되어 있다.

해설

비금속의 특징
• 주기율표상에서 같은 족에서는 위로 갈수록, 같은 주기에서는 오른쪽으로 갈수록 커진다.

비금속성이 커진다.

• 전기 전도성을 띠지 않는다.
• 공유결합을 한다.
• 금속과의 반응에서 전자를 얻어 음이온을 형성하려는 경향이 있다.

15 아스파탐($C_{14}H_{18}N_2O_5$) 7.3g에 들어 있는 질소원자의 개수는 약 얼마인가?

① 3.0×10^{22}
② 1.5×10^{22}
③ 7.5×10^{21}
④ 3.7×10^{21}

해설

$7.3g\ C_{14}H_{18}N_2O_5 \times \dfrac{2mol\ N}{294g\ C_{14}H_{18}N_2O_5} \times \dfrac{6.02 \times 10^{23}개\ N}{1mol\ N}$
$= 3 \times 10^{22}개\ N$

16 다음 중에서 격자에너지(Lattice Energy)가 가장 작은 것은?

① LiF
② KF
③ CsI
④ NaBr

해설

격자에너지
• 고체상태에서 이온이 서로를 얼마나 강하게 끌어당기고 있는지를 나타낸다.
• 분리된 기체 이온들이 밀착하여 이온성 고체를 형성할 때 일어나는 에너지 변화이다.

정답 11 ③ 12 ② 13 ② 14 ④ 15 ① 16 ③

- 격자에너지는 이온 결합력이 클수록 커지며 이온 결합력은 쿨롱의 법칙을 따른다.

쿨롱의 법칙은 전하의 크기에 비례하고 거리의 제곱에 반비례하므로 이온의 크기가 가장 큰 CsI의 격자에너지가 가장 작다.

17 다음 원자나 이온 중 3개의 홀전자를 가지는 것은?

① N ② O
③ Al ④ S^{2-}

해설

① $_7N : 1s^2 2s^2 2p^3$: 홀전자 3개

② $_8O : 1s^2 2s^2 2p^4$: 홀전자 2개

③ $_{13}Al : 1s^2 2s^2 2p^6 3s^2 3p^1$: 홀전자 1개

④ $_{16}S^{2-} : 1s^2 2s^2 2p^6 3s^2 3p^6$:

18 다음 유기화합물의 명칭 중 틀린 것은?

① $CH_2=CH_2$의 중합체는 폴리스티렌이다.
② $CH_2=CH-CN$의 중합체는 폴리아크릴로니트릴이다.
③ $CH_2=CHOCOCH_3$의 중합체는 폴리아세트산비닐이다.
④ $CH_2=CHCl$의 중합체는 폴리염화비닐이다.

해설

19 다음 반응에서 평형이동의 방향이 오른쪽이 아닌 것은?

$$HF(aq) \leftrightarrow H^+(aq) + F^-(aq)$$

① [HF]의 증가 ② [F^-]의 감소
③ NaOH 첨가 ④ NaF 첨가

해설

$HF(aq) \rightleftarrows H^+(aq) + F^-(aq)$
① [HF]↑ : 정반응(→)
② [F^-]↓ : 정반응(→)
③ NaOH 첨가 : $H^+ + OH^- \rightarrow H_2O$로 진행되어 H^+가 감소하므로 정반응(→)
④ NaF 첨가 : F^-가 증가하므로 역반응(←)

20 기체에 대한 설명 중 틀린 것은?

① 동일한 온도 조건에서는 이상기체의 압력과 부피의 곱이 일정하게 유지되며 이를 Boyle의 법칙이라 한다.
② 기체분자운동론에 의해 기체의 절대온도는 기체 입자의 평균 운동에너지의 척도로 나타낼 수 있다.
③ Van der Waals는 보정된 압력과 보정된 부피를 이용하여 이상기체 방정식을 수정, 이상기체 법칙을 정확히 따르지 않는 실제 기체에 대한 방정식을 유도하였다.
④ 기체의 분출(Effusion) 속도는 입자 질량의 제곱근에 정비례하며 이를 Graham의 확산법칙이라 한다.

해설

Graham의 법칙
- 같은 온도와 압력에서 기체의 분출속도는 분자량의 제곱근(밀도의 제곱근)에 반비례한다.

$$\frac{V_A}{V_B} = \sqrt{\frac{M_B}{M_A}} = \sqrt{\frac{d_B}{d_A}}$$

- 같은 온도에서 기체분자의 운동에너지는 종류와 관계없이 일정하므로 가벼운 분자는 빨리 움직이고, 무거운 분자는 느리게 움직인다.
→ 온도가 같으면 분자의 평균 운동에너지는 같다.

$$E_k = \frac{3}{2}kT$$

정답 17 ① 18 ① 19 ④ 20 ④

Boyle의 법칙
온도가 일정할 때 이상기체의 압력과 부피의 곱은 일정하다.
$PV = C(T = \text{const})$

기체분자운동론
기체분자의 평균운동에너지는 절대온도에 비례하며 분자의 크기, 모양, 종류에 무관하다.

Van der Waals식 : 실제 기체에 대한 방정식
$\left(P + \dfrac{n^2}{V^2}a\right)(V - nb) = nRT$
↳ 분자의 크기 보정
↳ 인력에 대한 보정

2과목 분석화학

21 AgI의 용해도곱은 8.3×10^{-17}이다. 50.0mL의 0.1M I^-를 0.050M Ag^+로 적정하였다. Ag^+ 용액을 110.0mL 가했을 때 Ag^+의 농도는?

① 0.050M
② 3.1×10^{-3}M
③ 5.0×10^{-10}M
④ 2.3×10^{-14}M

해설
$[I^-] = 0.1\,\text{mol/L} \times 50\,\text{mL} = 5\,\text{mmol}$
$[Ag^+] = 0.05\,\text{mol/L} \times 110.0\,\text{mL} = 5.5\,\text{mmol}$
반응 후 남아 있는 $[Ag^+] = 5.5 - 5 = 0.5\,\text{mmol}$
∴ 반응 후 Ag^+의 농도 = $\dfrac{0.5\,\text{mmol}}{50\,\text{mL} + 110\,\text{mL}} = 3.12 \times 10^{-3}$M

22 다음 전기화학의 기본 개념과 관련한 설명 중 틀린 것은?

① 1줄의 에너지는 1암페어의 전류가 전위차가 1볼트인 점들 사이를 이동할 때 얻거나 잃는 양이다.
② 산화환원 반응(Redox Reaction)은 전자가 한 화학종에서 다른 화학종으로 옮겨가는 것을 의미한다.
③ 전지 전압은 전기화학 반응에 대한 자유에너지 변화에 비례한다.
④ 전류는 전기화학 반응의 반응속도에 비례한다.

해설
$1J = 1V \times 1C = 1V \times 1A \times 1s$
$\quad = 1J/C \times 1C$

23 CaF_2로 포화된 0.25M NaF 용액에서 이루어지는 화학반응이 아닌 것은?

① $NaF \rightarrow Na^+ + F^-$
② $NaF + H_2O \rightarrow NaOH + HF$
③ $F^- + H_2O \leftrightarrow HF + OH^-$
④ $CaF_2 \leftrightarrow Ca^{2+} + 2F^-$

해설
NaOH는 강염기이므로 거의 100% 이온화한다.
$NaF + H_2O \rightleftharpoons Na^+ + HF + OH^-$

24 완충용액(Buffer Solution)은 pH 변화를 억제하는 용액이다. 이때 pH 변화를 얼마나 잘 막는지에 대한 척도로서 사용하는 완충용량(Buffer Capacity)에 대한 설명으로 맞는 것은?

① 완충용액 1.00을 pH 1단위만큼 변화시킬 수 있는 센 산이나 센 염기의 몰수
② 완충용액의 구성 성분이 약한 1.00L의 pH를 1단위만큼 변화시킬 수 있는 짝염기의 몰수
③ 완충용액 1.00L를 pH 1단위만큼 변화시킬 수 있는 약한 산 또는 그의 짝염기 몰수
④ 완충용액 중 짝염기에 대한 산의 농도비가 1이 되는 데 필요한 약한 산의 몰수

해설
• 완충용량 : pH 1의 변화를 일으키지 않는 범위 내에서 완충용액이 수용할 수 있는 산이나 염기의 양
• 완충용량 = $-\dfrac{\Delta C_a}{\Delta \text{pH}} = \dfrac{\Delta C_b}{\Delta \text{pH}}$
  여기서, C_a : 산의 농도
  C_b : 염기의 농도
• 완충용량이 클수록 용액은 pH 변화에 더 잘 견딘다.

정답 21 ② 22 ① 23 ② 24 ①

25 성분이온 중 한 가지 이상이 용액 중에 들어 있는 경우 그 염의 용해도가 감소하는 현상을 공통이온효과라고 한다. 다음 중 공통이온효과와 가장 관련이 있는 원리(법칙)는?

① 파울리(Pauli)의 배타원리
② 비어(Beer)의 법칙
③ 패러데이(Faraday) 법칙
④ 르 샤틀리에(Le Chatelier) 원리

>해설

공통이온효과
- 여러 이온이 있는 용액에서 한 이온의 농도가 증가하면 그 농도를 감소시키려는 방향으로 화학평형이 일어난다. 르 샤틀리에 원리에 따라 일어나는 현상으로, 용액에서 한 이온의 농도가 증가하면 과량으로 존재하는 이온 일부가 침전 등으로 용액에서 제거되는 현상이다.
- 약한 전해질에 공통인 이온을 가진 센 전해질을 가하면 약한 전해질의 이온화는 감소한다.

26 다음 산화-환원 반응에 대한 설명 중 틀린 것은?

① 산화-환원 반응은 전자가 한 화학종에서 다른 화학종으로 이동하는 반응이다.
② 산화는 전자를 잃는 반응이다.
③ 환원제는 다른 화학종으로부터 전자를 받는다.
④ 산화-환원 반응에 관계된 전자를 전기회로를 통해 흐르게 하면 측정된 전압과 전류로부터 반응에 대한 정보를 얻을 수 있다.

>해설

- 환원제 : 자신은 산화되고 다른 물질을 환원시키는 물질
- 산화 : 전자를 잃거나 수소를 잃거나 산소를 얻는 것

27 0.100M CH_3COOH 용액 50.0mL를 0.0500M NaOH로 적정 시 가장 적합한 지시약은?

① 메틸오렌지
② 페놀프탈레인
③ 브로모크레졸그린
④ 메틸레드

>해설

약산+강염기의 반응이므로 염기에서 변색하는 지시약을 이용한다.

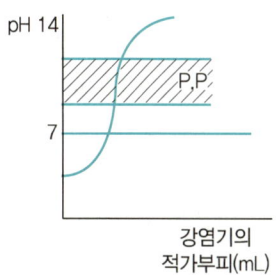

28 25℃에서 0.050M KCl 수용액의 H^+의 활동도는 얼마인가?(단, H^+와 OH^-의 활동도 계수는 이온 세기가 0.05M일 때는 각각 0.86과 0.81이고, 이온 세기가 0.10M일 때는 각각 0.83과 0.76이다.)

① 1.03×10^{-7}
② 1.05×10^{-7}
③ 1.15×10^{-7}
④ 1.20×10^{-7}

>해설

$$\mu(\text{이온 세기}) = \frac{1}{2}(C_1 Z_1^2 + C_2 Z_2^2 + \cdots)$$

여기서, C_1, C_2 : 농도
Z_1, Z_2 : 전하량

활동도 $a_A = \gamma_A [A]$
↳ 활동도 계수

$\mu = \frac{1}{2}(0.05 \times 1^2 + 0.05 \times (-1)^2) = 0.05$
$\gamma_{H^+} = 0.86$, $\gamma_{OH^-} = 0.81$
$K_w = [H^+][OH^-] = 1 \times 10^{-14}$
$K_w = a_{H^+} a_{OH^-} = \gamma_{H^+}[H^+] \gamma_{OH^-}[OH^-]$
$= 0.86[H^+] 0.81[OH^-] = 10^{-14}$
$0.86 \times 0.81 [H^+]^2 = 10^{-14}$
$[H^+] = 1.2 \times 10^{-7}$
$a_{H^+} = \gamma_{H^+}[H^+]$
$= (0.86)(1.2 \times 10^{-7})$
$= 1.03 \times 10^{-7}$

>정답 25 ④ 26 ③ 27 ② 28 ①

29 다음 화학평형식에 대한 설명으로 틀린 것은?

$$Hg_2Cl_2(s) \leftrightarrow Hg_2^{2+}(aq) + 2Cl^-(aq)$$

① 이 반응을 나타내는 평형상수는 K_{sp}라고 하며 용해도상수 또는 용해도곱 상수라고도 한다.
② 이 용액에 Cl^- 이온을 첨가하면 용해도는 감소한다.
③ 온도를 증가시키면 K_{sp}는 변한다.
④ 이 용액에 Cl^- 이온을 첨가하면 K_{sp}는 감소한다.

해설

Cl^-의 농도가 증가하면 공통이온효과에 의해 평형이 왼쪽으로 이동해서 용해도는 감소하나, K_{sp}는 온도에 의해서만 변하므로 증가하거나 감소하지 않는다.

30 산화·환원 지시약에 대한 설명 중 틀린 것은?(단, $E°$는 표준환원전위, n은 전자수이다.)

① 분석하고자 하는 이온과 결합했을 때 산화된 상태와 환원된 상태의 색이 달라야 한다.
② 당량점에서의 전위와 지시약의 표준환원전위($E°$)가 비슷한 것을 사용해야 한다.
③ 변색범위는 주로 $E = E° \pm \frac{1}{n}$ Volt이다.
④ 지시약은 주로 이중 결합들이 콘주게이션(Conjugated)된 유기물이다.

해설

산화·환원 지시약의 변색범위
$E = E° \pm \frac{0.05916}{n} V$

31 일정 온도에서 1.0mol의 SO_3를 1.0L 반응용기에 담았다. 반응이 평형에 도달하여 다음과 같은 평형을 유지할 때, SO_2의 mol수가 0.60mol로 측정되었다. 평형상수 값은 얼마인가?

$$2SO_3(g) \leftrightarrow 2SO_2(g) + O_2(g)$$

① 0.36 ② 0.45
③ 0.54 ④ 0.68

해설

	$2SO_3(g)$	$\rightleftharpoons$	$2SO_2(g)$	+	$O_2(g)$
초기농도	1mol		0		0
반응농도	$-2x$		$2x$		x
최종농도	$1-2x$		$2x$		x

$2x = 0.6$

$K = \frac{[SO_2]^2[O_2]}{[SO_3]^2} = \frac{2x \cdot x}{(1-2x)^2}$

$= \frac{(0.6)^2(0.3)}{0.4^2} = 0.68$

32 0.1M의 Fe^{2+} 50mL를 0.1M의 Tl^{3+}로 적정한다. 반응식과 각각의 표준환원전위가 다음과 같을 때 당량점에서 전위(V)는 얼마인가?

$$2Fe^{2+} + Tl^{3+} \rightarrow 2Fe^{3+} + Tl^+$$
$$Fe^{3+} + e^- \rightarrow Fe^{2+} \quad E° = 0.77V$$
$$Tl^{3+} + 2e^- \rightarrow Tl^+ \quad E° = 1.28V$$

① 0.94 ② 1.02
③ 1.11 ④ 1.20

해설

(1) $Fe^{3+} + e^- \rightarrow Fe^{2+} \quad E° = 0.77V$
$Tl^{3+} + 2e^- \rightarrow Tl^+ \quad E° = 1.28V$

$E = \frac{nE_n° + mE_m°}{n+m}$

$= \frac{0.77 \times 1 + 1.28 \times 2}{1+2} = 1.11$

(2) Nernst 식

$E_{eq} = E° - \frac{0.05916}{n} \log \frac{[Red]}{[Ox]}$

$E_{eq} = 0.77 - \frac{0.05916}{1} \log \frac{[Fe^{2+}]}{[Fe^{3+}]}$ ·············· ㉠

$E_{eq} = 1.28 - \frac{0.05916}{2} \log \frac{[Tl^+]}{[Tl^{3+}]}$ ·············· ㉡

$2Fe^{2+} + Tl^{3+} \rightarrow 2Fe^{3+} + Tl^+$

당량점에서 $2[Tl^+] = [Fe^{3+}], 2[Tl^{3+}] = [Fe^{2+}]$

정답 29 ④ 30 ③ 31 ④ 32 ③

㉠식에서 $E_{eq} = 0.77 - \dfrac{0.05916}{1} \log \dfrac{[Fe^{2+}]}{[Fe^{3+}]}$

$\qquad\qquad = 0.77 - \dfrac{0.05916}{1} \log \dfrac{2[Tl^{3+}]}{2[Tl^{+}]}$ ············ ㉢

㉡식×2는 $2E_{eq} = 1.28 \times 2 - 0.05916 \log \dfrac{[Tl^{+}]}{[Tl^{3+}]}$ ····· ㉣

㉢ + ㉣을 하면

$3E_{eq} = 3.33 - 0.05916 \log \dfrac{2[Tl^{+}][Tl^{3+}]}{2[Tl^{3+}][Tl^{+}]}$

$\qquad\qquad\qquad\qquad \log 1 = 0$

$\therefore E_{eq} = 1.11V$

33 일반적으로 널리 사용되는 산화제인 MnO_4^- 는 산성 조건에서 (1)과 같은 환원반쪽반응을 하며 이때 Fe^{3+}의 환원반쪽반응은 (2)와 같다. 두 반응이 결합하여 산화－환원반응이 일어난다면 정확한 산화－환원반응식은?

| $MnO_4^- + 8H^+ + ne^- \leftrightarrow Mn^{2+} + 4H_2O$ ················ (1) |
| $Fe^{3+} + me^- \leftrightarrow Fe^{2+}$ ··· (2) |

① $MnO_4^- + Fe^{2+} + H^+ \leftrightarrow Mn^{2+} + Fe^{3+} + H_2O$
② $MnO_4^- + 3Fe^{2+} + 4H^+ \leftrightarrow Mn^{2+} + 3Fe^{3+} + 2H_2O$
③ $MnO_4^- + 5Fe^{2+} + 8H^+ \leftrightarrow Mn^{2+} + 5Fe^{3+} + 4H_2O$
④ $MnO_4^- + 5Fe^{2+} + 8H^+ \leftrightarrow Mn^{2+} + 5Fe^{2+} + 4H_2O$

해설

$\underset{+7}{MnO_4^-} + 8H^+ + ne^- \rightleftarrows \underset{+2}{Mn^{2+}} + 4H_2O$

환원

$MnO_4^- + 8H^+ + 5e^- \rightleftarrows Mn^{2+} + 4H_2O$
$+)\quad\quad 5Fe^{2+} \rightleftarrows 5Fe^{3+} + 5e^-$
─────────────────────────────
$MnO_4^- + 5Fe^{2+} + 8H^+ \rightleftarrows Mn^{2+} + 5Fe^{3+} + 4H_2O$

34 전지의 두 전극에서 반응이 자발적으로 진행되려는 경향을 갖고 있어 외부 도체를 통하여 산화전극에서 환원전극으로 전자가 흐르는 전지, 즉 자발적인 화학반응으로부터 전기를 발생시키는 전지를 무슨 전지라 하는가?

① 전해전지　　② 표준전지
③ 자발전지　　④ 갈바니전지

해설

- 볼타전지(갈바니전지, 다니엘전지) : 산화환원반응으로 발생하는 화학적 에너지를 전기에너지로 변환하는 자발적 전지
- 전해전지 : 비자발적인 화학반응을 일으키도록 하는 전지

35 $0.05M$ Fe^{2+} $100mL$를 $0.1M$ Ce^{4+}로 적정하며, Pt 전극과 Calomel 전극(SCE)을 이용하여 전위차를 측정하였다. 당량점에서의 두 전극의 전위차는?

$Ce^{4+} + e^- \rightarrow Ce^{3+}$	$E° = 1.70V$
$Fe^{3+} + e^- \rightarrow Fe^{2+}$	$E° = 0.76V$
$Hg_2Cl_2(s) + 2e^- \rightarrow 2Hg(l) + 2Cl^-$	$E° = 0.241V$

① 0.69V　　② 0.99V
③ 1.23V　　④ 1.47V

해설

$E = \dfrac{1.70 \times 1 + 0.767 \times 1}{2} = 1.23V$

$\therefore \Delta E = 1.23V - 0.241V = 0.99V$

[별해]

$Ce^{4+} + e^- \rightarrow Ce^{3+}$

$E_{eq} = 1.70V - \dfrac{0.05916}{1} \log \dfrac{[Ce^{3+}]}{[Ce^{4+}]}$ ···················· ㉠

$Fe^{3+} + e^- \rightarrow Fe^{2+}$

$E_{eq} = 0.76V - \dfrac{0.05916}{1} \log \dfrac{[Fe^{2+}]}{[Fe^{3+}]}$ ···················· ㉡

㉠ + ㉡을 하면

$2E_{eq} = 2.46V - \dfrac{0.05916}{1} \log \dfrac{[Ce^{3+}][Fe^{2+}]}{[Ce^{4+}][Fe^{3+}]}$ ···················· ㉢

Fe^{2+}	$+$	Ce^{4+}	$\rightarrow$	Fe^{3+}	$+$	Ce^{3+}
0.005M		0.005M				
$-x$		$-x$		$+x$		$+x$
$0.005-x$		$0.005-x$		x		x

당량점에서 $[Ce^{4+}] = [Fe^{2+}]$, $[Ce^{3+}] = [Fe^{3+}]$이므로 ㉢식은
$E_{eq} = 1.23V$

$\therefore \Delta E_{eq} = 1.23V - 0.241V = 0.99V$

정답 33 ③　34 ④　35 ②

36 아세트산(CH_3COOH)은 약한 산으로, 산해리상수(K_a)값은 다음과 같은 평형식에서 구할 수 있다. K_a값을 나타내는 화학평형식으로 옳은 것은?

$$CH_3COOH \leftrightarrow CH_3COO^- + H^+$$

① $\dfrac{[CH_3COO^-]}{[CH_3COOH]}$ ② $\dfrac{[CH_3COOH]}{[CH_3COO^-]}$

③ $\dfrac{[CH_3COOH]}{[CH_3COO^-][H^+]}$ ④ $\dfrac{[CH_3COO^-][H^+]}{[CH_3COOH]}$

해설

$K_a = \dfrac{[CH_3COO^-][H^+]}{[CH_3COOH]}$

37 은이온은 트리에틸렌테트라아민과 안정한 1:1 착화합물을 형성한다. 0.01M 질산은 용액 20mL를 0.05M 트리에틸렌테트라아민 용액 10mL에 가했을 때, 평형상태에서 은이온 농도는 얼마인가?(단, 착화합물 생성반응에 대한 형성상수(K_f)는 5.0×10^7이다.)

① 1.34×10^{-10} ② 1.34×10^{-9}
③ 1.34×10^{-8} ④ 1.34×10^{-7}

해설

$AgNO_3 \rightarrow Ag^+ + NO_3^-$

트리에틸렌테트라아민(TETA)
$NH_2-CH_2CH_2-NH-CH_2CH_2-NH-CH_2CH_2-NH_2$

Ag^+의 몰수 $= 0.01M \times 20mL = 0.2mmol$
TETA의 몰수 $= 0.05M \times 10mL = 0.5mmol$
1:1 착화합물을 형성하므로

Ag^+	+ TETA	$\rightleftarrows$	AgT^+
0.2	0.5		0
-0.2	-0.2		0.2
0	0.3mmol		0.2mmol

$[TETA] = \dfrac{0.3mmol}{(20+10)mL} = 0.01M$

$[AgT^+] = \dfrac{0.2mmol}{(20+10)mL} = 6.67 \times 10^{-3}M$

$K_f = \dfrac{[AgT^+]}{[Ag^+][TETA]} = \dfrac{6.67 \times 10^{-3}}{[Ag^+] \times 0.01} = 5.0 \times 10^7$

$\therefore x = [Ag^+] = 1.34 \times 10^{-8}M$

38 EDTA 적정에 사용되는 Xylenol Orange와 같은 금속이온 지시약의 일반적인 특징이 아닌 것은?

① pH에 따라 색이 다소 변한다.
② 산화-환원제로서 전위(Potential)에 따라 색이 다르다.
③ 지시약은 EDTA보다 약하게 금속과 결합해야만 한다.
④ 금속이온과 결합하면 색깔이 변해야 한다.

해설

전위에 따라 색이 다른 경우, 지시약으로 사용될 수 없다.
지시약은 일정한 적정범위를 나타내어야 한다.

39 0.05M 용액 50mL를 제조하는 데 몇 g의 $AgNO_3$가 필요한가?(단, $AgNO_3$는 169.9g/mol이다.)

① 0.425g ② 4.25g
③ 0.17g ④ 1.7g

해설

$AgNO_3$의 몰수 $= 0.05M \times 50mL$
$= 2.5mmol = 2.5 \times 10^{-3}mol$
$2.5 \times 10^{-3}mol \times \dfrac{169.98g}{1mol} = 0.425g$

40 화학반응 $Cd(s) + 2Ag^+ \leftrightarrow Cd^{2+} + Ag(s)$의 $E°$값은 어떻게 표현되는가?(단, 반쪽반응식과 그에 따른 표준환원전위($E°$)는 다음과 같다.)

| $Ag^+ + e^- \leftrightarrow Ag(s)$ | $E° = 0.799V$ |
| $Cd^{2+} + 2e^- \leftrightarrow Cd(s)$ | $E° = -0.402V$ |

① $0.799 - 0.402$
② $0.799 + 0.402$
③ $0.799 \times 2 + 0.402$
④ $0.799 \times 2 - 0.402$

정답 36 ④ 37 ③ 38 ② 39 ① 40 ②

해설

$$E_{cell}^\circ = E_{환원}^\circ - E_{산화}^\circ$$
$$= 0.799 - (-0.402)$$
$$= 0.799 + 0.402$$

3과목 기기분석 I

41 비불꽃 원자화 장치인 흑연로 원자화 분광분석법의 장점이 아닌 것은?

① 분석비용이 싸고 분석시간이 짧다.
② 원자화 효율이 좋아 감도가 높다.
③ 제한된 적은 시료를 분석할 수 있다.
④ 유기물 시료를 전처리 과정 없이 분석할 수 있다.

해설

흑연로 원자화 분광분석법은 시료가 빛 진로에 머무는 시간이 길어서 제한된 적은 시료에도 높은 감도를 나타낸다.

42 분석기기 측정과정에서 정보를 전기적 양으로 코드화하는 방식이 아닌 것은?

① 아날로그 영역
② 파수 영역
③ 디지털 영역
④ 시간 영역

해설

• 아날로그 영역 : 전압, 전류, 전기량, 전력으로 코드화된다.
• 시간 영역 : 시간에 따른 주파수나 주기로 코드화된다.
• 디지털 영역 : On-Off 또는 Hi-Lo로 코드화된다.

43 모든 종류의 분석방법은 측정된 분석신호와 분석농도를 연관 짓는 과정으로 검정이 필요하다. 일반적으로 사용되는 방법과 이에 대한 설명을 연결한 것 중 잘못된 것은?

① 검정곡선 - 정확한 농도의 분석물을 포함하고 있는 몇 개의 표준용액을 넣고 검정곡선을 얻어 사용한다.
② 표준물 첨가법 - 매트릭스 효과가 있을 가능성이 상당히 있는 복잡한 시료분석에 특히 유용하다.
③ 내부표준물법 - 모든 시료, 바탕용액과 검정표준물에 일정량의 내부표준물을 첨가하는 방식이다.
④ 표준물 첨가법 - 대부분 형태의 표준물 첨가법에서 시료 매트릭스는 각 표준물을 첨가한 후에 변화한다.

해설

• 표준물 첨가법 : 매트릭스 효과가 있거나, 시료의 조성이 잘 알려져 있지 않거나, 복잡한 시료를 분석할 수 있는 방법
• 내부표준물법 : 시험분석 절차, 기기 변동으로 발생하는 오차를 보정하기 위해 사용하는 방법

44 250nm에서 A시료의 자외선 분광분석을 하고자 한다. 이때 다음 용매 중 가장 부적합한 것은?(단, 모든 용매는 A에 대한 충분한 용해도를 갖고 있다.)

① 물
② 메탄올
③ 벤젠
④ 에탄올

해설

자외선 영역의 흡수는 $\pi \to \pi^*$ 전이이므로 π 결합을 가지고 있는 분자는 용매로 부적합하다.

45 다음 중 선 광원(Line Sources)에 해당하는 것은?

① Nernst 백열등
② 니크롬선
③ 글로바
④ 속빈음극등

해설

• 선광원 : 속빈음극등, 전극 없는 방전등
• 연속광원 : Nernst 백열등

정답 41 ① 42 ② 43 ④ 44 ③ 45 ④

46 원자분광법에서 고체시료를 원자화하기 위해 도입하는 방법은?

① 기체 분무기
② 글로우 방전
③ 초음파 분무기
④ 수소화물 생성법

해설
- 기체 분무기 : 용액
- 글로우 방전 : 전도성 고체
- 초음파 분무기 : 용액
- 수소화물 생성법 : 용액

47 다음 보기에서 설명하는 적외선 광원은?

- 지름이 1~2mm, 길이가 20mm 정도 되는 원통형의 희토류 산화물로 이루어져 있다.
- 백금선이 원통 끝에 밀봉되어 있어 저항 가열소자로서 역할을 할 수 있도록 전기적으로 연결되어 있다.

① Nernst 백열등
② 텅스텐 필라멘트등
③ Globar 광원
④ 수은아크등

해설
Nernst 백열등
- 희토류 산화물(ZrO_2, CeO_2, ThO_2)로 이루어져 있다.
- 지름이 1~2mm, 길이가 20mm 정도 되는 원통형 모양의 막대이다.

48 원자흡수분광법(AAS)에서 주로 사용되는 연료가스는 천연가스, 수소, 아세틸렌이다. 또한 산화제로서 공기, 산소, 산화이질소가 사용된다. 가장 높은 불꽃온도를 내는 연료가스와 산화제의 조합은?

① 천연가스 - 공기
② 수소 - 산소
③ 아세틸렌 - 산화이질소
④ 아세틸렌 - 산소

해설
천연가스, 수소, 아세틸렌 순으로 온도가 증가하며 연료가 같은 경우 산소가 공기보다 더 높은 온도를 낼 수 있다.

연료	산화제	온도(℃)
천연가스	공기	1,700~1,900
	산소	2,700~2,800
수소	공기	2,000~2,100
	산소	2,550~2,700
아세틸렌	공기	2,100~2,400
	산소	3,050~3,150
	산화이질소(N_2O)	2,600~2,800

49 FT-IR 기기와 관련 없는 장치는?

① 광원장치
② 단색화 장치
③ 빛살분할기
④ 간섭계

해설
단색화 장치는 IR에 사용한다.

FT-IR 기기장치
- 광원
- 광검출기
- 미켈슨 간섭계 ─ 빛살분할기
             ├ 고정거울
             └ 이동거울

50 분산형 기기와 비교한 푸리에 변환 분광법의 장점에 대한 설명이 아닌 것은?

① 주어진 분리능에서 신호 대 잡음비를 개선시킨다.
② 전체 간섭도를 빠른 시간 내에 기록하고 저장할 수 있다.
③ 투광도의 측정 시 정확도가 아주 높다.
④ 거의 일정한 스펙트럼을 얻을 수 있다.

해설
FT 분광법
- 신호 대 잡음비를 개선시킨다.
- 분석속도가 빠르다.
- 분해능이 높다.
- 거의 일정한 스펙트럼을 얻을 수 있고, 복잡한 스펙트럼 분석이 가능하다.
- 분산형 광학계가 좁은 슬릿너비를 필요로 하므로 에너지량이 작아지는 데 비해 더 많은 에너지를 통과시킬 수 있다.
- IR 주파수가 다른 주파수로 토막나기 때문에 간섭계에는 미광의 문제가 없다.

정답 46 ② 47 ① 48 ④ 49 ② 50 ③

51 나트륨은 589.0nm와 589.6nm에서 강한 스펙트럼(선)을 나타낸다. 두 선을 구분하기 위해 필요한 분해능은?

① 0.6
② 491.2
③ 589.3
④ 982.2

해설

분해능(R)
파장 차이가 아주 작은, 인접한 피크들을 분리하는 능력

$$R = \frac{\lambda}{\Delta\lambda} = \frac{\left(\frac{589.0+589.6}{2}\right)}{589.6-589.0} = 982.2$$

52 형광과 인광에 영향을 주는 변수로서 가장 거리가 먼 것은?

① pH
② 온도
③ 압력
④ 분자구조

해설

형광·인광에 영향을 주는 인자
- 양자 효율
- 전이 형태
- 분자의 구조
- 구조적 단단하기
- 온도와 용매
- pH

53 적외선(IR) 흡수분광법에서의 진동 짝지음에 대한 설명으로 틀린 것은?

① 두 신축진동에서 두 원자가 각각 단독으로 존재할 때 신축진동 사이에는 센 짝지음이 일어난다.
② 짝지음 진동들이 각각 대략 같은 에너지를 가질 때 상호작용이 크게 일어난다.
③ 두 개 이상의 결합에 의해 떨어져 진동할 때 상호작용은 거의 일어나지 않는다.
④ 짝지음은 같은 대칭성 화학종에서 진동할 때 일어난다.

해설

적외선(IR) 흡수분광법에서의 진동 짝지음
- 두 신축진동에서 한 원자가 공통으로 존재할 때 신축진동 사이에 센 짝지음이 일어난다.
- 짝지음 진동들이 각각 대략 같은 에너지를 가질 때 상호작용이 크게 일어난다.
- 두 개 이상의 결합에 의해 떨어져 진동할 때 상호작용은 거의 일어나지 않는다.
- 짝지음은 같은 대칭성 화학종에서 진동할 때 일어난다.
※ 진동 짝지음 : 한 진동에너지가 분자 내의 다른 진동에 의해 영향을 받아 흡수 봉우리 파장이 변하는 현상

54 다음 그림은 무엇을 측정하기 위한 장치의 개요도인가?

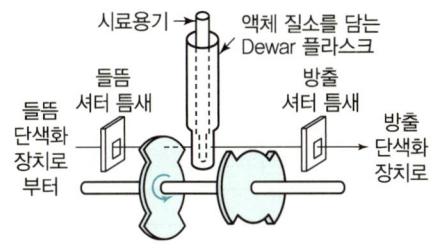

① 형광
② 화학발광
③ 인광
④ 라만 산란광

해설

인광 분광기
분자 간 충돌에 의한 비활성화를 최소로 하기 위해서 액체 질소로 시료용액을 냉각시킨다.

55 $n \rightarrow \pi^*$ 전이의 경우 흡수 봉우리는 용매의 극성 증가에 따라 파장이 어느 쪽으로 이동하는지와 이동의 명칭을 옳게 나타낸 것은?

① 짧은 파장 쪽, 적색 이동
② 짧은 파장 쪽, 청색 이동
③ 긴 파장 쪽, 적색 이동
④ 긴 파장 쪽, 청색 이동

해설

$n \rightarrow \pi^*$ 전이에서 용매의 극성이 증가하면 n 오비탈의 에너지 준위가 낮아져서 에너지 준위의 차이가 커지므로 짧은 파장 쪽으로 이동(청색 이동)한다.

정답 51 ④ 52 ③ 53 ① 54 ③ 55 ②

56 에틸알코올(C_2H_6O)의 ^1H-핵자기 공명 스펙트럼에 대한 설명으로 틀린 것은?

① 화학적 이동에 의하여 세 곳에서 양성자 봉우리가 나타난다.
② 고분해능 NMR로 분석 시 TMS 기준점에서 가장 가까이 나타나는 수소의 봉우리는 넷으로 갈라진다.
③ 알코올의 OH 수소원자를 중수소로 치환하면 스펙트럼에서 OH에 해당되는 봉우리가 사라진다.
④ 300MHz 분석 장비를 사용하면 60MHz 분석장비를 사용하였을 때보다 더 명확히 스핀-스핀 갈라짐을 관찰할 수 있다.

[해설]

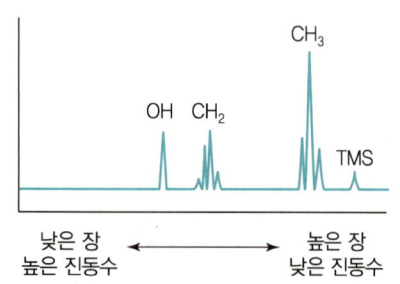

57 자외선 분광법에서 흡수 봉우리의 파장이 가장 짧을 것으로 예측되는 분자는?

① 1,3-butadiene
② 1,4-pentadiene
③ 1,3,5-hexatriene
④ 1,3,5,7-octatetraene

[해설]
- 1,4-pentadiene($CH_2=CH-CH_2-CH=CH_2$)은 콘주게이트 전자계가 아니므로 에너지가 커서 흡수 봉우리의 파장이 가장 짧다.
- 콘주게이션 : 단일결합과 이중결합(또는 삼중결합)이 교대로 있는 경우

58 텅스텐관구와 LiF 분광결정($d=2.01Å$)을 썼을 때 어떤 순금속의 예민한 X선 스펙트럼이 $2\theta=69.36°$에서 관측되었다. 형광 X선의 파장은?

① 1.978 Å
② 2.153 Å
③ 2.287 Å
④ 3.762 Å

[해설]
Bragg 식
$n\lambda = 2d\sin\theta$
$1\times\lambda = 2\times 2.01Å \times \sin\left(\dfrac{69.36°}{2}\right)$
$\therefore \lambda = 2.287Å$

59 초점거리(F)가 0.50m인 단색화 장치(Monochromator) 안에 1mm당 2,000개의 홈(Blase)이 새겨진 회절발(Echellette Grating)이 설치되어 있다. 이 단색화 장치의 1차(First-order) 스펙트럼에 대한 역선분산능(Reciprocal Linear Dispersion : D^{-1})의 값은?

① 1.0nm/mm
② 100nm/mm
③ 1.0×10^3nm/mm
④ 1.0×10^6nm/mm

[해설]
역선분산능(D^{-1})
$D^{-1} = \dfrac{d}{nF}$
여기서, n : 회절차수
F : 초점거리
d : 홈 간 거리
$D^{-1} = \dfrac{1/2,000\,mm}{1\times 0.5m} = \dfrac{0.5\times 10^{-3}\times 10^{-3}m}{0.5m}$
$= \dfrac{0.5\times 10^{-6}\times 10^{-3}m}{0.5\times 10^{-3}m} = 1nm/mm$

60 기기분석법에서 신호 대 잡음비를 개선하기 위하여 하드웨어와 소프트웨어 방법을 이용할 수 있는데 잡음을 줄이는 하드웨어 장치로 이용되는 방법이 아닌 것은?

① Fourier 변환기
② 아날로그 필터
③ 변조기
④ 동시화 복조기

[해설]
잡음을 개선하기 위한 하드웨어 방법
- 접지와 가로막기(차폐)
- 아날로그 필터
- 동시화 복조기
- 시차 및 기기장치 증폭기
- 변조
- 맞물린 증폭기

정답 56 ② 57 ② 58 ③ 59 ① 60 ①

4과목 기기분석 II

61 카드뮴 전극이 1.0M Cd^{2+} (반쪽전위 $E° = -0.40V$) 용액에 담겨진 반쪽전위의 전위는 얼마인가?

① $-0.2V$
② $-0.4V$
③ $-2.0V$
④ $-4.0V$

해설

$Cd^{2+} + 2e^- \rightleftharpoons Cd(s)$ $E° = -0.4V$
Nernst 식

$$E = E° - \frac{0.05916}{n}\log\frac{1}{[Cd^{2+}]}$$
$$= -0.4 - \frac{0.05916}{2}\log\frac{1}{1.0}$$
$$= -0.4V$$

62 질량분석스펙트럼에서 동위원소 봉우리가 가장 큰 것은?

① 에탄
② 에탄올
③ 아세톤
④ 염화에틸

해설

동위원소 비율
$^{12}C : ^{13}C = 100 : 1.08$
$^{1}H : ^{2}H = 100 : 0.015$
$^{16}O : ^{18}O = 100 : 0.20$
$^{35}Cl : ^{37}Cl = 100 : 32.5$

63 길이가 30cm인 크로마토그래피의 분리관에 의하여 혼합물 시료로부터 성분 A를 분리하였다. 분리된 성분 A의 머무름시간은 12분이었으며, 분리된 봉우리 밑변의 너비가 2.4분이었다면 단높이는 얼마인가?

① 7.5×10^{-2}cm
② 14×10^{-2}cm
③ 2.5cm
④ 12.5cm

해설

단높이 $H = \frac{L}{N}$

여기서, L : 관의 충전길이
N : 단수

$N = 16\left(\frac{t_R}{W}\right)^2$
$= 16 \times \left(\frac{12}{2.4}\right)^2 = 400$

∴ $H = \frac{L}{N} = \frac{30}{400} = 0.075 = 7.5 \times 10^{-2}$cm

64 유리전극에 대한 설명으로 틀린 것은?

① 이온 선택성 전극의 한 종류이다.
② 수소이온에 선택적으로 감응하는 특성이 있다.
③ 복합전극은 두 개의 기준전극이 필요하다.
④ 선택계수가 클수록 성능이 우수한 전극이다.

해설

선택계수
분석물 이온(A)의 감응도에 대한 같은 전하를 가진 다른 이온(X)의 상대적 감응도를 나타낸 것으로 선택계수가 작을수록 다른 이온의 방해가 작아 성능이 우수한 전극이다.

유리전극의 선택계수 $K_{H^+, X} = \frac{X에 대한 감응}{H^+에 대한 감응}$

65 역상 액체 크로마토그래피에서 가장 먼저 용리되어 나오는 성분은?

① 벤젠
② n-헥산올
③ 톨루엔
④ n-헥산

해설

역상 크로마토그래피
• 이동상 : 극성
• 고정상 : 비극성
• 이동상이 극성이므로 극성이 큰 물질이 먼저 용리되어 나온다.

정답 61 ② 62 ④ 63 ① 64 ④ 65 ②

66 질량분석기에서 사용되는 시료 도입장치가 아닌 것은?

① 직접 도입장치
② 배치식 도입장치
③ 펠렛식 도입장치
④ 크로마토그래피 도입장치

해설

질량분석기의 시료 도입장치
- 직접 도입장치
- 배치식 도입장치
- 크로마토그래피/모세관 전기이동 도입장치
※ 펠렛식 도입장치 : 적외선(IR) 흡수분광법에서 고체시료를 도입하는 장치

67 가스 크로마토그래피의 전개 가스의 유속이 20mL/min이고 기록지의 속도가 5cm/min이고 봉우리 꼭짓점까지의 길이가 30cm일 때 머무름부피는?

① 100mL ② 120mL
③ 140mL ④ 160mL

해설

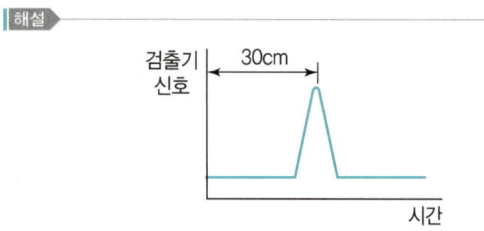

- 시간 = $\dfrac{30\text{cm}}{5\text{cm/min}} = 6\text{min}$
- 머무름부피 = $\dfrac{20\text{mL}}{\text{min}} \times 6\text{min} = 120\text{mL}$

68 기체 크로마토그래피 검출기 중 불꽃이온화 검출기(FID)가 가장 유용하게 사용될 수 있는 경우는?

① 자연수 중의 유기물질 오염도 측정 시
② 유기농 채소 속의 물의 함량 측정 시
③ 공기 중 이산화탄소의 함량 측정 시
④ 자동차 배기가스 중 SO_2의 함량 측정 시

해설

FID(불꽃이온화 검출기)
- FID는 시료를 불꽃으로 태워 이온화시켜 생성된 전류를 측정하는 기기이므로 연소하지 않는 기체(H_2O, CO_2, SO_2)에 대해서는 감응도가 작다.
- 탄화수소류(유기물질)에 대해 높은 감도를 나타낸다.

69 전도도법을 이용하여 염산을 수산화나트륨으로 적정하고자 한다. 전도도의 변화를 적정곡선으로 바르게 나타낸 것은?

① 전도도는 감소하다가 종말점 이후에는 증가한다.
② 전도도는 증가하다가 종말점 이후에는 감소한다.
③ 전도도는 감소하다가 종말점 이후에는 일정하게 유지된다.
④ 전도도는 증가하다가 종말점 이후에는 일정하게 유지된다.

해설

강전해질(HCl)과 강전해질(NaOH)의 적정이므로 H^+의 감소로 전도도는 감소하다가 종말점 이후 Na^+와 OH^-의 증가로 다시 증가한다.

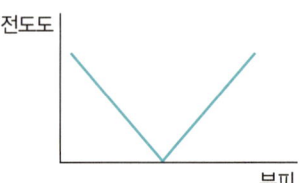

70 전압전류법의 일종인 폴라로그래피법에 사용하는 적하수은전극의 장점이 아닌 것은?

① 수소의 환원에 대한 과전압이 크다.
② 새로운 수은전극표면이 계속 생긴다.
③ 재현성 있는 평균전류를 얻을 수 있다.
④ 수은이 쉽게 산화되지 않아서 효과적이다.

정답 66 ③ 67 ② 68 ① 69 ① 70 ④

해설

폴라로그래피
적하수은전극으로 수행되는 전압전류법
㉠ 장점
- 수은전극에서 수소이온의 환원에 대한 과전압이 크다.
  → 수소기체의 발생으로 인한 방해가 적다.
- 수은방울이 계속 새로 생성되어 적하된다.
- 재현성이 좋다.

㉡ 단점
- 수은이 쉽게 산화되어 산화전극으로 사용할 수 없다.
- 잔류전류로 인해 확산전류의 정확한 측정이 방해를 받는다.

71 분자량 10,000 이상의 생체 고분자를 분리하기 위한 가장 적합한 방법은?

① 흡착 크로마토그래피
② 배제 크로마토그래피
③ 분배 크로마토그래피
④ 이온교환 크로마토그래피

해설

배제 크로마토그래피
정지상으로 구멍이 있는 중합체 입자나 실리카겔을 사용하는데, 큰 분자는 기질의 구멍을 통과하지 못하므로 빠르게 통과하고 작은 분자는 구멍을 거쳐가기 때문에 느리게 통과한다.

72 질량분석법에서 순수한 시료가 시료 도입장치를 통해 이온화실로 도입되어 이온화된다. 분자를 기체상태 이온으로 만들 때 사용하는 장치가 아닌 것은?

① 전자충격장치(Electron Impact Source : EI)
② 화학적 이온화장치(Chemical Ionization Source : CI)
③ 장 탈착장치(Field Desorption : FD)
④ 이중초점 분석기(Double Focusing)

해설

질량분석법에서의 이온화 방법
㉠ 기체상
- 전자충격 이온화(EI)
- 화학적 이온화(CI)
- 장 이온화(FI)

㉡ 탈착식
- 장 탈착 이온화(FD)
- 전기분무 이온화(ESI)
- 매트릭스 지원 레이저 탈착 이온화(MALDI)
- 빠른 원자 충격 이온화(FAB)

※ 이중초점 분석기 : 생성된 이온을 m/z에 따라 분리하는 질량분석장치

73 기체-고체 크로마토그래피(GSC)에 대한 설명으로 틀린 것은?

① 고체 표면에 기체물질이 흡착되는 현상을 이용한다.
② 분포상수는 보통 GLC의 경우보다 작다.
③ 기체-액체 칼럼에 머물지 않는 화학종을 분리하는 데 유용하다.
④ 충전 칼럼과 열린관 칼럼 두 가지 모두 사용된다.

해설

- GSC는 GLC보다 분포상수가 커서 고체 정지상 내의 분석물질의 농도가 크므로 기-액 칼럼에 머물지 않는 화학종의 분리에 유용하다.
- 분포상수(분배계수)
  $$K = \frac{C_S}{C_M} = \frac{정지상\ 내의\ 용질의\ 농도}{이동상\ 내의\ 용질의\ 농도}$$

74 전압전류법으로 수용액 중의 무기물질을 정량하고자 할 때, 용존산소를 제거할 필요가 있다. 다음 중 적합한 방법은?

① 시료용액의 온도를 높인다.
② 불활성 기체를 시료용액 속으로 불어 넣는다.
③ 시료용액의 pH를 낮게 유지한다.
④ 시료용액을 강하게 저어준다.

해설

시료용액의 온도를 높이거나 pH를 변화시키면 분석물질을 변질시킬 수 있고, 시료용액을 저어주면 공기와의 접촉을 증가시켜 용존산소의 양이 늘어나게 된다.
→ 용존산소를 제거하기 위해 영향을 주지 않는 불활성 기체를 이용한다.

정답 71 ② 72 ④ 73 ② 74 ②

75 이동상이 액체인 크로마토그래피가 아닌 것은?

① 분배 크로마토그래피
② 액체 – 고체 크로마토그래피
③ 이온교환 크로마토그래피
④ 확산 크로마토그래피

> 해설

액체 크로마토그래피
- 분배 크로마토그래피
- 액체 – 고체(흡착) 크로마토그래피
- 이온교환 크로마토그래피
- 크기 배제 크로마토그래피(겔 크로마토그래피)
- 친화 크로마토그래피
- 키랄 크로마토그래피

76 시차주사열량법에서 중합체를 측정할 때의 열량 변화와 관련이 없는 것은?

① 결정화   ② 산화
③ 승화   ④ 용융

> 해설

시차주사열량법(DSC)
- 결정의 생성과 용융, 결정화 정도 결정
- 결정화 온도 측정
- 상전이 과정 측정
- 고분자물 경화 여부 측정
- 유리전이 온도와 녹는점 결정

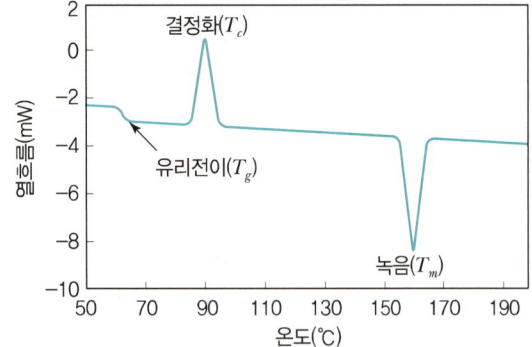

77 HPLC의 검출기에 대한 설명으로 옳은 것은?

① UV 흡수 검출기는 254nm의 파장만을 사용한다.
② 굴절률 검출기는 대부분의 용질에 대해 감응하나 온도에 매우 민감하다.
③ 형광 검출기는 대부분의 화학종에 대해 사용이 가능하나 감도가 낮다.
④ 모든 HPLC 검출기는 용액의 물리적 변화만을 감응한다.

> 해설

HPLC의 검출기
- 굴절률 검출기
- 흡수 검출기(UV/Vis, 적외선)
- 형광 검출기
- 전기화학 검출기

㉠ 굴절률 검출기
  - 거의 모든 용질에 감응한다.
  - 온도에 매우 민감하므로 0.01℃ 이내로 온도를 유지해야 한다.
  - 감도가 낮아 미량분석에는 사용되지 않는다.
  - 기울기 용리에 사용할 수 없다.
㉡ UV 흡수 검출기 : 254nm 이외에 250, 313, 334, 365nm 파장을 선택하여 사용한다.
㉢ 형광 검출기 : 형광을 발생하는 화학종에 대해 사용이 가능하며, 감도가 높다.

78 전자충격 이온화법(EI)에서 가장 일반적으로 사용하고 있으며 얻어진 스펙트럼에 대해서 상업화된 Library Search가 가능한 이온화에너지 값은 얼마인가?

① 10eV   ② 30eV
③ 70eV   ④ 120eV

> 해설

전자충격 이온화법에서 사용하는 이온화에너지는 70eV이다.

정답 75 ④ 76 ③ 77 ② 78 ③

79 가스 크로마토그래피에서 비누거품 유속계를 이용하여 유속을 측정하는 방법을 옳게 설명한 것은?

① 비누거품 유속계를 유속제어기 바로 뒤에 연결하여 유속을 측정한다.
② 비누거품 유속계를 시료주입기 바로 앞에 연결하여 유속을 측정한다.
③ 비누거품 유속계를 관 바로 앞에 연결하여 유속을 측정한다.
④ 비누거품 유속계를 관 바로 뒤에 연결하여 유속을 측정한다.

> 해설
> 비누거품 유속계는 관 바로 뒤에 연결하여 유속을 측정한다.

80 분자질량분석법에 사용되는 이온원의 종류 중 가장 큰 에너지의 전자를 이용하는 방법은?

① 전자충격법
② 전기분무 이온화법
③ 빠른 원자 충격법
④ 열분무 이온화법

> 해설
> 전자충격 이온화법
> • 시료의 온도를 충분히 높여 분자 증기를 만들고 기화된 분자들이 높은 에너지의 전자빔에 의해 부딪혀서 이온화된다.
> • 고에너지의 빠른 전자빔으로 분자를 때리므로 토막내기 과정이 매우 잘 일어난다.

정답 ▶ 79 ④ 80 ①

2014년 제4회 기출문제

1과목 일반화학

01 산화환원반응에서 전자를 받아들이는 화학종을 무엇이라고 하는가?
① 산화제 ② 환원제
③ 촉매제 ④ 용해제

해설
- 산화제 : 자신은 환원되면서 다른 물질을 산화시키는 물질
- 환원제 : 자신은 산화되면서 다른 물질을 환원시키는 물질

구분	산화	환원
산소	얻음	잃음
산화수	증가	감소
전자	잃음	얻음
수소	잃음	얻음

02 주기율표에서의 일반적인 경향으로 옳은 것은?
① 원자 반지름은 같은 족에서는 위로 올라갈수록 증가한다.
② 원자 반지름은 같은 주기에서는 오른쪽으로 갈수록 감소한다.
③ 같은 주기에서는 오른쪽으로 갈수록 금속성이 증가한다.
④ 0족에서는 금속성 물질만 존재한다.

해설
주기율표
- 오른쪽으로, 위로 갈수록, 비금속성, 이온화에너지, 전기음성도, 전자친화도가 증가한다.
- 왼쪽으로, 아래로 갈수록, 반지름, 금속성이 증가한다.

03 소금이나 설탕 등과 같은 고체화합물을 용액 속에서 용해할 때, 그 용해 속도를 증가시킬 수 있는 요인은?
① 용액의 교반과 냉각
② 용액의 가열과 교반
③ 용액의 제거와 냉각
④ 용액의 냉각과 고체 용질의 분쇄

해설
고체의 용해도
- 용매 100g 속에 용해되어 있는 용질의 g수
- 일반적으로 온도가 높을수록 용해도가 증가한다(압력의 영향을 받지 않음).
- 용해속도를 증가시키기 위해서는 온도를 높이거나, 용질의 크기를 작게 하거나, 잘 혼합(교반)해 주어야 한다.

04 C_4H_8의 모든 이성질체의 개수는 몇 개인가?
① 4 ② 5
③ 6 ④ 7

해설
C_4H_8 : C_nH_{2n}이므로 alkene 또는 cycloalkane이다.

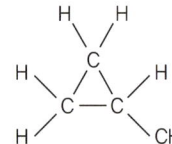

∴ 6개

정답 01 ① 02 ② 03 ② 04 ③

05 어떤 반응의 평형상수를 알아도 예측할 수 없는 것은?

① 평형에 도달하는 시간
② 어떤 농도가 평형조건을 나타내는지 여부
③ 주어진 초기농도로부터 도달할 수 있는 평형의 위치
④ 반응의 진행 정도

해설

평형상수
- 반응물과 생성물의 농도관계를 나타낸 수
- 평형상수는 온도의 함수

06 다음 아보가드로수와 관련된 설명 중 틀린 것은?

① 수소 기체 1g 중의 수소원자 수
② 물 18g 중의 물 분자 수
③ 표준상태의 수소 기체 22.4L 중의 수소 분자 수
④ 표준상태의 암모니아 기체 5.6L 중의 수소원자 수

해설

아보가드로수
- 원자, 분자, 화학식에서 1mol에 들어 있는 입자수
- 6.02×10^{23}개/1mol
- 표준상태(0℃, 1atm)에서 22.4L 안에 들어 있는 입자수

※ 표준상태

$NH_3\ 5.6L \times \dfrac{3mol\ H}{1mol\ NH_3} \times \dfrac{1mol}{22.4L} \times \dfrac{6.02 \times 10^{23}개}{1mol}$

$= 4.5 \times 10^{23}$개 H

07 물 90.0g에 포도당($C_6H_{12}O_6$) 4.80g이 녹아 있는 용액에서 포도당의 몰랄농도를 구하면?

① 0.0296m ② 0.296m
③ 2.96m   ④ 29.6m

해설

몰랄농도
용매 1kg에 녹아 있는 용질의 몰수(mol/kg용매)

$4.8g\ C_6H_{12}O_6 \times \dfrac{1mol}{180g} = 0.267mol$

$m = \dfrac{0.267mol}{90g \times \dfrac{1kg}{1,000g}} = 0.296m$

08 C, H, O로 이루어진 화합물이 있다. 이 화합물 1.543g을 완전 연소시켰더니 CO_2 2.952g, H_2O 1.812g이 생겼다. 이 화합물의 실험식에 해당하는 것은?

① CH_3O ② CH_5O
③ C_2H_5O ④ C_2H_6O

해설

C의 질량 : $2.952g\ CO_2 \times \dfrac{12g\ C}{44g\ CO_2} = 0.8051g$

H의 질량 : $1.812g\ H_2O \times \dfrac{2g\ H}{18g\ H_2O} = 0.2013g$

O의 질량 : $1.543g - (0.8051 + 0.2013)g = 0.5366g$

∴ C : H : O $= \dfrac{0.8051}{12} : \dfrac{0.2013}{1} : \dfrac{0.5366}{16}$

$= 0.0671 : 0.2013 : 0.0335$

$= 2 : 6 : 1$

09 중성의 염소(Cl)원자는 17의 원자번호를 가지며 37의 질량수를 가진다. 중성 염소원자의 양성자, 중성자, 전자의 개수를 옳게 나열한 것은?

① 양성자 : 37, 중성자 : 0, 전자 : 37
② 양성자 : 17, 중성자 : 0, 전자 : 17
③ 양성자 : 17, 중성자 : 20, 전자 : 37
④ 양성자 : 17, 중성자 : 20, 전자 : 17

해설

원자번호 = 전자수 = 양성자수
질량수 = 양성자수 + 중성자수
37 = 17 + 중성자수
∴ 중성자수 = 20
양성자수 = 전자수 = 17

정답 05 ① 06 ④ 07 ② 08 ④ 09 ④

10 물질의 구성에 관한 설명 중 틀린 것은?

① 몰(mole) 질량의 단위는 g/mol이다.
② 아보가드로수는 수소 12.0g 속의 수소원자의 수에 해당한다.
③ 몰(mole)은 아보가드로수만큼의 입자들로 구성된 물질의 양을 의미한다.
④ 분자식은 분자를 구성하는 원자의 종류와 수를 원소기호를 사용하여 나타낸 화학식이다.

> **해설**
> 아보가드로수는 수소 1mol에 들어 있는 수소원자의 수, 즉 수소 1g에 들어 있는 수소원자의 수에 해당된다.

11 다음과 같은 가역반응이 일어난다고 가정할 때 평형을 오른쪽으로 이동시킬 수 있는 변화는?

$$4HCl(g) + O_2(g) + heat \rightleftarrows 2Cl_2(g) + 2H_2O(g)$$

① Cl_2의 농도 증가 ② HCl의 농도 감소
③ 반응온도 감소   ④ 압력의 증가

> **해설**
> $\underline{4HCl(g) + O_2(g)} + heat \rightleftarrows \underline{2Cl_2(g) + 2H_2O(g)}$
>   5mol   4mol
> 압력을 증가시키면 르 샤틀리에 원리에 의해 몰수가 적은 오른쪽으로 평형이 이동된다.

12 다음 중 가장 큰 2차 이온화에너지를 가지는 것은?

① Mg ② Cl
③ S   ④ Na

> **해설**
> Na는 $1s^2 2s^2 2p^6 3s^1$의 전자배치를 가지므로 최외각전자수 1개이므로 전자 하나를 잃으면 안정한 전자배치를 갖는다. 그러나 이미 안정된 2번째 전자를 떼어내는 데 필요한 이온화에너지(제2이온화에너지) 값은 매우 커지게 된다.

13 $[Fe^{2+}]=0.02M$이고 $[Cd^{2+}]=0.20M$일 때 298K에서 다음 산화환원반응의 전지전위(V)는 약 얼마인가?

$$Fe(s) + Cd^{2+}(aq) \rightarrow Fe^{2+}(aq) + Cd(s), \ E°=0.040V$$

① +0.099 ② +0.069
③ +0.039 ④ +0.011

> **해설**
> Nernst 식
> $E = E° - \dfrac{0.05916}{n} \log \dfrac{[Ox]}{[Red]}$
> $\ \ = E° - \dfrac{0.05916}{n} \log \dfrac{[Fe^{2+}]}{[Cd^{2+}]}$
> $\ \ = 0.040 - \dfrac{0.05916}{2} \log \dfrac{[0.02]}{[0.2]}$
> $\ \ = 0.069V$

14 수용액에서 약간 용해하는 이온화합물 $Ag_2CO_3(s)$의 용해도곱 평형상수(K_{sp}) 식이 맞는 것은?

① $K_{sp} = [Ag^+]^2[CO_3^{2-}]$ ② $K_{sp} = [Ag_2^+][CO_3^-]$
③ $K_{sp} = \dfrac{2[Ag^+]^2[CO_3^{2-}]}{[Ag_2CO_3]}$ ④ $K_{sp} = \dfrac{[Ag_2^+][CO_3^-]}{[Ag_2CO_3]}$

> **해설**
> $Ag_2CO_3(s) \rightleftarrows 2Ag^+(aq) + CO_3^{2-}(aq)$
> $\therefore K_{sp} = [Ag^+]^2[CO_3^{2-}]$

15 산과 염기의 정의에 대한 설명 중 틀린 것은?

① 아레니우스 염기는 물에서 해리하여 수산화이온을 내놓는 물질이다.
② 브뢴스테드-로우리 산은 수소이온 주개로 정의한다.
③ 브뢴스테드-로우리 염기는 양성자 주개로 정의한다.
④ 아레니우스 산은 물에서 이온화되어 수소이온을 생성하는 물질이다.

> **정답** 10 ② 11 ④ 12 ④ 13 ② 14 ① 15 ③

> **해설**

산·염기의 정의

구분	산	염기
아레니우스	H^+를 내놓는 물질	OH^-를 내놓는 물질
브뢴스테드-로우리	H^+(양성자) 주개	H^+(양성자) 받개
루이스	비공유전자쌍 받개	비공유전자쌍 주개

16 O^{2-}, F, F^-를 지름이 작은 것부터 큰 순서로 옳게 나열한 것은?

① $O^{2-} < F < F^-$
② $F < F^- < O^{2-}$
③ $O^{2-} < F^- < F$
④ $F^- < O^{2-} < F$

> **해설**

- 음이온은 전자를 많이 받을수록 서로 반발하여 크기가 커진다.
  $F < F^-$, $O < O^{2-}$, $F^- < O^{2-}$
- 같은 주기에서는 원자번호가 작을수록 크기가 크다.
  $O > F$
  $\therefore F < F^- < O^{2-}$

17 sp^3 혼성궤도함수가 참여한 결합을 가진 물질은?

① C_6H_6
② C_2H_2
③ CH_4
④ C_2H_4

> **해설**

sp^3	sp^2	sp
단일결합	이중결합	삼중결합
CH_4	C_2H_4	C_2H_2

18 0.195M H_2SO_4 용액 15.5L를 만들기 위해 18.0M H_2SO_4 용액 얼마를 물로 희석시켜야 하는가?

① 0.336mL
② 92.3mL
③ 168mL
④ 226mL

> **해설**

$M_1V_1 = M_2V_2$
$0.195M \times 15.5L = 18.0M \times V_2$
$\therefore V_2 = 0.168L = 168mL$

19 수소이온의 농도가 1.0×10^{-7}M인 용액의 pH는?

① 6.00
② 7.00
③ 8.00
④ 9.00

> **해설**

$pH = -\log[H^+]$
$= -\log(1.0 \times 10^{-7}) = 7$

20 몰랄농도가 3.24m인 K_2SO_4 수용액 내 K_2SO_4의 몰분율은?(단, 원자량은 K가 39.10, O는 16.00, H는 1.008, S는 32.06이다.)

① 0.36
② 0.036
③ 0.551
④ 0.055

> **해설**

K_2SO_4의 몰수 : $3.24m = \dfrac{3.24mol\ K_2SO_4}{1kg\ H_2O}$

H_2O의 몰수 : $1kg\ H_2O \times \dfrac{1mol}{18g\ H_2O} \times \dfrac{1,000g}{1kg} = 55.56mol$

$\therefore K_2SO_4$의 몰분율 $= \dfrac{3.24}{55.56+3.24} = 0.055$

2과목 분석화학

21 어떤 유기산 10.0g을 녹여 100mL 용액을 만들면, 이 용액에서의 유기산의 해리도는 2.50%이다. 유기산은 일양성자산이며, 유기산의 K_a가 5.00×10^{-4}이었다면, 유기산의 화학식량은?

① 6.40g/mol
② 12.8g/mol
③ 64.0g/mol
④ 128g/mol

> **해설**

	HA	→	H^+	+	A^-
초기농도	x		0		0
반응농도	$-0.025x$		$+0.025x$		$+0.025x$
최종농도	$0.975x$		$0.025x$		$0.025x$

정답 16 ② 17 ③ 18 ③ 19 ② 20 ④ 21 ④

$$K_a = \frac{[H^+][A^-]}{[HA]} = \frac{(0.025x)^2}{0.975x} = 5.00 \times 10^{-4}$$

∴ $x = 0.78M ≒ 0.78 mol/L$

몰수 $= 0.78 mol/L \times 0.1L = 0.078 mol$

화학식량 $= \dfrac{10g}{0.078mol} ≒ 128.2 g/mol$

22 과망간산칼륨 5.00g을 물에 녹이고 500mL로 묽혀 과망간산칼륨 용액을 준비하였다. Fe_2O_3를 24.5% 포함하는 광석 0.500g 속에 든 철은 몇 mL의 $KMnO_4$ 용액과 반응하는가?(단, $KMnO_4$의 분자량은 158.04g/mol, Fe_2O_3의 분자량은 159.69g/mol이다.)

① 2.43 ② 4.86
③ 12.2 ④ 24.3

해설

$KMnO_4 = 5g/0.5L$

$Fe_2O_3 = 0.5g \times 0.245 = 0.1225g$

Fe^{2+}의 몰수 $= 0.1225g\,Fe_2O_3 \times \dfrac{2mol\,Fe}{159.69g\,Fe_2O_3}$

$= 1.534 \times 10^{-3} mol$

$[MnO_4^-] = \dfrac{5g\,KMnO_4}{0.5L} \times \dfrac{1}{158.04g/mol}$

$= 0.0633M$

$5Fe^{2+} + MnO_4^- + 8H^+ \rightleftarrows 5Fe^{3+} + Mn^{2+} + 4H_2O$

  5   :   1
$1.534 \times 10^{-3} : x$

$x = 3.068 \times 10^{-4} mol$

$= MV$
$= 0.0633M \times V$

∴ $V = 4.85 \times 10^{-3}L = 4.85 mL$

23 0.10M 황산 용액 1L를 제조하는 데 94%(wt/wt), 밀도 1.831g/mL인 진한 황산 몇 mL를 물과 섞어 희석시켜야 하는가?

① 0.0057 ② 0.057
③ 0.57   ④ 5.7

해설

0.1M H_2SO_4 1L

$x\,mL \times 1.831 g/mL \times 0.94 = 0.1 mol \times 98 g/mol$

∴ $x = 5.7 mL$

24 40.00mL의 0.1000M I^-를 0.2000M Pb^{2+}로 적정하고자 한다. Pb^{2+}를 5.00mL 첨가하였을 때, 이 용액 속에서 I^-의 농도는 몇 M인가?(단, $PbI_2(s) \rightleftarrows Pb^{2+}(aq) + 2I^-(aq)$, $K_{sp} = 7.9 \times 10^{-9}$이다.)

① 0.0444 ② 0.0500
③ 0.0667 ④ 0.1000

해설

I^-의 몰수 $= 40.00mL \times \dfrac{1L}{1,000mL} \times 0.1000M$

$= 4.00 \times 10^{-3} mol$

Pb^{2+}의 몰수 $= 0.2000M \times 5mL \times \dfrac{1L}{1,000mL}$

$= 1.00 \times 10^{-3} mol$

	PbI_2	→	Pb^{2+}	+	$2I^-$
초기농도	0		1.00×10^{-3}		4.00×10^{-3}
반응농도	1.00×10^{-3}		-1.00×10^{-3}		-2.00×10^{-3}
최종농도	1.00×10^{-3}		0		2.00×10^{-3}

∴ I^-의 농도 $= \dfrac{2.00 \times 10^{-3} mol}{0.04L + 0.005L} = 0.0444M$

25 물(H_2O)에 관한 일반적인 설명으로 맞는 것은?

① 물의 pH가 낮으면 염기성을 나타낸다.
② 물의 pH가 낮으면 $[H^+]$가 $[OH^-]$보다 적게 존재한다.
③ 물속에서 H^+는 H_3O^+로 존재한다.
④ 물은 4℃에서 가장 가볍다.

해설

pH 작음	7	pH 큼
산성	중성	염기성

물은 4℃에서 가장 밀도가 크다. → 가장 무겁다.

정답 22 ② 23 ④ 24 ① 25 ③

26 pH 10으로 완충된 0.1M Ca^{2+} 용액 20mL를 0.1M EDTA로 적정하고자 한다. 당량점($V_{EDTA}=20mL$)에서의 Ca^{2+} 몰농도(mol/L)는 얼마인가?(단, CaY^{2-}의 $K_f=5.0\times10^{10}$이고 Y^{4-}로 존재하는 EDTA 분율 $\alpha_{Y^{4-}}=\dfrac{[Y^{4-}]}{[EDTA]}=0.35$이다.)

① $1.7\times10^{-4}M$ ② $1.7\times10^{-5}M$
③ $1.7\times10^{-6}M$ ④ $1.7\times10^{-7}M$

해설

$[CaY^{2-}]=\dfrac{0.1M\times20mL}{40mL}=0.05M$

	Ca^{2+}	+	EDTA	$\rightleftarrows$	CaY^{2-}
초기농도	0		0		0.05
반응농도	x		x		$-x$
최종농도	x		x		$0.05-x$

$K_f'=\alpha_{Y^{4-}}\cdot K_f=0.35\times5\times10^{10}=1.75\times10^{10}$

$K_f'=\dfrac{[CaY^{2-}]}{[Ca^{2+}][EDTA]}=\dfrac{0.05-x}{x^2}=1.75\times10^{10}$

$\therefore x=1.7\times10^{-6}M$

27 전하를 띠지 않는 중성 분자들은 이온 세기가 0.1M 보다 작을 경우 활동도 계수(Activity Coefficient)를 얼마라고 할 수 있는가?

① 0   ② 0.1
③ 0.5   ④ 1

해설

전하를 띠지 않는 중성 분자의 경우 이온 세기의 영향을 거의 받지 않으므로, 활동도 계수는 1이다.

28 고체에 포함된 Cl^-의 양을 측정하기 위하여 고체시료 5g을 용해시킨 후 과량의 질산은으로 처리하여 AgCl 침전물을 얻었다. 침전물 AgCl을 세척, 건조 과정을 거쳐 무게를 측정하니 0.261g이었다. 고체시료 내에 포함된 Cl^-의 무게 백분율은?(단, AgCl의 분자량은 143.32 g/mol이고 Cl의 원자량은 35.453g/mol이다.)

① 1.29%   ② 5.22%
③ 12.9%   ④ 15.2%

해설

$0.261g\,AgCl\times\dfrac{35.453g/mol}{143.32g/mol}\times\dfrac{1}{5g}\times100\%=1.29\%$

29 $Cu(s)+2Ag^+\rightleftarrows Cu^{2+}+2Ag(s)$ 반응의 평형상수값은 약 얼마인가?(단, 이들 반응을 구성하는 반쪽반응과 표준전극전위는 다음과 같다.)

| $Ag^++e^-\rightleftarrows Ag(s)$ | $E°=0.799V$ |
| $Cu^{2+}+2e^-\rightleftarrows Cu(s)$ | $E°=0.337V$ |

① 2.5×10^{12} ② 4.1×10^{15}
③ 4.1×10^{18} ④ 2.5×10^{10}

해설

$E°=E°_+-E°_-$
$\quad=0.799V-0.337V=0.462V$

$E°=\dfrac{0.05916}{n}\log K$

$0.462=\dfrac{0.05916}{2}\log K$

$\therefore K=4.1\times10^{15}$

30 다음 염(Salt)들 중에서 물에 녹았을 때, 염기성 수용액을 만드는 염을 모두 나타낸 것은?

NaBr, CH_3COONa, NH_4Cl, K_3PO_4, NaCl, $NaNO_3$

① CH_3COONa, K_3PO_4
② CH_3COONa
③ NaBr, CH_3COONa, NH_4Cl
④ NH_4Cl, K_3PO_4, NaCl, $NaNO_3$

해설

- 약산+강염기 → 염기성염 예) CH_3COONa, K_3PO_4
- 강산+약염기 → 산성염 예) NH_4Cl
- 강산+강염기 → 중성염 예) NaBr, NaCl, $NaNO_3$

정답 26 ③ 27 ④ 28 ① 29 ② 30 ①

31 표의 표준환원전위를 참고할 때 다음 중 가장 강한 산화제는?

화학반응	$E°(V)$
$Na^+ + e^- \rightleftarrows Na(s)$	-2.71
$Ag^+ + e^- \rightleftarrows Ag(s)$	$+0.80$

① Na^+ ② Ag^+
③ $Na(s)$ ④ $Ag(s)$

해설
- $E° > 0$: 환원
- $E° < 0$: 산화
- 산화제 : 자신은 환원되고 다른 물질을 산화시킨다.

32 산-염기 적정에서 사용하는 지시약이 용액 속에서 다음과 같이 해리한다고 한다. 만일 이 용액에 산을 첨가하여 용액의 액성을 산성이 되게 했다면 용액의 색깔은 어느 쪽으로 변화하는가?

$$HR(무색) \rightleftarrows H^+ + R^-(적색)$$

① 적색
② 무색
③ 적색과 무색이 번갈아 나타난다.
④ 알 수 없다.

해설
H^+가 증가하면 역반응이 진행되므로 적색 → 무색이 된다.

33 과산화수소 50wt% 수용액의 밀도가 1.18g/mL라면 과산화수소수의 몰농도는 약 몇 M인가?

① 1.74 ② 2.88
③ 17.3 ④ 28.8

해설
50wt% 과산화수소수 수용액
100g 기준 ┌ 50g H_2O_2
         └ 50g H_2O

$$\frac{50g\,H_2O_2 \times \frac{1mol\,H_2O_2}{34g\,H_2O_2}}{100g \times \frac{1mL}{1.18g} \times \frac{1L}{1,000mL}} = 17.3M$$

34 갈바니전지를 선 표시법으로 옳게 나타낸 것은?

① $Cd(s) \parallel CdCl_2(aq) \mid AgNO_3(aq) \parallel Ag(s)$
② $Cd(s) \mid CdCl_2(aq) \parallel AgNO_3(aq) \mid Ag(s)$
③ $Cd(s), CdCl_2(aq), AgNO_3(aq), Ag(s)$
④ $Cd(s), CdCl_2(aq) \mid AgNO_3(aq), Ag(s)$

해설
갈바니전지
산화전극 | 용액 ∥ 용액 | 환원전극
                ↓
              염다리

35 pH 10.00인 10.00mL의 0.0200M Ca^{2+}를 0.0400M EDTA로 적정하고자 한다. 7.00mL EDTA가 첨가되었을 때 Ca^{2+}의 농도는 약 얼마인가?(단, $Ca^{2+} + EDTA \rightleftarrows CaY^{2-}$, $K_f = 1.8 \times 10^{10}$이다.)

① $1.40 \times 10^{-10}M$ ② $5.6 \times 10^{-11}M$
③ $7.4 \times 10^{-13}M$ ④ 0.0200M

해설
$MV = M'V'$
$0.02M \times 10mL = 0.04M \times V'$
$\therefore V' = 5mL\,EDTA$
7.00mL EDTA가 첨가 → 당량점 이후
$[CaY^{2-}] = \frac{(0.02 \times 10)mmol}{17mL} = \frac{0.2}{17}M = 0.012M$
$[EDTA] = \frac{(0.04 \times 2)mmol}{17mL} = \frac{0.08}{17}M = 0.0047M$

	Ca^{2+}	$+$ EDTA	$\rightleftarrows$ CaY^{2-}
초기농도	0	0.0047	0.012
반응농도	$+x$	$+x$	$-x$
최종농도	x	$0.0047 + x$	$0.012 - x$

정답 31 ② 32 ② 33 ③ 34 ② 35 ①

$$K_f = \frac{[\text{CaY}^{2-}]}{[\text{Ca}^{2+}][\text{EDTA}]}$$

$$1.8 \times 10^{10} = \frac{0.012 - x}{x(0.0047 + x)}$$

$$\therefore x = [\text{Ca}^{2+}] = 1.4 \times 10^{-10} \text{M}$$

36 $1,000 \text{L} \cdot \text{atm} \cdot \text{mol}^{-1} \cdot \text{K}^{-1}$을 $\text{J} \cdot \text{mol}^{-1} \cdot \text{K}^{-1}$로 환산하면 얼마인가?

① 1.013
② 10.13
③ 101.3
④ 1,013

해설

$$\frac{1,000\text{L} \cdot \text{atm}}{\text{mol} \cdot \text{K}} \bigg| \frac{1\text{m}^3}{1,000\text{L}} \bigg| \frac{101.3 \times 10^3 \text{N/m}^2}{1\text{atm}} \bigg| \frac{1\text{J}}{1\text{N} \cdot \text{m}}$$
$= 101.3\text{J}$

37 다음 중 화학평형에 대한 설명으로 옳은 것은?

① 화학평형상수는 단위가 없으며, 보통 K로 표시하고 K가 1보다 크면 정반응이 유리하다고 정의하며, 이때 Gibbs 자유에너지는 양의 값을 가진다.
② 평형상수는 표준상태에서의 물질의 평형을 나타내는 값으로 항상 양의 값이며, 온도에 관계없이 일정하다.
③ 평형상수의 크기는 반응속도와는 상관이 없다. 즉 평형상수가 크다고 해서 반응이 빠름을 뜻하지 않는다.
④ 물질의 용해도곱(Solubility Product)은 고체염이 용액 내에서 녹아 성분 이온으로 나뉘는 반응에 대한 평형상수로 흡열반응은 용해도곱이 작고, 발열반응은 용해도곱이 크다.

해설

평형상수
㉠ $a\text{A} + b\text{B} \rightarrow c\text{C} + d\text{D}$
 평형상수 $K = \frac{[\text{C}]^c[\text{D}]^d}{[\text{A}]^a[\text{B}]^b}$
㉡ $\Delta G° = -RT\ln K$
 $K > 1$, $\Delta G° < 0$: 정반응
㉢ K는 온도만의 함수
 • 흡열반응 : 온도↑ → K↑
 • 발열반응 : 온도↑ → K↓

38 갈바니전지(Galvanic Cell)의 염다리에 관한 설명 중 틀린 것은?

① 염다리는 KCl, KNO$_3$, NH$_4$Cl과 같은 염으로 채워져 있다.
② 염다리를 통하여 갈바니전지는 전체적으로 전기적 중성이 유지된다.
③ 염다리의 염용액 농도는 매우 낮다.
④ 염다리에는 다공성 마개가 있어 서로 다른 두 용액이 서로 섞이는 것을 방지한다.

해설

염다리는 전지반응에 영향을 미치지 않는 고농도의 전해질(KCl, KNO$_3$, NH$_4$Cl)로 채워진 U자관이다.

39 부피적정에서 사용되는 이상적인 표준용액의 요건이 아닌 것은?

① 용액농도가 쉽게 변하지 않는 안정된 물질이어야 한다.
② 분석하고자 하는 물질과 빠르게 반응하여야 한다.
③ 분석 시료 내의 모든 물질과 용이하게 반응하여야 한다.
④ 분석하고자 하는 물질과 반응하여 반응이 완결되어야 한다.

해설

표준용액은 분석하고자 하는 물질과 빠르게 반응해야 한다.

40 HCl 용액을 표준화하기 위해 사용한 Na$_2$CO$_3$가 완전히 건조되지 않아서 물이 포함되어 있다면 이것을 사용하여 제조된 HCl 표준용액의 농도는?

① 참값보다 높아진다.
② 참값보다 낮아진다.
③ 참값과 같아진다.
④ 참값의 1/2이 된다.

해설

$MV = M'V'$에서 Na$_2$CO$_3$가 참값인 경우보다 더 많은 부피가 소모되므로 HCl은 같은 부피에서 참값보다 높은 농도가 된다.

정답 36 ③ 37 ③ 38 ③ 39 ③ 40 ①

3과목 기기분석 I

41 푸리에(Fourier) 변환을 이용하는 분광법에 대한 설명으로 틀린 것은?

① 기기들이 복사선의 세기를 감소시키는 광학부분 장치와 슬릿을 거의 가지고 있지 않기 때문에 검출기에 도달하는 복사선의 세기는 분산기기에서 오는 것보다 더 크게 되므로 신호 대 잡음비가 더 커진다.
② 높은 분해능과 파장 재현성으로 인해 매우 많은 좁은 선들의 겹침으로 해서 개개의 스펙트럼의 특성을 결정하기 어려운 복잡한 스펙트럼을 분석할 수 있게 한다.
③ 광원에서 나오는 모든 성분 파장들이 검출기에 동시에 도달하기 때문에 전체 스펙트럼을 짧은 시간 내에 얻을 수 있다.
④ 푸리에 변환에 사용되는 간섭계는 미광의 영향을 받으므로 시간에 따른 미광의 영향을 최소화하기 위하여 빠른 감응 검출기를 사용한다.

해설

FT 분광법
푸리에 변환에 사용되는 간섭계는 미광의 영향을 받지 않으므로 고려하지 않아도 된다.
※ 미광 : 단색화 장치로부터 예상되는 띠너비 범위 밖에 있는 파장의 빛

42 어떤 물질의 몰흡광계수는 440nm에서 $34,000\text{M}^{-1}\text{cm}^{-1}$이다. 0.2cm 셀에 들어 있는 $1.03\times 10^{-4}\text{M}$ 용액의 퍼센트 투광도는 약 얼마인가?

① 15%   ② 20%
③ 25%   ④ 30%

해설

흡광도 $A = \varepsilon bc = -\log T$
$= 34,000\text{M}^{-1}\text{cm}^{-1} \times 0.2\text{cm} \times 1.03 \times 10^{-4}\text{M}$
$= 0.7$
투광도 $T = 10^{-A} = 10^{-0.7} = 0.20$
∴ 퍼센트 투광도 $= 0.2 \times 100\%$
$= 20\%$

43 X선 분광법은 특정 파장의 X선 복사선을 방출, 흡수, 회절에 이용하는 방법이다. X선 분광법 중 결정물질 중의 원자배열과 원자 간 거리에 대한 정보를 제공하며, 스테로이드, 비타민, 항생물질과 같은 복잡한 물질구조의 연구, 결정질 화합물의 확인에 주로 응용되고 있는 방법은?

① X선 형광분광법   ② X선 흡수분광법
③ X선 회절분광법   ④ X선 방출분광법

해설

X선 회절분광법
• 스테로이드, 비타민, 항생물질과 같은 복잡한 천연물질의 구조 연구에 이용된다.
• 결정성 물질의 원자배열과 원자 간 거리에 대한 정보를 제공한다.
• 고체시료에 들어 있는 화합물에 대한 정성 및 정량적인 정보를 제공한다.

44 양성자 NMR 분광법에서 표준물질로 사용되는 사메틸실란(TMS, Tetramethyl silane)에 대한 설명으로 틀린 것은?

① TMS의 가리움 상수가 대부분의 양성자보다 크다.
② TMS에 존재하는 수소는 한 종류이다.
③ TMS에 존재하는 모든 양성자는 같은 화학적 이동 값을 갖는다.
④ TMS는 휘발성이 적다.

해설

TMS(Tetramethyl silane)

• 구조식 : $\text{CH}_3-\text{Si}(\text{CH}_3)_2-\text{CH}_3$
(CH₃ 기 4개가 Si에 결합)

• 휘발성이 커서 실험 후 혼합된 미량시료의 회수가 용이하다.

정답 41 ④ 42 ② 43 ③ 44 ④

45 X선 형광법의 장점이 아닌 것은?

① 스펙트럼이 단순하여 방해효과가 적다.
② 비파괴 분석법이다.
③ 감도가 다른 분광법보다 아주 우수하다.
④ 실험 과정이 빠르고 간편하다.

| 해설 |

X선 형광법
㉠ 장점
- 스펙트럼이 단순하여 스펙트럼선 방해가 적다.
- 비파괴 분석법이다.
- 실험과정이 빠르고 편리하다. → 수 분 내에 다중원소 분석이 가능하다.

㉡ 단점
- 감도가 우수하지 못하다.
- 가벼운 원소 측정이 어렵다.
- 기기가 비싸다.

46 전자기 복사선의 파장이 긴 것부터 짧아지는 순서 대로 옳게 나열된 것은?

① 라디오파 > 적외선 > 가시광선 > 자외선 > X선 > 마이크로파
② 라디오파 > 적외선 > 가시광선 > 자외선 > 마이크로파 > X선
③ 마이크로파 > 적외선 > 가시광선 > 자외선 > 라디오파 > X선
④ 라디오파 > 마이크로파 > 적외선 > 가시광선 > 자외선 > X선

| 해설 |

파장이 길다   파장이 짧다
에너지가 작다   에너지가 크다
◄─────────────────────────►
라디오파 마이크로파 적외선 가시광선 자외선 X선 γ선

47 Beer의 법칙에 대한 설명으로 옳은 것은?

① 흡광도는 색깔 세기의 척도가 된다.
② 몰흡광계수는 특정 파장에서 통과한 빛의 양을 의미한다.
③ 농도가 2배로 증가하면 흡광도는 1/4로 감소한다.
④ 흡광도는 시료의 농도와 통로 길이의 단위를 묶어서 % 단위로 표시한다.

| 해설 |

Beer의 법칙
- $A = \varepsilon bc$
  C(농도)가 2배 증가하면 A(흡광도)도 2배 증가한다.
- 우리가 보는 색상은 물질이 흡수한 빛의 보색을 보는 것이므로 흡광도는 색깔 세기의 척도가 된다.

48 발광다이오드(LED : Light Emitting Diode)를 적당히 가공하면 반도체 레이저를 제조할 수 있다. 반도체 레이저는 대부분 적외선 영역의 파장을 갖기 때문에 분광학적 응용에는 매우 제한적이다. 따라서 진동수 배가장치를 이용하면 청색, 녹색 등의 파장을 낼 수가 있다. 다음 중 진동수 배가 장치는?

① 비선형 결정(Nonlinear Crystal)
② 에셸레 단색화기(Echelle Monochromator)
③ 광전 증배관(Photomultiplier Tube)
④ 색소 레이저(Dye Laser)

| 해설 |

비선형 결정
복사선이 결정을 통과할 때 결정을 이루는 원자가 순간적으로 편극을 일으킨다. 이때 편극의 정도는 복사선 전기장 크기에 비선형적으로 비례하여 입사 복사선의 2배의 주파수를 갖는 복사선을 방출한다.

에셸레 단색화기
앞쪽에는 같은 크기의 에셀레트보다 분산능과 분해능이 큰 에셀레 회절발을, 뒤쪽에는 낮은 분산능의 회절발 또는 프리즘을 사용한다.

광전자증배관
10여 개 이상의 다이노를 이용하여 2차 전자를 다량 방출함으로써 입력 신호를 증폭시키는 광자 변환기

색소 레이저
자외선, 가시광선, 적외선에서 형광을 낼 수 있는 유기화합물 용액을 활성 물질로 사용하는 레이저

정답 45 ③ 46 ④ 47 ① 48 ①

49 자외선-가시광선(UV-Vis) 흡수분광법의 광원의 종류에 해당되지 않는 것은?

① 중수소 및 수소등
② 텅스텐 필라멘트등
③ 속빈음극등
④ 제논(Xe) 아크등

해설

속빈음극등
원자흡수분광법에서 주로 사용하는 선광원

50 다음 양자전이 중 가장 큰 에너지가 필요한 것은?

① 분자회전
② 자기장 내에서 핵스핀
③ 내부전자
④ 결합전자

해설

에너지 크기 순서
내부전자 > 결합전자 또는 최외각전자 > 분자진동 > 분자회전 > 자기장 내 전자스핀 > 자기장 내 핵스핀

51 안쪽 궤도함수의 전자가 여기상태로 전이할 때 흡수하는 복사선은?

① 초단파
② 적외선
③ 자외선
④ X선

해설

라디오파	핵스핀 전이
마이크로파	전자스핀 전이
적외선	분자의 진동, 회전상태 전이
가시광선/자외선	최외각전자 또는 결합전자 전이
X선	내부전자 전이

52 적외선 흡수분광법에 사용하는 액체용 시료 용기가 비어 있는 상태에서 $1,200\text{cm}^{-1} \sim 1,400\text{cm}^{-1}$의 구간에서 4개의 간섭봉우리를 나타내었다. 시료 용기의 광로 길이(Path Length)는 얼마인가?

① $10\mu m$
② $50\mu m$
③ $100\mu m$
④ $200\mu m$

해설

시료용기의 길이(b)

$$b = \frac{\Delta N}{2(\overline{\nu_1} - \overline{\nu_2})} = \frac{\text{간섭봉우리 수}}{2 \times \text{파수구간}}$$

$$= \frac{4}{2(1,400 - 1,200)\text{cm}^{-1}}$$

$$= \frac{1}{100}\text{cm} = 10^{-4}\text{m} = 100\mu m$$

53 원자분광학에서 사용되는 플라스마 분석기술과 가장 거리가 먼 것은?

① Inductively Coupled Plasma(ICP)
② Direct Current Plasma(DCP)
③ Microwave Induced Plasma(MIP)
④ Chemical Ionization Plasma(CIP)

해설

CIP(화학적 이온화 플라스마)
질량분석법에서 시료분자를 이온화시키는 장치이다.

54 산 무수물(Acid Anhydride)에 대한 적외선 흡수분광 스펙트럼에 대한 설명으로 옳은 것은?

① 하나의 큰 C=O 흡수띠가 있다.
② 대칭, 비대칭의 흡수띠가 있다.
③ C-H 굽힘 흡수띠는 3,000cm^{-1} 정도에서 발견된다.
④ C-O 신축 흡수띠는 C=O 흡수띠와 유사 위치에 발견된다.

해설

산무수물

• 구조식 :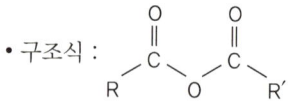

• 2개의 C=O 흡수띠가 나타난다.
• C-H 굽힘 흡수띠 : 1,300~1,400cm^{-1}
  ※ 3,000cm^{-1}은 C-H 신축 흡수띠가 나타난다.
• C-O의 신축 흡수띠 : 1,050~1,300cm^{-1}
• C=O의 신축 흡수띠 : 1,600~1,800cm^{-1}

정답 49 ③ 50 ③ 51 ④ 52 ③ 53 ④ 54 ②

55 이산화탄소 분자는 모두 몇 개의 기준 진동방식을 가지는가?

① 3　　　　② 4
③ 5　　　　④ 6

해설

CO_2는 선형 분자이므로
$3N-5 = (3 \times 3) - 5 = 4$

56 불꽃원자장치에서 필요한 구성요소가 아닌 것은?

① 연료　　　　② 전기로
③ 산화제　　　④ 버너

해설

전기로 : 전열원자화 장치의 구성요소

57 분석기기를 사용하여 물질을 정량할 때, 적당한 기기분석의 검정법이 아닌 것은?

① 표준용액법　　　② 표준물 첨가법
③ 내부표준물법　　④ 표준검정곡선법

해설

정량분석의 검정법
- 표준검정곡선법(외부표준물법)
  정확한 농도의 분석물을 포함하는 몇 개의 표준용액을 만들어 농도 증가에 따른 신호의 세기 변화에 대한 검정곡선을 얻어 분석물질의 양을 알아내는 방법
- 표준물 첨가법
  미지시료의 일정량에 표준물을 일정량씩 첨가하여 용액을 만든 후 증가된 신호 세기로부터 원래 분석물질의 양을 알아내는 방법
- 내부표준물법
  모든 시료, 바탕, 검정표준물에 일정량의 내부표준물을 첨가하여 분석물의 신호와 내부표준물의 신호를 비교하여 분석물질의 양을 알아내는 방법

58 발색단에 대한 설명으로 옳은 것은?

① 특징적인 전이에너지나 흡수파장에 대해 흡광을 하는 원자단을 말한다.
② 특징적인 전이에너지를 흡광하지 않지만 인접한 작용기의 흡광 세기와 파장에 변화를 주는 치환기이다.
③ 메틸(Methyl) 그룹은 전형적인 발색단이다.
④ 흡광파장과 관계없는 치환기를 말한다.

해설

발색단 : π궤도함수를 갖는 불포화작용기를 포함하고 UV-Vis를 흡수할 수 있는 분자나 원자단

59 원자흡수법에서 사용되는 광원에 대한 설명으로 틀린 것은?

① 다양한 원소를 하나의 광원으로 분석이 가능하다.
② 흡수선 너비가 좁기 때문에 분자흡수에서는 볼 수 없는 측정상의 문제가 발생할 수 있다.
③ 원자 흡수 봉우리의 제한된 너비 때문에 생기는 문제는 흡수 봉우리보다 더 좁은 띠너비를 갖는 선광원을 사용함으로써 해결할 수 있다.
④ 원자흡수선이 좁고, 전자전이에너지가 각 원소마다 독특하기 때문에 높은 선택성을 갖는다.

해설

원자마다 흡수하는 파장이 다르므로 원소별로 광원이 필요하다.

60 다음 중 형광을 발생하는 화합물은?

① Pyridine　　② Furan
③ Pyrrole　　　④ Quinoline

해설

형광을 발생하는 화합물

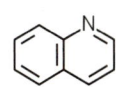　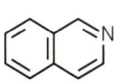　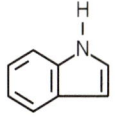

Quinoline　　Isoquinoline　　Indole

Pyridine, Furan, Pyrrole과 같은 간단한 헤테로 고리화합물은 형광을 내지 못하고, 접합고리화합물은 형광을 낸다.

4과목 기기분석 Ⅱ

61 역상(Reverse Phase) 액체 크로마토그래피에서 용질의 극성이 A>B>C 순으로 감소할 때, 용질의 용출 순서를 빠른 것부터 바르게 나열한 것은?

① A-B-C ② C-B-A
③ A-C-B ④ B-C-A

해설

역상 크로마토그래피
이동상이 극성, 고정상이 비극성이므로 극성이 큰 물질이 먼저 용리된다.

62 머무름시간이 630초인 용질의 봉우리 너비를 변곡점을 지나는 접선과 바탕선이 만나는 지점에서 측정해 보니 12초였다. 다음의 봉우리는 652초에 용리되었고 너비는 16초였다. 두 성분의 분리도는?

① 0.19 ② 0.36
③ 0.79 ④ 1.57

해설

분리도(R_s)
두 가지 분석물을 분리할 수 있는 관의 능력을 정량적으로 나타낸 척도

$$R_s = \frac{2\{(t_R)_B - (t_R)_A\}}{W_A + W_B}$$

여기서, $(t_R)_A$, $(t_R)_B$: 봉우리 A, B의 머무름시간
W_A, W_B : 봉우리 A, B의 너비

$$\therefore R_s = \frac{2(652-630)}{12+16} = 1.57$$

63 다음 질량분석법 중 시료의 분자량 측정에 이용하기에 가장 부적당한 이온화 방법은?

① 빠른 원자 충격법(FAB)
② 전자충격 이온화법(EI)
③ 장 탈착법(FD)
④ 장 이온화법(FI)

해설

전자충격 이온화법
시료가 높은 에너지의 전자빔에 부딪혀 이온화되므로 토막내기 반응이 잘 일어나 분자이온 봉우리가 거의 나타나지 않는다.

64 포화칼로멜 전극의 반쪽전지를 옳게 표현한 것은?

① $Hg(l) \mid HgCl_2(sat'd), KCl(aq) \parallel$
② $Hg(s) \mid HgCl_2(sat'd), KCl(aq) \parallel$
③ $Hg(s) \mid KCl(sat'd), Hg^{2+}(aq) \parallel$
④ $Hg(l) \mid Hg_2Cl_2(sat'd), KCl(aq) \parallel$

해설

전극반응
$Hg_2Cl_2(s) + 2e^- \rightleftarrows 2Hg(l) + Cl^-$

65 HETP가 $50\mu m$인 칼럼의 이론단수가 6,500이면 이 칼럼의 최소길이는 얼마인가?

① 32.5cm ② 3.25m
③ 13.0cm ④ 13m

해설

$$H = \frac{L}{N}$$

$\therefore L = H \times N = (50 \times 10^{-4} cm) \times 6,500$
$= 32.5 cm$

66 다음 중 질량분석기로 사용되지 않는 것은?

① 단일 극자 질량분석기
② 이중 초점 질량분석기
③ 이온 포착 질량분석기
④ 비행-시간 질량분석기

해설

질량분석기의 종류
- 부채꼴 자기장 질량분석기
- 이중 초점 질량분석기
- 이온 포획 질량분석기
- 사중 극자 질량분석기
- 비행-시간 질량분석기
- Fourier 변환(FT) 질량분석기

정답 61 ① 62 ④ 63 ② 64 ④ 65 ① 66 ①

67 폴라로그래피법으로 수용액 중의 금속 양이온을 분석하고자 한다. 가장 적합한 작업전극은?

① 적하수은전극
② 매달린 수은전극
③ 백금흑전극
④ 유기질 탄소전극

해설

폴라로그래피법
작업전극으로 적하수은전극을 사용하는 전압전류법

68 전압전류법의 전압전류곡선으로부터 얻을 수 있는 정보가 아닌 것은?

① 정량 및 정성분석
② 전극반응의 가역성
③ 금속착물의 안정도 상수 및 배위수
④ 전류밀도

해설

선형주사 전압전류곡선

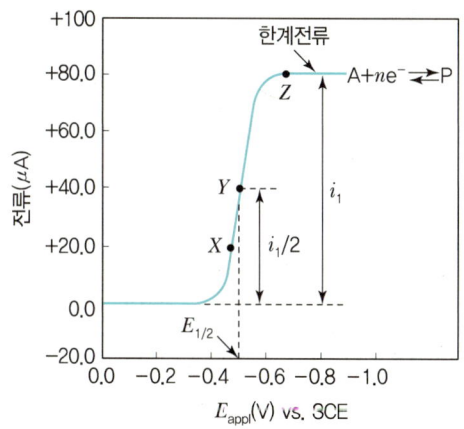

- 확산전류(i_1)는 분석물 농도에 비례하고 정량분석에 사용된다.
- 반파전위($E_{1/2}$)는 반쪽반응에 대한 표준전위와 관련되어 있으며, 정성분석에 사용된다.
※ 전류밀도는 단위면적당 흐르는 전류의 세기이므로 전압전류곡선으로부터 알 수 있는 정보가 아니다.

69 얇은 층 크로마토그래피(TLC)에서 시료 전개 시점부터 전개 용매가 이동한 거리가 7cm, 용질 A가 이동한 거리가 4.5cm라면 지연인자(RF) 값은 얼마인가?

① 0.56
② 0.64
③ 1.6
④ 2.5

해설

$$R_f = \frac{\text{시료의 이동거리}}{\text{용매의 이동거리}} = \frac{4.5}{7} = 0.64$$

70 질량분석법에서 기체상태 이온화법이 아닌 것은?

① 장 이온화법
② 화학적 이온화법
③ 전자충격 이온화법
④ 빠른 원자 충격 이온화법

해설

질량분석법에서 이온화법
㉠ 기체상
 • 전자충격 이온화법(EI)
 • 화학적 이온화법(CI)
 • 장 이온화법(FI)
㉡ 탈착식
 • 장 탈착법(FD)
 • 전기분무 이온화법(ESI)
 • 매트릭스 지원 레이저 탈착 이온화법(MALDI)
 • 빠른 원자 충격법(FAB)

71 용액의 비전기전도도(Specific Electric Conductivity)에 대한 설명 중 틀린 것은?

① 용액의 비전기전도도는 이동도에 비례한다.
② 용액의 비전기전도도는 농도에 비례한다.
③ 용액 중이 이온이 비전기전도도는 하전수에 반비례한다.
④ 수용액의 비전기전도도는 0.10M KCl 용액을 써서 용기상수(Cell Constant)를 구해 두면, 측정 전도도값으로부터 계산할 수 있다.

해설

용액의 비전기전도도 : 용액의 단위부피당 전도성의 크기
• 이온의 이동도에 비례
• 이온의 수(농도)에 비례
• 이온의 하전수에 비례
• 용액의 온도에 비례

정답 67 ① 68 ④ 69 ② 70 ④ 71 ③

72 이온 크로마토그래피에 대한 설명으로 틀린 것은?

① 양이온 교환 수지에 교환되는 양이온의 교환반응상수는 그 전하와 수화된 이온 크기에 영향을 받는다.
② 음이온 교환 수지에서 교환상수는 2가 음이온보다 1가 음이온이 더 적은 것이 일반적이다.
③ 용리액 억제칼럼은 용리 용매의 이온을 이온화가 억제된 분자화학종으로 변형시켜서 용리 전해질의 전기전도를 막아준다.
④ 단일칼럼 이온 크로마토그래피에서는 이온화 억제제를 칼럼에 정지상과 같이 넣어 이온을 분리한다.

해설

단일칼럼 이온 크로마토그래피
- 억제칼럼과 같은 장치가 필요 없다(이온화 억제제가 필요 없다).
- 용리된 시료이온과 용리액 이온 사이의 적은 전도도 차이에 의존하고 있다. 이 차이를 증폭시키기 위하여 전해질 농도가 낮은 용액으로 용리할 수 있는 저용량의 교환체를 사용하고, 전도도가 낮은 용리액을 선택하여 사용한다.
- 음이온을 정량할 때는 억제칼럼 이온 크로마토그래피보다 감도가 떨어진다.

73 다음 표와 같은 열특성을 나타내는 $FeCl_3 \cdot 6H_2O$ 25.0mg을 0℃로부터 340℃까지 가열하였을 때 얻은 열분해곡선(Thermogram)을 예측하였을 때, 100℃와 320℃에서 시료의 질량으로 가장 타당한 것은?

화합물	화학식량	용융점
$FeCl_3 \cdot 6H_2O$	270	37℃
$FeCl_3 \cdot 5/2H_2O$	207	56℃
$FeCl_3$	162	306℃

① 100℃ - 9.8mg, 320℃ - 0.0mg
② 100℃ - 12.6mg, 320℃ - 0.0mg
③ 100℃ - 15.0mg, 320℃ - 15.0mg
④ 100℃ - 20.2mg, 320℃ - 20.2mg

해설

$FeCl_3 \cdot 6H_2O$ 질량 : 25.0mg

$FeCl_3 \cdot \frac{5}{2}H_2O$ 질량 : $25.0mg \times \frac{207}{270} = 19.2mg$

$FeCl_3$ 질량 : $25.0mg \times \frac{162}{270} = 15.0mg$

∴ 100℃에서 : 15.0 ≤ 시료의 질량 ≤ 19.2
320℃에서 : 시료의 질량 ≤ 15.0

74 기체 크로마토그래피(GC)에서 정성분석에 이용되는 화합물의 머무름지수(I, Retention Index)가 옳은 것은?

① $n-C_2H_6$: 200
② C_3H_5 : 250
③ $n-C_4H_{10}$: 300
④ C_4H_8 : 350

해설

머무름지수(I)
기체 크로마토그래피에서 정성적으로 용질을 확인하는 인자
n-alkane : I = 탄소수 × 100
$n-C_2H_6$: $I = 2 \times 100 = 200$

75 사중극자 질량분석관에서 좁은띠 필터로 되는 경우는?

① 고질량 필터로 작용하는 경우
② 저질량 필터로 작용하는 경우
③ 고질량과 저질량 필터가 동시에 작용하는 경우
④ 고질량 필터를 먼저 작용시키고, 그다음 저질량 필터를 작용하는 경우

해설

좁은띠 필터 : 고질량 필터 + 저질량 필터
한 쌍의 막대에는 고질량 필터를, 다른 한 쌍의 막대에는 저질량 필터를 걸어 동시에 작용시키면 제한된 범위의 m/z값을 갖는 이온들만 통과한다.

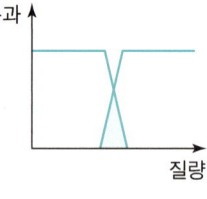

고질량 필터 : AC 신호 + 양직류전위
무거운 이온들은 AC 전위에 감응하지 않고 막대 사이에 그대로 남아 통과되고 가벼운 이온들은 AC 전위의 음의 주기 동안 막대에 충돌하여 중성 분자로 변한다.

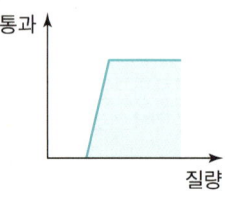

정답 72 ④ 73 ③ 74 ① 75 ③

저질량 필터 : AC 신호 + 음직류전위
무거운 이온들은 AC 전위에 감응하지 않으므로 막대에 부딪혀 중성 분자로 변하고 가벼운 이온들은 AC 전위에 감응해 막대 사이에 남아 통과하게 된다.

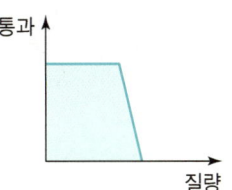

76 HPLC에서 GC에서의 온도 프로그래밍을 이용하여 얻은 효과와 유사한 효과를 얻을 수 있는 방법은?

① 기울기 용리 ② 등용매 용리
③ 선형 용리   ④ 지수적 용리

해설

GC에서 온도 프로그래밍
- 분리가 진행되는 동안 온도를 단계적으로 또는 계속적으로 올려주는 것
- 다양한 끓는점의 화합물을 포함하는 시료의 분리효율을 높이고 분리시간을 단축시킨다.
- HPLC에서의 기울기 용리와 같다.

기울기 용리
- 극성이 다른 2~3가지 용매를 선택하여 이동상의 조성을 연속적 혹은 단계적으로 변화하며 사용하는 방법
- 분리효율을 높이고 분리시간을 단축시키기 위해 사용한다.
- GC의 온도 프로그래밍과 유사하다.

77 질량분석기의 이온화 방법에 대한 설명 중 틀린 것은?

① 잔자충격 이온화 방법은 토막내기가 잘 일어나므로 분자량의 결정이 어렵다.
② 전자충격 이온화 방법에서 분자 양이온의 생성 반응이 매우 효율적이다.
③ 화학 이온화 방법에 의해 얻어진 스펙트럼은 전자충격 이온화 방법에 비해 매우 단순한 편이다.
④ 전자충격 이온화 방법의 단점은 반드시 시료를 기화시켜야 하므로 분자량이 1,000보다 큰 물질의 분석에는 불리하다.

해설

잔자충격 이온화법은 시료가 높은 에너지의 전자빔에 부딪혀 이온화가 되므로 토막내기가 잘 일어나 분자 양이온의 생성반응은 거의 일어나지 않으며, 분자량의 결정이 어렵다.

78 기준전극(Reference Electrode)으로 가장 많이 사용되는 전극은?

① Cu/Cu^{2+} 전극   ② $Ag/AgCl$ 전극
③ Cd/Cd^{2+} 전극   ④ Zn/Zn^{2+} 전극

해설

칼로멜 전극과 $Ag/AgCl$ 전극이 많이 사용된다.

79 기체-액체 크로마토그래피법에서 사용되는 운반기체로 가장 거리가 먼 것은?

① 헬륨   ② 아르곤
③ 산소   ④ 질소

해설

기체 크로마토그래피에서 사용되는 운반기체는 화학적으로 헬륨, 아르곤, 질소 등 비활성 기체를 사용한다.

80 분자질량 분석법을 활용하여 분석물질의 분자식을 결정하고자 한다. 정수 단위의 질량 차이만을 식별하는 낮은 분해능의 질량분석계를 이용하여 분자식을 결정할 때 사용할 수 있는 가장 유용한 방법은?

① 질량스펙트럼으로부터 분자이온의 검출
② 정확한 분자량으로부터 분자식 결정
③ 동위원소비를 비교하여 분자식 결정
④ 토막무늬 정보로부터 분자식 결정

해설

정수 단위의 질량 차이를 나타내는 동위원소비를 비교하여 분자식을 결정한다.

정답 76 ① 77 ② 78 ② 79 ③ 80 ③

2015년 제1회 기출문제

1과목 일반화학

01 비중이 1.8이고, 순도가 96%인 황산 용액의 몰농도를 구하면 약 몇 M인가?
① 5.4
② 17.6
③ 18.4
④ 35.2

해설

몰농도(M) = $\dfrac{\text{용질의 몰수(mol)}}{\text{용액의 부피(L)}}$

황산 수용액 100g 기준 : 황산 96g, 물 4g

부피 = $\dfrac{\text{질량}}{\text{밀도}}$

황산 수용액의 부피 = $\dfrac{100g}{1.8g/cm^3}$ = 55.56cm³ = 0.0556L

황산의 몰수 = $96g \times \dfrac{1mol}{98g}$ = 0.98mol

∴ 몰농도 = $\dfrac{0.98mol}{0.0556L}$ = 17.6M

02 다음은 질산을 생성하는 Ostwald 공정을 나타낸 화학반응식이다. 균형이 맞추어진 화학반응식의 반응물과 생성물의 계수 a, b, c, d가 옳게 나열된 것은?

$$aNH_3 + bO_2 \rightarrow cNO + dH_2O$$

① $a=2, b=3, c=2, d=3$
② $a=6, b=4, c=5, d=6$
③ $a=4, b=5, c=4, d=6$
④ $a=1, b=1, c=1, d=1$

해설

N, H, O의 순으로 계수를 맞춘다.
$4NH_3 + 5O_2 \rightarrow 4NO + 6H_2O$

03 어떤 염의 물에 대한 용해도가 섭씨 70도에서 60, 섭씨 30도에서 20이다. 섭씨 70도의 포화 용액 100g을 섭씨 30도로 식힐 때 나타나는 현상으로 옳은 것은?
① 섭씨 70도에서 포화 용액 100g에 녹아 있는 염의 양은 60g이다.
② 섭씨 30도에서 포화 용액 100g에 녹아 있는 염의 양은 20g이다.
③ 섭씨 70도에서 포화 용액을 섭씨 30도로 식힐 때 불포화 용액이 형성된다.
④ 섭씨 70도의 포화 용액을 섭씨 30도로 식힐 때 석출되는 염의 양은 25g이다.

해설

- 용해도 : 용매 100g에 녹아 있는 용질의 g수
- 70℃에서 용해도 60 : 70℃에서 물 100g에 60g의 염이 녹아 있다.
- 30℃에서 용해도 20 : 30℃에서 물 100g에 20g의 염이 녹아 있다.

70℃에서 30℃로 냉각하면 60−20=40g의 염이 석출되며, 70℃에서 용액은 100g 물+60g 염=160g이다.
$160 : 40 = 100 : x$
∴ $x = 25g$ 석출

04 C_7H_{16}의 IUPAC(국제순수응용연합)의 명명법에 따른 이름은?
① 펜탄(펜테인)
② 헵탄(헵테인)
③ 헥산(헥테인)
④ 옥탄(옥테인)

해설

- 펜탄(펜테인) : C_5H_{12}
- 헥산(헥테인) : C_6H_{14}
- 헵탄(헵테인) : C_7H_{16}
- 옥탄(옥테인) : C_8H_{18}

정답 01 ② 02 ③ 03 ④ 04 ②

05 용해도에 대한 설명으로 틀린 것은?

① 용해도란 특정 온도에서 주어진 양의 용매에 녹을 수 있는 용질의 최대량이다.
② 일반적으로 고체물질의 용해도는 온도 증가에 따라 상승한다.
③ 일반적으로 물에 대한 기체의 용해도는 온도 증가에 따라 감소한다.
④ 외부압력은 고체의 용해도에 큰 영향을 미친다.

해설

용해도
- 고체의 용해도 : 일반적으로 온도↑ → 용해도↑
  압력에는 무관
- 기체의 용해도 : 온도↓ → 용해도↑
  압력↑ → 용해도↑

06 원자 반지름이 작은 것부터 큰 순서로 나열된 것은?

① P < S < As < Se
② S < P < Se < As
③ As < Se < P < S
④ Se < As < S < P

해설

원자 반지름은 주기율표에서 왼쪽으로 갈수록, 아래로 갈수록 (↙) 커진다.
주기율표에서 다음과 같이 위치하므로
$_{15}$P $_{16}$S
$_{33}$As $_{34}$Se
As > Se > P > S가 된다.

07 다음 단위체 중 첨가중합체를 만드는 것은?

① C_2H_6
② C_2H_4
③ $HOCH_2CH_2OH$
④ $HOCH_2CH_3$

해설

첨가중합
이중결합이 있는 단위체가 이중결합이 끊어지면서 첨가되는 중합

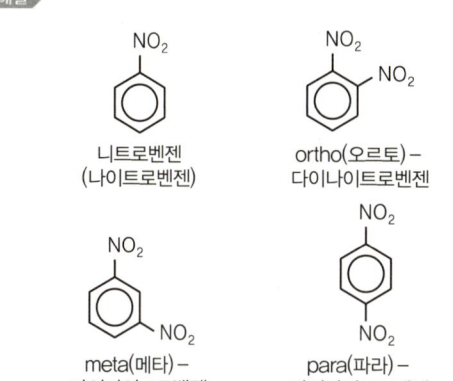

08 메타-다이나이트로벤젠의 구조를 옳게 나타낸 것은?

①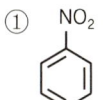
②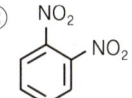
③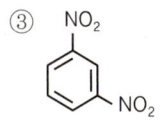
④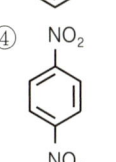

해설

니트로벤젠
(나이트로벤젠)

ortho(오르토)-
다이나이트로벤젠

meta(메타)-
다이나이트로벤젠

para(파라)-
다이나이트로벤젠

09 다음과 같은 전자배치를 갖는 원소는?

$$1s^2 2s^2 2p^6 3s^2 3p^3$$

① Al
② Si
③ P
④ S

해설

전자수가 15개이므로 원자번호 = 전자수 = 양성자수 = 15
원자번호가 15인 원소는 P이다.

10 강산인 0.1M 질산 수용액의 pH는 얼마인가?

① 0.1
② 1
③ 2
④ 3

정답 05 ④ 06 ② 07 ② 08 ③ 09 ③ 10 ②

해설

$pH = -\log[H^+]$
$\quad = -\log(0.1) = 1$

11 11.99g의 염산이 녹아 있는 5.48M 염산 용액의 부피는 몇 mL인가?(단, 염산의 분자량은 36.45이다.)

① 12.5
② 17.8
③ 30.4
④ 60.0

해설

염산 $11.99g \times \dfrac{1mol}{36.45g} = 0.3289mol$

몰농도 $= \dfrac{\text{용질의 몰수(mol)}}{\text{용액의 부피(L)}}$

$5.48 = \dfrac{0.3289mol}{V(L)}$

∴ $V = 0.06L = 60mL$

12 탄화수소유도체를 잘못 나타낸 것은?

① R−OH : 알코올
② R−CONH₂ : 아마이드
③ R−CO−R : 케톤
④ R−CHO : 에테르

해설

- R−CHO : 알데히드
- R−O−R′ : 에테르

13 다음 중 짝산−짝염기 쌍인 것은?

① HCl − OCl⁻
② H₂SO₄ − SO₄²⁻
③ NH₄⁺ − NH₃
④ H₃O⁺ − OH⁻

해설

짝산−짝염기
양성자의 이동에 의해 산과 염기로 되는 한 쌍의 물질
- HCl − Cl⁻
- H₂SO₄ − HSO₄⁻
- H₃O⁺ − H₂O
- NH₄⁺ − NH₃

14 다음 분자는 σ결합과 π결합이 각각 얼마나 있는가?

$:N \equiv C$
$\quad \quad \quad C = C$
$H \quad \quad \quad$ Cl
$\quad \quad \quad \quad \quad$ Cl

① σ결합 : 6, π결합 : 3
② σ결합 : 7, π결합 : 2
③ σ결합 : 8, π결합 : 1
④ σ결합 : 9, π결합 : 0

해설

- 단일결합 : σ결합 1개
- 이중결합 : σ결합 1개 + π결합 1개
- 삼중결합 : σ결합 1개 + π결합 2개

15 부탄(C₄H₁₀) 1몰을 완전 연소시킬 때 발생하는 이산화탄소와 물의 질량비에 가장 가까운 것은?

① 2.77 : 1
② 1 : 2.77
③ 1.96 : 1
④ 1 : 1.96

해설

$C_4H_{10} + \dfrac{13}{2}O_2 \rightarrow 4CO_2 + 5H_2O$

$\quad \quad \quad \quad 4 \times 44 : 5 \times 18$
$\quad \quad \quad \quad = 176 : 90$
$\quad \quad \quad \quad = 1.96 : 1$

16 황의 산화수(Oxisation Number)가 틀린 것은?

① CaSO₄ : +4
② SO₃²⁻ : +4
③ SO₃ : +6
④ SO₂ : +4

해설

Ca$\underline{S}$O₄
$(+2) + x + (-2) \times 4 = 0$
∴ $x = +6$

17 아세톤의 다른 명칭으로서 옳은 것은?

① dimethylketone
② 1−propanone
③ propanal
④ methylethylketone

정답 11 ④ 12 ④ 13 ③ 14 ① 15 ③ 16 ① 17 ①

해설

아세톤
CH_3COCH_3
다이메틸케톤(dimethylketone)

18 섭씨 100도, 1기압에서 산소 1L와 수소 1L를 온도와 압력이 유지되는 용기에서 반응시켰다. 반응이 끝난 후 생성된 수증기의 부피와 용기 속에 포함된 기체의 총 부피는 각각 몇 L인가?

① 1, 1.5
② 1.5, 2
③ 2, 2.5
④ 2.5, 3

해설

$$2H_2 + O_2 \rightarrow 2H_2O$$
1L 1L   0
−1L −0.5L +1L
─────────────────────
0   0.5L   1L

∴ 수증기 1L + 산소 0.5L = 1.5L

19 다음 중 질량이 가장 큰 것은?

① 273K, 1atm에서 이상기체인 He 0.224L
② 탄소원자 0.01몰
③ 산소 원자 0.01몰
④ 이산화탄소 분자 0.01몰 내에 들어 있는 총 산소 원자

해설

① 273K 1atm He $0.224L \times \dfrac{1mol}{22.4L} \times \dfrac{4g}{1mol} = 0.04g$

② C $0.01mol \times \dfrac{12g}{1mol} = 0.12g$

③ O $0.01mol \times \dfrac{16g}{1mol} = 0.16g$

④ CO_2 $0.01mol \times \dfrac{2mol\ O}{1mol\ CO_2} \times \dfrac{16g\ O}{1mol\ O} = 0.32g$

20 다음 중 불포화 탄화수소에 속하지 않는 것은?

① alkane
② alkene
③ alkyne
④ arene

해설

㉠ 포화 탄화수소
- alkane : C_nH_{2n+2}, 단일결합
- cycloalkane : C_nH_{2n}, 단일결합

㉡ 불포화 탄화수소
- alkene : C_nH_{2n}, 이중결합
- alkyne : C_nH_{2n-2}, 삼중결합
- arene : 벤젠고리

2과목 분석화학

21 다음 중 전지를 선 표시법으로 가장 옳게 나타낸 것은?

① $Cd(s) | Cd(NO_3)_2(aq) \| AgNO_3(aq) | Ag(s)$
② $Cd(s), Cd(NO_3)_2(aq) \| AgNO_3(aq), Ag(s)$
③ $Cd(s) | Cd(NO_3)_2(aq), AgNO_3(aq) | Ag(s)$
④ $Cd(s), Cd(NO_3)_2(aq) | AgNO_3(aq), Ag(s)$

해설

전지의 표시
산화전극 | 산화전지의 전해액 ∥ 환원전지의 전해액 | 환원전극
          ↑
         염다리

22 0.10M KNO_3와 0.1M Na_2SO_4 혼합용액의 이온 세기는 얼마인가?

① 0.40
② 0.35
③ 0.30
④ 0.25

해설

이온 세기 $\mu = \dfrac{1}{2}\sum cz^2$

여기서, c : 이온의 농도
z : 전하

∴ $\mu = \dfrac{1}{2}\left[(0.1 \times 1^2) + (0.1 \times (-1)^2) + (0.1 \times 2 \times 1^2) + (0.1 \times (-2)^2)\right]$
$= 0.4$

정답 18 ① 19 ④ 20 ① 21 ① 22 ①

23 0.010M $AgNO_3$ 용액에 H_3PO_4를 첨가 시, Ag_3PO_4 침전이 생기기 시작하려면 PO_4^{3-} 농도는 얼마보다 커야 하는가?(단, Ag_3PO_4의 $K_{sp} = 1.3 \times 10^{-20}$이다.)

① 1.3×10^{-22}
② 1.3×10^{-20}
③ 1.3×10^{-18}
④ 1.3×10^{-14}

해설

$Ag_3PO_4 \rightleftarrows 3Ag^+ + PO_4^{3-}$
$K_{sp} = [Ag^+]^3[PO_4^{3-}] = 1.3 \times 10^{-20}$
$[Ag^+] = 0.010M$
침전이 생기기 위해서는 $Q > K_{sp}$이어야 한다.
$(0.01)^3[PO_4^{3-}] > 1.3 \times 10^{-20}$
$\therefore [PO_4^{3-}] > 1.3 \times 10^{-14}$

24 갈바니전지에 대한 설명 중 틀린 것은?

① 갈바니전지에서는 산화·환원반응이 모두 일어난다.
② 염다리를 사용할 수 있다.
③ 자발적인 화학반응이 전기를 생성한다.
④ 자발적 반응이 일어나는 경우 일반적으로 전위차 값을 음수로 나타낸다.

해설

갈바니전지에서 자발적 반응
$\Delta G < 0, E > 0$
$\Delta G = -nFE$

25 활동도 계수의 특성에 대한 다음 설명 중 틀린 것은?

① 너무 진하지 않은 용액에서 주어진 화학종의 활동도 계수는 전해질의 성질에 의존한다.
② 대단히 묽은 용액에서는 활동도 계수는 1이 된다. 이러한 경우에 활동도와 농도는 같다.
③ 주어진 이온 세기에서 이온의 활동도 계수는 이온 화학종의 전하가 증가함에 따라 1에서 벗어나게 된다.
④ 한 화학종의 활동도 계수는 화학종이 포함된 평형에서 그 화학종이 평형에 미치는 영향의 척도이다.

해설

활동도 계수
- 이온 세기가 0에 접근하면 활동도 계수는 1에 접근한다.
- 농도가 매우 진한 용액을 제외하고, 주어진 화학종의 활동도 계수는 전해질의 성질에 무관하고 이온 세기에만 의존한다.
- 대단히 묽은 용액에서 활동도 계수는 1이 된다.
- 이온 세기↑ → 활동도 계수↓
- 이온 전하↑ → 활동도 계수↓
- 이온 크기↓ → 활동도 계수↓

26 난용성 고체염인 $BaSO_4$로 포화된 수용액에 관한 설명으로 틀린 것은?

① $BaSO_4$ 포화 수용액에 황산 용액을 넣으면 $BaSO_4$가 석출된다.
② $BaSO_4$ 포화 수용액에 소금물을 첨가 시에도 $BaSO_4$가 석출된다.
③ $BaSO_4$의 K_{sp}는 온도의 함수이다.
④ $BaSO_4$ 포화 수용액에 $BaCl_2$ 용액을 넣으면 $BaSO_4$가 석출된다.

해설

$BaSO_4(s) \rightleftarrows Ba^{2+} + SO_4^{2-}$
① $H_2SO_4 \rightarrow 2H^+ + SO_4^{2-}$
 황산 용액의 SO_4^{2-}의 공통이온효과로 평형이 왼쪽으로 이동하므로 $BaSO_4$가 석출된다.
② 소금물($NaCl$ 수용액) 첨가 시 용액의 이온 세기가 증가하여 Ba^{2+}와 SO_4^{2-} 주변에 더 많은 반대 전하 이온이 둘러싸여, 각 이온의 알짜전하가 감소하여 용해도가 증가한다.
③ K_{sp}는 온도의 함수이다.
④ $BaCl_2 \rightleftarrows Ba^{2+} + 2Cl^-$
 Ba^{2+}의 공통이온효과로 평형이 왼쪽으로 이동하므로 $BaSO_4$가 석출된다.

27 탄산($pK_{a1} = 6.4$, $pK_{a2} = 10.3$) 용액을 수산화나트륨 용액으로 적정할 때, 첫 번째 종말점의 pH에 가장 가까운 것은?

① 6
② 7
③ 8
④ 10

정답 23 ④ 24 ④ 25 ① 26 ② 27 ③

해설

$H_2CO_3 \rightleftharpoons H^+ + HCO_3^-$ $pK_{a1} = 6.4$
$HCO_3^- \rightleftharpoons H^+ + CO_3^{2-}$ $pK_{a2} = 10.3$

첫 번째 종말점의 $pH = \frac{1}{2}(pK_{a1} + pK_{a2})$
$= \frac{1}{2}(6.4 + 10.3) = 8.35$

28 EDTA의 pK_1부터 pK_6까지의 값은 0.0, 1.5, 2.0, 2.66, 6.16, 10.24이다. 다음 EDTA의 구조식은 pH가 얼마일 때 주요 성분인가?

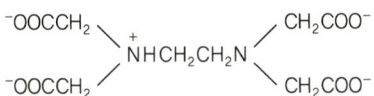

① pH 12 ② pH 7
③ pH 3   ④ pH 1

해설

pH에 따른 EDTA의 구조 변화

감소 ← pH → 증가

| H_6Y^{2+} | H_5Y^+ | H_4Y | H_3Y^- | H_2Y^{2-} | HY^{3-} | Y^{4-} |

 0.0   1.5   2.0   2.66   6.16   10.24

EDTA의 구조식 : HY^{3-}
∴ $6.16 < pH < 10.24$

29 Cd^{2+} 이온이 4분자의 암모니아(NH_3)와 반응하는 경우와 2분자의 에틸렌디아민($H_2NCH_2CH_3NH_2$)과 반응하는 경우에 대한 설명으로 옳은 것은?

① 엔탈피 변화는 두 경우 모두 비슷하다.
② 엔트로피 변화는 두 경우 모두 비슷하다.
③ 자유에너지 변화는 두 경우 모두 비슷하다.
④ 암모니아와 반응하는 경우가 더 안정한 금속착물을 형성한다.

해설

① 두 반응의 ΔH(엔탈피 변화)는 비슷하다.

② ΔS(엔트로피 변화)는 $Cd^{2+} + 4NH_3$가

$\left[\begin{array}{c} NH_3 \\ NH_3 \end{array} Cd \begin{array}{c} NH_3 \\ NH_3 \end{array}\right]^{2+}$

로서 분자수가 크게 감소하므로 ΔS가 크게 감소한다.
③ $\Delta G = \Delta H - T\Delta S$
ΔH는 비슷하나 ΔS가 차이가 나므로 ΔG(깁스자유에너지 변화)도 차이가 난다.
④ 엔트로피 감소가 적은 에틸렌디아민과 반응하는 경우 더 안정한 금속착물을 형성한다.

30 0.1000M HCl 용액 25.00mL를 0.1000M NaOH 용액으로 적정하고 있다. NaOH 용액 25.10mL가 첨가되었을 때의 용액의 pH는 얼마인가?

① 11.60 ② 10.30
③ 3.70   ④ 2.40

해설

0.1M HCl 25mL + 0.1M NaOH 25.10mL
$[OH^-] = \frac{0.1M \times 0.1mL}{(25+25.1)mL} = 2 \times 10^{-4}M$
$pH = -\log[H^+]$
$= 14 - pOH$
$= 14 - \{-\log[OH^-]\}$
$= 14 - \{-\log(2 \times 10^{-4})\}$
$= 10.30$

31 플루오르화칼슘(CaF_2)의 용해도곱은 3.9×10^{-11}이다. 이 염의 포화 용액에서 칼슘이온의 몰농도는 몇 M인가?

① 2.1×10^{-4} ② 3.3×10^{-4}
③ 6.2×10^{-6} ④ 3.9×10^{-11}

해설

$CaF_2 \rightleftharpoons Ca^{2+} + 2F^-$
$K_{sp} = [Ca^{2+}][F^-]^2$
$= (x)(2x)^2 = 3.9 \times 10^{-11}$
∴ $x = [Ca^{2+}] = 2.1 \times 10^{-4}M$

정답 28 ② 29 ① 30 ② 31 ①

32 다음의 증류수 또는 수용액 고체 $Hg_2(IO_3)_2$ ($K_{sp}=1.3\times 10^{-18}$)를 용해시킬 때, 용해된 Hg_2^{2+}의 농도가 가장 큰 것은?

① 증류수
② 0.10M KIO_3
③ 0.20M KNO_3
④ 0.30M $NaIO_3$

해설
- KNO_3 수용액에 용해시키면, 공통이온효과가 없으면서 이온 세기가 증가하므로 용해도가 증가한다.
- KIO_3, $NaIO_3$ 수용액은 IO_3^-의 효과로 평형이 왼쪽으로 이동하므로 용해도가 감소한다.

33 CaF_2의 용해와 관련된 반응식에서 과량의 고체 CaF_2가 남아 있는 포화된 수용액에서 $Ca^{2+}(aq)$의 몰농도에 대한 설명으로 옳은 것은?(단, 용해도의 단위는 mol/L이다.)

$$CaF_2(s) \rightleftarrows Ca^{2+}(aq) + 2F^-(aq) \quad K_{ap}=3.9\times 10^{-11}$$
$$HF(aq) \rightleftarrows H^+(aq) + F^-(aq) \quad K_{ap}=6.8\times 10^{-4}$$

① KF를 첨가하면 몰농도가 감소한다.
② HCl을 첨가하면 몰농도가 감소한다.
③ KCl을 첨가하면 몰농도가 감소한다.
④ H_2O를 첨가하면 몰농도가 감소한다.

해설
① KF 첨가 : F^-의 농도가 증가하므로 평형이 왼쪽으로 이동하여 $CaF_2(s)$가 생성되어 Ca^{2+}의 몰농도가 감소한다.
② HCl 첨가 : H^+와 F^-가 반응하여 HF를 생성하므로 F^-의 농도를 감소시켜 평형이 오른쪽으로 이동하여 Ca^{2+}의 몰농도가 증가한다.

34 25℃에서 0.028M의 NaCN 수용액의 pH는 얼마인가?(단, HCN의 $K_a=4.9\times 10^{-10}$이다.)

① 10.9
② 9.3
③ 3.1
④ 2.8

해설
$NaCN \rightarrow Na^+ + CN^-$
$CN^- + H_2O \rightleftarrows HCN + OH^-$
약염기 $[OH^-] = \sqrt{C_B K_b}$
여기서, K_b : 염기의 해리상수, C_B : 염기의 농도
$K_b = \dfrac{K_w}{K_a} = \dfrac{1\times 10^{-14}}{4.9\times 10^{-10}} = 2.04\times 10^{-5}$
$\therefore C_B = 0.028M$
$[OH^-] = \sqrt{0.028\times 2.04\times 10^{-5}} = 7.56\times 10^{-4}$
$pOH = -\log[OH^-] = -\log(7.56\times 10^{-4}) = 3.12$
$\therefore pH = 14 - pOH = 14 - 3.12 = 10.88 ≒ 10.9$

35 염화나트륨 5.8g을 매스플라스크에 넣은 후 물을 넣어 녹인 후 100mL까지 물을 채웠다. 염화나트륨의 몰농도는 몇 M인가?(단, 염화나트륨의 분자량은 58g/mol이다.)

① 0.10M
② 1.0M
③ 3.0M
④ 10.0M

해설
$NaCl\ 5.8g \times \dfrac{1mol}{58g} = 0.1mol$
몰농도(M) $= \dfrac{0.1mol}{100mL \times \dfrac{1L}{1,000mL}} = 1.0M$

36 0.15M 아질산(HNO_2) 수용액 중 하이드로늄이온(H_3O^+) 농도는 약 몇 M인가?(단, 아질산의 수용액 중 산해리상수는 5.1×10^{-4}이다.)

① 0.171
② 0.150
③ 0.00875
④ 0.00226

해설

	HNO_2	+ H_2O	$\rightleftarrows$	H_3O^+	+ NO_2^-
초기	0.150				
나중	$-x$			$+x$	$+x$
평형	$0.150-x$			x	x

$K_a = \dfrac{x^2}{(0.150-x)} = 5.1\times 10^{-4}$
$\therefore x = [H_3O^+] = 8.75\times 10^{-3} = 0.00875$

정답 32 ③ 33 ① 34 ① 35 ② 36 ③

37 다음 중 부피 및 질량 적정법에서 기준물질로 사용되는 일차표준물질(Primary Standard)의 필수 조건으로 가장 거리가 먼 것은?

① 대기 중에서 안정해야 한다.
② 적정매질에서 용해도가 작아야 한다.
③ 가급적 큰 몰질량을 가져야 한다.
④ 수화된 물이 없어야 한다.

> **해설**

일차표준물질
- 용해도가 커야 한다.
- 몰질량을 크게 하여 측량 오차를 감소시킨다.
- 반응이 정량적으로 일어나야 한다.
- 가급적 결정수가 없어야 한다.
- 오랫동안 보관하여도 안정해야 한다.

38 어떤 아민의 pK_b가 5.80이라면, 0.2M 아민 용액의 pH는 얼마인가?

① 2.25 ② 4.25
③ 10.75 ④ 11.75

> **해설**

약염기일 때
$[OH^-] = \sqrt{C_B K_b}$
$pK_b = -\log K_b = 5.8$
∴ $K_b = 1.58 \times 10^{-6}$
$[OH^-] = \sqrt{0.2 \times 1.58 \times 10^{-6}}$
$= 5.63 \times 10^{-4}$
$pOH = -\log[OH^-]$
$= -\log(5.63 \times 10^{-4})$
$= 3.25$
∴ $pH = 14 - pOH$
$= 14 - 3.25 = 10.75$

[별해]

	B	+ H$_2$O	⇌	BH$^+$	+	OH$^-$
초기	0.2					
나중	$-x$			$+x$		$+x$
평형	$0.2-x$			x		x

$K_b = \dfrac{[BH^+][OH^-]}{[B]} = \dfrac{x^2}{(0.2-x)} = 1.58 \times 10^{-6}$

$0.2 - x ≒ 0.2$

∴ $x = [OH^-] = \sqrt{0.2 \times 1.58 \times 10^{-6}}$
$= 5.63 \times 10^{-4}$

∴ $pH = 14 - pOH$
$= 14 + \log[OH^-]$
$= 14 + \log(5.63 \times 10^4) = 10.75$

39 20℃에서 빈 플라스크의 질량은 10.2634g이고, 증류수로 플라스크를 완전히 채운 후 질량은 20.2144g이었다. 20℃에서 물 1g의 부피가 1.0029mL일 때, 이 플라스크의 부피를 나타내는 식은?

① $(20.2144 - 10.2634) \times 1.0029$
② $(20.2144 - 10.2634) \div 1.0029$
③ $1.0029 + (20.2144 - 10.2634)$
④ $1.0029 \div (20.2144 - 10.2634)$

> **해설**

밀도 $= \dfrac{질량}{부피}$

∴ 부피 $= \dfrac{질량}{밀도} = \dfrac{(20.2144 - 10.2634)\text{g}}{1\text{g}/1.0029\text{mL}}$
$= (20.2144 - 10.2634) \times 1.0029$

40 MnO_4^- 이온에서 망간(Mn)의 산화수는 얼마인가?

① -1 ② $+4$
③ $+6$ ④ $+7$

> **해설**

MnO_4^-
$x + (-2) \times 4 = -1$
∴ $x = +7$

정답 37 ② 38 ③ 39 ① 40 ④

3과목 기기분석 I

41 분광분석의 일반적인 순서로 옳은 것은?

① 시약 준비 → 흡광도 측정 → 검량선 작성 → 시료 및 표준용액 발색 → 정량
② 시약 준비 → 시료 및 표준용액 발색 → 흡광도 측정 → 검량선 작성 → 정량
③ 시약 준비 → 검량선 작성 → 시료 및 표준용액 발색 → 흡광도 측정 → 정량
④ 시약 준비 → 흡광도 측정 → 시료 및 표준용액 발색 → 검량선 작성 → 정량

해설

시약 준비 → 시료 및 표준용액 발색 → 흡광도 측정 → 검량선 작성 → 정량

42 원자형광분광기 중 전극 없이 방전등 또는 속빈음극등을 들뜸 광원으로 사용하는 비분산 시스템에 대한 설명으로 틀린 것은?

① 단색화 장치를 사용하여 원하는 파장의 스펙트럼을 주사해야 한다.
② 비분산 시스템은 광원, 원자화 장치 및 검출기만으로 구성될 수 있다.
③ 비분산 시스템은 다성분 원소 분석에 쉽게 응용할 수 있다.
④ 높은 에너지 산출과 다중 방출선에서 나오는 에너지의 동시수집으로 감도가 높다.

해설

- 전극 없는 방전등, 속빈음극등은 선광원이므로 단색화 장치가 필요 없다.
- 하나의 광원이 한 원자만을 들뜨게 하므로 단색화 장치가 필요 없다.

43 물 분자의 기준진동의 자유도는 얼마인가?

① 2 ② 3
③ 4 ④ 5

해설

선형 : $3N-5$
비선형 : $3N-6$
물(H_2O)은 비선형, $N=3$이므로
$3 \times 3 - 6 = 3$

44 유도결합플라스마(ICP) 방출분광법의 특징에 대한 설명으로 틀린 것은?

① 고분해능 ② 높은 세기의 미광 복사선
③ 정밀한 세기 읽기 ④ 빠른 신호 획득과 회복

해설

유도결합플라스마(ICP) 방출분광법은 미량분석에 대한 감도 및 정확성이 우수하다.
※ 미광 복사선은 띠너비 범위 밖에 있는 파장의 빛으로 세기가 낮아야 한다.

45 플라스마 원자발광분광법으로 정량분석 시 유의사항에 대한 설명으로 틀린 것은?

① 표준용액이 변질되거나 오염되지 않아야 한다.
② 표준용액과 시료용액의 조성이 달라야 한다.
③ 표준시료를 사용한 분석법의 신뢰성 점검이 필요하다.
④ 분광 간섭이 없는 분석선을 선택하여 사용하여야 한다.

해설

표준용액과 시료용액의 조성이 같아야 한다. 조성이 다르면 매트릭스에 의한 방해가 서로 다르게 되어 분석결과를 신뢰할 수 없다.

46 적외선(IR) 흡수분광법에 대한 설명으로 틀린 것은?

① 에너지 전이에 필요한 에너지 크기의 순서는 E회전전이<E진동전이<E전자전이이다.
② IR에서는 주로 분자의 진동(Vibration)운동을 관찰한다.
③ CO_2 분자는 IR Peak를 나타내지 않는다.
④ 정성 및 정량, 유기물 및 무기물에 모두 이용된다.

해설

CO_2 분자는 쌍극자 모멘트가 존재하므로 비대칭 신축진동과 굽힘진동에 의한 IR Peak가 나타난다.

정답 41 ② 42 ① 43 ② 44 ② 45 ② 46 ③

47 다음은 복사선의 성질을 설명한 것이다. 어떤 현상을 말하는가?

> 밀도가 다른 두 가지 투명한 매질 사이의 경계면을 어느 한 각도로 복사선이 통과할 때 두 매질에서의 복사선의 속도 차이 때문에 빛살의 급격한 방향 변화가 관찰된다.

① 산란　　　② 굴절
③ 반사　　　④ 흡수

해설
- 굴절 : 매질에 따라 파동의 진행속도가 달라지므로, 서로 다른 매질의 경계면을 통과하는 파동의 진행방향이 바뀌는 현상
- 산란 : 빛이 입자와 충돌하여 원래의 진행방향을 벗어나서 모든 방향으로 전파되는 현상

48 적외선 흡수스펙트럼에서 흡수 봉우리의 파수는 화학결합에 대한 힘상수의 세기와 유효 질량에 의존한다. 다음 중 흡수 파수가 가장 클 것으로 예상되는 신축 진동은?

① $\equiv C-H$　　　② $=C-H$
③ $-C-H$　　　④ $-C\equiv C-$

해설
적외선 흡수 봉우리의 파수

$$\bar{\nu} = \frac{1}{2\pi c}\sqrt{\frac{k}{\mu}}$$

여기서, k : 결합의 힘상수

μ : 유효질량, $\frac{m_1 m_2}{m_1 + m_2}$

k : $C\equiv C > C=C > C-C$
μ : $C-H < C-C < C-O < C-Cl$
∴ 파수는 k가 클수록, μ가 작을수록 커진다.

49 몰흡광계수(Molar Absorptivity)의 값이 $300M^{-1}cm^{-1}$인 0.005M 용액이 1.0cm 시료용기에서 측정되는 흡광도(Absorbance)와 투광도(Transmittance)는?

① 흡광도=1.5, 투광도=0.0316%
② 흡광도=1.5, 투광도=3.16%
③ 흡광도=15, 투광도=3.16%
④ 흡광도=15, 투광도=0.0316%

해설
흡광도 $A = \varepsilon bc = -\log T$
$= (300M^{-1}cm^{-1})(1.0cm)(0.005M)$
$= 1.5$
투광도 $T = 10^{-A}$
$= 10^{-1.5}$
$= 0.0316(3.16\%)$

50 단색화 장치의 하나인 슬릿은 인접 파장을 분리하는 역할을 하는데 이것의 너비를 넓게 할 때 나타나는 현상이 아닌 것은?

① 빛의 양이 너무 많아져 S/N비가 커진다.
② 공명선의 구별이 어려워진다.
③ 분석 검정선이 굽어진다.
④ 정확도가 증가한다.

해설
슬릿폭을 넓게 할 때
입사, 방출되는 빛의 양이 많아지므로 빛의 세기가 증가하여 S/N비가 커지나, 정확도가 감소한다.

51 찬 증기 원자흡수분광법(CVAAS)에 대한 설명으로 옳은 것은?

① 알킬수은 화합물은 전처리 없이 CVAAS로 직접 정량할 수 있다.
② CVAAS 분석을 위해 산류에 의한 전처리를 할 때에는 열판 위의 열린 상태에서 전처리하면 안 된다.
③ CVAAS는 수은(Hg) 증기 외에 수소화물도 생성시킬 수 있으므로 수소화물 생성법의 한 종류라고 말할 수 있다.
④ 유기물을 전처리 시 $KMnO_4$나 $(NH_4)_2S_2O_8$ 등을 사용하는데 유기물 분해 후의 여분의 강산화제는 제거하지 않아도 CVASS 분석에 영향이 없다.

정답 47 ② 48 ① 49 ② 50 ④ 51 ②

해설

찬 증기 원자흡수분광법
- 수은 측정에만 적용 가능한 원자화 방법
- 알킬수은 화합물은 산화 혼합물로 처리하여 수은결합을 끊고 Hg^{2+}로 만드는 전처리 과정이 필요하다.

52 불꽃분광법과 비교한 플라스마 광원 방출분광법의 특징에 대한 설명으로 옳은 것은?

① 플라스마 광원의 온도가 불꽃보다 낮기 때문에 원소 상호 간 방해가 적다.
② 높은 온도에서 분해가 용이한 불안정한 원소를 낮은 농도에서 분석할 수 있다.
③ 하나의 들뜸 조건에서 동시에 여러 원소들의 스펙트럼을 얻을 수 있다.
④ 내화성 화합물을 생성하는 원소나 요오드, 황과 같은 비금속을 제외하고 적용범위가 넓다.

해설

플라스마 광원 방출분광법
- 플라스마 광원의 온도는 매우 높으므로 원소 상호 간의 방해가 적다.
- 하나의 들뜸 조건에서 동시에 여러 원소들의 스펙트럼을 얻을 수 있다. → 다원소 분석 가능
- 높은 온도에서 안정한 원소를 낮은 농도에서 분석할 수 있다.
- B, W, U, Zr, Nb 등 내화성 화합물을 만드는 원소와 Cl, Br, I, S와 같은 비금속 원소를 정량할 수 있다.

53 적외선 분광의 지문영역의 범위로 옳은 것은?

① $3,600 \sim 1,250 cm^{-1}$
② $3,200 \sim 2,900 cm^{-1}$
③ $1,800 \sim 1,300 cm^{-1}$
④ $1,200 \sim 600 cm^{-1}$

해설

지문영역 : $1,200 \sim 600 cm^{-1}$

54 다음 중 에너지가 가장 작은 전자기복사파는?

① 가시광선
② 마이크로파
③ 근적외선
④ 자외선

해설

파장이 길다 / 에너지가 작다 ←→ 파장이 짧다 / 에너지가 크다

라디오파 마이크로파 적외선 가시광선 자외선 X선 γ선

55 형광의 세기에 영향을 주는 변수가 아닌 것은?

① 양자 효율
② 에너지 전이 형태
③ 전자쌍 효과
④ 온도 및 용매의 극성 증가

해설

형광·인광에 영향을 주는 변수
- 양자 수득률(양자 효율)
- 전이 형태
- 분자의 구조와 구조적 단단하기
- 용존산소
- pH
- 온도와 용매의 영향

56 다음 보기의 분광기 중 기기의 광원과 검출기가 90°를 유지하여야 하는 것만으로만 나열된 것은?

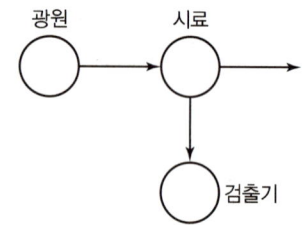

㉠ Atomic Absorption 분광기
㉡ UV-Visible 분광기
㉢ IR 분광기
㉣ Raman 분광기
㉤ 형광 및 인광 분광기

① ㉠, ㉡
② ㉡, ㉢
③ ㉡, ㉣
④ ㉣, ㉤

해설

형광·인광 분광기, Raman 분광기
광원에 의해 들뜬 시료가 바닥 상태로 떨어지면서 방출하는 빛을 측정하므로, 광원 복사선으로부터의 영향을 최소화하기 위해 광원과 검출기가 직각(90°)을 유지해야 한다.

정답 52 ③ 53 ④ 54 ② 55 ③ 56 ④

57 광학기기의 부분장치 중 광전검출기로 사용되는 진공광전관(Vaccum Phototube)은 어떠한 원리를 이용하여 복사선의 세기를 측정하는가?

① 인광효과 ② 광전효과
③ 회절효과 ④ 브라운효과

해설

광전효과
금속에 일정한 진동수 이상의 빛을 비추었을 때 금속 표면에서 전자가 튀어 나오는 현상
※ 진공광전관 : 광자변환기의 일종
반원통 모양의 음극과 양극선이 진공관 속에 들어 있고, 음극의 오목한 면에 빛이 닿으면 전자가 방출되고, 두 전극 사이에 전압을 걸어주면 방출된 전자가 양극으로 흘러 광전류가 발생된다.

58 분자의 형광 및 인광에 대한 설명으로 틀린 것은?

① 형광은 들뜬 단일항 상태에서 바닥의 단일항 상태에로의 전이이다.
② 인광은 들뜬 삼중항 상태에서 바닥의 단일항 상태에로의 전이이다.
③ 인광은 일어날 가능성이 낮고 들뜬 삼중항 상태의 수명은 꽤 길다.
④ 인광에서 스핀이 짝을 이루지 않으면 분자는 들뜬 단일항 상태로 있다.

해설

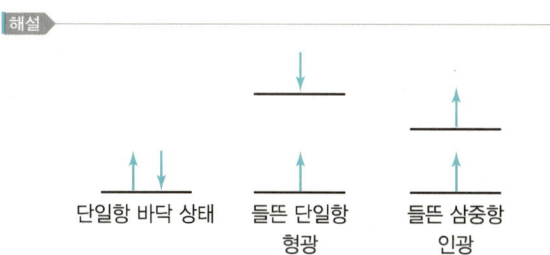

- 형광 : 들뜬 단일항 상태 → 단일항 바닥 상태(수명이 짧다.)
- 인광 : 들뜬 삼중항 상태 → 단일항 바닥 상태(수명이 길다.)

59 $2.5\mu m$의 파장을 가진 적외선의 파수는 얼마인가?

① $2,500cm^{-1}$ ② $3,000cm^{-1}$
③ $4,000cm^{-1}$ ④ $4,500cm^{-1}$

해설

$2.5\mu m$의 파장

$$\bar{\nu}(파수) = \frac{1}{\lambda} = \frac{1}{2.5 \times 10^{-6}m \times \frac{100cm}{1m}}$$

$$= 4,000cm^{-1}$$

60 푸리에(Fourier) 변환 적외선 기기가 분산형 적외선 기기보다 좋은 점이 아닌 것은?

① 산출량(Throughput)
② 정밀한 파장 선택
③ 더 간단한 기계적 설계
④ IR 방출의 제거를 하지 않음

해설

푸리에 변환 적외선 기기의 특징
- 측정시간이 빠르다.
- 감도가 우수하다.
- 주파수의 정밀도가 우수하다.
- 신호 대 잡음비를 개선시킨다.
- 기기가 간단하다.
※ IR 방출은 검출기 주변의 여러 물체에서 방출되는 IR 복사선으로 분산형 기기, FT 변환기기에서 모두 제거해야 한다.

4과목 기기분석 Ⅱ

61 기체 크로마토그래피의 검출기로 사용하기에 적합하지 않은 것은?

① 질량분석기(Mass Spectrometer)
② 전기화학 검출기(Electrochemical Detector)
③ 불꽃이온화 검출기(Flame Ionization Detector)
④ 열전도도 검출기(Thermal Conductivity Detector)

정답 57 ② 58 ④ 59 ③ 60 ④ 61 ②

> **해설**

기체 크로마토그래피의 검출기
- 불꽃이온화 검출기(FID)
- 열전도도 검출기(TCD)
- 전자포착 검출기(ECD)
- 열이온 검출기(TID)
- 전해질전도도 검출기(Hall)
- 광이온화 검출기
- 원자방출 검출기(AED)
- 불꽃광도 검출기(FPD)
- 질량분석 검출기

※ 전기화학 검출기 : LC 검출기, 이온 크로마토그래피에 적합

62 열무게법(TG)에서 전기로를 질소와 아르곤으로 환경기류를 만드는 주된 이유는?

① 시료의 환원 억제
② 시료의 산화 억제
③ 시료의 확산 억제
④ 시료의 산란 억제

> **해설**

시료의 습기(H_2O)나 산소로 인한 분해·산화를 억제하기 위해 질소, 아르곤을 전기로에 넣어준다.

63 시료를 처리하여 크로마토그래피로 분석하고자 한다. 다음 중 퍼지-트랩 기구에 대한 설명으로 틀린 것은?

① 액체나 고체로부터 휘발성 물질의 농축
② 분석물질의 100%를 시료로부터 얻는 방법
③ 퍼지기체가 3중의 흡착제가 들어 있는 흡착관을 통과
④ 휘발성 액체정지상으로 입힌 용융실리카로 화합물을 흡착

> **해설**

퍼지-트랩 기구
액체나 고체에 존재하는 휘발성 물질의 100%를 시료로부터 얻는 장치로 퍼지, 트랩, 탈착단계를 거쳐 분석물질을 GC로 주입한다.

64 크로마토그래피에서 봉우리 넓힘에 기여하는 요인에 대한 설명으로 틀린 것은?

① 충전입자의 크기는 다중 통로 넓힘에 영향을 준다.
② 이동상에서의 확산계수가 증가할수록 봉우리 넓힘이 증가한다.
③ 세로확산은 이동상의 속도에 비례한다.
④ 충전입자의 크기는 질량이동계수에 영향을 미친다.

> **해설**

- 이동상에서의 확산계수가 클수록 세로확산이 잘 일어나므로 봉우리 넓힘이 증가한다.
- 세로확산은 이동상의 속도가 커지면 확산시간의 감소로 작게 일어나므로 이동상의 속도에 반비례한다.

65 기체 크로마토그래피의 칼럼 중, 충진된 칼럼(Packed Column)과 열린 관 칼럼(Open Tubular Column)을 비교할 때, 열린 관 칼럼의 장점이 아닌 것은?

① 분석 시간이 짧아진다.
② 고압 펌프가 필요 없다.
③ 주입할 수 있는 시료 용량이 커진다.
④ 분해능이 좋아진다.

> **해설**

열린 관 칼럼은 주입할 수 있는 시료의 양이 적어진다.

66 순환전압전류법(Cyclic Voltammetry)은 특정 성분의 전기화학적인 특성을 조사하는 데 기본적으로 사용된다. 순환전압전류법에 대한 설명으로 옳은 것은?

① 지지전해질의 농도는 측정시료의 농도와 비슷하게 맞추어 조절한다.
② 한 번의 실험에는 한 종류의 성분만을 측정한다.
③ 전위를 한쪽 방향으로만 주사한다.
④ 특정 성분의 정량 및 정성이 가능하다.

> **해설**

순환전압전류법
삼각파 전위신호를 젓지 않은 용액에 들어 있는 작은 정지전극에 걸어주어 전류를 흐르게 한다.

정답 62 ② 63 ④ 64 ③ 65 ③ 66 ④

① 지지전해질의 농도는 측정시료의 농도보다 과량으로 한다.
② 한 번의 실험에 여러 종의 산화환원반응의 중간체가 존재한다.
③ 전위는 두 전위 사이를 순환시키는데 정주사방향으로 전위를 걸다가 역주사방향으로 하여 처음 전위로 되돌아오게 한다.
④ 순환전압전류법의 피크는 분석물의 농도에 비례하고 전압전류곡선으로부터 각 피크에 해당하는 화합물을 확인하여 특정 성분의 정성·정량분석을 할 수 있다.

67 다음 표를 참고하여 $C_{12}H_{24}$(분자량 M=168)에 대해 M^+에 대한 $(M+1)^+$ 봉우리 높이의 비($(M+1)^+/M^+$)는 얼마인가?

원소	가장 많은 동위원소		가장 많은 동위원소에 대한 존재 백분율(%)
탄소	^1H	^2H	0.015
수소	^{12}C	^{13}C	1.08

① 13.32% ② 14.25%
③ 16.73% ④ 18.59%

해설

$\dfrac{(M+1)^+}{M^+}$ 확률 $= (12 \times 1.08) + (24 \times 0.015) = 13.32\%$

68 기준전극을 사용할 때 주의사항에 대한 설명으로 틀린 것은?
① 전극용액의 오염을 방지하기 위하여 기준전극 내부 용액의 수위를 시료의 수위보다 낮게 유지시켜야 한다.
② 염화이온, 수은, 칼륨, 은이온을 정량할 때는 염다리를 사용하면 오차를 줄일 수 있다.
③ 기준전극의 염다리는 질산칼륨이나 황산나트륨 같이 전극전위에 방해하지 않는 물질을 포함하면 좋다.
④ 기준전극은 셀에서 IR 저항을 감소시키기 위하여 가능한 한 작업전극에 가까이 위치시킨다.

해설

전극용액의 오염을 방지하기 위하여 기준전극 내부 용액의 수위를 시료의 수위보다 높게 유지시켜야 한다.

69 분자 질량분석법은 시료의 종류 및 형태에 따라 다양한 이온화 방법이 사용된다. 이온화 방법이 잘못 짝지어진 것은?
① 전자충격(EI) – 빠른 전자
② 화학 이온화(CI) – 기체 이온
③ 장 이온화(FI) – 빠른 이온살
④ 장 탈착(FD) – 높은 전위전극

해설

장 이온화
센 자기장의 영향으로 이온이 생성된다. 센 자기장은 많은 수의 방출침에 높은 전압을 걸어서 얻어진다.

70 분배 크로마토그래피에 대한 설명으로 틀린 것은?
① 정상 크로마토그래피는 낮은 극성의 이동상을 사용한다.
② 역상 크로마토그래피는 높은 극성의 이동상을 주로 사용한다.
③ 결합상 충전물에 결합된 피막이 비극성 성질을 가지고 있으면 역상으로 분류한다.
④ 정상 분리의 주된 장점은 물을 이동상으로 사용할 수 있다는 것이다.

해설

• 역상 : 이동상이 극성, 정지상이 비극성
• 정상 : 이동상이 비극성, 정지상이 극성

71 질량스펙트럼에서 기준 봉우리란 무엇을 의미하는가?
① 각 봉우리 값의 평균값을 나타내는 봉우리
② 가장 높은 값을 나타내는 봉우리
③ 가장 낮은 값을 나타내는 봉우리
④ 최대 봉우리와 최소 봉우리의 차이 값을 갖는 봉우리

해설

기준 봉우리
가장 높은 값을 나타내는 봉우리

정답 67 ① 68 ① 69 ③ 70 ④ 71 ②

72 다음 중 질량분석법에서 m/z비에 따라 질량을 분리하는 장치가 아닌 것은?(단, m은 질량, z는 전하이다.)

① 사중극자(Quadrupole) 분석기
② 이중초점(Double Focusing) 분석기
③ 전자증배관(Electron Multiplier) 분석기
④ 자기장 부채꼴(Magnetic Sector) 분석기

해설

m/z비에 따라 질량을 분리하는 장치(질량분석기)
- 자기장 부채꼴 질량분석기
- 사중극자 질량분석기
- 비행 – 시간 질량분석기
- 이중초점 질량분석기
- 이온포집 질량분석기
- Fourier 변환(FT)기기

73 머무름인자(k, Retention Factor)를 가장 잘 나타낸 것은?

① 이동상의 속도(Velocity)
② 분석물질의 이동상과 정지상 사이의 분배(Distribution)
③ 분석물질이 칼럼을 통과하는 이동 속도(Migration Rate)
④ 분석물질의 분리 정도

해설

머무름인자(k)
분석물질이 칼럼을 통과하는 이동 속도
$$k = \frac{t_R - t_M}{t_M}$$
여기서, t_R : 분석물질의 머무름시간
t_M : 불감시간

74 Mg^{2+}와 Ca^{2+}를 분석하기에 가장 적합한 크로마토그래피는?

① 이온교환 크로마토그래피
② 크기 배제 크로마토그래피
③ 기체 크로마토그래피
④ 분배 크로마토그래피

해설

Mg^{2+}, Ca^{2+}는 이온이므로 이온교환 크로마토그래피가 적합하다.

75 다음 중 질량분석기에서 질량분석관(Mass Analyzer)의 역할과 유사한 분광계의 기기장치는?

① 광원
② 원자화 장치
③ 회절발
④ 검출기

해설

- 질량분석관 : 생성된 이온들을 질량 대 전하비(m/z)로 분리하는 장치로 회절발과 유사한 역할을 한다.
- 회절발 : 복사선을 그의 성분파장으로 분산

76 $MgC_2O_4 \cdot 2H_2O$(148.36g/mol)를 500℃까지 가열하면 MgO(40.30g/mol)로 변한다. $MgC_2O_4 \cdot 2H_2O$가 들어 있는 시료 2.50g을 500℃까지 가열하였더니 1.04g이 되었다면 시료 중 $MgC_2O_4 \cdot 2H_2O$의 %는? (단, 시료 중에 들어 있는 다른 물질들은 500℃까지 가열해도 안정하다.)

① 42%
② 60%
③ 70%
④ 80%

해설

$MgC_2O_4 \cdot 2H_2O \rightarrow MgO + C_2O_3 \cdot 2H_2O$

분해된 $C_2O_3 \cdot 2H_2O$의 양 = 2.5g - 1.04g = 1.46g

분해된 $C_2O_3 \cdot 2H_2O$의 몰수 = $1.46g \times \frac{1mol}{108g} = 0.0135mol$

분해된 $C_2O_3 \cdot 2H_2O$의 몰수 = $MgC_2O_4 \cdot 2H_2O$의 몰수

$\therefore MgC_2O_4 \cdot 2H_2O = 0.0135mol \times \frac{148.36g}{1mol} = 2.00286g$

$\therefore MgC_2O_4 \cdot 2H_2O = \frac{2.00286g}{2.5g} \times 100 = 80.11\% ≒ 80\%$

정답 72 ③ 73 ③ 74 ① 75 ③ 76 ④

77 Cd | Cd^{2+}(0.0100M) ‖ Cu^{2+}(0.0100M) | Cu 전지의 저항이 3.0Ω이라고 가정하고 0.15A 전류를 생성시키려고 할 때 필요한 전위는 약 몇 V인가?(단, Cd^{2+}의 표준환원전위 = −0.403V이고, Cu^{2+}의 표준환원전위 = 0.337V이다.)

① 0.29
② 0.37
③ 0.59
④ 0.74

해설

$E° = 0.337 − (−0.403) = 0.74V$
$V = IR = 0.15A \times 3.0Ω = 0.45V$
$E_{전지} = E° − IR$
$= 0.74V − 0.45V = 0.29V$

78 전자포획검출기(ECD)로 검출할 수 있는 화합물은?

① 메틸아민
② 에틸알코올
③ 헥산
④ 디클로로메탄

해설

전자포획검출기(ECD)
- 기체 크로마토그래피 검출기
- 할로겐 원소(F, Cl, Br, I)와 같이 전기음성도가 큰 작용기를 가진 분자에 선택성을 갖는 검출기

79 전위차법의 기준전극으로서 갖추어야 할 조건이 아닌 것은?

① 비가역적이어야 한다.
② Nernst 식에 따라야 한다.
③ 시간에 따라 일정전위를 나타내야 한다.
④ 작은 전류가 흐른 후에 원래의 전위로 돌아와야 한다.

해설

전위차법의 기준전극 조건
- 분석물 용액에 감응하지 않는다.
- 반응이 가역적이고, Nernst 식에 따라야 한다.
- 전위가 일정해야 한다.
- 전류가 흐른 후 원래의 전위로 돌아가야 한다.
- 온도가 주기적으로 변해도 과민반응을 나타내지 않아야 한다.
- 전극은 간단하고 만들기 쉬워야 한다.

80 폴라그래피에 대한 설명으로 틀린 것은?

① 폴라그래피의 질량이동은 확산에 의해서만 일어난다.
② 확산전류는 분석물의 농도에 비례하므로 정량분석이 가능하다.
③ 폴라그래피에서 사용하는 적하수은전극은 새로운 수은전극 표면이 계속적으로 생성된다.
④ 수은은 쉽게 산화되지 않으므로 적하수은전극은 산화전극으로 널리 사용된다.

해설

폴라로그래피
- 적하수은전극으로 수행된 전압전류법
- 폴라로그래피의 질량 이동은 확산에 의해서만 일어난다.
- 수소이온의 환원에 대한 과전압이 크다. → 수소기체의 발생으로 인한 방해가 적다.
- 새로운 수은전극 표면이 계속적으로 생성된다.
- 수은은 쉽게 산화되므로 산화전극으로 사용이 어렵다.

정답 77 ① 78 ④ 79 ① 80 ④

2015년 제4회 기출문제

1과목 일반화학

01 화학평형에 대한 다음 설명 중 옳은 것은?
① 화학평형이란 더 이상의 반응이 없음을 의미한다.
② 반응물과 생성물의 양이 같다는 것을 의미한다.
③ 정반응과 역반응의 속도가 같다는 것을 의미한다.
④ 정반응과 역반응이 동시에 진행되는 비가역반응이다.

해설

화학평형
- 가역반응에서 정반응속도 = 역반응속도
- 외관상 반응이 정지된 것처럼 보이지만, 동적 평형을 이루고 있다.
- 반응물과 생성물의 양은 평형상수에 의해 결정된다.

02 에틸알콜(C_2H_5OH)의 융해열이 $4.81kJ/mol$이라고 할 때 이 알콜 $8.72g$을 얼렸을 때의 ΔH는 약 몇 kJ인가?
① $+0.9$
② -0.9
③ $+41.9$
④ -41.9

해설

$8.72g \times \dfrac{1mol}{46g} = 0.19mol$

$-4.81kJ/mol \times 0.19mol = -0.9kJ$

※ 융해열 $4.81kJ/mol$ ⇒ 응고열 $-4.81kJ/mol$

03 다음 유기화합물의 명명이 잘못된 것은?
① $CH_3CHClCH_3$: 2-chloropropane
② $CH_3-CH(OH)-CH_3$: 2-propanol
③ $CH_3-O-CH_2CH_3$: methoxyethane
④ CH_3-CH_2-COOH : propanone

해설

CH_3-CH_2-COOH : 프로판산 = 프로피온산(Propionic Acid)

프로판온 : $CH_3-\underset{\underset{\text{아세톤(다이메틸케톤)}}{}}{\overset{\overset{O}{\|}}{C}}-CH_3$

04 아연-구리 전지에 대한 설명 중 틀린 것은?
① 볼타전지(또는 갈바니전지)의 대표적인 예이다.
② 구리이온이 산화되고 아연이 환원된다.
③ 염다리를 사용한다.
④ 질량이 증가하는 쪽은 구리전극 쪽이다.

해설

$$\underset{\text{산화}}{Zn} + Cu^{2+} \longrightarrow Zn^{2+} + \underset{\text{환원}}{Cu}$$

05 다음 중 무기화합물에 해당하는 것은?
① C_6H_{10}
② $NaHCO_3$
③ $C_{12}H_{22}O_{11}$
④ CH_3NH_2

해설

- 유기화합물 : 탄소를 골격으로 H, O, N, P, S, 할로겐 원소 등이 결합한 물질
  예 탄소화합물(탄화수소), C_6H_{10}, $C_{12}H_{22}O_{11}$, CH_3NH_2
- 무기화합물 : 유기화합물을 제외한 화합물
  예 $NaHCO_3$, CO, CO_2

정답 01 ③ 02 ② 03 ④ 04 ② 05 ②

06 16.0M인 H_2SO_4 용액 8.00mL를 용액의 최종부피가 0.125L가 될 때까지 묽혔다면 묽힌 후 용액의 몰농도는 약 얼마가 되겠는가?

① 102M ② 10.2M
③ 1.02M ④ 0.102M

해설

$MV = M'V'$

$16.0M \times 8.00mL = M' \times 0.125L \times \dfrac{1,000mL}{1L}$

$\therefore M' = 1.02M$

07 3.5몰의 물을 전기분해하면 산소기체(O_2) 몇 g이 생성되겠는가?

① 16 ② 32
③ 56 ④ 64

해설

$2H_2O \rightarrow 2H_2 + O_2$

2mol : 32g
3.5mol : x

$\therefore x = 56g$

08 $_{17}Cl$의 전자배치를 옳게 나타낸 것은?

① $[Ar]3s^23p^6$ ② $[Ar]3s^23p^5$
③ $[Ne]3s^23p^6$ ④ $[Ne]3s^23p^5$

해설

$_{17}Cl$의 전자배치
$1s^22s^22p^63s^23p^5 = [Ne]3s^23p^5$

09 주기율표상에서 나트륨(Na)부터 염소(Cl)에 이르는 3주기 원소들의 경향성을 옳게 설명한 것은?

① Na로부터 Cl로 갈수록 전자친화력은 약해진다.
② Na로부터 Cl로 갈수록 1차 이온화에너지는 커진다.
③ Na로부터 Cl로 갈수록 원자반경은 커진다.
④ Na로부터 Cl로 갈수록 금속성이 증가한다.

해설

3주기 원소
Na Mg Al Si P S Cl
오른쪽으로 갈수록 비금속성↑, 원자 반지름↓
이온화에너지↑, 전자친화도↑

10 산성비의 발생과 가장 관계가 없는 반응은?

① $Ca^{2+}(aq) + CO_3^{2-}(aq) \rightarrow CaCO_3(s)$
② $S(s) + O_2(g) \rightarrow SO_2(g)$
③ $N_2(g) + O_2(g) \rightarrow 2NO(g)$
④ $SO_3(g) + H_2O(l) \rightarrow H_2SO_4(aq)$

해설

산성비
공기 중의 황산화물(SOx) 또는 질소산화물(NOx)이 물과 만나 황산 또는 질산을 만들어 pH<5.6이 되는 비를 말한다.

11 다음 반응에서 HCO_3^- 이온은 어떤 작용을 하는가?

$$2HCO_3^- \rightleftharpoons H_2CO_3 + CO_3^{2-}$$

① 오직 Brønsted-Lowry Acid로만 작용한다.
② 오직 Brønsted-Lowry Base로만 작용한다.
③ Brønsted-Lowry Acid 및 Brønsted-Lowry Base로 작용한다.
④ Brønsted-Lowry Acid도 Brønsted-Lowry Base도 아니다.

해설

Brønsted-Lowry
• 산 : H^+를 내놓는 물질(양성자 주개)
• 염기 : H^+를 받는 물질(양성자 받개)

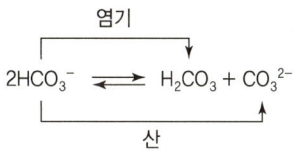

$\therefore HCO_3^-$는 산, 염기 모두로 작용한다.

정답 06 ③ 07 ③ 08 ④ 09 ② 10 ① 11 ③

12 노르말 알케인(Normal Alkane)의 일반식은?

① C_nH_{2n+1} ② C_nH_{2n}
③ C_nH_{2n+2} ④ C_nH_{2n-2}

해설

- alkane : C_nH_{2n+2}
- alkene : C_nH_{2n}
- alkyne : C_nH_{2n-2}

13 벤젠을 실험식으로 옳게 나타낸 것은?

① C_6H_6 ② C_6H_5
③ C_5H_6 ④ CH

해설

벤젠(⬡) = C_6H_6

- 실험식 : CH
- 분자식 : C_6H_6

14 산과 염기에 대한 설명으로 옳은 것은?

① 산은 붉은 리트머스 시험지를 푸르게 변화시킨다.
② 염기는 용액 내에서 수소이온(H^+)을 생성하는 물질이다.
③ 산은 pH 값이 7 이상인 물질이다.
④ 산과 염기가 반응하면 염과 물이 생성된다.

해설

- 산 : 푸른색 리트머스 시험지 → 붉은색, pH < 7
  염기 : 붉은색 리트머스 시험지 → 푸른색, pH > 7
- H^+를 내놓는 물질은 산, OH^-를 내놓는 물질은 염기이다.
- 산 + 염기 $\xrightarrow{중화반응}$ 염 + 물

15 백금 원자 1개의 질량은 몇 g인가?(단, 백금의 원자량은 195.09g/mol이다.)

① 3.24×10^{-23}g ② 3.24×10^{-22}g
③ 1.62×10^{-23}g ④ 1.62×10^{-22}g

해설

백금 원자 1개의 질량 = $\dfrac{195.09\text{g}}{\text{mol}} \times \dfrac{1\text{mol}}{6.02 \times 10^{23}\text{개}}$

$= 3.24 \times 10^{-22}$g

16 몰(mole)에 대한 설명으로 틀린 것은?

① 1몰은 아보가드로수만큼의 입자수를 의미한다.
② 1몰의 물질은 그램 단위의 원자량과 동일한 질량을 갖는다.
③ 산소 기체 1몰의 질량은 그 원소의 원자량과 같다.
④ 표준온도와 압력(STP) 상태에서 기체 1몰은 22.4L의 부피를 차지한다.

해설

1mol = 6.02×10^{23}개(아보가드로수)의 입자
산소 기체 1mol = O_2 1mol = O(산소 원자) 2mol

17 일정한 온도와 압력에서 진행되는 다음 연소반응에 관련된 내용을 틀리게 설명한 것은?

$$C(s) + O_2(g) \rightarrow CO_2(g)$$

① 0.5몰의 탄소가 0.5몰의 산소와 반응하여 0.5몰의 이산화탄소를 만든다.
② 1그램의 탄소가 1그램의 산소와 반응하여 1그램의 이산화탄소를 만든다.
③ 이 반응에서 소비된 산소가 1몰이었다면, 생성된 이산화탄소의 몰수는 1몰이다.
④ 이 반응에서 1L의 산소가 소비되었다면 생성된 이산화탄소의 부피는 1L이다.

해설

	$C(s)$	+	$O_2(g)$	→	$CO_2(g)$
몰비 :	1mol	:	1mol	:	1mol
질량비 :	12g	:	32g	:	44g

∴ 1g의 탄소는 12 : 32 = 1 : x에서 x = 2.67g의 산소와 반응하여 3.67g의 CO_2를 생성한다.

정답 12 ③ 13 ④ 14 ④ 15 ② 16 ③ 17 ②

18 3.0M AgNO₃ 200mL를 0.9M CuCl₂ 350mL에 가했을 때, 생성되는 AgCl(분자량 = 143g)의 양은?

① 8.58g   ② 45.1g
③ 85.8g   ④ 451g

해설

$2AgNO_3 + CuCl_2 \rightarrow 2AgCl + Cu(NO_3)_2$
   2   :   1   :   2

AgNO₃의 몰수 = 3.0M × 0.2L = 0.6mol
CuCl₂의 몰수 = 0.9M × 0.35L = 0.315mol
∴ AgCl 0.6mol 생성

$0.6mol\ AgCl \times \dfrac{143g}{1mol} = 85.8g$

19 부탄이 공기 중에서 완전 연소하는 화학반응식은 다음과 같다. 괄호 안에 들어갈 계수들 중 a의 값은 얼마인가?

$$C_4H_{10} + (a)O_2 \rightarrow (b)CO_2 + (c)H_2O$$

① 5   ② 11/2
③ 6   ④ 13/2

해설

C → H → O의 순으로 계수를 맞춘다.

$C_4H_{10} + \dfrac{13}{2}O_2 \rightarrow 4CO_2 + 5H_2O$

20 주어진 온도에서 $N_2O_4(g) \rightleftarrows 2NO_2(g)$의 계가 평형상태에 있다. 이때 계의 압력을 증가시키면 반응이 어떻게 진행되겠는가?

① 정반응과 역반응의 속도가 함께 빨라져서 변함없다.
② 평형이 깨어지므로 반응이 멈춘다.
③ 정반응으로 진행된다.
④ 역반응으로 진행된다.

해설

$N_2O_4(g) \rightleftarrows 2NO_2(g)$

르 샤틀리에 원리에 의해 압력을 증가시키면 압력이 감소되는 방향으로 반응이 진행되므로 몰수가 감소하는 역방향으로 진행된다.

2과목 분석화학

21 진한 염산 HCl(분자량 36.46)이 무게비로 37.0 wt% 있다. 이 염산의 밀도가 1.19g/mL라면 몰농도는 약 얼마인가?

① 6.1M   ② 12.1M
③ 18.1M   ④ 24.1M

해설

몰농도(M) = 용액 1L에 들어 있는 용질의 mol수
HCl 수용액 100g 기준 ┌ HCl 37g
                     └ H₂O 63g

$37g\ HCl \times \dfrac{1mol}{36.5g} = 1.014mol$

HCl 수용액 $100g \times \dfrac{1mL}{1.19g} = 84.03mL = 0.084L$

몰농도(M) = $\dfrac{1.014mol}{0.084L} = 12.07M ≒ 12.1M$

22 KH₂PO₄와 KOH로 구성된 혼합용액의 전하균형식으로 옳은 것은?

① $[H^+]+[K^+]=[OH^-]+[H_2PO_4^-]+2[HPO_4^{2-}]+3[PO_4^{3-}]$
② $2[H^+]+[K^+]=[OH^-]+[H_2PO_4^-]+2[HPO_4^{2-}]+3[PO_4^{3-}]$
③ $[H^+]+[K^+]=[OH^-]+[H_2PO_4^-]+[HPO_4^{2-}]+3[PO_4^{3-}]$
④ $2[H^+]+[K^+]=[PO_4^{3-}]$

해설

$KH_2PO_4 \rightarrow K^+ + H_2PO_4^-$
$H_2PO_4^- \rightarrow H^+ + HPO_4^{2-}$
$HPO_4^{2-} \rightarrow H^+ + PO_4^{3-}$
$KOH \rightarrow K^+ + OH^-$
전하균형식 : 양전하의 합 = 음전하의 합
∴ $[K^+]+[H^+]=[OH^-]+[H_2PO_4^-]+2[HPO_4^{2-}]+3[PO_4^{3-}]$

정답 18 ③ 19 ④ 20 ④ 21 ② 22 ①

23 요오드화 반응에 대한 설명 중 틀린 것은?

① 요오드를 적정액으로 사용한다는 것은 I_2에 과량의 I^-가 첨가된 용액을 사용함을 의미한다.
② 요오드화 적정의 지시약으로 녹말지시약을 사용할 수 있다.
③ 간접 요오드 적정법은 환원성 분석물질을 미량의 I^-에 가하여 요오드를 생성시킨 다음 이것을 적정한다.
④ 환원성 분석물질이 요오드로 직접 측정되었을 때, 이 방법을 직접 요오드 적정법이라 한다.

해설

간접 요오드 적정법
산화성 분석물질에 I^-를 가하여 요오드(I_2)를 생성시킨 다음 티오황산나트륨($Na_2S_2O_3$)으로 적정하는 방법

24 표준수소전극에서의 반응 및 표준전위($E°$)를 가장 옳게 나타낸 것은?

① $2H^+(A=1) + 2e^- \rightleftharpoons H_2(A=2)$ $E° = 0.0V$
② $2H^+(A=2) + 2e^- \rightleftharpoons H_2(A=1)$ $E° = 0.0V$
③ $2H^+(A=1) + 2e^- \rightleftharpoons H_2(A=1)$ $E° = 0.0V$
④ $2H^+(A=2) + 2e^- \rightleftharpoons H_2(A=2)$ $E° = 0.0V$

해설

표준수소전극
수소이온의 활동도는 1이고 수소의 분압은 1atm이다. 이 전극의 전위는 모든 온도에서 0.0V로 한다.

25 다음 수용액들의 농도는 모두 0.1M이다. 이온 세기(Ionic Strength)가 가장 큰 것은?

① NaCl
② Na_2SO_4
③ $Al(NO_3)_3$
④ $MgSO_4$

해설

이온 세기 $\mu = \frac{1}{2}(C_1Z_1^2 + C_2Z_2^2 + \cdots)$

여기서, C_1, C_2 : 이온의 몰농도
Z_1, Z_2 : 이온의 전하

① $NaCl \rightarrow Na^+ + Cl^-$
$\mu = \frac{1}{2}[(0.1 \times 1^2) + (0.1 \times (-1)^2)] = 0.1$

② $Na_2SO_4 \rightarrow 2Na^+ + SO_4^{2-}$
$\mu = \frac{1}{2}[(2 \times 0.1 \times 1^2) + (0.1 \times (-2)^2)] = 0.3$

③ $Al(NO_3)_3 \rightarrow Al^{3+} + 3NO_3^-$
$\mu = \frac{1}{2}[(0.1 \times 3^2) + (3 \times 0.1 \times (-1)^2)] = 0.6$

④ $MgSO_4 \rightarrow Mg^{2+} + SO_4^{2-}$
$\mu = \frac{1}{2}[(0.1 \times 2^2) + (0.1 \times (-2)^2)] = 0.4$

26 25℃에서 0.050M 트리메틸아민(Trimethylamine) 수용액의 pH는 얼마인가?(단, 25℃에서 $(CH_3)_3NH^+$의 K_a 값은 1.58×10^{-10}이다.)

① 5.55
② 7.55
③ 9.25
④ 11.25

해설

$(CH_3)_3N + H_2O \rightleftharpoons (CH_3)_3NH^+ + OH^-$
약염기 용액에서의 $[OH^-]$
$[OH^-] = \sqrt{C_B K_b}$

여기서, K_b : 염기의 해리상수
C_B : 염기의 농도

$K_b = \frac{K_w}{K_a} = \frac{1 \times 10^{-14}}{1.58 \times 10^{-10}} = 6.329 \times 10^{-5}$

$[OH^-] = \sqrt{(0.050M)(6.329 \times 10^{-5})}$
$= 1.779 \times 10^{-3}$

$pOH = -\log[OH^-] = 2.75$
∴ $pH = 14 - pOH = 14 - 2.75 = 11.25$

27 무게분석법에서 결정을 성장시키는 방법으로 틀린 것은?

① 용해도를 증가시키기 위해 온도를 서서히 올린다.
② 침전제를 가급적 빨리 가한다.
③ 침전제를 가할 때 잘 저어준다.
④ 가급적 침전제의 농도를 낮게 하여 침전시킨다.

정답 23 ③ 24 ③ 25 ③ 26 ④ 27 ②

> **해설**

결정을 성장시키는 방법
- 용해도를 증가시키기 위해 온도를 서서히 올린다.
- 침전제를 천천히 가하면서 저어준다.
- 분석물과 침전제의 농도가 낮아지도록 용액의 부피를 크게 한다.

28 침전적정에서 종말점을 검출하는 데 일반적으로 사용하는 방법이 아닌 것은?

① 전극
② 지시약
③ 빛의 산란
④ 리트머스 시험지

> **해설**

리트머스 시험지는 산·염기 중화적정에 사용한다.

침전적정에서 종말점 검출방법
- 전극 사용 : 전위차 측정
- 지시약 사용
- 빛의 산란 이용

29 Fe^{3+}를 포함하는 시료 10mL를 0.02M EDTA 20 mL와 반응시켰다. 이때 Fe^{3+}는 모두 착물을 형성했고 EDTA는 과량으로 남았다. 과량의 EDTA는 0.05M Mg^{2+} 용액 3mL로 역적정하였다. 원래 시료 용액 중에 있는 Fe^{3+}의 몰농도는?

① 0.025M
② 0.050M
③ 0.25M
④ 0.50M

> **해설**

EDTA의 몰수 = $\frac{0.02\text{mol}}{\text{L}} \times 0.02\text{L} = 4 \times 10^{-4}\text{mol}$

Mg^{2+}의 몰수 = $\frac{0.05\text{mol}}{\text{L}} \times 0.003\text{L} = 1.5 \times 10^{-4}\text{mol}$

Fe^{3+}의 몰수 = $0.02\text{M} \times 0.02\text{L} - 0.05\text{M} \times 0.003\text{L}$
            = 0.00025mol

$[Fe^{3+}] = \frac{0.00025\text{mol}}{0.01\text{L}} = 0.025\text{M}$

30 활동도 계수의 특성에 대한 설명으로 가장 거리가 먼 것은?

① 용액이 무한히 묽어짐에 따라 주어진 화학종의 활동도 계수는 1로 수렴한다.
② 농도가 높지 않은 용액에서 주어진 화학종의 활동도 계수는 전해질의 종류에 따라서만 달라진다.
③ 주어진 이온 세기에서 같은 전하를 가진 이온들의 활동도 계수는 거의 같다.
④ 전하를 띠지 않는 분자의 활동도 계수는 이온 세기에 관계없이 대략 1이다.

> **해설**

활동도 계수는 전해질의 종류, 성질에 무관하고 이온 세기, 이온의 전하, 이온의 크기에 관계한다.

31 pH 10인 완충용액에서 0.0360M Ca^{2+} 용액 50.0 mL를 0.0720M EDTA로 적정할 경우에 당량점에서의 칼슘이온의 농도 $[Ca^{2+}]$는 얼마인가?(단, 조건형성상수(Conditional Formation Constant) K_f'값은 1.34×10^{10}이다.)

① 0.0240M
② 1.34×10^{-6}M
③ 1.64×10^{-6}M
④ 1.79×10^{-12}M

> **해설**

Ca^{2+}의 몰수 = $\frac{0.0360\text{mol}}{\text{L}} \times 0.05\text{L} = 1.8 \times 10^{-3}\text{mol}$

당량점에서 EDTA의 부피 $MV = M'V'$
$1.8 \times 10^{-3} = 0.072\text{M} \times V'$
∴ $V' = 0.025\text{L}$

당량점에서 CaY^{2-}의 몰농도
$\frac{1.8 \times 10^{-3}\text{mol}}{(0.05 + 0.025)\text{L}} = 0.024\text{mol/L(M)}$

	Ca^{2+}	+	EDTA	$\rightleftharpoons$	CaY^{2-}
초기	0		0		0.024
해리	$+x$		$+x$		$-x$
평형	x		x		$0.024-x$

$K_f' = \frac{[CaY^{2-}]}{[Ca^{2+}][EDTA]} = 1.34 \times 10^{10}$

정답 28 ④ 29 ① 30 ② 31 ②

$$\frac{0.024-x}{x^2} \fallingdotseq \frac{0.024}{x^2} = 1.34 \times 10^{10}$$
$$\therefore x = [Ca^{2+}] = 1.34 \times 10^{-6} M$$

32 다음 반응에 대한 화학평형상수 K를 옳게 나타낸 것은?

$$Zn(s) + 2H^+(aq) \rightleftharpoons Zn^{2+}(aq) + H_2(g)$$

① $K = \dfrac{P_{H_2} \times [Zn]}{[H^+]}$ ② $K = \dfrac{P_{H_2} \times [Zn^{2+}]}{[H^+]^2}$

③ $K = \dfrac{[H^+]^2}{P_{H_2} \times [Zn]}$ ④ $K = \dfrac{P_{H_2}}{[H^+] \times [Zn]}$

해설

$aA + bB \rightleftharpoons cC + dD$

평형상수 $K = \dfrac{[C]^c[D]^d}{[A]^a[B]^b}$

Solid(고체)는 평형상수에 포함되지 않는다.

$\therefore K = \dfrac{[Zn^{2+}][H_2]}{[H^+]^2}$

→ 기체 H_2의 농도 대신 분압 P_{H_2}를 사용해도 된다.

33 다음 평형반응에 대한 K_b는 얼마인가?(단, HCN의 K_a의 값은 6.20×10^{-10}이다.)

$$CN^- + H_2O \rightleftharpoons HCN + OH^-$$

① 1.61×10^{-5} ② 1.54×10^{-6}
③ 1.73×10^{-5} ④ 1.45×10^{-6}

해설

$K_b = \dfrac{K_w}{K_a}$

$= \dfrac{1 \times 10^{-14}}{6.20 \times 10^{-10}} = 1.61 \times 10^{-5}$

34 Mn^{2+}가 들어 있는 시료용액 50mL를 0.1M EDTA 용액 100mL와 반응시켰다. 모든 Mn^{2+}와 반응하고 남은 여분의 EDTA를 금속지시약을 사용하여 0.1M Mg^{2+} 용액으로 적정하였더니 당량점까지 50mL가 소비되었다. 시료용액에 들어 있는 Mn^{2+}의 농도는 몇 M인가?

① 0.1   ② 0.2
③ 0.3   ④ 0.4

해설

Mg^{2+}의 몰수 $= 0.1M \times 0.05L = 5 \times 10^{-3}$mol
EDTA의 몰수 $= 0.1M \times 0.1L = 0.01$mol
Mn^{2+}의 몰수 $= 0.01 - 5 \times 10^{-3} = 5 \times 10^{-3}$mol
$[Mn^{2+}] = \dfrac{5 \times 10^{-3} \text{mol}}{0.05L} = 0.1M$

35 강산이나 강염기로만 되어 있는 것은?

① HCl, HNO_3, NH_3 ② CH_3COOH, HF, KOH
③ H_2SO_4, HCl, KOH ④ CH_3COOH, NH_3, HF

해설

- 강산 : HCl, H_2SO_4, HNO_3
- 약산 : CH_3COOH, HF
- 강염기 : KOH
- 약염기 : NH_4OH

36 F^-는 Al^{3+}에는 가리움제(Masking Agent)로 작용하지만 Mg^{2+}에는 반응하지 않는다. 어떤 미지시료에 Mg^{2+}와 Al^{3+}가 혼합되어 있다. 이 미지시료 20.0mL를 0.0800M EDTA로 적정하였을 때 50.0mL가 소모되었다. 같은 미지시료를 새로 20.0mL 취하여 충분한 농도의 KF를 5.00mL 가한 후 0.0800M EDTA로 적정하였을 때는 30.0mL가 소모되었다. 미지시료 중의 Al^{3+} 농도는?

① 0.080M   ② 0.096M
③ 0.104M   ④ 0.120M

정답 32 ② 33 ① 34 ① 35 ③ 36 ①

> 해설

처음 EDTA의 몰수 $= 0.08M \times 0.05L$
$= 4 \times 10^{-3} mol$
KF를 가한 후 EDTA의 몰수 $= 0.08M \times 0.03L$
$= 2.4 \times 10^{-3} mol$
미지시료 20mL에 들어 있는 Al^{3+}의 몰수
$= 4 \times 10^{-3} mol - 2.4 \times 10^{-3} mol = 1.6 \times 10^{-3} mol$
$[Al^{3+}] = \dfrac{1.6 \times 10^{-3} mol}{0.02L} = 8 \times 10^{-2} = 0.08M$

37 0.01M 염산 수용액의 pH는?

① 0.01
② 0.1
③ 2
④ -2

> 해설

$pH = -\log[H^+] = -\log(0.01) = 2$

38 산화-환원 지시약의 색깔이 변하는 전위 범위는? (단, n은 반응에 참여하는 전자의 수이다.)

① $E = E° \pm \dfrac{0.05916}{n} V$
② $E = E° \pm 1.0V$
③ $E = E° \pm 0.05916V$
④ $E = E° \pm \dfrac{0.05916}{n} V$

> 해설

Nernst 식
전위 범위 $E = E° \pm \dfrac{0.05916}{n} V$

39 다음 중 단위를 잘못 나타낸 것은?

① 주파수 : Hz
② 힘 : N
③ 일률 : J
④ 전기량 : C

> 해설

일률 : W = J/s

40 미지시료 내의 특정 물질의 양을 분석하는 방법으로 적정이 사용된다. 적정의 요건으로 틀린 것은?

① 적정에서의 반응은 느려도 크게 상관없다.
② 반응은 화학양론적이어야 한다.
③ 부반응이 없어야 한다.
④ 반응이 진행되어 당량점 부근에서 용액의 어떤 성질에 변화가 일어나야 한다.

> 해설

적정에서는 빠르고 완전한 반응이어야 한다.

3과목 기기분석 I

41 유기분자의 구조 및 작용기에 대한 정보를 적외선(IR) 흡수분광스펙트럼으로부터 얻을 수 있다. 적외선 흡수분광법에 대한 설명으로 틀린 것은?

① 결합전자 전이가 허용된 결합만 흡수피크로 나타난다.
② 쌍극자 모멘트의 변화가 있어야 흡수피크로 나타난다.
③ 적외선 흡수 측정을 위하여 간섭계를 사용한 Fourier 변환분광기를 주로 사용한다.
④ 파이로 전자검출기는 특별한 열적 및 전기적 성질을 가진 황산트리글리신 박편으로 만든다.

> 해설

적외선은 에너지가 적어 결합전자 전이를 일으킬 수 없고 분자의 진동에너지 준위의 전이를 일으킨다.

42 ICP(유도결합플라스마) 분광법에서 통상 사용되는 토치는 보통 3가지의 도입이 일어나는 관으로 구성된다. 다음 중 그 구성이 아닌 것은?

① 산화제 도입구
② 냉각 기체 도입구
③ 플라스마 기체 도입구
④ 시료 에어로졸 도입구

> 해설

산화제 도입구는 불꽃원자화 장치에서 필요하다.

정답 37 ③ 38 ① 39 ③ 40 ① 41 ① 42 ①

43 X선 회절기기에서 토파즈(격자간격 $d=1.356 Å$)가 회절 결정으로 사용되는 경우 Ag의 $K_{α1}$선인 $0.497 Å$을 관찰하기 위해서는 측각기(Goniometer) 각도를 몇 도에 맞추어야 하는가?(단, $2θ$ 값을 계산한다.)

① 10.6　② 14.2
③ 21.1　④ 28.4

해설

Bragg 법칙
$nλ = 2d\sinθ$
　여기서, n : 회절차수
　　　　$λ$: X선의 파장
　　　　d : 결정의 층 간 거리
　　　　$θ$: 입사각
$1 × 0.497 Å = 2 × 1.356 Å × \sinθ$
$θ = 10.5°$
$2θ = 21.1°$

44 들뜬 단일항 상태와 들뜬 삼중항 상태에 대한 설명 중 틀린 것은?

① 모든 전자스핀이 짝지어 있는 분자의 전자 상태를 단일항 상태라고 하며, 이 분자가 자기장에 놓이는 경우에도 전자의 에너지 준위는 분리되지 않는다.
② 분자에 있는 전자쌍 중의 전자 하나가 보다 높은 에너지 준위로 들뜨면 전자의 에너지 상태는 단일항 상태 또는 삼중항 상태로 된다.
③ 들뜬 단일항 상태의 경우 들뜬 전자의 스핀은 바닥상태의 전자처럼 여전히 짝지어 있지만 삼중항 상태에서는 두 개의 전자스핀이 짝짓지 않고 평행하게 존재한다.
④ 전자스핀의 변화와 함께 일어나는 단일항-삼중항 상태의 전이는 단일항-단일항 상태 전이보다 일어날 가능성이 더 크므로 들뜬 삼중항 상태에서의 전자 수명이 길다.

해설

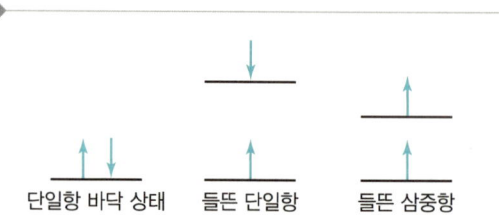

- 단일항-삼중항 상태의 전이는 단일항-단일항 상태 전이보다 일어날 가능성이 적다.
- 들뜬 삼중항 상태에서의 전자 수명이 더 길다.

45 Lambert-Beer 법칙을 나타내는 수식($A = εbc$)의 각 요소에 대한 설명 중 틀린 것은?

① $ε$은 몰흡수계수이다.
② c는 빛의 속도를 나타낸다.
③ b는 시료의 두께를 나타낸다.
④ A는 흡광도를 나타내며 상수항이다.

해설

Lambert-Beer 법칙
$A = εbc$
　여기서, $ε$: 몰흡수계수
　　　　b : 셀의 길이
　　　　c : 농도

46 기기 부분장치의 표면에서 생기는 산란과 반사에 의해 주로 발생하는 떠돌이 빛(Stray Light)은 Beer의 법칙에서 어긋나는 요인이 된다. 떠돌이 빛에 의한 영향으로 옳은 것은?

① 흡광도가 클 때 더 큰 오차를 나타낸다.
② 흡광도가 작을 때 더 큰 오차를 나타낸다.
③ 흡광도와 관계없이 일정한 오차를 나타낸다.
④ 겉보기 흡광도가 실제 흡광도보다 항상 크게 나타난다.

해설

흡광도가 크면 더 많은 떠돌이 빛이 존재하므로 더 큰 오차를 유발한다.

정답　43 ③　44 ④　45 ②　46 ①

47 전형적인 분광기기의 구성장치가 아닌 것은?

① 분리용 관
② 복사선 검출기
③ 안정한 복사에너지 광원
④ 제한된 스펙트럼 영역을 제공하는 장치

> **해설**
> 광학기기의 구성장치
> - 광원
> - 시료 용기
> - 제한된 스펙트럼 영역을 제공하는 장치(단색화 장치)
> - 복사선 검출기
> - 신호처리기, 판독장치

48 원자흡수분광법을 이용하여 특별하게 수은(Hg)을 정량하는 데 사용되는 가장 적합한 방법은?

① 찬 증기 원자화법
② 불꽃원자화 장치법
③ 흑연로 원자화 장치법
④ 금속 수소화물 발생법

> **해설**
> 찬 증기 원자화법
> 수은은 실온에서 상당한 증기압을 갖는 유일한 원소로 찬 증기 원자화법은 수은 정량에만 이용하는 원자화 방법이다.

49 불꽃을 사용하는 원자화 장치에서 공기 – 아세틸렌 가스 대신 산화이질소 – 아세틸렌 가스를 사용하게 되면 주로 어떤 효과가 기대되는가?

① 불꽃의 온도가 감소한다.
② 불꽃의 온도가 증가한다.
③ 가스 연료의 비용이 줄어든다.
④ 시료의 분무 효율이 증가한다.

> **해설**
> 공기 – 아세틸렌보다 산화이질소 – 아세틸렌이 더 높은 온도로 불꽃의 온도가 증가한다.
>
> | 연료 | 산화제 | 온도(℃) |
> |---|---|---|
> | 천연가스 | 공기 | 1,700~1,900 |
> | | 산소 | 2,700~2,800 |
> | 수소 | 공기 | 2,000~2,100 |
> | | 산소 | 2,550~2,700 |
> | 아세틸렌 | 공기 | 2,100~2,400 |
> | | 산소 | 3,050~3,150 |
> | | 산화이질소(N_2O) | 2,600~2,800 |

50 원자분광법의 시료 도입방법 중 고체시료에 전처리 없이 직접 사용할 수 있는 방법은?

① 기체 분무화법   ② 수소화물 생성법
③ 레이저 증발법   ④ 초음파 분무화법

> **해설**
> 원자분광법의 시료 도입방법
> ㉠ 고체시료를 도입하는 방법
> - 직접 시료 도입
> - 전열 증기화
> - 레이저 증발
> - 아크와 스파크 증발(전도성 고체)
> - 글로우 방전(전도성 고체)
>
> ㉡ 용액시료를 도입하는 방법
> - 기체 분무기
> - 초음파 분무기
> - 전열 증기화
> - 수소화물 생성법

51 적외선 흡수분광법에서 지문영역은?

① 600~1,200cm^{-1} ② 1,200~1,800cm^{-1}
③ 1,800~2,800cm^{-1} ④ 2,800~3,600cm^{-1}

> **해설**
> 적외선 흡수분광법에서 지문영역 : 600~1,200cm^{-1}

정답 47 ① 48 ① 49 ② 50 ③ 51 ①

52 유도결합플라스마 광원인 토치(Torch)의 불꽃에서 온도 분포를 적절하게 나타낸 것은?

① 유도코일 근처에서 온도가 가장 낮다.
② 불꽃의 제일 앞쪽에서 온도가 가장 높다.
③ 불꽃의 앞 끝으로부터 유도코일로 갈수록 온도가 높아진다.
④ 불꽃의 제일 앞 끝과 유도코일의 중간지점 근처에서 온도가 가장 높다.

> 해설
> 토치의 온도 분포
> 불꽃의 앞 끝에서 유도코일로 갈수록 온도가 높아진다.

53 여러 가지의 전자전이가 일어날 때 흡수하는 에너지(ΔE)가 가장 작은 것은?

① $n \rightarrow \pi^*$
② $n \rightarrow \sigma^*$
③ $\pi \rightarrow \pi^*$
④ $\sigma \rightarrow \sigma^*$

> 해설
> 분자 내 전자전이의 흡수에너지
> $n \rightarrow \pi^* < \pi \rightarrow \pi^* < n \rightarrow \sigma^* < \sigma \rightarrow \sigma^*$

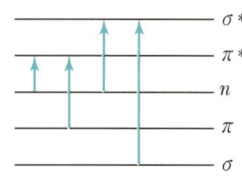

54 다이아몬드 기구에 의해 많은 수의 평행하고 조밀한 간격의 홈을 가지도록 만든 단단하고, 광학적으로 평평하고, 깨끗한 표면으로 구성된 장치는?

① 간섭필터
② 회절발
③ 간섭쐐기
④ 광전증배관

> 해설
> 회절발
> • 복사선을 그의 성분파장으로 분산시키는 장치
> • 금속 또는 유리평면에 다이아몬드로 조밀하고 평행한 홈을 새긴 것이다.

55 공기 중에서 파장 500nm, 진동수 6.0×10^{14}Hz, 속도 3.0×10^8m/s, 광자(Photon)의 에너지 4.0×10^{-19}인 빛이 굴절률 1.5인 투명한 액체 속을 통과할 때의 설명으로 옳지 않은 것은?

① 파장은 500nm이다.
② 속도는 2.0×10^8m/s이다.
③ 진동수는 6.0×10^{14}Hz이다.
④ 광자의 에너지는 4.0×10^{-19}J이다.

> 해설
> ① $n = \dfrac{\lambda_1}{\lambda_2}$
>
> $1.5 = \dfrac{500\text{nm}}{\lambda}$
>
> $\therefore \lambda = 333.3$nm
>
> ② $n_{12} = \dfrac{n_2}{n_1} = \dfrac{v_1}{v_2} = \dfrac{\lambda_1}{\lambda_2}$, $n = \dfrac{c}{v}$
>
> $1.5 = \dfrac{c}{v} = \dfrac{3.0 \times 10^8 \text{m/s}}{v}$
>
> $\therefore v = 2.0 \times 10^8$m/s
>
> ③ 진동수는 매질에 상관없이 일정하므로 6.0×10^{14}Hz이다.
> ④ 광자의 에너지 $E = h\nu$에서 h는 플랑크 상수이고 진동수는 매질에 상관없이 일정하므로 에너지도 일정하다.

56 분자발광분광법에서 사용되는 용어에 대한 설명 중 틀린 것은?

① 내부전환 – 들뜬 전자가 복사선을 방출하지 않고 더 낮은 에너지의 전자 상태로 전이하는 분자 내부의 과정
② 계간전이 – 다른 다중성의 전자 상태 사이에서 교차가 일어나는 과정
③ 형광 – 들뜬 전자가 계간전이를 거쳐 삼중항 상태에서 바닥 상태로 떨어지면서 발광
④ 외부전환 – 들뜬 분자와 용매 또는 다른 용질 사이에서의 에너지 전이

> 해설
> • 형광 : 들뜬 단일항 상태 → 바닥 단일항 상태
> • 인광 : 들뜬 삼중항 상태 → 바닥 단일항 상태

이완과정(비활성화 과정)
들뜬 분자가 복사선을 방출하지 않고 바닥 상태로 돌아가는 과정
- **진동이완** : 분자는 전자 들뜸 과정에서 여러 진동 준위 중 하나로 들뜰 수 있다. 들뜬 분자가 용매 분자와의 충돌로 인해 빠른 에너지 전이를 유발하여 복사선 방출이 없다.
- **내부전환** : 들뜬 분자가 복사선을 방출하지 않고 더 낮은 에너지의 전자 상태로 전이하는 분자 내부의 과정
- **외부전환** : 들뜬 분자와 용매 또는 다른 용질 사이의 상호작용(충돌)으로 인한 에너지 전이과정
- **계간전이** : 서로 다른 다중성의 전자 상태 사이에서 교차가 있는 과정이다.

57 $ClCH_2{}^a CH^b(CH_3{}^c)_2$ 분자의 고분해능 ^1H-핵자기 공명분광 1차 스펙트럼에서 a, b 및 c 수소 봉우리의 다중도는?

① 2, 9, 2
② 9, 8, 5
③ 2, 9, 8
④ 2, 21, 2

해설

봉우리의 다중도 = $n+1$
  여기서, n : 인접한 탄소에 결합되어 있는 수소원자의 수

$$\begin{array}{c} H^a \quad H^b \\ | \quad\quad | \\ Cl-C-C-CH_3{}^c \\ | \quad\quad | \\ H^a \quad CH_3{}^c \end{array}$$

$a = 1+1 = 2$
$b = (2+1) \times (6+1) = 21$
$c = 1+1 = 2$

58 단색 X선 빛살의 광자가 K껍질 및 L껍질의 내부 전자를 방출시켜 스펙트럼을 얻음으로써 시료원자의 구성에 대한 정보와 시료 구성 성분의 구조와 산화상태에 대한 정보를 동시에 얻을 수 있는 전자스펙트럼법은?

① Auger 전자 분광법(AES)
② X선 광전자 분광법(XPS)
③ 전자에너지 손실 분광법(EELS)
④ 레이저 마이크로탐침 질량분석법(LMMS)

해설

X선 광전자 분광법(XPS)
X선을 물질에 조사하면 광전자가 물질 밖으로 방출된다. 이때의 운동에너지를 측정하여 그 물질의 원자조성과 전자의 결합 상태 등을 분석하는 방법이다.

59 분자에너지는 병진(Translation), 진동(Vibration), 회전(Rotation), 전자(Electronic)에너지 등으로 구분된다. 이들 중 연속적 변화를 나타내는 것은?

① 진동에너지
② 전자에너지
③ 병진에너지
④ 회전에너지

해설

- 진동·회전·전자에너지 : 양자화되어 있다.
- 병진에너지 : 연속적이다.

60 ^{13}C-NMR의 특징에 대한 설명으로 틀린 것은?

① H-NMR보다 검출이 매우 용이하다.
② 분자골격에 대한 정보를 얻을 수 있다.
③ 화학적 이동이 넓어서 봉우리의 겹침이 적다.
④ 탄소들 사이의 짝지음이 잘 일어나지 않는다.

해설

^{13}C-NMR
- H-NMR보다 감도가 낮아 검출이 어렵다.
- 분자골격에 대한 정보를 얻을 수 있다.
- 탄소원자 사이의 스핀-스핀 짝지음의 거의 없다.
- 화학적 이동이 넓어서 봉우리 겹침이 적다.
- ^{13}C와 ^1H 핵 간의 스핀-스핀 짝지음이 일어난다.
- ^{13}C 원자와 양성자 사이의 짝풀림이 일어난다.

정답 57 ④ 58 ② 59 ③ 60 ①

4과목 기기분석 Ⅱ

61 질량분석법에서 이온화 방법에 대한 설명으로 옳은 것은?

① 화학적 이온화 방법을 사용하면 $(M-1)^+$ 봉우리를 관찰할 수 없다.
② 전자충격 이온화 방법은 약한 이온원으로 분자이온 봉우리 관찰이 용이하다.
③ 장 이온화법은 센 이온원으로 분자이온 봉우리를 관찰하기 힘들다.
④ 매트릭스 지원 레이저 탈착 이온화법의 경우 고질량 $(m/z > 10,000)$ 고분자를 관찰하는 데 사용된다.

해설

① $(M-1)^+$, $(M+1)^+$, $(M+29)^+$ 봉우리를 관찰할 수 있다.
② 전자충격 이온화 방법은 센 이온원으로 토막내기가 잘 일어나서 분자이온 봉우리 관찰이 어렵다.
③ 장 이온화법은 약한 이온원으로 분자이온 봉우리 관찰이 용이하다.

62 용액 속에서 전해 반응으로 생성시킨 I_2를 이용하면 그 용액 속에 함께 존재하는 $H_2S(aq)$의 농도를 분석할 수 있다. 50.0mL의 $H_2S(aq)$ 시료에 KI 4g을 가한 후 52.6mA의 전류로 812초 동안 전해하였더니 당량점이 도달하였다. H_2S 시료 용액의 농도는?(단, 원소의 원자량은 S=32.066, K=39.098, I=126.904, H=1.077이다.)

$$H_2S + I_2 \rightarrow S(s) + 2H^+ + 2I^-$$

① 0.443mM
② 0.885mM
③ 4.43mM
④ 8.85mM

해설

$Q = It = 0.0526A \times 812s = 42.7112C$
$2I^- \rightarrow I_2 + 2e^-$
I_2 1mol 생성 시 2mol의 전자기 이동하므로

생성된 I_2의 몰수 $= \dfrac{42.7112C}{96,485C/mol \times 2}$
$= 2.21 \times 10^{-4} mol$

∴ H_2S의 농도 $= \dfrac{2.21 \times 10^{-4} mol}{0.05L}$
$= 4.42 \times 10^{-3} M$
$= 4.42 mM$

63 유도결합플라스마 질량분석법에서의 방해작용이 아닌 것은?

① 떠돌이빛 방해
② 이중하전이온 방해
③ 다원자이온 방해
④ 동중핵이온 방해

해설

떠돌이빛 방해
분광학적 방해로 UV/Vis 또는 IR 흡수분광법에서 흡광도를 감소시킨다.

ICP(유도결합플라스마) – MS(질량분석법)에서의 방해작용
• 동중핵이온 방해 : $^{113}In^+$는 $^{113}Cd^+$를 방해
• 다원자이온 방해 또는 첨가생성물 이온 방해 : ^{16}O, $^{16}OH_2^+$, $^{40}Ar^+$, $^{40}ArH^+$ 등의 방해
• 이중하전이온 방해 : Ba^{2+}는 Ga^+를 방해
• 내화성 산화물 이온(산화물 및 수산화물) 방해 : MO^+, MOH^+의 방해

64 질량분석법의 질량스펙트럼에서 알 수 있는 가장 유효한 정보는?

① 분자량
② 중성자의 무게
③ 음이온의 무게
④ 자유 라디칼의 무게

해설

질량분석법의 질량스펙트럼에서 알 수 있는 정보
• 시료를 이루는 물질의 화학식
• 무기, 유기, 바이오 분자들의 구조
• 복잡한 혼합물 화학조성의 정성 및 정량
• 고체 표면의 구조 및 화학조성
• 시료를 구성하는 원소의 동위원소비에 대한 정보

정답 61 ④ 62 ③ 63 ① 64 ①

65 기체 크로마토그래피법에서 시료주입법에 대한 설명으로 가장 옳은 것은?

① 분할 주입법은 고농도 시료나 기체 시료에 좋으며, 정량성도 매우 좋다.
② 분할 주입법은 분리도가 떨어지며, 불순물이 많은 시료를 다룰 수 있다.
③ 비분할 주입법은 희석된 용액에 적합하고 주입되는 동안 휘발성 화합물이 손실되므로 정량분석으로 좋지 않다.
④ On-column 주입법은 정량분석에 가장 적합하고 분리도가 높으나, 열에 민감한 화합물에는 좋지 않다.

해설

기체 크로마토그래피의 시료주입법
- 분할 주입법 : 고농도 시료나 기체 시료에 적합하고 분리도가 높으나, 정량성은 좋지 않다.
- 비분할 주입법 : 농도가 낮은 희석된 용액에 적합하고 분리도가 높으나, 정량분석으로 좋지 않다.
- 칼럼 내 주입법(On-column) : 칼럼에 직접 주입하며, 정량분석에 적합하고 분리도가 낮다.

66 열분석법인 DTA(시차열분석)와 DSC(시차주사열량법)에서 물리·화학적 변화로서 흡열 봉우리가 나타나지 않는 경우는?

① 녹음이나 용융
② 탈착이나 탈수
③ 증발이나 기화
④ 산소의 존재하에서 중합반응

해설

산소 존재하에서 중합반응은 발열 봉우리가 나타난다.
- 시차주사열량법(DSC) : 에너지(열량) 차이를 측정

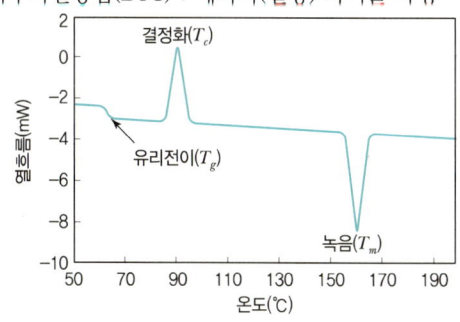

- 시차열분석법(DTA) : 온도 차이를 측정

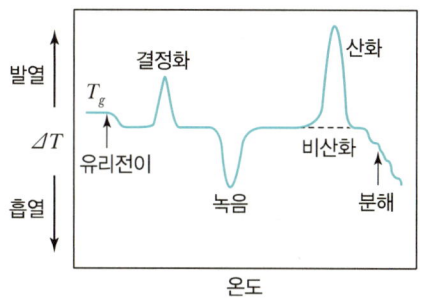

67 황산구리 수용액을 전기분해하면 음극에서는 구리가 석출되고, 양극에서는 산소가 발생한다. 0.5A의 전류로 1시간 동안 전기분해했을 때, 양극에서 발생하는 산소의 부피(mL)는 표준상태에서 약 얼마인가?(단, 두 전극의 반쪽반응은 다음과 같다.)

$$Cu^{2+} + 2e^- \rightarrow Cu(s)$$
$$2H_2O \rightarrow 4e^- + O_2(g) + 4H^+$$

① 56
② 104
③ 112
④ 224

해설

$Q = It = 0.5A \times 3,600s = 1,800C$

O_2 1mol 생성 시 4mol의 전자가 이동하므로

O_2의 몰수 $= \dfrac{1,800C}{96,485C/mol \times 4} = 4.67 \times 10^{-3} mol$

$\therefore O_2$의 부피(표준상태) $= 4.67 \times 10^{-3} mol \times \dfrac{22.4L}{1mol}$
$= 0.1046L$
$= 104.6mL$

68 전기량법은 전극에서 충분히 산화 및 환원반응이 일어나게 시간을 주는 방법으로, 이러한 방법 중 많은 양의 분석에 적당한 방법은?

① 전기무게 분석법
② 일정전위 전기량법
③ 일정전류 전기량법
④ 전기량 적정법

정답 65 ③ 66 ④ 67 ② 68 ①

> **해설**

전기무게 분석법
- 전기분해로 생긴 생성물을 한 전극에 석출시켜 석출 전·후 전극의 무게를 측정하여 정량하는 방법
- 많은 양의 분석에 적당하다.

69 기체-고체 크로마토그래피(GSC)는 기체 크로마토그래피의 일종으로 이동상으로는 기체를, 고정상으로는 고체를 사용하는 경우를 일컫는다. 이때 이동상과 고정상 사이에서 분석물의 어떤 상호작용이 분리에 기여하는가?

① 분배(Partition)
② 흡착(Adsorption)
③ 흡수(Absorption)
④ 이온교환(Ion Exchange)

> **해설**

- 고정상이 고체 : 흡착
- 고정상이 액체 : 분배
- 고정상이 이온교환수지 : 이온교환

70 선택인자(Selectivity Factor, α)의 변화요인으로 가장 거리가 먼 것은?

① 칼럼의 온도변화
② 시료의 주입량 변화
③ 이동상의 조성변화
④ 정지상의 조성변화

> **해설**

선택인자(α)
두 분석물질 간의 상대적인 이동속도를 나타내는 계수

$$\alpha = \frac{K_B}{K_A} = \frac{k_B}{k_A} = \frac{(t_R)_B - t_M}{(t_R)_A - t_M}$$

여기서, K_B : 더 세게 붙잡혀 있는 화학종 B의 분포상수
K_A : 더 약하게 붙잡혀 있거나, 더 빠르게 용리되는 화학종 A의 분포상수

※ 선택인자의 변화요인
- 이동상의 조성변화
- 칼럼의 온도변화
- 정지상의 조성변화
- 특별한 화학적 효과 이용하기

71 질량분석법은 여러 가지 성분의 시료를 기체상태로 이온화한 다음 자기장 혹은 전기장을 통해 각 이온을 질량/전하의 비에 따라 분리하여 질량스펙트럼을 얻는 방법이다. 질량분석기의 기기장치 중 진공으로 유지되어야 하는 부분이 아닌 것은?

① 이온화 장치
② 질량분리기
③ 검출기
④ 신호처리기

> **해설**

진공으로 유지되어야 하는 장치
시료 도입장치, 이온화 장치, 질량분석관, 검출기
※ 신호처리기 : 출력장치이므로 진공으로 유지할 필요가 없다.

72 유기화합물의 혼합 용액을 기체 크로마토그래피로 분리하여 다음과 같은 데이터를 얻었다. 화합물의 머무름지수를 표시한 것 중 가장 거리가 먼 것은?

화합물 명	n-Butane	2-Butene	n-Pentane
$t_R - t_M$	2.21	2.67	4.10
화합물 명	n-Hexane	n-Heptane	Toluene
$t_R - t_M$	7.61	14.08	16.32

① n-Butane, 400
② 2-Butene, 431
③ Toluene, 726
④ n-Heptane, 761

> **해설**

머무름지수(I)
기체 크로마토그래피에서 정성적으로 용질을 확인하는 인자
- n-alkane : I = 탄소원자수 × 100
- n-alkane 이외의 화합물 : $\log t'_R = \log(t_R - t_M)$

n-Heptane은 탄소원자수가 7개이므로,
$I = 7 \times 100 = 700$

정답 69 ② 70 ② 71 ④ 72 ④

73 길이 30.0cm의 분리관을 사용하여 용질 A와 B를 분석하였다. 용질 A와 B의 머무름시간은 각각 13.40분과 16.40분이고 봉우리 너비(4τ)는 각각 1.25분과 1.38이었으며 머물지 않는 화학종은 1.40분 만에 통과하였다. 선택인자(α)는 얼마인가?

① 0.80
② 1.25
③ 10.72
④ 11.88

해설

선택인자 $\alpha = \dfrac{(t_R)_B - t_M}{(t_R)_A - t_M}$

t_M(불감시간) = 1.4

$\therefore \alpha = \dfrac{16.40 - 1.40}{13.40 - 1.40} = 1.25$

74 Pt 산화전극을 사용하여 Fe^{2+}를 전기량으로 적정하려고 한다. 이에 대한 설명으로 틀린 것은?

① Fe^{2+}의 농도가 감소하면서 일정 전류를 위해서는 전자전위를 증가시켜야 한다.
② 정전류기(Galvanostats)를 사용하여 일정 전류를 유지한다.
③ 물의 전기분해가 일어나면 물을 더 첨가하여 농도가 묽어짐을 방지한다.
④ 분석물질을 100% 전류효율로 산화시키거나 환원시키기 위해서 보조시약을 사용한다.

해설

물의 전기분해가 일어나면 수용액의 농도는 진해진다.

75 금속 Zn 전극과 0.1M $ZnCl_2$ 수용액 그리고 Cl_2와 0.1M HCl 및 탄소 막대 전극을 이용하여 다음과 같이 전지를 구성하였다. 이에 대한 설명으로 틀린 것은?

| $Zn(s) \rightarrow Zn^{2+} + 2e^-$ | $E° = -0.763V$ |
| $Cl_2(g) + 2e^- \rightarrow 2Cl^-$ | $E° = 1.359V$ |

① 환원전극(Cathode) 반응은 $Cl_2(g) + 2e^- \rightarrow 2Cl^-$이다.
② 산화전극(Anode) 반응은 $Zn(s) \rightarrow Zn^{2+} + 2e^-$이다.
③ 이 전지의 표준전위는 0.596V이다.
④ 이 전지의 반응은 $Zn(s) + Cl_2(g) \rightarrow Zn^{2+}(aq) + 2Cl^-(aq)$이다.

해설

$E° = E_{환원(+)} - E_{산화(-)}$
$= 1.359 - (-0.763)$
$= 2.122V$

표준전위: $E = 2.122 - \dfrac{0.05916}{2} \log \dfrac{0.1}{0.1}$
$= 2.122V$

76 기체 크로마토그래피 분리법에서 사용되는 운반기체로 부적당한 것은?

① He
② N_2
③ Ar
④ Cl_2

해설

GC에서는 운반기체로 불활성 기체(He, Ne, Ar, N_2)를 사용한다.

77 고성능 액체 크로마토그래피에서 분리효능을 높이기 위하여 사용하는 방법으로 극성이 다른 2~3가지 용매를 선택하여 그 조성을 연속적 혹은 단계적으로 변화하며 사용하는 방법은?

① 기울기 용리(Gradient Elution)
② 온도 프로그램(Temperature Programmimg)
③ 분배 크로마토그래피(Partition Chromatography)
④ 역상 크로마토그래피(Reversed-phase Chromatography)

해설

- 기울기 용리 : LC에서 머무름인자는 용리 중에 이동상의 조성을 단계적 또는 연속적으로 변화시키면서 사용한다.
- 온도 프로그래밍 : GC의 경우 온도를 변화시켜 용출시간을 단축시킨다.

정답 73 ② 74 ③ 75 ③ 76 ④ 77 ①

78 크로마토그래피에서 관의 분리능을 향상시키기 위한 방법으로 가장 거리가 먼 것은?

① 이론단의 수를 높인다.
② 선택인자를 크게 한다.
③ 용량인자를 크게 한다.
④ 이동상의 유속을 빠르게 한다.

> **해설**

이동상의 유속은 Van Deemter 도시로부터 적절한 유속으로 한다.

관의 분리능(R_s, 분해능)
두 가지 용질을 분리할 수 있는 칼럼의 능력

$$R_s = \frac{\Delta Z}{W_A/2 + W_B/2} = \frac{2\Delta Z}{W_A + W_B} = \frac{2[(t_R)_B - (t_R)_A]}{W_A + W_B}$$

$$R_s = \frac{\sqrt{N}}{4}\left(\frac{\alpha-1}{\alpha}\right)\left(\frac{k}{1+k}\right)$$

여기서, N : 단수
α : 선택인자
k : 머무름인자(용량인자)

- k를 증가시키면 분해능이 높아지나, 용리시간이 길어진다.
- 관의 분리능 R_s는 $\sqrt{N}$에 비례한다.

79 고체 표면의 원소 성분을 정량하는 데 주로 사용되는 원자 질량분석법은?

① 양이온 검출법과 음이온 검출법
② 이차 이온 질량분석법과 글로우 방전 질량분석법
③ 레이저 마이크로 탐침 질량분석법과 글로우 방전 질량분석법
④ 이차 이온 질량분석법과 레이저 마이크로탐침 질량분석법

> **해설**

고체 표면의 원소 성분 정량법
- 이차 이온 질량분석법
- 레이저 마이크로 탐침 질량분석법

80 C, Cl 원자를 한 개씩 함유하는 화합물에서 M, M+1, M+2, M+3 봉우리들의 상대적 크기로 가장 타당한 것은?(단, M은 분자 봉우리를 나타내며, 동위원소 존재비는 $^{35}Cl : ^{37}Cl = 75 : 25$, $^{12}C : ^{13}C = 99 : 1$이다.)

① M : M+1 : M+2 : M+3 = 99 : 1 : 25 : 21
② M : M+1 : M+2 : M+3 = 99 : 1 : 25 : 0.33
③ M : M+1 : M+2 : M+3 = 99 : 1 : 33 : 1
④ M : M+1 : M+2 : M+3 = 99 : 1 : 33 : 0.33

> **해설**

$^{12}C : ^{13}C = 99 : 1$
$^{35}Cl : ^{37}Cl = 75 : 25$
M의 존재비($^{12}C^{35}Cl$) : $75 \times 99 = 7,425$
M+1의 존재비($^{13}C^{35}Cl$) : $75 \times 1 = 75$
M+2의 존재비($^{12}C^{37}Cl$) : $99 \times 25 = 2,475$
M+3의 존재비($^{13}C^{37}Cl$) : $1 \times 25 = 25$

$\therefore \frac{7,425}{75} : \frac{75}{75} : \frac{2,475}{75} : \frac{25}{75} = 99 : 1 : 33 : 0.33$

정답 ▶ 78 ④ 79 ④ 80 ④

2016년 제1회 기출문제

1과목 일반화학

01 다음 반응에서 1.5몰 Al과 3.0몰 Cl₂를 섞어 반응시켰을 때 AlCl₃ 몇 몰을 생성하는가?

$$2Al(s) + 3Cl_2(g) \rightarrow 2AlCl_3$$

① 2.3몰　　② 2.0몰
③ 1.5몰　　④ 1.0몰

해설

$2Al(s) + 3Cl_2(g) \rightarrow 2AlCl_3$
　2　　:　3　　:　2
1.5mol : 2.25mol : 1.5mol

02 다음 화합물의 이름은?

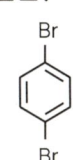

① ortho-dibromohexane
② para-dibromobenzene
③ meta-dibromobenzene
④ para-dibromohexane

해설

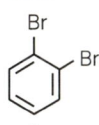 ortho-dibromobenzene

 meta-dibromobenzene

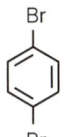 para-dibromobenzene

03 다음 식들 중 잘못 표현된 것은?

① $K_w = [H_3O^+][OH^-]$　② $pH + pOH = pK_w$
③ $pH = -\log[H_3O^+]$　④ $K_a = K_w \times K_b$

해설

$K_w = K_a \times K_b$

04 지방족 탄화수소에 대한 설명 중 틀린 것은?

① 알케인(alkane)은 불포화 탄화수소이다.
② 알켄(alkene)은 불포화 탄화수소이다.
③ 알카인(alkyne)은 불포화 탄화수소이다.
④ 알킨(alkyne)은 삼중결합을 갖고 있다.

해설

㉠ 포화 탄화수소
　• alkane : C_nH_{2n+2}, 단일결합
　• cycloalkane : C_nH_{2n}, 고리모양 단일결합
㉡ 불포화 탄화수소
　• alkene : C_nH_{2n}, 이중결합
　• alkyne : C_nH_{2n-2}, 삼중결합
　• 방향족

05 "액체 속에 들어 있는 기체의 용해도는 용액에 가해지는 기체의 압력에 비례한다."는 어떤 법칙인가?

① Hess의 법칙　② Raoult의 법칙
③ Henry의 법칙　④ Nernst의 법칙

정답　01 ③　02 ②　03 ④　04 ①　05 ③

> **해설**
- Henry의 법칙 : 기체의 용해도는 기체의 분압에 비례한다.
- Raoult의 법칙 : 비휘발성 용액에서 용매의 증기압은 용매의 몰분율에 비례한다 ($p_A = P_A^\circ x_A$).
- Hess의 법칙 : 화학반응에서 방출되거나 흡수되는 열량은 그 반응의 처음 상태와 마지막 상태만 같으면 경로에 상관없이 같다.
- Nernst 법칙 : $E = E^\circ - \dfrac{0.0592}{n} \log Q$

06 포도당의 분자식은 $C_6H_{12}O_6$이다. 각 원소의 질량 백분율이 옳게 짝지어진 것은?

① C − 40%
② H − 12%
③ O − 46%
④ O − 64%

> **해설**

$C_6H_{12}O_6$의 분자량 = 180
- C의 질량 백분율 = $\dfrac{12 \times 6}{180} \times 100 = 40\%$
- H의 질량 백분율 = $\dfrac{1 \times 12}{180} \times 100 = 6.67\%$
- O의 질량 백분율 = $\dfrac{16 \times 6}{180} \times 100 = 53.33\%$

07 할로겐(Halogen) 원소의 원자가전자수는?

① 1
② 3
③ 5
④ 7

> **해설**

할로겐 원소는 17족 원소이므로 원자가전자수는 7이다.

08 다음 표의 ㉠, ㉡, ㉢에 들어갈 숫자를 순서대로 나열한 것은?

기호	양성자수	중성자수	전자수	전하
$^{238}_{92}U$	(㉠)			0
$^{40}_{20}Ca^{2+}$		(㉡)		2+
$^{51}_{23}V^{3+}$			(㉢)	3+

① 238, 20, 20
② 92, 20, 20
③ 92, 40, 23
④ 238, 40, 23

> **해설**
㉠ 원자번호 = 양성자수 = 전자수 = 92
㉡ 질량수 = 양성자수 + 중성자수
∴ 중성자수 = 질량수 − 양성자수 = 40 − 20 = 20
㉢ 전자수 = 원자번호 = 23이나, +3가로 전자 3개를 잃었으므로 전자의 수는 20이다.

09 물은 비슷한 분자량을 갖는 메탄 분자에 비해 끓는점이 훨씬 높다. 다음 중 이러한 물의 특성과 가장 관련이 깊은 것은?

① 수소결합
② 배위결합
③ 공유결합
④ 이온결합

> **해설**
수소결합
H가 전기음성도가 큰 F, O, N에 결합되어 있는 분자 사이에는 강한 정전기적 인력이 작용하여 비슷한 분자량의 다른 물질에 비해 끓는점이 높게 된다.
예 H_2O, HF, NH_3

10 다음의 화학반응식에서 평형 이동에 관한 설명 중 틀린 것은?

$$2CO(g) + O_2(g) \rightleftharpoons 2CO_2(g) + 열$$

① CO를 첨가할 경우 평형은 오른쪽으로 이동한다.
② O_2를 제거할 경우 평형은 왼쪽으로 이동한다.
③ 반응계를 냉각할 경우 평형은 오른쪽으로 이동한다.
④ 압력을 증가하면 평형은 왼쪽으로 이동한다.

> **해설**
$2CO(g) + O_2(g) \rightleftharpoons 2CO_2(g) + 열$
르 샤틀리에 원리에 의해 압력을 증가하면 평형은 몰수가 감소하는 오른쪽으로 이동한다.

정답 06 ① 07 ④ 08 ② 09 ① 10 ④

11 다음 중 1g의 분자 속에 포함된 분자 개수가 가장 많은 것은?

① H_2O ② NH_3
③ C_2H_2 ④ HCN

> 해설

$NH_3\ 1g \times \dfrac{1mol}{17g} \times \dfrac{6.02 \times 10^{23}개}{1mol} = 3.54 \times 10^{22}개$

∴ 분자 1g에 들어 있는 분자 개수가 가장 많은 것은 분자량이 가장 작은 물질이다.

12 S_8 분자 6.41g과 같은 개수의 분자를 가지는 P_4 분자의 질량은?(단, S 원자량은 32.07, P 원자량은 30.97이다.)

① 3.10g ② 3.81g
③ 6.19g ④ 6.41g

> 해설

$S_8\ 6.41g \times \dfrac{1mol}{32.07 \times 8g} = 0.025mol$

$P_4\ 0.025mol \times \dfrac{30.97 \times 4g}{1mol} = 3.1g$

같은 몰수의 분자(입자) 안에는 같은 개수의 분자(입자)가 들어 있다.

13 산, 염기에 대한 설명으로 틀린 것은?

① Brønsted-Lowry 산은 양성자 주개(Proton Donor)이다.
② 염기는 물에서 수산화이온을 생성한다.
③ 강산(Strong Acid)은 물에서 완전히 또는 거의 완전히 이온화되는 산이다.
④ Lewis 산은 비공유 전자쌍을 줄 수 있는 물질이다.

> 해설

산·염기의 정의

구분	산	염기
아레니우스	H^+를 내는 물질	OH^-를 내는 물질
브뢴스테드 -로우리	H^+(양성자) 주개	H^+(양성자) 받개
루이스	전자쌍을 받는 물질	전자쌍을 주는 물질

14 이산화탄소에 대한 설명으로 틀린 것은?

① 공기보다 가벼우며 오존층을 파괴하는 물질이다.
② 고체상태의 이산화탄소를 드라이아이스라 부른다.
③ 지구온난화에 관련된 온실기체이다.
④ 탄소가 연소되면서 다량 발생하며, 화학적으로 안정한 기체이다.

> 해설

CO_2 : 공기보다 무거우며, 오존층을 파괴하지 않으나, 지구온난화의 원인이다.

15 암모니아의 염기 이온화 상수 K_b값은 1.8×10^{-5}이다. K_b값을 나타내는 화학반응식은?

① $NH_4^+ \rightleftarrows NH_3 + H^+$
② $NH_3 \rightleftarrows NH_2^- + H^+$
③ $NH_4^+ + H_2O \rightleftarrows NH_3 + H_3O^+$
④ $NH_3 + H_2O \rightleftarrows NH_4^+ + OH^-$

> 해설

염기의 일반식
$B(aq) + H_2O(l) \rightleftarrows BH^+(aq) + OH^-(aq)$
$NH_3 + H_2O \rightleftarrows NH_4^+ + OH^-$

16 주기율표에 대한 설명 중 틀린 것은?

① 주기율표의 수평 행을 주기(Period)라고 한다.
② 주기율표의 같은 수직 열에 있는 원소들을 같은 족(Group)이라고 한다.
③ 네 번째와 다섯 번째 주기에는 각각 18개의 원소가 있다.
④ 여섯 번째 주기에는 28개의 원소가 있다.

> 해설

6주기에 들어 있는 원소의 수는 32개이다.

17 Li, Ba, C, F의 원자 반지름(pm)이 72, 77, 152, 222 중 각각 어느 한가지씩의 값에 대응한다고 할 때 그 값이 옳게 연결된 것은?

① Ba-72pm ② Li-152pm
③ F-77pm ④ C-222pm

정답 ▶ 11 ② 12 ① 13 ④ 14 ① 15 ④ 16 ④ 17 ②

해설

∴ F < C < Li < Ba
  72 < 77 < 152 < 222

18 탄소와 수소로만 이루어진 탄화수소 중 탄소의 질량 백분율이 85.6%인 화합물의 실험식은?

① CH
② CH₂
③ CH₃
④ C₂H₃

해설

$C_{\frac{85.6}{12}} H_{\frac{14.4}{1}} = C_{7.13} H_{14.4} = CH_2$

19 시트르산(Citric Acid)은 몇 개의 카르복실(Carboxyl) 작용기를 갖고 있는가?

① 0개
② 1개
③ 2개
④ 3개

해설

시트르산
• 구조식 :
```
         CH₂COOH
          |
   HO — C — COOH
          |
         CH₂COOH
```
• 3개의 카르복시기(−COOH) + 1개의 히드록시기(−OH)

20 다음 원소 중에서 전자친화도가 가장 큰 원소는?

① Li
② B
③ Be
④ O

해설

• 전자친화도 : 기체상태의 중성 원자에 전자가 첨가되어 음이온을 만들 때 방출하는 에너지
• 주기율표에서 오른쪽으로 갈수록 전자친화도가 크다(예외 있음).

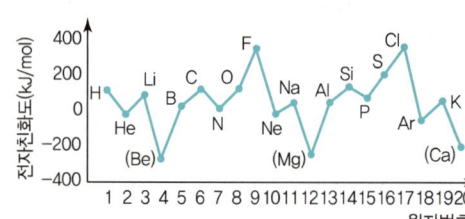

2과목 분석화학

21 중크롬산 적정에 대한 설명으로 틀린 것은?

① 중크롬산이온이 분석에 응용될 때 초록색의 크롬(Ⅲ)이온으로 환원된다.
② 중크롬산 적정은 일반적으로 염기성 용액에서 이루어진다.
③ 중크롬산칼륨 용액은 안정하다.
④ 시약급 중크롬산칼륨은 순수하여 표준용액을 만들 수 있다.

해설

중크롬산 적정은 일반적으로 산성 용액의 적정에 이용된다.
$Cr_2O_7^{2-} + 14H^+ + 6e^- \rightleftharpoons 2Cr^{3+} + 7H_2O$
주황색 → 초록색
환원

22 0.020M Na₂SO₄와 0.010M KBr 용액의 이온 세기(Ionic Strength)는 얼마인가?

① 0.010
② 0.030
③ 0.060
④ 0.070

정답 18 ② 19 ④ 20 ④ 21 ② 22 ④

해설

$Na_2SO_4 \rightleftarrows 2Na^+ + SO_4^{2-}$

$\mu = \dfrac{1}{2}[2 \times 0.02 \times 1^2 + 0.02 \times (-2)^2] = 0.06$

$KBr \rightleftarrows K^+ + Br^-$

$\mu = \dfrac{1}{2}[0.01 \times 1^2 + 0.01 \times (-1)^2] = 0.01$

∴ $0.06 + 0.01 = 0.07$

23 약산을 강염기로 적정할 때 일어나는 현상에 대한 설명으로 틀린 것은?

① 높은 농도의 약산 적정 시에 당량점 근처에서 pH 변화 폭이 크다.
② 약산을 강염기로 적정할 때 당량점에서 pH는 7보다 크다.
③ 약산의 해리상수가 클 경우 당량점 근처에서 pH 변화 폭이 크다.
④ 약산의 해리상수가 작을 경우 반응완결도가 높다.

해설

약산의 해리상수가 작으면 H^+의 농도가 작아 반응완결도가 낮아진다.

24 다음은 Potassium tartrate의 용해도가 첨가물의 농도에 따라 어떻게 변화되는가를 나타내는 그림이다. 그림의 (a), (b), (c)는 각각 어떤 첨가물로 예상할 수 있는가?(단, 첨가물은 NaCl, Glucose, KCl이다.)

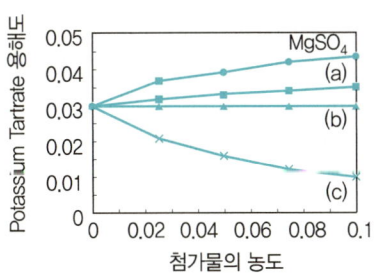

① (a) NaCl, (b) Glucose, (c) KCl
② (a) NaCl, (b) KCl, (c) Glucose
③ (a) KCl, (b) NaCl, (c) Glucose
④ (a) Glucose, (b) KCl, (c) NaCl

해설

Potassium tartrate = 타르타르산칼륨($K_2C_4H_4O_6$)
$K_2C_4H_4O_6 \rightleftarrows 2K^+ + C_4H_4O_6^{2-}$
- NaCl : 공통이온이 없는 전해질이므로 용해평형에 영향을 주지 않으나, 용액의 이온 세기를 증가시키므로 용해도는 약간 증가한다.
- Glucose : 중성 분자이므로 이온결합 화합물의 용해도에 영향이 없다.
- KCl : K^+를 내놓으므로 공통이온효과에 의해 평형이 왼쪽으로 이동하여 용해도를 감소시킨다.

25 Pb^{2+}와 EDTA와의 형성상수(Formation Constant)가 1.0×10^{18}이다. pH 10에서 EDTA 중 Y^{4-}의 분율이 0.3일 때 pH 10에서 조건부(Conditional) 형성상수는 얼마인가?(단, 육양성자 형태의 EDTA를 H_6Y^{2+}로 표현할 때, Y^{4-}는 EDTA에서 수소가 완전히 해리된 상태이다.)

① 3.0×10^{17} ② 3.3×10^{13}
③ 3.0×10^{-19} ④ 3.3×10^{-18}

해설

$K_f' = \alpha_{Y^{4-}} \times K_f$

여기서, K_f' : 조건형성상수
$\alpha_{Y^{4-}}$: 전체 EDTA 농도에 대한 Y^{4-}의 농도비
K_f : 형성상수

∴ $K_f' = 1.0 \times 10^{18} \times 0.3 = 3.0 \times 10^{17}$

26 산-염기 적정 지시약에 대한 설명으로 틀린 것은?

① 티몰 블루는 pH 0.7에서 붉은색이고 pH 2.7에서 노란색이다.
② 지시약이란 서로 다른 색깔을 띠는 여러 가지 양성자성 화학종의 산 혹은 염기이다.
③ 지시약의 변색 범위는 pH = pK ± 1이다.
④ 지시약은 그 색깔 변화가 당량점에서의 이론적 pH보다 약 1.0 정도 높거나 낮은 것을 선택하는 것이 바람직하다.

정답 23 ④ 24 ① 25 ① 26 ④

해설

지시약은 당량점에서 색깔의 변화가 잘 일어나야 한다.
㉠ 티몰 블루
 • pH 1.2~2.8 : 붉은색 → 노란색
 • pH 8.0~9.6 : 노란색 → 파란색
㉡ HIn ⇌ H$^+$ + In$^-$
   산성색   염기성색

27 산/염기 적정에 관한 설명으로 옳은 것은?

① 약산의 해리상수 K_a의 양의 대수인 pK_a는 양의 값을 가지며, pK_a가 큰 값일수록 강산이다.
② 유기산의 pK_a가 큰 값일수록 해리분율이 크다.
③ 약산을 강염기로 적정 시에 당량점의 pH는 7.00이며, 종말점의 pH는 7보다 큰 값으로 산성을 나타낸다.
④ 이양성자산(K_{a1}, K_{a2})을 강염기로 적정할 때 적당한 K_{a1}/K_{a2}값인 경우 2개의 당량점을 관찰할 수 있다.

해설

① pK_a가 작은 값일수록 강산이다.
② pK_a가 작은 값일수록 강산이므로 이온화가 잘 되어 해리분율이 크다.
③ 약산 + 강염기 → 염기성 pH가 7보다 큰 값에서 당량점이 생긴다.
④ $\dfrac{K_{a1}}{K_{a2}} > 10^3$: 2개의 당량점

  $\dfrac{K_{a1}}{K_{a2}} < 10^3$: 당량점을 찾기 어렵다.

28 A + B ⇌ C + D 반응의 평형상수는 1.0×10^3이다. 반응물과 생성물의 농도가 [A] = 0.010M, [B] = 0.10 M, [C] = 1.0M, [D] = 10.0M로 변했다면 평형에 도달하기 위해서는 반응은 어느 방향으로 진행되겠는가?

① 왼쪽으로 반응이 진행된다.
② 오른쪽으로 반응이 진행된다.
③ 이미 평형에 도달했으므로 정지 상태가 된다.
④ 온도를 올려주면 오른쪽으로 반응이 진행된다.

해설

A + B ⇌ C + D

$K = \dfrac{[C][D]}{[A][B]} = 1.0 \times 10^3$

$Q = \dfrac{[C][D]}{[A][B]} = \dfrac{(1.0)(10.0)}{(0.010)(0.10)} = 10,000 = 10^4$

$Q > K$이므로 반응이 왼쪽으로 진행된다(역반응).
※ $Q = K$: 평형상태
   $Q < K$: 반응이 오른쪽으로 진행된다(정반응).

29 반쪽반응 $aA + ne^- \rightleftharpoons bB$에 대해 반쪽전지전위 E를 나타내는 Nernst 식을 바르게 표현한 것은?

① $E = E° - \dfrac{RT}{nF} \ln\left(\dfrac{[B]^b}{[A]^a}\right)$

② $E = E° + \dfrac{RT}{nF} \ln\left(\dfrac{[B]^b}{[A]^a}\right)$

③ $E = E° - \dfrac{nF}{RT} \ln\left(\dfrac{[B]^b}{[A]^a}\right)$

④ $E = E° + \dfrac{nF}{RT} \ln\left(\dfrac{[B]^b}{[A]^a}\right)$

해설

Nernst 식

$E = E° - \dfrac{RT}{nF} \ln Q$

$ = E° - \dfrac{RT}{nF} \ln\left(\dfrac{[B]^b}{[A]^a}\right)$

30 산화환원 적정에서 사용되는 KMnO$_4$에 대한 설명으로 틀린 것은?

① 진한 자주색을 띤 산화제이다.
② 매우 안정하여 일차표준물질로 사용된다.
③ 강한 산성 용액에서 무색의 Mn^{2+}로 환원된다.
④ 산성 용액에서 자체 지시약으로 작용한다.

해설

• KMnO$_4$는 미량의 MnO$_2$를 포함하므로 일차표준물질로 사용할 수 없다.
• MnO$_4^-$ + 8H$^+$ + 2e$^-$ → Mn^{2+} + 4H$_2$O
  자주색   무색

정답 27 ④ 28 ① 29 ① 30 ②

31 시료에 들어 있는 철(Fe)을 정량하기 위하여 침전법에 의한 무게 분석을 수행하였다. 분석시료는 0.50g 이며 이 시료를 사용하여 제조한 Fe^{3+} 용액으로부터 얻어진 $Fe(OH)_3$의 침전을 연소시켜 Fe_2O_3의 재로 변화시켰다. 얻어진 Fe_2O_3의 무게가 0.150g이라면 시료에 들어 있는 철의 함량(w/w)은 얼마가 되겠는가?(단, 철과 산소의 원자량은 각각 55.85와 16이다.)

① 11% ② 21%
③ 31% ④ 41%

해설

Fe_2O_3 0.150g $\times \dfrac{2 \times 55.85g\ Fe}{159.7g\ Fe_2O_3} = 0.105g\ Fe$

$\dfrac{0.105g\ Fe}{0.5g\ 시료} \times 100 = 21\%$

32 우리가 흔히 먹는 식초는 아세트산(Acetic Acid, CH_3COOH)을 4~8% 정도 함유하고 있다. 다음 완충용액의 pH 값은 얼마인가?(단, CH_3COOH의 $K_a = 1.8 \times 10^{-5}$, $pK_a = 4.74$, 완충용액은 0.50M CH_3COOH/0.25M CH_3COONa이다.)

① 4.04 ② 4.44
③ 4.74 ④ 5.04

해설

$pH = pK_a + \log\dfrac{[CH_3COO^-]}{[CH_3COOH]}$

$= 4.74 + \log\dfrac{0.25}{0.5} = 4.44$

33 약산(HA)과 이의 나트륨염(NaA)으로 이루어진 완충용액에 대한 설명으로 틀린 것은?

① 완충용액의 pH는 약산의 해리상수인 pK_a값에 의하여 결정된다.
② 완충용액의 pH는 용액의 부피에 무관하며 희석하여도 pH 변화가 거의 없다.
③ 완충용액의 완충용량은 약산(HA)과 나트륨염(NaA)의 농도에 무관하다.
④ 완충용액의 완충용량은 $\left|\log\dfrac{C_{NaA}}{C_{HA}}\right|$ 값이 작을수록 크다.

해설

완충용액
산이나 염기를 첨가해도 수소이온농도의 변화가 적은 용액으로, 주로 약산과 그 짝염기 또는 약염기와 그 짝산의 혼합물로 구성된다.
① 완충용액의 pH 계산식 : $pH = pK_a + \log\dfrac{[A^-]}{[HA]}$
② pH는 $\dfrac{[A^-]}{[HA]}$ (농도비)에 의해 결정된다.
③ 약산과 나트륨염의 농도가 클수록 완충용량은 커진다.
④ 완충용량은 $pH = pK_a$일 때 가장 크며, $\left|\log\dfrac{C_{NaA}}{C_{HA}}\right| < 1$일수록 완충용량이 크다.

34 과산화수소 수용액 25.0mL를 증류수로 희석하여 500mL로 만들었다. 희석 용액 25.0mL를 취해 200mL 증류수와 3.0M H_2SO_4 20.0mL와 섞은 후 0.020M $KMnO_4$로 적정하였을 때 당량점은 25.0mL이었다. 과산화수소의 몰농도는 얼마인가?

① 0.020M ② 0.050M
③ 0.50M   ④ 1.0M

해설

과산화수소 수용액 25.0mL $\xrightarrow{+증류수}$ 500mL 희석 →
25.0mL를 취해서 적정
$KMnO_4$의 몰수 $= 0.02M \times 0.025L = 5 \times 10^{-4}$ mol
$5H_2O_2 + 2MnO_4^- + 6H^+ \rightleftharpoons 5O_2 + 2Mn^{2+} + 8H_2O$
$H_2O_2 : KMnO_4 = 5 : 2$
희석된 과산화수소의 몰농도
$0.02 \times 0.025 \times \dfrac{5}{2} = M \times 0.025$

$\therefore M = 0.05$
원래 과산화수소 수용액을 20배로 묽혀서 적정했기 때문에 희석된 과산화수소 몰농도의 20배가 원래 과산화수소의 농도가 된다.
$\therefore M = 0.05 \times 20 = 1.0M$

정답 31 ② 32 ② 33 ③ 34 ④

35 표준전극전위($E°$)에 대한 다음 설명 중 틀린 것은?

① 반쪽반응의 표준전극전위는 온도의 영향을 받는다.
② 표준전극전위는 균형 맞춘 반쪽반응의 반응물과 생성물의 몰수와 관계가 있다.
③ 반쪽반응의 표준전극전위는 전적으로 환원반응의 경우로만 나타난다.
④ 표준전극전위는 산화전극전위를 임의로 0.000V로 정한 표준수소전극인 화학전지의 전위라는 면에서 상대적인 양이다.

해설

표준전극전위($E°$)
- 표준수소전극(0.000V)과 비교하여 전자를 받아들이기 쉬운 정도를 정량적으로 나타낸 것
- 반응물과 생성물의 몰수와 관계없고 온도에 영향을 받는 값이다.

36 다음의 두 평형에서 전하균형식(Charge Balance Equation)을 옳게 표현한 것은?

$$HA^- \rightleftarrows H^+ + A^{2-}$$
$$HA^- + H_2O \rightleftarrows H_2A + OH^-$$

① $[H^+]=[HA^-]+[A^{2-}]+[OH^-]$
② $[H^+]=[HA^-]+2[A^{2-}]+[OH^-]$
③ $[H^+]=[HA^-]+4[A^{2-}]+[OH^-]$
④ $[H^+]=2[HA^-]+[A^{2-}]+[OH^-]$

해설

전하균형식
용액 내 양전하의 합=음전하의 합
$[H^+]=[HA^-]+2[A^{2-}]+[OH^-]$

37 $Cd(s)+2Ag^+ \rightleftarrows Cd^{2+}+2Ag(s)$의 화학반응에서 반쪽반응식과 그에 따른 표준환원전위 $E°$가 다음과 같을 때 상대적으로 산화력이 큰 산화제(Oxidzing Agent)에 해당하는 것은?

$Ag^+ + e^- \rightleftarrows Ag(s)$	$E°=0.779V$
$Cd^{2+} + 2e^- \rightleftarrows Cd(s)$	$E°=-0.402V$

① $Cd(s)$ ② Ag^+
③ Cd^{2+} ④ $Ag(s)$

해설

산화제 : 자신은 환원되고 남을 산화시키는 물질
$E°_{Ag^+} > E°_{Cd^{2+}}$
∴ Ag^+가 환원된다.

38 어떤 삼양성자산(Tripotic Acid)이 수용액에서 다음과 같은 평형을 가질 때 pH 9.0에서 가장 많이 존재하는 화학종은?

$H_3A \rightleftarrows H_2A^- + H^+$	$pK_{a1}=2.0$
$H_2A^- \rightleftarrows HA^{2-} + H^+$	$pK_{a2}=6.0$
$HA^{2-} \rightleftarrows A^{3-} + H^+$	$pK_{a3}=10.0$

① H_3A ② H_2A^-
③ HA^{2-} ④ A^{3-}

해설

$H_3A \underset{2.0}{\overset{pK_{a1}}{\rightleftarrows}} H_2A^- \underset{6.0}{\overset{pK_{a2}}{\rightleftarrows}} HA^{2-} \underset{10.0}{\overset{pK_{a3}}{\rightleftarrows}} A^{3-}$

㉠ H_3A와 H_2A^-

$pH = pK_{a1} + \log \frac{[H_2A^-]}{[H_3A]}$

$9 = 2 + \log \frac{[H_2A^-]}{[H_3A]}$

$\frac{[H_2A^-]}{[H_3A]} = 10^7$

$[H_2A^-]$가 $[H_3A]$보다 10^7배 더 많이 존재

정답 35 ② 36 ② 37 ② 38 ③

ⓒ H_2A^-와 HA^{2-}

$$pH = pK_{a2} + \log\frac{[HA^{2-}]}{[H_2A^-]}$$

$$9 = 6 + \log\frac{[HA^{2-}]}{[H_2A^-]}$$

$$\frac{[HA^{2-}]}{[H_2A^-]} = 10^3$$

[HA^{2-}]가 [H_2A^-]보다 10^3배 더 많이 존재

ⓓ HA^{2-}와 A^{3-}

$$pH = pK_{a3} + \log\frac{[A^{3-}]}{[HA^{2-}]}$$

$$9 = 10 + \log\frac{[A^{3-}]}{[HA^{2-}]}$$

$$\log\frac{[A^{3-}]}{[HA^{2-}]} = -1$$

$$\frac{[A^{3-}]}{[HA^{2-}]} = \frac{1}{10}$$

[HA^{-2}]가 [A^{3-}]보다 10배 더 많이 존재

∴ HA^{2-}가 가장 많이 존재한다.

---

39 부피법에 의한 적정분석에 대한 설명으로 틀린 것은?

① 표준용액 또는 표준적정시약은 알려진 농도를 갖고 있는 시약으로서 부피 분석을 수행하는 데 사용된다.
② 종말점이란 적정에 있어 분석물의 양과 정확히 일치하는 양의 표준시약이 가해진 지점이다.
③ 역적정은 분석물과 표준시약 사이의 반응속도가 느리거나 표준시약이 불안정할 때 자주 사용한다.
④ 부피분석은 화학조성과 순도가 정확하게 알려진 일차 표준물질에 근거한다.

해설
- 당량점 : 분석물의 양과 정확히 일치하는 양의 표준시약이 가해진 지점
- 종말점 : 적정이 끝나는 지점으로서 실험자가 적정이 완료되었다고 판단하고 적정을 멈추는 지점

---

40 난용성 염 포화용액 성분이 M^{y+}와 A^{x-}를 포함하는 용액에서 두 이온의 농도 곱을 용해도곱(용해도적, Solubility Product ; K_{sp})이라고 한다. 이 값은 온도가 일정하면 항상 일정한 값을 갖는다. 이때 $[M^{y+}]^x$와 $[A^{x-}]^y$의 곱이 K_{sp}보다 클 때 용액에서 나타나는 현상은?

① 농도곱이 K_{sp}와 같아질 때까지 침전한다.
② 농도곱이 K_{sp}와 같아질 때까지 용해된다.
③ K_{sp}와 무관하게 항상 용해되어 침전하지 않는다.
④ 주어진 용액의 상태는 포화이므로 침전하지 않는다.

해설
용해도곱 상수 : 난용성 염의 용해반응의 평형상수
※ 농도곱이 K_{sp}와 같아질 때까지 침전이 형성된다.

3과목 기기분석 I

41 전자기 복사파의 양자역학적인 성질은?

① 회절 ② 산란
③ 반사 ④ 흡수

해설
- 파동성 : 회절, 산란, 반사
- 입자성 : 흡수

42 수은은 실온에서 증기압을 갖는 유일한 금속원소이다. 다음 원자화 방법 중 수은 정량에 응용 가능한 것은?

① 전열원자화
② 찬 증기 원자화
③ 글로우 방전 원자화
④ 수소화물 생성 원자화

해설
찬 증기 원자화법
실온에서 상당한 증기압을 갖는 금속인 수은의 정량에 이용하는 원자화 방법이다.

정답 39 ② 40 ① 41 ④ 42 ②

43 나트륨(Na) 기체의 전형적인 원자 흡수스펙트럼을 옳게 나타낸 것은?

① 선(Line) 스펙트럼
② 띠(Bone) 스펙트럼
③ 선과 띠의 혼합 스펙트럼
④ 연속(Continuous) 스펙트럼

> **해설**

선스펙트럼
원자 간 거리가 먼 기체 원자 입자들이 빛을 방출할 때 나타난다.

44 Rayleigh 산란에 대하여 가장 바르게 나타낸 것은?

① 콜로이드 입자에 의한 산란
② 굴절률이 다른 두 매질 사이의 반사 현상
③ 산란복사선의 일부가 양자화된 진동수만큼 변화를 받을 때의 산란
④ 복사선의 파장보다 대단히 작은 분자들에 의한 산란

> **해설**

Rayleigh 산란
복사선의 파장보다 더 작은 분자들에 의한 산란
예 하늘의 푸른빛

45 Fourier 변환 적외선 흡수 분광기의 장점이 아닌 것은?

① 신호 대 잡음비 개선
② 일정한 스펙트럼
③ 빠른 분석속도
④ 바탕 보정 불필요

> **해설**

Fourier 변환 적외선 흡수 분광기(FT-IR 분광기)
• 신호 대 잡음비 개선
• 산출량에서 이점
• 높은 분해능과 파장 재현성
• 빠른 분석속도
• 일정한 스펙트럼
• 간단한 구조

46 형광의 방출에 대한 설명으로 틀린 것은?

① $\pi^* \rightarrow \pi$ 전이에서 형광이 잘 나타난다.
② $\sigma^* \rightarrow \sigma$ 전이에 해당하는 형광은 거의 나타나지 않는다.
③ C_6H_5I가 $C_6H_5CH_3$보다 형광의 상대적 세기가 강하다.
④ 산성 고리 치환체를 갖는 방향족 화합물의 형광은 pH의 영향을 받는다.

> **해설**

C_6H_5I는 $C_6H_5CH_3$보다 형광의 상대적 세기가 약하다.
→ I나 Br과 같은 무거운 원자가 존재하면, 스핀 변화가 더 잘 일어나 계간전이에 의한 비활성화 과정으로 형광의 세기가 감소한다(무거운 원자 효과).

47 물(H_2O) 분자의 진동(Vibration) 방식(Mode)과 적외선 흡수스펙트럼에 대한 설명으로 옳은 것은?

① 진동 방식은 3가지이고 적외선 스펙트럼의 흡수대는 2개가 나타난다.
② 진동 방식은 3가지이고 적외선 스펙트럼의 흡수대는 3개가 나타난다.
③ 진동 방식은 4가지이고 적외선 스펙트럼의 흡수대는 3개가 나타난다.
④ 진동 방식은 4가지이고 적외선 스펙트럼의 흡수대는 4개가 나타난다.

> **해설**

진동 방식의 수
• 비직선형 다원자 분자 : $3n-6$
• 직선형 다원자 분자 : $3n-5$

$H_2O = 3 \times 3 - 6 = 3$
흡수대도 3개가 나타난다.

48 분자흡수분광법의 가시광선 영역에서 주로 사용되는 복사선의 광원은?

① 중수소등
② 니크롬선등
③ 속빈음극등
④ 텅스텐 필라멘트등

정답 43 ① 44 ④ 45 ④ 46 ③ 47 ② 48 ④

> 해설

분자흡수분광법의 광원
- 중수소와 수소등 : UV영역
- 텅스텐 필라멘트등 : 가시광선, 근적외선
- 광 – 방출다이오드(LEDs)
- 제논 아크등 : 200~1,000nm

※ 속빈음극등 : 가시광선 영역의 원자흡수분광법에서 사용되는 선광원

49 어떤 회절발의 분리능은 5,000이다. 이 회절발로 분리할 수 있는 $1,000cm^{-1}$에 가장 인접한 선의 파수의 차이는 얼마인가?

① $0.1cm^{-1}$ ② $0.2cm^{-1}$
③ $0.5cm^{-1}$ ④ $5.0cm^{-1}$

> 해설

회절발의 분리능(R)

$$R = \frac{\lambda}{\Delta\lambda} = \frac{\bar{\nu}}{\Delta\bar{\nu}}$$

여기서, λ : 두 상의 평균 파장
$\Delta\lambda$: 두 상의 파장 차이
$\bar{\nu}$: 두 상의 평균 파수
$\Delta\bar{\nu}$: 두 상의 파수 차이

$$5,000 = \frac{1,000cm^{-1}}{\Delta\bar{\nu}}$$

$$\therefore \Delta\bar{\nu} = 0.2cm^{-1}$$

50 플라스마 방출분광법에서 플라스마 속에 고체와 액체를 도입하는 방법인 전열증기화에 대한 설명으로 틀린 것은?

① 전열원자화와 비슷하게 시료를 전기로에서 증기화한다.
② 증기는 아르곤 흐름에 의해 플라스마 토치 속으로 운반된다.
③ 전기로는 시료 도입은 물론 시료원자화를 위해 주로 사용한다.
④ 관측되는 신호는 전열원자흡수법에서 얻는 것과 유사한 순간적인(Transient) 봉우리이다.

> 해설

전기로는 시료를 증기화하여 도입하는 데 사용되며, 원자화에 사용되지 않는다.

51 고분해능 NMR을 이용한 $CH_3\underline{CH_2}CH_2Cl$의 스펙트럼에서 밑줄 친 $-CH_2$기의 이론상 갈라지는 흡수 봉우리(다중선)의 수는?

① 4 ② 6
③ 12 ④ 24

> 해설

```
    H H H
    | | |
H - C-C-C - Cl
    | | |
    H H H
```

$(3+1)(2+1) = 12$개의 봉우리

52 ^{13}C NMR 스펙트럼은 ^1H NMR보다 일반적으로 약 몇 배의 ppm 차이를 두고 봉우리가 나타나는가?

① 5배 ② 20배
③ 50배 ④ 200배

> 해설

- ^1H의 화학적 이동 : 10ppm 정도
- ^{13}C의 화학적 이동 : 200ppm 정도

53 플라스마 광원의 방출분광법에는 3가지 형태의 높은 온도 플라스마가 있다. 그 종류가 아닌 것은?

① 흑연전기로(GFA)
② 유도쌍 플라스마(ICP)
③ 직류 플라스마(DCP)
④ 마이크로파 유도 플라스마(MIP)

> 해설

플라스마 광원의 방출분광법
- 유도쌍 플라스마(ICP)
- 직류 플라스마(DCP)
- 마이크로파 유도 플라스마(MIP)

정답 49 ② 50 ③ 51 ③ 52 ② 53 ①

54 CH₃CH₂CH₃에서 서로 다른 환경을 가진 수소는 몇 가지인가?

① 1
② 2
③ 3
④ 같은 환경을 가진 소수가 없다.

> 해설

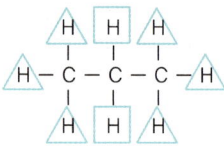

□, △ 2가지가 있다.

55 X선 형광법의 장점이 아닌 것은?

① 비파괴분석법이다.
② 스펙트럼이 비교적 단순하다.
③ 가벼운 원소에 대하여 감도가 우수하다.
④ 수분 내에 다중원소의 분석이 가능하다.

> 해설

㉠ X선 형광법의 장점
  • 비파괴분석법이다.
  • 스펙트럼이 단순하여 방해효과가 작다.
  • 다중원소의 분석이 가능하다.
  • 실험과정이 수분 이내로 빠르고 간편하다.
㉡ X선 형광법의 단점
  • 감도가 좋지 않다.
  • 원자번호가 작은 원소에 적당하지 않다.
  • 기기가 비싸다.

56 복사선 에너지를 전기신호로 변환시키는 변환기와 관련이 가장 적은 것은?

① 섬광 계수기
② 속빈음극등
③ 반도체 변환기
④ 기체-충전 변환기

> 해설

속빈음극등
원자흡수분광법에서 사용되는 선광원

57 아스피린을 펠렛법으로 적외선 흡수스펙트럼을 측정하기 위해서 필요한 물질은?

① KBr
② Na₂CO₃
③ NaHCO₃
④ NaOH

> 해설

KBr 펠렛법
적외선 분광법의 고체시료 취급법

58 전도성 고체를 원자분광기에 도입하여 사용하기에 가장 적합한 방법은?

① 전열 증기화
② 레이저 증발법
③ 초음파 분무법
④ 스파크 증발법

> 해설

원자분광법의 시료 도입방법
㉠ 고체시료 도입방법
  • 직접 시료 도입
  • 전열 증기화
  • 레이저 증발
  • 아크와 스파크 증발(전도성 고체)
  • 글로우 방전(전도성 고체)
㉡ 용액시료 도입방법
  • 기체 분무기
  • 초음파 분무기
  • 전열 증기화
  • 수소화물 생성법

59 다음에서 설명하고 있는 장치는?

> 기준접촉은 측정접촉과 같은 상자 내에 들어 있도록 하고 비교적 큰 열용량을 갖도록 설계되어 있으며, 입사복사선으로부터 조심스럽게 가려져 있다. 분석물질 신호가 토막나기 때문에 두 접촉 사이의 온도 차이만 중요하므로 기준접촉은 일정한 온도로 유지시킬 필요는 없다.

① 열전기쌍
② 전자증배관
③ Faraday 컵
④ 단일채널 검출기

정답 54 ② 55 ③ 56 ② 57 ① 58 ④ 59 ①

해설

① 열전기쌍 : 두 금속이 연결된 접점의 온도를 다르게 하면 전류가 흐르게 된다(제베크 효과).
② 전자증배관 : 음극과 부딪힌 이온에 의해 방출된 전자들은 다음 다이오드에 연속적으로 충격을 가하여 매우 많은 전자들이 발생하게 된다.
③ Faraday 컵 : 질량분석법에 사용되는 이온검출기
④ 단일채널 검출기 : 한 번에 한 파장의 빛만 검출하는 검출기

60 Bragg 식에 의하면 X선이 시료에 입사되면 입사각과 시료의 내부 결정구조에 따라 회절현상이 발생한다. 파장이 1.315 Å인 X선을 사용하여 구리 시료로부터 1차 Bragg 회절 Peak를 측정한 결과 2θ는 50.5°이다. 구리 금속 내부의 회절면 사이의 거리는 얼마인가?

① 0.771 Å   ② 0.852 Å
③ 1.541 Å   ④ 3.082 Å

해설

Bragg 식
$n\lambda = 2d\sin\theta$
여기서, n : 회절차수
λ : X선의 파장
d : 결정 격자간격
θ : 입사각

$1 \times 1.315 = 2 \times d \times \sin\left(\dfrac{50.5°}{2}\right)$

$\therefore d = 1.541 \text{ Å}$

4과목 기기분석 Ⅱ

61 1차 이온화 과정에서 생성된 이온들 중에서 한 분자 이온을 선택한 후 2차 이온화시킴으로써 화학구조 분석, 화학반응 연구, 대사체 규명 등에 가장 유용하게 활용되는 연결(Hyphenated) 질량분석법은?

① GC/MS   ② ICP/MS
③ LC/MS   ④ MS/MS

해설

탄뎀 질량분석(MS/MS)
• 질량분석(MS) – 질량분석(MS)
• 조각이온의 스펙트럼을 얻는 방법

62 질량 이동(Mass Transfer) 메커니즘 중 전지 내의 벌크 용액에서 질량 이동이 일어나는 주된 과정으로서 정전기장 영향 아래에서 이온이 이동하는 과정을 무엇이라고 하는가?

① 확산(Diffusion)   ② 대류(Convection)
③ 전도(Conduction)   ④ 전기이동(Migration)

해설

• 전기이동 : 정전기장의 영향 아래에서 이온과 전극 사이의 정전기적 인력에 의해 이온이 이동하는 과정
• 질량 이동 메커니즘 : 확산, 전기이동, 대류

63 질량분석계로 분석할 경우 상대 세기(Abundance)가 거의 비슷한 2개의 동위원소를 갖는 할로겐 원소는?

① Cl(chlorine)   ② Br(bromine)
③ F(fluorine)   ④ I(iodine)

해설

$^{12}C : ^{13}C = 99 : 1$
$^{79}Br : ^{81}Br = 1 : 1$
$^{35}Cl : ^{37}Cl = 3 : 1$
※ F, I는 자연적으로 발생하는 동위원소가 없다.

64 기체 또는 액체 크로마토그래피에 응용되는 직접적인 물리적 현상으로 가장 거리가 먼 것은?

① 흡착   ② 이온교환
③ 분배   ④ 끓는점

해설

• 고정상이 고체 : 흡착
• 고정상이 액체 : 분배
• 고정상이 이온교환수지 : 이온교환

정답 60 ③ 61 ④ 62 ④ 63 ② 64 ④

65 다음의 특징을 가지는 질량분석기는?

- 기기에서는 전자의 이차 이온 또는 레이저 광자의 짧은 펄스로 주기적 충격을 주어 양이온을 생성한다.
- 검출기는 주로 "전자증배관"을 사용한다.
- 기기가 간단하고 튼튼하다.
- 이온원에 쉽게 접근시킬 수 있다.
- 사실상 무제한의 질량범위를 갖고 데이터 획득 속도가 빠르다.

① Sector 질량분석기
② 사중극자 질량분석기
③ 이중초점 질량분석기
④ Time-of-Flight 질량분석기

해설

질량분석기
- 자기장 부채꼴(Sector) 분석기 : 부채꼴 모양의 영구자석이나 전자석으로 이온타원으로부터 이동하는 이온을 굴절시켜 무거운 이온은 적게 휘고 가벼운 이온은 많이 휘는 성질을 이용하여 분리한다.
- 이중초점 분석기 : 정전기장 분석기와 자기장 부채꼴 분석기를 연결하여 사용한다.
- 사중극자 질량분석기 : 4개의 원통형 금속막대에 가변 DC 전위와 가변 고주파수 AC 전위를 걸어주면 특정 m/z값을 갖는 이온들만 검출기로 보내어 분리한다.
- 비행시간(Time-of-Flight) 질량분석기 : 이온이 이동할 때 무거운 이온은 늦게 이동하고 가벼운 이온은 빨리 이동하는 원리를 이용한 것으로, 양이온이 이온원에서 검출기로 이동하는 시간을 측정한다.
- 이온포착 분석기
- Fourier 변환(FT) 질량분석기
- ICP/MS

66 전위차법의 일반적 원리에 대한 설명으로 틀린 것은?

① 기준전극은 측정하려는 분석물의 농도와 무관하게 일정 값의 전극전위를 가진다.
② 지시전극은 분석물의 활동도에 따라 전극전이가 변한다.
③ 일반적으로 수소전극을 기준전극으로 사용한다.
④ 염화포타슘은 염다리를 위한 이상적인 전해물이다.

해설

전위차법
- 일반적으로 칼로멜 전극, 은-염화은 전극을 기준전극으로 사용한다. 표준수소전극은 유지와 사용에 어려움이 있어 잘 사용하지 않는다.
- KCl은 K^+와 Cl^-의 이동도가 거의 같아 액간접촉전위를 최소로 할 수 있기 때문에 염다리를 위한 이상적인 전해물이다.

67 다음 반쪽전지의 전극전위는 얼마인가?

| HCl(3.12M) | H₂(0.920atm) | Pt |

① 0.0303V
② 0.0313V
③ 0.333V
④ −0.0314V

해설

반쪽전지 반응
$2H^+ + 2e^- \rightleftarrows H_2$

$$E = E° - \frac{0.05916}{n} \log Q$$
$$= 0 - \frac{0.05916}{2} \log \frac{P_{H_2}}{[H^+]^2}$$
$$= -\frac{0.05916}{2} \log \frac{0.920}{(3.12)^2}$$
$$= 0.0303V$$

68 적하수은전극(Dropping Mercury Electrode)을 사용하는 폴라로그래피(Polarography)에 대한 설명으로 옳지 않은 것은?

① 확산전류(Diffusion Current)는 농도에 비례한다.
② 수은이 항상 새로운 표면을 만들어 내는 재현성이 크다.
③ 수은의 특성상 환원반응보다 산화반응의 연구에 유용하다.
④ 반파전위(Half-wave Potential)로부터 정성적 정보를 얻을 수 있다.

해설

폴라로그래피
- 적하수은전극으로 수행된 전압전류법
- 수소이온의 환원에 대한 과전압이 크다. → 수소기체의 발생으로 인한 방해가 적다.

정답 65 ④ 66 ③ 67 ① 68 ③

- 새로운 수은전극 표면이 계속적으로 생성된다.
- 재현성이 있는 평균전류에 도달한다.
- 수은은 쉽게 산화되어 산화전극으로 사용할 수 없으므로 환원반응의 연구에 유용하다.
- 확산전류는 분석물의 농도에 비례하므로 정량분석이 가능하다.
- 반파전위로부터 정성적 정보를 얻을 수 있다.

69 기체 크로마토그래피 - 질량검출기(GC - MS)로 음료수에 함유된 카페인(m/z 194)의 양을 측정하기 위하여, 내부표준물질로 Caffeine - D_3(m/z 197)를 넣고, 머무름시간이 거의 비슷한 두 이온 피크의 면적을 측정하고자 한다. 분석물질 Caffeine의 내부표준물질 Caffeine - D_3에 대한 검출감도 F는 1.04이었다. 음료수 1.000mL에 1.11g/L 농도의 Caffeine - D_3 표준용액을 0.050 mL 가하여 화학처리를 한 다음 GC - MS로 분석한 결과, Caffeine과 Caffeine - D_3의 피크 면적이 각각 1,733과 1,144이었다. 이 음료수에 포함된 Caffeine의 농도(mg/L)는?

① 81mg/L
② 77mg/L
③ 53mg/L
④ 38mg/L

해설

$$\frac{A_x}{[X]} = F \frac{A_s}{[S]}$$

여기서, F : 내부표준물법의 검출감도(감응인자)
   [X] : 분석물질의 농도
   [S] : 표준물질의 농도
   A_x : 분석물질 신호의 면적
   A_s : 표준물질 신호의 면적

1,000mL 음료수에 1.11g/L의 Caffeine - D_3 표준용액 0.050mL
- 분석시료 내 Caffeine - D_3의 실량

$$\frac{1.11g}{L} \times \frac{1L}{1,000mL} \times 0.050mL \times \frac{1,000mg}{1g} = 0.056mg$$

- 분석시료의 부피 = 1.000mL + 0.050mL = 1.050mL
- 분석시료 내의 Caffeine - D_3 농도

$$\frac{0.056mg}{1.050mL} \times \frac{1,000mL}{1L} = 52.86mg/L$$

$$\frac{A_x}{A_s} = F\frac{[X]}{[S]}$$

$$\frac{1,733}{1,144} = 1.04\frac{[X]}{52.86}$$

∴ [X] = 77.00mg/L

└ 분석시료 1,050mL에 들어 있는 Caffeine의 농도
1,000mL 음료수에 들어 있는 농도를 [X]′이라 하면
77.00mg/L × 1,050mL = [X]′ × 1,000mL
∴ [X]′ ≒ 81mg/L

70 표준수소전극으로 -0.121V로 측정된 전위는 포화 칼로멜 기준전극(E = 0.241V)으로 측정한다면 얼마의 전위로 측정되겠는가?(단, 기준전극은 모두 산화전극으로 사용되었다.)

① -0.362V
② -0.021V
③ 0.121V
④ 0.362V

해설

$E = E_+ - E_-$
$-0.121V = E_+ - 0$
∴ $E_+ = -0.121V$
포화 칼로멜 기준전극으로 측정하면
$E = E_+ - E_-$
  $= -0.121 - 0.241 = -0.362V$

71 이상적인 기준전극이 가지는 성질로 틀린 것은?

① 비가역이고 Nernst 식에 따라야 한다.
② 온도가 주기적으로 변해도 과민반응을 나타내지 않아야 한다.
③ 시간이 지나도 일정 전위를 유지해야 한다.
④ 작은 전류 후에도 원래 전위로 되돌아와야 한다.

해설

기준전극의 조건
- 분석물 용액에 감응하지 않는다.
- 표준수소전극에 대해 일정한 전위를 갖는다.
- 작은 전류를 흘려도 일정한 전위를 유지해야 한다.
- 반응이 가역적이고, Nernst 식에 따라야 한다.
- 온도가 주기적으로 변해도 과민반응을 나타내지 않아야 한다.
- 전극은 간단하고 만들기 쉬워야 한다.

정답 69 ① 70 ① 71 ①

72 열분석은 물질의 특이한 물리적 성질을 온도의 함수로 측정하는 기술이다. 열분석 종류와 측정방법을 연결한 것 중 잘못된 것은?

① 시차주사열량법(DSC) – 열과 전이 및 반응온도
② 시차열분석(DTA) – 전이와 반응온도
③ 열무게(TGA) – 크기와 점도의 변화
④ 방출기체분석(EGA) – 열적으로 유도된 기체생성물의 양

> **해설**
>
> 열분석법
> - 열무게분석(TGA) : 온도변화에 따른 시료의 질량변화를 측정
> - 시차열분석(DTA) : 시료물질과 기준물질의 온도 차이를 측정
> - 시차주사열량법(DSC) : 두 물질에 흘러 들어간 열입력(열량에너지) 차이를 측정

73 물질 A와 B를 분리하기 위해 10cm 관을 사용하였다. A와 B의 머무름시간은 각각 5분과 11분이고 이동상의 평균이동속도는 5cm/분이었다. A와 B의 밑변의 봉우리 너비가 1분과 1.1분일 때 이 관의 분리능은 얼마인가?

① 3.25   ② 5.71
③ 7.27   ④ 9.82

> **해설**
>
> 분리능$(R_s) = \dfrac{2[(t_R)_B - (t_R)_A]}{W_A + W_B}$
>
> $= \dfrac{2(11-5)}{1+1.1} = 5.71$

74 시차열분석법으로 벤조산 시료 측정 시 대기압에서 측정할 때와 200psi에서 측정할 때 봉우리가 일치하지 않은 이유를 가장 잘 설명한 것은?

① 높은 압력에서 시료가 파괴되었기 때문이다.
② 높은 압력에서 밀도의 차이가 생겼기 때문이다.
③ 높은 압력에서 끓는점이 영향을 받았기 때문이다.
④ 모세관법으로 측정하지 않았기 때문이다.

> **해설**
>
> - 시차열분석법(DTA) : 유기화합물의 녹는점, 끓는점, 분해온도 등을 측정하는 간단하고 정확한 방법
> - 끓는점은 압력에 따라 변하므로 대기압과 200psi에서 측정하면 봉우리가 일치하지 않는다.

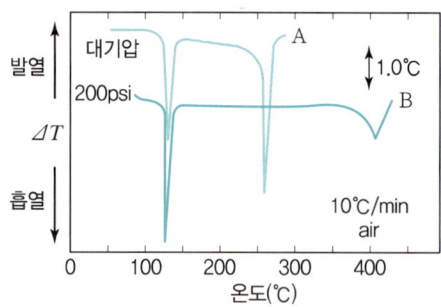

75 다음 기체 크로마토그래피의 검출기 중 비파괴 검출기는?

① 열이온 검출기(TID)
② 원자방출 검출기(AED)
③ 열전도도 검출기(TCD)
④ 불꽃이온화 검출기(FID)

> **해설**
>
> 열전도도 검출기(TCD)
> - 운반기체와 시료의 열전도 차이에 감응하여 변하는 전위를 측정한다.
> - 장치가 간단하고 선형 감응범위가 크다.
> - 유기, 무기 화학종 모두에 감응한다.
> - 감도가 낮다.
> - 시료가 파괴되지 않는 비파괴 검출기이다.
> ※ GC(기체 크로마토그래피)의 검출기
>   - 불꽃이온화 검출기(FID)
>   - 열전도도 검출기(TCD)
>   - 전자포획 검출기(ECD)
>   - 열이온 검출기(TID)
>   - 전해질전도도 검출기(Hall)
>   - 광이온화 검출기
>   - 원자방출 검출기(AED)
>   - 불꽃광도 검출기(FPD)
>   - 질량분석 검출기(MS)

정답 72 ③ 73 ② 74 ③ 75 ③

76 기체 크로마토그래피(GC)의 이동상 기체로 일반적으로 사용되지 않는 것은?

① 질소　　　　② 헬륨
③ 수소　　　　④ 산소

해설
기체 크로마토그래피(GC)의 이동상 기체
헬륨, 아르곤, 질소, 수소

77 다음 중 분리분석법이 아닌 것은?

① 크로마토그래피　　② 추출법
③ 증류법　　　　　　④ 폴라로그래피

해설
폴라로그래피
- 전압전류법
- 적하수은전극을 사용한다.
- 대류가 일어나지 않는다.
- 질량 이동은 확산에 의해서만 일어난다.

78 질량분석법의 특징에 대한 설명으로 틀린 것은?

① 시료의 원소 조성에 관한 정보
② 시료 분자의 구조에 대한 정보
③ 시료의 열적 안정성에 관한 정보
④ 시료에 존재하는 동위원소의 존재비에 대한 정보

해설
질량분석법으로부터 알 수 있는 정보
- 시료를 이루는 물질의 화학식
- 무기, 유기, 바이오 분자들의 구조
- 복잡한 혼합물 화학조성의 정성 및 정량
- 고체 표면의 원소 및 화학조성
- 시료를 구성하는 원소의 동위원소비에 대한 정보

79 고성능 액체 크로마토그래피에 사용되는 검출기의 이상적인 특성이 아닌 것은?

① 짧은 시간에 감응해야 한다.
② 용리 띠가 빠르고 넓게 퍼져야 한다.
③ 분석물질의 낮은 농도에도 감도가 높아야 한다.
④ 넓은 범위에서 선형적인 감응을 나타내어야 한다.

해설
고성능 액체 크로마토그래피(HPLC)에 사용되는 검출기의 특성
- 적당한 감도
- 높은 안정성과 재현성
- 검출기 감응의 직선성
- 흐름 속도와 무관한 짧은 감응시간
- 높은 신뢰도, 사용의 편리성
- 시료를 파괴하지 않는 검출기
- 띠넓힘을 감소시키기 위해 내부 부피를 최소화해야 하고 액체흐름과 호환되어야 한다.

80 Van Deemter 도시로부터 얻을 수 있는 가장 유용한 정보는?

① 이동상의 적절한 유속(Flow Rate)
② 정지상의 적절한 온도(Temperature)
③ 분석물질의 머무름시간(Retention Time)
④ 선택계수(α, Selectivity Coefficient)

해설
- Van Deemter 식

$$H = A + \frac{B}{u} + C_S u + C_M u$$

여기서, H : 단높이
　　　　A : 다중흐름통로
　　　　B : 세로확산계수
　　　　u : 이동상의 선형속도
　　　　C : 질량이동계수

- Van Deemter 도시
H를 u에 대해 도시한 곡선으로 이동상의 적절한 유속을 알 수 있다.

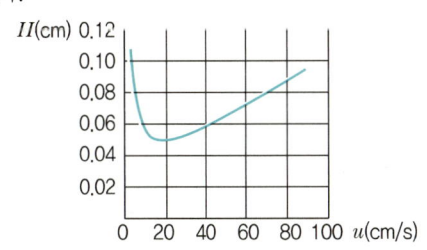

정답 76 ④　77 ④　78 ③　79 ②　80 ①

2016년 제4회 기출문제

1과목 일반화학

01 다음의 루이스 구조식 중 옳지 않은 것은?

① H—As—H
         |
         H

② :F: :F:
    \ /
    :F—P
    / \
   :F: :F:

③ :F—N—F:
        |
       :F:

④ [:I—I—I:]⁻

해설

I_3^-의 Lewis 구조식

[:I—I—I:]⁻

결합에 참여하는 전자수 = 7×3+1 = 22

02 S, Cl, F를 원자 반지름이 작은 것부터 큰 것의 순서대로 배열한 것은?

① Cl, S, F
② Cl, F, S
③ F, S, Cl
④ F, Cl, S

해설

반지름이 크다 ← H ... He → 반지름이 작다
Li Be B C N O F Ne
Na Mg Al Si P S Cl Ar

∴ F < Cl < S

03 다음 중 산의 세기가 가장 강한 것은?

① HClO
② HF
③ CH₃COOH
④ HCl

해설

- 강산 : HCl, H₂SO₄, HNO₃, HClO₄, HI, HBr
- 약산 : HF, CH₃COOH, H₂CO₃, HClO

04 적정 실험에서 0.5468g의 KHP(프탈산수소칼륨, KHC₈H₄O₄, 몰질량 : 204.2g)를 완전히 중화하기 위해서 23.48mL의 NaOH 용액이 소모되었다. NaOH 용액의 농도는 얼마인가?

① 0.3042M
② 0.2141M
③ 0.1141M
④ 0.0722M

해설

H⁺의 몰수 = OH⁻의 몰수

몰수$(n) = \dfrac{\text{질량}}{\text{몰질량}}$

$n = MV$

여기서, M : 몰농도
V : 부피

$\dfrac{0.5468g}{204.2g/mol} = M \times 23.48mL \times \dfrac{1L}{1,000mL}$

∴ $M = 0.1141M$

05 인산(H₃PO₄)은 P₄O₁₀(s)과 H₂O(l)를 섞어서 만든다. P₄O₁₀(s) 142g과 H₂O(l) 180g이었을 때 생성되는 인산은 몇 g인가?(단, P₄O₁₀, H₂O, H₃PO₄의 분자량은 각각 284, 18, 98이다. 다음 화학반응식의 반응계수는 맞추어지지 않은 상태이다.)

$$P_4O_{10}(s) + H_2O(l) \rightarrow H_3PO_4(aq)$$

① 98
② 196
③ 980
④ 1,960

정답 01 ④ 02 ④ 03 ④ 04 ③ 05 ②

해설

$142g\ P_4O_{10} : 142g \times \dfrac{1mol}{284g} = 0.5mol$

$180g\ H_2O : 180g \times \dfrac{1mol}{18g} = 10mol$

$P_4O_{10}(s) + 6H_2O(l) \rightarrow 4H_3PO_4(aq)$
$\quad 1 \quad : \quad 6 \quad : \quad 4$
$\quad 0.5 \quad : \quad 3 \quad : \quad 2$

$\therefore H_3PO_4\ 2mol \times \dfrac{98g}{1mol} = 196g$

06 암모니아 용액의 수산화이온의 농도가 5.0×10^{-6}일 때 하이드로늄이온의 농도를 계산하면 얼마인가?

① $5.0 \times 10^{-6}M$ ② $2.0 \times 10^{-6}M$
③ $5.0 \times 10^{-9}M$ ④ $2.0 \times 10^{-9}M$

해설

$pOH = -\log[OH^-]$
$\quad\ \ = -\log(5.0 \times 10^{-6})$
$\quad\ \ = 5.3$
$pH = 14 - pOH$
$\quad\ = 14 - 5.3$
$\quad\ = 8.7$
$\therefore pH = -\log[H_3O^+] = 8.7$
$\quad [H_3O^+] = 10^{-8.7} = 2 \times 10^{-9}M$

07 다음과 같은 이온반응이 염기성 용액에서 일어날 때, 그 이온반응식이 올바르게 완결된 것은?

$$I^-(aq) + MnO_4^-(aq) \rightarrow I_2(aq) + MnO_2(s)$$

① $6I^-(aq) + 4H_2O(l) + 2MnO_4^-(aq)$
$\rightarrow 3I_2(aq) + 2MnO_2(s) + 8OH^-(aq)$

② $6I^-(aq) + 2MnO_4^-(aq)$
$\rightarrow 3I_2(aq) + 2MnO_2(s) + 2O_2(g)$

③ $4I(aq) + 2H_2O(l) + 2MnO_2(s) + 8H^+(aq)$
$\rightarrow 2I_2(aq) + 2MnO_2(s) + 8H^+(aq)$

④ $2I^-(aq) + 2H_2O(l) + MnO_4^-(aq)$
$\rightarrow 3I_2(aq) + 2MnO_2(s) + 2OH^-(aq) + H_2(g)$

해설

$I^-(aq) + MnO_4^-(aq) \rightarrow I_2(aq) + MnO_2(s)$
㉠ $2I^-(aq) + MnO_4^-(aq) \rightarrow I_2(aq) + MnO_2(s)$
㉡ 산소의 개수를 H_2O로 맞춘 후 H^+로 수소의 개수를 맞춘다.
$2I^-(aq) + MnO_4^-(aq) + 4H^+ \rightarrow I_2(aq) + MnO_2 + 2H_2O(s)$
㉢ 전하의 균형을 맞춘다.
$\quad 2I^- \rightarrow I_2 + 2e^- \quad\quad\quad\quad\ \times 3$
$\quad MnO_4^- + 4H^+ + 3e^- \rightarrow MnO_2 + 2H_2O \quad \times 2$
$\quad\overline{6I^- \rightarrow 3I_2 + 6e^-}$
$+)\ 2MnO_4^- + 8H^+ + 6e^- \rightarrow 2MnO_2 + 4H_2O$
$\overline{6I^- + 2MnO_4^- + 8H^+ \rightarrow 3I_2 + 2MnO_2 + 4H_2O}$
㉣ 양변에 $8OH^-$를 더하고 H_2O의 수를 정리한다.
$6I^- + 2MnO_4^- + \underline{8H^+ + 8OH^-} \rightarrow 3I_2 + 2MnO_2 + 4H_2O + 8OH^-$
$\quad\quad\quad\quad\quad\ \ 8H_2O$
㉤ 정리하면
$6I^- + 2MnO_4^- + 4H_2O \rightarrow 3I_2 + 2MnO_2 + 8OH^-$

08 다음 각 산 또는 염기에 대하여 필요한 짝산 또는 짝염기가 틀리게 작성된 것은?

① H_2O가 염기로 작용할 때 짝산은 H_3O^+이다.
② HSO_3^-가 산으로 작용할 때 짝염기는 SO_3^{2-}이다.
③ HCO_3^-가 산으로 작용할 때 짝염기는 H_2CO_3이다.
④ NH_3가 염기로 작용할 때 짝산은 NH_4^+이다.

해설

$HCO_3^- \rightarrow H^+ + CO_3^{2-}$
$\ \ 산$
$H^+ + HCO_3^- \rightarrow H_2CO_3$
$\quad\quad\ 염기$

- 산 : H^+를 내는 물질
- 염기 : H^+를 받는 물질

09 다음 화합물의 명명법으로 옳은 것은?

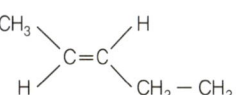

① 1-펜텐 ② 트랜스-2-펜텐
③ 시스-2-펜텐 ④ 시스-1-펜텐

정답 06 ④ 07 ① 08 ③ 09 ②

해설

```
     CH₃      CH₂CH₃         CH₃       H
       \     /                  \     /
        C = C                    C = C
       /     \                  /     \
      H       H                H       CH₂CH₃
       cis-2-펜텐                trans-2-펜텐
```

10 질량백분율 10.0% NaCl 수용액의 몰랄농도는 얼마인가?(단, NaCl의 몰질량은 58.44g/mol이다.)

① 0.171m ② 1.71m
③ 0.19m   ④ 1.9m

해설

10% NaCl 수용액 100g 기준 ┌ NaCl 10g
                          └ H₂O 90g

몰랄농도(m) = $\dfrac{\text{용질의 mol수}}{\text{용매 1kg}}$

용질의 mol수 = $10g \times \dfrac{1mol}{58.5g} = 0.171mol$

∴ 몰랄농도 = $\dfrac{0.171mol}{90g \times \dfrac{1kg}{1,000g}} = 1.9m$

11 물질의 상태에 대한 설명으로 틀린 것은?

① 고체에서 기체로 상변화가 일어나는 과정을 승화(Sublimation)라 하며, 기체에서 고체로 상변화하는 과정을 증착(Deposition)이라 한다.
② 고체, 액체, 기체가 공존하여 평형을 이루는 온도, 압력 조건을 임계점(Critical Point)이라 하며 이러한 상태의 물질을 초임계유체(Supercritical Fluid)라 부른다.
③ 온도가 증가하면 액체의 증기압이 지수함수적으로 증가하는, 온도변화에 따른 증기압 변화를 증발열과 관련지어 예측하는 방정식을 클라우지우스-클라페롱 이론식(Clausius-Clapeyron Equation)이라 한다.
④ 물은 낮은 몰질량(18.02G/Mol)에도 불구하고 높은 끓는점을 가지며, 다른 물질과는 달리 액체상에 비해 고체상의 밀도가 더 낮다. 이러한 특이성은 물분자의 큰 극성 및 소수결합에 근원이 있다.

해설

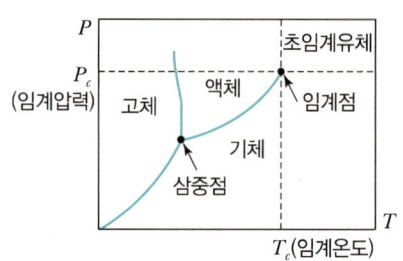

액체-기체의 상이 구분될 수 있는 최고의 온도와 압력을 임계온도, 임계압력이라 하며, 임계점 이상에서는 액체와 기체의 상이 구분되지 않는 초임계유체 상태가 된다.

12 탄소가 완전 연소하여 CO_2가 되는 반응이 있다. 탄소의 1몰을 100% 과잉공기와 반응시켰을 때 생성된 CO_2의 부피 백분율(vol%)은 얼마인가?(단, 공기 중 산소의 함량은 21vol%이다.)

$$C + O_2 \rightarrow CO_2$$

① 100vol%   ② 24.2vol%
③ 10.5vol% ④ 3.8vol%

해설

$C + O_2 \rightarrow CO_2$
1mol 1mol   1mol 생성

이론량 : O_2 $1mol \times \dfrac{1}{0.21} = 4.762mol$ Air

과잉% = $\dfrac{\text{공급량} - \text{이론량}}{\text{이론량}} \times 100 = 100\%$

∴ 공기공급량 = 2 × 이론량
            = 2 × 4.762mol = 9.524mol

공기 9.524mol 중 ┌ O_2 2mol
                └ N_2 7.524mol

∴ 생성된 CO_2 mol% = $\dfrac{1}{1 + 7.524 + 1} \times 100$
                    = 10.5%

※ 몰(mol)% = 부피(vol)%

정답 10 ④ 11 ② 12 ③

13 카르보닐기 양쪽에 두 개의 탄소원자가 결합하고 있는 화합물을 무엇인가?

① 알코올 ② 페놀
③ 에테르 ④ 케톤

해설

화합물	구조식		작용기
알코올	R−OH	−OH	히드록시기
에테르	R−O−R′	−O−	에테르기
케톤	$R-\overset{O}{\underset{\|\|}{C}}-R'$	$-\overset{O}{\underset{\|\|}{C}}-$	카르보닐기
페놀	(OH-벤젠 고리)		

14 알칸(alkane)류 탄화수소에 대한 다음 설명 중 틀린 것은?

① 알칸류의 탄소원자는 다른 원자와 sp^3 궤도함수를 통해 결합된다.
② 사슬형 알칸류 탄화수소의 탄소 결합각은 모두 109.5°이다.
③ 사슬형 알칸류 탄화수소의 탄소−탄소 단일 결합각은 자유 회전이 불가능하다.
④ 사슬형 알칸류 탄화수소가 가질 수 있는 회전 이성질체를 형태(Conformation) 이성질체라고 부른다.

해설

사슬형 알칸류 탄화수소의 탄소−탄소 단일 결합각은 자유 회전이 가능하다.

15 분자의 전하량 보존의 법칙을 엄격히 지키면서 분자 내의 원자에 간편한 가상적인 전하량을 부여할 수 있는데 이를 산화수라 부른다. 이에 대한 설명 중 옳지 않은 것은?

① 중성 분자에서 원자들의 산화수의 합은 0이어야 하며, 이온인 경우 산화수 합은 이온의 전하량과 같다.
② 화합물에서 알칼리금속 원자의 산화수는 +1, 알칼리토금속은 +2이다.
③ 수소는 화합물에서 예외 없이 항상 +1이다.
④ 플루오린은 항상 −1이나, 산소나 다른 할로겐 원소와 결합하는 할로겐 원소는 예외로 양의 산화수를 가질 수 있다.

해설

수소는 화합물에서 +1의 산화수를 가지나, 금속 수소화물(NaH, LiH, CaH_2)에서는 −1의 산화수를 가진다.

16 수소와 질소로부터 암모니아를 합성하는 반응에서 질소기체 7.0g을 충분한 양의 수소와 반응시켰을 때 생성되는 암모니아 기체의 부피는 표준상태에서 몇 L인가?

$$N_2 + 3H_2 \rightarrow 2NH_3$$

① 22.4 ② 11.2
③ 5.6   ④ 4.48

해설

$N_2 + 3H_2 \rightarrow 2NH_3$
28g : 2×22.4L(STP)
7g : x
∴ $x = 11.2L$

17 N_2 분자가 가지고 있는 3중 결합은 어떠한 결합인가?

① 두 개의 bonding과 한 개의 anti−bonding 시그마 결합
② 1개의 파이 결합과 2개의 시그마 결합
③ 두 개의 bonding과 한 개의 anti−bonding 파이 결합
④ 1개의 시그마 결합과 2개의 파이 결합

해설

- 단일결합 : 시그마 결합 1개
- 이중결합 : 시그마 결합 1개+파이 결합 1개
- 삼중결합 : 시그마 결합 1개+파이 결합 2개

$N \equiv N$ 삼중결합이므로 1개의 σ결합과 2개의 π결합을 가진다.

정답 13 ④ 14 ③ 15 ③ 16 ② 17 ④

18 다음은 몇 가지 수소화합물의 이름을 나타낸 것이다. 다음과 같은 방법으로 HF의 이름을 나타낸 것으로 옳은 것은?

- HCl : 염화수소산
- HI : 요오드화수소산
- H_2S : 황화수소산
- HCN : 시안화수소산

① 탄소질화수소산
② 탄질화수소산
③ 질소탄화수소산
④ 플루오린화수소산

해설

HF : 플루오린화수소, 플루오린화수소산

19 MnO_4^-에서 Mn의 산화수는 얼마인가?

① +2
② +3
③ +5
④ +7

해설

MnO_4^-
$x+(-2)\times 4=-1$
$\therefore x=+7$

20 35℃에서 염화칼륨의 용해도는 40g이다. 만약 35℃에서 20g의 물속에 KCl이 5g 녹아 있다면 이 용액은 어떤 상태인가?

① 불포화
② 포화
③ 과포화
④ 초임계

해설

용해도
정해진 온도에서 용매 100g에 녹을 수 있는 용질의 g수
35℃ 물 100g : 염화칼륨 40g → 포화
　　　물 20g : x
　　　$\therefore x=8$g의 염화칼륨이 녹으면 포화 용액
$\therefore$ 물 20g에 KCl이 5g 녹아 있으므로 불포화 용액이다.

2과목 분석화학

21 완충용액에 대한 설명으로 틀린 것은?

① 완충용액의 pH는 이온 세기와 온도에 의존하지 않는다.
② 완충용량이 클수록 pH 변화에 대한 용액의 저항은 커진다.
③ 완충용액은 약염기와 그 짝산으로 만들 수 있다.
④ 완충용량은 산과 그 짝염기의 비가 같을 때 가장 크다.

해설

완충용액의 pH

$$pH=pK_a+\log\frac{[A^-]}{[HA]}$$

pH는 K_a, 산, 염기의 이온화학종의 농도비에 의해 결정되므로 이온 세기와 온도에 의존한다.

22 0.050mol 트리스와 0.050mol 트리스 염화수소를 녹여 만든 500mL 용액의 pH는 얼마인가?(단, pK_a(BH^+)=8.075이다.)

① 1.075
② 5.0
③ 7.0
④ 8.075

해설

- 트리스(Tris(hydroxymethyl)aminomethane)
  1차 아민이며 약염기이다.

  $HOCH_2-C(CH_2OH)(CH_2OH)-NH_2$

- $pH=pK_a+\log\dfrac{[B]}{[BH^+]}$

  트리스와 트리스 염화수소의 몰수가 같다. $pH=pK_a$
  $\therefore pH=8.075$

23 산화환원 적정에서 산화제 자신이 지시약으로 작용하는 산화제는?

① 아이오딘(I_2)
② 세륨 이온(Ce^{4+})
③ 과망간산이온(MnO_4^-)
④ 중크롬산이온($Cr_2O_7^{2-}$)

정답 18 ④ 19 ④ 20 ① 21 ① 22 ④ 23 ③

해설

$MnO_4^- + 5e^- + 8H^+ \rightarrow Mn^{2+} + 4H_2O$
자주색   무색

산성 용액에서 MnO_4^-는 자주색을 띠며, 환원되면 무색의 Mn^{2+}가 된다. 당량점 이후에는 MnO_4^-에 의해 자주색이 된다.

24 다음 산 중에서 가장 약한 산은?

① 염산(HCl)   ② 질산(HNO_3)
③ 황산(H_2SO_4)   ④ 인산(H_3PO_4)

해설

- 강산 : HCl(염산), HNO_3(질산), H_2SO_4(황산), $HClO_4$(과염소산)
- 약산 : H_3PO_4(인산), H_2CO_3(탄산), CH_3COOH(아세트산)

25 적정법(Titration)을 이용하기 위한 반응조건으로 가장 거리가 먼 것은?

① 반응이 빨라야 한다.
② 평형상수 K가 작아야 한다.
③ 반응이 정량적이어야 한다.
④ 적당한 종말점 검출법이 있어야 한다.

해설

평형상수 K가 커야 반응 완결도가 높다.

26 침전 적정에 대한 설명으로 옳은 것은?

① 분석물질의 용해도곱이 작을수록 당량점이 뚜렷이 나타난다.
② 분석물질의 농도가 높고 용해도곱이 클수록 당량점이 뚜렷이 나타난다.
③ 분석물질의 농도가 낮을수록 당량점이 뚜렷이 나타난다.
④ 분석물질의 농도와 무관하게 용해도곱이 크면 당량점이 뚜렷이 나타난다.

해설

침전 적정 시 당량점이 뚜렷이 나타나기 위해서는 당량점 전후 농도 변화가 커야 하므로 용해도곱(K_{sp})이 작을수록, 분석물질의 농도가 클수록 당량점이 뚜렷이 나타난다.

27 일정량의 금속 아연을 포함하고 있는 시료 용액 25.0mL를 pH 10에서 EBT 지시약과 0.02M EDTA 표준용액을 사용하여 킬레이트 적정법으로 아연을 정량하였다. 이때 EDTA 표준용액 33.3mL를 적정하였을 때 당량점에 도달하였다면 시료 용액에 포함된 금속 아연의 양은 얼마인가?(단, Zn의 원자량은 63.58이다.)

① 0.1269g   ② 0.0846g
③ 0.0662g   ④ 0.0423g

해설

Zn^{2+}의 몰수 = EDTA의 몰수
= 0.02M × 33.3mL = 0.666mmol
∴ Zn^{2+}의 질량 = 0.666 × 10^{-3}mol × 63.58g/mol
= 0.0423g

28 염화나트륨 과포화 용액에 용질로 사용한 염화나트륨을 약간 더 넣어주거나 염화나트륨 과포화 용액을 잘 저어주면 그 용액은 어떻게 되는가?

① 용매가 증발하여 감소한다.
② 염화나트륨 포화 용액이 된다.
③ 염화나트륨 불포화 용액이 된다.
④ 염화나트륨 과포화 용액 그대로 있다.

해설

과포화 용액은 불안정한 상태이므로 소량의 용질을 더 넣어주거나 저어주면 포화 용액이 된다.

29 Maleic Acid($pK_1 = 1.9$, $pK_2 = 6.3$) 0.10M 수용액 10.0mL에 같은 농도의 NaOH 수용액 15.0mL를 가했을 때의 pH 값으로 가장 가까운 것은?

① 1.9   ② 4.1
③ 6.3   ④ 9.7

정답 24 ④ 25 ② 26 ① 27 ④ 28 ② 29 ③

해설

$MH_2 + H_2O \rightleftharpoons MH^- + H^+ \quad pK_1 = 1.9$
$MH^- + H_2O \rightleftharpoons M^{2-} + H^+ \quad pK_2 = 6.3$

$$MH_2 \xrightarrow{+OH^-} MH^- \xrightarrow{+OH^-} M^{2-}$$

첫 번째 당량점 $V=10.0mL$, 두 번째 당량점 $V=20.0mL$

$pH = pK_2 + \log\dfrac{[M^{2-}]}{[MH^-]}$

MH^-로 변한 수용액에 NaOH 5.0mL를 가하면

	MH^-	$+$	OH^-	$\rightarrow$	M^{2-}	$+$	H_2O
초기	0.1×10		0.1×5				
반응	-0.5		-0.5		$+0.5$		
나중	0.5		0		0.5		

$\dfrac{[M^{2-}]}{[MH^-]} = \dfrac{0.5}{0.5} = 1$

$\therefore pH = pK_2 = 6.3$

---

30 무게(중량) 분석을 하기 위하여 침전을 생성시킬 때 고려해야 할 사항으로 가장 거리가 먼 것은?

① 침전의 손실이 없게 해야 한다.
② 침전의 용해도를 크게 해야 한다.
③ 여과하기 쉬운 침전을 생성시켜야 한다.
④ 조성이 일정하고, 순수한 침전을 생성시켜야 한다.

해설

침전의 손실을 적게 하기 위해서는 용해도를 작게 해야 한다.

---

31 EDTA에 대한 설명으로 틀린 것은?

① EDTA는 이양성자계이다.
② EDTA는 널리 사용하는 킬레이트제이다.
③ EDTA 1몰은 금속이온 1몰과 반응한다.
④ 주기율표상의 대부분의 원소를 EDTA를 이용하여 분석할 수 있다.

해설

EDTA
• H_6Y^{2+} (육양성자계)

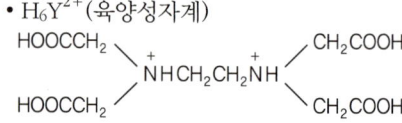

• 알칼리금속이온(Li^+, Na^+, K^+)을 제외한 모든 금속이온과 1:1 착물을 형성한다.

---

32 다음 산-염기의 적정 반응 중 지시약을 사용하여 종말점을 구하기가 가장 힘든 경우는?

① 0.01M HCl(aq) + 0.1M NH_3(aq)
② 0.01M HCl(aq) + 0.1M NaOH(aq)
③ 0.01M CH_3COOH(aq) + 0.1M NaOH(aq)
④ 0.01M CH_3COOH(aq) + 0.001M NH_3(aq)

해설

약산+약염기의 반응은 반응 완결도가 낮고, 당량점 부근의 pH 변화폭이 작아 종말점을 구하기 어렵다.

---

33 어떤 용액에 다음과 같은 5종의 이온들이 존재한다면 이 용액의 Charge Balance를 옳게 나타낸 것은?

$$H^+, OH^-, K^+, HSO_4^-, SO_4^{2-}$$

① $[K^+] = [HSO_4^-] + [SO_4^{2-}]$
② $[K^+] = [HSO_4^-] + 2[SO_4^{2-}]$
③ $[H^+] + [K^+] = [OH^-] + [HSO_4^-] + [SO_4^{2-}]$
④ $[H^+] + [K^+] = [OH^-] + [HSO_4^-] + 2[SO_4^{2-}]$

해설

양전하의 합 = 음전하의 합
$[H^+] + [K^+] = [OH^-] + [HSO_4^-] + 2[SO_4^{2-}]$

---

34 EDTA 적정에서 종말점 검출방법으로 사용할 수 없는 것은?

① 금속이온 지시약   ② 유리전극
③ 빛의 산란   ④ 이온 선택성 전극

정답 30 ② 31 ① 32 ④ 33 ④ 34 ③

> 해설

EDTA 적정에서 종말점 검출방법
- 금속이온 지시약
- 전위차 측정(유리전극, 이온 선택성 전극)
- 흡광도 측정

35 다음의 2가지 반응에서 산화제(Oxidizing Agent)는 각각 무엇인가?

$$Ag^+(aq)+Fe^{2+}(aq) \rightarrow Ag(s)+Fe^{3+}(aq)$$
$$2Al^{3+}(aq)+3Mg(s) \rightarrow 2Al(s)+2Mg^{2+}(aq)$$

① $Fe^{2+}(aq),\ Al^{3+}(aq)$
② $Ag^+(aq),\ Al^{3+}(aq)$
③ $Fe^{2+}(aq),\ Mg(s)$
④ $Ag^+(aq),\ Mg(s)$

> 해설

산화제 : 자신은 환원되고 남을 산화시키는 물질

```
        산화
   ┌─────────┐
Ag⁺ + Fe²⁺ ──→ Ag + Fe³⁺
   └─────────┘
        환원

        산화
   ┌─────────┐
2Al³⁺ + 3Mg ──→ 2Al + 3Mg²⁺
   └─────────┘
        환원
```

36 먹는 물 기준 벤젠 함유량이 10ppb라고 할 때 10ppb는 물 1L당 벤젠의 함유량이 몇 mg인가?(단, 먹는 물의 밀도는 1g/mL이다.)

① 10 ② 1
③ 0.1 ④ 0.01

> 해설

$$10\text{ppb}=10\times\frac{1}{10^9}=\frac{10\text{g}}{10^9\text{g}\times\frac{1\text{mL}}{1\text{g}}\times\frac{1\text{L}}{1,000\text{mL}}}$$
$$=10^{-5}\text{g/L}=10^{-2}\text{mg/L}=0.01\text{mg/L}$$

37 산화-환원 지시약에 대한 설명으로 틀린 것은?

① 메틸렌블루는 산-염기 지시약으로도 사용되며, 환원형은 푸른색을 띤다.
② 디페닐아민술폰산의 산화형은 붉은 보라색이며, 환원형은 무색이다.
③ 페로인(Ferroin)의 환원형은 붉은색을 띤다.
④ 페로인(Ferroin)의 변색은 표준수소전극에 대해 대략 1.1~1.2V 범위에서 일어난다.

> 해설

메틸렌블루
- 산화-환원 지시약
- 산화형은 푸른색, 환원형은 무색

페로인
- $Fe(C_{12}H_8N_2)_3^{3+} + e^- \rightleftarrows Fe(C_{12}H_8N_2)_3^{2+}$
  산화형   환원형
  연한 푸른색   붉은색
- 변색 전위 : 1.1~1.2V

38 pH 10.0인 용액을 만들기 위하여 0.5M HCl 용액 100mL에 몇 g의 Na_2CO_3(106.0g/mol)를 첨가하여야 하는가?(단, H_2CO_3의 1차 및 2차 해리상수는 각각 4.45×10^{-7}, 4.69×10^{-11}이다.)

① 5.5 ② 7.8
③ 10.5 ④ 21.0

> 해설

Henderson-Hasselbalch 식

$$pH = pK_a + \log\frac{[A^-]}{[HA]}$$

$H_2CO_3 \rightleftarrows HCO_3^- + H^+$
$pK_{a1} = -\log(4.45\times10^{-7}) = 6.35$
$HCO_3^- \rightleftarrows CO_3^{2-} + H^+$
$pK_{a2} = -\log(4.69\times10^{-11}) = 10.32$
pH=10이므로 pK_{a2}를 이용하면

$$pH = 10.32 + \log\frac{[CO_3^{2-}]}{[HCO_3^-]} = 10.0$$

$$\log\frac{[CO_3^{2-}]}{[HCO_3^-]} = -0.32$$

> 정답 35 ② 36 ④ 37 ① 38 ②

$$\therefore \frac{[CO_3^{2-}]}{[HCO_3^-]} = 10^{-0.32} = 0.479$$

$Na_2CO_3 \rightarrow 2Na^+ + CO_3^{2-}$
$HCl \rightarrow H^+ + Cl^-$
$H^+ + CO_3^{2-} \rightleftarrows HCO_3^-$
H^+의 초기 몰수 $= 0.5M \times 0.1L = 0.05mol$
CO_3^{2-}의 몰수 $= x$

	H^+	$+$	CO_3^{2-}	$\rightleftarrows$	HCO_3^-
초기	0.05		x		
반응	-0.05		-0.05		$+0.05$
나중	0		$x-0.05$		0.05

$$\frac{[CO_3^{2-}]}{[HCO_3^-]} = \frac{x-0.05}{0.05} = 0.479$$

$\therefore x = 0.07395 mol$
 $=$ 필요한 CO_3^{2-}의 몰수 $=$ 필요한 Na_2CO_3의 몰수
$\therefore Na_2CO_3 \ 0.07395mol \times \frac{106g}{1mol} = 7.8g$

39 순도 100%의 벤조산 20g은 약 몇 밀리몰(mmole)인가?

① 0.164 ② 1.64
③ 16.4   ④ 164

해설

벤조산

COOH

$C_7H_6O_2 = 122.1g/mol$

벤조산 $20g \times \frac{1mol}{122.1g} = 0.164 mol$
$= 164mmol$

40 다음 반쪽반응에서 pH 3.00이고 $P(AsH_3)=1.00$ mbar일 때 Nernst 식을 이용하여 반쪽전지전위 E를 구하면 몇 V인가?

$As(s) + 3H^+ + 3e^- \rightleftarrows AsH_3(g) \quad E° = -0.238V$

① -0.592 ② -0.415
③ -0.356 ④ -0.120

해설

$$E = E° - \frac{0.05916}{n} \log Q$$

$$= -0.238 - \frac{0.05916}{3} \log \frac{P_{AsH_3}}{[H^+]^3}$$

$$= -0.238 - \frac{0.05916}{3} \log \frac{10^{-3}}{(10^{-3})^3} = -0.356V$$

3과목 기기분석 I

41 유기분자 $CH_3COOCH_2\equiv CH$의 적외선 흡수스펙트럼을 얻은 후 관찰 결과에 대한 설명으로 틀린 것은?

① $3,300 \sim 2,900 cm^{-1}$ 영역의 흡수대는 $C\equiv C-H$ 구조의 존재를 나타낸다.
② $3,000 \sim 2,700 cm^{-1}$ 영역의 흡수대는 $-CH_3$, $-CH_2-$ 구조의 존재를 암시한다.
③ $2,400 \sim 2,100 cm^{-1}$ 영역의 흡수대는 $-C-O-$ 구조의 존재를 암시한다.
④ $1,900 \sim 1,650 cm^{-1}$ 영역의 흡수대는 $C=O$ 구조의 존재를 나타낸다.

해설

적외선 분광법에서의 작용기 주파수

주파수(cm^{-1})	작용기
1,050~1,300	C-O
1,400~1,500	C-H(alkane) 굽힘
1,500~1,600	C=C(벤젠)
1,600~1,800	C=C : 1,610~1,680 C=O : 1,690~1,760
2,100~2,280	C≡C, C≡N
2,850~3,300	C-H(alkane) : 2,850~3,000 신축 C-H(alkene) : 3,000~3,100 C-H(alkyne) : 3,300
3,200~3,650	O-H : 3,500~3,650 ※ hydrogen bonded 　carboxylic : 2,500~2,700 　alcohol, phenol : 3,200~3,600

42 분석기기에서 발생하는 잡음 중 열적 잡음(Thermal Noise)에 대한 설명으로 틀린 것은?

① 저항이 커지면 증가한다.
② 주파수를 낮추면 감소한다.
③ 온도가 올라가면 증가한다.
④ 백색잡음(White Noise)이라고도 한다.

해설

열적 잡음(Johnson 잡음, 백색잡음)
- 띠너비를 줄이면 감소하나, 띠너비가 줄면 기기는 신호 변화에 느리게 감응하여 측정하는 데 시간이 오래 걸린다.
- 주파수와 무관하므로 백색잡음이라 한다.
- $\overline{V}_{rms} = \sqrt{4kTR\Delta f}$

  여기서, $\overline{V}_{rms}$: 근평균제곱잡음전압
  k : Boltzmann 상수($= 1.38 \times 10^{-23}$J/K)
  T : 절대온도(K)
  R : 저항성 소자의 저항값(Ω)
  $\Delta f : \dfrac{1}{3t_R}$

43 1.50cm의 셀에 들어 있는 3.75mg/100mL A(분자량 220g/mol) 용액은 480nm에서 39.6%의 투광도를 나타내었다. A의 몰흡광계수는?

① 1.57×10^2
② 1.57×10^3
③ 1.57×10^4
④ 1.57×10^5

해설

$A = \varepsilon bc = -\log T = -\log 0.369 = 0.4023$
$C = \dfrac{3.75\text{mg}}{100\text{mL}} \times \dfrac{1\text{mol}}{220\text{g}} \times \dfrac{\text{g/L}}{\text{mg/mL}} = 1.705 \times 10^{-4}\text{mol/L}$
$A = 0.4023 = \varepsilon \times 1.50\text{cm} \times 1.705 \times 10^{-4}\text{mol/L(M)}$
$\therefore \varepsilon = 1.57 \times 10^3 \text{M}^{-1}\text{cm}^{-1}$

44 자외선-가시광선 흡수분광법에서 흡수 봉우리의 세기와 위치에 영향을 주는 요소로 가장 거리가 먼 것은?

① 용매효과(Solvent Effect)
② 입체효과(Stereo Effect)
③ 도플러 효과(Doppler Effect)
④ 콘주게이션 효과(Conjugation Effect)

해설

흡수 봉우리의 세기와 위치에 영향을 주는 요소
- 용매효과
- 콘주게이션 효과
- 입체효과

※ 도플러 효과 : 복사선의 파장은 원자의 움직임이 검출기 쪽을 향하면 감소하고 검출기로부터 멀어지면 증가한다.

45 홑빛살 분광광도계와 비교할 때 겹빛살 분광광도계의 가장 중요한 장점은?

① 최대 슬릿 폭을 사용할 수 있다.
② 더 좁은 슬릿 폭을 사용할 수 있다.
③ 아주 빠른 응답시간을 사용할 수 있다.
④ 광원 세기의 느린 변화와 편류를 상쇄해준다.

해설

겹빛살기기의 장점
- 변환기와 증폭기에서의 들뜸 및 광원의 복사선 출력에서 가장 짧은 순간의 요동을 제외한 모든 것을 보상한다.
- 파장에 따른 광원 세기의 넓은 변동을 보상한다.
- 투광도나 흡광도 스펙트럼을 연속해서 자체적으로 잘 기록한다.

46 원자방출분광법(AES)의 플라스마 광원 중 가장 중요하고 널리 사용되는 광원은?

① 직류 플라스마
② 아크 플라스마
③ 유도결합플라스마
④ 마이크로파 유도 플라스마

해설

유도결합플라스마
감도가 높고 화학적, 물리적 방해가 적어 유지 관리가 쉽기 때문에 가장 널리 사용되는 광원이다.

정답 42 ② 43 ② 44 ③ 45 ④ 46 ③

47 원자흡수분광법에서 바탕보정을 위해 사용하는 방법이 아닌 것은?

① Zeeman 효과 사용 바탕보정법
② 광원 자체 반전(Self-reversal) 사용 바탕보정법
③ 연속광원(D₂ Lamp) 사용 바탕보정법
④ 선형 회귀(Linear Regression) 사용 바탕보정법

> 해설

원자분광법에서 사용하는 바탕보정법
- Zeeman 효과에 의한 바탕보정법 : 원자 증기에 센 자기장을 걸어 원자의 전자에너지 준위의 분리가 일어나는 현상을 이용하는 바탕보정법
- 연속광원보정법 : 중수소(D₂) 등에서 나오는 연속광원의 세기의 감소를 매트릭스에 의한 흡수로 보고 연속광원의 흡광도를 시료빛살의 흡광도에서 빼주어 보정하는 방법
- 두선보정법 : 시료를 통과하고 나온 기준선의 세기 감소를 매트릭스 방해로 보고 기준선의 흡광도를 시료빛살의 흡광도에서 빼주어 보정하는 방법
- 광원 자체 반전에 의한 바탕보정법 : 높은 전류가 흐를 때 속빈 캐소드 램프에서 방출되는 복사선의 자체 반전 또는 자체 흡수 현상을 이용하는 바탕보정법

48 레이저 발생 메커니즘에 대한 설명 중 옳은 것은?

① 레이저를 발생하게 하는 데 필요한 펌핑은 레이저 활성 화학종이 전기방전, 센 복사선의 쪼임 등과 같은 방법에 의해 전자의 에너지 준위를 바닥 상태로 전이시키는 과정이다.
② 레이저 발생의 바탕이 되는 유도방출은 들뜬 레이저 매질의 입자가 자발 방출하는 광자와 정확하게 똑같은 에너지를 갖는 광자에 의하여 충격을 받는 경우이다.
③ 레이저에서 빛살증폭이 일어나기 위해서는 유도방출로 생긴 광자수가 흡수로 잃은 광자수보다 적어야 한다.
④ 3단계 또는 4단계 준위 레이저 발생계는 레이저가 발생하는 데 필요한 분포상태반전(Population Inversion)을 달성하기 어렵기 때문에 빛살증폭이 일어나기 어렵다.

> 해설

레이저 발생 메커니즘
펌핑 → 자발방출 → 유도방출 → 흡수
① 레이저를 발생하게 하는 데 필요한 펌핑은 레이저 활성 화학종이 전기방전, 센 복사선의 쪼임 등과 같은 방법에 의해 전자를 들뜨게 하는 과정이다.
③ 레이저에서 빛살증폭이 일어나기 위해서는 유도방출로 생긴 광자수가 흡수로 잃은 광자수보다 많아야 한다.
④ 4단계 준위 레이저 발생계는 3단계 발생계보다 분포상태반전이 더 쉽게 달성되어 빛살증폭이 잘 일어난다.

49 미지의 나노 크기의 작은 고체입자 시료의 표면에 코팅되어 있는 물질을 확인하고자 FT-IR을 이용하려고 한다. 이때 실험을 올바로 진행하여 좋은 분석 결과를 얻기 위한 시료의 측정 및 준비에 관한 다음 설명 중 틀린 것은?

① Attenuated Reflectance Cell을 이용하여 측정할 수 있다.
② 분말 입자를 Nujol이나 KBr에 묻혀서 측정한다.
③ Diffused Reflectance IR을 사용할 수 있다.
④ 표면에 붙은 시료를 적당한 용매로 추출하여 액체 셀에 넣어 측정한다.

> 해설

- 펠렛 : 미세분말 시료 1mg 이하를 건조된 KBr 분말 100mg 정도와 균일하게 잘 혼합한다.
- Nujol(탄화수소오일)과 Mull을 잘 혼합하여 측정한다.

50 X선 형광분광법에서 나타나는 매트릭스(Matrix) 효과가 아닌 것은?

① 증강효과
② 흡수효과
③ 반전효과
④ 산란효과

> 해설

X선 형광분광법의 매트릭스 효과
- 증강효과(상승효과) : 입사빛살에 의해 들떠서 만들어진 특정 방출스펙트럼을 내는 원소가 시료에 포함되어 있을 때 나타나는데, 이 방출스펙트럼이 분석선의 이차들뜸을 유발한다.
- 흡수효과 : 분석원소보다 흡수 세기가 크거나 작은 원소가 매트릭스에 많이 포함되어 있을 때 형광 세기에 오차가 발생한다.
- 산란효과 : 분석원소뿐 아니라, 매트릭스 원소에 의해서도 산란이 일어나서 형광 세기에 오차가 발생한다.

정답 47 ④ 48 ② 49 ② 50 ③

51 광자변환기(Photon Transducer)의 종류가 아닌 것은?

① 광전압전지 ② 광전증배관
③ 규소다이오드 검출기 ④ 볼로미터(Bolometer)

해설

광자변환기의 종류
- 광전압전지
- 광전증배관
- 규소다이오드 검출기
- 진공광전관

※ 볼로미터 : 열검출기의 일종으로 백금이나 니켈과 같은 금속이나 반도체로 만들어진 저항 온도계의 한 종류

52 다음 분자 중 적외선 흡수분광법으로 정량분석이 불가능한 것은?

① CO_2 ② NH_3
③ O_2 ④ NO_2

해설

적외선을 흡수하기 위해서는 진동이나 회전운동으로 인한 쌍극자 모멘트의 알짜변화가 일어나야 하는데, O_2, N_2와 같은 동종 이원자분자들은 알짜변화가 일어나지 않는다.

53 유도결합플라스마 분광법이 원자흡수분광법보다 동시 다원소(Simultaneous Multi-elements) 분석에 더 잘 적용되는 주된 이유는?

① 플라스마의 온도가 불꽃 온도보다 높기 때문이다.
② 방출분광법이어서 광원(램프)을 사용하지 않기 때문이다.
③ 불활성 기체인 아르곤을 사용하기 때문이다.
④ 스펙트럼선 간의 방해 영향이 적기 때문이다.

해설

원자흡수분광법은 각 원소를 분석할 때 각각의 선광원을 필요로 하는데, 유도결합플라스마 분광법은 램프를 사용하지 않고 유도결합플라스마 자체가 광원이므로 동시에 다원소 분석에 잘 적용된다.

54 Nuclear Magnetic Resonance(NMR)에서 주로 사용되는 빛의 종류는?

① UV ② Vis
③ Microwave ④ Radio Frequency

해설

NMR 분광법에서는 Radio파를 이용한다.

55 500nm의 가시광선의 광자 에너지는 약 몇 J인가?(단, Plank 상수는 $6.63 \times 10^{-34} J \cdot s$, 빛의 속도는 $3.00 \times 10^8 m/s$이다.)

① 1.00×10^{-19} ② 1.00×10^{-10}
③ 4.00×10^{-19} ④ 4.00×10^{-10}

해설

$$E = h\nu = \frac{hc}{\lambda}$$
$$= \frac{(6.63 \times 10^{-34} J \cdot s)(3.00 \times 10^8 m/s)}{500nm \times 1m/10^9 nm} = 4.00 \times 10^{-19} J$$

56 가시광선이나 자외선 영역에서 주로 사용되는 시료 용기의 재질은?

① Quartz(석영) ② NaCl(염화나트륨)
③ KBr(브로민화칼륨) ④ TlI(아이오딘화탈륨)

해설

자외선	가시광선	적외선
용융실리카, 석영	플라스틱, 유리	NaCl, KBr

57 불꽃원자흡수분광법에서 $N_2O-C_2H_2$ 불꽃으로 몰리브덴을 분석하고자 할 때 칼슘염의 화학적 방해를 제거하기 위해 사용되는 해방제는?

① Al ② Sr
③ La ④ EDTA

해설

해방제 : 원자흡수분광법 화학적 방해에서 방해물질과 우선적으로 반응하여 분석물질과 작용하는 것을 막는 시약이다.
예) Mg 정량 : Al을 막기 위해 Sr을 사용
칼슘염을 막기 위해 Al을 사용
Ca 정량 : Sr, La은 인산이온의 방해를 막기 위해 사용

정답 51 ④ 52 ③ 53 ② 54 ④ 55 ③ 56 ① 57 ①

58 단색화 장치의 구성요소가 아닌 것은?

① 광원 ② 회절발
③ 슬릿 ④ 프리즘

해설

㉠ 단색화 장치 : 연속적인 빛에서 임의의 파장을 갖는 단색광만을 추출해 내는 장치
㉡ 단색화 장치의 구성요소
- 입구슬릿
- 평행화 렌즈(거울)
- 회절발 또는 프리즘
- 초점장치
- 출구슬릿

59 투광도 측정에서 나타나는 불확정도의 근원으로 가장 거리가 먼 것은?

① 전도도 검출기 잡음 ② 제한된 눈금의 분해능
③ 암전류와 증폭기 잡음 ④ 열검출기의 Johnson 잡음

해설

불확정도의 근원
- 제한된 눈금 분해능
- 열검출기의 Johnson 잡음
- 암전류와 증폭기 잡음

60 1,000mg Hg/L의 표준용액 100mL를 염화수은($HgCl_2$)으로부터 조제할 때 소요되는 $HgCl_2$의 양(mg)은?(단, 수은의 원자량은 200.6이고, $HgCl_2$의 화학식량은 271.6이다.)

① 73.9 ② 135.4
③ 200.6 ④ 271.6

해설

$1,000mg\ Hg/L = 1,000mg\ Hg/1,000mL$
$= 100mg\ Hg/100mL$

필요한 Hg의 양 $= 100mg = 0.1g \times \dfrac{1mol}{200.6g}$
$= 4.985 \times 10^{-4} mol$

$HgCl_2 \rightleftharpoons Hg + Cl_2$

$HgCl_2\ 4.985 \times 10^{-4} mol \times \dfrac{271.6g}{1mol} \times \dfrac{1,000mg}{1g} = 135.4mg$

4과목 기기분석 Ⅱ

61 0.1M Cu^{2+}가 $Cu(s)$로 99.99% 환원되었을 때 필요한 환원전극전위는 몇 V인가?(단, $Cu^{2+} + 2e^- \rightleftharpoons Cu(s)$, $E° = 0.339V$)

① 0.043 ② 0.19
③ 0.25 ④ 0.28

해설

$[Cu^{2+}] = 0.1M \times \dfrac{100 - 99.99}{100} = 0.00001M$

$E = E° - \dfrac{0.0592}{n} \log Q$
$= E° - \dfrac{0.0592}{2} \log \dfrac{1}{[Cu^{2+}]}$
$= 0.339 - \dfrac{0.0592}{2} \log \dfrac{1}{0.00001}$
$= 0.19V$

62 다음 보기의 특징을 가지는 이온화 방법은?

- 분자량이 크고 극성인 화학종을 이온화시킨다.
- 글리세롤 용액 매트릭스를 사용한다.
- 큰 에너지의 아르곤 등을 사용하여 시료를 이온화시킨다.
- 분자량이 크거나 열적으로 불안정한 시료에 대해서도 적용이 가능하다.

① 전기분무 이온화
② 전자충격 이온화
③ 빠른 원자 충격 이온화
④ 매트릭스 지원 레이저 탈착 이온화

해설

① 전기분무 이온화
- 100,000달톤 또는 그 이상의 분자량을 갖는 폴리펩타이드, 단백질 등 생화학물질을 분석하는 방법
- 무기화합물이나 합성고분자의 특성을 알아내는 방법
② 전기충격 이온화(전자 이온화원)
시료분자를 기화시키기에 충분한 온도만큼 가열하고, 만들어진 분자들은 고에너지 전자살과 충돌시켜 이온화된다.

정답 58 ① 59 ① 60 ② 61 ② 62 ③

③ 빠른 원자 충격 이온화
- 분자량이 큰 극성 화학종의 질량분석 연구에 사용한다.
- 점도가 높은 매트릭스 용액과 같은 응축된 상태에 있는 시료를 높은 에너지의 제논 또는 아르곤과 같은 원자로 충격하여 이온화한다.
- 탈착과정에서 분석물질의 양이온과 음이온이 시료의 표면에서 튀어나온다. → 시료를 빠르게 가열시켜 시료의 조각화를 감소시킨다.
- 글리세롤 등이 좋은 매트릭스로 사용된다.

④ 매트릭스 지원 레이저 탈착 이온화(MALDI)
- 수천~수십만 달톤의 분자량을 갖는 극성 생화학 고분자 화합물에 대한 정확한 질량에 대한 정보를 얻을 수 있다.
- MALDI와 같이 사용되는 가장 흔한 질량분석장치는 비행시간(TOF) 질량분석장치이다.

63 기체-액체 크로마토그래피(GLC)는 기체 크로마토그래피의 가장 흔한 형태로 이동상으로 기체를, 고정상으로 액체를 사용하는 경우를 일컫는다. 이때 이동상과 고정상 사이에서 분석물의 어떤 상호작용이 분리에 기여하는가?

① 분배(Partition) ② 흡착(Adsorption)
③ 흡수(Absorption) ④ 이온교환(Ion Exchange)

해설

GC(기체 크로마토그래피)
- 고정상이 고체 : 흡착
- 고정상이 액체 : 분배
- 고정상이 이온교환수지 : 이온교환

64 크로마토그래피의 분리능에 영향을 미치는 인자로서 가장 거리가 먼 것은?

① 머무름인자
② 정지상의 속도
③ 충전물 입자의 지름
④ 정지상 표면에 입힌 액체막 두께

해설

칼럼의 효율에 영향을 미치는 요소
- 소용돌이확산, 다중흐름통로
- 세로확산

- 이동상의 속도
- 충전물 입자의 지름
- 모세관 직경
- 질량이동속도
- 정지상 액체막의 두께
- 머무름인자

65 액체 크로마토그래피에서 사용되는 검출기 중 특별하게 감도가 좋고, 단백질을 가수분해하여 생긴 아미노산을 검출하는 데 널리 사용되는 검출기는?

① 형광 검출기 ② 굴절률 검출기
③ 적외선 검출기 ④ UV/Vis 흡수 검출기

해설

형광검출기
- 형광을 발하는 화학종이나 Dansyl chloride(댄실염화물)과 같은 형광유도체 시약과 반응시켜 형광화합물을 만들어 검출한다.
- 댄실염화물은 1차·2차 아민, 아미노산 및 페놀과 반응하여 형광성 화합물을 만들기 때문에 단백질이 가수분해하여 생긴 아미노산을 검출하는 데 널리 사용된다.
- 감도가 좋다.

66 전압전류법에 이용되는 들뜸 전위신호가 아닌 것은?

① 선형 주사 ② 시차 펄스
③ 네모파 ④ 원형 주사

해설

전압전류법의 들뜸 전위신호
- 선형 주사

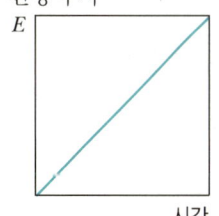

- 시차 펄스

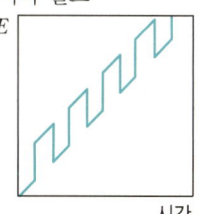

- 네모파(제곱파)

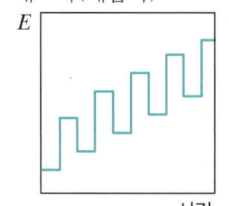

- 세모파

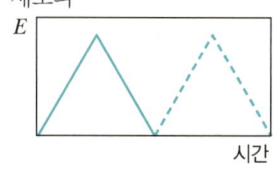

67 기체 크로마토그래피(GC)에서 정성적인 목적을 위해 머무름지수(Retention Index)를 사용한다. 다음에 주어진 머무름 데이터를 이용하여 미지시료의 머무름지수를 계산한 것은?

시료	보정 머무름시간(s)
n-Butane	100
n-Pentane	316
미지시료	200

① 430　　② 460
③ 530　　④ 560

해설

머무름지수(I)
- n-alkane : $I = $ 탄소수 $\times 100$
- n-alkane 이외의 화합물 I : $\log t'_R = \log(t_R - t_M)$

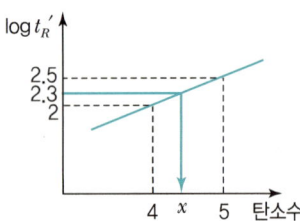

$$\frac{5-4}{2.5-2} = \frac{x-4}{2.3-2}$$

∴ $x = 4.6$
∴ $I = 4.6 \times 100 = 460$

68 전기분석법에서 전류흐름을 위한 전지에서의 질량이동 과정에 해당하지 않는 것은?

① 접촉(Junction)　　② 대류(Convection)
③ 확산(Diffusion)　　④ 이동(Migration)

해설

질량이동 메커니즘
- 확산 : 진한 영역에서 묽은 영역으로 분자나 이온이 이동하는 과정
- 전기이동 : 정전기장의 영향 아래에서 이온이 이동하는 과정
- 대류 : 기계적인 방법이나 온도, 밀도차에 의한 용액의 움직임에 의해 분자나 이온이 이동하는 과정

69 자기장 부채꼴 분석기의 슬릿에서 나오는 질량 m, 전하 z인 이온의 병진 또는 운동에너지 KE를 바르게 나타낸 것은?(단, v는 가속된 이온의 속도이다.)

① $\frac{1}{2}mv$　　② $\frac{1}{2}mv^2$
③ $\frac{1}{2}vm^2$　　④ $\frac{1}{2}m^2v^2$

해설

운동에너지(KE) $= \frac{1}{2}mv^2$

70 폴라로그램으로부터 얻을 수 있는 정보에 대한 설명으로 틀린 것은?

① 확산전류는 분석물질의 농도와 비례한다.
② 반파전위는 금속의 리간드의 영향을 받지 않는다.
③ 확산전류는 한계전류와 잔류전류의 차이를 말한다.
④ 반파전위는 금속이온과 착화제의 종류에 따라 다르다.

해설

반파전위
- 확산전류의 절반이 되는 전위
- 분석하는 화학종의 특성에 따라 달라지므로 정성정보를 얻을 수 있다.

71 시차주사열량(DSC)법으로 얻을 수 없는 정보는?

① 순도　　② 결정화 정도
③ 유리전이온도　　④ 열팽창과 수축 정도

해설

시차주사열량(DSC)법으로 얻을 수 있는 정보
- 결정형 물질의 용융열과 결정화 정도
- 유리전이온도와 녹는점
- 결정화 속도
- 순도

정답　67 ②　68 ①　69 ②　70 ②　71 ④

72 전압전류법의 특징에 대한 설명으로 틀린 것은?

① 전압전류법(Voltammetry)은 전압을 변화시키면서 전류를 측정하는 방법이다.
② 순환 전압전류법을 이용하여 화합물의 산화환원 거동을 연구할 수 있다.
③ 삼각파형의 전압을 작업 전극에 걸어 주어 전류를 전압의 함수로 측정한다.
④ 전압전류법은 일정 전위에서의 전류량을 측정한다.

해설

전압전류법
지시전극(작업전극)이 편극된 상태에서 걸어준 전위를 함수로 전류를 측정함으로써 분석물에 대한 정보를 얻는 전기분석법
※ 일정전위에서 전류량을 측정하는 방법은 전기량법이다.

73 열무게분석법 기기장치에서 필요하지 않은 것은?

① 분석저울   ② 전기로
③ 기체주입장치 ④ 회절발

해설

열무게분석법의 기기장치
• 열저울
• 전기로 : 시료를 가열하는 장치
• 시료 받침대
• 기체주입장치 : 비활성 환경기체를 넣어주기 위한 장치
• 온도제어 및 데이터 처리 장치

74 다음 그림은 메틸브로마이드(CH_3Br)의 질량스펙트럼이다(최고 분해능 $m/z = 1$). M 피크는 $^{12}CH_3^{79}Br$ 화학종에 해당한다. 다음 설명 중 옳은 것은?

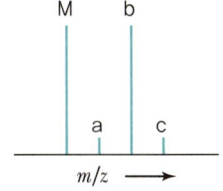

① 피크 a는 큰 피크 M의 위성피크로서, M 피크의 간섭 잡음 때문에 생긴 것이다.
② 피크가 4개인 것은 브로민의 동위원소가 4개이기 때문이다.
③ 피크 c는 M+3 피크라 불린다. 동위원소 중 가장 큰 것들의 기여로 나타난다.
④ M과 b의 크기가 같은 것은 탄소화브로민 중 동위원소인 ^{13}C와 ^{81}Br 함량이 각각 1/2씩 되기 때문이다.

해설

$^{12}CH_3^{79}Br \to M$
$^{13}CH_3^{79}Br \to M+1, a$
$^{12}CH_3^{81}Br \to M+2, b$
$^{13}CH_3^{81}Br \to M+3, c$

$^{12}C : ^{13}C = 100 : 1.08 ≒ 99 : 1$
$^{79}Br : ^{81}Br = 100 : 98 ≒ 1 : 1$
∴ a와 c는 ^{13}C의 기여로 피크의 크기가 작다.

75 시료물질과 기준물질을 조절된 온도 프로그램으로 가열하면서 이 두 물질에 흘러 들어간 열량(열흐름)의 차이를 시료온도의 함수로 측정하는 열분석법은?

① 습식 회화법
② 열무게측정(TG)법
③ 시차열법분석(DTA)법
④ 시차주사열량(DSC)법

해설

② 열무게(TGA)법
   시료의 온도를 증가시키면서 질량변화를 측정한다.
③ 시차열분석(DTA, 시차열법분석)법
   시료와 기준물질을 가열하면서 두 물질의 온도 차이를 온도의 함수로 측정한다.
④ 시차주사열량(DSC)법
   시료물질과 기준물질 사이의 온도제어 프로그램으로 가열되면서 시료와 기준물질 사이의 온도를 동일하게 유지시키는 데 필요한 열입력(열량의 차이, 열흐름의 차이, 에너지 차이)을 시료온도의 함수로 측정한다.

정답 72 ④ 73 ④ 74 ③ 75 ④

76 액체 크로마토그래피에서 머물지 않는 물질이 빠져나오는 시간이 120s, 물질 A의 머무름시간(Retention Time)이 180s, 물질 B의 머무름시간이 270s일 때, 크로마토그래피 관에서 물질 A에 대한 물질 B의 선택인자(Selectivity Factor) α의 값은 얼마인가?

① 0.4
② 0.75
③ 2.5
④ 3.0

해설

선택인자 $\alpha = \dfrac{(t_R)_B - t_M}{(t_R)_A - t_M}$

$\therefore \alpha = \dfrac{270 - 120}{180 - 120} = 2.5$

77 다음 중 전위차법에서 주로 사용되는 지시전극은?

① 은-염화은 전극
② 칼로멜 전극
③ 표준수소전극
④ 유리전극

해설

㉠ 기준전극
  • 칼로멜 전극
  • 은-염화은 전극
  • 표준수소전극
㉡ 지시전극
  • 금속지시전극
  • 이온선택성 전극(막지시전극) : 유리전극

78 비행시간 질량분석계에 대한 설명으로 틀린 것은?

① 기기장치가 비교적 간단한 편이다.
② 가장 널리 사용되는 질량분석계이다.
③ 검출할 수 있는 질량범위가 거의 무제한이다.
④ 가벼운 이온이 무거운 이온보다 먼저 검출기에 도달한다.

해설

비행시간 질량분석계
• 비행시간형(TOF) 기기는 양이온이 이온원에서 검출기로 이동하는 시간을 측정한다.
• 무거운 이온은 늦게 이동하고, 가벼운 이온은 빨리 이동한다.
• 무제한의 질량범위를 가진다.
• 단순하고 고장이 적다.
• 제한된 분해능과 감도를 갖는다는 단점이 있다.
• 널리 사용되지는 않는다.

79 이온선택성 전극의 장점에 대한 설명 중 틀린 것은?

① 파괴성
② 짧은 감응시간
③ 직선적 감응의 넓은 범위
④ 색깔이나 혼탁도에 영향을 비교적 받지 않음

해설

이온선택성 전극의 장점
• 비파괴성
• 비오염성
• 직선적 감응의 넓은 범위
• 짧은 감응시간
• 색이나 혼탁도에 영향을 받지 않음

80 크로마토그래피에서 봉우리의 띠넓힘을 줄이는 방법으로 가장 적합한 것은?

① 지름이 큰 충진관을 사용한다.
② 이동상인 액체의 온도를 높인다.
③ 액체 정지상의 막 두께를 줄인다.
④ 고체 충진제의 입자 크기를 크게 한다.

해설

띠넓힘을 줄이는 방법
• 지름이 작은 충진관을 사용한다. → 질량이동계수를 줄이는 효과
• 이동상의 온도를 낮춘다. → 세로확산을 줄이는 효과
• 고체 충진제의 입자 크기를 작게 한다. → 소용돌이 확산을 줄이는 효과
• 액체 정지상의 막 두께를 줄인다. → 질량이동계수를 줄이는 효과

정답 ▶ 76 ③ 77 ④ 78 ② 79 ① 80 ③

2017년 제1회 기출문제

1과목 일반화학

01 어떤 물질의 화학식이 C_2H_2ClBr로 주어졌고, 그 구조가 다음과 같을 때에 대한 설명으로 틀린 것은?

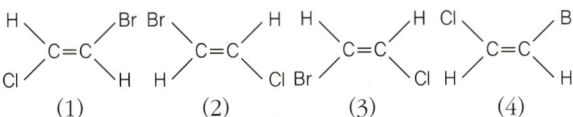

① (1)과 (2)는 동일 구조이다.
② (2)와 (4)는 동일 구조이다.
③ (2)와 (3)은 기하이성질체 관계이다.
④ (3)과 (4)는 동일 구조이다.

해설
- (1)과 (2) : 동일 구조이며, trans의 기하이성질체
- (3)과 (4) : 동일 구조이며, cis의 기하이성질체

02 어떤 상태에서 탄소(C)의 전자배치가 $1s^2 2s^2 2p_x^2$로 나타났다. 이 전자배치에 대하여 옳게 설명한 것은?

① 들뜬 상태, 짝짓지 않은 전자가 존재
② 들뜬 상태, 전자는 모두 짝지었음
③ 바닥 상태, 짝짓지 않은 전자가 존재
④ 바닥 상태, 전자는 모두 짝지었음

해설
- 탄소(C)의 전자배치 : $1s^2 2s^2 2p_x^1 2p_y^1$
- $1s^2 2s^2 2p_x^2$의 구조

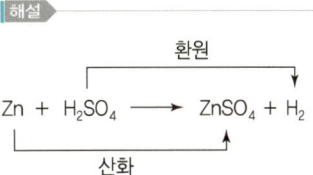

전자는 모두 짝지어 있으며 들뜬 상태이다.

03 어느 실험과정에서 한 학생이 실수로 0.20M NaCl 용액 250mL를 만들었다. 그러나 실제 실험에 필요한 농도는 0.005M이었다. 0.20M NaCl 용액을 가지고 0.005M NaCl 100mL를 만들려면, 100mL 부피 플라스크에 0.20M NaCl을 얼마나 넣어야 하는가?

① 2mL ② 2.5mL
③ 4mL ④ 5mL

해설
$MV = M'V'$
$0.2M \times V = 0.005M \times 100mL$
$\therefore V = 2.5mL$

04 다음 반응에서 산화된 원소는?

$$Zn + H_2SO_4 \rightarrow ZnSO_4 + H_2$$

① Zn ② H
③ S   ④ O

해설

Zn이 산화되고, H가 환원된다.

05 황산칼슘($CaSO_4$)의 용해도곱(K_{sp})이 2.4×10^{-5}이다. 이 값을 이용하여 황산칼슘의 용해도를 구하면? (단, 황산칼슘의 분자량은 136.2g이다.)

① 1.414g/L ② 1.114g/L
③ 0.667g/L ④ 0.121g/L

정답 01 ② 02 ② 03 ② 04 ① 05 ③

해설

$CaSO_4 \rightleftharpoons Ca^{2+} + SO_4^{2-}$
$K_{sp} = [Ca^{2+}][SO_4^{2-}] = x^2 = 2.4 \times 10^{-5}$
$x = 0.004899 \, mol/L$
$\therefore 0.004899 \, mol/L \times \dfrac{136.2g}{1mol} = 0.667 g/L$

06 메탄의 연소반응이 다음과 같을 때 CH_4 24g과 반응하는 산소의 질량은 얼마인가?

$$CH_4 + 2O_2 \rightarrow CO_2 + 2H_2O$$

① 24g ② 48g
③ 96g ④ 192g

해설

$CH_4 + 2O_2 \rightarrow CO_2 + 2H_2O$
16g : 2×32g
24g : x
$\therefore x = 96g$

07 Lewis 구조 가운데 공명구조를 가지는 화합물을 옳게 나열한 것은?

① H_2O, HF ② H_2O, O_3
③ O_3, NO_3^- ④ H_2O, HF, O_3, NO_3^-

해설

• O_3의 공명구조

• NO_3^-의 공명구조

08 이온 반지름의 크기를 잘못 비교한 것은?

① $Mg^{2+} > Ca^{2+}$ ② $F^- < O^{2-}$
③ $Al^{3+} < Mg^{2+}$ ④ $O^{2-} < S^{2-}$

해설

주기율표에서 왼쪽으로 갈수록, 아래로 갈수록 (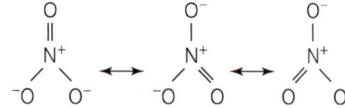) 반지름의 크기가 크다.
$Mg^{2+} < Ca^{2+}$

09 탄화수소 화합물에 대한 설명으로 틀린 것은?

① 탄소-탄소 결합이 단일결합으로 모두 포화된 것을 alkane이라 한다.
② 탄소-탄소 결합에 이중결합이 있는 탄화수소 화합물을 alkene이라 한다.
③ 탄소-탄소 결합에 삼중결합이 있는 탄화수소 화합물을 alkyne이라 한다.
④ 가장 간단한 alkyne 화합물은 프로필렌(C_3H_4)이다.

해설

• alkane : C_nH_{2n+2} 단일결합
• alkene : C_nH_{2n} 이중결합
• alkyne : C_nH_{2n-2} 삼중결합

가장 간단한 alkyne은 C_2H_2(아세틸렌)이다.

10 Na_2CO_3 용액에 HCl 용액을 첨가하면 다음과 같은 반응이 진행된다. 이 반응에 근거하여 Na_2CO_3 용액의 몰농도와 노르말농도 사이의 관계를 옳게 나타낸 것은?

$$Na_2CO_3 + 2HCl \rightarrow H_2CO_3 + 2NaCl$$

① 0.10M = 0.20N ② 0.10M = 0.10N
③ 0.10M = 0.05N ④ 0.10M = 0.01N

해설

Na_2CO_3 2당량이므로
노르말농도 = 몰농도 × 당량수
= 0.10M × 2 = 0.20N

정답 06 ③ 07 ③ 08 ① 09 ④ 10 ①

11 용액에 관한 설명으로 틀린 것은?

① 휘발성 용매에 비휘발성 용질이 녹아 있는 용액의 끓는점은 순수한 용매보다 높아진다.
② 용액은 둘 또는 그 이상의 물질로 이루어진 혼합물이다.
③ 몰랄농도는 용액 1kg당 포함된 용질의 몰수를 나타낸다.
④ 몰농도는 용액 1L당 포함된 용질의 몰수를 나타낸다.

해설
몰랄농도 : 용매 1kg당 포함된 용질의 mol수

12 화학평형에 대한 설명으로 틀린 것은?

① 동적 평형에 있는 계에 자극이 가해지면 그 자극의 영향을 최대화하는 방향으로 평형이 변화한다.
② 정반응이 발열반응이면 반응온도를 낮추면 평형상수가 증가한다.
③ 평형상태에 있는 기체 반응혼합물을 압축하면 반응은 기체분자의 수를 감소시키는 방향으로 진행된다.
④ 촉매는 반응혼합물의 평형조성에 영향을 주지 않는다.

해설
르 샤틀리에 원리
동적 평형에 있는 계에 자극이 가해지면 그 자극의 영향을 최소화하는 방향으로 평형이 변화한다.

13 다음 중 실험식이 다른 것은?

① CH_2O
② $C_2H_6O_2$
③ $C_6H_{12}O_6$
④ $C_3H_6O_3$

해설
- CH_2O, $C_6H_{12}O_6$, $C_3H_6O_3$의 실험식 : CH_2O
- $C_2H_6O_2$의 실험식 : CH_3O

14 입체 이성질체의 대표적인 2가지 형태 중 하나에 해당하는 것은?

① 배위 이성질체
② 기하 이성질체
③ 결합 이성질체
④ 이온화 이성질체

해설
입체 이성질체
- 기하 이성질체

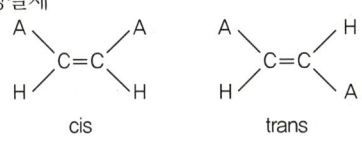

- 광학 이성질체(거울상 이성질체)

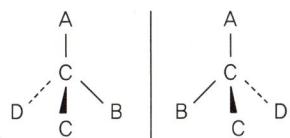

15 다음 중 벤젠의 유도체가 아닌 것은?

① 벤조산
② 아닐린
③ 페놀
④ 헵테인

해설

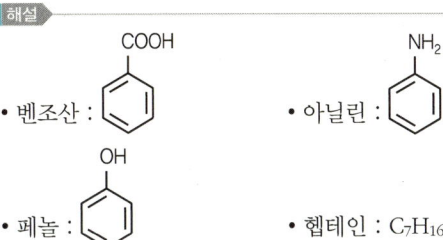

- 헵테인 : C_7H_{16}

16 철근이 녹이 슬 때 질량은 어떻게 되겠는가?

① 녹슬기 전과 질량변화가 없다.
② 녹슬기 전에 비해 질량이 증가한다.
③ 녹이 슬면서 일정 시간 질량이 감소하다가 일정하게 된다.
④ 녹슬기 전에 비해 질량이 감소한다.

정답 11 ③ 12 ① 13 ② 14 ② 15 ④ 16 ②

해설

3Fe + 2O₂ → Fe₃O₄
철에 산소가 결합되어 질량이 증가한다.

17 다음 방향족 화합물 구조의 명칭에 해당하는 것은?

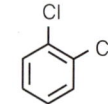

① ortho – dichlorobenzene
② meta – dichlorobenzene
③ para – dichlorobenzene
④ delta – dichlorobenzene

해설

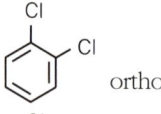 ortho – dichlorobenzene

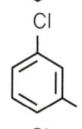 meta – dichlorobenzene

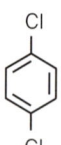 para – dichlorobenzene

18 0.120mol의 HC₂H₃O₂와 0.140mol의 NaC₂H₃O₂가 들어 있는 1.00L 용액의 pH를 계산하면 얼마인가? (단, $K_a = 1.8 \times 10^{-5}$이다.)

① 3.82
② 4.82
③ 5.82
④ 6.82

해설

$$pH = pK_a + \log\frac{[A^-]}{[HA]}$$

$pK_a = -\log K_a$
$= -\log(1.8 \times 10^{-5}) = 4.745$

$\therefore pH = 4.745 + \log\frac{0.140}{0.120} = 4.81$

19 0℃, 1atm에서 0.495g의 알루미늄이 모두 반응할 때 발생되는 수소 기체의 부피는 약 몇 L인가?

$$2Al(s) + 6HCl(aq) \rightarrow 2AlCl_3 + 3H_2(g)$$

① 0.033
② 0.308
③ 0.424
④ 0.616

해설

$2Al(s) + 6HCl(aq) \rightarrow 2AlCl_3(aq) + 3H_2(g)$
$2 \times 27g$: $3 \times 22.4L(STP)$
$0.495g$: x
$\therefore x = 0.616L$

20 산과 염기에 대한 다음 설명 중 틀린 것은?

① 산은 수용액 중에서 양성자(H⁺, 수소이온)를 내놓는 물질을 지칭한다.
② 양성자를 주거나 받는 물질로 산과 염기를 정의하는 것은 브뢴스테드에 의한 산염기의 개념이다.
③ 산과 염기의 세기는 해리도를 통해 가늠할 수 있다.
④ 아레니우스에 의한 산의 정의는 물에서 해리되어 수산화이온을 내놓는 물질이다.

해설

산·염기의 정의

구분	산	염기
아레니우스	H⁺를 내는 물질	OH⁻를 내는 물질
브뢴스테드 –로우리	H⁺(양성자) 주개	H⁺(양성자) 받개
루이스	전자쌍을 받는 물질	전자쌍을 주는 물질

2과목 분석화학

21 다음 중 질량의 SI 단위는?

① mg
② g
③ kg
④ ton

정답 17 ① 18 ② 19 ④ 20 ④ 21 ③

> 해설

국제단위계(SI)의 기본단위

물질명	SI 단위	물질명	SI 단위
질량	kg	시간	s
길이	m	전류의 세기	A
물질의 양	mol	빛의 세기	cd
온도	K		

22 0.10M NaCl 용액 속에 PbI$_2$가 용해되어 생성된 Pb^{2+}(원자량 207.0g/mol) 농도는 약 얼마인가?(단, PbI$_2$의 용해도곱 상수는 7.9×10^{-9}이고 이온 세기가 0.10M일 때 Pb^{2+}와 I$^-$의 활동도 계수는 각각 0.36과 0.75이다.)

① 33.4mg/L ② 114.0mg/L
③ 253.0mg/L ④ 443.0mg/L

> 해설

$PbI_2 \rightleftharpoons Pb^{2+} + 2I^-$
$\qquad\qquad x \quad : 2x$
$K_{sp} = [Pb^{2+}][I^-]^2 = (x \times 0.36)(2x \times 0.75)^2$
$\therefore x = 2.14 \times 10^{-3}$
$[Pb^{2+}] = 2.14 \times 10^{-3} \text{mol/L} \times \dfrac{207.0\text{g}}{1\text{mol}} \times \dfrac{1,000\text{mg}}{1\text{g}}$
$\qquad\quad = 443\text{mg/L}$

23 칼슘이온 Ca^{2+}를 무게분석법을 활용하여 정량하고자 한다. 이때 효과적으로 사용할 수 있는 음이온은?

① C$_2$O$_4^{2-}$ ② SO$_4^{2-}$
③ Cl$^-$ ④ SCN$^-$

> 해설

Ca^{2+}는 C$_2$O$_4^{2-}$와 염기성 용액에서 침전물을 생성하므로 무게분석법으로 정량할 수 있다.

24 HCl 용액을 표준화하기 위해 사용한 Na$_2$CO$_3$가 완전히 건조되지 않아서 물이 포함되어 있다면 이것을 사용하여 제조된 HCl 표준용액의 농도는?

① 참값보다 높아진다. ② 참값보다 낮아진다.
③ 참값과 같아진다. ④ 참값의 1/2이 된다.

> 해설

$MV = M'V'$
Na$_2$CO$_3$가 완전히 건조되지 않아서 물이 포함되어 있어 V'은 커진다. 그러므로 HCl 표준용액의 농도(N)도 참값보다 커진다.

25 다음 중 화학평형에 대한 설명으로 옳은 것은?

① 화학평형상수는 단위가 없으면 보통 K로 표시하고, K가 1보다 크면 정반응이 유리하다고 정의하며, 이때 Gibbs 자유에너지는 양의 값을 가진다.
② 평형상수는 표준상태에서의 물질의 평형을 나타내는 값으로 항상 양의 값이며, 온도에 관계없이 일정하다.
③ 평형상수의 크기는 반응속도와는 상관이 없다. 즉, 평형상수가 크다고 해서 반응이 빠름을 뜻하지 않는다.
④ 물질의 용해도곱(Solubility Product)은 고체염이 용액 내에서 녹아 성분 이온으로 나뉘는 반응에 대한 평형상수로 흡열반응은 용해도곱이 작고, 발열반응은 용해도곱이 크다.

> 해설

㉠ 화학평형
가역반응에서 정반응의 속도와 역반응의 속도가 같아서 마치 반응이 정지된 것처럼 보이는 상태
㉡ 평형상수(K)
$K = f(T)$ ← 온도의 함수
- 흡열반응($\Delta H > 0$) : 온도가 올라가면 평형상수(K)가 증가한다.
- 발열반응($\Delta H < 0$) : 온도가 올라가면 평형상수(K)가 감소한다.
※ 평형상수의 크기는 반응속도와는 무관하며 평형상수가 크다고 반응이 빠르다는 의미는 아니다.

정답 22 ④ 23 ① 24 ① 25 ③

26 화학평형상수 값은 다음 변수 중에서 어느 값의 변화에 따라 변하는가?

① 반응물의 농도
② 온도
③ 압력
④ 촉매

해설

평형상수(K)는 촉매, 압력, 농도에 무관하고 온도에만 의존한다.

27 일차표준물질(Primary Standard)에 대한 설명으로 틀린 것은?

① 순도가 99.9% 이상이다.
② 시약의 무게를 재면 곧바로 사용할 수 있을 정도로 순수하다.
③ 일상적으로 보관할 때 분해되지 않는다.
④ 가열이나 진공으로 건조시킬 때 불안정하다.

해설

일차표준물질
- 고순도(99.9% 이상)
- 정제하기 쉬워야 한다.
- 흡수, 풍화, 공기산화의 성질이 없고, 오래 보관 시 변질되지 않아야 한다.
- 공기, 용액에 안정해야 한다.
- 물, 산, 알칼리에 잘 용해해야 한다.
- 반응이 정량적으로 진행되어야 한다.
- 비교적 큰 화학식량을 가져 측량오차를 최소화한다.

28 다음 각각의 용액에 1M의 HCl을 2mL씩 첨가하였다. 어떤 용액이 가장 작은 pH 변화를 보이겠는가?

① 0.1M NaOH 15mL
② 0.1M CH₃COOH 15mL
③ 0.1M NaOH 30mL와 0.1M CH₃COOH 30mL의 혼합용액
④ 0.1M NaOH 30mL와 0.1M CH₃COOH 60mL의 혼합용액

해설

0.1M NaOH 30mL+0.1M CH₃COOH 60mL 혼합용액은 중화반응이 일어나고도 약산인 CH₃COOH가 존재하고 그 짝염기인 CH₃COO⁻가 존재하므로 완충용액 역할을 한다.

완충용액
- 약산+짝염기
- 약염기+짝산
- 약산+강염기 $\left(\dfrac{1}{2}\right)$
- 약염기+강산 $\left(\dfrac{1}{2}\right)$

29 2.00μmol의 Fe^{2+} 이온이 Fe^{3+} 이온으로 산화되면서 발생한 전자가 1.5V의 전위차를 가진 장치를 거치면서 수행할 수 있는 최대일의 양은 약 몇 J인가?

① 29J
② 2.9J
③ 0.29J
④ 0.029J

해설

$W = Q \times V$
$Q = nF$
$\therefore W = nFV$
$= 2.00\mu\text{mol} \times \dfrac{1\text{mol}}{10^6\mu\text{mol}} \times 96,500\text{C/mol} \times 1.5\text{V}$
$= 0.29\text{J}$

30 EDTA(Etylenediaminetetraacetic Acid, H₄Y)를 이용한 금속 M^{n+} 적정에서 조건형성상수(Conditional Formation Constant) K_f'에 대한 설명으로 틀린 것은?(단, K_f는 형성상수이다.)

① EDTA(H₄Y) 화학종 중 [Y⁴⁻]의 농도분율을 $\alpha_{Y^{4-}}$로 나타내면, $\alpha_{Y^{4-}} = \dfrac{[Y^{4-}]}{[\text{EDTA}]}$ 이고 $K_f' = \alpha_{Y^{4-}} K_f$이다.
② K_f'는 특정한 pH에서 MY^{n-4}의 형성을 의미한다.
③ K_f'는 pH가 높을수록 큰 값을 갖는다.
④ K_f'를 이용하면 해리된 EDTA의 각각의 이온농도를 계산할 수 있다.

해설

조건형성상수
$K_f' = K_f \alpha_{Y^{4-}} = \dfrac{[MY^{n-4}]}{[M^{n+}][\text{EDTA}]}$
- EDTA 전체 농도를 사용할 수 있어 편리하다.
- K_f'는 pH가 높을수록 $\alpha_{Y^{4-}}$의 값이 증가하므로 큰 값을 갖는다.

정답 26 ② 27 ④ 28 ④ 29 ③ 30 ④

31 산화–환원 지시약에 대한 설명 중 틀린 것은?(단, $E°$는 표준환원전위, n은 전자수이다.)

① 지시약은 주로 이중결합들이 콘주게이션(Conjugated)된 유기물이다.
② 변색범위는 주로 $E = E° \pm \dfrac{1}{n}$Volt 이다.
③ 당량점에서의 전위와 지시약의 표준환원전위($E°$)가 비슷한 것을 사용해야 한다.
④ 분석하고자 하는 이온과 결합했을 때 산화된 상태와 환원된 상태의 색이 달라야 한다.

해설

산화–환원 지시약

- 산화–환원 지시약의 변색범위는 $E = E° \pm \dfrac{0.0591}{n}$ (V)이므로 당량점에서의 전위와 지시약의 표준환원전위($E°$)가 비슷한 것을 사용해야 한다.
- 산화된 상태와 환원된 상태의 색이 서로 다른 화합물이다.
- 주로 이중결합들이 콘주게이션된 유기물이다.
- 산화–환원 지시약의 색깔 변화는 분석물과 적정시약의 화학적 성질과는 무관하며, 적정과정에서 계의 전극전위 변화에 의존한다.

32 20.00mL의 0.1000M Hg_2^{2+}를 0.1000M Cl^-로 적정하고자 한다. Cl^-를 40.00mL 첨가하였을 때, 이 용액 속에서 Hg_2^{2+}의 농도는 약 얼마인가?(단, $Hg_2Cl_2(s) \rightleftarrows Hg_2^{2+}(aq) + 2Cl^-(aq)$, $K_{sp} = 1.2 \times 10^{-18}$이다.)

① 7.7×10^{-5}M
② 1.2×10^{-6}M
③ 6.7×10^{-7}M
④ 3.3×10^{-10}M

해설

$Hg_2Cl_2 \rightleftarrows Hg_2^{2+} + 2Cl^-$
$\qquad\qquad\quad x \quad : 2x$

$K_{sp} = [Hg_2^{2+}][Cl^-]^2 = x(2x)^2 = 1.2 \times 10^{-18}$

∴ $x = [Hg_2^{2+}] = 6.7 \times 10^{-7}$

33 다음 중 $KMnO_4$와 H_2O_2의 산화환원 반응식을 바르게 나타낸 것은?

① $MnO_4^- + 2H_2O_2 + 4H^+ \rightarrow MnO_2 + 4H_2O + O_2$
② $2MnO_4^- + 2H_2O_2 \rightarrow 2MnO + 2H_2O + 2O_2$
③ $2MnO_4^- + 5H_2O_2 + 6H^+ \rightarrow 2Mn^{2+} + 8H_2O + 5O_2$
④ $2MnO_4^- + 5H_2O_2 \rightarrow 2Mn^{2+} + 5H_2O + 13/2 O_2$

해설

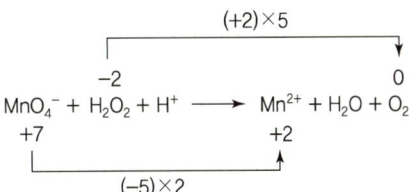

$2MnO_4^- + 5H_2O_2 + 6H^+ \rightarrow 2Mn^{2+} + 8H_2O + 5O_2$

34 다음 표에서 약염기성 용액을 강산 용액으로 적정할 때 적합한 지시약과 적정이 끝난 후에 용액의 색깔을 옳게 나타낸 것은?

지시약	변색범위 (pH)	산성 용액에서 색깔	염기성 용액에서 색깔
메틸레드	4.8~6.0	빨강	노랑
페놀레드	6.4~8.0	노랑	빨강
페놀프탈레인	8.0~9.6	무색	빨강

① 메틸레드, 빨강
② 메틸레드, 노랑
③ 페놀프탈레인, 빨강
④ 페놀레드, 빨강

해설

약염기 + 강산 → 산성
산성에서 색이 변하는 메틸레드가 지시약으로 적합하다.

정답 31 ② 32 ③ 33 ③ 34 ①

35 다음과 같은 선 표기법으로 나타내어진 전기화학전지에 관한 설명으로 틀린 것은?

$$Cd(s) \mid Cd(NO_3)_2(aq) \parallel AgNO_3(aq) \mid Ag(s)$$

① $Cd(s)$는 산화되었다.
② $Ag^+(aq)$는 환원되었다.
③ 두 개의 염다리가 쓰였다.
④ 이 전지에서 전자는 $Cd(s)$로부터 나와서 $Ag(s)$로 이동한다.

> **해설**

| 산화전극 | 산화전지의 전해질 용액 | 환원전지의 전해질 용액 | 환원전극 |

↑
염다리

36 금속 착화합물(Metal Complex)에서 금속이온과 리간드 간의 결합 형태는 무엇인가?
① 금속결합　　　② 이온결합
③ 수소결합　　　④ 배위결합

> **해설**

- 킬레이트 : 두 자리 이상의 리간드가 중심 금속이온과 배위결합하여 고리모양을 이룬 착화합물이다.
- 착화합물 : 중심 금속이온에 리간드가 배위결합하여 생성된 이온인 착이온을 포함하는 물질

37 증류수에 $Hg_2(O_3)_2$로 포화시킨 용액에 KNO_3 같은 염을 첨가하면 용해도가 증가한다. 이를 설명할 수 있는 요인으로 가장 적합한 것은?
① 가리움 효과　　　② 착물 형성
③ 르 샤틀리에의 원리　　　④ 이온 세기

> **해설**

이온 세기 : 용액 내 이온의 농도와 관련된 양

38 EDTA 적정 시 pH가 높은 경우에는 EDTA를 넣기 전에 수산화물인 $M(OH)_n$ 전물이 형성되는 경우가 있으며 이런 경우에는 많은 오차가 발생한다. 다음 중 이를 방지하기 위한 가장 적절한 방법은?
① pH를 낮춘다.
② 적정 전에 용액을 끓인다.
③ 침전물을 거른 후 적정한다.
④ 암모니아 완충용액을 가한다.

> **해설**

pH를 알칼리성으로 하기 위해 암모니아 완충용액을 사용한다. 이때 생성되는 금속 암모니아 착물은 EDTA 착물보다 안정도가 낮으므로 EDTA의 킬레이트 생성반응을 방해하지 않는다.

39 다음 표의 표준환원전위를 참고할 때 다음 중 가장 강한 산화제는?

화학반응	$E°(V)$
$Na^+ + e^- \rightleftarrows Na(s)$	-2.71
$Ag^+ + e^- \rightleftarrows Ag(s)$	$+0.80$

① Na^+　　　② Ag^+
③ $Na(s)$　　　④ $Ag(s)$

> **해설**

산화제 : 자신은 환원되고 다른 물질을 산화시키는 물질
$E°_{Ag^+} > E°_{Na^+}$ 이므로 Ag^+가 환원된다.

40 25℃에서 100mL의 물에 몇 g의 Ag_3AsO_4가 용해될 수 있는가?(단, 25℃에서 Ag_3AsO_4의 $K_{sp} = 1.0 \times 10^{-22}$, Ag_3AsO_4의 분자량 : 462.53g/mol이다.)
① 6.42×10^{-4}g
② 6.42×10^{-5}g
③ 4.53×10^{-9}g
④ 4.53×10^{-10}g

> **정답** 35 ③　36 ④　37 ④　38 ④　39 ②　40 ②

해설

$Ag_3AsO_4 \rightleftarrows 3Ag^+ + AsO_4^{3-}$
                    $3x$ x

$K_{sp} = [Ag^+]^3[AsO_4^{3-}] = (3x)^3 x = 1.0 \times 10^{-22}$

∴ $x = 1.387 \times 10^{-6}$ mol

1.387×10^{-6} mol/L 이므로 100mL에는 1.387×10^{-7} mol 이다.

∴ 1.387×10^{-7} mol $\times \dfrac{462.53\text{g}}{1\text{mol}} = 6.42 \times 10^{-5}$g

---

3과목 기기분석 I

41 NMR 기기에서 표준물로 사용되는 것은?

① 아세토니트릴
② 테트라메틸실레인(TMS)
③ 폴리스티렌 – 디비닐벤젠
④ 8 – 히드록시퀴놀린(8 – HQ)

해설

TMS(테트라메틸실레인)

```
        CH_3
         |
CH_3 — Si — CH_3
         |
        CH_3
```

- NMR(핵자기공명분광법)에서 사용되는 기준물질이다.
- 가리움 상수가 크다.
- 센 자기장에서 1개의 날카로운 Peak를 나타낸다.
- 화학적 이동 : $\delta = 0$ppm
- 화학적으로 안정하고 증류에 의해 시료로부터 쉽게 제거된다.

42 다음 보기에서 삼중결합 진동모드를 관찰할 수 있는 분자는?

㉠ CHCH	㉡ CH_3CCH	㉢ CH_2CHCH_3

① ㉠
② ㉡
③ ㉠, ㉡
④ ㉠, ㉡, ㉢

해설

적외선을 흡수하기 위해서 분자는 진동이나 회전운동에 의한 쌍극자 모멘트의 알짜 변화가 있어야 한다.
㉠ CHCH는 삼중결합은 있지만 쌍극자 모멘트가 없다.
㉡ CH_3CCH는 삼중결합과 쌍극자 모멘트가 있다.
㉢ CH_2CHCH_3는 쌍극자 모멘트는 있지만 삼중결합이 없다.

43 양성자와 ^{13}C 원자 사이에 짝풀림을 하는 여러 가지 방법이 있다. ^{13}C NMR에 이용하는 짝풀림이 아닌 것은?

① 넓은 띠 짝풀림
② 공명 비킴 짝풀림
③ 펄스 배합 짝풀림
④ 자기장 잠금 짝풀림

해설

^{13}C NMR에 이용되는 양성자 짝풀림
- 넓은 띠 짝풀림
- 공명 비킴 짝풀림
- 펄스법을 이용한 짝풀림
- 핵의 Overhauser 효과

44 나트륨 D라인의 파장은 589nm이다. 이 광선이 굴절률 1.09인 매질을 지날 때 ㉠ 이 광선의 에너지, ㉡ 주파수(Frequency)를 각각 구한 값으로 옳은 것은?(단, 플랑크 상수 $h = 6.627 \times 10^{-34}$ J·s, 광속 $c = 2.99 \times 10^8$ m/s이다.)

① ㉠ 3.66×10^{-18}J, ㉡ 6.04×10^{14}Hz
② ㉠ 3.66×10^{-18}J, ㉡ 5.54×10^{14}Hz
③ ㉠ 3.36×10^{-19}J, ㉡ 5.08×10^{14}Hz
④ ㉠ 3.36×10^{-19}J, ㉡ 4.66×10^{14}Hz

해설

$E = h\nu = h\dfrac{c}{\lambda}$

$= 6.627 \times 10^{-34}$ J·s $\times \dfrac{2.99 \times 10^8 \text{m/s}}{589\text{nm}} \times \dfrac{10^9 \text{nm}}{1\text{m}}$

$= 3.36 \times 10^{-19}$ J

$\nu = \dfrac{E}{h}$

$= \dfrac{3.36 \times 10^{-19}}{6.627 \times 10^{-34}} = 5.07 \times 10^{14}$Hz

---

정답 41 ② 42 ② 43 ④ 44 ③

45 광학기기의 구성이 각 분광법과 바르게 짝지어진 것은?

① 흡수분광법 : 시료 → 파장선택기 → 검출기 → 기록계 → 광원
② 형광분광법 : 광원 → 시료 → 파장선택기 → 검출기 → 기록계
③ 인광분광법 : 광원 → 시료 → 파장선택기 → 검출기 → 기록계
④ 화학발광법 : 광원과 시료 → 파장선택기 → 검출기 → 기록계

▎해설

흡수법
• 일반적인 배치

• 원자흡수분광법

형광 · 인광법

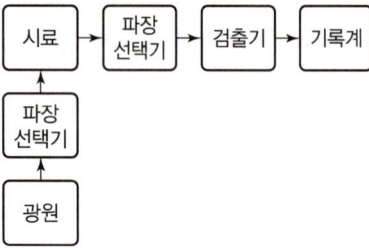

방출법 · 화학발광분광법

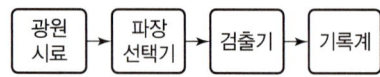

46 분광분석기기에서 단색화 장치에 대한 설명으로 가장 거리가 먼 것은?

① 연속적으로 단색광의 빛을 변화하면서 주사하는 장치이다.
② 분석하려는 성분에 맞는 광을 만드는 역할을 한다.
③ 필터, 회절발 및 프리즘 등을 사용한다.
④ 슬릿은 단색화 장치의 성능특성과 품질을 결정하는 데 중요한 역할을 한다.

▎해설

단색화 장치
특정 파장을 가진 단색광을 추출하는 장치

47 NMR 스펙트럼의 1차 스펙트럼 해석에 대한 규칙의 설명으로 틀린 것은?

① 동등한 핵들은 다중 흡수 봉우리를 내주기 위하여 서로 상호작용하지 않는다.
② 짝지움 상수는 네 개의 결합길이보다 큰 거리에서는 짝지움이 거의 일어나지 않는다.
③ 띠의 다중도는 이웃 원자에 있는 자기적으로 동등한 양성자의 수(n)에 의해 결정되며, n으로 주어진다.
④ 짝지움 상수는 가해준 자기장에 무관하다.

▎해설

띠의 다중도는 이웃 원자에 있는 자기적으로 동등한 양성자의 수(n)에 의해 결정되며, $(n+1)$으로 주어진다.

48 어떤 금속(M)−리간드(L) 착화합물의 해리는 (전하 생략) $ML_2 > M + 2L$과 같이 진행된다. M 농도가 2.30×10^{-5}M이고 과량의 L을 가하여 모든 M이 착물(ML_2)로 존재할 때 흡광도(A_1)가 0.780이었다. 같은 양의 M을 화학양론적 양의 L과 혼합한 용액의 흡광도(A_2)가 0.520이었다면, 이때 착화합물의 해리도(%)는 얼마인가?

① 66.5　　② 33.5
③ 16.8　　④ 1.68

해설

$$\text{해리도} = \frac{\text{해리한 분자수}}{\text{해리 전 분자 총수}}$$

$A = \varepsilon bc$

$0.780 = \varepsilon \times 1 \times (2.30 \times 10^{-5})$

$\varepsilon = 33,913.04$

$0.520 = 33,913.04 \times 1 \times c$

$\therefore\ c = 1.533 \times 10^{-5}$

$$\text{해리도} = \frac{2.30 \times 10^{-5} - 1.533 \times 10^{-5}}{2.30 \times 10^{-5}} \times 100\% = 33.3\%$$

49 불꽃원자화와 비교한 유도결합플라스마 원자화에 대한 설명으로 옳은 것은?

① 이온화가 적게 일어나서 감도가 더 높다.
② 자체 흡수 효과가 많이 일어나서 감도가 더 높다.
③ 자체 반전 효과가 많이 일어나서 감도가 더 높다.
④ 고체상태의 시료를 그대로 분석할 수 있다.

해설

유도결합플라스마(ICP) 원자화 방법
- 플라스마 광원의 온도가 매우 높아 원자화 효율이 좋고 화학적 방해도 거의 없다.
- 플라스마 단면의 온도 분포가 균일하여 자체 흡수나 자체 반전이 나타나지 않는다.
- 아르곤의 이온화로 인한 전자밀도가 높아서 시료의 이온화에 의한 방해가 거의 없다.
- 높은 온도에서 잘 분해되지 않는 산화물(내화성 산화물)을 형성하는 텅스텐(W), 우라늄(U), 지르코늄(Zr) 등의 원자화가 용이하다.
- 많은 원소의 스펙트럼을 동시에 측정할 수 있으므로 다원소 분석이 가능하다.

50 원자분광법에서 용액 시료의 도입 방법이 아닌 것은?

① 초음파 분무기 ② 기체 분무기
③ 글로우 방전법 ④ 수소화물 발생법

해설

용액 시료의 도입 방법
- 기체 분무기
- 초음파 분무기
- 전열 증기화
- 수소화물 생성법

51 불꽃, 전열, 플라스마 원자화 장치의 특징에 대한 설명으로 틀린 것은?

① 플라스마의 경우 원자화 온도는 보통 4,000~6,000℃ 정도이다.
② 불꽃원자화는 재현성은 좋으나 시료 효율, 감도는 좋지 않다.
③ 전열원자화 장치가 불꽃원자화 장치보다 많은 양의 시료를 필요로 한다.
④ 전열원자화 장치의 경우 중앙에 구멍이 있는 원통형 흑연관에서 원자화가 일어난다.

해설

불꽃원자화
- 시료의 많은 부분이 폐기통을 빠져나가고 불꽃의 광학경로에 머무는 원자들의 체류시간이 짧아 시료 효율이 낮다.
- 재현성은 우수하나 시료 효율, 감도는 좋지 않다.

전열원자화
전체 시료가 짧은 시간에 원자화되고 원자가 빛 진로에 평균적으로 머무는 시간이 1초 이상이다. 그러므로 샘플의 양이 적게 들며 감도가 높다.

52 다음 ^1H-핵자기공명(NMR) 스펙트럼의 화학적 이동(Chemical Shift)에 대한 설명 중 옳지 않은 것은?

① 외부 자기장 세기가 클수록 화학적 이동(δ, ppm)은 커진다.
② 가리움이 적을수록 낮은 자기장에서 봉우리가 나타난다.
③ 300MHz NMR로 얻은 화학적 이동(Hz)은 200MHz NMR로 얻은 화학적 이동(Hz)보다 크다.
④ 화학적 이동은 편재 반자기 전류효과 때문에 나타난다.

해설

화학적 이동
- 외부 자기장 세기가 클수록 화학적 이동(Hz)은 커진다.
  단, δ, ppm 값은 일정하다.
- 가리움이 클수록 높은 자기장에서 봉우리가 나타난다.

정답 49 ① 50 ③ 51 ③ 52 ①

53 0.5nm/mm의 역선 분산능을 갖는 회절발 단색화 장치를 사용하여 480.2nm와 480.6nm의 스펙트럼선을 분리하려면 이론상 필요한 슬릿 너비는 얼마인가?

① 0.2mm
② 0.4mm
③ 0.6mm
④ 0.8mm

해설

$\Delta\lambda_{유효} = \dfrac{1}{2}(480.6 - 480.2) = 0.2$

$W = \dfrac{\Delta\lambda_{유효}}{D^{-1}} = \dfrac{0.2\text{nm}}{0.5\text{nm/mm}} = 0.4\text{mm}$

여기서, W : 슬릿 너비

54 원자 X선 분광법 중 고체시료에 들어 있는 화합물에 대한 정성 및 정량적인 정보를 제공해 주고, 결정성 물질의 원자 배열과 간격에 관한 정보를 제공해주는 방법은?

① X선 형광법
② X선 회절법
③ X선 흡수법
④ X선 방출법

해설

X선 회절법
결정성 물질의 원자 배열과 간격에 관한 정보를 제공해주는 방법

55 IR 변환기의 종류가 아닌 것은?

① Thermocouple
② Pyroelectric Detector
③ Photodiode Array(PDA)
④ Photoconducing Detector

해설

IR 변환기
㉠ 파이로 전기변환기(Pyroelectric Transducer)
㉡ 광전도 변환기(Photoconducing Transducer)
㉢ 열변환기(Thermal Transducer)
 • 열전기쌍(Thermocouple)
 • 볼로미터(Bolometer)

56 형광(Fluorescence)에 대한 설명으로 가장 옳은 것은?

① $\sigma^* \to \sigma$ 전이에서 주로 발생한다.
② Pyridine, Furan 등 간단한 헤테로 고리화합물은 접합 고리구조를 갖는 화합물보다 형광을 더 잘 발생한다.
③ 전형적으로 형광은 수명이 약 $10^{-10} \sim 10^{-5}$s 정도이다.
④ 250nm 이하의 자외선을 흡수하는 경우에 형광을 방출한다.

해설

① $\sigma^* \to \sigma$ 전이에서 형광은 드물게 나타난다.
 ⇒ 형광은 $\pi^* \to \pi$, $\pi^* \to n$ 과정에서 나타난다.
② Pyridine, Furan, Thiophene, Pyrrole과 같은 간단한 헤테로 화합물은 형광을 발생하지 않지만, Quinoline, Isoquinoline, Indole과 같은 접합고리구조를 갖는 화합물은 일반적으로 형광을 발생한다.
③ 형광은 수명이 약 $10^{-10} \sim 10^{-5}$s 정도이다.
④ 250nm보다 짧은 파장의 UV복사선을 흡수할 때 형광은 거의 발생하지 않는다.

57 원자분광법에서 원자선 너비는 여러 가지 요인들에 의해서 넓힘이 일어난다. 선 넓힘의 원인이 아닌 것은?

① 불확정성 효과
② 지만(Zeeman) 효과
③ 도플러(Doppler) 효과
④ 원자들과의 충돌에 의한 압력효과

해설

선 넓힘의 원인
• 불확정성 효과
• 도플러 효과
• 압력효과
• 전기장과 자기장의 효과

58 빛의 흡수와 발광(Luminescence)을 측정하는 장치에서 두드러진 차이를 보이는 분광기 부품은?

① 광원
② 시료 용기
③ 검출기
④ 단색화 장치

정답 53 ② 54 ② 55 ③ 56 ③ 57 ② 58 ④

해설

흡수법
- 일반적인 배치

- 원자흡수분광법

- 형광 · 인광법

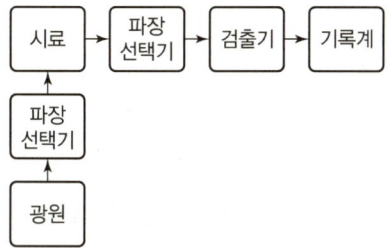

- 방출법 · 화학발광분광법

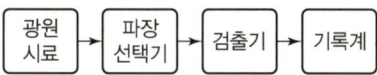

형광 · 인광법에서는 2개의 파장선택기(단색화 장치)를 사용하여 광원의 들뜸빛살과 시료의 방출빛살에 대하여 파장을 분리한다.

59 어떤 분자가 S_1 상태로부터 형광 빛을 내놓고(Fluoresce), T_1 상태로부터 인광 빛을 내놓는다(Phosphoresce). 다음 설명 중 옳은 것은?

① 형광파장이 인광파장보다 짧다.
② 형광파장보다 인광파장이 흡수파장에 가깝다.
③ 한 분자에서 나오는 빛이므로 잔광시간(Decaytime)은 유사하다.
④ 인광의 잔광시간이 형광의 잔광시간보다 일반적으로 짧다.

해설

- 형광이 인광보다 더 큰 에너지를 발산하므로 형광의 파장이 인광의 파장보다 더 짧다.
- 형광파장이 인광파장보다 흡수파장에 가깝다.
- 인광의 잔광시간 > 형광의 잔광시간

60 순수한 화합물 A를 녹여 정확히 10mL의 용액을 만들었다. 이 용액 중 1mL를 분취하여 100mL로 묽힌 후 250nm에서 0.50cm의 셀로 측정한 흡광도가 0.432이었다면 처음 10mL 중에 있는 시료의 몰농도는?(단, 몰흡광계수(ε)는 $4.32 \times 10^3 M^{-1} cm^{-1}$이다.)

① $1 \times 10^{-2} M$
② $2 \times 10^{-2} M$
③ $1 \times 10^{-3} M$
④ $2 \times 10^{-4} M$

해설

화합물을 녹여 10mL 용액을 만든 후 1mL를 분취하여 100mL로 묽혔을 때의 몰농도
$A = \varepsilon b c$
$c = \dfrac{A}{\varepsilon b} = \dfrac{0.432}{4.32 \times 10^3 M^{-1} cm^{-1} \times 0.50 cm} = 2 \times 10^{-4} M$

1mL를 100mL로 만들었을 때의 농도가 $2 \times 10^{-4} M$이므로 100mL로 묽히기 전의 농도는 $2 \times 10^{-2} M$이 된다.

4과목 기기분석 II

61 다음 이성질체 혼합물 중 카이랄 정지상 관으로만 분리가 가능한 혼합물질은?

① 구조 이성질체 혼합물
② 거울상 이성질체 혼합물
③ 부분 입체 이성질체 혼합물
④ 시스-트랜스 이성질체 혼합물

해설

카이랄 크로마토그래피 : 거울상 이성질체를 분리하는 데 사용

62 카드뮴 전극이 0.0150M Cd^{2+} 용액에 담구어진 경우 반쪽전지의 전위를 Nernst 식을 이용하여 구하면 약 몇 V인가?

$Cd^{2+} + 2e^- \rightleftarrows Cd(s)$ $E° = -0.403V$

① -0.257
② -0.311
③ -0.457
④ -0.511

정답 59 ① 60 ② 61 ② 62 ③

해설

Nernst Equation

$$E = E° - \frac{0.0591}{n}\log Q$$
$$= -0.403\text{V} - \frac{0.0591}{2}\log\frac{1}{0.0150}$$
$$= -0.457\text{V}$$

63 HPLC의 검출기에 대한 설명으로 옳은 것은?

① UV 흡수검출기는 254nm의 파장만을 사용한다.
② 굴절률 검출기는 대부분의 용질에 대해 감응하나 온도에 매우 민감하다.
③ 형광검출기는 대부분의 화학종에 대해 사용이 가능하나 감도가 낮다.
④ 모든 HPLC 검출기는 용액의 물리적 변화만을 감응한다.

해설

HPLC의 검출기
㉠ UV-Vis 흡수검출기 : 크로마토그래피 칼럼에서 나오는 용리액의 흡광도를 측정하기 위한 전형적인 Z모양의 흐름 셀이다.
　• 필터가 있는 UV 흡수검출기 : 일반적으로 254nm의 센 선을 필터로 분리하여 사용한다. 또한 어떤 기기는 필터를 바꾸어가면서 250, 313, 334, 365nm 선을 선택하여 사용한다.
　• 스캐닝 기능이 있는 흡수검출기
㉡ 적외선 흡수검출기 : 검출한계가 좋지 못해 사용이 제한적이다.
㉢ 형광검출기
　• 흡수법보다 10배 이상 감도가 높다.
　• LC에서 형광성 시료 성분 분리 및 정량에 이용한다.
　• 형광성 화합물들은 의약품, 천연물, 임상시료, 석유화학제품 등과 같은 물질을 분석할 때 이용한다.
㉣ 굴절률 검출기
　• 거의 모든 용질에 감응하는 범용 검출기이다.
　• 온도에 매우 민감하므로 수천 분의 1℃ 범위까지 온도를 유지해야 한다.
㉤ 증발광 산란검출기 : 비휘발성 용질에 대하여 거의 동일한 감응을 나타낸다.
㉥ 전기화학 검출기 : 감도가 높고, 간단하고 편리하여 널리 응용된다.

64 전위차법에서 지시전극은 분석물의 농도에 따라 전극전위의 값이 변하는 전극이다. 지시전극에는 금속지시전극과 막지시전극이 있다. 다음 중 막지시전극에 해당하는 것은?

① 은/염화은 전극
② 산화-환원 전극
③ 유리전극
④ 포화 칼로멜 전극

해설

전위차법에서 지시전극
㉠ 금속지시전극
㉡ 막지시전극
　• 이온선택성 전극
　• 유리전극으로 pH를 측정

65 전위차 적정법에 대한 설명으로 틀린 것은?

① 서로 다른 해리도를 갖는 산 또는 염기성 용액의 혼합물을 적정하여 각 화합물의 당량점을 측정할 수 있다.
② 알맞은 지시약이 없는 경우, 착색용액이나 비용매 중에서 적정 당량점을 찾을 수 있다.
③ 전위차법은 침전적정법, 착화적정법에 응용할 수 있다.
④ 지시약을 전위차법과 함께 사용하면 종말점 예상이 어려워진다.

해설

전위차 적정법
• 전류가 흐르지 않는 전기화학전지의 전위를 측정하여 용액의 화학적 조성 또는 농도를 분석하는 방법이다.
• 지시약을 전위차법과 함께 사용하면 종말점 예상이 쉬워진다.

66 전자충격법에 의한 질량분석법으로 물질을 분석할 때 분자 이온의 안정도가 가장 작을 것이라고 생각되는 것은?

① $CH_3CH_2CH_3$
② CH_3CH_2OH
③ CH_3CHO
④ CH_3COCH_3

해설

전자충격법에 의한 질량분석법에서 분자이온의 안정도가 가장 작은 물질은 알코올이다.

정답 63 ② 64 ③ 65 ④ 66 ②

67 다음 중 모세관 전기이동을 이용하여 시료를 분리하는 주요 원인은?

① 전기삼투와 전기이동
② 모세관 내부에 충전된 고정상에 의한 분리효과
③ 고전압에 의한 분리관 내 수소이온농도의 기울기에 의한 분리
④ 모세관에 연결된 고전압 전극의 힘에 의하여 끌려가는 힘

해설

모세관 전기이동
- 원인 : 전기이동, 전기삼투
- 전기장의 영향하에서 완충용액이 채워진 모세관에서 서로 다른 이동도를 가진 이온들을 분리하는 방법

68 액체 크로마토그래피에서 분리효율을 높이고 분리시간을 단축시키기 위해 기울기 용리법(Gradient Elution)을 사용한다. 이 방법에서는 용매의 어떤 성질을 변화시켜 주는가?

① 극성   ② 분자량
③ 끓는점 ④ 녹는점

해설

기울기 용리법
- 고성능 액체 크로마토그래피에서 분리효율을 높이기 위해 사용한다.
- 극성이 다른 2~3가지 용매를 선택하여 조성의 비율을 단계적으로 변화시켜 사용하는 방법이다.

69 백금(Pt) 전극을 써서 수소이온을 발생시키는 전기량 적정법으로 염기 수용액을 정량할 때 전해 용액으로서 적당한 것은?

① 0.10M $Ce_2(SO_4)_3$ 수용액
② 0.01M $FeSO_4$
③ 0.08M $TiCl_3$
④ 0.10M NaCl 또는 Na_2SO_4

해설

전기량 적정법
- 일정 전류에 의해 전기분해로 생성되는 적정시약을 이용할 수 있다.
- 수소이온은 백금(Pt) 산화전극에서 물을 산화시켜 얻는다.
$$H_2O \rightleftarrows 2H^+ + \frac{1}{2}O_2 + 2e^-$$
그러므로 산화되지 않는 화학종을 포함하는 전해질 용액을 사용한다(Na^+는 더 이상 산화되지 않는다).

70 기체 크로마토그래피법에서의 시료의 주입방법은 크게 분할주입과 비분할주입으로 나뉜다. 다음 중 분할주입(Split Injection)에 대한 설명이 아닌 것은?

① 열적으로 안정하다.
② 기체시료에 적합하다.
③ 고농도 분석물질에 적합하다.
④ 불순물이 많은 시료를 다룰 수 있다.

해설

㉠ 분할주입
- 고농도 분석물질에 적합하다.
- 기체시료에 적합분리도가 높다.
- 불순물을 흡착할 수 있는 흡착제가 들어 있는 관을 통과하면 불순물이 많은 시료를 다룰 수 있다.
- 열적으로 불안정하다.
㉡ 비분할주입
- 주입구 온도는 분할주입보다 낮다.
- 적은 양의 시료가 서서히 주입되므로 띠넓힘이 크게 일어날 수 있다.
㉢ 칼럼 내 주입
- 칼럼 내에 직접 주입하는 방법이다.
- 분리도가 낮다.

정답 67 ① 68 ① 69 ④ 70 ①

71 그래프는 항생제 클로람페니콜(RNO_2) 2mM 용액의 순환전압전류곡선이다. 0.0V에서 주사를 시작하여 피크 A를 얻었고, 이어서 B와 C를 순서대로 얻었다. 이 피크들이 나타나는 이유는 다음과 같다. 다음 설명 중 틀린 것은?

- 피크 A는 RNO_2가 4전자−환원으로 RNHOH가 생성될 때 나타난다.
- 피크 B는 RNHOH가 2전자−산화로 RNO가 생성될 때 나타난다.
- 피크 C는 피크 B와 반대로 RNO가 RNHOH로 환원될 때 나타난다.

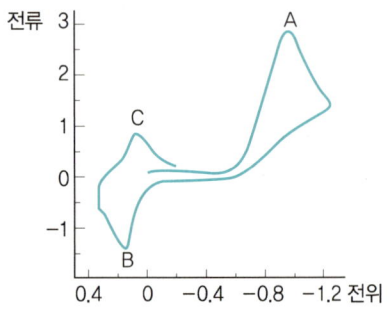

① 피크 A의 반응은 비가역반응이다.
② 0.4V에서 주사를 시작하면 피크 C가 첫 번째로 나타난다.
③ 반대 방향으로 주사를 시작하면, 피크 B는 나타나지 않는다.
④ 10회 전압 순환 동안 피크 B의 크기는 변하지 않는다.

해설
① 피크 A의 반응이 가역반응이면 같은 크기의 산화 봉우리가 나타나야 하는데, 없으므로 비가역반응이다.
② 0.4V와 0V 사이에 나타나는 피크 C는 RNO가 RNHOH로 환원될 때 나타나는 피크이다. 그러나 주사를 시작하기 전 처음 용액에는 RNO_2만 있고 RNO가 없기 때문에 피크가 나타나지 않는다.
③ 피크 B는 RNHOH가 RNO로 산화될 때 나타나는 피크로 반대 방향으로 주사하면 처음 용액에는 RNO_2만 존재하고 RNHOH가 없으므로 피크 B는 나타나지 않는다.
④ 피크의 크기는 분석물의 농도에 비례한다. 그러므로 처음 분석물의 농도가 같으면 피크의 크기는 변하지 않는다.

72 용액 중 이온들이 전극 표면으로 이동하는 주요 과정이 아닌 것은?
① 확산
② 전기이동
③ 대류
④ 화학반응성

해설
이온들이 전극 표면으로 이동하는 과정의 종류
- 확산
- 전기이동
- 대류

73 기체 크로마토그래피 검출기 중 니켈−63(^{63}Ni)과 같은 β선 방사체를 사용하며, 할로겐과 같은 전기음성도가 큰 작용기를 지닌 분자에 특히 감도가 좋고 시료를 크게 변화시키지 않는 검출기는?
① 불꽃이온화 검출기(FID : Flame Ionization Detector)
② 전자포착 검출기(ECD : Electron Capture Detector)
③ 원자방출 검출기(AED : Atomic Emission Detector)
④ 열전도도 검출기(TCD : Thermal Conductivity Detector)

해설
① 불꽃이온화 검출기(FID)
- 가장 널리 사용된다.
- 시료를 불꽃으로 태워 이온화시켜 생성된 전류를 측정하여 검출한다.
- 감도가 높고 선형 감응범위가 넓다.
- 시료가 파괴된다.
② 전자포착 검출기(ECD)
- 유기화합물에 함유된 할로겐 원소에 선택적으로 감응한다.
- 니켈−63과 같은 β방사선 방출기를 사용한다.
- 감도가 매우 좋으며 시료를 크게 변화시키지 않는다.
③ 원자방출 검출기(AED)
시료 속 원소들을 원자화시켜 들뜨게 한 후 원자방출스펙트럼을 얻어 분석한다.
④ 열전도도 검출기(TCD)
- 운반기체(이동상 기체)와 시료의 열전도 차이에 감응하여 변하는 전위를 측정한다.
- 선형 감응범위가 크다.
- 유기·무기 화학종에 감응한다.
- 감도가 낮다.
- 비파괴 검출기이므로 시료가 파괴되지 않는다.

정답 71 ② 72 ④ 73 ②

74 10cm 관에 물질 A와 B를 분리할 때 머무름시간은 각각 10분과 12분이고, A와 B의 봉우리 너비는 각각 1.0분과 1.1분이다. 관의 분리능을 계산하면?

① 1.5
② 1.9
③ 2.1
④ 2.5

해설

분리능 $R = \dfrac{2\{(t_R)_B - (t_R)_A\}}{W_A + W_B}$

여기서, $(t_R)_A, (t_R)_B$: 봉우리 A, B의 머무름시간
W_A, W_B : 봉우리 A, B의 너비

∴ $R = \dfrac{2(12-10)}{1.0 + 1.1} = 1.9$

75 시차주사열량법(DSC : Differential Scanning Calorimetry)에서 시료 온도를 일정한 속도로 변화시키면서 시료와 기준으로 흘러 들어오는 열흐름의 차이가 측정되는 기기장치는?

① 전력보상 DSC 기기(Power Compensated DSC Instrument)
② 열플럭스 DSC 기기(Heat Flux DSC Instrument)
③ 변조 DSC 기기(Modulated DSC Instrument)
④ 시차열분석 기기(Differential Thermal Analytical Instrument)

해설

시차주사열량법(DSC) 기기
- 전력보상 DSC : 시료와 기준물질 사이의 온도를 동일하게 유지시키는 데 필요한 전력을 측정한다.
- 열흐름 DSC : 시료 온도를 일정한 속도로 변화시키면서 시료와 기준물질로 흘러 들어오는 열흐름의 차이를 측정한다.
- 변조 DSC

76 열무게 측정장치의 구성이 아닌 것은?

① 단색화 장치
② 온도 감응장치
③ 저울
④ 전기로

해설

열무게 측정장치
- 열저울
- 전기로
- 시료 받침대
- 기체주입장치
- 온도제어 및 데이터 처리 장치

77 벗김 분석(Stripping Method)이 감도가 좋은 이유는?

① 전극으로 커다란 수은방울을 사용하기 때문이다.
② 농축단계에서 사전에 전극에 금속이온을 농축하기 때문이다.
③ 전극에 높은 전위를 가하기 때문이다.
④ 전극의 전위를 빠른 속도로 주사하기 때문이다.

해설

벗김법
- 극미량 분석에 유용하다.
- 예비농축과정이 있어 감도가 좋고 검출한계가 아주 낮다.
- 매달린 수은방울 전극이 주로 사용된다.

78 유도결합플라스마(ICP) 원자방출 광원장치는 원자 방출 및 질량분석기와 결합하여, 금속의 정성 및 정량에 많이 사용되고 있다. 이 ICP에 대한 설명으로 틀린 것은?

① 무전극으로 광원을 발생시켜, 기존의 다른 방출광원 보다 오염 가능성이 적다.
② 불활성 기체를 사용하여 광원을 발생시켜, 산화물 분자들의 간섭을 줄였다.
③ 상대적으로 이온이 많이 발생하여, 쉽게 이온화되는 원소들에 의한 영향이 크다.
④ 고온으로서 원자화 및 여기상태로 만드는 효율이 높다.

해설

플라스마의 온도가 매우 높으므로 아르곤의 이온화로 생긴 전자밀도가 높아서 시료의 이온화에 의한 방해가 거의 없다.

정답 74 ② 75 ② 76 ① 77 ② 78 ③

79 Van Deemter 식으로부터 얻을 수 있는 가장 유용한 정보는 무엇인가?

① 이동상의 적절한 유속(Flow Rate)을 알 수 있다.
② 정지상의 적절한 온도(Temperature)를 알 수 있다.
③ 선택계수(α, Selectivity Coefficient)를 알 수 있다.
④ 분석물질의 머무름시간(Retention Time)을 알 수 있다.

해설

Van Deemter 식

$$H = A + \frac{B}{u} + C_S u + C_M u$$

여기서, H : 단높이
A : 다중흐름통로
B : 세로흐름확산
C : 질량이동계수
u : 이동상의 선형 속도

80 분자량이 50.00과 50.01인 물질을 질량분석기에서 분리하기 위하여 최소한 어느 정도의 분리능을 가진 질량분석기를 사용해야 하는가?

① 100.5
② 1,000.5
③ 5,000.5
④ 10,000.5

해설

분리능

$$R = \frac{m}{\Delta m} = \frac{\frac{50.01 + 50.00}{2}}{50.01 - 50.00} = 5,000.5$$

여기서, m : 분자량의 평균
Δm : 분자량의 차이

정답 79 ① 80 ③

2017년 제4회 기출문제

1과목 일반화학

01 존재 가능한 서로 다른 구조의 다이브로모벤젠(dibromobenzene)은 몇 가지 종류인가?
① 2　　② 3
③ 4　　④ 5

해설

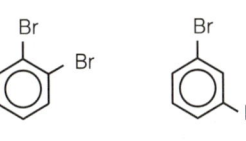

ortho-dibromobenzene　meta-dibromobenzene　para-dibromobenzene

02 화학식 $C_4H_{10}O$로 존재할 수 있는 알코올의 구조이성질체는 몇 개인가?
① 3　　② 4
③ 5　　④ 7

해설

$CH_3CH_2CH_2CH_2OH$의 구조이성질체
㉠ C - C - C - C - OH
㉡ C - C - C - OH
　　　　|
　　　　C
㉢ C - C - C - C
　　　　|
　　　　OH
㉣ C - C - C
　　|
　　C
　　|
　　OH

03 3.84몰(mol)의 Na_2CO_3가 완전히 녹아 있는 수용액에서 나트륨이온(Na^+)의 몰수(mol)로 옳은 것은?
① 1.92mol　　② 3.84mol
③ 5.76mol　　④ 7.68mol

해설

$Na_2CO_3 \rightarrow 2Na^+ + CO_3^{2-}$
3.84mol　2×3.84
　　　　　=7.68mol

04 ^{222}Rn에 관한 내용 중 틀린 것은?(단, ^{222}Rn의 원자번호는 86이다.)
① 양성자수=86　　② 중성자수=134
③ 전자수=86　　　④ 질량수=222

해설

양성자수=전자수=86
질량수=양성자수+중성자수
222=86+중성자수
∴ 중성자수=136

05 용해도에 대한 설명 중 틀린 것은?
① 일정 압력하에서 물속에서 기체의 용해도는 온도가 증가함에 따라 증가한다.
② 액체 속 기체의 용해도는 기체의 부분압력에 비례한다.
③ 탄산음료를 차갑게 해서 마시는 것은 기체의 용해도를 증가시키기 위함이다.
④ 잠수부들이 잠수할 경우 받는 압력의 증가로 인해 혈액 속의 공기의 양은 증가한다.

해설

기체의 용해도는 온도가 증가할수록 감소한다.

정답　01 ②　02 ②　03 ④　04 ②　05 ①

06 몰질량이 162g/mol이며 백분율 질량 성분비가 탄소 74.0%, 수소 8.7%, 질소 17.3%인 화합물의 분자식은?(단, 탄소, 수소, 질소의 원자량은 각각 12.0amu, 1.0amu, 14.0amu이다.)

① $C_{11}H_{16}N$
② $C_{10}H_{14}N_2$
③ $C_9H_{26}N_4$
④ $C_8H_{24}N_5$

해설

$C_{\frac{74}{12}}H_{\frac{8.7}{1}}N_{\frac{17.3}{14}} = C_{6.167}H_{8.7}N_{1.236}$
$\qquad\qquad\qquad = C_5H_7N$

$(C_5H_7N)_n = 162$
∴ $n = 2$
∴ 분자식 : $C_{10}H_{14}N_2$

07 슈크로오스($C_{12}H_{22}O_{11}$) 684g을 물에 녹여 전체 부피를 4.0L로 만들었을 때 이 용액의 몰농도(M)는?

① 0.25
② 0.50
③ 0.75
④ 1.00

해설

$684g\ C_{12}H_{22}O_{11} \times \dfrac{1mol}{342g} = 2mol$

몰농도(M) $= \dfrac{용질의\ 몰수(mol)}{용액의\ 부피(L)}$

$\qquad\qquad = \dfrac{2mol}{4L} = 0.5mol/L$

08 암모니아 56.6g에 들어 있는 분자의 개수는?(단, N 원자량 : 14.01g/mol, H 원자량 : 1.008g/mol이다.)

① 3.32×10^{23}개
② 17.03×10^{24}개
③ 6.78×10^{23}개
④ 2.00×10^{24}개

해설

$56.6g\ NH_3 \times \dfrac{1mol}{17.034g} \times \dfrac{6.02 \times 10^{23}개}{1mol}$
$= 2.00 \times 10^{24}$개

09 용액 내의 Fe^{2+}의 농도를 알기 위해 적정 실험을 하였는데, 이 과정에 대한 설명 중 옳은 것은?

① 농도가 알려진 NH_4^+ 용액으로 색이 자줏빛으로 변할 때까지 철 용액에 한 방울씩 떨어뜨린다.
② 농도가 알려진 NH_4^+ 용액으로 색이 무색으로 변할 때까지 철 용액에 한 방울씩 떨어뜨린다.
③ 농도를 아는 MnO_4^- 용액으로 색이 자줏빛으로 변할 때까지 철 용액에 한 방울씩 떨어뜨린다.
④ 농도를 아는 MnO_4^- 용액으로 색이 무색으로 변할 때까지 철 용액에 한 방울씩 떨어뜨린다.

해설

$MnO_4^- + 5Fe^{2+} + 8H^+ \rightarrow Mn^{2+} + 5Fe^{3+} + 4H_2O$
자주색 　　　　　　　　　무색

Fe^{2+} 용액에 MnO_4^-를 떨어뜨려 적정할 경우 Fe^{2+}가 Fe^{3+} 이온으로 완전히 산화되어 무색이 되었다가 과량의 MnO_4^-가 자주색을 나타낼 때 종말점이 된다.

10 다음 중 원자의 크기가 가장 작은 것은?

① K
② Li
③ Na
④ Cs

해설

주기율표상에서 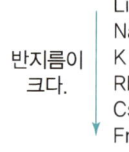 으로 갈수록 반지름이 커진다.

반지름이 크다. ↓
Li
Na
K
Rb
Cs
Fr

11 N의 산화수가 +4인 것은?

① HNO_3
② NO_2
③ N_2O
④ NH_4Cl

해설

① HNO_3 : $H = +1, O = -2$이므로 $N = +5$
② NO_2 : $O = -2$이므로 $N = +4$
③ N_2O : $O = -2$이므로 $N = +1$
④ NH_4Cl : $H = +1, Cl = -1$이므로 $N = -3$

정답 06 ② 07 ② 08 ④ 09 ③ 10 ② 11 ②

12 용액의 조성을 기술하는 방법에 대한 설명 중 틀린 것은?

① 질량 퍼센트 : 용액 내에서 각 성분 물질의 질량 퍼센트로 정의한다.
② 몰농도 : 용액 1L당 용질의 몰수로 정의한다.
③ 몰랄농도 : 용매 1kg당 용질의 몰수로 정의한다.
④ 몰분율 : 혼합물에서 한 성분의 몰분율이란 그 성분의 몰수를 해당 성분을 제외한 나머지 성분 전체의 몰수로 나눈 것이다.

해설

몰분율
혼합물 중 한 성분의 몰분율은 그 성분의 몰수를 전체 혼합 성분의 몰수로 나눈 것이다.

13 메탄 2.80g에 들어 있는 메탄 분자수는 얼마인가?

① 1.05×10^{22}개
② 1.05×10^{23}개
③ 1.93×10^{22}개
④ 1.93×10^{23}개

해설

$$2.80g\ CH_4 \times \frac{1mol}{16g} \times \frac{6.02 \times 10^{23}개}{1mol}$$
$$= 1.05 \times 10^{23}개\ CH_4 분자$$

14 산과 염기에 대한 설명 중 틀린 것은?

① 산은 물에서 수소이온(H^+)의 농도를 증가시키는 물질이다.
② 산과 염기가 반응하여 물과 염을 생성하는 반응을 중화반응이라고 한다.
③ 염기성 용액에서는 H^+의 농도보다 OH^-의 농도가 더 크다.
④ 산성 용액은 푸른 리트머스 시험지를 노랗게 변색시킨다.

해설

• 산성 용액 : 푸른색 리트머스 → 붉은색
• 염기성 용액 : 붉은색 리트머스 → 푸른색

15 다음 반응이 일어난다고 할 때 산화되는 물질은?

$$Ag^+(aq) + Fe^{2+}(aq) \rightarrow Ag(s) + Fe^{3+}(aq)$$
$$2Al^{3+}(aq) + 3Mg(s) \rightarrow 2Al(s) + 3Mg^{2+}(aq)$$

① $Ag^+(aq)$, $Al^{3+}(aq)$
② $Fe^{2+}(aq)$, $Mg(s)$
③ $Ag^+(aq)$, $Mg(s)$
④ $Fe^{2+}(aq)$, $Al^{3+}(aq)$

해설

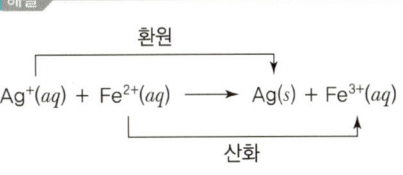

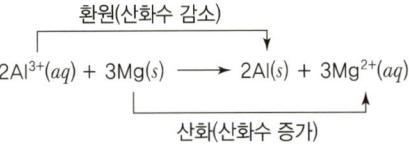

16 어떤 온도에서 다음 반응의 평형상수가 50이다. 같은 온도에서 x몰의 $H_2(g)$와 2.5몰의 $I_2(g)$를 반응시켜 평형에 이르렀을 때 4몰의 HI(g)가 되었고, 0.5몰의 $I_2(g)$가 남아 있었다. x의 값은 얼마인가?

$$H_2(g) + I_2(g) \rightleftarrows 2HI(g)$$

① 1.64
② 2.64
③ 3.64
④ 4.64

해설

	$H_2(g)$	+ $I_2(g)$	$\rightleftarrows$ $2HI(g)$
	x mol	2.5mol	0
	-2	-2	$+4$
평형	$x-2$	0.5	4

$$K = \frac{[HI]^2}{[H_2][I_2]} = \frac{4^2}{(x-2)(0.5)} = 50$$

∴ $x = 2.64$mol

17 alkene에 해당하는 것은?

① C_6H_{14}
② C_6H_{12}
③ C_6H_{10}
④ C_6H_6

정답 12 ④ 13 ② 14 ④ 15 ② 16 ② 17 ②

해설
- alkane : C_nH_{2n+2} 예 C_6H_{14}
- alkene : C_nH_{2n} 예 C_6H_{12}
- alkyne : C_nH_{2n-2} 예 C_6H_{10}

18 다음 무기화합물의 명칭에 해당하는 것은?

$$NaHSO_3$$

① 삼황산수소나트륨 ② 황산수소나트륨
③ 과황산수소나트륨 ④ 아황산수소나트륨

해설
$NaHSO_3$: 아황산수소나트륨

19 0.40M NaOH와 0.10M H_2SO_4를 1 : 1 부피로 섞었을 때, 이 용액의 pH는 얼마인가?

① 10   ② 11
③ 12   ④ 13

해설
NaOH의 몰수 = $0.40M \times 1L = 0.4mol$
H_2SO_4의 몰수 = $0.10M \times 1L = 0.1mol$
H^+의 몰수 = $2 \times 0.1mol = 0.2mol$

$2NaOH \quad + \quad H_2SO_4 \quad \rightarrow Na_2SO_4 + 2H_2O$
0.4mol   0.2mol
−0.2mol   −0.2mol
―――――――――――――――
0.2mol   0

$pOH = -\log[OH^-] = -\log\left(\dfrac{0.2mol}{2L}\right) = 1$
$pH = 14 - pOH = 13$

20 텔루륨(Te)과 요오드(I)의 이온화에너지와 전자친화도의 크기 비교를 옳게 나타낸 것은?

① 이온화에너지 : Te<I, 전자친화도 : Te<I
② 이온화에너지 : Te<I, 전자친화도 : Te>I
③ 이온화에너지 : Te>I, 전자친화도 : Te<I
④ 이온화에너지 : Te>I, 전자친화도 : Te>I

해설
주기율표에서
F
Cl   이온화에너지 ↑
Br   전자친화도 ↑
Te I
    At

2과목 분석화학

21 부피분석법인 적정법을 이용하여 정량분석을 할 경우 다음 중 가장 옳은 설명은?

① 적정 실험에서 측정하고자 하는 당량점과 실험적인 종말점은 항상 일치한다.
② 적정오차는 바탕적정(Blank Titration)을 통해 보정할 수 있다.
③ 역적정 실험 시에는 적정시약(Titrant)을 시료에 가하면서 지시약의 색이 바뀌는 부피를 직접 관찰한다.
④ 무게 적정(Gravimetric Titration) 실험 시에는 적정시약의 부피를 측정한다.

해설
- 적정오차는 당량점과 종말점의 차이로 바탕적정으로 보정할 수 있다.
- 바탕적정 : 분석물질을 제외한 바탕용액을 같은 과정으로 적정하는 것이다.

22 다음 화학평형식에 대한 설명으로 틀린 것은?

$$Hg_2Cl_2(s) \rightleftarrows Hg_2^{2+}(aq) + Cl^-(aq)$$

① 이 반응을 나타내는 평형상수는 K_{sp}라고 하며 용해도 상수 또는 용해도곱 상수라고도 한다.
② 이 용액에 Cl^- 이온을 첨가하면 용해도는 감소한다.
③ 온도를 증가시키면 K_{sp}는 변한다.
④ 이 용액에 Cl^- 이온을 첨가하면 K_{sp}는 감소한다.

정답 18 ④ 19 ④ 20 ① 21 ② 22 ④

해설

Cl^-를 첨가하면 르 샤틀리에 원리에 의해 평형이 왼쪽으로 이동하여 용해도는 감소한다. 그러나 K_{sp}는 평형상수로 온도에 의해서만 변하므로 K_{sp}가 증가하거나 감소하지 않는다.

23 금속 킬레이트에 대한 설명으로 옳은 것은?
① 금속은 루이스(Lewis) 염기이다.
② 리간드는 루이스(Lewis) 산이다.
③ 한 자리(Monodentate) 리간드인 EDTA는 6개의 금속과 반응한다.
④ 여러 자리(Multidentate) 리간드가 한 자리(Monodentate) 리간드보다 금속과 강하게 결합한다.

해설

금속 킬레이트
- 중심금속에 여러 자리 리간드가 배위결합하여 생성된 착화합물을 말한다.
- 금속은 리간드로부터 비공유전자쌍을 받으므로 루이스 산이 되고, 리간드는 비공유전자쌍을 제공하므로 루이스 염기가 된다.
- EDTA는 1개의 금속이온과 1 : 1 비율로 결합하여 매우 안정한 구조를 갖는다.
- 여러 자리 리간드가 한 자리 리간드보다 금속과 강하게 결합한다.

24 H^+와 OH^-의 활동도 계수는 이온 세기가 0.050M일 때는 각각 0.86과 0.81이었고, 이온 세기가 0.10M일 때는 각각 0.83과 0.76이었다. 25℃에서 0.10M KCl 수용액에서 H^+의 활동도는?

① 1.00×10^{-7}
② 1.05×10^{-7}
③ 1.10×10^{-7}
④ 1.15×10^{-7}

해설

$K_w = [H^+]\gamma_{H^+}[OH^-]\gamma_{OH^-}$
$1.0 \times 10^{-14} = (x \times 0.83)(x \times 0.76)$
$[H^+] = [OH^-] = x \quad \therefore x = 1.259 \times 10^{-7}$
$\therefore H^+$의 활동도$= [H^+]\gamma_{H^+}$
$= 1.259 \times 10^{-7} \times 0.83 ≒ 1.05 \times 10^{-7}$

25 Cd^{2+} 이온이 4분자의 암모니아(NH_3)와 반응하는 경우와 2분자의 에틸렌디아민($H_2NCH_2CH_2NH_2$)과 반응하는 경우에 대한 설명으로 옳은 것은?
① 엔탈피 변화는 두 경우 모두 비슷하다.
② 엔트로피 변화는 두 경우 모두 비슷하다.
③ 자유에너지 변화는 두 경우 모두 비슷하다.
④ 암모니아와 반응하는 경우가 더 안정한 금속착물을 형성한다.

해설

$Cd^{2+} + 4NH_3 \rightleftarrows [Cd(NH_3)_4]^{2+}$

$Cd^{2+} + 2H_2NCH_2CH_2NH_2 \rightleftarrows [Cd(H_2NCH_2CH_2NH_2)_2]^{2+}$

- 두 반응의 ΔH(엔탈피 변화)는 Cd^{2+}와 4개의 N 사이의 배위결합에 의한 결합에너지 차이에 의해 나타나므로 두 반응의 ΔH는 비슷하다.
- ΔS(엔트로피 변화), ΔG(깁스자유에너지 변화)는 두 반응의 경우 다르다.
- 암모니아와 반응하는 경우보다 에틸렌디아민과 반응하는 경우 더 안정한 금속착물을 형성한다.

26 다음 중 가장 센 산화력을 가진 산화제는?(단, $E°$는 표준환원전위이다.)
① 세륨이온(Ce^{4+}), $E° = 1.44V$
② 크롬산이온(CrO_4^{2-}), $E° = -0.12V$
③ 과망간산이온(MnO_4^-), $E° = 1.507V$
④ 중크롬산이온($Cr_2O_7^{2-}$), $E° = 1.36V$

해설

$E°$의 값이 클수록 환원이 잘 일어나므로 강한 산화제가 된다.

정답 23 ④ 24 ② 25 ① 26 ③

27 산화환원 적정에서 과망간산칼륨(KMnO₄)은 산화제로 작용하며 센 산성 용액(pH 1 이하)에서 다음과 같은 반응이 일어난다. 과망간산칼륨을 산화제로 사용하는 산화환원 적정에서 종말점을 구하기 위한 지시약으로서 가장 적절한 것은?

$$MnO_4^- + 8H^+ + 5e^- \rightleftharpoons Mn^{2+} + 4H_2O \quad E° = 1.507V$$

① 페로인
② 메틸렌블루
③ 과망간산칼륨
④ 다이페닐아민 설폰산

해설

$MnO_4^- + 8H^+ + 5e^- \rightleftharpoons Mn^{2+} + 4H_2O$
적자색(자주색)　　　　　무색

28 EDTA 적정의 종말점을 검출하기 위한 방법이 아닌 것은?

① 금속이온 지시약
② 유리전극
③ 이온선택성 전극
④ 가리움제

해설

EDTA 적정에서 종말점 검출방법
• 금속이온 지시약법
• 분광광도법
• 전위차법(유리전극, 이온선택성 전극법)
※ 가리움제 : 분석물질 중의 어떤 성분이 EDTA와 반응하지 못하게 막는 시약

29 Fe^{2+} 이온을 Ce^{4+}로 적정하는 반응에 대한 설명으로 틀린 것은?

① 적정반응은 $Ce^{4+} + Fe^{2+} \rightarrow Ce^{3+} + Fe^{3+}$이다.
② 전위차법을 이용한 적정에서는 반당량점에서의 전위는 당량점의 전위(V_e)의 약 1/2이다.
③ 당량점에서 $[Ce^{3+}] = [Fe^{3+}]$, $[Fe^{2+}] = [Ce^{4+}]$이다.
④ 당량점 부근에서 측정된 전위의 변화는 미세하여 정확한 측정을 위해 산화 – 환원 지시약을 사용해야 한다.

해설

Fe^{2+} 이온을 Ce^{4+}로 적정하는 반응의 전위 변화는 당량점 부근에서 급격하게 변화하므로 정확한 측정을 위해 산화 – 환원 지시약을 사용해야 한다.

30 난용성 고체염인 $BaSO_4$로 포화된 수용액에 대한 설명으로 틀린 것은?

① $BaSO_4$ 포화 수용액에 황산 용액을 넣으면 $BaSO_4$가 석출된다.
② $BaSO_4$ 포화 수용액에 소금물을 첨가 시에도 $BaSO_4$가 석출된다.
③ $BaSO_4$의 K_{sp}는 온도의 함수이다.
④ $BaSO_4$ 포화 수용액에 $BaCl_2$ 용액을 넣으면 $BaSO_4$가 석출된다.

해설

$BaSO_4$ 수용액에 NaCl을 첨가하면 이온 세기가 증가하므로 용해도가 증가한다.

31 산(Acid)에 대한 일반적인 설명으로 옳은 것은?

① 알코올은 산성 용액으로 알코올의 특징을 나타내는 OH의 H가 쉽게 해리된다.
② 페놀은 중성 용액으로 OH의 H는 해리되지 않는다.
③ 물속에서 H^+는 H_3O^+로 존재한다.
④ 디에틸에테르는 산성 용액으로 H가 쉽게 해리된다.

해설

산은 H^+를 내는 물질로 수용액 상태에서 H_3O^+로 존재한다.
① 알코올의 OH^-는 해리되지 않는다.
② 페놀은 약산성 용액으로 물에서 해리된 H^+에 의해 산성을 나타낸다.
④ 디에틸에테르는 해리되지 않는다.

32 무게분석을 위하여 침전된 옥살산칼슘(CaC_2O_4)을 무게를 아는 거름도가니로 침전물을 거르고, 건조시킨 다음 붉은 불꽃으로 강열한다면 도가니에 남는 고체성분은 무엇인가?

① CaC_2O_4
② $CaCO_2$
③ CaO
④ Ca

해설

$CaC_2O_4 \rightarrow CaCO_3 + CO$
$CaCO_3 \rightarrow CaO + CO_2$
　　　　↳ 고체 CaO가 남는다.

정답 27 ③　28 ④　29 ④　30 ②　31 ③　32 ③

33 전하를 띠지 않는 중성 분자들의 이온 세기가 0.1M 보다 작을 경우 활동도 계수(Activity Coefficient)를 얼마라고 할 수 있는가?

① 0
② 0.1
③ 0.5
④ 1

해설

활동도 계수
- 활동도 $= \gamma_A [A]$

  여기서, γ_A : 활동도 계수
  $[A]$: A의 농도

- 전하를 띠지 않는 중성 분자는 이온 세기가 0.1M보다 작을 경우 활동도 계수를 1로 할 수 있다.

34 뉴스에서 A제과회사의 과자에서 발암물질로 알려진 아플라톡신이 기준치 10ppb보다 높은 14ppb가 검출되어 전량 폐기했다고 밝혔다. 이 과자 1kg에서 몇 mg의 아플라톡신이 검출되었는가?

① 14g
② 1.4mg
③ 0.14mg
④ 0.014mg

해설

$14\text{ppb} = 14 \times \dfrac{1}{10^9} = \dfrac{14\mu g}{1\text{kg}} = \dfrac{0.014\text{mg}}{\text{kg}}$

35 다음 반응에서 $\Delta H° = -75.2\text{J/mol}$, $\Delta S° = -132 \text{J/mol·K}$일 때의 설명으로 옳은 것은?(단, $\Delta H°$와 $\Delta S°$는 각각 표준엔탈피 변화와 표준엔트로피 변화를 의미하며 온도에 관계없이 일정하다고 가정한다.

$$HCl(g) \rightleftarrows H^+(aq) + Cl^-(aq)$$

① 특정 온도보다 낮은 온도에서 자발적으로 진행될 가능성이 크다.
② 특정 온도보다 높은 온도에서 자발적으로 진행될 가능성이 크다.
③ 온도에 관계없이 항상 자발적으로 일어난다.
④ 온도에 관계없이 자발적으로 일어나지 않는다.

해설

$\Delta G = \Delta H - T\Delta S < 0$ … 자발적 반응
$\Delta G = -75.2\text{J/mol} + (132\text{J/mol·K})T < 0$이므로 특정 온도보다 낮은 온도에서 자발적인 반응이 진행된다.

36 전지의 두 전극에서 반응이 자발적으로 진행되려는 경향을 갖고 있어 외부 도체를 통하여 산화전극에서 환원전극으로 전자가 흐르는 전지, 즉 자발적인 화학반응으로부터 전기를 발생시키는 전지를 무슨 전지라 하는가?

① 전해전지
② 표준전지
③ 자발전지
④ 갈바니전지

해설

갈바니전지 : 자발적인 화학반응으로부터 전기를 발생
(산화) $Zn \rightarrow Zn^{2+} + 2e^-$: $-$극
(환원) $Cu^{2+} + e^- \rightarrow Cu$: $+$극

37 0.1M의 Fe^{2+} 50mL를 0.1M의 Tl^{3+}로 적정한다. 반응식과 각각의 표준환원전위가 다음과 같을 때 당량점에서 전위(V)는 얼마인가?

$$2Fe^{2+} + Tl^{3+} \rightarrow 2Fe^{3+} + Tl^+$$
$$Fe^{3+} + e^- \rightarrow Fe^{2+} \quad E° = 0.77V$$
$$Tl^{3+} + 2e^- \rightarrow Tl^+ \quad E° = 1.28V$$

① 0.94
② 1.02
③ 1.11
④ 1.20

해설

Nernst 식

$E_{eq} = E° - \dfrac{0.05916}{n} \log \dfrac{[\text{Red}]}{[\text{Ox}]}$

$E_{eq} = 0.77 - \dfrac{0.05916}{1} \log \dfrac{[Fe^{2+}]}{[Fe^{3+}]}$ ㆍㆍㆍㆍㆍㆍㆍㆍ ㉠

$E_{eq} = 1.28 - \dfrac{0.05916}{2} \log \dfrac{[Tl^+]}{[Tl^{3+}]}$ ㆍㆍㆍㆍㆍㆍㆍㆍ ㉡

$2Fe^{2+} + Tl^{3+} \rightarrow 2Fe^{3+} + Tl^+$

당량점에서 $2[Tl^+] = [Fe^{3+}]$, $2[Tl^{3+}] = [Fe^{2+}]$

정답 ▶ 33 ④ 34 ③ 35 ① 36 ④ 37 ③

㉠식으로부터 $E = 0.77 - \dfrac{0.0591}{1} \log \dfrac{[Tl^{3+}]}{[Tl^+]}$ ………… ㉢

㉢ $+ 2 \times$ ㉡을 하면

$E = 0.77 - 0.0591 \log \dfrac{[Tl^{3+}]}{[Tl^+]}$

$+)\ 2E = 2.56 - 0.0591 \log \dfrac{[Tl^+]}{[Tl^{3+}]}$

$\overline{\quad 3E = 3.33 - 0.0591 \log \dfrac{[Tl^+][Tl^{3+}]}{[Tl^{3+}][Tl^+]} \quad}$

∴ $E = 1.11 V$

38 녹말과 같은 고유 지시약을 제외한 일반 산화환원 지시약의 색깔 변화에 대한 설명으로 가장 옳은 것은?

① 산화환원 적정 과정에서 적정곡선의 모양이 거의 수직 상승하는 범위에 의존한다.
② 산화환원 적정에 참여하는 분석물과 적정시약의 화학적 성질에 의존한다.
③ 산화환원 적정 과정에서 생기는 계의 전극전위의 변화에 의존한다.
④ 산화환원 적정 과정에 변하는 용액의 pH 변화에 의존한다.

해설
산화환원 적정에 참여하는 분석물이나 적정시약의 화학적 성질에는 무관하며 산화환원 적정에서 발생하는 전극전위의 변화에 의존한다.

39 25℃에서 0.028M의 NaCN 수용액의 pH는 얼마인가?(단, HCN의 $K_a = 4.9 \times 10^{-10}$이다.)

① 10.9
② 9.3
③ 3.1
④ 2.8

해설
NaCN → Na$^+$ + CN$^-$
CN$^-$ + H$_2$O ⇌ HCN + OH$^-$
약염기 용액에서 $[OH^-] = \sqrt{K_b C_B}$
여기서, K_b : 염기의 해리상수
C_B : 염기의 농도

$K_b = \dfrac{K_w}{K_a} = \dfrac{1 \times 10^{-14}}{4.9 \times 10^{-10}} = 2.04 \times 10^{-5}$

$[OH^-] = \sqrt{(2.04 \times 10^{-5})(0.028)} = 7.558 \times 10^{-4}$

$pOH = -\log[OH^-]$
$= -\log(7.558 \times 10^{-4}) = 3.12$

∴ $pH = 14 - pOH$
$= 14 - 3.12 = 10.88$

40 초산(CH$_3$COOH) 6g을 물에 용해하여 500mL 용액을 만들었다. 이 용액의 몰농도(mol/L)는 얼마인가? (단, 초산의 분자량은 60g/mol이다.)

① 0.1M
② 0.2M
③ 0.5M
④ 1.0M

해설
$6g\ CH_3COOH \times \dfrac{1mol}{60g} = 0.1mol$

$M = \dfrac{\text{용질의 몰수(mol)}}{\text{용액의 부피(L)}}$
$= \dfrac{0.1mol}{0.5L} = 0.2mol/L$

3과목 기기분석 I

41 원자 스펙트럼의 선넓힘을 일으키는 요인으로 가장 거리가 먼 것은?

① 온도
② 압력
③ 자기장
④ 에너지 준위

해설
선넓힘의 원인
• 불확정성 효과
• 도플러 효과
• 압력효과
• 전기장·자기장 효과
※ 온도가 올라가면 원자의 운동에너지가 커져 충돌이 잘 일어나므로 선넓힘의 원인이 될 수 있다.

정답 38 ③ 39 ① 40 ② 41 ④

42 원자분광법에서 원자선 너비가 중요한 주된 이유는?

① 원자들이 검출기로부터 멀어져 발생되는 복사선 파장의 증폭을 방지할 수 있다.
② 다른 원자나 이온과의 충돌로 인한 에너지 준위의 변화를 막을 수 있다.
③ 원자의 전이시간의 차이로 발생되는 선좁힘 현상을 제거할 수 있다.
④ 스펙트럼선이 겹쳐서 생기게 되는 분석방해를 방지할 수 있다.

해설

원자선 너비가 좁을수록 스펙트럼선의 겹침이 적어 스펙트럼선이 겹쳐서 생기게 되는 분석방해를 방지할 수 있다.

43 230nm 빛을 방출하기 위하여 사용되는 광원으로 가장 적절한 것은?

① Tungsten Lamp
② Deuterium Lamp
③ Nernst Glower
④ Globar

해설

자외선 (10~380nm)	가시광선 (380~780nm)	적외선 (780nm~1mm)
Ar등 H₂등, D₂등 (Deuterium Lamp)		
Xe등 속빈음극등	Xe등 속빈음극등	
레이저 텅스텐등 Nernst 백열등	레이저 텅스텐등 Nernst 백열등	레이저 텅스텐등 Nernst 백열등
		니크롬선 글로바(Globar)

44 IR spectrophotometer에 일반적으로 가장 많이 사용되는 파수의 단위는?

① nm
② Hz
③ cm^{-1}
④ rad

해설

$\bar{\nu}(파수) = \dfrac{1}{\lambda(파장)}[cm^{-1}]$

45 적외선 흡수분광기의 시료용기에 사용할 수 있는 재질로 가장 적합한 것은?

① 유리
② 소금
③ 석영
④ 사파이어

해설

자외선	가시광선	적외선
용융실리카 석영	플라스틱 유리	NaCl KBr

46 원자분광법에서 시료 도입방법에 따른 시료형태로서 틀린 것은?

① 직접 주입 – 고체
② 기체 분무화 – 용액
③ 초음파 분무화 – 고체
④ 글로우 방전 튐김 – 전도성 고체

해설

원자분광법의 시료 도입방법
㉠ 용액시료 도입방법
• 기체 분무기
• 초음파 분무기
• 전열 증기화
• 수소화물 생성법
㉡ 고체시료 도입방법
• 직접 주입
• 전열 증기화
• 레이저 증발
• 아크와 스파크 증발(전도성 고체)
• 글로우 방전법(전도성 고체)

정답 42 ④ 43 ② 44 ③ 45 ② 46 ③

47 UV-B를 차단하기 위한 햇빛 차단제의 흡수스펙트럼으로부터 280nm 부근의 흡광도가 0.38이었다면 투과되는 자외선 분율은?

① 42% ② 58%
③ 65% ④ 73%

해설

Lambert-Beer 법칙
$A = -\log T$
$0.38 = -\log T$
$\therefore T = 0.42 (42\%)$

48 530nm 파장을 갖는 빛의 에너지보다 3배 큰 에너지의 빛의 파장은 약 얼마인가?

① 177nm ② 226nm
③ 590nm ④ 1,590nm

해설

$E = h\nu = h\dfrac{c}{\lambda}$

E가 3배 커지면 빛의 파장 λ는 $\dfrac{1}{3}$이 되므로

$\lambda = \dfrac{530\text{nm}}{3} = 177\text{nm}$

49 원적외선 영역의 파장(μm) 범위는?

① 0.78~2.5 ② 2.5~15
③ 2.5~50 ④ 50~1,000

해설

| 자외선 | 가시광선 | 근적외선 | 적외선 | 원적외선 | 마이크로파 |

380nm 780nm 3,000nm 25,000nm 1mm
              (25 μm) (1,000 μm)

50 원자흡수분광법에서 스펙트럼 방해를 제거하는 방법이 아닌 것은?

① 연속광원 보정
② 보호제를 이용한 보정
③ Zeeman 효과를 이용한 보정
④ 광원 자체 반전에 의한 보정

해설

스펙트럼 방해
㉠ 방해 화학종의 흡수선 또는 방출선이 분석선에 너무 가까이 있거나 겹쳐져서 단색화 장치에 의해 분리가 불가능한 경우에 발생한다.
㉡ 보정법
• 연속광원보정법
• 두선보정법
• Zeeman 효과에 의한 바탕보정
• 광원 자체 반전에 의한 보정

51 Beer의 법칙에 대한 실질적인 한계를 나타내는 항목이 아닌 것은?

① 단색의 복사선
② 매질의 굴절률
③ 전해질의 해리
④ 큰 농도에서 분자 간의 상호작용

해설

Beer 법칙의 한계
• 매질의 굴절률 : 몰흡광계수는 굴절률에 따라 달라지는데, 농도가 굴절률을 크게 변화시키면 몰흡광계수의 변화로 편차가 나타난다.
• 전해질의 해리 : 흡수 화학종에 이온이 가까이 접근하여 정전기적 상호작용을 일으켜 흡수 화학종의 몰흡광계수가 변화되어 편차가 나타난다.
• 큰 농도에서 분자 간의 상호작용 : 농도가 크면 분자 간 거리가 가까워져 이웃 분자의 전하 분포에 영향을 주게 된다.
• 다색 복사선에 대한 겉보기 기기 편차 : Beer의 법칙은 단색 복사선에서 확실히 적용된다.

52 적외선 흡수분광법에서 적외선을 가장 잘 흡수할 수 있는 화학종은?

① O_2 ② HCl
③ N_2 ④ Cl_2

정답 47 ① 48 ① 49 ④ 50 ② 51 ① 52 ②

> **해설**
>
> 분자가 진동, 회전운동을 할 때 쌍극자 모멘트의 변화가 있어야 적외선을 흡수할 수 있다. 그런데 O_2, N_2, Cl_2와 같은 동종 화합물은 진동, 회전 시 쌍극자 모멘트의 알짜 변화가 없어 적외선을 흡수할 수 없다.

53 IR을 흡수하려면 분자는 어떤 특성을 가지고 있어야 하는가?

① 분자구조가 사면체이면 된다.
② 공명구조를 가지고 있으면 된다.
③ 분자 내에 π결합이 있으면 된다.
④ 분자 내에서 쌍극자 모멘트의 변화가 있으면 된다.

> **해설**
>
> IR(적외선) 흡수가 일어나려면 쌍극자 모멘트 변화가 있어야 한다.

54 분산형 적외선(Dispersive IR) 분광기와 비교할 때, Fourier 변환 적외선(FTIR) 분광기에서 사용되지 않는 장치는?

① 검출기(Detector)
② 광원(Light Source)
③ 간섭계(Interferometer)
④ 단색화 장치(Monochromator)

> **해설**
>
> Fourier 변환 적외선(FTIR) 분광기의 장치
> • 광원   • 간섭계
> • 시료부   • 검출기

55 원자 X선 분광법에 이용되는 X선 신호변환기 중 기체충전변환기에 속하지 않는 것은?

① 증강 계수기   ② 이온화 계수기
③ 비례 계수기   ④ Geiger 관

> **해설**
>
> X선 분광법의 신호변환기
> • 기체충전 변환기 : Geiger 관, 비례 계수기, 이온화 상자
> • 섬광 계수기
> • 반도체 변환기

56 양성자의 자기 모멘트 배열을 반대 방향으로 변화시키는 데 100MHz의 라디오 주파수가 필요하다면 양성자 NMR의 자석의 세기는 약 몇 T인가?(단, 양성자의 자기회전비율은 $3.0 \times 10^8 T^{-1} s^{-1}$이다.)

① 2.1   ② 4.1
③ 13.1 ④ 23.1

> **해설**
>
> 자기장에서의 에너지 준위
> $$E = \frac{\gamma h}{2\pi} B_o = h\nu_o$$
> 여기서, B_o : 자석의 세기(T)
> ν_o : 복사선의 주파수(Hz)
> γ : 양성자의 자기회전비율
> $$\therefore B_o = \frac{2\pi \nu_o}{\gamma}$$
> $$= \frac{2\pi(100 \times 10^6 s^{-1})}{3.0 \times 10^8 T^{-1} s^{-1}} = 2.1T$$

57 NMR 기기에서 자석은 자기장과 관련이 있으므로 중요한 부품이다. 감도와 분해능이 자석의 세기와 질에 따라서 달라지므로 자장의 세기를 정밀하게 조절하는 것이 중요하다. 다음 중 NMR 기기에서 사용되는 초전도 자석 장치의 특징이 아닌 것은?

① 자기장이 균일하고 재현성이 높다.
② 초전도자석의 자기장이 일반 전자석보다 세다.
③ 전자석보다 복잡한 구조로 되어 있으므로 작동비가 많이 든다.
④ 초전도성을 유지하기 위해서 Nb/Sn이나 Nb/Ti 합금 선으로 감은 솔레노이드를 사용한다.

정답 53 ④ 54 ④ 55 ① 56 ① 57 ③

> 해설

초전도자석은 초전도 현상을 이용하여 전자석보다 자기장의 세기가 크며, 안정도가 크고, 작동비가 싸며, 구조가 단순하고 부피도 작다.

58 공장 인근의 해수는 약 10mg/L 정도의 납(Pb)을 함유하고 있다. 유도결합플라스마 방출분광법(ICP-AES)으로 해수 시료를 분석하고자 할 때 가장 적절한 분석 방법은?

① ICP-AES로 분석하기 좋은 농도 범위이므로 전처리하지 않고 직접 분석한다.
② 해수에 염산(HCl)을 가하여 증발·농축시킨 후 질산으로 유기물을 분해시켜 ICP-AES로 분석한다.
③ 해수 중의 유기물을 질산(HNO_3)으로 분해시키고 NaCl(소금) 매트릭스로부터 납(Pb)을 분리 후 분석한다.
④ 해수 중에는 NaCl이 3% 정도 함유되어 있지만 Pb를 정량하는 데 거의 영향을 주지 않으므로 유기물을 황산으로 분해시킨 후 직접 분석한다.

> 해설

해수 중의 유기물을 산화력이 있는 HNO_3(질산)로 분해시키고 스펙트럼 방해를 제거하기 위해 NaCl(소금) 매트릭스로부터 Pb(납)를 분리한 후 분석한다.

59 핵자기공명 분광학에서 이용하는 파장은?

① 적외선 ② 자외선
③ 라디오파 ④ 마이크로파

> 해설

NMR(핵자기공명) : 라디오파 이용

60 나트륨은 589nm와 589.6nm에서 강한 스펙트럼 띠(선)를 나타낸다. 두 선을 구분하기 위해 필요한 분해능은?

① 0.6 ② 491.2
③ 589.3 ④ 982.2

> 해설

분해능 $R = \dfrac{\lambda}{\Delta\lambda} = \dfrac{\frac{589.0+589.6}{2}}{589.6-589.0} = 982.2$

4과목 기기분석 Ⅱ

61 다음 그림은 어떤 시료의 얇은 층 크로마토그램이다. 이 시료의 지연인자(Retardation Factor) R_f 값은?

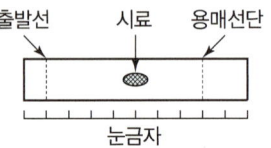

① 0.10 ② 0.20
③ 0.30 ④ 0.50

> 해설

지연인자

$R_f = \dfrac{\text{시료가 이동한 거리}(d_R)}{\text{용매가 이동한 거리}(d_M)}$

$= \dfrac{3.5}{7} = 0.5$

62 질량분석기에서 사용하는 시료 도입장치가 아닌 것은?

① 직접 도입장치
② 배치식 도입장치
③ 펠렛식 도입장치
④ 크로마토그래피 도입장치

> 해설

질량분석기에서 사용하는 시료 도입장치
- 직접 도입장치
- 배치식 도입장치
- 크로마토그래피 또는 모세관 전기이동 도입장치

63 원자질량분석장치 중에서 가장 상업화가 많이 되어 쓰이는 것은 ICP-MS이다. 이들 장치에 대한 설명으로 가장 바르게 설명한 것은?

① Ar을 이용한 사중극자 ICP-MS에서는 Fe, Se 등의 주 동위원소들이 간섭 없이 고감도로 측정이 잘된다.
② ICP와 결합된 Sector 질량분석장치는 고분해능이면서, Photon Baffle이 필요 없어 고감도 기능을 유지한다.
③ Ar 플라스마는 고온이므로 모두 완전히 분해되어 측정되므로 OH_2^+ 등의 Polyatomic 이온에 의한 간섭이 없다.
④ Ar ICP는 고온의 플라스마이므로, F 등의 할로겐 원소들도 완전히 이온화시켜 측정할 수 있다.

해설

ICP-MS
- 유도결합플라스마(ICP) 원자방출 광원장치와 질량분석기 (MS)가 결합하여 금속의 정성·정량에 가장 많이 사용되고 있는 원자질량분석장치이다.
- 플라스마 중의 광자가 이온과 함께 검출기에 도달하면 신호를 나타낼 수 있으므로 Photon Baffle(광자의 흐름을 차단하는 칸막이)을 이용하여 광자가 검출기에 도달하는 것을 막는다. 그러나 ICP와 결합된 Sector 질량분석장치는 자기장에 의해 이온들의 진행방향이 휘어져 검출기에 도달하고, 광자는 자기장에 영향을 받지 않아 검출기에 도달하지 않으므로 Photon Baffle이 필요 없어 고분해능, 고감도 기능을 유지한다.

64 갈바니전지에서 전류가 흐를 때 전위가 달라지는 요인으로 가장 거리가 먼 것은?

① 저항전위   ② 압력 과전압
③ 농도편극 과전압   ④ 전하이동편극 과전압

해설

갈바니전지에서 전류가 흐를 때 전위가 달라지는 요인
㉠ 저항전위(IR 강하) : 전압강하($V = IR$)
㉡ 편극 과전압 : 전류가 흐를 때 전극전위가 Nernst 식으로부터 벗어나는 편차
  - 농도편극 과전압
  - 전하이동편극 과전압

65 초미립 세라믹 분말이나 세라믹 분말로 만들어진 소재 및 부품들에 존재하는 금속원소들을 분석 시, 시료를 단일 산이나 혼합 산으로 녹일 때 잘 녹지 않는 시료들이 많다. 이러한 경우에 시료를 전처리 없이 직접 원자화장치에 도입할 수 있는 방법은 여러 가지가 있다. 다음 중 고체 분말이나 시편을 녹이지 않고 직접 도입하는 방법이 아닌 것은?

① 전열 가열법   ② 레이저 증발법
③ Fritted Disk 분무법   ④ 글로우 방전법

해설

고체시료 도입방법
- 직접 주입
- 전열 증기화
- 레이저 증발
- 아크와 스파크 증발(전도성 고체)
- 글로우 방전법(전도성 고체)

※ Fritted Disk(소결판) 분무법은 용액시료 도입방법(기체 분무기의 종류)이다.

66 일반적으로 사용되는 기체 크로마토그래피의 검출기 중 보편적으로 사용되는 검출기가 아닌 것은?

① Refractive Index Detector(RI)
② Flame Ionization Detector(FID)
③ Electron Capture Detector(ECD)
④ Thermal Conductivity Detector(TCD)

해설

기체 크로마토그래피의 검출기
- 불꽃이온화 검출기(FID)
- 열전도도 검출기(TCD)
- 전자포획 검출기(ECD)
- 열이온 검출기(TID), NPD
- 전해질전도도 검출기(Hall)
- 광이온화 검출기
- 원자방출 검출기(AED)
- 불꽃광도 검출기(FPD)
- 질량분석 검출기(MS)

정답 63 ② 64 ② 65 ③ 66 ①

67 액체 크로마토그래피에 쓰이는 다음 용매 중 극성이 가장 큰 용매는?

① 물(Water)
② 톨루엔(Toluene)
③ 메탄올(Metanol)
④ 아세토나이트릴(Acetonitrile)

해설

① 물 : H–O–H
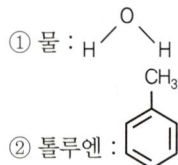
② 톨루엔 :
③ 메탄올 : CH_3OH
④ 아세토나이트릴 : $CH_3-C\equiv N$
※ 극성의 크기
　물 > 메탄올 > 아세토나이트릴

68 질량분석기의 이온화 장치(Ionization Source) 중 시료 분자 및 이온의 부서짐 및 토막내기(Fragmentation)가 가장 많이 일어나는 것은?

① 장 이온화(Field Ionization)
② 화학 이온화(Chemical Ionization)
③ 전자충격 이온화(Electron Impact Ionization)
④ 기질 보조 레이저 탈착 이온화(Matrix-assisted Laser Desorption Ionization)

해설

질량분석법의 이온화 장치(기체화 이온원)
• 전자충격 이온화 : 고에너지의 빠른 전자로 분자를 때리므로 토막내기 과정이 매우 잘 일어난다.
• 화학 이온화 : CH_4를 가장 많이 사용한다.
• 장 이온화 이온원
※ 탈착 이온화 이온원
　• 장 탈착법
　• 매트릭스 지원 레이저 탈착 이온화(MALDI)
　• 전기분무 이온화
　• 빠른 원자 충격법

69 폴리에틸렌에 포함된 카본블랙을 정량하고자 한다. 가장 알맞은 열분석법은?

① TGA　② DSC
③ DTA　④ TMA

해설

열분석법
• 열무게분석(TGA) : 온도변화에 따른 시료의 질량변화를 측정
• 시차열분석(DTA) : 시료물질과 기준물질의 온도 차이를 측정
• 시차주사열량법(DSC) : 시료와 기준물질 사이의 열량 차이를 측정

70 다음 (　) 안에 알맞은 용어는?

> 최신 열무게 측정기기(TGA)는 (　), 전기로, 기체주입장치, 마이크로컴퓨터/마이크로프로세스로 구성되어 있다.

① 시린저
② 검출기
③ 정교하게 제작된 온도계
④ 감도가 매우 좋은 분석저울

해설

열무게 측정기기
열저울, 전기로, 기체주입장치, 온도제어 및 데이터처리장치

71 GLC에 사용되는 고체 지지물질(Solid Support)의 조건으로 적합하지 않은 것은?

① 단단해서 쉽게 깨지지 않아야 한다.
② 입자 모양과 크기가 불균일하여야 한다.
③ 단위체적당 큰 비표면적을 가져야 한다.
④ 액체 정지상을 쉽고 균일하게 도포할 수 있어야 한다.

해설

고체 지지체의 조건
• 단단해서 쉽게 깨지지 않아야 한다(우수한 기계적 강도).
• 입자 모양과 크기가 작고 균일해야 한다.
• 단위체적당 큰 비표면적을 가져야 한다.
• 액체 정지상을 쉽고 균일하게 도포할 수 있어야 한다.
• 고온에서 비활성이어야 한다.

정답 67 ① 68 ③ 69 ① 70 ④ 71 ②

72 다음 전지의 전위는?

$$Zn \mid Zn^{2+}(1.0M) \parallel Cu^{2+}(1.0M) \mid Cu$$
$$Zn^{2+} + 2e^- \rightarrow Zn \qquad E° = -0.763V$$
$$Cu^{2+} + 2e^- \rightarrow Cu \qquad E° = 0.337V$$

① $-1.10V$
② $-0.427V$
③ $0.427V$
④ $1.10V$

해설

$E°_{전지} = E°_{환원} - E°_{산화}$
$= 0.337 - (-0.763)$
$= 1.1V$

73 전기분석법이 다른 분석법에 비하여 갖고 있는 특징에 대하여 설명한 것 중 옳지 않은 것은?

① 기기장치가 비교적 저렴하다.
② 복잡한 시료에 대한 선택성이 있다.
③ 화학종의 농도보다 활동도에 대한 정보를 제공한다.
④ 전기화학 측정법은 한 원소의 특정 산화상태에 따라 측정된다.

해설

전기분석법
- 분석성분의 산화·환원과정에 의한 전위나 전류를 측정하여 분석하는 방법
- 복잡한 시료에 대해서는 선택성이 없다.

74 다음 중 기준전극으로 주로 사용되는 전극은?

① Cu/Cu^{2+} 전극
② $Ag/AgCl$ 전극
③ Cd/Cd^{2+} 전극
④ Zn/Zn^{2+} 전극

해설

기준전극
- 칼로멜 전극
- 은-염화은 전극
- 표준수소전극

75 순환 전압전류법(Cyclic Voltammetry)에 대한 설명으로 틀린 것은?

① 두 전극 사이에 정주사(Forward Scan) 방향으로 전위를 걸다가 역주사(Reverse Scan) 방향으로 원점까지 전위를 낮춘다.
② 작업전극의 표면적이 같다면, 전류의 크기는 펄스 차이 폴라로그래피 전류와 거의 같다.
③ 가역반응에서는 양극 봉우리 전류와 음극 봉우리 전류가 거의 같다.
④ 가역반응에서 양극 봉우리 전위와 음극 봉우리 전위의 차이는 $0.0592/n$ Volt이다.

해설

펄스 차이 폴라로그래피에서는 전류의 측정이 펄스를 걸기 전, 즉 전류의 급증이 끝나기 전과 펄스의 끝부분, 즉 비패러데이 전류가 거의 0이 되는 지점에서 이루어지므로, 작업전극의 표면적이 같다면 펄스를 주지 않는 전압전류법에 비해 전류의 크기가 크다.

76 액체 크로마토그래피에서 주로 이용되는 기울기 용리(Gradient Elution)에 대한 설명으로 틀린 것은?

① 용매의 혼합비를 분석 시 연속적으로 변화시킬 수 있다.
② 분리시간을 단축시킬 수 있다.
③ 극성이 다른 용매는 사용할 수 없다.
④ 기체 크로마토그래피의 온도변화 분석과 유사하다.

해설

기울기 용리
고성능 액체 크로마토그래피에서 분리효율을 높이기 위해 극성이 다른 2~3가지 용매를 선택하여 조성의 비율을 단계적으로 변화시켜 사용하는 방법이다.

77 질량분석계의 질량분석장치를 이용하는 방법에 해당되지 않는 분석기는?

① 원소 질량분석기
② 사중극자 질량분석기
③ 이중초점 질량분석기
④ 자기장 부채꼴 질량분석기

정답 72 ④ 73 ② 74 ② 75 ② 76 ③ 77 ①

해설

질량분석계의 질량분석장치
- 자기장 부채꼴 질량분석기
- 이중초점 질량분석기
- 사중극자 질량분석기
- 비행시간 질량분석기
- 이온포착 질량분석기
- Fourier 변환(FT) 질량분석기

78 아주 큰 분자량을 갖는 극성 생화학 고분자의 분자량에 대한 정보를 알 수 있는 가장 유용한 이온화법은?

① 장 이온화(FI)
② 화학 이온화(CI)
③ 전자충격 이온화(EI)
④ 매트릭스 지원 탈착 이온화(MALDI)

해설

MALDI(매트릭스 지원 탈착 이온화)
- 수천~수십만 Dalton의 분자량을 갖는 극성 생화학 고분자 화합물의 정확한 분자질량에 대한 정보를 얻을 수 있다.
- 분석물과 매트릭스를 균일하게 분산해 금속 시료판에 놓은 후 레이저빔을 쪼이면, 레이저빔이 시료를 때려 매트릭스, 분석물, 다른 이온들을 탈착시킨다.
- MALDI와 같이 사용하는 질량분석장치는 TOF(비행시간 질량분석장치)이다.

79 이온교환 크로마토그래피를 이용하여 음이온, 할로겐화물, 알칼로이드, 비타민 B 복합물 및 지방산을 분리하는 데 가장 적절한 이온교환수지는?

① 강산성 양이온교환수지
② 약산성 양이온교환수지
③ 강염기성 음이온교환수지
④ 약염기성 음이온교환수지

해설

이온교환 크로마토그래피
정지상으로 $-SO_3^-H^+$, $-N(CH_3)_3^+OH^-$ 등이 결합되어 있는 이온교환수지를 사용하여 용질이온들이 정지상에 끌려 이온교환이 일어나는 것을 이용한다.

80 2.00mmol의 전자가 2.00V의 전위차를 가진 전지를 통하여 이동할 때 행한 전기적인 일의 크기는 약 몇 J인가?(단, Faraday 상수는 96,500C/mol이다.)

① 193J
② 386J
③ 483J
④ 965J

해설

$W = C \times V$
$W = F \times n \times V$
$F = 96,500 \text{C/mol}$, $n = 2 \times 10^{-3} \text{mol}$, $V = 2.00 \text{V}$이므로
$\therefore W = (96,500 \text{C/mol})(2 \times 10^{-3} \text{mol})(2.00 \text{V})$
$= 386 \text{J}$

정답 78 ④ 79 ③ 80 ②

2018년 제1회 기출문제

1과목 일반화학

01 다음과 같은 반응에서 압력을 증가시키면 어떻게 되는가?

$$3H_2(g) + N_2(g) \rightleftharpoons 2NH_3(g)$$

① 평형이 왼쪽으로 이동
② 평형이 오른쪽으로 이동
③ 평형이 이동하지 않음
④ 평형이 양쪽으로 이동

해설

르 샤틀리에 원리에 따라 압력이 증가하면 기체 몰수가 감소하는 방향으로 진행되므로 반응이 오른쪽으로 이동한다.

02 1.00g의 아세틸렌이 완전히 연소할 때 생성되는 이산화탄소의 부피는 표준상태에서 몇 L인가?(단, 모든 기체는 이상기체라고 가정한다.)

① 1.225L
② 1.725L
③ 2.225L
④ 2.725L

해설

$2C_2H_2 + 5O_2 \rightarrow 4CO_2 + 2H_2O$
$2 \times 26g$: $4 \times 22.4L$
$1g$: x
$\therefore x = 1.723L$

03 화학식과 그 명칭을 잘못 연결한 것은?

① C_3H_8 – 프로판
② C_4H_{10} – 펜탄
③ C_6H_{14} – 헥산
④ C_8H_{18} – 옥탄

해설

- C_4H_{10} – 부탄(부테인)
- C_5H_{12} – 펜탄(펜테인)

04 질산(HNO_3) 23g이 물 200g에 녹아 있다. 이 질산용액의 몰랄농도는 약 얼마인가?

① 1.243m
② 1.825m
③ 2.364m
④ 2.992m

해설

$HNO_3\ 23g \times \dfrac{1mol}{63g} = 0.365mol$

몰랄농도$(m) = \dfrac{0.365mol}{0.2kg} = 1.825m$

05 다음 반응에 대한 평형상수 K_c를 옳게 나타낸 것은?

$$NH_4NO_3(s) \rightleftharpoons N_2O(g) + 2H_2O(g)$$

① $K_c = \dfrac{[N_2O(g)][H_2O]^2}{[NH_4NO_3(s)]^2}$

② $K_c = \dfrac{[N_2O(g)][H_2O]^2}{[NH_4NO_3(s)]^3}$

③ $K_c = [N_2O(g)][H_2O]^2$

④ $K_c = \dfrac{[N_2O(g)][H_2O]^2}{[NH_4NO_3(s)]}$

해설

$K_c = \dfrac{[N_2O][H_2O]^2}{[NH_4NO_3]}$에서 고체는 농도가 일정하므로 평형상수의 식에서 제외된다.

$\therefore K_c = [N_2O][H_2O]^2$

정답 01 ② 02 ② 03 ② 04 ② 05 ③

06 원자에 대한 설명 중 틀린 것은?

① 수소원자(H)는 1개의 중성자와 1개의 양성자 그리고 1개의 전자로 이루어져 있다.
② 수소원자에서 전자가 빠져나가면 수소이온(H^+)이 된다.
③ 수소원자에서 전자가 빠져나간 것이 양성자이다.
④ 탄소의 경우처럼 수소 역시 동위원소들이 존재한다.

해설

$_1^1H$
원자번호＝양성자수＝전자수＝1
질량수＝양성자수＋중성자수＝1
1＋중성자수＝1
∴ 중성자수＝0

07 NaBr과 Cl_2가 반응하여 NaCl과 Br_2를 형성하는 반응의 두 반쪽반응은?

① (산화) : $Cl_2 + 2e^- \to 2Cl^-$
  (환원) : $2Br^- \to Br_2 + 2e^-$
② (산화) : $2Br^- \to Br_2 + 2e^-$
  (환원) : $Cl_2 + 2e^- \to 2Cl^-$
③ (산화) : $Br^- \to Br_2 + 2e^-$
  (환원) : $Cl_2 + e^- \to Cl^-$
④ (산화) : $Br + 2e^- \to Br^{2-}$
  (환원) : $2Cl^- \to Cl_2 + 2e^-$

해설

$2Br^- \to Br_2 + 2e^-$: 산화
$Cl_2 + 2e^- \to 2Cl^-$: 환원

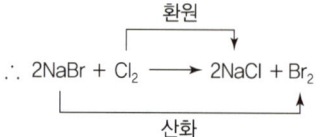

08 40.9% C, 4.6% H, 54.5% O의 질량백분율 조성을 가지는 화합물의 실험식에 가장 가까운 것은?

① CH_2O ② $C_3H_4O_3$
③ $C_6H_5O_6$ ④ $C_4H_6O_3$

해설

$C_{\frac{40.9}{12}} H_{\frac{4.6}{1}} O_{\frac{54.5}{16}} = C_{3.41}H_{4.6}O_{3.41}$
$= C_3H_4O_3$

09 다음 중 물에 대한 용해도가 가장 낮은 물질은?

① CH_3CHO ② CH_3COCH_3
③ CH_3OH ④ CH_3Cl

해설

극성 물질은 극성 용매에 녹고 비극성 물질은 비극성 용매에 녹는다. 물은 수소결합이 있는 극성 용매이므로 수소결합이 있는 극성 물질이 물에 잘 녹는다.

10 $CH_3COOCH_2CH_3$를 특성기에 따라 분류하면 다음 중 무엇에 해당하는가?

① 카르복시산류 ② 에스테르류
③ 알데하이드류 ④ 에테르류

해설

• RCOOR′ : 에스터(에스테르)
• RCOOH : 카르복시산
• RCHO : 알데하이드
• ROR′ : 에테르

11 이소프로필알코올(Isopropyl Alcohol)을 옳게 나타낸 것은?

① CH_3-CH_2-OH
② $CH_3-CH(OH)-CH_3$
③ $CH_3-CH(OH)-CH_2-CH_3$
④ $CH_3-CH_2-CH_2-OH$

정답 06 ① 07 ② 08 ② 09 ④ 10 ② 11 ②

> 해설

이소프로필알코올
CH₃ – CH – CH₃
         |
         OH

12 다음 중 산-염기 반응의 쌍이 아닌 것은?

① $C_2H_5OH + HCOOH$ ② $CH_3COOH + NaOH$
③ $CO_2 + NaOH$ ④ $H_2CO_3 + Ca(OH)_2$

> 해설

C_2H_5OH는 에탄올로 염기가 아니라 알코올이다.

13 25℃에서 에틸알코올(C_2H_5OH) 30g을 물 100.0g에 녹여 만든 용액의 증기압(mmHg)은 얼마인가?(단, 25℃에서 순수한 물의 증기압은 23.88mmHg이고 순수한 에틸알코올에 대한 증기압은 61.2mmHg이다.)

① 24.5mmHg ② 27.7mmHg
③ 36.8mmHg ④ 52.3mmHg

> 해설

$C_2H_5OH\ 30g \times \dfrac{1mol}{46g} = 0.652mol$

$H_2O\ 100g \times \dfrac{1mol}{18g} = 5.556mol$

$x_{H_2O} = \dfrac{5.556}{5.556 + 0.652} = 0.895$

$x_{C_2H_5OH} = 1 - 0.895 = 0.105$

$P = P_A x_A + P_B x_B$
$= 0.895 \times 23.88 + 0.105 \times 61.2$
$= 27.8mmHg$

14 주기율표에 대한 일반적인 설명 중 가장 거리가 먼 것은?

① 주기율표는 원자번호가 증가하는 순서로 원소를 배치한 것이다.
② 세로열에 있는 원소들이 유사한 성질을 가진다.
③ 1A족 원소를 알칼리금속이라고 한다.
④ 2A족 원소를 전이금속이라고 한다.

> 해설

- 2A족 원소 : 알칼리토금속
- 전이금속 : 주기율표에서 3~12족까지의 금속원소로 d나 f 오비탈에 전자가 있는 원소이다.

15 질량백분율이 37%인 염산의 몰농도는 약 얼마인가?(단, 염산의 밀도는 1.188g/mL이다.)

① 0.121M ② 0.161M
③ 12.1M ④ 16.1M

> 해설

100g 기준 ┌ HCl : 37g
          └ H_2O : 63g

$37g\ HCl \times \dfrac{1mol}{36.5g} = 1.014mol$

37% 염산 용액의 부피 $= \dfrac{질량}{밀도}$

$= \dfrac{100g}{1.188g/mL}$

$= 84.175mL = 0.084L$

몰농도(M) $= \dfrac{용질의\ 몰수(mol)}{용액의\ 부피(L)}$

$= \dfrac{1.014mol}{0.084L} = 12.07 ≒ 12.1M$

16 다음의 반응에서 산화되는 물질은 무엇인가?

$$Cl_2(g) + 2Br^-(aq) \rightarrow 2Cl^-(aq) + Br_2(l)$$

① Br^- ② Cl_2
③ Br_2 ④ Cl_2, Br_2

> 해설

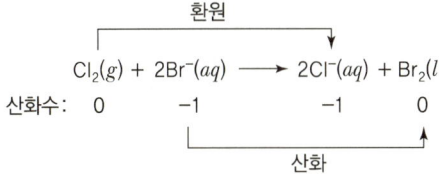

> 정답 12 ① 13 ② 14 ④ 15 ③ 16 ①

17 이온에 대한 설명 중 틀린 것은?

① 전기적으로 중성인 원자가 전자를 얻거나 잃어버리면 이온이 만들어진다.
② 원자가 전자를 잃어버리면 양이온을 형성한다.
③ 원자가 전자를 받아들이면 음이온을 형성한다.
④ 이온이 만들어질 때 핵의 양성자수가 변해야 한다.

해설
전기적으로 중성인 원자가 전자를 잃으면 양이온, 전자를 얻으면 음이온이 된다.

18 다음 원자나 이온 중 짝짓지 않은 3개의 홀전자를 가지는 것은?

① N ② O
③ Al ④ S^{2-}

해설
$_7N : 1s^2 2s^2 2p^3$

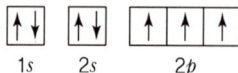

$2p$에 3개의 홀전자를 갖는다.

19 유기화합물의 작용기 구조를 나타낸 것 중 틀린 것은?

① 케톤 : $\!>\!\!C=O$
② 아민 : $-C-N-$
③ 알데히드 : $-\overset{O}{\overset{\|}{C}}-H$
④ 에스테르 : $-\overset{O}{\overset{\|}{C}}-O-$

해설
- 아민 : $-NH_2$
- 시안화 : $-C\equiv N$

20 물질의 구성에 관한 설명 중 틀린 것은?

① 몰(mole)질량의 단위는 g/mol이다.
② 아보가드로수는 수소 12.0g 속의 수소원자의 수에 해당한다.
③ 몰(mole)은 아보가드로수만큼의 입자들로 구성된 물질의 양을 의미한다.
④ 분자식은 분자를 구성하는 원자의 종류와 수를 원소기호를 사용하여 나타낸 화학식이다.

해설
아보가드로수는 탄소 12g 속의 탄소원자의 수에 해당한다.

2과목 분석화학

21 킬레이트 적정법에서 사용하는 금속지시약이 가져야 할 조건이 아닌 것은?

① 금속지시약은 금속이온과 반응하여 킬레이트 화합물을 형성할 수 있어야 한다.
② 금속지시약이 금속이온과 반응하여 형성하는 킬레이트 화합물의 안정도 상수는 킬레이트 표준용액이 금속지시약과 반응하여 형성하는 킬레이트 화합물의 안정도 상수보다 작아야 한다.
③ 적정에 사용하는 금속지시약의 농도는 가능한 한 진하게 해야 하고, 금속이온의 농도는 작게 해야 한다.
④ 금속지시약과 금속이온이 만드는 킬레이트 화합물은 분명하게 특이한 색깔을 띠어야 한다.

해설
금속지시약
- 금속이온의 농도에 따라 색이 변한다.
- 지시약이 금속이온과 반응하여 킬레이트 화합물을 형성할 수 있어야 한다.
- 지시약은 EDTA보다 약하게 금속과 결합해야 한다.

22 20.00mL의 0.1000M Hg_2^{2+}를 Cl^-로 적정하고자 한다. 반응을 완결시키는 데 필요한 0.1000M Cl^-의 부피(mL)는 얼마인가? (단, $Hg_2Cl_2(s) \leftrightarrow Hg_2^{2+}(aq) + 2Cl^-(aq)$, $K_{sp}=1.2\times10^{-18}$이다.)

① 10mL ② 20mL
③ 30mL ④ 40mL

정답 17 ④ 18 ① 19 ② 20 ② 21 ③ 22 ④

해설

$NV = N'V'$

$0.100 \times 2 \times 20 = 0.100 \times V_{Cl^-}$

∴ $V_{Cl^-} = 40\,mL$

---

23 다음 중 부피분석에 해당하지 않는 것은?

① 겔 투과에 의한 단백질 분석
② EDTA를 사용하는 납이온 분석
③ 요오드에 의한 아스코브산의 정량
④ 과망간산칼륨에 의한 옥살산의 정량

해설

부피분석
분석물질과 반응하는 데 필요한 시약의 부피를 측정하여 정량하는 방법

예 • 산 - 염기 적정
 • 산화환원 적정
 • 킬레이트 적정
 • 침전 적정
 • 요오드 적정

※ 겔 투과에 의한 단백질 분석은 분리분석에 해당한다.

---

24 HBr(분자량 80.9g/mol)의 질량백분율이 46%인 수용액의 밀도는 1.46g/mL이다. 이 용액의 몰농도(mol/L)는 얼마인가?

① 3.89mol/L
② 5.69mol/L
③ 8.30mol/L
④ 39.2mol/L

해설

100g 기준 HBr $46g \times \dfrac{1mol}{80.9g} = 0.569\,mol$

HBr 수용액의 부피 $= \dfrac{질량}{밀도}$

$= \dfrac{100g}{1.46g/mL} = 68.5\,mL = 0.0685\,L$

몰농도(M) $= \dfrac{용질의\ 몰수(mol)}{용액의\ 부피(L)}$

$= \dfrac{0.569\,mol}{0.0685\,L} = 8.3\,mol/L$

---

25 용해도곱(Solubility Product)은 고체염이 용액 내에서 녹아 성분 이온으로 나뉘는 반응에 대한 평형상수로 K_{sp}로 표시한다. PbI_2는 다음과 같은 용해 반응을 나타내고, 이때 K_{sp}는 7.9×10^{-9}이다. 0.030M NaI를 포함한 수용액에 PbI_2를 포화상태로 녹일 때, Pb^{2+}의 농도는 몇 M인가?(단, 다른 화학반응은 없다고 가정한다.)

$$PbI_2(s) \rightleftharpoons Pb^{2+}(aq) + 2I^-(aq),\ K_{sp} = 7.9 \times 10^{-9}$$

① 7.9×10^{-9}
② 2.6×10^{-7}
③ 8.8×10^{-6}
④ 2.0×10^{-3}

해설

PbI_2	⇌	Pb^{2+}	+	$2I^-$
		0		0.030M
		$+x$		$+2x$
		x		$0.03+2x$

$K_{sp} = [Pb^{2+}][I^-]^2$
$= x(0.03+2x)^2$
$\simeq x(0.03)^2 = 7.9 \times 10^{-9}$

∴ $x = [Pb^{2+}] = 8.78 \times 10^{-6}$

---

26 25℃ 0.10M KCl 용액의 계산된 pH 값에 가장 근접한 값은?(단, 이 용액에서의 H^+와 OH^-의 활동도 계수는 각각 0.83과 0.76이다.)

① 6.98
② 7.28
③ 7.58
④ 7.88

해설

$K_w = K_a \times K_b$
$= [H^+] \times 0.83 \times [OH^-] \times 0.76 = 10^{-14}$

$[H^+] = [OH^-]$

$[H^+]^2 = \dfrac{10^{-14}}{0.83 \times 0.76}$

$[H^+] = 1.26 \times 10^{-7}$

∴ $pH = -\log[H^+]$
$= -\log(1.26 \times 10^{-7} \times 0.83) = 6.98$

정답 23 ① 24 ③ 25 ③ 26 ①

27 0.3M La(NO$_3$)$_3$ 용액의 이온 세기를 구하면 몇 M 인가?

① 1.8 ② 2.6
③ 3.6 ④ 6.3

해설

La(NO$_3$)$_3$ ⇌ La^{3+} + 3NO$_3^-$

이온 세기 $\mu = \frac{1}{2}[\{0.3 \times (+3)^2 \times 1\} + \{0.3 \times (-1)^2 \times 3\}]$
$= 1.8$

28 유해물질인 벤젠(분자량=78.1)이 하천에 무단 방출되어 이를 측정한 결과 15ppb가 존재하는 것으로 보고되었다. 이 농도를 몰농도로 바꾸면 약 얼마인가?

① 1.9×10^{-6}M ② 1.9×10^{-7}M
③ 1.9×10^{-10}M ④ 1.9×10^{-13}M

해설

$15\text{ppb} = 15 \times \frac{1}{10^9} = \frac{15\mu g}{1\text{kg}} = \frac{15\mu g}{1\text{L}} \times \frac{1g}{10^6 \mu g} \times \frac{1\text{mol}}{78.1g}$
$= 1.92 \times 10^{-7} \text{mol/L}$

29 표준수소전극의 표준환원전위 $E° = 0.0$V, 은-염화은 전극의 표준환원전위 $E° = 0.197$V, 포화 칼로멜 전극의 표준환원전위 $E° = 0.241$V이다. 어떤 분석용액을 기준전극으로 은-염화은 전극을 사용하여 전압을 측정하였더니 0.284V이었다. 기준전극을 포화 칼로멜 전극으로 바꿔 사용하였을 때 측정되는 전압은 몇 V인가?

① 0.240V ② 0.241V
③ 0.284V ④ 0.288V

해설

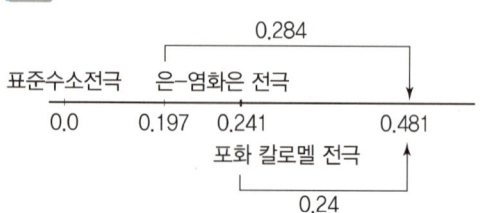

30 금이 왕수에서 녹을 때 미량의 금이 산화제인 질산에 의해 이온이 되어 녹으면 염소이온과 반응해서 제거되면서 계속 녹는다. 이때 금이온과 염소이온 사이의 반응은?

① 산화-환원 ② 침전
③ 산-염기 ④ 착물 형성

해설

왕수 : 진한 질산(HNO$_3$) 1부피 + 진한 염산(HCl) 3부피

Au $\xrightarrow{\text{진한 질산}}$ Au^{3+}(산화)

Cl$^-$(리간드) 4개와 배위결합한 [AuCl$_4$]$^-$의 착물을 형성한다.

31 부피분석의 한 가지 방법으로 용액 중의 어떤 물질에 대하여 표준용액을 과잉으로 가하여, 분석물질과의 반응이 완결된 다음 미반응의 표준용액을 다른 표준용액으로 적정하는 방법은?

① 정적정법 ② 후적정법
③ 직접적정법 ④ 역적정법

해설

- 직접적정법 : 미지농도의 용액을 표준용액으로 직접 적정하는 방법으로 소모된 표준용액의 양으로 그 농도를 산출한다.
- 역적정법 : 미지농도의 용액에 과량의 표준용액을 가하여 반응이 완료된 후 남은 과잉량을 다른 표준용액으로 적정하는 방법

32 다음 반응에서 염기-짝산과 산-짝염기 쌍을 각각 옳게 나타낸 것은?

$$\text{NH}_3 + \text{H}_2\text{O} \rightleftharpoons \text{NH}_4^+ + \text{OH}^-$$

① NH$_3$-OH$^-$, H$_2$O-NH$_4^+$
② NH$_3$-NH$_4^+$, H$_2$O-OH$^-$
③ H$_2$O-NH$_3$, NH$_4^+$-OH$^-$
④ H$_2$O-NH$_4^+$, NH$_3$-OH$^-$

정답 27 ① 28 ② 29 ① 30 ④ 31 ④ 32 ②

해설

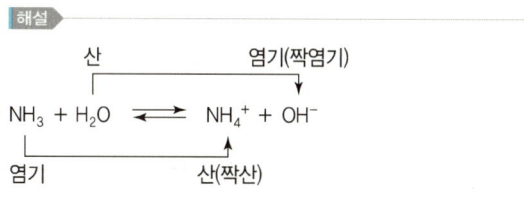

33 활동도 및 활동도 계수에 대한 설명으로 옳은 것은?
① 활동도는 농도나 온도에 관계없이 일정하다.
② 이온 세기가 매우 작은 묽은 용액에서 활동도 계수는 1에 가까운 값을 갖는다.
③ 활동도는 활동도 계수를 농도의 제곱으로 나눈 값이다.
④ 이온의 활동도 계수는 전하량과 이온 세기에 비례한다.

해설
- 활동도 = 활동도 계수 × 농도
- 활동도는 농도와 온도의 함수이다.
- 이온의 활동도 계수는 전해질의 종류, 성질에는 무관하고 이온의 세기가 클수록, 이온의 전하수가 클수록, 이온의 수화 반지름이 작을수록 활동도 계수가 감소한다.

34 염산의 표준화를 위하여 사용하는 탄산나트륨을 완전히 건조하지 않았다면 표준화된 염산의 농도는 완전히 건조한 (무수)탄산나트륨을 사용하여 표준화했을 때 $E°$의 염산 농도에 비해 어떻게 되는가?
① 높게 된다.
② 낮게 된다.
③ 같은 농도를 갖는다.
④ 탄산나트륨에 있는 물의 양과 무관하다.

해설
$NV = N'V'$
무수 Na_2CO_3보다 건조하지 않은 Na_2CO_3는 물이 포함되어 있으므로 V'은 높아진다.
그러므로 HCl 표준용액의 농도가 높아진다.

35 $Ba(OH)_2$ 용액 200mL을 중화하기 위하여 0.2M HCl 용액 100mL가 필요하였다. $Ba(OH)_2$ 용액의 노르말농도(N)는?
① 0.01
② 0.05
③ 0.1
④ 0.5

해설
$NV = N'V'$
$N \times 200mL = 0.2 \times 1 \times 100$
$\therefore N = 0.1N$

36 산화환원 적정 시 MnO^{4-}와 Mn^{2+} 또는 Fe^{2+}와 Fe^{3+}가 용액 중에 함께 존재하는 경우와 같이 때로는 분석물질을 적정하기 전에 산화상태를 조절할 필요가 있다. 산화상태를 조절하는 방법이 아닌 것은?
① Jones 환원관을 이용한 예비 환원
② Walden 환원관을 이용한 예비 환원
③ 과황산이온($S_2O_8^{2-}$)을 이용한 예비 산화
④ 센 산 또는 센 염기를 이용한 예비 산화/환원

해설
분석물질의 산화상태 조절방법
(1) 예비 산화제
  ㉠ 과황산암모늄(($NH_4)_2S_2O_8$)
  ㉡ 산화은(Ⅱ)(AgO)
  ㉢ 비스무트산나트륨($NaBiO_3$)
  ㉣ 과산화수소(H_2O_2)
(2) 예비 환원제
  ㉠ 금속(Zn, Al, Cd, Pb, Ni)
   - 분석물 용액에 직접 넣어줌
   - Jones 환원관
   - Walden 환원관
  ㉡ 염화주석($SnCl_2$)
  ㉢ 염화크롬(Ⅱ)($CrCl_2$)
  ㉣ SO_2, H_2S

정답 33 ② 34 ① 35 ③ 36 ④

37 산화전극(Anode)에서 일어나는 반응이 아닌 것은?

① $Ag^+ + e^- \rightarrow Ag(s)$
② $Fe^{2+} \rightarrow Fe^{3+} + e^-$
③ $Fe(CN)_6^{4-} \rightarrow Fe(CN)_6^{3-} + e^-$
④ $Ru(NH_3)_6^{2+} \rightarrow Ru(NH_3)_6^{3+} + e^-$

해설
- 산화전극 : 산화반응 Anode 전극, (−)극
- 환원전극 : 환원반응 Cathode 전극, (+)극

38 전극전위에 대한 설명 중 틀린 것은?

① 전극전위의 크기는 이온 물질의 산화제로서의 상대적인 세기를 나타낸다.
② 전극전위의 값이 양(+)인 것은 표준수소전극과 짝을 이루었을 때 환원전극으로서 자발적인 반응을 나타낸다.
③ 표준전극전위는 반응물과 생성물의 활동도가 1에서 평형상태의 활동도를 갖는 상태로 진행시키려는 상대적인 힘이다.
④ 표준전극전위 값은 완결된 반쪽반응(Half Reaction)에서 보여주는 반응물과 생성물의 몰수에 달려 있다.

해설

표준전극전위
- 반응물과 생성물의 활동도가 모두 1일 때 산화전극전위를 0.000V로 정한 표준수소전극으로 하고 측정하고자 하는 반쪽반응을 환원전극으로 하는 화학전지의 전위로 "표준환원전위"이다.
- 표준전극전위는 반쪽반응의 반응물과 생성물의 몰수에 무관하다.

39 퀴리가 라듐을 발견할 때 염화라듐($RaCl_2$)에 들어있는 염소의 양을 재어서 라듐의 원자량을 결정했다. 염소의 양을 측정하는 데 사용할 수 있는 가장 적당한 방법은?

① 무게분석   ② 산염기 적정
③ EDTA 적정   ④ 산화환원 적정

해설
염소의 양을 측정하는 적당한 방법은 무게분석법이다.

40 메틸아민(Methylamine)은 약한 염기로, 염해리상수(K_b) 값은 다음과 같은 평형식에서 구할 수 있다. 메틸아민의 짝산인 메틸암모늄이온(Methylammonium Ion)의 산해리상수(K_a)를 구하기 위한 화학평형식으로 옳은 것은?

$$CH_3NH_2 + H_2O \rightleftarrows CH_3NH_3^+ + OH^-, \quad K_b = 4.4 \times 10^{-4}$$

① $CH_3NH_2 \rightleftarrows CH_3NH_3^+ + H^+$
② $CH_3NH_3^+ \rightleftarrows CH_3NH_2 + H^+$
③ $CH_3NH_3^+ + OH^- \rightleftarrows CH_3NH_2 + H_2O$
④ $CH_3NH_2 + OH^- \rightleftarrows CH_3N^-H + H_2O$

해설

$$K_b = \frac{[CH_3NH_3^+][OH^-]}{[CH_3NH_2]} = 4.4 \times 10^{-4}$$

$$K_a = \frac{K_w}{K_b} = \frac{[H^+][OH^-][CH_3NH_2]}{[CH_3NH_3^+][OH^-]}$$

$$= \frac{[H^+][CH_3NH_2]}{[CH_3NH_3^+]}$$

∴ $CH_3NH_3^+ \rightleftarrows CH_3NH_2 + H^+$

3과목 기기분석 I

41 자외선−가시광선(UV−Visible) 흡수분광법에서 주로 관여하는 에너지 준위는?

① 전자 에너지 준위(Electronic Energy Level)
② 병진 에너지 준위(Translation Energy Level)
③ 회전 에너지 준위(Rotational Energy Level)
④ 진동 에너지 준위(Vibrational Energy Level)

정답 37 ① 38 ④ 39 ① 40 ② 41 ①

해설
자외선 – 가시광선 흡수분광법
자외선·가시광선을 흡수하여 전자전이가 일어난다.

42 적외선 흡수스펙트럼을 나타낼 때 $E°$ 가로축으로 주로 파수(cm^{-1})를 쓰고 있다. 파장(μm)과의 관계는?
① 파수 = 10,000 / 파장
② 파수 × 파장 = 1,000
③ 파수 × 파장 = 100
④ 파수 = 1,000,000 / 파장

해설
$$파수 = \frac{1}{파장}$$
$$파수(cm^{-1}) = \frac{1}{파장(\mu m)} \times \frac{10^6 \mu m}{1m} \times \frac{1m}{100cm}$$
$$= \frac{10^4}{파장(\mu m)}$$

43 다음 스펙트럼 영역 중 에너지가 가장 낮은 영역은?
① Visible Spectrum
② Far IR Spectrum
③ IR Spectrum
④ Near IR Spectrum

해설
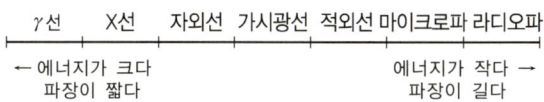

44 불꽃원자화(Flame Atomizer) 방법과 비교한 전열원자화(Electrothermal Atomizer) 방법의 특징에 대한 설명으로 틀린 것은?
① 감도가 불꽃원자화에 비하여 뛰어나다.
② 적은 양의 액체시료로도 측정이 가능하다.
③ 고체시료의 직접 분석이 가능하다.
④ 측정농도 범위가 10^6 정도로서 아주 넓고 정밀도가 우수하다.

해설
㉠ 불꽃원자화
  • 재현성은 있으나 시료효율, 감도가 좋지 않다.
  • 시료의 많은 부분이 폐기통으로 빠져나가고 불꽃의 광학 경로에 머무르는 원자들의 체류시간이 짧아(10^{-4}s 정도) 시료효율이 낮다.
㉡ 전열원자화
  • 전체 시료가 짧은 시간에 원자화되고, 원자가 빛 진로에 평균적으로 머무르는 시간이 1초 이상이다.
  • 감도가 높다.

45 이상적인 변환기의 성질이 아닌 것은?
① 높은 감도
② 빠른 감응시간
③ 높은 신호 대 잡음비
④ 반드시 Nernst 식에 따라야 함

해설
• 변환기 : 분광기기의 검출기로 복사에너지를 전기신호로 바꾸어주는 장치
• Nernst 식 : 전위차와 농도와의 관계식
$$E = E° - \frac{0.05916}{n} \log Q$$

46 적외선 흡수분광법에서 흡수 봉우리의 파수(cm^{-1})가 가장 큰 작용기는?
① C=O
② C−O
③ O−H
④ C=C

해설
• O−H : 3,650~3,590cm^{-1}
• C=O : 1,760~1,690cm^{-1}
• C−O : 1,300~1,050cm^{-1}
• C=C : 1,680~1,610cm^{-1}

47 핵자기공명분광법에 대한 설명으로 틀린 것은?
① 시료를 센 자기장에 놓아야 한다.
② 화학종의 구조를 밝히는 데 주로 사용된다.
③ 흡수과정에서 원자의 핵이 관여하지 않는다.
④ 4~900MHz 정도의 라디오 주파수 영역의 전자기 복사선의 흡수를 측정한다.

정답 ▶ 42 ① 43 ② 44 ④ 45 ④ 46 ③ 47 ③

해설

NMR(핵자기공명분광법)
- 원자의 핵과 자기장의 관계로 분자 구조를 밝힌다.
- 약 4~900MHz의 라디오 주파수 영역에서 전자기 복사선의 흡수 측정을 기반으로 한다.

48 적외선 분광법에서 물 분자의 이론적 진동방식 수는?

① 2개　　② 3개
③ 4개　　④ 5개

해설

진동방식의 수
- 선형 분자 : $3N-5$
- 비선형 분자 : $3N-6$

물의 진동방식 수 $= 3N-6$
$\qquad\qquad\qquad = 3\times 3 - 6 = 3$

49 분광 분석기의 구성 중 검출기로 이용되는 것은?

① Cuvette(큐벳)
② Grating(회절발)
③ Chopper(토막기)
④ Photomultiplier Tube(광전증배관)

해설

- Cuvette(큐벳) : 시료 용기
- Grating(회절발) : 단색화 장치
- Chopper(토막기) : 광학부
- Photomultiplier Tube(광전증배관) : 검출기

50 500nm 파장의 빛은 어느 영역에 해당하는가?

① 적외선　　② 자외선
③ 가시광선　　④ 방사선

해설

자외선	가시광선	근적외선	적외선	원적외선	마이크로파
380nm	780nm	3,000nm	25,000nm (25 μm)	1mm (1,000 μm)	

51 원자분광법에서의 고체시료의 도입에 대한 설명으로 틀린 것은?

① 미세 분말 시료를 슬러리로 만들어 분무하기도 한다.
② 원자화 장치 속으로 시료를 직접 수동으로 도입할 수 있다.
③ 시료 분해 및 용해 과정이 없어서 용액시료 도입보다 정확도가 높다.
④ 보통 연속신호 대신 불연속신호가 얻어진다.

해설

고체시료의 도입은 시료를 분해하고 용해시키는 데 걸리는 시간을 줄일 수 있는 장점이 있으나, 재현성이 적고, 더 큰 오차를 가지므로 정확도가 떨어진다.

52 불꽃에서 분석원소가 이온화되는 것을 방지하기 위한 이온화 억제제로 가장 적당한 것은?

① Al　　② K
③ La　　④ Sr

해설

이온화 억제제
- 분석물질보다 이온화가 더 잘되어 분석물질의 이온화를 억제시켜주는 물질
- Sr 정량 시 K 첨가

53 1.0cm 두께의 셀(Cell)에 몰흡광계수가 5.0×10^3 L/mol·cm인 표준시료 2.0×10^{-4}M 용액을 넣고 측정하였다. 이때 투과도는 얼마인가?

① 0.1　　② 0.4
③ 0.6　　④ 1.0

해설

흡광도 $A = \varepsilon bc$
$\qquad\quad = (5.0\times 10^3 \text{L/mol}\cdot\text{cm})(1\text{cm})(2.0\times 10^{-4}\text{M})$
$\qquad\quad = 1.0$
$A = -\log T$
$1 = -\log T$
∴ 투과도 $T = 10^{-1} = 0.1$

정답 48 ② 49 ④ 50 ③ 51 ③ 52 ② 53 ①

54 분자의 쌍극자 모멘트의 알짜 변화를 주로 이용하는 분석은?

① 적외선 흡수 ② X선 흡수
③ 자외선 흡수 ④ 가시광선 흡수

> **해설**
>
> 적외선(IR) 흡수분광법
> 진동운동과 회전운동에 의한 쌍극자 모멘트의 알짜 변화가 있는 경우 적외선 흡수가 일어난다.

55 적외선 분광법에서 사용되는 광원 중 광검출과 라이더(Lidar)와 같은 원격제어 감응을 하는 용도로 널리 사용되는 광원은?

① Globar 광원 ② 수은 아크 광원
③ 텅스텐 필라멘트등 ④ 이산화탄소 레이저 광원

> **해설**
>
> 이산화탄소 레이저 광원
> - 라이더는 기존의 레이더에 있어서 마이크로파를 레이저광으로 대치한 것이다.
> - 레이저광을 시료과녁에 투과시키면 복사선의 일부가 라이더 기기로 반사되어 분석된다.

56 원자흡수분광법에서는 매트릭스에 의한 방해가 있을 수 있다. 매트릭스 방해를 보정하는 방법으로 가장 거리가 먼 것은?

① 복사선 완충제를 사용하는 방법
② 보조광원(중수소등이나 자외선등)을 사용하여 보정하는 방법
③ 서로 이웃해 있는 두 가지 스펙트럼의 세기를 측정하여 보정하는 2선 보정법
④ Zeeman 효과와 Smith Hieftje 바탕보정법

> **해설**
>
> ㉠ 매트릭스 방해의 보정방법
> - 연속광원보정법
> - 두선보정법
> - Zeeman 효과에 의한 바탕보정법
> - 광원 자체 반전에 의한 보정

㉡ 복사선 완충제
방해 원인을 아는 경우, 시료와 표준물질 모두에 방해물질을 과량으로 넣어줌으로써 시료 매트릭스에 들어 있던 방해물질에 의한 영향을 무시하는 방법

57 매트릭스 효과가 있을 가능성이 있는 복잡한 시료를 분석하는 데 특히 유용한 분석법은?

① 내부표준법 ② 외부표준법
③ 표준물첨가법 ④ 표준검정곡선 분석법

> **해설**
>
> ㉠ 표준물첨가법
> - 미지시료에 분석물 표준용액을 각각 일정량씩 첨가한 용액을 만들어 증가된 신호 세기로부터 원래 분석물질의 양을 알아내는 방법
> - 시료의 조성이 잘 알려져 있지 않거나 복잡할 때, 매트릭스 효과가 있는 시료의 분석에 유용
>
> ㉡ 외부표준물법(표준검정곡선법)
> 정확한 농도의 분석물을 포함하고 있는 몇 개의 표준용액을 만들어 농도 증가에 따른 신호의 세기 변화에 대한 검정곡선을 얻어 분석물질의 양을 알아내는 방법
>
> ㉢ 내부표준물법
> - 모든 시료, 바탕 검정표준물에 동일량의 내부표준물을 첨가하여 분석물질의 신호와 내부표준물의 신호를 비교하여 분석물질의 양을 알아내는 방법
> - 시험분석 절차, 기기 또는 시스템의 변동으로 발생하는 오차를 보정하기 위해 사용하는 방법

58 염소(Cl)를 포함한 수용성 유기화합물 중의 카드뮴(Cd)을 유도결합플라스마 방출분광법(ICP-AES)으로 정량할 때 가장 올바른 조작은?

① 물에 용해하므로 일정량을 용해 후 직접 정량한다.
② 유기물을 700℃에서 연소시킨 후 질산처리하여 Cd를 정량한다.
③ 질산과 황산으로 유기물을 분해시키고 황산을 제거한 후 Cd를 정량한다.
④ 물에 용해시킨 후 질산을 100mL당 2mL의 비율로 가하여 산 농도를 조절하고 Cd를 정량한다.

정답 54 ① 55 ④ 56 ① 57 ③ 58 ③

> [해설]

유기물은 분해할 때 산화력이 있는 질산과 황산을 주로 이용하여 분해시키고 황산을 제거한 후 Cd를 정량한다.

59 X선 분광법에서 복사선 에너지를 전기신호로 변화시키는 검출기가 아닌 것은?

① 기체–충전 변환기
② 섬광 계수기
③ 광전증배관
④ 반도체 변환기

> [해설]

X선 분광법
㉠ 기체–충전 변환기
  • 이온화 상자
  • 비례 계수기
  • Geiger 관
㉡ 섬광 계수기
㉢ 반도체 변환기
※ 광전증배관 : 복사선 변환기

60 원자흡수분광법(Atomic Absorption)에서 사용하는 광원으로 가장 적당한 것은?

① 수은등(Mercury Lamp)
② 전극등(Electron Lamp)
③ 방전등(Discharge Lamp)
④ 속빈음극등(Hollow Cathode Lamp)

> [해설]

원자흡수분광법에서 사용하는 광원
• 속빈음극등(HCL)
• 전극 없는 방전등(EDL)

4과목 기기분석 Ⅱ

61 분자질량법에 사용되는 이온원의 종류와 이온화 도구가 잘못 짝지어진 것은?

① 전자충격 – 빠른 전자
② 장 이온화 – 높은 전위전극
③ 전자분무 이온화 – 높은 자기장
④ 빠른 원자 충격법 – 빠른 이온살

> [해설]

빠른 원자 충격법 – 빠른 원자
고에너지의 Xe(제논), Ar(아르곤)과 같은 원자로 충격을 가해 이온화한다.

62 일반적으로 열분석법은 온도 프로그램으로 가열하면서 물질 또는 그 반응 생성물의 물리적 성질을 온도함수로 측정하는 분석법이다. 고분자 중합체를 시차열법분석(DTA)을 통해 분석할 때 흡열반응 피크(Peak)로 측정할 수 있는 것은?

① 유리전이 과정
② 녹는 과정
③ 분해 과정
④ 결정화 과정

> [해설]

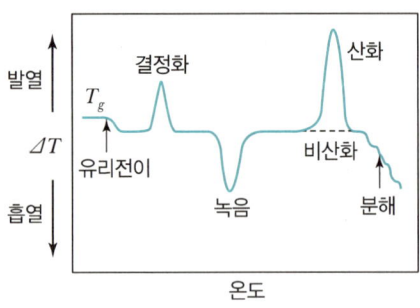

• 녹음 : 흡열과정 피크
• 결정화 : 발열과정 피크

정답 59 ③ 60 ④ 61 ④ 62 ②

63 얇은 층 크로마토그래피(TLC)에 대한 설명으로 틀린 것은?

① 얇은 층 크로마토그래피(TLC)의 응용법은 기체 크로마토그래피와 유사하다.
② 시료의 점적법은 정량 측정을 할 경우 중요한 요인이다.
③ 최고의 분리효율을 얻기 위해서는 점적의 지름이 작아야 한다.
④ 묽은 시료인 경우는 건조시켜 가면서 3~4회 반복 점적한다.

해설
얇은 층 크로마토그래피(TLC)는 이동상을 액체로 사용하므로 액체 크로마토그래피와 유사하다.

64 질량분석기로 $C_2H_4^+$(MW=28.0313)와 CO^+(MW=27.9949)의 봉우리를 분리하는 데 필요한 분리능은 약 얼마인가?

① 770
② 1,170
③ 1,570
④ 1,970

해설
분리능 $R = \dfrac{m}{\Delta m}$

$m = \dfrac{28.0313 + 27.9949}{2} = 28.0131$

$\therefore R = \dfrac{28.0131}{28.0313 - 27.9949} ≒ 770$

65 질량분석계로 분석할 경우 상대 세기(Abundance)가 거의 비슷한 두 개의 동위원소를 갖는 할로겐 원소는?

① Cl(Chlorine)
② Br(Bromine)
③ F(Fluorine)
④ I(Iodine)

해설
$^{35}Cl : ^{37}Cl = 3 : 1$
$^{79}Br : ^{81}Br = 1 : 1$
F, I는 자연적으로 발생하는 동위원소가 없다.

66 다음 특성을 가진 이온화 방법은?

- 분자량이 크고 극성인 화학종을 이온화시킨다.
- 글리세롤 용액 매트릭스를 사용한다.
- 큰 에너지의 아르곤을 사용하여 시료를 이온화시킨다.
- 매트릭스로부터 만들어지는 이온 덩어리의 형성으로 인한 기본 잡음이 있다.

① 전자충격 이온화
② 전기분무 이온화
③ 빠른 원자 충격 이온화
④ 매트릭스 지원 레이저 탈착 이온화

해설
질량분석법의 이온화 장치
(1) 기체상 이온화 이온원
　㉠ 전자충격 이온화(EI)
　　• 온도를 충분히 높여 시료분자를 기화시킨 후 고에너지 전자빔과 충돌시켜 이온화한다.
　　• 고에너지의 빠른 전자로 분자를 때리므로 토막내기 과정이 매우 잘 일어난다.
　　• 센 이온원으로 분자이온이 거의 존재하지 않으므로 분자량 결정이 어렵다.
　㉡ 화학 이온화(CI)
　　시료의 기체분자를 전자충격으로 생성된 과량의 시약기체와 충돌시켜 이온화한다.
　㉢ 장 이온화(FI)
　　센자기장의 영향으로 이온이 생성된다.
(2) 탈착 이온화 이온원
　㉠ 장 탈착법(FD)
　㉡ 매트릭스 지원 레이저 탈착 이온화(MALDI)
　　• 분석물과 매트릭스를 균일하게 금속 시료판에 놓은 후 레이저빔을 쪼이면, 레이저빔이 시료를 때려 매트릭스, 분석물, 다른 이온들을 탈착시킨다.
　　• MALDI와 같이 사용하는 질량분석장치는 비행시간(TOF) 질량분석장치이다.
　㉢ 전기분무 이온화(ESI)
　　시료용액을 수 μL/min로 모세관 바늘을 통해 주입하면 바늘을 통해 나온 미세한 방울들이 하전 및 분사되고, 이 작은 방울들은 탈용매-모세관을 통과하게 된다.
　㉣ 빠른 원자 충격 이온화
　　• 글리세롤 용액 매트릭스와 응축된 시료를 Xe(제논), Ar(아르곤)의 빠른 원자로 충격하여 이온화시키는 방법이다.
　　• 분자량이 크고 극성인 화학종을 이온화시킨다.

정답 63 ① 64 ① 65 ② 66 ③

67 길이 3.0m의 분리관을 사용하여 용질 A와 B를 분석하였다. 용질 A와 B의 머무름시간은 각각 16.80분과 17.36분이고 봉우리 너비(4τ)는 각각 1.12분과 1.24분이었으며 머물지 않는 화학종은 1.10분 만에 통과하였다. 분해능을 1.50으로 하기 위해서는 관의 길이를 약 몇 m로 해야 하는가?

① 10m
② 20m
③ 30m
④ 40m

해설

- 분해능 $R_s = \dfrac{2[(t_R)_B - (t_R)_A]}{W_A + W_B}$

  $= \dfrac{2(17.36 - 16.80)}{1.12 + 1.24} = 0.47$

- 칼럼 단수 $N = 16\left(\dfrac{t_R}{W}\right)^2$

  $N_A = 16\left(\dfrac{16.8}{1.12}\right)^2 = 3,600$

  $N_B = 16\left(\dfrac{17.36}{1.24}\right)^2 = 3,136$

  $N_{ave} = \dfrac{3,600 + 3,136}{2} = 3,368$

- 단높이 $H = \dfrac{L}{N}$

  $= \dfrac{3.0\text{m}}{3,368} = 8.91 \times 10^{-4}\text{m}$

- 분해능 $R_s \propto \sqrt{N}$, $\dfrac{R_{s1}}{R_{s2}} = \dfrac{\sqrt{N_1}}{\sqrt{N_2}}$

  $\dfrac{R_{s \cdot 1}}{R_{s \cdot 2}} = \dfrac{\sqrt{3,368}}{\sqrt{N_2}} = \dfrac{0.47}{1.5}$

  $\therefore N_2 = 34,305$

  $\therefore H = \dfrac{L}{N}$

  $L = HN = (8.91 \times 10^{-4})(34,305)$
  $= 30.56\text{m}$

68 이산화탄소의 질량스펙트럼에서 분자이온이 나타나는 질량 대 전하(m/z)비는 얼마인가?

① 44
② 28
③ 16
④ 12

해설

질량 대 전하(m/z)비 $= \dfrac{\text{분자량}}{\text{전하}}$

$= \dfrac{44}{1} = 44$

69 백금 환원전극을 사용하여 용액 안에 있는 Sn^{4+} 이온을 Sn^{2+} 이온으로 5.00mmol/h의 일정한 속도로 환원시키려고 한다. 이 전극에 흘려야 하는 전류는 약 몇 mA인가?(단, 패러데이 상수 $F = 96,500$C/mol이고, Sn의 원자량은 118.7이며 다른 산화환원과정은 일어나지 않는다.)

① 134
② 268
③ 536
④ 965

해설

$Sn^{4+} + 2e^- \rightarrow Sn^{2+}$

Sn^{4+} 1mol을 환원시키는 데 2mol의 전자가 필요하다.

$I(\text{전류}) = \dfrac{Q(\text{전하량})}{t(\text{시간})}$

$= \dfrac{96,500\text{C}}{\text{mol}} \times \dfrac{5.00\text{mmol Sn}^{2+}}{\text{h}} \times \dfrac{2\text{mmol e}^-}{1\text{mmol Sn}^{2+}}$

$\times \dfrac{1\text{h}}{3,600\text{s}} \times \dfrac{1\text{mol}}{1,000\text{mmol}}$

$= 0.268\text{A} = 268\text{mA}$

70 고고학적인 유물의 시대를 결정하고자 할 때 가장 유용하게 사용될 수 있는 분석법은?

① 질량분석법
② 원자흡수분광법
③ 전기화학분석법
④ 자외선-가시선 분자흡수분광법

해설

고고학적인 유물의 시대를 결정하고자 할 때 탄소의 동위원소인 ^{13}C의 존재비율을 확인해야 하므로 시료에 존재하는 동위원소비에 대한 정보를 주는 질량분석법이 사용된다.

정답 67 ③ 68 ① 69 ② 70 ①

71 폴라로그래피에서 시료의 정성분석에 사용되는 파라미터는?

① 확산전류 ② 반파전위
③ 잔류전류 ④ 한계전류

> 해설

폴라로그램

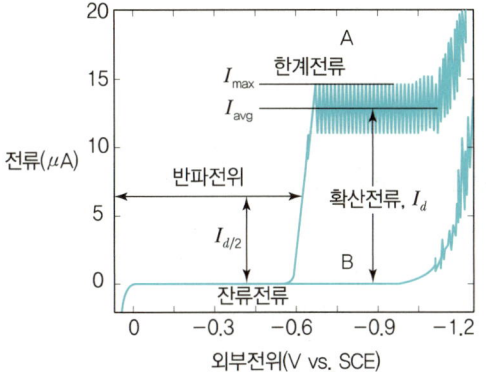

① 확산전류 = 한계전류 − 잔류전류
  확산전류는 분석물의 농도에 비례하므로 정량분석이 가능하다.
② 반파전위
  • 확산전류의 절반이 되는 전위
  • 분석하는 화학종의 특성에 따라 달라지므로 정성정보를 얻을 수 있다.
③ 잔류전류 : 산화환원반응이 생기는 원인 이외의 원인에 의해 나타나는 전류
④ 한계전류 : 미소전극 주위 이온이 모두 전해되었을 때 나타나는 전류

72 머무름시간이 410초인 용질의 봉우리 너비를 바탕선에서 측정해 보니 13초이다. 다음의 봉우리는 430초에 용리되었고, 너비는 16초이다. 두 성분의 분리도는?

① 1.18 ② 1.28
③ 1.38 ④ 1.48

> 해설

분리능 $R_s = \dfrac{2[(t_R)_B - (t_R)_A]}{W_A + W_B}$

$= \dfrac{2(430 - 410)}{13 + 16} = 1.38$

73 질량분석계의 질량분석관(Analyzer)의 형태가 아닌 것은?

① 비행시간(TOF)형
② 사중극자(Quadrupole)형
③ 매트릭스 지원 탈착(MALDI)형
④ 이중초점(Double Focusing)형

> 해설

질량분석관의 종류
• 자기장 부채꼴 분석기
• 이중초점 분석기
• 사중극자 질량분석기
• 비행시간(TOF) 분석기
• 이온포착 분석기
• Fourier 변환(FT) 질량분석기

74 전압전류법(Voltammetry)에 대한 설명 중 틀린 것은?

① 반파전위는 정성분석을, 확산전류는 정량분석을 가능하게 한다.
② 폴라로그래피는 적하수은전극을 이용하는 전압전류법이다.
③ 벗김분석이 아주 민감한 전압전류법인 이유는 분석물질이 농축되기 때문이다.
④ 측정하고자 하는 전류는 패러데이 전류이고, 충전 전류(Charging Current)는 패러데이 전류를 생성시키게 하므로 최대화해야 한다.

> 해설

측정하고자 하는 전류는 패러데이 전류이고, 충전 전류는 비패러데이 전류이므로 최소화해야 한다.

정답 71 ② 72 ③ 73 ③ 74 ④

75 전기량법 적정장치에서 반드시 필요로 하지 않는 것은?

① 적정전지
② 일정전류원
③ 기체발생장치
④ 정밀한 전자시계

해설

전기량법 적정(일정전류 전기량법)
- 일정전류기
- 전기량법 적정용 전지
- 정밀한 전자시계
- 종말점 검출기

76 기체 크로마토그래피(GC)에 대한 설명으로 옳은 것은?

① 이동상은 항상 기체이다.
② 이동상은 액체일 수 있다.
③ 고정상은 항상 액체이다.
④ 고정상은 항상 고체이다.

해설

기체 크로마토그래피
기체화된 시료성분들이 칼럼에 부착되어 있는 액체 또는 고체 정지상과 기체 이동상 사이에서 분배(흡착)되는 과정을 거쳐 분리한다.

77 고성능 액체 크로마토그래피(HPLC)에서 사용되는 펌프시스템에서 요구되는 사항이 아닌 것은?

① 펄스 충격이 없는 출력을 내야 한다.
② 흐름 속도의 재현성이 0.5% 또는 더 좋아야 한다.
③ 다양한 용매에 의한 부식을 방지할 수 있어야 한다.
④ 사용하는 칼럼의 길이가 길지 않으므로 펌핑 압력은 그리 크지 않아도 된다.

해설

고성능 액체 크로마토그래피(HPLC) 펌프장치의 조건
- 압력은 40MPa 이상이어야 한다.
- 이동상의 흐름에 펄스가 없어야 한다.
- 이동상의 흐름 속도는 0.1~10mL/분 정도이어야 한다.
- 흐름 속도는 0.5% 이하의 상대표준편차로 재현성이 있어야 한다.
- 잘 부식되지 않는 재질(스테인리스 스틸, 테프론)로 만들어야 한다.

78 크로마토그래피에서 단높이(Plate Height)에 대한 설명으로 옳은 것은?

① 단높이는 띠의 변화량(σ^2)과 띠가 이동한 거리 사이의 비례상수이다.
② 동일 길이의 칼럼에서 단높이가 커질수록 분해능이 좋아진다.
③ 동일 길이의 칼럼에서 단높이가 커질수록 피크의 폭(Peak Width)이 작아진다.
④ 칼럼의 길이가 길어지면 단높이는 작아진다.

해설

- 단높이 $H = \dfrac{\sigma^2}{L}$

  여기서, L : 칼럼의 길이
  σ : 용질이 칼럼에서 이동할 때의 표준편차

- 단수 $N = \dfrac{L}{H}$

  $N = 16\left(\dfrac{t_R}{W}\right)^2$

  여기서, t_R : 머무름시간
  W : 밑면의 너비

- 분해능 $R_s = \dfrac{2[(t_R)_B - (t_R)_A]}{W_A + W_B}$

- 단높이가 작을수록, 단수가 클수록, 관의 길이가 길수록 관의 효율은 증가한다.

정답 75 ③ 76 ① 77 ④ 78 ①

79 얇은 층 크로마토그래피(TLC)에서 지연지수(Retardation Factor)에 대한 설명 중 틀린 것은?

① 항상 1 이하의 값을 갖는다.
② 1에 근접한 값을 가지면 이동상보다 정지상에 분배가 크다.
③ 시료가 이동한 거리를 이동상이 이동한 거리로 나눈 값이다.
④ 정지상의 두께가 지연지수 값에 영향을 준다.

해설

얇은 층 크로마토그래피(TLC)에서 지연
지연인자 $R_f = \dfrac{d_R}{d_M} = \dfrac{용질의\ 이동거리}{용매의\ 이동거리}$

R_f는 1 이하의 값을 가지며, 1에 근접한 값을 가지면 고정상보다 이동상에 분배가 크다.

80 다음 질량분석계 중 자기장을 주로 이용하는 것은?

① 이온포집 질량분석계
② 비행시간 질량분석계
③ 사중극자 질량분석계
④ Fourier 변환 질량분석계

해설

① 이온포집 질량분석기
  기체상의 음이온이나 양이온을 전기장이나 자기장을 이용하여 가두어 놓을 수 있는 장치이다.
② 비행시간(TOF) 질량분석기
  짧은 펄스의 전자, 이차 이온 또는 레이저 광자를 주기적으로 가해 주어 양이온이 생성된다. 이렇게 생성된 이온들은 $10^3 \sim 10^4$V의 전기장 펄스에 가속되어 전기장이 없는 비행관으로 보내진다. 비행관의 끝에 있는 검출기에 도달하는 동안 질량에 따른 이온들의 분리가 일어난다(속도는 질량에 반비례).
③ 사중극자 질량분석기
  전극으로 쓰이는 네 개의 평행한 원통형 금속막대이다. 짧은 주사 시간을 가지기 때문에 크로마토그래피 분리를 기록하기 위한 실시간 주사를 위해 매우 유용하다.
④ Fourier 변환(FT) 질량분석기
  자기장을 이용한 이온 사이클로트론 공명현상을 이용하도록 만들어져 있다.

정답 79 ② 80 ④

2018년 제4회 기출문제

1과목 일반화학

01 원자 내에서 전자는 불연속적인 에너지 준위에 따라 배치된다. 이러한 주에너지 준위에서 전자가 분포할 확률을 나타낸 공간을 무엇이라 하는가?
① 원자핵
② Lewis 구조
③ 전위(Potential)
④ 궤도함수

해설
오비탈(궤도함수)
원자 내에 전자가 분포할 확률을 나타낸 공간

02 0.25M NaCl 용액 350mL에는 약 몇 g의 NaCl이 녹아 있는가?(단, 원자량은 Na 22.99g/mol, Cl 35.45 g/mol이다.)
① 5.11g
② 14.6g
③ 41.7g
④ 87.5g

해설
$$몰농도(M) = \frac{용질의\ 몰수(mol)}{용액의\ 부피(L)}$$
$$0.25M = \frac{n}{0.35L}$$
$$\therefore n = 0.0875mol$$
$$n = \frac{w(질량)}{M(분자량)}$$
$$\therefore w = nM$$
$$= 0.0875mol \times (22.99+35.45)g/mol$$
$$= 5.11g$$

03 다음 산화환원 반응이 산성 용액에서 일어난다고 가정할 때, (1), (2), (3), (4)에 알맞은 숫자를 순서대로 나열한 것은?

$$H_3AsO_4(aq) + (1)H^+(aq) + (2)Zn(s)$$
$$\rightarrow AsH_3(g) + (3)H_2O(l) + (4)Zn^{2+}(aq)$$

① 8, 16, 4, 16
② 8, 4, 4, 3
③ 6, 3, 3, 3
④ 8, 4, 4, 4

해설

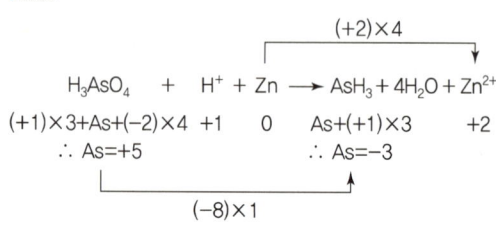

$$H_3AsO_4 + 8H^+ + 4Zn \rightarrow AsH_3 + 4H_2O + 4Zn^{2+}$$

04 알데히드(aldehyde)와 케톤(ketone)에 관한 설명 중 옳지 않은 것은?
① 알데히드들은 전반적으로 강한 냄새를 풍긴다.
② 포름알데히드는 생물표본 보관에 흔히 사용되는 보존제이다.
③ 카보닐 작용기는 케톤에는 있으나 알데히드에는 없다.
④ 케톤에는 카보닐 작용기에 두 개의 탄소가 결합되어 있다.

해설

명칭	알데히드	케톤
화학식	R-C(=O)-H (카보닐기)	R-C(=O)-R' (카보닐기)
특징	1차 알콜을 산화시켜서 얻는다.	2차 알콜을 산화시켜서 얻는다.

정답 01 ④ 02 ① 03 ④ 04 ③

포름알데히드(HCHO)
자극성이 강한 무색의 기체로 메탄알이라고도 한다. 물에 잘 녹아 포름알데히드 37% 전후 농도의 수용액을 만들어 사용하는데, 이를 포르말린이라 하며 살균, 방부제로 사용된다.

05 0℃에서 액체 물의 밀도는 0.9998g/mL이고, K_w 값은 1.14×10^{-15}이다. 액체의 0℃에서의 해리 백분율은 얼마인가?

① 3.4×10^{-8} %
② 3.4×10^{-6} %
③ 6.1×10^{-8} %
④ 7.5×10^{-8} %

해설

$K_w = [H_3O^+][OH^-] = 1.14 \times 10^{-15}$

∴ $[H_3O^+] = \sqrt{1.14 \times 10^{-15}} = 3.38 \times 10^{-8}$ mol/L

물의 해리 백분율 $= \dfrac{[H_3O^+]}{[H_2O]}$

물 $0.9998\text{g/mL} \times \dfrac{1\text{mol}}{18\text{g}} \times \dfrac{1{,}000\text{mL}}{1\text{L}} = 55.54\text{mol/L}$

∴ 물의 해리 백분율 $= \dfrac{3.38 \times 10^{-8}\text{mol/L}}{55.54\text{mol/L}} \times 100\%$
$= 6.1 \times 10^{-8}\%$

06 다음의 조건하에 있는 Zn/Cu 전지의 전위를 25℃에서 계산하면?(단, $E°_{Cu^{2+}/Cu} = 0.34V$, $E°_{Zn^{2+}/Zn} = 0.76V$ 이다.)

$$Zn(s) \mid Zn^{2+}(0.5M) \parallel Cu^{2+}(0.030M) \mid Cu(s)$$

① 1.06V
② 1.63V
③ 2.12V
④ 3.18V

해설

(−)극 : $Zn \to Zn^{2+} + 2e^-$ (산화) $E° = -0.76V$
(+)극 : $Cu^{2+} + 2e^- \to Cu$ (환원) $E° = 0.34V$
전체 반응 : $Zn + Cu^{2+} \to Zn^{2+} + Cu$

$E = E° - \dfrac{0.0592}{n} \log Q$

∴ $E = (E°_+ - E°_-) - \dfrac{0.0592}{2} \log \dfrac{[Zn^{2+}]}{[Cu^{2+}]}$
$= (0.34 - (-0.76)) - \dfrac{0.0592}{2} \log \dfrac{0.50}{0.030}$
$= 1.06V$

07 땅에 매설한 연료탱크나 송수관의 강철을 녹슬지 않게 하는 데 철보다 활성이 큰 금속을 전선으로 연결한다. 이때 사용되는 금속과 방법이 알맞게 짝지워진 것은 무엇인가?

① Al – 산화막 형성
② Mg – 음극 보호
③ Ag – 도금피막 형성
④ Cu – 희생적 산화

해설

음극화 보호
철보다 이온화 경향이 큰 Zn(아연)이나 Mg(마그네슘)를 철에 연결하면 반응성이 큰 금속이 전자를 먼저 잃어 산화되므로 철을 보호한다.

이온화 경향
K Ca Na Mg Al Zn Fe Ni Sn Pb (H) Cu Hg Ag Pt Au

- 이온화 경향이 크다.
- 산화되기 쉽다.
- 전자를 잃기 쉽다.

- 이온화 경향이 작다.
- 산화되기 어렵다.
- 전자를 얻기 쉽다.

08 다음 중 수소의 질량 백분율(%)이 가장 큰 것은?

① HCl
② H_2O
③ H_2SO_4
④ H_2S

해설

① HCl : $\dfrac{1}{36.5} \times 100 = 2.74\%$
② H_2O : $\dfrac{2}{18} \times 100 = 11.11\%$
③ H_2SO_4 : $\dfrac{2}{98} \times 100 = 2.04\%$
④ H_2S : $\dfrac{2}{34} \times 100 = 5.88\%$

정답 05 ③ 06 ① 07 ② 08 ②

09 다음 중 영구기체(상온에서 압축하여 액화할 수 없는 기체)가 아닌 것은?

① 수소
② 이산화탄소
③ 질소
④ 아르곤

해설

영구기체
임계온도가 상온 이하인 기체로 압축만으로는 액화하지 않는다.
예 산소, 질소, 수소, 아르곤, 헬륨

10 다음 중 시클로알칸(cycloalkane)의 화학식에 해당하는 것은?

① C_2H_6
② C_3H_8
③ C_4H_{10}
④ C_6H_{12}

해설

시클로알칸 : C_nH_{2n}

예 시클로프로판(C_3H_6)
시클로부탄(C_4H_8)
시클로펜탄(C_5H_{10})
시클로헥산(C_6H_{12})

11 유기화합물의 이름이 틀린 것은?

① $CH_3-(CH_2)_4-CH_3$: 헥산
② C_2H_5OH : 에틸알코올
③ $C_2H_5OC_2H_5$: 디에틸에테르
④ $H-COOH$: 벤조산

해설

- HCOOH : 포름산
- 벤조산 :

12 다음 중 화합물의 실험식량이 가장 작은 것은?

① $C_{14}H_8O_4$
② $C_{10}H_8OS_3$
③ $C_{15}H_{12}O_3$
④ $C_{12}H_{18}O_4N$

해설

① $C_{14}H_8O_4$: $C_7H_4O_2 = 12 \times 7 + 1 \times 4 + 16 \times 2 = 120$
② $C_{10}H_8OS_3 = 12 \times 10 + 1 \times 8 + 16 + 32 \times 3 = 240$
③ $C_{15}H_{12}O_3$: $C_5H_4O = 12 \times 5 + 1 \times 4 + 16 = 80$
④ $C_{12}H_{18}O_4N = 12 \times 12 + 1 \times 18 + 16 \times 4 + 14 = 240$

13 유기화합물에 대한 설명으로 틀린 것은?

① 벤젠은 방향족 탄화수소이다.
② 포화 탄화수소는 다중 결합이 없는 탄화수소를 말한다.
③ 알데히드는 알코올을 산화시켜 얻을 수 있다.
④ 물과는 달리 알코올은 수소결합을 하지 못한다.

해설

수소결합
H 원자가 F, O, N과 같이 전기음성도가 큰 원자와 결합할 때, 강한 쌍극자에 의한 정전기적 인력이 작용하는 분자 사이의 힘으로 H_2O(물), ROH(알코올) 등이 수소결합을 한다.

※ 1차 알코올 $\underset{환원}{\overset{산화}{\rightleftarrows}}$ 알데히드 $\underset{환원}{\overset{산화}{\rightleftarrows}}$ 아세트산

14 다음 중 파울리의 배타원리를 옳게 설명한 것은?

① 전자는 에너지를 흡수하면 들뜬 상태가 된다.
② 한 원자 안에 들어 있는 어느 두 전자도 동일한 네 개의 양자수를 가질 수 없다.
③ 부껍질 내에서 전자의 가장 안정된 배치는 평행한 스핀의 수가 최대인 배치이다.
④ 양자수는 주양자수, 각운동량 양자수, 자기 양자수, 스핀 양자수의 4가지가 있다.

해설

파울리의 배타원리
한 오비탈 안에는 스핀이 반대인 2개의 전자만 들어갈 수 있다.

정답 09 ② 10 ④ 11 ④ 12 ③ 13 ④ 14 ②

15 원자 구조에 대한 설명 중 틀린 것은?

① 원자의 구조는 중심에 핵이 있고 그 주위에 전자가 둘러싸고 있는 형태이다.
② 원자핵은 양성자와 중성자로 이루어져 있다.
③ 원자의 질량수는 양성자수와 전자수를 합친 것과 같다.
④ 원자번호는 원자핵에 있는 양성자수와 같다.

해설

질량수 = 양성자수(전자수) + 중성자수

16 나일론-6라 불리는 합성섬유는 탄소 63.68%, 질소 12.38%, 수소 9.80% 및 산소 14.14%의 원자별 질량비를 지니고 있다. 나일론-6의 실험식은?

① $C_5N_2H_{10}O$
② $C_6NH_{10}O_2$
③ $C_5NH_{11}O$
④ $C_6NH_{11}O$

해설

$$C_{63.68}N_{12.38}H_{9.8}O_{14.14} = C_{\frac{63.68}{12}}N_{\frac{12.38}{14}}H_{\frac{9.8}{1}}O_{\frac{14.14}{16}}$$
$$= C_{5.3}N_{0.88}H_{9.8}O_{0.88}$$
$$= C_6NH_{11}O$$

17 다음 중 완충용량이 가장 큰 용액은?

① 0.01M 아세트산과 0.01M 아세트산나트륨의 혼합용액
② 0.1M 아세트산과 0.004M 아세트산나트륨의 혼합용액
③ 0.005M 아세트산과 0.1M 아세트산나트륨의 혼합용액
④ 1M 아세트산과 0.001M 아세트산나트륨의 혼합용액

해설

Henderson – Haselbalch 식

$$pH = pK_a + \log\frac{[A^-]}{[HA]}$$

완충용량은 $pH = pK_a$, 즉 $[HA] = [A^-]$일 때 최대가 되고 $\log\frac{[A^-]}{[HA]}$ 가 작을수록, 완충용액의 농도가 높을수록 완충용량은 커진다.

18 C_4H_8의 모든 이성질체의 개수는 몇 개인가?

① 4
② 5
③ 6
④ 7

해설

C_4H_8 : C_nH_{2n} 이므로 alkene 또는 cycloalkane이다.

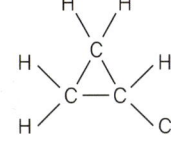
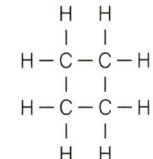

∴ 6개

19 어떤 반응의 평형상수를 알아도 예측할 수 없는 것은?

① 평형에 도달하는 시간
② 어떤 농도가 평형조건을 나타내는지 여부
③ 주어진 초기농도로부터 도달할 수 있는 평형의 위치
④ 평형조건에서 반응의 진행 정도

해설

• 평형상수 $= \dfrac{\text{생성물 농도의 곱}}{\text{반응물 농도의 곱}}$
• 평형상수는 반응지수 Q로 주어진 초기농도로부터 도달할 수 있는 평형의 위치 반응의 진행 정도를 예측할 수 있다.

정답 15 ③ 16 ④ 17 ① 18 ③ 19 ①

20 산과 염기에 대한 설명 중 틀린 것은?

① 아레니우스 염기는 물에 녹으면 해리되어 수산화이온을 내놓는 물질이다.
② 아레니우스 산은 물에 녹으면 해리되어 수소이온을 내놓는 물질이다.
③ 염기는 리트머스의 색깔을 파란색에서 빨간색으로 변화시킨다.
④ 산은 마그네슘, 아연 등의 금속과 반응하여 수소기체를 발생시킨다.

해설
염기는 붉은색 리트머스 종이를 푸르게 변화시키고, 산은 푸른색 리트머스 종이를 붉게 변화시킨다.

2과목 분석화학

21 100℃에서 물의 이온곱 상수(K_w) 값은 49×10^{-14}이다. 0.15M NaOH 수용액의 온도가 100℃일 때 수산화이온(OH^-)의 농도는 얼마인가?

① $7.0 \times 10^{-7}M$
② $0.021M$
③ $0.075M$
④ $0.15M$

해설
$NaOH \rightarrow Na^+ + OH^-$
강염기이므로 거의 해리되어 $[OH^-] = 0.15M$

22 질소와 수소로부터 암모니아를 만드는 반응에서 평형을 이동시켜 암모니아의 수득률을 높이는 방법이 아닌 것은?

$$N_2(g) + 3H_2 \rightleftarrows 2NH_3(g) + 22kcal$$

① 압력을 높인다.
② 질소의 농도를 증가시킨다.
③ 수소의 농도를 증가시킨다.
④ 암모니아의 농도를 증가시킨다.

해설
$N_2(g) + 3H_2(g) \rightleftarrows 2NH_3(g) + 22kcal$
- 압력↑ : 정반응(→)으로 진행
- 온도↑ : 역반응(←)으로 진행
- 질소와 수소의 농도를 높이면 몰수가 감소하는 방향으로 이동시키므로 정반응(→) 방향으로 이동한다.

23 0.05M 니코틴(B, $pK_{b1} = 6.15$, $pK_{b2} = 10.85$)을 0.05M HCl로 적정하면, 제1당량점은 뚜렷하게 나타나지만 제2당량점은 그렇지 않다. 다음 중 그 이유로 옳은 것은?

① BH_2^{2+}가 약산이기 때문이다.
② 강산으로 적정하였기 때문이다.
③ BH^+가 너무 약한 염기이기 때문이다.
④ $BH^+ \rightarrow BH_2^{2+}$ 반응이 잘 진행되기 때문이다.

해설
$B + H^+ \rightarrow BH^+$, $pK_{b1} = 6.15$
$BH^+ + H^+ \rightarrow BH_2^{2+}$, $pK_{b2} = 10.85$(약염기)
BH^+는 약염기이므로 제2당량점이 뚜렷하게 나타나지 않는다.

24 옥살산($H_2C_2O_4$)은 뜨거운 산성 용액에서 과망간산이온(MnO_4^-)과 다음과 같이 반응한다. 이 반응에서 지시약 역할을 하는 것은?

$$5H_2C_2O_4 + 2MnO_4^- + 6H^+ \rightarrow 10CO_2 + 2Mn^{2+} + 8H_2O$$

① $H_2C_2O_4$
② MnO_4^-
③ CO_2
④ H_2O

해설
$5H_2C_2O_4 + 2MnO_4^- + 6H^+ \rightarrow 10CO_2 + 2Mn^{2+} + 8H_2O$
           자주색   무색

정답 20 ③ 21 ④ 22 ④ 23 ③ 24 ②

25 1차 표준물질 KIO₃(분자량 = 214.0g/mol) 0.208 g으로부터 생성된 I₂를 적정하기 위해서 다음과 같은 반응으로 Na₂S₂O₃가 28.5mL 소요되었다. 적정에 사용된 Na₂S₂O₃의 농도는 몇 M인가?

$$IO_3^- + 5I^- + 6H^+ \rightarrow 3I_2 + 3H_2O$$
$$I_2 + 2S_2O_3^{2-} \rightarrow 2I^- + S_4O_6^{2-}$$

① 0.105M
② 0.205M
③ 0.250M
④ 0.305M

해설

$$IO_3^- + 5I^- + 6H^+ \rightarrow 3I_2 + 3H_2O$$
$$\underline{3I_2 + 6S_2O_3^{2-} \rightarrow 6I^- + 3S_4O_6^{2-}}$$
$$IO_3^- + 6S_2O_3^{2-} + 6H^+ \rightarrow I^- + 3S_4O_6^{2-} + 3H_2O$$

$KIO_3 \rightarrow K^+ + IO_3^-$

IO_3^-의 몰수 = $\dfrac{0.208g}{214.0g/mol} = 9.72 \times 10^{-4}$mol

$IO_3^- : S_2O_3^{2-} = 1 : 6$

$S_2O_3^{2-} = 6 \times 9.72 \times 10^{-4} = 5.83 \times 10^{-3}$mol

$n = MV$

5.83×10^{-3}mol $= M \times 28.5$mL $\times \dfrac{1L}{1,000mL}$

∴ $M = 0.204$M(mol/L)

26 40.00mL의 0.1000M I^-를 0.2000M Pb^{2+}로 적정하고자 한다. Pb^{2+}를 10.00mL 첨가하였을 때, 이 용액 속에서 I^-의 농도(M)는 약 얼마인가?(단, $PbI_2(s) \rightleftharpoons Pb^{2+}(aq) + 2I^-(aq)$, $K_{sp} = 7.9 \times 10^{-9}$이다.)

① 0.000025M
② 0.0025M
③ 0.1000M
④ 0.2000M

해설

$PbI_2(s) \rightleftharpoons Pb^{2+}(aq) + 2I^-(aq)$

I^-의 몰수 : $0.1000M \times 0.04L = 0.004$mol
Pb^{2+}의 몰수 : $0.2000M \times 0.01L = 0.002$mol

$K_{sp} = [Pb^{2+}][I^-]^2$
$\quad = x(2x)^2 = 7.9 \times 10^{-9}$

∴ $x = [Pb^{2+}] = 1.25 \times 10^{-3}$

$[I^-] = 2x$
$\quad = 2 \times 1.25 \times 10^{-3} = 2.5 \times 10^{-3}$
$\quad = 0.0025$M

27 농도(Concentration)에 대한 설명으로 옳은 것은?

① 몰랄농도(m)는 온도에 따라 변하지 않는다.
② 몰랄농도는 용액 1kg 중 용질의 몰수이다.
③ 몰농도(M)는 용액 1kg 중 용질의 몰수이다.
④ 몰농도는 온도에 따라 변하지 않는다.

해설

몰랄농도(m) = $\dfrac{용질의\ 몰수(mol)}{용매의\ 질량(kg)}$

기준이 질량이므로 온도에 따라 변하지 않는다.

28 산 – 염기 적정에 대한 설명으로 옳은 것은?

① 산 – 염기 적정에서 당량점의 pH는 항상 14.00이다.
② 적정 그래프에서 당량점은 기울기가 최소인 변곡점으로 나타난다.
③ 다양성자산(Multiprotic Acid)의 당량점은 1개이다.
④ 다양성자산의 pK_a 값들이 매우 비슷하거나, 적정하는 pH가 매우 낮으면 당량점을 뚜렷하게 관찰하기 힘들다.

해설

㉠ 산 – 염기 적정에서 당량점의 pH
 • 약염기 + 강산으로 적정 : pH < 7
 • 강산 + 강염기로 적정 : pH = 7
 • 약산 + 강염기로 적정 : pH > 7
㉡ 적정 그래프에서 당량점은 기울기가 최대인 변곡점으로 나타낸다.
㉢ 다양성자산의 당량점은 여러 개이다.

29 MnO_4^- 이온에서 망간(Mn)의 산화수는 얼마인가?

① -1
② +4
③ +6
④ +7

정답 25 ② 26 ② 27 ① 28 ④ 29 ④

해설

MnO_4^-
$Mn + (-2) \times 4 = -1$
$\therefore Mn = +7$

30 $pK_a = 4.76$인 아세트산 수용액의 pH가 4.76일 때 $\dfrac{[CH_3COO^-]}{[CH_3COOH]}$의 값은 얼마인가?

① 0.18 ② 0.36
③ 0.50 ④ 1.00

해설

$pH = pK_a + \log\dfrac{[A^-]}{[HA]}$

$4.76 = 4.76 + \log\dfrac{[A^-]}{[HA]}$

$\therefore \dfrac{[A^-]}{[HA]} = 1$

31 활동도는 용액 속에 존재하는 화학종의 실제 농도 또는 유효농도를 나타낸다. 다음 중 활동도 계수의 성질이 아닌 것은?(단, $a_i = f_i[i]$이고 a_i는 화학종 i의 활동도, f_i는 i의 활동도 계수, $[i]$는 i의 농도이다.)

① 동일한 수와 이온 반지름을 갖는 경우 +이온이든 −이온이든 전하수가 같으면 f_i의 값은 같다.
② 수화된 이온의 반지름이 작으면 작을수록 f_i의 값도 작아진다.
③ 이온의 세기가 증가하면 f_i의 값도 증가한다.
④ 무한히 묽은 용액일 경우에는 $f_i = 1$이다.

해설

활동도 계수 : 이온의 종류나 성질에는 무관
• 이온의 전하수↑ → 활동도 계수↓
• 이온의 수화반지름↓ → 활동도 계수↓
• 이온의 세기↑ → 활동도 계수↓

32 다음 각각의 반쪽반응식에서 비교할 때 강한 산화제와 강한 환원제를 모두 옳게 나타낸 것은?

$Ag^+ + e^-$	$\rightleftarrows Ag(s)$	$E° = 0.799V$
$2H^+ + 2e^-$	$\rightleftarrows H_2(g)$	$E° = 0.000$
$Cd^{2+} + 2e^-$	$\rightleftarrows Cd(s)$	$E° = -0.402V$

① 강한 산화제 : Ag^+, 강한 환원제 : $Ag(s)$
② 강한 산화제 : H^+, 강한 환원제 : H_2
③ 강한 산화제 : Cd^{2+}, 강한 환원제 : $Ag(s)$
④ 강한 산화제 : Ag^+, 강한 환원제 : $Cd(s)$

해설

강한 산화제	강한 환원제
• 환원이 잘되는 물질	• 산화가 잘되는 물질
• 표준환원전위가 큰 물질	• 표준환원전위가 작은 물질

33 25℃에서 2.60×10^{-5}M HCl 수용액의 OH^- 이온의 농도는?

① 3.85×10^{-7}M ② 3.85×10^{-8}M
③ 3.85×10^{-9}M ④ 3.85×10^{-10}M

해설

$K_w = [H^+][OH^-] = 1 \times 10^{-14}$
$(2.6 \times 10^{-5})[OH^-] = 1 \times 10^{-14}$
$\therefore [OH^-] = 3.85 \times 10^{-10}$M

34 침전적정에서 종말점을 검출하는 데 일반적으로 사용하는 사항으로 거리가 먼 것은?

① 전극 ② 지시약
③ 빛의 산란 ④ 리트머스 시험지

해설

침전적정에서 종말점 검출
• 지시약 : 종말점에서 침전물에 흡착되어 색이 변하는 지시약을 사용
• 빛의 산란 : 침전이 형성되면서 빛이 산란되는 현상을 이용
• 전극 사용 : 전위차 측정
※ 리트머스 시험지 : 산−염기 중화적정에 사용

정답 30 ④ 31 ③ 32 ④ 33 ④ 34 ④

35 EDTA의 pK_1부터 pK_6까지의 값은 0.01, 1.5, 2.0, 2.66, 6.16, 10.24이다. 다음 EDTA의 구조식은 pH가 얼마일 때의 주요 성분인가?

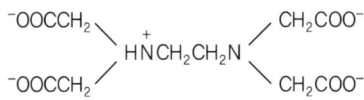

① pH 12
② pH 7
③ pH 3
④ pH 1

해설

pH에 따른 EDTA의 구조 변화

pH 감소 ← H_6Y^{2+} | H_5Y^+ | H_4Y | H_3Y^- | H_2Y^{2-} | HY^{3-} | Y^{4-} → pH 증가
0   1.5   2   2.66   6.16   10.24

주화학종이 HY^{3-}이므로 $6.16 < pH < 10.24$이므로 pH 7이 해당된다.

36 전기화학에 대한 설명으로 옳은 것은?

① 전자를 잃었을 때 산화되었다고 하며, 산화제는 전자를 잃고 자신이 산화된다.
② 전자를 얻게 되었을 때 산화되었다고 하며, 환원제는 전자를 얻고 자신이 산화된다.
③ 볼트(V)의 크기는 쿨롱(C)당 줄(J)의 양이다.
④ 갈바니전지(Galvanic Cell)는 자발적인 화학반응으로부터 전기를 발생시키는 영구기관이다.

해설

$$V(Volt) = \frac{J(Joule)}{C(Coulomb)}$$

- 전자를 잃었을 때 산화되었다고 하며, 산화제는 전자를 얻고 자신은 환원된다.
- 전자를 얻었을 때 환원되었다고 하며, 환원제는 전자를 잃고 자신이 산화된다.
- 갈바니전지는 자발적인 화학반응에 의하여 전류가 흐르는 전기로 영구적이지 않다.

37 갈바니전지(Galvanic Cell)에 대한 설명으로 틀린 것은?

① 볼타전지는 갈바니전지의 일종이다.
② 전기에너지를 화학에너지로 바꾼다.
③ 한 반응물은 산화되어야 하고, 다른 반응물은 환원되어야 한다.
④ 연료전지는 전기를 발생하기 위해 반응물을 소모하는 갈바니전지이다.

해설

갈바니전지
자발적인 화학반응으로부터 화학에너지를 전기에너지로 바꾸는 전지

38 플루오르화칼슘(CaF_2)의 용해도곱은 3.9×10^{-11}이다. 이 염의 포화 용액에서 칼슘이온의 몰농도는 몇 M인가?

① 2.1×10^{-4}
② 3.4×10^{-4}
③ 6.2×10^{-6}
④ 3.9×10^{-11}

해설

$CaF_2 \rightleftharpoons Ca^{2+} + 2F^-$
$K_{sp} = [Ca^{2+}][F^-]^2$
$= x(2x)^2 = 3.9 \times 10^{-11}$
$\therefore x = [Ca^{2+}] = 2.14 \times 10^{-4}$

39 순수하지 않은 옥살산 시료 0.7500g을 0.5066N NaOH 용액 21.37mL로 2번째 당량점까지 적정하였다. 시료 중에 포함된 옥살산($H_2C_2O_4 \cdot 2H_2O$, 분자량 126)의 wt%는 얼마인가?

① 11%
② 63%
③ 84%
④ 91%

정답 35 ② 36 ③ 37 ② 38 ① 39 ④

해설

NaOH의 몰수 = $0.5066 \text{mol/L} \times 0.02137\text{L} = 0.0108\text{mol}$

NaOH 용액의 M(몰농도) = N(노르말농도)

$H_2C_2O_4 \cdot 2H_2O$의 몰수 = $\frac{1}{2} \times 0.5066 \times 0.02137\text{L}$

$= 5.4 \times 10^{-3}\text{mol}$

$H_2C_2O_4 \cdot 2H_2O$의 질량 = $5.4 \times 10^{-3}\text{mol} \times \frac{126\text{g}}{1\text{mol}}$

$= 0.6804\text{g}$

옥살산 w% = $\frac{0.6804}{0.7500} \times 100 = 90.72\%$

40 미지시료 중의 Hg^{2+} 이온을 정량하기 위하여 과량의 $Mg(EDTA)^{2-}$를 가하여 잘 섞은 다음 유리된 Mg^{2+}를 EDTA 표준용액으로 적정할 수 있다. 이때 금속-EDTA 착물 형성상수(K_f, Fomation Constant)의 비교와 적정법의 이름이 옳게 연결된 것은?

① $K_{f,Hg} > K_{f,Mg}$: 간접 적정
② $K_{f,Hg} > K_{f,Mg}$: 치환 적정
③ $K_{f,Mg} > K_{f,Hg}$: 간접 적정
④ $K_{f,Mg} > K_{f,Hg}$: 치환 적정

해설

치환 적정
- 분석하고자 하는 금속이온에 $Mg(EDTA)^{2-}$ 착물이 들어 있는 용액을 일정 과량으로 넣어 분석물(M^{2+})이 EDTA 착물을 형성한다.
  $MgY^{2-} + M^{2+} \rightarrow MY^{2-} + Mg^{2+}$
- 남은 Mg^{2+}를 EDTA 표준용액으로 적정한다.
- 치환 적정법은 분석하고자 하는 금속이온에 만족스러운 지시약이 없을 때에 사용된다.
- $K_{f,Hg} > K_{f,Mg}$

※ 간접 적정
금속이온과 침전물을 만드는 음이온은 EDTA를 이용하여 간접적으로 정량할 수 있다.

3과목 기기분석 I

41 양성자 NMR 기기는 4.69T의 자기장 세기를 갖는 자석을 사용한다. 이 자기장에서 수소핵이 흡수하는 주파수는 몇 MHz인가?(단, 양성자의 자기회전비는 $2.68 \times 10^8 \text{ radian T}^{-1}\text{s}^{-1}$이다.)

① 60
② 100
③ 120
④ 200

해설

자기장에서의 에너지 준위

$E = \frac{\gamma h}{2\pi} B_o = h\nu_o$

여기서, ν_o : 복사선의 주파수
γ : 양성자의 자기회전비율
B_o : 자석의 세기

$\nu_o = \frac{(2.68 \times 10^8)(4.69)}{2\pi}$

$= 2 \times 10^8 \text{Hz}$

$= 200 \text{MHz}$

42 자외선-가시선 흡수 분광계에서 자외선 영역의 연속적인 파장의 빛을 발생시키기 위해서 널리 쓰이는 광원은?

① 중수소등
② 텅스텐 필라멘트등
③ 아르곤 레이저
④ 크세논 아크등

해설

- 중수소 램프 : 자외선 영역
- 텅스텐 필라멘트 램프 : 가시광선, 근적외선 영역
- 아르곤 레이저 : 진공 자외선 영역
- 크세논 아크등 : 자외선, 가시광선 영역

정답 40 ② 41 ④ 42 ①

43 불꽃원자흡수분광법(Flame Atomic Absorption Spectroscopy)에 비해 유도결합플라스마(ICP) 원자방출분광법의 장점이 아닌 것은?

① 불꽃보다 ICP의 온도가 높아져 시료가 완전하게 원자화된다.
② 불꽃보다 ICP의 온도가 높아져 이온화가 많이 일어난다.
③ 광원이 필요 없고 다원소(Multielement) 분석이 가능하다.
④ 불꽃보다 ICP의 온도가 균일하므로 자체 흡수(Self-absoption)가 적다.

해설
ICP(유도결합플라스마) 원자방출분광법의 장점
- 플라스마 광원의 온도가 매우 높아 원자화 효율이 좋고 화학적 방해도 거의 없다.
- 플라스마 단면의 온도 분포가 균일하여 자체 흡수나 자체 반전이 나타나지 않는다.
- 아르곤의 이온화로 인한 전자밀도가 높아서 시료의 이온화에 의한 방해가 거의 없다.
- 높은 온도에서 잘 분해되지 않는 내화성 산화물을 형성하는 텅스텐(W), 우라늄(U), 지르코늄(Zr) 등의 원자화가 용이하다.
- 광원이 필요 없고 하나의 들뜸 조건에서 동시에 여러 원소의 스펙트럼을 얻을 수 있으므로 다원소 분석이 가능하다.
- 화학적으로 비활성인 환경에서 원자화가 일어나므로 분석물의 산화물이 형성되지 않아 원자의 수명이 늘어난다.

44 형광에 대한 설명으로 틀린 것은?

① 복잡하거나 단순한 기체, 액체 및 고체 화학계에서 나타난다.
② 전자가 복사선을 흡수하여 들뜬 상태가 되었다가 바닥 상태로 되돌아가며 흡수파장과 같은 두 개의 복사선을 모든 방향으로 방출한다.
③ 흡수한 파장을 변화시키지 않고 그대로 재방출하는 형광을 공명복사선 또는 공명형광이라고 한다.
④ 분자형광은 공명선보다 짧은 파장이 중심인 복사선 띠로 나타나는 경우가 훨씬 더 많다.

해설
일반적으로 분자는 들뜬 상태에서 여러 가지 비활성 과정에 의해 에너지를 잃게 되므로 분자형광은 공명선보다 긴 파장이 중심인 복사선 띠로 나타나는 경우가 훨씬 더 많다.

45 분광광도법으로 단백질을 분석하는 과정에 대한 설명으로 옳지 않은 것은?

① 분석파장에서는 단백질에 존재하는 방향족 고리의 평균 흡광도가 나타난다.
② 단백질이 일정한 파장의 전자기 복사선을 흡수하는 성질을 이용한 방법이다.
③ 주로 280nm의 자외선 영역에서 분석한다.
④ 분석 과정에서 염이나 완충용액 등 일반 용질들은 흡광도를 거의 나타내지 않는다.

해설
단백질의 분석
- 주로 자외선 영역인 280nm에서 분석한다.
- 단백질에 존재하는 방향족기가 280nm에서 최대 흡광도를 나타낸다.

46 일반적으로 사용되는 원자화 방법(Atomization)이 아닌 것은?

① 불꽃원자화(Flame Atomization)
② 초음파 원자화(Ultrasonic Atomization)
③ 유도쌍 플라스마(ICP : Inductively Coupled Plasma)
④ 전열증발화(Electrothermal Vaporization)

해설
원자화 방법
- 불꽃원자화
- 전열원자화
- 글로우 방전 원자화
- 수소화물 생성 원자화
- 찬 증기 원자화 : Hg 정량
- 유도쌍 플라스마(ICP)

정답 43 ② 44 ④ 45 ① 46 ②

47 적외선 분광법으로 검출되지 않는 비활성 진동 모드는?

① CO_2의 대칭 신축진동
② CO_2의 비대칭 신축진동
③ H_2O의 대칭 신축진동
④ H_2O의 비대칭 신축진동

해설

적외선 분광법을 이용하려면 분자는 진동이나 회전운동으로 인한 쌍극자 모멘트의 변화가 일어나야 한다. 그러나 CO_2는 대칭 선형 구조로 쌍극자 모멘트의 변화가 없어 CO_2의 대칭 신축진동은 IR 스펙트럼이 관찰될 수 없다.

48 2×10^{-5}M $KMnO_4$ 용액을 1.5cm의 셀에 넣고 520nm에서 투광도를 측정하였더니 0.60을 보였다. 이때 $KMnO_4$의 몰흡광계수는 약 몇 L/cm·mol인가?

① 1.35×10^{-4}
② 5.0×10^{-4}
③ 7,395
④ 20,000

해설

$A = -\log T = \varepsilon bc$
여기서, A : 흡광도
T : 투광도
ε : 몰흡광계수
b : 셀의 길이
c : 분석물의 농도
$-\log 0.6 = \varepsilon(1.5\text{cm})(2 \times 10^{-5}\text{M})$
∴ $\varepsilon = 7,394.96$ L/mol·cm

49 다음 중 측정된 분석신호와 분석농도를 연관짓기 위한 검정법이 아닌 것은?

① 검정곡선법
② 표준물첨가법
③ 내부표준물법
④ 연속광원보정법

해설

기기분석의 검정법
- **표준검정곡선법(외부표준물법)** : 정확한 농도의 분석물을 포함하고 있는 몇 개의 표준용액을 만들어 농도 증가에 따른 신호의 세기 변화에 대한 검정곡선을 얻어 분석물질의 양을 알아내는 방법
- **표준물첨가법** : 미지시료에 분석물 표준용액을 각각 일정량씩 첨가한 용액을 만들어 증가된 신호 세기로부터 원래 분석물질의 양을 알아내는 방법
- **내부표준물법** : 모든 시료, 바탕, 검정표준물에 동일량의 내부표준물을 첨가하여 분석물질의 신호와 내부표준물의 신호를 비교하여 분석물질의 양을 알아내는 방법

50 X선 형광법의 장점에 해당하지 않는 것은?

① 감도가 우수하다.
② 스펙트럼이 비교적 단순하다.
③ 시료를 파괴하지 않고 분석이 가능하다.
④ 단시간 내에 여러 원소들을 분석할 수 있다.

해설

㉠ X선 형광법의 장점
- 스펙트럼이 단순하여 스펙트럼선 방해가 작다.
- 비파괴분석법이어서 시료에 손상을 주지 않는다.
- 분석과정이 수분 이내로 빠르다.
- 다중원소의 분석이 가능하다.

㉡ X선 형광법의 단점
- 감도가 좋지 않다.
- 가벼운 원소 측정이 어렵다.
- 기기가 비싸다.

51 장치가 고가임에도 불구하고 램프가 필요 없고 대부분의 원소에 대해 검출한계는 낮고 선택성이 높으며 정밀도와 정확도가 매우 우수한 특성을 고루 지닌 측정법은?

① 불꽃원자흡수법
② 전열원자흡수법
③ 플라스마 방출법
④ 유도쌍 플라스마 – 질량분석법

정답 47 ① 48 ③ 49 ④ 50 ① 51 ④

> [해설]

유도쌍 플라스마 – 질량분석법(ICP/MS)
- 대부분 원소에 대해 검출한계가 낮다.
- 선택성이 높다.
- 정밀도와 정확도가 매우 우수하다.
- 다중원소 분석을 쉽게 할 수 있다.

52 순차 측정기기 중 변속 – 주사(Slow – scan) 분광계에 대한 설명으로 틀린 것은?

① 분석선 근처 파장까지는 바르게 주사하다가 그다음 분석선에서는 주사속도가 급격히 감소되어 일련의 작은 단계로 변화되면서 주사한다.
② 동시 다중채널 기기(Simultaneous Multichannel Instrument)보다 더 빠르고 더 적은 시료를 소모하는 장점이 있다.
③ 변속주사는 유용한 데이터가 없는 파장 영역에서 소비되는 시간을 최소화할 수 있다.
④ 회절발 작동이 컴퓨터 통제하에 이루어지며 변속을 아주 효과적으로 수행할 수 있다.

> [해설]

순차 측정기기
간단하기는 하지만 시료 도입시간이 더 길어지므로 시료의 소모량이 많으며 측정시간이 오래 걸린다.

53 원자흡수분광법에서 전열원자화 장치가 불꽃원자화 장치보다 원소 검출 능력이 우수한 주된 이유는?

① 시료를 분해하는 능력이 우수하다.
② 원자화 장치 자체가 매우 정밀하다.
③ 전체 시료가 원자화 장치에 도입된다.
④ 시료를 탈용매화시키는 능력이 우수하다.

> [해설]

전열원자화 장치
- 전체 시료가 짧은 시간에 원자화되고, 원자가 빛 진로에 평균적으로 머무는 시간이 길다. → 감도가 높다.
- 재현성은 낮다.

54 NMR에서 흡수 봉우리를 관찰해보면 벤젠이나 에틸렌은 δ값이 상당히 큰 값이고 아세틸렌은 작은 쪽에서 나타남을 알 수 있다. 이러한 현상을 설명해주는 인자는?

① 용매효과
② 입체효과
③ 자기 이방성 효과
④ McLafferty 이전반응 효과

> [해설]

자기 비등방성 효과(자기 이방성 효과)
화학적 이동에 영향을 주는 다중결합의 효과는 다중결합 화학종의 자기 비등방성 효과로 설명할 수 있다.
- 아세틸렌은 전자가 결합축을 중심으로 회전한다. 이때 생긴 자기장은 양성자를 가리워주므로 더 높은 자기장, 즉 δ값이 작은 쪽으로 이동된다.
- 벤젠, 에틸렌이나 카르보닐 이중결합은 이중결합의 축에 수직으로 자기장이 가해지면 결합의 위와 아래에서 회전한다. 이때 생긴 자기장은 가해준 자기장과 같은 방향으로 양성자에 작용하므로 낮은 자기장, 즉 δ값이 큰 쪽으로 이동된다.

55 전형적인 분광기기는 일반적으로 5개의 부분장치로 이루어져 있다. 이에 해당하지 않는 것은?

① 광원
② 파장 선택기
③ 기체 도입기
④ 검출기

> [해설]

분광기기의 구성장치
- 광원
- 시료용기
- 파장 선택기
- 복사선 검출기
- 신호처리장치 및 판독장치

56 방출분광계의 바람직한 특성이 아닌 것은?

① 고분해능
② 빠른 신호 획득과 회복
③ 높은 세기의 미광 복사선
④ 정확하고 정밀한 파장 확인 및 선택

> [해설]

방출분광법은 광원이 필요 없다.

정답 52 ② 53 ③ 54 ③ 55 ③ 56 ③

57 원자분광법에서 주로 고체시료 도입에 이용할 수 있는 장치는?

① 기체 분무기(Pneumatic Nebulizer)
② 초음파 분무기(Ultrasonic Nebulizer)
③ 전열 증발기(Electrothermal Nebulizer)
④ 수소화물 발생기(Hydride Generation Device)

해설

원자분광법의 시료 도입방법
㉠ 고체시료의 도입방법
  • 직접 주입
  • 전열 증기화
  • 레이저 증발
  • 아크와 스파크 증발(전도성 고체)
  • 글로우 방전법(전도성 고체)
㉡ 용액시료의 도입방법
  • 기체 분무기
  • 초음파 분무기
  • 전열 증기화
  • 수소화물 생성법

58 분광분석법은 다음 중 어떤 현상을 바탕으로 측정이 이루어지는가?

① 분석용액의 전기적인 성질
② 각종 복사선과 물질과의 상호작용
③ 복잡한 혼합물을 구성하는 유사한 성분으로 분리
④ 물질을 가열할 때 나타나는 물리적인 성질

해설

분광분석법
물질이 방출하거나 흡수하는 복사선을 측정하여 물질을 분석하는 방법

59 다음 중 분자분광기기가 아닌 것은?

① 적외선 분광기
② X선 형광 분광기
③ 핵자기공명 분광기
④ 자외선-가시광선 분광기

해설

분자분광법
• 자외선-가시광선(UV-Vis) 흡수분광법
• 형광 및 인광 광도법
• 적외선(IR) 흡수분광법
• 핵자기공명(NMR) 분광법
※ X선 형광분광법은 원자분광법이다.

60 10Å의 파장을 갖는 X선 광자 에너지 값은 약 몇 eV인가?(단, Plank 상수는 6.63×10^{-34} J·s, 1J= 6.24×10^{18} eV이다.)

① 12.50 ② 125
③ 1,250 ④ 12,500

해설

$$E = h\nu = h\frac{c}{\lambda}$$

여기서, h : 플랑크 상수(6.63×10^{-34} J·s)
  c : 빛의 속도(3×10^8 m/s)
  ν : 진동수(10Å = 10^{-9} m)
  λ : 파장

$$\therefore E = 6.63 \times 10^{-34} \text{J·s} \times \frac{3 \times 10^8 \text{m/s}}{10^{-9}\text{m}} \times \frac{6.24 \times 10^{18}\text{eV}}{1\text{J}}$$

  ≒ 1,250 eV

4과목 기기분석 Ⅱ

61 질량분석계의 시료 도입장치가 아닌 것은?

① 배치식 ② 연속식
③ 직접식 ④ 모세관 전기이동

해설

질량분석기의 시료 도입장치
• 직접 도입장치
• 배치식 도입장치
• 크로마토그래피 또는 모세관 전기이동 도입장치

정답 57 ③ 58 ② 59 ② 60 ③ 61 ②

62 포화 칼로멜 전극의 구성이 아닌 것은?

① 다공성 마개(염다리)   ② 포화(KCl) 용액
③ 수은   ④ Ag선

해설

포화 칼로멜 전극
칼로멜 기준전극은 염화수은(I)(칼로멜)으로 포화되어 있고 포화농도의 KCl을 포함하는 용액과 접촉하고 있는 수은으로 이루어져 있다.

63 질량분석기기의 이온화 방법에 대한 설명 중 틀린 것은?

① 전자충격 이온화 방법은 토막내기가 잘 일어나므로 분자량의 결정이 어렵다.
② 전자충격 이온화 방법에서 분자 양이온의 생성 반응이 매우 효율적이다.
③ 화학 이온화 방법에 의해 얻어진 스펙트럼은 전자충격 이온화 방법에 비해 매우 단순한 편이다.
④ 전자충격 이온화 방법의 단점은 반드시 시료를 기화시켜야 하므로 분자량이 1,000보다 큰 물질의 분석에는 불리하다.

해설

전자충격 이온화 방법
센 이온원으로 토막내기가 잘 일어나므로 분자이온이 존재하지 않으므로 분자량 결정이 어렵다.

64 시차주사열량법(DSC)이 갖는 시차열분석법(DTA)과의 근본적인 차이는 무엇인가?

① 온도 차이를 기록   ② 에너지 차이를 기록
③ 밀도 차이를 기록   ④ 시간 차이를 기록

해설

- 시차주사열량법(DSC) : 온도에 따른 기준물질과 시료물질 사이의 에너지 차이를 측정
- 시차열분석법(DTA) : 시료와 기준물질 사이의 온도 차이를 측정

65 화학전지에 대한 설명으로 틀린 것은?

① 염다리 양쪽 끝은 다공성 마개로 막혀 있다.
② 염다리는 포화 KCl 용액과 젤라틴 등으로 되어 있다.
③ 전자 이동은 두 전극에서 각각 일어날 수 있어야 한다.
④ 두 전지의 양쪽 용액이 잘 섞여야 한다.

해설

화학전지
- 염다리는 고농도의 KNO_3 등이 포함된 젤로 채워진 U자관이다.
- 양끝에 다공성 막이 있어 양쪽 용액이 섞이지 않도록 한다.
- 이온의 균형을 이루도록 한다.

66 전기분해할 때 석출되는 물질의 양에 비례하지 않는 것은?

① 전기화학당량
② Faraday 상수
③ 전기량
④ 일정한 전류를 흘려줄 때의 시간

해설

Faraday 상수
1F = 96,485C/mol 전자로서 항상 일정한 값을 갖는다.
※ 패러데이 법칙
- 같은 물질을 전기분해할 때 소모되거나 석출되는 물질의 양은 통해준 전하량(Q)에 비례한다.
  $Q(C) = I(A) \times t(s)$
- 같은 전기량에 의해 석출되는 각 물질의 양은 화학당량에 비례한다.

67 이온교환 크로마토그래피에서 용리액 억제칼럼을 이용하여 방해물질을 제거하는 검출기는 무엇인가?

① 굴절률 검출기   ② 전도도 검출기
③ 형광 검출기   ④ 자외선 검출기

해설

이온교환 크로마토그래피에서 억제칼럼
- 시료이온의 전도도에는 영향을 주지 않고 용리액의 전해질을 이온화하지 않는 분자 화학종으로 바꿔주는 이온교환 수지로 충전되어 있는 억제칼럼이다.

정답 62 ④ 63 ② 64 ② 65 ④ 66 ② 67 ②

- 이온교환 분석칼럼의 바로 뒤에 설치하여 사용함으로써 용매 전해질의 전도도를 막아 시료 이온만의 전도도를 검출할 수 있게 해준다.

68 시차주사열량법(DSC)에 대한 설명 중 틀린 것은?

① 측정속도가 빠르고 쉽게 사용할 수 있다.
② DSC는 정량분석을 하는 데 이용된다.
③ 전력보상 DSC에서는 시료의 온도를 일정한 속도로 변화시키면서 시료와 기준으로 흘러 들어오는 열흐름의 차이를 측정한다.
④ 결정성 물질의 용융열과 결정화 정도를 결정하는 데 응용된다.

해설

시차주사열량법(DSC)
㉠ 측정속도가 빠르고 쉽게 사용할 수 있으므로 널리 사용된다.
㉡ DSC는 에너지 차이를 측정하는 열량 측정방법이다.
㉢ DSC는 재료의 특성을 분석하는 데 사용된다.
㉣ 유리전이온도(T_g)를 측정한다.

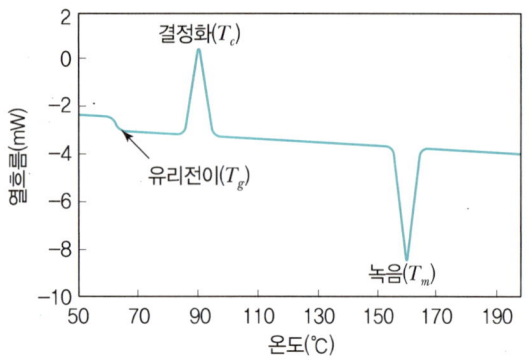

㉤ 기기
- 전력보상 DSC : 시료와 기준물질 사이의 온도를 동일하게 유지시키는 데 필요한 전력을 측정한다.
- 열흐름 DSC : 시료온도를 일정한 속도로 변화시키면서 시료와 기준물질로 흘러 들어오는 열흐름의 차이를 측정한다.
- 변조 DSC
 - 열흐름 DSC와 동일한 방법과 기기장치를 사용한다.
 - 온도 프로그램에 sine파 함수가 중첩되어 미세한 가열 및 냉각 주기를 생성한다.
 - Fourier 변환을 통하여 가역적 열흐름과 비가역적 열흐름으로 분리한다.

69 25℃에서 요오드화납으로 포화되어 있고 요오드화이온의 활동도가 정확히 1.00인 용액 중의 납전극의 전위는 얼마인가?(단, PbI_2의 $K_{sp} = 7.1 \times 10^{-9}$, $Pb^{2+} + 2e^- \rightleftarrows Pb(s)$, $E° = -0.350V$)

① $-0.0143V$
② $0.0143V$
③ $0.0151V$
④ $-0.591V$

해설

$PbI_2(s) \rightleftarrows Pb^{2+}(aq) + 2I^-(aq)$, $K_{sp} = 7.1 \times 10^{-9}$
$K_{sp} = a_{Pb^{2+}} \cdot a_{I^-}^2 = a_{Pb^{2+}}(1.00) = 7.1 \times 10^{-9}$
∴ $a_{Pb^{2+}} = 7.1 \times 10^{-9}$

납전극전위
$Pb^{2+} + 2e^- \rightleftarrows Pb(s)$, $E° = -0.350V$

∴ $E = E° - \dfrac{0.5916}{n} \log Q$

$= -0.350 - \dfrac{0.05916}{2} \log \dfrac{1}{a_{Pb^{2+}}}$

$= -0.350 - \dfrac{0.05916}{2} \log \dfrac{1}{7.1 \times 10^{-9}}$

$= -0.591V$

70 이온선택성 막전극의 종류 중 비결정질 막전극이 아닌 것은?

① 단일결정
② 유리
③ 액체
④ 강전해질 고분자에 고정된 측정용 액체

해설

이온선택성 막전극의 종류
- 결정질 막전극 : 단일결정, 다결정질 또는 혼합결정
- 비결정질 막전극 : 유리, 액체, 강체질 고분자에 고정된 측정용 액체

정답 68 ③ 69 ④ 70 ①

71 기체 크로마토그래피에서 사용되는 검출기 중 할로겐 물질에 대해 검출한계가 가장 좋은 검출기는?

① 불꽃이온화 검출기(FID)
② 열전도도 검출기(TCD)
③ 전자포획 검출기(ECD)
④ 불꽃광도 검출기(FPD)

> 해설

㉠ 불꽃이온화 검출기(FID)
- 가장 널리 사용된다.
- 탄소원자의 수에 비례하여 감응한다.
- 유기시료 분석에 사용된다.
- 감도가 높고 선형 감응범위가 넓다.
- 시료가 파괴된다.

㉡ 열전도도 검출기(TCD)
- 운반기체(이동상 기체)와 시료의 열전도 차이에 감응하여 변하는 전위를 측정한다.
- 유기·무기 화학종에 모두 감응한다.
- 감도가 낮다.
- 시료가 파괴되지 않는다.

㉢ 전자포획 검출기(ECD)
- 살충제와 같은 유기화합물에 함유된 할로겐 원소에 선택적으로 감응한다.
- 감도가 매우 좋다.
- 시료를 크게 변화시키지 않는다.

㉣ 열이온 검출기(TID) : 인·질소 화합물에 적용한다.

㉤ 불꽃광도 검출기(FPD)
- 공기와 물의 오염물질, 살충제 및 석탄의 수소화 생성물 등을 분석하는 데 널리 이용된다.
- 황과 인을 포함하는 화합물에 감응하는 선택성 검출기이다.
- 수소-공기 불꽃으로 들어가서 인의 일부가 HPO 화학종으로 변하게 된다.

72 질량분석법에 대한 설명으로 틀린 것은?

① 분자이온 봉우리가 미지시료의 분자량을 알려주기 때문에 구조 결정에 중요하다.
② 가상의 분자 ABCD에서 BCD^+는 딸-이온(Daughter-ion)이다.
③ 질량스펙트럼에서 가장 큰 봉우리의 크기를 임의로 100으로 정한 것이 기준 봉우리이다.
④ 질량스펙트럼에서 분자이온보다 질량수가 큰 봉우리는 생기지 않는다.

> 해설

이온과 분자 간의 충돌로 분자이온보다 질량수가 큰 봉우리를 생성할 수 있다.

73 20.0cm 관으로 물질 A와 B를 분리한 결과 A의 머무름시간은 15.0분, B의 머무름시간은 17.0분이었고, A와 B의 봉우리 밑 너비는 각각 0.75분, 1.25분이었다면 이 관의 분리능은 얼마인가?

① 1.0 ② 2.0
③ 3.5 ④ 4.5

> 해설

분리능 $R_s = \dfrac{2[(t_R)_B - (t_R)_A]}{W_A + W_B}$

여기서, $(t_R)_A$: 봉우리 A의 머무름시간
$(t_R)_B$: 봉우리 B의 머무름시간
W_A, W_B : 봉우리 A, B의 너비

$R_s = \dfrac{2(17.0 - 15.0)}{0.75 + 1.25} = 2$

74 유리전극으로 pH를 측정할 때 영향을 주는 오차 요인으로 가장 거리가 먼 것은?

① 산 오차   ② 알칼리 오차
③ 탈수   ④ 높은 이온 세기

> 해설

유리전극으로 pH를 측정할 때의 오차
- 알칼리 오차
- 산 오차
- 탈수
- 낮은 이온 세기
- 접촉전위의 변화
- 표준완충용액의 불확정성
- 온도 변화에 따른 오차
- 전극의 세척 불량

정답 ▶ 71 ③ 72 ④ 73 ② 74 ④

75 HPLC 펌프장치의 필요요건이 아닌 것은?

① 펄스 충격 없는 출력
② 3,000psi까지의 압력 발생
③ 0.1~10mL/min 범위의 흐름 속도
④ 흐름 속도 재현성의 상대 오차를 0.5% 이하로 유지

> 해설

HPLC 펌프장치의 필요조건
- 압력은 40MPa(6,000psi, 414bar) 이상이어야 한다.
- 이동상의 흐름에 펄스가 없어야 한다.
- 이동상의 흐름 속도는 0.1~10mL/min 정도이어야 한다.
- 흐름 속도는 0.5% 이하의 상대표준편차로 재현성이 있어야 한다.
- 잘 부식되지 않는 재질(스테인리스 스틸, 테프론)로 만들어야 한다.

76 분리분석법에 속하지 않는 분석법은?

① 흐름주입 분석법
② 모세관 전기이동법
③ 초임계유체 크로마토그래피
④ 고성능 액체 크로마토그래피

> 해설

분리분석법
- 크로마토그래피
- 전기이동
- 침전법
- 증류법
- 추출법

77 기체 크로마토그래피(GC)에서 온도 프로그래밍(Temperature Programming)의 효과로서 가장 거리가 먼 것은?

① 감도를 좋게 한다.
② 분해능을 좋게 한다.
③ 분석시간을 단축시킨다.
④ 장비 구입 비용을 절약할 수 있다.

> 해설

기체 크로마토그래피(GC)에서 온도 프로그래밍
- 분리가 진행되는 동안 칼럼의 온도를 단계적으로 또는 계속적으로 올려준다.
- 다양한 끓는점의 분석물이 혼합되었을 경우 시료의 분리효율을 높이고 감도를 좋게 하며 분리시간을 단축시킨다.
- HPLC에서의 기울기 용리와 같다.

78 액체 크로마토그래피 칼럼의 단수(Number of Plates) N만을 변화시켜 분리능(R_s)을 2배로 증가시키기 위해서는 어떻게 하여야 하는가?

① 단수 N이 2배로 증가해야 한다.
② 단수 N이 3배로 증가해야 한다.
③ 단수 N이 4배로 증가해야 한다.
④ 단수 N이 $\sqrt{n}$ 배로 증가해야 한다.

> 해설

분리능(R_s)과 단수(N)와의 관계식

$$R_s = \frac{\sqrt{N}}{4}\left(\frac{\alpha-1}{\alpha}\right)\left(\frac{k_B}{1+k_B}\right)$$

여기서, α : 선택인자
k_B : 느리게 이동하는 용질의 머무름인자

∴ $N \propto R_s^2$이므로 R_s(분리능)가 2배가 되기 위해서 N(단수)은 4배가 되어야 한다.

79 사중극자 질량분석관에서 좁은 띠 필터로 되는 경우는?

① 고질량 필터로 작용하는 경우
② 저질량 필터로 작용하는 경우
③ 고질량과 저질량 필터가 동시에 작용하는 경우
④ 고질량 필터를 먼저 작용시키고, 그다음 저질량 필터를 작용하는 경우

정답 75 ② 76 ① 77 ④ 78 ③ 79 ③

해설

사중극자 질량분석관 필터
• 고질량 필터
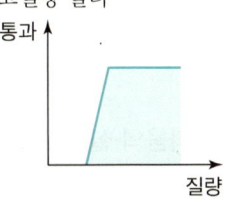
• 저질량 필터
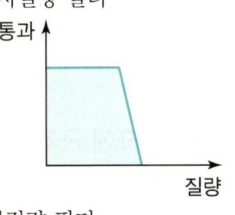
• 좁은 띠 필터 : 고질량 필터 + 저질량 필터
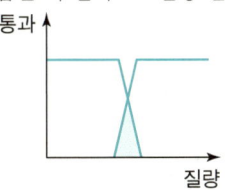

80 액체 크로마토그래피에서 보호(Guard)칼럼에 대한 설명으로 틀린 것은?

① 분석하는 주 칼럼을 오래 사용할 수 있게 해준다.
② 시료 중에 존재하는 입자나 용매에 들어 있는 오염물질을 제거해준다.
③ 정지상에 비가역적으로 붙은 물질들을 제거해준다.
④ 잘 걸러주기 위하여 입자의 크기는 되도록 분석칼럼보다 작은 것을 사용한다.

해설

보호칼럼
• 시료주입기와 분석칼럼 사이에 위치한다.
• 분석칼럼과 동일한 정지상으로 충전된 짧은 칼럼이다.
• 강하게 정지상에 잔류되는 화합물 및 입자성 물질과 같은 불순물이 분석칼럼에 도달하여 오염시키는 것을 방지해준다.
• 분석칼럼의 수명을 연장시킨다.

정답 80 ④

2019년 제1회 기출문제

1과목 일반화학

01 질량 백분율(Mass Percentage)을 옳게 나타낸 것은?

① $\dfrac{용질의\ 질량}{용액의\ 질량} \times 100$ ② $\dfrac{용질의\ 질량}{용매의\ 질량} \times 100$

③ $\dfrac{용질의\ 질량}{용액의\ 몰수} \times 100$ ④ $\dfrac{용질의\ 질량}{용매의\ 몰수} \times 100$

해설

질량 백분율 $= \dfrac{용질의\ 질량}{용액의\ 질량} \times 100\%$

02 아레니우스의 정의에 따른 산과 염기에 대한 설명 중 옳지 않은 것은?

① 산이란 물에 녹였을 때 하이드로늄이온(H_3O^+)의 농도를 순수한 물에서보다 증가시키는 물질이다.
② 염기란 물에 녹였을 때 수산화이온(OH^-)의 농도를 순수한 물에서보다 증가시키는 물질이다.
③ 19세기에 도입된 이 정의는 잘 알려진 산·염기와 화학적으로 유사한 화합물에는 적용되지 않는다.
④ 순수한 물에는 적지만 같은 양의 수소이온(H^+)과 수산화이온(OH^-)이 존재한다.

해설

아레니우스의 산·염기 정의
물에 녹아 수용액상에서 수소이온(H^+)을 내놓는 물질을 아레니우스 산, 물에 녹아 수용액상에서 수산화이온(OH^-)을 내놓는 물질을 아레니우스 염기라고 한다.

03 주기율표에 근거하여 제시된 다음의 설명 중 틀린 것은?

① NH_3가 PH_3보다 물에 더 잘 녹는 이유는 PH_3와 달리 NH_3가 수소결합을 할 수 있기 때문이다.
② 수용액 조건에서 HF, HCl, HBr, HI 중 가장 강산은 HI이다.
③ C는 O보다 전기음성도가 더 크므로 O−H 결합보다 C−H 결합이 더 큰 극성을 띠게 된다.
④ Na와 Cl은 공유결합을 통해 분자를 형성하지 않는다.

해설

- 전기음성도 : F > O > N
- 수소결합 : 전기음성도가 강한 F, O, N 등에 H(수소) 원자가 공유결합으로 결합하면 전기음성도가 강한 원자는 부분적으로 δ^- 전하를 띠고 수소원자는 부분적으로 δ^+ 전하를 띠게 된다. 이러한 수소원자에 전기음성도가 강한 원자가 이웃하면 두 원자 사이에 정전기적 인력이 생기는데 이것을 수소결합이라 한다.
- 산의 세기 : HI > HBr > HCl(강산) ≫ HF(약산)
- NaCl : 이온결합을 하므로 분자를 형성하지 않는다.

04 다음 유기물의 명명법 중 틀린 것은?

① CH_3COOH : 아세트산
② HOOCCOOH : 옥살산
③ CCl_2F_2 : 클로로플루오로메탄
④ $CH_2=CHCl$: 염화비닐

해설

CCl_2F_2 : 다이클로로다이플루오로메테인 (dichlorodifluoromethane)

정답 01 ① 02 ③ 03 ③ 04 ③

05 다음 중 밑줄 친 물질의 용해도가 증가하는 것은?
① 기체 용질이 녹아 있는 용기의 부피를 증가시킨다.
② 황산나트륨(Na_2SO_4)이 녹아 있는 수용액의 온도를 60℃ 정도로 약간 올려준다.
③ 황산바륨($BaSO_4$)이 들어 있는 수용액에 NaCl을 소량 첨가한다.
④ 염화칼륨(KCl) 포화용액을 냉장고에 넣는다.

> [해설]
> • 기체의 용해도
>   온도가 낮을수록, 압력이 높을수록 커진다.
> • 고체의 용해도

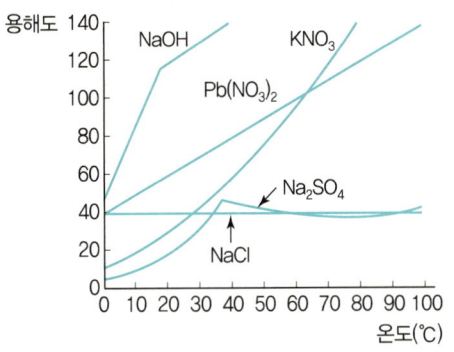

> • 황산바륨($BaSO_4$) 수용액에 NaCl을 넣으면 용액의 이온 세기가 증가하여 용해도가 증가한다.

06 다음 중 알코올에 대한 설명으로 틀린 것은?
① 일반적으로 탄소의 개수가 작은 경우 극성이다.
② 작용기는 −OR(R은 알킬기)이다.
③ 수소결합을 할 수 있다.
④ 분자량이 비슷한 다른 유기분자보다 일반적으로 끓는점이 높다.

> [해설]
> 알코올의 작용기는 −OH(히드록시기)이다.

07 525℃에서 다음 반응에 대한 평형상수 K값은 3.35×10^{-3}이다. 이때 평형에서 이산화탄소 농도를 구하면 얼마인가?

$$CaCO_3(s) \to CaO(s) + CO_2(g)$$

① 0.84×10^{-3} mol/L
② 1.68×10^{-3} mol/L
③ 3.35×10^{-3} mol/L
④ 6.77×10^{-3} mol/L

> [해설]
> $CaCO_3(s) \to CaO(s) + CO_2(g)$
> $K = [CO_2] = 3.35 \times 10^{-3}$
> ∴ $[CO_2] = 3.35 \times 10^{-3}$ mol/L

08 주기율표에서의 일반적인 경향으로 옳은 것은?
① 원자 반지름은 같은 족에서는 위로 올라갈수록 증가한다.
② 원자 반지름은 같은 주기에서는 오른쪽으로 갈수록 감소한다.
③ 금속성은 같은 주기에서는 오른쪽으로 갈수록 증가한다.
④ 18족(0족)에서는 금속성 물질만 존재한다.

> [해설]
> 주기율표상에서 왼쪽으로 갈수록, 아래로 갈수록 반지름과 금속성이 커진다.
>
> 반지름 ↑
> 금속성 ↑
>
> ※ 18족(0족) 원소는 비활성 기체이다.

09 산−염기에 대한 Brønsted−Lowry의 모델을 설명한 것 중 가장 거리가 먼 것은?
① 산은 양성자(H^+ 이온) 주개이다.
② 염기는 양성자(H^+ 이온) 받개이다.
③ 염기에서 양성자가 제거된 화학종을 짝염기라고 한다.
④ 산염기 반응에서 양성자는 산에서 염기로 이동된다.

정답 ▶ 05 ③ 06 ② 07 ③ 08 ② 09 ③

> **해설**

브뢴스테드 – 로우리 모델
- 산 : 양성자를 내주는 물질(양성자 주개)
- 염기 : 양성자를 받는 물질(양성자 받개)

※ 산에서 양성자가 제거된 화학종을 짝염기라고 한다.

10 같은 질량의 산소분자와 메탄올에 들어 있는 산소 원자수의 비는?

① 산소 : 메탄올 = 5 : 1
② 산소 : 메탄올 = 2 : 1
③ 산소 : 메탄올 = 1 : 2
④ 산소 : 메탄올 = 1 : 1

> **해설**

O_2의 분자량 = 32g
CH_3OH의 분자량 = 32g
O_2(산소분자) 속 산소원자수 = 2개
CH_3OH(메탄올) 속 산소원자수 = 1개
∴ O_2 : CH_3OH = 2 : 1

11 $Ca(HCO_3)_2$에서 탄소의 산화수는 얼마인가?

① +2
② +3
③ +4
④ +5

> **해설**

$Ca(HCO_3)_2$에서
Ca^{2+}의 산화수 : +2
HCO_3^-의 산화수 : -1
$(+1) + C + (-2) \times 3 = -1$
∴ C = +4

12 티오시아네이트(Thiocyanate) 이온(SCN^-)의 가장 적합한 Lewis 구조는?

① $[:\ddot{S}=C=\ddot{N}:]^-$
② $[:\ddot{S}=C-\ddot{N}:]^-$
③ $[:\ddot{S}=C\equiv N:]^-$
④ $[:\ddot{S}=\ddot{C}-\ddot{N}:]^-$

> **해설**

SCN^-의 구조
SCN^- 전체 최외각전자수 = 6 + 4 + 5 + 1 = 16
Octet 규칙을 이루기 위한 전자수 = 8 × 3 = 24

24 − 16 = 8이므로 공유전자쌍은 4쌍이다.
$[:\ddot{S}=C=\ddot{N}:]^-$

13 배의 철 표면이 녹스는 것을 방지하기 위하여 종종 마그네슘 판을 붙인다. 이 작업을 하는 이유는?

① 마그네슘이 철보다 더 좋은 산화제이므로 마그네슘이 더 산화되기 쉽다.
② 마그네슘이 철보다 더 좋은 산화제이므로 마그네슘이 더 환원되기 쉽다.
③ 마그네슘이 철보다 더 좋은 환원제이므로 마그네슘이 더 산화되기 쉽다.
④ 마그네슘이 철보다 더 좋은 환원제이므로 마그네슘이 더 환원되기 쉽다.

> **해설**

음극화 보호법
이온화 경향이 Mg > Fe이므로 Mg가 Fe보다 산화가 잘되어 Fe를 보호해준다.

14 아세톤의 다른 명칭으로서 옳은 것은?

① dimethylketone
② 1 – propanone
③ propanal
④ methylethylketone

> **해설**

아세톤(CH_3COCH_3) : 다이메틸케톤(dimethylketone)

15 산소가 20mol%, 질소가 30mol%, 수소가 50mol%로 구성된 기체 혼합물의 평균 분자량은 얼마인가?

① 8.3g/mol
② 15.8g/mol
③ 28.5g/mol
④ 37.6g/mol

> **해설**

$M_{av} = 32 \times 0.2 + 28 \times 0.3 + 2 \times 0.5$
$= 15.8 g/mol$

정답 10 ② 11 ③ 12 ① 13 ③ 14 ① 15 ②

16 헬륨의 원자량은 4.0이다. 헬륨원자 1g 속에 들어 있는 원자의 개수는 몇 개인가?

① 1.5×10^{23}개 ② 6.02×10^{23}개
③ 2.4×10^{24}개 ④ 4.8×10^{24}개

해설

He $1g \times \dfrac{1mol}{4g} \times \dfrac{6.02 \times 10^{23}개}{1mol} = 1.5 \times 10^{23}$개

17 아보가드로수에 대한 설명 중 옳지 않은 것은?

① 아보가드로수는 일반적으로 6.02×10^{23}이다.
② 아보가드로수는 정확히 12g에 존재하는 ^{12}C 원자의 숫자로 정의한다.
③ ^{12}C 원자 한 개의 질량은 1.99×10^{-24}g이다.
④ 아보가드로수는 실험실에서의 거시적 질량과 개별 원자와 분자들의 미시적 질량 사이의 관련성을 확립하기 위한 것이다.

해설

아보가드로수 = 6.02×10^{23}개/1mol

^{12}C 원자 1개의 질량 = $\dfrac{12g}{6.02 \times 10^{23}개} = 1.99 \times 10^{-23}$g

18 다음 두 반응의 평형상수 K값은 온도가 증가하면 어떻게 되는가?

(a) $N_2O_4(g) \rightarrow 2NO_2(g)$, $\Delta H° = 58kJ$
(b) $2SO_2(g) + O_2(g) \rightarrow 2SO_3(g)$, $\Delta H° = -198kJ$

① (a), (b) 모두 증가 ② (a), (b) 모두 감소
③ (a) 증가, (b) 감소 ④ (a) 감소, (b) 증가

해설

• (a) : 흡열반응($\Delta H > 0$)
• (b) : 발열반응($\Delta H < 0$)
※ 온도를 올리면 흡열반응의 K는 증가하고 발열반응의 K는 감소한다.

19 0.10M NaCl 용액 20mL에 0.20M $AgNO_3$ 용액 20mL를 첨가하였다. 이때 생성되는 염 AgCl의 용해도(g/L)는?(단, AgCl의 $K_{sp} = 1.0 \times 10^{-10}$, 분자량은 143이다.)

① 1.21×10^{-7}g/L ② 2.86×10^{-7}g/L
③ 1.00×10^{-5}g/L ④ 1.43×10^{-3}g/L

해설

Ag^+의 mol수 = $0.20M \times 0.02L = 0.004mol$
Cl^-의 mol수 = $0.10M \times 0.02L = 0.002mol$

	Ag^+	+	Cl^-	→	AgCl
초기	0.004mol		0.002mol		0
반응	−0.002		−0.002		0.002
나중	0.002mol		0		0.002mol

$[Ag^+] = \dfrac{0.002mol}{0.04L} = 0.05M$

AgCl(s)	⇌	$Ag^+(aq)$	+	$Cl^-(aq)$
		0.05		0
		x		x
		$0.05 + x$		x

$K_{sp} = [Ag^+][Cl^-] = (0.05 + x)x = 1.0 \times 10^{-10}$
$0.05 + x \approx 0.05$

∴ $x = [Cl^-] = 2 \times 10^{-9}$mol/L $\times \dfrac{143g}{1mol}$
$= 2.86 \times 10^{-7}$g/L

20 C_6H_{14}의 분자식을 가지는 화합물은 몇 가지 구조이성질체가 가능한가?

① 3 ② 4
③ 5 ④ 6

해설

C_6H_{14}의 구조이성질체

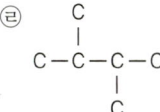
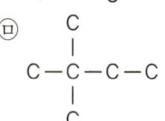

정답 16 ① 17 ③ 18 ③ 19 ② 20 ③

alkane	C_4H_{10}	C_5H_{12}	C_6H_{14}	C_7H_{16}
이성질체	2	3	5	9

2과목 분석화학

21 13.58g의 tris(hydroxymethyl)aminomethane(분자량=121.14)과 5.03g의 tris hydrochloride(분자량=157.60)를 혼합한 수용액 100L에 1.00M 염산 10.0mL를 첨가하였을 때의 pH는 약 얼마인가?(단, tris 짝산의 $pK_a=8.072$이다.)

① 7.43　　② 7.85
③ 8.46　　④ 9.27

해설

tris(hydroxymethyl)aminomethane

$$HOCH_2-\underset{\underset{CH_2OH}{|}}{\overset{\overset{CH_2OH}{|}}{C}}-NH_2$$

- tris의 몰수 $= \dfrac{13.58g}{121.14g/mol} = 0.112mol$
- $tris \cdot H^+$의 몰수 $= \dfrac{5.03g}{157.6g/mol} = 0.032mol$
- HCl의 몰수 $= 1.00M \times 0.01L = 0.01mol$

	tris	+ H^+	⇌	$tris \cdot H^+$
초기	0.112	0.01		0.032
반응	-0.01	-0.01		+0.01
나중	0.102	0		0.042

Henderson-Hasselbalch 식

$$pH = pK_a + \log\dfrac{[B]}{[BH^+]}$$
$$= 8.072 + \log\left(\dfrac{0.102}{0.042}\right) = 8.46$$

22 산-염기 적정에서 사용하는 지시약이 용액 속에서 다음과 같이 해리한다고 한다. 만일 이 용액에 산을 첨가하여 용액의 액성을 산성이 되게 했다면 용액의 색깔은 어느 쪽으로 변화하는가?

$$HR(무색) \rightleftarrows H^+ + R^-(적색)$$

① 적색
② 무색
③ 적색과 무색이 번갈아 나타난다.
④ 알 수 없다.

해설

$HR(무색) \rightleftarrows H^+ + R^-(적색)$
산을 첨가하면 용액 속에 H^+가 증가하므로 르 샤틀리에 원리에 의해 H^+가 감소하는 방향, 즉 왼쪽으로 이동한다. 그러므로 HR(무색)로 변한다.

23 EDTA 적정에 사용되는 Xylenol Orange와 같은 금속이온 지시약의 일반적인 특징이 아닌 것은?

① pH에 따라 색이 다소 변한다.
② 산화-환원제로서 전위(Potential)에 따라 색이 다르다.
③ 지시약은 EDTA 보다 약하게 금속과 결합해야만 한다.
④ 금속이온과 결합하면 색깔이 변해야 한다.

해설

산화환원 적정에 사용되는 산화·환원 지시약 전위에 따라 색이 변하며, 금속이온 지시약은 수소이온의 농도 변화에 따라 색이 변한다.

24 pK_a가 5인 약산(HA) 1M 용액의 pH에 가장 가까운 것은?

① 2.3　　② 2.5
③ 3.0　　④ 3.3

정답 21 ③　22 ②　23 ②　24 ②

해설

	HA	$\rightleftharpoons$	H^+	$+$	A^-
초기	1M		0		0
반응	$-x$		$+x$		$+x$
나중	$1-x$		$+x$		$+x$

$pK_a = -\log K_a = 5$

$\therefore K_a = 10^{-5}$

$K_a = \dfrac{[H^+][A^-]}{[HA]} = \dfrac{x \cdot x}{1-x} = 10^{-5}$

HA가 약산이므로 $1-x \approx 1$

$x = [H^+] = [A^-] = 3.16 \times 10^{-3}$

$pH = -\log[H^+] = -\log(3.16 \times 10^{-3}) = 2.5$

25 0.1M KNO_3와 0.05M Na_2SO_4의 혼합용액의 이온 세기는 얼마인가?

① 0.2
② 0.25
③ 0.3
④ 0.35

해설

0.1M KNO_3 + 0.05M Na_2SO_4

이온 세기 $\mu = \dfrac{1}{2}[\{0.1 \times (+1)^2 \times 1\} + \{0.1 \times (-1)^2 \times 1\}$
$+ \{0.05 \times (+1)^2 \times 2\} + \{0.05 \times (-2)^2\}]$
$= 0.25$

26 산해리상수(Acid Dissociation Constant)에 관한 설명으로 틀린 것은?

① $HA \rightleftharpoons H^+ + A^-$의 평형상수에 해당한다.
② $HA + H_2O \rightleftharpoons H_3O^+ + A^-$의 평형상수에 해당한다.
③ $\dfrac{[H^+][A^-]}{[HA]}$로 표현될 수 있다.
④ 산의 농도를 묽히면 산해리상수는 작아진다.

해설

산해리상수는 이온화 평형의 평형상수이므로 온도에 의해서만 변한다.

27 다음 염(Salt)들 중에서 물에 녹았을 때, 염기성 수용액을 만드는 염을 모두 나타낸 것은?

$NaBr$, CH_3COONa, NH_4Cl
K_3PO_4, $NaCl$, $NaNO_3$

① CH_3COONa, K_3PO_4
② CH_3COONa
③ $NaBr$, CH_3COONa, NH_4Cl
④ NH_4Cl, K_3PO_4, $NaNO_3$

해설

물에 녹아 염기성 수용액을 만들려면 약산+강염기의 중화반응으로 생성된 염이어야 한다.

$NaOH + CH_3COOH \rightarrow \underline{CH_3COONa} + H_2O$
강염기   약산   염기성

$3KOH + H_3PO_4 \rightarrow \underline{K_3PO_4} + 3H_2O$
강염기   약산   염기성

28 미지시료 내의 특정 물질의 양을 분석하는 방법으로 적정이 사용된다. 적정의 요건으로 틀린 것은?

① 부반응이 없어야 한다.
② 반응이 진행되어 당량점 부근에서 완결되어야 한다.
③ 반응은 화학양론적이어야 한다.
④ 적정에서의 반응은 느려도 크게 상관없다.

해설

적정에서의 반응은 빠르고 완전하게 반응해야 한다.

29 분석물질이 EDTA를 가하기 전에 침전물을 형성하거나 적정조건에서 EDTA와 느리게 반응하거나, 지시약을 가로막는 분석물에 적합한 EDTA 적정법은?

① 직접적정
② 치환적정
③ 간접적정
④ 역적정

해설

역적정을 사용해야 하는 경우
• 분석물질이 EDTA를 가하기 전에 음이온과 침전물을 형성하는 경우

정답 25 ② 26 ④ 27 ① 28 ④ 29 ④

- 적정조건에서 EDTA와 너무 느리게 반응하는 경우
- 만족할 만한 지시약이 없는 경우

30 용해도곱 상수와 공통이온효과에 대한 설명으로 틀린 것은?

① 용해도곱 상수는 용해반응의 평형상수이다.
② 용해도곱이 클수록 잘 녹는다.
③ 고체염이 용액 내에서 녹아 성분 이온으로 나누어지는 반응에 대한 평형상수이다.
④ 성분 이온들 중의 같은 이온 하나가 이미 용액 중에 들어 있으면 공통이온효과로 인해 그 염은 잘 녹는다.

해설

공통이온효과
염의 성분 이온과 공통되는 이온을 넣어주면 르 샤틀리에 원리에 의해 평형은 그 이온 농도를 감소시키는 방향으로 이동한다. ⇒ 그 염은 용해도가 감소한다.

31 이온 선택 전극에 대한 설명으로 옳은 것은?

① 이온 선택 전극은 착물을 형성하거나 형성하지 않은 모든 상태의 이온을 측정하기 때문에 pH 값에 관계없이 일정한 측정결과를 보인다.
② 금속이온에 대한 정량적인 분석 방법 중 이온 선택 전극 측정결과와 유도결합 플라스마 결합 결과는 항상 일치한다.
③ 이온 선택 전극의 선택계수가 높을수록 다른 이온에 의한 방해가 크다.
④ 액체 이온 선택 전극은 일반적으로 친수성 막으로 구성되어 있으며 친수성 막 안에 소수성 이온 운반체가 포함되어 있다.

해설

이온 선택 전극
- 이온 선택 전극의 선택계수가 높을수록 다른 이온의 방해가 크다.
  ※ 선택계수 = $\dfrac{\text{다른 이온의 감응도}}{\text{분석물 이온의 감응도}}$
- 이온 선택 전극은 착물을 형성하지 않은 이온만을 측정하기 때문에 pH에 따라 착물의 형성 정도가 달라 결과가 달라진다.

32 산화·환원 적정에서 사용되는 KMnO₄에 대한 설명으로 틀린 것은?

① 진한 자주색을 띤 산화제이다.
② 매우 안정하여 일차표준물질로 사용된다.
③ 강한 산성 용액에서 무색의 Mn^{2+}로 환원된다.
④ 산성 용액에서 자체 지시약으로 작용한다.

해설

- $KMnO_4$는 미량의 MnO_2를 포함하고 있어, 일차표준물질로 사용할 수 없다.
- $MnO_4^- + 8H^+ + 5e^- \rightleftharpoons Mn^{2+} + 4H_2O$
  자주색   무색

33 많은 종류의 이온성 침전물을 사용하여 무게분석을 할 때 순수한 물 대신에 전해질 용액으로 침전물을 세척하는 주된 이유는?

① 표면전하를 중화시켜 침전 입자들의 표면에 반발력 때문에 생기는 풀림 현상을 방지한다.
② 침전 형성 시 내포된 불순물들을 효과적으로 제거한다.
③ 불순물 화학종이 침전되는 것은 방지하는 가림제의 역할을 한다.
④ 전해질 환경에서 입자의 삭임과정이 촉진된다.

해설

침전물을 물로 세척하면 전하를 띤 고체 입자들이 서로 반발하여 생성물이 분해되는데, 이를 풀림이라고 한다. 이를 방지하기 위해 표면전하를 중화시킬 수 있는 전해질 용액으로 세척해야 한다.

34 1atm의 값과 가장 거리가 먼 것은?

① 101.325kPa
② 1,013mbar
③ 760mmHg
④ 14.7N/m²

해설

$1atm = 101.325kPa = 1,013mbar = 760mmHg$
$= 14.7psi = 1.013 \times 10^5 N/m^2 (Pa)$

정답 30 ④ 31 ③ 32 ② 33 ① 34 ④

35 성분이온 중 한 가지 이상이 용액 중에 들어 있는 경우 그 염의 용해도가 감소하는 현상을 공통이온효과라고 한다. 다음 중 공통이온효과와 가장 관련이 있는 원리 또는 법칙은?

① 비어(Beer)의 법칙
② 패러데이(Faraday) 법칙
③ 파울리(Pauli)의 배타원리
④ 르 샤틀리에(Le Chatelier) 원리

해설

공통이온효과
염의 성분이온과 공통되는 이온을 넣어주면 르 샤틀리에 원리에 의해 평형은 그 이온 농도를 감소시키는 방향으로 이동한다. ⇒ 그 염은 용해도가 감소한다.

비어(Beer)의 법칙
흡광도(A)는 분석물질의 농도와 셀의 길이에 비례한다는 법칙이다.
$A = \varepsilon bc$
여기서, ε : 몰흡광계수
b : 셀의 길이
c : 시료의 온도

패러데이(Faraday) 법칙
전기분해에 의해 전극에 석출되는 물질의 양은 물질의 종류가 같을 때 용액을 통하는 전기량에 비례하고, 전기량이 같을 때는 물질의 전기화학당량에 비례한다는 법칙이다.

파울리(Pauli)의 배타원리
한 오비탈에 반대의 스핀을 가지는 2개의 전자만 들어갈 수 있다.

36 다음 염 중 용액의 pH를 낮추었을 때 용해도가 증가하지 않는 것은?

① AgBr
② $CaCO_3$
③ BaC_2O_4
④ $Mg(OH)_2$

해설

- 용액의 pH를 낮추었을 때 용해도가 증가하는 염은 약산의 짝염기로 이루어진 염이다.
- 강산의 짝염기인 Br^-을 포함하는 침전물은 pH의 영향을 받지 않는다.

37 전기화학반응에 대한 설명 중 틀린 것은?

① 환원반응이 일어나는 전극을 캐소드 전극(Cathode Electrode)이라 하며, 갈바니전지에서는 (-)극이 된다.
② 염다리(Salt Bridge)에서는 전류가 이온의 이동에 의해서 흐르게 된다.
③ 반쪽전지의 전위를 나타내는 값으로 표준환원전위를 사용하며, 표준수소전극의 전위는 0.000V이다.
④ 전극반응의 전압은 Nernst 식으로 표시되며, 갈바니전지에서는 표준환원전위가 큰 반쪽반응의 전극이 (+)극이 된다.

해설

갈바니전지
- 산화반응 : (-)극, Anode 전극
- 환원반응 : (+)극, Cathode 전극

38 완충용액에 대한 설명 중 옳은 것으로만 모두 나열된 것은?

㉠ 약한 산과 그 짝염기를 혼합하여 만들 수 있다.
㉡ 완충용액은 이온 세기와 온도에 의존한다.
㉢ $pH = pK_a$에서 완충용량이 최대가 된다.

① ㉢
② ㉠, ㉡
③ ㉠, ㉢
④ ㉠, ㉡, ㉢

해설

완충용액
- 소량의 산이나 염기를 가해도 pH가 거의 일정하게 유지되는 용액 예 약산+그 짝염기, 약염기+그 짝산
- 완충용액의 pH는 이온의 세기와 온도에 의존한다.
- 완충용량은 산이나 염기가 가해졌을 때 완충용액이 pH 변화를 얼마나 잘 막아내는지에 대한 척도로 $pH - pK_a$일 때 최대가 된다.

39 국제단위계(SI)의 기본단위가 아닌 것은?

① 줄(J)
② 킬로그램(kg)
③ 초(s)
④ 몰(mol)

정답 35 ④ 36 ① 37 ① 38 ④ 39 ①

해설

국제단위계(SI)의 기본단위

물질명	SI 단위	물질명	SI 단위
질량	kg	시간	s
길이	m	전류의 세기	A
물질의 양	mol	빛의 세기	cd
온도	K		

40 이온 세기와 활동도, 활동도 계수에 대한 설명으로 옳은 것은?

① 활동도 계수의 단위는 mol/L이다.
② 이온의 전하가 커질수록 활동도 보정은 필요 없게 된다.
③ 일반적으로 이온 세기가 증가할수록 활동도 계수는 감소한다.
④ 활동도 계수는 이온이 갖는 전하 크기에 무관하다.

해설

- 활동도 계수는 무차원이다(단위가 없다).
  ※ mol/L는 몰농도의 단위이다.
- 이온의 세기가 증가하면 활동도 계수는 감소한다.
- 이온의 전하가 커질수록 이온 세기가 증가하고, 활동도 계수가 1에서 벗어나는 정도가 커지므로 보정의 필요성이 증가한다.
- 활동도 계수는 자신이 참여하는 화학평형에 영향을 주는 척도로 묽은 용액에서 효과가 높아진다. 따라서 이온 세기가 최소인 묽은 용액에서 활동도 계수는 1이 된다.

3과목 기기분석 I

41 FTIR(Fourier Transform Infrared : FT 적외선) 분광기기를 사용하여 측정한 흡광도 스펙트럼의 신호 대 잡음비(Signal-to-Noise)가 4이었다. 신호 대 잡음비를 20으로 증가시키려면 스펙트럼을 몇 번 측정하여 평균해야 하는가?

① 400   ② 80
③ 25   ④ 20

해설

$S/N \propto \sqrt{n}$
$4 : \sqrt{1} = 20 : \sqrt{n}$
$\therefore n = 25$회

42 인광이 발생하는 조건으로 가장 옳은 것은?

① 들뜬 단일항 상태에서 바닥 상태로 되돌아올 때
② 바닥 단일항 상태에서 들뜬 바닥 상태로 되돌아올 때
③ 바닥 삼중항 상태에서 들뜬 단일항 상태로 되돌아올 때
④ 들뜬 삼중항 상태에서 바닥 단일항 상태로 되돌아올 때

해설

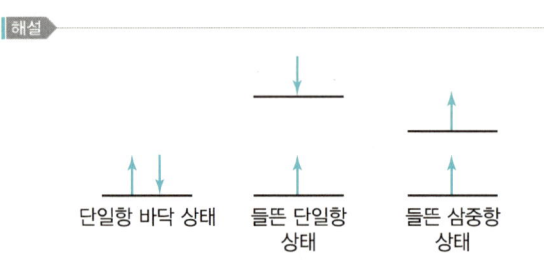

- 형광 : 들뜬 단일항 상태 → 단일항 바닥 상태
- 인광 : 들뜬 삼중항 상태 → 단일항 바닥 상태

43 X선을 발생시키는 방법이 아닌 것은?

① 글로우 방전등에서 이온화된 아르곤이온의 충돌에 의해서
② 일차 X선에 물질을 노출시켜서 방사성 동위원소의 붕괴과정에 의해서
③ 방사성 동위원소의 붕괴과정에 의해서
④ 고에너지 전자살로 금속 과녁을 충돌시켜서

해설

X선을 발생시키는 방법
- X선 물질을 1차 X선 빛살에 노출하여 2차 형광 X선을 발생시킨다.
- 붕괴과정에서 X선을 방출하는 방사성 광원을 이용한다.
- 고에너지 전자살로 금속 과녁을 충돌시킨다.
※ 글로우 방전등은 원자방출분광법의 광원으로 이온화된 아르곤이온의 충돌에 의해 고체시료의 원자가 방출되고 높은 에너지의 전자와 충돌하여 들뜨게 되므로 자외선-가시광선을 발생시킨다.

정답 40 ③ 41 ③ 42 ④ 43 ①

44 원자분광법에서 고체시료를 원자화하기 위해 도입하는 방법은?

① 기체 분무기 ② 글로우 방전
③ 초음파 분무기 ④ 수소화물 생성법

해설

원자분광법의 시료 도입방법
㉠ 고체시료의 도입방법
- 직접 시료 도입
- 전열 증기화
- 레이저 증발
- 아크와 스파크 증발(전도성 고체)
- 글로우 방전법(전도성 고체)

㉡ 용액시료의 도입방법
- 기체 분무기
- 초음파 분무기
- 전열 증기화
- 수소화물 생성법

45 NMR 분광법에서 할로겐화메틸(CH_3X)의 경우에 양성자의 화학적 이동값(δ)이 가장 큰 것은?

① CH_3Br ② CH_3Cl
③ CH_3F ④ CH_3I

해설

전기음성도가 증가할수록 핵 주위의 전자밀도가 작아 가리움 효과가 작아져서 화학적 이동값이 크다.
전기음성도 : F > Cl > Br > I

46 다음 그래프와 같은 적외선 흡수스펙트럼을 나타낼 수 있는 화합물을 추정하였을 때 가장 적합한 것은?

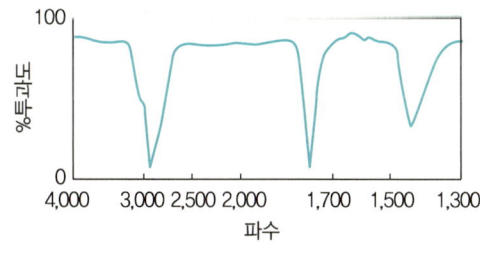

① 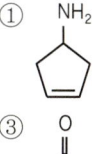 ②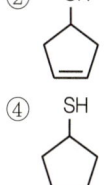

③ (cyclopentanone) ④ (cyclopentanethiol)

해설

작용기	주파수
O–H	$3,650 \sim 3,590\,cm^{-1}$
C=O	$1,760 \sim 1,690\,cm^{-1}$
C–O	$1,300 \sim 1,050\,cm^{-1}$
C=C	$1,680 \sim 1,610\,cm^{-1}$
C–H	$1,470 \sim 1,340\,cm^{-1}$ 굽힘 $3,000 \sim 2,850\,cm^{-1}$ 신축

47 불꽃 및 전열법과 비교한 ICP 원자화 방법의 특징에 대한 설명으로 틀린 것은?

① 하나의 들뜸 조건에서 대부분 원소들의 좋은 방출스펙트럼을 얻을 수 있다.
② 원소 상호 간의 화학적 방해가 적다.
③ 저렴한 장비를 사용하고 유지비가 적게 든다.
④ 텅스텐, 우라늄, 지르코늄 같은 원소들의 낮은 농도를 측정할 수 있다.

해설

ICP 원자화 방법
- 플라스마 광원의 온도가 매우 높아 원자화 효율이 좋고 화학적 방해도 거의 없다.
- 플라스마 단면의 온도 분포가 균일하여 자체 흡수나 자체 반전이 나타나지 않는다.
- 아르곤의 이온화로 인해 전자밀도가 높아서 시료의 이온화에 의한 방해가 거의 없다.
- 높은 온도에서 잘 분해되지 않는 산화물(내화성 산화물)을 형성하는 텅스텐(W), 우라늄(U), 지르코늄(Zr) 등의 원자화가 용이하다.
- 많은 원소의 스펙트럼을 동시에 측정할 수 있으므로 다원소 분석이 가능하다.

정답 44 ② 45 ③ 46 ③ 47 ③

48 파장 500nm의 가시 복사선의 광자에너지는 약 몇 kJ/mol인가?(단, $h=6.63\times10^{-34}J\cdot s$)

① 226kJ/mol ② 239kJ/mol
③ 269kJ/mol ④ 300kJ/mol

> **해설**
>
> $E = h\nu = h\dfrac{c}{\lambda}$
>
> $= \dfrac{(6.63\times10^{-34}J\cdot s)(3.0\times10^{8}m/s)}{500\times10^{-9}m}$
>
> $= 3.978\times10^{-19}J$(광자 하나의 에너지)
>
> ∴ 1mol의 에너지
>
> $= 3.978\times10^{-19}J\times\dfrac{6.023\times10^{23}}{1mol}\times\dfrac{1kJ}{10^{3}J} = 239kJ/mol$

49 원자흡수분광법에서의 방해 중 스펙트럼 방해는 화학종의 흡수띠 또는 방출선이 분석선에 가까이 있거나 겹쳐서 발생한다. 스펙트럼 방해에 대한 설명으로 틀린 것은?

① 넓은 흡수띠를 갖는 연소생성물 또는 빛을 산란시키는 입자생성물이 존재할 때 발생한다.
② 시료 매트릭스에 의해 흡수 또는 산란될 때 발생한다.
③ 낮은 휘발성 화합물 생성, 해리반응, 이온화와 같은 평형상태에서 발생한다.
④ 스펙트럼 방해를 보정하는 방법에는 두선보정법, 연속광원보정법, Zeeman 효과에 의한 바탕보정 등이 있다.

> **해설**
>
> (1) 스펙트럼 방해
>   ㉠ 방해 화학종의 흡수선 또는 방출선이 분석선에 너무 가까이 있거나 겹쳐져서 단색화 장치에 의해 분리가 불가능한 경우에 발생한다.
>   ㉡ 보정법
>   • 연속광원보정법
>   • 두선보정법
>   • Zeeman 효과에 의한 바탕보정
>   • 광원 자체 반전에 의한 바탕보정
> (2) 화학적 방해
>   ㉠ 낮은 휘발성 화합물 생성
>   ㉡ 해리평형
>   ㉢ 이온화 평형

50 투광도가 0.010인 용액의 흡광도는 얼마인가?

① 0.398 ② 0.699
③ 1.00   ④ 2.00

> **해설**
>
> $A = -\log T = -\log 0.010 = 2.00$

51 ㉠ 직경이 5.0cm이고 초점거리가 15.0인 렌즈 A의 스피드(F-number)와 ㉡ 직경이 30.0cm이고 초점거리가 15.0cm인 렌즈 B의 스피드를 계산하고, ㉢ 이 둘의 집광력을 옳게 비교한 것은?

① ㉠ $F_A=0.3$, ㉡ $F_B=2$, ㉢ A가 B보다 6.7배 집광력이 좋다.
② ㉠ $F_A=0.3$, ㉡ $F_B=2$, ㉢ B가 A보다 6.7배 집광력이 좋다.
③ ㉠ $F_A=3.0$, ㉡ $F_B=0.5$, ㉢ A가 B보다 36배 집광력이 좋다.
④ ㉠ $F_A=3.0$, ㉡ $F_B=0.5$, ㉢ B가 A보다 36배 집광력이 좋다.

> **해설**
>
> • F-number : 광학계의 밝기를 나타내는 척도이다.
>   F-number $=\dfrac{\text{초점거리}}{\text{렌즈의 직경}}$
> • 집광력 : 렌즈의 빛을 모으는 성능을 나타내는 수치로, 집광력은 렌즈 직경의 제곱에 비례한다.
> $F_A = \dfrac{15.0cm}{5.0cm} = 3.0$
> $F_B = \dfrac{15.0cm}{30.0cm} = 0.5$
>   ∴ 렌즈 B의 직경이 A 직경의 6배이므로 집광력은 $6^2 = 36$배이다.

52 자외선-가시광선 흡수분광법에서 사용하는 파장 범위는?

① 0.1~100Å   ② 10~180nm
③ 190~800nm   ④ 0.78~300μm

정답 48 ② 49 ③ 50 ④ 51 ④ 52 ③

해설

전자기파	파장범위
라디오파	0.6~10m
마이크로파	1mm~1m
적외선(IR)	0.78~1,000μm
가시광선(Vis)	380~780nm
자외선(UV)	190~380nm
X선	0.1~100 Å

53 전형적인 분광기기의 구성장치가 아닌 것은?

① 안정적인 복사에너지 광원
② 시료 및 표준용액의 자동이송장치
③ 제한된 스펙트럼 영역을 제공하는 장치
④ 복사에너지를 신호로 변환시키는 복사선 검출기

해설

분광기기의 구성장치
- 광원
- 시료용기
- 파장 선택기(제한된 스펙트럼 영역을 제공하는 장치)
- 복사선 검출기
- 신호처리기 및 판독장치

54 자외선-가시광선 흡수분광법에서 일반적으로 사용되는 광원의 종류가 아닌 것은?

① 중수소 및 수소등
② 텅스텐 필라멘트등
③ 크세논 아크등
④ 전극 없는 방전등

해설

자외선-가시광선 흡수분광법의 광원
- 중수소등과 수소등
- 텅스텐 필라멘트등
- 광-방출 다이오드
- 제논 아크등

55 다음 중 어떤 경우에 원자가 가시광선 및 자외선 빛을 방출하는가?

① 전자가 낮은 에너지 준위에서 높은 에너지 준위로 뛸 때
② 원자가 기체에서 액체로 응축될 때
③ 전자가 높은 에너지 준위에서 낮은 에너지 준위로 뛸 때
④ 전자가 바닥 상태에서 원자 궤도함수 안을 돌아다닐 때

해설

들뜬 입자가 높은 에너지 준위에서 낮은 에너지 준위로 이완될 때 전자기 복사선을 방출한다.

56 정량분석 시 반드시 필요한 표준물검정법 중 매트릭스 효과가 있을 가능성이 있는 복잡한 시료를 분석할 때 특히 유용한 방법은?

① 검정곡선법
② 표준물첨가법
③ 작업곡선법
④ 내부표준물법

해설

표준물첨가법
- 미지시료에 분석물 표준용액을 각각 일정량씩 첨가한 용액을 만들어 증가된 신호 세기로부터 원래 분석물질의 양을 알아내는 방법
- 시료의 조성이 잘 알려져 있지 않거나, 복잡한 시료의 분석, 매트릭스 효과가 있는 시료의 분석에 유용하다.

57 I_2를 에탄올(CH_3CH_2OH)에 용해시켜 밀도가 0.8 g/cm^{3}인 용액을 제조하였다. 이 용액을 폭이 1.5cm인 셀에 넣고 Mo의 Kα 광원의 복사선을 투과시키니, 그 투과도가 25.0%였다. I, C, H, O 각각의 질량흡수계수(cm^2/g)가 차례로 39.0, 0.70, 0.00, 0.50이라 할 때 이 용액의 I_2 함량을 구한 결과와 가장 근사치인 것은?(단, 용매에 의한 흡수도는 매우 낮으므로 무시한다.)

① 0.65%
② 1.05%
③ 1.3%
④ 3.6%

정답 53 ② 54 ④ 55 ③ 56 ② 57 ③

해설

$A = -\log T = -\log 0.25 = 0.602 = \varepsilon bc$
$0.602 = 39.0 \text{cm}^2/\text{g} \times 0.8\text{g/cm}^3 \times 1.5\text{cm} \times c$
$\therefore c = 0.0129 ≒ 1.3\%$

58 에틸알콜의 NMR 스펙트럼에서 메틸기의 다중선 수는?

① 1개 ② 2개
③ 3개 ④ 4개

해설

$\underline{CH_3}CH_2OH$

메틸기와 이웃하고 있는 CH_2에서 수소가 2이므로 다중선의 수는 2+1=3이다.

59 다음 중 NMR 용매로 가장 적합한 것은?

① H_2O ② CCl_4
③ HCl ④ H_2NO_3

해설

NMR 용매
유기화합물에 대하여 가장 많이 사용되는 용매는 중수소로 치환된 $CDCl_3$, CCl_4(사염화탄소)를 사용한다.

60 원자방출분광법의 유도쌍 플라스마 광원에 대한 설명으로 틀린 것은?

① 광원은 헬륨 기체가 주로 이용된다.
② 전형적인 광원은 3개의 동심원통형 석영관으로 되어 있는 토치 구조이다.
③ 시료 도입 방법은 일반적으로 집중 유리 분무기를 사용한다.
④ 플라스마 속으로 고체와 액체 시료를 도입하는 방법으로 전열 증기화가 있다.

해설

원자방출분광법의 유도쌍 플라스마 광원으로 Ar(아르곤) 기체가 이용된다.

4과목 기기분석 II

61 전기분해전지에서 구리가 석출되게 하였다. 1.0A의 일정한 전류를 161분 동안 흐르게 하였다면 생성물의 양은 약 몇 g인가?(단, 구리의 원자량은 64g/mol이다.)

$$Cu^{2+} + 2e^- \rightleftarrows Cu(s)$$

① 1.6g ② 3.2g
③ 6.4g ④ 12.8g

해설

$Q(C) = I(A) \times t(s)$
$= 1.0A \times 161\text{min} \times \dfrac{60s}{1\text{min}} = 9,660C$

구리는 2당량이므로 1F로 0.5mol이 생성된다.
$9,660C \times \dfrac{0.5\text{mol}}{96,500C} \times \dfrac{64\text{g}}{1\text{mol}} = 3.2\text{g}$

62 고성능 액체 크로마토그래피에서 사용되는 칼럼에 대한 설명으로 틀린 것은?

① 용리액 세기가 증가할수록 용질은 칼럼으로부터 더욱 빨리 용리된다.
② 액체 크로마토그래피에서는 열린관 칼럼이 적당하다.
③ 정지상 입자의 크기가 작을수록 충전칼럼의 효율은 증가한다.
④ 칼럼의 온도를 높이면 머무름시간이 감소되고, 분리도를 향상시킬 수 있다.

해설

열린관 칼럼은 기체 크로마토그래피에 적당하다.

HPLC 칼럼
- 속이 활강인 스테인리스 강관이나 두꺼운 유리관 및 폴리머관으로 만든다.
- 분석칼럼의 길이는 5~25cm이다.

▶ 정답 58 ③ 59 ② 60 ① 61 ② 62 ②

63 액체 크로마토그래피에서 기울기 용리(Gradient Elution)란 어떤 방법인가?

① 칼럼을 기울여 분리하는 방법
② 단일 용매(이동상)를 사용하는 방법
③ 2개 이상의 용매(이동상)를 다양한 혼합비로 섞어 사용하는 방법
④ 단일 용매(이동상)의 흐름양과 흐름 속도를 점차 증가시키는 방법

해설

기울기 용리
- 극성이 다른 2~3가지 용매를 선택하여 조성의 비율을 단계적으로 변화시켜 사용하는 방법이다.
- 고성능 액체 크로마토그래피에서 분리효율을 높이기 위해 사용한다.
- 기체 크로마토그래피(GC)의 온도 프로그래밍과 유사하다.

64 연산 증폭기(Operational Amplifier) 회로를 사용하여 작업전극에 흐르는 전류(Current) 신호를 전압(Voltage) 신호로 변환시켜 측정하고자 한다. 가장 적절한 회로는?

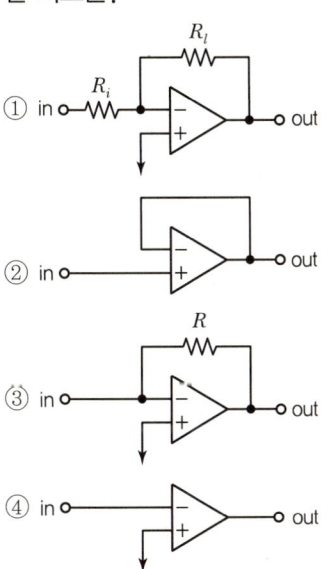

해설

연산 증폭기 회로

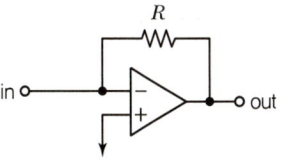

65 얇은 층 크로마토그래피(TLC)에서 지연인자(R_f)에 대한 설명으로 틀린 것은?

① 단위가 없다.
② 0~1 사이의 값을 갖는다.
③ $\dfrac{용질의\ 이동거리}{용매선의\ 이동거리}$ 로 나타낸다.
④ R_f 값은 용매와 온도에 따라 같은 값을 가진다.

해설

지연인자(R_f)

$R_f = \dfrac{d_R}{d_M} = \dfrac{용질의\ 이동거리}{용매의\ 이동거리}$

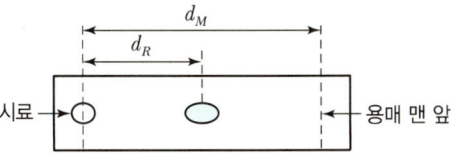

66 2-hexanone의 질량분석 토막패턴으로 검출되지 않는 화학종은?

① $CH_3-C\equiv O^+$
② $CH_3-CH=CH_2^+$
③ $(CH_2)(CH_3)C=OH^+$
④ $CH_3-CH_2-CH_2-CH_2^+$

해설

2-hexanone

$CH_3(CH_2)_3\overset{\overset{O}{\|}}{C}CH_3$

- $(CH_2)(CH_3)C=OH^+$
- $CH_3-C\equiv O^+$
- $CH_3-CH_2-CH_2-CH_2^+$

정답 63 ③ 64 ③ 65 ④ 66 ②

67 중합체 시료를 기준물질과 함께 가열하면서 두 물질의 온도 차이를 나타낸 다음의 시차열분석도에 대한 설명이 옳은 것으로만 나열된 것은?

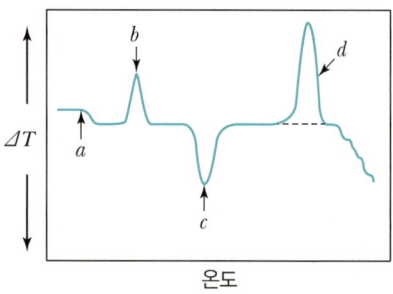

㉠ a에서 유리질 무정형 중합체가 고무처럼 말랑말랑해지는 특성인 유리전이 현상이 일어난다.
㉡ b, d에서는 흡열반응이, 그리고 c에서는 발열반응이 일어난다.
㉢ b는 분석물이 결정화되는 반응을 나타내고, c에서는 분석물이 녹는 반응을 나타낸다.

① ㉠, ㉡
② ㉡, ㉢
③ ㉠, ㉢
④ ㉠, ㉡, ㉢

해설

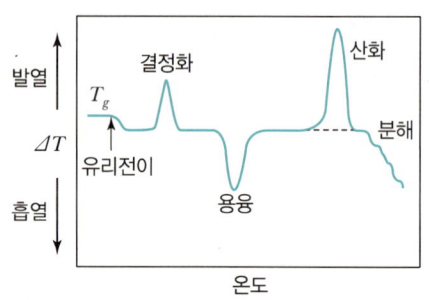

68 조절전위 전기분해에서 각각의 기능과 역할에 대한 설명으로 틀린 것은?

① 전류는 대부분 작업전극과 보조전극 사이에서 흐른다.
② 기준전극에는 무시할 수 있을 만큼 작은 전류가 흐른다.
③ 기준전극의 전위는 저항전위, 농도차 분극, 과전위의 영향을 받지 않게 되어 일정한 전위가 유지된다.
④ 일정전위기(Potentiostat)는 작업·보조·기준전극의 전위를 일정하게 하기 위해서 사용한다.

해설
일정전위기
기준전극에 대한 작업전극의 전위를 일정하게 유지시켜 주는 장치

69 시료의 분해반응 및 산화반응과 같은 물리적 변화 측정에 알맞은 열분석법은?

① DSC
② DTA
③ TMA
④ TGA

해설
시료의 분해반응 및 산화반응은 질량이 변화하므로 온도를 증가시키면서 온도나 시간의 함수로써 질량감소를 측정하는 TGA(열무게법)가 가장 알맞다.

① DSC(시차주사열량법)
  에너지 차이를 측정하는 열량 측정방법이다.
② DTA(시차열분석법)
  시료물질과 기준물질이 온도제어 프로그램으로 가열되면서 시료와 기준물질 사이의 온도 차이를 온도의 함수로 측정하는 방법이다.
③ TMA(미세열분석)
  열적 분석에 현미경법을 결합한 것으로 표면의 열적 특성을 온도의 함수로 측정하여 열영상을 얻는 데 사용되는 주사열 현미경법이다.
④ TGA(열무게법)
  온도변화에 대한 시료의 질량(무게)을 측정한다.

70 크로마토그래피에서 분류에 대한 설명으로 틀린 것은?

① 고정상 종류에 따라 액체 크로마토그래피와 기체 크로마토그래피로 분류한다.
② 초임계유체 크로마토그래피는 분리관법으로 할 수 있다.
③ 이온교환 크로마토그래피의 정지상은 이온교환수지이다.
④ 액체 크로마토그래피는 분리관법 또는 평면법으로 할 수 있다.

정답 67 ③ 68 ④ 69 ④ 70 ①

해설
크로마토그래피는 이동상의 종류에 따라 기체 크로마토그래피와 액체 크로마토그래피로 분류한다.

71 질량분석법을 응용한 2차 이온 질량분석법(SIMS)에 대한 설명으로 틀린 것은?
① 고체 표면의 원자와 분자 조성을 결정하는 데 유용하다.
② 동적 SIMS는 표면 아래 깊이에 따른 조성 정보를 얻기 위하여 사용된다.
③ 통상적으로 사용되는 SIMS를 위한 변환기는 전자증배기, 패러데이컵 또는 영상검출기이다.
④ 양이온 측정은 가능하나 음이온 측정이 불가능한 분석법이다.

해설
2차 이온 질량분석법(SIMS)
• 고체 표면의 원자와 분자 조성 모두를 결정하는 데 유용하다.
• Ar^+ 이온이 사용되나 Cs^+, N_2^+, O_2^+ 도 사용된다.
• SIMS는 양이온, 음이온 모두 측정이 가능하다.

72 원자질량분석법에서 원자이온원(Ion Source)으로 주로 사용되는 것은?
① Nd-YAG 레이저
② 광 방출 다이오드
③ 고온 아르곤 플라스마
④ 전자 충격(Electron Impact)

해설
원자질량분석법에서 원자이온원
• 고온 아르곤 플라스마
• 전기가열 플라스마
• 라디오 주파수 전기스파크
• 글로우 방전 플라스마
• 집중된 레이저 빛살
• 가속이온에 의한 충격

73 수소는 물을 전기분해하여 생성시킬 수 있다. 물의 표준생성자유에너지는 $\Delta G_f^\circ = -237.13 kJ/mol$이다. 표준조건에서 물을 전기분해할 때 필요한 최소 전압은 얼마인가?
① 0.62V
② 1.23V
③ 2.46V
④ 3.69V

해설
$\Delta G_f^\circ = -nFE$
여기서, n : 이동한 전자의 몰수
F : 패러데이 상수(96,500C/mol)
$-237.13 \times 10^3 J/mol = -2 \times 96,500 C/mol \times E^\circ$
$\therefore E^\circ = \dfrac{237.13 \times 10^3 J/mol}{2 \times 96,500 C/mol} ≒ 1.23V$

74 이온 억제칼럼을 사용하는 이온 크로마토그래피에서 음이온을 분리할 때 사용하는 이동상은 어떤 화학종을 포함하고 있는가?
① NaCl
② $NaHCO_3$
③ $NaNO_3$
④ Na_2SO_4

해설
이온 억제칼럼을 사용하는 이온 크로마토그래피에서 음이온 분리를 하는 경우 양이온수지의 산성형이므로 이동상으로 $NaHCO_3$ 또는 Na_2CO_3를 사용한다.

75 순환 전압전류법(Cyclic Voltammetry)에 의해 얻어진 순환 전압전류곡선의 해석에 대한 설명으로 틀린 것은?
① 산화진극과 환원진극의 형태가 대칭성에 가까울수록 전기화학적으로 가역적이다.
② 산화봉우리 전류와 환원봉우리 전류의 비가 1에 가까우면 전기화학반응은 가역적일 가능성이 높다.
③ 산화 및 환원전류가 Nernst 식을 만족하면 가역적이며 전기화학반응은 매우 빠르게 일어난다.
④ 산화봉우리 전압과 환원봉우리 전압의 차는 가능한 한 커야 전기화학반응이 가역적일 가능성이 높다.

정답 71 ④ 72 ③ 73 ② 74 ② 75 ④

> 해설

가역반응에서는 산화봉우리 전류와 환원봉우리 전류가 거의 같고, 산화봉우리 전압과 환원봉우리 전압의 차이는 $\frac{0.0592}{n}$ V 이다.

76 기준전극을 사용할 때 주의사항에 대한 설명으로 틀린 것은?

① 전극용액의 오염을 방지하기 위하여 기준전극 내부 용액의 수위가 시료의 수위보다 낮게 유지시켜야 한다.
② 수은, 칼륨, 은과 같은 이온을 정량할 때는 염다리를 사용하면 오차를 줄일 수 있다.
③ 기준전극의 염다리는 질산칼륨이나 황산나트륨 같이 전극전위에 방해하지 않는 물질을 포함하면 좋다.
④ 기준전극은 셀에서 IR 저항을 감소시키기 위하여 가능한 작업전극에 가까이 위치시킨다.

> 해설

기준전극 내부 용액의 높이는 시료용액의 높이보다 높게 유지시켜야 한다.

77 HPLC에 이용되는 검출기 중 가장 널리 사용되는 검출기의 종류는?

① 형광 검출기
② 굴절률 검출기
③ 자외선-가시선 흡수검출기
④ 증발 광산란 검출기

> 해설

HPLC에 이용되는 검출기
• 자외선-가시선 흡수검출기 : 가장 널리 사용
• 적외선 흡수검출기
• 형광 검출기
• 굴절률 검출기
• 전기화학 검출기

78 다음 그림은 푸리에 변환 질량분석기를 이용하여 얻은 Cl_3C-CH_3Cl(1,1,1,2-사염화에탄)의 스펙트럼이다. 각 스펙트럼의 X축을 주파수와 질량으로 나타내었다. 여기서 131 질량 피크는 $^{35}Cl_3CCH_2$ 이온 때문에, 133 질량 피크는 $^{37}Cl^{35}Cl_2CCH_2$ 이온 때문에 나타난다. 이 스펙트럼에 대한 설명 중 틀린 것은?(단, 동위원소 존재비는 $^{35}Cl : ^{37}Cl = 100 : 33$, $^{12}C : ^{13}C = 100 : 1.1$, $^1H : ^2H = 100 : 0.02$이다.)

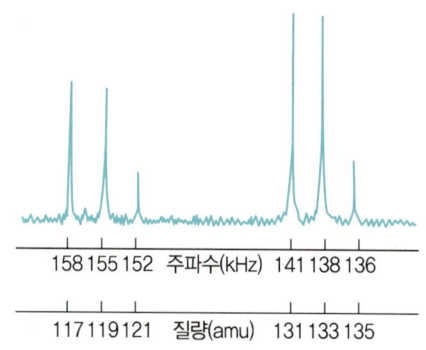

① 135amu 피크는 $^{37}Cl^{35}Cl_2^{13}C^{13}C^1H_2$ 이온 때문에 나타난다.
② 117amu 피크는 $^{35}Cl_3C$ 이온 때문에 나타난다.
③ 119amu 피크는 $^{37}Cl^{35}Cl_2C$ 이온 때문에 나타난다.
④ 121amu 피크는 $^{37}Cl_2^{35}ClC$ 이온 때문에 나타난다.

> 해설

• 135amu 피크는 $^{37}Cl_2^{35}ClCCH_2^+$ 이온 때문에 나타난다.
• $^{37}Cl^{35}Cl_2^{13}C^{13}CH_2$ 이온도 135amu이지만 ^{13}C의 존재비가 1%로 작으므로 피크의 높이가 높지 않다.

79 고성능 액체 크로마토그래피(HPLC)에서 분석물질의 분리와 머무름시간을 조절하는 가장 큰 변수는?

① 시료 주입량
② 이동상의 조성
③ 이동상의 유량
④ 칼럼의 온도

> 해설

머무름시간
시료를 주입한 후 용질이 칼럼에서 용출되는 데 걸리는 시간

정답 76 ① 77 ③ 78 ① 79 ②

80 기체 크로마토그래피(GC)에서 통상적으로 사용되지 않는 검출기는?

① 열전도도 검출기(TCD)
② 불꽃이온화 검출기(FID)
③ 전자포착 검출기(ECD)
④ 자외선 검출기(UV Detector)

> 해설

GC에서 사용되는 검출기
- 불꽃이온화 검출기(FID)
- 열전도도 검출기(TCD)
- 전자포착 검출기(ECD)
- 열이온 검출기(TID), NPD
- 전해질전도도 검출기(Hall)
- 광이온화 검출기
- 원자방출 검출기(AED)
- 불꽃광도 검출기(FPD)
- 질량분석 검출기(MS)

정답 ▶ 80 ④

2019년 제2회 기출문제

1과목 일반화학

01 염화칼륨(KCl) 수용액에 질산은($AgNO_3$) 수용액을 과량으로 가하여 백색 침전이 29.0g 생성되었다. 다음 중 백색 침전의 화학식과 양을 바르게 표기한 것은? (단, 각 원소의 원자량은 Ag : 108, N : 14, O : 16, K : 39, Cl : 35.5이다.)

① KCl, 0.202몰
② KCl, 2.02몰
③ AgCl, 0.202몰
④ AgCl, 2.02몰

해설

$KCl + AgNO_3 \rightarrow \underline{AgCl\downarrow} + KNO_3$
　　　　　　　　백색 침전

$29g\ AgCl \times \dfrac{1mol}{(108+35.5)g} = 0.202mol$

02 한 수저는 금으로 도금하고, 다른 수저는 구리로 도금하고자 한다. 만약 발전기에서 나오는 일정한 전류를 두 수저를 도금하는 데 사용하였다면, 어느 수저에 먼저 1g이 도금되고 그 이유는 무엇인가?(단, 금의 원자량은 197, 구리의 원자량은 63.5이며, 반쪽 환원 반응식은 다음과 같다.)

$$Au^{3+}(aq) + 3e^- \rightarrow Au(s) \quad E° = 1.50$$
$$Cu^{2+}(aq) + 2e^- \rightarrow Cu(s) \quad E° = 0.34$$

① 금 수저 – 금의 원자량이 더 크기 때문이다.
② 금 수저 – 금이 더 많은 전자로 환원되기 때문이다.
③ 구리 수저 – 구리가 기전력이 더 낮기 때문이다.
④ 구리 수저 – 구리가 더 적은 전자로 환원되기 때문이다.

해설

전류를 1A라 하면
- 금 1g이 도금되는 데 걸리는 시간
$t = \dfrac{96,500C/mol \cdot 3mol \cdot 1g}{1C/s \cdot 197g} = 1,469.54s$
- 구리 1g이 도금되는 데 걸리는 시간
$t = \dfrac{96,500C/mol \cdot 2mol \cdot 1g}{1C/s \cdot 63.5g} = 3,039.37s$

∴ 화학당량이 큰 금이 먼저 도금된다.

03 암모니아를 물에 녹여 0.101M의 용액 1.00L를 만들었다. 이 용액의 OH^-의 농도는 1.0×10^{-3}M이라고 가정할 때, 암모니아의 이온화 평형상수 K는 얼마인가?

① 1.0×10^{-3}
② 1.0×10^{-4}
③ 1.0×10^{-5}
④ 1.0×10^{-6}

해설

$[OH^-] = \sqrt{C_{NH_3} \times K_b}$
$1.0 \times 10^{-3} = \sqrt{0.101 \times K_b}$
∴ $K_b = 1.0 \times 10^{-5}$

04 단위가 틀리게 연결된 것은?

① 전하량 – Coulomb(C)
② 전류 – Ampere(A)
③ 전위 – Volt(V)
④ 에너지 – Watt(W)

해설

Watt(W) = J/s : 일률의 단위

정답 01 ③　02 ①　03 ③　04 ④

05 다음 알케인의 IUPAC 이름은?

$$CH_3CH_2CH_2CH_2CH_2\underset{\underset{\underset{CH_3}{|}}{\overset{CH_2CH_3}{|}}}{\overset{CH_3}{\underset{|}{C}}}CH_2CHCH_3$$

① ethyl-2,4-dimethyloctane
② 2-ethyl-2,4-dimethylnonane
③ 4-ethyl-2,4-dimethyloctane
④ 4-ethyl-2,4-dimethylnonane

해설

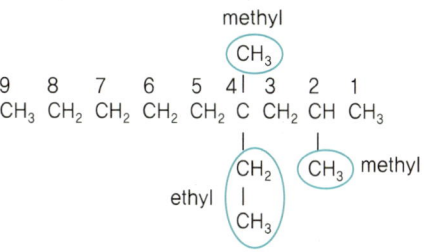

4-ethyl-2,4-dimethylnonane

06 전기화학전지에 관한 패러데이의 연구에 대한 설명 중 옳지 않은 것은?

① 어떤 전지에서나 전극에서 생성되거나 소모된 물질의 양은 전지를 통해 흐른 전하의 양에 반비례한다.
② 일정한 전하량의 전지를 통하여 흐르게 되면 여러 물질들이 이에 상응하는 당량만큼 전극에서 생성되거나 소모된다.
③ 패러데이의 법칙은 전기화학 과정에 대한 화학양론을 요약한 것이다.
④ 패러데이 상수 $F=96,485.37C/mol$이다.

해설
전극에서 생성되거나 소모되는 물질의 양은 전지를 통해 흐른 전하의 양에 비례한다.

07 세로토닌은 신경전달물질이며, 세로토닌의 물질량은 176g/mol이다. 5.31g의 세로토닌을 분석하여 탄소 3.62g, 수소 0.362g, 질소 0.844g, 산소 0.482g을 함유한다는 사실을 알았다. 세로토닌의 분자식으로 예상되는 것은?

① $C_{10}H_{12}N_2O$ ② $C_{10}H_{26}NO$
③ $C_{11}H_{14}NO$ ④ $C_9H_{10}N_3O$

해설
$C_{\frac{3.62}{12}}H_{\frac{0.362}{1}}N_{\frac{0.844}{14}}O_{\frac{0.482}{16}}$
$= C_{0.3}H_{0.362}N_{0.06}O_{0.03}$
$= C_{10}H_{12}N_2O$
$(C_{10}H_{12}N_2O)_n = 176$
$(120+12+28+16)_n = 176$
∴ $n = 1$
∴ 세로토닌의 분자식 $= C_{10}H_{12}N_2O$

08 화합물 한 쌍을 같은 몰수로 혼합하는 다음 4가지 경우 중 염기성 용액이 되는 경우는 모두 몇 가지인가?

(a) NaOH(K_b=아주 큼)+HBr(K_a=아주 큼)
(b) NaOH(K_b=아주 큼)+HNO$_3$(K_a=아주 큼)
(c) NH$_3$(K_b=1.8 × 10^{-5})+HBr(K_a=아주 큼)
(d) NaOH(K_b=아주 큼)+CH$_3$CO$_2$H(K_a=1.8 × 10^{-5})

① 4   ② 3
③ 2   ④ 1

해설
- (a), (b) : 중성 ($K_a ≒ K_b$)
- (c) : 산성 ($K_a > K_b$)
- (d) : 염기성 ($K_a < K_b$)

09 다음 중 극성 분자가 아닌 것은?

① CCl$_4$ ② H$_2$O
③ CH$_3$OH   ④ HCl

해설

- CCl₄ : 정사면체 구조

  Cl–C–Cl (109.5°) : 무극성 분자

- H₂O

  H–O–H (104.5°) : 극성 분자

---

10 메타-다이나이트로벤젠의 구조를 옳게 나타낸 것은?

① NO₂ (벤젠고리)
② NO₂, NO₂ (ortho)
③ NO₂, NO₂ (meta)
④ NO₂, NO₂ (para)

해설

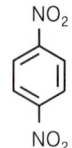 ortho-다이나이트로벤젠

meta-다이나이트로벤젠

para-다이나이트로벤젠

---

11 수용액의 산성도를 나타내는 pH에 대한 설명 중 옳지 않은 것은?

① pH 값은 pH = $-\log_{10}[H_3O^+]$로부터 구할 수 있다.
② pH가 7보다 작은 경우를 산성 용액이라 한다.
③ 중성 용액의 pH는 14이다.
④ pH Meter를 이용하여 측정할 수 있다.

해설

pH 0 ←→ pH 7 ←→ pH 14
산성   중성   염기성

---

12 11.99g의 염산이 녹아 있는 5.48M 염산 용액의 부피는 몇 mL인가?(단, 염산의 분자량은 36.45이다.)

① 12.5   ② 17.8
③ 30.4   ④ 60.0

해설

몰농도(M) = $\dfrac{\text{용질의 몰수(mol)}}{\text{용액의 부피(L)}}$

$5.48\text{M} = \dfrac{11.99\text{g} \times \dfrac{1\text{mol}}{36.45\text{g}}}{V(\text{L})}$

∴ $V = 0.06\text{L} = 60\text{mL}$

---

13 다음 작용기에 대한 설명 중 옳지 않은 것은?

① 알코올은 -OH 작용기를 가지고 있다.
② 페놀류는 -OH기가 방향족 고리에 직접 붙어 있는 화합물이다.
③ 에테르는 -O-로 나타내는 작용기를 가지고 있다.
④ 1차 알코올은 -OH기가 결합되어 있는 탄소원자에 다른 탄소원자가 2개 이상 결합되어 있는 것이다.

해설

1차 알코올
-OH기가 결합되어 있는 탄소원자에 다른 탄소가 1개 결합되어 있는 것이다.

정답 10 ③   11 ③   12 ④   13 ④

14 핵이 분해하여 방사능을 방출하는 방사성 붕괴에 대한 설명으로 틀린 것은?

① 방사성 붕괴는 일반적으로 전형적인 1차 반응 속도식을 따른다.
② 베타 입자는 방사능의 일종으로 헬륨의 핵(Nucleus)이다.
③ 감마선은 방사능 가운데 유일하게 입자가 아닌 전자기파이다.
④ 반감기(Half-life)란 방사성 붕괴를 하는 핵종의 수가 처음 값의 반이 되는 데 필요한 시간이다.

해설

방사선

α선	He^{2+}
β선	e^-
γ선	전자기파

15 전자가 보어 모델(Bohr Model)의 $n=5$ 궤도에서 $n=3$ 궤도로 전이할 때 수소원자에서 방출되는 빛의 파장은 얼마인가?(단, 뤼드베리 상수 $R_H = 1.9678 \times 10^{-2}$ nm^{-1})

① 434.5nm
② 486.1nm
③ 714.6nm
④ 954.6nm

해설

$$\frac{1}{\lambda} = R_H \left(\frac{1}{m^2} - \frac{1}{n^2} \right) (n > m)$$

여기서, λ : 빛의 파장(nm)
R : 뤼드베리 상수

$$\frac{1}{\lambda} = 1.9678 \times 10^{-2} nm^{-1} \left(\frac{1}{3^2} - \frac{1}{5^2} \right) = 1.4 \times 10^{-3} nm^{-1}$$

$\therefore \lambda = 714.63nm$

16 16.0M인 H_2SO_4 용액 8.00mL를 용액의 최종 부피가 0.125L가 될 때까지 묽혔다면, 묽힌 후 용액의 몰농도는 약 얼마가 되겠는가?

① 102M
② 10.2M
③ 1.02M
④ 0.102M

해설

$MV = M'V'$

$16.0M \times 8.00mL = M' \times 0.125L \times \dfrac{1,000mL}{1L}$

$\therefore M' = 1.024M$

17 기체분자운동론(Kinetic Molecular Theory)의 기본 가정으로 틀린 것은?

① 기체 입자의 부피는 무시할 수 있다.
② 기체 입자는 계속해서 움직이고 용기의 벽에 입자가 충돌하여 압력이 발생한다.
③ 기체 입자들 사이에는 인력이 작용하므로 압력 계산 시 고려해야 한다.
④ 기체 입자 집합의 평균 운동에너지는 기체의 절대온도에 비례한다.

해설

기체분자운동론의 가정
- 입자는 입자 사이의 거리에 비해 매우 작아서 입자의 부피는 무시할 수 있다.
- 입자는 끊임없이 운동하고, 입자가 용기의 벽에 충돌하는 것이 기체에 의한 압력의 원인이 된다.
- 입자 간에 서로 힘이 작용하지 않는다고 가정한다. 즉, 입자는 서로 끌거나 반발하지 않는다고 가정한다.
- 기체 입자 집합의 평균 운동에너지는 기체의 Kelvin 온도에 정비례한다고 가정한다.

18 2M NaOH 30mL에는 몇 mg의 NaOH가 존재하는가?(단, Na의 원자량은 23이다.)

① 1,200
② 1,800
③ 2,400
④ 3,600

해설

$2mol/L \times 0.03L \times \dfrac{40g}{mol} \times \dfrac{1,000mg}{1g} = 2,400mg$

정답 14 ② 15 ③ 16 ③ 17 ③ 18 ③

19 다음 각 쌍의 2개 물질 중에서 물에 더욱 잘 녹을 것이라고 예상되는 물질을 1개씩 옳게 선택한 것은?

- CH_3CH_2OH와 $CH_3CH_2CH_3$
- $CHCl_3$와 CCl_4

① CH_3CH_2OH, $CHCl_3$
② CH_3CH_2OH, CCl_4
③ $CH_3CH_2CH_3$, $CHCl_3$
④ $CH_3CH_2CH_3$, CCl_4

해설

- 극성 물질은 극성 용매에 잘 녹고, 비극성 물질은 비극성 용매에 잘 녹는다.
- 물은 극성 용매이므로 극성 물질이 잘 녹는다.
- 극성 : CH_3CH_2OH, $CHCl_3$
  비극성 : $CH_3CH_2CH_3$, CCl_4

20 다음 유기화합물의 명칭 중 틀린 것은?

① $CH_2=CH_2$의 중합체는 폴리스타이렌이다.
② $CH_2=CH-CN$의 중합체는 폴리아크릴로니트릴이다.
③ $CH_2=CHOCOCH_3$의 중합체는 폴리아세트산비닐이다.
④ $CH_2=CHCl$의 중합체는 폴리염화비닐이다.

해설

폴리스타이렌(polystyrene)

$CH_2 = CH$ → $[CH_2 - CH]_n$
(스타이렌) (폴리스타이렌)

폴리에틸렌

$CH_2 = CH_2$ → $[CH_2 - CH_2]_n$
(에틸렌) (폴리에틸렌)

2과목 분석화학

21 패러데이 상수는 전류량과 반응한 화합물의 양과의 관계를 알아내는 데 사용되는 값으로 96,485가 자주 사용되고 있다. 이러한 패러데이 상수의 단위(Unit)로 알맞은 것은?

① C/mol   ② A/mol
③ C/g   ④ A/g

해설

패러데이 상수 $F=96,485 C/mol$

22 다음 반응식은 어떠한 평형상태인가?

$$Ni^{2+} + 4CN^- \rightleftharpoons Ni(CN)_4^{2-}$$

① 약한 산의 해리   ② 약한 염기의 해리
③ 착이온의 생성   ④ 산화환원평형

해설

착이온은 중심금속이온에 리간드가 배위결합하여 이루어진 이온으로 $Ni(CN)_4^{2-}$는 Ni^{2+}와 4개의 CN^-로 이루어진 착이온이다.

23 다음 ( ) 안에 가장 적합한 용어는?

금속이온은 수산화이온 OH^-와 침전물을 형성하기 쉬우므로 염기성 수용액에서 EDTA에 의한 금속이온 적정 시 일반적으로 ( ) 완충용액이 보조착화제로 쓰인다.

① 질산이온(NO_3^-)   ② 암모니아(NH_3)
③ 황산이온(SO_4^{2-})   ④ 메틸아민(CH_3NH_2)

해설

- 금속이온은 OH^-(수산화이온)와 침전물을 형성하기 쉬워 염기성 수용액에서 EDTA에 의한 금속이온 적정 시 일반적으로 암모니아 완충용액이 보조착화제로 사용된다.
- 금속의 암모니아 착물은 금속의 EDTA 착물보다 안정도가 낮고 EDTA의 킬레이트 생성반응을 방해하지 않는다.

정답 19 ① 20 ① 21 ① 22 ③ 23 ②

24 EDTA에 대한 설명으로 틀린 것은?

① EDTA는 금속이온의 전화와는 무관하게 금속이온과 일정 비율로 결합한다.
② EDTA 적정법은 물의 경도를 측정할 때 사용할 수 있다.
③ EDTA는 Li^+, Na^+, K^+와 같이 1가 양이온들하고만 착물을 형성한다.
④ EDTA 적정 시 금속-지시약 착화합물은 금속-EDTA 착화합물보다 덜 안정하다.

해설

EDTA(ethylenediaminetetraacetic acid)

HOOC - CH_2 \\ N - CH_2 - CH_2 - N / CH_2 - COOH
HOOC - CH_2 /   \\ CH_2 - COOH

- 여섯 자리 리간드
- Li^+, Na^+, K^+와 같이 1가 양이온을 제외한 모든 금속이온과 전하와는 무관하게 1:1 착물을 형성한다.

25 아스코브산을 요오드 용액으로 산화-환원 적정할 때 주로 사용할 수 있는 지시약은?

① 녹말
② 페놀프탈레인
③ 아연이온
④ 리트머스

해설

아스코브산(Vitamin C)
아이오딘을 환원시켜 아이오딘이온으로 만들며, 아이오딘은 녹말과 반응하여 착물을 형성하며, 보라색을 나타낸다.

26 다음의 증류수 또는 수용액에 고체 $Hg_2(IO_3)_2$ ($K_{sp} = 1.3 \times 10^{-18}$)를 용해시킬 때, 용해된 Hg_2^{2+}의 농도가 가장 큰 것은?

① 증류수
② 0.10M KIO_3
③ 0.20M KNO_3
④ 0.30M $NaIO_3$

해설

IO_3 이온화합물을 용해시키면 Hg_2^{2+}가 감소하게 되고 KNO_3 용액에 $Hg_2(IO_3)_2$는 잘 용해하므로 Hg_2^{2+}가 증가하게 된다.

27 0.850g의 미지시료에는 KBr(몰질량 119g)과 KNO_3(몰질량 101g)만이 함유되어 있다. 이 시료를 물에 용해한 후 브롬화물을 완전히 적정하는 데 0.0500M $AgNO_3$ 80.0mL가 필요하였다. 이때 고체시료에 있는 KBr의 무게 백분율은?

① 44.0%
② 47.55%
③ 54.1%
④ 56.0%

해설

$AgNO_3$ + KBr → KNO_3 + AgBr
1 : 1
0.05M × 0.08L
= 0.004mol : 0.004mol

0.004mol KBr × $\frac{119g}{1mol}$ = 0.476g

∴ KBr의 무게 백분율 = $\frac{0.476g}{0.850g} \times 100$
= 56%

28 CaF_2의 용해와 관련된 반응식에서 과량의 고체 CaF_2가 남아 있는 포화된 수용액에서 $Ca^{2+}(aq)$의 몰농도에 대한 설명으로 옳은 것은?(단, 용해도의 단위는 mol/L이다.)

$CaF_2(s) \rightleftharpoons Ca^{2+}(aq) + 2F^-(aq)$ $K_{sp} = 3.9 \times 10^{-11}$
$HF(aq) \rightleftharpoons H^+(aq) + F^-(aq)$ $K_a = 6.8 \times 10^{-4}$

① KF를 첨가하면 몰농도가 감소한다.
② HCl을 첨가하면 몰농도가 감소한다.
③ KCl을 첨가하면 몰농도가 감소한다.
④ H_2O를 첨가하면 몰농도가 증가한다.

해설

KF를 첨가하면 F^-가 많아지므로 역반응이 진행되어 Ca^{2+}의 몰농도가 감소한다.

정답 24 ③　25 ①　26 ③　27 ④　28 ①

29 할로겐 음이온을 $0.050M$ Ag^+ 수용액으로 적정하였다. AgCl, AgBr, AgI의 용해도곱은 각각 1.8×10^{-10}, 5.0×10^{-13}, 8.3×10^{-17}이다. 당량점이 가장 뚜렷하게 나타나는 경우는?

① $0.05M$ Cl^-
② $0.10M$ Cl^-
③ $0.10M$ Br^-
④ $0.10M$ I^-

해설

용해도곱이 작을수록 용해되기 힘들기 때문에 Ag^+를 가하면 AgI가 침전된다. I^-의 침전이 끝날 때 Ag^+의 농도가 증가하게 되고 Ag^+의 농도가 충분히 높아지면 AgBr가 침전하게 된다. 다음으로 AgCl이 침전된다. 즉, 3번의 당량점이 나타나게 된다.

30 활동도는 용액 중에서 그 화학종이 실제로 작용하는 반응능력을 말한다. 이에 비해 활동도 계수는 이온들이 이상적 행동으로부터 벗어나는 정도를 나타낸다. 활동도 계수에 대한 설명으로 가장 옳은 것은?

① 활동도 계수는 무한히 묽은 용액에서 무한히 작아진다.
② 활동도 계수는 공존하는 화학종의 종류보다는 용액의 이온 세기에 따라 결정된다.
③ 이온의 전하가 커지면 활동도 계수가 1로부터 벗어나는 정도가 작아진다.
④ 전하를 갖지 않는 중성 분자의 활동도 계수는 이온 세기와는 무관하게 0이다.

해설

활동도
- 활동도는 용액 중에 녹아 있는 화학종의 실제 농도를 나타낸다.
- 전해질의 영향은 전해질의 종류나 화학적 성질에는 무관하고 이온의 세기에만 의존하므로 활동도 계수도 전해질의 성질에 무관하고 이온 세기에만 의존한다.
- 이상용액의 활동도 계수는 1이다.

31 황산알루미늄 용액에 여분의 염화바륨을 가하여 $0.6978g$의 황산바륨 침전을 얻었다. 시료용액에 녹아 있는 황산알루미늄의 무게는?(단, 황산알루미늄의 화학식량은 342.23, 황산바륨의 화학식량은 233.4이다.)

$$Al_2(SO_4)_3 + 3BaCl_2 \rightleftharpoons 3BaSO_4 + 2AlCl_3$$

① $0.1217g$
② $0.3411g$
③ $0.3651g$
④ $0.4868g$

해설

$Al_2(SO_4)_3 : BaCl_4 = 1 : 3$

$0.6978g\ BaSO_4 \times \dfrac{1mol}{233.4g} = 2.99 \times 10^{-3}mol$

$2.99 \times 10^{-3} \times \dfrac{1}{3}mol\ Al_2(SO_4)_3 \times \dfrac{342.23g}{1mol} = 0.342g$

32 어떤 유기산 $10.0g$을 녹여 $100mL$ 용액을 만들면, 이 용액에서 유기산의 해리도는 2.50%이다. 유기산은 일양성자산이며, 유기산의 K_a가 5.00×10^{-4}이었다면, 유기산의 화학식량은?

① $6.40g/mol$
② $12.8g/mol$
③ $64.0g/mol$
④ $128g/mol$

해설

	HA	→	H^+	+	A^-
초기	x		0		0
반응	$-0.025x$		$+0.025x$		$+0.025x$
최종	$0.975x$		$0.025x$		$0.025x$

$K_a = \dfrac{[H^+][A^-]}{[HA]} = \dfrac{(0.025x)^2}{0.975x}$

$= 5.00 \times 10^{-4}$

$\therefore x = 0.78mol/L(M)$

몰수 $= 0.78mol/L \times 0.1L = 0.078mol$

$\therefore$ 유기산의 화학식량 $= \dfrac{10g}{0.078mol}$

$= 128.5g/mol$

정답 29 ④ 30 ② 31 ② 32 ④

33 다음의 지시약에 대한 설명에서 옳은 것만을 나열한 것은?

㉠ 산염기 지시약의 pH 변색범위는 대략 $pK_a \pm 1$이다.
㉡ 산화환원 지시약의 변색범위(볼트)는 대략 $E° \pm 1$이다.
㉢ 산염기 지시약은 자신이 강산이거나 또는 강염기이다.

① ㉠
② ㉠, ㉡
③ ㉡, ㉢
④ ㉠, ㉡, ㉢

해설

㉡ 산화환원 지시약의 변색범위(볼트)는 대략 $\left(E° \pm \dfrac{0.05916}{n}\right)$V이다.
㉢ 산염기 지시약은 자신이 약산이거나 또는 약염기이다.

34 pH 10.00인 100mL 완충용액을 만들려면 $NaHCO_3$ (FW 84.01) 4.00g과 몇 g의 Na_2CO_3 (FW 105.99)를 섞어야 하는가?

$$H_2CO_3 \rightleftarrows HCO_3^- + H^+ \quad pK_{a1} = 6.352$$
$$HCO_3^- \rightleftarrows CO_3^{2-} + H^+ \quad pK_{a2} = 10.329$$

① 1.32g
② 2.09g
③ 2.36g
④ 2.96g

해설

$$pH = pK_a + \log \frac{[A^-]}{[HA]}$$

$$= 10.329 + \log \frac{\dfrac{y}{105.99\text{g/mol}}}{\dfrac{4.00\text{g}}{84.01\text{g/mol}}} = 10.00$$

$\therefore y = 2.36$g

35 진한 황산의 무게 백분율 농도는 96%이다. 진한 황산의 몰농도는 얼마인가?(단, 진한 황산의 밀도는 1.84 kg/L, 황산의 분자량은 98.08g/mol이다.)

① 9.00M
② 12.0M
③ 15.0M
④ 18.0M

해설

$$\frac{1\text{mol}}{98.08\text{g}} \times 0.96 \times \frac{1.84\text{kg}}{\text{L}} \times \frac{1,000\text{g}}{1\text{kg}} = 18.0\text{mol/L}$$

36 1몰랄농도(m) 용액에 대한 설명으로 옳은 것은?

① 용액 1,000g에 그 용질 1몰이 들어 있는 용액
② 용매 1,000g에 그 용질 1몰이 들어 있는 용액
③ 용액 100g에 그 용질 1g이 들어 있는 용액
④ 용매 1,000g에 그 용질 1당량이 들어 있는 용액

해설

1몰랄농도(m) : 용매 1kg 중에 녹아 있는 용질의 mol수

37 양성자가 하나인 어떤 산(Acid)이 있다. 수용액에서 이 산의 짝산, 짝염기의 평형상수 K_a와 K_b가 존재할 때, 그 관계식으로 옳은 것은?(단, $pK_w = 14.00$이라고 가정한다.)

① $K_a \times K_b = K_w$
② $K_a / K_b = K_w$
③ $K_b / K_a = K_w$
④ $K_a \times K_b \times K_w = 1$

해설

$K_w = K_a \times K_b$

38 $Cu(s) + 2Ag^+ \rightleftarrows Cu^{2+} + 2Ag(s)$ 반응의 평형상수 값은 약 얼마인가?(단, 이들 반응을 구성하는 반쪽반응과 표준전극전위는 다음과 같다.)

| $Ag^+ + e^- \rightleftarrows Ag(s)$ | $E° = 0.799$V |
| $Cu^{2+} + 2e^- \rightleftarrows Cu(s)$ | $E° = 0.337$V |

① 2.5×10^{10}
② 2.5×10^{12}
③ 4.1×10^{15}
④ 4.1×10^{18}

정답 33 ① 34 ③ 35 ④ 36 ② 37 ① 38 ③

해설

$$E° = E°_+ - E°_- = E°_{환원} - E°_{산화}$$
$$= 0.799V - 0.337V = 0.462V$$
$$E° = \frac{0.05916}{n} \log K$$
$$0.462V = \frac{0.05916}{2} \log K$$
$$\therefore K = 4.1 \times 10^{15}$$

39 네른스트 식은 어떤 양들 사이의 관계식인가?
① 농도, 전위차
② 농도, 삼투압
③ 온도, 평형상수
④ 엔탈피, 엔트로피, 자유에너지

해설

Nernst 식
$$E = E° - \frac{RT}{nF} \ln Q$$

40 $PbI_2(s) \rightleftharpoons Pb^{2+}(aq) + 2I^-(aq)$와 같은 용해반응을 나타내고, K_{sp}는 7.9×10^{-9}일 때 다음 평형반응의 평형상수 값은?

$$Pb^{2+}(aq) + 2I^-(aq) \rightleftharpoons PbI_2(s)$$

① 7.9×10^{-9}
② $1 / (7.9 \times 10^{-9})$
③ $(7.9 \times 10^{-9}) \times (1.0 \times 10^{-4})$
④ $(1.0 \times 10^{-14}) / (7.9 \times 10^{-9})$

해설

$$K_{sp} = [Pb^{2+}][I^-]^2 = 7.9 \times 10^{-9}$$
$$\therefore K = \frac{1}{[Pb^{2+}][I^-]^2} = \frac{1}{7.9 \times 10^{-9}}$$

3과목 기기분석 I

41 X선 회절법에 대한 설명으로 틀린 것은?
① 1912년 von Laue에 의해 발견되었다.
② 결정성 화합물을 편리하고 실용적으로 정성확인이 가능하다.
③ X선 분말(Powder) 회절법은 고체에 존재하는 화합물에 대한 정성적인 정보만 제공한다.
④ X선 분말 회절법은 각 결정 물질마다 X선 회절 무늬가 독특하다는 사실에 기초한다.

해설

X선 회절법
고체시료에 들어 있는 화합물에 대한 정성 및 정량적인 정보를 제공한다.

42 기기분석 방법의 정밀도를 나타내는 성능계수 용어가 아닌 것은?
① 평균
② 평균치의 표준편차
③ 변동계수(CV)
④ 상대표준편차(RSD)

해설

정밀도
- 측정값이 서로 밀집된 정도
- 우연오차
- 재현성
- 표준편차, 분산(가변도), 상대표준편차, 변동계수(%상대표준편차)

43 다음 중 전자전이가 일어나지 않는 것은?
① $\sigma - \sigma^*$
② $\pi - \pi^*$
③ $n - \pi^*$
④ $\sigma - \pi^*$

해설

분자 내 전자전이의 에너지 크기 순서
$n - \pi^* < \pi - \pi^* < n - \sigma^* < \sigma - \sigma^*$

정답 39 ① 40 ② 41 ③ 42 ① 43 ④

44 아세트산(CH_3COOH)의 기준진동방식의 수는?

① 16개　　② 17개
③ 18개　　④ 19개

해설

기준진동방식의 수
- 선형 분자 : $3N-5$
- 비선형 분자 : $3N-6$
  여기서, N : 원자수

$$\begin{array}{c} H\ \ \ O \\ |\ \ \ \| \\ H-C-O-H \\ | \\ H \end{array} : 3\times 8-6 = 18개$$

45 1.41T의 자기장을 걸어주었을 때 수소핵은 약 몇 MHz의 주파수를 흡수하는가?(단, 질량수가 1인 수소의 자기회전비는 $2.68\times 10^8/T\cdot s$이다.)

① 30MHz　　② 60MHz
③ 100MHz　　④ 600MHz

해설

자기장에서의 에너지 준위

$$E = \frac{\gamma h}{2\pi}B_o = h\nu_o$$

$$\therefore \nu_o = \frac{\gamma B_o}{2\pi} = \frac{(2.68\times 10^8 T^{-1}\cdot s^{-1})\times 1.41T}{2\pi}$$

$$= 60MHz$$

46 단색화 장치의 성능을 결정하는 요소로서 가장 거리가 먼 것은?

① 복사선의 순도　　② 근접파장 분해능력
③ 복사선의 산란효율　　④ 스펙트럼의 띠너비

해설

단색화 장치의 성능을 결정하는 요소
- 분산되어 나오는 복사선의 순도
- 근접파장 분해능력
- 집광력
- 스펙트럼의 띠너비

47 적외선(IR) 흡수 분광법에서 분자의 진동은 신축과 굽힘의 기본범주로 구분된다. 다음 중 굽힘진동의 종류가 아닌 것은?

① 가위질(Scissoring)　　② 꼬임(Twisting)
③ 시프팅(Shifting)　　④ 앞뒤 흔듦(Wagging)

해설

굽힘진동의 종류
- 가위질(Scissoring)　　• 앞뒤 흔듦(Wagging)
- 좌우 흔듦(Rocking)　　• 꼬임(Twisting)

48 Fourier 변환 적외선 흡수분광기의 장점이 아닌 것은?

① 신호 대 잡음비 개선　　② 일정한 스펙트럼
③ 빠른 분석속도　　④ 바탕보정 불필요

해설

Fourier 변환 분광법의 장점
- 산출량이 크고 신호 대 잡음비가 증가한다.
- 빠른 시간 내에 측정된다.
- 주파수가 더 정확하다.
- 일정한 스펙트럼을 얻을 수 있다.
- 기계적 설계가 간단하다.

49 ^{13}C NMR의 장점이 아닌 것은?

① 분자의 골격에 대한 정보를 제공한다.
② 봉우리의 겹침이 적다.
③ 탄소 간 동종핵의 스핀-스핀 짝지음이 관측되지 않는다.
④ 스핀-격자 이완시간이 길다.

해설

^{13}C NMR의 장점
- 분자골격에 대한 정보를 제공한다.
- 탄소원자 사이에 스핀-스핀 짝지음이 거의 없다.
- 화학적 이동이 넓어 봉우리 겹침이 적다.
- ^{13}C NMR은 동위원소의 자연존재비가 낮고 자기회전비율이 작아 신호 세기가 작다.

정답 ▶ 44 ③ 45 ② 46 ③ 47 ③ 48 ④ 49 ④

50 다음 화합물 중 가장 높은 파장의 형광을 나타내는 것은?

① C_6H_5Br
② C_6H_5F
③ C_6H_6
④ C_6H_5Cl

해설
벤젠에 치환된 할로겐의 원자번호가 클수록 형광의 파장이 증가한다.
원자번호 : F < Cl < Br

51 적외선 분광법에서 한 분자의 구조와 조성에서의 작은 차이는 스펙트럼에서 흡수 봉우리의 분포에 영향을 준다. 분자의 성분과 구조에서 특정 기능기에 따라 고유 흡수 파장을 나타내는 영역을 무엇이라 하는가?

① 그룹 영역(Group Region)
② 원적외선 영역(Far IR Region)
③ 지문 영역(Fingerprint Region)
④ 근적외선 영역(Near IR Region)

해설
지문 영역 : 1,200~600cm^{-1}

52 인광에 대한 설명으로 틀린 것은?

① 계간전이를 통해서 발생
② 무거운 분자일수록 유리
③ 10^{-4}~10초 정도의 평균수명
④ 산소와의 충돌이 감소하면 계간전이가 증가

해설
산소와의 충돌이 증가하면 계간전이가 증가한다.

53 원자흡수분광법과 원자형광분광법에서 기기의 부분 장치 배열에서의 가장 큰 차이는 무엇인가?

① 원자흡수분광법은 광원 다음에 시료잡이가 나오고 원자형광분광법은 그 반대이다.
② 원자흡수분광법은 파장선택기가 광원보다 먼저 나오고 원자형광분광법은 그 반대이다.
③ 원자흡수분광법에서는 광원과 시료잡이가 일직선상에 있지만 원자형광분광법에서는 광원과 시료잡이가 직각을 이룬다.
④ 원자흡수분광법은 레이저 광원을 사용할 수 없으나 원자형광분광법에서는 사용 가능하다.

해설
원자흡수분광법

형광법

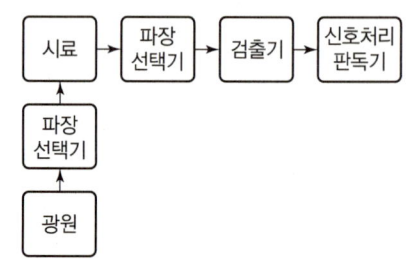

54 원자흡수분광법에서 휘발성이 적은 화합물 생성 등으로 인하여 화학적 방해가 발생한다. 이러한 방해를 방지하는 방법에 해당되지 않는 것은?

① 높은 온도의 불꽃 이용
② 보호제(Protective Agent)의 사용
③ 해방제(Releasing Agent)의 사용
④ 이온화 활성제의 사용

해설
화학적 방해를 방지하는 방법
• 가능한 한 높은 온도의 불꽃을 사용한다.
• 해방제 사용 : 방해물질과 우선적으로 반응하여 방해물질이 분석물질과 작용하는 것을 막을 수 있다.
• 보호제 사용 : 분석물과 반응하여 안정하고 휘발성 있는 화합물을 형성하여 방해물질로부터 분석물을 보호한다.
• 이온화 억제제를 사용한다.

정답 50 ① 51 ③ 52 ④ 53 ③ 54 ④

55 밀집된 상태에 있는 다원자 분자의 흡수스펙트럼에 포함되어 있는 에너지의 구성요소가 아닌 것은?

① 몇 개의 결합전자의 에너지 상태로부터 생기는 분자의 전자에너지
② 들뜬 상태의 원자핵 분열과 관련된 양자에너지
③ 원자 사이의 진동수와 관련된 전체 에너지
④ 한 분자 내의 여러 가지 회전운동과 관련된 에너지

해설

$E = E_{전자} + E_{진동} + E_{회전} + E_{병진}$

56 전자기 복사선 스펙트럼 영역을 나타낸 표에서 X에 해당하는 복사선은?

| 가시광선 | 적외선 | X | 라디오파 |

① 감마선　　　② 자외선
③ 마이크로파　④ X선

해설

← γ선　X선　자외선　가시광선　적외선　마이크로파　라디오파 →

57 자외선-가시광선(UV-Vis) 흡수분광법에서 사용되는 광원이 아닌 것은?

① X선관　　　② 중수소등
③ 광방출 다이오드　④ 텅스텐 필라멘트등

해설

UV-Vis 흡수분광법의 광원
• 중수소등과 수소등
• 텅스텐 필라멘트등
• 광방출 다이오드
• 제논 아크등

58 유도쌍 플라스마 광원(ICP)의 특징이 아닌 것은?

① 원자가 빛살 진로에 머무르는 시간이 짧다.
② ICPMS의 광원이 될 수 있으므로 충분한 이온화가 생긴다.
③ 광원의 온도가 높기 때문에 원소 상호 간에 방해가 적다.
④ 넓은 농도범위에 걸쳐 검정곡선이 성립한다.

해설

유도결합플라스마(ICP) 원자화 방법
• 플라스마 광원의 온도가 매우 높아 원자화 효율이 좋고 화학적 방해도 거의 없다.
• 플라스마 단면의 온도 분포가 균일하여 자체 흡수나 자체 반전이 나타나지 않는다.
• 아르곤의 이온화로 인한 전자밀도가 높아서 시료의 이온화에 의한 방해가 거의 없다.
• 높은 온도에서 잘 분해되지 않는 산화물(내화성 산화물)을 형성하는 텅스텐(W), 우라늄(U), 지르코늄(Zr) 등의 원자화가 용이하다.
• 많은 원소의 스펙트럼을 동시에 측정할 수 있으므로 다원소 분석이 가능하다.

59 적외선(IR) 흡수분광법에서의 진동 짝지음에 대한 설명으로 틀린 것은?

① 두 신축진동에서 두 원자가 각각 단독으로 존재할 때 신축진동 사이에 센 짝지음이 일어난다.
② 짝지음 진동들이 각각 대략 같은 에너지를 가질 때 상호작용이 크게 일어난다.
③ 두 개 이상의 결합에 의해 떨어져 진동할 때 상호작용은 거의 일어나지 않는다.
④ 짝지음은 같은 대칭성 화학종에서 진동할 때 일어난다.

해설

진동 짝지음
• 한 원자를 공유하며 생기는 두 신축진동 사이에는 센 짝지음이 일어난다.
• 굽힘진동 사이에서 상호작용이 일어나려면 진동하는 결합 사이에 공통인 결합이 필요하다.
• 신축결합이 굽힘진동이 변하는 각의 한쪽을 이루면 신축진동과 굽힘진동 사이에서 짝지음이 일어난다.
• 각각 대략 같은 에너지를 갖는 짝지음 진동들의 상호작용은 크게 일어난다.
• 두 개 이상의 결합에 의해 떨어져 진동할 때 상호작용은 전혀 또는 거의 일어나지 않는다.
• 짝지음은 같은 대칭성 화학종에서 진동할 때 일어난다.

정답　55 ②　56 ③　57 ①　58 ①　59 ①

60 한 번 측정한 스펙트럼의 신호 대 잡음비가 6/1이다. 신호 대 잡음비를 30/1로 증가시키기 위해서는 몇 번을 측정한 스펙트럼을 평균화하여야 하는가?
① 5
② 10
③ 20
④ 25

해설

신호 대 잡음비를 5배 증가시키기 위해서는 25번 반복 측정해야 한다.
$$\left(\frac{S}{N}\right)_n = \sqrt{n}\left(\frac{S}{N}\right)_i$$

4과목 기기분석 II

61 초임계유체 크로마토그래피에 대한 설명으로 틀린 것은?
① 초임계유체에서는 비휘발성 분자가 잘 용해되는 장점이 있다.
② 비교적 높은 온도를 사용하므로 분석물들의 회수가 어렵다.
③ 이산화탄소가 초임계유체로 널리 사용된다.
④ 초임계유체 크로마토그래피는 기체와 액체 크로마토그래피의 혼성방법이다.

해설

초임계유체 추출법
- GC와 LC의 혼합된 방법으로 기존의 GC와 LC를 이용하여 분석하기 어려운 화학종들을 분리, 측정할 수 있다.
- CO_2가 초임계유체로 사용된다.
- 분자량이 큰 비휘발성 분자를 잘 용해할 수 있다.
- 분석물질을 쉽게 회수할 수 있다.
- 추출시간이 빠르다.

62 다음 중 분리분석법이 아닌 것은?
① 크로마토그래피
② 추출법
③ 증류법
④ 폴라로그래피

해설

폴라로그래피 : 적하수은전극으로 수행된 전압전류법

63 적하수은전극(Dropping Mercury Electrode)을 사용하는 폴라로그래피(Polarography)에 대한 설명으로 옳지 않은 것은?
① 확산전류(Diffusion Current)는 농도에 비례한다.
② 수은이 항상 새로운 표면을 만들어 내어 재현성이 크다.
③ 수은의 특성상 환원반응보다 산화반응의 연구에 유용하다.
④ 반파 전위(Half-wave Potential)로부터 정성적 정보를 얻을 수 있다.

해설

수은이 쉽게 산화되므로 산화전극으로 사용하기 곤란하다.

64 질량 분석기로서 알 수 없는 것은?
① 시료물질의 원소의 조성
② 구성원자의 동위원소의 비
③ 생화학 분자의 분자량
④ 분자의 흡광계수

해설

질량분석법으로 알 수 있는 사실
- 시료를 이루는 물질의 화학식
- 무기·유기·바이오 분자들의 구조
- 복잡한 화합물 화학조성의 정성 및 정량
- 고체 표면의 구조 및 화학조성
- 시료를 구성하는 원소의 동위원소비에 대한 정보

정답 60 ④ 61 ② 62 ④ 63 ③ 64 ④

65 막지시전극에 사용되는 이온선택성 막의 공통적인 특성에 대한 설명으로 틀린 것은?
① 이온선택성 막은 분석물질 용액에서 용해도가 거의 0이어야 한다.
② 막은 작아도 약간의 전기전도도를 가져야 한다.
③ 막 속에 함유된 몇 가지 화학종들은 분석물 이온과 선택적으로 결합할 수 있어야 한다.
④ 할로겐화은과 같은 낮은 용해도를 갖는 이온성 무기화합물은 막으로 사용될 수 없다.

해설

이온선택성 막의 성질
- 최소용해도 : 분석물질 용액에서 용해도가 0에 가까워야 한다.
- 전기전도도 : 약간의 전기전도도를 가져야 한다.
- 분석물질과 선택적인 반응성 : 이온교환, 결정화, 착물화

66 갈바니전지에 대한 설명으로 틀린 것은?
① 전기를 발생하기 위해 자발적인 화학반응을 이용한다.
② 산화전극(Anode)은 산화가 일어나는 전극이다.
③ 전자는 산화전극에서 생성되어 도선을 따라 환원전극으로 흐른다.
④ 산화전극을 오른쪽에, 환원전극을 왼쪽에 표시한다.

해설

갈바니전지는 왼쪽에 산화전극을, 오른쪽에 환원전극을 표시한다.

67 폴리에틸렌의 등온 결정화 현상을 분석할 때 가장 알맞은 열분석법은?
① DTA ② DSC
③ TG   ④ DMA

해설

DSC(시차주사열량법)
고분자 시료의 유리전이온도, 결정화온도, 결정화도, 녹는점, 순도 등을 측정한다.

68 얇은 층 크로마토그래피에 대한 설명으로 틀린 것은?
① 얇은 층 크로마토그래피는 제품의 순도를 판별하는 중요한 분석법으로 사용되고 있다.
② 전개판에 시료를 건조시킨 후 전개액에 시료가 잠기도록 해야 한다.
③ 전개상자를 이용해 시료를 분리시킬 때 뚜껑을 닫아 전개용매 증기로 상자가 포화되도록 해야 한다.
④ 지연인자(R_f)는 정지상의 두께, 온도, 시료의 크기에 의해 영향을 받는다.

해설

얇은 층 크로마토그래피
전개판의 한쪽 끝에 시료를 점적한 후, 시료와 전개액이 직접 접촉하지 않도록 전개판의 한쪽 끝을 전개액에 담근다.

69 기체 크로마토그래피에서 기체-액체 크로마토그래피(GLC)의 물질 분리의 가장 중요한 가기전(평형의 종류)은 무엇인가?
① 흡착
② 이온교환
③ 기체와 액체 사이의 분배
④ 서로 섞이지 않는 액체 사이의 분배

해설

기체-액체 크로마토그래피(GLC)
비활성 고체 충전물의 표면 또는 모세관 내부벽에 고정시킨 액체 정지상과 기체 이동상 사이에서 분석물이 분배되는 과정을 거쳐 분리한다.

정답 65 ④ 66 ④ 67 ② 68 ② 69 ③

70 액체 크로마토그래피에서 사용되는 굴절률 검출기에 대한 설명으로 틀린 것은?

① 다른 형태의 검출기보다 비교적 감도가 좋다.
② 거의 모든 용질에 감응한다.
③ 흐름의 속도에 영향을 받지 않는다.
④ 온도에 민감하여 일정한 온도가 필수적이다.

해설
굴절률 검출기
- 이동상과 시료용액과의 굴절률 차이를 이용한다.
- 거의 모든 용질에 감응하나, 감도가 좋지 않다.
- 신뢰도가 크며 흐름 속도에 영향을 받지 않는다.
- 온도에 매우 민감하므로 수천 분의 1℃ 범위까지 일정한 온도를 유지해야 한다.

71 전기화학분석법에서 포화 칼로멜 기준전극에 대하여 전극전위가 0.115V로 측정되었다. 이 전극전위를 포화 Ag/AgCl 기준전극에 대하여 측정하면 얼마로 나타나겠는가?(단, 표준수소전극에 대한 상대전위는 포화 칼로멜 기준전극=0.244V, 포화 Ag/AgCl 기준전극=0.199V이다.)

① 0.16V ② 0.18V
③ 0.20V ④ 0.22V

해설
$0.115V = E - 0.244V$
∴ $E = 0.359V$
∴ $E = 0.359V - 0.199V = 0.16V$

72 질량분석법에서 분자의 전체 스펙트럼(Full Spectrum)을 알 수 있는 검출방법은?

① MRM 모드 ② SCAN 모드
③ SIM 모드 ④ SRM 모드

해설
SCAN 모드 : 전체 질량스펙트럼을 기록한다.

73 전기분해 효율이 100%인 전기분해전지가 있다. 산화전극에서는 산소 기체가, 환원전극에서는 구리가 석출되도록 0.5A의 일정 전류를 10분 동안 흘렸다. 석출된 구리의 무게는 약 얼마인가?(단, 구리의 몰질량은 63.5g/mol이다.)

① 0.05g ② 0.10g
③ 0.20g ④ 0.40g

해설
$$Q(C) = I(A) \times t(s)$$
$$= 0.5A \times 10min \times \frac{60s}{1min} = 300C$$
$$Cu = 300C \times \frac{1mol}{96,500C} \times \frac{1mol\ Cu}{2mol\ e^-} \times \frac{63.5g\ Cu}{1mol\ Cu}$$
$$= 0.099g ≒ 0.10g$$

74 크로마토그래피 분석법에서 띠넓힘에 영향을 주는 인자에 대한 설명으로 가장 옳은 것은?

① 다중통로에 의한 띠넓힘은 분자가 충전관을 지나가는 통로가 다양하기 때문에 나타난다.
② 세로확산에 의한 띠넓힘은 이동상과 정지상 사이의 평형이 매우 느릴 때 일어난다.
③ 상 사이의 질량 이동에 의한 띠넓힘은 이동상의 속도가 증가하면 감소하는 경향이 있다.
④ 세로확산에 의한 띠넓힘은 이동상의 속도가 증가하면 증가하는 경향이 있다.

해설
띠넓힘
㉠ 다중흐름통로
- 용질이 충전칼럼 안에서 지나가는 통로가 다양하기 때문에 띠넓힘이 나타난다.
- 충전계수(λ)는 충전이 균일하게 되어 있을수록 작아진다.
- 정지상 입자의 크기(d_p)가 클수록 용질이 들어가는 거리가 더 커지므로 띠넓힘이 크게 발생한다.
- 이동상의 흐름 속도가 빠르면 띠넓힘이 무시될 정도이고, 이동상의 흐름 속도가 매우 느리면 띠넓힘이 거의 일어나지 않는다.

정답 70 ① 71 ① 72 ② 73 ② 74 ①

ⓒ 세로확산
- 이동상의 속도가 커지면 확산시간 부족으로 세로확산이 감소된다.
- 세로확산에 의한 띠넓힘은 이동상과 정지상 사이의 평형이 빠를 때 일어난다.

ⓒ 질량이동항
단높이가 작을수록 관의 효율이 증가하므로 질량이동계수를 작게 해야 한다.

75 ICP를 이용한 질량분석장치에서 Space Charge에 대한 설명으로 가장 거리가 먼 것은?

① 이것이 생기면 이온의 투과율이 감소한다.
② 이것을 감소시키기 위하여 시료를 희석시켜 측정한다.
③ 스펙트럼의 모양은 달라지나 질량의 편차는 거의 생기지 않는다.
④ 매트릭스에 의한 영향으로 일반적으로 신호가 줄어든다.

76 고분자량의 글루코오스 계열 화학물을 분리하는 데 가장 적합한 크로마토그래피 방법은?

① 이온교환 크로마토그래피
② 크기 배제 크로마토그래피
③ 기체 크로마토그래피
④ 분배 크로마토그래피

해설

크기 배제 크로마토그래피
- 고분자량 화학종을 분리하는 데 이용한다.
- 시료를 크기별로 분리한다.

77 전기화학반응에서 일어나는 편극의 종류에 해당하지 않는 것은?

① 농도 편극
② 결정화 편극
③ 전하이동 편극
④ 전압강화 편극

해설

편극의 원인
ⓐ 농도 편극
- 반응 화학종이 전극 표면으로 이동하는 속도가 요구되는 전류를 유지하기에 충분하지 않을 때 일어난다. 농도 편극이 일어나기 시작하면 물질이동 과전압이 나타난다.
- 반응물 농도가 높을수록, 전해질 농도가 낮을수록, 전극의 표면적이 클수록, 온도가 높을수록, 잘 저어줄수록 농도편극이 감소한다.

ⓑ 반응 편극
반쪽전지반응은 중간체가 생기는 화학과정을 통해 이루어지는데, 중간체의 생성 또는 분해속도가 전류를 제한하는 경우 반응편극이 발생한다.

ⓒ 전하이동 편극
반응 화학종과 전극 사이의 전자 이동속도가 느려 전극에서 산화환원반응의 속도 감소로 인해 편극이 발생한다.

ⓓ 흡착·탈착·결정화 편극
흡착·탈착 또는 결정화와 같은 물리적 변화과정의 속도가 전류를 제한할 때 발생한다.

78 전기화학전지에 사용되는 염다리(Salt Bridge)에 대한 설명으로 틀린 것은?

① 염다리의 목적은 전지 전체를 통해 전기적으로 양성상태를 유지하는 데 있다.
② 염다리는 양쪽 끝에 반투과성의 막이 있는 이온성 매질이다.
③ 염다리는 고농도의 KNO_3를 포함하는 젤로 채워진 U자관으로 이루어져 있다.
④ 염다리의 농도가 반쪽전지의 농도보다 크기 때문에 염다리 밖으로의 이온의 이동이 염다리 안으로의 이온의 이동보다 크다.

해설

염다리
- 고농도의 KCl, KNO_3, NH_4Cl과 같은 전해질을 포함하고 있는 젤로 채워진 U자형 관
- 염다리의 양쪽 끝에는 다공성 마개가 있어 서로 다른 두 용액이 섞이는 것을 방지하고 이온은 이동할 수 있다.
- 두 반쪽전지를 연결해준다.
- 염다리의 목적은 전지 전체를 통해 전기적 중성(전하의 균형)을 유지하는 데에 있다.

정답 75 ③ 76 ② 77 ④ 78 ①

79 기체 크로마토그래피에서 할로겐과 같이 전기음성도가 큰 작용기를 포함하는 분자에 감도가 좋은 검출기는?

① 불꽃이온화 검출기(FID)
② 전자포착 검출기(ECD)
③ 열전도도 검출기(TCD)
④ 원자방출 검출기(AED)

> **해설**
>
> 기체 크로마토그래피 검출기
>
> | 검출기 | 시료 |
> | --- | --- |
> | 불꽃이온화 검출기(FID) | 유기화합물 |
> | 열전도도 검출기(TCD) | 유기·무기 화학종 |
> | 전자포착 검출기(ECD) | 할로겐 원소 |
> | 열이온 검출기(TID) | 인·질소 화합물 |
> | 원자방출 검출기(AED) | 원소 |

80 시차주사열량법(DSC)에서 발열(Exothermic) 봉우리를 나타내는 물리적 변화는?

① 결정화(Crystallization) ② 승화(Sublimation)
③ 증발(Vaporization)   ④ 용해(Melting)

> **해설**
>
> 시차주사열량법(DSC)
>
>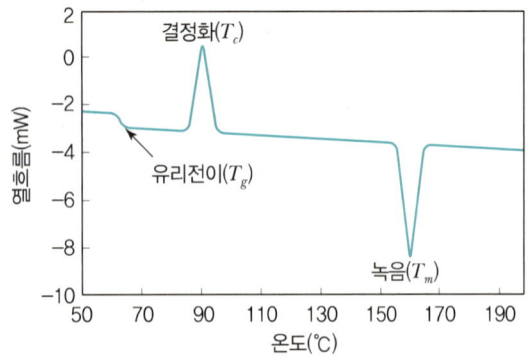

정답 79 ② 80 ①

2019년 제4회 기출문제

1과목 일반화학

01 주어진 온도에서 $N_2O_4(g) \rightleftarrows 2NO_2(g)$의 계가 평형상태에 있다. 이때 계의 압력을 증가시킬 때 반응의 변화로 옳은 것은?

① 정반응과 역반응의 속도가 함께 빨라져서 변함없다.
② 평형이 깨어지므로 반응이 멈춘다.
③ 정반응으로 진행된다.
④ 역반응으로 진행된다.

해설

압력을 증가시키면 압력을 감소시키는 방향, 즉 몰수를 감소시키는 방향(역방향)으로 평형이 이동한다.

르 샤틀리에의 법칙
가역반응이 평형상태에 있을 때, 온도, 압력, 농도 중 어느 한 조건을 변화시키면, 반응은 그 변화를 감소시키려는 방향으로 진행하여 새로운 평형상태에 도달한다.

02 2.5g의 살리실산과 3.1g의 아세트산 무수물을 반응시켰더니, 3.0g의 아스피린을 얻을 수 있었다. 아스피린의 이론적 수득량은 약 몇 g인가?(단, 살리실산의 분자량 : 138.12g/mol, 아세트산 무수물의 분자량 : 102.09g/mol, 아스피린의 분자량 : 180.16g/mol이고, 살리실산과 아세트산 무수물은 1 : 1로 반응하고 반응에서 역반응은 일어나지 않았다고 가정한다.)

① 2.6
② 2.8
③ 3.0
④ 3.2

해설

살리실산 + 아세트산 무수물 → 아스피린
1 : 1

살리실산 $2.5g \times \dfrac{1mol}{138.12g} = 0.018mol$ ← 한계반응물

아세트산 무수물 $3.1g \times \dfrac{1mol}{102.09g} = 0.03mol$

∴ 아스피린의 수득량 = $0.018mol \times \dfrac{180.06g}{1mol} = 3.24g$

03 수소 연료전지에서 전기를 생산할 때의 반응식이 다음과 같을 때 10g의 H_2와 160g의 O_2가 반응하여 생성된 물은 몇 g인가?

$$2H_2(g) + O_2(g) \rightarrow 2H_2O(g)$$

① 90
② 100
③ 110
④ 120

해설

$2H_2(g) + O_2(g) \rightarrow 2H_2O(g)$
1 : 8 : 9
10g : 80g : 90g

04 다음 단위체 중 첨가중합체를 만드는 것은?

① C_2H_6
② C_2H_4
③ $HOCH_2CH_2OH$
④ $HOCH_2CH_3$

해설

첨가중합 : 단위체의 이중결합이 끊어지면서 첨가되는 중합

에틸렌(C_2H_4)

정답 01 ④ 02 ④ 03 ① 04 ②

05 납 원자 2.55×10^{23}개의 질량은 약 몇 g인가?(단, 납의 원자량은 207.2이다.)

① 48.8 ② 87.8
③ 488.2 ④ 878.8

해설

2.55×10^{23}개 $Pb \times \dfrac{1 mol}{6.02 \times 10^{23}개} \times \dfrac{207.2g}{1 mol} = 87.8g$ Pb

06 다원자이온에 대한 명명 중 옳지 않은 것은?

① CH_3COO^- : 아세트산이온
② NO_3^- : 질산이온
③ SO_3^{2-} : 황산이온
④ HCO_3^- : 탄산수소이온

해설

- SO_3^{2-} : 아황산이온
- SO_4^{2-} : 황산이온

07 카르보닐(corbonyl)기를 가지고 있지 않은 것은?

① 알데히드 ② 아미드
③ 에스테르 ④ 페놀

해설

- 알데히드 : RCHO
- 아마이드 : CONH
- 에스테르 : RCOOR′
- 페놀 : (OH-치환 벤젠)
- ※ 카르보닐기 : $-\overset{O}{\underset{\|}{C}}-$

08 부탄이 공기 중에서 완전 연소하는 화학반응식은 다음과 같다. ( ) 안에 들어갈 계수들 중 a의 값은 얼마인가?

$$2C_4H_{10} + (a)O_2 \rightarrow (b)CO_2 + (c)H_2O$$

① 10 ② 11
③ 12 ④ 13

해설

$2C_4H_{10} + 13O_2 \rightarrow 8CO_2 + 10H_2O$

09 일반적인 화학적 성질에 대한 설명 중 틀린 것은?

① 열역학적 개념 중 엔트로피는 특정 물질을 이루고 있는 입자의 무질서한 운동을 나타내는 특성이다.
② Albert Einstein이 발견한 현상으로, 빛을 금속 표면에 쪼였을 때 전자가 방출되는 현상을 광전효과라 한다.
③ 기체상태의 원자에 전자 하나를 더하는 데 필요한 에너지를 이온화에너지라 한다.
④ 같은 주기에서 원자의 반지름은 원자번호가 증가할수록 감소한다.

해설

이온화에너지
기체상태의 원자에서 최외각전자 1개를 떼어내는 데 필요한 에너지

10 $H_2C_2O_4$에서 C의 산화수는?

① +1 ② +2
③ +3 ④ +4

해설

$H_2C_2O_4$
$1 \times 2 + 2 \times C + (-2 \times 4) = 0$
∴ C = +3

11 용액의 농도에 대한 설명이 잘못된 것은?

① 노르말농도는 용액 1L에 포함된 용질의 그램 당량수로 정의한다.
② 몰분율은 그 성분의 몰수를 모든 성분의 전체 몰수로 나눈 것으로 정의한다.
③ 몰농도는 용액 1L에 포함된 용질의 양을 몰수로 정의한다.
④ 몰랄농도는 용액 1kg에 포함된 용질의 양을 몰수로 정의한다.

정답 05 ② 06 ③ 07 ④ 08 ④ 09 ③ 10 ③ 11 ④

해설

몰랄농도 : 용매 1kg 속에 녹아 있는 용질의 mol수

12 산성비의 발생과 가장 관계가 없는 반응은?

① $Ca^{2+}(aq) + CO_3^{2-}(aq) \rightarrow CaCO_3(s)$
② $S(s) + O_2(g) \rightarrow SO_2(g)$
③ $N_2(g) + O_2(g) \rightarrow 2NO(g)$
④ $SO_3(g) + H_2O(l) \rightarrow H_2SO_4(aq)$

해설

$CaCO_3 + H_2O \rightarrow Ca(OH)_2 + CO_2$

13 다음 산의 명명법으로 옳은 것은?

HClO

① 염소산   ② 아염소산
③ 과염소산   ④ 하이포아염소산

해설

- $HClO$: 차아염소산(하이포아염소산)
- $HClO_2$: 아염소산
- $HClO_3$: 염소산
- $HClO_4$: 과염소산

14 어떤 과일 주스의 pH가 4.7이다. 용액의 OH^- 이온 농도는 몇 mol/L인가?

① $10^{4.7}$ ② $10^{-4.7}$
③ $10^{9.3}$ ④ $10^{-9.3}$

해설

$pH + pOH = 14$
$pOH = 14 - 4.7 = 9.3$
$pOH = -\log[OH^-] = 9.3$
$\therefore [OH^-] = 10^{-9.3}$

15 특정 온도에서 기체 혼합물의 평형농도는 H_2 0.13 M, I_2 0.70M, HI 2.1M이다. 같은 온도에서 500.00mL 빈 용기에 0.20mol의 HI를 주입하여 평형에 도달하였다면 평형 혼합물 속의 HI의 농도는 몇 M인가?

① 0.045   ② 0.090
③ 0.31   ④ 0.52

해설

$H_2 + I_2 \rightleftarrows 2HI$

$K = \dfrac{[HI]^2}{[H_2][I_2]} = \dfrac{2.1^2}{0.13 \times 0.70} = 48.46$

	H_2	$+$	I_2	$\rightleftarrows$	$2HI$
초기					0.20mol
반응	$+x$		$+x$		$-2x$
최종	x		x		$0.20-2x$

$K = \dfrac{(0.20-2x)^2}{x^2} = 48.46$

$44.46x^2 + 0.8x - 0.04 = 0$

$\therefore x = \dfrac{-0.8 \pm \sqrt{0.8^2 + 4(44.46)(0.04)}}{2 \times 44.46} = 0.0223$

$\therefore [HI] = \dfrac{0.2 - 2 \times 0.0223 \, mol}{0.5L}$
$= 0.31 mol/L (M)$

16 돌턴(Dalton)의 원자설에서 설명한 내용이 아닌 것은?

① 물질은 더 이상 나눌 수 없는 원자로 이루어져 있다.
② 원자가전자의 수는 화학결합에서 중요한 역할을 한다.
③ 같은 원소의 원자들은 질량이 동일하다.
④ 서로 다른 원소의 원자들이 간단한 정수비로 결합하여 화합물을 만든다.

해설

돌턴의 원자설
- 물질은 더 이상 쪼갤 수 없는 매우 작은 입자로 되어 있다.
- 같은 원소의 원자들은 크기, 질량, 화학적 성질이 같고 다른 원소의 원자는 다르다.
- 화학변화에 의해 원자는 서로 생성되거나 소멸되지 않는다.
- 화합물이 이루어질 때 각 원소의 원자는 간단한 정수비로 결합한다.

정답 12 ① 13 ④ 14 ④ 15 ③ 16 ②

17 다음 화학종 가운데 증류수에서 용해도가 가장 큰 화학종은 무엇인가?(단, 각 화학종의 용해도곱 상수는 괄호 안의 값으로 가정한다.)

① AgCl(10^{-10}) ② AgI(10^{-16})
③ Ni(OH)$_2$(6×10^{-16}) ④ Fe(OH)$_3$(2×10^{-39})

해설

용해도곱 상수가 클수록 용해도가 크다.

18 0.1M H$_2$SO$_4$ 수용액 10mL에 0.05M NaOH 수용액 10mL를 혼합하였다. 혼합 용액의 pH는?(단, 황산은 100% 이온화되며 혼합 용액의 부피는 20mL이다.)

① 0.875 ② 1.125
③ 1.25 ④ 1.375

해설

H$_2$SO$_4$: $0.1M \times 0.01L = 0.001$mol
NaOH : $0.05M \times 0.01L = 0.0005$mol
　↳ 한계반응물

H$_2$SO$_4$	+	2NaOH	→	Na$_2$SO$_4$ + 2H$_2$O
0.001		0.0005		
−0.00025		−0.0005		
0.00075mol		0		

$[H^+] = \dfrac{0.00075\text{mol} \times 2}{0.02L} = 0.075(\text{mol/L})$

pH $= -\log[H^+] = -\log(0.075) = 1.125$

19 1.20g의 유황(s)을 15.00g의 나프탈렌에 녹였더니 그 용액의 녹는점이 77.88℃이었다. 이 유황의 분자량(g/mol)은?(단, 나프탈렌의 녹는점은 80.00℃이고, 나프탈렌의 녹는점 강하상수(K_f)는 −6.80℃/m이다.)

① 82 ② 118
③ 258 ④ 560

해설

$\Delta T = K_f m$
$(80.00 - 77.88)℃ = 6.80℃/m \times m$
∴ $m = 0.31$m

$m = \dfrac{\text{용질의 몰수(mol)}}{\text{용매의 질량(kg)}}$

$0.31 = \dfrac{1.2g \times \dfrac{1\text{mol}}{M}}{15g \times \dfrac{1\text{kg}}{1,000g}}$

∴ $M = 258$g/mol

20 주기율표에 대한 설명 중 옳지 않은 것은?

① 주기율표란 원자번호가 증가하는 순서로 원소들을 배열하여 화학적 유사성을 한눈에 볼 수 있도록 만든 표이다.
② 주기율표를 이용하면 화학정보를 체계적으로 분류, 해석, 예측할 수 있다.
③ 원소를 족(Group)과 주기(Period)에 따라 배열하고 있다.
④ 전이금속원소는 10개로 나뉘어져 있으며, 원자번호 51~71번을 악티늄족이라 부른다.

해설

• 란탄족 : 57번~71번
• 악티늄족 : 89번~103번

2과목 분석화학

21 EDTA 적정에서 역적정에 대한 설명으로 틀린 것은?

① 역적정에서는 일정한 소량의 EDTA를 분석용액에 가한다.
② EDTA를 제2의 금속이온 표준용액으로 적정한다.
③ 역적정법은 분석물질이 EDTA를 가하기 전에 침전물을 형성하거나, 적정 조건에서 EDTA와 너무 천천히 반응하거나, 혹은 지시약을 막는 경우에 사용한다.
④ 역적정에서 사용되는 제2의 금속이온은 분석물질의 금속이온을 EDTA 착물로부터 치환시켜서는 안 된다.

정답 17 ① 18 ② 19 ③ 20 ④ 21 ①

> 해설

EDTA 적정
- 직접적정 : 분석물질을 EDTA 표준용액으로 적정한다.
- 역적정 : 충분한 양의 EDTA를 분석용액에 가한 뒤 과량의 EDTA를 제2의 금속이온 표준용액으로 적정한다.
- 치환적정 : 분석해야 하는 금속이온 M_1이 적당한 지시약이 없을 때 M_1을 과량의 M_2-EDTA로 적정하여 M_2^{n+}를 치환시키고, 유리된 M_2^{n+}를 EDTA 표준용액으로 적정한다.
- 간접적정 : CO_3^{2-}나 SO_4^{2-}와 같은 음이온을 적정하는 방법으로 음이온을 과량의 금속이온으로 침전시킨 후 거른 액 중에 들어 있는 금속이온을 EDTA로 적정한다.

22 0.05M Na_2SO_4 용액의 이온 세기는?

① 0.05M ② 0.10M
③ 0.15M ④ 0.20M

> 해설

$Na_2SO_4 \rightleftarrows 2Na^+ + SO_4^{2-}$

이온 세기 $\mu = \frac{1}{2}[\{0.05 \times (+1)^2 \times 2\} + \{0.05 \times (-2)^2 \times 1\}]$
$= 0.15M$

23 침전과정에서 결정성장에 관한 설명으로 틀린 것은?

① 침전물의 입자 크기를 증가시키기 위하여 침전물이 생성되는 동안에 상대 과포화도를 최소화하여야 한다.
② 핵심 생성(Nucleation)이 지배적이면 침전물은 매우 작은 입자로 구성된다.
③ 입자 성장(Particle Growth)이 지배적이면 침전물은 큰 입자들로 구성된다.
④ 핵심 생성(Nucleation) 속도는 상대 과포화도가 감소함에 따라 직선적으로 증가한다

> 해설

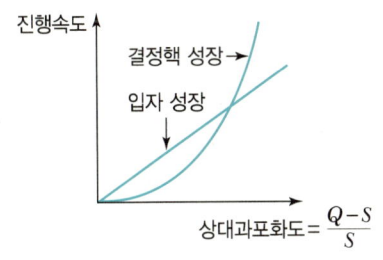

24 그림과 같이 다이싸이올알케인의 전도도는 사슬의 길이가 길어질수록 기하급수적으로 감소하는데 그 이유는 무엇인가?

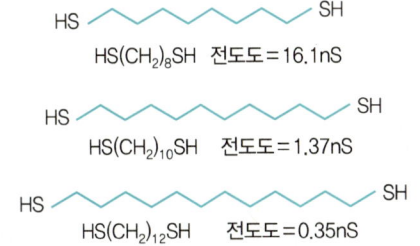

① 저항이 증가하기 때문에
② 저항이 감소하기 때문에
③ 전압이 증가하기 때문에
④ 전압이 감소하기 때문에

> 해설

다이싸이올알케인의 사슬의 길이가 길어질수록 저항이 증가하여 전도도는 감소한다.

25 Pb^{2+}는 I^-와 반응하여 PbI_2 침전을 만들기도 하지만 PbI^+, $PbI_2(aq)$, PbI_3^-, PbI_4^{2-}의 착물을 형성하기도 한다. Pb^{2+}와 I^-의 착물 형성상수는 각각 $\beta_1 = 1.0 \times 10^2$, $\beta_2 = 1.4 \times 10^3$, $\beta_3 = 8.3 \times 10^3$, $\beta_4 = 3.0 \times 10^4$이고 $K_{sp}(PbI_2) = 7.9 \times 10^{-9}$일 때, 0.1M의 Pb^{2+} 수용액에 I^-를 1.0×10^{-4}M에서 5M 정도 될 때까지 천천히 첨가할 경우에 대한 설명으로 옳지 않은 것은?

① 침전물의 양은 증가하다가 감소한다.
② 수용액 중 Pb^{2+}의 농도는 계속 감소한다.
③ 수용액 중 PbI_3^-의 농도는 계속 증가한다.
④ 수용액 중에 녹아 있는 전체 Pb^{2+} 농도는 일정하다.

> 해설

수용액 중에 녹아 있는 전체 Pb^{2+} 농도는 계속 감소한다.

정답 22 ③ 23 ④ 24 ① 25 ④

26 $S_4O_6^{2-}$ 이온에서 황(s)의 산화수는 얼마인가?

① 2
② 2.5
③ 3
④ 3.5

해설

$S_4O_6^{2-}$
$(S \times 4) + (-2 \times 6) = -2$
$\therefore S = 2.5$

27 Mg^{2+} 이온과 EDTA와의 착물 MgY^{2-}를 포함하는 수용액에 대한 다음 설명 중 틀린 것은?(단, Y^{4-}는 수소이온을 모두 잃어버린 EDTA의 한 형태이다.)

① Mg^{2+}와 EDTA의 반응은 킬레이트 효과로 설명할 수 있다.
② 용액의 pH를 높일수록 해리된 Mg^{2+} 이온의 농도는 감소한다.
③ 해리된 Mg^{2+} 이온의 농도와 Y^{4-}의 농도는 서로 같다.
④ EDTA는 산 – 염기 화합물이다.

해설

$Mg^{2+} + EDTA \rightleftarrows MgY^{2-}$
• 킬레이트 화합물
• pH가 높을수록 Y^{4-}가 많아 Mg^{2+}의 농도는 감소한다.

28 다음 식 $HOCl \rightleftarrows H^+ + OCl^-$는 $K_1 = 3.0 \times 10^{-8}$, $HOCl + OBr^- \rightleftarrows HOBr + OCl^-$는 $K_2 = 15$로부터 반응 $HOBr \rightleftarrows H^+ + OBr^-$에 대한 K값은?

① 2.0×10^{-9}
② 4.0×10^{-9}
③ 2.0×10^{-8}
④ 4.0×10^{-8}

해설

$HOCl \rightleftarrows H^+ + OCl^-$, $K_1 = 3.0 \times 10^{-8}$ ······ ㉠
$HOCl + OBr^- \rightleftarrows HOBr + OCl^-$, $K_2 = 15$ ······ ㉡
㉠ − ㉡이므로
$K = \dfrac{K_1}{K_2} = \dfrac{3.0 \times 10^{-8}}{15} = 2.0 \times 10^{-9}$

29 난용성 염 포화용액 성분의 M^{y+}와 A^{x-}를 포함하는 용액에서 두 이온의 농도곱을 용해도곱(Solubility Product, K_{sp})이라고 한다. 이 값은 온도가 일정하면 항상 일정한 값을 갖는다. $[M^{y+}]^x$와 $[A^{x-}]^y$의 곱이 K_{sp}보다 클 때 이 용액에서 나타나는 현상은?

① 농도곱이 K_{sp}와 같아질 때까지 침전한다.
② 농도곱이 K_{sp}와 같아질 때까지 용해된다.
③ K_{sp}와 무관하게 항상 용해되어 침전하지 않는다.
④ 반응 종료 후 용액의 상태는 포화이므로 침전하지 않는다.

해설

$M_xA_y \rightleftarrows M^{y+} + A^{x-}$
$K_{sp} = [M^{y+}][A^{x-}]$
$K_{sp} < [M^{y+}][A^{x-}]$일 때 $[M^{y+}][A^{x-}]$가 K_{sp}와 같아질 때까지 감소하므로 역반응이 우세하여 침전이 증가한다.

30 다음의 전기화학전지를 선 표시법으로 옳게 표시한 것은?

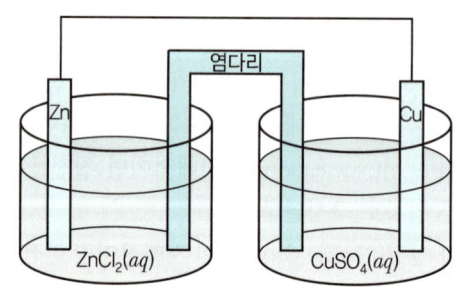

① $ZnCl_2(aq) \mid Zn(s) \parallel CuSO_4(aq) \mid Cu(s)$
② $Zn(s) \mid ZnCl_2(aq) \parallel Cu(s) \mid CuSO_4(aq)$
③ $CuSO_4(aq) \mid Cu(s) \parallel Zn(s) \mid ZnCl_2(aq)$
④ $Zn(s) \mid ZnCl_2(aq) \parallel CuSO_4(aq) \mid Cu(s)$

해설

전자의 표시법
산화전극 | 산화전지의 전해액 ‖ 환원전지의 전해액 | 환원전극
산화전극을 왼쪽에 환원전극을 오른쪽에 쓰고, 염다리는 ‖로 표시한다.

정답 26 ② 27 ③ 28 ① 29 ① 30 ④

31 HgS는 산성과 알칼리성 H₂S 용액 모두에서 침전되고, ZnS는 알칼리성 H₂S 용액에서만 침전된다. 이로부터 알 수 있는 HgS와 ZnS의 용해도곱 상수의 크기는?

① HgS가 더 작다.
② ZnS가 더 작다.
③ 같다.
④ 알 수 없다.

해설
용해도곱이 작을수록 침전이 잘되므로 HgS의 용해도곱 상수가 더 작다.

32 $pK_a = 7.00$인 산 HA가 있을 때 pH 6.00에서 $\dfrac{[A^-]}{[HA]}$의 값은?

① 1
② 0.1
③ 0.01
④ 0.001

해설
$pK_a = -\log K_a = 7$
$\therefore K_a = 10^{-7}$
$pH = -\log[H^+] = 6$
$\therefore [H^+] = 10^{-6}$
$K_a = \dfrac{[H^+][A^-]}{[HA]} = \dfrac{10^{-6}[A^-]}{[HA]} = 10^{-7}$
$\therefore \dfrac{[A^-]}{[HA]} = 10^{-1}$

33 완충용액에 적용되는 Henderson–Hasselbalch Equation(헨더슨–하셀바흐 식)은?

① $pH = -pK_a + \log\dfrac{[A^-]}{[HA]}$
② $pH = pK_a + \log\dfrac{[A^-]}{[HA]}$
③ $pH = pK_a - \log\dfrac{[A^-]}{[HA]}$
④ $pH = -pK_a - \log\dfrac{[A^-]}{[HA]}$

해설
헨더슨–하셀바흐 식
$pH = pK_a + \log\dfrac{[A^-]}{[HA]}$

34 이온선택성 전극(Ion Selective Electrode)에 대한 설명으로 틀린 것은?

① 복합전극(Compound Electrode)에서는 은–염화은 전극을 기준전극으로 사용할 수 있다.
② 복합전극 용액 중에 함유된 CO_2, NH_3 등의 기체의 농도를 측정하는 데 사용될 수 있다.
③ 고체상(Solid State) 이온선택성 전극에서 전극 내부의 충전용액은 분석하고자 하는 이온이 함유되어 있다.
④ 고체상 이온선택성 전극의 이온 감지부분(Membrane Crystal)은 분석하고자 하는 이온만을 함유한 순수한 고체결정을 사용해야 한다.

해설
이온선택성 전극
- 특정 이온의 농도에 따라 전위가 변하는 전극
- 시료 중 음이온(Cl^-, F^-, NO_2^-, NO_3^-, CN^-) 및 양이온(NH_4^+)의 분석에 이용된다.
- 고체상 이온선택성 전극의 이온 감지부분은 분석하고자 하는 이온만을 함유한 순수한 고체결정은 아니다.

35 농도가 19.5%로 표시되어 있는 술의 에탄올 농도는?(단, 농도는 부피비로 나타내었다고 가정하고, 물의 밀도는 1.00g/mL이고, 에탄올의 밀도는 0.789g/mL이며, 에탄올의 분자량은 46.0g/mol이라고 가정한다.)

① 3.34M
② 4.10M
③ 4.24M
④ 7.08M

해설
$19.5\% = \dfrac{19.5\text{mL 에탄올}}{100\text{mL 수용액}} \times 100$

$\dfrac{19.5\text{mL 에탄올}}{100\text{mL 수용액}} \times \dfrac{0.789\text{g}}{\text{mL}} \times \dfrac{1\text{mol}}{46\text{g}} \times \dfrac{100\text{mL 용액}}{1\text{L 용액}}$

$= \dfrac{3.34 \times 10^{-3}\text{mol}}{1\text{L 용액}} = 3.34\text{M}$

정답 31 ① 32 ② 33 ② 34 ④ 35 ①

36 염(Salt) 용액에서 활동도(Activity)의 설명으로 옳은 것은?

① 이온의 활동도는 활동도 계수의 제곱에 반비례한다.
② 이온의 활동도는 활동도 계수에 비례한다.
③ 이온의 활동도는 활동도 계수에 반비례한다.
④ 이온의 활동도는 활동도 계수의 제곱에 비례한다.

> **해설**
> $a = \gamma [A]$
> 여기서, a : 활동도
> γ : 활동도 계수
> $[A]$: A의 몰농도
> 이온의 활동도는 활동도 계수에 비례한다.

37 이산화염소의 산화반응에 대한 화학반응식에서 ( ) 안에 적합한 화학반응 계수를 차례대로 옳게 나타낸 것은?

$$( )ClO_2 + ( )OH^- \rightarrow ClO_3^- + ( )H_2O + ( )e^-$$

① 1, 1, 1, 1
② 1, 2, 1, 1
③ 2, 2, 2, 1
④ 1, 2, 1, 2

> **해설**
> $ClO_2 + 2OH^- \longrightarrow ClO_3^- + H_2O + e^-$
>   +4   +5
>   +1
> 전자의 수, 산소의 수, 수소의 수를 맞춘다.

38 2003년 발생하여 우리나라에 막대한 피해를 입힌 태풍 매미의 중심기압은 910hPa이었다. 이를 토르(torr) 단위로 환산하면?(단, 1atm=101,325Pa이고, 1torr =133.322Pa이다.)

① 643
② 683
③ 743
④ 763

> **해설**
> $910 \text{hPa} \times \dfrac{100 \text{Pa}}{1 \text{hPa}} \times \dfrac{1 \text{torr}}{133.322 \text{Pa}} = 682.56 \text{torr}$

39 20℃에서 빈 플라스크의 질량은 10.2634g이고, 증류수로 플라스크를 완전히 채운 후의 질량은 20.2144g이었다. 20℃에서 물 1g의 부피가 1.0029mL일 때, 이 플라스크의 부피를 나타내는 식은?

① $(20.2144 - 10.2634) \times 1.0029$
② $(20.2144 - 10.2634) \div 1.0029$
③ $1.0029 + (20.2144 - 10.2634)$
④ $1.0029 \div (20.2144 - 10.2634)$

> **해설**
> 증류수의 질량 = 20.2144g - 10.2634g
> 증류수 1g당 부피가 1.0029mL이므로
> 증류수의 부피 = $(20.2144 - 10.2634)\text{g} \times 1.0029 \text{mL/g}$

40 0.050M Fe^{2+} 100.0mL를 0.100M Ce^{4+}로 산화환원 적정한다고 가정하자. $V_{Ce^{4+}} = 50.0$mL일 때 당량점에 도달한다면 36.0mL를 가했을 때의 전지 전압은? (단, $E^{\circ}_{+(Fe^{3+}/Fe^{2+})} = 0.767$V, $E^{\circ}_{-\text{calomel}} = 0.241$V)

적정 반응 : $Fe^{2+} + Ce^{4+} \rightleftarrows Fe^{3+} + Ce^{3+}$

① 0.526V
② 0.550V
③ 0.626V
④ 0.650V

> **해설**
> 0.050M Fe^{2+} 100.0mL + 0.100M Ce^{4+} 36mL
> $E = E_+ - E_-$
> $= \left(0.767 - 0.05916 \log \dfrac{[Fe^{2+}]}{[Fe^{3+}]}\right) - 0.241$
> $[Fe^{2+}] = \dfrac{(0.050\text{M} \times 100\text{mL} - 0.100\text{M} \times 36\text{mL})}{136\text{mL}}$
> $= 0.0103$M
> $[Fe^{3+}] = \dfrac{0.100\text{M} \times 36\text{mL}}{136\text{mL}} = 0.0265$M
> $\therefore E = \left(0.767 - 0.05916 \log \dfrac{0.0103}{0.0265}\right) - 0.241$
> $= 0.550$V

정답 36 ② 37 ② 38 ② 39 ① 40 ②

3과목 기기분석 I

41 복사선의 파장보다 대단히 작은 분자나 분자의 집합체에 의하여 탄성 산란되는 현상을 무엇이라 하는가?

① Stokes 산란   ② Raman 산란
③ Rayleigh 산란   ④ Anti-Stokes 산란

해설

Rayleigh 산란
복사선의 파장보다 대단히 작은 분자나 분자의 집합체에 의한 산란현상으로 에너지 손실이 없다(탄성 산란).

Raman 산란
에너지를 얻거나(Anti-Stokes), 잃는(Stokes) 비탄성 산란

42 단색 X선 빛살의 광자가 K껍질 및 L껍질의 내부전자를 방출시켜 방출된 전자의 운동에너지를 측정하여 시료원자의 산화상태와 결합상태에 대한 정보를 동시에 얻을 수 있는 전자 분광법은?

① Auger 전자 분광법(AES)
② X선 광전자 분광법(XPS)
③ 전자에너지 손실 분광법(EELS)
④ 레이저 마이크로탐침 질량분석법(LMMS)

해설

X선 광전자 분광법(XPS)
X선을 시료에 쬐면 광전자들이 방출되는데, 방출된 전자의 운동에너지를 측정하여, 그 물질의 원자조성과 전자의 결합상태 등을 분석하는 방법

43 $CH_3CH_2CH_2OCH_3$ 분자는 핵자기공명(NMR) 스펙트럼에서 몇 가지의 다른 화학적 환경을 가지는 수소가 존재하는가?

① 1   ② 2
③ 3   ④ 4

해설

$\underline{CH_3}-\underline{CH_2}-\underline{CH_2}-O-\underline{CH_3}$
∴ 4가지

44 일반적으로 신호 대 잡음비가 얼마 이하일 때 신호를 사람의 눈으로 관찰이 불가능해지는가?

① 1   ② 3
③ 5   ④ 10

해설

$\dfrac{S}{N} \geq 2\sim3$이면 관찰 가능하다.

45 복사선을 흡수하면 에너지 준위 사이에서 전자전이가 일어나게 되는데 다음 전이 중 파장이 가장 짧은 복사선을 흡수하는 전자전이는?

① $\sigma \to \sigma^*$ ② $\pi \to \pi^*$
③ $n \to \sigma^*$ ④ $n \to \pi^*$

해설

$n \to \pi^* < \pi \to \pi^* < n \to \sigma^* < \sigma \to \sigma^*$

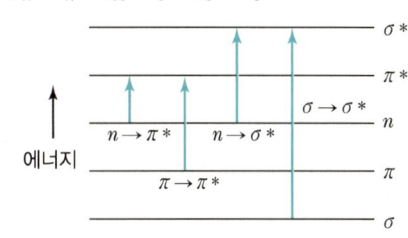

46 UV-Vis를 이용하여 미지의 샘플을 10mm 용기(Cell)로 흡광도를 측정했을 때 흡광도가 0.1이면, 같은 샘플을 50mm 용기(Cell)로 측정했다면 흡광도 값은?

① 0.2   ② 0.5
③ 1.0   ④ 1.5

해설

$A = \varepsilon bc$
  여기서, ε : 몰흡광계수
      b : 셀의 길이
      c : 시료의 농도
셀의 길이가 5배이므로 흡광도도 5배가 된다.
$A = 0.1 \times 5 = 0.5$

정답 41 ③ 42 ② 43 ④ 44 ② 45 ① 46 ②

47 NMR 기기를 이루는 중요한 4가지 구성에 해당하지 않는 것은?

① 균일하고 센 자기장을 갖는 자석
② 대단히 작은 범위에 자기장을 연속적으로 변화할 수 있는 장치
③ 라디오파(RF) 발신기
④ 전파 송신기

해설

NMR 기기
- 자석
- 라디오파 발신기
- 라디오파 검출기
- 시료 탐침기

48 분자의 들뜬 상태(Excited State)에 대한 설명으로 틀린 것은?

① 적외선이 분자의 진동을 유발한 상태
② X선이 분자를 이온화시킨 상태
③ 분자가 마이크로파의 복사선을 흡수한 상태
④ 분자가 광자를 방출하여 주변의 에너지 준위가 높아진 상태

해설

- 바닥 상태 : 분자가 광자를 방출하면서 낮은 에너지 준위 상태에 있는 상태
- 들뜬 상태 : 에너지 준위가 높은 상태

49 나트륨(Na) 기체의 전형적인 원자 흡수스펙트럼을 옳게 나타낸 것은?

① 선(Line) 스펙트럼
② 띠(Bond) 스펙트럼
③ 선과 띠의 혼합 스펙트럼
④ 연속(Continuous) 스펙트럼

해설

원자마다 특정한 파장의 빛들만 나올 수 있다. 이 파장들의 분포를 선스펙트럼이라고 한다.

50 유도결합플라스마(ICP) 원자방출분광법이 원자흡수분광법과 비교하여 가지는 장점에 대한 설명으로 틀린 것은?

① 동시에 여러 가지 원소들을 분석할 수 있다.
② 낮은 온도에서 분석을 수행하므로 원소 간의 방해가 적다.
③ 일반적으로 더 낮은 농도까지 측정할 수 있다.
④ 잘 분해되지 않는 산화물들의 분석이 가능하다.

해설

유도결합플라스마(ICP) 원자방출분광법
- 플라스마 광원의 온도가 매우 높아 원자화 효율이 좋고, 화학적 방해도 거의 없다.
- 플라스마 단면의 온도 분포가 균일하여 자체 흡수나 자체 반전이 나타나지 않는다.
- 아르곤의 이온화로 인한 전자밀도가 높아서 시료의 이온화에 의한 방해가 거의 없다.
- 높은 온도에서 잘 분해되지 않는 산화물(내화성 산화물)을 형성하는 텅스텐(W), 우라늄(U), 지르코늄(Zr) 등의 원자화가 용이하다.
- 많은 원소의 스펙트럼을 동시에 측정할 수 있으므로 다원소 분석이 가능하다.

51 이산화탄소 분자는 모두 몇 개의 기준진동방식을 가지는가?

① 3　　② 4
③ 5　　④ 6

해설

CO_2(이산화탄소)는 선형 분자이므로
기준진동방식의 수 $= 3N - 5$
$= 3 \times 3 - 5 = 4$

52 원자화 온도가 가장 높은 원자분광법의 원자화 장치는?

① 전열 증발화(ETV)
② 마이크로 유도 아르곤 플라스마(MIP)
③ 불꽃(Flame)
④ 유도쌍 아르곤 플라스마(ICP)

정답 47 ④　48 ④　49 ①　50 ②　51 ②　52 ④

> 해설

ICP(유도쌍 플라스마)의 원자화 온도는 매우 높다(6,000℃).

53 유도결합플라스마(ICP)를 이용하여 금속을 분석할 경우 이온화 효과에 의한 방해가 발생되지 않는 주된 이유는?
① 시료성분의 이온화 영향
② 아르곤의 이온화 영향
③ 시료성분의 산화물 생성 억제효과
④ 분석원자의 수명 단축효과

> 해설

아르곤의 이온화로 인한 전자밀도가 높아서 시료의 이온화에 의한 방해가 거의 없다.

54 푸리에(Fourier) 변환을 이용하는 분광법에 대한 설명으로 틀린 것은?
① 기기들이 복사선의 세기를 감소시키는 광학부분장치와 슬릿을 거의 가지고 있지 않기 때문에 검출기에 도달하는 복사선의 세기는 분산기기에서 오는 것보다 더 크게 되므로 신호 대 잡음비가 더 커진다.
② 높은 분해능과 파장 재현성으로 인해 매우 많은 좁은 선들의 겹침으로 해서 개개의 스펙트럼의 특성을 결정하기 어려운 복잡한 스펙트럼을 분석할 수 있게 한다.
③ 광원에서 나오는 모든 성분 파장들이 검출기에 동시에 도달하기 때문에 전체 스펙트럼을 짧은 시간 내에 얻을 수 있다.
④ 푸리에 변환에 사용되는 간섭계는 미광(Stray Light)의 영향을 받으므로 시간에 따른 미광의 영향을 최소화하기 위하여 빠른 감응 검출기를 사용한다.

> 해설

Fourier 변환
• 산출량이 크고, 신호 대 잡음비가 증가한다.
• 빠른 시간 내에 측정된다.
• 검출기에 도달하는 빛의 양을 제한하는 슬릿이 없어 낮은 농도의 시료도 분석이 가능하다.
• 높은 분해능과 파장 재현성으로 복잡한 스펙트럼을 얻을 수 있다.
• 미광에 의한 문제가 없다.

55 X선 분광법에 대한 설명으로 틀린 것은?
① 방사성 광원은 X선 분광법의 광원으로 사용될 수 있다.
② X선 광원은 연속스펙트럼과 선스펙트럼을 발생시킨다.
③ X선의 선스펙트럼은 내부 껍질 원자 궤도함수와 관련된 전자전이로부터 얻어진다.
④ X선의 선스펙트럼은 최외각원자 궤도함수와 관련된 전자전이로부터 얻어진다.

> 해설

X선의 선스펙트럼은 X선에 의해 내부전자의 전이로부터 얻어진다.

56 Monochromator의 Slit Width를 증가시켰을 때 발생하는 현상으로 가장 옳은 것은?
① Resolution이 감소한다.
② Peak Width가 좁아진다.
③ 빛의 세기가 감소한다.
④ Grating 효율도가 증가한다.

> 해설

단색화 장치의 슬릿의 넓이는 해상도와 반비례한다.

57 X선 분석에서 Bragg 식은 다음 중 어떤 현상에 대해 나타낸 식인가?
① 회절   ② 편광
③ 투과   ④ 복사

정답 53 ② 54 ④ 55 ④ 56 ① 57 ①

> 해설

Bragg 식
$n\lambda = 2d\sin\theta$
Bragg 식은 빛의 반사 및 회절에 적용된다.

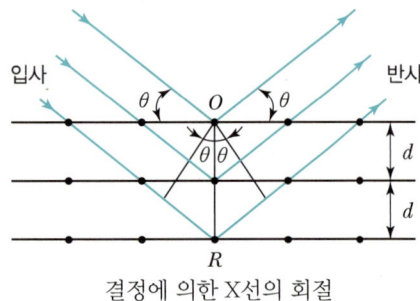

결정에 의한 X선의 회절

58 원자분광법에서 액체시료를 도입하는 장치에 대한 설명으로 틀린 것은?

① 기압식 분무기 : 용액 시료를 준비하여 분무기로 원자화 장치 안으로 불어 넣는다.
② 초음파 분무기 : 20kHz~수 MHz로 진동하는 소자를 이용한다. 이 소자의 표면에 액체시료를 주입하면 균일한 에어로졸을 형성시킨 후 이를 원자화 장치 안으로 이동시킨다.
③ 전열 증기화 장치 : 전기방전이 시료 표면에서 상호작용하여 증기화된 입자시료 집합체를 만든 다음 비활성 기체의 흐름에 의해 원자화 장치로 운반된다.
④ 수소화물 생성법 : 휘발성 수소화물을 생성시켜 이용하는 방법으로 NaBH₄ 수용액을 이용한다. 휘발성이 높아진 시료는 바로 도입이 가능하다.

> 해설

용액 시료의 도입
- 기체 분무기 : 기압식 분무기. 수용액을 기체의 압력으로 분무시켜 미세한 안개가 에어로졸로 만들어 도입
- 초음파 분무기 : 20kHz~수 MHz 주파수에서 진동하는 압전기 결정의 표면으로 시료를 주입
- 전열 증기화 : 증기화된 시료를 아르곤과 같은 불활성 기체를 흘려 원자화 장치로 운반
- 수소화물 생성법 : 비소(As), 안티몬(Sb), 주석(Sn), 셀렌(Se), 비스무트(Bi), 납(Pb)을 함유한 시료를 도입하기 위해 수소화붕소소듐(NaBH₄) 수용액을 가하여 휘발성 수소화물을 생성하여 도입

59 다음의 ( ) 안에 알맞은 것은?

> 분광학이란 ( )와(과) 물질과의 상호작용을 다루는 과학에 대한 일반적인 용어이다.

① 원자
② 분자
③ 복사선
④ 전자

> 해설

분광학이란 복사선과 물질과의 상호작용을 다루는 과학이다.

60 N개의 원자로 이루어진 분자가 적외선(IR) 흡수분광법에서 나타내는 진동방식(Vibrational Mode)은 선형 분자의 경우 $3N-5$인데, 비선형 분자의 경우 $3N-6$이다. 이렇게 차이가 나는 주된 이유는?

① 선형 분자의 경우 자신의 축을 중심으로 회전하는 운동에서 위치 변화가 없기 때문에
② 선형 분자의 경우 양끝에서 당기는 운동에 관해서 쌍극자의 변화가 없기 때문에
③ 선형 분자의 경우 원자들이 동일한 방향으로 병진 운동하기 때문에
④ 선형 분자의 경우 에너지 준위 사이의 차이가 작기 때문에

> 해설

㉠ 다원자 분자의 운동 = 진동 + 병진 + 회전
  - 선형 분자 : $3N-5$(병진3 + 회전2)
  - 비선형 분자 : $3N-6$(병진3 + 회전3)
㉡ 진동방식에 차이가 나는 이유는 선형 분자의 경우 자신의 축을 중심으로 회전하는 운동에서 위치 변화가 없기 때문이다.

정답 58 ③ 59 ③ 60 ①

4과목 기기분석 Ⅱ

61 전위차법에서 이온선택성 막의 성질로 인해 어떤 양이온이나 음이온에 대한 막전극들의 감도와 선택성을 나타낸다. 이 성질에 해당하지 않는 것은?

① 최소 용해도
② 전기전도도
③ 산화환원반응
④ 분석물에 대한 선택적 반응성

해설

이온선택성 막의 성질
- 최소 용해도
- 전기전도도
- 분석물에 대한 선택적 반응성

62 불꽃이온화 검출기(FID)에 대한 설명으로 틀린 것은?

① 버너를 가지고 있다.
② 사용 가스는 질소와 공기이다.
③ 불꽃을 통해 전기를 운반할 수 있는 전자와 이온을 만든다.
④ 유기화합물은 이온성 중간체가 된다.

해설

불꽃이온화 검출기(FID)
- 가장 널리 사용된다.
- 대부분의 유기화합물들이 공기-수소 불꽃온도에서 열분해되어 전자와 이온들이 만들어진다.
- 전하를 띤 물질들을 수집할 때 발생하는 전류를 측정하여 검출한다.
- 단위시간당 들어가는 탄소원자의 수에 감응한다.
- 카르보닐, 알코올, 할로겐, 아민과 같은 작용기는 불꽃에 의해 이온화하지 않는다.
- H_2O, CO_2, SO_2, 비활성 기체, NOx와 같이 연소하지 않는 기체에 대해서는 감응하지 않는다.
- 유기시료를 분석한다.
- 감도가 높고 선형 감응범위가 넓다.
- 시료가 파괴된다.

63 상온에서 다음 전극계의 전극전위는 약 얼마인가? (단, 각 이온의 농도는 $[Cr^{3+}] = 2.00 \times 10^{-4}$M, $[Cr^{2+}] = 1.00 \times 10^{-3}$M, $[Pb^{2+}] = 6.50 \times 10^{-2}$M이다.)

$$Pt \mid Cr^{3+}, Cr^{2+} \parallel Pb^{2+} \mid Pb$$
$$Cr^{3+} + e^- \leftrightarrow Cr^{2+} \quad E° = -0.408V$$
$$Pb^{2+} + 2e^- \leftrightarrow Pb(s) \quad E° = -0.126V$$

① $-0.255V$
② $-0.288V$
③ $0.255V$
④ $0.288V$

해설

$$E = -0.126 - (-0.408) - \frac{0.05916}{2} \log \frac{[Cr^{3+}]^2}{[Pb^{2+}][Cr^{2+}]^2}$$
$$= 0.282 - \frac{0.05916}{2} \log \frac{(2.00 \times 10^{-4})^2}{(6.50 \times 10^{-2})(1.00 \times 10^{-3})^2}$$
$$= 0.288V$$

64 크로마토그래피에서 봉우리 넓힘에 기여하는 요인에 대한 설명으로 틀린 것은?

① 충전입자의 크기는 다중 통로 넓힘에 영향을 준다.
② 이동상에서의 확산계수가 증가할수록 봉우리 넓힘이 증가한다.
③ 세로확산은 이동상의 속도에 비례한다.
④ 충전입자의 크기는 질량이동계수에 영향을 미친다.

해설

띠넓힘에 기여하는 요인
- 이동상의 선형 속도
- 이동상에서 용질의 확산계수
- 정지상에서 용질의 확산계수
- 머무름인자
- 충전물 입자의 지름
- 정지상의 액체막의 두께
- Van Deemer 식

$$H = A + \frac{B}{u} + Cu$$

여기서, A : 다중흐름통로
$\frac{B}{u}$: 세로확산
Cu : 질량이동항

정답 61 ③ 62 ② 63 ④ 64 ③

65 기체 크로마토그래피 분리법에 사용되는 운반기체로 부적당한 것은?

① He
② N_2
③ Ar
④ Cl_2

해설

기체 크로마토그래피의 운반기체
불활성 기체를 사용한다.
예) He, Ne, Ar, Kr, Xe, N_2

66 액체 크로마토그래피에서 보기에서 설명하는 검출기는?

- 이동상이 인지할 정도의 흡수가 없을 경우
- 이동상의 이온 전하는 낮아야 함
- 온도를 정밀하게 조절할 필요가 있음

① 전기전도도 검출기
② 형광 검출기
③ 굴절률 검출기
④ UV 검출기

해설

액체 크로마토그래피의 검출기
- 자외선 – 가시선 흡수검출기 : 가장 널리 사용
- 굴절률 검출기 : 이동상과 시료용액과의 굴절률 차이를 이용
- 형광 검출기 : 빛이 시료를 통과하면 시료는 들뜬 상태가 되었다가 바닥 상태로 돌아오며 빛을 방출한다.
- 전기전도도 검출기 : 이동상이 인지할 정도의 흡수가 없을 경우에 사용

67 미셀 동전기 모세관 크로마토그래피에 대한 설명으로 틀린 것은?

① HPLC보다 관 효율이 높다.
② 키랄 화합물을 분리하는 데 유용하다.
③ 겔 전기이동으로 분리할 수 없는 작은 분자를 분리하는 데 유용하다.
④ 고압 펌프를 사용하여 전하를 띠지 않는 화학종을 분리할 수 있다.

해설

미셀 동전기 모세관 크로마토그래피
계면활성제를 임계 미셀 농도 이상으로 첨가하여 표면에 음전하를 띤 미셀을 형성하여 분리하는 방법

68 0.010M Cd^{2+} 용액에 담겨진 카드뮴 전극의 반쪽 전지의 전위를 계산하면?(단, 온도는 25℃이고 Cd^{2+}/Cd의 표준환원전위는 −0.403V이다.)

① −0.402V
② −0.462V
③ −0.503V
④ −0.563V

해설

$Cd^{2+}(aq) + 2e^- \rightleftarrows Cd$

$E = E° - \dfrac{0.0591}{n} \log Q$

$= -0.403V - \dfrac{0.0591}{2} \log \dfrac{1}{0.010}$

$= -0.462V$

69 분광질량분광법의 이온화 방법 중 사용하기 편리하고 이온전류를 발생시키므로 매우 예민한 방법이지만 열적으로 불안정하고 분자량이 큰 바이오 물질들의 이온화원에는 부적당한 방법은?

① Electron Impact(EI)
② Electro Spray Ionization(ESI)
③ Fast Atom Bombardment(FAB)
④ Matrix – Assisted Laser Desorption Ionization(MALDI)

해설

전자충격 이온화(EI)
㉠ 특징
- 온도를 충분히 높여 시료분자를 기화시킨 후 고에너지 전자빔과 충돌시켜 이온화한다.
- 고에너지의 빠른 전자로 분자를 때리므로 토막내기 과정이 매우 잘 일어난다.
- 센 이온원으로 분자이온이 거의 존재하지 않으므로 분자량 결정이 어렵다.
- 토막내기가 잘 일어나므로 스펙트럼이 복잡하다.
- 기화하기 전에 분석물의 열분해가 일어날 수 있다.

정답 65 ④ 66 ① 67 ④ 68 ② 69 ①

ⓒ 단점
- 분자이온(M^+)의 수명이 너무 짧은 화합물(치환기가 달린 대부분의 지방족 화합물)은 분자이온의 피크가 매우 작거나 나타나지 않는다.
- 시료가 대체로 휘발성이어야 하며 분자량이 큰 Biomolecule(바이오 물질)에는 적합하지 않다.

70 자기장 부채꼴 질량분석기의 구성이 아닌 것은?
① 슬릿 ② 펌프
③ 거울 ④ 필라멘트

해설
자기장 부채꼴 질량분석기의 구성

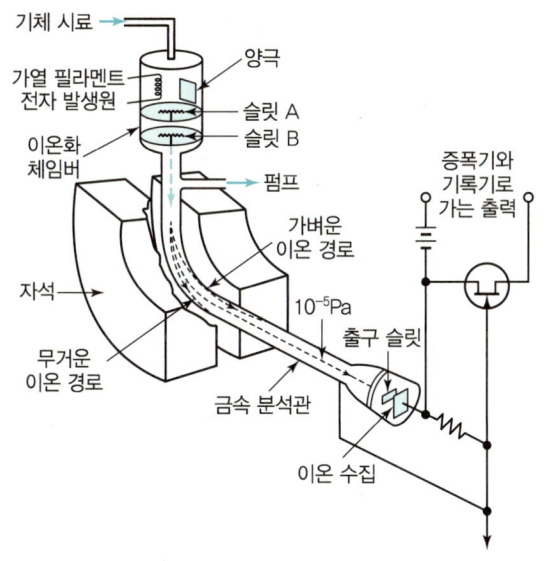

71 작용기를 가지는 화합물은 하나 이상의 전압전류파를 생성시킬 수 있다. 이러한 활성 작용기에 해당하지 않는 것은?
① 카보닐기 ② 대부분의 유기 할로젠기
③ 암모니아 화합물 ④ 탄소-탄소 이중결합

해설
전압전류파를 생성시키는 작용기
- 카보닐기
- 일부 카복실산

- 대부분의 과산화물과 에폭시화합물
- 나이트로기, 나이트로소기
- 산화아민 및 아조기
- 대부분의 유기 할로젠기
- C=C 이중결합
- 하이드로퀴논, 메르캅탄

72 GC의 열린관 칼럼 중 유연성이 우수하고 화학적으로 비활성이며, 분리효율이 아주 우수한 칼럼은?
① 벽도포 열린관 칼럼(WCOT)
② 용융실리카 벽도포 열린관 칼럼(FSWT)
③ 지지체도포 열린관 칼럼(SCOT)
④ Megabore 칼럼

해설
용융실리카 벽도포 열린관 칼럼(FSWT)
매우 유연성이 좋고, 단단하며, 시료성분과 반응성이 거의 없고, 분리효율이 우수하다.

73 HPLC에서 분배 크로마토그래피의 응용에 대한 설명으로 옳은 것은?
① 역상 충진(Reversed-phase Packings) 칼럼을 사용하고 극성이 큰 이동상으로 용리하면 극성이 작은 용질이 먼저 용리되어 나온다.
② 정상 결합상 충전물(Normal-phase Bonded Packings)에서 실록산(Siloxane) 구조에 있는 R은 비극성 작용기가 일반적이다.
③ 이온쌍 크로마토그래피에서는 정지상에 큰 유기 상대 이온을 포함하는 유기 염을 결합시켜 분리 용질과의 이온쌍 형성에 기조하여 분리한다.
④ 거울상을 가지는 키랄 화합물(Chiral Compounds)의 분리를 위해 키랄 크로마토그래피가 응용되는데 키랄 이동상 첨가제나 키랄 정지상을 사용하여 분리한다.

해설
HPLC
- 역상 칼럼을 사용하고 극성이 큰 이동상으로 용리하면 극성이 큰 용질이 먼저 용리되어 나온다.

정답 70 ③ 71 ③ 72 ② 73 ④

- 정상결합상 충전물에서 실록산 구조에 있는 R은 C_{18} 또는 C_8이 일반적이다.
- 이온쌍 크로마토그래피의 이동상은 유기용매를 포함하는 수용성 완충용액 및 분석물과 반대 이온으로 구성되어 있다. 반대 이온은 분석물 이온과 결합하여 이온쌍 형성에 기초하여 분리한다.

74 전기화학전지에 대한 설명으로 틀린 것은?

① 산화전극과 환원전극이 외부에서 금속전도체로 연결된다.
② 두 개의 전해질 용액은 이온을 한쪽에서 다른 쪽으로 이동할 수 있게 간접적으로 접촉된다.
③ 두 개의 전극 각각에서 전자 이동 반응이 일어난다.
④ 용액 사이의 간접적 접촉을 통하여 산화반응에 의해 주어지는 전자가 환원반응이 일어나는 용액으로 이동한다.

해설
전자는 산화전극에서 환원전극으로 도선을 통해 이동한다.

75 질량분석법은 여러 가지 성분의 시료를 기체상태로 이온화한 다음 자기장 혹은 전기장을 통해 각 이온을 질량/전하의 비에 따라 분리하여 질량스펙트럼을 얻는 방법이다. 질량분석기의 기기장치 중 진공으로 유지되어야 하는 부분이 아닌 것은?

① 도입계   ② 이온원
③ 검출기   ④ 신호처리기

해설
신호처리기는 출력장치이므로 진공으로 유지될 필요가 없다.

76 중합체를 분석하는 시차주사열량법(DSC)에 대한 설명으로 틀린 것은?

① 시료와 기준물질 간의 온도 차이를 측정한다.
② 결정화 온도(T_c)는 발열 봉우리로 나타난다.
③ 유리전이 온도(T_g) 전후에 열흐름(Heat Flow)의 변화가 생긴다.
④ 결정화 온도(T_c)는 유리전이 온도(T_g)와 녹는점 온도(T_m) 사이에 위치한다.

해설
시차주사열량법(DSC)
시료와 기준물질 간의 에너지 차이를 측정

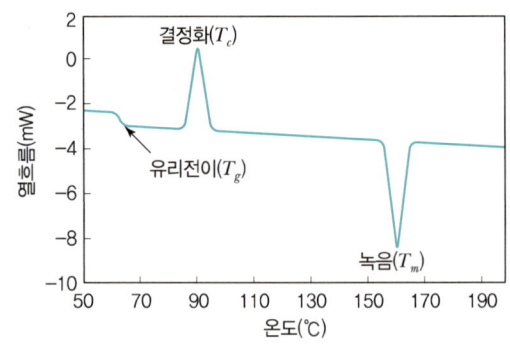

시차열분석(DTA)
시료와 기준물질 사이의 온도 차이를 온도의 함수로 측정하는 방법

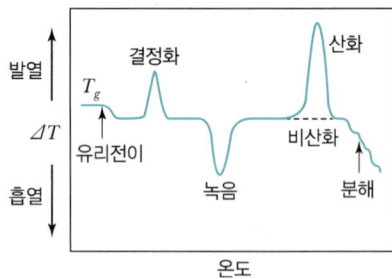

77 질량분석법에서는 질량 대 전하의 비에 의하여 원자 또는 분자 이온을 분리하는데 고진공 속에서 가속된 이온들을 직류 전압과 RF 전압을 일정 속도로 함께 증가시켜주면서 통로를 통과하도록 하여 분리하며 특히 주사 시간이 짧은 장점이 있는 질량분석기는?

① 이중초점 분석기(Double Focusing Spectrometer)
② 사중극자 질량분석기(Quadrupole Mass Spectrometer)
③ 비행시간 분석기(Time-of-Flight Spectrometer)
④ 이온-포착 분석기(Ion-Trap Spectrometer)

정답 74 ④ 75 ④ 76 ① 77 ②

> 해설

사중극자 질량분석기
- 4개의 원통형 금속막대에 가변 DC 전위와 가변 고주파수 AC 전위를 걸어주면 특정 m/z 값을 갖는 이온들만 검출기에 보내어 분리한다.
- 크기가 작고 비용이 적게 들고 내구성이 좋다.
- 스펙트럼의 전 범위를 100ms 이내에 얻을 수 있을 정도로 주사시간이 짧다.

78 액체막(Liquid Membrane) 칼슘 이온선택성 전극을 이용하여 용액의 Ca^{2+} 농도를 결정하고자 한다. 미지시료 25.0mL에 칼슘이온 선택성 전극을 담가 전위를 측정하였더니 전위가 497.0mV이었다. 미지시료에 0.0500M 농도의 $CaCl_2$ 용액 2.00mL를 첨가하여 전위를 측정하였더니 전위가 512.0mV이었다. 이온선택성 전극이 Nernst 식을 따른다면 미지용액에서의 칼슘이온의 농도는?

① 0.00162M ② 0.00428M
③ 0.0187M ④ 1.124M

> 해설

$$E = E° - \frac{0.05916}{2}\log\frac{1}{[Ca^{2+}]} = 0.4970V \cdots ㉠$$

$$0.5120V = E° + \frac{0.05916}{2} \times$$
$$\log\left(\frac{0.05M \times 2mL}{(25.0+2.0)mL} + \frac{[Ca^{2+}] \times 25mL}{(25.0+2.0)mL}\right) \cdots ㉡$$

㉡ - ㉠을 하면

$$0.0150V = \frac{0.05916}{2}\log\left(\frac{0.1}{27[Ca^{2+}]} + \frac{25}{27}\right)$$

∴ $[Ca^{2+}] = 0.00162M$

79 열무게법(TG)에서 전기로에 질소와 아르곤으로 환경기류를 만드는 주된 이유는?

① 시료의 환원 억제 ② 시료의 산화 억제
③ 시료의 확산 억제 ④ 시료의 산란 억제

> 해설

수분, 산소로 인한 분해·산화반응을 억제하기 위해 질소, 아르곤을 넣어준다.

80 액체 크로마토그래피에서 극성이 서로 다른 혼합물을 가장 효과적으로 분리하는 방법으로서 기체 크로마토그래피에서 온도 프로그래밍을 이용하여 얻은 효과와 유사한 효과가 있는 것은?

① 기울기 용리법 ② 등용매 용리법
③ 온도 기울기법 ④ 압력 기울기법

> 해설

기울기 용리
- 고성능 액체 크로마토그래피에서 분리효율을 높이기 위해 사용한다.
- 극성이 다른 2~3가지 용매를 선택하여 조성의 비율을 단계적으로 변화시켜 사용하는 방법이다.
- 기체 크로마토그래피(GC)의 온도 프로그래밍과 유사하다.

정답 78 ① 79 ② 80 ①

2020년 제1,2회 기출문제

1과목 화학분석 과정관리

01 돌턴(Dalton)의 원자론에 의하여 설명될 수 없는 것은?

① 화학평형의 법칙
② 질량보존의 법칙
③ 배수비례의 법칙
④ 일정성분비의 법칙

해설

돌턴의 원자론
돌턴은 질량보존의 법칙과 일정성분비의 법칙을 바탕으로 원자설을 제시하였다. → 기체반응의 법칙을 설명하는 데 한계를 보인다.
- 물질은 더 이상 쪼갤 수 없는 매우 작은 입자로 되어 있다. → 현대 과학에서는 쪼갤 수 있다.
- 같은 원소의 원자들은 크기, 질량, 화학적 성질이 같고 다른 원소의 원자들은 다르다. → 동위원소가 발견되었다.
- 화학변화에 의해 원자는 서로 생성되거나 소멸되지 않는다.
- 화합물이 이루어질 때 각 원소의 원자는 간단한 정수비로 결합한다.

02 AA를 이용하여 시료 중의 납을 분석하여 얻은 결과가 아래와 같을 때, 결괏값을 분석한 것으로 틀린 것은? (단, 95% 신뢰구간의 student's t값은 3.182이다.)

측정횟수	측정값(ppm)
1	3.27
2	3.24
3	3.28
4	3.25

① 표준편차 : 0.018
② 상대표준편차 : 0.56
③ 분산 : 3.3×10^{-4}
④ 95% 신뢰구간 : 3.26 ± 0.02

해설

- 평균값($\bar{x}$)
$$\bar{x} = \frac{3.27+3.24+3.28+3.25}{4} = 3.26$$

- 표준편차(s)
$$s = \sqrt{\frac{\sum(x_i-\bar{x})^2}{N-1}}$$
$$= \sqrt{\frac{(3.27-3.26)^2+(3.24-3.26)^2+(3.28-3.26)^2+(3.25-3.26)^2}{4-1}}$$
$$= 0.018$$

- 상대표준편차(RSD)
$$RSD = \frac{s}{\bar{x}} \times 1,000 = \frac{0.018}{3.26} \times 1,000 = 5.5$$

- 분산=표준편차^2
$$= 0.018^2 = 3.24 \times 10^{-4}$$

- 95% 신뢰구간 $= \bar{x} \pm 3.182 \frac{s}{\sqrt{N}}$
$$= 3.26 \pm 3.182 \frac{0.018}{\sqrt{4}}$$
$$= 3.26 \pm 0.03$$

03 화합물 한 쌍을 같은 몰수로 혼합하는 다음 4가지 경우 중 염기성 용액이 되는 경우는 모두 몇 가지인가?

(A) NaOH(K_b=아주 큼)+HBr(K_a=아주 큼)
(B) NaOH(K_b=아주 큼)+HNO$_3$(K_a=아주 큼)
(C) NH$_3$(K_b=1.8×10^{-5})+HBr(K_a=아주 큼)
(D) NaOH(K_b=아주 큼)+CH$_3$CO$_2$H(K_a=1.8×10^{-5})

① 1
② 2
③ 3
④ 4

정답 01 ① 02 ②, ④ 03 ①

> 해설

약산+강염기 → 염/염기성 + H_2O (D)

강산+약염기 → 염/산성 + H_2O (C)

강산+강염기 → 염/중성 + H_2O (A) (B)

04 기하이성질체가 가능한 화합물은?
① $(CH_3)_2C=CCl_2$
② $(CH_3)_3CCCl_3$
③ $CH_3ClC=CCH_3Cl$
④ $(CH_3)_2ClCCCH_3Cl_2$

> 해설

기하이성질체

CH_3 CH_3 CH_3 Cl
  \\C=C/   \\C=C/
Cl Cl Cl CH_3
    cis   trans

05 헤테로 원자에 선택적이며 일반적으로 FID보다 감도가 좋고 동적 범위가 작은 NPD 검출기에 사용되는 원소는?
① S
② Cs
③ Ru
④ Re

> 해설

- 헤테로 원자 : C와 H를 제외한 원자
  예 N, O, X(할로겐) 등
- 불꽃이온화검출기보다 감도가 좋고, 동적 범위가 작은 질소, 인 검출기에서 사용되는 원소는 Cs(세슘), Rb(루비듐)이다.

06 질소분자 1.07×10^{23}개는 약 몇 몰인가?
① 11.4
② 0.178
③ 6.85×10^{24}
④ 1.67×10^{21}

> 해설

1.07×10^{23}개 N $\times \dfrac{1mol}{6.02 \times 10^{23}개} = 0.178mol$

07 표면분석장치 중 1차살과 2차살 모두 전자를 이용하는 것은?
① Auger 전자 분광법
② X선 광전자 분광법
③ 이차 이온 질량분석법
④ 전자 미세 탐침 미량분석법

> 해설

Auger 전자 분광법(AES)
㉠ 표면분석장치에서 1차살, 2차살 모두 전자를 이용하는 분석법
㉡ 시료 표면에 빛을 쬐어 나오는 전자의 에너지를 분석함으로써 고체 표면의 원소 조성을 확인하는 분광법
㉢ 1차살과 2차살
  • 1차살 : X선 혹은 전자빔을 사용하여 들뜬 이온을 형성
  • 2차살 : 이완과정에서 내어 놓는 에너지가 운동에너지를 가진 Auger 전자를 방출

08 Kjeldahl 법에 의한 질소의 정량에서, 비료 1.325g의 시료로부터 암모니아를 증류해서 0.2030N H_2SO_4 50mL에 흡수시키고, 과량의 산을 0.1908N NaOH로 역적정하였더니 25.32mL가 소비되었다. 시료 속의 질소의 함량(%)은?
① 2.6
② 3.6
③ 4.6
④ 5.6

> 해설

$\dfrac{(0.2030N \times 0.05L - 0.1908N \times 0.02532L)}{1.325g}$
$\times 14g/mol \times 100\% = 5.62\%$

정답 04 ③ 05 ② 06 ② 07 ① 08 ④

09 물에 대한 용해도가 가장 높은 두 물질로 짝지어진 것은?

$$CH_3CH_2OH, \ CH_3CH_2CH_3, \ CHCl_3, \ CCl_4$$

① CH_3CH_2OH, $CHCl_3$
② CH_3CH_2OH, CCl_4
③ $CH_3CH_2CH_3$, $CHCl_3$
④ $CH_3CH_2CH_3$, CCl_4

해설
- 물에 대한 용해도가 높은 물질 : 극성이 강한 물질
- CCl_4, $CH_3CH_2CH_3$: 무극성

10 정량분석 과정에 해당하지 않는 것은?
① 부피분석
② 관능기분석
③ 무게분석
④ 기기분석

해설
관능기분석 : 정성분석에 해당한다.

11 브롬화이염화벤젠(Bromodichlorobenzene)이 가질 수 있는 구조이성질체의 수는?
① 3개
② 4개
③ 5개
④ 6개

해설

염소(2,3), (2,4), (2,5), (2,6), (3,4), (3,5)

∴ 6개의 구조이성질체를 가진다.

12 표준상태에서 S_8 15g이 다음 반응식과 같이 완전 연소될 때 생성된 이산화황의 부피는 약 몇 L인가?(단, 기체는 이상기체이며 S_8의 분자량은 256.48g/mol이다.)

$$S_8(s) + 8O_2(g) \rightarrow 8SO_2(g)$$

① 0.47
② 1.31
③ 4.7
④ 10.5

해설
$S_8(s) + 8O_2(g) \rightarrow 8SO_2(g)$
32×8g : 8×22.4L
15g : x
∴ x = 10.5L

13 탄화수소유도체를 잘못 나타낸 것은?
① R−OH : 알코올
② R−CO−R : 케톤
③ R−CHO : 에테르
④ R−CONH₂ : 아마이드

해설
- R−CHO : 알데하이드
- R−O−R′ : 에테르

14 분석계획 수립 시 필요한 지식이 아닌 것은?
① 표준분석법에 대한 지식
② 시험기구의 종류에 대한 지식
③ 분석시험 절차에 대한 지식
④ 동료 연구자에 대한 지식

해설
분석계획서 기재사항
- 접수번호, 시료번호
- 품명
- 시험항목
- 분석방법
- 시험 시작 및 완료 일정
- 시험담당자
- 주의사항

정답 09 ① 10 ② 11 ④ 12 ④ 13 ③ 14 ④

15 다음 설명에 가장 관련 깊은 것은?

> 원자궤도함수의 크기 및 에너지와 관련 있고, n값이 커질수록 궤도함수가 커진다.

① 주양자수
② 부양자수(각운동량 양자수)
③ 자기양자수
④ 스핀양자수

해설

- 주양자수(n) : 전자껍질의 수, 에너지의 대부분을 결정
- 부양자수(l) : 궤도함수의 모양($0 \sim n-1$)
  $l=0:s, l=1:p, l=2:d, l=3:f$
- 자기양자수(m_l) : 배향성 $m_l = 2l+1$
  $-l, \cdots, 0, \cdots, +l$
- 스핀양자수(m_s) : 전자의 배열상태 $m_s = +\frac{1}{2}, -\frac{1}{2}$

16 원자 반지름이 작은 것부터 큰 순서로 나열된 것은?(단, 원자번호는 $_{15}P$, $_{16}S$, $_{33}As$, $_{34}Se$이다.)

① P < S < As < Se
② S < P < Se < As
③ As < Se < P < S
④ Se < As < S < P

해설

주기율표에서 주기가 클수록, 양성자수가 작을수록 원자 반지름이 크다.

	15족	16족
3주기	P	S
4주기	As	Se

∴ As > Se > P > S

17 이황화탄소(CS_2) 100.0g에 33.0g의 황을 녹여 만든 용액의 끓는점이 49.2℃일 때, 황의 분자량은 몇 g/mol인가?(단, 이황화탄소의 끓는점은 46.2℃이고, 끓는점 오름상수(K_b)는 2.35℃/m이다.)

① 161.5
② 193.5
③ 226.5
④ 258.5

해설

$\Delta T_b = K_b mi$

여기서, K_b : 끓는점 오름상수
m : 몰랄농도
i : 반트호프인자(여기서 $i=1$)

$(49.2 - 46.2)℃ = 2.35℃/(\text{mol/kg}) \times \dfrac{\dfrac{33g}{M_w}}{0.1kg}$

∴ $M_w = 258.6 g/\text{mol}$

18 UV 분광광도법의 인증 표준물질로서 이상적인 조건이 아닌 것은?

① 투과율이 파장에 따라 적합하게 변화할 것
② 투과율이 온도에 관계없이 일정할 것
③ 반사율이 작고 간섭 현상이 없을 것
④ 형광을 내지 말 것

해설

투과율이 파장에 따라 일정해야 한다.

19 다음 설명 중 틀린 것은?

① 훈트의 규칙에 따라 $_7N$에 존재하는 홀전자의 수는 3개이다.
② 스핀양자수는 자전하는 전자의 자전에너지를 결정하는 것으로, $-\frac{1}{2}$, 0, $+\frac{1}{2}$의 값으로 존재한다.
③ $n=3$인 전자껍질에 들어갈 수 있는 총전자수는 18개이다.
④ $_{12}Mg$의 원자가전자의 수는 2개이다.

해설

① 훈트의 규칙 : 에너지 준위가 같은 여러 개의 오비탈에 전자가 채워질 때 쌍을 이루지 않는 홀전자의 수가 많은 전자배치일수록 안정하다.

↑↓	↑↓	↑ ↑ ↑
$1s^2$	$2s^2$	$2p^3$

② 스핀양자수 : $+\frac{1}{2}, -\frac{1}{2}$

정답 15 ① 16 ② 17 ④ 18 ① 19 ②

③ $n=3$인 전자껍질에 들어갈 수 있는 총전자수 :
   $2n^2 = 2 \times 3^2 = 18$개
④ $_{12}$Mg의 원자가전자수 : 2족 원소이므로 2개이다.

20 헥세인(hexane)이 가질 수 있는 구조이성질체의 수는?

① 3개
② 4개
③ 5개
④ 6개

해설

C_6H_{14}(헥세인)

㉠ C-C-C-C-C-C

㉡ C-C-C-C-C
       |
       C

㉢ C-C-C-C-C
         |
         C

㉣ C-C-C-C
     |
     C
     |
     C

㉤ C-C-C-C
       |
       C
       |
       C

∴ 5개의 이성질체가 있다.

2과목 화학물질 특성분석

21 약산(HA)과 이의 나트륨염(NaA)으로 이루어진 완충용액에 대한 설명으로 틀린 것은?

① 완충용액의 pH $= pK_a + \log \frac{[A^-]}{[HA]}$이다.
② 완충용액을 희석하여도 pH 변화가 거의 없다.
③ 완충용액의 완충용량은 약산(HA)과 소듐염(NaA)의 농도에 무관하다.
④ 완충용액의 완충용량은 $\left|\log \frac{[A^-]}{[HA]}\right|$이 작을수록 크다.

해설

완충용액
- 외부로부터 어느 정도의 산이나 염기를 가했을 때 영향을 크게 받지 않고 수소이온농도를 일정하게 유지하는 용액

- 약산과 그 약산의 염의 혼합용액 또는 약염기와 그 약염기의 염의 혼합용액이 완충작용을 한다.
  예 아세트산+아세트산나트륨
- 헨더슨-하셀바흐 식을 사용한다.
  $$pH = pK_a + \log \frac{[A^-]}{[HA]}$$

22 pH=0.3인 완충용액에서 0.02M Fe^{3+} 용액 10.0mL를 0.010M 아스코브산 용액으로 적정할 때 당량점에서의 전지 전압은 약 몇 V인가?(단, DAA : 디하이드로아스코브산, AA : 아스코브산의 약자이며, 전위는 백금 전극과 포화 칼로멜 전극으로 측정하였으며, 포화 칼로멜 전극의 E=0.241V이다.)

DAA+2H^++2e^- ⇌ AA+H_2O	$E°$=0.390V
Fe^{3+}+e^- ⇌ Fe^{2+}	$E°$=0.732V

① 0.251V
② 0.295V
③ 0.342V
④ 0.492V

해설

당량점에서 $[Fe^{3+}] = 2[AA]$, $[Fe^{2+}] = 2[DAA]$

$E_{eq} = E_{DAA}° - \frac{0.05916}{2} \log \frac{[AA]}{[DAA][H^+]^2}$

$+ \; E_{eq} = E_{Fe}° - \frac{0.05916}{1} \log \frac{[Fe^{2+}]}{[Fe^{3+}]}$

$3E_{eq} = 2E_{DAA}° + E_{Fe}° - 0.05916 \log \frac{[AA][Fe^{2+}]}{[DAA][Fe^{3+}][H^+]^2}$

$E_{eq} = \frac{2E_{DAA}° + E_{Fe}°}{3} - \frac{0.05916}{3} \log \frac{1}{[H^+]^2}$

$= \frac{2E_{DAA}° + E_{Fe}°}{3} - \frac{0.05916}{3} \times 2 \times pH$

$= \frac{2 \times 0.390 + 0.732}{3} - \frac{0.05916}{3} \times 2 \times 0.3$

$= 0.504 - 0.0118$

∴ $E = 0.492 - 0.241 = 0.251V$

23 다음 중 반응이 일어나기가 가장 어려운 것은?

① $F_2 + I^-$
② $I_2 + Cl^-$
③ $Cl_2 + Br^-$
④ $Br_2 + I^-$

정답 20 ③ 21 ③ 22 ① 23 ②

해설

반응성 : $F^- > Cl^- > Br^- > I^-$
$I_2 + Cl^- \rightarrow$ 반응이 진행되지 않는다.

24 $N_2O_4(g) \rightleftharpoons 2NO_2(g)$의 계가 평형상태에 있다. 이때 계의 압력을 증가시켰을 때의 설명으로 옳은 것은?

① 정반응과 역반응의 속도가 함께 빨라져서 변함없다.
② 평형이 깨어지므로 반응이 멈춘다.
③ 정반응으로 진행된다.
④ 역반응으로 진행된다.

해설

$N_2O_4(g) \rightleftharpoons 2NO_2(g)$
압력을 증가시키면 압력이 감소하는 방향인 역반응으로 진행된다.

25 다음 표준환원전위를 고려할 때 가장 강한 산화제는?

$Cu^{2+} + 2e^- \rightleftharpoons Cu(s) \quad E° = 0.337V$
$Cd^{2+} + 2e^- \rightleftharpoons Cd(s) \quad E° = -0.402V$

① Cu^{2+} ② $Cu(s)$
③ Cd^{2+} ④ $Cd(s)$

해설

가장 강한 산화제=가장 환원이 잘되는 물질=표준환원전위가 큰 물질=Cu^{2+}

26 원자흡수분광법과 원자형광분광법에서 기기의 부분 장치 배열에서의 가장 큰 차이는?

① 원자흡수분광법은 광원 다음에 시료가 나오고 원자형광분광법은 그 반대이다.
② 원자흡수분광법은 파장선택기가 광원보다 먼저 나오고 원자형광분광법은 그 반대이다.
③ 원자흡수분광법과는 다르게 원자형광분광법에서는 입사 광원과 직각 방향에서 형광선을 검출한다.
④ 원자흡수분광법은 레이저 광원을 사용할 수 없으나 원자형광분광법에서는 사용 가능하다.

해설

원자흡수분광법

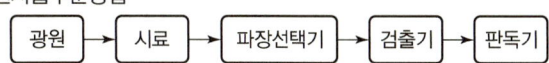

원자형광분광법

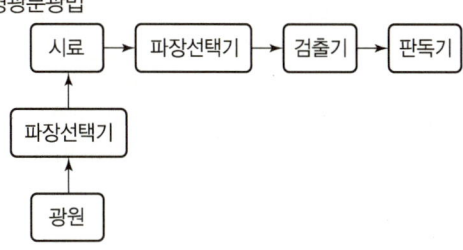

27 분광광도법에서 시약바탕(Reagent Blank) 측정의 주 사용 목적은?

① 시약 또는 오염물질에 의한 흡수의 보정
② 시약의 순도 확인
③ 분광광도계의 교정(Calibration)
④ 검출기의 감도 시험

해설

시약바탕 : 분석물질을 제외한 나머지 모든 성분이 포함된 용액

28 0.1M H_2SO_4 수용액 10mL에 0.05M NaOH 수용액 10mL를 혼합하였을 때 혼합용액의 pH는?(단, 황산은 100% 이온화된다.)

① 0.875 ② 1.125
③ 1.25   ④ 1.375

해설

$pH = -\log[H^+]$
$= -\log\left[\dfrac{2 \times 0.1M \times 10mL - 0.05M \times 10mL}{(10+10)mL}\right]$
$= 1.125$

29 패러데이 상수의 단위(Unit)로 옳은 것은?

① C/mol ② A/mol
③ C/sec·mol ④ A/sec·mol

정답 24 ④ 25 ① 26 ③ 27 ① 28 ② 29 ①

해설
패러데이 상수 $F = 96,485 C/mol$

30 두 이온의 표준환원전위($E°$)가 다음과 같을 때 보기 중 가장 강한 산화제는?

$Ag^+(aq) + e^- \rightleftarrows Ag(s)$	$E° = 0.799V$
$Cd^{2+}(aq) + 2e^- \rightleftarrows Cd(s)$	$E° = -0.402V$

① $Ag^+(aq)$　　② $Ag(s)$
③ $Cd^+(aq)$　　④ $Cd(s)$

해설
가장 강한 산화제 = 가장 환원이 잘되는 물질 = 표준환원전위가 큰 물질 = Ag^+

31 EDTA(etylenediaminetetraacetic acid, H_4Y)를 이용한 금속(M^{n+}) 적정 시 조건형성상수(Conditional Formation Constant) K_f'에 대한 설명으로 틀린 것은?(단, K는 형성상수이고 [EDTA]는 용액 중의 EDTA 전체 농도이다.)

① EDTA(H_4Y) 화학종 중 (Y^{4-})의 농도 분율을 $\alpha_{Y^{4-}}$로 나타내면, $\alpha_{Y^{4-}} = [Y^{4-}]/[EDTA]$ 이고 $K_f' = \alpha_{Y^{4-}} \cdot K_f$이다.
② K_f'는 특정한 pH에서 형성되는 MY^{n-4}의 양에 관련되는 지표이다.
③ K_f'는 pH가 높을수록 큰 값을 갖는다.
④ K_f를 이용하면 해리된 EDTA의 각각의 이온 농도를 계산할 수 있다.

해설
$\alpha_{Y^{4-}} = \dfrac{[Y^{4-}]}{[EDTA]} \rightarrow$ pH가 클수록 $\alpha_{Y^{4-}}$가 크다.
조건형성상수 $K_f' = \alpha_{Y^{4-}} \cdot K_f$

32 수용액의 예상 어는점을 낮은 것부터 높은 순서로 옳게 나열한 것은?

A : 0.050m $CaCl_2$	B : 0.150m NaCl
C : 0.100m HCl	D : 0.100m $C_{12}H_{22}O_{11}$

① A < D < C < B　　② D < A < C < B
③ B < C < A < D　　④ B < C < D < A

해설
어는점 내림 $\Delta T_f = K_f m i$
여기서, K_f : 어는점 내림상수
m : 몰랄농도
i : 반트호프계수
$m_A i_A = 0.05 \times 3 = 0.15$
$m_B i_B = 0.15 \times 2 = 0.3$
$m_C i_C = 0.1 \times 2 = 0.2$
$m_D i_D = 0.1 \times 1 = 0.1$
∴ 어는점 : B < C < A < D

33 0.10M KNO_3와 0.10M Na_2SO_4 혼합용액의 이온 세기(M)는?

① 0.40　　② 0.35
③ 0.30　　④ 0.25

해설
$\mu = \dfrac{1}{2} \sum C_i Z_i^2$
$= \dfrac{1}{2}[0.1 \times (+1)^2 + 0.1 \times (-1)^2 + 2 \times 0.1 \times (+1)^2 + 0.1 \times (-2)^2]$
$= 0.4$

34 0.08364M 피리딘 25.00mL를 0.1067M HCl로 적정하는 실험에서 HCl 4.63mL를 했을 때 용액의 pH는?(단, 피리딘의 $K_b = 1.59 \times 10^{-9}$이고, $K_w = 1.00 \times 10^{-14}$이다.)

① 8.29　　② 5.71
③ 5.20　　④ 4.75

정답 30 ① 31 ④ 32 ③ 33 ① 34 ②

해설

$$\begin{array}{cccc}
& B & + & H^+ & \rightleftharpoons & BH^+ & + & H_2O \\
& 0.08364M \times 25mL & & 0.1067M \times 4.63mL & & & & \\
& = 2.091 mmol & & = 0.494 mmol & & 0 & & \\
& -0.494 mmol & & -0.494 mmol & & +0.494 mmol & & \\
\hline
& 1.597 mmol & & 0 & & 0.494 mmol & &
\end{array}$$

$$pH = pK_a + \log\frac{[B]}{[BH^+]}$$

$$= -\log\frac{1.00 \times 10^{-14}}{1.59 \times 10^{-9}} + \log\frac{1.597 mmol/29.63 mL}{0.494 mmol/29.63 mL}$$

$$= 5.71$$

35 표준상태에서 산화환원반응이 자발적으로 일어날 때의 조건으로 옳은 것은?

① $\Delta G°$: +, $K>1$, $E°$: −
② $\Delta G°$: −, $K>1$, $E°$: +
③ $\Delta G°$: −, $K<1$, $E°$: +
④ $\Delta G°$: +, $K<1$, $E°$: −

해설

$\Delta G° < 0$: 자발적 반응 $K>1$ $E°>0$
$\Delta G° = 0$: 평형 $K=1$ $E°=0$
$\Delta G° > 0$: 비자발적 반응 $K<1$ $E°<0$
※ $\Delta G° = -RT\ln K = -nFE°$

36 다음 중 원자분광법에서 화학적 간섭의 원인을 모두 선택한 것은?

| A : 저휘발성 화합물 생성 | B : 해리평형 효과 |
| C : 원자의 이온화 | D : 도플러 효과 |

① A, B, D   ② A, B, C
③ A, C, D   ④ B, C, D

해설

화학적 간섭
㉠ 낮은 휘발성 화합물 분해
 • 휘발성이 낮은 화합물을 만들어 원자화 효율을 감소시킨다.
 • 방해물질과 우선적으로 반응하여 방해물질이 분석물질과 반응하는 것을 막을 수 있는 해방제를 사용한다.
 • 분석물과 반응하여 안정하고 휘발성 있는 화합물을 형성하여 방해물질로부터 분석물을 보호해주는 시약인 보호제를 사용한다.
㉡ 해리평형
 • 원자화 과정에서 생성되는 금속산화물(MO)이나, 금속수산화물(MOH)의 해리가 잘 일어나지 않아 원자화 효율을 감소시키는 해리평형에 의한 방해가 일어난다.
 • 산화제로 산화이질소를 사용하여 높은 온도의 불꽃을 사용하면 줄일 수 있다.
㉢ 이온화 평형
 • 산소 또는 산화이질소의 높은 온도의 불꽃에서는 이온화가 많이 일어나 원자의 농도를 감소시켜 방해가 일어난다.
 • 이온화 억제제를 사용하여 이온화를 억제시킬 수 있다.

37 NaCl 수용액에 AgCl(s)을 녹여 포화된 수용액에 대한 설명 중 틀린 것은?

① Cl^- 이온을 공통 이온이라 한다.
② NaCl을 더 가하면 AgCl(s)이 생성된다.
③ NaBr을 가하면 AgCl(s)이 증가한다.
④ 용액에 암모니아(NH_3)를 가하면 AgCl(s)의 용해도가 증가한다.

해설

공통이온효과
$AgCl(s) \rightleftharpoons Ag^+(aq) + Cl^-(aq)$
Cl^-의 농도가 커지면 AgCl(s)이 생성된다.
※ NaBr을 가하면 이온 세기가 커져 AgCl의 용해도가 증가한다.

38 25℃ 0.01M NaCl 용액의 pOH는?(단, 25℃에서 이온 세기가 0.01M인 용액의 활동도 계수는 $\gamma_{H^+} = 0.83$, $\gamma_{OH^-} = 0.76$이고, $K_w = 1.0 \times 10^{-14}$이다.)

① 7.02   ② 7.00
③ 6.98   ④ 6.96

정답 35 ② 36 ② 37 ③ 38 ①

> **해설**

활동도 = 활동도 계수 × 농도

$\mu = \dfrac{1}{2}[0.01 \times (+1)^2 + 0.01 \times (-1)^2] = 0.01$

$K_w = a_{H^+} \times a_{OH^-} = 0.83[H^+] \times 0.76[OH^-] = 1.0 \times 10^{-14}$

$[OH^-] = \sqrt{\dfrac{1.0 \times 10^{-14}}{0.83 \times 0.76}} = 1.26 \times 10^{-7} M$

$pOH = -\log[OH^-]$
$= -\log(0.76 \times 1.26 \times 10^{-7})$
$= 7.02$

39 갈바니(혹은 볼타)전지에 대한 설명 중 틀린 것은?

① (+)극에서 환원이 일어난다.
② (-)극에서 산화가 일어난다.
③ 일회용 건전지는 갈바니전지의 원리를 이용한 것이다.
④ 산화환원반응을 통해 전기에너지를 화학에너지로 바꾼다.

> **해설**

갈바니전지 : 화학 E → 전기 E
- (-)극 : 산화
- (+)극 : 환원

40 $0.0100(\pm 0.0001)$mol의 NaOH를 녹여 $1.000(\pm 0.001)$L로 만든 수용액의 pH 오차 범위는?(단, $K_w = 1 \times 10^{-14}$는 완전수이다.)

① ± 0.013 ② ± 0.024
③ ± 0.0043 ④ ± 0.0048

> **해설**

$[OH^-] = \dfrac{(0.0100 \pm 0.0001)\text{mol}}{(1.000 \pm 0.001)\text{L}} = 0.0100 + e$

불확정도 $= \dfrac{e}{y} = \sqrt{\left(\dfrac{e_{x_1}}{x_1}\right)^2 + \left(\dfrac{e_{x_2}}{x_2}\right)^2}$

$e = 0.010 \times \sqrt{\left(\dfrac{0.0001}{0.0100}\right)^2 + \left(\dfrac{0.001}{1.000}\right)^2} = 0.0001$

$pOH = -\log(0.0100 \pm 0.0001) = 2 \pm e$

$\therefore e = \dfrac{1}{\ln 10} \times \dfrac{0.0001}{0.0100} = 0.0043$

3과목 화학물질 구조분석

41 유리전극은 다음 중 어떤 이온에 대한 선택성 전극인가?

① 염소 음이온   ② 칼슘 양이온
③ 구리 양이온   ④ 수소 양이온

> **해설**

유리전극
수소이온에 선택적으로 감응하여 pH 측정에 사용된다.

42 질량분석법에서 분자이온 봉우리를 확인하기 가장 쉬운 이온화 방법은?

① 전자충격 이온화법   ② 장 이온화법
③ 장 탈착 이온화법   ④ 레이저 탈착 이온화법

> **해설**

질량분석법에서의 이온화
㉠ 기체상 이온화 이온원
  - 전자충격 이온화
  - 화학 이온화
  - 장 이온화
㉡ 탈착 이온화 이온원
  - 장 탈착법(FD)
  - 매트릭스 지원 레이저 탈착 이온화(MALDI)
  - 전기분무 이온화(ESI)
  - 빠른 원자 충격법(FAB)

43 조절환원전극 전기분해장치에서 일정하게 유지하는 전위는?

① 전지전위   ② 산화전극전위
③ 환원전극전위   ④ 염다리 접촉전위

> **해설**

조절환원전극 전기분해장치에서는 전기분해의 선택성을 높이기 위해 환원전극전위를 일정하게 유지한다.

정답 39 ④ 40 ③ 41 ④ 42 ③ 43 ③

44 자기장 부채꼴 분석계에서 자기장의 세기가 0.1T ($0.1W/m^2$), 곡면 반지름이 0.1m, 가속전위가 100V라면 이온 수집관에 도달하는 +1가로 하전된 물질의 원자량은?

① 40.16
② 44.16
③ 48.16
④ 52.16

> 해설

$$\frac{m}{z} = \frac{B^2 R^2 e}{2V}$$

$$m = \frac{(0.1T)^2 \times (0.1m)^2 \times (1.602 \times 10^{-19}C)}{2 \times 100V}$$

$$= 8.01 \times 10^{-26}g$$

$8.01 \times 10^{-26}g \times 6.02 \times 10^{23}$개$/mol = 48.22 \times 10^{-3}g/mol$

45 용액의 비전기전도도(Specific Electric Conductivity)에 대한 설명 중 틀린 것은?

① 용액의 비전기전도도는 이동도에 비례한다.
② 용액의 비전기전도도는 농도에 비례한다.
③ 용액 중의 이온의 비전기전도도는 하전수에 반비례한다.
④ 수용액의 비전기전도도는 0.10M KCl 용액을 써서 용기 상수(Cell Constant)를 구해 두면, 측정 전도도 값으로부터 계산할 수 있다.

> 해설

전기전도도
$$G = \frac{1}{R} = \frac{KA}{L}$$

여기서, G : 전기전도도, R : 전기저항(Ω)
K : 비전도도($\Omega^{-1}cm^{-1}$), A : 도체의 단면적
L : 두 전극 간의 거리

46 열중량분석기(TGA)에서 시료가 산화되는 것을 막기 위해 넣어주는 기체는?

① 산소
② 질소
③ 이산화탄소
④ 수소

> 해설

열중량분석기(TGA)에서 시료가 산화되는 것을 막기 위해 질소나 아르곤 기체를 넣어준다.

47 고성능 액체 크로마토그래피의 검출기로 사용하지 않는 것은?

① 자외선-가시선 광도계
② 전도도 검출기
③ 전자포획 검출기
④ 전기화학적 검출기

> 해설

HPLC(액체 크로마토그래피)의 검출기
• 자외선-가시선 흡수 검출기   • 적외선(IR) 흡수 검출기
• 형광 검출기   • 굴절률 검출기
• 전기화학 검출기

48 적외선 흡수스펙트럼에서 흡수 봉우리의 파수는 화학결합에 대한 힘상수의 세기와 유효질량에 의존한다. 다음 중 흡수 파수가 가장 큰 신축진동은?

① $\equiv C-H$
② $=C-H$
③ $-C-H$
④ $-C\equiv C-$

> 해설

• 결합세기
  $C \equiv C > C = C > C - C$
• 유효질량
  $C-H < C-C < C-O < C-Cl$
• 신축운동에서의 진동수

  진동수 : $\nu = \frac{1}{2\pi}\sqrt{\frac{k}{m}}$

  파수 : $\bar{\nu} = \frac{1}{2\pi C}\sqrt{\frac{k}{m}}$

  여기서, k : 힘상수
  m : 환산질량

49 FT-NMR에서 스캔수(N)가 10일 때 어떤 피크의 신호 대 잡음비(S/N Ratio)를 계산하였더니 40이었다. 스캔수(N)가 40일 때, 같은 피크의 S/N Ratio는?

① 160
② 80
③ 40
④ 10

해설

$$\left(\frac{S}{N}\right)_n = \left(\frac{S}{N}\right)\sqrt{n}$$

$$40 : \sqrt{10} = \left(\frac{S}{N}\right) : \sqrt{40}$$

$$\therefore \left(\frac{S}{N}\right) = 80$$

50 60MHz NMR에서 스핀-스핀 갈라짐이 12Hz인 짝지음 상수(Coupling Constant)는 300MHz NMR에서는 ppm 단위로 얼마인가?

① 0.04
② 0.12
③ 0.2
④ 12

해설

$$\delta(\text{ppm}) = \frac{\text{공명진동수 차이(Hz)}}{\text{분광기 진동수(MHz)}}$$

$$= \frac{12\text{Hz}}{300\text{MHz}} = 0.04\text{ppm}$$

51 열중량분석기(TGA)의 구성이 아닌 것은?

① 단색화 장치
② 온도감응장치
③ 저울
④ 전기로

해설

열중량분석기(TGA)의 기기장치
- 열저울
- 전기로
- 시료 받침대
- 기체주입장치
- 온도제어 및 데이터 처리 장치

52 표준수소전극(SHE)에 대한 설명으로 틀린 것은?

① 표준수소전극의 전위는 0이다.
② 표준수소전극의 전위는 용액의 수소이온 활동도에 의존한다.
③ 표준수소전극은 산화전극 또는 환원전극으로 작용한다.
④ 표준수소전극의 전위는 수소기체의 압력과는 무관하다.

해설

표준수소전극(SHE)
- 표준수소전극의 전위는 0이다.
- H^+의 활동도는 1이고, 수소기체의 압력은 1기압이다.

53 다음 보기에서 기체 크로마토그래피(GC)의 이동상으로 쓰이는 것을 고르면?

> 수소(H_2), 헬륨(He), 질소(N_2), 산소(O_2), 아르곤(Ar)

① 헬륨(He), 질소(N_2), 산소(O_2), 수소(H_2), 아르곤(Ar)
② 헬륨(He), 질소(N_2), 수소(H_2)
③ 질소(N_2), 산소(O_2), 수소(H_2)
④ 헬륨(He), 질소(N_2), 산소(O_2)

해설

GC(기체 크로마토그래피)의 이동상
He, Ar, N_2, H_2를 사용하며, 화학적으로 비활성이어야 한다.

54 초임계유체 크로마토그래피에 대한 설명으로 틀린 것은?

① 초임계유체에서는 비휘발성 분자가 잘 용해되는 장점이 있다.
② 비교적 높은 온도를 사용하므로 분석물들의 회수가 어렵다.
③ 이산화탄소가 초임계유체로 널리 사용된다.
④ 액체 크로마토그래피보다 환경친화적인 분석 방법이다.

해설

초임계유체 크로마토그래피
- 분자량이 큰 비휘발성 분자를 잘 용해할 수 있다.
- CO_2가 많이 사용된다.
- 분석물질을 쉽게 회수할 수 있다.
- 추출시간이 빠르다.
- 초임계유체 용매 세기는 압력변화에는 크게 영향을 받지 않지만, 온도변화에는 영향을 받는다.

정답 50 ① 51 ① 52 ④ 53 ② 54 ②

55 시차열법분석(DTA)으로 벤조산 시료 측정 시 대기압에서 측정할 때와 200psi에서 측정할 때 봉우리가 일치하지 않은 이유를 가장 잘 설명한 것은?

① 모세관법으로 측정하지 않았기 때문이다.
② 높은 압력에서 시료가 파괴되었기 때문이다.
③ 높은 압력에서 밀도의 차이가 생겼기 때문이다.
④ 높은 압력에서 끓는점이 영향을 받았기 때문이다.

해설

시차열법분석(DTA)
- 시료물질과 기준물질을 온도제어 프로그램으로 가열하면서 시료와 기준물질 사이의 온도 차이를 온도의 함수로 측정하는 방법
- 압력에 의해 끓는점이 변하게 되므로 봉우리가 달라진다.

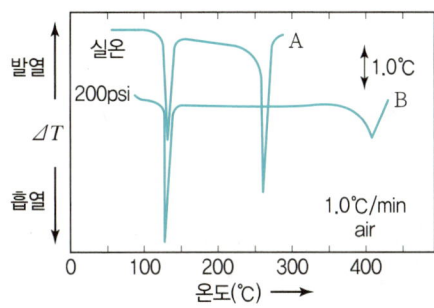

56 액체 크로마토그래피 중 일정한 구멍 크기를 갖는 입자를 정지상으로 이용하는 방법은?

① 분배 크로마토그래피   ② 흡착 크로마토그래피
③ 이온 크로마토그래피   ④ 크기 배제 크로마토그래피

해설

① 분배 크로마토그래피(액체 – 액체)
  시료가 이동상과 정지상 액체의 용해도 차이에 의해 분배되면서 분리된다.
② 흡착 크로마토그래피(액체 – 고체)
  고체 정지상으로 실리카와 알루미나를 사용하여 흡착 – 치환과정에 의해 분리된다.
③ 이온교환 크로마토그래피
  정지상으로 이온교환수지를 사용하여 용질이온들이 정지상에 끌려 이온교환이 일어나는 것을 이용한다.
④ 크기 배제 크로마토그래피
  시료를 크기별로 분리하는 데 이용한다.

57 탄산철($FeCO_3$)의 용해도곱을 구하면?

$$FeCO_3(s) + 2e^- \rightleftarrows Fe(s) + CO_3^{2-} \quad E° = -0.756V$$
$$Fe^{2+} + 2e^- \rightleftarrows Fe(s) \quad E° = -0.440V$$

① 2×10^{-10} ② 2×10^{-11}
③ 2×10^{-12} ④ 2×10^{-13}

해설

$$FeCO_3(s) + 2e^- \rightleftarrows Fe(s) + CO_3^{2-} \quad E° = -0.756V$$
$$Fe(s) \rightleftarrows Fe^{2+} + 2e^- \quad E° = 0.440V$$
$$\overline{FeCO_3(s) \rightleftarrows Fe^{2+} + CO_3^{2-}} \quad E° = -0.316V$$

$K_{sp} = [Fe^{2+}][CO_3^{2-}]$

$E° = \dfrac{0.0592}{n} \log K_{sp}$

$-0.316V = \dfrac{0.0592}{2} \log K_{sp}$

$\therefore K_{sp} = 2.1 \times 10^{-11}$

58 질량분석계를 이용하여 $C_2H_4^+(m=28.0313)$과 $CH_2N^+(m=27.9949)$ 이온을 분리하려면 분리능이 얼마나 되어야 하는가?

① 770   ② 1,170
③ 1,970   ④ 2,270

해설

$R = \dfrac{m}{\Delta m} = \dfrac{28.0313 + 27.9949}{2(28.0313 - 27.9949)} = 769.6 ≒ 770$

59 적외선 흡수 분광도법에서 사용되는 시료용기로 적당한 것은?

① 염화나트륨   ② 실리카
③ 유리   ④ 석영

해설

시료용기(Cell, Cuvette)

자외선	석영, 용융실리카
가시광선	플라스틱, 유리
적외선	NaCl, KBr

정답 55 ④ 56 ④ 57 ② 58 ① 59 ①

60 고체 표면의 원소 성분을 정량하는 데 주로 사용되는 원자 질량분석법은?

① 양이온 검출법과 음이온 검출법
② 이차 이온 질량분석법과 글로우 방전 질량분석법
③ 레이저 마이크로 탐침 질량분석법과 글로우 방전 질량분석법
④ 이차 이온 질량분석법과 레이저 마이크로 탐침 질량분석법

해설
- 이차 이온 질량분석법(SIMS) : 고체 표면의 원자와 분자 조성 모두를 결정하는 데 유용
- 레이저 마이크로 탐침 질량분석법 : 고체 표면의 원소 성분 정량

4과목 시험법 밸리데이션

61 전처리 과정에서 발생 가능한 오차를 줄이기 위한 시험법 중 시료를 사용하지 않고 기타 모든 조건을 시료분석법과 같은 방법으로 실험하는 방법은?

① 맹시험　　② 공시험
③ 조절시험　④ 회수시험

해설
오차를 줄이기 위한 시험법
㉠ 공시험(Blank Test)
  - 실제 분석대상 시료를 사용하지 않고, 다른 모든 조건을 시료분석법과 같은 방법으로 실험하는 것이다.
  - 지시약오차, 불순물로 인한 오차 등 계통오차의 대부분을 효과적으로 확인할 수 있다.
㉡ 조절시험(Control Test) : 시료와 가급적 같은 성분을 함유한 대조시료를 만들어 시료분석법과 같은 방법으로 여러 번 실험한 다음 기지함량값과 실제로 얻은 분석값의 차만큼 시료분석값을 보정한다.
㉢ 회수시험(Recovery Test) : 시료와 같은 공존물질을 함유하는 기지농도의 대조시료를 분석함으로써 공존물질의 방해작용 등으로 인한 분석값의 회수율을 검토하는 방법이다.
㉣ 맹시험(Blind Test)
  - 처음 분석값은 조작에 익숙하지 못하여 오차가 크게 나타나므로 맹시험이라 하며 버리는 경우가 많다.
  - 예비시험에 해당된다.
㉤ 평행시험(Parallel Test)
  - 같은 시료를 같은 방법으로 여러 번 되풀이하는 시험이다.
  - 우연오차가 있는 측정값으로부터 그 평균값과 표준편차 등을 얻기 위한 수단이다.

62 식품의약품안전처의 밸리데이션 표준수행절차 중 시험장비 밸리데이션 이력에 포함되는 항목이 아닌 것은?

① 자산번호　　　　② 장비명(영문)
③ 장비코드 변경내역　④ 밸리데이션 승인 담당자

해설
시험장비 밸리데이션 이력
- 장비명(국문)
- 장비명(영문)
- 장비코드
- 모델/제조사
- 문서번호
- 자산번호
- 취득일
- 장비 운용부서
- 장비코드 변경내역

63 인증표준물질(CRM)을 이용하여 투과율을 8회 반복 측정한 결과와 T-table을 활용하여, 이 실험의 측정 신뢰도가 95%일 때 우연불확도로 옳은 것은?

| 18.32%, 18.33%, 18.33%, 18.35% |
| 18.33%, 18.32%, 18.31%, 18.34% |

▼ T-table

degree of freedom	amount of area in one tail		
	0.1	0.05	0.025
6	1.440	1.943	2.447
7	1.415	1.895	2.365
8	1.397	1.860	2.306
9	1.383	1.833	2.262
10	1.372	1.812	2.228

① $U = 0.00016 \times \dfrac{\sqrt{8}}{2.306}$
② $U = 0.00016 \times \dfrac{1.895}{8}$
③ $U = 0.012 \times \dfrac{2.365}{\sqrt{8}}$
④ $U = 0.012 \times \dfrac{\sqrt{8}}{2.306}$

정답 60 ④　61 ②　62 ④　63 ③

해설

우연불확도 $U = s \times \dfrac{t}{\sqrt{n}}$

$= \dfrac{0.012 \times 2.365}{\sqrt{8}}$

$n = 8$
$\bar{x} = 18.329$
$s(표준편차) = 0.012$
95%에서 한쪽 고리의 면적 $= \dfrac{1-0.95}{2} = 0.025$
자유도 $= 8 - 1 = 7$
$\therefore t = 2.365$

64 검정곡선 작성 방법에 대한 내용 중 옳은 것을 모두 고른 것은?

> A. 표준물첨가법은 매트릭스를 보정해 줄 수 있으므로 항상 정확한 값을 얻을 수 있다.
> B. 표준검량법은 표준물과 매트릭스가 맞지 않을 경우, 시료의 매트릭스를 제거하거나 표준물에 매트릭스를 매칭시켜 작성한다.
> C. 표준검량법은 표준물첨가법에 비하여 시료 개수가 많은 경우, 측정시간이 더 오래 걸린다.
> D. 내부표준물법은 시료 측정 사이에 발생되는 시료 양이나 기기감응세기의 변화를 보정할 때 유용하다.

① A, B, C ② A, D
③ B, D   ④ B, C, D

해설

- 표준물첨가법
  매트릭스 효과가 있을 가능성이 큰 복잡한 시료를 분석할 때 유용하므로 정확한 값을 얻을 수 있으나 항상은 아니다.
- 내부표준물법
  시험분석절차, 기기, 시스템의 변동으로 발생하는 오차를 보정하기 위해 사용하는 방법
- 표준검량법
  표준물에 대한 농도-기기감응곡선인 검량선을 작성하여 미지시료의 기기감응값을 측정해 농도를 측정하는 방법

65 표준수행절차(SOP)의 운전·성능 적격성 평가의 구성 요소가 아닌 것은?

① 목적(Purpose)
② 적용범위(Scope)
③ 의무이행조건(Responsibilities)
④ 시험·교정(Test and Calibration)

해설

표준수행절차(SOP)의 운전·성능 적격성 평가의 구성요소
- 목적
- 적용범위
- 의무이행조건
- 수행배경
- 장비설명
- 운전·성능 적격성 평가 프로토콜
- 운전·성능 적격성 평가 결과 보고
- 기타 참고·첨부자료

66 방법검증(Method Validation)에 포함되는 정밀도가 아닌 것은?

① 최종 정밀도   ② 중간 정밀도
③ 기기 정밀도   ④ 실험실 간 정밀도

해설

방법검증 : 어떤 분석방법이 목적에 부합되는가를 증명하는 과정
- 기기 정밀도(주입 정밀도) : 한 시료의 동일한 양을 한 기기에 반복적으로 주입할 때 관찰되는 재현성
- 실험실 내 정밀도(중간 정밀도) : 동일한 실험실 내에서 다른 시험자, 다른 시험일, 다른 장비·기구 등을 사용하여 분석한 측정값들 사이에 관찰되는 재현성
- 실험실 간 정밀도(재현성) : 동일 시료를 다른 실험실에서 분석할 때 관찰되는 재현성

정답 64 ③ 65 ④ 66 ①

67 화학분석 결과의 정확한 판정을 위해 필요한 유효숫자와 오차에 대한 설명 중 옳은 것은?

① 어떤 값에 대한 유효숫자의 수는 과학적인 표시법으로 값을 기록하는 데 필요한 최대한의 자릿수이다.
② 곱셈과 나눗셈에서 유효숫자의 수는 일반적으로 자릿수가 가장 큰 숫자에 의해서 제한된다.
③ 우연(불가측)오차는 주로 정밀도(재현성)에 영향을 주며, 약간의 우연오차는 항상 존재한다.
④ 계통(가측)오차는 주로 정확도에 영향을 미치며, 제거할 수 없는 오차이다.

> 해설
> 계통(가측)오차는 주로 정확도에 영향을 미치며, 제거할 수 있는 오차이다.

68 HPLC의 장비 및 소모품에 대한 설명으로 틀린 것은?

① 시료 주입용 주사기 : 시험 횟수와 바늘의 마모상태를 고려하여 교체주기를 결정해야 한다.
② HPLC 검출기 램프 : 예상하지 못한 상황에 대비하여 여분의 램프를 준비해 놓아야 한다.
③ HPLC 펌프 : 펌프 출력에 펄스가 없을 경우 교체한다.
④ HPLC 보호칼럼 : 주기적 교체를 통해 분석칼럼의 수명을 늘릴 수 있다.

> 해설
> HPLC 펌프
> • 펌프가 항상 일정하게 이동상을 보내야 한다.
> • 펌프 출력에 펄스가 있을 경우 교체한다.

69 시험장비 밸리데이션 범위에 포함되지 않는 것은?

① 설계적격성 평가   ② 설치적격성 평가
③ 가격적격성 평가   ④ 운전적격성 평가

> 해설
> 분석장비의 적격성 평가
> ㉠ 설계적격성(DQ : Design Qualification) 평가
>   분석장비의 사용목적에 맞는 장비 선택과 도입, 설치, 운용에 관련한 전반적 조건, 사양, 재질 등에 대한 설계의 적합성을 검토하는 과정이다.
> ㉡ 설치적격성(IQ : Installation Qualification) 평가
>   시험장비의 신규 도입 또는 설치장소 이동 등 설치와 관련된 상황 발생에 따라 장비의 적절한 설치 여부를 검증하는 과정으로 기계적 시스템 구성을 평가한다.
> ㉢ 운전적격성(OQ : Operation Qualification) 평가
>   분석장비의 설치환경에서 정상적인 운전 가능 여부 등을 기능적 검증 측면에서 적격성 평가를 진행해야 한다.
> ㉣ 성능적격성(PQ : Performance Qualification) 평가
>   분석장비의 운용목적에 따른 실제의 분석환경과 조건에서 분석대상물질 또는 특정표준물질 등에 대한 적격성 평가를 수행한다.

70 밸리데이션 항목 중 Linearity 시험결과의 해석으로 틀린 것은?

No.	농도 (mg/mL)	Retention Time (min)	Peak Area
1	1.5	4.325	151.2
2	1.1	4.318	109.1
3	1.0	4.323	100.9
4	0.9	4.321	90.2
5	0.5	4.324	50.5

① Retention Time의 RSD% : 0.06%
② y절편 : 81.5
③ 기울기 : 100.46
④ 상관계수 : 0.9995

> 해설
> • 농도(C) vs 봉우리 면적(A)
> $A = 100.46C - 0.1$
> • 상관계수
> $r = 0.9998$
> • 결정계수
> $r^2 = 0.9996$
> • 표준편차
> $s = 0.002774$
> • 상대표준편차
> $\text{RSD\%} = \dfrac{\text{표준편차}}{\text{평균}} \times 100 = 0.06\%$

정답 67 ③ 68 ③ 69 ③ 70 ②, ④

71 재현성에 관한 내용이 아닌 것은?
① 연구실 내 재현성에서 검토가 필요한 대표적인 변동요인은 시험일, 시험자, 장치 등이다.
② 연구실 간 재현성은 실험실 간의 공동실험 시 분석법을 표준화할 필요가 있을 때 평가한다.
③ 연구실 간 재현성이 표현된다면 연구실 내 재현성은 검증할 필요가 없다.
④ 재현성을 검증할 때는 분석법의 전 조작을 6회 반복 측정하여 상대표준편차값이 3% 이내가 되어야 한다.

해설
규정된 범위에 있는 최소한 3가지 농도에 대해서 분석방법의 모든 조작을 적어도 9회 반복 분석한 결과로 평가한다.
예 3가지 농도당 3회 반복 측정

72 의약품 제조 및 품질관리에 관한 규정상 시험방법 밸리데이션을 생략할 수 있는 품목으로 틀린 것은?
① 대한민국약전에 실려 있는 품목
② 식품의약품안전처장이 기준 및 시험방법을 고시한 품목
③ 밸리데이션을 실시한 품목과 주성분의 함량은 동일하나 제형만 다른 품목
④ 원개발사의 시험방법 밸리데이션 자료, 시험방법 이전을 받았음을 증빙하는 자료 및 제조원의 실험실과의 비교시험 자료가 있는 품목

해설
제형에 따라 배합성분이 다르므로 시험방법 밸리데이션을 실시해야 한다.

73 확인시험(Identification)의 밸리데이션에서 일반적으로 필요한 평가 파라미터는?
① 정확성   ② 특이성
③ 직선성   ④ 검출한계

해설
밸리데이션 평가 파라미터
• 특이성
• 정확성
• 정밀성
• 검출한계
• 정량한계
• 직선성
• 범위
• 완건성

74 이화학 분석에 관련된 설명 중 틀린 것은?
① 시험에 필요한 유리기구를 세척, 건조해야 하며, 이때 이전에 사용한 시약 또는 분석대상물질이 남아 있지 않도록 분석이 완료된 후 철저히 세척해야 한다.
② 분석결과의 통계처리는 일반적으로 평균, 표준편차 및 상대표준편차가 많이 이용된다.
③ 정확성은 측정값이 참값에 근접한 정도를 말한다.
④ 정밀성은 데이터의 입출력과 흐름을 추적하고 조작을 방지하는 시스템을 말한다.

해설
• 정밀성 : 측정값이 근접한 정도로 표준편차나 상대표준편차를 사용한다.
• 데이터 조작 방지시스템 : 데이터의 입출력과 흐름을 추적하고 조작을 방지하는 시스템을 말한다.

75 평균값이 4.74이고, 표준편차가 0.11일 때 분산계수(CV)는?
① 0.023%   ② 2.3%
③ 4.3%   ④ 43.09%

해설
$$CV = \frac{\sigma}{\bar{x}} \times 100\%$$
$$= \frac{0.11}{4.74} \times 100 = 2.3\%$$

정답 71 ④ 72 ③ 73 ② 74 ④ 75 ②

76 검량선에서 y절편의 표준편차가 0.1, 기울기가 0.1일 때의 정량한계는?

① 10 ② 1
③ 0.1 ④ 3.3

해설

정량한계 $LOQ = 10 \times \dfrac{\sigma}{S}$

$\qquad\qquad\quad = 10 \times \dfrac{0.1}{0.1} = 10$

여기서, σ : 표준편차
$\qquad\,\, S$: 검정곡선의 기울기

77 편극성의 변화를 기초로 시료를 파괴하지 않고 측정하는 분석 장비는?

① 라만 분광기 ② 형광 분광기
③ FT-IR 현미경 ④ 근적외선 분광기

해설

Raman 분광법
분자의 흡수에너지와 산란된 에너지의 차이로부터 그 분자의 진동에너지를 구한다. → 적외선 비활성 진동모드로 검출할 수 있다.

78 정량분석을 위해 분석물질과 다른 화학적으로 안정한 화합물을 미지시료에 첨가하는 것은?

① 절대검량선법 ② 표준첨가법
③ 내부표준법 ④ 분광간섭법

해설

내부표준물법
- 모든 시료, 바탕, 검정표준물에 동일량의 내부표준물을 첨가하여 분석물질의 신호와 내부표준물의 신호를 비교하여 분석물질의 양을 알아내는 방법
- 시험분석 절차, 기기 또는 시스템의 변동으로 발생하는 오차를 보정하기 위해 사용하는 방법

79 단일-용액 표준물첨가법(Standard Addition to a Single Solution)에 관한 설명 중 틀린 것은?(단, x축 : $[S]_i^o \dfrac{V_S}{V_o}$, y축 : $I_{S+X}^o \dfrac{V}{V_o}$인 그래프를 기준으로 한다.)

① 표준물을 첨가할 때마다 분석물 신호를 측정한다.
② 매트릭스를 변화시키지 않도록 가능한 한 적은 부피의 표준물을 첨가한다.
③ 묽힘을 고려하여 검출기 감응을 보정한 후 y축에 도시한다.
④ 보정된 감응 대 묽혀진 표준물 부피 그래프의 y절편이 미지 분석물의 농도이다.

해설

표준물첨가법
- 미지시료에 분석물 표준용액을 각각 일정량씩 첨가한 용액을 만들어 증가된 신호 세기로부터 원래 분석물질의 양을 알아내는 방법이다.
- 각각의 표준물을 첨가할 때마다 분석물 신호를 측정하여 검정곡선을 그리는데, x절편이 미지분석물의 농도이다.

80 유효숫자 표기 방법에 의한 계산 결과 값이 유효숫자 2자리인 것은?

① $(7.6 - 0.34) \div 1.95$
② $(1.05 \times 10^4) \times (9.92 \times 10^6)$
③ $850{,}000 - (9.0 \times 10^5)$
④ $83.25 \times 10^2 + 1.35 \times 10^2$

해설

① $(7.6 - 0.34) \div 1.95 = 3.7$ 유효숫자 : 2개
② $(1.05 \times 10^4)(9.92 \times 10^6) = 1.04 \times 10^{11}$ 유효숫자 : 3개
③ $850{,}000 - (9.0 \times 10^5) = -0.5 \times 10^5$ 유효숫자 : 1개
④ $83.25 \times 10^2 + 1.35 \times 10^2 = 84.60 \times 10^2$ 유효숫자 : 4개

정답 76 ① 77 ① 78 ③ 79 ④ 80 ①

5과목 환경·안전관리

81 화학물질 및 물리적 인자의 노출기준에 대한 설명 중 틀린 것은?

① 단시간노출기준(STEL)은 15분간의 시간가중평균노출값으로서 근로자가 STEL 이하로 유해인자에 노출되기 위해선 1회 노출 지속시간이 15분 미만이어야 하고, 1일 4회 이하로 발생해야 하며, 각 노출의 간격은 60분 이하이어야 한다.
② 최고노출기준(C)은 근로자가 1일 작업 시간 동안 잠시라도 노출되어서는 아니 되는 기준을 말하며, 노출기준 앞에 C를 붙여 표시한다.
③ 시간가중평균노출기준(TWA)은 1일 8시간 작업을 기준으로 하여 유해 인자의 측정치에 발생 시간을 곱하여 8시간으로 나눈 값을 말한다.
④ 특정 유해인자의 노출기준이 규정되지 않았을 경우 ACGIH의 TLVs를 준용한다.

해설

단시간노출기준(STEL)
15분간의 시간가중평균노출값으로서 근로자가 STEL 이하로 유해인자에 노출되기 위해선 1회 노출 지속시간이 15분 미만이어야 하고, 1일 4회 이하로 발생해야 하며, 각 노출의 간격은 60분 이상이어야 한다.

82 수소와 산소 기체를 반응시켜 수증기를 형성하는 다양한 경로를 통해 측정되는 반응열에 대한 설명으로 틀린 것은?(단, 각 경로의 반응열 측정은 동일한 온도에서 측정하였다고 가정한다.)

① 촉매 없이 반응을 천천히 진행시켜 54.6kcal/mol의 반응열을 측정하였다.
② 스파크를 가하여 폭발적인 반응을 진행시켜 54.6kcal/mol의 반응열을 측정하였다.
③ 아연 가루를 촉매로 가하여 반응을 빠르게 진행시켰으며, 54.6kcal/mol의 반응열을 측정하였다.
④ 반응기에 백금선을 추가하여 반응을 대용량으로 진행시켰으며, 109.2kcal/mol의 반응열을 측정하였다.

해설

촉매를 이용하더라도 반응열은 변화하지 않는다.

83 분진 폭발을 일으키는 금속 분말이 아닌 것은?

① 마그네슘 ② 백금
③ 티타늄   ④ 알루미늄

해설

백금은 반응성이 거의 없는 금속이다.

84 어떤 방사능 폐기물에서 방사능 정도가 12차 반감기가 지난 후에 비교적 무해하게 될 것이라고 가정한다. 이 기간 후 남아 있는 방사성 물질의 비는?

① 0.0144% ② 0.0244%
③ 0.0344% ④ 0.0444%

해설

반감기
양이 반으로 감소하는 데 걸리는 시간
$\left(\frac{1}{2}\right)^{12} = 0.000244 = 0.0244\%$

85 위험물안전관리법 시행령상 제1류 위험물과 가장 유사한 화학적 특성을 갖는 위험물은?

① 제2류 위험물 ② 제4류 위험물
③ 제5류 위험물 ④ 제6류 위험물

해설

- 제1류 위험물 : 산화성 고체
- 제2류 위험물 : 가연성 고체
- 제3류 위험물 : 자연발화성 및 금수성 물질
- 제4류 위험물 : 인화성 액체
- 제5류 위험물 : 자기반응성 물질
- 제6류 위험물 : 산화성 액체

정답 81 ① 82 ④ 83 ② 84 ② 85 ④

86 인화성 유기용매의 성질이 아닌 것은?

① 인화성 유기용매의 액체 비중은 대부분 물보다 가볍고 소수성이다.
② 인화성 유기용매의 증기 비중은 공기보다 작기 때문에 공기보다 높은 위치에서 확산된다.
③ 일반적으로 정전기의 방전 불꽃에 인화되기 쉽다.
④ 화기 등에 의한 인화, 폭발 위험성이 있다.

해설
인화성 유기용매의 증기 비중은 공기보다 크기 때문에, 공기보다 낮은 위치에서 확산된다.

87 화학물질의 분류·표시 및 물질안전보건자료에 관한 기준에 따른 경고표지의 색상 및 위치에 대한 설명으로 옳은 것은?

① 경고표지 전체의 바탕은 흰색으로, 글씨와 테두리는 검은색으로 하여야 한다.
② 예방조치 문구를 생략해도 된다.
③ 비닐포대 등 바탕색을 흰색으로 하기 어려운 경우에는 그 포장 또는 용기의 표면을 바탕색으로 사용할 수 없다.
④ 그림문자는 유해성·위험성을 나타내는 그림과 테두리로 구성되며, 유해성·위험성을 나타내는 그림은 백색으로 한다.

해설
- 경고표지 전체의 바탕은 흰색으로, 글씨와 테두리는 검은색으로 한다.
- 그림문자(GHS)는 유해성·위험성을 나타내는 그림은 검은색으로 하고 그림문자의 테두리는 빨간색, 그림문자의 바탕은 흰색으로 한다.
- 비닐포대 등 바탕색을 흰색으로 하기 어려운 경우에는 그 포장 또는 용기의 표면을 바탕색으로 사용할 수 있다.

88 대기환경보전법 시행규칙상 장거리 이동 대기오염 물질이 아닌 것은?

① 미세먼지 ② 납 및 그 화합물
③ 알코올류 ④ 포름알데히드

해설
대기환경보전법 시행규칙상 장거리 이동 대기오염물질
- 미세먼지
- 납 및 그 화합물
- 칼슘 및 그 화합물
- 수은 및 그 화합물
- 비소 및 그 화합물
- 망간화합물
- 니켈 및 그 화합물
- 벤젠
- 포름알데히드
- 염화수소
- 불소화물
- 시안화물
- 사염화탄소
- 클로로포름
- 1,3-부타디엔
- 디클로로메탄
- 스틸렌
- 테트라클로로에틸렌
- 1,2-디클로로에탄
- 에틸벤젠
- 트리클로로에틸렌
- 염화비닐

89 황린을 제외한 제3류 위험물 취급 시 유의사항으로 틀린 것은?

① 강산화제, 강산류 등과 접촉에 주의한다.
② 대기 중에서 공기와 접촉하여 자연 발화하는 때도 있다.
③ 대량의 물을 주수하여 초기 냉각소화한다.
④ 보호액 속에 저장할 때는 위험물이 보호액 표면에 노출되지 않도록 주의한다.

해설
제3류 위험물(자연발화성 물질 및 금수성 물질)의 소화방법
- 자연발화성 물질인 황린은 다량의 물로 냉각소화를 한다.
- 금수성 물질은 물, CO_2, 할로겐화합물 소화약제를 사용할 수 없고 마른 모래, 탄산수소염류 분말소화약제를 사용해야 한다.
- 건조사, 팽창질석, 팽창진주암을 이용한 피복소화, 분말소화기를 이용한 질식소화가 효과적이다.

90 화학실험실에서 구비해야 하는 분말 소화기에는 소화분말이 포함되어 있다. 다음 중 소화분말의 화학반응으로 틀린 것은?

① $2NaHCO_3 \rightarrow Na_2CO_3 + CO_2 + H_2O$
② $2KHCO_3 \rightarrow K_2CO_3 + CO_2 + H_2O$
③ $NH_4H_2PO_4 \rightarrow HPO_3 + NH_3 + H_2O_2$
④ $2KHCO_3 + (NH_2)_2CO \rightarrow K_2CO_3 + 2NH_3 + 2CO_2$

정답 86 ② 87 ① 88 ③ 89 ③ 90 ③

해설

- 제1종 분말소화약제
  $2NaHCO_3 \rightarrow Na_2CO_3 + H_2O + CO_2$
- 제2종 분말소화약제
  $2KHCO_3 \rightarrow K_2CO_3 + H_2O + CO_2$
- 제3종 분말소화약제
  $NH_4H_2PO_4 \rightarrow NH_3 + H_2O + HPO_3$
- 제4종 분말소화약제
  $2KHCO_3 + (NH_2)_2CO \rightarrow K_2CO_3 + 2CO_2 + 2NH_3$

91 CO_2 소화기의 사용 시 주의사항으로 옳은 것은?

① 모든 화재에 소화효과를 기대할 수 있음
② 모든 소화기 중 가장 소화효율이 좋음
③ 잘못 사용할 경우 동상 위험이 있음
④ 반영구적으로 사용할 수 있음

해설

CO_2 소화기
- 질식소화를 한다.
- 공기보다 무거운 기체(CO_2)를 이용한다.
- 줄－톰슨 효과에 의해 드라이아이스가 생성된다.
  → 동상의 위험이 있다.

92 물질안전보건자료(GHS/MSDS)의 표시사항에서 폭발성 물질(등급 1.2)의 구분기준으로 옳은 것은?

① 대폭발의 위험성이 있는 물질, 혼합물과 제품
② 대폭발의 위험성은 없으나 발사 위험성(Projection Hazard) 또는 약한 발사 위험성(Projection Hazard)이 있는 물질, 혼합물과 제품
③ 대폭발의 위험성은 없으나 화재 위험성이 있고 약한 폭풍 위험성(Blast Hazard) 또는 약한 발사 위험성(Projection Hazatd)이 있는 물질, 혼합물과 제품
④ 심각한 위험성은 없으나 발화 또는 기폭에 의해 약간의 위험성이 있는 물질, 혼합물과 제품

해설

- 등급 1.1 : 대폭발의 위험성이 있는 물질, 혼합물과 제품
- 등급 1.2 : 대폭발의 위험성은 없으나 발사 위험성 또는 약한 발사 위험성이 있는 물질, 혼합물과 제품
- 등급 1.3 : 대폭발의 위험성은 없으나 화재 위험성이 있고 약한 폭풍 위험성 또는 약한 발사 위험성이 있는 물질, 혼합물과 제품

93 반응성이 매우 큰 물질로서 항상 불활성 기체 속에서 취급해야 하는 물질은?

① 트리에틸알루미늄
② 하이드록실아민
③ 과염소산
④ 플루오린화수소

해설

트라이에틸알루미늄(TEA : Triethylaluminium)
산화되기 쉬우며 공기 속에서는 자연발화하고 물과도 폭발적으로 반응하므로 비활성 기체 속에 저장한다.

94 산화환원반응과 관련된 설명으로 틀린 것은?

① 산화제는 산화환원반응에서 자신은 환원되면서 상대물질을 산화시키는 물질이다.
② 환원제는 산화환원반응에서 산화수가 증가한다.
③ 이산화황은 환원제이지만 더 환원력이 강한 황화수소 등과 반응할 때에는 산화제로 사용된다.
④ 같은 주기에서 알칼리토금속보다 알칼리금속이 더 환원되기 쉽다.

해설

이온화에너지가 알칼리금속 < 알칼리토금속이므로 알칼리금속이 전자를 잃고 산화되기 쉽다.

정답 91 ③ 92 ② 93 ① 94 ④

95 화학물질의 분류·표시 및 물질안전보건자료에 관한 기준에서 물질안전보건자료 작성 시 혼합물의 유해성·위험성을 결정하는 방법으로 틀린 것은?(단, ATE는 급성독성추정값, C는 농도를 의미한다.)

① 혼합물 전체로서 시험된 자료가 있는 경우에는 그 시험결과에 따라 단일물질의 분류기준을 적용한다.
② 혼합물 전체로서 시험된 자료는 없지만, 유사 혼합물의 분류자료 등을 통하여 혼합물 전체로서 판단할 수 있는 근거자료가 있는 경우에는 희석값을 대푯값으로 하여 적용·분류한다.
③ 혼합물 전체로서 유해성을 평가할 자료는 없지만, 구성성분의 유해성 평가자료가 있는 경우의 급성독성 추정값 공식은 개별 성분의 농도/급성독성 추정값의 조화평균이다.
④ 혼합물 전체로서 유해성을 평가할 자료는 없지만, 구성성분의 90% 미만 성분의 유해성 평가자료가 있거나 추정 가능할 경우의 급성독성 추정값 공식은 $\dfrac{100 - C_{unknown}}{ATE_{mix}} = \sum_n \dfrac{C_i}{ATE_i}$ 이다.

해설

혼합물 전체로서 시험된 자료는 없지만, 유사 혼합물의 분류자료 등을 통하여 혼합물 전체로서 판단할 수 있는 근거자료가 있는 경우 희석·배치, 농축, 내삽, 유사혼합물 또는 에어로졸 등의 가교원리를 적용하여 분류한다.

96 폐기물관리법 시행령상 지정폐기물에 해당되지 않는 것은?

① 고체상태의 폐합성수지
② 농약의 제조·판매업소에서 발생되는 폐농약
③ 대기오염 방지시설에서 포집된 분진
④ 폐유기용제

해설

지정폐기물
사업장에서 발생하는 폐기물 중 폐유, 폐유기용제, 폐산, 폐알칼리, 폐농약, 폐합성수지(고체상태의 것 제외), 폐수처리 오니, 분진(대기오염 방지시설에서 포집된 것) 등 주변환경을 오염시킬 수 있거나 의료폐기물 등 인체에 위해를 줄 수 있는 해로운 물질로 대통령령으로 정하는 폐기물

97 아래의 가스로 인한 상해로 가장 알맞은 것은?

염소, 염화수소, 일산화탄소, 아황산가스, 암모니아, 포스겐

① 부식
② 폭발
③ 저온 화상
④ 가스 중독

해설

- 가스 중독을 일으키는 물질 : 염소, 염화수소, 일산화탄소, 아황산가스, 암모니아, 포스겐 등
- 폭발성 가스 : 아세틸렌, 수소, LPG, LNG, 암모니아 등

98 물과 접촉하면 위험한 물질로 짝지어진 것은?

① K, CaC_2, $KClO_4$
② K_2O, $K_2Cr_2O_7$, CH_3CHO
③ K_2O_2, K, CaC_2
④ Na, $KMnO_4$, $NaClO_4$

해설

금수성 물질 : 제1류 위험물 중 알칼리금속의 과산화물, 제3류 위험물
- 알칼리금속(Na, K)
- 탄화칼슘(CaC_2)
- 금속산화물(CaO)
- 금속수소화물(NaH, KH)
- 무기과산화물류(Na_2O_2, K_2O_2)

99 인화성 액체와 함께 보관이 불가능한 물질은?

① 염기류
② 산화제류
③ 환원제류
④ 모든 수용액

정답 95 ② 96 ① 97 ④ 98 ③ 99 ②

> **해설**

제4류 위험물은 인화성 액체이므로 산화제와 접촉하면 안 된다.

100 다음 설명에 해당하는 시료 채취방법은?

> 전문적인 지식을 바탕으로 주관적인 선택에 따른 채취방법으로 선행연구나 정보가 있을 때 또는 현장 방문에 의한 시각적 정보, 현장 채수요원의 개인적인 지식과 경험을 바탕으로 채취지점을 선정하는 방법

① 유의적 샘플링
② 임의적 샘플링
③ 계통 표본 샘플링
④ 층별 임의 샘플링

> **해설**

대표성 시료 샘플링 방법
㉠ 유의적 샘플링
- 전문적인 지식을 바탕으로 주관적인 선택에 따른 채취방법
- 선행연구나 정보가 있을 경우 또는 현장 방문에 의한 시각적 정보, 현장 채수요원의 개인적인 지식과 경험을 바탕으로 채취지점을 선정하는 방법
- 연구기간이 짧고, 예산이 충분하지 않을 때, 과거 측정지점에 대한 조사자료가 있을 때, 특정 지점의 오염 발생 여부를 확인하고자 할 때 선택

㉡ 임의적 샘플링
- 시료군 전체에 임의적으로 시료를 채취하는 방법
- 넓은 면적 또는 많은 수의 시료를 대상으로 할 때 임의적으로 선택하여 시료를 채취하는 방법
- 시료가 우연히 발견되는 것이 아니라 폭넓게 모든 지점에서 발생할 수 있다는 것을 전제로 한다.

㉢ 계통 표본 샘플링(계통적 격자 샘플링)
- 시료군을 일정한 패턴으로 구획하여 선택하는 방법
- 시료군을 일정한 격자로 구분하여 시료를 채취한다.
- 격자 안에서 임의적으로 샘플링하므로 다른 구획의 샘플링에 영향을 받지 않고 채취한다.
- 채취지점이 명확하여 시료채취가 쉽고, 현장요원이 쉽게 찾을 수 있다.
- 구획구간의 거리를 정하는 것이 매우 중요하며, 시공간적 영향을 고려하여 충분히 작은 구간으로 구획하는 것이 좋다.

정답 100 ①

2020년 제3회 기출문제

1과목 화학분석 과정관리

01 분석 작업 표준지침서에 따라 표준시료를 제조하는 다음의 설명 중 적합하지 않은 것은?(단, 표준저장용액은 100mg/L의 농도를 조제하는 것을 기준으로 한다.)

① 카드뮴(Cd)의 표준저장용액은 4mL 진한 HNO_3에 카드뮴 금속 0.100g을 녹인 후, 진한 HNO_3 5mL를 첨가하고, 증류수를 가하여 1,000mL로 만든다.
② 철(Fe)의 표준저장용액은 10mL의 50% HCl과 5mL의 진한 HNO_3의 혼합물에 철와이어 0.150g을 녹이고, 5mL 진한 HNO_3을 첨가한 후 증류수를 가하여 1,000mL로 만든다.
③ 납(Pb)의 표준저장용액은 소량의 HNO_3에 $Pb(NO_3)_2$ 0.1598g을 녹이고, 증류수를 가하여 1,000mL로 만든다.
④ 나트륨(Na)의 표준저장용액은 증류수에 NaCl 0.2542g을 녹이고, 10mL 진한 HNO_3을 첨가한 후 증류수를 가하여 1,000mL로 만든다.

해설
- Cd(카드뮴) : 4mL 진한 HNO_3에 카드뮴 금속 0.100g을 녹인 후, 진한 HNO_3 5mL를 첨가하고 증류수를 가하여 1,000mL로 만든다.
- Fe(철) : 10mL 50% HCl과 3mL 진한 HNO_3의 혼합물에 철와이어 0.100g을 녹이고, 5mL 진한 HNO_3을 첨가한 후 증류수를 가하여 1,000mL로 만든다.
- Pb(납) : 소량의 HNO_3에 $Pb(NO_3)_2$ 0.1598g을 녹이고, 증류수를 가하여 1,000mL로 만든다.
- Na(나트륨) : 증류수에 NaCl 0.2542g을 녹이고, 10mL 진한 HNO_3을 첨가한 후 증류수를 가하여 1,000mL로 만든다.

02 다음 표준규격에 관한 설명 중에서 옳은 것으로만 짝지어진 것은?

A. 국내 분석과 관련된 규격에는 국가표준과 단체표준이 있으며, 이 중에서 국가표준은 KS이다.
B. ASTM은 미국에서 통용되고 있는 분석 관련 규격이다.
C. ISO와 IEC는 국제표준화기구로서 국제표준을 제작한다.
D. 전기전자제품을 수출할 때 유용한 유해물질 분석규격인 RoHS는 ISO에서 제작한 국제표준이다.

① A, B
② A, B, C
③ A, C, D
④ A, B, C, D

해설
- KS : 한국산업표준, 국가표준
- ASTM : 미국재료시험협회
- ISO : 국제표준화기구, 품질경영시스템에 대한 국제규격
- IEC : 국제전기기술위원회, 국제규격
- RoHS : 전기 및 전자 장비의 특정유해물질 사용제한 지침, EU에서 제정한 전기전자제품의 특정한 유해물질 사용을 제한하는 제도로 WEEE(Waste Electrical and Electronic Equipment)에 의해 제정·공포된다.

03 금속이온과 불꽃반응색이 잘못 짝지어진 것은?

① 나트륨 – 노란색
② 리튬 – 빨간색
③ 칼륨 – 황록색
④ 구리 – 청록색

해설

불꽃반응색

Na	K	Ca	Li	Sr	Ba	Cu	Cs
노란색	보라색	주황색	빨간색	빨간색	황록색	청록색	파란색

정답 01 ② 02 ② 03 ③

04 분석 장비에 관한 설명 중 옳은 것은?

① 전류계는 분석물을 산화 또는 환원하는 데 필요한 전하를 공급하는 장치로 교류전원을 많이 사용한다.
② pH 미터는 가스전극을 사용하므로 취급에 각별히 주의하여야 한다.
③ 질량분석기는 분석물을 이온화하여 질량 대 전하비를 측정하는 장치이다.
④ GC는 GLC와 GSC로 나뉘는데 두 기기의 차이는 분석물의 상(Phase)이다.

해설

㉠ 전류계 : 전류를 측정하는 장치
㉡ pH 미터 : 유리전극을 사용하므로 취급에 주의해야 한다.
㉢ GC
 • GLC : 정지상이 액체
 • GSC : 정지상이 고체

05 기기분석법에서 분석방법에 대한 설명으로 가장 옳은 것은?

① 표준물첨가법은 미지의 시료에 분석하고자 하는 표준물질을 일정량 첨가해서 미지물질의 농도를 구한다.
② 내부표준법은 시료에 원하는 물질을 첨가하여 표준검량선을 이용하여 정량한다.
③ 정성분석 시 검량선 작성은 필수적이다.
④ 정량분석은 반드시 기기분석으로만 할 수 있다.

해설

표준물첨가법
• 미지시료에 분석물 표준용액(이미 알고 있는 양의 분석물질)을 각각 일정량씩 첨가한 용액을 만들어 증가된 신호세기로부터 원래 분석물질의 양을 알아내는 방법이다.
• 시료의 조성이 잘 알려져 있지 않거나 매트릭스 효과가 있는 시료의 분석에 유용하다.

내부표준물법
• 모든 시료, 바탕 검정표준물에 동일량의 내부표준물을 첨가하여 분석물질의 신호와 내부표준물의 신호를 비교하여 분석물질의 양을 알아내는 방법이다.
• 시험분석 절차, 기기 또는 시스템의 변동으로 발생하는 오차를 보정하기 위해 사용한다.

06 0.10M KNO_3 용액에 관한 설명으로 옳은 것은?

① 이 용액 0.10L에는 6.02×10^{22}의 K^+ 이온들이 존재한다.
② 이 용액 0.10L에는 6.02×10^{23}의 K^+ 이온들이 존재한다.
③ 이 용액 0.10L에는 0.010몰의 K^+ 이온들이 존재한다.
④ 이 용액 0.10L에는 1.0몰의 K^+ 이온들이 존재한다.

해설

$M_1 V_1 = M_2 V_2$
$0.1M \times 1L = M_2 \times 0.1L$
$\therefore M_2 = 0.01M$

$0.01M\ KNO_3 = \dfrac{0.01 mol\ KNO_3}{1L\ 용액}$

1L 용액에 0.01mol K^+ 이온들이 존재한다.
∴ 용액 0.10L에는 0.01mol = 6.02×10^{21}개의 K^+ 이온이 존재한다.

07 불포화 탄화수소에 속하지 않는 것은?

① alkane
② alkene
③ alkyne
④ arene

해설

08 C_2H_5OH 8.72g을 얼렸을 때의 ΔH는 약 몇 kJ인가?(단, C_2H_5OH 열은 4.81kJ/mol이다.)

① +0.9
② -0.9
③ +41.9
④ -41.9

해설

초기 $\Delta H = 4.81 kJ/mol$

$C_2H_5OH\ 8.72g \times \dfrac{1 mol}{46g} = 0.19 mol$

$\therefore \Delta H = 4.81 kJ/mol \times 0.19 mol$
$= -0.9 kJ$

정답 04 ③ 05 ① 06 ③ 07 ① 08 ②

09 벤젠을 실험식으로 옳게 나타낸 것은?
① C_6H_6
② C_6H_5
③ C_3H_3
④ CH

해설

벤젠(C_6H_6)의 실험식 : CH

10 1.87g의 아연금속으로부터 얻을 수 있는 산화아연의 질량(g)은?(단, Zn 분자량 : 65g/mol, 산화아연의 생성반응식 : $2Zn(s) + O_2(g) \rightarrow 2ZnO(s)$이다.)
① 1.17
② 1.50
③ 2.33
④ 4.66

해설

$2Zn(s) + O_2(g) \rightarrow 2ZnO(s)$
2×65 : 2×81
1.87 : x
$\therefore x = 2.33g$

11 기체에 대한 설명 중 틀린 것은?
① 동일한 온도 조건에서는 이상기체의 압력과 부피의 곱이 일정하게 유지되면 이를 Boyle의 법칙이라고 한다.
② 기체분자운동론에 의해 기체의 절대온도는 기체 입자의 평균운동에너지의 척도로 나타낼 수 있다.
③ Van der Waals는 보정된 압력과 보정된 부피를 이용하여 이상기체 방정식을 수정, 이상기체 법칙을 정확히 따르지 않는 실제 기체에 대한 방정식을 유도하였다.
④ 기체의 분출(Effusion) 속도는 입자 질량의 제곱근에 정비례하며 이를 Graham의 확산법칙이라고 한다.

해설

Graham(그레이엄)의 확산법칙
$\frac{v_2}{v_1} = \sqrt{\frac{M_1}{M_2}}$
같은 온도, 압력에서 기체의 분출속도는 분자량의 제곱근에 반비례한다.

12 0.120mol의 $HC_2H_3O_2$와 0.140mol의 $NaC_2H_3O_2$가 들어 있는 1.00L 용액의 pH는?(단, $HC_2H_3O_2$의 $K_a = 1.8 \times 10^{-5}$이다.)
① 3.81
② 4.81
③ 5.81
④ 6.81

해설

$$pH = pK_a + \log\frac{[A^-]}{[HA]}$$
$$= -\log(1.8 \times 10^{-5}) + \log\frac{0.140}{0.120}$$
$$= 4.81$$

13 시클로알칸류 탄화수소에 대한 설명 중 틀린 것은?
① 시클로알칸은 탄소고리 모양을 갖고 있으며 일반식은 C_nH_{2n+2}로 나타낸다.
② 시클로프로판과 시클로부탄은 결합각이 109.5°에서 크게 벗어나 있어 결합각 스트레인(Angle Strain)을 갖는다.
③ 시클로헥산의 Conformation은 크게 보트(Boat)형과 의자(Chair)형으로 구별되며 에너지 상태는 의자형이 낮다.
④ Methylcyclohexane의 메틸기와 하나 건너 탄소와 결합된 수소원자 사이에 존재하는 입체 반발력을 1,3-이축방향 상호작용이라 부른다.

해설

Cycloalkane : 고리형 포화 탄화수소, C_nH_{2n}

14 고분자의 생성 메커니즘(축합, 중합)이 나머지 셋과 다른 하나는?
① 나일론(Nylon)
② PVC(Polyvinyl Chloride)
③ 폴리에스터(Polyester)
④ 단백질(Protein)

해설

- 나일론, 폴리에스터, 단백질 : 축합중합
- PVC : 첨가중합

정답 09 ④ 10 ③ 11 ④ 12 ② 13 ① 14 ②

15 원자와 분자의 결합에 대한 다음 설명 중 옳은 것은?

① 어떤 원자가 양이온으로 변하는 과정은 그 원자가 전자에 대해 나타내는 전자친화도(Electron Affinity)와 관련이 있다.
② 어떤 원자가 음이온으로 변하는 과정은 그 원자가 전자에 대해 나타내는 전기음성도(Eletronegativity)와 관련이 있다.
③ 어떤 이온결합이 극성 결합인지의 여부는 그 결합에 참여한 원자들의 전기음성도(Eletronegativity)와 관련이 있다.
④ 어떤 공유결합이 극성 결합인지의 여부는 그 결합에 참여한 원자들의 전기음성도(Eletronegativity)와 관련이 있다.

해설

전자친화도
$M(g) + e^- \rightarrow M^-(g) + E$
기체상태의 중성 원자에 전자가 첨가되어 음이온을 만들 때 방출하는 에너지이다.

전기음성도
두 원자가 전자를 공유하여 결합을 형성한 분자에서 원자가 전자쌍을 끌어당기는 힘을 상대적인 수치로 나타낸 것이다.

16 텔루튬($_{52}$Te)과 요오드($_{53}$I)의 이온화에너지와 전자친화도의 크기 비교를 옳게 나타낸 것은?

① 이온화에너지 : Te<I, 전자친화도 : Te<I
② 이온화에너지 : Te>I, 전자친화도 : Te>I
③ 이온화에너지 : Te<I, 전자친화도 : Te>I
④ 이온화에너지 : Te>I, 전자친화도 : Te<I

해설

주기율표상에서 Te, I의 순서로 위치하므로 이온화에너지, 전자친화도는 Te<I이다.

17 원소 및 원소의 주기적 특성에 대한 설명으로 옳은 것은?

① Mg의 1차 이온화에너지는 3주기 원소들 중에 가장 작다.
② Cl이 염화이온(Cl$^-$)이 될 때 같은 주기 원소 중 가장 많은 에너지를 흡수한다.
③ Na가 소듐이온(Na$^+$)이 되면 반지름이 증가한다.
④ K의 원자 반지름은 Ca의 원자 반지름보다 크다.

해설

주기율표상에서 특징

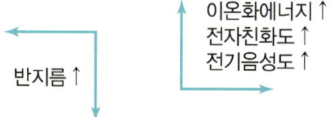

18 1.0mol의 산소와 과량의 프로페인(C$_3$H$_8$) 기체의 완전 연소로 생성되는 이산화탄소의 몰수는?

① 0.3
② 0.4
③ 0.5
④ 0.6

해설

$C_3H_8 + 5O_2 \rightarrow 3CO_2 + 4H_2O$
$\quad\quad\quad 5 : 3$
$\quad\quad\quad 1 : x$
$\therefore x = \dfrac{3}{5}\text{mol} = 0.6\text{mol}$

19 분광분석법이 아닌 것은?

① DTA
② Raman
③ UV/Vis
④ Chemiluminescence

해설

DTA : 열분석법

정답 15 ④ 16 ① 17 ④ 18 ④ 19 ①

20 일반적인 화학적 성질에 대한 설명 중 틀린 것은?

① 열역학적 개념 중에 엔트로피는 특정 물질을 이루고 있는 입자의 무질서한 운동을 나타내는 특성이다.
② 빛을 금속 표면에 쪼였을 때 전자가 방출되는 현상을 광전효과라 하며, Albert Einstein이 발견하였다.
③ 기체상태의 원자에 전자 하나를 더하는 데 필요한 에너지를 이온화에너지라 한다.
④ 같은 주기에서 원자의 반지름은 원자번호가 증가할수록 감소한다.

해설

전자친화도
기체상태의 원자에 전자 하나를 더하는 데 필요한 에너지

이온화에너지
기체상태의 원자나 이온의 바닥 상태로부터 전자 하나를 제거하는 데 필요한 최소의 에너지

2과목 화학물질 특성분석

21 분자흡수분광법의 가시광선 영역에서 주로 사용되는 복사선의 광원은?

① 중수소등   ② 니크롬선등
③ 속빈음극등   ④ 텅스텐 필라멘트등

해설

UV – Vis 분자흡수분광법의 광원
• 중수소와 수소램프 : 자외선
• 텅스텐 필라멘트 램프 : 가시광선, 근적외선
• 광 – 방출 다이오드
• 제논 아크 램프

22 $4HCl(g) + O_2(g) + heat \rightleftharpoons 2Cl_2(g) + 2H_2O(g)$ 반응이 평형상태에 있을 때, 정반응이 우세하게 일어나게 하는 변화로 옳은 것은?

① Cl_2의 농도 증가   ② HCl의 농도 감소
③ 반응온도 감소   ④ 압력의 증가

해설

$4HCl(g) + O_2(g) + heat \rightleftharpoons 2Cl_2(g) + 2H_2O(g)$
• 흡열반응이므로 온도를 올리면 정반응이 우세하다.
• 반응물(HCl, O_2)의 농도를 증가시키면 정반응이 우세하다.
• 압력을 증가시키면 정반응이 우세하다.

23 아세트산(CH_3COOH)의 해리평형반응이 아래와 같을 때 산해리상수(K_a)를 올바르게 표현한 것은?

$$CH_3COOH(aq) \rightleftharpoons CH_3COO^-(aq) + H^+(aq)$$

① $\dfrac{[CH_3COO^-]}{[CH_3COOH]}$ ② $\dfrac{[CH_3COOH]}{[CH_3COO^-]}$

③ $\dfrac{[CH_3COOH]}{[CH_3COO^-][H^+]}$ ④ $\dfrac{[CH_3COO^-][H^+]}{[CH_3COOH]}$

해설

$$K_a = \dfrac{[CH_3COO^-][H^+]}{[CH_3COOH]}$$

24 원자분광법에서 사용되는 시료 도입방법 중 고체형태의 시료에 적용시킬 수 없는 방법은?

① 기체 분무화   ② 전열 증기화
③ 레이저 증발   ④ 아크 증발

해설

원자분광법의 시료 도입방법

용액시료의 도입	고체시료의 도입
• 기체 분무기	• 직접 도입
• 초음파 분무기	• 전열 증기화
• 전열 증기화	• 레이저 증발
• 수소화물 생성법	• 아크와 스파크 증발(전도성 고체)
	• 글로우 방전법(전도성 고체)

정답 20 ③ 21 ④ 22 ④ 23 ④ 24 ①

25 원자분광법에 사용되는 분무기 중 분무효율이 가장 좋은 것은?

① 중심관(Concentric) 분무기
② 바빙턴(Barbington) 분무기
③ 초음파(Ultrasonic) 분무기
④ 가로-흐름(Cross-flow) 분무기

해설

기압식 분무기 : 동심관 기압식 분무기

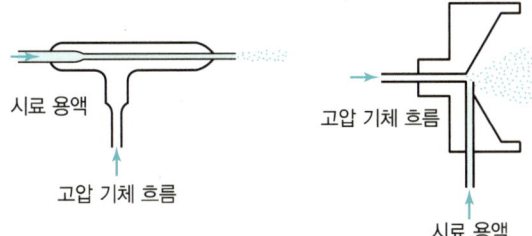

ⓒ 소결판 분무기   ⓔ 바빙턴 분무기

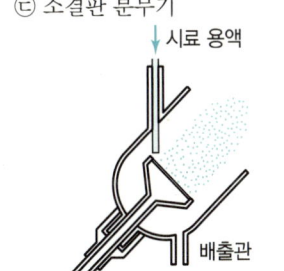 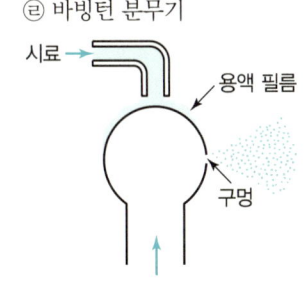

초음파 분무기
- 20kHz~수 MHz의 주파수에서 진동하는 압전기 결정의 표면으로 시료를 주입한다.
- 초음파 분무기는 기압식 분무기보다 고밀도이고, 더 균일한 에어로졸을 만든다.

26 25℃에서 아연(Zn)의 표준전극전위가 다음과 같을 때 0.0600M $Zn(NO_3)_2$ 용액에 담겨 있는 아연 전극의 전위(V)는?

$$Zn^{2+} + 2e^- \rightleftharpoons Zn(s) \quad E° = -0.763V$$

① -0.763   ② -0.799
③ -0.835   ④ -0.846

해설

$$E = E° - \frac{0.0592}{n} \log \frac{1}{[Zn^{2+}]}$$
$$= -0.763V - \frac{0.0592}{2} \log \frac{1}{0.0600}$$
$$= -0.799$$

27 Mg^{2+}이온과 EDTA와의 착물 MgY^{2-}를 포함하는 수용액에 대한 다음 설명 중 틀린 것은?(단, Y^{4-}는 수소이온을 모두 잃어버린 EDTA의 한 형태이다.)

① Mg^{2+}와 EDTA의 반응은 킬레이트 효과로 설명할 수 있다.
② 용액의 pH를 높일수록 해리된 Mg^{2+}이온의 농도는 감소한다.
③ 해리된 Mg^{2+}이온의 농도와 Y^{4-}의 농도는 서로 같다.
④ EDTA는 산-염기 화합물이다.

해설
- pH가 높을수록 착물 형성이 더 잘되므로 Mg^{2+}의 농도가 감소한다.
- 해리된 EDTA는 Y^{4-} 형태뿐 아니라, 여러 형태의 여러 화학종으로 존재한다.

28 난용성 고체염인 $BaSO_4$로 포화된 수용액에 대한 설명으로 틀린 것은?

① $BaSO_4$ 포화 수용액에 황산 용액을 넣으면 $BaSO_4$가 석출된다.
② $BaSO_4$ 포화 수용액에 소금을 첨가하면 $BaSO_4$가 석출된다.
③ $BaSO_4$의 K_{sp}는 온도의 함수이다.
④ $BaSO_4$ 포화 수용액에 $BaCl_2$ 용액을 넣으면 $BaSO_4$가 석출된다.

해설
- 소금(NaCl), 가용성 염을 첨가하면 이온 세기에 의해 난용성 염의 용해도가 증가된다.
- $BaSO_4$ 용액에 H_2SO_4 또는 $BaCl_2$를 넣으면 공통이온효과에 의해 $BaSO_4$가 석출된다.

정답 25 ③ 26 ② 27 ③ 28 ②

29 다음 중 표준상태에서 가장 강한 산화제는?

① Cl_2 ② HNO_2
③ H_2SO_3 ④ MnO_2

해설
산화제는 자신은 환원되고 남을 산화시키는 물질이므로 전자를 쉽게 얻을 수 있는 물질이 가장 강한 산화제이다.

30 완충용액과 완충용량에 대한 설명으로 틀린 것은?
① 완충용액은 약산과 짝염기가 공존하기 때문에 pH 변화가 적다.
② 완충용액은 약산과 짝염기의 비율이 1 : 1일 경우 최대이다.
③ 완충용량이 작을수록 용액은 pH 변화에 더 잘 견딘다.
④ 완충용액의 pH는 용액의 이온 세기에 의존한다.

해설
완충용액
- 약산 + 짝염기 (1)
- 약산 + 강염기 $\left(\dfrac{1}{2}\right)$
- 약염기 + 짝산 (1)
- 약염기 + 강산 $\left(\dfrac{1}{2}\right)$
- 완충용액의 pH는 이온 세기와 온도에 의존한다.
- 완충용량이 클수록 pH 변화를 더 잘 견딘다.

31 활동도 계수(Activity Coefficient)에 대한 설명으로 옳은 것은?
① 이온의 전하가 같을 때 이온 크기가 증가하면 활동도 계수는 증가한다.
② 이온의 크기가 같을 때 이온의 세기가 증가하면 활동도 계수는 증가한다.
③ 이온의 크기가 같을 때 이온의 전하가 증가하면 활동도 계수는 증가한다.
④ 이온의 농도가 묽은 용액일수록 활동도 계수는 1보다 커진다.

해설
- 묽은 용액일수록 활동도 계수는 1에 수렴한다.
- 이온 세기가 클수록, 이온의 전하가 클수록, 수화반경이 작을수록 활동도 계수는 감소한다.

32 염이 녹은 수용액의 액성을 나타낸 것 중 틀린 것은?
① $NaNO_3$: 중성 ② Na_2CO_3 : 염기성
③ NH_4Cl : 산성 ④ $NaCN$: 산성

해설
HCN + NaOH → NaCN + H_2O
약산   강염기   염(염기성)
NaCN은 약산과 강염기의 염이므로 염기성이 된다.

33 25℃, 0.100M KCl 수용액의 활동도 계수를 고려한 pH는?(단, 25℃에서 H^+와 OH^-의 활동도 계수는 각각 0.830, 0.760이며, 물의 이온화 상수는 1.00×10^{-14}이다.)

① 6.82 ② 6.90
③ 6.98 ④ 7.00

해설
$K_w = a_{H^+} \times a_{OH^-} = 0.83[H^+] \times 0.76[OH^-]$
$= 0.63[H^+]^2 = 1.0 \times 10^{-14}$
$[H^+] = \sqrt{\dfrac{1.0 \times 10^{-14}}{0.63}} = 1.26 \times 10^{-7} M$
$\therefore pH = -\log a_{H^+}$
$= -\log(0.83 \times 1.26 \times 10^{-7}) = 6.98$

34 $CuN_3(s) \rightleftarrows Cu^+(aq) + N_3^-(aq)$의 평형상수가 K_1이고, $HN_3(aq) \rightleftarrows H^+(aq) + N_3^-(aq)$의 평형상수가 K_2일 때, $Cu^+(aq) + HN_3(aq) \rightleftarrows H^+(aq) + CuN_3(s)$의 평형상수를 옳게 나타낸 것은?

① $\dfrac{K_2}{K_1}$ ② $\dfrac{K_1}{K_2}$
③ $K_1 \times K_2$ ④ $\dfrac{1}{K_1 + K_2}$

정답 29 ① 30 ③ 31 ① 32 ④ 33 ③ 34 ①

해설

$$HN_3(aq) \rightleftharpoons H^+(aq) + N_3^-(aq) \qquad K_2 = \frac{[H^+][N_3^-]}{[HN_3]}$$
$$-)\; CuN_3(s) \rightleftharpoons Cu^{2+}(aq) + N_3^-(aq) \qquad K_1 = [Cu^{2+}][N_3^-]$$
$$\overline{Cu^{2+}(aq) + HN_3(aq) \rightleftharpoons H^+(aq) + CuN_3(s)}$$

$$K = \frac{[H^+]}{[Cu^{2+}][NH_3]} = \frac{K_2}{K_1}$$

35 MnO_4^- 에서 Mn의 산화수는 얼마인가?
① +2
② +3
③ +5
④ +7

해설

MnO_4^-
$Mn + (-2) \times 4 = -1$
∴ Mn = +7

36 표준전극전위($E°$)의 특징을 설명한 것으로 틀린 것은?
① 전체 전지에 대한 표준전극전위는 환원전극의 표준전극전위에서 산화전극의 표준전극전위를 뺀 값이다.
② 반쪽반응에 대한 표준전극전위는 온도에 따라 변하지 않는다.
③ 균형 잡힌 반쪽반응물과 생성물의 몰수에 무관하다.
④ 전기화학전지의 전위라는 점에서 상대적인 양이다.

해설

반쪽반응에 대한 표준전극전위는 온도에 따라 변한다.

37 루미네센스(Luminescence) 방법의 특징이 아닌 것은?
① 검출한계가 낮다.
② 정량분석을 할 수 있다.
③ 흡수법에 비해 선형 농도측정범위가 좁다.
④ 시료 매트릭스로부터 방해 효과를 받기 쉽다.

해설

루미네센스(luminesence, 발광) 방법
• 감도가 우수하다.
• 검출한계가 수 ppb 정도로 낮다.
• 선형 농도 측정범위가 넓다.
• 감도가 매우 좋아서 시료 매트릭스로부터 방해가 심하다.
• 많은 화학종들이 자외선 – 가시광선 영역에서 발광보다는 흡수하기 때문에 흡수법만큼 정량분석에 널리 쓰이지 않는다.

38 갈바니전지와 관련된 설명 중 틀린 것은?
① 갈바니전지의 반응은 자발적이다.
② 전자는 전위가 낮은 전극으로 이동한다.
③ 전지전위는 양수이다.
④ 산화반응이 일어나는 전극을 Anode, 환원반응이 일어나는 전극을 Cathode라 한다.

해설

갈바니전지
• (−)극 : 산화전극(Anode)
  산화반응이 일어나며 전자가 나온다.
• (+)극 : 환원전극(Cathode)
  환원반응이 일어나며 전자를 받는다.

39 어떤 염산 용액의 밀도가 $1.19g/cm^3$이고 농도는 37.2wt%일 때, 이 용액의 몰농도를 구하는 식으로 옳은 것은?(단, HCl의 분자량은 36.5g/mol이다.)
① $1.19 \times 0.372 \times 1/36.5 \times 10^3$
② $1.19 \times 0.372 \times 1/36.5$
③ $1.19 \times 0.372 \times 36.5 \times 1/10^3$
④ $1.19 \times 0.372 \times 36.5$

해설

$1.19 \dfrac{g}{cm^3} \times 0.372\, HCl \times \dfrac{1mol\, HCl}{36.5g\, HCl} \times \dfrac{10^3 cm^3}{1L}$
$= 12.14 mol/L$

40 다음 중 가장 센 산화력을 가진 산화제는?(단, $E°$는 표준환원전위이다.)

① 세륨이온(Ce^{4+}), $E° = 1.44V$
② 크롬산이온(CrO_4^{2-}), $E° = -0.12V$
③ 과망간산이온(MnO_4^-), $E° = 1.51V$
④ 중크롬산이온($Cr_2O_7^{2-}$), $E° = 1.36V$

해설

가장 센 산화제는 가장 환원이 잘되는 물질이므로 표준환원전위가 가장 큰 값을 나타내는 이온이다.

3과목　화학물질 구조분석

41 보호관(Guard Column)의 사용 및 특성에 대해 설명한 것으로 틀린 것은?

① 분석관 뒤에 설치한다.
② 분석관의 수명을 연장시킨다.
③ 정지상에 비가역적으로 결합되는 시료성분을 제거한다.
④ 보호관 충전물의 조성은 분석관의 것과 거의 같아야 한다.

해설

보호칼럼(보호관)
- 시료주입기와 분석칼럼 사이에 위치한다.
- 분석칼럼과 동일한 정지상으로 충전된 짧은 칼럼이다.
- 강하게 정지상에 잔류되는 화합물 및 불순물을 제거한다.
- 보호칼럼은 정기적으로 교체해주면 분석칼럼의 수명을 연장시킬 수 있다.

42 얇은 층 크로마토그래피(TLC)에 관한 설명으로 옳은 것은?

① TLC는 유기화합물 합성에서 반응의 완결을 확인하는 데 유용하게 이용되기도 한다.
② TLC에서는 머무름인자를 얻는 것이 칼럼을 이용한 실험으로부터 얻는 것보다 어렵고 오래 걸린다.
③ TLC에서는 용매의 이동거리와 각 성분의 이동거리의 차를 지연 인자로 삼는다.
④ TLC는 2차원(2-dimensional) 분리가 불가능하다.

해설

얇은 층 크로마토그래피(TLC)
- 생화학과 생물학 연구에 이용된다.
- 얇은 층 크로마토그래피로 머무름인자를 얻는 것이 칼럼을 이용한 실험으로부터 얻는 것보다 더 간단하고 빠르다.
- 2차원 평면 크로마토그래피는 2차원적으로 전개하여 아미노산 혼합물을 분리한다.

43 이온선택성 막전극에서 막 또는 막의 매트릭스 속에 함유된 몇 가지 화학종들은 분석물 이온과 선택적으로 결합할 수 있어야 한다. 이때 일반적인 결합의 유형이 아닌 것은?

① 이온교환　② 침전화
③ 결정화　④ 착물형성

해설

이온선택성 막전극
- 최소용해도 : 분석물질 용액에서 용해도가 0에 가까워야 한다.
- 전기전도도 : 약간의 전기전도도를 가져야 한다.
- 분석물질과 선택적인 반응성 : 결합에는 이온결합, 결정화, 착물화가 있다.

44 FT-IR 검출기로 주로 사용되는 검출기는?

① 골레이(Golay) 검출기
② 볼로미터(Bolometer)
③ 열전기쌍(Thermocouple) 검출기
④ 초전기(Pyroelectric) 검출기

해설

IR 변환기(검출기)
- 파이로 전기 검출기 : FT-IR 분광기, 분산형 분광광도계에 사용한다.
- 광전도 전기 검출기 : FT-IR 기기에 사용한다.
- 열 검출기 : FT-IR 분광기에서는 사용하지 않는다.

초전기 검출기 : FT-IR 검출기로 사용한다.

정답 40 ③　41 ①　42 ①　43 ②　44 ④

45 질량분석법에서는 질량 대 전하비에 의하여 원자 또는 분자 이온을 분리하는데, 고진공 속에서 가속된 이온들을 직류 전압과 RF 전압을 일정 속도로 함께 증가시켜주면서 통로를 통과하도록 하여 분리하며 특히 주사시간이 짧은 장점이 있는 질량분석기는?

① 이중초점 분석기(Double Focusing Spectrometer)
② 사중극자 질량분석기(Quadrupole Mass Spectrometer)
③ 비행시간 분석기(Time-of-Flight Spectrometer)
④ 이온포착 분석기(Ion-Trap Spectrometer)

해설

질량분석기
㉠ 자기장 부채꼴 분석기
　영구자석이나 전자석으로 이온화원으로부터 이동하는 이온을 굴절시켜 무거운 이온은 적게 휘고 가벼운 이온은 많이 휘는 성질을 이용하여 분리한다.
㉡ 이중초점 분석기
　자기장과 전기장을 통해 평균 m/z을 갖는 이온만 전기장과 자기장에 도달하게 한 후, 하나의 m/z을 갖는 이온만 분리하여 출구 슬릿을 통과시킨다.
㉢ 사중극자 질량분석기
　• 4개의 원통형 금속막대에 가변 DC 전위가 가변 고주파수 AC 전위를 걸어주면 특정 m/z 값을 갖는 이온들만 검출기로 보내어 분리한다.
　• 크기가 작고 내구성이 좋으며 주사시간이 짧다.
㉣ 비행시간(TOF) 분석기
　• 양이온이 이온원에서 검출기로 이동하는 시간을 측정한다.
　• 속도는 질량에 반비례하므로 이온이 이동할 때 무거운 이온은 늦게 이동하고, 가벼운 이온은 빨리 이동하는 원리를 이용한다.
㉤ 이온포착 분석기
　• 이온포획은 기체상의 음이온이나 양이온을 전기장이나 자기장을 이용하여 가두어 놓을 수 있는 장치이다.
　• 주파수 전압을 증가시켜 질량 순서에 따라 포집된 이온을 연속적으로 방출한다.

46 중합체를 시차열법분석(DTA)을 통해 분석할 때 발열반응에서 측정할 수 있는 것은?

① 결정화 과정　② 녹는 과정
③ 분해 과정　　④ 유리전이 과정

해설

• 발열 : 결정화, 산화
• 흡열 : 녹음, 분해

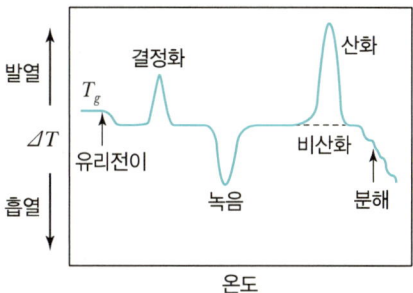

47 저분해능 질량스펙트럼의 해석에 유용한 정보를 기술하였다. 타당한 것으로 짝지어진 것은?

> A : 탄화수소에서 분자이온의 m/z 값은 항상 홀수이다.
> B : C, H, O로 구성된 분자이온의 m/z 값은 항상 홀수이다.
> C : C, H, N으로 구성된 분자이온의 N이 짝수개이면 m/z는 항상 홀수이다.

① A　　　　　　② B
③ B, C　　　　　④ 옳은 것 없음

해설

질소규칙
C, H, O, N으로 구성된 물질의 분자량이 홀수이면, 그 물질은 홀수개의 질소원자를 포함한다.

48 표면분석에 있어서 자주 접하게 되는 문제는 시료표면의 오염 문제이다. 이러한 시료를 깨끗이 하는 방법을 설명한 것으로 틀린 것은?

① 높은 온도에서 시료를 구움
② 전자총에서 생긴 활성 기체를 시료에 쪼여줌
③ 여러 용매 속에 시료를 넣어 초음파를 사용하여 씻음
④ 연마제를 사용하여 시료 표면을 기계적으로 깎거나 닦아줌

정답 45 ② 46 ① 47 ④ 48 ②

해설
표면 환경 개선방법
- 고온에서 시료를 굽는 것
- 전자총으로부터 생성된 비활성 기체 이온살로 시료를 스퍼터하는 것
- 연마재로 시료 표면을 긁어내거나 연마하는 것
- 여러 용매로 표면을 초음파 세척하는 것
- 산화물을 제거하기 위해 환원대기에서 시료를 씻기는 것

49 유리전극으로 pH를 측정할 때 영향을 주는 오차의 요인이 아닌 것은?
① 높은 이온 세기 용액의 오차
② 알칼리 오차
③ 산 오차
④ 표준완충용액의 pH 오차

해설
유리전극으로 pH를 측정할 때 영향을 주는 오차
- 알칼리 오차
- 산 오차
- 탈수
- 낮은 이온 세기의 용액
- 접촉전위의 변화
- 표준완충용액의 pH 오차
- 온도변화에 따른 오차
- 전극의 세척 불량

50 모세관 전기이동 분리도 방식에 해당하지 않는 것은?
① 모세관 띠 전기이동
② 모세관 겔 전기이동
③ 모세관 등전집중
④ 모세관 변속이동

해설
모세관 전기이동 분리도 방식
- 모세관 띠 전기이동
- 모세관 겔 전기이동
- 모세관 등속이동
- 모세관 등전집중
- 마이셀 동전기 크로마토그래피

51 액체 크로마토그래피가 아닌 것은?
① 초임계유체 크로마토그래피(Supercritical Fluid ChroMatography)
② 결합 역상 크로마토그래피(Bonded Reversed−phase ChroMatography)
③ 분자 배제 크로마토그래피(Molecular Exclusion Chromatography)
④ 이온 크로마토그래피(Ion Chromatography)

해설
액체 크로마토그래피(LC)의 종류
- 분배 크로마토그래피
- 흡착 크로마토그래피
- 이온교환 크로마토그래피
- 크기 배제 크로마토그래피
- 친화 크로마토그래피
- 카이랄 크로마토그래피

52 전위차법에서는 전위 측정기(V−meter)와 측정용 전극의 내부저항 크기가 측정 오차를 결정하는 중요한 인자가 된다. 수용액에 용해된 CO_2 농도 측정용 막전극(Membrane Electrode)이 있다. 조건을 갖춘 검액 시료에 이 전극을 넣고 전위를 측정하니 $1.00V$로 측정되었다. 용액이 나타내는 실제 전위(V)는?(단, 용액의 저항은 5.00Ω, 전극 내부저항은 $5.00\times10^7\Omega$, 측정 장치의 저항은 $2.00\times10^8\Omega$이다.)
① 0.02
② 0.20
③ 0.80
④ 1.00

해설
$$실제\ 전위(V) = 1.0V \times \frac{2.00\times10^8\Omega}{2.00\times10^8\Omega + 5.00\times10^7\Omega}$$
$$= 0.8V$$

53 ^1H Nuclear Magnetic Resonance(NMR) 스펙트럼에서 $CH_3CH_2CH_2OCH_3$ 분자는 몇 가지의 다른 화학적 환경을 가지는 수소가 존재하는가?
① 1
② 2
③ 3
④ 4

정답 49 ① 50 ④ 51 ① 52 ③ 53 ④

해설

H-C(H)(H)-C(H)(H)-C(H)(H)-O-C(H)(H)(H)

∴ 4가지

54 질량분석법에서 시료의 이온화 과정은 매우 중요하다. 전기장으로 가속시킨 전자 또는 음으로 하전된 이온을 시료분자에 충격하면 시료분자의 양이온을 얻을 수 있다. 2가로 하전된 이온(질량 3.32×10^{-23}kg)을 10^4V의 전기장으로 가속시켜 시료분자에 충격하려 할 때, 다음 설명 중 틀린 것은?(단, 전자의 전하는 1.6×10^{-19}C이다.)

① 이 이온의 운동에너지는 3.2×10^{-15}J이다.
② 이 이온의 속도는 1.39×10^4m/sec이다.
③ 질량이 6.64×10^{-23}kg인 이온을 이용하면 운동에너지는 2배가 된다.
④ 같은 양의 운동에너지를 갖는다면 가장 큰 질량을 가진 이온이 가장 느린 속도를 갖는다.

해설

㉠ $KE = zeV$ (질량에 무관)
  여기서, z : 이온의 전하수
  e : 전자의 전하(1.6×10^{-19}C)
  V : 가속전압
  $KE = 2 \times 1.6 \times 10^{-19}\text{C} \times 10^4\text{V} = 3.2 \times 10^{-15}$J

㉡ $KE = \frac{1}{2}mv^2$
  여기서, m : 이온의 질량
  v : 이온의 속도
  $3.2 \times 10^{-15}\text{J} = \frac{1}{2} \times (3.32 \times 10^{-23}\text{kg}) \times v^2$
  ∴ $v = 1.39 \times 10^4$m/s

㉢ 질량이 2배가 되면 속도는 작아지고 운동에너지는 같다.

55 화합물 $OH-CH_2-CH_2Cl$의 적외선 스펙트럼에서 관찰되지 않는 봉우리의 영역은?

① 800cm^{-1}
② $1,700\text{cm}^{-1}$
③ $2,900 \sim 3,000\text{cm}^{-1}$
④ $3,200\text{cm}^{-1}$

해설

$HO-CH_2-CH_2-Cl$
- $O-H$: $3,200 \sim 3,600\text{cm}^{-1}$
- $C-H$: $2,850 \sim 2,970\text{cm}^{-1}$, $1,340 \sim 1,470\text{cm}^{-1}$
- $C-Cl$: 800cm^{-1}

56 열분석은 물질의 특이한 물리적 성질을 온도의 함수로 측정하는 기술이다. 열분석 종류와 측정방법을 연결한 것 중 잘못된 것은?

① 시차주사열량법(DSC) – 열과 전이 및 반응온도
② 시차열분석(DTA) – 전이와 반응온도
③ 열중량분석(TGA) – 크기와 점도의 변화
④ 방출기체분석(EGA) – 열적으로 유도된 기체생성물의 양

해설

열분석법
- **열중량분석(TGA)** : 온도변화에 따른 시료의 질량변화를 측정
- **시차열분석(DTA)** : 시료물질과 기준물질의 온도 차이를 측정
- **시차주사열량법(DSC)** : 두 물질에 흘러 들어간 열량(에너지) 차이를 측정
- **미세열분석(MTA)** : 열적분석에 원자현미경을 결합시켜 분석하는 방식

57 전기화학분석법에서 포화 칼로멜 기준전극에 대하여 전극전위가 0.115V로 측정되었다. 이 전극전위를 포화 Ag/AgCl 기준전극에 대하여 측정하면 얼마로 나타나겠는가?(단, 표준수소전극에 대한 상대전위는 포화 칼로멜 기준전극=0.244V, 포화 Ag/AgCl 기준전극=0.199V이다.)

① 0.16V
② 0.18V
③ 0.20V
④ 0.22V

해설

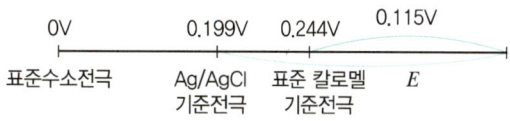

∴ $E = 0.115\text{V} + (0.244\text{V} - 0.199\text{V}) = 0.160\text{V}$

정답 54 ③ 55 ② 56 ③ 57 ①

58 시차주사열량법(DSC : Differential Scanning Calorimetry)에서 중합체를 측정할 때의 열량변화와 가장 관련이 없는 것은?

① 결정화 ② 산화
③ 승화 ④ 용융

> 해설

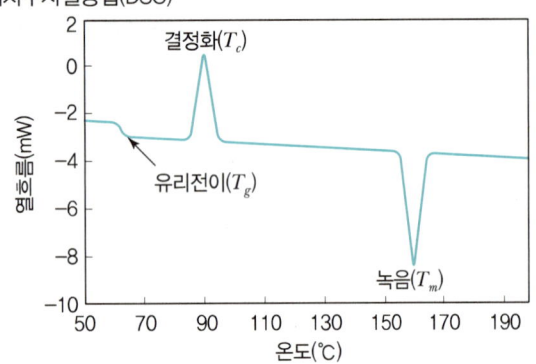

59 신소재 AOAS의 열분해곡선(TG)과 시차주사열계량법곡선(DSC)을 같이 나타낸 것이다. 이 곡선을 분석할 때 다음 중 옳은 설명은?

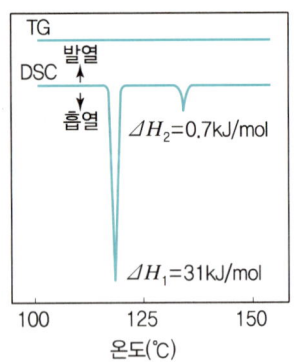

① AOAS는 비정질 고체로 일차 결정화 전이점이 118℃이고, 용융점이 135℃이다.
② AOAS는 액정(Liquid Crystal) 물질로 액정화 온도가 118℃이고 액화온도가 135℃이다.
③ AOAS는 고분자로 유리전이점이 118℃이고 기화점이 135℃이다.
④ 옳은 설명이 없다.

> 해설

- 흡열되는 부분 ΔH_1의 온도 118℃ : 녹는점(용융점)
- 흡열되는 부분 ΔH_2의 온도 135℃ : 끓는점

60 질량분석기의 분해능에 관한 설명 중 틀린 것은?

① 사중극자 질량분석기는 Unit Mass 분해능을 가지고 있다.
② Sector Mass는 고분해능으로 0.001amu 근처까지 실질적으로 분해하여 측정할 수 있다.
③ TOF는 이동시간에 따른 분해를 하므로, 시간분해능이 좋아져서 실질적으로 100,000 이상의 분해능으로 측정할 수 있다.
④ FT 질량분석기는 고분해능으로 일반적으로 1,000,000 정도까지의 분해능을 얻을 수 있다.

> 해설

TOF는 분해능과 재현성에서 사중극자, 자기장 질량분석계보다 좋지 않다.

4과목 시험법 밸리데이션

61 X선 형광분석법(XRF : X-Ray Fluorescence)은 고체나 액체 시료에 X선을 조사했을 때 발생하는 형광을 이용해 정성분석을 하는 분석기기이다. XRF 분석 시 필요한 소모품으로 가장 거리가 먼 것은?

① Liquid Cup And Thin Film
② He Gas
③ XRF Window
④ Probe

> 해설

- Liquid Cup and Thin Film : 분말, 액체 시료용기와 수 μm 두께의 용기 덮개
- He Gas : 액체시료의 기화 방지
- XRF Window : 휴대용 XRF의 X선 튜브와 검출기 보호

정답 58 ③ 59 ④ 60 ③ 61 ④

62 견뢰성(Ruggedness)의 정의는?(단, USP(United States Pharmacopoeia)를 기준으로 한다.)

① 동일한 실험실, 시험자, 장치, 기구, 시약 및 동일 조건 하에서 균일한 검체로부터 얻은 복수의 시료를 단기간에 걸쳐 반복시험하여 얻은 결괏값들 사이의 근접성
② 측정값이 이미 알고 있는 참값 또는 허용 참조값으로 인정되는 값에 근접하는 정도
③ 정상적인 시험조건의 변화하에서 동일한 시료를 시험하여 얻어지는 시험결과의 재현성의 정도
④ 시험방법 중 일부 조건이 작지만 의도된 변화에 의해 영향을 받지 않고 유지될 수 있는 능력의 척도

해설

견뢰성(둔감도, Ruggedness)
- 시험결과가 절차상에 제시된 시험조건(예 온도, pH, 시약농도, 유속 등)의 작은 변화에 영향을 받지 않는 수준을 나타낸 것이다.
- 계획된 시험방법 조건들의 작은 변화가 결과에 미치는 영향을 측정하여 파악할 수 있다.

63 의약품의 시험방법 밸리데이션을 생략할 수 없는 경우는?

① 대한민국약전에 실려 있는 품목
② 식품의약품안전처장이 인정하는 공정서 및 의약품집에 실려 있는 품목
③ 식품의약품안전처장이 기준 및 시험방법을 고시한 품목
④ 원개발사 기준 및 시험방법이 있는 품목

해설

원개발사의 시험방법 밸리데이션 자료, 시험방법 이전을 받았음을 증빙하는 자료 및 제조원의 실험실과의 비교시험자료가 있는 품목은 시험방법 밸리데이션을 생략할 수 있다.

64 시료를 반복 측정하여 아래의 결과를 얻었다. 이 결과에 대한 95% 신뢰구간을 올바르게 계산한 것은?(단, One Side Student의 t값은 90% 신뢰구간 : 1.533, 95% 신뢰구간 : 2.132이다.)

12.6, 11.9, 13.0, 12.7, 12.5

① 12.5 ± 0.04 ② 12.5 ± 0.4
③ 12.5 ± 0.02 ④ 12.5 ± 0.2

해설

$$\bar{x} = \frac{12.6+11.9+13.0+12.7+12.5}{5} = 12.54 = 12.5$$

$$s = \sqrt{\frac{(12.6-12.54)^2+(11.9-12.54)^2+(13-12.54)^2+(12.7-12.54)^2+(12.5-12.54)^2}{5-1}}$$

$$= 0.4037$$

95% 신뢰구간 $= \bar{x} + \frac{ts}{\sqrt{n}}$

$$= 12.5 \pm \frac{2.132 \times 0.4037}{\sqrt{5}}$$

$$= 12.5 \pm 0.4$$

※ 계산기 모드를 이용하여 구할 수 있다.

65 ICH Guideline Q2(R1)에 의거한 정확성 검증을 위해 측정해야 하는 최소 반복 횟수는?

① 1 ② 3
③ 6 ④ 9

해설

정확성은 최소한 3가지 농도에 대해서 분석법의 모든 조작을 적어도 9회 반복 분석(예 3가지 농도에 대해서 각 농도당 3회 반복 측정)한 결과로부터 평가한다.

66 반복 데이터의 정밀도를 나타내는 것으로 관련이 적은 것은?

① 표준편차 ② 절대오차
③ 변동계수 ④ 분산

정답 62 ③ 63 ④ 64 ② 65 ④ 66 ②

해설

정밀도
- 표준편차
- 분산
- 상대표준편차 = $\dfrac{\text{표준편차}}{\text{평균}}$
- 변동계수(%상대표준편차)
- 평균치의 표준편차 $\sigma_n = \dfrac{\sigma}{\sqrt{n}}$

67 대한민국약전상 유도결합플라스마 발광분광분석계의 분광기에 대한 성능평가를 위해 특정 원소의 분석 스펙트럼의 반치폭을 일정값(nm) 이하로 규정하고 있다. 분광기 성능평가에 사용되는 원소와 파장으로 틀린 것은?

① 비소(As) − 193.696nm
② 망간(Mn) − 257.610nm
③ 구리(Cu) − 324.754nm
④ 바륨(Ba) − 601.581nm

해설

Ba(바륨) − 455.403nm

68 A라는 회사의 세척검체 시험법 밸리데이션 절차를 수립하고자 할 때, 다음 중 밸리데이션 항목에 대한 설명으로 옳지 않은 것은?

① 분석대상물의 선택성(Selectivity)을 확인하는 방법으로 특이성을 검증할 수 있다.
② 범위는 직선성, 정확성 및 정밀성 시험결과로 산정할 수 있다.
③ 검출한계는 Signal to Noise가 2 : 1 이상인지 확인한다.
④ 직선성은 선형회귀분석을 실시하여 상관계수 R의 값으로 확인할 수 있다.

해설

검출한계는 S/N비가 3 : 1 이상인지 확인한다.

69 정도관리에 대한 설명 중 틀린 것은?

① 상대차이백분율(RPD)은 측정값의 변이 정도를 나타내며, 두 측정값의 차이를 한 측정값으로 나누어 백분율로 표시한다.
② 방법검출한계(Method Detection Limit)는 99% 신뢰수준으로 분석할 수 있는 최소농도를 말하는데, 시험자나 분석기기 변경처럼 큰 변화가 있을 때마다 확인해야 한다.
③ 중앙값은 최솟값과 최댓값의 중앙에 해당하는 크기를 가진 측정값 또는 계산값을 말한다.
④ 회수율은 순수 매질 또는 시료 매질에 첨가한 성분의 회수 정도를 %로 표시한다.

해설

상대차이백분율(RPD)
측정값의 변이 정도를 나타내며, 두 측정값의 차이를 평균값으로 나누어 백분율로 표시한다.

70 어떤 산의 pH가 5.53 ± 0.02이라 할 때 이 산의 수소이온의 농도(M)와 불확정도는?

① $(2.7 \pm 0.3) \times 10^{-6}$
② $(2.8 \pm 0.2) \times 10^{-6}$
③ $(3.0 \pm 0.1) \times 10^{-6}$
④ $(2.8 \pm 0.2) \times 10^{-7}$

해설

$e_y = y(\ln 10)e_x = (2.95 \times 10^{-6}) \times \ln 10 \times 0.02 = 0.13 \times 10^{-6}$
$\text{pH} = -\log[\text{H}^+]$
$\therefore [\text{H}^+] = 10^{-\text{pH}} = 10^{-(5.53 \pm 0.02)} = 2.95 \times 10^{-6} \pm e_y$
$\phantom{\therefore [\text{H}^+]} = 2.95 \times 10^{-6} \pm 0.13 \times 10^{-6}$
$\phantom{\therefore [\text{H}^+]} = 3.0 \times 10^{-6} \pm 0.1 \times 10^{-6}$

71 다음의 설명에 해당하는 시험법은?

> 대부분의 실용분석에서는 분석값이 어느 범위 내에서 서로 비슷하게 될 때까지 실험을 되풀이한다. 이때 얻어지는 처음의 분석값은 조작에 익숙하지 못하여 흔히 오차가 크게 나타나므로 그 결과를 버리는 경우가 많다. 때로는 그 결과에 따라 시험량과 시액 농도 등을 보다 합리적으로 개선할 수 있으므로 일종의 예비 시험에 해당한다.

정답 67 ④ 68 ③ 69 ① 70 ③ 71 ④

① Blank Test   ② Control Test
③ Recovery Test   ④ Blind Test

> 해설

오차를 줄이기 위한 시험법
㉠ 공시험(Blank Test)
- 실제 분석대상 시료를 사용하지 않고, 다른 모든 조건을 시료분석법과 같은 방법으로 실험하는 것이다.
- 지시약오차, 불순물로 인한 오차 등 계통오차의 대부분을 효과적으로 확인할 수 있다.

㉡ 조절시험(Control Test)
시료와 가급적 같은 성분을 함유한 대조시료를 만들어 시료분석법과 같은 방법으로 여러 번 실험한 다음 기지함량값과 실제로 얻은 분석값의 차만큼 시료분석값을 보정한다.

㉢ 회수시험(Recovery Test)
시료와 같은 공존물질을 함유하는 기지농도의 대조시료를 분석함으로써 공존물질의 방해작용 등으로 인한 분석값의 회수율을 검토하는 방법이다.

㉣ 맹시험(Blind Test)
- 처음 분석값은 조작에 익숙하지 못하여 오차가 크게 나타나므로 맹시험이라 하며 버리는 경우가 많다.
- 예비시험에 해당된다.

㉤ 평행시험(Parallel Test)
- 같은 시료를 같은 방법으로 여러 번 되풀이하는 시험이다.
- 우연오차가 있는 측정값으로부터 그 평균값과 표준편차 등을 얻기 위한 수단이다.

72 밸리데이션의 시험방법을 개발하는 단계에서 고려되어야 하는 평가항목이며 분석조건을 의도적으로 변동시켰을 때의 시험방법의 신뢰성을 나타내는 척도로서 사용되는 평가항목은?

① 정량한계   ② 정밀성
③ 완건성   ④ 정확성

> 해설

완건성(Robustness)
- 시험결과가 절차상에 제시된 시험조건(예 온도, pH, 시약농도, 유속 등)의 작은 변화에 영향을 받지 않는 수준을 나타낸 것이다.
- 계획된 시험방법 조건들의 작은 변화가 결과에 미치는 영향을 측정하여 파악할 수 있다.

73 특정 화합물의 분석 시 재현성을 확인하기 위해 6회 반복하여 측정한 값이 아래와 같을 때, 상대표준편차(%)는?

| 97.5, 98.5, 99.5, 100.5, 101.5, 102.5 |

① 1.71   ② 1.83
③ 1.87   ④ 1.90

> 해설

$$\bar{x} = \frac{97.5+98.5+99.5+100.5+101.5+102.5}{6} = 100$$

$$s = \sqrt{\frac{(97.5-100)^2+(98.5-100)^2+(99.5-100)^2+(100.5-100)^2+(101.5-100)^2+(102.5-100)^2}{6-1}}$$

$$= 1.87$$

$$RSD = \frac{s}{\bar{x}} \times 100 = \frac{1.87}{100} \times 100 = 1.87\%$$

74 "log(1,324)"를 유효숫자를 고려하여 올바르게 표기한 것은?

① 3.12   ② 3.121
③ 3.1219   ④ 3.12189

> 해설

$\log(1,324) = 3.1219$
유효숫자는 4개이며, log에서 소수점 아래가 4자리가 되어야 하므로 3.1219가 된다.

75 정확성(Accuracy)에 대한 설명으로 옳은 것은?

① 측정값이 일반적인 참값(True Value) 또는 표준값에 근접한 정도
② 여러 번 채취하여 얻은 시료를 정해진 조건에 따라 측정하였을 때 각각의 측정값들 사이의 근접성
③ 시험방법의 신뢰도를 평가하는 지표
④ 분석대상물질을 선택적으로 평가할 수 있는 능력

> 해설

정확성이란 측정값이 일반적인 참값 또는 표준값에 근접한 정도이다. ②는 정밀성, ③은 신뢰구간, ④는 특이성이다.

정답 72 ③ 73 ③ 74 ③ 75 ①

76 두 실험자가 토양에서 추출한 염화이온을 함유한 수용액을 질산은 용액으로 각각 세 번씩 적정하여 아래의 결과를 얻었다. 참값이 36.90mg Cl⁻/g 시료일 때 다음의 보기 중 옳은 것은?

(단위 : 36.90mg Cl⁻/g 시료)

측정	실험자 1	실험자 2
1	35.98	35.99
2	30.11	36.40
3	32.88	36.29

① 실험자 1이 더 정확한 분석을 실시하였다.
② 실험자 1의 표준편차 값이 더 작다.
③ 실험자 2가 더 정확히 실험하였으나 정밀하진 못하다.
④ 실험자 2가 더 정확하고 정밀한 분석을 실시하였다.

해설

구분	평균	정확도 $=\dfrac{\text{평균}}{\text{참값}}\times 100$	표준편차	정밀도 (%RSD)
실험자 1	32.99	89.40%	2.937	8.90
실험자 2	36.23	98.18%	0.323	0.59

77 표준물첨가법 실험결과가 아래와 같고, 검출한계의 계산상수(k)를 3으로 할 때 검출한계값(μg/mL)은? (단, 시료의 바탕세기 값은 12(±2)이다.)

(단위 : μg/mL)

표준첨가물 농도	0	5	10	20
측정 세기	201	998	2010	3990
오차	±5	±26	±48	±101
회귀방정식	\multicolumn{4}{c}{$Y=191.5X+111.8(R^2=0.9981)$}

① 0.05
② 0.08
③ 0.7
④ 1.05

해설

- 검출한계(DL) $= 3 \times \dfrac{\sigma}{S}$

  $= 3 \times \dfrac{\text{표준편차}}{\text{검량선의 기울기}}$

- 표준편차

  y절편 $b = Y - 191.5X$

X	0	5	10	20
Y	201	998	2,010	3,990
b	201	40.5	95	160

평균 = 124
표준편차 = 70.8

$\therefore DL = 3 \times \dfrac{70.8}{191.5} = 1.11 \mu g/mL$

78 분석장비의 일반적인 검·교정 작성 방법에서 교정용 표준물질과 바탕시료를 사용해 그린 교정곡선의 허용 범위로 옳은 것은?

① 곡선 검증은 수시교정표준물질을 사용하여 교정한다. 검증된 값의 5% 이내에 있어야 한다.
② 교정검증표준물질을 사용해 교정하며 이는 교정용 표준물질과 같은 것을 사용해야 한다.
③ 분석법이 시료 전처리가 포함되어 있다면, 바탕시료와 실험실관리표준물질을 시료와 같은 방법으로 전처리하여 측정한다.
④ 10개의 시료를 분석하고 분석 후에 수시교정표준물질을 가지고 다시 곡선을 점검한다. 검증값의 5% 이내에 있어야 한다.

해설

분석장비의 일반적인 검·교정 절차서 작성 방법
1. 시험방법에 따라 최적 범위 안에서 교정용 표준물질과 바탕시료를 사용해 교정곡선을 그린다.
2. 계산된 상관계수에 의해 곡선의 허용 또는 허용 불가를 결정한다.
3. 곡선을 검증하기 위해 연속교정표준물질(CCS)을 사용하여 교정한다. 검증된 값의 5% 이내에 있어야 한다.
4. 검증확인표준물질(CVS)을 사용해 교정한다. 이는 교정용 표준물질과 다른 것을 사용한다. 초기 교정이 허용되기 위해서는 참값의 10% 이내에 있어야 한다.
5. 분석법이 시료 전처리가 포함되어 있다면, 바탕시료와 실험실관리표준물질(LCS)을 분석 중에 사용한다. 그 결과는 참값의 15% 이내에 있어야 한다.

정답 76 ④ 77 정답 없음 78 ③

6. 10개의 시료를 분석하고 분석 후에 CCS를 가지고 다시 곡선을 점검한다. 검증값의 5% 이내에 있어야 한다.
7. CCS 또는 CVS 허용범위에 들지 못했을 경우 작동을 멈추고, 다시 새로운 초기교정을 실시한다.

79 미지시료에 농도 등을 알고 있는 물질을 첨가시킨 다음 증가된 신호로부터 원래 미지시료 중에 분석 물질이 얼마나 함유되어 있는가를 측정하는 방법으로 시료의 매트릭스를 동일하게 만들기 어렵거나 불가능할 때 사용하는 분석법은?

① 표준물첨가법
② 내부표준법
③ 외부표준법
④ 내부첨가법

해설

기기분석검정법
㉠ 표준검정곡선(외부표준물법)
 • 정확한 농도의 분석물을 포함하고 있는 몇 개의 표준용액을 만들어 농도 증가에 따른 신호의 세기 변화에 대한 검정곡선을 얻어 분석물질의 양을 알아내는 방법이다.
 • 측정된 각각의 기기신호(흡광도)에서 바탕용액의 평균기기신호를 빼주어 보정기기 신호를 구한다.
㉡ 표준물첨가법
 • 미지시료에 분석물 표준용액(이미 알고 있는 양의 분석물질)을 각각 일정량씩 첨가한 용액을 만들어 증가된 신호세기로부터 원래 분석물질의 양을 알아내는 방법이다.
 • 시료의 조성이 잘 알려져 있지 않거나 매트릭스 효과가 있는 시료의 분석에 유용하다.
㉢ 내부표준물법
 • 모든 시료, 바탕 검정표준물에 동일량의 내부표준물을 첨가하여 분석물질의 신호와 내부표준물의 신호를 비교하여 분석물질의 양을 알아내는 방법
 • 시험분석 절차, 기기 또는 시스템의 변동으로 발생하는 오차를 보정하기 위해 사용하는 방법

80 자외선 · 가시광선 분광광도계의 장비사용설명서에 나타낸 장비 사용 순서를 바르게 나열한 것은?

㉠ 용매를 넣은 사각셀을 셀홀더에 넣고 영점 조절을 한다.
㉡ 측정하고자 하는 시료의 최대흡수파장을 선택한다.
㉢ 시료용액을 셀에 넣고 흡광도를 측정한다.
㉣ 표준용액의 흡광도를 측정한다.
㉤ 농도와 흡광도의 관계 그래프를 그려 검량선을 작성한다.

① ㉡ → ㉠ → ㉢ → ㉤ → ㉣
② ㉡ → ㉠ → ㉣ → ㉤ → ㉢
③ ㉠ → ㉡ → ㉣ → ㉤ → ㉢
④ ㉣ → ㉡ → ㉠ → ㉤ → ㉢

해설

UV-Vis 장비사용 순서
1. 셀이 청결한지 확인한다.
2. 측정하고자 하는 시료의 최대흡수파장을 선택한다.
3. 용매만을 넣은 셀의 흡광도를 측정한다.
4. 표준용액의 흡광도를 측정하여 검정곡선을 그린다.
5. 시료용액의 흡광도를 측정하여 농도를 계산한다.

5과목　환경 · 안전관리

81 고체의 연소에 관한 다음 설명 중 옳지 않은 것은?

① 표면연소는 물질의 표면의 열분해로 생긴 가연성 가스가 산소와 반응하여 연소하는 것을 말한다.
② 분해연소는 물질의 열분해로 생긴 가연성 가스가 산소와 반응하여 연소하는 것을 말한다.
③ 증발연소는 물질이 용융-증발하여 생긴 기체가 산소와 반응하여 연소하는 것을 말한다.
④ 자기연소는 물질의 열분해로 산소를 발생시키면서 연소하는 것을 말한다.

정답 ▶ 79 ① 80 ② 81 ①

> **해설**

고체의 연소
㉠ 표면연소 : 가스의 발생 없이 연소물의 표면에서 산소와 접촉하여 연소하는 형태이다.
  예 목탄(숯), 코크스(탄소), 금속분
㉡ 분해연소 : 고체 가연물에서 열분해반응이 일어날 때 발생되는 가연성 가스가 공기 중에서 산소와 혼합되어 연소하는 형태이다.
  예 목재, 종이, 석탄, 플라스틱, 합성수지
㉢ 자기연소(내부연소) : 물질 자체에 산소공급원을 가지고 있는 물질이 외부로부터 산소공급 없이 연소할 수 있는 형태이다.
  예 제5류 위험물(질산에스테르류, 니트로화합물 등)
㉣ 증발연소 : 가연성 고체에 열을 가하면 융해되어, 여기서 생긴 액체가 가연성 가스로 증발되어 연소가 이루어지는 형태이다.
  예 황(S), 나프탈렌($C_{10}H_8$), 양초(파라핀)

82 위험물안전관리법령상 특정옥외탱크저장소로 분류되기 위한 액체위험물 저장 또는 취급 최대수량기준은?

① 50,000L 이상
② 100,000L 이상
③ 500,000L 이상
④ 1,000,000L 이상

> **해설**

옥외탱크저장소
액체위험물의 최대수량이 100만 L 이상의 것

83 비누화 반응과 관련된 설명 중 틀린 것은?

① 트라이글리세라이드의 에스테르 결합을 수산화나트륨으로 처리하여 끊을 수 있다.
② 비누화 반응의 생성물은 글리세롤과 세 개의 지방산 나트륨의 염이다.
③ 비누화 반응의 생성물인 비누는 극성인 머리와 무극성의 긴 꼬리로 구성되어 있다.
④ 비누화 반응으로 얻은 비누 분자의 머리 부분에 기름이 들러붙어 제거될 수 있다.

> **해설**

비누화 반응
에스테르가 가수분해를 일으켜 카복실산과 알코올을 생성하는 반응이다.

$$\begin{array}{l}CH_2OCOR_1\\|\\CHOCOR_2\\|\\CH_2OCOR_3\end{array} + 3NaOH \rightarrow \begin{array}{l}CH_2OH\\|\\CHOH\\|\\CH_2OH\end{array} + \begin{array}{l}R_1COONa\\R_2COONa\\R_3COONa\end{array}$$

계면활성제의 구조

꼬리 — 머리
친유성   친수성

84 폐기물관리법령에 따라 사업장폐기물의 종류와 발생량 등을 특별자치시장, 특별자치도지사, 시장·군수·구청장에게 신고하여야 하는 사업장폐기물배출자의 기준으로 틀린 것은?

① 대기환경보전법에 따른 배출시설을 설치·운영하는 자로서 폐기물을 1일 평균 100kg 이상 배출하는 자
② 폐기물을 1일 평균 300kg 이상 배출하는 자
③ 사업장폐기물 공동처리 운영기구의 대표자
④ 건설공사 및 일련의 공사 또는 작업 등으로 인하여 폐기물을 10ton 이상 배출하는 자

> **해설**

폐기물관리법령상 사업장폐기물 배출자의 기준
- 「대기환경보전법」·「물환경보전법」 또는 「소음·진동관리법」에 따른 배출시설을 설치·운영하는 자로서 폐기물을 1일 평균 100kg 이상 배출하는 자
- 영 제2조제1호부터 제5호까지의 시설을 설치·운영하는 자로서 폐기물을 1일 평균 100kg 이상 배출하는 자
- 폐기물을 1일 평균 300kg 이상 배출하는 자
- 건설공사 및 일련의 공사 또는 작업 등으로 인하여 폐기물을 5ton 이상 배출하는 자(공사의 경우에는 발주자로부터 최초로 공사의 전부를 도급받은 자를 포함한다)
- 사업장폐기물 공동처리 운영기구의 대표자

정답 82 ④ 83 ④ 84 ④

85 폐기물관리법령상 지정폐기물에 해당하지 않는 것은?

① 의료폐기물   ② 폐수처리 오니
③ 생활폐기물   ④ 폐유기용제

> 해설

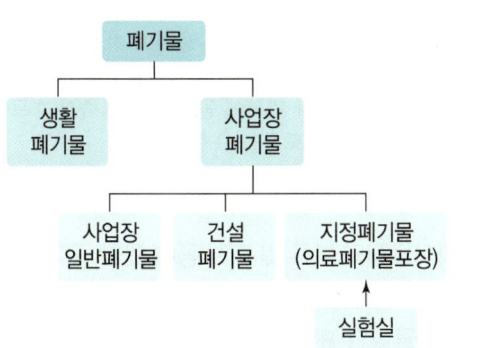

86 UN에서 정하는 화학물질의 분류 및 표시에 관한 세계조화시스템(GHS)의 대분류가 아닌 것은?

① 물리적 위험성(Physical Hazards)
② 화학적 위험성(Chemical Hazards)
③ 건강 유해성(Health Hazards)
④ 환경 유해성(Enviromental Hazards)

> 해설

세계조화시스템(GHS)의 대분류
• 물리적 위험성
• 건강 유해성
• 환경 유해성

87 산화성 가스를 나타내는 그림문자는?

①
②
③
④

> 해설

GHS01	GHS02	GHS03
폭발성	• 인화성 • 자연발화성 • 자기발열성 • 물 반응성	산화성
GHS04	GHS05	GHS06
고압가스	• 금속 부식성 • 피부 부식성/자극성 • 심한 눈 손상/자극성	급성독성
GHS07	GHS08	GHS09
경고	• 호흡기 과민성 • 발암성 • 변이원성 • 생식독성 • 표적 장기독성 • 흡입 유해성	수생환경 유해성

88 화재예방, 소방시설 설치·유지 및 안전관리에 관한 법령에 따른 소방안전관리대상물 중 특급 소방안전관리대상물의 기준에 해당하지 않는 것은?

① 지하층을 제외한 층수가 50층 이상인 아파트
② 지하층을 포함한 층수가 30층 이상인 특정소방대상물(아파트를 제외한다)
③ 지상으로부터 높이가 200m 이상인 아파트
④ 지상으로부터 높이가 100m 이상인 특정소방대상물(아파트를 제외한다)

정답 85 ③ 86 ② 87 ④ 88 ④

> **해설**

특급 소방안전관리대상물의 기준
㉠ 50층 이상(지하층 제외)이거나 지상으로부터 높이가 200m 이상인 아파트
㉡ 30층 이상(지하층 포함)이거나 지상으로부터 높이가 120m 이상인 특정소방대상물(아파트 제외)
㉢ ㉡에 해당되지 않는 특정소방대상물로서 연면적이 20만 m² 이상인 특정소방대상물(아파트 제외)

89 수질오염공정시험기준에 의한 수질항목별 시료를 채취 및 보존하기 위한 시료용기가 유리재질이 아닌 것은?
① 냄새
② 불소
③ 페놀류
④ 유기인

> **해설**

불소(F) 시료용기 : 폴리에틸렌 재질

90 화학물질관리법령상 사고대비물질의 보관·저장 수량 기준이 틀린 것은?
① Formaldehyde : 200,000kg
② Hydrogen Cyanide : 15,000kg
③ Methylhydrazine : 10,000kg
④ Phosgene : 750kg

> **해설**

Hydrogen Cyanide(시안화수소) : 1,500kg

91 산·알칼리류를 다룰 때의 취급요령을 바르게 나타낸 것은?
① 과염소산은 유기화합물 및 무기화합물과 반응하여 폭발할 수 있으므로 주의한다.
② 산과 알칼리류는 부식성이 있으므로 유리용기에 저장한다.
③ 산과 알칼리류를 희석할 때 소량의 물을 가하여 희석한다.
④ 산이 눈이나 피부에 묻었을 때 즉시 염기로 중화시킨 후 흐르는 물에 씻어낸다.

> **해설**

산·알칼리류 취급요령
• 화상에 주의한다.
• 강산과 강염기는 공기 중의 수분과 반응하여 치명적인 증기를 생성하므로 사용하지 않을 때는 뚜껑을 닫아 놓는다.
• 희석용액을 제조할 때는 반드시 물에 소량의 산 또는 알칼리를 조금씩 첨가하여 희석한다. ⇒ 반대 방법 금지
• 강한 부식성이 있으므로 금속성 용기에 저장을 금하며, 내산성이 있는 적합한 보호구를 반드시 착용한다.
• 산이나 염기가 눈이나 피부에 묻었을 때는 즉시 흐르는 물에 15분 이상 씻어내고 도움을 요청한다.

92 화학물질의 분류 및 표시 등에 관한 규정 및 화학물질의 분류·표시 및 물질안전보건자료에 관한 기준상 유해화학물질의 표시 기준에 맞지 않는 것은?
① 5개 이상의 그림문자에 해당하는 물질의 경우 4개만 표시하여도 무방하다.
② "위험", "경고" 모두에 해당되는 경우 "위험"만 표시한다.
③ 대상 화학물질 이름으로 IUPAC 표준 명칭을 사용할 수 있다.
④ 급성독성의 그림문자는 "해골과 X자형 뼈"와 "감탄부호" 두 가지를 모두 사용해야 한다.

> **해설**

급성독성의 그림문자는 해골과 X자형 뼈만 사용하면 된다.

93 폭발성 반응을 일으키는 유해물질을 취급할 때에 관한 설명으로 틀린 것은?
① 과염소산은 가열, 화기접촉, 마찰에 의해 스스로 폭발할 수 있다.
② 과염소산, 질산과 같은 강한 환원제는 매우 적은 양으로도 강렬한 폭발을 일으킬 수 있다.
③ 유기질소화합물은 가열, 충격, 마찰 등으로 폭발할 수 있다.
④ 미세한 마그네슘 분말은 물과 산의 접촉으로 수소가스를 발생하고 발열반응을 일으킨다.

정답 89 ② 90 ② 91 ① 92 ④ 93 ②

해설
- 과염소산, 질산과 같은 강한 산화제는 매우 적은 양으로도 강렬한 폭발을 일으킬 수 있다.
- 유기질소화합물, N을 포함하고 있는 많은 유기화합물(니트로, 니트로소, 아조, 디아조화합물, 하이드라진 등)은 가열, 충격, 마찰에 의해 폭발할 수 있다.

94 화학물질의 분리 보관 요령 중 잘못된 것은?

① 인화성 액체 : 인화성 용액 전용 안전 캐비넷에 따로 보관
② 유기산 : 산 전용 안전 캐비넷에 따로 보관
③ 금수성 물질 : 건조하고 서늘한 장소에 보관
④ 산화제 : 목재 시약장에 따로 보관

해설
목재는 유기물이므로 산화제와 반응하여 화재를 일으킬 수 있다.

95 유해가스별 방독면 정화통 외부 측면의 표시색으로 잘못 연결된 것은?

① 암모니아용 – 녹색
② 아황산용 – 노랑색
③ 황화수소용 – 백색
④ 유기화합물용 – 갈색

해설

가스	정화통 표시색
유기화합물용	갈색
할로젠용, 황화수소용, 시안화수소용	회색
일산화탄소용	적색
암모니아용	녹색
아황산가스용	노란색
복합용	해당 가스 모두 표시

96 산업안전보건법령상 연구실에서 사용하는 안전보건표지의 형태 및 색채에 관한 설명 중 옳은 것은?

① 금지표지 : 바탕 – 흰색, 기본모형 – 빨간색, 부호 및 그림 – 검은색
② 경고표지 : 바탕 – 노란색, 기본모형 – 검은색, 부호 및 그림 – 검은색
③ 지시표시 : 바탕 – 흰색, 부호 및 그림 – 녹색 또는 바탕 – 녹색, 부호 및 그림 – 흰색
④ 안내표시 : 바탕 – 파란색, 기본모형 – 흰색, 부호 및 그림 – 흰색

해설
- 금지표지
  바탕 – 흰색, 기본모형 – 빨간색, 부호 및 그림 – 검은색
- 경고표지
  바탕 – 노란색, 기본모형 – 검은색, 부호 및 그림 – 검은색
  바탕 – 흰색, 기본모형 – 빨간색, 부호 및 그림 – 검은색
- 지시표시
  바탕 – 파란색, 관련 그림 – 흰색
- 안내표시
  바탕 – 흰색, 기본모형 및 관련 부호 – 녹색
  바탕 – 녹색, 관련 부호 및 그림 – 흰색

97 화학물질관리법령상 유해화학물질 취급시설 자체점검대상의 점검 항목으로 틀린 것은?

① 유해화학물질의 이송배관·접합부 및 밸브 등 관련 설비의 부식 등으로 인한 유출·누출 여부
② 유해화학물질의 보관용기가 파손 또는 부식되거나 균열이 발생했는지 여부
③ 액체·기체상태의 유해화학물질을 완전히 개방된 장소에 보관하고 있는지 여부
④ 물 반응성 물질이나 인화성 고체의 물 접촉으로 인한 화재·폭발 가능성이 있는지 여부

해설
취급시설 등의 자체점검
- 유해화학물질의 이송배관·접합부 및 밸브 등 관련 설비의 부식 등으로 인한 유출·누출 여부
- 고체상태 유해화학물질의 용기를 밀폐한 상태로 보관하고 있는지 여부
- 액체·기체상태의 유해화학물질을 완전히 밀폐한 상태로 보관하고 있는지 여부
- 유해화학물질의 보관용기가 파손 또는 부식되거나 균열이 발생하였는지 여부
- 탱크로리, 트레일러 등 유해화학물질 운반장비의 부식·손상·노후화 여부
- 그 밖에 환경부령으로 정하는 유해화학물질 취급시설 및 장비 등에 대한 안전성 여부

정답 94 ④ 95 ③ 96 ① 97 ③

98 A물질을 제조하는 공장의 근로자가 10시간 근무할 때 OSHA의 보정방법을 이용한 TWA-TLV(ppm)는? (단, A물질의 TWA-TLV는 15ppm이다.)

① 12   ② 15
③ 19   ④ 25

해설

- TWA 환산값 $= \dfrac{C_1 T_1 + C_2 T_2 + \cdots + C_n T_n}{8}$

  여기서, TWA : 시간가중평균
  C : 유해인자의 측정값(ppm 또는 mg/m³)
  T : 유해인자의 발생시간(s)

- TLV(Threshold Limit Value) : 신체가 악영향을 받지 않는다고 생각되는 평균농도

$15\text{ppm} \times 8\text{h} = x \times 10\text{h}$
$\therefore x = 12\text{ppm}$

99 다음 설명에 해당하는 화학물질은?(단, 화학물질 관리법령을 기준으로 한다.)

> 화학물질 중에서 급성독성(急性毒性)·폭발성 등이 강하여 화학사고의 발생 가능성이 높거나 화학사고가 발생한 경우에 그 피해 규모가 클 것으로 우려되는 화학물질로서 화학사고 대비가 필요하다고 인정하여 제39조에 따라 환경부장관이 지정·고시한 화학물질

① 유독물질   ② 허가물질
③ 제한물질   ④ 사고대비물질

해설

화학물질관리법
화학물질로 인하여 발생하는 사고에 신속히 대응함으로써 화학물질로부터 모든 국민의 생명과 재산 또는 환경을 보호하는 것을 목적으로 한다.

- 화학물질 : 원소·화합물 및 그에 인위적인 반응을 일으켜 얻어진 물질과 자연 상태에서 존재하는 물질을 화학적으로 변형시키거나 추출 또는 정제한 것
- 유독물질 : 유해성이 있는 화학물질
- 허가물질 : 위해성이 있다고 우려되는 화학물질
- 제한물질 : 특정 용도로 사용되는 경우 위해성이 크다고 인정되는 화학물질로서 그 용도로의 제조, 수입, 판매, 보관·저장, 운반 또는 사용을 금지하기 위하여 고시한 것
- 금지물질 : 위해성이 크다고 인정되는 화학물질로서 모든 용도로의 제조, 수입, 판매, 보관·저장, 운반 또는 사용을 금지하기 위하여 고시한 것
- 사고대비물질 : 화학물질 중에서 급성독성·폭발성 등이 강하여 화학사고의 발생 가능성이 높거나 화학사고가 발생한 경우에 그 피해 규모가 클 것으로 우려되는 화학물질
- 유해화학물질 : 유독물질, 허가물질, 제한물질 또는 금지물질, 사고대비물질, 그 밖에 유해성 또는 위해성이 있거나 그러할 우려가 있는 화학물질

100 화학반응에 대한 설명 중 틀린 것은?

① 정촉매는 반응속도를 빠르게 하여 활성화에너지를 감소시키며, 부촉매는 반응속도를 느리게 하고 활성화에너지를 증가시킨다.
② 어떤 화학반응의 평형상수는 화학평형에서 정반응과 역반응의 속도가 같을 때로 정의할 수 있다.
③ 르 샤틀리에의 원리란 가역반응이 평형에 있을 때 외부에서 온도, 농도, 압력의 조건을 변화시키면 그 조건을 감소시키는 방향으로 새로운 평형이 이동한다는 법칙이다.
④ 온도를 올리면 화학평형의 이동방향은 발열반응 쪽으로 향한다.

해설

화학반응에서 온도를 올리면, 화학평형의 이동방향은 흡열반응 쪽으로 향한다.

정답 98 ①   99 ④   100 ④

2020년 제4회 기출문제

1과목 화학분석 과정관리

01 보기의 물질을 물과 사염화탄소로 용해시키려 할 때 물에 더욱 잘 녹을 것이라고 예상되는 물질을 모두 나타낸 것은?

| (a) CO_2 | (b) CH_3COOH |
| (c) NH_4NO_3 | (d) $CH_3CH_2CH_2CH_2CH_3$ |

① (a), (b)
② (b), (c)
③ (a), (b), (c)
④ (b), (c), (d)

해설

물은 극성이므로 극성 물질을 잘 용해시키고, 사염화탄소는 무극성이므로 무극성 물질을 잘 용해시킨다.
- 극성 : CH_3COOH, NH_4NO_3
- 무극성 : CO_2, $CH_3CH_2CH_2CH_2CH_3$

02 광학스펙트럼의 설명으로 틀린 것은?

① 연속스펙트럼은 고체를 백열상태로 가열했을 때 발생한다.
② 분자 흡수는 전자전이, 진동 및 회전에 의해 일어나므로 띠스펙트럼이나 연속스펙트럼을 나타낸다.
③ 스펙트럼에는 선스펙트럼, 띠스펙트럼 및 연속스펙트럼이 있는데 자외선-가시선 영역의 원자분광법에서는 주로 띠스펙트럼을 이용하여 분석한다.
④ 들뜬 입자에서 발생되는 복사선은 보통 방출스펙트럼에 의해서 특정되며, 이는 방출된 복사선의 상대 세기를 파장이나 진동수의 함수로서 나타낸다.

해설

UV-Vis 분광법 : 연속스펙트럼을 사용한다.

03 혼성궤도함수(Hybrid Orbital)에 대한 설명으로 틀린 것은?

① 탄소원자의 한 개의 s 궤도함수와 세 개의 p 궤도함수가 혼성하여 네 개의 새로운 궤도함수를 형성하는 것을 sp^3 혼성궤도함수라 한다.
② sp^3 혼성궤도함수를 이루는 메테인은 C-H 결합각이 109.5°인 정사면체 구조이다.
③ 벤젠(C_6H_6)을 분자궤도함수로 나타내면 각 탄소는 sp^2 혼성궤도함수를 이루며 평면구조를 나타낸다.
④ 사이클로헥세인(C_6H_{12})을 분자궤도함수로 나타내면 각 탄소는 sp 혼성궤도함수를 이룬다.

해설

사이클로헥세인은 sp^3 혼성오비탈을 이룬다.

04 다음 중 기기잡음이 아닌 것은?

① 열적잡음(Johnson Noise)
② 산탄잡음(Shot Noise)
③ 습도잡음(Humidity Noise)
④ 깜빡이 잡음(Flicker Noise)

해설

기기잡음의 종류
- 열적잡음(Johnson 잡음, 백색잡음)
- 산탄잡음(Shot 잡음)
- 플리커 잡음(깜빡이 잡음, Flicker 잡음) : $\frac{1}{f}$ 잡음
- 환경잡음

05 다음 중 광학분광법에서 이용하지 않는 현상은?

① 형광
② 흡수
③ 발광
④ 흡착

정답 01 ② 02 ③ 03 ④ 04 ③ 05 ④

해설
광학분광법 : 빛의 흡수, 방출, 형광을 측정

06 유기화합물의 명칭이 잘못 연결된 것은?

① □ : 사이클로뷰테인
② (벤젠-CH₃) : 톨루엔
③ (벤젠-NH₂) : 아닐린
④ (안트라센 구조) : 페난트렌

해설

(안트라센 구조) : 안트라센

(페난트렌 구조) : 페난트렌

07 다음 물질을 전해질의 세기가 강한 것부터 약해지는 순서로 나열한 것은?

NaCl, NH₃, H₂O, CH₃COCH₃

① NaCl > CH₃COCH₃ > NH₃ > H₂O
② NaCl > NH₃ > H₂O > CH₃COCH₃
③ CH₃COCH₃ > NH₃ > NaCl > H₂O
④ CH₃COCH₃ > NaCl > NH₃ > H₂O

해설
- 강전해질 : NaCl
- 비전해질 : CH₃COCH₃
∴ NaCl > NH₃ > H₂O > CH₃COCH₃

08 다음 단위체 중 첨가중합체를 만드는 것은?

① C₂H₆
② C₂H₄
③ HOCH₂CH₂OH
④ HOCH₂CH₃

해설
첨가중합체를 만들기 위해서는 이중결합, 삼중결합이 있어야 한다.

09 IR Spectroscopy로 분석 시 $1,640cm^{-1}$ 근처에서 약한 흡수를 보이는 물질의 화학식이 C_4H_8일 때 이 물질이 갖는 이성질체 수는?

① 2개
② 3개
③ 4개
④ 5개

해설
$1,640cm^{-1}$: C=C

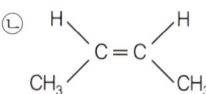

∴ 4개의 이성질체가 있다.

10 에탄올 50mL를 물 100mL과 혼합한 에탄올 수용액의 질량백분율은?(단, 에탄올의 비중은 0.79이다.)

① 28.3
② 33.3
③ 50.0
④ 40.5

해설
$$\frac{50mL \times 0.79}{50mL \times 0.79 + 100mL \times 1} \times 100 = 28.3\%$$

11 X선 기기를 파장-분산형 기기와 에너지-분산형 기기로 분류할 때 구분 기준은?

① 스펙트럼 분해 방법
② 스펙트럼 패턴
③ 스펙트럼 영역
④ 스펙트럼 구조

해설
X선 기기는 스펙트럼을 분해하는 방법에 따라 파장-분산형 기기 또는 에너지-분산형 기기로 구분된다.

정답 06 ④ 07 ② 08 ② 09 ③ 10 ① 11 ①

12 비활성 기체로 채워진 관 안의 두 전극 사이에 발생한 기체 이온과 전자를 이용하는 분광법은?

① 원자형광분광법
② 글로우 방전 분광법
③ 플라스마 방출 분광법
④ 레이저 유도 파괴 분광법

해설

글로우 방전 분광법
- 전도성 고체시료를 분석한다.
- 글로우 방전은 250~1,000V의 DC 전위로 유지되어 있는 글로우 방전관에서 Ar 기체를 이온화시켜 시료가 있는 전극 표면으로 가속시켜 원자를 튕겨내어 도입한다.

13 어떤 화합물의 질량백분율 성분비를 분석했더니, 탄소 58.5%, 수소 4.1%, 질소 11.4%, 산소 26.0%와 같았다. 이 화합물의 실험식은?(단, 원자량은 C 12, H 1, N 14, O 16이다.)

① $C_2H_5NO_2$
② $C_3H_7NO_2$
③ $C_5H_5NO_2$
④ $C_6H_5NO_2$

해설

$$C : H : N : O = \frac{0.585}{12} : \frac{0.041}{1} : \frac{0.114}{14} : \frac{0.260}{16}$$
$$= 6 : 5 : 1 : 2$$

실험식 : $C_6H_5NO_2$

14 다음 중 1차 표준물질이 되기 위한 조건이 아닌 것은?

① 정제하기 쉬워야 한다.
② 흡수, 풍화, 공기 산화 등의 성질이 없어야 한다.
③ 반응이 정량적으로 진행되어야 한다.
④ 당량 중량이 적어서 측정 오차를 줄일 수 있어야 한다.

해설

일차표준물의 조건
- 정제하기 쉬워야 한다.
- 흡수, 풍화, 공기 산화 등의 성질이 없고, 오랫동안 보관하여도 변질되지 않아야 한다(공기 중에서 안정).
- 고순도(99.9%)이어야 한다.
- 용해도가 적당해야 한다.
- 상대습도의 변화에 의해 조성이 불변하고, 수화된 물이 없어야 한다.

15 주기율표에 대한 일반적인 설명 중 가장 거리가 먼 것은?

① 1A족 원소를 알칼리금속이라고 한다.
② 2A족 원소를 전이금속이라고 한다.
③ 세로열에 있는 원소들이 유사한 성질을 가진다.
④ 주기율표는 원자번호가 증가하는 순서로 원소를 배치한 것이다.

해설

- 1A족 : 알칼리금속
- 2A족 : 알칼리토금속
- 7A족 : 할로겐족
- 8A족 : 비활성 기체

같은 족에 존재하는 원소들은 유사한 성질을 갖는다.

16 이온 반지름의 크기를 잘못 비교한 것은?

① $Mg^{2+} > Ca^{2+}$
② $F^- < O^{2-}$
③ $Al^{3+} < Mg^{2+}$
④ $O^{2-} < S^{2-}$

해설

이온 반지름은 원자껍질이 많을수록, 원자번호가 작을수록 크다.
$Mg^{2+} < Ca^{2+}$

17 H_2 4g과 N_2 10g, O_2 40g으로 구성된 혼합가스가 있다. 이 가스가 25℃, 10L의 용기에 들어 있을 때 용기가 받는 압력(atm)은?

① 7.39
② 8.82
③ 89.41
④ 213.72

해설

$$n_{H_2} = \frac{4g}{2g/mol} = 2mol$$

$$n_{N_2} = \frac{10g}{28g/mol} = 0.357mol$$

$$n_{O_2} = \frac{40g}{32g/mol} = 1.25mol$$

$$\therefore n_T = 2 + 0.357 + 1.25 = 3.607mol$$

$$P = \frac{nRT}{V} = \frac{3.607mol \times 0.082L \cdot atm/mol \cdot K \times 298.15K}{10L}$$
$$= 8.82atm$$

정답 12 ② 13 ④ 14 ④ 15 ② 16 ① 17 ②

18 몰랄농도가 3.24m인 K_2SO_4 수용액 내 K_2SO_4의 몰분율은?(단, 원자량은 K 39.10, O 16.00, H 1.008, S 32.06이다.)

① 0.551
② 0.36
③ 0.0552
④ 0.036

해설

$3.24m = \dfrac{3.24\text{mol } K_2SO_4}{\text{용매 } 1\text{kg}}$

물 $1,000\text{g} \times \dfrac{1\text{mol}}{18\text{g}} = 55.56\text{mol}$

$x_{K_2SO_4} = \dfrac{3.24}{3.24+55.56} = 0.0551$

19 전자가 보어모델(Bohr Model)의 $n=5$ 궤도에서 $n=3$ 궤도로 전이할 때 수소원자의 방출되는 빛의 파장 (nm)은?(단, 뤼드베리 상수는 $1.9678 \times 10^{-2}\text{nm}^{-1}$이다.)

① 434.5
② 486.1
③ 714.6
④ 954.6

해설

$\dfrac{1}{\lambda} = R\left(\dfrac{1}{n^2} - \dfrac{1}{m^2}\right)$

$\dfrac{1}{\lambda} = 1.9678 \times 10^{-2}\text{nm}^{-1}\left(\dfrac{1}{3^2} - \dfrac{1}{5^2}\right)$

$\therefore \lambda = 714.8\text{nm}$

20 다음 화합물 중 Octet Rule을 만족하지 않는 것은?

① H_2O의 O
② CO_2의 C
③ PCl_5의 P
④ NO_3^-의 N

해설

3주기 원소들은 d오비탈을 가지고 있기 때문에 Octet Rule을 만족시키지 않는다.

```
      Cl
      |
 Cl ~ P ~ Cl
    /   \
   Cl    Cl
```

2과목 화학물질 특성분석

21 NH_4^+의 $K_a = 5.69 \times 10^{-10}$일 때 NH_3의 염기 해리상수(K_b)는?(단, $K_w = 1.00 \times 10^{-14}$이다.)

① 5.69×10^{-7}
② 1.76×10^{-7}
③ 5.69×10^{-5}
④ 1.76×10^{-5}

해설

$K_w = K_a \times K_b$

$1.0 \times 10^{-14} = 5.69 \times 10^{-10} \times K_b$

$\therefore K_b = 1.76 \times 10^{-5}$

22 전지의 두 전극에서 반응이 자발적으로 진행되려는 경향을 갖고 있어 외부 도체를 통하여 산화전극에서 환원전극으로 전자가 흐르는 전지, 즉 자발적인 화학반응으로부터 전기를 발생시키는 전지는?

① 전해전지
② 표준전지
③ 자발전지
④ 갈바니전지

해설

갈바니전지
자발적인 화학반응을 이용하여 전류를 생성하는 전기화학 전지

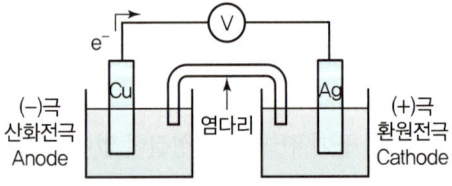

전해전지
외부에서 에너지를 가해 비자발적인 과정으로 일어나게 한다. 전기분해 또는 전기도금에 사용된다.

23 전기화학전지에 관한 패러데이의 연구에 대한 설명 중 옳지 않은 것은?

① 전극에서 생성되거나 소모된 물질의 양은 전지를 통해 흐른 전하의 양에 반비례한다.
② 일정한 전하량이 전지를 통하여 흐르게 되면 여러 물질들이 이에 상응하는 당량만큼 전극에서 생성되거나 소모된다.
③ 패러데이 법칙은 전기화학 과정에서의 화학양론을 요약한 것이다.
④ 패러데이 상수(F)는 96,485.32C/mol이다.

해설

전극에서 생성되거나 소모된 물질의 양은 전지를 통해 흐른 전하의 양에 비례하며, 비례상수는 96,485C/mol(패러데이 상수)이다.

24 시료 중 칼슘을 정량하기 위해 시료 3.00g을 전처리하여 EDTA로 칼슘을 적정하였더니 15.20mL의 EDTA가 소요되었다. 아연금속 0.50g을 산에 녹인 후 1.00L로 묽혀서 만든 용액 10.00mL로 EDTA를 표정하였고, 이때 EDTA는 12.50mL가 소요되었다. 시료 중 칼슘의 농도(ppm)는?(단, 아연과 칼슘의 원자량은 각각 65.37g/mol, 40.08g/mol이다.)

① 12.426
② 124.26
③ 1,242.6
④ 12,426

해설

$$\frac{0.5\text{g Zn}}{1\text{L}} \times \frac{1\text{mol Zn}}{65.37\text{g Zn}} \times 10.00\text{mL} = M_{EDTA} \times 12.5\text{mL}$$

$\therefore M_{EDTA} = 0.00612\text{M}$

$$\frac{0.00612\text{mol EDTA}}{1\text{L}} \times 0.01520\text{L} \times \frac{1\text{mol Ca}}{1\text{mol EDTA}} \times \frac{40.08\text{g Ca}}{1\text{mol Ca}}$$

$= 0.003728$g Ca

$\frac{0.003728\text{g Ca}}{3.00\text{g 시료}} = 0.00124267 \times 10^6 = 1,242.67$ppm

25 Van Deemter 식과 각 항의 의미가 아래와 같을 때, 다음 설명 중 틀린 것은?

$$H = A + \frac{B}{u} + Cu = A + \frac{B}{u} + (C_S + C_M)u$$

여기서, u : 이동상의 속도
하첨자 S : 고정상
M : 이동상

① A는 다중이동 통로에 대한 영향을 말한다.
② B/u는 세로확산에 대한 영향을 말한다.
③ Cu 물질이동에 의한 영향을 말한다.
④ H는 분리단의 수를 나타내는 항이다.

해설

- A : 다중경로항
- B : 세로확산계수
- C : 질량이동계수
- H : 단높이

26 산화수에 관한 설명 중 틀린 것은?

① 원소 상태의 원자는 산화수가 0이다.
② 일원자이온의 원자는 전하와 동일한 산화수를 갖는다.
③ 과산화물에서 산소원자는 -1의 산화수를 갖는다.
④ C, N, O, Cl과 같은 비금속과 결합할 때 수소는 -1의 산화수를 갖는다.

해설

H의 산화수 = +1(예외 : 금속수소화물에서 H = -1)

27 불꽃원자분광법에서 화학적 방해의 주요 요인이 아닌 것은?

① 해리평형
② 이온화 평형
③ 시료원자의 구조
④ 용액 중에 존재하는 다른 양이온

정답 23 ① 24 ③ 25 ④ 26 ④ 27 ③

> **해설**

화학적 방해
- 낮은 휘발성 화합물 생성
- 해리평형
- 이온화 평형

28 C−Cl 신축진동을 관측하기 위한 적외선 분광분석기의 창(Window) 물질로 적합하지 않은 것은?

① KBr
② CaF_2
③ NaCl
④ Mineral Oil + KBr

> **해설**

- C−Cl 신축진동 : $700 \sim 800 cm^{-1}$
- KBr : $385 cm^{-1}$ 이상에서 흡수가 일어나지 않는다.
- CaF_2 : $1,100 cm^{-1}$ 이상에서 흡수가 일어나지 않는다.
- NaCl : $625 cm^{-1}$ 이상에서 흡수가 일어나지 않는다.

29 ppm과 ppb의 관계가 옳게 표현된 것은?

① 1ppm = 1,000ppb
② 1ppm = 10ppb
③ 1ppm = 1ppb
④ 1ppm = 0.001ppb

> **해설**

$1ppm = 10^{-6}$
$1ppb = 10^{-9}$
∴ $1ppm = 10^3 ppb$

30 0.100M CH_3COOH 용액 50.0mL를 0.0500M NaOH로 적정할 때 가장 적합한 지시약은?

① 메틸오렌지
② 페놀프탈레인
③ 브로모크레졸그린
④ 메틸레드

> **해설**

약산+강염기의 반응이므로 염기성에서 변색범위가 존재하는 페놀프탈레인을 사용한다.

31 용질의 농도가 0.1M로 모두 동일한 다음 수용액 중 이온 세기(Ionic Strength)가 가장 큰 것은?

① NaCl(aq)
② Na_2SO_4(aq)
③ $Al(NO_3)_3$(aq)
④ $MgSO_4$(aq)

> **해설**

이온 세기 $I = \frac{1}{2} \sum C_i Z_i^2$

- $Al(NO_3)_3$: $I = \frac{1}{2}[0.1 \times (+3)^2 + 3 \times 0.1 \times (-1)^2] = 0.6$
- $MgSO_4$: $I = \frac{1}{2}[0.1 \times (+2)^2 + 0.1 \times (-2)^2] = 0.4$

동일 농도에서 전하가 크고 이온의 수가 많은 것이 이온 세기가 크다.

32 어떤 염의 물에 대한 용해도가 70℃에서 60g, 30℃에서 20g일 때, 다음 설명 중 옳은 것은?

① 70℃에서 포화 용액 100g에 녹아 있는 염의 양은 60g이다.
② 30℃에서 포화 용액 100g에 녹아 있는 염의 양은 20g이다.
③ 70℃에서 포화 용액 30℃로 식힐 때 불포화 용액이 형성된다.
④ 70℃에서 포화 용액 100g을 30℃로 식힐 때 석출되는 염의 양은 25g이다.

> **해설**

① 70℃에서 용해도 60 : 70℃에서 물(용매) 100g에 염 60g이 녹으면 포화가 된다.

100g 포화 용액 $\times \frac{60g \text{ 용질(염)}}{160g \text{ 포화 용액}} = 37.5g$ 용질(염)

② 30℃에서 용해도 20 : 30℃에서 물(용매) 100g에 염 20g이 녹으면 포화가 된다.

100g 포화 용액 $\times \frac{20g \text{ 용질(염)}}{120g \text{ 포화 용액}} = 16.67g$ 용질(염)

③ 70℃ 포화 용액 → 30℃로 냉각

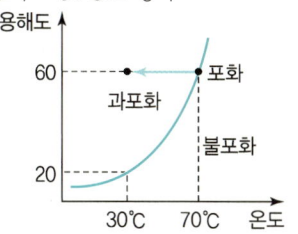

④ 100g 포화 용액을 70℃ → 30℃로 냉각
160g : 40g = 100g : x
∴ $x = 25$g

33 다음 중 환원제로 사용되는 물질은?
① 과염소산
② 과망간산칼륨
③ 포름알데하이드
④ 과산화수소

해설

환원제 : 자신은 산화되고 남을 환원시키는 물질
$HCHO + \frac{1}{2}O_2 \rightarrow HCOOH$

34 0.1M 약염기 B 100mL 수용액에 0.1M HCl 50mL 수용액을 가했을 때의 pH는?(단, $K_b = 2.6 \times 10^{-6}$이고 $K_w = 1.0 \times 10^{-14}$이다.)
① 5.59
② 7.00
③ 8.41
④ 9.18

해설

$pH = 14 - pK_b$
$= 14 - (-\log K_b)$
$= 14 - [-\log(2.6 \times 10^{-6})] = 8.415$

35 원자흡수분광법에서 연속광원 바탕보정법에 사용되는 자외선 영역의 연속광원은?
① 중수소등
② 텅스텐등
③ 니크롬선등
④ 속빈음극등

해설

중수소 램프 바탕보정(연속광원 보정방법)
연속광원인 중수소(D_2, UV 영역) 램프 또는 텅스텐(W, 가시광선 영역) 램프와 HCL(속빈음극등)에서 나오는 빛을 교대로 쪼여 바탕값을 보정한다.

36 다음의 두 평형에서 전하균형식(Charge Balance Equation)을 옳게 표현한 것은?

$HA^-(aq) \rightleftarrows H^+(aq) + A^{2-}(aq)$
$HA^-(aq) + H_2O(l) \rightleftarrows H_2A(aq) + OH^-(aq)$

① $[H^+] = [HA^-] + [A^{2-}] + [OH^-]$
② $[H^+] = [HA^-] + 2[A^{2-}] + [OH^-]$
③ $[H^+] = [HA^-] + 4[A^{2-}] + [OH^-]$
④ $[H^+] = 2[HA^-] + [A^{2-}] + [OH^-]$

해설

양전하 = 음전하
$[H^+] = [HA^-] + 2[A^{2-}] + [OH^-]$

37 $Cu(s) + 2Fe^{3+} \rightleftarrows 2Fe^{2+} + Cu^{2+}$ 반응의 25℃에서 평형상수는?(단, $E°$는 25℃에서의 표준환원전위이다.)

$2Fe^{3+}(aq) + 2e^- \rightleftarrows 2Fe^{2+}(aq)$ $E° = 0.771V$
$Cu^{2+}(aq) + 2e^- \rightleftarrows Cu(s)$ $E° = 0.339V$

① 1×10^{14}
② 2×10^{14}
③ 3×10^{14}
④ 4×10^{14}

해설

$\Delta G° = -RT \ln K = -nFE°$
$\ln K = \frac{nF}{RT}E°$
∴ $K = \exp\left(\frac{nFE°}{RT}\right)$
$= \exp\left(\frac{2 \times 96,485 C/mol \times (0.771 - 0.339)V}{8.314 J/mol \cdot K \times 298.15K}\right)$
$= 4 \times 10^{14}$

정답 33 ③ 34 ③ 35 ① 36 ② 37 ④

38 0.100M BH_2^{2+} 용액 20.0mL를 0.20M NaOH 용액으로 적정하는 실험에 대한 설명으로 옳은 것은?(단, BH_2^{2+}의 산해리상수 K_{a1}과 K_{a2}는 각각 1.00×10^{-4}, 1.00×10^{-8}이고 물의 이온화곱 상수는 1.00×10^{-14}이다.)

① NaOH(aq) 5.00mL를 가했을 때 용액에는 BH_2^{2+}와 BH^+가 1 : 1의 몰비로 존재한다.
② NaOH(aq) 10.0mL를 가했을 때 용액의 pH는 5.0이다.
③ NaOH(aq) 15.00mL를 가했을 때 용액에서 B와 BH^+가 4 : 6의 몰수비로 존재한다.
④ NaOH(aq) 20.0mL를 가했을 때 용액의 pH를 결정하는 주 화학종은 BH^+이다.

|해설|

①

	BH_2^{2+}	+	OH^-	→	BH^+	+	H_2O
	0.1M × 20mL		0.2M × 5mL				
	= 2mmol		= 1mmol				
	−1		−1		+1		
	1mmol		0		1mmol		

② $pH = \dfrac{pK_{a1} + pK_{a2}}{2} = 6$
③ [B] : [BH^+] = 1 : 1
④ 용액에서 주 화학종은 B이다.

39 아래와 같은 화학반응식의 평형이동에 관한 설명 중 틀린 것은?

$$2CO(g) + O_2(g) \rightleftarrows 2CO_2(g) + 열$$

① 반응계를 냉각할 경우 평형은 오른쪽으로 이동한다.
② 반응계에 Ar(g)를 가하면 평형은 왼쪽을 이동한다.
③ CO(g)를 첨가할 경우 평형은 오른쪽으로 이동한다.
④ $O_2(g)$를 제거할 경우 평형은 왼쪽으로 이동한다.

|해설|
• 르 샤틀리에 원리에 의해 가해진 조건을 감소시키려는 방향으로 반응이 일어난다.
• Ar(아르곤)를 가해도 평형은 변하지 않는다.

40 이양성자성 산(BH_2^{2+})의 산해리상수가 각각 pK_{a1}=4, pK_{2a}=9일 때 [BH^+]=[BH_2^{2+}]를 만족하는 pH는?

① 4 ② 5
③ 6.5 ④ 9

|해설|
헨더슨−하셀바흐 식
$$pH = pK_{a1} + \log \dfrac{[BH^+]}{[BH_2^{2+}]}$$
∴ $pH = pK_{a1} = 4$

3과목 화학물질 구조분석

41 열무게분석법(Thermogravimetric Analysis : TGA)에서 전기로를 질소와 아르곤으로 분위기를 만드는 주된 이유는?

① 시료의 환원 억제 ② 시료의 산화 억제
③ 시료의 확산 억제 ④ 시료의 산란 억제

|해설|
질소와 아르곤으로 분위기를 만드는 이유는 시료의 산화를 억제하기 위해서이다.

42 Nuclear Magnetic Resonance(NMR)의 화학적 이동에 영향을 미치는 인자가 아닌 것은?

① 혼성 효과(Hybridization Effect)
② 도플러 효과(Doppler Effect)
③ 수소결합 효과(Hydrogen Bond Effect)
④ 전기음성도 효과(Electronegativity Effect)

|해설|
NMR에서 화학적 이동에 영향을 미치는 인자
• 자기적 비등방성 효과 : 전기음성도와 관련
• 구조에 의한 효과 : 작용기와 관련

도플러 효과
광원을 향해 움직이는 원자들은 낮은 진동수의 빛을 흡수하고 광원으로부터 멀어지는 원자들은 높은 진동수의 빛을 흡수한다.

|정답| 38 ① 39 ② 40 ① 41 ② 42 ②

43 기체-고체 크로마토그래피(GSC)에 대한 설명으로 틀린 것은?

① 고체 표면에 기체물질이 흡착되는 현상을 이용한다.
② 분포상수는 보통 GLC의 경우보다 적다.
③ 기체-액체 칼럼에 머물지 않는 화학종을 분리하는 데 유용하다.
④ 충전칼럼과 열린관 칼럼 두 가지 모두 사용된다.

해설

GSC(기체-고체 크로마토그래피)
- 기체물질이 고체 표면에 흡착되는 현상을 이용한다.
- 분포상수는 GLC에 비해 상당히 크다.
- 충전칼럼과 열린관 칼럼 모두 사용한다.

44 폭이 매우 좁은 KBr 셀만을 적외선 분광기에 걸고 적외선 스펙트럼을 얻었다. 시료가 없기 때문에 적외선 흡수 밴드는 보이지 않고, 그림과 같이 파도 모양의 간섭파를 스펙트럼에 얻었다. 이 셀의 폭(mm)으로 가장 알맞은 것은?

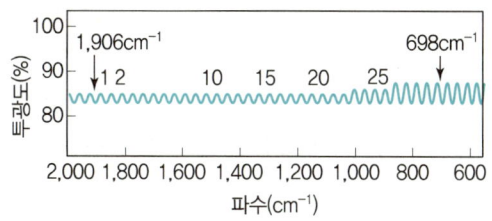

① 0.1242
② 12.42
③ 24.82
④ 248.4

해설

셀의 폭 $b = \dfrac{\Delta N}{2(\overline{\nu_1} - \overline{\nu_2})}$

$= \dfrac{30}{2(1,906 - 698)}$

$= 0.01242 \text{cm} = 0.1242 \text{mm}$

45 질량분석기에서 분석을 위해서는 분석물이 이온화되어야 한다. 이온화 방법은 분석물의 화학결합이 끊어지는 Hard Ionization 방법과 화학결합이 그대로 있는 Soft Ionization 방법이 있다. 다음 중 가장 Hard Ionization에 가까운 것은?

① 전자충돌 이온화(Electron Impact Ionization)
② 전기분무 이온화(ESI : Electrospray Ionization)
③ 매트릭스 보조 레이저 탈착 이온화(MALDI : Matrix Assisted Laser Desorption Ionization)
④ 화학 이온화(CI : Chemical Ionization)

해설

- 하드 이온화원에서 생성된 이온은 큰 에너지를 받아 높은 에너지 상태로 들뜨게 된다.
- 전자 이온화원(전자충격 이온화원)
  시료분자를 기화시키기에 충분한 온도만큼 가열하고, 만들어진 분자를 고에너지 전자살과 충돌시켜 이온화된다.

46 적외선 흡수분광기의 검출기로 사용할 수 있는 열검출기(Thermal Detector)가 아닌 것은?

① 열전기쌍(Thermocouple)
② 서미스터(Thermistor)
③ 볼로미터(Bolometer)
④ 다이오드 어레이(Diode Array)

해설

적외선(IR) 흡수분광기의 열검출기
㉠ 파이로 전기변환기
㉡ 광전도 변환기
㉢ 열변환기
  - 열전기쌍
  - 볼로미터

47 카드뮴 전극이 0.010M Cd^{2+} 용액에 담가진 반쪽전지의 전위(V)는?(단, 온도는 25℃이고 Cd^{2+}/Cd의 표준환원전위는 -0.403V이다.)

① -0.40
② -0.46
③ -0.50
④ -0.56

정답 43 ② 44 ① 45 ① 46 ④ 47 ②

> 해설

Nernst 식

$$E = E° - \frac{0.05916}{n} \log Q$$
$$= -0.403 - \frac{0.05916}{2} \log \frac{1}{0.010}$$
$$= -0.462V$$

48 전기화학분석에 관한 설명에서 올바른 것은?

① 전기화학전지의 전위는 환원반응이 일어나는 환원전극의 전극전위에서 산화반응이 일어나는 산화전극의 전극전위를 빼주어 계산한다.
② IUPAC 규약에 의해서 전극전위를 산화반응에 대한 것은 산화전극전위라고 하고 환원반응에 대한 것은 환원전극전위로 나타내어 사용하기로 한다.
③ 각 산화환원반응에 대한 전극전위는 0℃에서 표준수소전극전위를 0V로 놓고 이에 대한 상대적인 산화-환원력의 척도로 나타낸 것이다.
④ 형식전위(Formal Potential)는 활성도 효과와 부반응으로부터 오는 오차를 보상하기 위하여 반응용액에 존재하는 성분들의 농도가 1F(포말 농도)에서의 표준전위를 말한다.

> 해설

- IUPAC 규약에 의해서 두 반쪽반응의 환원반응을 환원반응식으로 나타냈을 때의 전위를 사용한다.
- 25℃에서 측정한 전극전위를 0V로 한다.
- 형식전위 : 표준상태가 아닌 경우의 전위

49 폴라로그래피에서 펄스법의 감도가 직류법보다 좋은 이유는?

① 펄스법에서는 패러데이 전류와 충전전류의 차이가 클 때 전류를 측정하기 때문
② 펄스법은 빠른 속도로 측정하기 때문
③ 직류법에서는 빠르게 펄스법에서는 느리게 전압을 주사하기 때문
④ 펄스법에서는 비패러데이 전류가 최대이기 때문

> 해설

비패러데이 전류를 제거하여 감도가 우수하다.
- 패러데이 전류 : 산화환원반응에 의한 전류
- 충전전류(잔류전류) : 비패러데이 전류

50 열무게분석법(Thermogravimetric Analysis : TGA)으로 얻을 수 있는 정보가 아닌 것은?

① 분해반응　　　　② 산화반응
③ 기화 및 승화　　④ 고분자 분자량

> 해설

열무게분석법(TGA)
시료를 가열하면서 시료의 무게 감소를 측정한다.

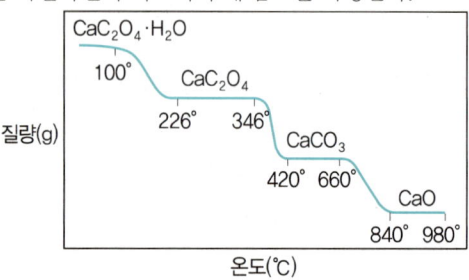

51 시차주사열량법(Differential Scanning Calorimetry : DSC)에 대한 설명 중 틀린 것은?

① 온도변화에 따른 무게변화를 측정
② 시료물질과 기준물질의 열량 차이를 시료온도함수로 측정
③ 열흐름 DSC는 열흐름의 차이를 온도를 직선적으로 증가하면서 측정
④ 전력보상 DSC는 시료물질과 기준물질을 두 개의 다른 가열기로 가열

> 해설

시차주사열량법(DSC)
㉠ 시료물질과 기준물질의 열량 차이를 시료온도함수로 측정한다.
㉡ DSC는 에너지 차이를 측정하는 열량측정방법이고, DTA에서는 온도의 차이가 기록된다.

정답　48 ①　49 ①　50 ④　51 ①

ⓒ 종류
- 열흐름 DSC
  시료온도가 일정한 속도로 변경되는 동안 시료와 기준물질로 흘러 들어오는 열흐름의 차이가 측정된다.
- 전력보상 DSC
  시료의 온도를 기준물질의 온도와 동일하게 유지하기 위해 필요한 전력이 측정된다.

52 자기장 분석 질량분석기(Magenetic Sector Analyzer) 중 이중초점 분석기에 대한 설명으로 틀린 것은?

① 이온다발의 방향과 에너지의 벗어나는 정도를 모두 최소화하기 위해 고안된 장치이다.
② 두 개의 Sector 중 하나는 정전기적 Sector이고, 다른 하나는 자기적 Sector이다.
③ 정전기적 Sector는 전기장을 걸어주어 질량 대 전하비를 분리하고, 자기적 Sector는 자기장을 걸어주어 운동에너지 분포를 좁은 범위로 제한한다.
④ 이론적으로 질량을 변화시켜 스캐닝하는 방법은 자기장, 가속전압 및 Sector의 곡률반경을 변경하는 것이다.

> 해설

정전기적 Sector는 전기장을 걸어주어 질량 대 전하비(m/z)를 분리하고, 자기식 Sector는 자기장을 걸어주어 m/z 값을 좁은 범위로 제한한다.

53 원자 및 분자 질량(Atomic & Molecular Mass)에 대한 설명으로 틀린 것은?

① 원소들의 원자 질량은 탄소-12의 질량을 12amu 또는 Dalton으로 놓고 그것에 대한 상대 질량을 의미한다.
② 원자량은 자연에 존재하는 동위원소의 존재비와 질량으로 해서 평균한 질량을 말한다.
③ 화학식량은 자연에 가장 많이 존재하는 대표적인 동위원소의 질량을 화학식에 나타난 모든 원소의 합으로 나타낸 것이다.
④ 동위원소는 원자번호는 같으나 질량이 다른 원소를 의미하며 화학적 성질은 같다.

> 해설

화학식량은 자연에 존재하는 동위원소의 비율로 원소의 질량을 정한 후 화학식에 나타난 원소의 합으로 나타낸다.

54 시차주사열량법(Differential Scanning Calorimetry : DSC)은 전이엔탈피와 온도 혹은 반응열을 측정할 수 있으므로 아주 유용하다. 다음 중 DSC의 응용분야로서 가장 거리가 먼 것은?

① 상전이 과정 측정
② 결정화 온도 측정
③ 고분자물 경화 여부 측정
④ 휘발성 유기성분 분석

> 해설

시차주사열량법(DSC)
시료물질과 기준물질의 열량 차이를 시료온도함수로 측정한다.

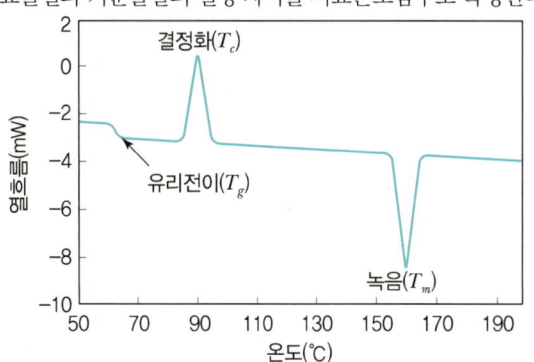

55 Nuclear Magnetic Resonance(NMR)에서 이용하는 파장은?

① 적외선(Infrared)
② 자외선(Ultraviolet)
③ 라디오파(Radio Wave)
④ 마이크로웨이브(Microwave)

> 해설

NMR에서는 라디오파를 이용한다.

정답 ▶ 52 ③ 53 ③ 54 ④ 55 ③

56 Gas Chromatography(GC) 검출기 중 할로겐 원소에 대한 선택성이 큰 검출기는?

① 전자포착검출기(ECD : Electron Capture Detector)
② 열전도검출기(TCD : Thermal Conductivity Detector)
③ 불꽃이온화검출기(FID : Flame Ionization Detector)
④ 열이온검출기(TID : Thermionic Detector)

> **해설**
>
> GC(가스 크로마토그래피) 검출기
>
> | 검출기 | 검출시료 |
> |---|---|
> | 불꽃이온화검출기(FID) | 탄소화합물 |
> | 열전도도검출기(TCD) | 일반검출기 |
> | 전자포획검출기(ECD) | 할로겐화합물 |
> | 질량분석검출기(MS) | 어떤 화학종에도 적용 |
> | NPD, 열이온검출기(TID) | 인·질소를 함유하는 유기화합물 |
> | Hall 전해질전도도 검출기 | 할로겐, 황, 질소를 포함하는 화합물 |
> | 광이온화검출기 | UV 빛에 의한 이온화 화합물 |
> | 원자방출검출기(AED) | 알코올, MTBE |
> | 불꽃광도검출기(FPD) | 황, 인을 포함하는 화합물, 할로겐 원소, 질소 그리고 주석, 크롬, 셀레늄, 게르마늄과 같은 금속 |
> | Fourier 변환(FTIR) | 유기화합물 |

57 얇은 층 크로마토그래피(TLC)의 일반적인 용도가 아닌 것은?

① 혼합물 중에 포함된 성분의 수를 결정
② 화학반응 중에 생성되는 중간체 확인
③ 혼합물의 화학결합 존재 여부 확인
④ 화합물의 순도 확인

> **해설**
>
> 얇은 층 크로마토그래피(TLC)를 이용하면 화합물들을 정성 및 정량분석할 수 있다. 그러나 혼합물에 존재하는 다양한 화학종을 확인하는 데는 충분하지 못하다.

58 아주 큰 분자량을 갖는 극성 생화학 고분자의 분자량에 대한 정보를 알 수 있는 가장 유용한 이온화법은?

① 장 이온화(FI : Field Ionization)
② 화학 이온화(CI : Chemical Ionization)
③ 전자충돌 이온화(Electron Impact Ionization)
④ 매트릭스 보조 레이저 탈착 이온화(MALDI : Matrix Assisted Laser Desorption Ionization)

> **해설**
>
> ㉠ 전자 이온화원
> - 사용하기 편리하고, 감도가 좋다.
> - 토막내기 과정이 잘 일어나므로 많은 피크들이 생기기 때문에 분석물질을 확인하는 데 편리하다. 그러나 분자 피크가 없어져서 분자량을 알 수 없다.
> - 10^3 Dalton보다 작은 분자량을 갖는 분석물질에만 이용할 수 있다.
>
> ㉡ 화학 이온화원
> 일반적으로 양이온을 측정하지만 전기음성도가 매우 큰 원소를 포함하는 분석물질의 경우에는 음이온을 측정하기도 한다.
>
> ㉢ 매트릭스 보조 레이저 탈착 이온화(MALDI)
> 수천~수십만 Dalton의 분자량을 갖는 극성 생화학 고분자화합물의 정확한 분자 질량에 대한 정보를 얻을 수 있다.

59 니켈(Ni^{2+})과 카드뮴(Cd^{2+})이 각각 0.1M인 혼합용액에서 니켈만 전기화학적으로 석출하고자 한다. 카드뮴이온은 석출되지 않고, 니켈이온이 0.01%만 남도록 하는 전압(V)은?

$$Ni^{2+} + 2e^- \rightarrow Ni(s) \quad E° = -0.250V$$
$$Cd^{2+} + 2e^- \rightarrow Cd(s) \quad E° = -0.403V$$

① -0.2
② -0.3
③ -0.4
④ -0.5

> **해설**
>
> $$E = E° - \frac{0.05916}{n} \log Q$$
> $$= -0.250V - \frac{0.05916}{2} \log\left(\frac{1}{0.1M \times \frac{0.01}{100}}\right)$$
> $$= -0.398V ≒ -0.4V$$

정답 56 ① 57 ③ 58 ④ 59 ③

60 TLC에서 R_F 값을 구하는 식은?

① 분석물의 이동거리 ÷ 용매의 최대 이동거리
② 분석물의 이동거리 ÷ 표준물질의 최대 이동거리
③ 용매의 최대 이동거리 ÷ 분석물의 이동거리
④ 표준물질의 최대 이동거리 ÷ 분석물의 이동거리

> 해설

얇은 층 크로마토그래피(TLC)의 지연인자

$$R_F = \frac{시료가\ 이동한\ 거리}{용매가\ 이동한\ 거리}$$

- $0 < R_F < 1$
- 온도와 pH에 의하여 값이 변화한다.

4과목 시험법 밸리데이션

61 분석기기의 성능점검주기를 선정할 때 고려할 사항을 보기에서 모두 나열한 것은?

```
A. 장비 유형
B. 제조사의 권고사항
C. 사용범위 및 가혹한 정도
D. 노화 및 드리프트되는 정도
E. 환경조건(온도, 습도, 진동 등)
F. 다른 기준 표준으로 상호 점검 회수
```

① A, B
② A, C, D
③ A, B, C, E
④ A, B, C, D, E, F

> 해설

성능점검주기 선정 시 고려해야 할 사항
- 장비 유형
- 제조사의 권고사항
- 이전 성능점검 기록으로부터 얻어지는 추이 데이터
- 유지 · 수리의 이력 기록
- 사용범위 및 가혹한 정도
- 노화 및 드리프트되는 정도
- 다른 기준 표준으로 상호 점검 회수
- 환경조건(온도, 습도, 진동 등)
- 정확도와 허용오차 한계

62 시험법이 정밀성, 정확성, 직선성이 적절한 수준임을 밝혀진 상태에서 검체 내 시험 대상물의 양 또는 농도의 상한 및 하한 농도 사이의 구간을 범위(Range)라고 정의한다. 다음 중 최소로 규정하는 범위로 틀린 것은?

① 원료의약품의 정량시험 : 시험농도의 80~120%
② 완제의약품의 정량시험 : 시험농도의 90~110%
③ 함량 균일성 시험 : 시험농도의 70~130%
④ 용출시험 : 용출시험기준 범위의 ±20%

> 해설

원료의약품 또는 완제의약품의 정량시험 : 일반적으로 시험농도의 80~120%

63 생체시료효과에 대한 설명 중 틀린 것은?

① 생체시료효과란 생체시료 내의 물질이 직접 또는 간접적으로 분석물질 또는 내부표준물질의 반응에 미치는 영향을 말한다.
② 생체시료효과를 분석하기 위해서는 6개의 서로 다른 생체시료를 가지고 분석하나, 구하기 힘든 생체시료의 경우 6개보다 적은 수를 사용할 수 있다.
③ 생체시료효과상수를 계산하기 위한 실험데이터를 활용하기 위해서는 품질관리시료의 농도값의 변동계수가 20% 이내이어야 한다.
④ 생체시료효과상수는 생체시료의 유무에 따른 분석결과의 비율로서 계산한다.

> 해설

생체시료효과
- 생체시료효과란 생체시료 내의 물질이 직접 또는 간접적으로 분석물질 또는 내부표준물질의 반응에 미치는 영향을 말한다.
- 생체시료효과상수를 계산하여 평가할 수 있으며, 이 생체시료효과상수는 생체시료의 유무에 따른 분석결과의 비율로 계산할 수 있다.
- 생체시료효과는 품질관리시료를 분석하여 평가한다. 6개의 서로 다른 기원의 생체시료를 가지고 낮은 농도(최저정량한계의 최대 3배)와 높은 농도(최고정량한계 부근)의 품질관리시료를 측정하고 이때 구한 농도값의 변동계수(CV)는 15% 이내이어야 한다.

정답 60 ① 61 ④ 62 ② 63 ③

64 일반적으로 전처리 과정에서 대상 성분의 함량이 낮은 경우 더욱 고려해야 하는 검체의 특성은?

① 안정성 ② 균질성
③ 흡습성 ④ 용해도

> **해설**
> 검체의 균질성은 대상 성분의 함량이 낮은 경우 더 고려해야 한다.

65 시료분석 시의 정도관리요소 중 바탕값(Blank)의 종류와 내용이 옳게 연결된 것은?

① 현장바탕시료(Field Blank Sample)는 시료채취과정에서 시료와 동일한 채취과정의 조작을 수행하는 시료를 말한다.
② 운송바탕시료(Trip Blank Sample)는 시험 수행과정에서 사용하는 시약과 정제수의 오염과 실험절차의 오염, 이상 유무를 확인하기 위한 목적에 사용한다.
③ 정제수 바탕시료(Reagent Blank Sample)는 시료채취과정의 오염과 채취용기의 오염 등 현장 이상 유무를 확인하기 위함이다.
④ 시험바탕시료(Method Blank Sample)는 시약 조제, 시료 희석, 세척 등에 사용하는 시료를 말한다.

> **해설**
> **기기바탕시료/세척바탕시료**
> 시료채취기구의 청결함을 확인하기 위해 사용되는 깨끗한 시료로서 동일한 시료채취기구의 재이용으로 인하여 먼저 시료에 있던 오염물질이 시료채취기구에 남아 있는지를 평가하는 데 이용된다.
> **방법바탕시료(Method Blank Sample)**
> 측정하고자 하는 물질이 전혀 포함되어 있지 않은 것이 증명된 시료로 시험·검사매질에 시료의 시험방법과 동일하게 같은 용량, 같은 비율의 시약을 사용하고 시험·검사와 동일한 전처리와 시험절차로 준비하는 바탕시료를 말한다.
> **현장바탕시료**
> 현장에서 만들어지는 깨끗한 시료로 분석의 모든 과정(채취, 운송, 분석)에서 생기는 문제점을 찾는 데 사용된다.
> **운반바탕시료(용기바탕시료)**
> 시료채취 후 시료를 보관용기에 담아 운송하는 중에 용기로부터 오염되는 것을 확인하기 위한 바탕시료이다.

66 수용액의 pH 측정에 관한 설명으로 틀린 것은?

① 전극이 필요하다.
② 광원이 필요하다.
③ 표준완충용액이 필요하다.
④ 수용액의 수소이온농도를 측정한다.

> **해설**
> pH 측정에는 유리전극이 사용된다.

67 분석결과의 정밀성과 가장 밀접한 것은?

① 검출한계 ② 특이성
③ 변동계수 ④ 직선성

> **해설**
> 정밀도
> • 표준편차
> • 분산
> • 상대표준편차
> • 변동계수(CV)

68 불꽃원자화기의 소모품 중 네불라이저(Nebulizer)의 역할로 옳은 것은?

① 역화 방지
② 연소기체 혼합
③ 에어로졸 생성
④ 연소로 인해 생성된 수분 제거

> **해설**
> **네불라이저(Nebulizer)**
> 분무화장치로 에어로졸(Aerosol)이라는 작은 물방울의 형태로 계속적으로 시료를 도입시킨다.

정답 ▶ 64 ② 65 ① 66 ② 67 ③ 68 ③

69 표준편차에 대해 올바르게 설명한 것은?

① 표준편차가 작을수록 정밀도가 더 크다.
② 표준편차가 클수록 정밀도가 더 크다.
③ 표준편차와 정밀도는 상호 관계가 없다.
④ 표준편차는 정확도와 가장 큰 상호 관계를 갖는다.

해설

표준편차가 작을수록 정밀도가 크다.

$$s = \sqrt{\frac{\sum(x_i - \overline{x})^2}{n-1}}$$

70 화학분석의 일반적 단계를 설명한 내용 중 틀린 것은?

① 시료채취는 분석할 대표 물질을 선택하는 과정이다.
② 시료준비는 대표 시료를 녹여 화학분석에 적합한 시료로 바꾸는 과정이다.
③ 분석은 분취량에 들어 있는 분석물질의 농도를 측정하는 과정이다.
④ 보고와 해석은 대략적으로 작성하고, 결론 도출에서 명료하고 완전하며 책임질 수 있는 자료를 작성한다.

해설

보고와 해석은 정확하게 작성하고, 결론 도출에서 명료하게 알아볼 수 있는 자료를 작성한다.

71 유효숫자를 고려하여 아래를 계산할 때, 얻어지는 값은?

2.15 + 1.244

① 3
② 3.4
③ 3.39
④ 3.394

해설

2.15 + 1.244 = 3.39
소수점 둘째 자리까지 나타낸다.

72 분석업무지시서에서 확인 가능한 검체 처리과정으로 틀린 것은?

① 검체 검증 분석의 시기 : 검체의 안정성이 확보된 기간 내에서 최초 분석과 같은 날, 서로 다른 배치에서 실시
② 검체 검증 분석의 검체 수 : 전체 검체 수가 1,000개 이하인 경우, 검체 검증 분석은 검체 수의 10%에 해당하는 수만큼 검체를 선정
③ 검체 검증 분석의 검체 수 : 전체 검체 수가 1,000개 초과인 경우, 1,000개의 10%에 해당하는 수와 1,000개를 제외한 나머지의 5%에 해당하는 수만큼 검체를 선정
④ 검체 검증 분석의 판정 기준 편차(%) :
$$\frac{검체\ 검증\ 분석값 - 최초\ 분석값}{검체\ 검증\ 분석값과\ 최초\ 분석값의\ 평균값} \times 100$$

해설

검체 검증 분석의 시기 확인
검체 검증은 검체의 안정성이 확보된 기간 내에서 최초 분석과 다른 날, 서로 다른 배치에서 실시한다.

73 투과율 눈금 교정 시 인증표준물질을 이용하여 6회 반복 측정한 실험 결괏값으로부터 우연불확정도와 전체 불확정도를 구하여 측정값으로 옳게 표시한 것은?(단, 평균값≒18.32%, 표준편차=0.011%, 인증표준물질의 불확도=0.1%, t값=2.65이다.)

① 18.32% ± 0.1%
② 18.32% ± 0.2%
③ 18.32% ± 0.3%
④ 18.32% ± 0.4%

해설

• 우연불확도 : 표준편차 = 0.011%
$$u = \frac{ts}{\sqrt{n}} = \frac{2.65 \times 0.011}{\sqrt{6}} = 0.0119\%$$
• 계통불확도 : 인증표준물질의 불확도 = 0.1%
• 전체 불확도
$$U = \sqrt{(0.0119)^2 + (0.1)^2} = 0.10\%$$
∴ 측정결과 = 18.32% ± 0.10%

정답 69 ① 70 ④ 71 ③ 72 ① 73 ①

74 Linearity 시험결과 도표의 해석으로 틀린 것은? (단, 기준 농도는 L3로 한다.)

Level	Concentration (mg/mL)	Peak Area
L1	0.00068	23.36274
		23.20600
L2	0.00136	48.66348
		48.78643
L3	0.00346	128.23044
		128.27222
L4	0.00555	204.01082
		202.32767
L5	0.00833	305.34830
		306.50851
허용범위	상관계수(R) : ≥ 0.990	

① Linearity 결과 합격이다.
② 농도범위는 분석농도의 20~240%이다.
③ 농도와 Area에 대한 Linear Regression을 실시하여 $Y = 36,598.7X - 1.0$의 형태로 직선식을 구할 수 있다.
④ 위 시험결과를 최소자승법에 의한 회귀선의 계산을 통해 평가했을 때, R값은 0.999이다.

해설

Concentration	Peak Area(평균)
0.0068	23.28437
0.00136	48.724955
0.00346	128.25133
0.00555	203.169245
0.00833	305.928405

계산기를 이용한다.
$Y = A + BX$
$A = -1.156,\ B = 36,900.87$
농도범위(L3 기준)
$\dfrac{0.00068}{0.00346} \times 100 = 19.65\%$ $\dfrac{0.00833}{0.00346} \times 100 = 240.75\%$

75 분석물질의 직선성을 시험한 결과 도표를 완성할 때, 값이 틀린 것은?(단, 농도범위는 분석농도의 80~120%이다.)

Level	Concentration (mg/mL)	Peak Area
L1	A	160.3
L2	0.09	179.9
L3	0.10	200.2
L4	0.11	220.5
L5	0.12	240.6
Slope	B	
Correlation Coefficient (R)	C	
Y-Intercept	D	
Acceptance Criteria	Correlation Coefficient(R) : ≥ 0.990	

① A : 0.08
② B : 2,012
③ C : 0.9999
④ D : 0.9

해설

계산기를 이용한다.
$A = 0.08$
$B = 2,012$
$C = R = 0.9999$
$D = -0.9$

76 약전에 수재(收載)되어 있는 분석법의 정밀성 평가 항목이 아닌 것은?

① 반복성
② 직선성
③ 실내 재현성
④ 실 간 재현성

해설

정밀성 : 반복성과 재현성이 정밀도를 나타낸다.
• 반복성(병행 정밀성)
• 실험실 내 정밀성(중간 정밀성)
• 실험실 간 정밀성(재현성)

정답 74 ③ 75 ④ 76 ②

77 최저정량한계에서 추출한 시료의 신호 대 잡음비를 계산한 값을 무엇이라 하는가?
① 정확성 ② 회수율
③ 감도   ④ 정밀성

해설
감도
- 검량선의 기울기가 클수록 감도가 좋다.
- 감도 = $\dfrac{\text{측정신호값의 변화}}{\text{농도의 변화}}$

78 대한민국약전에 의거한 근적외부 스펙트럼 측정법 분광분석기의 적격성 평가에 대한 설명 중 틀린 것은?
① 수행적격성 평가란 분석장비가 지속적으로 작동되는지 확인하는 것을 의미한다.
② 수행적격성 평가는 최소 6개월에 한 번씩 실시한다.
③ 설치적격성 평가 시 하드웨어 일련번호, 소프트웨어의 버전 등을 기록하는 작업이 포함된다.
④ 설치적격성 평가는 장치의 설치 환경에 의한 기기의 정확성과 재현성을 검증하는 것을 의미한다.

해설
분석장비의 적격성 평가
㉠ 설계적격성(DQ : Design Qualification) 평가
  분석장비의 사용목적에 맞는 장비 선택과 도입, 설치, 운용에 관련한 전반적 조건, 사양, 재질 등에 대한 설계의 적합성을 검토하는 과정이다.
㉡ 설치적격성(IQ : Installation Qualification) 평가
  시험장비의 신규 도입 또는 설치장소 이동 등 설치와 관련된 상황 발생에 따라 장비의 적절한 설치 여부를 검증하는 과정으로 기계적 시스템 구성을 평가한다.
㉢ 운전적격성(OQ : Operation Qualification) 평가
  분석장비의 설치환경에서 정상적인 운전 가능 여부 등을 기능적 검증 측면에서 적격성 평가를 진행해야 한다.
㉣ 성능적격성(PQ : Performance Qualification) 평가
  분석장비의 운용목적에 따른 실제의 분석환경과 조건에서 분석대상물질 또는 특정표준물질 등에 대한 적격성 평가를 수행한다.

79 평균값과 표준편차를 얻기 위한 시험으로 계통오차를 제거하지 못하는 시험법은?
① 공시험 ② 조절시험
③ 맹시험 ④ 평행시험

해설
오차를 줄이기 위한 시험법
㉠ 공시험(Blank Test)
  - 실제 분석대상 시료를 사용하지 않고, 다른 모든 조건을 시료분석법과 같은 방법으로 실험하는 것이다.
  - 지시약오차, 불순물로 인한 오차 등 계통오차의 대부분을 효과적으로 확인할 수 있다.
㉡ 조절시험(Control Test)
  시료와 가급적 같은 성분을 함유한 대조시료를 만들어 시료분석법과 같은 방법으로 여러 번 실험한 다음 기지함량값과 실제로 얻은 분석값의 차만큼 시료분석값을 보정한다.
㉢ 회수시험(Recovery Test)
  시료와 같은 공존물질을 함유하는 기지농도의 대조시료를 분석함으로써 공존물질의 방해작용 등으로 인한 분석값의 회수율을 검토하는 방법이다.
㉣ 맹시험(Blind Test)
  - 처음 분석값은 조작에 익숙하지 못하여 오차가 크게 나타나므로 맹시험이라 하며 버리는 경우가 많다.
  - 예비시험에 해당된다.
㉤ 평행시험(Parallel Test)
  - 같은 시료를 같은 방법으로 여러 번 되풀이하는 시험이다.
  - 우연오차가 있는 측정값으로부터 그 평균값과 표준편차 등을 얻기 위한 수단이다.

80 ICH에서 공지한 대표적인 밸리데이션 항목에 포함되지 않는 것은?
① 재현성 ② 특이성
③ 직선성 ④ 정량한계

해설
밸리데이션 항목
- 특이성
- 정밀성
- 정량한계(QL)
- 범위
- 정확성
- 검출한계(DL)
- 직선성
- 완건성

정답 77 ③ 78 ④ 79 ④ 80 ①

5과목　환경·안전관리

81 분말소화기의 종류와 소화약제의 연결로 틀린 것은?

① 제1종 – 탄산수소나트륨
② 제2종 – 탄산수소칼륨
③ 제3종 – 제1인산암모늄
④ 제4종 – 요소와 탄산수소나트륨

해설

구분	주성분	분자식
제1종 분말	탄산수소나트륨	$NaHCO_3$
제2종 분말	탄산수소칼륨	$KHCO_3$
제3종 분말	제1인산암모늄	$NH_4H_2PO_4$
제4종 분말	탄산수소칼륨+요소와의 반응물	$KHCO_3+(NH_2)_2CO$

82 다음의 유해화학물질의 건강유해성의 표시 그림문자가 나타내지 않는 사항은?

① 호흡기 과민성　② 발암성
③ 생식독성　　　 ④ 급성독성

해설

GHS01	GHS02	GHS03
폭발성	• 인화성 • 자연발화성 • 자기발열성 • 물 반응성	산화성

GHS04	GHS05	GHS06
고압가스	• 금속 부식성 • 피부 부식성/자극성 • 심한 눈 손상/자극성	급성독성

GHS07	GHS08	GHS09
경고	• 호흡기 과민성 • 발암성 • 변이원성 • 생식독성 • 표적 장기독성 • 흡입 유해성	수생환경 유해성

83 다음의 GHS 그림문자 표기 물질에 해당하는 것은?

① 산화성 물질　　② 급성독성 물질
③ 물 반응성 물질　④ 호흡기 과민성 물질

해설

GHS02
• 인화성
• 자연발화성
• 자기발열성
• 물 반응성

정답 81 ④　82 ④　83 ③

84 실험실에서 화재가 발생한 경우 적절한 조치가 아닌 것으로만 묶인 것은?

> ㄱ. 대피한 후 119에 신고한다.
> ㄴ. 화학물질의 MSDS 확인 전 초동대응을 위하여 근방의 물과 소화기로 즉각 대응한다.
> ㄷ. 화재 감지기의 경보음은 종종 오작동하므로 업무에 집중한다.
> ㄹ. 근방의 수건이나 천 등을 적셔서 입을 가리고 낮은 자세를 유지하며 비상통로로 탈출한다.

① ㄱ, ㄴ
② ㄴ, ㄷ
③ ㄷ, ㄹ
④ ㄱ, ㄹ

해설

화재 발생 시 대처방법
1. 화재상황 전파
   - "불이야"라고 외쳐서 주변에 알린다.
   - 화재경보 비상벨을 누른다.
2. 119에 신고
3. 초기 진화
   - 전기 스위치를 내린다.
   - 석유난로 등의 화재는 담요를 물에 적셔 덮는다.
   - 가스화재는 밸브를 잠근다.
   - 소화기, 물, 옥내소화전 등을 사용하여 진화한다.
4. 대피유도 및 긴급피난
   수건 등을 적셔서 입을 가리고 낮은 자세를 유지하며 비상통로로 탈출한다.

85 위험물에 대한 소화방법으로 옳지 않은 것은?

① 염소산나트륨과 같은 제1류 위험물의 경우 물을 주수하는 냉각소화가 효과적이다.
② 제2류 위험물인 금속분, 철분, 마그네슘, 적린, 유황은 물에 의한 냉각소화가 적당하다.
③ 제3류 위험물 중 황린은 물을 주수하는 소화가 가능하다.
④ 제4류 위험물은 일반적으로 질식소화가 적합하다.

해설

제2류 위험물(가연성 고체)의 소화방법
- 금속분, 철분, 마그네슘 : 마른 모래, 팽창질석, 팽창진주암, 탄산수소염류 분말소화설비가 효과적이다.
- 적린, 유황 : 다량의 물에 의한 냉각소화가 효과적이다.

86 가연성 물질이 연소되기 위한 조건으로 가장 거리가 먼 것은?

① 산소와 반응해야 한다.
② 연소반응이 지속되기 위해서 산화반응이 발열반응이어야 한다.
③ 열전도율이 커야 한다.
④ 연소반응이 지속되기 위해 반응열이 충분히 방출되어야 한다.

해설

열전도율이 작아야 열이 잘 전달되어 인화점 이상의 온도에 도달한다.

87 물질안전보건자료의 작성 원칙이 아닌 것은?

① 한글로 작성하는 것을 원칙으로 하며, 외국 기관명 등 고유명사는 영어로 표기한다.
② 여러 형태의 자료를 활용하여 작성 시 제공되는 자료의 출처를 모두 기재할 필요가 없다.
③ 외국어로 작성된 MSDS를 번역하고자 하는 경우에는 자료의 신뢰성이 확보될 수 있도록 최초의 작성 기관명 및 시기를 함께 기재한다.
④ 함유량의 ±5% 범위 내에서 함유량의 범위로 함유량을 대신하여 표시할 수 있다.

해설

여러 형태의 자료를 활용하여 작성 시 제공되는 자료의 출처를 기재한다.

정답 84 ② 85 ② 86 ③ 87 ②

88 폐기물관리법령에 따라 사업장폐기물배출자가 폐기물처리를 스스로 처리하지 않고 폐기물처리업자 등에게 위탁할 때 그 위탁을 받은 자로부터 수탁처리능력확인서를 제출받아야 하는 경우는?

① 지정폐기물인 오니를 월 평균 500kg 배출하는 경우
② 지정폐기물이 아닌 오니를 월 평균 500kg 배출하는 경우
③ 지정폐기물인 폐유기용제를 월 평균 100kg 배출하는 경우
④ 지정폐기물인 폐유독물질을 배출하는 경우

해설
지정폐기물의 처리를 위탁하는 경우에는 수탁처리자의 수탁확인서를 제출하여 확인받아야 한다.

89 ㉠과 ㉡의 설명을 모두 만족하는 화학반응은?

> ㉠ 2개의 화합물이 2개의 새로운 화합물을 생성한다.
> ㉡ 어떤 반응물질의 양이온이 다른 반응물질의 음이온과 결합한다.

① 화합반응
② 산화환원반응
③ 이중치환반응
④ 분해반응

해설
이중치환반응
두 이온화합물 수용액이 이온을 교환하여 새로운 두 화합물을 생성한다.

90 화학물질관리법령에 따라 검사 결과 취급시설의 구조물이 균열·부식 등으로 안정상의 위해가 우려된다고 인정되는 경우 검사 결과를 받은 날로부터 며칠 이내에 특별안전진단을 받아야 하는가?

① 10일
② 15일
③ 20일
④ 30일

해설
유해화학물질 취급시설의 설치를 마친 자 또는 유해화학물질 취급시설을 설치·운영하는 자는 검사 결과를 받은 날부터 20일 이내에 안전진단을 실시해야 한다.

91 분자량이 70.9인 상온에서 황록색을 띠는 기체의 NFPA 건강위험성 코드 등급은?

① 1등급
② 2등급
③ 3등급
④ 4등급

해설
분자량이 70.9인 황록색의 기체 : Cl_2(염소)

건강위험성 코드 등급

0등급	나무, 종이
1등급	아세톤
2등급	다이에틸에터
3등급	일산화탄소, 액체수소
4등급	염소, 시안화수소, 포스겐, 아이소사이안화메틸, 플루오린화수소산

92 실험실에서 활용되는 다양한 화학물질에 대한 설명으로 틀린 것은?

① 실험실 청소에 활용되는 표백제는 하이포염소산나트륨(NaClO) 성분으로 구성되어 있으며, 암모니아와 섞으면 독가스가 형성되어 취급에 주의를 요한다.
② 불산은 이온화 반응에서 약간만 이온화되는 약산으로 인체 위험도가 낮은 화학물질이다.
③ 염산은 이온화 반응에서 거의 100% 이온화되므로 강산이다.
④ 아세트산은 이온화 과정에서 1% 정도만 이온화되므로 약산이다.

해설
불산(플루오린화수소산)은 NFPA 건강위험성 코드 4등급이다.

정답 88 ④ 89 ③ 90 ③ 91 ④ 92 ②

93 환경유해인자에 노출되는 기준에 대한 설명 중 틀린 것은?

① 소음기준은 1일 동안 노출시간이 길어지거나 노출횟수가 많아질수록 소음강도수준(dB(A))은 커진다.
② 시간가중평균노출기준(TWA)은 1일 8시간 작업을 기준으로 한다.
③ 단시간노출기준(STEL)의 단시간이란 1회에 15분간 유해인자에 노출되는 것을 기준으로 한다.
④ 최고노출기준(C)은 1일 작업시간 동안 잠시라도 노출되어서는 아니 되는 기준을 말한다.

해설

㉠ 노출시간별 소음강도

1일 노출시간(h)	소음강도 dB(A)
8	90
4	95
2	100
1	105
1/2	110
1/4	115

㉡ 노출횟수별 충격소음강도

1일 노출횟수	충격소음강도 dB(A)
100	140
1,000	130
10,000	120

소음기준은 1일 동안 노출시간이 길어지거나 노출횟수가 많아질수록 소음강도수준(dB(A))은 작아진다.

94 위험물안전관리법령에 따른 위험물취급소의 종류에 해당하지 않는 것은?

① 이동취급소
② 판매취급소
③ 일반취급소
④ 이송취급소

해설

위험물취급소의 종류
- 주유취급소
- 판매취급소
- 이송취급소
- 일반취급소

95 실험실 폐액 처리 시 주의사항으로 틀린 것은?

① 원액 폐기 시 용기 변형이 우려되므로 별도로 희석 처리 후 폐기한다.
② 화기 및 열원에 안전한 지정 보관 장소를 정하고, 다른 장소로의 이동을 금지한다.
③ 직사광선을 피하고 통풍이 잘되는 곳에 보관하고, 복도 및 계단 등에 방치를 금한다.
④ 폐액통을 밀봉할 때에는 폐액을 혼합하여 용기를 가득 채운 후 압축 밀봉한다.

해설

폐액 수집량은 용기의 2/3를 넘기지 않고, 보관일은 폐기물관리법 시행규칙(별표 5)의 규정에 따라 폐유 및 폐유기용제 등은 보관 시작일부터 최대 45일을 초과하지 않는다.

96 화학물질을 취급할 때 주의해야 할 사항으로 적절한 것은?

① 모든 용기에는 약품의 명칭을 기재하는 것이 원칙이나 증류수처럼 무해한 약품은 기재하지 않는다.
② 사용할 물질의 성상, 특히 화재·폭발·중독의 위험성을 잘 조사한 후가 아니라면 위험한 물질을 취급해서는 안 된다.
③ 모든 약품의 맛 또는 냄새 맡는 행위를 절대로 금하고, 입으로 피펫을 빨아서 정확도를 높인다.
④ 약품의 용기에 그 명칭을 표기하는 것은 사용자가 약품의 사용을 빨리 하게 하려는 목적이 전부이다.

해설

화학물질의 취급 사용
- 모든 용기에는 약품의 명칭을 기재한다.(증류수처럼 무해한 것도 포함) → 약품을 안전하게 사용하는 것이 목적이다. 표시는 약품의 이름, 위험성(가장 심한 것), 예방조치, 구입날짜, 사용자 이름이 포함되도록 한다.
- 약품 명칭이 없는 용기의 약품은 사용하지 않는다.
- 모든 약품의 맛 또는 냄새 맡는 행위를 절대로 금하고, 입으로 피펫을 빨지 않는다.
- 사용한 물질의 성상, 특히 화재·폭발·중독의 위험성을 잘 조사한 후가 아니면 위험물질을 취급해서는 안 된다.

정답 93 ① 94 ① 95 ④ 96 ②

97 대기오염 방지시설 중 오염물질이 통과하는 관로(덕트)에 1.225kg/m³의 밀도를 갖는 공기가 20m/s의 속도로 통과할 때 동압(mmH₂O)은?

① 15　　② 20
③ 25　　④ 30

> 해설

$$P = \frac{F}{A} = \frac{F \cdot L}{A \cdot L} = \frac{E}{V} = \frac{mv^2}{2V} = \frac{\rho v^2}{2}$$

$$P = \frac{\rho_{air} v^2}{2} = \rho_{H_2O} gh$$

$$h = \frac{\rho_{air} v^2}{2\rho_{H_2O} g} = \frac{(1.225 \text{kg/m}^3)(20 \text{m/s})^2}{2 \times 1,000 \text{kg/m}^3 \times 9.8 \text{m/s}^2}$$

$$= 25 \times 10^{-3} \text{mH}_2\text{O}$$
$$= 25 \text{mmH}_2\text{O}$$

98 실험실 환경에 대한 설명으로 틀린 것은?

① 환기장치 가동 시 실험자가 소음으로 지장을 받지 않도록 가능한 한 60dB 이하가 되도록 해야 한다.
② 분석용 가스 저장능력은 가스의 종류와 무관하게 저장분의 1.0배 이하로 하여야 한다.
③ 분석실 내 배수관의 재질은 가능한 한 산성이나 알칼리성 물질에 잘 부식되지 않는 재질을 선택하여야 한다.
④ 기기 분석실에 안정적인 전원을 공급할 수 있도록 무정전 전원장치(UPS) 또는 전압조정장치(AVR)를 설치해야 한다.

> 해설

분석용 가스 저장능력은 가스의 종류와 무관하게 저장분의 1.5배 이상이어야 한다.

99 실험복 및 개인보호구 착의 순서로 옳은 것은?

① 긴 소매 실험복 → 마스크 → 보안면 → 실험장갑
② 긴 소매 실험복 → 보안면 → 실험장갑 → 마스크
③ 마스크 → 긴 소매 실험복 → 보안면 → 실험장갑
④ 실험장갑 → 긴 소매 실험복 → 마스크 → 보안면

> 해설

긴 소매 실험복 → 마스크 → 보안면 → 실험장갑

100 다음 중 아세틸렌의 수소첨가반응에 해당하는 것은?

① $C_2H_2(g) + H_2(g) \rightarrow C_2H_4(g)$
② $C_2H_4(g) + H_2(g) \rightarrow C_2H_6(g)$
③ $2C_2H_2(g) + 5O_2(g) \rightarrow 4CO_2(g) + 2H_2O(l)$
④ $CaC_2(s) + 2H_2O(l) \rightarrow C_2H_2(g) + Ca(OH)_2(aq)$

> 해설

$C_2H_2(g)\ +\ H_2(g)\ \rightarrow\ C_2H_4(g)$
아세틸렌　　수소　　　에틸렌

정답 97 ③　98 ②　99 ①　100 ①

2021년 제1회 기출문제

1과목　화학분석 과정관리

01 분광광도계에 반드시 포함해야 하는 부분장치에 해당하지 않는 것은?

① Integrator　　② Detecter
③ Readout　　　④ Monochromator

해설

분광기기의 구성장치
- 광원
- 시료용기(Cell)
- 단색화 장치(Monochromator)
- 검출기(Detecter)
- 신호처리장치(Readout)

02 0.195M H_2SO_4 용액 15.5L를 만들기 위해 필요한 18.0M H_2SO_4 용액의 부피(mL)는?

① 0.336　　② 92.3
③ 168　　　④ 226

해설

$M_1V_1 = M_2V_2$
$0.195M \times 15.5L = 18.0M \times V_2$
$\therefore V_2 = 0.168L = 168mL$

03 아래 화합물의 이름은?

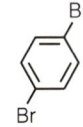

① o-dibromohexane　　② p-dibromobenzene
③ m-dibromobenzene　④ p-dibromohexane

해설

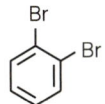 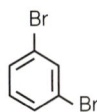 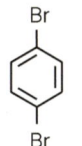

o-dibromobenzene　m-dibromobenzene　p-dibromobenzene

04 카르보닐(carbonyl)기를 가지고 있지 않은 것은?

① 알데히드(aldehyde)　② 아미드(amide)
③ 에스터(ester)　　　④ 아민(amine)

해설

카르보닐기 : $\rangle C=O$

① 알데히드 : RCHO　　② 아미드 : CONH
③ 에스터 : RCOOR'　　④ 아민 : RNH_2

05 16g의 메탄과 16g의 산소가 연소하여 생성된 가스 중 초기 공급가스 과잉분의 비율(mol%)은?(단, 공급된 가스는 완전 연소하며, 생성된 수분은 응축되지 않았다고 가정한다.)

① 13　　② 25
③ 50　　④ 75

해설

$16g\ CH_4 \times \dfrac{1mol}{16g} = 1mol$

$16g\ O_2 \times \dfrac{1mol}{32g} = 0.5mol$

$CH_4(g)$	+	$2O_2(g)$	→	$CO_2(g)$	+	$2H_2O(g)$
1	:	2	:	1	:	2
1		0.5		0		0
-0.25		-2×0.25		0.25		2×0.25
0.75		0		0.25		0.5

$\dfrac{0.75}{0.25+0.5+0.75} \times 100 = 50\%$

정답　01 ①　02 ③　03 ②　04 ④　05 ③

06 아래 유기화합물의 명칭으로 옳은 것은?

$$H_3C-CH(CH_3)-CH(OH)-CH_2-CH_2-CH_3$$ (구조식)

① 3-메틸-4-헵탄올
② 5-메틸-4-헵탄올
③ 3-메틸-4-알코올헵탄
④ 2-메틸-1-프로필부탄올

[해설]

$$\overset{1}{CH_3}-\overset{2}{CH_2}-\overset{3}{CH}-\overset{4}{CH}-CH_2-CH_2-CH_3$$
$$||$$
$$CH_3\ OH$$

3-메틸-4-헵탄올

07 일반적인 분석과정을 가장 잘 나타낸 것은?

① 문제정의 → 방법 선택 → 대표시료 취하기 → 분석시료 준비 → 측정 수행 → 화학적 분리가 필요한 모든 것을 수행 → 결과의 계산 및 보고
② 문제정의 → 방법 선택 → 대표시료 취하기 → 분석시료 준비 → 화학적 분리가 필요한 모든 것을 수행 → 측정 수행 → 결과의 계산 및 보고
③ 문제정의 → 대표시료 취하기 → 방법 선택 → 분석시료 준비 → 화학적 분리가 필요한 모든 것을 수행 → 측정 수행 → 결과의 계산 및 보고
④ 문제정의 → 대표시료 취하기 → 방법 선택 → 분석시료 준비 → 측정 수행 → 화학적 분리가 필요한 모든 것을 수행 → 결과의 계산 및 보고

[해설]

분석시험절차
문제제기 → 분석방법 선택 → 시료채취 → 시료준비 → 화학분석 → 결과 보고와 해석 → 결론 도출

08 분석용 초자기구에 대한 설명 중 옳은 것을 모두 고른 것은?

> 가. 100mL, TC 20℃라고 쓰여 있는 부피 플라스크의 눈금에 용액을 맞추면 용기에 포함된 용액의 부피가 20℃에서 100mL이다.
> 나. 10mL, TD 20℃의 Transfer Pipet에 들어 있는 부피는 10mL이다.
> 다. 피펫으로 용액을 비커에 옮길 때, 용액이 피펫 끝에 조금이라도 남아 있으면 오차가 생기므로 가급적 모두 비커에 옮기도록 하여야 한다.
> 라. 부피 플라스크 및 피펫의 검정은 무게를 달아서 한다.

① 가, 다
② 가, 라
③ 가, 나, 라
④ 가, 나, 다, 라

[해설]

- TC(To Contain) : 부피 플라스크의 표선까지 채웠을 때 부피 검정, 정확한 부피를 가지고 있다.
- TD(To Deliver) : 피펫이나 뷰렛으로 다른 용기로 옮겨진 부피 검정, 정확한 부피를 가지고 있지 않다.
- 피펫 끝에 용액이 남더라도, 굳이 모두 비커에 옮기지 않아도 된다. 부피 플라스크 및 피펫의 검정은 무게를 달아서 한다.

09 크로마토그래피의 이동상에 따른 구분에 속하지 않는 것은?

① 기체 크로마토그래피
② 액체 크로마토그래피
③ 이온 크로마토그래피
④ 초임계유체 크로마토그래피

[해설]

일반 분류	이름	정지상	상호작용
기체 크로마토그래피(GC)	기체-액체(GLC)	액체	분배
	기체-고체(GSC)	고체	흡착
액체 크로마토그래피(LC)	액체-액체 또는 분배	액체	분배
	액체-고체 또는 흡착	고체	흡착
	이온교환	이온교환수지	이온교환
	크기 배제 또는 겔	중합체로 된 다공성 겔	거름/분배
	친화	작용기 선택적인 액체	결합/분배
초임계유체 크로마토그래피(SFC)		액체	분배

정답 06 ① 07 ② 08 ② 09 ③

10 광학기기를 바탕으로 한 분석법의 종류가 아닌 것은?

① GC
② IR
③ NMR
④ XRD

해설

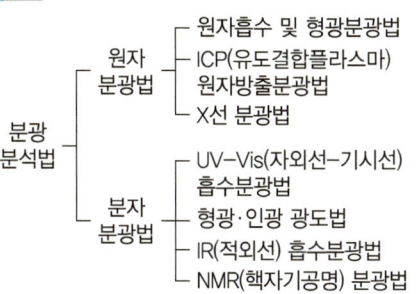

11 알켄의 친전자성 첨가반응의 한 예로서 아래와 같은 결과를 설명할 수 있는 이론은?

| 3-methyl-1-butene |
| + HCl |
| 2-chloro-3-methylbutane(50%) |
| 2-chloro-2-methylbutane(50%) |

① 카이랄 중심 이동(Chiral Center Shift)
② 수소음이온 이동(Hydride Shift)
③ 라디칼 반응(Radical Reaction)
④ 공명(Conjugation)

해설

3-methyl-1-butene

$CH_3-CH-CH=CH_2 + HCl \rightarrow CH_3-CH-CH-CH_3$
　　　　|　　　　　　　　　　　　　　|　　|
　　　CH_3　　　　　　　　　　　　CH_3　Cl

2-chloro-3-methylbutane
Markovnikov 법칙

$:\ddot{C}l-H + H_2C=CHC-(CH_3)_2 \rightarrow H_3C-CHC(CH_3)_2$
　　　　　　　　　|　　　　　　　　　　　　|
　　　　　　　　 H　　　　　　　　　　　　H

hydride shift
$\longrightarrow H_3C-\overset{+}{CHC}(CH_3)_2 \rightarrow CH_3CH_2\underset{CH_3}{\overset{Cl}{C}}CH_3$
　　　　　　　　|
　　　　　　　 H

2-chloro-2-methylbutane

12 $^{37}_{17}Cl$의 양성자, 중성자, 전자의 개수를 옳게 나열한 것은?

① 양성자 : 37, 중성자 : 0, 전자 : 37
② 양성자 : 17, 중성자 : 0, 전자 : 17
③ 양성자 : 17, 중성자 : 20, 전자 : 37
④ 양성자 : 17, 중성자 : 20, 전자 : 17

해설

$^{37}_{17}Cl$
원자번호 = 양성자수 = 전자수 = 17
질량수 = 양성자수 + 중성자수
37 = 17 + 중성자수
∴ 중성자수 = 20

13 계통오차를 검출할 수 있는 방법이 아닌 것은?

① 바탕시험을 한다.
② 조성을 알고 있는 시료를 분석한다.
③ 동일한 조건으로 반복 실험을 한다.
④ 여러 가지 다른 방법으로 동일한 시료를 분석한다.

해설

계통오차는 교정 가능한 오차로 정확도와 관련이 있다.

14 주족원소의 화학적 성질에 대한 설명 중 틀린 것은?

① ⅠA족인 알칼리금속(Alkali Metal)은 비교적 부드러운 금속으로 Li, Na, K, Rb, Cs 등이 포함된다.
② ⅡA족인 알칼리토금속(Alkaline Earth Metal)에는 Be, Mg, Sr, Ba, Ra 등이 포함된다.
③ ⅥA족인 칼코젠(Chalcogen)에는 O, S, Se, Te 등이 포함되며, 알칼리토금속(Alkaline Earth Metal)과 2 : 1 화합물로 만든다.
④ ⅦA족인 할로젠(Halogen)에는 F, Cl, Br, I가 포함되며, 물리적 상태는 서로 상당히 다르다.

정답 10 ① 11 ② 12 ④ 13 ③ 14 ③

> **해설**

족	명칭	족	명칭
1A	알칼리금속	5A	질소족
2A	알칼리토금속	6A	산소족
3A	붕소족	7A	할로겐족
4A	탄소족	8A	비활성 기체

15 표준온도와 압력(STP) 상태에서 이산화탄소 11.0g이 차지하는 부피(L)는?

① 5.6
② 11.2
③ 16.8
④ 22.4

> **해설**

$$11.0g\ CO_2 \times \frac{1mol\ CO_2}{44g\ CO_2} \times \frac{22.4L}{1mol\ CO_2} = 5.6L$$

16 시료를 파괴하지 않으며 극미량(<1ppm)의 물질을 분석할 수 있는 분석법은?

① 열분석
② 전위차법
③ X선 형광법
④ 원자형광분광법

> **해설**

전위차법
- 기준전극과 지시전극을 통하여 시료를 분석하는 방법
- 시료를 파괴하지 않는다(비파괴 분석).
- 극미량의 물질을 분석할 수 있다.

17 Rutherford의 알파입자 산란실험을 통하여 발견한 것은?

① 전자
② 전하
③ 양성자
④ 원자핵

> **해설**

Rutherford의 알파입자 산란실험
- 금속박막으로 된 얇은 판을 향해 α입자를 발사하여 원자의 중심에 밀도가 매우 크고 양전하를 띠는 원자핵이 존재한다는 것을 밝혔다.
- 대부분의 α입자가 그대로 통과하므로 원자 내부는 비어 있다.

18 X선 회절법으로 알 수 있는 정보가 아닌 것은?

① 결정성 고체 내의 원자배열과 간격
② 결정성·비결정성 고체화합물의 정성분석
③ 결정성 분말 속의 화합물의 정성·정량분석
④ 단백질 및 비타민과 같은 천연물의 구조 확인

> **해설**

X선 회절법
- 스테로이드, 비타민과 같은 복잡한 천연물질의 구조를 밝힌다.
- 결정성 물질의 원자배열과 원자 간 거리에 대한 정보를 제공한다.
- 결정성 화합물을 편리하게 정성분석할 수 있다.
- 고체시료에 들어 있는 화합물에 대한 정성 및 정량분석이 가능하다.

19 3.0M $AgNO_3$ 200mL를 0.9M $CuCl_2$ 350mL에 가했을 때, 생성되는 염(Salt)의 양(g)은?(단, Ag, Cu, Cl의 원자량은 각각 107, 64, 36g/mol으로 가정한다.)

① 8.58
② 56.4
③ 85.8
④ 564

> **해설**

$$\begin{array}{lll}
Ag^+(aq) & + \quad Cl^-(aq) & \rightarrow \quad AgCl(s)\downarrow \\
3.0M \times 0.2L & 2 \times 0.9M \times 0.35L & \\
= 0.6mol & = 0.63mol & 0 \\
-0.6 & -0.6 & +0.6 \\
\hline
& & 0.6mol
\end{array}$$

$$0.6mol\ AgCl \times \frac{143g}{1mol} = 85.8g$$

20 전자들이 바닥 상태에 있다고 가정할 때, 질소원자에 대한 전자배치로 옳은 것은?

① $1s^2 2s^2 3p^3$
② $1s^2 2s^1 2p^1$
③ $1s^2 2s^2 2p^6$
④ $1s^2 2s^2 2p^3$

> **해설**

$_7N : 1s^2\ 2s^2\ 2p^3$

2과목 화학물질 특성분석

21 자외선 또는 가시선 영역의 스펙트럼으로서 진공상태에서 잘 분리된 각각의 원자 입자에 빛을 쪼일 때 주로 나타나는 스펙트럼은?

① 띠스펙트럼
② 선스펙트럼
③ 연속스펙트럼
④ 흑체복사스펙트럼

해설

- 선스펙트럼 : 자외선 및 가시선 영역의 선스펙트럼은 기체상태에서 충분히 분리되어 있는 개별적 원자 입자들이 빛을 방출할 때 나타난다.
- 띠스펙트럼 : 좁은 에너지 영역에 많은 선스펙트럼이 밀집하여 띠 모양으로 보이는 스펙트럼으로, 주로 분자로 이루어진 기체가 빛을 낼 때 발생한다.
- 연속스펙트럼 : 고체가 백열상태로 가열되었을 때 발생한다.

22 $3H_2(g) + N_2(g) \rightleftarrows 2NH_3(g)$ 반응에서 압력을 증가시킬 때 평형의 이동으로 옳은 것은?

① 평형이 왼쪽으로 이동
② 평형이 오른쪽으로 이동
③ 평형이 이동하지 않음
④ 평형이 양쪽으로 이동

해설

$3H_2(g) + N_2(g) \rightleftarrows 2NH_3(g)$

압력 증가 시 기체 분자수가 감소하는 방향으로 이동하므로 정반응, 즉 평형이 오른쪽으로 이동한다.

23 활동도 계수의 변화를 설명한 것으로 틀린 것은?

① 활동도 계수는 이온 세기에 의존한다.
② 이온 세기가 증가하면 활동도 계수는 감소한다.
③ 이온 크기가 감소하면 활동도 계수는 감소한다.
④ 이온 전하가 증가할수록 활동도가 1에 근접한다.

해설

활동도(a)
$a_A = \gamma_A [A]$

- 이온 세기가 증가할수록 활동도 계수는 감소한다.
- 이온 세기가 작은 묽은 용액에서 활동도 계수 $\gamma_A = 1$에 근접한다.

24 산성 용액에 해리되어 물을 생성하는 화합물만을 나열한 것은?

① CO_2, Cl_2O_7, BaO
② SO_3, N_2O_5, Cl_2O_7
③ Na_2O, Cl_2O_7, BaO
④ Al_2O_3, Na_2O, BaO

해설

$Na_2O + 2HCl \rightarrow 2NaCl + H_2O$
금속산화물 + 산성 용액 → 염 + 물

25 0.04M Na_3PO_4 용액의 pH는?(단, 인산의 K_a는 4.5×10^{-13}이다.)

$$PO_4^{3-} + H_2O \leftrightarrow HPO_4^{2-} + OH^-$$

① 8.43
② 10.32
③ 12.32
④ 13.32

해설

$K_b = \dfrac{10^{-14}}{K_a} = \dfrac{10^{-14}}{4.5 \times 10^{-13}} = 2.2 \times 10^{-2}$

| | PO_4^{3-} | + | H_2O | $\rightleftarrows$ | HPO_4^{2-} | + | OH^- |

0.04
$-x$ $+x$ $+x$
$0.04-x$ x x

$K_b = \dfrac{x^2}{0.04-x} = 2.2 \times 10^{-2}$

$x^2 + 2.2 \times 10^{-2} x - 8.8 \times 10^{-4} = 0$

$x = \dfrac{-2.2 \times 10^{-2} \pm \sqrt{(2.2 \times 10^{-2})^2 + 4(8.8 \times 10^{-4})}}{2}$

$\quad = 0.02064$

$x = [OH^-] = 0.02064$
$pOH = -\log(0.02064) = 1.68$
$pH = 14 - pOH$
$\quad\; = 14 - 1.68 = 12.32$

정답 21 ② 22 ② 23 ④ 24 ④ 25 ③

26 0.18M NaCl 용액에 담겨 있는 은 전극의 전위(V)는?(단, 기준전극은 표준수소전극(SHE)이고, $Ag^+ + e^- \rightleftarrows Ag(s)$, $E° = 0.799V$, AgCl의 용해도곱 상수는 1.8×10^{-8}이다.)

① 0.085
② 0.385
③ 0.843
④ 1.21312

해설

$K_{sp} = [Ag^+][Cl^-]$
$1.8 \times 10^{-8} = [Ag^+] \times 0.18$
$\therefore [Ag^+] = 1.0 \times 10^{-7}M$
Nernst 식
$E = E° - \dfrac{0.05916}{n} \log \dfrac{1}{[Ag^+]}$
$= 0.799 - \dfrac{0.05916}{1} \log \dfrac{1}{1.0 \times 10^{-7}}$
$= 0.3849V$

27 $CuI(s)$와 Cu^+의 반쪽반응식과 표준환원전위가 아래와 같을 때, 25℃에서 $CuI(s)$의 용해도곱 상수(K_{sp})에 대한 표준환원전위 관계식으로 옳은 것은?

$$CuI(s) + e^- \rightleftarrows Cu(s) + I^- \quad E_1°$$
$$Cu^+ + e^- \rightleftarrows Cu(s) \quad E_2°$$

① $\log K_{sp} = \dfrac{E_2° - E_1°}{0.05916}$
② $\log K_{sp} = \dfrac{E_1° - E_2°}{0.05916}$
③ $\log K_{sp} = 0.05916 \times (E_2° - E_1°)$
④ $\log K_{sp} = 0.05916 \times (E_1° - E_2°)$

해설

$\Delta G° = -RT \ln K = -nFE°$
$\ln K_{sp} = \dfrac{nFE°}{RT}$
$\log K_{sp} = \dfrac{E°}{0.05916} = \dfrac{E_1° - E_2°}{0.05916}$

28 흑연로 원자흡수분광기에 관한 설명 중 틀린 것은?

① 열분해 흑연으로 코팅한 흑연관의 전기저항으로 온도를 올린다.
② 탄소로 이루어진 것 때문에 불활성 기체를 사용하나, 회화 단계에서는 일시적으로 산소를 사용할 수도 있다.
③ 원자화 단계에서는 온도와 가스의 흐름을 고정시키고 측정한다.
④ 흑연로 튜브는 여러 가지 모양이 있는데, Transverse 형태보다 Longitudinal 형태가 더 고른 온도 분포를 갖는다.

해설

흑연로 튜브는 여러 가지 모양이 있는데 Longitudial 형태보다는 Transverse 형태가 더 고른 온도 분포를 갖는다.

29 전이에 필요한 에너지가 가장 큰 것은?

① 분자 회전
② 결합 전자
③ 내부 전자
④ 자기장 내에서 핵스핀

해설

에너지 증가 ←→ 에너지 감소
파장 감소 ←→ 파장 증가

γ선 X선 자외선 가시광선(Vis) 적외선(IR) 마이크로파 라디오파
       (UV)

전자기파	유발전이	분광법
라디오파	핵스핀 전이	NMR 분광법
마이크로파	전자스핀 전이	
적외선	분자의 진동·회전 전이	IR 분광법(2.5~50μm)
가시광선 자외선	최외각전자·결합전자 전이	UV-Vis 흡수분광법 (180~780nm)
X선	내각전자 전이	X선 분광법(0.1~25Å)

30 원자흡수분광법(AAS)에서 주로 사용되는 연료가스는 천연가스, 수소, 아세틸렌이다. 또한 산화제로서 공기, 산소, 산화이질소가 사용된다. 가장 높은 불꽃온도를 내는 연료가스와 산화제의 조합은?

정답 26 ② 27 ② 28 ④ 29 ③ 30 ④

① 수소 – 산소
② 천연가스 – 공기
③ 아세틸렌 – 산화이질소
④ 아세틸렌 – 산소

> 해설

연료	산화제	온도(℃)
천연가스	공기	1,700~1,900
	산소	2,700~2,800
수소	공기	2,000~2,100
	산소	2,550~2,700
아세틸렌	공기	2,100~2,400
	산소	3,050~3,150
	산화이질소(N_2O)	2,600~2,800

31 Br_2의 표준전극전위는 아래와 같이 상에 따라 다르다. 이와 관련한 설명으로 옳지 않은 것은?

$$Br_2(aq) + 2e^- \rightleftarrows 2Br^- \quad E° = +1.087V$$
$$Br_2(l) + 2e^- \rightleftarrows 2Br^- \quad E° = +1.065V$$

① $Br_2(aq)$에 대한 표준전극전위는 가상적인 값이다.
② $Br_2(l)$에 대한 표준전극전위는 포화된 용액에만 적용된다.
③ $Br_2(l)$에 대한 표준전극전위는 불포화된 용액에만 적용된다.
④ 과량의 $Br_2(l)$로 포화되어 있는 0.01M KBr 용액의 전극전위 계산 시 1.065V를 사용해야 한다.

> 해설

표준전극전위
1M, 1atm에 대한 값으로 과량의 $Br_2(l)$로 포화되어 있는 0.01M 용액은 전극전위 계산 시 1.065V를 사용한다.

32 아래의 이온반응이 염기성 용액에서 일어날 때, 이 온반응식이 올바르게 완결된 것은?

$$I^-(aq) + MnO_4^-(aq) \rightleftarrows I_2(aq) + MnO_2(s)$$

① $6I^- + 4H_2O + 2MnO_4^- \rightarrow 3I_2 + 2MnO_2 + 8OH^-$
② $6I^- + 2MnO_4^- \rightarrow 3I_2 + 2MnO_2 + 2O_2$
③ $4I^- + 2H_2O + 2MnO_4^- \rightarrow 2I_2 + 2MnO_2 + 8H^+$
④ $2I^- + 2H_2O + 2MnO_4^- \rightarrow 3I_2 + 2MnO_2 + 2OH^- + H_2$

> 해설

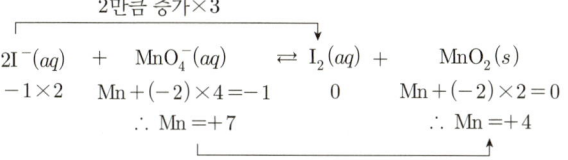

$6I^- + 2MnO_4^- + 4H_2O \rightleftarrows 3I_2 + 2MnO_2 + 8OH^-$

염기성이므로 O가 부족한 쪽에 OH^-를 넣고 반대쪽에 H_2O를 넣은 후 O와 H 원자수를 맞춘다.

33 산성비의 발생과 가장 관계가 없는 반응은?

① $Ca^{2+}(aq) + CO_3^{2-}(aq) \rightarrow CaCO_3(s)$
② $S(s) + O_2(g) \rightarrow SO_2(g)$
③ $N_2(g) + O_2(g) \rightarrow 2NO(g)$
④ $SO_3(g) + H_2O(l) \rightarrow H_2SO_4(aq)$

> 해설

산성비
대기 중의 황산화물(SOx)과 질소산화물(NOx)이 빗물에 녹아 산성을 나타낸다.

34 0.10M I^- 용액 50mL를 0.20M Ag^+ 용액으로 적정하고자 한다. Ag^+ 용액 25mL를 첨가하였을 때, I^-의 농도(mol/L)를 나타내는 식은?(단, K_{sp}는 용해도곱 상수를 의미한다.)

$$AgI(s) \rightleftarrows Ag^+(aq) + I^-(aq) \quad K_{sp} = 8.3 \times 10^{-17}$$

① $\sqrt{8.3 \times 10^{-17}}$
② $\dfrac{0.10 \times 0.05}{50.00 + 25.00}$
③ $\dfrac{\sqrt{8.3 \times 10^{-17}}}{50.00 + 25.00}$
④ $\sqrt{\dfrac{0.10 \times 8.3 \times 10^{-17}}{50.00 + 25.00}}$

정답 31 ③ 32 ① 33 ① 34 ①

> 해설

$$Ag^+ + I^- \rightleftharpoons AgI$$
$$0.2M \times 25mL \quad 0.01M \times 50mL$$
$$= 5mmol \quad = 5mmol$$

$$K_{sp} = [Ag^+][I^-]$$
$$8.3 \times 10^{-17} = x^2$$
$$\therefore x = [I^-] = \sqrt{8.3 \times 10^{-17}}$$

35 어떤 산-염기 적정곡선이 아래와 같을 때, 적정물질을 가장 적절하게 설명한 것은?

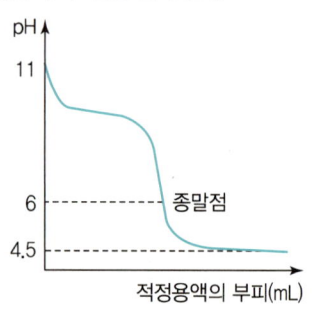

① 약산을 강염기로 적정
② 약염기를 강산으로 적정
③ 약염기를 약산으로 적정
④ 약산을 약염기로 적정

> 해설

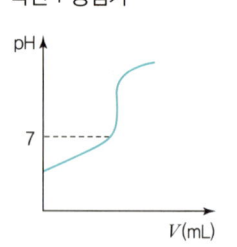

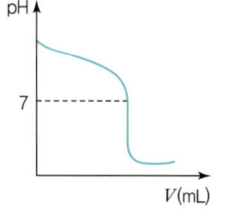

36 EDTA를 이용한 착물 형성 적정법에 대한 설명 중 틀린 것은?

① 여러 자리 리간드(Multidentate Ligand)인 EDTA는 적정분석에서 많이 사용되는 시약이다.
② 금속과 리간드의 반응에 대한 평형상수를 형성상수(Formation Constant)라 한다.
③ EDTA는 H_6Y^{2+}로 표시되는 사양성자계이다.
④ EDTA는 대부분의 금속이온과 전하와는 무관하게 1 : 1 비율로 착물을 형성한다.

> 해설

EDTA(Ethylene Diamine Tetraacetic Acid)

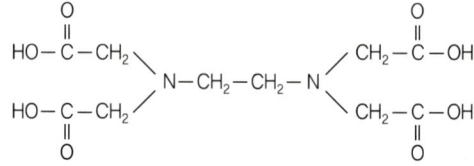

- 여섯 자리 리간드
- 1가 양이온(Li^+, Na^+, K^+)을 제외한 모든 금속이온과 1 : 1 착물을 형성한다.
- H_6Y^{2+}로 표시되는 육양성자계이다.
- EDTA 착물 형성반응에 관여하는 화학종은 Y^{4-}이다.
- 금속과 리간드의 반응에 대한 평형상수를 형성상수라 한다.

37 NaF와 $NaClO_4$가 0.050M 녹아 있는 두 수용액에서 불화칼슘(CaF_2)을 포화 용액으로 만들었다. 각 용액에 녹은 칼슘이온(Ca^{2+})의 몰농도의 비율 $\left(\dfrac{[Ca^{2+}]_{NaClO_4}}{[Ca^{2+}]_{NaF}}\right)$ 은?(단, 용액의 이온 세기가 0.050M일 때, Ca^{2+}와 F^-의 활동도 계수는 각각 0.485, 0.81이고, CaF_2의 용해도곱 상수는 3.9×10^{-11}이다.)

① 28
② 123
③ 1,568
④ 6,383

정답 35 ② 36 ③ 37 ④

해설

㉠ NaF 용액에서

$$CaF_2 \to Ca^{2+} + 2F^-$$

	0	0.05
	$+x$	$+2x$
	x	$0.05+2x \fallingdotseq 0.05$

$K_{sp} = [Ca^{2+}][F^-]^2$

$3.9 \times 10^{-11} = (0.485x)(0.81 \times 0.05)^2$

$\therefore x = [Ca^{2+}] = 4.9 \times 10^{-8}$

㉡ NaClO$_4$ 용액에서

$$CaF_2 \to Ca^{2+} + 2F^-$$

	0	0
	$+y$	$+2y$
	y	$2y$

$K_{sp} = [Ca^{2+}][F^-]^2$

$3.9 \times 10^{-11} = (0.485y)(0.81 \times 2y)^2$

$y^3 = 3.06 \times 10^{-11}$

$\therefore y = [Ca^{2+}] = 3.13 \times 10^{-4}$

$\therefore \dfrac{[Ca^{2+}]_{NaClO_4}}{[Ca^{2+}]_{NaF}} = \dfrac{y}{x} = \dfrac{3.13 \times 10^{-4}}{4.9 \times 10^{-8}} = 6,387.75$

38 용해도에 대한 설명 중 틀린 것은?

① 일정 압력하에서 물속에서 기체의 용해도는 온도가 증가함에 따라 증가한다.
② 액체 속 기체의 용해도는 기체의 부분압력에 비례한다.
③ 탄산음료를 차갑게 해서 마시는 것은 기체의 용해도를 증가시키기 위함이다.
④ 잠수부들이 잠수할 경우 받는 압력의 증가로 인해 혈액 속의 공기의 양은 증가한다.

해설

기체의 용해도
온도가 낮을수록 압력이 높을수록 기체의 용해도는 증가한다.

39 완충용액에 대한 설명으로 틀린 것은?

① 완충용액의 pH는 이온 세기와 온도에 의존하지 않는다.
② 완충용량이 클수록 pH 변화에 대한 용액의 저항은 커진다.
③ 완충용액은 약염기와 그 짝산으로 만들 수 있다.
④ 완충용량은 산과 그 짝염기의 비가 같을 때 가장 크다.

해설

완충용액
산이나 염기를 가해도 pH 변화가 거의 없다.
- 약산+짝염기
- 약염기+짝산

40 납축전지의 전체 반응식이 아래와 같을 때, 완결된 반응식의 PbSO$_4(s)$ 계수(γ)는?

$$Pb(s) + PbO_2(s) + \alpha H^+ + \beta SO_4^{2-}$$
$$\to \gamma PbSO_4(s) + 2H_2O$$

① 1   ② 2
③ 3   ④ 4

해설

$Pb(s) + PbO_2(s) + 4H^+ + 2SO_4^{2-} \to 2PbSO_4 + 2H_2O$

3과목 화학물질 구조분석

41 크기별 배제(Size Exclusion) 크로마토그래피에 대한 설명으로 틀린 것은?

① 분리시간이 비교적 짧고 시료 손실이 없다.
② 이성질체와 같이 비슷한 크기의 시료분리에 적합하다.
③ 거대 중합체나 천연물의 분자량 또는 분자량 분포를 측정할 수 있다.
④ 분석물과 정지상(Stationary Phase) 사이에 화학적, 물리적 상호작용이 일어나지 않는다.

정답 38 ① 39 ① 40 ② 41 ②

> 해설

크기 배제 크로마토그래피
- 고분자량 화학종을 분리하는 데 이용한다(분자량 10,000 이상).
- 시료를 크기별로 분리 : 크기가 작은 시료는 정지상의 작은 구멍에까지 들어갔다 나오게 되므로 칼럼을 빠져나오는 데 오랜 시간이 걸린다. 반면에 크기가 큰 시료는 용리시간이 빠르다.

42 시차열분석법(Differential Thermal Analysis : DTA)에 대한 설명으로 틀린 것은?

① DTA는 시료와 기준물을 가열하면서 이 두 물질의 온도 차이를 온도함수로 측정하는 방법이다.
② 시차열분석도(DTA Thermogram)에서 봉우리 면적은 물리·화학적 엔탈피 변화에만 관계된다.
③ DTA로 중합체를 분석할 때, 유리전이온도의 기준선 변화는 상평형에 따른 열용량의 변화에 기인된 것이다.
④ 중합체의 결정 형성은 발열과정으로서 시차열분석도(DTA Thermogram)에서 최대 봉우리로 나타난다.

> 해설

시차열분석법(DTA)
시료와 기준물질을 가열하면서 두 물질의 온도 차이를 온도함수로 측정하는 방법이다.

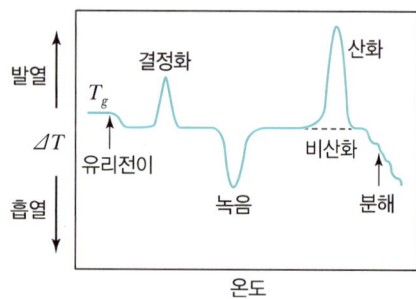

43 질량분석기 중 나노초의 레이저 펄스를 이용해 고분자량의 바이오시료 측정에 가장 유용한 것은?

① 사중극자(Quadrupole) 질량분석기
② Sector 질량분석기
③ TOF(Time Of Flight) 질량분석기
④ Orbitrap 질량분석기

> 해설

TOF(Time Of Flight, 비행시간) 분석기
- 짧은 펄스의 전자, 이차 이온 또는 레이저 광자를 주기적으로 가해주어 양이온이 생성된다.
- 양이온이 이온원에서 검출기로 이동하는 시간을 측정한다.
- 속도는 질량에 반비례하므로 이온이 이동할 때 무거운 이온은 늦게 이동하고, 가벼운 이온은 빨리 이동하는 원리를 이용한다.
- 비행시간은 ns(나노초)~μs(마이크로초)이다.

44 HCl을 NaOH로 적정 시 Conductance의 변화를 바르게 나타낸 것은?

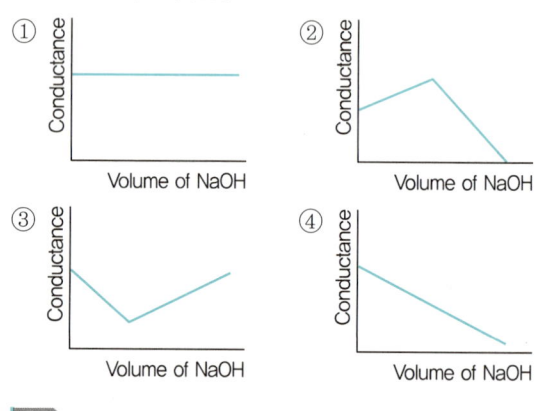

> 해설

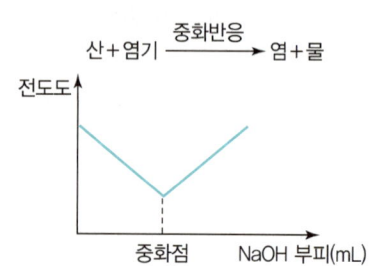

45 액체 크로마토그래피에서 사용되는 전치칼럼(Pre-column)에 대한 설명으로 틀린 것은?

① 청소부칼럼(Scavenger Column)은 분석칼럼의 정지상의 손실을 최소화하기 위해 사용한다.
② 보호칼럼(Guard Column)의 충전물 조성은 분석칼럼의 조성과 동일한 정지상으로 충전된 것이 좋다.

정답 42 ② 43 ③ 44 ③ 45 ③

③ 청소부칼럼(Scavenger Column)은 이동상에 분석칼럼의 충진물이 사전에 포화되지 않도록 조절하는 역할을 한다.
④ 보호칼럼(Guard Column)은 보호칼럼의 정지상에 강하게 잔류되는 화합물 및 입자성 물질과 같은 불순물로부터의 오염을 방지하는 역할을 한다.

해설

전치칼럼(Precolumn)
㉠ 청소부칼럼
- 이동상 저장용기와 시료주입기 사이의 전치칼럼은 이동상 조절을 위해 사용된다.
- 용매는 실리카 충진물을 부분적으로 용해시키므로 이동상이 분석칼럼에 들어가기 전에 규산으로 포화되도록 해야 한다. 이와 같은 포화상태는 분석칼럼의 정지상의 손실을 최소화한다.

㉡ 보호칼럼
- 시료주입기와 분석칼럼 사이에 위치한다.
- 분석칼럼과 동일한 정지상으로 충전된 짧은 칼럼이다.
- 강하게 정지상에 잔류되는 화합물 및 입자성 물질과 같은 불순물이 분석칼럼에 도달하여 이를 오염시키는 것을 방지한다.
- 정기적으로 교체해주면 분석칼럼의 수명을 연장시킬 수 있다.

46 열무게분석(Thermogravimetric Analysis : TGA) 기기의 일반적인 구성이 아닌 것은?

① 열저울
② 전기로
③ 열전기쌍
④ 기체주입장치

해설

열무게분석법(TGA)
㉠ 시료의 온도를 증가시키면서 질량변화를 측정한다.
㉡ 기기장치
- 열저울
- 전기로
- 기체주입장치
- 온도제어 및 데이터 처리 장치

47 기체 또는 액체 크로마토그래피에 응용되는 직접적인 물리적 현상으로 가장 거리가 먼 것은?

① 흡착
② 극성
③ 분배
④ 승화

해설

일반 분류	이름	정지상	상호작용
기체 크로마토그래피(GC)	기체-액체(GLC)	액체	분배
	기체-고체(GSC)	고체	흡착
액체 크로마토그래피(LC)	액체-액체 또는 분배	액체	분배
	액체-고체 또는 흡착	고체	흡착
	이온교환	이온교환수지	이온교환
	크기 배제 또는 겔	중합체로 된 다공성 겔	거름/분배
	친화	작용기 선택적인 액체	결합/분배
초임계유체 크로마토그래피(SFC)		액체	분배

48 $CH_3CH_2CH_2Cl$을 ^1H Nuclear Magnetic Resonance(NMR)로 분석하였다. 가운데 탄소인 메틸렌에 있는 수소의 다중선의 수는?

① 3
② 5
③ 6
④ 12

해설

★
$CH_3CH_2CH_2Cl$
다중도는 (옆의 수소수+1)과 관련되므로
왼쪽 수소수 (3+1)과 오른쪽 수소수 (2+1)의 곱과 같다.
∴ 다중도 = (3+1)(2+1) = 12

49 열무게분석법(Thermogravimetric Analysis : TGA)을 이용하여 시료 $CaC_2O_4 \cdot H_2O$를 분석할 때, 서모그램상 두 번째로 높은 온도(420~660℃)에서 나타나는 수평영역에 해당하는 화합물은?(단, 분석조건은 비활성 기체 속에서 5℃/min 상승시키면서 980℃까지 온도를 올렸다고 가정한다.)

① $CaC_2O_4 \cdot H_2O$
② $CaCO_3$
③ CaO
④ CaC_2O_4

정답 46 ③ 47 ④ 48 ④ 49 ②

해설

열무게분석도

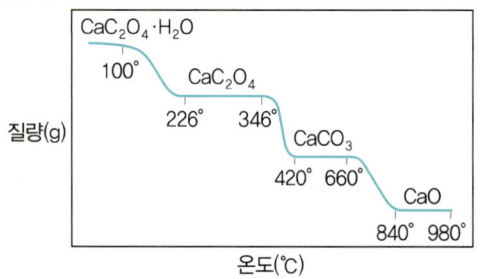

50 시료물질과 기준물질을 조절된 온도 프로그램으로 가열하면서 이 두 물질에 흘러 들어간 에너지 차이를 시료온도의 함수로 측정하는 열량분석법은?

① 시차주사열량법(Differential Scanning Calorimertyl : DSC)
② 열무게분석법(Thermogravimetric Analysis : TGA)
③ 시차열분석법(Differential Thermal Analysis : DTA)
④ 직접주사엔탈피법(Direct-Injection Enthalpimetry : DIE)

해설

① 시차주사열량법(DSC)
시료물질과 기준물질을 조절된 온도 프로그램으로 가열하면서 시료와 기준물질 사이의 온도를 동일하게 유지시키는데 필요한 에너지 차이를 시료온도의 함수로 측정한다.
② 열무게분석법(TGA)
시료의 온도를 증가시키면서 질량변화를 측정한다.
③ 시차열분석법(DTA)
시료와 기준물질을 가열하면서 두 물질의 온도 차이를 온도의 함수로 측정한다.

51 유리전극을 사용하여 용액의 pH를 측정할 때 오차에 영향을 미치지 않는 것은?

① 접촉전위 오차
② 나트륨(Na^+) 오차
③ 평형시간 오차
④ 습도 오차

해설

유리전극을 사용하여 pH를 측정할 때의 오차
• 알칼리 오차
• 산 오차
• 탈수
• 낮은 이온 세기의 용액
• 접촉전위의 변화
• 표준완충용액의 불확정성
• 온도변화에 따른 오차
• 전극의 세척 불량

52 분자질량분석법에서 분자량이 83인 $C_6H_{11}^+$의 분자량 M에 대한 $M+1$ 봉우리 높이 비는?(단, 가장 많은 동위원소에 대한 상대 존재 백분율은 ^2H : 0.015%, ^{13}C : 1.08%이다.)

① $\dfrac{M+1}{M} = 6.65\%$
② $\dfrac{M+1}{M} = 5.55\%$
③ $\dfrac{M+1}{M} = 4.09\%$
④ $\dfrac{M+1}{M} = 3.36\%$

해설

$M+1$이 나타날 확률
• 11개 H 중 ^2H가 1개 있을 경우 : $11 \times 0.015\% = 0.165\%$
• 6개 C 중 ^{13}C가 1개 있을 경우 : $6 \times 1.08\% = 6.48\%$
∴ $6.48 + 0.165 = 6.65\%$

53 비극성 유기시료를 HPLC를 이용하여 분리·분석 시 정지상에 비극성 물질을, 이동상에 극성 물질을 사용하는 크로마토그래피의 명칭은?

① 정상 크로마토그래피
② 역상 크로마토그래피
③ 결합상 크로마토그래피
④ 기울기 용리 크로마토그래피

해설

역상 크로마토그래피
• 이동상 : 극성
• 정지상 : 비극성

정상 크로마토그래피
• 이동상 : 비극성
• 정지상 : 극성

정답 50 ① 51 ④ 52 ① 53 ②

54 25℃, 1기압에서 Ca^{2+} 이온의 농도가 10배 변할 때 Ca^{2+} 이온 선택성 전극의 전위는?

① 2배 증가한다. ② 10배 증가한다.
③ 약 30mV 변화한다. ④ 약 60mV 변화한다.

해설

$E = E° - \dfrac{0.05916}{n} \log Q$
$= E° - \dfrac{0.05916}{2} \log 10$
$= E° - 0.03\text{V}$

약 $0.03\text{V} = 30\text{mV}$ 변화한다.

55 $Ag_2SO_3 + 2e^- \rightleftharpoons 2Ag + SO_3^{2-}$ 반쪽반응의 표준 환원전위에 가장 가까운 값(V)은?(단, Ag_2SO_3의 용해도곱 상수는 1.5×10^{-14}이고, 은 이온이 은 금속으로 환원되는 표준환원전위는 $+0.799\text{V}$이다.)

① -0.019 ② $+0.39$
③ $+0.80$ ④ $+1.21$

해설

$Ag^+ + e^- \rightarrow Ag \quad E° = +0.799\text{V}$
$Ag_2SO_3 \rightarrow 2Ag^+ + SO_3^{2-}$
$\Delta G° = -RT\ln K = -nFE°$
$E° = \dfrac{RT}{nF}\ln K$
$= \dfrac{8.314\text{J/mol}\cdot\text{K} \times 298.15\text{K}}{2 \times 96,485}\ln(1.5 \times 10^{-14})$
$= -0.409\text{V}$

환원전위 : $-0.409\text{V} + 0.799\text{V} = 0.390\text{V}$

56 다음 중 시료의 분자량 측정에 가장 적합하지 않은 이온화 방법은?

① 빠른 원자 충격법(Fast Atom Bombardment : FAB)
② 전자충격 이온화법(Electron Impact ionization : EI)
③ 장 탈착법(Field Desorption : FD)
④ 장 이온화법(Field Ionization : FI)

해설

① 빠른 원자 충격법(FAB)
  분자량이 큰 극성 화학종의 질량분석에 사용한다.
② 전자충격 이온화법(EI)
  • 시료가 대체로 휘발성이어야 하며, 분자량이 매우 큰 Biomolecule에는 적합하지 않다.
  • 토막내기 과정으로 어미-이온 봉우리가 없어져 분자량을 알 수 없다.
③ 장 탈착법(FD)
  시료도입탐침을 시료실에 넣고 높은 전위를 가해서 이온화시킨다.
④ 장 이온화법(FI)
  센 자기장(10^8V/cm)의 영향으로 이온이 생성된다.

57 IR Spectroscopy의 적외선 변환기로 사용되지 않는 것은?

① 광전도 변환기 ② 파이로 전기변환기
③ 열 변환기 ④ 광촉매 변환기

해설

IR 분광기의 변환기
㉠ 파이로 전기변환기
㉡ 열 변환기 : 열전기쌍, 볼로미터
㉢ 광전도 변환기

58 100MHz로 작동되는 ^{1}H Nuclear Magentic Resonance(NMR)에서 TMS로부터 130Hz 떨어져서 공명하는 신호의 화학적 이동값(ppm)은?

① 0.77 ② 1.3
③ 7.7 ④ 13.0

해설

$100\text{Hz} \rightarrow 1\text{ppm}$
$130\text{Hz} \rightarrow 1.3\text{ppm}$

화학적 이동(ppm) $= \dfrac{130\text{Hz}}{100\text{MHz}} = \dfrac{130\text{Hz}}{100 \times 10^6\text{Hz}} = 1.3\text{ppm}$

59 질량스펙트럼의 세기는 이온화된 입자의 상대적 분포를 의미한다. 분포도가 가장 복잡하게 얻어지는 이온화 방법은?

① 전자 이온화법(Electron Ionization : EI)
② 장 이온화법(Field Ionization : FI)
③ 장 탈착법(Field Desorption : FD)
④ 화학 이온화법(Chemical Ionization : CI)

해설

전자 이온화법(EI)
- 전자 이온화 과정에서는 시료분자를 기화시키기에 충분한 온도만큼 가열하고, 만들어진 분자들은 고에너지 전자살과 충돌시켜 이온화된다.
- 분자이온보다 작은 질량을 가진 다양한 양이온이 생긴다.
  ⇒ 조각이온
- 전자 이온화법에 의해 얻어진 복잡한 질량스펙트럼은 화합물 확인에 유용하다.
- 어떤 종류의 분자는 토막내기 과정이 매우 잘 일어나 분자이온이 측정되지 않아 분자량 결정을 할 수 없다.

60 핵자기공명분광법에 대한 설명 중 옳지 않은 것은?

① 화학적 이동은 핵 주위를 돌고 있는 전자들에 의해서 생성되는 작은 자기장에 의해 일어난다.
② 스핀-스핀 갈라짐의 근원은 한 핵의 자기 모멘트가 바로 인접한 핵의 자기 모멘트와 상호작용하기 때문이다.
③ 사용하는 내부표준물은 연구대상 핵과 용매시스템과 상관없이 일정하며, 주로 사용하는 화합물은 사메틸실란(tetramethyl silane : TMS)이다.
④ NMR 스펙트럼의 가로축 눈금은 실험하는 동안 측정할 수 있는 내부표준물의 공명 봉우리에 대해 공명흡수 봉우리들의 상대적 위치로 나타내는 것이 편리하다.

해설

- 내부표준물은 유기용매에서는 TMS((CH_3)$_4$Si) 등이 사용되고, 수용액에서는 DSS 등을 사용한다.
- 내부표준물은 핵종과 용매에 따라 달라진다.
- 사용하는 내부표준물은 연구대상 핵과 용매시스템에 의존한다.

4과목 시험법 밸리데이션

61 액체 크로마토그래피에서 정찰용(Scouting) 기울기 용리를 시행하여 얻은 결과의 해석으로 틀린 것은? (단, Δt는 크로마토그램의 첫 번째 봉우리와 마지막 봉우리의 머무름시간의 차이이며, t_G는 기울기시간이다.)

① $\Delta t/t_G < 0.25$이면, 등용매 용리를 사용한다.
② $\Delta t/t_G > 0.40$이면, 기울기 용리를 사용한다.
③ $0.25 < \Delta t/t_G < 0.40$이면, 등용매 용리와 기울기 용리 둘 다 사용할 수 있으며, 장비의 가용성(Availability)과 시료의 복잡성에 따라 둘 중 하나를 선택한다.
④ $0.25 < \Delta t/t_G < 0.40$이면, 정찰용 기울기 용리에서 t_G의 0.4배 시점에 해당하는 조성의 이동상을 사용하여 등용매 용리로 분리한다.

해설

등용매 용리 : 일정한 조성을 가지는 용매를 사용하는 용리법

기울기 용리
- 극성이 매우 다른 두 개 이상의 용매를 사용하며, 분리 시에 조성을 프로그램된 비율로서 변화시키는 것
- 등용매 용리보다 분석에 걸리는 시간이 빠르고 봉우리의 띠 너비가 작아 더 정확한 분석이 가능하다.

용리방법의 선택
- $\dfrac{\Delta t}{t_G} < 0.25$: 등용매 용리
- $0.25 < \dfrac{\Delta t}{t_G} < 0.40$: 둘 중 분석과정과 더 맞는 방법을 선택
- $\dfrac{\Delta t}{t_G} > 0.40$: 기울기 용리

62 불꽃이온화검출기의 Base를 교체할 때 기기의 커버를 제거한 후에서 검출기 몸체를 제거하기 이전까지의 조작에서 제일 나중에 이루어지는 조작은?

① Insulator 제거
② Thermal Strap 제거
③ Collector Assembly 분리
④ 검출기 점화장치의 제거

정답 59 ① 60 ③ 61 ④ 62 ①

해설

칼럼 분리 → 기기 커버 제거 → 검출기 점화장치 제거 → Collector Assembly 제거 → Thermal Strap 제거 → Insulator 제거

63 실험실 내 정밀성 평가의 대표적인 변동요인이 아닌 것은?

① 시약
② 시험일
③ 시험자
④ 시험장비

해설

실험실 내 정밀성
동일 실험실에서 다른 실험일, 다른 시험자, 다른 장비·기구를 사용하여 분석실험하여 얻은 측정값들 사이의 근접성을 의미한다.

64 빈 바이알의 질량이 76.99 ± 0.03g이고 약 10g의 탄산칼슘을 넣고 잰 바이알의 질량이 87.36 ± 0.03g이었을 때, 바이알에 담긴 탄산칼슘의 질량(g)은?

① 10.37 ± 0.04
② 10.37 ± 0.042
③ 10.370 ± 0.04
④ 10.370 ± 0.042

해설

$(87.36 \pm 0.03)g - (76.99 \pm 0.03)g = 10.37 \pm e$
$e = \sqrt{(0.03)^2 + (0.03)^2} = 0.04$
∴ 탄산칼슘의 질량 = 10.37 ± 0.04g

65 실험결과의 의심스러운 측정값을 버릴 것인지 보유할 것인지를 판단하는 데 간단하며 널리 사용되고 있는 통계학적 시험법은?

① t시험법
② Q시험법
③ F시험법
④ ANOVA 시험법

해설

Q시험
- 의심스러운 결과를 버릴 것인지, 보유할 것인지를 판단하는 통계학적 시험법
- $Q = \dfrac{|\text{의심스러운 측정값} - \text{가장 이웃하는 측정값}|}{\text{범위}}$

- Q(실험값) > Q(임계값)이면 그 자료는 버린다.

t시험법
- 정확도와 관련
- 두 측정값 사이에 우연오차는 없다고 가정하고 계통오차를 확인하는 방법

F시험법
- 두 무리의 측정값들의 정밀도 비교
- 두 무리(시료 또는 방법)의 측정값의 분산 비교
- 두 무리의 측정값 사이에 우연오차가 있는지 판단

ANOVA 시험법(분산분석)
두 개 이상의 집단의 평균들 사이에 차이가 있는지를 시험하기 위해 사용

66 분석방법의 유효성 평가에서 정확도를 높이기 위한 방법을 모두 고른 것은?

A. 분석시료와 비슷하거나 같은 Matrix의 인증기준물질을 사용한다.
B. 두 개 이상의 분석방법으로 결과를 비교한다.
C. 준비된 시료에 대하여 측정횟수를 늘려 분석한다.
D. 아는 농도가 첨가된 Blank 시료를 분석한다.
E. 같은 Matrix의 Blank 시료를 구할 수 없을 때는 표준물첨가법을 사용한다.

① A, B, C, D, E
② A, B, C, D
③ A, B, D, E
④ A, B, E

해설

준비된 시료에 대하여 측정횟수를 늘려 분석한다.
⇒ 정밀도를 높이는 방법

67 분석장비의 시험장비 밸리데이션 결과 문서에 포함되지 않는 밸리데이션 항목은?

① DQ(Design Qualification)
② CQ(Calibration Qualification)
③ OQ(Operational Qualification)
④ PQ(Performance Qualification)

> **해설**

분석장비의 적격성 평가
㉠ 설계적격성(DQ : Design Qualification) 평가
분석장비의 사용목적에 맞는 장비 선택과 도입, 설치, 운용에 관련한 전반적 조건, 사양, 재질 등에 대한 설계의 적합성을 검토하는 과정이다.
㉡ 설치적격성(IQ : Installation Qualification) 평가
시험장비의 신규 도입 또는 설치장소 이동 등 설치와 관련된 상황 발생에 따라 장비의 적절한 설치 여부를 검증하는 과정으로 기계적 시스템 구성을 평가한다.
㉢ 운전적격성(OQ : Operation Qualification) 평가
분석장비의 설치환경에서 정상적인 운전 가능 여부 등을 기능적 검증 측면에서 적격성 평가를 진행해야 한다.
㉣ 성능적격성(PQ : Performance Qualification) 평가
분석장비의 운용목적에 따른 실제의 분석환경과 조건에서 분석대상물질 또는 특정표준물질 등에 대한 적격성 평가를 수행한다.

68 정량한계를 산출하는 데 적당한 신호 대 잡음비는?

① 2 : 1
② 3 : 1
③ 5 : 1
④ 10 : 1

> **해설**

분석한계 결정
㉠ 시각적 평가에 근거하는 방법
㉡ 신호 대 잡음비(S/N)에 근거하는 방법
 • 검출한계 : S/N = 3 : 1
 • 정량한계 : S/N = 10 : 1
㉢ 반응의 표준편차와 검량선의 기울기에 근거하는 방법
 • 검출한계 = $3.3\dfrac{\sigma}{S}$
 • 정량한계 = $10\dfrac{\sigma}{S}$

69 전처리 과정의 정밀성 중 반복성은 시험농도의 100%에 상당하는 농도에서 검체의 열적인 분해가 없는 한, 단시간 간격에 걸쳐 분석법의 전 조작을 반복 측정하여 상대표준편차 값을 1.0% 이내로 할 때 최소 반복 측정 횟수는?

① 1
② 2
③ 3
④ 6

> **해설**

반복성(병행 정밀성)
전 조작을 적어도 6회 반복 측정하여 상대표준편차 값을 1.0% 이내로 한다.

70 밸리데이션 항목에 대한 설명 중 틀린 것은?

① 정확성 : 측정값이 일반적인 참값 또는 표준값에 근접한 정도
② 정밀성 : 균일한 검체로부터 여러 번 채취하여 얻은 시료를 정해진 조건에 따라 측정하였을 때 각각의 측정값들 사이의 분산 정도
③ 완건성 : 시험방법 중 일부 매개변수가 의도적으로 변경되었을 때 측정값이 영향을 받지 않는지에 대한 척도
④ 검출한계 : 검체 중에 존재하는 분석대상물질의 함유량으로 정확한 값으로 정량되는 검출 가능 최소량

> **해설**

밸리데이션 대상 평가항목
㉠ 특이성(Specificity)
측정대상물질, 불순물, 분해물, 배합성분 등이 혼재된 상태에서 분석대상물질을 선택적이고 정확하게 측정할 수 있는 정도를 말한다.
㉡ 정확성(Accuracy)
분석결과가 이미 알고 있는 참값이나 표준값에 근접한 정도를 말한다.
㉢ 정밀성(Precision)
균질한 검체에서 반복적으로 채취한 검체를 정해진 절차에 따라 측정했을 때 각각의 측정값들 사이의 근접성(분산정도)을 말한다.
㉣ 검출한계(DL : Detection Limit)
검체 중에 함유된 대상물질의 검출이 가능한 최소 농도이다.
㉤ 정량한계(QL : Quantitation Limit)
 • 기준에 적합한 정밀성과 정확성이 확보된 정량값으로 나타낼 수 있는 검체 중 대상물질의 최소농도를 의미한다.
 • 분석대상물질을 소량으로 함유하는 검체의 정량시험이나 분해생성물, 불순물 분석에 사용되는 정량시험의 밸리데이션 평가지표이다.
㉥ 직선성(Linearity)
검체 중 분석대상물질의 양(또는 농도)에 비례하여 일정범위 내에 직선적인 측정값을 얻어낼 수 있는 능력이다.

▶ **정답** 68 ④ 69 ④ 70 ④

ⓢ 범위(Range)
적절한 정밀성, 정확성, 직선성을 충분히 제시할 수 있는 검체 중 분석대상물질의 양(또는 농도)의 하한값~상한값 사이의 영역이다.
ⓞ 완건성(Robustness)
시험법의 조건 중 일부가 변경되었을 때 측정값이 영향을 받지 않는지에 대한 지표를 말한다. → 분석조건을 고의로 변동시켰을 때 분석법의 신뢰성을 나타낸다.

71 분석시험의 정밀성을 평가하기 위해 아래와 같은 HPLC 측정값으로 회수율을 계산했을 때 회수율에 대한 상대표준편차(%RSD)는?

검체 채취량 (mg)	측정값 (Peak Area)	회수율 (%)
20.0	9,284	99.6
20.0	9,293	99.7
20.0	9,255	99.3
20.0	9,284	99.6
20.0	9,269	99.5
20.0	9,251	99.3

① 0.166 ② 0.167
③ 0.168 ④ 0.169

해설

$\bar{x} = 99.5\%$
$s = 0.1673$
상대표준편차 $= \dfrac{0.1673}{99.5} \times 100\% = 0.168$

72 의약품 제조에서 시험법 재밸리데이션이 필요한 경우가 아닌 것은?

① 시험방법이 변경된 경우
② 주성분의 함량이 변경된 경우
③ 원료의약품의 합성방법이 변경된 경우
④ 원개발사의 밸리데이션 자료를 확보한 경우

해설

원료의약품의 합성방법, 제제의 조성 및 시험방법이 변경되는 경우 재밸리데이션을 실시하여야 한다.

73 아래 측정값의 변동계수는?

1, 3, 5, 7, 9

① 183% ② 133%
③ 63%   ④ 13%

해설

평균 $\bar{x} = \dfrac{1+3+5+7+9}{5} = 5$

표준편차 $s = \sqrt{\dfrac{(1-5)^2+(3-5)^2+(5-5)^2+(7-5)^2+(9-5)^2}{5-1}} = 3.1623$

변동계수 $= \dfrac{s}{\bar{x}} \times 100\% = \dfrac{3.1623}{5} \times 100 = 63.24\%$

74 세 곳의 분석기관에서 측정된 농도가 다음과 같을 때, 가장 정밀도가 높은 기관은?

| A기관 (40.0, 29.2, 18.6, 29.3) mg/L |
| B기관 (19.9, 24.1, 22.1, 19.8) mg/L |
| C기관 (37.8, 33.4, 36.1, 40.2) mg/L |

① 모두 같다. ② A기관
③ B기관   ④ C기관

해설

정밀도가 높은 것은 상대표준편차가 작은 분석이므로 상대표준편차가 가장 작은 C기관의 정밀도가 가장 높다.

A기관 : $\bar{x} = 29.3$, $s = 8.74$, $\%RSD = \dfrac{8.74}{29.3} \times 100 = 29.8\%$

B기관 : $\bar{x} = 21.5$, $s = 2.05$, $\%RSD = \dfrac{2.05}{21.5} \times 100 = 9.53\%$

C기관 : $\bar{x} = 36.9$, $s = 2.80$, $\%RSD = \dfrac{2.80}{36.9} \times 100 = 7.59\%$

75 불확정도 전파와 유효숫자를 고려하였을 때, $4.6(\pm 0.05) \times 2.11(\pm 0.03)$의 계산 결과는?

① 9.7(±0.2)   ② 9.71(±0.2)
③ 9.7(±0.06)   ④ 9.706(±0.06)

정답 71 ③ 72 ④ 73 ③ 74 ④ 75 ①

해설

$$\frac{e}{4.6 \times 2.11} = \sqrt{\left(\frac{0.05}{4.6}\right)^2 + \left(\frac{0.03}{2.11}\right)^2}$$

∴ $e = 0.173 ≒ 0.2$

$4.6(\pm 0.05) \times 2.11(\pm 0.03) = \underline{9.7 \pm 0.2}$

유효숫자 2개

76 분석장비의 소모품으로 탐침(Probe)이 필요한 장비는?

① NMR
② AA
③ EM
④ XPS

해설

탐침은 전자현미경(EM)이 있는 장비에 사용된다. 또한, 시료 탐침기가 NMR 분광기에도 사용된다.
※ 문제 오류로 전항 정답처리 되었습니다.

77 밸리데이션에서 사용하는 각 용어에 대한 설명으로 틀린 것은?

① 시험방법 밸리데이션 : 의약품 등 화학제품의 품질관리를 위한 시험방법의 타당성을 미리 확인하는 과정
② 확인시험 : 검체 중 분석대상물질을 확인하는 시험으로 물리화학적 특성을 표준품의 특성과 비교하는 방법을 일반적으로 사용
③ 역가시험 : 검체 중에 존재하는 분석대상물질의 역가를 정확하게 측정하는 것으로 주로 정성분석을 사용
④ 순도시험 : 검체 중 불순물의 존재 정도를 정확하게 측정하는 시험으로 한도시험이 있음

해설

역가시험
용액이 얼마나 정확하게 만들어졌는지를 확인하는 것

78 정밀저울로 시료의 무게를 측정한 결과가 0.00570g일 때, 측정값의 유효숫자 자릿수는?

① 2자리
② 3자리
③ 4자리
④ 5자리

해설

0.00570g
유효숫자 3개

79 프탈산수소칼륨(KHP) 시료 2.1283g을 페놀프탈레인 지시약을 사용하여 0.1084N 염기표준용액으로 적정하였더니 종말점에서 42.58mL가 소비되었을 때, 초기 시료 중 KHP의 농도(wt%)는?(단, KHP의 분자량은 204.2g/mol이다.)

① 34.46
② 44.29
③ 54.25
④ 64.18

해설

$$\text{KHP의 양(g)} = \frac{0.1084\text{mol}}{L} \times 0.04258L \times \frac{204.2\text{g}}{1\text{mol}}$$
$$= 0.9425\text{g}$$
$$\text{wt\%} = \frac{0.9425\text{g}}{2.1283\text{g}} \times 100\% = 44.28\%$$

80 분석과정에서 생기는 오차 중 반응의 미완결, 부반응, 공침 등 화학반응계가 원인이 되어 나타나는 오차는?

① 방법오차
② 조작오차
③ 화학오차
④ 기기 및 시약오차

해설

계통오차
- **기기오차** : 측정기기의 오차
- **개인오차** : 측정하는 사람에 의한 오차
- **조작오차** : 시료 채취 시의 실수, 과도한 침전물, 충분하지 않은 세척, 온도의 변화에 따른 침전물의 생성 및 가온 등과 같은 대부분의 실험조작의 실수로 인한 오차
- **방법오차** : 반응의 미완결, 침전물의 용해도, 공침, 무게 측정 시 검체의 휘발성 또는 흡습성에 의한 부반응, 부정확 또는 유발반응 등과 같이 분석과정의 화학반응이 원인이 되는 오차

정답 76 전항 정답 77 ③ 78 ② 79 ② 80 ①

| 5과목 | 환경 · 안전관리 |

81 지정폐기물에 대한 설명으로 잘못된 것은?
① 처리방법으로는 주로 소각과 매립에 의해 처리한다.
② 폐기물의 종류에 따라 분리수거한 후 주로 위탁처리한다.
③ 지정폐기물 중 가장 많이 발생하는 것은 폐유기용제와 폐유이다.
④ 환경오염이나 인체에 위해를 줄 수 있는 해로운 물질로 대통령령으로 정하는 폐기물이다.

해설

지정폐기물의 처리절차
㉠ 지정폐기물의 성상별 처리절차

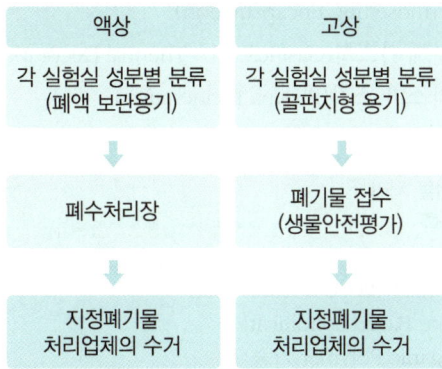

㉡ 지정폐기물의 종류별 처리절차

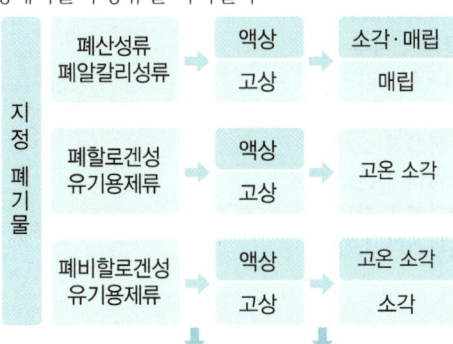

82 중화적정에 대한 설명으로 틀린 것은?
① 메틸오렌지는 강산과 강염기의 중화반응에 활용되는 지시약이다.
② 중화에 필요한 표준용액의 양으로부터 시료 중의 산 또는 염기의 농도를 알 수 있다.
③ 시료용액 중에 포함된 산이나 염기를 염기나 산의 표준용액으로 적정하는 것이다.
④ 산과 염기의 중화는 당량 대 당량으로 일어나므로, 완전중화는 산과 염기의 그램 당량수가 같아야 일어난다.

해설

메틸오렌지는 산 영역에서 변색을 일으키는 지시약으로 강산+강염기, 강산+약염기 적정에 사용된다.

83 다음 중 황산이 사용되어 합성되는 화학물질이 아닌 것은?
① Acetamide
② Diethyl ether
③ Ethyl acetate
④ Potassium sulfate

해설

Acetamide는 아세트산암모늄으로부터 탈수에 의해 생성된다.

84 고압가스 용기 색상 중 수소가스를 나타내는 것은?
① 녹색
② 백색
③ 황색
④ 주황색

해설

가연성 가스 및 독성 가스의 용기

가스의 종류	도색의 구분	가스의 종류	도색의 구분
액화석유가스	밝은 회색	액화암모니아	백색
수소	주황색	액화염소	갈색
아세틸렌	황색	그 밖의 가스	회색

정답 81 ① 82 ①, ④ 83 ① 84 ④

85 화합물의 안전관리에 대한 설명 중 틀린 것은?

① 과염소산, 과산화수소, 질산, 할로겐 화합물 등은 산화제로서 적은 양으로 강렬한 폭발을 일으킬 수 있으므로 방호복, 고무장갑, 보안경 및 보안면 같은 보호구를 착용하고 취급하여야 한다.
② 나노입자 및 초미세 금속 분말을 취급 시에는 폐질환, 호흡기질환 등을 일으킬 수 있으므로 방진마스크 등의 보호구를 착용해야 한다.
③ 대부분의 미세한 금속 분말은 물과 산의 접촉으로 수소가스를 발생하고 발열한다. 특히, 습기와 접촉할 때 자연발화의 위험이 있어 폭발할 수 있으므로 특별히 주의한다.
④ 질산에스터류, 나이트로 화합물, 아조 화합물, 하이드라진 유도체, 하이드록실아민 등은 연소속도가 느리나, 가열, 충격, 마찰 등으로 폭발할 수 있으므로 주의해야 한다.

해설

제5류 위험물(자기반응성 물질)
㉠ 품명 : 유기과산화물, 질산에스테르류, 니트로화합물, 아조화합물, 디아조화합물, 히드라진 유도체, 히드록실아민, 히드록실아민염류
㉡ 성질
 • 가연성 물질로서, 그 자체가 산소를 함유하므로 자기연소가 가능하다.
 • 연소속도가 대단히 빠르다.
 • 자연발화를 일으키는 경우도 있다.
 • 가열이나 충격, 마찰 등에 의해 폭발한다.

86 화학물질 분석 중 물질에 대한 확인이 전제되지 않는 화재상황 시 아래 보기 중 적절한 대응을 모두 나타낸 것은?

> ㄱ. 비치된 MSDS에 적절한 소화대응물품을 확인하며 대응한다.
> ㄴ. 최단시간 안에 물을 담아서 그대로 뿌린다.
> ㄷ. 긴급상황이므로 방독마스크 등의 보호구는 무시한다.

① ㄱ, ㄴ, ㄷ   ② ㄴ, ㄷ
③ ㄱ, ㄷ   ④ ㄱ

해설

• 석유난로 등의 화재는 담요를 물에 적셔 덮는다.
• 기름의 경우 물을 사용하면 불을 키우게 되므로 물로 소화할 수 없다.
• 가스화재는 폭발성이 있으므로 갑자기 문을 열거나 전기 스위치를 조작하면 안 된다.

87 다음 중 유해폐기물 처리를 위한 무해화 기술이 아닌 것은?

① 고정화 – 유리화(Immobilization by Vitrification)
② 고정화 – 열경화성 캡슐화(Immobilization by Thermosetting Encapsulation)
③ 열분해 가스화(Gasificatio by Thermal Decomposition)
④ 플라스마 소각(Plasma Incineration)

해설

유해폐기물 처리
㉠ 고정화
 • 응결
 • Cement Based Solidification
 • Lime Based Solidification
 • Organic Polymer 기술
 • 열가소성 캡슐화 기술
 • 유리화(Vitrification)
㉡ 생물학적 처리
㉢ 소각 · 열처리
 • 스토카식 소각로
 • 유동상식 소각로
 • 로터리 킬른 소각로
 • 열분해 소각로
 • 플라스마 소각로

정답 85 ④ 86 ④ 87 ②

88 소방시설법령상 1급 소방안전관리대상물의 소방안전관리자의 선임자격이 아닌 것은?

① 소방설비기사 또는 소방설비산업기사의 자격이 있는 사람
② 산업안전기사 또는 산업안전산업기사의 자격을 취득한 후 2년 이상 2급 소방안전관리대상물 또는 3급 소방안전관리대상물의 소방안전관리자로 근무한 실무경력이 있는 사람
③ 소방공무원으로 5년 이상 근무한 경력이 있는 사람
④ 위험물기능장·위험물산업기사 또는 위험물기능사 자격으로 위험물안전관리자로 선임된 사람

해설
소방안전관리자의 선임자격
- 소방기술사 또는 소방시설관리사의 자격이 있는 사람
- 소방설비기사의 자격을 취득한 후 5년 이상 1급 소방안전관리대상물의 소방안전관리자로 근무한 실무경력이 있는 사람
- 소방설비산업기사의 자격을 취득한 후 7년 이상 1급 소방안전관리대상물의 소방안전관리자로 근무한 실무경력이 있는 사람
- 소방공무원으로 20년 이상 근무한 경력이 있는 사람
- 소방청장이 실시하는 특급 소방안전관리대상물의 소방안전관리에 관한 시험에 합격한 사람

89 다음 폐기물 중 지정폐기물을 모두 선택하여 나열한 것은?

A. 액상의 유기용제
B. 액상의 폐산, 폐알칼리 용액 및 이를 포함한 부식성 폐기물
C. 액체상의 폐합성수지 및 고무
D. 고체상의 폐지, 고철, 병 및 목재
E. 병리계 시험검사 등에 사용된 폐시험관, 덮개 유리, 폐배지, 폐장갑
F. 주삿바늘, 파손된 유리시험기구
G. 고체상의 생활폐기물

① A, B, C, D, E, F, G
② A, B, C, D, E, F
③ A, B, C, E, F
④ A, B, E, F

해설
지정폐기물
- 폐합성 고분자 화합물
- 오니류
- 부식성 폐기물 - 폐산, 폐알칼리
- 광재, 분진, 폐주물사, 폐내화물, 소각재, 안정화 또는 고형화·고화 처리물, 폐촉매, 폐흡착제, 폐흡수제
- 폐유기용제
- 폐페인트, 폐래커
- 폐유
- 폐석면
- 폐유독물질
- 의료폐기물
- 수은폐기물

90 어떤 반응계에서 화학반응이 진행되는 과정을 육안으로 확인할 수 있는 경우에 해당되지 않는 것은?

① 모든 화학반응에는 열과 빛이 발생하는 발열현상이 수반된다.
② 탄산수소나트륨과 시트르산이 반응하는 용액에서 기포 발생을 확인한다.
③ 황산구리 용액에 암모니아수를 넣으면 연한 청색이 진한 청색으로 변한다.
④ 두 가지 수용액이 혼합되어 고체 입자가 형성되는 반응에 의해 불용성 물질의 침전이 발생한다.

해설
화학반응에서는 발열 또는 흡열반응이 일어난다.

91 분석 업무 시 폭발성 반응을 일으킬 수 있는 물질이 아닌 것은?

① 재
② 금속 분말
③ 유기질소화합물
④ 산 및 알칼리류

해설
폭발성 물질
- 금속 분말
- 유기질소화합물
- 산·알칼리류
※ 재는 폭발 또는 연소 후 생성된 결과물이다.

정답 88 ③ 89 ③ 90 ① 91 ①

92 지정수량 20배 이하의 위험물을 저장 또는 취급하는 옥내저장소가 갖추어야 할 조건이 아닌 것은?

① 저장창고의 벽·기둥·바다·보 및 지붕이 내화구조여야 한다.
② 저장창고의 출입구에 수시로 열 수 있는 자동폐쇄방식의 갑종방화문이 설치되어 있어야 한다.
③ 저장창고에 창을 설치하지 않아야 한다.
④ 저장창고는 지면에서 처마까지의 높이가 6m 이상인 복층건물로 하고, 그 바닥을 지반면보다 낮게 하여야 한다.

해설

옥내저장소의 안전거리 적용 제외기준
㉠ 제4석유류 또는 동식물유류의 위험물을 저장 또는 취급하는 옥내저장소로서 그 최대수량이 지정수량의 20배 미만인 것
㉡ 제6류 위험물을 저장 또는 취급하는 옥내저장소
㉢ 지정수량의 20배(하나의 저장창고의 바닥면적이 150m^2 이하인 경우에는 50배) 이하의 위험물을 저장 또는 취급하는 옥내저장소로서 다음의 기준에 적합한 것
  • 저장창고의 벽·기둥·바닥·보 및 지붕이 내화구조인 것
  • 저장창고의 출입구에 수시로 열 수 있는 자동폐쇄방식의 갑종방화문이 설치되어 있을 것
  • 저장창고에 창을 설치하지 아니할 것
※ 문제 오류로 전항 정답처리 되었습니다.

93 물질안전보건자료(MSDS) 구성항목이 아닌 것은?

① 화학제품과 회사에 관한 정보
② 화학제품의 제조방법
③ 취급 및 저장방법
④ 유해·위험성

해설

MSDS(물질안전보건자료) 구성항목
1. 화학제품과 회사에 관한 정보
2. 유해·위험성
3. 구성성분의 명칭 및 함유량
4. 응급조치 요령
5. 폭발·화재 시 대처방법
6. 누출사고 시 대처방법
7. 취급 및 저장방법
8. 노출방지 및 개인보호구
9. 물리·화학적 특성
10. 안전성 및 반응성
11. 독성에 관한 정보
12. 환경에 미치는 영향
13. 폐기 시 주의사항
14. 운송에 필요한 정보
15. 법적 규제 현황
16. 기타 참고사항

94 위험물안전관리법령상 제2류 위험물인 가연성 고체로 분류되지 않는 것은?

① 유황   ② 철분
③ 나트륨   ④ 마그네슘

해설

유별	성질	품명	지정수량
제2류	가연성 고체	황화린 적린 유황	100kg
		금속분 철분 마그네슘	500kg
		인화성 고체	1,000kg

95 다음 NFPA 라벨에 해당하는 물질에 대한 설명으로 틀린 것은?

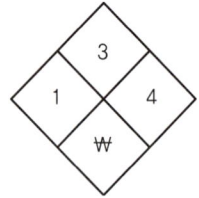

① 폭발성이 대단히 크다.
② 물에 대한 반응성이 있다.
③ 일반적인 대기환경에서 쉽게 연소될 수 있다.
④ 노출 시 경미한 부상을 유발할 수 있으나 특별한 주의가 필요하진 않다.

해설
- 건강위험성 : 1등급(파란색)
- 화재위험성(인화성) : 3등급(빨간색)
- 반응위험성 : 4등급(노란색)
- 특수위험성 : ₩(흰색)
  물과 반응할 수 있으며 반응 시 심각한 위험을 수반한다.

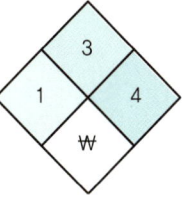

96 등유에 관한 설명 중 틀린 것은?
① 물보다 가볍다.
② 증기는 공기보다 가볍다.
③ 물에 용해되지 않는다.
④ 가솔린보다 인화점이 높다.

해설
등유
- 물보다 가볍다.
- 증기는 공기보다 무겁다.
- 등유의 인화점(38~72℃)은 가솔린의 인화점(-43℃)보다 높다.
- 탄소수 : 8~18
- 비점 : 150~300℃

97 연구실안전법령상 안전점검의 종류와 실시시기에 대한 설명으로 옳은 것은?
① 일상점검 : 연구개발활동에 사용되는 기계·기구·전기·약품·병원체 등의 보관상태 및 보호장비의 관리실태 등을 육안으로 실시하는 점검
② 정기점검 : 6개월에 1회 이상 실시
③ 특별안전점검 : 연구개발활동에 사용되는 기계·기구·전기·약품·병원체 등의 보관상태 및 보호장비의 관리실태 등을 안전점검기기를 이용하여 실시하는 세부적인 점검
④ 특별안전점검 : 저위험연구실 및 안전관리우수연구실에 종사하는 연구활동종사자가 필요하다고 인정하는 경우에 실시

해설
안전점검의 실시
- 일상점검 : 연구활동에 사용되는 기계·기구·전기·약품·병원체 등의 보관상태 및 보호장비의 관리실태 등을 직접 눈으로 확인하는 점검으로서 연구활동시작 전에 매일 1회 실시한다. 다만, 저위험연구실의 경우에는 매주 1회 이상 실시해야 한다.
- 정기점검 : 연구활동에 사용되는 기계, 기구, 전기, 약품, 병원체 등의 보관상태 및 보호장비의 관리실태 등을 안전점검기기를 이용하여 실시하는 세부적인 점검으로서 매년 1회 이상 실시한다. 다만, 저위험연구실, 안전관리우수연구실을 인증받은 연구실은 정기점검을 면제한다.
- 특별안전점검 : 폭발사고, 화재사고 등 연구활동조사자의 안전에 치명적인 위험을 야기할 가능성이 있을 것으로 예상되는 경우에 실시하는 점검으로서 연구주체의 장이 필요하다고 인정하는 경우에 실시한다.

98 화학물질관리법령상 화학물질 보관·저장 관리대장의 작성 내용이 아닌 것은?
① 함량   ② 위탁인
③ 독성농도   ④ 제품(상품)명

해설
화학물질 보관·저장 관리대장의 작성 내용
- 제품(상품)명
- 금지물질, 허가물질, 제한물질, 유독물질, 사고대비물질
- 함량
- 주요 용도
- 위탁인
- 상호(성명)
- 사업자등록번호
- 주소
- 입고량, 출고량, 재고량

정답 96 ② 97 ① 98 ③

99 물질들의 폭발에 대한 설명 중 틀린 것은?
① HF 가스 및 용액은 극한 독성을 나타내고 폭발할 수 있다.
② 과염소산은 고농도일 때 모든 유기화물과 반응하여 폭발할 수 있으나 무기화학물과는 비교적 안정하게 반응한다.
③ 밀폐공간 내의 유화가루 및 금속분은 분진폭발의 위험이 있다.
④ 유기질소화합물은 가열, 충격, 마찰 등으로 폭발할 수 있다.

해설

과염소산($HClO_4$)
- 강산
- 강한 산화제
- 유기화물 및 무기화물과 반응하여 폭발할 수 있다.
- 가열, 화기접촉, 마찰에 의해 폭발하므로 주의한다.

100 할로겐화합물의 소화약제 중에서 할론 2402의 화학식은?
① CBr_2F_2
② $CBrClF_2$
③ $CBrF_3$
④ $C_2Br_2F_4$

해설

C – F – Cl – Br
- 할론 1301 : CF_3Br
- 할론 1211 : CF_2BrCl
- 할론 2402 : $C_2Br_2F_4$

정답 99 ② 100 ④

2021년 제2회 기출문제

1과목 화학분석 과정관리

01 어떤 화합물이 29.1wt% Na, 40.5wt% S, 30.4wt% O를 함유하고 있을 때, 이 화합물의 실험식은?(단, 원자량은 Na : 23.0amu, S : 32.06amu, O : 16.0amu 이다.)

① Na_2SO_2
② $Na_2S_2O_3$
③ NaS_2O_3
④ $Na_2S_2O_4$

해설

$Na : S : O = \dfrac{0.291}{23.0} : \dfrac{0.405}{32.06} : \dfrac{0.304}{16.0}$
$= 2 : 2 : 3$
∴ $Na_2S_2O_3$

02 분석실험을 수행하기에 앞서 각 실험 목적에 맞는 공인시험방법을 찾고 표준 절차에 맞춰 수행하여야 한다. 다음 중 공인시험방법이 고지되어 있는 발행물과 발행처가 잘못 연결된 것은?

① USP – FDA
② 대한민국약전 – 식품의약품안전처
③ ISO – 국제표준화기구
④ 공정시험법 – 국립환경과학원

해설

- USP – 미국약전위원회
- FDA – 미국식품의약국

03 돌턴(Dalton)의 원자론에 기여하지 않는 법칙은?

① 배수비례의 법칙
② 헨리의 법칙
③ 일정성분비의 법칙
④ 기체 결합부피의 법칙

해설

돌턴의 원자론
돌턴은 질량보존의 법칙과 일정성분비의 법칙을 바탕으로 원자설을 제시하였다. → 기체반응의 법칙을 설명하는 데 한계를 보인다.
- 물질은 더 이상 쪼갤 수 없는 매우 작은 입자로 되어 있다.
  → 현대 과학에서는 쪼갤 수 있다.
- 같은 원소의 원자들은 크기, 질량, 화학적 성질이 같고 다른 원소의 원자들은 다르다. → 동위원소가 발견되었다.
- 화학변화에 의해 원자는 서로 생성되거나 소멸되지 않는다.
- 화합물이 이루어질 때 각 원소의 원자는 간단한 정수비로 결합한다.

04 다음 화합물의 올바른 IUPAC 이름은?

① 2,2,4 – 트리메틸 – 7 – 프로필노네인
  (2,2,4 – trimethyl – 7 – propylnonane)
② 7 – 에틸 – 2,2,4 – 트리메틸데케인
  (7 – ethyl – 2,2,4 – trimethyldecane)
③ 3 – 프로필 – 6,8,8 – 트리메틸노네인
  (3 – propyl – 6,8,8 – trimethylnonane)
④ 4 – 에틸 – 7,9,9 – 트리메틸데케인
  (4 – ethyl – 7,9,9 – trimethyldecane)

정답 01 ② 02 ① 03 ②, ④ 04 ②

해설

```
                              10 CH₃
                               |
                              9 CH₂
                               |
                              8 CH₂              CH₃
                               |                  |
CH₃—CH₂—CH—CH₂—CH₂—CH—CH₂—C—CH₃
      7    6    5    4    3    2    1
                   |         |
                  CH₃      CH₃
```

2,2-dimethyl, 4-methyl, 7-ethyl, decane(탄소수 10)이 므로 정리하면 7-ethyl-2,2,4-trimethyldecane이다.

05 아크 광원의 특성을 설명한 것 중 틀린 것은?

① 아크의 전류는 전자의 흐름과 열이온화로 인해 생성된 이온에 의해 운반된다.
② 아크 틈새에서 양이온들의 이동에 대한 저항 때문에 높은 온도가 발생한다.
③ 아크 온도는 플라스마의 조성, 즉 시료와 전극으로부터 원자 입자가 생성되는 속도에 따라 달라진다.
④ 직류 아크 광원에서 얻은 스펙트럼은 원자들의 센 선이 많고 이온들의 수가 많은 스펙트럼을 생성한다.

해설

아크 광원
해당 물질, 수은 및 제논 등에 전류를 통과시켜 강한 에너지를 가진 복사선을 생성하는 방식으로 높은 에너지를 가지고 있다.

06 살충제인 DDT($C_{14}H_9Cl_5$)의 합성반응이 아래와 같다. 225g의 클로로벤젠(C_6H_5Cl)과 157.5g의 클로랄(C_2HOCl_3)을 반응시켜 DDT를 합성할 때에 대한 다음 설명 중 틀린 것은?(단, 클로로벤젠 : 112.5g/mol, 클로랄 : 147.5g/mol, DDT : 354.5g/mol이다.)

$$2C_6H_5Cl + C_2HOCl_3 \rightarrow C_{14}H_9Cl_5 + H_2O$$

① 이 반응의 한계시약(Limiting Reagent)은 클로로벤젠이다.
② 반응기에 남은 물질의 총 질량은 372.5g이다.
③ 반응이 완전히 진행될 경우, 반응기에 남은 시약은 클로랄 10g과 DDT 354.5g이다.
④ DDT의 실제 수득량이 177.25g일 경우 수득률은 50%이다.

해설

C_6H_5Cl $225g \times \dfrac{1mol}{112.5g} = 2mol$

C_2HOCl_3 $157.5g \times \dfrac{1mol}{147.5g} = 1.068mol$

$$\begin{array}{ccccccc}
2C_6H_5Cl & + & C_2HOCl_3 & \rightarrow & C_{14}H_9Cl_5 & + & H_2O \\
2 & : & 1 & : & 1 & : & 1 \\
2mol & & 1.068mol & & 1mol(354.5g) & & 1mol(18g) \\
\text{한계반응물} & & \text{과잉반응물} & & & &
\end{array}$$

반응기에 남은 물질 $= 0.068mol \times \dfrac{147.5g}{1mol} + 354.5g + 18g$
$= 382.53g$

DDT의 수득수율 $= \dfrac{177.25g}{354.5g} \times 100 = 50\%$

07 입체이성질체의 분류에 속하는 것은?

① 배위권이성질체 ② 기하이성질체
③ 결합이성질체   ④ 구조이성질체

해설

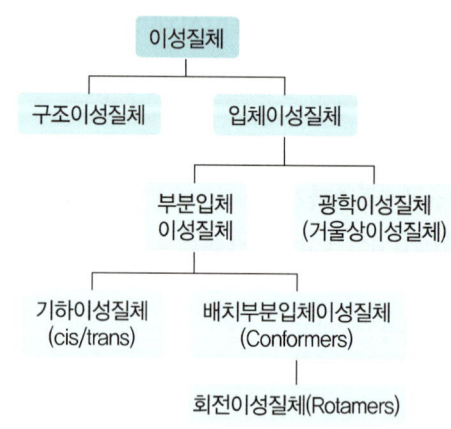

정답 05 ④ 06 ② 07 ②

08 Co의 바닥 상태 전자배치로 옳은 것은?(단, 코발트(Co)의 원자번호는 27이다.)

① $1s^2 2s^2 2p^6 3s^2 3p^6 3d^9$
② $1s^2 1p^6 2s^2 2p^6 3s^2 3p^6 3d^3$
③ $1s^2 2s^2 3s^2 2p^6 3p^6 3d^9$
④ $1s^2 2s^2 2p^6 3s^2 3p^6 4s^2 3d^7$

해설

$_{27}$Co : $1s^2 2s^2 2p^6 3s^2 3p^6 4s^2 3d^7$

09 레이저 발생과정에서 간섭성인 것은?

① 펌핑
② 흡수
③ 자극방출
④ 자발방출

해설

레이저 광원
㉠ 레이저 : 빛의 유도방출에 의한 빛의 증폭
㉡ 펌핑 → 자발방출 → 유도방출 → 흡수
- 펌핑 : 레이저 활성 화학종이 전기방전, 센 복사선의 쪼여줌과 같은 방법에 의해 전자의 에너지 준위를 들뜬 상태로 전이시키는 과정
- 자발방출 : 들뜬 상태의 화학종이 빛의 형태로 에너지를 방출하며, 바닥 상태로 되돌아오는 현상 → 간섭성이 없어서 증폭되지 않는다.
- 유도방출(자극방출) : 들뜬 상태에 있는 레이저 매질의 화학종이 자발방출하는 빛과 정확하게 같은 에너지를 갖는 빛에 의해 자극을 받으면 들뜬 화학종은 낮은 에너지 상태로 전이된다. → 이때 방출되는 복사선은 간섭성을 가져 증폭된다.
- 흡수 : 유도방출과 경쟁하는 관계에 있으며, 낮은 에너지 상태의 화학종이 자발방출하는 빛에 의해 들뜨게 하는 과정

10 N_2O_4와 NO_2의 평형식과 실험 데이터가 아래와 같다. 데이터를 바탕으로 추론한 평형상수와 가장 가까운 값은?

$$N_2O_4(g) \rightleftarrows 2NO_2(g)$$

(농도 : M)

실험	초기 [$N_2O_4(g)$]	초기 [NO_2]	평형 [N_2O_4]	평형 [NO_2]
1	0.0	0.0200	0.0016	0.0184
2	0.0	0.0300	0.0034	0.0266

① 0.125
② 0.210
③ 0.323
④ 0.422

해설

$$K = \frac{[NO_2]^2}{[N_2O_4]}$$

실험 1의 평형상수 $K_1 = \frac{0.0184^2}{0.0016} = 0.2116$

실험 2의 평형상수 $K_2 = \frac{0.0266^2}{0.0034} = 0.2081$

평균 $K = 0.210$

11 다음 분자 중 cis와 trans 이성질체로 존재할 수 없는 것은?

① $(CH_3)_2C = CH_2$
② $(CH_3)HC = C(CH_3)H$
③ $FHC = CFCl$
④ $CH_3CH_2CH = CHCH_3$

해설

①번 : 한쪽 탄소에 동일 치환기(CH_3) 두 개가 있어 cis/trans 이성질체가 존재하지 않는다.

12 원자에 공통적으로 있는 입자이며 단위 음전하를 갖고 가장 가벼운 양성자 질량의 약 1/2,000 정도로 매우 작은 질량을 갖는 것은?

① 중성자
② 미립자
③ 전자
④ 원자

해설

전자 : 양성자 질량의 $\frac{1}{2,000}$로 원자를 구성하는 요소이다.

13 유기재료의 화학 특성을 분석하기 위한 분석기기로 거리가 먼 것은?

① HPLC(High Performance Liquid Chromatograph)
② LC/MS(Liquid Chromatograph/Mass Spectrometer)
③ GC/MS(Gas Chromatograph/Mass Spectrometer)
④ GF-AAS(Graphite Furnace-Atomic Absorption Spectrophotometer)

해설

GF-AAS(흑연로 원자흡수분광법)는 미량의 금속원소(무기물)를 분석한다.

14 27℃ 실험실에서 빈 게이뤼삭 비중병의 질량이 10.885g, 5mL 피펫으로 비중병에 물을 가득 채웠을 때 질량이 61.135g이었다면, 비중병에 담겨 있는 물의 부피(mL)는?(단, 27℃에서 공기의 부력을 보정한 물 1g의 부피는 1.0046mL이다.)

① 49.791
② 50.020
③ 50.481
④ 50.250

해설

빈 비중병 : 10.885g
비중병+물 : 61.135g
물의 질량=61.135g-10.885g=50.25g
부피= $\dfrac{질량}{밀도}$ = $\dfrac{50.25g}{1g/1.0046mL}$ =50.481mL

15 우라늄(U) 동위원소의 핵분열반응이 아래와 같을 때, M에 해당되는 입자는?

$$^{1}_{0}n + ^{235}_{92}U \rightarrow ^{139}_{56}Ba + ^{94}_{36}Kr + 3M$$

① $^{1}_{0}n$
② $^{1}_{1}P$
③ $^{0}_{1}\beta$
④ $^{0}_{-1}\beta$

해설

$^{1}_{0}n + ^{235}_{92}U \rightarrow ^{139}_{56}Ba + ^{94}_{36}Kr + 3M$
$^{236}_{92}X = ^{233}_{92}Y + 3M$
∴ M= $^{1}_{0}n$

16 다음과 같은 추출장치의 명칭은?

① 속슬렛 추출장치
② 진탕 추출장치
③ 필터여과 추출장치
④ 초임계유체 추출장치

해설

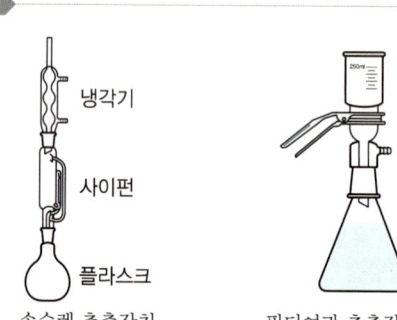

속슬렛 추출장치 / 필터여과 추출장치

17 다이브로모벤젠의 구조이성질체의 숫자로 옳은 것은?

① 5
② 4
③ 3
④ 2

해설

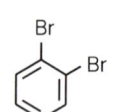 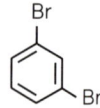 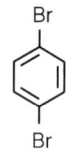

o-다이브로모벤젠　　m-다이브로모벤젠　　p-다이브로모벤젠

정답 13 ④　14 ③　15 ①　16 ①　17 ③

18 광학기기의 구성이 각 분광법과 바르게 짝지어진 것은?

① 흡수분광법 : 시료 → 파장선택기 → 검출기 → 기록계 → 광원
② 형광분광법 : 광원 → 시료 → 파장선택기 → 검출기 → 기록계
③ 인광분광법 : 광원 → 시료 → 파장선택기 → 검출기 → 기록계
④ 화학발광법 : 광원과 시료 → 파장선택기 → 검출기 → 기록계

해설

흡수분광법
• 일반적인 배치

• 원자흡수분광법

형광분광법(형광 · 인광)

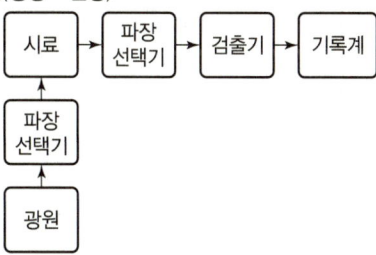

화학발광분광법 · 방출분광법

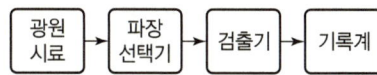

19 카복시산과 알코올을 축합반응하여 생성하는 화합물 종류는?

① 알데하이드(aldehyde)
② 케톤(ketone)
③ 에스터(ester)
④ 아마이드(amide)

해설

$$RCOOH + R'OH \xrightarrow{\text{축합반응}} RCOOR' + H_2O$$
카복시산   알코올   에스터   물

20 탄소와 수소로만 이루어진 탄화수소 중 탄소의 질량 백분율이 85.6%인 화합물의 실험식은?(단, 원자량은 C : 12.01amu, H : 1.008amu이다.)

① CH
② CH_2
③ C_7H_7
④ C_7H_{14}

해설

$C : H = \dfrac{85.6}{12} : \dfrac{14.4}{1} = 7.13 : 14.4 = 1 : 2$

∴ 실험식 : CH_2

2과목 화학물질 특성분석

21 EDTA와 양이온이 결합하여 생성되는 화합물의 명칭은?

① 고분자
② 이온교환수지
③ 킬레이트 착물
④ 이온결합화합물

해설

금속과 EDTA가 배위결합하여 생성되는 화합물을 킬레이트 착물이라 한다.

22 흡광도가 0.0375인 용액의 %투광도는?

① 3.75
② 26.67
③ 53.33
④ 91.73

해설

$A = -\log T$
$0.0375 = -\log T$
∴ $T = 0.9173 = 91.73\%$

정답 18 ④ 19 ③ 20 ② 21 ③ 22 ④

23 25℃의 수용액에서 반응이 자발적으로 일어나는지의 예측결과로 옳은 것은?(단, 용해된 화학종들의 초기 농도는 모두 1.0M이라고 가정한다.)

| 가. $Ca(s) + Cd^{2+}(aq) \rightarrow Ca^{2+}(aq) + Cd(s)$ |
| 나. $Cu^+(aq) + Fe^{3+}(aq) \rightarrow Cu^{2+}(aq) + Fe^{2+}(aq)$ |
| $Ca^{2+}(aq) + 2e^- \rightarrow Ca(s)$ $E° = -2.87V$ |
| $Cd^{2+}(aq) + 2e^- \rightarrow Cd(s)$ $E° = -0.40V$ |
| $Cu^{2+}(aq) + e^- \rightarrow Cu^+(aq)$ $E° = +0.15V$ |
| $Fe^{3+}(aq) + e^- \rightarrow Fe^{2+}(aq)$ $E° = -0.77V$ |

① 가 : 자발적, 나 : 자발적
② 가 : 자발적, 나 : 비자발적
③ 가 : 비자발적, 나 : 자발적
④ 가 : 비자발적, 나 : 비자발적

해설

가. $E = -0.4V - (-2.87V) = 2.47V > 0$ → 자발적
나. $E = 0.15V - (-0.77V) = 0.92V > 0$ → 자발적
※ 실제로 $Fe^{3+} + e^- \rightarrow Fe^{2+}$의 $E° = +0.77$이다.

24 $Cu(s) + 2Fe^{3+} \rightleftarrows 2Fe^{2+} + Cu^{2+}$ 반응의 평형상수는?

| $Fe^{3+} + e^- \rightleftarrows Fe^{2+}$ $E° = 0.771V$ |
| $Cu^{2+} + 2e^- \rightleftarrows Cu(s)$ $E° = 0.339V$ |

① 2.0×10^8
② 4.0×10^{14}
③ 4.0×10^{16}
④ 2.0×10^{40}

해설

$E° = 0.771V - 0.339V = 0.432V$
$\Delta G° = -RT\ln K = -nFE°$
$\therefore K = \exp\left(\dfrac{nFE°}{RT}\right)$
$= \exp\left(\dfrac{2 \times 96,485 \times 0.432}{8.314 \times 298.15}\right)$
$= 4.0 \times 10^{14}$

25 전극전위와 관련한 설명으로 옳지 않은 것은?

① 전극전위는 해당 전극을 오른쪽, 표준수소전극을 왼쪽 전극으로 구성한다.
② 오랫동안 공통의 기준전극으로 사용된 것은 기체전극이다.
③ 반쪽전지전위를 절대적인 값으로 측정할 수 있다.
④ 표준전극전위는 반응물과 생성물의 활동도가 모두 1일 때의 전극전위이다.

해설

반쪽반응의 표준전극전위는 환원전위로 나타낸다.

26 0.050M K_2CrO_4 용액의 Ag_2CrO_4 용해도(g/L)는? (단, Ag_2CrO_4의 $K_{sp} = 1.1 \times 10^{-12}$, 분자량은 331.73 g/mol이다.)

① 6.2×10^{-2}
② 7.8×10^{-4}
③ 2.5×10^{-4}
④ 2.3×10^{-6}

해설

	Ag_2CrO_4	→	$2Ag^+$	+	CrO_4^{2-}
c			0		0.050
$-x$			$2x$		x
			$2x$		$0.050 + x$
					≒ 0.05

$K_{sp} = [Ag^+]^2[CrO_4^{2-}]$
$1.1 \times 10^{-12} = (2x)^2(0.05)$
$\therefore x = 2.345 \times 10^{-6} \text{mol/L}$
$= 2.345 \times 10^{-6} \text{mol/L} \times \dfrac{331.73\text{g}}{1\text{mol}}$
$= 7.8 \times 10^{-4} \text{g/L}$

27 산화납(PbO)의 환원반응으로 인한 납(Pb)의 산화수 변화를 옳게 나타낸 것은?

| $PbO + CO \rightarrow Pb + CO_2$ |

① $+2 \rightarrow -1$
② $+1 \rightarrow 0$
③ $+2 \rightarrow 0$
④ $-2 \rightarrow 0$

정답 23 ①, ② 24 ② 25 ③ 26 ② 27 ③

해설

PbO + CO → Pb + CO$_2$
+2   0

28 착물 형성에 관한 아래 설명의 빈칸에 들어갈 내용을 바르게 짝지은 것은?

> PbI$^+$, PbI$_3^-$와 같은 착이온에서 요오드화이온은 Pb^{2+}의 (A)라고 한다. 이 착물에서 Pb^{2+}는 Lewis (B)로/으로 작용하고, 요오드화이온은 Lewis (C)로/으로 작용한다. Pb^{2+}와 요오드화이온 사이에 존재하는 결합을 (D)결합이라 부른다.

① A – 리간드   B – 산   C – 염기   D – 배위
② A – 리간드   B – 염기   C – 산   D – 공유
③ A – 매트릭스   B – 산   C – 염기   D – 배위
④ A – 매트릭스   B – 염기   C – 산   D – 공유

해설

- 리간드 : 금속이온에게 비공유전자쌍을 주는 루이스 염기
- 금속이온 : 전자쌍을 받아들이는 루이스 산
- 착화합물 : 리간드가 금속이온에게 비공유전자쌍을 주면서 배위결합으로 결합된 화합물

29 금이 왕수에서 녹을 때 미량의 금이 산화제인 질산에 의해 이온이 되어 녹으면 염소이온과 반응해서 제거되면서 계속 녹는다. 이때 금이온과 염소이온 사이의 반응은?

① 산화 – 환원 반응   ② 침전 반응
③ 산 – 염기 반응   ④ 착물 형성 반응

해설

금이온과 염소이온 사이에 착물 형성 반응이 일어나 금이 왕수에 녹는다.

30 유기물의 질소 함량 결정을 위한 Kjeldahl 방법에 관한 설명 중 옳은 것을 모두 고른 것은?

> 가. 황산으로 전처리 후, 주로 산염기 역적정방법으로 질소함량을 결정하여 정량하는 방법이다.
> 나. (3−) 원자가 상태의 질소에 적용 가능하며, 유기 nitro, azo 화합물은 환원시킨 후 적용한다.
> 다. 끓는점을 높이거나 촉매를 더하면 시료 분해시간을 단축시켜 준다.
> 라. 붕산을 사용하면 직접 적정이 가능하며, 종말점이 깨끗하여 0.1mL 이하의 소량 Blood 분석도 가능하다.

① 가   ② 나
③ 가, 나, 다   ④ 가, 나, 다, 라

해설

켄달 방법
- 유기화합물을 황산과 반응시켜 질소함유물을 정량
- 생성된 황산암모늄에서 암모늄을 증류하여 붕산 용액 등에 포집하여 정량하는 분석방법

31 0.10M NaCl 용액에 PbI$_2$가 용해되어 생성된 Pb^{2+} 농도(mg/L)는?(단, Pb^{2+}의 질량은 207.0g/mol, PbI$_2$의 용해도곱 상수는 7.9×10^{-9}, 이온 세기가 0.10M일 때 Pb^{2+}과 I$^-$의 활동도 계수는 각각 0.36과 0.75이다.)

① 0.221   ② 0.442
③ 221   ④ 442

해설

PbI$_2$ → Pb^{2+} + 2I$^-$

$K_{sp} = [Pb^{2+}][I^-]^2$

$7.9 \times 10^{-9} = (0.36x)(0.75 \times 2x)^2$

$\therefore x = [Pb^{2+}]$

$= 2.136 \times 10^{-3}$ mol/L $\times \dfrac{207g}{1mol} \times \dfrac{1,000mg}{1g}$

$= 442.27$ mg/L

정답 28 ①　29 ④　30 ③　31 ④

32 XRF의 특징에 대한 설명 중 틀린 것은?

① 비파괴분석법이다.
② 다중원소의 분석이 가능하다.
③ Auger 방출로 인한 증강효과로 감도가 높다.
④ 스펙트럼이 비교적 간단하여 스펙트럼선 방해가 적다.

해설

XRF(X선 형광분광법)
㉠ 장점
- 스펙트럼이 비교적 단순하여 스펙트럼선 방해 가능성이 작다.
- 비파괴분석법이다.
- 분석과정이 빠르다.

㉡ 단점
- 감도가 좋지 않다.
- 원자번호가 작은 원소에 대한 분석이 어렵다.
- 부분적으로 Auger 방출이라고 하는 경쟁과정이 형광 세기를 감소시키므로 가벼운 원소 측정 시 X선 형광법을 이용하지 않는다.

33 pH 7.0인 암모니아 용액에서 주 화학종은?

① NH_2^-
② NH_3
③ NH_4^+
④ NH_3와 NH_4^+

해설

NH_3 수용액은 약염기이므로 pH > 7
pH = 7에서 NH_3의 짝산인 NH_4^+가 주 화학종이다.

34 이온에 대한 설명 중 틀린 것은?

① 전기적으로 중성인 원자가 전자를 얻거나 잃어버리면 이온이 만들어진다.
② 원자가 전자를 잃어버리면 양이온을 형성한다.
③ 원자가 전자를 받아들이면 음이온을 형성한다.
④ 이온이 만들어질 때 핵의 양성자수가 변해야 한다.

해설

- 전기적으로 중성인 원자가 전자를 잃으면 양이온, 전자를 얻으면 음이온이 된다.
- 이온이 되더라도 핵의 양성자수는 변화하지 않고, 전자수만 변화한다.

35 완충용량(Buffer Capacity)에 대한 설명으로 옳은 것은?

① 완충용액 1.00L를 pH 1단위만큼 변화시킬 수 있는 센 산이나 센 염기의 몰수
② 완충용액의 구성 성분이 약한 산 1.00L의 pH를 1단위만큼 변화시킬 수 있는 짝염기의 몰수
③ 완충용액 1.00L를 pH 1단위만큼 변화시킬 수 있는 약한 산 또는 그의 짝염기의 몰수
④ 완충용액 중 짝염기에 대한 산의 농도비가 1이 되는 데 필요한 약한 산의 몰수

해설

- 완충용액 : 산 또는 염기를 소량 첨가해도 거의 일정한 pH를 유지하는 용액
- 완충용량 : 완충용액 1.00L를 pH 1 단위만큼 변화시킬 수 있는 센 산이나 센 염기의 몰수

36 pH = 3.00이고 $P(AsH_3) = 1.00$ mbar일 때 아래의 반쪽전지전위(V)는?

$$As(s) + 3H^+ + 3e^- \rightleftharpoons AsH_3(g) \quad E° = -0.238V$$

① -0.592
② -0.415
③ -0.356
④ -0.120

해설

$pH = -\log[H^+] = 3$
∴ $[H^+] = 10^{-3}$

$$E = E° - \frac{0.05916}{n} \log Q$$
$$= E° - \frac{0.05916}{3} \log \frac{[AsH_3]}{[H^+]^3}$$
$$= -0.238V - \frac{0.05916}{3} \log \frac{1.00 \times 10^{-3} \text{bar}}{(10^{-3})^3}$$
$$= -0.356V$$

정답 32 ③ 33 ③ 34 ④ 35 ① 36 ③

37 원자흡수분광기의 불꽃원자화기에 공급하는 공기 –아세틸렌 가스를 아산화질소–아세틸렌 가스로 대체하는 주된 목적은?

① 불꽃의 온도를 올리기 위해서
② 불꽃의 온도를 내리기 위해서
③ 가스 연료의 비용을 줄이기 위해서
④ 시료의 분무 효율을 올리기 위해서

> **해설**
> - 아세틸렌+공기 : 2,100~2,400℃
> - 아세틸렌+아산화질소 : 2,600~2,800℃
> - 아세틸렌+아산화질소를 사용하면 온도가 높아지므로 연소 속도가 증가한다.

38 슈크로오스($C_{12}H_{22}O_{11}$) 684g을 물에 녹여 전체 부피를 4.0L로 만들었을 때 몰농도는?

① 0.25
② 0.50
③ 0.75
④ 1.00

> **해설**
> $$\frac{684g \times \frac{1mol}{342g}}{4L} = 0.5M$$

39 산, 염기에 대한 설명으로 틀린 것은?

① Brønsted–Lowry 산은 양성자 주개(Donor)이다.
② 염기는 물에서 수산화이온을 생성한다.
③ 강산은 물에서 완전히 또는 거의 완전히 이온화되는 산이다.
④ Lewis 산은 비공유전자쌍을 줄 수 있는 물질이다.

> **해설**
> 산·염기의 정의
>
> | 구분 | 산 | 염기 |
> |---|---|---|
> | 아레니우스 | H^+를 내놓는 물질 | OH^-를 내놓는 물질 |
> | 브뢴스테드–로우리 | H^+(양성자) 주개 | H^+(양성자) 받개 |
> | 루이스 | 비공유전자쌍 받개 | 비공유전자쌍 주개 |

40 $CaCO_3(s) \rightleftharpoons CaO(s) + CO_2(g)$ 반응에서 평형에 영향을 주는 인자만을 고른 것은?

① CaO의 농도, 반응온도
② CO_2의 농도, 반응온도
③ CO_2의 압력, CaO의 농도
④ $CaCO_3$의 농도, CaO의 농도

> **해설**
> $CaCO_3(s) \rightleftharpoons CaO(s) + CO_2(g)$ 반응에서 평형에 영향을 주는 인자
> - 온도
> - CO_2의 농도

3과목 화학물질 구조분석

41 질량분석법의 특징이 아닌 것은?

① 여러 원소에 대한 정보를 얻을 수 있다.
② 원자의 동위원소비에 대한 정보를 제공한다.
③ 같은 분자식을 지닌 이성질체를 구별할 수 있다.
④ 같은 분자량을 지닌 화합물은 분석할 수 없다.

> **해설**
> 질량분석법
> 시료를 기체상태로 이온화한 다음 자기장, 전기장을 통해 각 이온을 질량 대 전하비(m/z)에 따라 분리하여 질량스펙트럼을 얻는 방법이다. 질량분석기를 이용하여 다음의 정보를 얻을 수 있다.
> - 시료를 이루는 물질의 화학식
> - 무기·유기 바이오 분자들의 구조
> - 복잡한 혼합물 화학조성의 정성 및 정량
> - 고체 표면의 구조 및 화학조성
> - 시료를 구성하는 원소의 동위원소비

정답 37 ① 38 ② 39 ④ 40 ② 41 ④

42 전해전지의 양극에서 산소, 음극에서 구리를 석출시키는 데에 0.600A의 일정한 전류가 흘렀다. 다른 산화환원반응이 일어나지 않는다고 가정하고 15분간 전해하였을 때 전하량(C)은?

① 536　　　　② 540
③ 546　　　　④ 600

해설

$$0.600A \times 15\min \times \frac{60s}{1\min} \times \frac{C}{A \cdot s} = 540C$$

43 열분석법 중 시료물질과 기준물질을 조절된 온도 프로그램으로 가열하면서 이 두 물질에 흘러 들어간 열량의 차이를 시료온도의 함수로 측정하여 근본적으로 에너지의 차이를 측정하는 분석법은?

① 열무게분석법　　② 시차열분석법
③ 시차주사열계량법　④ 열기계분석법

해설

TGA(열무게법)
시료의 온도를 증가시키면서 질량변화를 측정한다.

DTA(시차열분석법)
시료와 기준물질을 가열하면서 두 물질의 온도 차이를 온도의 함수로 측정한다.

DSC(시차주사열량법)
시료물질과 기준물질을 조절된 온도 프로그램으로 가열하면서 시료와 기준물질 사이의 온도를 동일하게 유지시키는 데 필요한 에너지 차이를 시료온도의 함수로 측정한다.

44 동일한 조건하에서 액체 크로마토그래피로 측정한 화합물 A, B, C의 머무름시간 측정결과가 아래와 같을 때, 보기 중 틀린 것은?(단, C는 칼럼 충진물과의 상호작용이 전혀 없다고 가정한다.)

- A : 2.35min　・B : 5.86min　・C : 0.50min

① A의 조정된 머무름시간은 1.85min이다.
② B의 조정된 머무름시간은 5.36min이다.
③ B의 A에 대한 머무름비는 2.49이다.
④ 머무름비는 상대머무름값이라고도 한다.

해설

- 보정머무름시간

$$t'_A = t_{RA} - t_M$$
$$= 2.35\min - 0.50\min = 1.85\min$$
$$t'_B = t_{RB} - t_M$$
$$= 5.86\min - 0.50\min = 5.36\min$$

- 선택인자, 선택계수, 상대머무름인자, 머무름비

$$\alpha = \frac{K_B}{K_A} = \frac{k_B}{k_A} = \frac{t_{RB} - t_M}{t_{RA} - t_M} = \frac{5.36\min}{1.85\min} = 2.897$$

45 Nuclear Magnetic Resonance(NMR)에서 유기화합물 분석에 사용할 수 있는 가장 적당한 용매는?

① $CDCl_3$　　　② $CHCl_3$
③ C_6H_6　　　④ H_3O^+

해설

용매 : $CDCl_3$(클로로포름), $DMSO-d_6$, D_2O

46 전위차법에서 S^{2-} 이온의 농도를 측정하기 위하여 주로 사용하는 지시전극은?

① 액체 막전극
② 결정성 막전극
③ 1차 금속지시전극
④ 3차 금속지시전극

해설

이온선택성 막전극
㉠ 결정성 막전극
　・단일결정　예 F^-
　・다결정 또는 혼합결정　예 S^{2-}, Ag^+
㉡ 비결정성 막전극
　・유리　예 Na^+, H^+
　・액체　예 Ca^{2+}, K^+
　・단단한 고분자에 고정된 액체

정답 42 ②　43 ③　44 ③　45 ①　46 ②

47 전자포획검출기(ECD)에 대한 설명 중 틀린 것은?

① 살충제와 폴리클로로바이페닐 분석이 용이하다.
② 칼럼에서 용출된 시료가 방사성 방출기를 통과한다.
③ 방출기에서 발생한 전자는 시료를 이온화하고 전자 다발을 만든다.
④ 아민, 알코올, 탄화수소 화합물에는 감도가 낮다.

해설
전자포획검출기(ECD)
- 살충제와 같은 유기화합물에 함유된 할로겐 원소에 선택적으로 감응하기 때문에 환경시료에 널리 사용되는 검출기이다.
- 칼럼에서 용출되어 나오는 시료기체는 보통 니켈-63과 같은 β-방사선 방출기 위를 통과한다.
- 방출기에서 나오는 전자는 운반기체(보통 질소)를 이온화시켜 많은 수의 전자를 생성한다.
- 유기화학종이 없을 경우 이온화 과정으로 인해 한 쌍의 전극 사이에는 일정한 전류가 흐르고 전기음성도가 큰(전자를 잘 포획할 수 있는) 작용기를 가지는 유기분자들이 통과하면 전류는 급속히 감소된다.
- 선택적인 감응을 한다. → 할로겐화물, 과산화물, 퀴논, 나이트로화합물들은 높은 감도로 검출된다. 아민, 알코올, 탄화수소에는 감응하지 않는다(염소화합물 형태의 살충제의 검출 및 정량에 이용).

48 적외선 흡수분광계를 구성하는 장치가 아닌 것은?

① 이온원
② 적외선 광원
③ 검출기
④ 단색화 장치

해설
적외선 흡수분광계를 구성하는 장치
광원(IR), 단색화 장치, 시료용기, 검출기, 신호처리장치

49 다음의 질량분석계 중 일반적으로 분해능이 가장 낮은 것은?

① 자기장 질량분석계
② 사중극자 질량분석계
③ 이중초점 질량분석계
④ 비행시간 질량분석계

해설
비행시간(TOF) 분석기
㉠ 장점
- 고장이 적고 이온화원과 연결이 쉽다.
- 질량범위가 넓다.

㉡ 단점
제한된 분해능과 감도를 가진다.

50 $FeCl_3 \cdot 6H_2O$ 25.0mg을 0℃부터 340℃까지 가열하였을 때 얻은 열분해곡선(Thermogram)을 예측하고자 한다. 100℃와 320℃에서 시료의 질량으로 가장 타당한 것은?(단, $FeCl_3$의 열적 특성은 아래 표와 같다.)

화합물	화학식량	용융점
$FeCl_3 \cdot 6H_2O$	270	37℃
$FeCl_3 \cdot 5/2H_2O$	207	56℃
$FeCl_3$	162	306℃

① 100℃ - 9.8mg, 320℃ - 0.0mg
② 100℃ - 12.6mg, 320℃ - 0.0mg
③ 100℃ - 15.0mg, 320℃ - 15.0mg
④ 100℃ - 20.2mg, 320℃ - 20.2mg

해설
100~320℃에서 주화합물은 $FeCl_3$이다.

$FeCl_3 \cdot 6H_2O\ 25mg \times \dfrac{162mg\ FeCl_3}{270mg\ FeCl_3 \cdot 6H_2O}$
$= 15mg\ FeCl_3$

51 시차열분석(Differential Thermal Analysis : DTA)에서 흡열 쪽으로 뾰족한 피크를 보이는 것은?

① 산화점
② 녹는점
③ 결정화점
④ 유리전이온도

정답 47 ③ 48 ① 49 ④ 50 ③ 51 ②

해설

시차열분석(DTA)

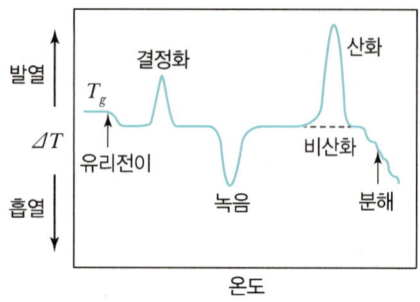

52 기체 크로마토그래피/질량분석법(GC/MS)의 이동상으로 가장 적절한 것은?
① He   ② N_2
③ Ar   ④ Kr

해설

GC/MS의 이동상 – H_2, He, N_2

종류	특성
H_2(수소)	감도는 좋으나 위험성이 있다.
N_2(질소)	감도가 높지 않다.
He(헬륨)	가장 많이 사용하며, 칼럼효율 및 분리감도가 좋다.

53 크로마토그래피에서 띠넓힘에 기여하는 요인에 대한 설명으로 틀린 것은?
① 세로확산은 이동상의 속도에 비례한다.
② 충전입자의 크기는 다중경로넓힘에 영향을 준다.
③ 이동상에서의 확산계수가 증가할수록 띠넓힘이 증가한다.
④ 충전입자의 크기는 질량이동계수에 영향을 미친다.

해설

크로마토그래피에서 봉우리의 띠넓힘에 영향을 주는 요인
- 이동상 흐름 속도(u)
- 이동상에서 용질의 확산계수(D_M)
- 정지상에서 용질의 확산계수(D_S)
- 머무름인자(k_A)
- 충전물 입자의 지름(d_p)
- 정지상 액체막의 두께(d_r)

※ Van Deemter 식

$$H = A + \frac{B}{u} + C_S u + C_M u$$

여기서, H : 단높이
A : 다중흐름통로계수
B : 세로확산계수
C_S : 정지상에 대한 질량이동계수
C_M : 이동상에 대한 질량이동계수

이동상의 속도가 커지면 확산시간 부족으로 세로확산이 감소된다.

54 순환전압전류법(Cyclic Voltammetry : CV)은 특정 성분의 전기화학적인 특성을 조사하는 데 기본적으로 사용된다. 순환전압전류법에 대한 설명으로 옳은 것은?
① 지지전해질의 농도는 측정시료의 농도와 비슷하게 맞추어 조절한다.
② 한 번의 실험에는 한 종류의 성분만을 측정한다.
③ 전위를 한쪽 방향으로만 주사한다.
④ 특정 성분의 정량 및 정성이 가능하다.

해설

순환전압전류법(CV)
- 젓지 않은 용액에 들어 있는 작은 정지전극에 삼각파 전위신호를 걸어주어 전류를 흐르게 한다.
- 작업전극에서는 전위주사가 (＋)방향이면 산화전류, (－)방향이면 환원전류를 관찰할 수 있다.
- 가역전극반응에서
  i_{pc}(환원피크전류) $= i_{pa}$(산화피크전류)
  $\Delta E_p = |E_{pa} - E_{pc}| = \dfrac{0.0592}{n}$
- 전기전도성을 높이기 위해 바탕 전해질 농도를 크게 한다.
- 한 번의 실험에 반응중간체 등 여러 성분을 측정할 수 있다.
- 정성·정량분석이 가능하다.

정답 52 ① 53 ③ 54 ④

55 질량분석법에서 순수한 시료가 시료 도입장치를 통해 이온화실로 도입되어 이온화된다. 분자를 기체상태 이온으로 만들 때 사용하는 장치가 아닌 것은?

① Electron Impact(EI)
② Field Desorption(FD)
③ Chemical Ionization(CI)
④ Chemical Attraction force Ionization(CAI)

해설

① 전자 이온화원(EI) : 시료분자를 기화시키기에 충분한 온도만큼 가열하고, 만들어진 분자들은 고에너지 전자살과 충돌시켜 이온화된다.
② 장 탈착 이온화원(FD) : 시료도입탐침을 시료실에 넣고 높은 전위를 가해서 이온화시킨다.
③ 화학 이온화원(CI) : 시료의 기체분자를 전자충격으로 생성된 과량의 시약기체와 충돌시켜 이온화한다.

56 열무게분석(Thermogravimetric Analysis : TGA)의 검출기로서 작용하는 장치는?

① Syringe
② Gas Injector
③ Weight Scale
④ Electric Furnace

해설

TGA(열무게분석법)의 분석기기
• 열저울
• 전기로
• 기체주입장치
• 온도제어 및 데이터 처리 장치

57 pH를 측정하는 데는 주로 유리전극이 사용된다. 유리전극 오차 원인으로 가장 거리가 먼 것은?

① 산에 의한 오차
② 탈수에 의한 오차
③ 압력에 의한 오차
④ 알칼리에 의한 오차

해설

pH를 측정할 때 유리전극 사용 시 오차
• 알칼리 오차
• 산 오차
• 탈수
• 낮은 이온 세기의 용액
• 접촉전위의 변화
• 표준완충용액의 불확정성
• 온도변화에 따른 오차
• 전극의 세척 불량

58 분산형 IR 분광광도계의 특징으로 틀린 것은?

① 일반적으로 겹빛살(Double Beam)형을 사용한다.
② 높은 주파수의 토막내기(Chopper)를 가진다.
③ 복사선을 분산시키기 위하여 반사회절발(Grating)을 사용한다.
④ 광원의 낮은 세기 때문에 큰 신호 증폭이 필요하다.

해설

분산형 IR 분광광도계는 반사회절발을 사용하여 복사선을 분산시킨다. 이것은 작은 신호를 크게 증폭시키는 방법이다.

59 200nm 파장에서 1.00cm 셀을 사용하여 페놀 수용액을 측정할 때, 측정된 투광도가 10~70% 사이에 관측될 페놀의 농도(c, M) 범위로 옳은 것은?(단, 페놀 수용액의 200nm에서의 몰흡광계수는 5.17×10^3 L cm^{-1} mol^{-1}이다.)

① $1.6 \times 10^{-5} < c < 1.5 \times 10^{-5}$
② $2.5 \times 10^{-4} < c < 1.5 \times 10^{-5}$
③ $1.7 \times 10^{-4} < c < 1.3 \times 10^{-4}$
④ $3.0 \times 10^{-5} < c < 1.9 \times 10^{-4}$

해설

$A = -\log T = \varepsilon bc$

㉠ $-\log 0.1 = 5.17 \times 10^3$ L/cm · mol $\times 1.00$ cm $\times c$
  ∴ $c = 1.93 \times 10^{-4}$ mol/L
㉡ $-\log 0.7 = 5.17 \times 10^3$ L/cm · mol $\times 1.00$ cm $\times c$
  ∴ $c = 3.0 \times 10^{-5}$ mol/L

∴ $3.0 \times 10^{-5} < c < 1.9 \times 10^{-4}$

정답 55 ④ 56 ③ 57 ③ 58 ② 59 ④

60 유도결합플라스마 분광법에서 광원(들뜸 원)의 설명 중 맞는 것은?

① 유도코일에는 주로 2.45GHz의 마이크로파를 사용한다.
② 탄소 양극과 텅스텐 음극을 주로 사용한다.
③ 주로 불활성 기체인 헬륨(He)을 사용한다.
④ 이온화는 Tesla 방전 코일에 의한 스파크로부터 시작된다.

해설

유도결합플라스마 광원
- 3개의 동심 원통형 석영관으로 되어 있고 이 관을 통해 아르곤 기체가 흐른다.
- 관의 윗부분은 물로 냉각되는 유도코일로 둘러싸여 있고, 이 코일은 약 27.12MHz 또는 40.68MHz에서 0.5~2kW의 에너지를 발생하는 라디오 주파수 발생기에 의해 작동된다.
- 아르곤의 이온화는 Tesla 코일의 스파크에 의해 시작된다.
- 생성된 이온과 전자는 유도코일에 의해 생성된 요동치는 자기장과 상호작용한다.
- 이온과 전자의 흐름에 대한 저항은 플라스마의 Ohmic 가열을 일으킨다.
- 석영관의 벽 주위에 접선방향으로 아르곤을 흘려보내 얻는다.
- 접선방향의 흐름은 중앙관의 내부 벽을 냉각시키고 플라스마를 방사형으로 모이게 한다.

유도결합플라스마 분광법의 장점
- 이온화에 의한 방해효과가 드물기 때문에 여러 가지 원소를 동시에 분석 가능하며, 높은 온도에서 분석을 수행하여 원소 간의 방해가 적다.
- 넓은 범위에 농도에 대하여 측정 가능하며, 산화물의 분석도 가능하다.

4과목 시험법 밸리데이션

61 다음 중 Quality Assurance(QA)를 위한 Specification에 포함되어야 할 사항을 모두 고른 것은?

A. 정확도와 정밀도	B. 회수율
C. 선택성 및 감도	D. 시료채취 시 요구사항
E. QC 시료정보	F. 허용 가능한 바탕값
G. 잘못된 결과 빈도수	

① A, B, C, D, E, F, G
② A, C, D, F, G
③ A, B, D, F
④ A, B, C, D

해설

QA(품질보증, 정도보증)
믿을 수 있는 분석자료와 신뢰성 높은 결과를 얻을 수 있도록 표준화된 순서를 규정하는 실험실 운용계획이다.
※ QC(품질관리, 정도관리)
　QA(품질평가, 정도평가)

62 검량곡선을 작성할 때에 대한 설명으로 옳은 내용을 모두 고른 것은?

A. 검출한계 및 정량한계를 얻을 수 있다.
B. 검정감도는 농도에 따라 변하지 않으나 분석감도는 농도에 따라 다를 수 있다.
C. 검정농도 직선 범위보다 벗어나면, Extrapolate하여 정량한다.
D. 검량곡선에서 감도와 선택성을 얻을 수 있다.

① A, B
② A, D
③ A, B, C
④ A, C, D

해설

- 검출한계 $= 3.3 \times \dfrac{\sigma}{S}$

　여기서, σ : 표준편차
　　　　　S : 검량선의 기울기

- 정량한계 $= 10 \times \dfrac{\sigma}{S}$
- 선택성 : 방해물질이 있음에도 분석물질을 선택적으로 분석할 수 있는 능력
- 감도 : 검량선의 기울기가 클수록 감도가 좋다.

정답 60 ④　61 ①　62 ①

63 다음에서 설명하는 화학 용어로 옳은 것은?

> 정량분석에서 부피분석을 위해 실시하는 화학분석법으로, 일정한 부피의 시료용액 내에 존재하는 알고자 하는 물질의 전량을, 이것과 반응하는 데 필요한 이미 알고 있는 농도의 시약의 부피를 측정하여 그 양으로부터 알고자 하는 물질의 양을 구하는 방법

① 적정   ② 증류
③ 추출   ④ 크로마토그래피

해설
적정 : 미지농도의 용액을 농도를 알고 있는 표준용액과 반응시켜 반응이 완결되는 것으로 미지농도를 구하는 방법

64 방법검출한계에 대한 설명으로 잘못된 것은?

① 일반적으로 중대한 변화가 발생하지 않아도 6개월 또는 1년마다 정기적으로 방법검출한계를 재산정한다.
② 예측된 방법검출한계의 3~5배의 농도를 포함하도록 7개의 매질첨가시료를 준비·분석하여 표준편차를 구한 후, 표준편차의 10배의 값으로 산정한다.
③ 방법검출한계는 시험방법, 장비에 따라 달라지므로 실험실에서 새로운 기기를 도입하게나 새로운 분석방법을 채택하는 경우 반드시 그 값을 다시 산정한다.
④ 어떤 측정항목이 포함된 시료를 시험방법에 의해 분석한 결과가 99% 신뢰수준에서 0보다 분명히 큰 최소농도로 정의할 수 있다.

해설
방법검출한계의 3~5배의 농도를 포함하도록 7개의 매질첨가 시료를 준비하여 분석한 후 표준편차를 구하여 표준편차의 3배(98% 신뢰수준)의 값으로 산정한다.

65 바탕시료와 관련이 없는 것은?

① 오염 여부의 확인
② 반드시 정제수를 사용
③ 분석의 이상 유무 확인
④ 측정항목이 포함되지 않은 시료

해설
바탕시료 : 분석물을 제외한 모든 시약과 용매가 들어 있는 용액

66 검량선(Calibration Curve) 작성에 사용한 데이터의 개수를 2배로 늘리면 검량선의 기울기와 y절편의 표준불확정도 변화비는?

① 2^2 ② $2^{1/2}$
③ 2^{-1} ④ $2^{-1/2}$

해설
$$\mu = \frac{s}{\sqrt{N}}$$
여기서, s : 표준편차, N : 측정횟수
데이터의 개수를 2배로 늘리면 표준불확정도 변화비는 $\frac{1}{\sqrt{2}}$ 만큼 감소한다.

67 시스템 적합성 평가를 진행한 결과와 허용범위가 아래와 같을 때, 다음 설명 중 틀린 것은?

> Sampled Amount(mg) : 34.6
> Dilution Factor : 1.00
> Concentration(mg/mL) : 0.34600
> 〈허용범위〉
> Retention Time RSD% : ≤2.0%
> Peak Area RSD% : ≤2.0%
> Max. Tailing Factor : ≤1.5
> Min. S/N : ≥10.0

No.	Retention Time	Peak Area	Tailing Factor	S/N
1	7.608	23.36274	1.48264	15.2
2	7.610	23.20600	1.29834	18.3
3	7.612	23.27183	1.36374	14.8
4	7.612	23.16657	1.43264	17.0
5	7.615	23.37727	1.51498	16.6
6	7.619	23.27365	1.34894	13.9

① RetentIon Time은 합격이다.
② Tailing Factor는 합격이다.
③ Peak Area는 합격이다.
④ S/N는 합격이다.

정답 63 ① 64 ② 65 ② 66 ④ 67 ②

해설

① Retention Time(머무름시간)
$\bar{x} = 7.627$
$\sigma = 0.0038816$
$\%RSD = \dfrac{\sigma}{\bar{x}} \times 100\% = \dfrac{0.0038816}{7.627} \times 100\%$
$= 0.015\% < 2.0\%$: 합격

② Tailing Factor : 1.51498 > 1.5 : 불합격

③ Peak Area(봉우리면적)
$\bar{x} = 23.276345$
$\sigma = 0.083278$
$\%RSD = \dfrac{0.083278}{23.276345} \times 100\% = 0.36\% \leq 2.0\%$: 합격

④ S/N = 13.9 ≥ 10.0 : 합격

68 20% Pt 입자와 80% C 입자의 혼합물에서 임의의 10^3개 입자를 취했을 때, 예상되는 Pt 입자수와 표준편차는?

① 입자수 : 200, 표준편차 : 9.9
② 입자수 : 200, 표준편차 : 12.6
③ 입자수 : 800, 표준편차 : 11.2
④ 입자수 : 800, 표준편차 : 19.8

해설

입자수 = $np = 1,000 \times 0.2 = 200$
표준편차 = $\sqrt{np(1-p)} = \sqrt{npq}$
$= \sqrt{1,000 \times 0.2 \times 0.8}$
$= 12.649$

69 정밀도와 정확도를 표현하는 방법이 바르게 짝지어진 것은?

① 정밀도 : 중앙값, 정확도 : 회수율
② 정밀도 : 중앙값, 정확도 : 변동계수
③ 정밀도 : 상대표준편차, 정확도 : 변동계수
④ 정밀도 : 상대표준편차, 정확도 : 회수율

해설

정밀도는 표준편차와 관계되고, 정확도는 평균값과 관계되어 있다.

70 카페인 시료의 농도를 분광광도법으로 분석하여 아래의 표와 같은 데이터를 얻었을 때, 이 분광광도계의 최소 검출 가능 농도(mM)는?

시료의 흡광도 측정값 평균	0.1180
시료의 흡광도 표준편차	0.005927
바탕시료의 평균 흡광도	0.0182
검량선의 기울기	$0.59 mM^{-1}$

① 0.0332
② 0.0409
③ 0.0697
④ 0.1180

해설

$LOD = 3.3 \times \dfrac{\sigma}{S}$
$= 3.3 \times \dfrac{0.005927}{0.59} = 0.0332$

71 다음 중 분석장비의 소모품이 아닌 것은?

① 원자흡광광도계(AAS)에서 음극 램프(Cathode Lamp)
② HPLC-UV/Vis의 검출기에서 중수소 램프(Deuterium Lamp)
③ 기체 크로마토그래프(GC)에서 시료주입기(Auto Sampler)
④ 분광광도계에서 시료 용액을 담는 셀(Cell)

해설

GC에서 시료주입기는 소모품이 아니다.

72 내부표준에 관한 다음 설명 중 옳은 내용을 모두 고른 것은?

> 가. 감응인자는 아는 양의 분석물과 내부표준을 함유한 혼합을 사용하여 얻은 분석물과 내부표준의 검출기 감응을 사용하여 계산한다.
> 나. 기기 감응과 분석되는 시료의 양이 시간에 따라 변하는 경우에 유용하다.
> 다. 검출기 감응은 농도에 반비례한다.
> 라. 분석물과 내부표준의 검출기 감응비는 농도범위에 걸쳐 일정하다고 가정한다.

① 다
② 가, 나
③ 가, 나, 라
④ 옳은 설명이 없다.

해설

내부표준물법
- 모든 시료, 바탕 검정표준물에 동일량의 내부표준물을 첨가하여 분석물질의 신호와 내부표준물의 신호를 비교하여 분석물질의 양을 알아내는 방법
- 시험분석 절차, 기기 또는 시스템의 변동으로 발생하는 오차를 보정하기 위해 사용하는 방법
- $\dfrac{A_x}{A_s} = F \dfrac{[X]}{[S]}$

  여기서, F : 감응인자
  x : 분석물
  s : 내부표준물

73 분석장비의 노이즈 발생에 대한 아래 설명 중 옳은 내용을 모두 고른 것은?

> A. 온도가 증가하면 노이즈 전압은 증가한다.
> B. 주파수 띠넓이가 증가하면 노이즈 전압은 증가한다.
> C. 주파수가 높을수록 환경 노이즈 스펙트럼에서 노이즈 세기는 증가한다.
> D. 락인(Lock-in) 증폭기는 노이즈를 줄이기 위한 하드웨어 장비이다.

① A, B, C
② A, B, D
③ A, C, D
④ B, C, D

해설

환경잡음
- 주변으로부터 오는 다양한 형태의 잡음으로 구성되어 있다.
- 기기 내부의 각 전도체가 잠재적 안테나로 작용하여 생성된다.

74 HPLC의 밸리데이션을 위해 실험한 결과가 아래와 같을 때, 옳게 해석한 것은?

Peak Area	농도(mg/mL)
10	0.99
40	4.01
80	7.98
120	11.96
160	16.01
200	20.11

① HPLC의 직선성이 확보되지 않았으므로 재교정이 필요하다.
② 상관계수가 0.97인 직선식을 도출할 수 있다.
③ 측정한 데이터를 바탕으로 220 Peak Area의 농도를 내삽하여 활용할 수 있다.
④ Peak Area가 100일 때의 농도는 10.01mg/mL이다.

해설

$A = 9.9562 \times C + 0.3462$
상관계수 $R = 0.9999$
$C = \dfrac{100 - 0.3462}{9.9562} = 10.01 \text{mg/mL}$
상관계수 $R = 0.9999$로 직선성이 확보되어 재교정이 필요 없다.

75 유효숫자를 고려하여 아래를 계산할 때, 얻어지는 값은?

$$1.22 \times (1.11 + \log 325) + 1.5525$$

① 6.0
② 5.97
③ 5.971
④ 5.9712

해설

$1.22 \times (1.11 + \log 325) + 1.5525 = 5.97$

정답 72 ③ 73 ② 74 ④ 75 ②

76 일반적으로 정밀도를 나타내는 2가지의 척도로 사용되는 것으로 옳게 짝지은 것은?

① 정확성 – 직선성
② 직선성 – 재현성
③ 재현성 – 반복성
④ 반복성 – 정확성

> **해설**
>
> 정밀도는 표준편차, 상대표준편차, 재현성, 반복성과 관련이 있다.

77 다음 중 시험법 밸리데이션에 대한 설명으로 옳지 않은 것은?

① 시험법 밸리데이션의 목적은 시험법이 사용 목적에 맞게 정확하고 신뢰성 및 타당성이 있는지를 증명하는 문서화 과정이다.
② 시험 목적에 맞게 적합한 밸리데이션 절차를 선택할 수 있으며 과학적 근거와 타당성이 있는 결과 해석이 필요하다.
③ 밸리데이션의 대상이 되는 모든 시험법은 모두 동일한 밸리데이션 항목으로 평가되어져야 한다.
④ 밸리데이션 대상 시험방법으로는 확인시험, 불순물의 정량 및 한도시험, 특정 성분의 정량시험이 있다.

> **해설**
>
> 시험법 밸리데이션
> • 시험법의 타당성을 미리 확인하여 문서화하는 과정을 말한다.
> • 시험법 밸리데이션의 목적은 시험법이 원하는 목적에 적합한지를 증명하는 것이다.
> • 목적에 따라 밸리데이션의 평가항목이 결정되기 때문에 시험법의 목적을 명확하게 하는 것이 매우 중요하다.

78 분석 방법이 의도한 목적에 허용되는지 증명하는 검증 방법에서 사용하는 용어에 대한 설명으로 옳지 않은 것은?

① 특이성이란 분석물질을 다른 것과 구별하는 능력이다.
② 직선성은 보통 규정 곡선의 상관계수의 제곱으로 측정된다.
③ 정밀도의 종류에는 병행 정밀도, 실험실 내 정밀도, 실험실 간 정밀도가 있다.
④ 범위는 직선성, 정확도, 정밀도가 받아들일 수 있는 오차구간이다.

> **해설**
>
> 범위
> • 농도의 최댓값과 최솟값의 간격으로, 분석과정에서 직선성, 정밀도, 정확도를 측정하는 데 사용된 검체의 농도 범위를 말한다.
> • 범위는 직선성 평가 시 결정되고 분석법이 적용되는 목적에 따라서 달라질 수 있다.

79 분석장비의 검·교정 절차서를 작성하는 방법으로 적합하지 않은 것은?

① 시험방법에 따라 최적범위 안에서 교정용 표준물질과 바탕시료를 사용해서 교정곡선을 그린다.
② 계산된 표준편차로 교정곡선에 대한 허용 여부를 결정한다.
③ 검정곡선을 검증하기 위해서 교정검증표준물질(CVS)을 사용하여 교정한다.
④ 연속교정표준물질(CCS)과 교정검증표준물질(CVS)이 허용범위에 들지 못했을 경우, 초기 교정을 다시 실시한다.

> **해설**
>
> 계산된 상관계수 또는 결정계수로 교정곡선에 대한 허용 여부를 결정한다.

80 식품의약품안전처 지침 시험장비 밸리데이션 표준수행절차(SOP)의 시험·교정(TC) 서식에 포함되지 않는 항목은?

① 밸리데이션 수행자
② 성적서 발급일/확인일
③ 장비 제조사/제조국
④ 수행기관·업체 주소

정답 76 ③ 77 ③ 78 ④ 79 ② 80 ①

해설
시험장비 밸리데이션 SOP의 시험·교정 서식 항목
- 장비명(국문)
- 장비명(영문)
- 장비코드
- 모델/제조사
- 문서번호
- 자산번호
- 취득일
- 장비 운용부서
- 수행기관·업체
- 성적서 발급일
- 확인일

5과목 환경·안전관리

81 폐기물관리법령상 지정폐기물이 아닌 것은?
① 폐유
② 폐백신
③ 폐농약
④ 폐합성수지

해설
지정폐기물
- 폐합성 고분자 화합물
- 오니류
- 부식성 폐기물 – 폐산, 폐알칼리
- 광재, 분진, 폐주물사, 폐내화물, 소각재, 안정화 또는 고형화·고화 처리물, 폐촉매, 폐흡착제, 폐흡수제
- 폐유기용제
- 폐페인트, 폐래커
- 폐유
- 폐석면
- 폐유독물질
- 의료폐기물
- 수은폐기물

※ 문제 오류로 전항 정답처리 되었습니다.

82 석유화학공장에서 측정한 공기 중 톨루엔의 농도가 아래와 같을 때, 톨루엔에 대한 이 공장 근로자의 시간가중평균노출량(TWA, ppm)은?

| 1차 측정(3시간) : 95.2ppm |
| 2차 측정(3시간) : 102.1ppm |
| 3차 측정(2시간) : 87.7ppm |

① 91.4
② 93.1
③ 95.9
④ 97.2

해설
$$TWA = \frac{C_1 T_1 + C_2 T_2 + \cdots + C_n T_n}{8}$$
$$= \frac{95.2 \times 3 + 102.1 \times 3 + 87.7 \times 2}{8} = 95.9\text{ppm}$$

83 연소의 3요소를 참고하여 소화의 종류별 소화원리에 대한 설명의 ( ) 안에 알맞은 용어가 순서대로 옳게 나열된 것은?

| 연소의 3요소 |
| ㄱ. 산소   ㄴ. 점화에너지   ㄷ. 가연물 |

- 냉각소화는 인화점 및 발화점 이하로 낮추어 소화하는 방법으로 ( )을/를 제거한다.
- 질식소화는 산소의 희석 및 산소 공급의 차단을 통하여 ( )을/를 제거한다.
- 제거소화는 물질을 다른 위치로 이동시키거나 제거하여 ( )을/를 제거한다.

① ㄱ, ㄱ, ㄴ
② ㄴ, ㄱ, ㄷ
③ ㄴ, ㄴ, ㄷ
④ ㄱ, ㄱ, ㄷ

해설
- 냉각소화 : 점화에너지를 제거하여 소화하는 방식, 즉 물을 뿌려 온도를 낮추는 소화방법
- 질식소화 : 산소를 제거하는 방식
- 제거소화 : 가연물을 제거하는 방식

84 위험성 평가 절차가 아래의 도표와 같을 때, 4M 위험성 평가를 적용시키는 단계는?

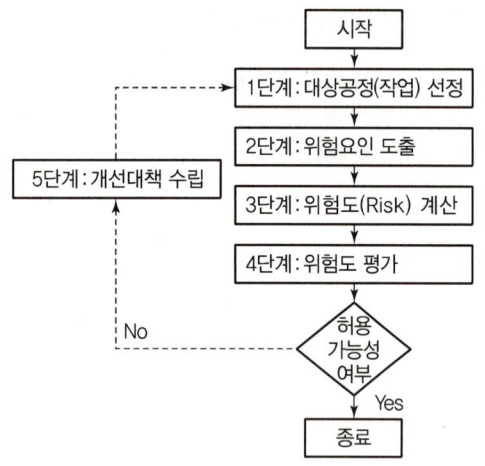

① 1단계 ② 2단계
③ 3단계 ④ 4단계

해설

항목	유해·위험요인
Machine (기계적)	• 기계·설비 설계상의 결함 • 방호장치의 불량 • 본질안전화의 부족 • 사용 유틸리티(전기, 압축공기, 물)의 결함 • 설비를 이용한 운반수단의 결함 등
Media (물질·환경적)	• 작업공간(작업장 상태 및 구조)의 불량 • 가스, 증기, 분진, 흄, 미스트 발생 • 산소결핍, 병원체, 방사선, 유해광선, 고온, 저온, 초음파, 소음, 진동, 이상기압 등에 의한 건강장해 • 취급 화학물질의 물질안전보건자료(MSDS) 확인
Man (인적)	• 근로자 특성(장애자, 여성, 고령자, 외국인, 비정규직, 미숙련자 등)에 의한 불안전 행동 • 작업정보의 부적절 • 작업자세, 작업동작의 결함 • 작업방법의 부적절 등
Management (관리적)	• 관리조직의 결함 • 규정, 매뉴얼의 미작성 • 안전관리계획의 미흡 • 교육·훈련의 부족 • 부하에 대한 감독·지도의 결여 • 안전수칙 및 각종 표지판 미게시 • 건강관리의 사후관리 미흡

85 산업안전보건법령상 관리대상 유해물질 중 상온(15℃)에서 기체상인 물질은?
① Formic Acid ② Nitroglycerin
③ Methylamine ④ N,N-dimethylaniline

해설

Methylamine
극성이지만 분자량이 작아 분자 간 인력이 약하다. 상온에서 기체상이다.

86 응급처치 시 주의사항 중 가장 적절하지 않은 것은?(단, 과학기술인력개발원의 연구실 안전 표준 교재를 기준으로 한다.)
① 무의식 환자에게 음식(물 포함)을 주어서는 안 된다.
② 응급처치 후 반드시 의료인에게 인계해 전문적 진료를 받도록 한다.
③ 아무리 긴급한 상황이라도 처치하는 자신의 안전과 현장 상황의 안전을 확보해야 한다.
④ 의료인의 지시를 받기 전에 의약품을 사용할 시 환자의 동의를 구하고 사용한다.

해설

의료인의 지시를 받기 전에는 원칙적으로 의약품을 사용하지 않는다.

87 우라늄-233이 알파 입자와 감마선을 내놓으며 붕괴되는 핵화학반응에서 생성되는 물질은?
① 토륨(원자번호 90, 질량수 229)
② 라듐(원자번호 88, 질량수 228)
③ 납(원자번호 82, 질량수 205)
④ 악티늄(원자번호 89, 질량수 228)

해설

$^{233}_{92}U \rightarrow {}^{229}_{90}Th + {}^{4}_{2}He$

정답 84 ② 85 ③ 86 ④ 87 ①

88 연구실 대상 소방안전관리에 관한 특별조사(소방특별조사) 시 소방특별조사를 연기할 수 있는 사유가 아닌 것은?

① 안전관리우수연구실 인증기간과 일정이 겹칠 경우
② 태풍, 홍수 등 재난이 발생하여 소방대상물을 관리하기가 매우 어려운 경우
③ 관계인이 질병, 장기출장 등으로 소방특별조사에 참여할 수 없는 경우
④ 권한 있는 기관에 자체점검기록부 등 소방특별조사에 필요한 장부·서류 등이 압수되거나 영치되어 있는 경우

해설

소방특별조사를 연기할 수 있는 사유
- 태풍, 홍수 등 재난이 발생하여 소방대상물을 관리하기가 매우 어려운 경우
- 관계인이 질병, 장기출장 등으로 소방특별조사에 참여할 수 없는 경우
- 권한 있는 기관에 자체점검기록부, 교육·훈련일지 등 소방특별조사에 필요한 장부·서류 등이 압수되거나 영치되어 있는 경우

89 알코올은 화학실험실에서 빈번하게 사용되는 물질이지만, 메탄올과 같이 인체에 매우 유해한 종류도 있으므로 주의가 필요하다. 다음 중 알코올의 화학반응과 관련하여 잘못 설명한 것은?

① 치환반응을 통해 알코올의 작용기인 히드록실기가 브롬으로 치환될 수 있다.
② 황산 분위기에서 탈수 반응에 의해 에탄올을 반응시켜 에틸렌을 생성할 수 있다.
③ 황산 분위기에서 프로판올과 아세트산을 반응시켜 아세트산프로필을 생성할 수 있다.
④ 환원반응을 통해 에탄올을 아세트산으로 만들 수 있다.

해설

C_2H_5OH (에탄올) $\underset{환원}{\overset{산화}{\rightleftarrows}}$ CH_3CHO (아세트알데하이드) $\underset{환원}{\overset{산화}{\rightleftarrows}}$ CH_3COOH (아세트산)

90 산업안전보건법령상 유해화학물질의 물리적 위험성에 따른 구분과 정의에 관한 설명으로 틀린 것은?

① 인화성 가스란 20℃의 온도 및 표준압력 101.3kPa에서 공기와 혼합하여 인화범위에 있는 가스를 말한다.
② 인화성 고체란 쉽게 연소되는 고체나 마찰에 의해 화재를 일으키거나 화재를 돕는 고체를 말한다.
③ 고압가스란 200kPa 이상의 게이지 압력 상태로 용기에 충전되어 있는 가스 또는 액화되거나 냉동액화된 가스를 말한다.
④ 자연발화성 액체란 적은 양으로도 공기와 접촉하여 3분 안에 발화할 수 있는 액체를 말한다.

해설

자연발화성 액체란 적은 양으로도 공기와 접촉하여 5분 안에 발화할 수 있는 액체를 말한다.

91 연구실안전법령상 안전점검 또는 정밀안전진단 대행기관의 기술인력이 받아야 하는 교육과 교육 시기·주기 및 시간이 옳게 짝지어진 것은?

① 신규교육 : 기술인력 등록 후 3개월 이내, 12시간
② 신규교육 : 기술인력 등록 후 6개월 이내, 18시간
③ 보수교육 : 신규교육 이수 후 매 1년이 되는 날 기준 전후 3개월, 12시간
④ 보수교육 : 신규교육 이수 후 매 1년이 되는 날 기준 전후 6개월, 18시간

해설

- 신규교육 : 기술인력이 등록된 날부터 6개월 이내에 받아야 한다.
- 보수교육 : 신규교육을 이수한 날을 기준으로 2년마다 받아야 하는 교육으로, 매 2년이 되는 날을 기준으로 전후 6개월 이내에 보수교육을 받아야 한다.

92 시료의 오염을 최소화하기 위한 시료채취 프로그램에 포함되어야 할 내용으로 가장 거리가 먼 것은?

① 시료 구분
② 시료 수집자
③ 시료채취 방법
④ 시료보존 방법

정답 88 ① 89 ④ 90 ④ 91 ② 92 ④

해설

시료채취 프로그램
- 현장 확인(시료채취지점)
- 시료 구분
- 시료의 수량
- 조사기간
- 시료채취 목적과 시험항목
- 시료채취 횟수
- 시료채취 유형
- 시료채취 방법
- 분석물질
- 현장 측정
- 현장 정도관리 요건
- 시료 수집자

93 위험물안전관리법령상 제2류 위험물인 철분에 대한 상세 설명 중 A와 B에 들어갈 숫자는?

> "철분"이라 함은 철의 분말로서 (A)마이크로미터의 표준체를 통과하는 것이 (B)중량퍼센트 미만인 것은 제외한다.

① A : 53, B : 50
② A : 150, B : 50
③ A : 53, B : 40
④ A : 150, B : 40

해설

철분 : 철의 분말로서 $53\mu m$의 표준체를 통과하는 것이 50wt% 미만인 것은 제외한다.

94 위험물안전관리법령상 위험물의 성질과 각 성질에 해당하는 위험물질의 연결이 틀린 것은?

① 가연성 고체 – 황린, 적린
② 산화성 고체 – 염소산나트륨, 질산칼륨
③ 인화성 액체 – 이황화탄소, 메틸알코올
④ 자연발화성 및 금수성 물질 – 나트륨, 칼륨

해설

- 황린 : 제3류 위험물(자연발화성 물질)
- 황화린 : 제2류 위험물(가연성 고체)

95 산업안전보건법령상 물질안전보건자료 작성 시 포함되어야 할 항목이 아닌 것은?

① 재활용 방안
② 응급조치 요령
③ 운송에 필요한 정보
④ 구성성분의 명칭 및 함유량

해설

MSDS(물질안전보건자료) 구성항목
1. 화학제품과 회사에 관한 정보
2. 유해 · 위험성
3. 구성성분의 명칭 및 함유량
4. 응급조치 요령
5. 폭발 · 화재 시 대처방법
6. 누출사고 시 대처방법
7. 취급 및 저장방법
8. 노출방지 및 개인보호구
9. 물리 · 화학적 특성
10. 안정성 및 반응성
11. 독성에 관한 정보
12. 환경에 미치는 영향
13. 폐기 시 주의사항
14. 운송에 필요한 정보
15. 법적 규제 현황
16. 기타 참고사항

96 산업안전보건법령상 물질안전보건자료(MSDS) 대상물질을 양도 · 제공하는 자가 이행해야 할 경고표지의 부착에 관한 내용 중 틀린 것은?

① 용기 및 포장에 경고표지를 부착할 수 없을 경우 경고표시를 인쇄한 꼬리표로 대체할 수 있다.
② UN의 위험물 운송에 관한 권고(RTDG)에 따라 드럼 등의 용기에 경고표시 할 경우 그림문자를 누락하여서는 안 된다.
③ 제공받은 위험물에 경고표지가 부착되어 있지 않을 경우 물질의 양도 · 제공자에게 경고표지의 부착을 요청할 수 있다.
④ 실험실에서 시험 · 연구목적으로 사용하는 시약은 외국어로 작성된 경고표지만 부착하여도 무방하다.

해설

포장하지 않는 드럼 등의 용기에 국제연합(UN)의 「위험물운송에 관한 권고(RTDG)」에 따라 표시를 한 경우, 경고표지에 그림문자를 표시하지 아니할 수 있다.

정답 93 ① 94 ① 95 ① 96 ②

97 화학반응에 의해서 발생하는 열이 아닌 것은?

① 반응열 ② 연소열
③ 용융열 ④ 압축열

> 해설
- 현열 : 물질이 흡수하거나 방출하는 열
- 잠열 : 용융열, 기화열 등
- 반응열 : 화학반응이 일어날 때 동반되는 열. 연소열, 생성열, 중화열 등

98 산업안전보건법령상 물질안전보건자료의 작성에 관한 내용의 일부 중 밑줄 친 것에 해당하지 않는 것은? (단, 법령상 향수 등에 해당하는 물질에 관한 조건은 제외한다.)

> 혼합물인 제품들이 <u>다음 각 호의 요건을 모두 충족하는 경우</u>에는 해당 제품들을 대표하여 하나의 물질안전보건자료를 작성할 수 있다.

① 각 구성성분의 함량변화가 10%p 이하일 것
② 혼합물로 된 제품의 구성성분이 같을 것
③ 주성분이 90% 이상일 것
④ 유사한 유해성을 가질 것

> 해설

혼합물인 제품들이 다음 각 호의 요건을 모두 충족하는 경우에는 해당 제품들을 대표하여 하나의 물질안전보건자료를 작성할 수 있다.
㉠ 혼합물인 제품들의 구성성분이 같을 것. 다만, 향수, 향료 또는 안료(이하 "향수 등") 성분의 물질을 포함하는 제품으로서 다음 각 목의 요건을 모두 충족하는 경우에는 그러하지 아니하다.
  - 제품이 구성성분 중 향수 등이 함유량(2가지 이상이 향수 등 성분을 포함하는 경우에는 총함유량을 말한다)이 5퍼센트(%) 이하일 것
  - 제품의 구성성분 중 향수 등 성분의 물질만 변경될 것
㉡ 각 구성성분의 함량변화가 10퍼센트포인트(%p) 이하일 것
㉢ 유사한 유해성을 가질 것

99 화학물질관리법령상 유해화학물질관리자의 직무범위에 해당하지 않는 것은?

① 유해화학물질 취급기준 준수에 필요한 조치
② 취급자의 개인보호장구 착용에 필요한 조치
③ 사고대비물질의 관리기준 준수에 필요한 조치
④ 취급자의 건강진단 등 건강관리에 필요한 조치

> 해설

유해화학물질 관리자의 직무범위
- 유해화학물질 취급기준 준수에 필요한 조치
- 취급자의 개인보호장구 착용에 필요한 조치
- 유해화학물질의 진열·보관에 필요한 조치
- 유해화학물질의 표시에 필요한 조치
- 유해화학물질 취급시설의 설치 및 관리기준 준수에 필요한 조치
- 유해화학물질 취급시설 등의 자체 점검에 필요한 조치
- 수급인의 관리·감독에 필요한 조치
- 사고대비물질의 관리기준 준수에 필요한 조치
- 위해관리계획서의 작성·제출에 필요한 조치
- 화학사고 발생신고 등에 필요한 조치
- 유해화학물질 취급시설의 안전확보와 위해방지 등에 필요한 조치

100 폐기물관리법령상 폐기물처리시설의 개선기간 등에 관한 아래의 내용 중 ( ) 안에 들어갈 기간은?

> 시·도지사나 지방환경관서의 장이 폐기물처리시설의 개선 또는 사용중지를 명할 때에는 개선 등에 필요한 조치의 내용, 시설의 종류 등을 고려하여 개선명령의 경우에는 (a)의 범위에서, 사용중지명령의 경우에는 (b)의 범위에서 각각 그 기간을 정하여야 한다.

① a : 6개월, b : 1년   ② a : 1년, b : 6개월
③ a : 3개월, b : 6개월 ④ a : 6개월, b : 3개월

> 해설

시·도지사나 지방환경관서의 장이 폐기물처리시설의 개선 또는 사용중지를 명할 때에는 개선 등에 필요한 조치의 내용, 시설의 종류 등을 고려하여 개선명령의 경우에는 1년의 범위에서, 사용중지명령의 경우에는 6개월의 범위에서 각각 그 기간을 정하여야 한다.

정답 ▶ 97 ④ 98 ③ 99 ④ 100 ②

2021년 제4회 기출문제

1과목 화학분석 과정관리

01 할로겐 원소의 특성을 설명한 것 중 틀린 것은?

① -1가 이온을 형성한다.
② 주로 이원자분자로 존재한다.
③ 주기가 커질수록 반응성이 증가한다.
④ 수소와 반응하여 할로겐화수소를 생성한다.

해설

할로겐 원소
- 7A족(17족) 원소
- 최외각전자가 7개이므로 -1가 음이온을 형성한다.
- 주로 이원자분자로 존재한다.
- 주기가 작을수록 전기음성도가 증가하므로 반응성이 증가한다.
- 수소와 반응하여 할로겐화수소(산)를 생성한다.
- 반응성 : F>Cl>Br>I

02 유효숫자 계산이 정확한 것만 고른 것은?

| 가. $\log(3.2)=0.51$ |
| 나. $10^{4.37}=2.3\times10^4$ |
| 다. $3.260\times10^{-5}\times1.78=5.80\times10^{-5}$ |
| 라. $34.60\div2.463=14.05$ |

① 가, 나
② 다, 라
③ 가, 다, 라
④ 가, 나, 다, 라

해설

가. $\log(\underline{3.2})=0.\underline{51}$ 유효숫자 2개
나. $10^{4.\underline{37}}=\underline{2.3}\times10^4$ 유효숫자 2개
다. $3.260\times10^{-5}\times\underline{1.78}=\underline{5.80}\times10^{-5}$ 유효숫자 3개
   유효숫자가 작은 것에 맞춘다.
라. $\underline{34.60}\div\underline{2.463}=\underline{14.05}$ 유효숫자 4개

03 C_7H_{16}의 구조이성질체 개수는?

① 7개 ② 8개
③ 9개 ④ 10개

해설

C_7H_{16}의 이성질체

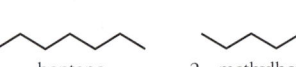 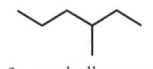 
heptane 2-methylhexane 3-methylhexane

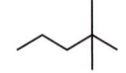 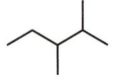 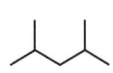
2,2-dimethylpentane 2,3-dimethylpentane 2,4-dimethylpentane

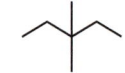 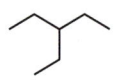
3,3-dimethylpentane 3-ethylpentane 2,2,3-tributane

04 분석방법에 대한 검증은 인증표준물질(CRM)과 표준물질(RM) 또는 표준용액을 사용하여 검증한다. 다음 중 분석방법에 대한 검증항목이 아닌 것은?

① 정량한계 ② 안전성
③ 직선성 ④ 정밀도

해설

분석시험법에 대한 검증항목
- 특이성
- 직선성
- 범위
- 정확성
- 정밀성
- 검출한계
- 정량한계
- 완건성

정답 01 ③ 02 ④ 03 ③ 04 ②

05 단색화 장치의 성능을 결정하는 요소로서 가장 거리가 먼 것은?

① 복사선의 순도
② 근접파장 분해능력
③ 복사선의 산란효율
④ 스펙트럼의 띠너비

해설

단색화 장치의 성능
① 복사선의 순도
② 분해능
③ 집광력
④ 스펙트럼 띠너비

06 자외선-가시광선 분광기의 구성요소가 아닌 것은?

① 광원
② 검출기
③ 지시전극
④ 시료용기

해설

UV-Vis 분광기의 구성요소
• 광원
• 단색화 장치
• 시료용기
• 검출기
• 판독기

07 폴리스타이렌(polystyrene)에 대한 설명으로 틀린 것은?(단, 폴리스타이렌 단량체의 분자량은 104g/mol 이다.)

① 스타이렌이 1,000개 연결되어 생성된 폴리스타이렌은 1.04×10^5g/mol의 분자량을 가신다.
② 폴리스타이렌의 단량체는 페닐기를 포함한다.
③ 대표적인 열경화성 수지 가운데 하나이다.
④ 폴리스타이렌 생성 반응은 개시(Intiation), 생장(Propagation), 종결(Termination)의 세 단계로 이루어진다.

해설

폴리스타이렌
• 열가소성 수지
• 단량체 : 스타이렌
  (분자량 : 104g/mol)
• 104g/mol × 1,000개
  = 1.04×10^5g/mol

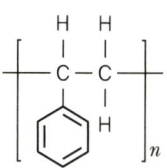

08 $H_2(g) + I_2(g) \rightarrow 2HI(g)$ 반응의 평형상수(K_c)는 430℃에서 54.3이다. 이 온도에서 1L 용기 안에 들어 있는 각 화학종의 몰수를 측정하니 H_2는 0.2mol, I_2는 0.15mol이라면, HI의 농도(M)는?

① 1.28
② 1.63
③ 1.81
④ 3.00

해설

$K = \dfrac{[HI]^2}{[H_2][I_2]}$

$54.3 = \dfrac{x^2}{(0.2)(0.15)}$

∴ $x = [HI] = 1.28M$

09 다음 유기화합물을 옳게 명명한 것은?

① 2,4-클로로페닐아세트산
② 1,3-디클로로벤젠아세트산
③ 2,4-디클로로페녹시아세트산
④ 1-옥시아세트산-2,4-클로로벤젠

해설

2,4-dichloropenoxy acetic acid

정답 05 ③ 06 ③ 07 ③ 08 ① 09 ③

10 일정한 온도와 압력에서 진행되는 아래의 연소반응에 관련된 내용 중 틀린 것은?

$$C(s) + O_2(g) \rightarrow CO_2(g)$$

① 0.5mol의 탄소가 0.5mol의 산소와 반응하여 0.5mol의 이산화탄소를 만든다.
② 1g의 탄소가 1g의 산소와 반응하여 1g의 이산화탄소를 만든다.
③ 이 반응에서 소비된 산소가 1mol이었다면, 생성된 이산화탄소의 몰수는 1mol이다.
④ 이 반응에서 1L의 산소가 소비되었다면, 생성된 이산화탄소의 부피는 1L이다.

해설

$C(s)$	+	$O_2(g)$	→	$CO_2(g)$
1mol		1mol		1mol
12g		32g		44g
		22.4L(STP)		22.4L(STP)

11 광도법 적정에서 $\varepsilon_a = \varepsilon_t = 0$이고, $\varepsilon_p > 0$인 경우의 적정곡선을 가장 잘 나타낸 것은?(단, 각각의 기호의 의미는 아래의 표와 같으며, 흡광도는 증가된 부피에 대하여 보정되어 표시한다.)

몰흡광계수	기호
시료(Analyte)	ε_a
적정액(Titrant)	ε_t
생성물(Product)	ε_p

①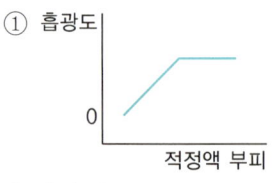
②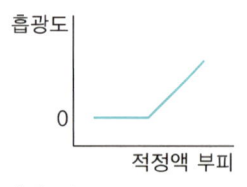
③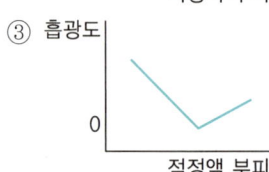
④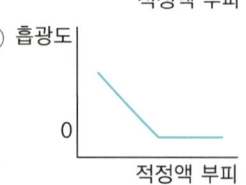

해설

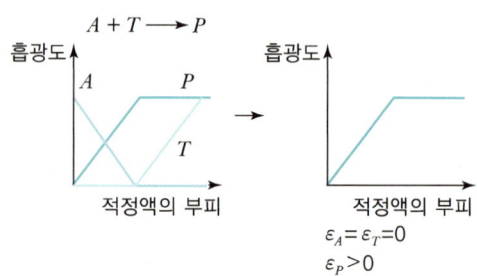

$\varepsilon_A = \varepsilon_T = 0$
$\varepsilon_P > 0$

12 원자와 관련된 용어에 대한 설명 중 틀린 것은?
① 이온화에너지는 양이온 생성 시 원자가 흡수하는 에너지이다.
② 전기음성도는 결합 시 원자가 전자를 끌어당기는 정도를 나타내는 값이다.
③ 원자가전자란 원자의 최외각에 배치하여 화학결합에 관여하는 전자이다.
④ 전자친화도는 음이온 생성 시 원자가 흡수하는 에너지이다.

해설

전자친화도 : 기체상태의 중성원자에 전자가 첨가되어 음이온을 만들 때 방출하는 에너지
$X(g) + e^- \rightarrow X^-(g) + E$

13 다음 중 질량이 가장 큰 것은?
① 산소원자 0.01몰
② 탄소원자 0.01몰
③ 273K, 1atm에서 이상기체인 He 0.224L
④ 이산화탄소분자 0.01몰 내에 들어 있는 총 산소원자

해설

① 산소원자 $0.01\text{mol} \times \dfrac{16\text{g}}{1\text{mol}} = 0.16\text{g}$

② 탄소원자 $0.01\text{mol} \times \dfrac{12\text{g}}{1\text{mol}} = 0.12\text{g}$

③ 273K, 1atm 이상기체 He $0.224\text{L} \times \dfrac{1\text{mol}}{22.4\text{L}} \times \dfrac{4\text{g}}{1\text{mol}} = 0.04\text{g}$

④ CO_2 $0.01\text{mol} \times \dfrac{2\text{mol 산소}}{1\text{mol}} \times \dfrac{16\text{g}}{1\text{mol 산소}} = 0.32\text{g}$

정답 10 ② 11 ① 12 ④ 13 ④

14 다음 중 원자의 크기가 가장 작은 것은?

① K ② Li
③ Na ④ Cs

해설

주기	1족
1	H
2	Li
3	Na
4	K
5	Rb
6	Cs

• 같은 족에서 반지름의 크기는 주기가 증가할수록 크다.
• 같은 주기에서 반지름의 크기는 원자번호가 작을수록 크다.

15 11.99g의 염산이 녹아 있는 5.48M 염산 용액의 부피(mL)는?(단, Cl의 원자량은 35.45g/mol이다.)

① 12.5 ② 17.8
③ 30.4 ④ 60.0

해설

$$\frac{11.99g \times \frac{1mol}{36.45g}}{V(L)} = 5.48M$$

∴ $V = 0.06L = 60mL$

16 11.3g의 암모니아 속에 들어 있는 수소원자의 몰수(mol)는?

① 0.5 ② 1.0
③ 1.5 ④ 2.0

해설

$11.3g\ NH_3 \times \frac{1mol\ NH_3}{17g\ NH_3} \times \frac{3mol\ H}{1mol\ NH_3} = 2.0mol$

17 적외선 분광법의 시료용기 재료로 가장 부적합한 것은?

① AgBr ② CaF₂
③ KBr ④ SiO₂

해설

시료용기(Cell, Cuvette)

자외선	석영, 용융실리카
가시광선	플라스틱, 유리
적외선	NaCl, KBr

18 두 개의 탄화수소기가 산소원자에 결합된 형태를 가진 분자이며, 두 개의 알코올분자로부터 한 분자의 물이 탈수되어 생성되는 분자의 종류는?

① 알데하이드(aldehyde)
② 카복시산(carboxylic acid)
③ 에터(ether)
④ 아민(amine)

해설

ROR′ : ether(에터, 에테르)
ROH + R′OH → ROR′
알코올   알코올   에터

19 국가표준기본법령상 제품 등이 국가표준, 국제표준 등을 충족하는지를 평가하는 교정, 인증, 시험, 검사 등을 의미하는 용어는?

① 표준인증심사유형 ② 소급성 평가
③ 적합성 평가 ④ 기술규정

해설

적합성 평가
국가표준기본법에 따른 적합성 평가로 제품, 서비스, 공정 등이 국가표준, 국제표준 등을 충족하는지를 평가하는 교정, 인증, 시험, 검사 등을 말한다.

정답 14 ② 15 ④ 16 ④ 17 ④ 18 ③ 19 ③

20 주기율표상에서 나트륨(Na)부터 염소(Cl)에 이르는 3주기 원소들의 경향성을 옳게 설명한 것은?

① Na로부터 Cl로 갈수록 전자친화력은 약해진다.
② Na로부터 Cl로 갈수록 1차 이온화에너지는 커진다.
③ Na로부터 Cl로 갈수록 원자반경은 커진다.
④ Na로부터 Cl로 갈수록 금속성이 증가한다.

해설

이온화에너지
- 기체상태의 원자나 이온의 바닥 상태로부터 전자 하나를 제거하는 데 필요한 최소의 에너지
  $M(g) + E \rightarrow M^+ + e^-$
- 이온화에너지는 같은 족에서는 원자번호가 작아질수록 증가한다.
- 이온화에너지는 같은 주기에서는 원자번호가 커질수록 증가한다.

2과목 화학물질 특성분석

21 N의 산화수가 +4인 화합물은?

① HNO_3　　② NO_2
③ N_2O　　④ NH_4Cl

해설

① HNO_3 : $+1+N+(-2)\times 3=0$ ∴ $N=+5$
② NO_2 : $N+(-2)\times 2=0$ ∴ $N=+4$
③ N_2O : $2N+(-2)=0$ ∴ $N=+1$
④ NH_4Cl : $N+(+1)\times 4-1=0$ ∴ $N=-3$

22 Pb^{2+}와 EDTA의 형성상수(Formation Constant)가 1.0×10^{18}이고 pH 10에서 EDTA 중 Y^{4-}의 분율이 0.3일 때, pH 10에서 조건(Conditional) 형성상수는?(단, 육양성자 형태의 EDTA를 H_6Y^{2+}로 표현할 때, Y^{4-}는 EDTA에서 수소가 완전히 해리된 상태이다.)

① 3.0×10^{17}　　② 3.3×10^{13}
③ 3.0×10^{-19}　　④ 3.3×10^{-18}

해설

$K_f' = \alpha K_f$
$= 0.3 \times 1 \times 10^{18} = 3.0 \times 10^{17}$

23 다음 중 $Hg_2(IO_3)_2(s)$를 용해시킬 때, 용해된 Hg_2^{2+}의 농도가 가장 큰 것은?(단, $Hg_2(IO_3)_2(s)$의 용해도곱 상수는 1.3×10^{-18}이다.)

① 증류수　　② 0.10M KIO_3
③ 0.20M KNO_3　　④ 0.30M $NaIO_3$

해설

가용성 염을 녹이면 이온 세기가 증가하므로 용해도는 증가한다.

24 산과 염기에 대한 설명 중 틀린 것은?

① 산은 물에서 수소이온(H^+)의 농도를 증가시키는 물질이다.
② 산과 염기가 반응하여 물과 염을 생성하는 반응을 중화반응이라고 한다.
③ 염기성 용액에서는 H^+의 농도보다 OH^-의 농도가 더 크다.
④ 산성 용액은 붉은 리트머스 시험지를 푸르게 변색시킨다.

해설

아레니우스의 산·염기
- 산 : H^+를 내는 물질
- 염기 : OH^-를 내는 물질

리트머스 시험지의 색깔 변화
- 산성 : 푸른색 → 붉은색
- 염기성 : 붉은색 → 푸른색

정답 20 ② 21 ② 22 ① 23 ③ 24 ④

25 활동도 계수의 특성에 대한 설명으로 가장 거리가 먼 것은?

① 농도가 높지 않은 용액에서 주어진 화학종의 활동도 계수는 전해질의 종류에 따라서만 달라진다.
② 용액이 무한히 묽어짐에 따라 주어진 화학종의 활동도 계수는 1로 수렴한다.
③ 주어진 이온 세기에서 같은 전하를 가진 이온들의 활동도 계수는 거의 같다.
④ 전하를 띠지 않은 분자의 활동도 계수는 이온 세기에 관계없이 대략 1이다.

해설

활동도 $a_X = \gamma_X [X]$
- 활동도는 농도에 비례하며 비례상수를 활동도 계수라 한다.
- 이온 세기가 증가할수록 활동도 계수는 감소한다.
- 이온 세기가 작은 묽은 용액에서 활동도 계수는 1이다.

26 0.1000M HCl 용액 25.00mL에 0.1000M NaOH 용액 25.10mL를 가했을 때의 pH는?(단, K_w는 10^{-14}이다.)

① 11.60
② 10.30
③ 3.70
④ 2.40

해설

$$pH = 14 - pOH$$
$$= 14 + \log \frac{0.1000M \times 0.1mL}{(25.00 + 25.10)mL}$$
$$= 10.30$$

27 0℃에서 액체 물이 밀도는 0.9998g/mL이고 이온화 상수는 1.14×10^{-15}이다. 0℃에서 액체 물의 해리 백분율(mol%)은?

① 3.4×10^{-8}
② 3.4×10^{-6}
③ 6.1×10^{-8}
④ 7.5×10^{-6}

해설

$K_w = [H^+][OH^-]$
$1.14 \times 10^{-15} = x^2$
$\therefore x = 3.376 \times 10^{-8} mol/L \times \frac{18g}{1mol} \times \frac{1mL}{0.9998g}$
$\quad \times \frac{1L}{1,000mL} \times 100\%$
$= 6.078 \times 10^{-8}\%$

28 UV-Vis 흡수분광법에 관한 설명 중 틀린 것은?

① 유기화합물의 UV-Vis 흡수는 n 또는 π 궤도에 있는 전자가 π^* 궤도로 전이하는 것에 기초로 두고 있다.
② $n \to \pi^*$ 전이에 해당하는 몰흡광계수는 비교적 작은 값을 갖는다.
③ $\pi \to \pi^*$ 전이에 해당하는 몰흡광계수는 대부분 큰 값을 갖는다.
④ 용매의 극성이 증가하면 $n \to \pi^*$ 전이에 해당하는 흡수 봉우리는 장파장 쪽으로 이동한다.

해설

용매의 극성이 증가하면, 흡수 봉우리는 단파장 쪽으로 이동한다.

29 X선 분광법에서 파장을 분리하는 단색화 장치에 이용되는 분신요소는?

① 프리즘
② 결정
③ 큐벳
④ 광전관

해설

X선 단색화 장치
- 광학장비의 슬릿
- 빛살평행기
- 분산장치 : 측각기 또는 회전테이블 위에 장착된 단결정이다. 이것이 결정면과 평행화된 입사살 간의 각 θ를 가변시키고 정밀하게 측정될 수 있게 한다.

정답 25 ① 26 ② 27 ③ 28 ④ 29 ②

30 이온 세기와 이와 관련된 현상에 대한 설명 중 틀린 것은?

① 이온 세기는 용액 중에 있는 이온의 전체 농도를 나타내는 척도이다.
② 염을 첨가하면, 이온 분위기가 형성되어 더 많은 고체가 녹는다.
③ 염을 증가시키면 이온 간 인력이 순수한 물에서보다 감소한다.
④ 이온 세기가 클수록 이온 분위기의 전하는 작아진다.

해설

이온 세기(μ)

$\mu = \dfrac{1}{2}\sum C_i Z_i^2$

① 이온 세기는 용액 중 전체 이온의 농도를 나타낸다.
② 가용성 염을 첨가하면, 이온 세기가 증가하므로 활동도 계수가 감소하고 용해도는 증가한다.
③ 가용성 염을 증가시키면 이온 간의 인력이 순수한 물보다 감소한다.
④ 용액의 이온 세기가 클수록 이온 분위기의 전하는 커진다.

31 약산 용액을 강염기 용액으로 적정할 때 적절한 지시약과 적정이 끝난 후 용액의 색이 올바르게 연결된 것은?

① 메틸레드 – 빨강
② 페놀레드 – 노랑
③ 메틸오렌지 – 노랑
④ 페놀프탈레인 – 빨강

해설

- 약산을 강염기로 적정하면 당량점의 pH는 7보다 크므로 변색범위가 7 이상인 페놀프탈레인을 사용한다.
- 적정 이후에 페놀프탈레인은 빨간색으로 변한다.

32 다음의 전기화학전지에 대한 설명으로 틀린 것은?

Cu | Cu^{2+}(0.0200M) ‖ Ag^+(0.0400M) | Ag

① 한줄 수직선(|)은 전위가 발생하는 상 경계나 전위가 발생할 수 있는 접촉면이다.
② 이중 수직선(‖)은 염다리의 양 끝에 있는 두 개의 상 경계이다.
③ 0.0400M은 은이온(Ag^+)의 농도이다.
④ 구리(Cu)는 환원전극이다.

해설

(−)산화전극 | 용액 ‖ 용액 | 환원전극(+)
Cu : 산화전극

33 0.050M 염화트리메틸암모늄((CH_3)$_3NH^+Cl$) 용액의 pH는?(단, 염화트리메틸암모늄의 K_a는 1.59×10^{-10}이고, K_w는 1.0×10^{-14}이다.)

① 4.55
② 5.55
③ 6.55
④ 7.55

해설

$\text{pH} = -\log[H^+]$
$= -\log\sqrt{CK_a} = -\log\sqrt{0.050M\times 1.59\times 10^{-10}}$
$= 5.55$

34 황산구리(Ⅱ) 수용액으로부터 구리를 석출하기 위해 2A의 전류를 흘려주려고 한다. 1.36g의 구리를 석출하기 위해 필요한 시간(s)은?(단, 1F는 96,500C/mol이며, 구리의 원자량은 63.5g/mol이다.)

① 736
② 1,033
③ 2,066
④ 2,567

해설

$1.36\text{g Cu}\times\dfrac{1\text{mol}}{63.5\text{g}}\times 2\times 96{,}500\text{C/mol} = 2\text{A}\times t(\text{s})$

∴ $t = 2{,}066.77\text{s}$

35 원자분광법에서 이온의 형성을 억제하기 위한 방법으로 적절한 것은?

① 불꽃 온도를 내리고 압력을 올린다.
② 불꽃 온도를 올리고 압력도 올린다.
③ 불꽃 온도를 내리고 압력도 내린다.
④ 불꽃 온도를 올리고 압력을 내린다.

정답 30 ④ 31 ④ 32 ④ 33 ② 34 ③ 35 ①

해설

화학적 간섭

- 낮은 휘발성 화합물 분해 : 휘발성이 낮은 화합물이 형성되어, 원자화 효율을 감소시키는 음이온에 의한 방해가 일어난다.
  → 높은 온도의 불꽃을 사용하거나 해방제, 보호제를 사용한다.
- 해리평형 : 원자화 과정에서 생성되는 금속산화물(MO)이나 금속수산화물(MOH)의 해리가 잘 일어나지 않아 원자화 효율을 감소시킨다. → 높은 온도의 불꽃을 사용한다.
- 이온화 평형 : 산소가 산화제 역할을 하는 고온의 불꽃에서 이온화가 많이 일어나 발생한다. → 이온화 억제제를 사용하거나 불꽃 온도를 내리고 압력을 올려준다.

36 Ag 및 Cd와 관련된 반쪽반응식과 표준환원전위가 아래와 같을 때, 25℃에서 다음 전지의 전위(V)는?

- 반쪽반응식, 표준환원전위
  $Ag^+ + e^- \rightleftarrows Ag(s)$ $E° = 0.799V$
  $Cd^{2+} + 2e^- \rightleftarrows Cd(s)$ $E° = -0.402V$
- 전지반응식
  $Cd(s) | Cd(NO_3)_2(0.1M) \| AgNO_3(0.5M) | Ag(s)$

① -0.461
② 0.320
③ 0.781
④ 1.213

해설

$$E = E° - \frac{0.05916}{n} \log \frac{[Cd^{2+}]}{[Ag^+]^2}$$
$$= 0.799V - (-0.402)V - \frac{0.05916}{2} \log \frac{0.1}{0.5^2} = 1.213V$$

37 철근이 녹슬 때 질량변화는?

① 녹슬기 전과 질량변화가 없다.
② 녹슬기 전에 비해 질량이 증가한다.
③ 녹슬기 전에 비해 질량이 감소한다.
④ 녹이 슬면서 일정 시간 질량이 감소하다가 일정하게 된다.

해설

철 + 산소 → 산화철
철에 결합된 산소의 양만큼 질량이 증가한다.

38 온도가 증가할 때, 아래 두 반응의 평형상수 변화는?

(a) $N_2O_4(g) \rightleftarrows 2NO_2(g) + 58kJ$
(b) $2SO_2(g) + O_2(g) \rightleftarrows 2SO_3(g) - 198kJ$

① (a), (b) 모두 증가
② (a), (b) 모두 감소
③ (a) 증가, (b) 감소
④ (a) 감소, (b) 증가

해설

- (a) : 발열반응이므로 온도를 올리면 역반응 쪽으로 이동하여 평형상수는 감소한다.
- (b) : 흡열반응이므로 온도를 올리면 정반응 쪽으로 이동하여 평형상수는 증가한다.

39 산-염기 적정에서 사용하는 지시약의 반응과 지시약의 형태에 따른 색상이 아래와 같다. 중성인 용액에 지시약과 산을 첨가하였을 때 혼합용액의 색깔은?

$HR(무색) \rightleftarrows H^+ + R^-(적색)$

① 적색
② 무색
③ 알 수 없다.
④ 적색과 무색이 번갈아 나타난다.

해설

지시약 + 산 → HR(무색)

40 높은 몰흡광계수를 갖는 시료를 분석할 때, 다음 중 Beer's Law가 가장 잘 적용될 수 있는 경우는?

① 분석물의 농도범위가 $10^{-4} \sim 10^{-3}M$ 일 때
② 분석물의 농도범위가 $10^{-3} \sim 10^{-2}M$ 일 때
③ 분석물의 농도범위가 $10^{-2} \sim 10^{-1}M$ 일 때
④ 분석물의 농도범위가 $10^{-1} \sim 10^{0}M$ 일 때

해설

Beer's Law는 낮은 농도의 시료에 잘 맞는다.

정답 36 ④ 37 ② 38 ④ 39 ② 40 ①

3과목 화학물질 구조분석

41 온도변화에 따른 시료의 무게 감량을 측정하는 분석법은?

① FT-IR ② TGA
③ GPC   ④ GC/MS

해설

열분석법
- 열무게법(TGA)
  시료의 온도를 증가시키면서 질량변화를 측정한다.
- 시차열분석법(DTA)
  시료와 기준물질을 가열하면서 두 물질의 온도 차이를 온도의 함수로 측정한다.
- 시차주사열량법(DSC)
  시료물질과 기준물질을 조절된 온도 프로그램으로 가열하면서 시료와 기준물질 사이의 온도를 동일하게 유지시키는 데 필요한 에너지 차이를 시료온도의 함수로 측정한다.

42 전압전류법의 전압전류곡선으로부터 얻을 수 있는 정보가 아닌 것은?

① 용액의 밀도
② 정량 및 정성 분석
③ 전극 반응의 가역성
④ 금속 착물의 안정도 상수 및 배위수

해설

순환전압전류곡선

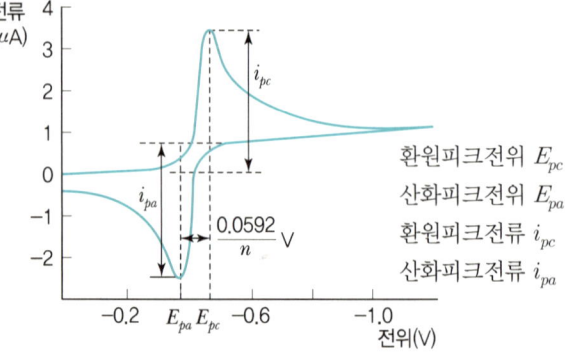

- 가역전극반응에서 산화피크전류와 환원피크전류는 거의 같은 크기를 갖고 부호는 반대이다.
- 피크는 분석물의 농도에 직접 비례하고, 표준물질로부터 얻는 전압전류곡선으로부터 각 피크에 해당하는 화합물을 확인할 수 있으므로 정성·정량분석이 가능하다.

43 원자질량분석법(Atomic Mass Spectrometry)의 이온화 방법으로 틀린 것은?

① 스파크(Spark)
② 글로우 방전(Glow Discharge)
③ 장 이온화 방출침(Field Ionization Emitter)
④ 유도결합플라스마(Inductively Coupled Plasma)

해설

이름	약어	원자 이온원	질량 분석계
유도결합플라스마	ICP MS	고온 아르곤 플라스마	사중극자
마이크로파 유도플라스마	MIP MS	고온 아르곤 플라스마	사중극자
직류 플라스마	DCP MS	고온 아르곤 플라스마	사중극자
스파크	SS MS	라디오 주파수 전기 스파크	이중초점
글로우 방전	GD MS	글로우 방전 플라스마	이중초점
열법 이온화	TI MS	전기 가열 플라스마	이중초점
이차 이온	SIMS	가속이온에 의한 충격	이중초점
레이저 마이크로 탐침	LM MS	집중된 레이저 빛살	비행시간

44 Gas Chromatography(GC)에서 사용되는 검출기와 선택적인 화합물의 연결이 잘못된 것은?

① FID - 무기 계통 기체 화합물
② NPD - 질소(N), 인(P) 포함 화합물
③ ECD - 전자 포획 인자 포함 화합물
④ TCD - 운반 기체와 열전도도 차이가 있는 화합물

정답 41 ② 42 ① 43 ③ 44 ①

해설

GC(가스 크로마토그래피) 검출기

검출기	검출시료
불꽃이온화검출기(FID)	탄소화합물
열전도도검출기(TCD)	일반검출기
전자포획검출기(ECD)	할로겐화합물
질량분석검출기(MS)	어떤 화학종에도 적용
NPD(질소인검출기)/열이온검출기(TID)	인·질소를 함유하는 유기화합물
Hall 전해질전도도 검출기	할로겐, 황, 질소를 포함하는 화합물
광이온화검출기	UV빛에 의한 이온화 화합물
원자방출검출기(AED)	알코올, MTBE
불꽃광도검출기(FPD)	황·인을 포함하는 화합물, 할로겐 원소, 질소 그리고 주석, 크롬, 셀레늄, 게르마늄과 같은 금속
Fourier 변환(FTIR)	유기화합물

45 핵자기공명(Nuclear Magnetic Resonance : NMR) 분광법에서 사용 가능한 내부표준물로 가장 적절한 것은?

① CH_3CN
② $(CH_3)_4Si$
③ C_9H_7NO
④ $[-C_2HC_6H_5-]_n$

해설

NMR에서 내부표준물은 유기용매에서는 TMS$[(CH_3)_4Si]$, 극성 용매에서는 DSS, $(CH_3)_3SiCH_2CH_2CH_2SO_3Na$ 등이 사용된다.

46 열무게분석법(TGA)의 주된 응용(연구)으로 거리가 먼 것은?

① 수화물의 결정수 결정 연구
② 중합체의 분해 메커니즘 연구
③ 중합체 분해반응의 속도론적 연구
④ 기화, 승화, 탈착과 같은 물리적 변화 연구

해설

열무게분석법(TGA)
온도에 따른 분석물질의 질량변화를 측정하며, 주된 연구내용은 다음과 같다.
- 정보는 정량적이지만 분해와 산화반응
- 기화, 승화, 탈착과 같은 물리적 과정
- 다성분 시료의 조성 분석과 분해 과정
- 다양한 중합체 물질의 분해 메커니즘에 대한 정보

47 핵자기공명(Nuclear Magnetic Resonance : NMR) 분광법에 대한 설명으로 틀린 것은?

① 시료를 센 자기장에 놓아야 한다.
② 화학종의 구조를 밝히는 데 주로 사용된다.
③ 흡수과정에서 원자의 핵이 관여하지 않는다.
④ 4~900MHz 정도의 라디오 주파수 영역의 전자기 복사선의 흡수를 측정한다.

해설

핵자기공명(NMR) 분광법
- 핵스핀 전이를 일으키는 라디오파(4~900MHz)의 복사선 흡수를 이용하여 유기 및 무기화합물의 구조를 밝히는 분광법이다.
- 홀수 전자수나 홀수 질량수를 갖는 핵(^1H, ^{13}C)은 스핀을 갖는데, 이 스핀은 외부 자기장을 걸어주면 차이가 나며 갈라진다.
- 에너지 차이는 주어진 자기장의 세기에 비례한다.

48 전해질(0.1M KNO_3)만 있는 용액에서 적하수은전극(DME)에 -0.8V를 적용하고 측정한 잔류전류(Residual Current)는 $0.2\mu A$이다. 같은 전해질 용액 100mL에 포함된 Cd^{2+} 환원에 대한 한계전류(Limiting Current)는 $8.0\mu A$이다. 만약 1.00×10^{-2}M Cd^{2+} 표준용액 5mL를 이 용액에 가한 후 -0.8V에서 측정한 한계전류가 $11.0\mu A$라면, 이 용액에 포함된 Cd^{2+}의 농도(mM)는?(단, 측정 간 온도변화는 없다고 가정한다.)

① 0.355
② 0.494
③ 0.852
④ 1.10

정답 45 ② 46 ③ 47 ③ 48 ④

> 해설

확산전류
- 확산전류 = 한계전류 − 잔류전류
- 확산전류는 농도에 비례

전해질 용액 100mL + Cd^{2+} (농도 C_1)

확산전류 = $8.0\mu A - 0.2\mu A = 7.8\mu A$

1.00×10^{-2}M Cd^{2+} 5mL + 용액

확산전류 = $11.0\mu A - 0.2\mu A = 10.8\mu A$

용액의 농도 $C_2 = \dfrac{100\text{mL} \times C_1 + 5\text{mL} \times 10\text{mM}}{105\text{mL}}$

$\dfrac{C_2}{C_1} = \dfrac{100 \times C_1 + 5 \times 10}{C_1 \times 105} = \dfrac{10.8}{7.8}$

∴ $C_1 = 1.10$mM

49 전기량법에 관한 설명 중 옳은 것은?

① 전기량의 단위로 F(Faraday)가 사용되는데 1F는 96,485 C/mole e^-이며 1C은 $1V \times 1A$이다.
② 전기량법 적정은 전해전지를 구성한 분석용액에 뷰렛으로 표준용액을 가하면서 전류의 변화를 읽어서 종말점을 구한다.
③ 조절-전위 전기량법에서 전지는 기준전극(Reference Electrode), 상대전극(Counter Electrode), 작업전극(Working Electrode)으로 구성되는데 기준전극과 상대전극 사이의 전위를 조정한다.
④ 구리의 전기분해 전지에서 전위를 일정하게 놓고 전기분해를 하면 시간에 따라 전류가 감소하는데 이는 구리이온의 농도가 감소하고 환원전극 농도 편극의 증가가 일어나기 때문이다.

> 해설

전기량법 분석
- 조절-전위 전기량법 : 작업전극(분석물질의 반응이 일어나는 전극)의 전위를 일정하게 유지시켜 시료 또는 용매 중에서 반응성이 덜한 화학종은 반응하지 않고 분석물질만 정량적으로 산화나 환원이 일어나게 한다.
- 조절-전류 전기량법 : 분석물질이 완전히 반응할 때까지 일정 전류를 유지시켜 준다. 반응이 완결되는 종말점에 도달할 때까지 사용되는 전기량은 전류의 크기와 반응시간으로 계산한다. → 전기량법 적정
- 1F = 96,485C/mol, 1C = 1A · s

50 적외선 흡수스펙트럼을 나타낼 때 가로축으로 주로 파수(cm^{-1})를 쓰고 있다. 파장(μm)과의 관계는?

① 파수 × 파장 = 100
② 파수 × 파장 = 1,000
③ 파수 = 10,000/파장
④ 파수 = 1,000,000/파장

> 해설

파수(cm^{-1}) = $\dfrac{1}{\text{파장}\left(\mu m \times \dfrac{10^{-6}\text{m}}{1\mu m} \times \dfrac{100\text{cm}}{1\text{m}} = 10^{-4}\text{cm}\right)}$

$= \dfrac{10,000}{\text{파장}}$

51 FT-IR에서 789cm^{-1}와 791cm^{-1}의 흡수 밴드를 구별하기 위해 거울이 움직여야 하는 거리(cm)는?

① 0.5
② 1.0
③ 5.0
④ 10.0

> 해설

분리능($\Delta\bar{\nu}$) = $\bar{\nu}_2 - \bar{\nu}_1 = \dfrac{1}{\delta} = 791 - 789 = 2$

∴ $\delta = 0.5$cm

거울의 이동거리 = 0.25cm

※ 문제 오류로 전항 정답처리 되었습니다.

52 분자질량분석법의 이온화 방법 중 사용하기 편리하고 이온 전류를 발생시키므로 매우 예민한 방법이지만, 열적으로 불안정하고 분자량이 큰 바이오 물질들의 이온화원에는 부적당한 방법은?

① Electron Ionization(EI)
② Electro Spray Ionization(ESI)
③ Fast Atom Bombardment(FAB)
④ Matrix-Assisted Laser Desorption Ionization(MALDI)

> 해설

전자 이온화원(EI)
- 토막내기 과정으로 스펙트럼이 복잡하다.
- 분자이온이 검출되지 않는 경우가 있다.
- 시료가 대체로 휘발성이어야 하며 분자량이 매우 큰 바이오 분자에는 적합하지 않다.

▶ 정답 49 ④ 50 ③ 51 전항 정답 52 ①

전기분무 이온화(ESI)
작은 에너지를 사용하므로 분자량이 100,000Da 부근인 열적으로 불안정한 생체물질의 정확한 분자량을 분석할 수 있다.

빠른 원자 충격 이온화(FAB)
글리세롤 용액 매트릭스와 응축된 시료 Xe, Ar의 빠른 원자로 충격하여 이온화시키는 방법으로, 분자량이 크고 극성인 화학종을 이온화시킨다.

매트릭스 지원 레이저 탈착 이온화(MALDI)
- 레이저를 강하게 흡수하는 매트릭스에 분석물질을 분산시킨 후, 레이저로 탈착 및 이온화시킨다.
- $10^3 \sim 10^5$Da의 분자량을 갖는 극성 생화학 고분자화합물의 정확한 분자량을 알 수 있다.
- 비행시간(TOF) 질량분석기와 함께 사용된다.

53 HPLC에서 역상(Reversed-phase) 크로마토그래피 시스템을 가장 잘 설명한 것은?

① 정지상이 극성이고 이동상이 비극성인 시스템
② 이동상이 극성이고 정지상이 비극성인 시스템
③ 분석 물질이 극성이고 정지상이 비극성인 시스템
④ 정지상이 극성이고 분석 물질이 비극성인 시스템

해설

구분	정상 크로마토그래피	역상 크로마토그래피
이동상	비극성	극성
정지상	극성	비극성

54 Gas Chromatography(GC)의 이상적인 검출기의 특징으로 틀린 것은?

① 안정성과 재현성이 좋아야 한다.
② 신뢰도가 높고 사용하기 편리해야 한다.
③ 검출기의 감도는 $10^{-8} \sim 10^{-15}$g 용질/s일 때 이상적이다.
④ 흐름 속도와 무관하게 긴 응답시간을 가져야 한다.

해설

GC의 이상적인 검출기
- 검출기의 감도 : $10^{-8} \sim 10^{-15}$g
- 높은 안정성과 재현성
- 여러 자릿수 영역의 용질에 대한 검출기 감응의 직선성
- 실온부터 최소한 400℃까지의 온도범위
- 흐름 속도와 무관한 짧은 감응시간
- 높은 신뢰도와 사용의 편리성
- 모든 용질에 비슷한 감응
- 선택적인 감응
- 시료를 파괴하지 않는 검출기

55 시료와 기준물질의 온도를 프로그램하여 변화시킬 때, 두 물질 간의 온도차(ΔT)를 측정하여 분석하는 열분석법은?

① Thermal Gravimetric Analysis(TGA)
② Differential Thermal Analysis(DTA)
③ Differential Scanning Calorimetry(DSC)
④ Isothermal DSC

해설

열분석법
- 열무게법(TGA)
  시료의 온도를 증가시키면서 질량변화를 측정한다.
- 시차열분석법(DTA)
  시료와 기준물질을 가열하면서 두 물질의 온도 차이를 온도의 함수로 측정한다.
- 시차주사열량법(DSC)
  시료물질과 기준물질을 조절된 온도 프로그램으로 가열하면서 시료와 기준물질 사이의 온도를 동일하게 유지시키는 데 필요한 에너지 차이를 시료온도의 함수로 측정한다.

56 질량분석법으로 얻을 수 있는 정보가 아닌 것은?

① 분자량에 관한 정보
② 동위원소의 존재비에 관한 정보
③ 복잡한 분자의 구조에 관한 정보
④ 액체나 고체 시료의 반응성에 관한 정보

해설

질량분석법으로부터 알 수 있는 정보
- 시료를 이루는 물질의 화학식
- 무기·유기·바이오 분자들의 구조
- 복잡한 혼합물화학조성의 정성 및 정량
- 고체 표면의 구조 및 화학조성
- 시료를 구성하는 원소의 동위원소비

정답 53 ② 54 ④ 55 ② 56 ④

57 칼럼의 길이가 30cm인 크로마토그래피를 사용하여 혼합물 시료로부터 성분 A를 분리하였다. 분리된 성분 A의 머무름시간은 12분이었으며, 분리된 봉우리 밑변의 너비가 2.4분이었다면 이 칼럼의 단높이(cm)는?

① 7.5×10^{-2}
② 14×10^{-2}
③ 2.5
④ 12.5

해설

단수 $N = 16\left(\dfrac{t_R}{W}\right)^2 = 16\left(\dfrac{12}{2.4}\right)^2 = 400$

단높이 $H = \dfrac{L}{N} = \dfrac{30\text{cm}}{400} = 0.075\text{cm}$

58 시차주사열계량법(DSC : Differential Scanning Calorimetry)에 대한 설명으로 틀린 것은?

① 시료물질과 기준물질을 조절된 온도 프로그램에서 가열하면서 두 물질의 온도 차이를 온도의 함수로서 측정한다.
② 전력보상 DSC와 열흐름 DSC에서 제공하는 정보는 같으나 기기장치는 근본적으로 다르다.
③ 폴리에틸렌의 DSC 자료에서 발열 피크의 면적은 결정화 정도를 측정하는 데 이용된다.
④ DSC 단독 사용 시 물질종의 확인은 어려우나, 물질의 순도는 확인할 수 있다.

해설

시차주사열량계법(DSC)
시료물질과 기준물질을 조절된 온도 프로그램으로 가열하면서 시료와 기준물질 사이의 온도를 동일하게 유지시키는 데 필요한 에너지 차이를 시료온도의 함수로 측정한다.
㉠ 전력보상 DSC 기기
 • 시료의 온도를 기준물질의 온도와 동일하게 유지하기 위해 필요한 전력이 측정된다.
 • 시료받침대와 가열장치, 백금저항온도계를 사용한다.
 • 열흐름 DSC보다 감도는 낮지만 감응시간은 더 빠르고, 분별능력도 더 높다.
㉡ 열흐름 DSC 기기
 • 시료온도가 일정한 속도로 변경되는 동안 시료와 기준물질로 흘러 들어오는 열흐름의 차이가 측정된다.
 • 시료와 기준물질 모두 하나의 가열장치로 가열된다.

59 ICP-MS의 작동순서와 설명으로 틀린 것은?

① ICP를 켜기 전 냉각수 및 진공 상태를 확인한다.
② 플라스마를 켠 다음, 플라스마 작동조건을 최적화시킨다.
③ 시료 도입 전에 바탕용액으로 잠깐 동안 시료 도입장치의 조건을 맞춘다.
④ 실험이 끝나면 플라스마를 끄고, 약산으로 시료 도입장치를 세척한다.

해설

ICP-MS 작동순서
1. 표준용액을 제조한다.
2. 시료 전처리 후 연동펌프를 연결하고 플라스마를 켠다.
3. 분석을 실시한다.
4. 분석이 끝난 후 플라스마를 끄고 질산에 담근 후 초음파 세척을 진행하고 이후 증류수에 담근 후 다시 초음파 세척을 진행한다.

60 유리 지시전극을 사용하여 용액의 pH를 측정할 때에 대한 설명으로 가장 적절하지 않은 것은?

① 선택계수(K_{AB})는 1이어야 한다.
② 1개의 기준전극이 포함되어 있다.
③ 높은 pH에서는 알칼리 오차가 생길 수 있다.
④ 내부 용액의 수소이온농도를 정확히 알고 있어야 한다.

해설

선택계수
이온 A를 측정하는 전극이 이온 B에도 감응할 때 그 비를 선택계수라고 한다.

$K_{AB} = \dfrac{\text{B에 대한 감응도}}{\text{A에 대한 감응도}}$

• $K_{AB} = 1$: 분석물이온과 방해이온이 동등하게 감응
• $K_{AB} = 0$: 방해 없음

정답 57 ① 58 ① 59 ④ 60 ①

4과목 시험법 밸리데이션

61 원료의약품의 정량시험을 밸리데이션하는 과정에서 얻은 결과 중 틀린 것은?(단, 허용기준은 $R \geq 0.990$ 이다.)

농도(mg/mL)	Peak Area
6	537.6
8	712.1
10	886.5
12	1,071.8
14	1,241.7

① 기울기 : 88.395
② y절편 : -5.99
③ Linearity 시험 : 만족
④ 농도 Level : 60~140%

해설
- 직선식 : $y = 88.395 + 5.99$
  여기서, x : 농도, y : 피크면적
- 상관계수 : $R = 0.99993$
- 농도 : 10mg/mL를 기준으로 6mg/mL는 60%, 14mg/mL는 140%이다.

62 검량선 작성에 관한 내용 중 틀린 것을 모두 고른 것은?

A. 검정곡선은 정확성을 높이기 위하여 표준물질을 사용한다.
B. 검정곡선의 직선성은 측정의 정밀도를 나타낸다.
C. 검정곡선의 직선범위보다 높은 세기를 나타내는 시료는 외삽법으로 농도를 정한다.
D. 검정곡선의 직선범위보다 작은 세기를 나타내는 시료는 농축하여 다시 측정한다.

① A, B
② B, C
③ C, D
④ A, D

해설
- 감도는 검정곡선의 기울기와 같다.
- 검정곡선의 직선범위보다 벗어나면 희석 또는 농축하여 정량한다.

63 정밀성에 대한 설명이 아닌 것은?

① 동일 실험실 내에서 동일한 시험자가 동일한 장치와 기구, 동일 제조번호와 시약, 기타 동일 조작 조건하에서 균일한 검체로부터 얻은 복수의 검체를 짧은 기간 차로 반복 분석 실험하여 얻은 측정값들 사이의 근접성을 검토해야 한다.
② 동일한 실험실 내에서 다른 실험일, 다른 시험자, 다른 기구 또는 장비 등을 이용하여 분석 실험하여 얻은 측정값들 사이의 근접성을 검토해야 한다.
③ 일반적으로 표준화된 시험방법을 사용하여 서로 다른 실험실에서 하나의 동일한 검체로부터 얻은 측정값들 사이의 근접성을 검토해야 한다.
④ 분석대상물질의 양에 비례하여 일정 범위 내에 직선적인 측정값을 얻어낼 수 있는 능력을 검토해야 한다.

해설
정밀성(Precision)
균질한 검체에서 반복적으로 채취한 검체를 정해진 절차에 따라 측정했을 때 각각의 측정값들 사이의 근접성(분산 정도)을 말한다.
- 반복성(병행 정밀성) : 동일한 시험자가 동일한 실험실 내에서 동일한 분석장비와 실험기구, 동일한 시약을 동일 조건에서 복수의 검체를 시간차로 반복 분석하여 얻은 결과들 사이의 근접성을 나타낸다.
- 실험실 간 정밀성 : 일반적으로 규격화된 분석방법을 사용한 연구에 적용하며, 서로 다른 공간의 실험실에서 동일한 검체로부터 얻은 분석결과들 사이의 근접성을 의미한다.
- 실험실 내 정밀성 : 동일한 실험실 내에서 다른 시험자, 다른 시험일, 다른 장비·기구 등을 사용하여 분석한 측정값들 사이의 근접성을 의미한다.

64 광화학반응용기 및 전기영동법의 모세관 칼럼의 재질로 가장 많이 사용되는 물질은?

① 붕소규산염 유리
② 석영 유리
③ 자기 유리
④ 소다석회 유리

해설
전기영동법의 모세관 칼럼은 실리카를 가장 많이 사용한다.

정답 61 ② 62 ② 63 ④ 64 ②

65 시험법 밸리데이션 계획서의 구성이 아래와 같을 때, 계획서에 대한 설명 중 틀린 것은?

1. 목적	2. 적용범위	3. 책임사항
4. 물질정보	5. 상세시험법	6. 허용범위
7. 참고사항		

① 시험에 사용되는 장비, 물질, 시험조건 등을 상세히 기술한다.
② 시험법 밸리데이션의 항목은 시험의 목적에 맞게 선택할 수 있다.
③ 허용범위는 시험결과에 따라 달라질 수 있다.
④ 시험 용액의 제조 등과 같이 시험법과 관련된 내역을 상세히 기술한다.

|해설|

재분석 사유
㉠ 검량선 시료의 측정결과가 허용범위를 만족하지 못한 경우
  • 정량한계농도에서의 S/N 값이 5 미만인 경우
  • 정량한계농도에서의 정확성이 80~120%를 벗어날 경우
  • 결정계수 R^2이 0.99 미만일 경우
㉡ 시료의 측정결과가 허용범위를 만족하지 못한 경우
  • 시료 중 33% 초과가 정확성 85~115% 기준을 벗어난 경우
  • 시료 중 67% 이상이 정확성 85~115% 기준을 만족하였으나 동일 농도에서 50% 초과하여 벗어난 경우
㉢ 한 배치 내에서 내부표준물질의 평균면적값의 변동계수가 허용범위를 벗어난 경우
  • HPLC/MS/MS와 HPLC/ECD의 경우 변동계수(CV)가 30% 이상인 경우
  • HPLC/UV와 HPLC/FLD의 경우 변동계수(CV)가 20% 이상인 경우
  • 시료 전처리 과정 중 유도체화 과정이 포함된 경우 변동계수(CV)가 40% 이상인 경우
㉣ 분석된 결과가 검량선의 상한가를 벗어난 경우
㉤ 희석시료의 측정결과가 허용범위를 만족하지 못한 경우
  • 희석시료 중 33% 초과가 정확성 85~115% 기준을 벗어난 경우
  • 희석시료 중 67% 이상이 정확성 85~115% 기준을 만족하였으나 동일 농도에서 50%를 초과하여 벗어난 경우

66 Volumetric Karl Fischer를 사용하여 실험한 결과가 아래와 같을 때, 실험결과의 해석 및 일반적인 장비관리 절차를 기준으로 적절하지 않은 의견을 제시한 사람은?

1) 기기명 : Volumetric Karl Fischer
2) 시료명 : Toluence
3) 규격 : Not more than 500ppm
4) 시험결과

시료 양	결과
T1 0.5g	458ppm
T2 0.5g	465ppm
T3 0.5g	1,080ppm
평균	668
표준편차	357

※ 결괏값이 변동성 허용범위는 %RSD가 30% 이내여야 한다.

① 이대리 : %RSD가 이상 있으니 전극의 상태를 먼저 점검해볼 필요가 있어 보입니다.
② 류과장 : 그럼 교체주기와 사용이력 등을 먼저 확인해보도록 합시다.
③ 김부장 : 장비에 문제가 발생하였다고 보여지면 외부의 업체에 의뢰하여 Calibration을 실시하는 것도 좋겠어요.
④ 권사원 : 외부에 의뢰할 예정이니 장비 유지보수 기록서는 별도로 기입하지 않겠습니다.

|해설|

장비 유지보수 기록서는 정기적으로, 그리고 변동사항이 생길 시에 반드시 기록해야 한다.

67 아래 측정값의 평균(A), 표준편차(B), 분산(C), 변동계수(D), 범위(E)는?

(단위 : ppm)

> 0.752, 0.756, 0.752, 0.751, 0.760

① A : 0.754, B : 0.004, C : 1.4×10^{-5}, D : 0.5%, E : 0.009
② A : 0.754, B : 0.003, C : 1.4×10^{-5}, D : 0.1%, E : 0.09
③ A : 0.754, B : 0.004, C : 1.4×10^{-6}, D : 0.5%, E : 0.09
④ A : 0.754, B : 0.003, C : 1.4×10^{-6}, D : 0.1%, E : 0.009

해설

- A : 평균 = $\dfrac{0.752+0.756+0.751+0.760}{4} = 0.754$
- B : 표준편차 = $\sqrt{\dfrac{(0.752-0.754)^2+(0.756-0.754)^2+(0.751-0.754)^2+(0.760-0.754)^2}{4-1}}$
  = 0.00376 ≒ 0.004
- C : 분산 = 표준편차^2 = 1.4×10^{-5}
- D : 변동계수 = $\dfrac{표준편차}{평균} \times 100\% = \dfrac{0.004}{0.754} \times 100 = 0.53\%$
- E : 범위 = 0.760 − 0.751 = 0.009

68 평균값이 ±4% 이내일 때, 95%의 신뢰도를 얻기 위한 2.8g 시료의 분석횟수는?(단, 분석 불확도는 시료채취 불확도보다 매우 작아 무시할 만하며, 주어진 조건에서 시료채취상수는 41g이다.)

t−table	one−tail	
자유도	0.05	0.025
1	6.314	12.710
2	2.920	4.303
3	2.353	3.182
4	2.132	2.776
5	2.015	2.571
6	1.943	2.447
7	1.895	2.365
8	1.860	2.306
9	1.833	2.262
10	1.812	2.228
∞	1.645	1.960

① 2 ② 4
③ 6 ④ 8

해설

$$n = \dfrac{t^2 s^2}{(\mu - \overline{x})^2}$$

$\mu - \overline{x} = \pm 4\% = 0.04$

$mR^2 = K_s$

$R = \sqrt{\dfrac{K_s}{m}} = \sqrt{\dfrac{41\text{g}}{2.8\text{g}}} = 3.8266\% = 0.03827$

∴ $n = \dfrac{(2.571 \times 0.03827)^2}{(0.04)^2} = 6$

69 시험분석기관의 부서를 사업총괄부서와 시험장비 운용부서로 나눌 때, 사업총괄부서의 시험장비 밸리데이션 관련 임무와 거리가 먼 것은?

① 사업 자문관 등을 지정한다.
② 시험장비의 변경 내용을 통보한다.
③ 소관기관 시험장비에 대한 밸리데이션 사업 시행에 필요한 예산을 확보한다.
④ 표준수행절차 및 표준서식 등을 정하고 필요·요구에 맞게 수정·보완한다.

해설

운용 중인 시험장비의 변경사항이 발생 시 사업총괄부서에 해당 시험장비의 변경 내용을 통보하여 사업 시행에 변경사항이 반영될 수 있도록 한다.

70 다음은 검출한계를 특정하는 여러 방법 중 한 가지이다. ( )에 들어갈 내용을 바르게 연결한 것은?

> 검출한계 내에 있는 분석대상물질을 포함한 검체를 사용하여 특이적인 검량선을 작성한다. 회귀직선에서 ( )의 표준편차 또는 회귀직선에서 ( )의 표준편차를 표준편차 σ로서 이용할 수 있다.

① 잔차 – y절편
② 기울기 – y절편
③ 상관계수 – 잔차
④ 기울기 – 상관계수

해설
검출한계 내에 있는 분석대상물질을 포함한 검체를 사용하여 특이적인 검량선을 작성한다. 회귀직선에서 잔차의 표준편차 또는 회귀직선에서 y절편의 표준편차를 표준편차 σ로서 이용할 수 있다.

71 Na^+을 포함하는 미지시료를 AES를 이용해 측정한 결과 4.00mV이고, 미지시료 95.0mL에 2.00M NaCl 표준용액 5.00mL를 첨가한 후 측정하였더니 8.00mV였을 때, 미지시료 중에 함유된 Na^+의 농도(M)는?

① 0.95
② 0.095
③ 0.0095
④ 0.00095

해설
$$4.00\text{mV} : 8.00\text{mV} = C : \frac{2.00\text{M} \times 5.00\text{mL} + C \times 95\text{mL}}{100\text{mL}}$$
$\therefore C = 0.0952 \text{mol/L(M)}$

72 분석의 전처리 과정에서 발생 가능한 오차에 대한 설명 중 적합하지 않은 것은?

① 측정에서 오차는 측정 조건에 따라 그 크기가 달라지지만 아무리 노력하더라도 오차를 완전히 없앨 수 없다.
② 우연오차는 동일한 시험을 연속적으로 실시하여 보정이 가능하다.
③ 우연오차에서는 평균값보다 큰 측정값이 얻어질 확률과 작은 값이 얻어질 확률이 같다.
④ 계통오차의 발생 예는 교정되지 않은 뷰렛을 사용하여 부피를 측정하였을 때를 들 수 있다.

해설
우연오차는 교정 불가능한 오차로 통계(정규분포, 가우스분포)로 처리해야 한다.

73 분석을 시작하기 전 매트릭스가 혼재되어 있을 때 보조적인 시험방법을 추가로 고려해야 하는지의 여부를 결정짓는 특성은?

① 정확성
② 견뢰성
③ 완건성
④ 특이성

해설
특이성
측정대상물질, 불순물 등이 혼재된 상태에서 분석대상물질을 선택적이고 정확하게 측정할 수 있는 정도

74 분석장비를 이용한 실험 준비 과정에 대한 설명 중 옳은 것을 모두 고른 것은?

> A. 장비의 사용 전에는 실험실의 온도와 습도를 확인한다.
> B. 장비는 사용하기 전에는 전력 저감을 위하여 워밍업 시간 없이 바로 튜닝을 하는 것이 좋다.
> C. 시험 전에는 장비의 튜닝을 한 번 이상 실시하는 것이 좋다.
> D. 튜닝 보고서는 장비의 최적화 과정의 결과이므로 잘 보관해둔다.

① A, B, C
② A, C, D
③ B, C, D
④ A, B, C, D

해설
장비는 광원, 검출기 등이 평형에 도달하도록 사용하기 전에 워밍업을 해야 한다.

정답 70 ① 71 ② 72 ② 73 ④ 74 ②

75 시험법 밸리데이션 과정에 일반적으로 요구되는 방법 검증 항목을 모두 고른 것은?

A. 검정곡선의 직선성	B. 특이성
C. 정확도 및 정밀도	D. 정량한계 및 검출한계
E. 안정성	

① A, B, C, D, E
② A, C, D, E
③ A, B, C, D
④ A, B, C

해설
시험법 밸리데이션 평가항목
- 특이성
- 정확성
- 정밀성
- 검출한계
- 정량한계
- 직선성
- 범위
- 완건성(안정성)

76 시험법 밸리데이션 항목 중 직선성 평가에 대한 설명으로 옳지 않은 것은?

① 적어도 5개 농도의 검체를 사용하는 것이 권장된다.
② 최소자승법에 의한 회귀직선의 계산과 같은 통계학적 방법을 이용해 측정결과를 평가한다.
③ 농도 또는 함량에 대한 함수로 그래프를 작성하여 시각적으로 직선성을 평가한다.
④ 만약 시험결과가 허용범위에 만족하지 못하는 경우 해당 시험법은 밸리데이션될 수 없다.

해설
만약 시험결과가 허용범위에 만족하지 못하는 경우 해당 시험법을 점검 및 수정한다.

77 시험, 교정 또는 샘플링 성적서에 관한 KS의 일부분이 아래와 같을 때, 밑줄 친 것에 해당하지 않는 것은?

오해와 오용의 가능성을 최소화하기 위해 시험 및 교정 기관이 다음을 따르지 못할 타당한 이유가 없는 한, 각 성적서에 적어도 <u>다음 정보</u>를 포함해야 한다.

① 성적서 의뢰일자
② 사용한 방법의 식별
③ 시험기관의 명칭 및 주소
④ 시험기관 활동의 수행일자

해설
성적서에 포함해야 하는 정보
- 제목
- 시험/교정기관의 명칭 및 주소
- 고객의 시설 또는 시험/교정기관의 고정시설에서 떨어져 있는 장소 등
- 성적서의 일부임을 인식하기 위한 식별표시
- 고객의 이름 및 연락처
- 사용한 방법의 식별
- 품목에 대한 기술
- 시험/교정 품목의 인수일자와 샘플링일자
- 시험/교정 활동의 수행일자
- 성적서 발행일자
- 샘플링 계획 및 방법이 결과의 유효성 또는 적용에 관련된 경우
- 결과는 시험, 교정 또는 샘플링을 실시한 품목에만 효과가 있다는 진술
- 측정단위로 나타낸 결과
- 방법의 추가, 이탈 및 제외사항
- 성적서에 대한 승인권자의 신원 식별
- 외부 공급자로부터의 결과를 명확히 표시

78 GC-MS를 이용한 VOCs 실험에서 밸리데이션 실험 요소에 따른 평가기준 설정으로 적절하지 않은 것은?(단, 공정시험법을 기준으로 한다.)

① 정량한계 근처의 농도가 되도록 분석물질을 첨가한 시료 7개를 준비하여 각 시료를 공정시험법 분석절차와 동일하게 추출하여 표준편차를 구한 후 표준편차에 3.14를 곱한 값을 방법검출한계로, 10을 곱한 값을 정량한계로 나타낸다.
② 검정곡선의 작성 및 검증은 정량범위 내의 3개 이상의 농도에 대해 검정곡선을 작성하고, 얻어진 검정곡선의 결정계수(R^2)가 0.98 이상이어야 한다.
③ 검정곡선의 작성 및 검증은 정량범위 내의 3개 이상의 농도에 대해 검정곡선을 작성하고, 얻어진 검정곡선의 상대표준편차가 25% 이내이어야 한다.
④ 정확도 기준은 정제수에 정량한계 농도의 2~10배가 되도록 표준물질을 첨가한 시료를 3개 이상 준비하여 공정시험법 분석절차와 동일하게 측정한 측정 평균값의 상대백분율이 50~150% 이내이어야 한다.

정답 75 ① 76 ④ 77 ① 78 ④

> 해설

정확도 기준은 정제수에 정량한계 농도의 2~10배가 되도록 표준물질을 첨가한 시료를 4개 이상 준비하고, 공정시험법 분석절차와 동일하게 측정한 측정 평균값의 상대백분율이 75~125% 이내이어야 한다.

79 시험법 밸리데이션에 관한 설명 중 일반적인 수행방법으로 가장 거리가 먼 것은?

① 시험법 밸리데이션의 목적은 시험방법이 목적에 적합함을 증명하는 것이다.
② 밸리데이션을 수행할 때는 순도가 명시된 특성 분석이 완료된 표준물질을 사용해야 한다.
③ 밸리데이션 시에 확보한 모든 관련 자료와 항목에 적용한 산출공식을 제출하고 적절하게 설명해야 한다.
④ 밸리데이션된 시험방법의 변경사항에 대한 기록은 생략 가능하다.

> 해설

밸리데이션된 시험방법의 변경사항은 기록해야 한다.

80 분석시료의 균질성을 확보하기 위한 방법으로 가장 거리가 먼 것은?

① 정제(알약)의 경우 무게와 크기가 표준품 규격에 일치하는 1정을 선별하여 분석시료를 제조한다.
② 액제(물약)의 경우 시료채취 전 충분히 교반 후 상·중·하층으로 나누어 채취 후 혼합하여 분석시료를 제조한다.
③ 휘발성 물질의 경우 채취 중 외부와의 접촉을 최소화하며 분석시료 보관용기를 가득 채운다.
④ 지하수의 경우 물을 충분히 퍼낸 다음 새로 나온 물을 채취한다.

> 해설

정제의 경우 균질성을 확보하기 위해 다량의 정제를 분쇄하여 균일하게 혼합하여 분석시료를 제조한다.

5과목 환경·안전관리

81 아연과 황산을 반응시키는 아래의 반응으로 생성되는 수소를 수상포집한다. 반응 종료 후 포집병 내부의 부피는 125mL, 전체 압력은 838torr, 온도는 60℃일 때, 수소의 몰분율과 반응에 소모된 아연의 양(g)은?(단, 포집병 내부에는 수증기와 수소만 있다고 가정하며, 60℃의 수증기압은 150torr이고, 아연의 원자량은 65.37 g/mol이다.)

$$Zn(s) + H_2SO_4(aq) \rightarrow ZnSO_4(aq) + H_2(g)$$

① 0.821, 0.270g ② 0.241, 0.821g
③ 0.821, 0.121g ④ 0.241, 0.721g

> 해설

$$x_{H_2} = \frac{P_t - P_{H_2O}}{P_t} = \frac{(838-150)\,\text{torr}}{838\,\text{torr}} = 0.821$$

Zn 1mol당 H_2 1mol이 생성되므로

$$n_{H_2} = \frac{P_{H_2}V}{RT} = \frac{(838-150)\,\text{torr} \times \frac{1\text{atm}}{760\text{torr}} \times 0.125\text{L}}{0.08206\,\text{atm}\cdot\text{L/mol}\cdot\text{K} \times (273+60)\text{K}}$$
$$= 0.00414\text{mol}$$

소모된 Zn의 양은

$$0.00414\text{mol Zn} \times \frac{65.37\text{g}}{1\text{mol}} = 0.271\text{g}$$

82 과학기술정보통신부의 연구실 설치·운영 가이드라인상 산화제와 같이 보관해서는 안 되는 화학물질은?

① 알칼리 ② 무기 산
③ 유기 산 ④ 산화성 산

> 해설

산화제는 유기물과 폭발적 반응을 하므로 같이 보관해서는 안 된다.

정답 79 ④ 80 ① 81 ① 82 ③

83 폐기물관리법령상 폐기물분석전문기관이 아닌 것은?(단, 그 밖에 환경부장관이 폐기물 시험·분석 능력이 있다고 인정하는 기관은 제외한다.)

① 한국환경공단
② 보건환경연구원
③ 산업안전보건공단
④ 수도권매립지관리공사

해설

폐기물분석전문기관
- 한국환경공단
- 수도권매립지관리공사
- 보건환경연구원
- 그 밖에 환경부장관이 폐기물 시험·분석 능력이 있다고 인정하는 기관

84 실험실에서의 시약 사용 시 주의사항, 폐기물 처리 및 보관 수칙 중 틀린 것은?

① 시약은 필요한 만큼만 시약병에서 덜어내어 사용하고, 남은 시약은 재사용하지 않고 폐기한다.
② 폐시약을 수집할 때는 성분별로 구분하여 보관용기에 보관하며, 남은 폐시약은 물로 씻고 하수구에 폐기한다.
③ 폐시약 보관용기는 통풍이 잘되는 곳을 별도로 지정하여 보관한다.
④ 폐시약 보관용기는 저장량을 주기적으로 확인하고 폐수처리장에 처리한다.

해설

폐시약을 수집할 때 성분별로 구분하여 보관용기에 보관하며, 절대로 하수구나 배수구에 버려서는 안 된다.

85 완전 연소할 때 자극성이 강하고 유독한 기체를 발생하는 물질은?

① 벤젠
② 에틸알코올
③ 메틸알코올
④ 이황화탄소

해설

- 벤젠, 에틸알코올, 메틸알코올의 연소생성물 : CO_2, H_2O
- 이황화탄소의 반응식 : $CS_2 + 3O_2 \rightarrow CO_2 + 2SO_2$

86 화학물질 취급 종사자가 200ppm의 아세톤에 3시간, 100ppm의 n-헥세인에 2시간 동안 노출되었을 때, 이 근로자의 8시간 기준 시간가중평균노출기준(TWA, ppm)은?

① 100
② 200
③ 300
④ 400

해설

$$TWA \text{ 환산값} = \frac{C_1 T_1 + C_2 T_2 + \cdots + C_n T_n}{8}$$

여기서, C : 유해인자의 측정값(ppm, mg/m^3)
T : 유해인자의 발생시간(h)

$$\therefore TWA = \frac{200 \times 3 + 100 \times 2}{8} = 100 ppm$$

87 화재 발생 후 화재의 진행단계에 따른 실험실 종사자의 적절한 대응으로 이루어진 것은?

> ㄱ. 화재의 성장단계의 약 3~5분의 Golden Time에 소화기로 긴급 대응한다.
> ㄴ. 최성기에는 Flashover, Backdraft 등 기현상을 관찰할 수 있으므로 화재현장에 다가간다.
> ㄷ. 최성기에 소방대응이 지연될 경우 방재복을 입고 직접 대응한다.
> ㄹ. 감쇠기 이후에도 잔여열이나 건축물의 붕괴 등의 추가 피해가 우려되므로 접근하지 않는다.

① ㄱ, ㄴ
② ㄴ, ㄷ
③ ㄷ, ㄹ
④ ㄱ, ㄹ

해설

일반화재의 주요 성상
발화기 → 성장기 → (플래시오버) → 최성기 → 감쇠기

Flashover(플래시오버)
건축물 화재 시 성장기에서 최성기로 진행될 때 실내온도가 급격히 상승하기 시작하면서 화염이 실내 전체로 급격히 확대되는 연소현상

Backdraft(백드래프트)
밀폐된 공간에서 화재가 발생하면 산소 농도가 부족한 상태에서 불완전 연소를 하게 되는데, 이때 진화를 위해 출입문을 개방하면 신선한 공기의 유입으로 폭발적인 연소가 일어나는 현상

정답 83 ③ 84 ② 85 ④ 86 ① 87 ④

88 위험물안전관리법령상 질산에스테르류, 니트로화합물, 유기과산화물이 속하는 위험물 성질은?

① 자기반응성 물질
② 인화성 액체
③ 자연발화성 물질
④ 산화성 액체

해설

제5류 위험물 – 자기반응성 물질
- 유기과산화물
- 질산에스테르류
- 나이트로화합물
- 나이트로소화합물
- 아조화합물
- 디아조화합물
- 히드라진 유도체
- 히드록실아민
- 히드록실아민염류

89 산업안전보건법령상 자기반응성 물질 및 혼합물의 구분형식 A~G 중 형식 A에 해당되는 것은?

① 포장된 상태에서 폭굉하거나 급속히 폭연하는 자기반응성 물질 또는 화합물
② 50kg 포장물의 자기가속분해온도가 75℃보다 높은 물질 또는 혼합물
③ 분해열이 300J/g 미만인 물질 또는 혼합물
④ 폭발성 물질 또는 화약류 물질 또는 혼합물

해설

자기반응성 물질 및 혼합물

형식	구분 기준
A	포장된 상태에서 폭굉하거나 폭연하는 자기반응성 물질 또는 혼합물
B	폭발성을 가지며 포장된 상태에서 폭굉도 급속한 폭연도 하지 않지만 그 포장물 내에서 열폭발을 일으키는 경향을 가지는 자기반응성 물질 또는 혼합물
C	폭발성을 가지며 포장된 상태에서 폭굉도 폭연도 열폭발도 일으키지 않는 자기반응성 물질 또는 혼합물
D	실험실 시험에서 다음 어느 하나의 성질과 상태를 나타내는 자기반응성 물질 또는 혼합물 • 폭굉이 부분적이고 빨리 폭연하지 않으며 밀폐상태에서 가열하면 격렬한 반응을 일으키지 않음 • 전혀 폭굉하지 않고 완만하게 폭연하며 밀폐상태에서 가열하면 격렬한 반응을 일으키지 않음 • 전혀 폭굉 또는 폭연하지 않고 밀폐상태에서 가열하면 중간 정도의 반응을 일으킴
E	실험실 시험에서 전혀 폭굉도 폭연도 하지 않고 밀폐상태에서 가열하면 반응이 약하거나 없다고 판단되는 자기반응성 물질 또는 혼합물
F	실험실 시험에서 공동상태(Cavitated State)하에서 폭굉하지 않거나 전혀 폭연하지 않고 밀폐상태에서 가열하면 반응이 약하거나 없는 또는 폭발력이 약하거나 없다고 판단되는 자기반응성 물질 또는 혼합물
G	실험실 시험에서 공동상태하에서 폭굉하지 않거나 전혀 폭연하지 않고, 밀폐상태에서 가열하면 반응이 없거나 폭발력이 없다고 판단되는 자기반응성 물질 또는 혼합물. 다만, 열역학적으로 안정하고(50kg의 포장물에서 자기가속분해온도(SADT)가 60℃와 75℃ 사이), 액체 혼합물의 경우에는 끓는점이 150℃ 이상의 희석제로 둔화시키는 것을 조건으로 한다. 혼합물이 열역학적으로 안정하지 않거나 끓는점이 150℃ 미만의 희석제로 둔화되고 있는 경우에는 형식 F로 해야 한다.

90 GHS에 의한 화학물질의 분류에 있어 성상에 대한 설명으로 옳지 않은 것은?

① 가스는 50℃에서 증기압이 300kPa abs를 초과하는 단일 물질 또는 혼합물
② 고체는 액체 또는 가스의 정의에 부합되지 않는 단일 물질 또는 혼합물
③ 증기는 액체 또는 고체 상태로부터 방출되는 가스 형태의 단일 물질 또는 혼합물
④ 액체는 101.3kPa에서 녹는점이나 초기 녹는점이 25℃ 이하인 단일 물질 또는 혼합물

해설

액체
50℃에서 증기압이 300kPa 이하이고 20℃ 표준압력(101.3kPa)에서 완전히 가스상태가 아니며, 표준압력(101.3kPa)에서 녹는점이 20℃ 이하인 물질

91 산업안전보건법령상 물질안전보건자료의 경고표시 기재항목의 작성방법으로 틀린 것은?

① 그림문자 : 5개 이상일 경우 4개만 표시 가능
② 신호어 : "위험" 또는 "경고" 표시 모두 해당하는 경우에는 "경고"만 표시 가능
③ 예방조치 문구 : 7개 이상인 경우에는 예방·대응·저장·폐기 각 1개 이상을 포함하여 6개만 표시 가능
④ 유해·위험 문구 : 해당 문구는 모두 기재하되, 중복되는 문구는 생략, 유사한 문구는 조합 가능

해설

경고표시 작성방법
- 명칭 : 대상 화학물질의 명칭(MSDS상의 제품명)
- 그림문자 : 5개 이상일 경우 4개만 표시 가능
- 신호어 : 위험 또는 경고 표시 모두 해당하는 경우에 위험만 표시
- 유해·위험 문구 : 해당 문구 모두 기재, 중복되는 문구 생략, 유사한 문구 조합 가능
- 예방조치 문구 : 예방·대응·저장·폐기 각 1개 이상을 포함하여 6개만 표시 가능

92 C_2H_4를 합성하기 위한 반응은 아래와 같으며, C_2H_4의 수득률이 42.5%라면 C_2H_4 281g을 생산하기 위해 필요한 C_6H_{14}의 질량(g)은?

$$C_6H_{14} \xrightarrow{800℃} C_2H_4 + 다른\ 생성물$$

① 2.03×10^3 ② 3.03×10^3
③ 4.03×10^3 ④ 5.03×10^3

해설

$281g \times \dfrac{1mol}{28g} = 10.03mol$

$C_6H_4 = \dfrac{10.03mol}{0.425} \times \dfrac{86g}{1mol} = 2,030g = 2.03 \times 10^3 g$

93 브뢴스테드에 의한 산·염기의 정의에 따라 아래 반응을 바르게 설명하지 못한 것은?

$$CH_3COOH + H_2O \rightarrow H_3O^+ + CH_3COO^-$$

① 정반응에서 아세트산은 양성자를 잃으므로 산에 속한다.
② 정반응에서 물은 양성자를 받아들이므로 염기에 속한다.
③ 역반응에서 하이드로늄이온은 양성자를 잃으므로 산에 속한다.
④ 역반응에서 아세트산이온은 양성자를 받아들이므로 산에 속한다.

해설

브뢴스테드 – 로우리의 산·염기
- 산 : 양성자 주개
- 염기 : 양성자 받개

$$CH_3COOH + H_2O \rightarrow H_3O^+ + CH_3COO^-$$
산 염기 짝산 짝염기

94 화학실험실 실험기구 및 장치의 안전 사용에 대한 설명으로 가장 거리가 먼 것은?

① 모든 플라스크류는 감압조작에 사용할 수 있다.
② 비커류에 용매를 넣을 때 크리프 현상을 주의하여야 한다.
③ 실험장치는 온도변화에 따라 기계적 강도가 변할 수 있다.
④ 실험장치는 사용하는 약품에 따라 기계적 강도가 변할 수 있다.

해설

- 크리프(Creep) : 소재에 일정한 하중이 가해진 상태에서 시간의 경과에 따라 소재의 변형이 계속되는 현상
- 경질유리 플라스크는 압력 및 변형에 약하여 직화에 의한 가열이나 감압조작에서는 사용하면 안 된다.

정답 91 ② 92 ① 93 ④ 94 ①

95 비점이 다른 성분의 혼합물인 원유나 중질유 등의 유류저장탱크에 화재가 발생하여 장시간 진행되어 형성된 열류층이 탱크 저부로 내려오며 탱크 밖으로 비산, 분출되는 현상은?

① BLEVE
② Boil-over
③ Flash-over
④ Backdraft

해설

BLEVE(블레비)
- 가스탱크 주위에서 화재가 발생하여 기상부의 탱크 강판이 국부적으로 가열되어 그 부분의 강도가 약해져서 결국 탱크가 파열된다. 이때 내부에서 가열된 액화가스가 급격히 유출되어 Fire Ball(화구)을 형성하며 폭발하는 형태
- 비등상태의 액화가스가 기화하여 팽창하고 폭발하는 현상

Boil-over(보일오버)
탱크 밑면에 물이 고여 있는 경우, 물이 급격히 증발하여 상층의 유류를 밀어 올려 다량의 기름을 탱크 밖으로 방출하는 현상

Flash-over(플래시오버)
건축물 화재 시 성장기에서 최성기로 진행될 때 실내온도가 급격히 상승하기 시작하면서 화염이 실내 전체로 급격히 확대되는 연소현상

Backdraft(백드래프트)
밀폐된 공간에서 화재가 발생하면 산소 농도가 부족한 상태에서 불완전 연소를 하게 되는데, 이때 진화를 위해 출입문을 개방하면 신선한 공기의 유입으로 폭발적인 연소가 일어나는 현상

96 위험물안전관리법령상 화학분석실에서 발생하는 위험 화학물질의 운반에 관한 설명으로 틀린 것은?

① 위험물은 온도변화 등에 의하여 누설되지 않도록 하여 밀봉 수납한다.
② 하나의 외장용기에는 다른 종류의 위험물을 같이 수납하지 않는다.
③ 액체위험물은 운반용기 내용적의 98% 이하로 수납하되 55℃의 온도에서도 누설되지 않도록 충분한 공간용적을 유지해야 한다.
④ 고체위험물은 운반용기 내용적의 98% 이하로 수납해야 한다.

해설

위험물 운반에 관한 기준(적재방법)
㉠ 위험물이 온도변화 등에 의하여 누설되지 아니하도록 운반용기를 밀봉하여 수납할 것. 다만, 온도변화 등에 의한 위험물로부터의 가스의 발생으로 운반용기 안의 압력이 상승할 우려가 있는 경우(발생한 가스가 독성 또는 인화성을 갖는 등 위험성이 있는 경우를 제외한다)에는 가스의 배출구(위험물의 누설 및 다른 물질의 침투를 방지하는 구조로 된 것에 한한다)를 설치한 운반용기에 수납할 수 있다.
㉡ 수납하는 위험물과 위험한 반응을 일으키지 아니하는 등 당해 위험물의 성질에 적합한 재질의 운반용기에 수납할 것
㉢ 고체위험물은 운반용기 내용적의 95% 이하의 수납률로 수납할 것
㉣ 액체위험물은 운반용기 내용적의 98% 이하의 수납률로 수납하되, 55℃의 온도에서 누설되지 아니하도록 충분한 공간용적을 유지하도록 할 것
㉤ 하나의 외장용기에는 다른 종류의 위험물을 수납하지 아니할 것
㉥ 제3류 위험물은 다음의 기준에 따라 운반용기에 수납할 것
- 자연발화성 물질에 있어서는 불활성 기체를 봉입하여 밀봉하는 등 공기와 접하지 아니하도록 할 것
- 자연발화성 물질 외의 물품에 있어서는 파라핀·경유·등유 등의 보호액으로 채워 밀봉하거나 불활성 기체를 봉입하여 밀봉하는 등 수분과 접하지 아니하도록 할 것
- 자연발화성 물질 중 알킬알루미늄 등은 운반용기의 내용적의 90% 이하의 수납률로 수납하되, 50℃의 온도에서 5% 이상의 공간용적을 유지하도록 할 것

97 위험물안전관리법령상 (   )에 해당하는 용어는?

> 다량의 위험물을 저장·취급하는 제조소 등으로서 대통령령이 정하는 제조소 등이 있는 동일한 사업소에서 대통령령이 정하는 수량 이상의 위험물을 저장 또는 취급하는 경우 당해 사업소의 관계인은 대통령령이 정하는 바에 따라 당해 사업소에 (   )를 설치하여야 한다.

① 의용소방대
② 자위소방대
③ 자체소방대
④ 사설소방대

정답 95 ② 96 ④ 97 ③

해설

자체소방대
다량의 위험물을 저장·취급하는 제조소 등으로서 대통령령이 정하는 제조소 등이 있는 동일한 사업소에서 대통령령이 정하는 수량 이상의 위험물을 저장 또는 취급하는 경우 당해 사업소의 관계인은 대통령령이 정하는 바에 따라 당해 사업소에 자체소방대를 설치해야 한다.

- 의용소방대 : 화재 진압, 구조, 구급 등의 소방 업무를 수행하거나 보조하는 관할지역 주민들로 구성된 민간 봉사단체이다.
- 자위소방대 : 소방안전관리대상물의 소방안전관리자가 편성, 운영하는 자율안전관리조직이다.

98 완충용액에 대한 설명으로 틀린 것은?

① 완충용액이란 외부에서 어느 정도의 산이나 염기를 가했을 때, 영향을 크게 받지 않고 수소이온농도를 일정하게 유지하는 용액이다.
② 약염기에 그 염을 혼합시킨 완충용액은 강염기를 소량 첨가하면 pH의 변화가 크다.
③ 약산에 그 염을 혼합시킨 완충용액은 강산을 소량 첨가해도 pH의 변화가 그다지 없다.
④ 완충용액은 피검액의 안정제나 pH 측정의 비교 표준액으로 사용된다.

해설

완충용액
- 외부로부터 어느 정도의 산이나 염기를 가했을 때 영향을 크게 받지 않고 수소이온농도를 일정하게 유지하는 용액
- 약산과 그 약산의 염의 혼합용액 또는 약염기와 그 약염기의 염의 혼합용액이 완충작용을 한다.

99 위험물안전관리법령상 인화성 고체로 분류하는 1기압에서의 인화점 기준은?

① 20℃ 미만　　② 30℃ 미만
③ 40℃ 미만　　④ 60℃ 미만

해설

인화성 고체
고형 알코올, 그 밖에 1기압에서 인화점이 40℃ 미만인 고체

100 소방시설법령상 특급 소방안전관리대상물의 소방안전관리자로 선임할 수 있는 자격기준으로 옳지 않은 것은?

① 소방기술사 또는 소방시설관리사의 자격이 있는 사람
② 소방설비기사의 자격을 취득한 후 5년 이상 1급 소방안전관리대상물의 소방안전관리자로 근무한 실무경력이 있는 사람
③ 소방설비산업기사의 자격을 취득한 후 6년 이상 1급 소방안전관리대상물의 소방안전관리자로 근무한 실무경력이 있는 사람
④ 소방공무원으로 20년 이상 근무한 경력이 있는 사람

해설

특급 소방안전관리대상물의 소방안전관리자 자격기준
- 소방기술사 또는 소방시설관리사의 자격이 있는 사람
- 소방설비기사의 자격을 취득한 후 5년 이상 1급 소방안전관리대상물의 소방안전관리자로 근무한 실무경력이 있는 사람
- 소방설비산업기사의 자격을 취득한 후 7년 이상 1급 소방안전관리대상물의 소방안전관리자로 근무한 실무경력이 있는 사람
- 소방공무원으로 20년 이상 근무한 경력이 있는 사람
- 소방청장이 실시하는 특급 소방안전관리대상물의 소방안전관리에 관한 시험에 합격한 사람

정답　98 ②　99 ③　100 ③

2022년 제1회 기출문제

1과목 화학분석 과정관리

01 다음 표의 ㉠, ㉡, ㉢ 에 들어갈 숫자를 순서대로 나열한 것은?

기호	양성자수	중성자수	전자수	전하
$^{238}_{92}U$	(㉠)			0
$^{40}_{20}Ca^{2+}$		(㉡)		2+
$^{51}_{23}V^{3+}$			(㉢)	3+

	㉠	㉡	㉢
①	92	20	20
②	92	40	23
③	238	20	20
④	238	40	23

해설

$^{238}_{92}U$: 양성자수 = 92
$^{40}_{20}Ca^{2+}$: 질량수 = 양성자수 + 중성자수
40 = 20 + 중성자수
∴ 중성자수 = 20
$^{51}_{23}V^{3+}$: 전자수 = 23 − 3 = 20

02 시료채취장비와 시료용기의 준비과정이 잘못된 것은?
① 스테인리스 혹은 금속으로 된 장비는 산으로 헹군다.
② 장비 세척 후 저장이나 이송을 위해서는 알루미늄 포일로 싼다.
③ 금속류 분석을 위한 시료채취용기로는 뚜껑이 있는 플라스틱 병을 사용한다.
④ VOCs, THMs의 분석을 위한 시료채취용기 세척 시 플라스틱 통에 든 세제를 사용하면 안 된다.

해설

산은 금속을 부식시킨다.

03 어떤 학생의 NaOH 용액 제조과정 실험 레포트 중 잘못된 것을 모두 고른 것은?

목표 : 0.1M NaOH 100mL 제조
ⓐ 100mL 부피 플라스크에 0.4g의 NaOH를 넣은 후 표선까지 증류수로 채운다.
ⓑ 이 반응은 흡열반응이므로 주의하도록 한다.
ⓒ NaOH의 조해성을 주의하여 제조한다.
ⓓ 시약을 조제할 때, 약수저에 시약이 남을 경우 버리지 않고 시약병에 다시 넣어둔다.

① ⓐ
② ⓐ, ⓑ
③ ⓑ, ⓓ
④ ⓐ, ⓑ, ⓓ

해설

ⓐ 고체시료를 비커에 녹인 후 부피 플라스크에 넣어 100mL를 채운다.
ⓑ 발열반응이므로 주의한다.
ⓒ 조해성 : 공기 중의 수분을 흡수하여 스스로 눅눅해지는 현상
ⓓ 사용 후 남은 시약은 오염 방지를 위해 폐시약통에 넣는다.

04 C_4H_8의 모든 이성질체 개수는?
① 4
② 5
③ 6
④ 7

해설

C_nH_{2n} : 알켄 또는 시클로알칸
㉠ $CH_2=CH-CH_2-CH_3$

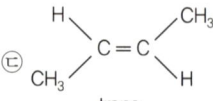

정답 ▶ 01 ① 02 ① 03 ④ 04 ③

ⓔ $CH_2=C{\overset{CH_3}{\underset{CH_3}{\big<}}}$

ⓜ $\underset{CH_2-CH_2}{\overset{CH_2-CH_2}{|\quad\quad|}}$

ⓗ $\underset{CH_2-CH_2}{\overset{CH_3}{\overset{|}{CH}}}$

∴ 이성질체의 개수는 6개이다.

05 다음 중 수소의 질량 백분율(%)이 가장 큰 것은?

① HCl
② H₂O
③ H₂SO₄
④ H₂S

해설

① HCl : $\frac{1}{36.5}\times 100 = 2.74\%$

② H₂O : $\frac{2\times 1}{18}\times 100 = 11.11\%$

③ H₂SO₄ : $\frac{2\times 1}{98}\times 100 = 2.04\%$

④ H₂S : $\frac{2\times 1}{34}\times 100 = 5.88\%$

06 전자기 복사선 중 핵에 관계된 양자전이 형태를 이용하는 분광법은?

① X선 회절
② 감마선 방출
③ 자외선 방출
④ 적외선 흡수

해설

① X선 회절 : 빛의 간섭현상을 이용하여 고체 결정의 격자거리를 측정하는 분광법
② γ선 방출 : 원자핵이 들뜬 상태에서 바닥 상태로 내려오면서 방출하는 빛(핵전이)
③ UV(자외선) 방출 : 분자나 원자의 전자가 들뜬 상태에서 바닥 상태로 내려오면서 방출하는 자외선 또는 가시광선(전자전이)
④ IR(적외선) 흡수 : 분자가 바닥 상태에서 들뜬 상태로 전이할 때 적외선을 흡수(분자의 진동전이)

07 1.6m의 초점거리와 지름이 2.0cm인 평행한 거울로 되어 있고, 분산장치는 1,300홈/mm의 회절발을 사용하고 있는 단색화 장치의 2차 역선형 분산(D^{-1}, nm/mm)은?

① 0.12
② 0.24
③ 0.36
④ 0.48

해설

$D^{-1} = \frac{홈간거리}{차수\times 초점거리}$

홈간거리 $= \frac{1mm}{1,300홈} = 7.69\times 10^{-4}mm = 7.69\times 10^2 nm$

∴ $D^{-1} = \frac{7.69\times 10^2 nm}{2\times 1.6\times 10^3 mm} = 0.24$

08 유기화합물의 작용기 구조를 나타낸 것 중 틀린 것은?

① 알코올 : R−OH
② 아민 : R−NH₂
③ 알데하이드 : R−CHO
④ 카르복시산 : R−CO−R′

해설

작용기	이름	화합물
−OH	히드록시기	알코올 (alcohol)
−O−	에테르기	에테르 (에터, ether)
$-\overset{O}{\underset{\|}{C}}-N$	알데하이드기	알데하이드 (aldehyde)
$-\overset{O}{\underset{\|}{C}}-O-H$	카르복시기	카르복시산 (carboxylic acid)
$-\overset{O}{\underset{\|}{C}}-$	카르보닐기	케톤 (ketone)
$-\overset{O}{\underset{\|}{C}}-O-$	에스테르기	에스테르 (에스터, ester)
−NH₂	아미노기	아민 (amine)

정답 05 ② 06 ② 07 ② 08 ④

09 시료의 종류 및 분석 내용에 따라 시험방법을 선택하려고 한다. 시험방법 선택을 위해 파악할 사항에 해당하지 않는 것은?

① 시험결과 통지를 확인한다.
② 이용 가능한 도구·기기를 파악한다.
③ 필요한 시료를 준비하고 농도와 범위를 확인한다.
④ 이용할 수 있는 표준 방법이 있는지 확인한다.

해설
분석과정
문제정의 → 방법 선택 → 시료채취 → 시료준비 → 전처리 → 측정 수행 → 결과 계산 및 보고

10 아세틸화칼슘(CaC_2) 100g에 충분한 양의 물을 가하여 녹였더니 수산화칼슘과 에틸렌 28.3g이 생성되었다. 이 반응의 에틸렌 수득률(%)은?(단, Ca의 원자량은 40amu이다.)

① 28.3%
② 44.1%
③ 64.1%
④ 69.7%

해설
$CaC_2 + 2H_2O \rightarrow Ca(OH)_2 + C_2H_2$
                                    아세틸렌

아세틸렌 수득량 = $100g\ CaC_2 \times \dfrac{1mol\ CaC_2}{64g\ CaC_2}$

$\times \dfrac{1mol\ C_2H_2}{1mol\ CaC_2} \times \dfrac{26g}{1mol\ C_2H_2}$

$= 40.625g$

∴ 아세틸렌 수득률(%) = $\dfrac{28.3g}{40.625g} \times 100 = 69.7\%$

11 Li, Ba, C, F의 원자 반지름(pm)이 72, 77, 152, 222 중 각각 어느 한 가지씩의 값에 대응한다고 할 때 그 값이 옳게 연결된 것은?

① Ba – 72pm
② Li – 152pm
③ F – 77pm
④ C – 222pm

해설
원자 반지름은 같은 족에서 원자번호가 클수록, 같은 주기에서는 원자번호가 작을수록 크다.

H   He
Li Be B C N O F Ne   ← 반지름이 커진다.
    Mg
    Ca
    Sr
    Ba

∴ Ba > Li > C > F
  222   152 77   72ppm

12 채취한 시료의 표준시료 제조에 대한 설명으로 틀린 것은?

① 고체시료의 경우 입자 크기를 줄이기 위하여 시료 덩어리를 분쇄하고, 균일성을 확보하기 위하여 분쇄된 입자를 혼합한다.
② 고체시료의 경우 분석작업 직전에 시료를 건조하여 수분의 함량이 일정한 상태로 만드는 것이 바람직하다.
③ 액체시료의 경우 용기를 개봉하여 용매를 최대한 증발시키는 것이 바람직하다.
④ 분석물이 액체에 녹아 있는 기체인 경우 시료용기는 대부분의 경우 분석의 모든 과정에서 대기에 의한 오염을 방지하기 위하여 제2의 밀폐용기 내에 보관되어야 한다.

해설
액체시료의 경우 용매와 함께 액체시료도 증발하게 된다.

13 화학식과 그 명칭을 잘못 연결한 것은?

① C_3H_8 – 프로판
② C_4H_{10} – 펜탄
③ C_6H_{14} – 헥산
④ C_8H_{18} – 옥탄

정답 09 ① 10 전항 정답 11 ② 12 ③ 13 ②

해설

화학식	명칭	화학식	명칭
CH_4	메탄	C_6H_{14}	헥산
C_2H_6	에탄	C_7H_{16}	헵탄
C_3H_8	프로판	C_8H_{18}	옥탄
C_4H_{10}	부탄	C_9H_{20}	노난
C_5H_{12}	펜탄	$C_{10}H_{22}$	데칸

14 시판되는 염산 수용액의 정보가 아래와 같을 때, 염산 수용액의 농도(M)는?(단, HCl의 분자량은 36.5g/mol이다.)

- 밀도 : $1.19g/cm^3$
- 용질의 질량 퍼센트 : 38%

① 12.39 ② 0.01239
③ 32.60 ④ 0.03260

해설

염산 수용액 38%

$$\frac{38g\ HCl}{100g\ 용액} \times \frac{1mol\ HCl}{36.5g\ HCl} \times \frac{1.19g}{1cm^3} \times \frac{1,000cm^3}{1L}$$
$= 12.39 mol/L(M)$

15 다음 중 물에 용해가 가장 잘되지 않을 것으로 예측되는 알코올은?

① 메탄올 ② 에탄올
③ 부탄올 ④ 프로판올

해설

- 물(극성)에는 극성 용질이 잘 용해된다.
- 알킬기(비극성)가 길수록 극성이 감소된다.
메탄올>에탄올>프로판올>부탄올

16 다음 원자 중 금속성이 가장 큰 것은?

① Mg ② Pb
③ Sn ④ Ba

해설

주기율표에서 ←↓ 로 갈수록 금속성이 강하다.

H   He
Li Be B C N O F Ne
Na Mg Si
     Ca Ce
     Sr Sn
     Ba Pb

∴ Ba의 금속성이 가장 크다.

17 물은 비슷한 분자량을 갖는 메탄분자에 비해 끓는점이 훨씬 높다. 다음 중 이러한 물의 특성과 가장 관련이 깊은 것은?

① 수소결합 ② 배위결합
③ 공유결합 ④ 이온결합

해설

수소결합
수소원자가 F, N, O 등 전기음성도가 높은 원자와 결합하면 전기음성도가 강한 원자는 부분적인 (-)전하를 띠고 수소원자는 부분적인 (+)전하를 띠게 된다. 이러한 수소원자에 전기음성도가 강한 원자가 서로 이웃하게 되면 이 두 원자 사이에 정전기적 인력이 생기는데, 이것을 수소결합이라 한다.

18 원자가전자에 대한 설명 중 옳은 것은?

① 원자가전자는 최외각에 있는 전자이다.
② 원자가전자는 원자들 사이에서 물리결합을 형성한다.
③ 원자가전자는 그 원소의 물리적 성질을 지배한다.
④ 원자가전자는 핵으로부터 가장 멀리 떨어져 있어서 에너지가 가장 낮다.

해설

원자가전자
- 원자의 최외각 껍질에 존재하는 전자
- 원자가전자는 화학적 성질을 지배한다.
- 원자가전자는 핵으로부터 가장 멀리 떨어져 있어서 에너지가 가장 높다.

정답 14 ① 15 ③ 16 ④ 17 ① 18 ①

19 부탄(C_4H_{10}) 1몰을 완전 연소시킬 때 발생하는 이산화탄소와 물의 질량비에 가장 가까운 것은?

① 2.77 : 1 ② 1 : 2.77
③ 1.96 : 1 ④ 1 : 1.96

해설

$$C_4H_{10} + \frac{13}{2}O_2 \rightarrow 4CO_2 + 5H_2O$$
부탄
$CO_2 : H_2O = 4\,mol : 5\,mol$
$\qquad\qquad\;\; = 4 \times 44g : 5 \times 18g$
$\qquad\qquad\;\; = 1.96 : 1$

20 푸리에 변환 기기를 사용하면 신호 대 잡음비의 향상이 매우 큰 분광영역은?

① 자외선 ② 가시광선
③ 라디오파 ④ 근적외선

해설

Fourier 변환 분광법
- 광학요소가 거의 없고, 복사선 감쇠요소가 없기 때문에 처리량에서 이점이 있다.
- 높은 분해능과 파장 재현성으로 복잡한 스펙트럼을 분석할 수 있다.
- 광원의 모든 요소가 동시에 검출기에 도달하므로 1초 이내에 전체 스펙트럼에 대한 데이터를 얻을 수 있다.
- $\left(\dfrac{S}{N}\right)_n = \sqrt{n}\left(\dfrac{S}{N}\right)_i$

  여기서, n : 측정횟수

파장이 클수록 파수가 작으므로 더 많은 자료를 얻을 수 있다.
그러므로, 파장이 큰 영역의 신호 대 잡음비가 향상된다.

2과목 화학물질 특성분석

21 0.1M 질산 수용액의 pH는?

① 0.1 ② 1
③ 2 ④ 3

해설

$pH = -\log[H^+] = -\log(0.1) = 1$

22 용해도에 대한 설명으로 틀린 것은?

① 용해도란 특정 온도에서 주어진 양의 용매에 녹을 수 있는 용질의 최대량이다.
② 일반적으로 고체물질의 용해도는 온도 증가에 따라 상승한다.
③ 일반적으로 물에 대한 기체의 용해도는 온도 증가에 따라 감소한다.
④ 외부 압력은 고체의 용해도에 큰 영향을 미친다.

해설

용해도
- 고체·액체 : 온도가 상승하면 일반적으로 용해도가 증가하며, 압력에는 무관하다.
- 기체 : 온도가 낮을수록, 압력이 높을수록 용해도가 증가한다.

23 약산을 강염기로 적정하는 실험에 대한 설명으로 틀린 것은?

① 약산의 농도가 클수록 당량점 근처에서 pH 변화폭이 크다.
② 당량점에서 pH는 7보다 크다.
③ 약산의 해리상수가 클수록 당량점 근처에서 pH 변화폭이 크다.
④ 약산의 해리상수가 작을수록 적정 반응의 완결도가 높다.

해설

해리상수가 작으면 H^+이 적으므로 적정이 잘되지 않아 반응 완결도가 낮다.

정답 19 ③ 20 ③ 21 ② 22 ④ 23 ④

24 요오드산바륨($Ba(IO_3)_2$)이 녹아 있는 25℃의 수용액에서 바륨이온(Ba^{2+})의 농도가 7.32×10^{-4}M일 때, 요오드산바륨의 용해도곱 상수는?

① 3.92×10^{-10}
② 7.84×10^{-10}
③ 1.57×10^{-9}
④ 5.36×10^{-7}

해설

$Ba(IO_3)_2(s) \rightarrow Ba^{2+}(aq) + 2IO_3^-(aq)$
$\qquad\qquad\quad 7.32 \times 10^{-4}M \quad 2 \times 7.32 \times 10^{-4}M$

$K_{sp} = [Ba^{2+}][IO_3^-]^2$
$= (7.32 \times 10^{-4})(2 \times 7.32 \times 10^{-4})^2$
$= 1.57 \times 10^{-9}$

25 원자흡수분광법에서 분석결과에 영향을 주는 인자와 관계없는 것은?

① 고주파 출력값
② 분광기의 슬릿폭
③ 불꽃을 투과하는 광속의 위치
④ 가연성 가스와 조연성 가스 종류 및 이들 가스의 유량과 압력

해설

고주파 출력값은 원자방출분광법의 유도결합플라스마(ICP-AES) 들뜸원의 온도에 영향을 준다.

26 어떤 온도에서 다음 반응의 평형상수(K_c)는 50이다. 같은 온도에서 x몰의 $H_2(g)$와 2.5몰의 $I_2(g)$를 반응시켜 평형에 이르렀을 때 4몰의 $HI(g)$가 되었고, 0.5몰의 $I_2(g)$가 남아 있었다면, x의 값은?(단, 반응이 일어나는 동안 온도와 부피는 일정하게 유지되었다.)

$H_2(g) + I_2(g) \rightleftarrows 2HI(g)$

① 1.64
② 2.64
③ 3.64
④ 4.64

해설

	H_2	+	I_2	$\rightleftarrows$	$2HI$
	x		2.5		0
	-2		-2		$+4$
평형:	$x-2$		0.5		4

$K = \dfrac{[HI]^2}{[H_2][I_2]}$
$= \dfrac{4^2}{(x-2)0.5} = \dfrac{32}{x-2} = 50$

∴ $x = 2.64$

27 pH 10.00인 100mL 완충용액을 만들려면 $NaHCO_3$ (FW 84.01) 4.00g과 몇 g의 Na_2CO_3(FW 105.99)를 섞어야 하는가?(단, FW는 Formular Weight를 의미한다.)

$H_2CO_3 \rightleftarrows HCO_3^- + H^+$	$pK_{a1} = 6.352$
$HCO_3^- \rightleftarrows CO_3^{2-} + H^+$	$pK_{a2} = 10.329$

① 1.32
② 2.09
③ 2.36
④ 2.96

해설

$[HCO_3^-] = 4.00g\ NaHCO_3 \times \dfrac{1mol\ NaHCO_3}{84.01g\ NaHCO_3}$
$\qquad \times \dfrac{1mol\ HCO_3^-}{1mol\ NaHCO_3} \times \dfrac{1}{0.100L}$
$= 0.476M$

$pH = pK_{a2} + \log \dfrac{[CO_3^{2-}]}{[HCO_3^-]}$
$= 10.329 + \log \dfrac{[CO_3^{2-}]}{0.476} = 10$

∴ $[CO_3^{2-}] = 0.223M$

$Na_2CO_3 = \dfrac{0.223mol\ CO_3^{2-}}{L} \times \dfrac{1mol\ Na_2CO_3}{1mol\ CO_3^{2-}}$
$\qquad \times \dfrac{105.99g\ Na_2CO_3}{1mol\ Na_2CO_3} \times 0.100L$
$= 2.36g$

정답 24 ③ 25 ① 26 ② 27 ③

28 X선 분광법에 대한 설명으로 틀린 것은?

① 방사성 광원은 X선 분광법의 광원으로 사용될 수 있다.
② X선 광원은 연속스펙트럼과 선스펙트럼을 발생시킨다.
③ X선의 선스펙트럼은 내부 껍질 원자궤도함수와 관련된 전자전이로부터 얻어진다.
④ X선의 선스펙트럼은 최외각 원자궤도함수와 관련된 전자전이로부터 얻어진다.

해설

X선 분광법
- X선 : 고에너지 전자의 감속 또는 원자의 내부 전자들의 전자전이에 의해 생성된 짧은 파장의 전자기 복사선
- X선 파장범위 : 0.1~25Å

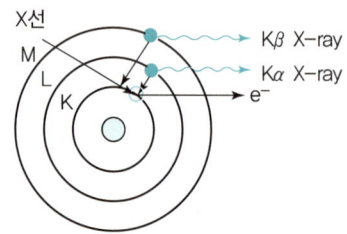

29 액성과 관련된 다음 식들 중 틀린 것은?

① $K_w = [H_3O^+][OH^-]$
② $pH + pOH = pK_w$
③ $pH = -\log[H_3O^+]$
④ $K_a = K_w \times K_b$

해설

$$HA + H_2O \rightleftarrows H_3O^+ + A^- \quad K_a = \frac{[H_3O^+][A^-]}{[HA]}$$
산

$$A^- + H_2O \rightleftarrows HA + OH^- \quad K_b = \frac{[HA][OH^-]}{[A^-]}$$
염기

$$K_w = K_a \times K_b$$
$$= \frac{[H_3O^+][A^-]}{[HA]} \times \frac{[HA][OH^-]}{[A^-]} = [H_3O^+][OH^-]$$

$pK_w = pK_a \times pK_b$

30 원자흡수분광법의 광원으로 가장 적합한 것은?

① 수은등(Mercury Lamp)
② 전극등(Electron Lamp)
③ 방전등(Discharge Lamp)
④ 속빈음극등(Hollow Cathode Lamp)

해설

복사선 광원
㉠ 속빈음극등(HCL : Hollow Cathode Lamp)
- 1~5torr의 압력을 갖는 네온 또는 아르곤이 채워진 유리관에 텅스텐 양극과 원통형 음극으로 구성된다.
- 원통형의 음극은 스펙트럼이 요구하는 금속으로 구성되거나 그 금속의 층이 피복되어 있다.
- 두 전극 사이에 가해진 300V 정도의 전압에 의해 비활성기체가 이온화되고 5~15mA의 전류가 발생한다.

㉡ 무전극방전등(EDL)
- 원자선 스펙트럼을 내는 유용한 광원
- 속빈음극등보다 10~100배의 더 큰 복사선의 세기를 얻을 수 있다.
- 전극 대신 강력한 라디오 주파수 또는 마이크로파 복사선에 의해 에너지가 공급된다.
- Se, As, Sb는 EDL 방법이 속빈음극등보다 좋은 검출한계를 나타낸다.

㉢ 광원 변조
전형적인 원자흡수기기에서는 불꽃 자체에서 방출하는 복사선에 의한 간섭을 제거할 필요가 있다. 이런 종류의 방출복사선은 단색화 장치에 의해 대부분 제거된다. 그러나 분석물질 원자와 불꽃 자체 화학종의 복사선의 파장이 단색화 장치에 설정된 파장과 동일할 경우의 파장이 존재하게 된다. 이러한 불꽃 방출선의 영향을 없애기 위해 광원의 출력을 일정한 주파수로 변화시키도록 출력을 변조할 필요가 있다.

31 이온선택전극에 대한 설명으로 옳은 것은?

① 이온선택전극은 착물을 형성하거나 형성하지 않은 모든 상태의 이온을 측정하기 때문에 pH 값에 관계없이 일정한 측정결과를 보인다.
② 금속이온에 대한 정량적인 분석방법 중 이온선택전극 측정결과와 유도결합플라스마 결합 결과는 항상 일치한다.
③ 이온선택전극의 선택계수가 높을수록 다른 이온에 의한 방해가 크다.
④ 액체 이온선택전극은 일반적으로 친수성 막으로 구성되어 있으며 친수성 막 안에 소수성 이온 운반체가 포함되어 있다.

정답 28 ④ 29 ④ 30 ④ 31 ③

해설

- 유도결합플라스마는 모든 금속을 측정하지만, 이온선택성 전극은 자유상태의 금속이온만을 측정하므로 항상 일치하는 것은 아니다.
- 이온선택전극의 선택계수가 높을수록 다른 이온에 의한 방해가 크다.
- 실리카유리 또는 고분자수지와 같은 거대분자, 분자응집체, 할로젠화은과 같은 낮은 용해도를 갖는 이온성 무기화합물을 막으로 사용한다.

32 La^{3+} 이온을 포함하는 미지시료 25.00mL를 옥살산나트륨으로 처리하여 $La_2(C_2O_4)_3$의 침전을 얻었다. 침전 전부를 산에 녹여 0.004321M 농도의 과망간산칼륨 용액 12.34mL로 적정하였다. 미지시료에 포함된 La^{3+}의 농도(mM)는?

① 0.3555
② 1.255
③ 3.555
④ 12.55

해설

$$MnO_4^- \rightarrow Mn^{2+} \quad C_2O_4^{2-} \rightarrow 2CO_2 + 2e^-$$
$$+7 \quad +2 \qquad +6 \qquad +8$$
$$\underline{-5} \qquad\qquad \underline{+2}$$

$MnO_4^- = 0.004321 mol/L \times 12.34mL \times \dfrac{1L}{1,000mL}$
$\quad\quad = 5.33 \times 10^{-5} mol$

$La^{3+} = 5.33 \times 10^{-5} mol\ MnO_4^- \times \dfrac{5mol\ C_2O_4^{2-}}{2mol\ MnO_4^-}$
$\quad \times \dfrac{2mol\ La^{3+}}{3mol\ C_2O_4^{2-}} \times \dfrac{1}{25mL} \times \dfrac{1,000mL}{1L}$
$\quad = 3.55 \times 10^{-3} M = 3.55 mM$

33 1.0M 황산 용액에 녹아 있는 0.05M Fe^{2+} 50.0mL를 0.1M Ce^{4+}로 적정할 때 당량점까지 소비되는 Ce^{4+}의 양(mL)과 당량점에서의 전위(V)는?

[1.0M 황산 용액에서의 환원전위]
$Ce^{4+} + e^- \rightleftarrows Ce^{3+} \qquad E° = 1.44V$
$Fe^{3+} + e^- \rightleftarrows Fe^{2+} \qquad E° = 0.68V$

① 25.0, 2.12
② 25.0, 1.06
③ 50.0, 2.12
④ 50.0, 1.06

해설

$Ce^{4+} + e^- \rightleftarrows Ce^{3+} \quad E° = 1.44V$
$Fe^{3+} + e^- \rightleftarrows Fe^{2+} \quad E° = 0.68V$
$0.05M \times 50mL = 0.1M \times V$
∴ $V = 25.0mL$

$E_+ = 1.44V - \dfrac{0.05916}{1} \log \dfrac{[Ce^{3+}]}{[Ce^{4+}]}$

$+)\ E_- = 0.68V - \dfrac{0.05916}{1} \log \dfrac{[Fe^{2+}]}{[Fe^{3+}]}$

$2E = (1.44 + 0.68) - \dfrac{0.05916}{1} \log \dfrac{[Ce^{3+}][Fe^{2+}]}{[Ce^{4+}][Fe^{3+}]}$

$[Fe^{3+}] = [Ce^{3+}],\ [Ce^{4+}] = [Fe^{2+}]$

∴ $E = \dfrac{1.44 + 0.68}{2} = 1.06V$

34 $KMnO_4$는 산화-환원 적정에서 흔히 쓰이는 강산화제이다. $KMnO_4$를 사용하는 산화-환원 적정에 관한 다음 설명 중 옳은 것을 모두 고른 것은?

> Ⅰ. 강산성 용액에서 MnO_4^- 이온의 반쪽반응
> $MnO_4^- + 8H^+ + 5e^- \rightleftarrows Mn^{2+} + 4H_2O$
>
> Ⅱ. 중성 또는 염기성 용액에서 MnO_4^- 이온의 반쪽반응
> $MnO_4^- + 4H^+ + 3e^- \rightleftarrows MnO_2(s) + 2H_2O$
>
> Ⅲ. 아주 강한 염기성 용액에서 과망가니즈산이온의 반쪽반응
> $MnO_4^- + e^- \rightleftarrows MnO_4^{2-}$

① Ⅲ
② Ⅰ, Ⅱ
③ Ⅰ, Ⅲ
④ Ⅰ, Ⅱ, Ⅲ

해설

$Mn^{2+} \rightarrow MnO_2 \rightarrow MnO_4^{2-}$
산성　　중성　　염기성

35 암모니아 합성 반응에서 정반응 진행을 증가시켜 암모니아 수율을 높이기 위한 조작이 아닌 것은?

$$N_2(g) + 3H_2(g) \rightleftarrows 2NH_3(g)$$

① 반응계에 $He(g)$를 첨가한다.
② 반응계의 부피를 감소시킨다.
③ 반응계에 질소가스를 추가한다.
④ 반응계에서 생성된 암모니아가스를 제거한다.

해설

$N_2(g) + 3H_2(g) \rightleftarrows 2NH_3(g)$
- 압력증가(몰수증가, 부피감소) : 정반응
- 반응물 N_2, H_2 증가 : 정반응
- He를 첨가해도 평형에 영향을 주지 않는다.

36 옥살산은 뜨거운 산성 용액에서 과망간산이온과 아래와 같이 반응한다. 이 반응에서 지시약 역할을 하는 것은?

$$5H_2C_2O_4 + 2MnO_4^- + 6H^+ \rightarrow 10CO_2 + 2Mn^{2+} + 8H_2O$$

① $H_2C_2O_4$
② MnO_4^-
③ CO_2
④ H_2O

해설

$5H_2C_2O_4 + 2\underline{MnO_4^-} + 6H^+ \rightarrow 10CO_2 + 2\underline{Mn^{2+}} + 8H_2O$
　　　　　　자주색　　　　　　　　　　무색

37 중크롬산 적정에 대한 설명으로 틀린 것은?

① 중크롬산이온이 분석에 응용될 때 초록색의 크롬(Ⅲ) 이온으로 환원된다.
② 중크롬산 적정은 일반적으로 염기성 용액에서 이루어진다.
③ 중크롬산칼륨 용액은 안정하다.
④ 시약급 중크롬산칼륨은 순수하여 표준용액을 만들 수 있다.

해설

$\underline{Cr_2O_7^{2-}} + 14H^+ + 6e^- \rightarrow \underline{2Cr^{3+}} + 7H_2O$
오렌지색　　　　　　　　　　초록색
- 중크롬산 적정은 일반적으로 산성 용액에서 이루어진다.
- 중크롬산칼륨($K_2Cr_2O_7$)은 일차표준물질로 사용된다.

38 15℃에서 물의 이온화 상수가 0.45×10^{-14}일 때, 15℃ 물의 H_3O^+ 농도(M)는?

① 1.0×10^{-7}
② 1.5×10^{-7}
③ 6.7×10^{-8}
④ 4.2×10^{-15}

해설

$K_w = [H_3O^+][OH^-]$
　　$= x^2 = 0.45 \times 10^{-14}$
∴ $x = [H_3O^+]$
　　$= \sqrt{0.45 \times 10^{-14}}$
　　$= 6.7 \times 10^{-8}(15℃) < 1.0 \times 10^{-7}(25℃)$
∴ 온도가 낮아지면 물의 해리도가 낮아져 $[H_3O^+]$가 작아진다. → pH가 높아진다.

39 원자흡수분광법에 대한 설명으로 틀린 것은?

① 원자흡수분광법은 금속 또는 준금속원소를 정량할 수 있다.
② 전열원자흡수분광법은 소량의 시료에 대해 매우 높은 감도를 나타낸다.
③ 전열원자흡수분광법은 불꽃원자흡수분광법보다 5~10배 정도 더 큰 오차를 갖는다.
④ 전열원자흡수분광법은 전기로를 사용하므로 불꽃원자흡수분광법에 비해 원소당 측정시간이 빠르다.

해설

전열원자흡수분광법
- 전체 시료가 짧은 시간에 원자화되고, 원자가 빛 진로에 평균적으로 머무는 시간이 1초 이상이다. → 감도가 높다.
- 원자화 효율이 높다.
- 건조 → 회화 → 원자화
- 분석과정이 느리다.

정답 35 ① 36 ② 37 ② 38 ③ 39 ④

40 다음의 반응에서 산화되는 물질은?

$$Cl_2(g) + 2Br^-(aq) \rightarrow 2Cl^-(aq) + Br_2(l)$$

① Br^- ② Cl_2
③ Br_2 ④ Cl_2, Br_2

해설

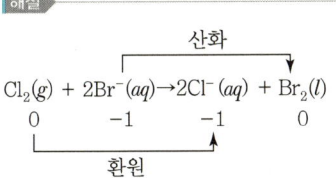

3과목   화학물질 구조분석

41 $Cd \mid Cd^{2+} \parallel Cu^{2+} \mid Cu$ 전지에서 Cd^{2+}의 농도가 0.0100M, Cu^{2+}의 농도가 0.0100M이고 Cu 전극전위는 0.278V, Cd 전극전위는 −0.462V이다. 이 전지의 저항이 3.00Ω이라 할 때, 0.100A를 생성하기 위한 전위(V)는?

① 0.440   ② 0.550
③ 0.660   ④ 0.770

해설

$Cd(s) + Cu^{2+}(0.0100M) \rightarrow Cd^{2+}(0.0100M) + Cu(s)$

$E_{Cu} = E° - \dfrac{0.05916}{2} \log \dfrac{1}{0.0100M}$
$\quad\quad = 0.278$

$E_{Cd} = E° - \dfrac{0.05916}{2} \log \dfrac{1}{0.0100M}$
$\quad\quad = -0.462$

$\therefore E = E_{Cu} - E_{Cd} - IR$
$\quad\quad = 0.278 - (-0.462) - 0.100 \times 3.00$
$\quad\quad = 0.44V$

42 비활성 기체 분위기에서의 $CaC_2O_4 \cdot H_2O$를 실온부터 980℃까지 분당 60℃ 속도로 가열한 열분해곡선(Thermogram)이 다음과 같을 때, 다음 설명 중 옳은 것은?

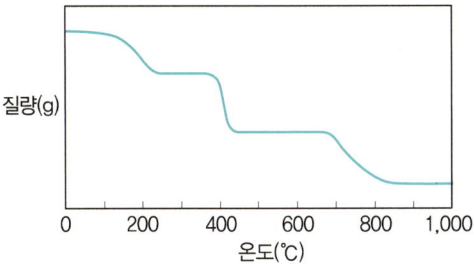

① $CaCO_3$의 직선 범위는 220℃부터 350℃이고 CaO는 420℃부터 660℃이기 때문에 CaO가 열적 안정성이 높다.
② 840℃의 반응은 흡열반응으로 분자 내부에 결합되어 있던 H_2O를 방출시키는 반응이다.
③ 360℃에서의 반응은 $CaC_2O_4 \rightarrow CaCO_3 + CO$로 나타낼 수 있다.
④ 약 13분 정도를 가열하면 무수옥살산칼슘을 얻을 수 있다.

해설

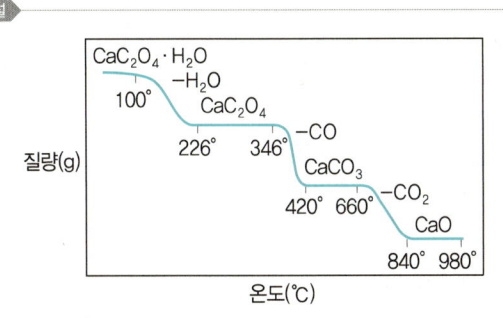

- $CaCO_3$는 420~660℃에서 열적 안정성이 높고, CaO는 840~980℃에서 열적 안정성이 높다.
- 3분×60℃/분+20℃(실온)=200℃에서 무수옥살산칼슘을 얻을 수 있다.

정답 40 ①   41 ①   42 ③

43 일반적인 질량분석기의 이온화 장치와 다르게 상압에서 작동하는 이온화원은?

① 화학 이온화(CI)
② 탈착 이온화(DI)
③ 전기분무 이온화(ESI)
④ 이차 이온 질량분석(SIMS)

해설

대기압 이온화
- 전기분무 이온화(ESI)
- 대기압 화학 이온화(APCI)
- 대기압 광이온화(APPI)

44 분리분석법 중 고체 표면에 기체물질이 흡착되는 현상에 근거를 두고 있으며, 통상 기체-액체 칼럼에는 머물지 않는 화학종을 분리하는 데 유용한 방법은?

① TLC
② LSC
③ GLC
④ GSC

해설

GC(기체 크로마토그래피)

이름	정지상	상호작용
GLC(기체-액체 크로마토그래피)	액체	분배
GSC(기체-고체 크로마토그래피)	고체	흡착

GSC(기체-고체 크로마토그래피)
- 정지상으로 고체를 사용한다.
- 이동상과 고정상 사이에서 분석물의 상호작용은 흡착이다.
- 기체-액체 칼럼에서 머물지 않는 화학종을 분리하는 데 유용하다.
- 충전관, 열린관

45 적외선 분광법(IR Spectroscopy)에서 카르보닐(C=O)기의 신축진동에 영향을 주는 인자가 아닌 것은?

① 고리 크기 효과(Ring Size Effect)
② 콘주게이션 효과(Conjugation Effect)
③ 수소결합 효과(Hydrogen Bond Effect)
④ 자기 이방성 효과(Magnetic Anisotropic Effect)

해설

① 고리 크기 효과 : 고리 크기가 감소하면 C=O 흡수 진동수는 증가한다.
② 콘주게이션 효과
- 이중결합(또는 삼중결합)과 단일결합이 번갈아가며 나타나는 상태이다.
- π전자의 비편재화로 공명구조를 갖게 되어 단일결합은 짧아지고 이중결합은 길어져서 이중결합의 힘상수(K)가 작아져 C=O 흡수 진동수는 감소한다.
③ 수소결합 효과 : C=O 결합길이가 늘어나 힘상수(K)가 작아지므로 C=O 흡수 진동수는 감소한다.

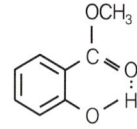

46 원자나 분자의 흡수스펙트럼을 써서 정량분석을 하고자 스펙트럼을 얻어서 그림으로 나타낼 때 일반적으로 가로축에는 파장을 나타내지만, 세로축으로서 거의 쓰이지 않는 것은?

① 투과한 빛살의 세기
② 투광도의 $-\log$값
③ 흡광도
④ 투광도

해설

- 가로축 : 파장
- 세로축 : 흡광도, 투광도
※ 투광도의 $-\log$값=흡광도

47 역상 크로마토그래피에서 메탄올을 이동상으로 하여 3가지 물질을 분리하고자 한다. 각 물질의 극성이 아래의 표와 같을 때, 머무름지수가 가장 클 것으로 예측되는 물질은?

물질	A	B	C
극성	큼	중간	작음

① A
② B
③ C
④ 극성과 무관하여 예측할 수 없다.

정답 43 ③ 44 ④ 45 ④ 46 ① 47 ③

> **해설**

역상 크로마토그래피
- 이동상 : 극성
- 정지상 : 비극성
- 극성 물질일수록 빨리 용리된다.

머무름지수
용질의 극성이 정지상의 극성과 비슷할수록 머무름지수가 크다.

48 적외선 분광기를 사용하여 유기화합물을 분석하여 $1,600 \sim 1,700 cm^{-1}$ 근처에서 강한 피크와 $3,000 cm^{-1}$ 근처에서 넓고 강한 피크를 나타내는 스펙트럼을 얻었을 때, 분석시료로서 가능성이 가장 높은 화합물은?

① CH_3OH
② $C_6H_5CH_3$
③ CH_3COOH
④ CH_3COCH_3

> **해설**

- $1,600 \sim 1,700 cm^{-1}$: $C=O$
- $3,000 cm^{-1}$: $-OH$

49 칼로멜 전극에 대한 설명으로 틀린 것은?

① 포화 칼로멜 전극의 전위는 온도에 따라 변한다.
② 반쪽전지의 전위는 염화포타슘의 농도에 따라 변한다.
③ 염화수은으로 포화되어 있고 염화포타슘 용액에 수은을 넣어 만든다.
④ 염화포타슘과 칼로멜의 용해도가 평형에 도달하는 데 짧은 시간이 걸린다.

> **해설**

포화 칼로멜 전극
- 염화수은(I)(Hg_2Cl_2, 칼로멜)으로 포화되어 있고 포화된 KCl 용액을 사용한다.
- 전극의 전위는 온도에 의해서만 변한다.
- 온도가 변할 때 새로운 평형전이에 느리게 도달한다.
- KCl과 칼로멜의 용해도가 새로운 평형에 도달하는 데 긴 시간이 걸린다.
- 높은 온도에서 칼로멜이 분해하므로 사용이 불가하다.

칼로멜 전극
- 염화수은(I)(Hg_2Cl_2, 칼로멜)으로 포화되어 있고 일정한 농도의 KCl 용액에 수은을 넣는다.
- 전극의 전위는 KCl의 농도, 즉 Cl^-의 농도에 따라 변한다.

$$E = E° - \frac{0.05916}{2} \log [Cl^-]^2$$

50 고체시료 분석 시 시료를 전처리 없이 직접 원자화 장치에 도입하는 방법이 아닌 것은?

① 전열 증기화법
② 수소화물 생성법
③ 레이저 증발법
④ 글로우 방전법

> **해설**

고체시료의 도입	용액시료의 도입
• 직접 도입	• 기체 분무기
• 전열 증기화	• 초음파 분무기
• 레이저 증발	• 전열 증기화
• 아크와 스파크 증발(전도성 고체)	• 수소화물생성법
• 글로우 방전법(전도성 고체)	

51 무정형 벤조산(Benzoic Acid) 가루 시료의 시차열분석곡선(Differential Thermogram)이 아래와 같을 때, 다음 설명 중 옳은 것은?(단, A는 대기압, B는 200psi 조건에서 측정한 결과이다.)

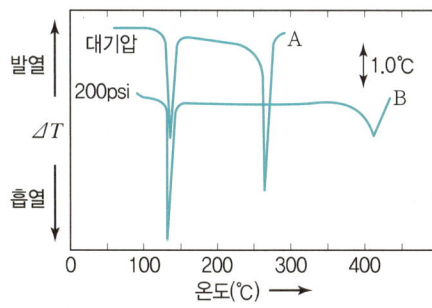

① 대기압에서 벤조산의 용융점은 140℃이다.
② 대기압에서 벤조산은 255℃에서 분해된다.
③ 벤조산은 압력이 높을수록 분해되는 온도가 높아진다.
④ 압력과 관계없이 시료가 분석 Cell에 흡착했음을 알 수 있다.

> **정답** 48 ③ 49 ④ 50 ② 51 ①

> [해설]

② 대기압에서 벤조산은 255℃에서 끓는다.
③ 벤조산은 압력이 높을수록 끓는 온도가 높아진다.

52 전압전류법의 이용 분야와 가장 거리가 먼 것은?

① 금속의 표면 모양 연구
② 산화환원과정의 기초적 연구
③ 수용액 중 무기이온 및 유기물질 정량
④ 화학변성 전극 표면에서의 전자이동 메커니즘 연구

> [해설]

전압전류법
- 전압을 변화시키면서 전류를 측정하는 방법
- 지시전극이 편극된 상태에서 걸어준 전위의 함수를 전류를 측정함으로써 분석물에 대한 정보를 얻는 방법
- 편극을 증가시키기 위해 미소전극을 사용한다.
- 최소한의 분석물을 소모한다.
- 산화환원과정의 기본적인 연구, 표면 흡착과정, 전자이동메커니즘 연구에 사용한다.

53 Van Deemter 식에서 정지상과 이동상 사이에 용질의 평형시간과 관련된 항을 모두 고른 것은?(단, Van Deemter 식은 $H = A + B/u + Cu$이며 H는 단높이, u는 흐름 속도, A, B, C는 칼럼, 정지상, 이동상 및 온도에 의해 결정되는 상수이다.)

① A
② Cu
③ B/u, Cu
④ A, B/u

> [해설]

Van Deemter 식
$$H = A + \frac{B}{u} + Cu$$

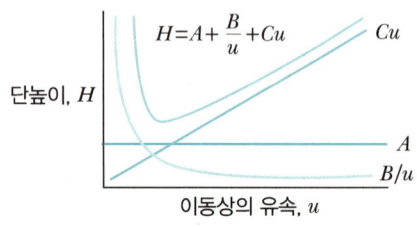

- A : 소용돌이 확산계수(다중통로항)

- B : 세로방향 확산계수

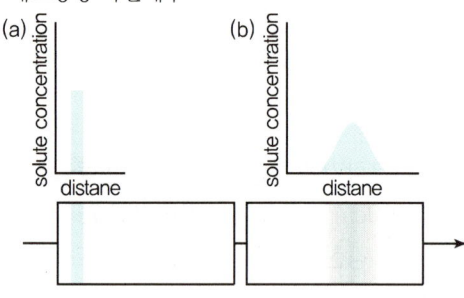

- C : 질량이동계수

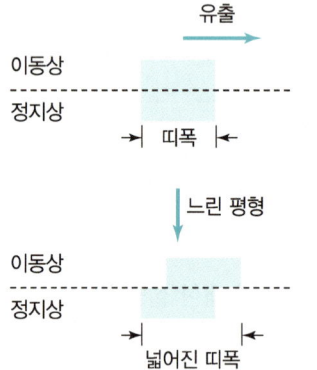

54 적외선 광원으로부터 $4.54\mu m$ 파장의 광선만을 얻기 위한 간섭 필터(Interference Filter)를 제조하려 한다. 이 필터의 굴절률(n)이 1.34라 할 때, 유전층(Dielectric Layer)의 두께(μm)는?

① 1.69
② 3.39
③ 6.08
④ 12.16

> [해설]

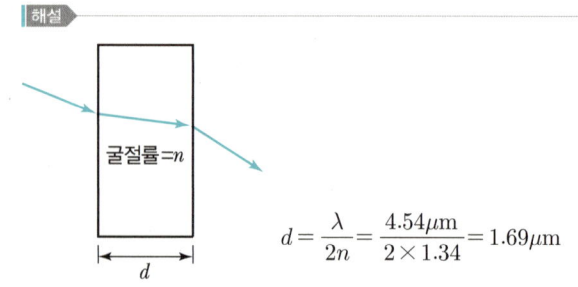

$$d = \frac{\lambda}{2n} = \frac{4.54\mu m}{2 \times 1.34} = 1.69\mu m$$

정답 52 ① 53 ② 54 ①

55 시차주사열량법(Differential Scanning Calorimetry : DSC)에 대한 설명 중 틀린 것은?

① 기기의 보정은 용융열을 이용하여 실시한다.
② 탈수(Dehydration)반응은 흡열 피크를 갖는다.
③ 온도를 변화시킬 때 시료와 기준물질 간의 흘러 들어간 열량의 차이를 측정한다.
④ 발열 피크는 기준선에서 아래로 오목한 형태로 나타난다.

해설

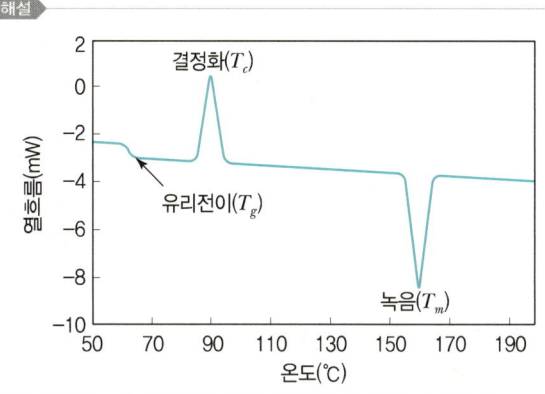

발열 피크는 기준선에서 위로 볼록한 형태로 나타난다.

56 질량분석계의 검출기로 주로 사용되지 않는 것은?

① 전자증배관 검출기
② 패러데이컵 검출기
③ 열전도도 검출기
④ 배열 검출기

해설

질량분석계의 검출기
전자증배관, Faraday 컵, 배열 검출기

57 시차주사열량법(Differential Scanning Calorimetry : DSC)를 3가지로 구분할 때, 나머지 2개의 장치와 구조적으로 다르며, 시료와 기준물질의 온도가 서로 동일하게 유지되며 새로운 온도 설정에 대한 빠른 평형이 필요한 동역학 연구에 적합한 장비는?

① 전력보상 DSC
② 열흐름 DSC
③ 변조 DSC
④ 압력 DSC

해설

시차주사열량계법(DSC)
시료물질과 기준물질을 조절된 온도 프로그램으로 가열하면서 시료와 기준물질 사이의 온도를 동일하게 유지시키는 데 필요한 에너지 차이를 시료온도의 함수로 측정한다.

㉠ 전력보상 DSC 기기
  • 시료의 온도를 기준물질의 온도와 동일하게 유지하기 위해 필요한 전력이 측정된다.
  • 시료받침대와 가열장치, 백금저항온도계를 사용한다.
  • 열흐름 DSC보다 감도는 낮지만 감응시간은 더 빠르고, 분별능력도 더 높다.

㉡ 열흐름 DSC 기기
  • 시료온도가 일정한 속도로 변경되는 동안 시료와 기준물질로 흘러 들어오는 열흐름의 차이가 측정된다.
  • 시료와 기준물질 모두 하나의 가열장치로 가열된다.

㉢ 변조 DCS 기기

58 오른쪽 Cell에는 활동도가 0.5M인 $ZnCl_2(aq)$가, 왼쪽 Cell에는 활동도가 0.01M인 $Cd(NO_3)_2(aq)$가 있는 전지에 대한 다음 설명 중 옳은 것은?

$$Cd^{2+} + 2e^- \rightleftarrows Cd(s) \quad E° = -0.402V$$
$$Zn^{2+} + 2e^- \rightleftarrows Zn(s) \quad E° = -0.706V$$

① 전체 전지전위는 $-0.25V$이다.
② 산화전극의 전위는 $0.71V$이다.
③ 환원전극의 전위는 $-0.46V$이다.
④ 자발적으로 반응이 일어나지 않는다.

해설

$$E_+ = -0.402 - \frac{0.05916}{2}\log\frac{1}{0.01}$$
$$= -0.461V$$
$$E_- = -0.706 - \frac{0.05916}{2}\log\frac{1}{0.5}$$
$$= -0.715V$$
$$E = E_+ - E_-$$
$$= -0.461 - (-0.751) = 0.29V > 0$$
∴ 자발적으로 일어난다.

59 0.2cm 셀에 들어 있는 1.03×10^{-4}M Perylene 용액의 440nm에서의 퍼센트 투광도는?(단, Perylene의 몰흡광계수는 440nm에서 $34,000 M^{-1} cm^{-1}$이다.)

① 15% ② 20%
③ 25% ④ 30%

해설

$A = -\log T = \varepsilon bc$
$= 34,000 M^{-1} cm^{-1} \times 0.2 cm \times (1.03 \times 10^{-4})$M
$= 0.70$
$\therefore T = 10^{-0.7} \times 100\%$
$= 20\%$

60 Polarogram으로부터 얻을 수 있는 정보에 대한 설명으로 틀린 것은?

① 확산전류는 분석물질의 농도와 비례한다.
② 반파전위는 금속의 리간드의 영향을 받지 않는다.
③ 확산전류는 한계전류와 잔류전류의 차이를 말한다.
④ 반파전위는 금속이온과 착화제의 종류에 따라 다르다.

해설

폴라로그래피
적하수은전극을 이용한 전압전류법

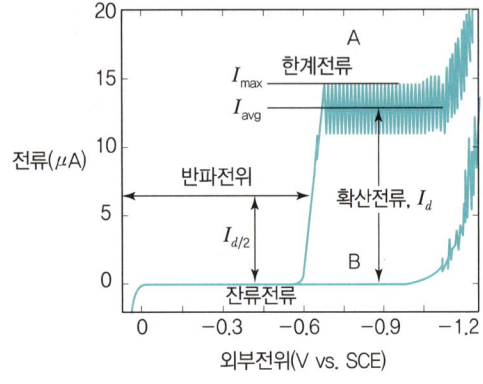

㉠ 확산전류
  • 한계전류와 잔류전류의 차이이다.
  • 분석물의 농도에 비례하므로 정량분석이 가능하다.
㉡ 반파전위
  • 한계전류의 절반에 도달했을 때의 전위이다.
  • 정성적 정보를 얻을 수 있다.
  • 반파전위는 금속이온과 착화제(리간드)의 종류에 따라 다르다.

4과목 시험법 밸리데이션

61 측정값 – 유효숫자 개수를 짝지은 것 중 틀린 것은?

① 12.9840g – 유효숫자 6개
② 1,830.3m – 유효숫자 5개
③ 0.0012g – 유효숫자 4개
④ 1.005L – 유효숫자 4개

해설

0.0012g
  유효숫자 2개

62 밸리데이션의 통계적 처리를 위해 평균, 표준편차, 상대표준편차, 퍼센트 상대표준편차, 변동계수 등의 계산이 요구된다. 이때 통계처리를 위한 반복 측정횟수로 옳지 않은 것은?

① 3가지 종류의 농도에 대해서 각각 2회 측정
② 시험방법 전체 조작을 10회 반복 측정
③ 시험농도의 100%에 해당하는 농도로 각각 6회 반복 측정
④ 시험농도의 100%에 해당하는 농도로 각각 10회 반복 측정

해설

통계처리를 위한 반복 측정횟수
• 규정된 농도범위를 포함한 농도에 대해 적어도 9회 반복하여 측정한다. **예** 3가지 농도에 대해서 시험방법의 전 조작을 각 농도 3회씩 반복 측정한다.
• 시험농도의 100%에 해당하는 농도로 시험방법의 전 조작을 적어도 6회 반복 측정한다.

63 밸리데이션 결과 보고서에 포함될 사항이 아닌 것은?

① 요약정보
② 시험장비 목록
③ 분석법 작업절차에 관한 기술
④ 밸리데이션 항목 및 판정기준

정답 59 ② 60 ② 61 ③ 62 ① 63 ②

> 해설

밸리데이션 결과 보고서에 포함되어야 하는 사항
- 요약정보
- 분석법 작업절차에 관한 기술
- 분석법 밸리데이션 실험에 사용한 표준품 및 표준물질에 관한 자료(제조원, 제조번호, 사용기한, 시험성적서, 안정성, 보관조건 등)
- 밸리데이션 항목 및 판정기준
  ※ 밸리데이션 항목
    정확성, 정밀성, 선택성, 정량한계, 검량선, 완건성(안정성)
- 밸리데이션 항목을 평가하기 위해 수행된 실험에 관한 기술과 그 결과 크로마토그램 등의 시험 기초 자료
- 표준작업지침서, 시험계획서 등
- 참고문헌

64 분석시험법의 밸리데이션 항목이 아닌 것은?

① 특이성　　② 안전성
③ 완건성　　④ 직선성

> 해설

밸리데이션 항목
- 특이성
- 정밀성
- 정량한계(QL)
- 범위
- 정확성
- 검출한계(DL)
- 직선성
- 완건성

65 정확도에 대한 설명 중 틀린 것은?

① 참값에 가까운 정도이다.
② 측정값과 인정된 값과의 일치되는 정도이다.
③ 반복시료를 반복적으로 측정하면 쉽게 얻어진다.
④ 절대오차 또는 상대오차로 표현된다.

> 해설

정확도
- 시험분석 결과가 참값에 얼마나 근접하는가를 나타내는 것
- 정확도를 나타내는 방법에는 절대오차, 상대오차, 상대정확도가 있다.

정밀도
- 시험분석 결과의 반복성을 나타내는 것
- 정밀도의 표현방법에는 표준편차, 평균의 표준오차, 분산, 상대표준편차, 퍼짐(Spread) 또는 영역(Range)이 있다.

66 주기적인 교정의 일반적인 목적이 아닌 것은?

① 기준값과 측정기를 사용해서 얻어진 값 사이의 편차의 추정값을 향상시킨다.
② 측정기를 사용해서 달성할 수 있는 불확도를 재확인하는 것이다.
③ 경과기간 중에 얻어지는 결과에 대해 의심되는 측정기의 변화가 있는가를 확인하는 것이다.
④ 측정의 불확도를 증가시켜 측정의 질이나 서비스에서의 위험을 낮추기 위한 것이다.

> 해설

교정
측정의 불확도를 감소시켜 측정의 질이나 서비스에서의 위험을 낮추기 위한 것이다.

67 정량분석법 중 간접 측정 실험에 대한 설명으로 옳지 않은 것은?

① 무게법 : 분석물과 혹은 분석물과 관련 있는 화합물의 질량을 측정한다.
② 부피법 : 분석물과 정량적으로 반응하는 반응물 용액의 부피를 측정한다.
③ 전기분석법 : 전위, 전류, 저항, 전하량, 질량 대 전하의 비(m/z)를 측정한다.
④ 분광법 : 분석물과 빛 사이의 상호작용 또는 분석물이 방출하는 빛의 세기를 측정한다.

> 해설

전기분석법
전위, 전류, 전하량을 측정한다.

정답　64 ②　65 ③　66 ④　67 ③

68 분석장비를 이용한 측정방법에 대한 설명 중 옳은 것을 모두 고른 것은?

> A. 반복 측정을 수행하면 신호 대 잡음비가 측정횟수에 직선적으로 비례하여 증가한다.
> B. 같은 신호 세기도 바탕 세기가 높으면 신호 대 잡음비가 감소한다.
> C. 내부표준물을 사용하면 측정의 정밀성을 높일 수 있다.
> D. 장비의 최적화를 위하여 검정 및 튜닝은 필수적이다.

① A, B, D ② A, C, D
③ B, C, D ④ A, B, C

해설

반복 측정을 수행하면 S/N비(신호 대 잡음비)가 측정횟수의 제곱근에 비례하여 증가한다.

69 Blank에 관한 설명 중 옳은 것을 모두 고른 것은?

> A. 바탕(Blank)은 시료 내에 존재하는 다른 간섭물질 때문에 발생될 수 있다.
> B. 바탕(Blank)은 시료처리과정에 사용되는 용액 내에 존재하는 미량의 분석물 때문에 생길 수 있으므로 일정 규격 이상의 순도를 갖는 것을 사용한다.
> C. 현장바탕(Field Blank)은 시료채취과정만 포함한다.
> D. 방법바탕(Method Blank)은 시약바탕(Reagent Blank)보다 더 넓은 범위를 포함하며, 시료처리과정에서 발생되는 모든 것을 포함한다.

① A, B, C, D ② A, B, C
③ A, B, D   ④ B, C, D

해설

바탕용액
시료와 동일하되 분석물이 존재하지 않는 것이다.

현장바탕시료
현장에서 만들어지는 깨끗한 시료로 분석의 모든 과정, 채취과정, 운송과정, 분석과정에서 생기는 문제점을 찾는 데 사용된다.

방법바탕시료
측정하고자 하는 물질이 전혀 포함되어 있지 않은 것이 증명된 시료로 시험, 검사매질에 시료의 시험방법과 동일하게 하고, 시료의 시험, 검사와 동일한 전처리와 시험절차로 준비하는 바탕시료를 말한다.

70 측정값의 이상점(Outlier)을 버려야 할지 취해야 할지를 결정하기 위해 Grubbs 시험을 진행할 때, 이상점과 G의 계산값은?(단, 95% 신뢰수준에서 G의 임계값은 2.285이다.)

| 10.2, | 10.8, | 11.6, | 9.9, | 9.4, | 7.8, |
| 10.0, | 9.2, | 11.3, | 9.5, | 10.6, | 11.6 |

① 7.8, $G_{계산}=2.33$ ② 7.8, $G_{계산}=2.12$
③ 11.6, $G_{계산}=1.30$ ④ 11.6, $G_{계산}=1.23$

해설

$\bar{x}=10.158$
$s=1.114$
최솟값 = 7.8
최댓값 = 11.6
이상점 = 7.8(평균값과 차이가 가장 크다.)
$G_{계산} = \dfrac{|이상점-평균값|}{표준편차} = \dfrac{|7.8-10.158|}{1.114}$
$= 2.117 ≒ 2.12$

71 단백질이 포함된 탄수화물 함량을 5회 측정한 결과가 다음과 같을 때, 탄수화물 함량에 대한 90% 신뢰구간은?(단, 자유도 4일 때 t값은 2.132이다.)

(단위 : wt%(g 탄수화물/100g 단백질))

| 12.6 | 11.9 | 13.0 | 12.7 | 12.5 |

① 12.54 ± 0.28wt% ② 12.54 ± 0.38wt%
③ 12.54 ± 0.48wt% ④ 12.54 ± 0.58wt%

해설

$\bar{x}=12.54$
$s=0.404$

정답 68 ③ 69 ③ 70 ② 71 ②

$$90\% \text{ 신뢰구간} = \bar{x} \pm t \frac{s}{\sqrt{n}}$$
$$= 12.54 \pm 2.132 \times \frac{0.404}{\sqrt{5}}$$
$$= 12.54 \pm 0.38$$

72 검·교정 대상 기구가 아닌 것은?
① 피펫 ② 뷰렛
③ 부피 플라스크 ④ 삼각 플라스크

해설

검·교정 대상 기구
질량, 부피 등 정밀하게 측정해야 할 필요가 있는 기구

73 시료 전처리의 오차를 줄이기 위한 시험방법에 대한 설명으로 틀린 것은?
① 공시험(Blank Test)은 시료를 사용하지 않고 기타 모든 조건을 시료분석법과 같은 방법으로 실험하는 것이며 계통오차를 효과적으로 줄일 수 있다.
② 회수시험(Recovery Test)은 시료와 같은 공존물질을 함유하는 기지농도의 대조 시료를 분석함으로써 공존물질의 방해 작용 등으로 인한 분석값의 회수율을 검토하는 방법이다.
③ 맹시험(Blind Test)은 분석값이 어느 범위 내에서 서로 비슷하게 될 때까지 실험을 되풀이하는 것이 보통이며 일종의 예비시험에 해당한다.
④ 평행시험(Parallel Test)은 같은 시료를 각기 다른 방법으로 여러 번 되풀이하는 시험으로서 계통오차를 제거하는 방법이다.

해설

오차를 줄이기 위한 시험법
㉠ 공시험(Blank Test)
- 실제 분석대상 시료를 사용하지 않고, 다른 모든 조건을 시료분석법과 같은 방법으로 실험하는 것이다.
- 지시약오차, 불순물로 인한 오차 등 계통오차의 대부분을 효과적으로 확인할 수 있다.

㉡ 조절시험(Control Test)
시료와 가급적 같은 성분을 함유한 대조시료를 만들어 시료분석법과 같은 방법으로 여러 번 실험한 다음 기지함량값과 실제로 얻은 분석값의 차만큼 시료분석값을 보정한다.
㉢ 회수시험(Recovery Test)
시료와 같은 공존물질을 함유하는 기지농도의 대조시료를 분석함으로써 공존물질의 방해작용 등으로 인한 분석값의 회수율을 검토하는 방법이다.
㉣ 맹시험(Blind Test)
- 처음 분석값은 조작에 익숙하지 못하여 오차가 크게 나타나므로 맹시험이라 하며 버리는 경우가 많다.
- 예비시험에 해당된다.
㉤ 평행시험(Parallel Test)
- 같은 시료를 같은 방법으로 여러 번 되풀이하는 시험이다.
- 우연오차가 있는 측정값으로부터 그 평균값과 표준편차 등을 얻기 위한 수단이다.

74 정량한계와 이를 구하기 위한 방법에 대한 설명으로 옳지 않은 것은?
① 정량한계는 기지량의 분석대상물질을 함유한 검체를 분석하고 그 분석대상물질을 확실하게 검출할 수 있는 최저의 농도를 확인함으로써 결정된다.
② 정량한계는 기지농도의 분석대상물질을 함유하는 검체를 분석하고, 정확성과 정밀성이 확보된 분석대상물질을 정량할 수 있는 최저농도를 설정하는 것이다.
③ 기지의 저농도 분석대상물질을 함유하는 검체와 공시험 검체의 신호를 비교하여 설정함으로써 신호 대 잡음비를 구할 수 있으며, 정량한계를 산출하는 데 있어 신호 대 잡음비는 일반적으로 10 : 1이 적당하다.
④ 정량한계는 $10 \times \sigma/s$로 구할 수 있으며, σ는 반응의 표준편차를, s는 검량선의 기울기를 말한다.

해설

검출한계
기지량의 분석대상물질을 함유한 검체를 분석하고 그 분석대상물질을 확실하게 검출할 수 있는 최저의 농도를 확인함으로써 결정한다.

정답 72 ④ 73 ④ 74 ①

75 분석물질의 확인시험, 순도시험 및 정량시험 밸리데이션에서 중요하게 평가되어야 하는 항목은?

① 범위
② 특이성
③ 정확성
④ 직선성

해설

밸리데이션 대상 평가항목
㉠ 특이성(Specificity)
측정대상물질, 불순물, 분해물, 배합성분 등이 혼재된 상태에서 분석대상물질을 선택적이고 정확하게 측정할 수 있는 정도를 말한다.
㉡ 정확성(Accuracy)
분석결과가 이미 알고 있는 참값이나 표준값에 근접한 정도를 말한다.
㉢ 정밀성(Precision)
균질한 검체에서 반복적으로 채취한 검체를 정해진 절차에 따라 측정했을 때 각각의 측정값들 사이의 근접성(분산정도)을 말한다.
㉣ 검출한계(DL : Detection Limit)
검체 중에 함유된 대상물질의 검출이 가능한 최소 농도이다.
㉤ 정량한계(QL : Quantitation Limit)
- 기준에 적합한 정밀성과 정확성이 확보된 정량값으로 나타낼 수 있는 검체 중 대상물질의 최소농도를 의미한다.
- 분석대상물질을 소량으로 함유하는 검체의 정량시험이나 분해생성물, 불순물 분석에 사용되는 정량시험의 밸리데이션 평가지표이다.
㉥ 직선성(Linearity)
검체 중 분석대상물질의 양(또는 농도)에 비례하여 일정범위 내에 직선적인 측정값을 얻어낼 수 있는 능력이다.
㉦ 범위(Range)
적절한 정밀성, 정확성, 직선성을 충분히 제시할 수 있는 검체 중 분석대상물질의 양(또는 농도)의 하한값~상한값 사이의 영역이다.
㉧ 완건성(Robustness)
시험법의 조건 중 일부가 변경되었을 때 측정값이 영향을 받지 않는지에 대한 지표를 말한다. → 분석조건을 고의로 변동시켰을 때 분석법의 신뢰성을 나타낸다.

76 밸리데이션된 시험방법이 가져야 할 정보가 아래와 같을 때, ( ) 안에 들어갈 용어는?

1. 원리	2. 검체
3. 분석장치 및 조건	4. 시약 및 시액
5. (A)	6. 시스템 적합성 시험
7. 표준액 조제	8. (B)
9. 시험과정	10. 계산
11. 결과 보고	

① A : 표준품, B : 검액 조제
② A : 사용기간, B : 실행 예시
③ A : 측정방법, B : 첨가액 조제
④ A : 가이드라인, B : 표준액 희석

해설

밸리데이션 시험방법
1. 원리 : 시험방법의 원리를 설명
2. 검체 : 검체 수, 검체 사용방법, 검체당 반복 분석 횟수
3. 분석장치 및 조건
   - 기기목록 : 측정기기의 유형, 검출기, 칼럼 유형, 칼럼 길이 등
   - 분석조건 : 유량, 온도, 시간, 파장 등
4. 시약 및 시액
   시약 및 시액의 명칭 및 등급, 조제법, 불안정성, 위험성 명시, 보관 조건, 주의사항, 사용기간 등
5. 표준품
6. 시스템 적합성 시험
7. 표준액 조제
8. 검액 조제
   - 전처리 과정을 포함하여 명확하게 기술
   - 고체상 추출, 유도체화 반응 등
9. 시험과정
10. 계산 : 유효숫자
11. 결과 보고 : 평균값, 표준편차, 신뢰구간

정답 75 ② 76 ①

77 시험·검사기관에서 사용하는 용어의 정의로 옳지 않은 것은?

① 장비 : 시험검사를 수행하는 데 이용되는 소프트웨어를 제외한 하드웨어
② 측정불확도 : 측정량에 귀속된 값의 분포를 나타내는 측정결과와 관련된 값으로서 측정결과를 합리적으로 추정한 값의 분산특성
③ 인증표준물질 : 국가 또는 공인된 기관이 발행한 문서가 있으며 유효한 절차에 의하여 추정된 불확도와 소급성 정보 등 하나 이상의 특성값을 가지는 표준물질
④ 표준균주 : 특정 미생물 항목의 시험, 검사를 수행할 때 검출된 미생물에 대한 생화학적 특성의 비교대상이 되는 균주 또는 생화학적 시험, 검사에 필요한 균주

해설
장비
시험검사를 수행하는 데 이용되는 소프트웨어를 포함한 하드웨어

78 특정 업무를 표준화된 방법에 따라 일관되게 실시할 목적으로 해당 절차 및 수행방법 등을 상세하게 기술한 문서는?

① 표준작업지침서(SOP)
② 관리체계도(Chain of Custody)
③ 프로토콜(Protocol)
④ 표준규격(Standard Document)

해설
표준작업지침서(SOP)
특정 업무를 표준화된 방법에 따라 일관되게 실시할 목적으로 해당 절차 및 수행방법 등을 상세하게 기술한 문서를 말한다.

관리체계도
중요한 교정 포인트가 선정되고, 그 결과를 시간축에 좌표화한다. 이 좌표로부터 분산과 드리프트를 관찰하여 최적교정주기를 구한다.

프로토콜(시험법 프로토콜)
시험을 진행하는 절차에 포함되는 분석기기명, 전처리법, 분석방법 순서, 결과 분석법, 계산법 등 전체 분석시험 내용을 흐름에 맞도록 작성한 서류를 말한다.

79 제작자의 규격, 교정성적서 혹은 다른 출처로부터 인용되고 인용된 불확도가 표준편차의 특정 배수라는 것이 언급되어 있다면 표준불확도 $U(x)$는 인용된 값을 그 배수로 나눈 값으로 한다. 명목상 1kg 스테인리스강 표준분동의 성적서에 질량과 불확도가 아래와 같이 명시되어 있을 때, 표준분동의 표준불확도(μg)는?

- 표준분동의 질량 : 1,000.000325g
- 질량값의 불확도 : $U = 260\mu g (2\sigma \text{ 수준})$

① 0.8
② 1.37
③ 130
④ 260

해설
$$U(x) = \frac{U}{n} = \frac{260\mu g}{2} = 130\mu g$$

80 A회사의 시험결과 정리법과 B물질의 수분 측정 결괏값이 아래와 같을 때, 시험결과 정리법에 맞게 정리된 값은?(단, B물질의 수분 규격(기준)은 0.3% 이하이고 측정은 3회 실시하며 평균값으로 Reporting한다.)

[시험결과 정리법]
1) 기준의 소수점 이하 자릿수가 n인 경우 $n+1$ 자리까지 구하고 반올림하여 자릿수를 정리한다.
2) 실험치가 $n+2$ 이상 자릿수까지 될 경우 $n+2$ 자리는 버리고 $n+1$ 자리에서 반올림한다.

[수분 측정결과]
$T_1 = 0.24567\%$ $T_2 = 0.25161\%$
$T_3 = 0.24779\%$

① 0.2
② 0.20
③ 0.24
④ 0.25

해설

$$\overline{T} = \frac{0.24567 + 0.25161 + 0.24779}{3} = 0.24836\%$$

소수 셋째 자리 이하는 버리므로 0.24가 되고, 반올림하여 소수 첫째 자리까지 구하면 0.2가 된다.

5과목 환경 · 안전관리

81 Ether 화합물은 일반적으로 안정적인 화학물이나 일부는 공기 중 산소와 천천히 반응하여 O−O 결합이 포함된 폭발성이 있는 과산화물을 형성하여 저장에 주의가 필요하다. 이러한 Ether 화합물을 1차 알코올을 이용하여 제조하는 반응은?

① S_N1
② S_N2
③ E1
④ E2

해설
S_N2 반응
반응속도 측정 단계에서 2분자가 관여하는 친핵성 치환반응

82 산화수에 관련된 설명 중 틀린 것은?

① 과산화물에서 산소의 산화수는 −2이다.
② 화합물에서 수소의 산화수는 보통 +1이지만, 금속 수소화합물에서 수소의 산화수는 −1이다.
③ 이온결합성 화합물에서 각 원자의 산화수는 이온의 하전수와 같다.
④ 중성 분자에서 각 산화수에 원자수를 곱한 값의 합은 0이다.

해설
산소의 산화수는 일반적으로 −2이지만, 과산화물에서는 −1이다.
예 Na_2O_2

83 폴리에틸렌의 첨가중합을 위해 필요한 단량체는?

① $H_2C=CH_2$
② $H_2C=CH-CH_3$
③ $H_2N(CH_2)_6NH_2$
④ $C_6H_4(COOH)_2$

해설
$CH_2=CH_2 \rightarrow -[CH_2-CH_2]_2-$
에틸렌   폴리에틸렌

84 자연발화의 방지조건으로 가장 적절한 것은?

① 저장실의 온도가 높고, 통풍이 안 되고 습도가 낮은 곳
② 저장실의 온도가 낮고, 통풍이 잘 되고 습도가 높은 곳
③ 습도가 높고, 통풍이 안 되고 저장실의 온도가 낮은 곳
④ 습도가 낮고, 통풍이 잘 되고 저장실의 온도가 낮은 곳

해설
자연발화 방지조건
습도가 낮고, 통풍이 잘 되고, 저장실의 온도가 낮아야 한다.

85 폐기물관리법령상의 용어 정의로 틀린 것은?

① 폐기물 : 쓰레기, 연소재, 오니, 폐유, 폐산, 폐알칼리 및 동물의 사체 등으로 사람의 생활이나 사업활동에 필요하지 아니하게 된 물질을 말한다.
② 의료폐기물 : 보건 · 의료기관, 동물병원, 시험 · 검사기관 등에서 배출되는 폐기물 중 인체에 감염 등 위해를 줄 우려가 있는 폐기물과 인체조직 등 적출물, 실험동물의 사체 등 보건 · 환경보호상 특별한 관리가 필요하다고 인정되는 폐기물을 말한다.
③ 처분 : 폐기물의 매립 · 해역배출 등의 중간처분과 소각 · 중화 · 파쇄 · 고형화 등의 최종처분을 말한다.
④ 지정폐기물 : 사업장폐기물 중 폐유 · 폐산 등 주변 환경을 오염시킬 수 있거나 의료폐기물 등 인체에 위해를 줄 수 있는 해로운 물질을 말한다.

해설
처분
폐기물의 소각, 중화, 파쇄, 고형화 등의 중간처분과 매립하기나 해역으로 배출하는 등의 최종처분을 말한다.

정답 81 ② 82 ① 83 ① 84 ④ 85 ③

86 화학물질의 분류·표시 및 물질안전보건자료에 관한 기준상 화학물질의 정의는?

① 원소와 원소 간의 화학반응에 의하여 생성된 물질을 말한다.
② 두 가지 이상의 화학물질로 구성된 물질 또는 용액을 말한다.
③ 순물질과 혼합물을 말한다.
④ 동소체를 말한다.

해설

- 화학물질 : 원소·화합물 및 그에 인위적인 반응을 일으켜 얻어진 물질과 자연상태에서 존재하는 물질을 화학적으로 변형시키거나 추출 또는 정제한 것을 말한다.
- 동소체 : 동일한 원소의 물질이지만, 원자의 배열이 달라 서로 다른 물질
  - 예 C 동소체 : 흑연, 다이아몬드, 플로렌
    O 동소체 : 산소(O_2), 오존(O_3)

87 위험물안전관리법령상 저장소의 구분에 해당되지 않는 것은?

① 일반저장소
② 암반탱크저장소
③ 옥내탱크저장소
④ 지하탱크저장소

해설

저장소
- 옥내저장소
- 옥내탱크저장소
- 간이탱크저장소
- 옥외저장소
- 옥외탱크저장소
- 지하탱크저장소
- 이동탱크저장소
- 암반탱크저장소

88 농약의 유독성·유해성 분류와 분류기준이 잘못 연결된 것은?

① 급성독성 물질 – 입이나 피부를 통해 1회 또는 12시간 내에 수회로 나누어 투여하거나 6시간 동안 흡입 노출되었을 때 유해한 영향을 일으키는 물질
② 눈 자극성 물질 – 눈 앞쪽 표면에 접촉시켰을 때 21일 이내에 완전히 회복 가능한 어떤 변화를 눈에 일으키는 물질
③ 발암성 물질 – 암을 일으키거나 암의 발생을 증가시키는 물질
④ 생식독성 물질 – 생식 기능, 생식 능력 또는 태아 발육에 유해한 영향을 일으키는 물질

해설

급성독성 물질
입이나 피부를 통해 1회 또는 24시간 내에 수회로 나누어 투여하거나 4시간 동안 흡입 노출되었을 때 유해한 영향을 일으키는 물질

89 폐기물관리법령상 위해의료폐기물에 해당하지 않는 것은?

① 조직물류폐기물
② 병리계폐기물
③ 손상성폐기물
④ 격리의료폐기물

해설

의료폐기물
㉠ 격리의료폐기물 : 감염병으로부터 타인을 보호하기 위하여 격리된 사람에 대한 의료행위에서 발생한 일체의 폐기물
㉡ 위해의료폐기물
- 조직물류폐기물 : 인체 또는 동물의 조직, 장기, 기관, 신체의 일부, 동물의 사체, 혈액, 고름 및 혈액생성물(혈청, 혈장, 혈액제제)
- 병리계폐기물 : 시험·검사 등에 사용된 배양액, 배양용기, 보관균주, 폐시험관, 슬라이드, 커버글라스, 폐배지, 폐장갑
- 손상성폐기물 : 주삿바늘, 봉합바늘, 수술용 칼날, 한방침, 치과용 침, 파손된 유리재질의 시험기구
- 생물화학폐기물 : 폐백신, 폐항암제, 폐화학치료제
- 혈액오염폐기물 : 폐혈액백, 혈액투석 시 사용된 폐기물, 그 밖에 혈액이 유출될 정도로 포함되어 있어 특별한 관리가 필요한 폐기물
㉢ 일반의료폐기물 : 혈액·체액·분비물·배설물이 함유되어 있는 탈지면, 붕대, 거즈, 일회용 기저귀, 생리대, 일회용 주사기, 수액세트

정답 86 ① 87 ① 88 ① 89 ④

90 가연성 가스인 C_4H_{10}의 LEL과 UEL이 각각 1.8%, 8.4%일 때 C_4H_{10}의 위험도(H)는?(단, LEL은 Lower Explosive Limit, UEL은 Upper Explosive Limit를 의미한다.)

① 0.79
② 1.21
③ 3.67
④ 5.67

해설

위험도(H) = $\dfrac{UEL - LEL}{LEL}$

= $\dfrac{8.4 - 1.8}{1.8}$ = 3.67

91 소화기에 "A2", "B3" 등으로 표기된 문자 중 숫자가 의미하는 것은?

① 소화기의 제조번호
② 소화기의 능력단위
③ 소화기의 소요단위
④ 소화기의 사용순위

해설

```
       ┌→ 능력단위
   A2
       └→ 화재의 종류
```

화재의 종류

구분	적응화재	소화기 표시색상
A급 화재	일반화재	백색
B급 화재	유류화재	황색
C급 화재	전기화재	청색
D급 화재	금속화재	무색

능력단위 : 불을 끌 수 있는 소화기 능력

92 위험물안전관리법에 대한 내용으로 옳지 않은 것은?

① 유해성이 있는 화학물질로서 환경부장관이 정하여 고시한 유독물질을 다루는 법이다.
② 위험물은 인화성 또는 발화성 등의 성질을 가지는 것으로 대통령령으로 정한 물질이다.
③ 위험물의 저장·취급 및 운반과 이에 따른 안전관리에 관한 사항을 규정함으로써 위험물로 인한 위해를 방지하여 공공의 안전을 확보함을 목적을 제정한 법이다.
④ 위험물에 대한 효율적인 안전관리를 위하여 유사한 성상끼리 묶어 제1류~제6류로 구별하고 각 종류별로 대표적인 품명과 그에 따른 지정 수량을 정한다.

해설

- 위험물 : 인화성 또는 발화성 등의 성질을 가지는 것으로 대통령령이 정하는 물품을 말한다.
- 위험물안전관리법의 목적 : 위험물의 저장·취급 및 운반과 이에 따른 안전관리에 관한 사항을 규정함으로써 위험물로 인한 위해를 방지하여 공공의 안전을 확보함을 목적으로 한다.

93 위험물안전관리법령상 자연발화성 물질 및 금수성 물질에 해당되지 않는 것은?

① 유기금속화합물
② 알킬알루미늄
③ 산화성 고체
④ 알칼리금속

해설

제1류 위험물

유별	성질	품명
제1류	산화성 고체	1. 아염소산염류 2. 염소산염류 3. 과염소산염류 4. 무기과산화물 5. 브롬산염류 6. 질산염류 7. 요오드산염류 8. 과망간산염류 9. 중크롬산염류

제3류 위험물

유별	성질	품명
제3류	자연발화성 물질 및 금수성 물질	1. 칼륨 2. 나트륨 3. 알킬알루미늄 4. 알킬리튬 5. 황린 6. 알칼리금속 및 알칼리토금속 7. 유기금속화합물 8. 금속의 수소화물 9. 금속의 인화물 10. 칼슘 또는 알루미늄의 탄화물

정답 90 ③ 91 ② 92 ① 93 ③

94 소화기의 장단점으로 옳은 것은?

> ㄱ. 분말소화기 : 거의 모든 화재에 소화효과를 기대할 수 있으나 분말약제에 의한 오염이 발생할 수 있음
> ㄴ. CO_2 소화기 : 소화효율이 가장 좋고 약제 잔여물이 없음
> ㄷ. 청정소화기 : 거의 모든 화재에 소화효과를 기대할 수 있으나 가격이 비쌈
> ㄹ. 금속소화기 : 금수성 물질의 특성을 갖는 금속화재에 대응할 수 있도록 기체로 충진되어 있어 무게가 가벼움

① ㄱ, ㄴ ② ㄴ, ㄷ
③ ㄱ, ㄷ ④ ㄷ, ㄹ

해설

CO_2 소화기
- 냉각효과가 우수하다.
- 소화약제에 의한 오손이 거의 없다.
- 피부에 접촉 시 동상에 걸릴 수 있다.
- 전기화재(C급 화재)에 효과적이다.

금속화재(D급 화재)
소화에 물을 사용하면 안 되며 건조사, 팽창진주암, 팽창질석을 사용한다.

95 미세먼지의 발생원인 이산화황(SO_2) 175.8g이 SO_3로 전환될 때 발생하는 열(kJ)은?

> $2SO_2(g) + O_2(g) \rightarrow 2SO_3(g)$
> $\Delta H = -198.2 \, kJ/reaction$

① -272.22 ② 272.22
③ -135.96 ④ 135.96

해설

$SO_2 \; 175.8g \times \dfrac{1mol}{64g} = 2.747mol$

$\Delta H = \dfrac{-198.2kJ}{2mol} \times 2.747mol = -272.23kJ$

96 위험물안전관리법령에 따른 위험물의 분류 중 산화성 액체에 해당하지 않는 것은?

① 질산 ② 에탄올
③ 과염소산 ④ 과산화수소

해설

유별	성질	품명
제6류	산화성 액체	1. 과염소산($HClO_4$) 2. 과산화수소(H_2O_2) 3. 질산(HNO_3)

97 실험실 내의 모든 위험물질은 안전보건표지를 설치·부착하여야 하며, 표지의 색채는 산업안전보건법령상 규정되어 있다. 다음 중 안전보건표지의 분류와 관련 색채의 연결이 옳은 것을 모두 고른 것은?

구분	종류	색채	
		바탕색	기본 모형색
A	사용금지	흰색	빨간색
B	급성독성 물질 경고	노란색	검은색
C	세안장치	녹색	흰색
D	안전복 착용	흰색	녹색

① A, B, D ② A, C, D
③ A, C ④ A, B

해설

종류	색	
	바탕색	기본 모형색
사용금지	흰색	빨간색
급성독성 물질 경고	흰색	빨간색
세안장치	녹색	흰색
안전복 착용	파란색	흰색

정답 94 ③ 95 ② 96 ② 97 ③

98 대기환경보전법령상 대기오염 방지시설이 아닌 것은?(단, 기타 시설은 제외한다.)
① 중력집진시설
② 흡수에 의한 시설
③ 미생물을 이용한 처리시설
④ 가스교환을 이용한 처리시설

> 해설

대기오염 방지시설
- 중력집진시설
- 관성력집진시설
- 원심력집진시설
- 세정집진시설
- 여과집진시설
- 전기집진시설
- 음파집진시설
- 흡수에 의한 시설
- 흡착에 의한 시설
- 직접 연소에 의한 시설
- 촉매반응을 이용하는 시설
- 응축에 의한 시설
- 산화·환원에 의한 시설
- 미생물을 이용한 처리시설
- 연소 조절에 의한 시설
- 환경부장관이 인정하는 시설

99 B급 화재에 해당하는 것은?
① 일반화재　　② 전기화재
③ 유류화재　　④ 금속화재

> 해설

구분	적응화재
A급 화재	일반화재
B급 화재	유류화재, 가스화재
C급 화재	전기화재
D급 화재	금속화재

100 산업안전보건법령상 물질안전보건자료 작성 시 포함되어 있는 주요 작성항목이 아닌 것은?
① 응급조치 요령　　② 법적 규제 현황
③ 폐기 시 주의사항　④ 생산책임자 성명

> 해설

MSDS 구성항목
1. 화학제품과 회사에 관한 정보
2. 유해·위험성
3. 구성성분의 명칭 및 함유량
4. 응급조치 요령
5. 폭발·화재 시 대처방법
6. 누출사고 시 대처방법
7. 취급 및 저장방법
8. 노출방지 및 개인보호구
9. 물리·화학적 특성
10. 안정성 및 반응성
11. 독성에 관한 정보
12. 환경에 미치는 영향
13. 폐기 시 주의사항
14. 운송에 필요한 정보
15. 법적 규제 현황
16. 기타 참고사항

정답　98 ④　99 ③　100 ④

2022년 제2회 기출문제

1과목 화학분석 과정관리

01 기체상태의 수소 화합물을 형성하는 원소 X의 수소 화합물을 분석한 결과가 아래와 같을 때, X의 수소 화합물 1mol에 포함된 수소원자의 질량(g)은?

- 표준상태에서 밀도 : 2g/L
- 화합물 중 X의 백분율 : 82wt%

① 80.64
② 8.064
③ 0.8064
④ 0.08064

해설

$$1\text{mol 수소 화합물} \times \frac{22.4\text{L}}{1\text{mol 수소 화합물}} \times \frac{2\text{g}}{\text{L}}$$
$$\times \frac{(100-82)\text{g H}}{100\text{g 수소 화합물}} = 8.064\text{g H}$$

02 분광분석기기에서 단색화 장치에 대한 설명으로 가장 거리가 먼 것은?

① 필터, 회절발 및 프리즘 등을 사용한다.
② 연속적으로 단색광의 빛을 변화하면서 주사하는 장치이다.
③ 빛의 종류에 따라 단색화 장치의 기계적 구조는 큰 차이를 갖는다.
④ 슬릿은 단색화 장치의 성능특성과 품질을 결정하는 데 중요한 역할을 한다.

해설

단색화 장치
- 광원의 시야를 한정하는 입구슬릿과 하나의 파장띠를 분리하기 위한 출구슬릿을 사용하는 장치이다.
- 스펙트럼 주사는 출구슬릿을 통해 하나씩 차례로 각기 다른 파장띠들을 투과해 이루어진다.
- 자외선, 가시선, 적외선 영역에서 사용되는 단색화 장치는 모두 슬릿, 렌즈, 거울, 창, 격자 또는 프리즘을 사용한다는 면에서 기계적 구조는 모두 유사하다. 그러나 부분장치를 만드는 재료는 사용하려는 파장 영역에 따라 각각 다르다.

03 고성능 액체 크로마토그래피의 교정 시 확인사항이 아닌 것은?

① 바탕선 확인
② 시료채취장치의 확인
③ 표준물질의 스펙트럼 확인
④ 오븐과 운반가스 성능의 확인

해설

HPLC(고성능 액체 크로마토그래피)의 교정
- 바탕선의 확인
- 표준물질의 스펙트럼 확인
- 시료채취장치 확인
- 검·교정 계획에 따른 유지관리 내역의 기록 및 보관

GC(기체 크로마토그래피)의 교정
- 분석담당자 선정
- 오븐과 운반가스 성능의 유지 및 관리
- 검출기 성능의 유지 및 관리
- 시료채취장치의 유지 및 관리
- 검·교정 계획에 따른 유지관리 내역의 기록 및 보관

04 전자식 분석용 저울에서 가장 필요 없는 장치는?

① 코일
② 영점검출기
③ 전류증폭장치
④ 저울대 고정장치

해설

전자식 분석용 저울의 장치
- 코일
- 자석
- 영점검출기
- 전류증폭장치

정답 01 ② 02 ③ 03 ④ 04 ④

05 분자량이 비슷한 아래의 물질 중 끓는점이 가장 높은 물질의 분자 간 작용하는 힘의 종류를 모두 나열한 것은?

$$C_2H_6, \ H_2S, \ CH_3OH$$

① 분산력, 수소결합
② 공유결합, 수소결합
③ 공유결합, 쌍극자 – 쌍극자 인력
④ 쌍극자 – 쌍극자 인력, 수소결합

해설

C_2H_6 : 분산력
H_2S : 쌍극자 – 쌍극자 인력
CH_3OH : 쌍극자 – 쌍극자 인력, 수소결합

06 아래의 방향족 화합물을 올바르게 명명한 것은?

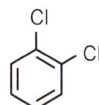

① ortho – dichlorobenzene
② meta – dichlorobenzene
③ para – dichlorobenzene
④ delta – dichlorobenzene

해설

 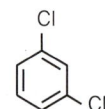 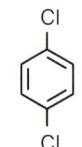
ortho–dichlorobenzene meta–dichlorobenzene para–dichlorobenzene

07 다음 중 전자친화도가 가장 큰 원소는?
① B   ② O
③ Be   ④ Li

해설

전자친화도
기체상태의 중성 원자에 전자가 첨가되어 음이온을 만들 때 방출하는 에너지

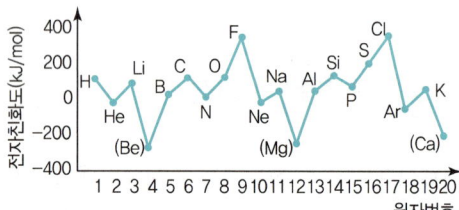

08 2.9g 뷰테인의 완전 연소 반응으로 생성되는 이산화탄소의 부피(L at STP)는?
① 0.72   ② 0.96
③ 4.48   ④ 8.96

해설

$$C_4H_{10} + \frac{13}{2}O_2 \rightarrow 4CO_2 + 5H_2O$$

58g   :   4×22.4L
2.9g   : x

$\therefore x = \dfrac{2.9}{58} \times 4 \times 22.4L = 4.48L$

09 분광분석법에 사용하는 레이저에 대한 설명으로 틀린 것은?
① 레이저는 빛의 증폭현상으로 인해 파장범위가 좁고, 센 복사선을 낸다.
② 색소 레이저를 이용하면 수십 nm 범위 정도에 걸쳐 연속적으로 파장을 변화시킬 수 있다.
③ Nd : YAG 레이저는 기체 레이저로서 다양한 실험에 널리 사용되고 있다.
④ 네 단계 준위 레이저는 세 단계 준위 레이저보다 적은 에너지를 이용하여 분포 반전을 일으킬 수 있다.

정답 05 ④ 06 ① 07 ② 08 ③ 09 ③

해설

레이저 광원
- 높은 강도와 좁은 띠너비 및 간섭성의 출력을 가지고 있기 때문에 기기분석에 매우 유용한 광원이다.
- 레이저는 복사선의 자극방출에 의한 빛살의 증폭에 대한 약어이다.
- 빛의 증폭 특성 때문에 레이저는 공간적으로 좁고, 극도로 센 복사선을 생성한다.
- 펌핑 → 자발방출 → 자극방출 → 흡수
- 네 단계 시스템 레이저는 세 단계 시스템 레이저보다 레이저를 발생하는 데 필요한 분포상태 반전이 쉽게 일어난다.
- Nd : YAG 레이저는 널리 사용되는 고체상태 레이저로 YAG 결정에 Nd 이온이 포함된 구조이다.

10 실험실에서 아마이드(amide)를 만들기 위해 흔히 사용하는 것으로만 짝지어진 것은?

> a. 일차 아민과 할로겐화아실
> b. 삼차 아민과 유기산
> c. 이차 아민과 할로겐화아실
> d. 일차 아민과 알데하이드
> e. 삼차 아민과 할로겐화아실

① a, c
② b, d
③ a, c, e
④ a, b, c, e

해설

아민
- 1차 아민 : $-NH_2$
- 2차 아민 : $>NH$
- 3차 아민 : $-N-$ |

아마이드($-CONH-$)

$$R-\underset{\underset{Cl}{\|}}{C}=O \xrightarrow[\text{(excess)}]{NH_3} R-\underset{\underset{NH_2}{\|}}{C}=O + NH_4^+Cl^-$$

염화아실

$$R-\underset{\underset{Cl}{\|}}{C}=O \xrightarrow[\text{(excess)}]{R'NH_2} R-\underset{\underset{NHR'}{\|}}{C}=O + R'NH_3^+Cl^-$$

$$R-\underset{\underset{Cl}{\|}}{C}=O \xrightarrow[\text{(excess)}]{R_2'NH} R-\underset{\underset{NR_2'}{\|}}{C}=O + R_2'NH_2^+Cl^-$$

11 바탕시료 분석을 통해 분석자가 확인할 수 있는 것은?

① 영점
② 오차
③ 처리시간
④ 매트릭스 바탕

해설

분석장비의 일반적인 검·교정 절차서 작성 방법
1. 시험방법에 따라 최적 범위 안에서 교정용 표준물질과 바탕시료를 사용해 교정곡선을 그린다.
2. 계산된 상관계수에 의해 곡선의 허용 또는 허용 불가를 결정한다.
3. 곡선을 검증하기 위해 연속교정표준물질(CCS)을 사용하여 교정한다. 검증된 값의 5% 이내에 있어야 한다.
4. 검증확인표준물질(CVS)을 사용해 교정한다. 이는 교정용 표준물질과 다른 것을 사용한다. 초기 교정이 허용되기 위해서는 참값의 10% 이내에 한다.
5. 분석법이 시료 전처리가 포함되어 있다면, 바탕시료와 실험실관리표준물질(LCS)을 분석 중에 사용한다. 그 결과는 참값의 15% 이내에 있어야 한다.
6. 10개의 시료를 분석하고 분석 후에 CCS를 가지고 다시 곡선을 점검한다. 검증값의 5% 이내에 있어야 한다.
7. CCS 또는 CVS 허용범위에 들지 못했을 경우 작동을 멈추고, 다시 새로운 초기교정을 실시한다.

12 광자검출기가 아닌 것은?

① 열전기 전지
② 광전자증배관
③ 실리콘 다이오드
④ 전하이동 검출기

해설

광자변환기
- 광전지 : 복사에너지가 반도체층과 금속판과의 계면에서 전류를 생성
- 광전관 : 복사선이 감광성 고체 표면으로부터 전자를 방출
- 광전자증배관 : 광방출 표면뿐 아니라, 감광 영역에서 전자 충돌 시 전자다발을 방출
- 광전도 변환기 : 반도체에 의한 복사선 흡수로 전자와 정공을 생성하여 전도도를 향상
- 규소 광다이오드 : 광자가 쪼여져 전자-정공짝이 생성되고 역방향 바이어스가 걸려 있는 pn접합을 가로지르며 전도도가 증가
- 전하이동 변환기 : 광전자의 흡수로 규소 결정에서 발생된 전하를 수집하여 측정

정답 10 ① 11 ① 12 ①

13 15wt% KOH 수용액 250g을 희석하여 0.1M 수용액을 만들고자 할 때, 희석 후 용액의 부피(L)는?(단, KOH의 분자량은 56g/mol이다.)

① 0.97
② 3.35
③ 6.70
④ 10.05

해설

$$\frac{0.1\text{mol}}{1\text{L}} = 250\text{g} \times 0.15 \times \frac{1\text{mol}}{56\text{g}} \times \frac{1}{V(\text{L})}$$

$$\therefore V(\text{L}) = 6.7\text{L}$$

14 79.59g Fe와 30.40g O를 포함하고 있는 화합물 시료의 실험식은?(단, Fe의 원자량은 55.85g/mol이다.)

① FeO_2
② Fe_3O_5
③ Fe_3O_4
④ Fe_2O_4

해설

$$Fe_{\frac{79.59}{55.85}} O_{\frac{30.40}{16}} = Fe_{1.425}O_{1.9} = Fe_1 O_{\frac{4}{3}} = Fe_3O_4$$

15 적정 실험에서 0.5468g의 KHP를 완전히 중화하기 위해서 23.48mL의 NaOH 용액이 소모되었다면, 사용된 NaOH 용액의 농도(M)는?(단, KHP는 $KHC_8H_4O_4$이며, K의 원자량은 39g/mol이다.)

① 0.3042
② 0.2141
③ 0.1142
④ 0.0722

해설

$HP^-(aq) + OH^-(aq) \rightarrow P^{2-}(aq) + H_2O(l)$

HP^-의 mol수 = OH^-의 mol수
KHP = 204g/mol

$$0.5468\text{g KHP} \times \frac{1\text{mol}}{204\text{g}} = M \times 0.02348\text{L}$$

$$\therefore M = \frac{0.5468\text{g} \times 1\text{mol}}{204\text{g} \times 0.02348\text{L}} = 0.1142\text{M}$$

16 전자배치를 고려할 때, 짝짓지 않은 3개의 홀전자를 가지는 원자나 이온은?

① N
② O
③ Al
④ S^{2-}

해설

① $_7N : 1s^2 2s^2 2p^3$
② $_8O : 1s^2 2s^2 2p^4$
③ $_{13}Al : 1s^2 2s^2 2p^6 3s^2 3p^1$
④ $_{16}S^{2-} : 1s^2 2s^2 2p^6 3s^2 3p^6$

15족 원소 : ns^2np^3
N, P, As, Sb, Bi는 짝짓지 않는 3개의 홀전자를 갖는다.

17 원소의 성질을 설명한 것으로 틀린 것은?

① 0족 원소들은 불활성, 불연성이며 상온에서 기체이다.
② 1A족 원소들은 금속이며 염기성을 띤다.
③ 5A족에 속하는 질소(N)는 매우 다양한 산화수를 가진다.
④ 7A족은 할로겐족으로서 반응성이 크며 +1의 산화수를 가진다.

해설

1A족 2A족 3A족 4A족 5A족 6A족 7A족 8A족
H   He
Li Be B C N O F Ne

← 금속성 (양이온)   비금속성 (음이온) →

족	명칭	족	명칭
1A	알칼리금속	5A	질소족
2A	알칼리토금속	6A	산소족
3A	붕소족	7A	할로겐족
4A	탄소족	8A	비활성 기체

18 탄화수소 화합물에 대한 설명으로 틀린 것은?

① 탄소-탄소 결합이 단일결합으로 모두 포화된 것을 alkane이라 한다.
② 탄소-탄소 결합이 이중결합이 있는 탄화수소 화합물은 alkene이라 한다.
③ 탄소-탄소 결합이 삼중결합이 있는 탄화수소 화합물은 alkyne이라 한다.
④ 가장 간단한 alkyne 화합물은 프로필렌이다.

정답 13 ③ 14 ③ 15 ③ 16 ① 17 ④ 18 ④

> [해설]

- alkane : C_nH_{2n+2}, 단일결합, 포화 탄화수소
  - 예 CH_4(메탄)
- alkene : C_nH_{2n}, 이중결합, 불포화 탄화수소
  - 예 C_2H_4(에틸렌)
- alkyne : C_nH_{2n-2}, 삼중결합, 불포화 탄화수소
  - 예 C_2H_2(아세틸렌)

19 원자 내에서 전자는 불연속적인 에너지 준위에 따라 배치된다. 이러한 에너지 준위 중에서 전자가 분포할 확률을 나타낸 공간을 의미하는 용어는?

① 전위(Potential)
② 궤도함수(Orbital)
③ 원자핵(Atomic Nucleus)
④ Lewis 구조(Structure)

> [해설]

오비탈(Orbital)
원자핵 주위의 공간에 전자가 분포할 확률을 나타낸 함수

20 크로마토그래피에 대한 설명 중 틀린 것은?

① 역상(Reversed Phase) 크로마토그래피는 이동상이 극성이고 정지상이 비극성이다.
② 정상(Normal Phase) 크로마토그래피에서 이동상의 극성을 증가시키면 용리시간이 길어진다.
③ 겔 투과 크로마토그래피(GPC)는 고분자 물질의 분자량을 상대적으로 측정하는 데 사용한다.
④ 고성능 액체 크로마토그래피(HPLC)는 비휘발성 또는 열적으로 불안정한 물질의 분석에 유용하다.

> [해설]

크로마토그래피
- 정상 크로마토그래피 - 이동상이 비극성, 정지상이 극성이다. 비극성 용질의 용리시간이 빠르다.
- 역상 크로마토그래피 - 이동상이 극성, 정지상이 비극성이다. 극성 용질의 용리시간이 빠르다.

2과목 화학물질 특성분석

21 EDTA 적정방법 중 음이온을 과량의 금속이온으로 침전시키고, 침전물을 거르고 세척한 후 거른 용액 중에 들어 있는 과량의 금속이온을 EDTA로 적정하여 음이온의 농도를 구하는 방법은?

① 역적정
② 간접적정
③ 직접적정
④ 치환적정

> [해설]

EDTA 적정방법
- 직접적정 : 분석물질에 EDTA를 가하여 당량점을 구하여 분석물질의 농도를 구한다.
- 역적정 : 과량의 EDTA를 가하여 분석물질을 적정하고, 남아있는 EDTA를 표준금속(Mg^{2+}, Zn^{2+} 등) 용액으로 적정하여, 남은 EDTA 농도를 계산하여 분석물질의 농도를 구한다.
- 치환적정 : 적당한 지시약을 찾을 수 없는 경우, 과량의 금속-EDTA로 적정하여 금속을 치환하고, 치환된 금속을 EDTA 표준용액으로 적정한다.
- 간접적정 : 음이온을 특정한 금속이온과 반응시켜 침전여과한 후, 과량의 금속이온을 EDTA로 적정하여 음이온의 농도를 구한다.

22 원자분광법에서 시료 형태에 따른 시료 도입방법으로 적절치 않은 것은?

① 고체 : 직접 주입
② 용액 : 기체 분무화
③ 고체 : 초음파 분무화
④ 전도성 고체 : 글로우 방전 튕김

> [해설]

원자분광법의 시료 도입방법

용액시료의 도입	고체시료의 도입
• 기체 분무기	• 직접 도입
• 초음파 분무기	• 전열 증기화
• 전열 증기화	• 레이저 증발
• 수소화물 생성법	• 아크와 스파크 증발(전도성 고체)
	• 글로우 방전법(전도성 고체)

정답 19 ② 20 ② 21 ② 22 ③

23 0.10M 암모니아 용액의 pH는?(단, NH_3의 pK_b는 5이고, K_w는 1.0×10^{-14}이다.)

① 9　　② 10
③ 11　　④ 12

해설

$NH_3 + H_2O \rightarrow NH_4^+ + OH^-$

0.1M		0	0
$-x$		$+x$	$+x$
$0.1-x$		x	x

$K_b = \dfrac{x^2}{0.1-x} = 10^{-5}$

∴ $x = [OH^-] = 10^{-3}$

$pOH = -\log[OH^-] = -\log(10^{-3}) = 3$

∴ $pH = 14 - pOH = 14 - 3 = 11$

---

24 어느 일양성자산(HA) 용액의 pH가 2.51일 때, 산의 이온화 백분율(%)은?(단, HA의 K_a는 1.8×10^{-4}이다.)

① 3.5　　② 4.5
③ 5.5　　④ 6.5

해설

$pH = -\log[H^+] = 2.51$

∴ $[H^+] = 10^{-2.51}$

$HA \rightarrow H^+ + A^-$

$[HA]_0$		0	0
$-10^{-2.51}$		$10^{-2.51}$	$10^{-2.51}$
$[HA]_0 - 10^{-2.51}$		$10^{-2.51}$	$10^{-2.51}$
$= [HA]$			

$K_a = \dfrac{(10^{-2.51})^2}{[HA]} = 1.8 \times 10^{-4}$

∴ $[HA] = 0.053$ ← 평형농도

∴ 산의 이온화 백분율(%) $= \dfrac{[H^+]}{[HA]_0} \times 100$

$= \dfrac{10^{-2.51}}{0.053 + 10^{-2.51}} \times 100$

$= 5.5\%$

---

25 두 이온의 표준환원전위($E°$)가 다음과 같을 때 보기 중 가장 강한 산화제는?

$Na^+(aq) + e^- \rightleftarrows Na(s)$	$E° = -2.71V$
$Ag^+(aq) + e^- \rightleftarrows Ag(s)$	$E° = 0.80V$

① $Na^+(aq)$　　② $Ag^+(aq)$
③ $Na(s)$　　④ $Ag(s)$

해설

• 산화제 : 자신은 환원되고 남을 산화시킨다.
• 표준환원전위($E°$)가 클수록 환원된다.

$Ag^+ + e^- \rightarrow Ag$
산화제(환원)

---

26 원자방출분광법에 이용되는 플라스마의 종류가 아닌 것은?

① 흑연 전기로(GFA)
② 직류 플라스마(DCP)
③ 유도결합플라스마(ICP)
④ 마이크로파 유도 플라스마(MIP)

해설

플라스마
• 유도결합플라스마(ICP)
• 직류 플라스마(DCP)
• 마이크로파 유도 플라스마(MIP)

---

27 0.10M $NaNO_3$를 포함하는 AgCl 포화 용액에 대한 설명 중 옳은 것은?(단, AgCl의 $K_{sp} = 1.8 \times 10^{-10}$이다.)

① 이온 세기는 0.20M이다.
② Ag^+와 Cl^-의 농도는 동일하다.
③ Ag^+의 농도는 $\sqrt{1.8 \times 10^{-10}}$ M이다.
④ 이 용액에서 Ag^+의 활동도 계수는 증류수에서보다 크다.

정답　23 ③　24 ③　25 ②　26 ①　27 ②

해설

① 이온 세기 $\mu = \frac{1}{2}(0.10 \times (+1)^2 + 0.10 \times (-1)^2)$
$\quad\quad\quad\quad\quad = 0.10M$

② $AgCl \rightarrow Ag^+ + Cl^-$

③ $K_{sp} = a_{Ag^+} \times a_{Cl^-} = \gamma_{Ag^+}[Ag^+]\gamma_{Cl^-}[Cl^-]$
$\quad\quad = \gamma_{Ag^+}\gamma_{Cl^-}[Ag^+][Cl^-]$
$\quad\quad = \gamma_{Ag^+}\gamma_{Cl^-}[Ag^+]^2 = 1.8 \times 10^{-10}$

γ(활동도 계수) < 1

28 인산(H_3PO_4)의 단계별 해리평형과 산해리상수(K_a)가 아래와 같을 때, 인산이온(PO_4^{3-})의 염기가수분해상수(K_{b1})는?(단, K_w는 1.0×10^{-14}이다.)

$H_3PO_4(aq) \rightleftarrows H^+(aq) + H_2PO_4^-(aq)$ $K_{a1} = 7.11 \times 10^{-3}$
$H_2PO_4^-(aq) \rightleftarrows H^+(aq) + HPO_4^{2-}(aq)$ $K_{a2} = 6.34 \times 10^{-8}$
$HPO_4^{2-}(aq) \rightleftarrows H^+(aq) + PO_4^{3-}(aq)$ $K_{a3} = 4.22 \times 10^{-13}$

① 1.00×10^{-14} ② 1.41×10^{-12}
③ 1.58×10^{-7} ④ 2.37×10^{-2}

해설

$PO_4^{3-}(aq) + H_2O(l) \rightleftarrows HPO_4^{2-}(aq) + OH^-(aq)$

$K_{b1} = \frac{[HPO_4^{2-}][OH^-]}{[PO_4^{3-}]}$

$K_{a3} \times K_{b1} = \frac{[H^+][PO_4^{3-}]}{[HPO_4^{2-}]} \times \frac{[HPO_4^{2-}][OH^-]}{[PO_4^{3-}]} = K_w$

$K_{b1} = \frac{K_w}{K_{a3}} = \frac{1.0 \times 10^{-14}}{4.22 \times 10^{-13}} = 2.37 \times 10^{-2}$

29 이온 세기가 0.1M인 용액에서 중성 분자의 활동도 계수(Activity Coefficient)는?

① 0 ② 0.1
③ 0.5 ④ 1

해설

$a_i = \gamma_i \times C_i$
활동도 활동도 계수 농도

활동도 계수

• 이온 세기가 0에 접근하면 활동도 계수는 1에 접근한다.
• 특별히 농도가 매우 진한 용액을 제외하고, 주어진 화학종의 활동도 계수는 전해질의 성질에는 무관하고 이온 세기에만 의존한다.
• 같은 조건에서 이온의 전하가 증가하면 활동도 계수가 1에서 벗어나는 정도가 커진다.
• 전하를 띠지 않는 중성 분자에 대한 활동도 계수는 거의 1이다.
• 같은 전하를 띠고 있는 이온의 활동도 계수는 거의 같다. 같은 전하를 띠고 있는 이온의 활동도 계수의 작은 차이는 수화된 이온의 유효직경의 차이 때문에 나타난다.

30 $CH_3COOH(aq) + H_2O(l) \rightleftarrows H_3O^+(aq) + CH_3COO^-(aq)$의 산해리상수($K_a$)를 옳게 나타낸 것은?

① $K_a = \frac{[H_3O^+][CH_3COOH]}{[CH_3COO^-]}$

② $K_a = \frac{[H_3O^+][CH_3COO^-]}{[CH_3COOH]}$

③ $K_a = \frac{[H_2O][CH_3COOH]}{[CH_3COO^-]}$

④ $K_a = \frac{[H_2O][CH_3COO^-]}{[CH_3COOH]}$

해설

$CH_3COOH + H_2O \rightleftarrows H_3O^+ + CH_3COO^-$

$K_a = \frac{[H_3O^+][CH_3COO^-]}{[CH_3COOH]}$

31 원자분광법의 선넓힘 원인이 아닌 것은?

① 불확정성 효과
② 지만(Zeeman) 효과
③ 도플러(Doppler) 효과
④ 원자들과의 충돌에 의한 압력효과

정답 28 ④ 29 ④ 30 ② 31 ②

> 해설

선넓힘의 원인
㉠ **불확정성 효과** : 하이젠베르그의 불확정성 원리
   전이와 관련된 높은 에너지 상태와 낮은 에너지 상태의 수명이 한정되어 있고, 이로 인해 각 상태의 에너지에 불확정성과 선넓힘이 일어난다.
㉡ **도플러 효과**
   복사선의 파장은 원자의 움직임이 검출기 쪽으로 향하면 감소하고, 원자들이 검출기로부터 멀어지면 증가한다.
㉢ **압력효과** : 충돌넓힘
㉣ **전기장과 자기장 효과**
   센 자기장에서는 원자의 전자에너지가 여러 상태로 분리되므로(Zeeman 효과) 이들 사이에서 전이가 일어나면 선너비가 넓어진다.

32 용액의 농도에 대한 설명 중 틀린 것은?

① 몰농도는 용액 1L에 포함된 용질의 몰수로 정의한다.
② 몰랄농도는 용액 1L에 포함된 용매의 몰수로 정의한다.
③ 노르말농도는 용액 1L에 포함된 용질의 그램 당량수로 정의한다.
④ 몰분율은 그 성분의 몰수를 모든 성분의 전체 몰수로 나눈 것으로 정의한다.

> 해설

- 몰농도 : 용액 1L에 포함된 용질의 mol수
- 몰랄농도 : 용매 1kg에 포함된 용질의 mol수
- 노르말농도 : 용액 1L에 포함된 용질의 g당량수
- 몰분율 : 그 성분의 몰수를 전체 성분의 몰수로 나눈 것

33 pH=6인 완충용액을 만드는 방법으로 옳은 것을 모두 고른 것은?

> ㄱ. pK_a=6인 약산 HA를 물에 녹인다.
> ㄴ. pK_a=6인 약산 HA와 그 짝염기(NaA)를 1 : 1 몰비로 섞는다.
> ㄷ. pK_a=7.5인 약염기 NaA 용액에 강산을 가한다.
> ㄹ. pK_a=5.5인 약산 HA 용액에 강염기를 가한다.

① ㄱ
② ㄱ, ㄴ
③ ㄴ, ㄷ
④ ㄴ, ㄷ, ㄹ

> 해설

Henderson – Hasselbalch 식
$$HA(aq) + H_2O(l) \rightleftharpoons H_3O^+(aq) + A^-(aq)$$
$$pH = pK_a + \log \frac{[A^-]}{[HA]}$$

- 약산+짝염기
- 약산+강염기 $\left(\frac{1}{2}\right)$
- 약염기+짝산
- 약염기+강산 $\left(\frac{1}{2}\right)$

34 0.10M $HOCH_2CO_2H$를 0.050M KOH로 적정할 때 당량점에서의 pH는?(단, $HOCH_2CO_2H$의 K_a는 1.48×10^{-4}이고, K_w는 1.0×10^{-14}이다.)

① 3.83
② 5.82
③ 8.18
④ 10.2

> 해설

$$HA + OH^- \rightarrow H_2O + A^-$$
$$A^- + H_2O \rightarrow HA + OH^-$$

짝염기(A^-)의 가수분해에 의하여 생성된 OH^-의 농도를 구한다.

$0.10M \times V_1 = 0.05M \times V_2$

$\therefore V_2 = \dfrac{0.10M \times V_1}{0.05M} = 2V_1$

전체 부피 $V = V_1 + V_2 = V_1 + 2V_1 = 3V_1$

$[A^-]_0 = \dfrac{0.10M \times V_1}{3V_1} = 0.0333M$

	$A^-(aq)$	+	H_2O	$\rightleftharpoons$	$HA(aq)$	+	$OH^-(aq)$
	0.0333				0		0
	$-x$				x		x
	$0.0333-x$				x		x

$K_b = \dfrac{K_w}{K_a} = \dfrac{1.0 \times 10^{-14}}{1.48 \times 10^{-4}} = \dfrac{x^2}{0.0333-x}$

$\fallingdotseq \dfrac{x^2}{0.0333} = 6.757 \times 10^{-11}$

$\therefore x = [OH^-] = \sqrt{0.0333 \times 6.757 \times 10^{-11}}$
$= 1.50 \times 10^{-6}M$

$pOH = -\log[OH^-] = -\log(1.50 \times 10^{-6}) = 5.82$
$\therefore pH = 14 - 5.82 = 8.18$

정답 32 ② 33 ④ 34 ③

35 단색화 장치를 사용하여 유효띠너비가 0.05nm인 두 피크를 분리할 때 최대 슬릿 너비(μm)는?(단, 차수는 1차이고 단색화 장치의 초점거리는 0.75m이며 groove 수는 2,400grooves/mm이다.)

① 70 ② 80
③ 90 ④ 100

해설

유효띠너비 $= \dfrac{\Delta\lambda}{2} = W \times D^{-1}$

D^{-1}(역분산능) $= \dfrac{\text{홈간거리}}{\text{차수} \times \text{초점거리}} = \dfrac{1\text{mm}/2{,}400}{1 \times 0.75\text{m}}$

$\qquad = 5.56 \times 10^{-4}\text{mm/m}$

$\therefore\ 0.05\text{nm} \times \dfrac{10^6 \mu\text{m}}{10^9 \text{nm}}$

$= W \times 5.56 \times 10^{-4}\text{mm/m} \times \dfrac{1\text{m}}{10^6 \mu\text{m}} \times \dfrac{10^3 \mu\text{m}}{1\text{mm}}$

$\therefore\ W = 89.9\mu\text{m} \fallingdotseq 90\mu\text{m}$

36 전지에 대한 설명 중 틀린 것은?
① 볼타전지의 전지반응은 비자발적이다.
② 전지에서 산화가 일어나는 전극에서는 전자를 방출한다.
③ 볼타전지에서 산화가 일어나는 전극은 아연전극이다.
④ 전해전지에서 산화환원반응을 일어나게 하기 위하여 전기에너지가 필요하다.

해설

볼타전지 : 자발적 반응

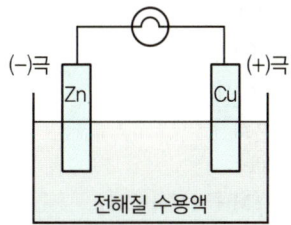

($-$)극 : Zn → Zn^{2+} + $2e^-$ … 산화
($+$)극 : $2\text{H}^+ + 2e^- \to \text{H}_2$ … 환원

전해전지 : 전기분해, 도금, 비자발적 반응

37 pH가 10.0인 Zn^{2+} 용액을 EDTA로 적정하였을 때 당량점에서 Zn^{2+}의 농도가 1.0×10^{-14}M이었다. 용액의 pH가 11.0일 때 당량점에서의 Zn^{2+}의 농도(M)는? (단, 암모니아 완충용액에서 Zn^{2+}의 분율은 1.8×10^{-5}로 일정하며, Zn^{2+}-EDTA 형성상수는 3.16×10^{16}이고, pH 10.0 및 11.0에서 EDTA 중 Y^{4-}의 분율은 각각 0.36과 0.85이다.)

① 2.36×10^{-14} ② 3.60×10^{-15}
③ 4.23×10^{-15} ④ 6.51×10^{-15}

해설

- 당량점에 도달하면 모든 Zn^{2+}은 EDTA와 반응하여 Zn^{2+}-EDTA 착화합물이 되므로 Zn^{2+}은 ZnY^{2-}의 해리에 의해 생성된다.
- 용액 내의 Zn^{2+}은 보조착화제인 암모니아와 반응하여 대부분 착화합물을 형성한다.

$\text{ZnY}^{2-} \to \text{Zn}^{2+} + \text{EDTA}$
$\text{NH}_3 - \text{Zn}^{2+}$ 착화합물 형성

Zn^{2+}	$+$	EDTA	$\rightleftarrows$	ZnY^{2-}
0		0		C
$+x$		$+x$		$-x$
x		x		$C-x$

pH = 10

$K_f' = K_f \times \alpha_{\text{Y}^{4-}} = \dfrac{C}{x^2} = 3.16 \times 10^{16} \times 0.36$

$\dfrac{C}{(1.0 \times 10^{-14})^2} = 1.1376 \times 10^{16}$

$\therefore\ C = 1.1376 \times 10^{-12}\text{M}$

pH = 11

$K_f' = K_f \times \alpha_{\text{Y}^{4-}} = \dfrac{1.1376 \times 10^{-12}}{x^2}$

$3.16 \times 10^{16} \times 0.85 = \dfrac{1.1376 \times 10^{-12}}{x^2}$

$\therefore\ x = [\text{Zn}^{2+}] = \sqrt{\dfrac{1.1376 \times 10^{-12}}{3.16 \times 10^{16} \times 0.85}}$

$\qquad = 6.51 \times 10^{-15}\text{M}$

정답 35 ③ 36 ① 37 ④

38 물질의 성질과 관련된 다음의 정보를 얻기 위하여 수행하는 시험은?

> - 에멀션뿐만 아니라 Aerosol, Dispersion, Suspension을 포함하는 미립자계의 정보
> - Hiding Power, Tinting Strength 등 최종 물질의 물리·화학·기계적 성질 결정에 중요한 정보

① 분산도 및 인장강도
② 입자 크기 및 분산도
③ 입자 크기 및 표면 분석
④ 표면 분석 및 전기적 특성

39 정밀도는 대푯값 주위에 측정값들이 흩어져 있는 정도를 말한다. 다음 중 정밀도를 나타내는 지표는?
① 정확도
② 상관계수
③ 분포계수
④ 표준편차

해설

정밀도 : 측정값이 평균값에 얼마나 몰려 있는지를 나타내는 정도로 표준편차와 관련 있다.
㉠ 표준편차
㉡ 분산 = 표준편차^2
㉢ 상대표준편차 = $\dfrac{표준편차}{평균}$
㉣ 변동계수(% 상대표준편차) = $\dfrac{표준편차}{평균} \times 100$
㉤ 평균치의 표준편차(σ_n)
  - 표준오차라고도 하며 표본집단의 평균값들이 얼마나 근접한가를 나타낸다.
  - 표본의 평균이 모집단의 평균에 얼마나 근접한가를 나타낸다.

  $\sigma_n = \dfrac{\sigma}{\sqrt{n}}$

  여기서, σ : 모집단의 평균, n : 자료수

40 전기화학의 기본 개념과 관련한 설명 중 틀린 것은?
① 1J의 에너지는 1A의 전류가 전위차가 1V인 점들 사이를 이동할 때 얻거나 잃는 양이다.
② 산화환원반응은 전자가 한 화학종에서 다른 화학종으로 이동하는 것을 의미한다.
③ 전기전압은 전기화학반응에 대한 자유에너지 변화(ΔG)에 비례한다.
④ 전류는 전기화학반응의 반응속도에 비례한다.

해설

$1J = 1V \times 1A \times 1s = 1V \times 1C$

3과목 화학물질 구조분석

41 메탄분자의 일반적인 시료분자(M)가 CH_5^+ 또는 $C_2H_5^+$와 충돌로 인하여 질량스펙트럼상에서 볼 수 없는 이온의 종류는?
① $(M+H)^+$
② $(MH-H)^+$
③ $(MH+29)^+$
④ $(MH+12)^+$

해설

화학 이온화(CI)
㉠ 과량의 시약기체 이온과 분석물질의 기체분자를 충돌시켜 이온화시키는 방법
㉡ 시약기체(CH_4, C_3H_8, isobutane, NH_3)의 이온화
  $CH_4 \rightarrow CH_4^+, CH_3^+, CH_2^+$
  $CH_4^+ + CH_4 \rightarrow CH_5^+ + CH_3$
  $CH_3^+ + CH_4 \rightarrow C_2H_5^+ + H_2$
㉢ 분석물질의 이온화
  - Proton Transfer
    $CH_5^+ + M \rightarrow (M+H)^+ + CH_4$
    $C_2H_5^+ + M \rightarrow (M+H)^+ + C_2H_4$
  - Hydride Abstraction
    $C_2H_5^+ + MH \rightarrow M^+ + C_2H_6$
  - Adducton Formation
    $C_2H_5^+ + M \rightarrow (M+C_2H_5)^+ = (M+29)^+$

정답 38 ② 39 ④ 40 ① 41 ④

ⓔ 양성자 이동으로 $(M+H)^+$ 이온, 수소와 이온의 이동으로 $(MH-H)^+$ 이온, 이온결합으로 $(MH+29)^+$ 이온이 생긴다.

42 분자 질량 분석기기의 탈착 이온화(Desorption Ionization)에 적용되는 시료에 대한 설명으로 틀린 것은?

① 비휘발성 시료에 적용이 가능하다.
② 열에 예민한 생화학적 물질에 적용할 수 있다.
③ 액체시료를 증발시키지 않고 직접 이온화시킨다.
④ 분자량이 1,000,000Da 이하 화학종의 질량스펙트럼을 얻기 위해 사용된다.

해설

탈착 이온화원
㉠ 비휘발성이나 열적으로 불안정한 시료에 사용될 수 있다.
㉡ 열에 예민한 생화학적 물질과 분자량이 100,000Da(돌턴) 보다 더 큰 화학종의 질량스펙트럼을 얻기 위해 사용되고 있다.
㉢ 에너지를 고체나 액체시료에 가해서 직접적으로 기체이온을 형성시킨다.
㉣ 종류
• 장 탈착법(FD)
• 매트릭스 지원 레이저 탈착 이온화법(MALDI)
• 빠른 원자 충격법(FAB)
• 이차 이온 질량분석법(SIMS)

43 분리분석에서 칼럼 효율에 미치는 변수로 가장 거리가 먼 것은?

① 머무름인자   ② 정지상 부피
③ 이동상의 선형속도   ④ 정지상 액체막 두께

해설

• 머무름인자 : 칼럼에 오래 머무르면, 머무름인자가 크며 띠 넓힘이 나타난다.
• 이동상의 선형속도 : 단높이가 최소가 되도록 적절한 이동속도로 한다.
• 정지상 액체막 두께 : 정지상의 두께가 얇을수록 띠넓힘이 감소한다.
• 단높이가 작을수록, 단수가 클수록, 관의 길이가 길수록 관의 효율은 증가한다.

44 액체 크로마토그래피(LC)에서 주로 이용되는 기울기 용리(Gradient Elution)에 대한 설명으로 틀린 것은?

① 용매의 혼합비를 분석 시 연속적으로 변화시킬 수 있다.
② 분리시간을 단축시킬 수 있다.
③ 극성이 다른 용매는 사용할 수 없다.
④ 기체 크로마토그래피의 온도 프로그래밍과 유사하다.

해설

기울기 용리법
• 고성능 액체 크로마토그래피에서 분리효율을 높이기 위해 사용한다.
• 극성이 다른 2~3가지 용매를 선택하여 조성의 비율을 단계적으로 변화시켜 사용하는 방법이다.
• GC에서 온도 프로그래밍과 유사하다.
• 분석시간을 단축시킬 수 있다.

45 폴리에틸렌의 등온 결정화 현상을 분석할 때 가장 알맞은 열분석법은?

① DTA   ② DSC
③ TG   ④ DMA

해설

등온 결정화
• 용융점보다 30℃ 정도 높게 시료의 온도를 올린 후, 용융점 아래의 온도로 고정시키면서 시료를 냉각시킨다.
• 시료의 질(Quality)을 확인하는 데 사용한다.
• 빠른 냉각속도가 요구되므로 DSC를 사용한다.

46 백금(Pt) 전극을 써서 수소이온을 발생시키는 전기량 적정법으로 염기 수용액을 정량할 때 전해 용액으로서 가장 적당한 것은?

① 0.08M $TiCl_3$ 수용액   ② 0.01M $FeSO_4$ 수용액
③ 0.10M Na_2SO_4 수용액   ④ 0.10M $Ce_2(SO_4)_3$ 수용액

해설

• $Ce_2(SO_4)$ 수용액 : 산성
• $FeSO_4$ 수용액 : 산성
• $TiCl_3$ 수용액 : 산성
• NaCl, Na_2SO_4 : 중성

정답 42 ④ 43 ② 44 ③ 45 ② 46 ③

47 열무게분석장치에서 필요하지 않은 것은?
① 분석저울 ② 전기로
③ 기체주입장치 ④ 회절발

해설
열무게분석장치
- 열저울
- 전기로
- 기체주입장치
- 온도제어 및 데이터 처리 장치

48 분석 시료와 시료 분석을 위해 사용할 수 있는 크로마토그래피의 연결로 가장 적절한 것은?
① 잉크나 엽록소 – 얇은 층 크로마토그래피(TLC)
② 무기 전해질 염 – 종이 크로마토그래피(PC)
③ 유기 약산의 염 – 겔 투과 크로마토그래피(GPC)
④ 단백질이나 녹말 – 이온교환 크로마토그래피(IEC)

해설
② 무기 전해질 염 – 이온교환 크로마토그래피(IEC)
③ 유기 약산의 염 – 분배 크로마토그래피
④ 단백질이나 녹말 – 겔 투과 크로마토그래피(GPC)

49 크로마토그래피의 띠(피크, 봉우리) 넓힘 현상에 대한 설명으로 가장 적절한 것은?
① 이동상이 관에 머무는 시간에 역비례한다.
② 용질이 관에 머무는 시간에 정비례한다.
③ 이동상이 흐르는 속도에 비례한다.
④ 이동상의 속도와 무관하다.

해설
머무름인자(k)
$$k = \frac{t_R - t_M}{t_M} = \frac{\text{용질이 정지상에 머무는 시간}}{\text{이동상의 머무름시간}}$$
칼럼에 오래 머물수록 머무름인자가 크다. → 띠넓힘이 나타난다.

50 시차주사열량법(DSC)의 측정결과가 시차열분석법(DTA)의 결과와 차이가 나타나는 근본적인 원인은?
① 온도 차이 ② 에너지 차이
③ 밀도 차이 ④ 시간 차이

해설
시차주사열량법(DSC) : 에너지(열량) 차이를 측정

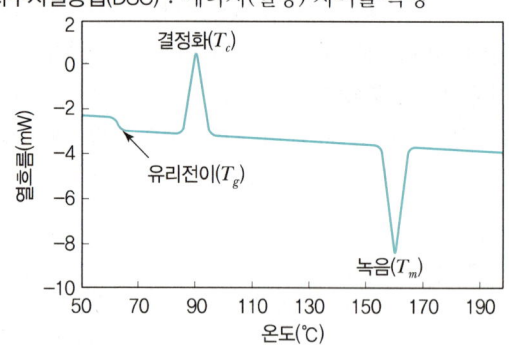

시차열분석법(DTA) : 온도 차이를 측정

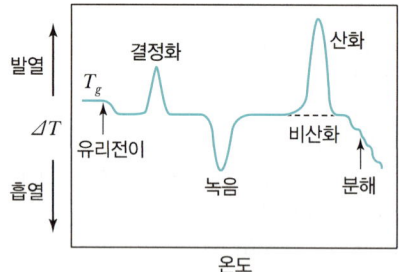

51 적외선 분광기의 회절발이 72선/mm의 홈(Groove)을 가지고 있을 때, 입사각이 30°이고 반사각이 0°라면 회절 스펙트럼의 파장(nm)은?(단, 회절차수는 1로 한다.)
① 6,944 ② 7,944
③ 8,944 ④ 9,944

해설
$n\lambda = d(\sin i + \sin r)$
$1 \times \lambda = (1\text{mm}/72)(\sin 30° + \sin 0°)$
$\quad = 0.006944\text{mm} = 6,944\text{nm}$

정답 47 ④ 48 ① 49 ② 50 ② 51 ①

52 $CoCl_2 \cdot xH_2O$ 0.40g을 포함하는 용액을 완전히 전기분해시켰을 때 백금 환원전극 표면에 코발트 금속이 0.10g 석출한다면, 시약에서 코발트 1몰과 결합하고 있는 물의 몰수(x mol)는?(단, Co와 Cl의 원자량은 각각 58.9amu, 35.5amu이다.)

① 1
② 2
③ 4
④ 6

해설

Co의 몰수 = $CoCl_2 \cdot xH_2O$의 몰수
$= 0.10g \times \dfrac{1mol}{58.9g} = 1.70 \times 10^{-3} mol$

$CoCl_2 \cdot xH_2O$
$= \dfrac{(58.9 + 2 \times 35.5 + 18x)g}{1mol} \times 1.70 \times 10^{-3} mol = 0.40g$

$58.9 + 2 \times 35.5 + 18x = \dfrac{0.40}{1.70 \times 10^{-3}} = 235.3$

$\therefore x = 5.86 ≒ 6$

53 액체 크로마토그래피 중 가장 널리 이용되는 방법으로서 고체 지지체 표면에 액체 정지상 얇은 막을 형성하여, 용질이 정지상 액체와 이동상 사이에서 나뉘어져 평형을 이루는 것을 이용한 크로마토그래피는?

① 흡착 크로마토그래피
② 분배 크로마토그래피
③ 이온교환 크로마토그래피
④ 분자 배제 크로마토그래피

해설

분배 크로마토그래피
시료가 이동상과 정지상 액체의 용해도 차이에 따라 분배됨으로써 분리한다.

흡착 크로마토그래피
고체 정지상으로 실리카와 알루미나를 사용하여 흡착-치환 과정에 의해 분리한다.

이온교환 크로마토그래피
정지상으로 $-SO_3^-H^+$, $-N(CH_3)_3^+OH^-$ 등이 결합되어 있는 이온교환수지를 사용하여 용질이온들이 정지상에 끌려 이온교환이 일어나는 것을 이용한다.

크기 배제 크로마토그래피
• 시료를 크기별로 분리
• 고분자량 화학종을 분리하는 데 이용

54 적하수은전극에서 아래의 산화환원반응이 가역적으로 일어나며 pH 2.5인 완충용액에서 반파전위($E_{1/2}$)가 −0.35V라면, pH 7.0인 용액에서의 반파전위($E_{1/2}$, V)는?

$$Ox + 4H^+ + 4e^- \rightleftarrows Red$$

① −0.284
② −0.416
③ −0.615
④ −0.763

해설

$E = E° - \dfrac{0.05916}{4} \log \dfrac{[Red]}{[Ox][H^+]^4}$

$= E° - \dfrac{0.05916}{4} \left(\log \dfrac{[Red]}{[Ox]} - 4\log[H^+] \right)$

$= E° - \dfrac{0.05916}{4} \log \dfrac{[Red]}{[Ox]} - 0.05916 pH$

$-0.35 = E° - \dfrac{0.05916}{4} \log \dfrac{[Red]}{[Ox]} - 0.05916 \times 2.5$

$E° - \dfrac{0.05916}{4} \log \dfrac{[Red]}{[Ox]} = -0.202V$

$\therefore E = E° - \dfrac{0.05916}{4} \log \dfrac{[Red]}{[Ox]} - 0.05916 pH$

$= -0.202V - 0.05916 \times 7.0$

$= -0.616V$

55 전자 충격 이온 발생장치에서 1가로 하전된 이온을 10^3V로 가속하여 얻은 운동에너지(J)는?(단, 전자의 전하는 1.6×10^{-19}C이다.)

① 1.6×10^{-16}
② 0.63×10^{-16}
③ 1.6×10^{-22}
④ 0.63×10^{-22}

해설

$E = CV$
$= (+1) \times (1.6 \times 10^{-19} C) \times 10^3 V$
$= 1.6 \times 10^{-16} J$

정답 52 ④ 53 ② 54 ③ 55 ①

56 다음 중 형광의 상대적 크기가 가장 큰 벤젠 유도체는?

① Fluorobenzene ② Chlorobenzene
③ Bromobenzene ④ Iodobenzene

해설
할로겐 원자가 치환되는 경우, 무거운 할로겐일수록 계간교차가 일어나 형광이 일어나지 않는다.
$C_6H_5F > C_6H_5Cl > C_6H_5Br > C_6H_5I$

57 $CaC_2O_4 \cdot H_2O$의 시료를 질소 분위기에서 열무게분석법(TG)으로 측정할 때 1,000℃까지 열분해 과정을 거치면서 생성된 화합물의 변화를 순서대로 나열한 것은?

① $CaC_2O_4 \cdot H_2O \rightarrow CaCO_3 \rightarrow CaC_2O_4 \rightarrow CaO$
② $CaC_2O_4 \cdot H_2O \rightarrow CaC_2O_4 \rightarrow CaCO_3 \rightarrow CaO$
③ $CaC_2O_4 \cdot H_2O \rightarrow CaO \rightarrow CaC_2O_4 \rightarrow CaCO_3$
④ $CaC_2O_4 \cdot H_2O \rightarrow CaC_2O_4 \rightarrow CaO \rightarrow CaCO_3$

해설
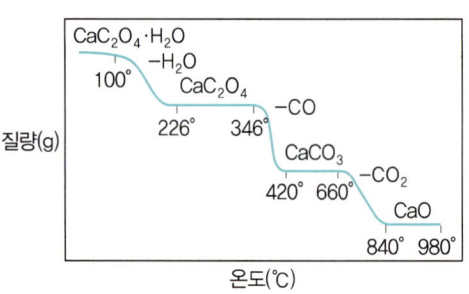

58 핵자기공명분광법(Nuclear Magnetic Resonance : NMR) 스펙트럼의 특징으로 틀린 것은?

① 짝지음 상수(J)의 단위는 Hz 단위로 나타낸다.
② 화학적 이동 파라미터 δ값은 단위가 없으나 ppm 단위로 상대적인 이동을 나타낸다.
③ 60MHz와 100MHz NMR 기기에서 각각의 δ와 J값은 다르다.
④ Tetramethylsilane을 내부표준물질로 사용한다.

해설
$$\delta(\text{ppm}) = \frac{\text{공명진동수 차이(Hz)}}{\text{분광기 진동수(MHz)}} \times 10^6 \text{ppm}$$

59 핵자기공명분광법(Nuclear Magnetic Resonance : NMR)에서 화학적 이동을 보이는 이유에 대한 설명으로 틀린 것은?

① 외부에서 걸어주는 자기장을 다르게 느끼기 때문에
② 핵 주위의 전자밀도와 이의 공간적 분포의 차이 때문에
③ 핵 주위를 돌고 있는 전자들에 의해 생성되는 작은 자기장 때문에
④ 한 핵의 자기 모멘트가 바로 인접한 핵의 자기 모멘트와 작용하기 때문에

해설
NMR(핵자기공명분광법)에서 화학적 이동의 원인
• 핵 주위를 순환하는 전자에 의해 생성되는 작은 자기장에 의해 발생한다(자기장은 외부 자기장과 일반적으로 반대이다).
• 핵이 노출된 유효 자기장은 외부 자기장보다 작다.
  $B_0 = B - \sigma B$
  여기서, B_0 : 핵의 공명을 일으키는 자기장의 세기
  B : 외부 자기장의 세기
  σ : 전자밀도와 핵 주변 전자의 공간적 분포에 의해 결정되는 가리움 상수
• 전자밀도는 핵이 포함된 화합물의 구조에 의해 결정된다.

60 전압전류법의 검출한계가 낮아지는 순서로 정렬된 것은?

① 벗김법 > 사각파 전압전류법 > 전류 채취 폴라로그래피
② 벗김법 > 전류 채취 폴라로그래피 > 사각파 전압전류법
③ 사각파 전압전류법 > 전류 채취 폴라로그래피 > 벗김법
④ 전류 채취 폴라로그래피 > 사각파 전압전류법 > 벗김법

해설
• 감도가 좋을수록 검출한계가 낮다.
• 벗김법 : 감도가 좋고 검출한계가 낮다.($10^{-6} \sim 10^{-9}$M)
• 사각파 전압전류법 : 다른 전압전류법에 비해 훨씬 속도가 빠르고 감도가 높다.

정답 56 ① 57 ② 58 ③ 59 ④ 60 ④

4과목 시험법 밸리데이션

61 기체 크로마토그래피(GC) 분석 시 주입된 시료의 일부분만 분석하고 남은 시료를 우회시켜 배출하는 장치의 소모품은?

① 기체 샘 방지 주사기(Gas Tight Syringe)
② 분할 벤트 포집장치(Split Vent Trap)
③ 보호칼럼(Guard Column)
④ 분리막 디스크(Septum Disc)

해설
분할 벤트 포집장치
분할주입법에서 남은 시료를 우회시켜 배출하는 장치의 소모품

62 기체 크로마토그래피(GC)를 사용하여 12회 반복 측정한 결과가 아래와 같을 때, 측정값의 해석으로 맞는 것은?

57, 54, 54, 58, 54, 53, 52, 49, 54, 48, 57, 56

① 평균 : 53.83
② 분산 : 3.070
③ 표준편차 : 1.752
④ 자유도 : 12

해설
평균 $\bar{x} = 53.83$
표준편차 $s = 3.070$
분산 $s^2 = 9.424$
자유도 $F = 12 - 1 = 11$

63 정확성에 관한 내용 중 틀린 것은?

① 기존에 사용하는 분석법에 의한 분석값과 예상한 참값이 유사하다는 것을 표현하는 척도이다.
② 분석법이 규정하는 범위 전역에 걸쳐 입증되어야 한다.
③ 정확성은 규정하는 범위에서 최소 3회 측정으로 평가할 수 있다.
④ 정확성은 기지량의 분석대상물을 첨가한 검체의 양을 정량하는 경우에는 회수율로 나타낸다.

해설
정확성은 규정하는 범위에서 최소 9회 측정으로 평가할 수 있다(최소 3가지 농도에 대해서는 각 농도당 3회 반복 측정).

64 실험자가 시험실에서 감지하지 못하는 내부 변화를 찾아내고, 분석하여 생산되는 측정 분석값을 신뢰할 수 있게 하는 최선의 방법은?

① 내부정도평가
② 외부정도평가
③ 시험방법에 대한 정확한 이해
④ 측정분석 기기 및 장비에 대한 교정

해설
- 내부정도평가 : 내부표준물질, 첨가시료, 분할시료, 혼합시료를 이용한 측정시스템(시료채취, 측정절차 등)에서의 재현성을 평가하는 방법
- 외부정도평가 : 공동시험·검사에의 참여, 동일 시료의 교환 측정, 외부 제공 표준물질의 분석 등으로 측정의 정확도를 확인하는 방법

65 밸리데이션 대상이 되는 시험 종류에 대한 설명으로 옳지 않은 것은?

① 확인시험은 검체 중 분석대상물질을 확인하기 위한 것이다.
② 불순물시험은 검체 중에 존재하는 불순물의 한도시험 또는 정량시험이 될 수 있다.
③ 한도시험과 정량시험에 요구되는 밸리데이션 항목은 같다.
④ 정량시험은 특정 검체 중의 분석대상물질을 측정하기 위한 것이다.

해설
- 한도시험 : 불순물의 한계분석, 특이성과 검출한계
- 정량분석 : 정확성, 정밀성, 정량한계, 특이성, 직선성, 범위

정답 61 ② 62 ① 63 ③ 64 ② 65 ③

66 반복 측정하였을 때, 유사한 값이 재현성 있게 측정되는 정도를 나타내는 척도는?

① 정확성 ② 정밀성
③ 특이성 ④ 균질성

해설

정확성
- 시험분석 결과가 참값에 얼마나 근접하는가를 나타내는 것
- 정확도를 나타내는 방법에는 절대오차, 상대오차, 상대정확도가 있다.

정밀도
- 같은 검체를 연속으로 분석하여 얻은 결과 간의 유사함을 의미한다.
- 항목으로는 반복성, 연구실 내 재현성, 연구실 간 재현성이 있다.
- 정밀도 표현방법에는 표준편차, 변동계수 등이 있다.

특이성
- 존재할 것으로 예상되는 방해물질이 있음에도 분석물질을 선택적으로 분석할 수 있는 능력이다.
- 확인시험, 순도시험, 정량시험의 밸리데이션에서는 특이성이 평가되어야 한다.

균질성
시료 내에 분석물질이 얼마나 균일하게 분포되어 있는가를 나타내며 농도가 매우 낮을 때 중요하다.

67 밸리데이션 수행 순서 중 적합하지 못한 것은?

① 분석에 사용할 표준품의 규격 및 희석액의 제조 시 사용한 시약의 양 및 pH 결과 등을 상세히 기록한다.
② 정확성과 정밀성 평가를 위해 사용한 표준품의 양을 기록하고, 그 결과를 출력하여 부착한다.
③ 통계 프로그램을 이용하여 검량선의 작성 및 기울기와 y절편을 산출하여 정량한계 및 검출한계를 계산한다.
④ 계산된 검출한계와 정량한계는 따로 검증을 실시하지 않아도 된다.

해설

계산된 검출한계와 정량한계는 실험을 통해 검증해야 한다.

68 A회사의 시약에 관한 유효일 설정 기준은 아래와 같다. A회사에 2019년 1월 31일에 입고된 B시약의 공급자 정보에 유효일이 없고 2020년 6월 20일에 개봉하였다면 B시약의 유효일은?

> 유효일은 공급자 정보를 참조하여 정한다. 단, 공급자 정보로 유효일을 확인할 수 없는 경우, 개봉 전 입고일로부터 3년과 개봉일로부터 6개월 중 빠른 일자를 유효일로 설정한다.

① 2020년 1월 31일 ② 2020년 12월 20일
③ 2021년 12월 20일 ④ 2022년 1월 31일

해설

- 입고일 : 2019년 1월 31일 + 3년 → 2022년 1월 31일
- 개봉일 : 2020년 6월 20일 + 6개월 → 2020년 12월 20일

69 다음 중 장비 운영 및 이력관리 절차로 가장 적절하지 않은 것은?

① 장비담당자를 지정하여 장비 및 기구 운영현황에 대한 기록 관리를 수행해야 한다.
② 장비등록대장 관리항목으로는 담당자, 분석장비명, 수량, 용도 등이 있다.
③ 장비이력카드로 장비명, Serial No., 사용·용도 및 교체부품 리스트와 수량, 보수내역에 대해 기록·관리한다.
④ 정기적인(3개월, 6개월) 소모품 교체에 관해서는 기록의 생략이 가능하다.

해설

정기적인 소모품 교체에 관해서 기록해야 한다.

70 전처리 과정에서 발생하는 계통오차가 아닌 것은?

① 기기 및 시약의 오차 ② 집단오차
③ 개인오차 ④ 방법오차

해설

계통오차
- 기기오차 : 측정기기의 오차
- 개인오차 : 측정하는 사람에 의한 오차

정답 66 ② 67 ④ 68 ② 69 ④ 70 ②

- **조작오차** : 시료 채취 시의 실수, 과도한 침전물, 충분하지 않은 세척, 온도의 변화에 따른 침전물의 생성 및 가온 등과 같은 대부분의 실험조작의 실수로 인한 오차
- **방법오차** : 반응의 미완결, 침전물의 용해도, 공침, 무게 측정 시 검체의 휘발성 또는 흡습성에 의한 부반응, 부정확 또는 유발반응 등과 같이 분석과정의 화학반응이 원인이 되는 오차

71 식수 속 한 오염물질의 실제(참) 농도는 허용치보다 높은데, 오염물질의 농도 측정결과가 허용치보다 낮다면 이 측정결과에 대한 해석으로 옳은 것은?

① 양성(Positive) 결과이다.
② 가음성(False Negative) 결과이다.
③ 음성(Negative) 결과이다.
④ 가양성(False Positive) 결과이다.

해설

- 가양성(False Positive)
  실제 농도는 허용치 미만이지만, 측정농도는 허용치 초과인 것
- 가음성(False Negative)
  실제 농도는 허용치 초과이지만, 측정농도는 허용치 미만인 것

72 시료를 잘못 취하거나 침전물이 과도하거나 또는 불충분한 세척, 적절하지 못한 온도에서 침전물의 생성 및 가열 등과 같은 원인 때문에 발생하는 오차에 해당하는 것으로 가장 적합한 것은?

① 방법오차 ② 계통오차
③ 개인오차 ④ 조작오차

해설

계통오차
- 기기오차 : 측정기기의 오차
- 개인오차 : 측정하는 사람에 의한 오차
- 조작오차 : 시료 채취 시의 실수, 과도한 침전물, 충분하지 않은 세척, 온도의 변화에 따른 침전물의 생성 및 가온 등과 같은 대부분의 실험조작의 실수로 인한 오차
- 방법오차 : 반응의 미완결, 침전물의 용해도, 공침, 무게 측정 시 검체의 휘발성 또는 흡습성에 의한 부반응, 부정확 또는 유발반응 등과 같이 분석과정의 화학반응이 원인이 되는 오차

73 분석물질만 제외한 그 밖의 모든 성분이 들어 있으며, 모든 분석 절차를 거치는 시료는?

① 방법바탕(Method Blank)
② 시약바탕(Reagent Blank)
③ 현장바탕(Field Blank)
④ 소량첨가바탕(Spike Blank)

해설

- 시약바탕 : 분석물질을 제외한 나머지 모든 성분이 포함된 용액
- 방법바탕 : 모든 분석절차를 거치는 바탕용액
- 현장바탕 : 시료채취현장의 환경까지 고려해서 준비한 바탕용액
- 소량첨가바탕 : 분석물질이 없는 물에 분석물질을 첨가

74 다음 수치에 대한 변동계수(CV%)는?

621, 628, 635, 625

① 0.74 ② 0.84
③ 0.94 ④ 1.94

해설

$$\bar{x} = \frac{621+628+635+625}{4} = 627.25$$

$$s = \sqrt{\frac{(621-627.25)^2 + (628-627.25)^2 + (635-627.25)^2 + (625-627.25)^2}{4-1}} = 6$$

$$\therefore CV = \frac{s}{\bar{x}} \times 100\%$$
$$= \frac{6}{627.25} \times 100 = 0.96\%$$

75 바탕선에 잡음이 나타나는 시험방법에서 정량한계의 신호 대 잡음비의 일반적인 비율은?

① 2 : 1 ② 3 : 1
③ 10 : 1 ④ 20 : 1

해설

- 정량한계 : 신호 대 잡음비 = 10 : 1
- 검출한계 : 신호 대 잡음비 = 3 : 1

정답 71 ② 72 ④ 73 ① 74 ③ 75 ③

76 ICP-MS를 이용하여 음료수에 포함된 납의 농도를 납의 동위원소(^{208}Pb)를 통해 분석할 수 있다. 음료수 시료분석 과정과 결과가 아래와 같을 때, 시료의 ^{208}Pb의 농도(ppm)는?

> 1. 10.0ppb ^{208}Pb 표준액에 20.0ppb ^{209}Bi 내부표준물을 첨가하여 각각의 신호 세기를 측정한 결과 ^{208}Pb는 12,000, ^{209}Bi는 60,000이었다.
> 2. 분석시료에 20.0ppb ^{209}Bi 내부표준물을 첨가하여 각각의 신호 세기를 측정한 결과 ^{208}Pb는 6,028, ^{209}Bi는 60,010이었다.

① 0.1004×10^{-3}
② 0.5053×10^{-3}
③ 2.008×10^{-3}
④ 5.022×10^{-3}

해설

내부표준물법
$$\frac{I_x}{I_S} = R_F \frac{C_x}{C_S}$$
여기서, R_F : 감응인자

$$\frac{I_{Pb}}{I_{Bi}} = \frac{12,000}{60,000} = R_F \times \frac{10.0\text{ppb}}{20.0\text{ppb}}$$
$$\therefore R_F = 0.40$$

$$\frac{I_{Pb}}{I_{Bi}} = \frac{6,028}{60,010} = 0.40 \times \frac{C_{Pb}}{20.0\text{ppb}}$$
$$\therefore C_{Pb} = 5.022\text{ppb} = 5.022 \times 10^{-3}\text{ppm}$$

77 정량한계 결정 시 설정한 정량한계가 타당함을 입증하는 방법은?

① 검출한계 부근의 농도로 조제된 적당한 수의 검체를 별도로 분석한다.
② 정량한계 부근의 농도로 조제된 적당한 수의 검체를 별도로 분석한다.
③ 검출한계 부근의 농도로 조제된 검체의 크로마토그램을 확인한다.
④ 정량한계 부근의 농도로 조제된 검체의 크로마토그램을 확인한다.

해설

정량한계의 타당성 입증방법
정량한계 또는 그 부근 농도로 조제된 적당한 수의 검체를 별도로 분석하여 정량한계가 타당함을 입증한다.

검출한계의 타당성 입증방법
- 시각적 평가나 신호 대 잡음비에 의해 검출한계를 결정할 경우에는 그 타당성을 입증할 수 있는 크로마토그램을 제출한다.
- 계산 또는 외삽에 의해 검출한계를 산출했을 경우, 적당한 수의 검출한계농도 또는 그 부근 농도의 검체에 대한 분석을 실시하여 제출값의 타당성을 입증한다.

78 아스피린 알약의 순도를 결정하기 위하여 일련의 바탕 용액 흡광도를 측정한 값으로부터 표준편차가 0.0048이고 아스피린 표준용액의 흡광도로부터 얻은 검정곡선의 기울기가 0.12흡광도단위/ppm이었을 때, 검출한계(ppm)는?

① 0.132
② 0.0412
③ 0.151
④ 0.500

해설

검출한계(DL) $= 3.3 \times \dfrac{\sigma(\text{표준편차})}{S(\text{기울기})}$
$= 3.3 \times \dfrac{0.0048}{0.12} = 0.132$

79 다음 중 오차를 줄일 수 있는 방법이 아닌 것은?

① 측정자의 훈련
② 측정기기와 기구의 보정
③ 다른 분석법과 비교분석
④ 동일한 조건으로 분석

해설

오차를 줄일 수 있는 방법
- 측정자의 훈련
- 2인 동시 분석, 다른 분석법과의 비교분석
- 시약의 순도 조절, 측정기기와 기구의 보정
- 바탕분석을 통해 시약과 기기에 의한 오차의 보정
- 표준물질첨가법, 내부표준물법, 동위원소희석법 등 이용

정답 76 ④ 77 ② 78 ① 79 ④

80 조절된 환경 조건에서 시료의 온도를 증가시키면서 시료의 무게를 시간 또는 온도의 함수로 기록하는 분석법은?

① 시차주사열량법 ② 시차열법분석법
③ 열무게분석법 ④ 전기전도도법

해설

① 시차주사열량법(DSC)
시료물질과 기준물질을 조절된 온도 프로그램으로 가열하면서 시료와 기준물질 사이의 온도를 동일하게 유지시키는 데 필요한 에너지(열량) 차이를 시료온도의 함수로 측정한다.
② 시차열분석법(DTA)
시료와 기준물질을 가열하면서 두 물질의 온도 차이를 온도의 함수로 측정한다.
③ 열무게분석법(TGA)
시료의 온도를 증가시키면서 질량변화를 측정한다.
④ 전기전도도법
용액의 농도 또는 적정에 따른 전기전도도의 변화를 측정하여 분석한다.

5과목 환경·안전관리

81 분진폭발이 대형화하는 경우가 아닌 것은?

① 분진 자체가 폭발성 물질일 때
② 밀폐공간 내 산소의 농도가 적을 때
③ 밀폐공간 내 고온, 고압의 상태가 유지될 때
④ 밀폐공간 내 인화성 가스 및 가스가 존재할 때

해설

분진폭발
㉠ 분진폭발하는 물질
 • 금속분 : 알루미늄분, 마그네슘분, 철분
 • 곡물류 : 밀가루, 담배분말
㉡ 점화원의 에너지가 클수록 폭발이 크다.
㉢ 압력이 높을수록 폭발이 크다.

82 연구실 일상점검표상 화공안전에 관한 점검 내용으로 가장 거리가 먼 것은?

① MSDS 비치, 화학물질 성상별 분류 및 시약장 보관상태
② 실험 폐액 및 폐기물 관리상태
③ 실험실 구역 관계자 외 출입금지 구분 및 손소독기 등 세척시설 설치 여부
④ 발암물질, 독성물질 등 유해화학물질의 격리 보관 및 시건장치 사용 여부

해설

화공안전 안전점검표
• 유해인자 취급 및 관리대장, MSDS 비치
• 화학물질의 성상별 분류 및 시약장 등 안전한 장소에 보관 여부
• 소량을 덜어서 사용하는 통, 화학물질의 보관함, 보관용기에 경고표시 부착 여부
• 실험폐액 및 폐기물 관리의 상태(폐액분류표시, 적정 용기 사용, 폐액용기덮개 체결상태 등)
• 발암물질, 독성물질 등 유해화학물질의 격리 보관 및 시건장치 사용 여부

83 실험실에서 유해화학물질에 대한 안전 조치로 틀린 것은?

① 산은 물에 가하면서 희석한다.
② 과염소산은 유기화합물을 보호액으로 하여 저장한다.
③ 독성 물질을 취급할 때는 체내에 들어가는 것을 막는 조치를 취한다.
④ 강산과 강염기는 공기 중 수분과 반응하여 치명적 증기를 생성하므로 사용하지 않을 때는 뚜껑을 닫아 놓는다.

해설

화학물질의 안전조치
• 산을 희석할 때는 산을 물에 가하면서 희석한다. 반대로 하면 안 된다.
• 가능하면 희석된 산, 염기를 사용한다.
• 강산과 강염기는 공기 중 수분과 반응하여 치명적 증기를 생성하므로 사용하지 않을 때는 뚜껑을 닫아 놓는다.
• 산이나 염기가 눈, 피부에 묻었을 때는 즉시 15분 정도 물로 씻어내고 도움을 요청한다.

정답 80 ③ 81 ② 82 ③ 83 ②

- HF(플루오린화수소)는 가스 및 용액이 맹독성이며, 화상과 같은 즉각적인 증상이 없이 피부에 흡수되므로 취급에 주의를 요한다.
- 과염소산은 강산이며 유기화합물, 무기화합물과 폭발성 물질을 생성하며, 가열, 화기접촉, 충격, 마찰에 의해 또는 저절로 폭발하므로 특히 주의해야 한다.

84 실험실 화재 발생 시 대처 요령으로 적합하지 않은 것은?

① 신속히 주위에 있는 사람들에게 알리고 출입문과 창을 열어 유독가스를 유출시킨다.
② 근접한 화재경보기를 눌러 사이렌을 작동시킨 후 소방서 등에 신고한다.
③ 대피 시 젖은 손수건 등으로 입과 코를 가리고 숨을 짧게 쉬며 낮은 자세로 벽을 더듬어 이동한다.
④ 화재의 초기 진압이 어렵다고 판단될 경우, 가스 및 중간 밸브를 잠그고 즉시 대피한다.

해설

화재 발생 시 대처방법
1. 화재상황 전파
   - "불이야"라고 외쳐서 주변에 알린다.
   - 화재경보 비상벨을 누른다.
2. 119에 신고
3. 초기 진화
   - 전기 스위치를 내린다.
   - 석유난로 등의 화재는 담요를 물에 적셔 덮는다.
   - 가스화재는 밸브를 잠근다.
   - 소화기, 물, 옥내소화전 등을 사용하여 진화한다.
4. 대피유도 및 긴급피난
   수건 등을 적셔서 입을 가리고 낮은 자세를 유지하며 비상통로로 탈출한다.

85 유독물질, 제한물질, 금지물질, 사고대비물질에 대한 법규는?

① 위험물안전관리법
② 화학물질관리법
③ 산업안전보건법
④ 생활화학제품 및 살생물제의 안전관리에 관한 법률

해설

화학물질관리법
화학물질로 인하여 발생하는 사고에 신속히 대응함으로써 화학물질로부터 모든 국민의 생명과 재산 또는 환경을 보호하는 것을 목적으로 한다.
- **화학물질**: 원소·화합물 및 그에 인위적인 반응을 일으켜 얻어진 물질과 자연 상태에서 존재하는 물질을 화학적으로 변형시키거나 추출 또는 정제한 것
- **유독물질**: 유해성이 있는 화학물질
- **허가물질**: 위해성이 있다고 우려되는 화학물질
- **제한물질**: 특정 용도로 사용되는 경우 위해성이 크다고 인정되는 화학물질로서 그 용도로의 제조, 수입, 판매, 보관·저장, 운반 또는 사용을 금지하기 위하여 고시한 것
- **금지물질**: 위해성이 크다고 인정되는 화학물질로서 모든 용도로의 제조, 수입, 판매, 보관·저장, 운반 또는 사용을 금지하기 위하여 고시한 것
- **사고대비물질**: 화학물질 중에서 급성독성·폭발성 등이 강하여 화학사고의 발생 가능성이 높거나 화학사고가 발생한 경우에 그 피해 규모가 클 것으로 우려되는 화학물질
- **유해화학물질**: 유독물질, 허가물질, 제한물질 또는 금지물질, 사고대비물질, 그 밖에 유해성 또는 위해성이 있거나 그러할 우려가 있는 화학물질

86 위험물의 운반용기 외부에 수납하는 위험물의 종류에 따라 표시해야 하는 주의사항이 옳게 짝지어진 것은?(단, 위험물안전관리법령상 표시해야 하는 주의사항이 다수일 경우, 주의사항을 모두 표기해야 한다.)

① 철분 – 물기엄금
② 질산 – 화기엄금
③ 염소산칼륨 – 물기엄금
④ 아세톤 – 화기엄금

해설

- 철분: 제2류 위험물, 가연성 고체, 화기주의
- 질산: 제6류 위험물, 산화성 액체, 가연성 물질 접촉주의
- 염소산칼륨: 제1류 위험물, 산화성 고체, 화기주의, 충격주의, 가연성 물질 접촉주의
- 아세톤: 제4류 위험물, 인화성 액체, 화기엄금

정답 84 ① 85 ② 86 ④

87 폐기물에 관한 설명 중 틀린 것은?

① 지정폐기물의 불법처리를 막기 위해 전표제도를 실시하고 있다.
② 수소이온농도지수가 2.0 이하 또는 12.5 이상인 액체상태의 폐기물은 부식성 폐기물이다.
③ 폐기물처리시설이란 폐기물의 중간처분시설, 최종처분시설 및 재활용시설로서 대통령령으로 정하는 시설을 말한다.
④ 천연방사성제품폐기물은 방사능 농도가 그램당 100베크렐 미만인 폐기물을 말한다.

> 해설

천연방사성제품폐기물은 방사능 농도가 그램당 10베크렐 미만인 폐기물을 말한다.

88 폐기물관리법령상 폐기물처리 담당자로서 환경부령으로 정하는 교육기관이 실시하는 교육을 받아야 하는 사람이 아닌 것은?(단, 그 밖에 대통령령으로 정하는 사람은 제외한다.)

① 폐기물처리업에 종사하는 기술요원
② 폐기물처리시설의 기술관리인
③ 지정폐기물처리시설의 위험물안전관리자
④ 폐기물분석전문기관의 기술요원

> 해설

폐기물처리 담당자 등에 대한 교육 대상자
- 폐기물처리업에 종사하는 기술요원
- 폐기물처리시설의 기술관리인
- 폐기물분석전문기관의 기술요원
- 지정된 재활용 환경성 평가기관의 기술인력

89 폐기물관리법령상 실험실 폐액 보관에 대한 설명 중 틀린 것은?

① 폐유기용제, 폐촉매는 보관이 시작된 날부터 60일을 초과하여 보관하지 않는다.
② 폐유기용제는 휘발되지 아니하도록 밀폐된 용기에 보관한다.
③ 지정폐기물과 지정폐기물이 아닌 것을 구분하여 보관한다.
④ 부득이한 사유로 장기 보관할 필요성이 있다고 인정될 경우 및 지정폐기물의 총량이 3톤 미만일 경우 1년까지 보관할 수 있다.

> 해설

폐유기용제, 폐촉매는 보관이 시작된 날로부터 45일을 초과하여 보관하지 않는다.

90 어떤 화학물질 처리시설에서 A물질의 초기농도가 354ppm일 때, 이 물질이 처리기준 이하가 되기 위한 시간(s)은?(단, A물질의 반응은 1차 반응, 반감기는 20초이고, 처리기준은 1ppm이다.)

① 151
② 169
③ 227
④ 309

> 해설

1차 반응 : 반감기가 농도에 관계없이 일정하다.

남은 농도 $= 354\text{ppm} \times \left(\dfrac{1}{2}\right)^n \leq 1\text{ppm}$

$\log 354 + n\log\left(\dfrac{1}{2}\right) \leq 0$

$n\log 2 \geq \log 354$

$n \geq 8.47$

$n = \dfrac{T(\text{시간})}{t_{\frac{1}{2}}(\text{반감기})} = \dfrac{T}{20\text{s}} \geq 8.47$

$\therefore T \geq 169.4\text{s}$

91 유해화학물질의 유출·누출 사고 시 즉시 신고해야 하는 화학물질명 – 유출·누출량을 짝지은 것 중 옳지 않은 것은?

① 염산 – 50kg
② 황산 – 100kg
③ 염소가스 – 5L
④ 페놀 – 500kg

정답 87 ④ 88 ③ 89 ① 90 ② 91 ②

> 해설

화학물질명	유출·누출량
일반적인 유해화학물질의 신고기준 유출·누출량	5kg 또는 5L
염소, 플루오린, 포스겐, 사린, 산화에틸렌	5L
불산, 염산	50kg
황화수소, 암모니아	50L
클로로술폰산, 질산, 황산	500kg
노말뷰틸아민, 수산화나트륨, 수산화칼륨, 피리딘, 수산화암모늄	500kg
페놀, 톨루엔, 알릴클로라이드, 니트로벤젠, o-, m-자이렌, p-니트로벤젠	500kg

92 상압에서 인화점이 가장 높은 물질은?

① 아세트알데하이드　② 이황화탄소
③ 산화에틸렌　　　　④ 아세트산

> 해설

화학물질명	인화점
아세트알데하이드	-39℃
이황화탄소	-43℃
산화에틸렌	-20℃
아세트산	40℃

93 위험물안전관리법령에 따른 위험물의 유별과 성질이 맞게 짝지어진 것은?

① 제1류 – 산화성 액체
② 제2류 – 인화성 액체
③ 제3류 – 자연발화성 물질 및 금수성 물질
④ 제4류 – 자기반응성 물질

> 해설

위험물

유별	성질
제1류	산화성 고체
제2류	가연성 고체
제3류	자연발화성 및 금수성 물질
제4류	인화성 액체
제5류	자기반응성 물질
제6류	산화성 액체

94 할로겐은 독가스로 사용될 정도로 유독한 물질이다. 다음 중 할로겐과 알칸의 반응은?(단, 각 반응의 조건은 고려하지 않는다.)

① $CH_4(g) + 2O_2(g) \to CO_2(g) + 2H_2O(l)$
② $C_2H_4(g) + Cl_2(g) \to CH_2Cl-CH_2Cl(g)$
③ $CH_4(g) + Cl_2(g) \to CH_3Cl(g) + HCl(g)$
④ $CH_3CH_2NH_2 + HCl \to CH_3CH_2NH_3^+Cl^-$

> 해설

$CH_4(g) + Cl_2(g) \to CH_3Cl(g) + HCl(g)$

95 26.3mM Ni^{2+} 100mL가 H^+형의 양이온 교환 칼럼에 부착되었을 때 방출되는 H^+의 당량(meq)은?

① 2.26　　　② 2.26×10^{-3}
③ 5.26　　　④ 5.26×10^{-3}

> 해설

H^+의 당량(meq) = 26.3mM Ni^{2+} × 0.1L × $\dfrac{2mol\ H^+}{1mol\ Ni^{2+}}$
= 5.26meq

96 화학약품의 보관법에 관한 일반사항에 해당하지 않는 것은?

① 화학약품은 바닥에 보관한다.
② 특성에 따라 적절히 분류하여 지정된 장소에 분리 보관한다.
③ 유리로 된 용기는 파손 시를 대비하여 낮고 안전한 위치에 보관한다.
④ 환기가 잘되고 직사광선을 피할 수 있는 냉암소에 보관하도록 한다.

> 해설

화학약품 보관방법
- 환기가 잘되고, 직사광선을 피할 수 있는 냉암소에 보관한다.
- 특성에 따라 적절히 분류하여 지정된 장소에 분리 보관한다.
- 눈높이 이상에는 시약을 보관하지 않는다.
- 추락방지 Bar가 설치된 선반에 적당량의 시약을 보관한다.
- 화학약품을 바닥에 보관하지 않는다.

> 정답　92 ④　93 ③　94 ③　95 ③　96 ①

- 용량이 큰 화학약품은 선반 하단에 보관한다.
- 유리로 된 용기는 파손을 대비하여 낮고 안전한 위치에 보관한다.

97 MFPA Hazard Class의 가~라에 해당하는 유해성 정보를 짝지은 것 중 틀린 것은?

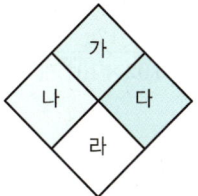

① 가 - 화재위험성 ② 나 - 건강위험성
③ 다 - 질식위험성 ④ 라 - 특수위험성

해설

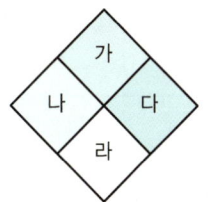

- 가 : 화재위험성(적색)
- 나 : 건강위험성(청색)
- 다 : 반응위험성(황색)
- 라 : 특수위험성(백색)

98 실험실별 특성에 맞는 안전보건관리수칙이 있다. 다음 중 일반적인 실험실 수칙이 아닌 것은?

① 사고 시 연락 및 대피를 위해 출입구 벽면 등 눈에 잘 띄는 곳에 비상 연락망 및 대피경로를 부착한다.
② 소화기는 눈에 잘 띄는 위치에 비치하고, 소화기 사용법을 숙지한다.
③ 취급하고 있는 유해물질에 대한 물질안전보건자료(MSDS)를 게시하고 이를 숙지한다.
④ 금지표지, 경고표지, 지시표지 및 안내표지 등 필요한 안전보건표지는 실험실 내부가 아닌 외부에 부착한다.

해설
금지표지, 경고표지, 지시표지 및 안내표지 등 필요한 안전보건표지는 실험실 내부에 부착한다.

99 분말소화약제인 탄산수소나트륨 10kg이 1기압, 270℃에서 방사되었을 때 발생하는 이산화탄소의 양(m^3)은?(단, Na의 원자량은 23g/mol이다.)

① 2.65 ② 26.5
③ 5.30 ④ 53.0

해설

$2NaHCO_3 \rightarrow Na_2CO_3 + H_2O + CO_2$

$2 \times 84\text{kg}$: $22.4m^3 \times \dfrac{(273.15+270)K}{273.15K}$

10kg : x

$\therefore x = \dfrac{10 \times 22.4 \times \dfrac{(273.15+270)}{273.15}}{2 \times 84} = 2.65m^3$

100 위험물안전관리법령상 위험물주유취급소에 설치하는 고정주유설비 또는 고정급유설비의 주유관의 길이는 몇 m 이내로 하여야 하는가?(단, 선단의 개폐밸브를 포함하되 현수식은 제외한다.)

① 3 ② 5
③ 8 ④ 10

해설
고정주유설비 또는 고정급유설비의 주유관의 길이는 5m 이내로 하고 그 끝부분에는 축적된 정전기를 유효하게 제거할 수 있는 장치를 설치해야 한다.

2022년 제4회 복원기출문제

1과목 화학분석 과정관리

01 다음 유기물의 명명법 중 틀린 것은?
① CH_3COOH : 아세트산
② $HOOCCOOH$: 옥살산
③ CCl_2F_2 : 클로로플루오로메탄
④ $CH_2=CHCl$: 염화비닐

해설

CCl_2F_2 : 다이클로로다이플루오로메테인
(dichlorodifluoromethane)

02 산-염기에 대한 Brønsted-Lowry의 모델을 설명한 것 중 가장 거리가 먼 것은?
① 산은 양성자(H^+ 이온) 주개이다.
② 염기는 양성자(H^+ 이온) 받개이다.
③ 염기에서 양성자가 제거된 화학종을 짝염기라고 한다.
④ 산염기 반응에서 양성자는 산에서 염기로 이동된다.

해설

브뢴스테드-로우리 모델
- 산 : 양성자를 내주는 물질(양성자 주개)
- 염기 : 양성자를 받는 물질(양성자 받개)
※ 산에서 양성자가 제거된 화학종을 짝염기라고 한다.

03 아보가드로수에 대한 설명 중 옳지 않은 것은?
① 아보가드로수는 일반적으로 6.02×10^{23}이다.
② 아보가드로수는 정확히 12g에 존재하는 ^{12}C 원자의 숫자로 정의한다.
③ ^{12}C 원자 한 개의 질량은 1.99×10^{-24}g이다.
④ 아보가드로수는 실험실에서의 거시적 질량과 개별 원자와 분자들의 미시적 질량 사이의 관련성을 확립하기 위한 것이다.

해설

아보가드로수 $= 6.02 \times 10^{23}$개/1mol

^{12}C 원자 1개의 질량 $= \dfrac{12g}{6.02 \times 10^{23}\text{개}} = 1.99 \times 10^{-23}$g

04 전자가 보어 모델(Bohr Model)의 $n=5$ 궤도에서 $n=3$ 궤도로 전이할 때 수소원자에서 방출되는 빛의 파장은 얼마인가?(단, 뤼드베리 상수 $R_H = 1.9678 \times 10^{-2}$ nm^{-1})
① 434.5nm   ② 486.1nm
③ 714.6nm   ④ 954.6nm

해설

$$\dfrac{1}{\lambda} = R_H \left(\dfrac{1}{m^2} - \dfrac{1}{n^2} \right) (n>m)$$

여기서, λ : 빛의 파장(nm)
R : 뤼드베리 상수

$\dfrac{1}{\lambda} = 1.9678 \times 10^{-2} nm^{-1} \left(\dfrac{1}{3^2} - \dfrac{1}{5^2} \right) = 1.4 \times 10^{-3} nm^{-1}$

$\therefore \lambda = 714.63$nm

05 다음 작용기에 대한 설명 중 옳지 않은 것은?
① 알코올은 -OH 작용기를 가지고 있다.
② 페놀류는 -OH기가 방향족 고리에 직접 붙어 있는 화합물이다.
③ 에터르는 -O-로 나타내는 작용기를 가지고 있다.
④ 1차 알코올은 -OH기가 결합되어 있는 탄소원자에 다른 탄소원자가 2개 이상 결합되어 있는 것이다.

해설

1차 알코올
-OH기가 결합되어 있는 탄소원자에 다른 탄소가 1개 결합되어 있는 것이다.

정답 01 ③ 02 ③ 03 ③ 04 ③ 05 ④

06 다음 각 쌍의 2개 물질 중에서 물에 더욱 잘 녹을 것이라고 예상되는 물질을 1개씩 옳게 선택한 것은?

- CH_3CH_2OH와 $CH_3CH_2CH_3$
- $CHCl_3$와 CCl_4

① CH_3CH_2OH, $CHCl_3$
② CH_3CH_2OH, CCl_4
③ $CH_3CH_2CH_3$, $CHCl_3$
④ $CH_3CH_2CH_3$, CCl_4

해설

- 극성 물질은 극성 용매에 잘 녹고, 비극성 물질은 비극성 용매에 잘 녹는다.
- 물은 극성 용매이므로 극성 물질이 잘 녹는다.
- 극성 : CH_3CH_2OH, $CHCl_3$
  비극성 : $CH_3CH_2CH_3$, CCl_4

07 일반적인 분석과정을 가장 잘 나타낸 것은?

① 문제정의 → 방법 선택 → 대표시료 취하기 → 분석시료 준비 → 측정 수행 → 화학적 분리가 필요한 모든 것을 수행 → 결과의 계산 및 보고
② 문제정의 → 방법 선택 → 대표시료 취하기 → 분석시료 준비 → 화학적 분리가 필요한 모든 것을 수행 → 측정 수행 → 결과의 계산 및 보고
③ 문제정의 → 대표시료 취하기 → 방법 선택 → 분석시료 준비 → 화학적 분리가 필요한 모든 것을 수행 → 측정 수행 → 결과의 계산 및 보고
④ 문제정의 → 대표시료 취하기 → 방법 선택 → 분석시료 준비 → 측정 수행 → 화학적 분리가 필요한 모든 것을 수행 → 결과의 계산 및 보고

해설

분석시험절차
문제제기 → 분석방법 선택 → 시료채취 → 시료준비 → 화학분석 → 결과 보고와 해석 → 결론 도출

08 주어진 온도에서 $N_2O_4(g) \rightleftarrows 2NO_2(g)$의 계가 평형 상태에 있다. 이때 계의 압력을 증가시킬 때 반응의 변화로 옳은 것은?

① 정반응과 역반응의 속도가 함께 빨라져서 변함없다.
② 평형이 깨어지므로 반응이 멈춘다.
③ 정반응으로 진행된다.
④ 역반응으로 진행된다.

해설

압력을 증가시키면 압력을 감소시키는 방향, 즉 몰수를 감소시키는 방향(역방향)으로 평형이 이동한다.

르 샤틀리에의 법칙
가역반응이 평형상태에 있을 때, 온도, 압력, 농도 중 어느 한 조건을 변화시키면, 반응은 그 변화를 감소시키려는 방향으로 진행하여 새로운 평형상태에 도달한다.

09 분석용 초자기구에 대한 설명 중 옳은 것을 모두 고른 것은?

가. 100mL, TC 20℃라고 쓰여 있는 부피 플라스크의 눈금에 용액을 맞추면 용기에 포함된 용액의 부피가 20℃에서 100mL이다.
나. 10mL, TD 20℃의 Transfer Pipet에 들어 있는 부피는 10mL이다.
다. 피펫으로 용액을 비커에 옮길 때, 용액이 피펫 끝에 조금이라도 남아 있으면 오차가 생기므로 가급적 모두 비커에 옮기도록 하여야 한다.
라. 부피 플라스크 및 피펫의 검정은 무게를 달아서 한다.

① 가, 다
② 가, 라
③ 가, 나, 라
④ 가, 나, 다, 라

해설

- TC(To Contain) : 부피 플라스크의 표선까지 채웠을 때 부피 검정, 정확한 부피를 가지고 있다.
- TD(To Deliver) : 피펫이나 뷰렛으로 다른 용기로 옮겨진 부피 검정, 정확한 부피를 가지고 있지 않다.
- 피펫 끝에 용액이 남더라도, 굳이 모두 비커에 옮기지 않아도 된다. 부피 플라스크 및 피펫의 검정은 무게를 달아서 한다.

정답 06 ① 07 ② 08 ④ 09 ②

10 다음 중 격자에너지(Lattice Energy)가 가장 작은 것은?

① LiF
② KF
③ CsI
④ NaBr

해설

격자에너지
- 고체를 구성하는 이온들을 떼어내는 데 필요한 에너지
- 쿨롱힘에 비례한다.

$$F = k\frac{q_1 q_2}{r^2}$$

쿨롱힘은 두 전하의 곱에 비례하고 거리에 반비례한다.
∴ 격자에너지는 전하가 작을수록, 거리가 클수록 작으므로 CsI가 가장 작다.

11 주기율표에 근거하여 제시된 다음의 설명 중 틀린 것은?

① NH_3가 PH_3보다 물에 더 잘 녹는 이유는 PH_3와 달리 NH_3가 수소결합을 할 수 있기 때문이다.
② 수용액 조건에서 HF, HCl, HBr, HI 중 가장 강산은 HI이다.
③ C는 O보다 전기음성도가 더 크므로 O－H 결합보다 C－H 결합이 더 큰 극성을 띠게 된다.
④ Na와 Cl은 공유결합을 통해 분자를 형성하지 않는다.

해설

- 전기음성도 : F > O > N
- 수소결합 : 전기음성도가 강한 F, O, N 등에 H(수소) 원자가 공유결합으로 결합하면 전기음성도가 강한 원자는 부분적으로 δ^- 전하를 띠고 수소원자는 부분적으로 δ^+ 전하를 띠게 된다. 이러한 수소원자에 전기음성도가 강한 원자가 이웃하면 두 원자 사이에 정전기적 인력이 생기는데 이것을 수소결합이라 한다.
- 산의 세기 : HI > HBr > HCl(강산) ≫ HF(약산)
- NaCl : 이온결합을 하므로 분자를 형성하지 않는다.

12 아래 유기화합물의 명칭으로 옳은 것은?

① 3－메틸－4－헵탄올
② 5－메틸－4－헵탄올
③ 3－메틸－4－알코올헵탄
④ 2－메틸－1－프로필부탄올

해설

$$\overset{1}{CH_3}-\overset{2}{CH_2}-\overset{3}{CH}-\overset{4}{CH}-CH_2-CH_2-CH_3$$
$$\qquad\qquad\quad |\quad\ \ |$$
$$\qquad\qquad\ CH_3\ OH$$

3－메틸－4－헵탄올

13 다음 중 산－염기 반응의 쌍이 아닌 것은?

① $C_2H_5OH + HCOOH$
② $CH_3COOH + NaOH$
③ $CO_2 + NaOH$
④ $H_2CO_3 + Ca(OH)_2$

해설

C_2H_5OH는 에탄올로 염기가 아니라 알코올이다.

14 황산칼슘($CaSO_4$)의 용해도곱(K_{sp})이 2.4×10^{-5}이다. 이 값을 이용하여 황산칼슘의 용해도를 구하면? (단, 황산칼슘의 분자량은 136.2g이다.)

① 1.414g/L
② 1.114g/L
③ 0.667g/L
④ 0.121g/L

해설

$CaSO_4 \rightleftharpoons Ca^{2+} + SO_4^{2-}$
$K_{sp} = [Ca^{2+}][SO_4^{2-}] = x^2 = 2.4 \times 10^{-5}$
$x = 0.004899 \text{mol/L}$
∴ $0.004899 \text{mol/L} \times \dfrac{136.2g}{1\text{mol}} = 0.667 \text{g/L}$

정답 10 ③ 11 ③ 12 ① 13 ① 14 ③

15 0℃, 1atm에서 0.495g의 알루미늄이 모두 반응할 때 발생되는 수소 기체의 부피는 약 몇 L인가?

$$2Al(s) + 6HCl(aq) \rightarrow 2AlCl_3 + 3H_2(g)$$

① 0.033　　　② 0.308
③ 0.424　　　④ 0.616

해설

$2Al(s) + 6HCl(aq) \rightarrow 2AlCl_3(aq) + 3H_2(g)$
$2 \times 27g$ ： $3 \times 22.4L(STP)$
$0.495g$ ： x
∴ $x = 0.616L$

16 철근이 녹이 슬 때 질량은 어떻게 되겠는가?

① 녹슬기 전과 질량변화가 없다.
② 녹슬기 전에 비해 질량이 증가한다.
③ 녹이 슬면서 일정 시간 질량이 감소하다가 일정하게 된다.
④ 녹슬기 전에 비해 질량이 감소한다.

해설

$3Fe + 2O_2 \rightarrow Fe_3O_4$
철에 산소가 결합되어 질량이 증가한다.

17 0.120mol의 $HC_2H_3O_2$와 0.140mol의 $NaC_2H_3O_2$가 들어 있는 1.00L 용액의 pH를 계산하면 얼마인가? (단, $K_a = 1.8 \times 10^{-5}$이다.)

① 3.82　　　② 4.82
③ 5.82　　　④ 6.82

해설

$pH = pK_a + \log\dfrac{[A^-]}{[HA]}$
$pK_a = -\log K_a$
　　$= -\log(1.8 \times 10^{-5}) = 4.745$
∴ $pH = 4.745 + \log\dfrac{0.140}{0.120} = 4.81$

18 어떤 염의 물에 대한 용해도가 섭씨 70도에서 60, 섭씨 30도에서 20이다. 섭씨 70도의 포화 용액 100g을 섭씨 30도로 식힐 때 나타나는 현상으로 옳은 것은?

① 섭씨 70도에서 포화 용액 100g에 녹아 있는 염의 양은 60g이다.
② 섭씨 30도에서 포화 용액 100g에 녹아 있는 염의 양은 20g이다.
③ 섭씨 70도에서 포화 용액을 섭씨 30도로 식힐 때 불포화 용액이 형성된다.
④ 섭씨 70도의 포화 용액을 섭씨 30도로 식힐 때 석출되는 염의 양은 25g이다.

해설

- 용해도 : 용매 100g에 녹아 있는 용질의 g수
- 70℃에서 용해도 60 : 70℃에서 물 100g에 60g의 염이 녹아 있다.
- 30℃에서 용해도 20 : 30℃에서 물 100g에 20g의 염이 녹아 있다.
- 70℃에서 30℃로 냉각하면 60−20=40g의 염이 석출되며, 70℃에서 용액은 100g 물+60g 염=160g이다.
$160 : 40 = 100 : x$
∴ $x = 25g$ 석출

19 유효숫자 계산이 정확한 것만 고른 것은?

가. $\log(3.2) = 0.51$
나. $10^{4.37} = 2.3 \times 10^4$
다. $3.260 \times 10^{-5} \times 1.78 = 5.80 \times 10^{-5}$
라. $34.60 \div 2.463 = 14.05$

① 가, 나　　　② 다, 라
③ 가, 다, 라　　　④ 가, 나, 다, 라

해설

가. $\log(\underline{3.2}) = \underline{0.51}$ 유효숫자 2개
나. $10^{4.37} = \underline{2.3} \times 10^4$ 유효숫자 2개
다. $3.260 \times 10^{-5} \times \underline{1.78} = \underline{5.80} \times 10^{-5}$ 유효숫자 3개
　　유효숫자가 작은 것에 맞춘다.
라. $\underline{34.60} \div \underline{2.463} = \underline{14.05}$ 유효숫자 4개

정답 15 ④　16 ②　17 ②　18 ④　19 ④

20 분석방법에 대한 검증은 인증표준물질(CRM)과 표준물질(RM) 또는 표준용액을 사용하여 검증한다. 다음 중 분석방법에 대한 검증항목이 아닌 것은?

① 정량한계 ② 안전성
③ 직선성 ④ 정밀도

> **해설**

분석시험법에 대한 검증항목
- 특이성
- 범위
- 정밀성
- 정량한계
- 직선성
- 정확성
- 검출한계
- 완건성

2과목 화학물질 특성분석

21 pH 10으로 완충된 0.1M Ca^{2+} 용액 20mL를 0.1M EDTA로 적정하고자 한다. 당량점($V_{EDTA}=20mL$)에서의 Ca^{2+} 몰농도(mol/L)는 얼마인가?(단, CaY^{2-}의 $K_f = 5.0 \times 10^{10}$이고 Y^{4-}로 존재하는 EDTA 분율 $\alpha_{Y^{4-}} = \dfrac{[Y^{4-}]}{[EDTA]} = 0.35$이다.)

① 1.7×10^{-4}M ② 1.7×10^{-5}M
③ 1.7×10^{-6}M ④ 1.7×10^{-7}M

> **해설**

$[CaY^{2-}] = \dfrac{0.1M \times 20mL}{40mL} = 0.05M$

	Ca^{2+}	+	EDTA	$\rightleftharpoons$	CaY^{2-}
초기농도	0		0		0.05
반응농도	x		x		$-x$
최종농도	x		x		$0.05-x$

$K_f' = \alpha_{Y^{4-}} \cdot K_f = 0.35 \times 5 \times 10^{10} = 1.75 \times 10^{10}$

$K_f' = \dfrac{[CaY^{2-}]}{[Ca^{2+}][EDTA]} = \dfrac{0.05-x}{x^2} = 1.75 \times 10^{10}$

$\therefore x = 1.7 \times 10^{-6}$M

22 $Cu(s) + 2Ag^+ \rightleftharpoons Cu^{2+} + 2Ag(s)$ 반응의 평형상수값은 약 얼마인가?(단, 이들 반응을 구성하는 반쪽반응과 표준전극전위는 다음과 같다.)

| $Ag^+ + e^- \rightleftharpoons Ag(s)$ | $E° = 0.799V$ |
| $Cu^{2+} + 2e^- \rightleftharpoons Cu(s)$ | $E° = 0.337V$ |

① 2.5×10^{12} ② 4.1×10^{15}
③ 4.1×10^{18} ④ 2.5×10^{10}

> **해설**

$E° = E°_+ - E°_-$
$= 0.799V - 0.337V = 0.462V$

$E° = \dfrac{0.05916}{n} \log K$

$0.462 = \dfrac{0.05916}{2} \log K$

$\therefore K = 4.1 \times 10^{15}$

23 0.10M KNO_3와 0.1M Na_2SO_4 혼합용액의 이온세기는 얼마인가?

① 0.40 ② 0.35
③ 0.30 ④ 0.25

> **해설**

이온 세기 $\mu = \dfrac{1}{2} \sum mz^2$

여기서, m : 이온의 농도
z : 전하

$\therefore \mu = \dfrac{1}{2}[(0.1 \times 1^2) + (0.1 \times (-1)^2)$
$+ (0.1 \times 2 \times 1^2) + (0.1 \times (-2)^2)]$
$= 0.4$

24 0.010M $AgNO_3$ 용액에 H_3PO_4를 첨가 시, Ag_3PO_4 침전이 생기기 시작하려면 PO_4^{3-} 농도는 얼마보다 커야 하는가?(단, Ag_3PO_4의 $K_{sp} = 1.3 \times 10^{-20}$이다.)

① 1.3×10^{-22} ② 1.3×10^{-20}
③ 1.3×10^{-18} ④ 1.3×10^{-14}

정답 20 ② 21 ③ 22 ② 23 ① 24 ④

해설

$Ag_3PO_4 \rightleftharpoons 3Ag^+ + PO_4^{3-}$
$K_{sp} = [Ag^+]^3[PO_4^{3-}] = 1.3 \times 10^{-20}$
$[Ag^+] = 0.010M$
침전이 생기기 위해서는 $Q > K_{sp}$ 이어야 한다.
$(0.01)^3[PO_4^{3-}] > 1.3 \times 10^{-20}$
$\therefore [PO_4^{3-}] > 1.3 \times 10^{-14}$

25 활동도 계수의 특성에 대한 다음 설명 중 틀린 것은?

① 너무 진하지 않은 용액에서 주어진 화학종의 활동도 계수는 전해질의 성질에 의존한다.
② 대단히 묽은 용액에서는 활동도 계수는 1이 된다. 이러한 경우에 활동도와 농도는 같다.
③ 주어진 이온 세기에서 이온의 활동도 계수는 이온 화학종의 전하가 증가함에 따라 1에서 벗어나게 된다.
④ 한 화학종의 활동도 계수는 화학종이 포함된 평형에서 그 화학종이 평형에 미치는 영향의 척도이다.

해설

활동도 계수
- 이온 세기가 0에 접근하면 활동도 계수는 1에 접근한다.
- 농도가 매우 진한 용액을 제외하고, 주어진 화학종의 활동도 계수는 전해질의 성질에 무관하고 이온 세기에만 의존한다.
- 대단히 묽은 용액에서 활동도 계수는 1이 된다.
- 이온 세기 ↑ → 활동도 계수 ↓
- 이온 전하 ↑ → 활동도 계수 ↓
- 이온 크기 ↓ → 활동도 계수 ↓

26 MnO_4^- 이온에서 망간(Mn)의 산화수는 얼마인가?

① -1
② $+4$
③ $+6$
④ $+7$

해설

MnO_4^-
$x + (-2) \times 4 = -1$
$\therefore x = +7$

27 어떤 삼양성자산(Tripotic Acid)이 수용액에서 다음과 같은 평형을 가질 때 pH 9.0에서 가장 많이 존재하는 화학종은?

$H_3A \rightleftharpoons H_2A^- + H^+$	$pK_{a1} = 2.0$
$H_2A^- \rightleftharpoons HA^{2-} + H^+$	$pK_{a2} = 6.0$
$HA^{2-} \rightleftharpoons A^{3-} + H^+$	$pK_{a3} = 10.0$

① H_3A
② H_2A^-
③ HA^{2-}
④ A^{3-}

해설

$H_3A \underset{2.0}{\overset{pK_{a1}}{\rightleftharpoons}} H_2A^- \underset{6.0}{\overset{pK_{a2}}{\rightleftharpoons}} HA^{2-} \underset{10.0}{\overset{pK_{a3}}{\rightleftharpoons}} A^{3-}$

㉠ H_3A와 H_2A^-

$pH = pK_{a1} + \log\dfrac{[H_2A^-]}{[H_3A]}$

$9 = 2 + \log\dfrac{[H_2A^-]}{[H_3A]}$

$\dfrac{[H_2A^-]}{[H_3A]} = 10^7$

$[H_2A^-]$가 $[H_3A]$보다 10^7배 더 많이 존재

㉡ H_2A^-와 HA^{2-}

$pH = pK_{a2} + \log\dfrac{[HA^{2-}]}{[H_2A^-]}$

$9 = 6 + \log\dfrac{[HA^{2-}]}{[H_2A^-]}$

$\dfrac{[HA^{2-}]}{[H_2A^-]} = 10^3$

$[HA^{2-}]$가 $[H_2A^-]$보다 10^3배 더 많이 존재

㉢ HA^{2-}와 A^{3-}

$pH = pK_{a3} + \log\dfrac{[A^{3-}]}{[HA^{2-}]}$

$9 = 10 + \log\dfrac{[A^{3-}]}{[HA^{2-}]}$

$\log\dfrac{[A^{3-}]}{[HA^{2-}]} = -1$

$\dfrac{[A^{3-}]}{[HA^{2-}]} = \dfrac{1}{10}$

$[HA^{-2}]$가 $[A^{3-}]$보다 10배 더 많이 존재
$\therefore HA^{2-}$가 가장 많이 존재한다.

정답 25 ① 26 ④ 27 ③

28 다음의 두 평형에서 전하균형식(Charge Balance Equation)을 옳게 표현한 것은?

$$HA^- \rightleftharpoons H^+ + A^{2-}$$
$$HA^- + H_2O \rightleftharpoons H_2A + OH^-$$

① $[H^+] = [HA^-] + [A^{2-}] + [OH^-]$
② $[H^+] = [HA^-] + 2[A^{2-}] + [OH^-]$
③ $[H^+] = [HA^-] + 4[A^{2-}] + [OH^-]$
④ $[H^+] = 2[HA^-] + [A^{2-}] + [OH^-]$

해설

전하균형식
용액 내 양전하의 합 = 음전하의 합
$[H^+] = [HA^-] + 2[A^{2-}] + [OH^-]$

29 우리가 흔히 먹는 식초는 아세트산(Acetic Acid, CH_3COOH)을 4~8% 정도 함유하고 있다. 다음 완충용액의 pH 값은 얼마인가?(단, CH_3COOH의 $K_a = 1.8 \times 10^{-5}$, $pK_a = 4.74$, 완충용액은 0.50M CH_3COOH/0.25M CH_3COONa이다.)

① 4.04
② 4.44
③ 4.74
④ 5.04

해설

$$pH = pK_a + \log\frac{[CH_3COO^-]}{[CH_3COOH]}$$
$$= 4.74 + \log\frac{0.25}{0.5} = 4.44$$

30 완충용액에 대한 설명으로 틀린 것은?
① 완충용액의 pH는 이온 세기와 온도에 의존하지 않는다.
② 완충용량이 클수록 pH 변화에 대한 용액의 저항은 커진다.
③ 완충용액은 약염기와 그 짝산으로 만들 수 있다.
④ 완충용량은 산과 그 짝염기의 비가 같을 때 가장 크다.

해설

완충용액의 pH
$$pH = pK_a + \log\frac{[A^-]}{[HA]}$$
pH는 K_a, 산, 염기의 이온화학종의 농도비에 의해 결정되므로 이온 세기와 온도에 의존한다.

31 다음 중 화학평형에 대한 설명으로 옳은 것은?
① 화학평형상수는 단위가 없으면 보통 K로 표시하고, K가 1보다 크면 정반응이 유리하다고 정의하며, 이때 Gibbs 자유에너지는 양의 값을 가진다.
② 평형상수는 표준상태에서의 물질의 평형을 나타내는 값으로 항상 양의 값이며, 온도에 관계없이 일정하다.
③ 평형상수의 크기는 반응속도와는 상관이 없다. 즉, 평형상수가 크다고 해서 반응이 빠름을 뜻하지 않는다.
④ 물질의 용해도곱(Solubility Product)은 고체염이 용액 내에서 녹아 성분 이온으로 나뉘는 반응에 대한 평형상수로 흡열반응은 용해도곱이 작고, 발열반응은 용해도곱이 크다.

해설

㉠ 화학평형 : 가역반응에서 정반응의 속도와 역반응의 속도가 같아서 마치 반응이 정지된 것처럼 보이는 상태
㉡ 평형상수(K)
　$K = f(T)$ ← 온도의 함수
　• 흡열반응($\Delta H > 0$) : 온도가 올라가면 평형상수(K)가 증가한다.
　• 발열반응($\Delta H < 0$) : 온도가 올라가면 평형상수(K)가 감소한다.
※ 평형상수의 크기는 반응속도와는 무관하며 평형상수가 크다고 반응이 빠르다는 의미는 아니다.

32 다음 중 $KMnO_4$와 H_2O_2의 산화환원 반응식을 바르게 나타낸 것은?
① $MnO_4^- + 2H_2O_2 + 4H^+ \rightarrow MnO_2 + 4H_2O + O_2$
② $2MnO_4^- + 2H_2O_2 \rightarrow 2MnO + 2H_2O + 2O_2$
③ $2MnO_4^- + 5H_2O_2 + 6H^+ \rightarrow 2Mn^{2+} + 8H_2O + 5O_2$
④ $2MnO_4^- + 5H_2O_2 \rightarrow 2Mn^{2+} + 5H_2O + 13/2O_2$

정답 28 ② 29 ② 30 ① 31 ③ 32 ③

해설

$$\text{MnO}_4^- + \text{H}_2\text{O}_2 + \text{H}^+ \longrightarrow \text{Mn}^{2+} + \text{H}_2\text{O} + \text{O}_2$$

$(+7) \to (+2)$: $(-5) \times 2$
$(-2) \to 0$: $(+2) \times 5$

$$2\text{MnO}_4^- + 5\text{H}_2\text{O}_2 + 6\text{H}^+ \to 2\text{Mn}^{2+} + 8\text{H}_2\text{O} + 5\text{O}_2$$

33 부피분석법인 적정법을 이용하여 정량분석을 할 경우 다음 중 가장 옳은 설명은?

① 적정 실험에서 측정하고자 하는 당량점과 실험적인 종말점은 항상 일치한다.
② 적정오차는 바탕적정(Blank Titration)을 통해 보정할 수 있다.
③ 역적정 실험 시에는 적정시약(Titrant)을 시료에 가하면서 지시약의 색이 바뀌는 부피를 직접 관찰한다.
④ 무게 적정(Gravimetric Titration) 실험 시에는 적정시약의 부피를 측정한다.

해설
- 적정오차는 당량점과 종말점의 차이로 바탕적정으로 보정할 수 있다.
- 바탕적정 : 분석물질을 제외한 바탕용액을 같은 과정으로 적정하는 것이다.

34 전지의 두 전극에서 반응이 자발적으로 진행되려는 경향을 갖고 있어 외부 도체를 통하여 산화전극에서 환원전극으로 전자가 흐르는 전지, 즉 자발적인 화학반응으로부터 전기를 발생시키는 전지를 무슨 전지라 하는가?

① 전해전지
② 표준전지
③ 자발전지
④ 갈바니전지

해설
갈바니전지 : 자발적인 화학반응으로부터 전기를 발생
(산화) $\text{Zn} \to \text{Zn}^{2+} + 2e^-$: $-$극
(환원) $\text{Cu}^{2+} + e^- \to \text{Cu}$: $+$극

35 0.1M의 Fe^{2+} 50mL를 0.1M의 Tl^{3+}로 적정한다. 반응식과 각각의 표준환원전위가 다음과 같을 때 당량점에서 전위(V)는 얼마인가?

$$2\text{Fe}^{2+} + \text{Tl}^{3+} \to 2\text{Fe}^{3+} + \text{Tl}^+$$
$\text{Fe}^{3+} + e^- \to \text{Fe}^{2+}$ $E° = 0.77\text{V}$
$\text{Tl}^{3+} + 2e^- \to \text{Tl}^+$ $E° = 1.28\text{V}$

① 0.94
② 1.02
③ 1.11
④ 1.20

해설
Nernst 식

$$E = E° - \frac{0.0591}{n} \log \frac{[\text{Red}]}{[\text{Ox}]}$$

$$E = 0.77 - \frac{0.0591}{1} \log \frac{[\text{Fe}^{2+}]}{[\text{Fe}^{3+}]} \quad \cdots\cdots ㉠$$

$$E = 1.28 - \frac{0.0591}{2} \log \frac{[\text{Tl}^+]}{[\text{Tl}^{3+}]} \quad \cdots\cdots ㉡$$

$2\text{Fe}^{2+} + \text{Tl}^{3+} \to 2\text{Fe}^{3+} + \text{Tl}^+$
당량점에서 $2[\text{Tl}^+] = [\text{Fe}^{3+}]$, $2[\text{Tl}^{3+}] = [\text{Fe}^{2+}]$

㉠식으로부터 $E = 0.77 - \frac{0.0591}{1} \log \frac{[\text{Tl}^{3+}]}{[\text{Tl}^+]} \quad \cdots\cdots ㉢$

㉢ + 2 × ㉡을 하면

$$E = 0.77 - 0.0591 \log \frac{[\text{Tl}^{3+}]}{[\text{Tl}^+]}$$

$$+)\ 2E = 2.56 - 0.0591 \log \frac{[\text{Tl}^+]}{[\text{Tl}^{3+}]}$$

$$3E = 3.33 - 0.0591 \log \frac{[\text{Tl}^+][\text{Tl}^{3+}]}{[\text{Tl}^{3+}][\text{Tl}^+]}$$

∴ $E = 1.11\text{V}$

36 25℃ 0.10M KCl 용액의 계산된 pH 값에 가장 근접한 값은?(단, 이 용액에서의 H^+와 OH^-의 활동도 계수는 각각 0.83과 0.76이다.)

① 6.98
② 7.28
③ 7.58
④ 7.88

정답 33 ② 34 ④ 35 ③ 36 ①

해설

$K_w = K_a \times K_b = [H^+] \times 0.83 \times [OH^-] \times 0.76 = 10^{-14}$
$[H^+] = [OH^-]$
$[H^+]^2 = \dfrac{10^{-14}}{0.83 \times 0.76}$
$[H^+] = 1.26 \times 10^{-7}$
∴ $pH = -\log[H^+] = -\log(1.26 \times 10^{-7} \times 0.83) = 6.98$

37 산화·환원 적정에서 사용되는 $KMnO_4$에 대한 설명으로 틀린 것은?

① 진한 자주색을 띤 산화제이다.
② 매우 안정하여 일차표준물질로 사용된다.
③ 강한 산성 용액에서 무색의 Mn^{2+}로 환원된다.
④ 산성 용액에서 자체 지시약으로 작용한다.

해설

- $KMnO_4$는 미량의 MnO_2를 포함하고 있어, 일차표준물질로 사용할 수 없다.
- $MnO_4^- + 8H^+ + 5e^- \rightleftarrows Mn^{2+} + 4H_2O$
  자주색   무색

38 이온선택전극에 대한 설명으로 옳은 것은?

① 이온선택전극은 착물을 형성하거나 형성하지 않은 모든 상태의 이온을 측정하기 때문에 pH 값에 관계없이 일정한 측정결과를 보인다.
② 금속이온에 대한 정량적인 분석방법 중 이온선택전극 측정결과와 유도결합플라스마 결합 결과는 항상 일치한다.
③ 이온선택전극의 선택계수가 높을수록 다른 이온에 의한 방해가 크다.
④ 액체 이온선택전극은 일반적으로 친수성 막으로 구성되어 있으며 친수성 막 안에 소수성 이온 운반체가 포함되어 있다.

해설

- 유도결합플라스마는 모든 금속을 측정하지만, 이온선택성 전극은 자유상태의 금속이온만을 측정하므로 항상 일치하는 것은 아니다.
- 이온선택전극의 선택계수가 높을수록 다른 이온에 의한 방해가 크다.
- 실리카유리 또는 고분자수지와 같은 거대분자, 분자응집체, 할로겐화은과 같은 낮은 용해도를 갖는 이온성 무기화합물을 막으로 사용한다.

39 광학기기의 구성이 각 분광법과 바르게 짝지어진 것은?

① 흡수분광법 : 시료 → 파장선택기 → 검출기 → 기록계 → 광원
② 형광분광법 : 광원 → 시료 → 파장선택기 → 검출기 → 기록계
③ 인광분광법 : 광원 → 시료 → 파장선택기 → 검출기 → 기록계
④ 화학발광법 : 광원과 시료 → 파장선택기 → 검출기 → 기록계

해설

흡수법
- 일반적인 배치

- 원자흡수분광법

형광·인광법

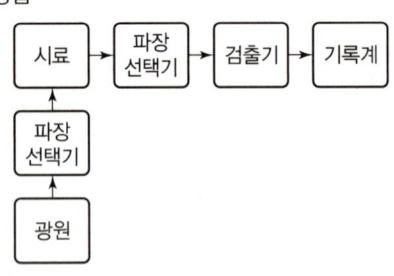

방출법·화학발광분광법

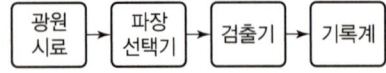

▶ 정답 37 ② 38 ③ 39 ④

40 적외선 흡수분광기의 시료용기에 사용할 수 있는 재질로 가장 적합한 것은?

① 유리
② 소금
③ 석영
④ 사파이어

해설

자외선	가시광선	적외선
용융실리카 석영	플라스틱 유리	NaCl KBr

3과목 화학물질 구조분석

41 액체 크로마토그래피에서 극성이 서로 다른 혼합물을 가장 효과적으로 분리하는 방법으로서 기체 크로마토그래피에서 온도 프로그래밍을 이용하여 얻은 효과와 유사한 효과가 있는 것은?

① 기울기 용리법
② 등용매 용리법
③ 온도 기울기법
④ 압력 기울기법

해설

기울기 용리
- 고성능 액체 크로마토그래피에서 분리효율을 높이기 위해 사용한다.
- 극성이 다른 2~3가지 용매를 선택하여 조성의 비율을 단계적으로 변화시켜 사용하는 방법이다.
- 기체 크로마토그래피(GC)의 온도 프로그래밍과 유사하다.

42 고분자량의 글루코오스 계열 화학물을 분리하는 데 가장 적합한 크로마토그래피 방법은?

① 이온교환 크로마토그래피
② 크기 배제 크로마토그래피
③ 기체 크로마토그래피
④ 분배 크로마토그래피

해설

크기 배제 크로마토그래피
- 고분자량 화학종을 분리하는 데 이용한다.
- 시료를 크기별로 분리한다.

43 전기화학전지에 사용되는 염다리(Salt Bridge)에 대한 설명으로 틀린 것은?

① 염다리의 목적은 전지 전체를 통해 전기적으로 양성상태를 유지하는 데 있다.
② 염다리는 양쪽 끝에 반투과성의 막이 있는 이온성 매질이다.
③ 염다리는 고농도의 KNO_3를 포함하는 젤로 채워진 U자관으로 이루어져 있다.
④ 염다리의 농도가 반쪽전지의 농도보다 크기 때문에 염다리 밖으로의 이온의 이동이 염다리 안으로의 이온의 이동보다 크다.

해설

염다리
- 고농도의 KCl, KNO_3, NH_4Cl과 같은 전해질을 포함하고 있는 젤로 채워진 U자형 관
- 염다리의 양쪽 끝에는 다공성 마개가 있어 서로 다른 두 용액이 섞이는 것을 방지하고 이온은 이동할 수 있다.
- 두 반쪽전지를 연결해준다.
- 염다리의 목적은 전지 전체를 통해 전기적 중성(전하의 균형)을 유지하는 데에 있다.

44 기체 크로마토그래피에서 할로겐과 같이 전기음성도가 큰 작용기를 포함하는 분자에 감도가 좋은 검출기는?

① 불꽃이온화 검출기(FID)
② 전자포착 검출기(ECD)
③ 열전도도 검출기(TCD)
④ 원자방출 검출기(AED)

정답 40 ② 41 ① 42 ② 43 ① 44 ②

해설

기체 크로마토그래피 검출기

검출기	시료
불꽃이온화 검출기(FID)	유기화합물
열전도도 검출기(TCD)	유기・무기 화학종
전자포착 검출기(ECD)	할로겐 원소
열이온 검출기(TID)	인・질소 화합물
원자방출 검출기(AED)	원소

45 전기화학분석법에서 포화 칼로멜 기준전극에 대하여 전극전위가 0.115V로 측정되었다. 이 전극전위를 포화 Ag/AgCl 기준전극에 대하여 측정하면 얼마로 나타나겠는가?(단, 표준수소전극에 대한 상대전위는 포화 칼로멜 기준전극=0.244V, 포화 Ag/AgCl 기준전극=0.199V이다.)

① 0.16V ② 0.18V
③ 0.20V ④ 0.22V

해설

$0.115V = E - 0.244V$
∴ $E = 0.359V$
∴ $E = 0.359V - 0.199V = 0.16V$

46 시료의 분해반응 및 산화반응과 같은 물리적 변화 측정에 알맞은 열분석법은?

① DSC ② DTA
③ TMA ④ TGA

해설

시료의 분해반응 및 산화반응은 질량이 변화하므로 온도를 증가시키면서 온도나 시간의 함수로써 질량감소를 측정하는 TGA(열무게법)가 가장 알맞다.

① DSC(시차주사열량법)
에너지 차이를 측정하는 열량 측정방법이다.
② DTA(시차열분석법)
시료물질과 기준물질이 온도제어 프로그램으로 가열되면서 시료와 기준물질 사이의 온도 차이를 온도의 함수로 측정하는 방법이다.

③ TMA(미세열분석)
열적 분석에 현미경법을 결합한 것으로 표면의 열적 특성을 온도의 함수로 측정하여 열영상을 얻는 데 사용되는 주사열 현미경법이다.
④ TGA(열무게법)
온도변화에 대한 시료의 질량(무게)을 측정한다.

47 질량분석법을 응용한 2차 이온 질량분석법(SIMS)에 대한 설명으로 틀린 것은?

① 고체 표면의 원자와 분자 조성을 결정하는 데 유용하다.
② 동적 SIMS는 표면 아래 깊이에 따른 조성 정보를 얻기 위하여 사용된다.
③ 통상적으로 사용되는 SIMS를 위한 변환기는 전자증배기, 패러데이컵 또는 영상검출기이다.
④ 양이온 측정은 가능하나 음이온 측정이 불가능한 분석법이다.

해설

2차 이온 질량분석법(SIMS)
• 고체 표면의 원자와 분자 조성 모두를 결정하는 데 유용하다.
• Ar^+ 이온이 사용되나 Cs^+, N_2^+, O_2^+도 사용된다.
• SIMS는 양이온, 음이온 모두 측정이 가능하다.

48 원자질량분석법에서 원자이온원(Ion Source)으로 주로 사용되는 것은?

① Nd-YAG 레이저
② 광 방출 다이오드
③ 고온 아르곤 플라스마
④ 전자 충격(Electron Impact)

해설

원자질량분석법에서 원자이온원
• 고온 아르곤 플라스마
• 전기가열 플라스마
• 라디오 주파수 전기스파크
• 글로우 방전 플라스마
• 집중된 레이저 빛살
• 가속이온에 의한 충격

정답 45 ① 46 ④ 47 ④ 48 ③

49 중합체 시료를 기준물질과 함께 가열하면서 두 물질의 온도 차이를 나타낸 다음의 시차열분석도에 대한 설명이 옳은 것으로만 나열된 것은?

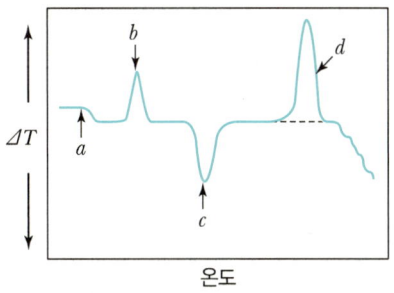

ⓐ a에서 유리질 무정형 중합체가 고무처럼 말랑말랑해지는 특성인 유리전이 현상이 일어난다.
ⓑ b, d에서는 흡열반응이, 그리고 c에서는 발열반응이 일어난다.
ⓒ b는 분석물이 결정화되는 반응을 나타내고, c에서는 분석물이 녹는 반응을 나타낸다.

① ㉠, ㉡   ② ㉡, ㉢
③ ㉠, ㉢   ④ ㉠, ㉡, ㉢

해설

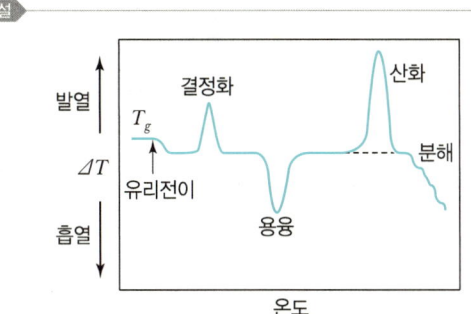

50 머무름시간이 410초인 용질의 봉우리 너비를 바탕선에서 측정해 보니 13초이다. 다음의 봉우리는 430초에 용리되었고, 너비는 16초이다. 두 성분의 분리도는?

① 1.18   ② 1.28
③ 1.38   ④ 1.48

해설

분리능 $R_s = \dfrac{2[(t_R)_B - (t_R)_A]}{W_A + W_B}$

$= \dfrac{2(430 - 410)}{13 + 16} = 1.38$

51 폴라로그래피에서 시료의 정성분석에 사용되는 파라미터는?

① 확산전류   ② 반파전위
③ 잔류전류   ④ 한계전류

해설

폴라로그램

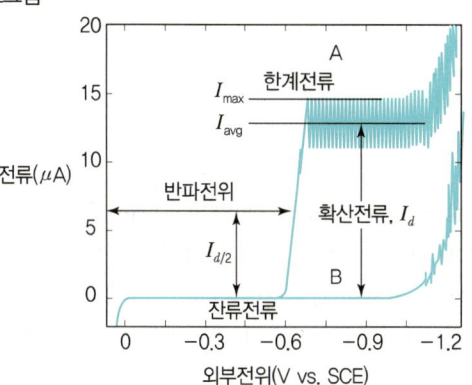

① 확산전류 = 한계전류 - 잔류전류
   확산전류는 분석물의 농도에 비례하므로 정량분석이 가능하다.
② 반파전위
   • 확산전류의 절반이 되는 전위
   • 분석하는 화학종의 특성에 따라 달라지므로 정성정보를 얻을 수 있다.
③ 잔류전류 : 산화환원반응이 생기는 원인 이외의 원인에 의해 나타나는 전류
④ 한계전류 : 미소전극 주위 이온이 모두 전해되었을 때 나타나는 전류

정답 49 ③ 50 ③ 51 ②

52 고성능 액체 크로마토그래피(HPLC)에서 사용되는 펌프시스템에서 요구되는 사항이 아닌 것은?

① 펄스 충격이 없는 출력을 내야 한다.
② 흐름 속도의 재현성이 0.5% 또는 더 좋아야 한다.
③ 다양한 용매에 의한 부식을 방지할 수 있어야 한다.
④ 사용하는 칼럼의 길이가 길지 않으므로 펌핑 압력은 그리 크지 않아도 된다.

해설

고성능 액체 크로마토그래피(HPLC) 펌프장치의 조건
- 압력은 40MPa 이상이어야 한다.
- 이동상의 흐름에 펄스가 없어야 한다.
- 이동상의 흐름 속도는 0.1~10mL/분 정도이어야 한다.
- 흐름 속도는 0.5% 이하의 상대표준편차로 재현성이 있어야 한다.
- 잘 부식되지 않는 재질(스테인리스 스틸, 테프론)로 만들어야 한다.

53 얇은 층 크로마토그래피(TLC)에서 지연지수(Retardation Factor)에 대한 설명 중 틀린 것은?

① 항상 1 이하의 값을 갖는다.
② 1에 근접한 값을 가지면 이동상보다 정지상에 분배가 크다.
③ 시료가 이동한 거리를 이동상이 이동한 거리로 나눈 값이다.
④ 정지상의 두께가 지연지수 값에 영향을 준다.

해설

얇은 층 크로마토그래피(TLC)에서 지연

지연인자 $R_f = \dfrac{d_R}{d_M}$

$= \dfrac{\text{용질의 이동거리}}{\text{용매의 이동거리}}$

R_f는 1 이하의 값을 가지며, 1에 근접한 값을 가지면 고정상보다 이동상에 분배가 크다.

54 비행시간 질량분석계에 대한 설명으로 틀린 것은?

① 기기장치가 비교적 간단한 편이다.
② 가장 널리 사용되는 질량분석계이다.
③ 검출할 수 있는 질량범위가 거의 무제한이다.
④ 가벼운 이온이 무거운 이온보다 먼저 검출기에 도달한다.

해설

비행시간 질량분석계
- 비행시간형(TOF) 기기는 양이온이 이온원에서 검출기로 이동하는 시간을 측정한다.
- 무거운 이온은 늦게 이동하고, 가벼운 이온은 빨리 이동한다.
- 무제한의 질량범위를 가진다.
- 단순하고 고장이 적다.
- 제한된 분해능과 감도를 갖는다는 단점이 있다.
- 널리 사용되지는 않는다.

55 질량 이동(Mass Transfer) 메커니즘 중 전지 내의 벌크 용액에서 질량 이동이 일어나는 주된 과정으로서 정전기장 영향 아래에서 이온이 이동하는 과정을 무엇이라고 하는가?

① 확산(Diffusion) ② 대류(Convection)
③ 전도(Conduction) ④ 전기이동(Migration)

해설

- 전기이동 : 정전기장의 영향 아래에서 이온과 전극 사이의 정전기적 인력에 의해 이온이 이동하는 과정
- 질량 이동 메커니즘 : 확산, 전기이동, 대류

56 전자포획검출기(ECD)로 검출할 수 있는 화합물은?

① 메틸아민 ② 에틸알코올
③ 헥산 ④ 디클로로메탄

해설

전자포획검출기(ECD)
- 기체 크로마토그래피 검출기
- 할로겐 원소(F, Cl, Br, I)와 같이 전기음성도가 큰 작용기를 가진 분자에 선택성을 갖는 검출기

정답 52 ④ 53 ② 54 ② 55 ④ 56 ④

57 전위차법의 기준전극으로서 갖추어야 할 조건이 아닌 것은?

① 비가역적이어야 한다.
② Nernst 식에 따라야 한다.
③ 시간에 따라 일정전위를 나타내야 한다.
④ 작은 전류가 흐른 후에 원래의 전위로 돌아와야 한다.

> **해설**
>
> 전위차법의 기준전극 조건
> • 가역적이어야 한다.
> • 용액의 농도와 관계없이 전위가 일정해야 한다.
> • 전류가 흐른 후 원래의 전위로 돌아가야 한다.
> • 온도변화에 대한 영향이 작아야 한다.

58 사중극자 질량분석관에서 좁은 띠 필터로 되는 경우는?

① 고질량 필터로 작용하는 경우
② 저질량 필터로 작용하는 경우
③ 고질량과 저질량 필터가 동시에 작용하는 경우
④ 고질량 필터를 먼저 작용시키고, 그다음 저질량 필터를 작용하는 경우

> **해설**
>
> 사중극자 질량분석관 필터
>
> • 고질량 필터 　　• 저질량 필터
>
>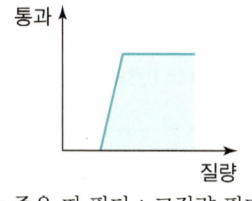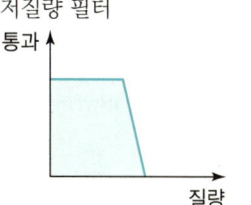
>
> • 좁은 띠 필터 : 고질량 필터 + 저질량 필터
>
>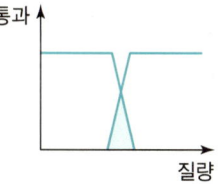

59 적하수은전극(Dropping Mercury Electrode)을 사용하는 폴라로그래피(Polarography)에 대한 설명으로 옳지 않은 것은?

① 확산전류(Diffusion Current)는 농도에 비례한다.
② 수은이 항상 새로운 표면을 만들어 내는 재현성이 크다.
③ 수은의 특성상 환원반응보다 산화반응의 연구에 유용하다.
④ 반파전위(Half-wave Potential)로부터 정성적 정보를 얻을 수 있다.

> **해설**
>
> 폴라로그래피
> • 적하수은전극으로 수행된 전압전류법
> • 수소이온의 환원에 대한 과전압이 크다. → 수소기체의 발생으로 인한 방해가 적다.
> • 새로운 수은전극 표면이 계속적으로 생성된다.
> • 재현성이 있는 평균전류에 도달한다.
> • 수은은 쉽게 산화되어 산화전극으로 사용할 수 없으므로 환원반응의 연구에 유용하다.
> • 확산전류는 분석물의 농도에 비례하므로 정량분석이 가능하다.
> • 반파전위로부터 정성적 정보를 얻을 수 있다.

60 막지시전극에 사용되는 이온선택성 막의 공통적인 특성에 대한 설명으로 틀린 것은?

① 이온선택성 막은 분석물질 용액에서 용해도가 거의 0이어야 한다.
② 막은 작아도 약간의 전기전도도를 가져야 한다.
③ 막 속에 함유된 몇 가지 화학종들은 분석물 이온과 선택적으로 결합할 수 있어야 한다.
④ 할로겐화은과 같은 낮은 용해도를 갖는 이온성 무기화합물은 막으로 사용될 수 없다.

> **해설**
>
> 이온선택성 막의 성질
> • 최소용해도 : 분석물질 용액에서 용해도가 0에 가까워야 한다.
> • 전기전도도 : 약간의 전기전도도를 가져야 한다.
> • 분석물질과 선택적인 반응성 : 이온교환, 결정화, 착물화

정답 57 ① 58 ③ 59 ③ 60 ④

4과목 시험법 밸리데이션

61 분석물질의 확인시험, 순도시험 및 정량시험 밸리데이션에서 중요하게 평가되어야 하는 항목은?

① 범위
② 특이성
③ 정확성
④ 직선성

해설

밸리데이션 대상 평가항목
㉠ 특이성(Specificity)
  측정대상물질, 불순물, 분해물, 배합성분 등이 혼재된 상태에서 분석대상물질을 선택적이고 정확하게 측정할 수 있는 정도를 말한다.
㉡ 정확성(Accuracy)
  분석결과가 이미 알고 있는 참값이나 표준값에 근접한 정도를 말한다.
㉢ 정밀성(Precision)
  균질한 검체에서 반복적으로 채취한 검체를 정해진 절차에 따라 측정했을 때 각각의 측정값들 사이의 근접성(분산정도)을 말한다.
㉣ 검출한계(DL : Detection Limit)
  검체 중에 함유된 대상물질의 검출이 가능한 최소 농도이다.
㉤ 정량한계(QL : Quantitation Limit)
  • 기준에 적합한 정밀성과 정확성이 확보된 정량값으로 나타낼 수 있는 검체 중 대상물질의 최소농도를 의미한다.
  • 분석대상물질을 소량으로 함유하는 검체의 정량시험이나 분해생성물, 불순물 분석에 사용되는 정량시험의 밸리데이션 평가지표이다.
㉥ 직선성(Linearity)
  검체 중 분석대상물질의 양(또는 농도)에 비례하여 일정범위 내에 직선적인 측정값을 얻어낼 수 있는 능력이다.
㉦ 범위(Range)
  적절한 정밀성, 정확성, 직선성을 충분히 제시할 수 있는 검체 중 분석대상물질의 양(또는 농도)의 하한값~상한값 사이의 영역이다.
㉧ 완건성(Robustness)
  시험법의 조건 중 일부가 변경되었을 때 측정값이 영향을 받지 않는지에 대한 지표를 말한다. → 분석조건을 고의로 변동시켰을 때 분석법의 신뢰성을 나타낸다.

62 측정값의 이상점(Outlier)을 버려야 할지 취해야 할지를 결정하기 위해 Grubbs 시험을 진행할 때, 이상점과 G의 계산값은?(단, 95% 신뢰수준에서 G의 임계값은 2.285이다.)

| 10.2, | 10.8, | 11.6, | 9.9, | 9.4, | 7.8, |
| 10.0, | 9.2, | 11.3, | 9.5, | 10.6, | 11.6 |

① 7.8, $G_{계산}$ = 2.33
② 7.8, $G_{계산}$ = 2.12
③ 11.6, $G_{계산}$ = 1.30
④ 11.6, $G_{계산}$ = 1.23

해설

$\bar{x} = 10.158$
$s = 1.114$
최솟값 = 7.8
최댓값 = 11.6
이상점 = 7.8(평균값과 차이가 가장 크다.)
$G_{계산} = \dfrac{|이상점 - 평균값|}{표준편차} = \dfrac{|7.8 - 10.158|}{1.114} = 2.12$

63 단백질이 포함된 탄수화물 함량을 5회 측정한 결과가 다음과 같을 때, 탄수화물 함량에 대한 90% 신뢰구간은?(단, 자유도 4일 때 t값은 2.132이다.)

(단위 : wt%(g 탄수화물/100g 단백질))

| 12.6 | 11.9 | 13.0 | 12.7 | 12.5 |

① 12.54 ± 0.28wt%
② 12.54 ± 0.38wt%
③ 12.54 ± 0.48wt%
④ 12.54 ± 0.58wt%

해설

$\bar{x} = 12.54$
$s = 0.404$
90% 신뢰구간 $= \bar{x} \pm t \dfrac{s}{\sqrt{n}}$
$= 12.54 \pm 2.132 \times \dfrac{0.404}{\sqrt{5}}$
$= 12.54 \pm 0.38$

정답 61 ② 62 ② 63 ②

64 정확도에 대한 설명 중 틀린 것은?

① 참값에 가까운 정도이다.
② 측정값과 인정된 값과의 일치되는 정도이다.
③ 반복시료를 반복적으로 측정하면 쉽게 얻어진다.
④ 절대오차 또는 상대오차로 표현된다.

해설

정확도
- 시험분석 결과가 참값에 얼마나 근접하는가를 나타내는 것
- 정확도를 나타내는 방법에는 절대오차, 상대오차, 상대정확도가 있다.

정밀도
- 시험분석 결과의 반복성을 나타내는 것
- 정밀도의 표현방법에는 표준편차, 평균의 표준오차, 분산, 상대표준편차, 퍼짐(Spread) 또는 영역(Range)이 있다.

65 밸리데이션 결과 보고서에 포함될 사항이 아닌 것은?

① 요약정보
② 시험장비 목록
③ 분석법 작업절차에 관한 기술
④ 밸리데이션 항목 및 판정기준

해설

밸리데이션 결과 보고서에 포함되어야 하는 사항
- 요약정보
- 분석법 작업절차에 관한 기술
- 분석법 밸리데이션 실험에 사용한 표준품 및 표준물질에 관한 자료(제조원, 제조번호, 사용기한, 시험성적서, 안정성, 보관조건 등)
- 밸리데이션 항목 및 판정기준
  ※ 밸리데이션 항목
  정확성, 정밀성, 회수율, 선택성, 정량한계, 검량선, 완건성(안정성)
- 밸리데이션 항목을 평가하기 위해 수행된 실험에 관한 기술과 그 결과 크로마토그램 등의 시험 기초 자료
- 표준작업지침서, 시험계획서 등
- 참고문헌

66 전처리 과정에서 발생 가능한 오차를 줄이기 위한 시험법 중 시료를 사용하지 않고 기타 모든 조건을 시료분석법과 같은 방법으로 실험하는 방법은?

① 맹시험   ② 공시험
③ 조절시험 ④ 회수시험

해설

오차를 줄이기 위한 시험법
㉠ 공시험(Blank Test)
- 실제 분석대상 시료를 사용하지 않고, 다른 모든 조건을 시료분석법과 같은 방법으로 실험하는 것이다.
- 지시약오차, 불순물로 인한 오차 등 계통오차의 대부분을 효과적으로 확인할 수 있다.

㉡ 조절시험(Control Test) : 시료와 가급적 같은 성분을 함유한 대조시료를 만들어 시료분석법과 같은 방법으로 여러 번 실험한 다음 기지함량값과 실제로 얻은 분석값의 차만큼 시료분석값을 보정한다.

㉢ 회수시험(Recovery Test) : 시료와 같은 공존물질을 함유하는 기지농도의 대조시료를 분석함으로써 공존물질의 방해작용 등으로 인한 분석값의 회수율을 검토하는 방법이다.

㉣ 맹시험(Blind Test)
- 처음 분석값은 조작에 익숙하지 못하여 오차가 크게 나타나므로 맹시험이라 하며 버리는 경우가 많다.
- 예비시험에 해당된다.

㉤ 평행시험(Parallel Test)
- 같은 시료를 같은 방법으로 여러 번 되풀이하는 시험이다.
- 우연오차가 있는 측정값으로부터 그 평균값과 표준편차 등을 얻기 위한 수단이다.

67 식품의약품안전처의 밸리데이션 표준수행절차 중 시험장비 밸리데이션 이력에 포함되는 항목이 아닌 것은?

① 자산번호   ② 장비명(영문)
③ 장비코드 변경내역 ④ 밸리데이션 승인 담당자

해설

시험장비 밸리데이션 이력
- 장비명(국문)
- 장비코드
- 문서번호
- 취득일
- 장비코드 변경내역
- 장비명(영문)
- 모델/제조사
- 자산번호
- 장비 운용부서

정답 64 ③ 65 ② 66 ② 67 ④

68 방법검증(Method Validation)에 포함되는 정밀도가 아닌 것은?

① 최종 정밀도
② 중간 정밀도
③ 기기 정밀도
④ 실험실 간 정밀도

> **해설**
>
> 방법검증 : 어떤 분석방법이 목적에 부합되는가를 증명하는 과정
> - 기기 정밀도(주입 정밀도) : 한 시료의 동일한 양을 한 기기에 반복적으로 주입할 때 관찰되는 재현성
> - 실험실 내 정밀도(중간 정밀도) : 동일한 실험실 내에서 다른 시험자, 다른 시험일, 다른 장비·기구 등을 사용하여 분석한 측정값들 사이에 관찰되는 재현성
> - 실험실 간 정밀도 : 동일 시료를 다른 실험실에서 분석할 때 관찰되는 재현성

69 검정곡선 작성 방법에 대한 내용 중 옳은 것을 모두 고른 것은?

> A. 표준물첨가법은 매트릭스를 보정해 줄 수 있으므로 항상 정확한 값을 얻을 수 있다.
> B. 표준검량법은 표준물과 매트릭스가 맞지 않을 경우, 시료의 매트릭스를 제거하거나 표준물에 매트릭스를 매칭시켜 작성한다.
> C. 표준검량법은 표준물첨가법에 비하여 시료 개수가 많은 경우, 측정시간이 더 오래 걸린다.
> D. 내부표준물법은 시료 측정 사이에 발생되는 시료 양이나 기기감응세기의 변화를 보정할 때 유용하다.

① A, B, C
② A, D
③ B, D
④ B, C, D

> **해설**
>
> - 표준물첨가법
>   매트릭스 효과가 있을 가능성이 큰 복잡한 시료를 분석할 때 유용하므로 정확한 값을 얻을 수 있으나 항상은 아니다.
> - 내부표준물법
>   시험분석절차, 기기, 시스템의 변동으로 발생하는 오차를 보정하기 위해 사용하는 방법
> - 표준검량법
>   표준물에 대한 농도-기기감응곡선인 검량선을 작성하여 미지시료의 기기감응값을 측정해 농도를 측정하는 방법

70 표준수행절차(SOP)의 운전·성능 적격성 평가의 구성 요소가 아닌 것은?

① 목적(Purpose)
② 적용범위(Scope)
③ 의무이행조건(Responsibilities)
④ 시험·교정(Test and Calibration)

> **해설**
>
> 표준수행절차(SOP)의 운전·성능 적격성 평가의 구성요소
> - 목적
> - 적용범위
> - 의무이행조건
> - 수행배경
> - 장비설명
> - 운전·성능 적격성 평가 프로토콜
> - 운전·성능 적격성 평가 결과 보고
> - 기타 참고·첨부자료

71 시험장비 밸리데이션 범위에 포함되지 않는 것은?

① 설계적격성 평가
② 설치적격성 평가
③ 가격적격성 평가
④ 운전적격성 평가

> **해설**
>
> 분석장비의 적격성 평가
> ㉠ 설계적격성(DQ : Design Qualification) 평가
>   분석장비의 사용목적에 맞는 장비 선택과 도입, 설치, 운용에 관련한 전반적 조건, 사양, 재질 등에 대한 설계의 적합성을 검토하는 과정이다.
> ㉡ 설치적격성(IQ : Installation Qualification) 평가
>   시험장비의 신규 도입 또는 설치장소 이동 등 설치와 관련된 상황 발생에 따라 장비의 적절한 설치 여부를 검증하는 과정으로 기계적 시스템 구성을 평가한다.
> ㉢ 운전적격성(OQ : Operation Qualification) 평가
>   분석장비의 설치환경에서 정상적인 운전 가능 여부 등을 기능적 검증 측면에서 적격성 평가를 진행해야 한다.
> ㉣ 성능적격성(PQ : Performance Qualification) 평가
>   분석장비의 운용목적에 따른 실제의 분석환경과 조건에서 분석대상물질 또는 특정표준물질 등에 대한 적격성 평가를 수행한다.

정답 68 ① 69 ③ 70 ④ 71 ③

72 밸리데이션 항목 중 Linearity 시험결과의 해석으로 틀린 것은?

No.	농도 (mg/mL)	Retention Time (min)	Peak Area
1	1.5	4.325	151.2
2	1.1	4.318	109.1
3	1.0	4.323	100.9
4	0.9	4.321	90.2
5	0.5	4.324	50.5

① Retention Time의 RSD% : 0.06%
② y절편 : 81.5
③ 기울기 : 100.46
④ 상관계수 : 0.9998

해설

- 농도(C) vs 봉우리 면적(A)
  $A = 100.46C - 0.1$
- 상관계수
  $r = 0.9998$
- 결정계수
  $r^2 = 0.9996$
- 표준편차
  $s = 0.002774$
- 상대표준편차
  $\text{RSD\%} = \dfrac{\text{표준편차}}{\text{평균}} \times 100 = 0.06\%$

73 견뢰성(Ruggedness)의 정의는?(단, USP(United States Pharmacopoeia)를 기준으로 한다.)

① 동일한 실험실, 시험자, 장치, 기구, 시약 및 동일 조건 하에서 균일한 검체로부터 얻은 복수의 시료를 단기간에 걸쳐 반복시험하여 얻은 결괏값들 사이의 근접성
② 측정값이 이미 알고 있는 참값 또는 허용 참조값으로 인정되는 값에 근접하는 정도
③ 정상적인 시험조건의 변화하에서 동일한 시료를 시험하여 얻어지는 시험결과의 재현성의 정도
④ 시험방법 중 일부 조건이 작지만 의도된 변화에 의해 영향을 받지 않고 유지될 수 있는 능력의 척도

해설

견뢰성(둔감도, Ruggedness)
- 시험결과가 절차상에 제시된 시험조건(예 온도, pH, 시약농도, 유속 등)의 작은 변화에 영향을 받지 않는 수준을 나타낸 것이다.
- 계획된 시험방법 조건들의 작은 변화가 결과에 미치는 영향을 측정하여 파악할 수 있다.

74 반복 데이터의 정밀도를 나타내는 것으로 관련이 적은 것은?

① 표준편차
② 절대오차
③ 변동계수
④ 분산

해설

정밀도
- 표준편차
- 분산
- 상대표준편차 = $\dfrac{\text{표준편차}}{\text{평균}}$
- 변동계수(%상대표준편차)
- 평균치의 표준편차 $\sigma_n = \dfrac{\sigma}{\sqrt{n}}$

75 "log(1,324)"를 유효숫자를 고려하여 올바르게 표기한 것은?

① 3.12
② 3.121
③ 3.1219
④ 3.12189

해설

$\log(1,324) = 3.1219$
유효숫자는 4개이며, log에서 소수점 아래가 4자리가 되어야 하므로 3.1219가 된다.

76 최저정량한계에서 추출한 시료의 신호 대 잡음비를 계산한 값을 무엇이라 하는가?

① 정확성
② 회수율
③ 감도
④ 정밀성

정답 72 ② 73 ③ 74 ② 75 ③ 76 ③

> 해설

감도
- 검량선의 기울기가 클수록 감도가 좋다.
- 감도 = $\dfrac{측정신호값의\ 변화}{농도의\ 변화}$

77 전처리 과정에서 발생하는 계통오차가 아닌 것은?

① 기기 및 시약의 오차
② 집단오차
③ 개인오차
④ 방법오차

> 해설

계통오차
- 기기오차 : 측정기기의 오차
- 개인오차 : 측정하는 사람에 의한 오차
- 조작오차 : 시료 채취 시의 실수, 과도한 침전물, 충분하지 않은 세척, 온도의 변화에 따른 침전물의 생성 및 가온 등과 같은 대부분의 실험조작의 실수로 인한 오차
- 방법오차 : 반응의 미완결, 침전물의 용해도, 공침, 무게 측정 시 검체의 휘발성 또는 흡습성에 의한 부반응, 부정확 또는 유발반응 등과 같이 분석과정의 화학반응이 원인이 되는 오차

78 분석물질만 제외한 그 밖의 모든 성분이 들어 있으며, 모든 분석 절차를 거치는 시료는?

① 방법바탕(Method Blank)
② 시약바탕(Reagent Blank)
③ 현장바탕(Field Blank)
④ 소량첨가바탕(Spike Blank)

> 해설

- 시약바탕 : 분석물질을 제외한 나머지 모든 성분이 포함된 용액
- 방법바탕 : 모든 분석절차를 거치는 바탕용액
- 현장바탕 : 시료채취현장의 환경까지 고려해서 준비한 바탕용액
- 소량첨가바탕 : 분석물질이 없는 물에 분석물질을 첨가

79 재현성에 관한 내용이 아닌 것은?

① 연구실 내 재현성에서 검토가 필요한 대표적인 변동요인은 시험일, 시험자, 장치 등이다.
② 연구실 간 재현성은 실험실 간의 공동실험 시 분석법을 표준화할 필요가 있을 때 평가한다.
③ 연구실 간 재현성이 표현된다면 연구실 내 재현성은 검증할 필요가 없다.
④ 재현성을 검증할 때는 분석법의 전 조작을 6회 반복 측정하여 상대표준편차값이 3% 이내가 되어야 한다.

> 해설

- 정확성 : 규정된 범위에 있는 최소한 3가지 농도에 대해서 분석방법의 모든 조작을 적어도 9회 반복 분석한 결과로 평가한다. 예 3가지 농도당 3회 반복 측정
- 정밀성 : 전 조작을 적어도 6회 반복 측정하여 상대표준편차값을 1.0% 이내로 한다.

80 식수 속 한 오염물질의 실제(참) 농도는 허용치보다 높은데, 오염물질의 농도 측정결과가 허용치보다 낮다면 이 측정결과에 대한 해석으로 옳은 것은?

① 양성(Positive) 결과이다.
② 가음성(False Negative) 결과이다.
③ 음성(Negative) 결과이다.
④ 가양성(False Positive) 결과이다.

> 해설

- 가양성(False Positive)
  실제 농도는 허용치 미만이지만, 측정농도는 허용치 초과인 것
- 가음성(False Negative)
  실제 농도는 허용치 초과이지만, 측정농도는 허용치 미만인 것

정답 ▶ 77 ② 78 ① 79 ④ 80 ②

5과목 환경·안전관리

81 위험물안전관리법령상 인화성 고체로 분류하는 1기압에서의 인화점 기준은?

① 20℃ 미만 ② 30℃ 미만
③ 40℃ 미만 ④ 60℃ 미만

해설

인화성 고체
고형 알코올, 그 밖에 1기압에서 인화점이 40℃ 미만인 고체

82 분진 폭발을 일으키는 금속 분말이 아닌 것은?

① 마그네슘 ② 백금
③ 티타늄   ④ 알루미늄

해설

백금은 반응성이 거의 없는 금속이다.

83 어떤 방사능 폐기물에서 방사능 정도가 12차 반감기가 지난 후에 비교적 무해하게 될 것이라고 가정한다. 이 기간 후 남아 있는 방사성 물질의 비는?

① 0.0144% ② 0.0244%
③ 0.0344% ④ 0.0444%

해설

반감기
양이 반으로 감소하는 데 걸리는 시간
$\left(\dfrac{1}{2}\right)^{12} = 0.000244 = 0.0244\%$

84 화학물질의 분류·표시 및 물질안전보건자료에 관한 기준에 따른 경고표지의 색상 및 위치에 대한 설명으로 옳은 것은?

① 경고표지 전체의 바탕은 흰색으로, 글씨와 테두리는 검은색으로 하여야 한다.
② 예방조치 문구를 생략해도 된다.
③ 비닐포대 등 바탕색을 흰색으로 하기 어려운 경우에는 그 포장 또는 용기의 표면을 바탕색으로 사용할 수 없다.
④ 그림문자는 유해성·위험성을 나타내는 그림과 테두리로 구성하며, 유해성·위험성을 나타내는 그림은 백색으로 한다.

해설

- 경고표지 전체의 바탕은 흰색으로, 글씨와 테두리는 검은색으로 한다.
- 그림문자(GHS)는 유해성·위험성을 나타내는 그림은 검은색으로 하고 그림문자의 테두리는 빨간색, 그림문자의 바탕은 흰색으로 한다.
- 비닐포대 등 바탕색을 흰색으로 하기 어려운 경우에는 그 포장 또는 용기의 표면을 바탕색으로 사용할 수 있다.

85 화학실험실에서 구비해야 하는 분말 소화기에는 소화분말이 포함되어 있다. 다음 중 소화분말의 화학반응으로 틀린 것은?

① $2NaHCO_3 \rightarrow Na_2CO_3 + CO_2 + H_2O$
② $2KHCO_3 \rightarrow K_2CO_3 + CO_2 + H_2O$
③ $NH_4H_2PO_4 \rightarrow HPO_3 + NH_3 + H_2O_2$
④ $2KHCO_3 + (NH_2)_2CO \rightarrow K_2CO_3 + 2NH_3 + 2CO_2$

해설

- 제1종 분말소화약제
  $2NaHCO_3 \rightarrow Na_2CO_3 + H_2O + CO_2$
- 제2종 분말소화약제
  $2KHCO_3 \rightarrow K_2CO_3 + H_2O + CO_2$
- 제3종 분말소화약제
  $NH_4H_2PO_4 \rightarrow NH_3 + H_2O + HPO_3$
- 제4종 분말소화약제
  $2KHCO_3 + (NH_2)_2CO \rightarrow K_2CO_3 + 2CO_2 + 2NH_3$

86 CO_2 소화기의 사용 시 주의사항으로 옳은 것은?

① 모든 화재에 소화효과를 기대할 수 있음
② 모든 소화기 중 가장 소화효율이 좋음
③ 잘못 사용할 경우 동상 위험이 있음
④ 반영구적으로 사용할 수 있음

정답 81 ③ 82 ② 83 ② 84 ① 85 ③ 86 ③

> **해설**

CO₂ 소화기
- 질식소화를 한다.
- 공기보다 무거운 기체(CO_2)를 이용한다.
- 줄 – 톰슨 효과에 의해 드라이아이스가 생성된다.
  → 동상의 위험이 있다.

87 물질안전보건자료(GHS/MSDS)의 표시사항에서 폭발성 물질(등급 1.2)의 구분기준으로 옳은 것은?

① 대폭발의 위험성이 있는 물질, 혼합물과 제품
② 대폭발의 위험성은 없으나 발사 위험성(Projection Hazard) 또는 약한 발사 위험성(Projection Hazard)이 있는 물질, 혼합물과 제품
③ 대폭발의 위험성은 없으나 화재 위험성이 있고 약한 폭풍 위험성(Blast Hazard) 또는 약한 발사 위험성(Projection Hazard)이 있는 물질, 혼합물과 제품
④ 심각한 위험성은 없으나 발화 또는 기폭에 의해 약간의 위험성이 있는 물질, 혼합물과 제품

> **해설**

- 등급 1.1 : 대폭발의 위험성이 있는 물질, 혼합물과 제품
- 등급 1.2 : 대폭발의 위험성은 없으나 발사 위험성 또는 약한 발사 위험성이 있는 물질, 혼합물과 제품
- 등급 1.3 : 대폭발의 위험성은 없으나 화재 위험성이 있고 약한 폭풍 위험성 또는 약한 발사 위험성이 있는 물질, 혼합물과 제품

88 폐기물관리법 시행령상 지정폐기물에 해당되지 않는 것은?

① 고체상태의 폐합성수지
② 농약의 제조 · 판매업소에서 발생되는 폐농약
③ 대기오염 방지시설에서 포집된 분진
④ 폐유기용제

> **해설**

지정폐기물
사업장에서 발생하는 폐기물 중 폐유, 폐유기용제, 폐산, 폐알칼리, 폐농약, 폐합성수지(고체상태의 것 제외), 폐수처리 오니, 분진(대기오염 방지시설에서 포집된 것) 등 주변환경을 오염시킬 수 있거나 의료폐기물 등 인체에 위해를 줄 수 있는 해로운 물질로 대통령령으로 정하는 폐기물

89 물과 접촉하면 위험한 물질로 짝지어진 것은?

① K, CaC_2, $KClO_4$
② K_2O, $K_2Cr_2O_7$, CH_3CHO
③ K_2O_2, K, CaC_2
④ Na, $KMnO_4$, $NaClO_4$

> **해설**

금수성 물질 : 제1류 위험물 중 알칼리금속의 과산화물, 제3류 위험물
- 알칼리금속(Na, K)
- 탄화칼슘(CaC_2)
- 금속산화물(CaO)
- 금속수소화물(NaH, KH)
- 무기과산화물류(Na_2O_2, K_2O_2)

90 다음 설명에 해당하는 시료 채취방법은?

> 전문적인 지식을 바탕으로 주관적인 선택에 따른 채취방법으로 선행연구나 정보가 있을 때 또는 현장 방문에 의한 시각적 정보, 현장 채수요원의 개인적인 지식과 경험을 바탕으로 채취지점을 선정하는 방법

① 유의적 샘플링
② 임의적 샘플링
③ 계통 표본 샘플링
④ 층별 임의 샘플링

> **해설**

대표성 시료 샘플링 방법
㉠ 유의적 샘플링
  - 전문적인 지식을 바탕으로 주관적인 선택에 따른 채취방법
  - 선행연구나 정보가 있을 경우 또는 현장 방문에 의한 시각적 정보, 현장 채수요원의 개인적인 지식과 경험을 바탕으로 채취지점을 선정하는 방법
  - 연구기간이 짧고, 예산이 충분하지 않을 때, 과거 측정지점에 대한 조사자료가 있을 때, 특정 지점의 오염 발생 여부를 확인하고자 할 때 선택
㉡ 임의적 샘플링
  - 시료군 전체에 임의적으로 시료를 채취하는 방법

정답 87 ② 88 ① 89 ③ 90 ①

- 넓은 면적 또는 많은 수의 시료를 대상으로 할 때 임의적으로 선택하여 시료를 채취하는 방법
- 시료가 우연히 발견되는 것이 아니라 폭넓게 모든 지점에서 발생할 수 있다는 것을 전제로 한다.

ⓒ 계통 표본 샘플링(계통적 격자 샘플링)
- 시료군을 일정한 패턴으로 구획하여 선택하는 방법
- 시료군을 일정한 격자로 구분하여 시료를 채취한다.
- 격자 안에서 임의적으로 샘플링하므로 다른 구획의 샘플링에 영향을 받지 않고 채취한다.
- 채취지점이 명확하여 시료채취가 쉽고, 현장요원이 쉽게 찾을 수 있다.
- 구획구간의 거리를 정하는 것이 매우 중요하며, 시공간적 영향을 고려하여 충분히 작은 구간으로 구획하는 것이 좋다.

91 산·알칼리류를 다룰 때의 취급요령을 바르게 나타낸 것은?

① 과염소산은 유기화합물 및 무기화합물과 반응하여 폭발할 수 있으므로 주의한다.
② 산과 알칼리류는 부식성이 있으므로 유리용기에 저장한다.
③ 산과 알칼리류를 희석할 때 소량의 물을 가하여 희석한다.
④ 산이 눈이나 피부에 묻었을 때 즉시 염기로 중화시킨 후 흐르는 물에 씻어낸다.

해설

산·알칼리류 취급요령
- 화상에 주의한다.
- 강산과 강염기는 공기 중의 수분과 반응하여 치명적인 증기를 생성하므로 사용하지 않을 때는 뚜껑을 닫아 놓는다.
- 희석용액을 제조할 때는 반드시 물에 소량의 산 또는 알칼리를 조금씩 첨가하여 희석한다. ⇒ 반대 방법 금지
- 강한 부식성이 있으므로 금속성 용기에 저장을 금하며, 내산성이 있는 적합한 보호구를 반드시 착용한다.
- 산이나 염기가 눈이나 피부에 묻었을 때는 즉시 흐르는 물에 15분 이상 씻어내고 도움을 요청한다.

92 실험실 폐액 처리 시 주의사항으로 틀린 것은?

① 원액 폐기 시 용기 변형이 우려되므로 별도로 희석 처리 후 폐기한다.
② 화기 및 열원에 안전한 지정 보관 장소를 정하고, 다른 장소로의 이동을 금지한다.
③ 직사광선을 피하고 통풍이 잘되는 곳에 보관하고, 복도 및 계단 등에 방치를 금한다.
④ 폐액통을 밀봉할 때에는 폐액을 혼합하여 용기를 가득 채운 후 압축 밀봉한다.

해설

폐액 수집량은 용기의 2/3를 넘기지 않고, 보관일은 폐기물관리법 시행규칙(별표 5)의 규정에 따라 폐유 및 폐유기용제 등은 보관 시작일부터 최대 45일을 초과하지 않는다.

93 화학물질을 취급할 때 주의해야 할 사항으로 적절한 것은?

① 모든 용기에는 약품의 명칭을 기재하는 것이 원칙이나 증류수처럼 무해한 약품은 기재하지 않는다.
② 사용할 물질의 성상, 특히 화재·폭발·중독의 위험성을 잘 조사한 후가 아니라면 위험한 물질을 취급해서는 안 된다.
③ 모든 약품의 맛 또는 냄새 맡는 행위를 절대로 금하고, 입으로 피펫을 빨아서 정확도를 높인다.
④ 약품의 용기에 그 명칭을 표기하는 것은 사용자가 약품의 사용을 빨리 하게 하려는 목적이 전부이다.

해설

화학물질의 취급 사용
- 모든 용기에는 약품의 명칭을 기재한다.(증류수처럼 무해한 것도 포함) → 약품을 안전하게 사용하는 것이 목적이다. 표시는 약품의 이름, 위험성(가장 심한 것), 예방조치, 구입날짜, 사용자 이름이 포함되도록 한다.
- 약품 명칭이 없는 용기의 약품은 사용하지 않는다.
- 모든 약품의 맛 또는 냄새 맡는 행위를 절대로 금하고, 입으로 피펫을 빨지 않는다.
- 사용한 물질의 성상, 특히 화재·폭발·중독의 위험성을 잘 조사한 후가 아니면 위험물질을 취급해서는 안 된다.

정답 91 ① 92 ④ 93 ②

94 화학물질 분석 중 물질에 대한 확인이 전제되지 않는 화재상황 시 아래 보기 중 적절한 대응을 모두 나타낸 것은?

> ㄱ. 비치된 MSDS에 적절한 소화대응물품을 확인하며 대응한다.
> ㄴ. 최단시간 안에 물을 담아서 그대로 뿌린다.
> ㄷ. 긴급상황이므로 방독마스크 등의 보호구는 무시한다.

① ㄱ, ㄴ, ㄷ ② ㄴ, ㄷ
③ ㄱ, ㄷ ④ ㄱ

해설

- 석유난로 등의 화재는 담요를 물에 적셔 덮는다.
- 기름의 경우 물을 사용하면 불을 키우게 되므로 물로 소화할 수 없다.
- 가스화재는 폭발성이 있으므로 갑자기 문을 열거나 전기 스위치를 조작하면 안 된다.

95 물질안전보건자료(MSDS) 구성항목이 아닌 것은?

① 화학제품과 회사에 관한 정보
② 화학제품의 제조방법
③ 취급 및 저장방법
④ 유해·위험성

해설

MSDS(물질안전보건자료) 구성항목
1. 화학제품과 회사에 관한 정보
2. 유해·위험성
3. 구성성분의 명칭 및 함유량
4. 응급조치 요령
5. 폭발·화재 시 대처방법
6. 누출사고 시 대처방법
7. 취급 및 저장방법
8. 노출방지 및 개인보호구
9. 물리·화학적 특성
10. 안전성 및 반응성
11. 독성에 관한 정보
12. 환경에 미치는 영향
13. 폐기 시 주의사항
14. 운송에 필요한 정보
15. 법적 규제 현황
16. 기타 참고사항

96 다음 NFPA 라벨에 해당하는 물질에 대한 설명으로 틀린 것은?

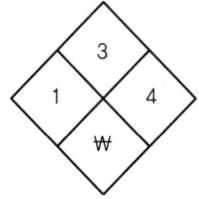

① 폭발성이 대단히 크다.
② 물에 대한 반응성이 있다.
③ 일반적인 대기환경에서 쉽게 연소될 수 있다.
④ 노출 시 경미한 부상을 유발할 수 있으나 특별한 주의가 필요하진 않다.

해설

- 건강위험성 : 1등급(파란색)
- 화재위험성(인화성) : 3등급(빨간색)
- 반응위험성 : 4등급(노란색)
- 특수위험성 : ₩(흰색)
  물과 반응할 수 있으며 반응 시 심각한 위험을 수반한다.

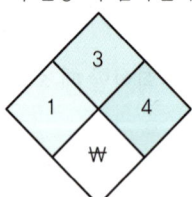

97 위험물안전관리법령상 화학분석실에서 발생하는 위험 화학물질의 운반에 관한 설명으로 틀린 것은?

① 위험물은 온도변화 등에 의하여 누설되지 않도록 하여 밀봉 수납한다.
② 하나의 외장용기에는 다른 종류의 위험물을 같이 수납하지 않는다.
③ 액체위험물은 운반용기 내용적의 98% 이하로 수납하되 55℃의 온도에서도 누설되지 않도록 충분한 공간용적을 유지해야 한다.
④ 고체위험물은 운반용기 내용적의 98% 이하로 수납해야 한다.

정답 94 ④ 95 ② 96 ③ 97 ④

해설

위험물 운반에 관한 기준(적재방법)
㉠ 위험물이 온도변화 등에 의하여 누설되지 아니하도록 운반용기를 밀봉하여 수납할 것. 다만, 온도변화 등에 의한 위험물로부터의 가스의 발생으로 운반용기 안의 압력이 상승할 우려가 있는 경우(발생한 가스가 독성 또는 인화성을 갖는 등 위험성이 있는 경우를 제외한다)에는 가스의 배출구(위험물의 누설 및 다른 물질의 침투를 방지하는 구조로 된 것에 한한다)를 설치한 운반용기에 수납할 수 있다.
㉡ 수납하는 위험물과 위험한 반응을 일으키지 아니하는 등 당해 위험물의 성질에 적합한 재질의 운반용기에 수납할 것
㉢ 고체위험물은 운반용기 내용적의 95% 이하의 수납률로 수납할 것
㉣ 액체위험물은 운반용기 내용적의 98% 이하의 수납률로 수납하되, 55℃의 온도에서 누설되지 아니하도록 충분한 공간용적을 유지하도록 할 것
㉤ 하나의 외장용기에는 다른 종류의 위험물을 수납하지 아니할 것
㉥ 제3류 위험물은 다음의 기준에 따라 운반용기에 수납할 것
 • 자연발화성 물질에 있어서는 불활성 기체를 봉입하여 밀봉하는 등 공기와 접하지 아니하도록 할 것
 • 자연발화성 물질 외의 물품에 있어서는 파라핀·경유·등유 등의 보호액으로 채워 밀봉하거나 불활성 기체를 봉입하여 밀봉하는 등 수분과 접하지 아니하도록 할 것
 • 자연발화성 물질 중 알킬알루미늄 등은 운반용기의 내용적의 90% 이하의 수납률로 수납하되, 50℃의 온도에서 5% 이상의 공간용적을 유지하도록 할 것

98 농약의 유독성·유해성 분류와 분류기준이 잘못 연결된 것은?

① 급성독성 물질 – 입이나 피부를 통해 1회 또는 12시간 내에 수회로 나누어 투여하거나 6시간 동안 흡입 노출되었을 때 유해한 영향을 일으키는 물질
② 눈 자극성 물질 – 눈 앞쪽 표면에 접촉시켰을 때 21일 이내에 완전히 회복 가능한 어떤 변화를 눈에 일으키는 물질
③ 발암성 물질 – 암을 일으키거나 암의 발생을 증가시키는 물질
④ 생식독성 물질 – 생식 기능, 생식 능력 또는 태아 발육에 유해한 영향을 일으키는 물질

해설

급성독성 물질
입이나 피부를 통해 1회 또는 24시간 내에 수회로 나누어 투여하거나 4시간 동안 흡입 노출되었을 때 유해한 영향을 일으키는 물질

99 소화기에 "A2", "B3" 등으로 표기된 문자 중 숫자가 의미하는 것은?

① 소화기의 제조번호
② 소화기의 능력단위
③ 소화기의 소요단위
④ 소화기의 사용순위

해설

A2 (A → 화재의 종류, 2 → 능력단위)

화재의 종류

구분	적응화재	소화기 표시색상
A급 화재	일반화재	백색
B급 화재	유류화재	황색
C급 화재	전기화재	청색
D급 화재	금속화재	무색

능력단위 : 불을 끌 수 있는 소화기 능력

100 환경유해인자에 노출되는 기준에 대한 설명 중 틀린 것은?

① 소음기준은 1일 동안 노출시간이 길어지거나 노출횟수가 많아질수록 소음강도수준(dB(A))은 커진다.
② 시간가중평균노출기준(TWA)은 1일 8시간 작업을 기준으로 한다.
③ 단시간노출기준(STEL)의 단시간이란 1회에 15분간 유해인자에 노출되는 것을 기준으로 한다.
④ 최고노출기준(C)은 1일 작업시간 동안 잠시라도 노출되어서는 아니 되는 기준을 말한다.

해설

소음기준

㉠ 노출시간별 소음강도

1일 노출시간(h)	소음강도 dB(A)
8	90
4	95
2	100
1	105
1/2	110
1/4	115

㉡ 노출횟수별 충격소음강도

1일 노출횟수	충격소음강도 dB(A)
100	140
1,000	130
10,000	120

시간가중평균노출기준(TWA)
1일 8시간 작업을 기준으로 유해인자의 측정치에 발생시간을 곱하여 8시간으로 나눈 값

$$TWA\ 환산값 = \frac{C_1 T_1 + C_2 T_2 + \cdots + C_n T_n}{8}$$

여기서, C : 유해인자의 측정값(ppm, mg/m³)
T : 유해인자의 발생시간(h)

단시간노출기준(STEL)
- 근로자가 1회 15분간 유해인자에 노출되는 경우의 기준
- 이 기준 이하에서는 1회 노출간격이 1시간 이상일 경우 1일 작업시간 동안 4회까지 노출이 허용된다.

최고노출기준(C)
근로자가 1일 작업시간 동안 잠시라도 노출되어서는 안 되는 기준

2023년 제1회 복원기출문제

1과목 화학의 이해와 환경·안전관리

01 수소이온의 농도가 1.0×10^{-7}M인 용액의 pH는?

① 6.00 ② 7.00
③ 8.00 ④ 9.00

해설

$pH = -\log[H^+]$
$\quad = -\log(1.0 \times 10^{-7}) = 7$

02 부탄이 공기 중에서 완전 연소하는 화학반응식은 다음과 같다. 괄호 안에 들어갈 계수들 중 a의 값은 얼마인가?

$$C_4H_{10} + (a)O_2 \rightarrow (b)CO_2 + (c)H_2O$$

① 5 ② 11/2
③ 6 ④ 13/2

해설

$C \rightarrow H \rightarrow O$의 순으로 계수를 맞춘다.
$C_4H_{10} + \dfrac{13}{2}O_2 \rightarrow 4CO_2 + 5H_2O$

03 주어진 온도에서 $N_2O_4(g) \rightleftarrows 2NO_2(g)$의 계가 평형상태에 있다. 이때 계의 압력을 증가시키면 반응이 어떻게 진행되겠는가?

① 정반응과 역반응의 속도가 함께 빨라져서 변함없다.
② 평형이 깨어지므로 반응이 멈춘다.
③ 정반응으로 진행된다.
④ 역반응으로 진행된다.

해설

$N_2O_4(g) \rightleftarrows 2NO_2(g)$
르 샤틀리에 원리에 의해 압력을 증가시키면 압력이 감소되는 방향으로 반응이 진행되므로 몰수가 감소하는 역방향으로 진행된다.

04 다음 표의 ㉠, ㉡, ㉢에 들어갈 숫자를 순서대로 나열한 것은?

기호	양성자수	중성자수	전자수	전하
$^{238}_{92}U$	(㉠)			0
$^{40}_{20}Ca^{2+}$		(㉡)		2+
$^{51}_{23}V^{3+}$			(㉢)	3+

① 238, 20, 20 ② 92, 20, 20
③ 92, 40, 23 ④ 238, 40, 23

해설

㉠ 원자번호 = 양성자수 = 전자수 = 92
㉡ 질량수 = 양성자수 + 중성자수
∴ 중성자수 = 질량수 - 양성자수 = 40 - 20 = 20
㉢ 전자수 = 원자번호 = 23이나, +3가로 전자 3개를 잃었으므로 전자의 수는 20이다.

05 다음 반응에서 1.5몰 Al과 3.0몰 Cl_2를 섞어 반응시켰을 때 $AlCl_3$ 몇 몰을 생성하는가?

$$2Al(s) + 3Cl_2(g) \rightarrow 2AlCl_3$$

① 2.3몰 ② 2.0몰
③ 1.5몰 ④ 1.0몰

해설

$2Al(s) + 3Cl_2(g) \rightarrow 2AlCl_3$
2 : 3 : 2
1.5mol : 2.25mol : 1.5mol

정답 01 ② 02 ④ 03 ④ 04 ② 05 ③

06 다음 화합물의 이름은?

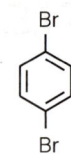

① ortho – dibromohexane
② para – dibromobenzene
③ meta – dibromobenzene
④ para – dibromohexane

| 해설 |

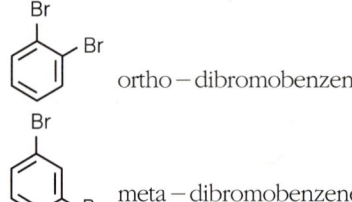

ortho – dibromobenzene
meta – dibromobenzene
para – dibromobenzene

07 N의 산화수가 +4인 것은?

① HNO_3 ② NO_2
③ N_2O ④ NH_4Cl

| 해설 |

① HNO_3 : H = +1, O = −2이므로 N = +5
② NO_2 : O = −2이므로 N = +4
③ N_2O : O = −2이므로 N = +1
④ NH_4Cl : H = +1, Cl = −1이므로 N = −3

08 메탄의 연소반응이 다음과 같을 때 CH_4 24g과 반응하는 산소의 질량은 얼마인가?

$$CH_4 + 2O_2 \rightarrow CO_2 + 2H_2O$$

① 24g ② 48g
③ 96g ④ 192g

| 해설 |

$CH_4 + 2O_2 \rightarrow CO_2 + 2H_2O$
16g : 2 × 32g
24g : x
∴ x = 96g

09 유기화합물의 이름이 틀린 것은?

① $CH_3 - (CH_2)_4 - CH_3$: 헥산
② C_2H_5OH : 에틸알코올
③ $C_2H_5OC_2H_5$: 디에틸에테르
④ $H - COOH$: 벤조산

| 해설 |

- HCOOH : 포름산
- 벤조산 :

10 아레니우스의 정의에 따른 산과 염기에 대한 설명 중 옳지 않은 것은?

① 산이란 물에 녹였을 때 하이드로늄이온(H_3O^+)의 농도를 순수한 물에서보다 증가시키는 물질이다.
② 염기란 물에 녹였을 때 수산화이온(OH^-)의 농도를 순수한 물에서보다 증가시키는 물질이다.
③ 19세기에 도입된 이 정의는 잘 알려진 산·염기와 화학적으로 유사한 화합물에는 적용되지 않는다.
④ 순수한 물에는 적지만 같은 양의 수소이온(H^+)과 수산화이온(OH^-)이 존재한다.

| 해설 |

아레니우스의 산·염기 정의
물에 녹아 수용액상에서 수소이온(H^+)을 내놓는 물질을 아레니우스 산, 물에 녹아 수용액상에서 수산화이온(OH^-)을 내놓는 물질을 아레니우스 염기라고 한다.

정답 ▶ 06 ② 07 ② 08 ③ 09 ④ 10 ③

11 우라늄(U) 동위원소의 핵분열반응이 아래와 같을 때, M에 해당되는 입자는?

$$_0^1n + {}_{92}^{235}U \rightarrow {}_{56}^{139}Ba + {}_{36}^{94}Kr + 3M$$

① $_0^1n$
② $_1^1P$
③ $_1^0\beta$
④ $_{-1}^0\beta$

해설

$_0^1n + {}_{92}^{235}U \rightarrow {}_{56}^{139}Ba + {}_{36}^{94}Kr + 3M$

$_{92}^{236}X = {}_{92}^{233}Y + 3M$

$\therefore M = {}_0^1n$

12 광도법 적정에서 $\varepsilon_a = \varepsilon_t = 0$이고, $\varepsilon_p > 0$인 경우의 적정곡선을 가장 잘 나타낸 것은?(단, 각각의 기호의 의미는 아래의 표와 같으며, 흡광도는 증가된 부피에 대하여 보정되어 표시한다.)

몰흡광계수	기호
시료(Analyte)	ε_a
적정액(Titrant)	ε_t
생성물(Product)	ε_p

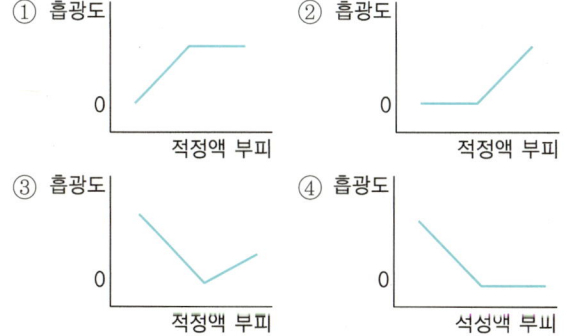

해설

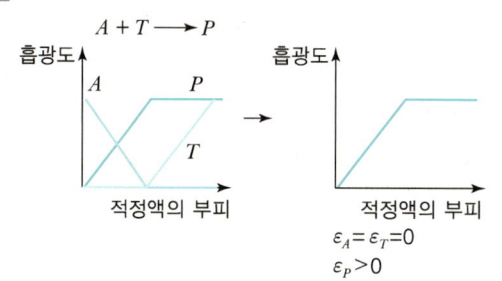

$\varepsilon_A = \varepsilon_T = 0$
$\varepsilon_P > 0$

13 시료를 파괴하지 않으며 극미량(<1ppm)의 물질을 분석할 수 있는 분석법은?

① 열분석
② 전위차법
③ X선 형광법
④ 원자형광분광법

해설

전위차법
- 기준전극과 지시전극을 통하여 시료를 분석하는 방법
- 시료를 파괴하지 않는다(비파괴 분석).
- 극미량의 물질을 분석할 수 있다.

14 X선 회절법으로 알 수 있는 정보가 아닌 것은?

① 결정성 고체 내의 원자배열과 간격
② 결정성·비결정성 고체화합물의 정성분석
③ 결정성 분말 속의 화합물의 정성·정량분석
④ 단백질 및 비타민과 같은 천연물의 구조 확인

해설

X선 회절법
- 스테로이드, 비타민과 같은 복잡한 천연물질의 구조를 밝힌다.
- 결정성 물질의 원자배열과 원자 간 거리에 대한 정보를 제공한다.
- 결정성 화합물을 편리하게 정성분석할 수 있다.
- 고체시료에 들어 있는 화합물에 대한 정성 및 정량분석이 가능하다.

정답 11 ① 12 ① 13 ② 14 ②

15 세로토닌은 신경전달물질이며, 세로토닌의 물질량은 176g/mol이다. 5.31g의 세로토닌을 분석하여 탄소 3.62g, 수소 0.362g, 질소 0.844g, 산소 0.482g을 함유한다는 사실을 알았다. 세로토닌의 분자식으로 예상되는 것은?

① $C_{10}H_{12}N_2O$ ② $C_{10}H_{26}NO$
③ $C_{11}H_{14}NO$ ④ $C_9H_{10}N_3O$

해설

$C_{\frac{3.62}{12}} H_{\frac{0.362}{1}} N_{\frac{0.844}{14}} O_{\frac{0.482}{16}}$
$= C_{0.3} H_{0.362} N_{0.06} O_{0.03}$
$= C_{10} H_{12} N_2 O$
$(C_{10} H_{12} N_2 O)_n = 176$
$(120+12+28+16)_n = 176$
$\therefore n = 1$
$\therefore$ 세로토닌의 분자식 $= C_{10} H_{12} N_2 O$

16 525℃에서 다음 반응에 대한 평형상수 K값은 3.35×10^{-3}이다. 이때 평형에서 이산화탄소 농도를 구하면 얼마인가?

$$CaCO_3(s) \rightarrow CaO(s) + CO_2(g)$$

① 0.84×10^{-3}mol/L ② 1.68×10^{-3}mol/L
③ 3.35×10^{-3}mol/L ④ 6.77×10^{-3}mol/L

해설

$CaCO_3(s) \rightarrow CaO(s) + CO_2(g)$
$K = [CO_2] = 3.35 \times 10^{-3}$
$\therefore [CO_2] = 3.35 \times 10^{-3}$mol/L

17 $Ca(HCO_3)_2$에서 탄소의 산화수는 얼마인가?

① +2 ② +3
③ +4 ④ +5

해설

$Ca(HCO_3)_2$에서
Ca^{2+}의 산화수 : +2
HCO_3^-의 산화수 : -1
$(+1) + C + (-2) \times 3 = -1$
$\therefore C = +4$

18 다음 중 파울리의 배타원리를 옳게 설명한 것은?

① 전자는 에너지를 흡수하면 들뜬 상태가 된다.
② 한 원자 안에 들어 있는 어느 두 전자도 동일한 네 개의 양자수를 가질 수 없다.
③ 부껍질 내에서 전자의 가장 안정된 배치는 평행한 스핀의 수가 최대인 배치이다.
④ 양자수는 주양자수, 각운동량 양자수, 자기 양자수, 스핀 양자수의 4가지가 있다.

해설

파울리의 배타원리
한 오비탈 안에는 스핀이 반대인 2개의 전자만 들어갈 수 있다.

19 위험물안전관리법 시행령상 제1류 위험물과 가장 유사한 화학적 특성을 갖는 위험물은?

① 제2류 위험물 ② 제4류 위험물
③ 제5류 위험물 ④ 제6류 위험물

해설

- 제1류 위험물 : 산화성 고체
- 제2류 위험물 : 가연성 고체
- 제3류 위험물 : 자연발화성 및 금수성 물질
- 제4류 위험물 : 인화성 액체
- 제5류 위험물 : 자기반응성 물질
- 제6류 위험물 : 산화성 액체

20 인화성 유기용매의 성질이 아닌 것은?

① 인화성 유기용매의 액체 비중은 대부분 물보다 가볍고 소수성이다.
② 인화성 유기용매의 증기 비중은 공기보다 작기 때문에 공기보다 높은 위치에서 확산된다.
③ 일반적으로 정전기의 방전 불꽃에 인화되기 쉽다.
④ 화기 등에 의한 인화, 폭발 위험성이 있다.

정답 15 ① 16 ③ 17 ③ 18 ② 19 ④ 20 ②

해설

인화성 유기용매의 증기 비중은 공기보다 크기 때문에, 공기보다 낮은 위치에서 확산된다.

2과목 분석계획 수립과 분석화학 기초

21 EDTA(Etylenediaminetetraacetic Acid, H_4Y)를 이용한 금속 M^{n+} 적정에서 조건형성상수(Conditional Formation Constant) K'_f에 대한 설명으로 틀린 것은?(단, K_f는 형성상수이다.)

① EDTA(H_4Y) 화학종 중 $[Y^{4-}]$의 농도분율을 $\alpha_{Y^{4-}}$로 나타내면, $\alpha_{Y^{4-}} = \dfrac{[Y^{4-}]}{[EDTA]}$ 이고 $K'_f = \alpha_{Y^{4-}} K_f$이다.

② K'_f는 특정한 pH에서 MY^{n-4}의 형성을 의미한다.

③ K'_f는 pH가 높을수록 큰 값을 갖는다.

④ K'_f를 이용하면 해리된 EDTA의 각각의 이온농도를 계산할 수 있다.

해설

조건형성상수

$K'_f = K_f \alpha_{Y^{4-}} = \dfrac{[MY^{n-4}]}{[M^{n+}][EDTA]}$

- EDTA 전체 농도를 사용할 수 있어 편리하다.
- K'_f는 pH가 높을수록 $\alpha_{Y^{4-}}$의 값이 증가하므로 큰 값을 갖는다.

22 부피분석의 한 가지 방법으로 용액 중의 어떤 물질에 대하여 표준용액을 과잉으로 가하여, 분석물질과의 반응이 완결된 다음 미반응의 표준용액을 다른 표준용액으로 적정하는 방법은?

① 정적정법 ② 후적정법
③ 직접적정법 ④ 역적정법

해설

- **직접적정법** : 미지농도의 용액을 표준용액으로 직접 적정하는 방법으로 소모된 표준용액의 양으로 그 농도를 산출한다.
- **역적정법** : 미지농도의 용액에 과량의 표준용액을 가하여 반응이 완료된 후 남은 과잉량을 다른 표준용액으로 적정하는 방법

23 다음 반응에서 염기-짝산과 산-짝염기 쌍을 각각 옳게 나타낸 것은?

$$NH_3 + H_2O \rightleftharpoons NH_4^+ + OH^-$$

① $NH_3 - OH^-$, $H_2O - NH_4^+$
② $NH_3 - NH_4^+$, $H_2O - OH^-$
③ $H_2O - NH_3$, $NH_4^+ - OH^-$
④ $H_2O - NH_4^+$, $NH_3 - OH^-$

해설

```
         산              염기(짝염기)
       ┌─────┐          ┌─────┐
  NH₃ + H₂O   ⇌   NH₄⁺  +  OH⁻
  └─────┘                  └─────┘
   염기                   산(짝산)
```

24 활동도 및 활동도 계수에 대한 설명으로 옳은 것은?

① 활동도는 농도나 온도에 관계없이 일정하다.
② 이온 세기가 매우 작은 묽은 용액에서 활동도 계수는 1에 가까운 값을 갖는다.
③ 활동도는 활동도 계수를 농도의 제곱으로 나눈 값이다.
④ 이온의 활동도 계수는 전하량과 이온 세기에 비례한다.

해설

- 활동도 = 활동도 계수 × 농도
- 활동도는 농도와 온도의 함수이다.
- 이온의 활동도 계수는 전해질의 종류, 성질에는 무관하고 이온의 세기가 클수록, 이온의 전하수가 클수록, 이온의 수화 반지름이 작을수록 활동도 계수가 감소한다.

정답 21 ④ 22 ④ 23 ② 24 ②

25 산화환원 적정 시 MnO_4^-와 Mn^{2+} 또는 Fe^{2+}와 Fe^{3+}가 용액 중에 함께 존재하는 경우와 같이 때로는 분석물질을 적정하기 전에 산화상태를 조절할 필요가 있다. 산화상태를 조절하는 방법이 아닌 것은?

① Jones 환원관을 이용한 예비 환원
② Walden 환원관을 이용한 예비 환원
③ 과황산이온($S_2O_8^{2-}$)을 이용한 예비 산화
④ 센 산 또는 센 염기를 이용한 예비 산화/환원

해설

분석물질의 산화상태 조절방법
(1) 예비 산화제
  ㉠ 과황산암모늄($(NH_4)_2S_2O_8$)
  ㉡ 산화은(Ⅱ)(AgO)
  ㉢ 비스무트산나트륨($NaBiO_3$)
  ㉣ 과산화수소(H_2O_2)
(2) 예비 환원제
  ㉠ 금속(Zn, Al, Cd, Pb, Ni)
    • 분석물 용액에 직접 넣어줌
    • Jones 환원관
    • Walden 환원관
  ㉡ 염화주석($SnCl_2$)
  ㉢ 염화크롬(Ⅱ)($CrCl_2$)
  ㉣ SO_2, H_2S

26 금속 킬레이트에 대한 설명으로 옳은 것은?

① 금속은 루이스(Lewis) 염기이다.
② 리간드는 루이스(Lewis) 산이다.
③ 한 자리(Monodentate) 리간드인 EDTA는 6개의 금속과 반응한다.
④ 여러 자리(Multidentate) 리간드가 한 자리(Monodentate) 리간드보다 금속과 강하게 결합한다.

해설

금속 킬레이트
• 중심금속에 여러 자리 리간드가 배위결합하여 생성된 착화합물을 말한다.
• 금속은 리간드로부터 비공유전자쌍을 받으므로 루이스 산이 되고, 리간드는 비공유전자쌍을 제공하므로 루이스 염기가 된다.

• EDTA는 1개의 금속이온과 1:1 비율로 결합하여 매우 안정한 구조를 갖는다.
• 여러 자리 리간드가 한 자리 리간드보다 금속과 강하게 결합한다.

27 H^+와 OH^-의 활동도 계수는 이온 세기가 0.050M일 때는 각각 0.86과 0.81이었고, 이온 세기가 0.10M일 때는 각각 0.83과 0.76이었다. 25℃에서 0.10M KCl 수용액에서 H^+의 활동도는?

① 1.00×10^{-7}
② 1.05×10^{-7}
③ 1.10×10^{-7}
④ 1.15×10^{-7}

해설

$K_w = [H^+]\gamma_{H^+}[OH^-]\gamma_{OH^-}$
$1.0 \times 10^{-14} = (x \times 0.83)(x \times 0.76)$
$[H^+] = [OH^-] = x \quad \therefore x = 1.259 \times 10^{-7}$
$\therefore H^+$의 활동도 = $[H^+]\gamma_{H^+}$
$= 1.259 \times 10^{-7} \times 0.83 ≒ 1.05 \times 10^{-7}$

28 다음 중 가장 센 산화력을 가진 산화제는?(단, $E°$는 표준환원전위이다.)

① 세륨이온(Ce^{4+}), $E° = 1.44V$
② 크롬산이온(CrO_4^{2-}), $E° = -0.12V$
③ 과망간산이온(MnO_4^-), $E° = 1.507V$
④ 중크롬산이온($Cr_2O_7^{2-}$), $E° = 1.36V$

해설

$E°$의 값이 클수록 환원이 잘 일어나므로 강한 산화제가 된다.

29 Fe^{2+} 이온을 Ce^{4+}로 적정하는 반응에 대한 설명으로 틀린 것은?

① 적정반응은 $Ce^{4+} + Fe^{2+} \rightarrow Ce^{3+} + Fe^{3+}$이다.
② 전위차법을 이용한 적정에서는 반당량점에서의 전위는 당량점의 전위(V_e)의 약 1/2이다.
③ 당량점에서 $[Ce^{3+}] = [Fe^{3+}]$, $[Fe^{2+}] = [Ce^{4+}]$이다.
④ 당량점 부근에서 측정된 전위의 변화는 미세하여 정확한 측정을 위해 산-환원 지시약을 사용해야 한다.

정답 25 ④ 26 ④ 27 ② 28 ③ 29 ④

해설

Fe^{2+} 이온을 Ce^{4+}로 적정하는 반응의 전위 변화는 당량점 부근에서 급격하게 변화한다.

30 화학평형상수 값은 다음 변수 중에서 어느 값의 변화에 따라 변하는가?

① 반응물의 농도
② 온도
③ 압력
④ 촉매

해설

평형상수(K)는 촉매, 압력, 농도에 무관하고 온도에만 의존한다.

31 일차표준물질(Primary Standard)에 대한 설명으로 틀린 것은?

① 순도가 99.9% 이상이다.
② 시약의 무게를 재면 곧바로 사용할 수 있을 정도로 순수하다.
③ 일상적으로 보관할 때 분해되지 않는다.
④ 가열이나 진공으로 건조시킬 때 불안정하다.

해설

일차표준물질
- 고순도(99.9% 이상)
- 정제하기 쉬워야 한다.
- 흡수, 풍화, 공기산화의 성질이 없고, 오래 보관 시 변질되지 않아야 한다.
- 공기, 용액에 안정해야 한다.
- 물, 산, 알칼리에 잘 용해해야 한다.
- 반응이 정량적으로 진행되어야 한다.
- 비교적 큰 화학식량을 가져 측량오차를 최소화한다.

32 과망간산칼륨 5.00g을 물에 녹이고 500mL로 묽혀 과망간산칼륨 용액을 준비하였다. Fe_2O_3를 24.5% 포함하는 광석 0.500g 속에 든 철은 몇 mL의 $KMnO_4$ 용액과 반응하는가?(단, $KMnO_4$의 분자량은 158.04g/mol, Fe_2O_3의 분자량은 159.69g/mol이다.)

① 2.43
② 4.86
③ 12.2
④ 24.3

해설

$KMnO_4 = 5g/0.5L$

$Fe_2O_3 = 0.5g \times 0.245 = 0.1225g$

Fe^{2+}의 몰수 $= 0.1225g\, Fe_2O_3 \times \dfrac{2mol\, Fe}{159.69g\, Fe_2O_3}$

$= 1.534 \times 10^{-3} mol$

$[MnO_4^-] = \dfrac{5g\, KMnO_4}{0.5L} \times \dfrac{1}{158.04g/mol}$

$= 0.0633M$

$5Fe^{2+} + MnO_4^- + 8H^+ \rightleftharpoons 5Fe^{3+} + Mn^{2+} + 4H_2O$

  5 : 1
$1.534 \times 10^{-3} : x$

$x = 3.068 \times 10^{-4} mol$
$= MV$
$= 0.0633M \times V$

$\therefore V = 4.85 \times 10^{-3} L = 4.85mL$

33 F^-는 Al^{3+}에는 가리움제(Masking Agent)로 작용하지만 Mg^{2+}에는 반응하지 않는다. 어떤 미지시료에 Mg^{2+}와 Al^{3+}가 혼합되어 있다. 이 미지시료 20.0mL를 0.0800M EDTA로 적정하였을 때 50.0mL가 소모되었다. 같은 미지시료를 새로 20.0mL 취하여 충분한 농도의 KF를 5.00mL 가한 후 0.0800M EDTA로 적정하였을 때는 30.0mL가 소모되었다. 미지시료 중의 Al^{3+} 농도는?

① 0.080M
② 0.096M
③ 0.104M
④ 0.120M

해설

처음 EDTA의 몰수 $= 0.08M \times 0.05L$
$= 4 \times 10^{-3} mol$

KF를 가한 후 EDTA의 몰수 $= 0.08M \times 0.03L$
$= 2.4 \times 10^{-3} mol$

미지시료 20mL에 들어 있는 Al^{3+}의 몰수
$= 4 \times 10^{-3} mol - 2.4 \times 10^{-3} mol = 1.6 \times 10^{-3} mol$

$[Al^{3+}] = \dfrac{1.6 \times 10^{-3} mol}{0.02L} = 8 \times 10^{-2} = 0.08M$

정답 30 ② 31 ④ 32 ② 33 ①

34 KH_2PO_4와 KOH로 구성된 혼합용액의 전하균형식으로 옳은 것은?

① $[H^+]+[K^+]=[OH^-]+[H_2PO_4^-]+2[HPO_4^{2-}]+3[PO_4^{3-}]$
② $2[H^+]+[K^+]=[OH^-]+[H_2PO_4^-]+2[HPO_4^{2-}]+3[PO_4^{3-}]$
③ $[H^+]+[K^+]=[OH^-]+[H_2PO_4^-]+[HPO_4^{2-}]+3[PO_4^{3-}]$
④ $2[H^+]+[K^+]=[PO_4^{3-}]$

> 해설

$KH_2PO_4 \rightarrow K^+ + H_2PO_4^-$
$H_2PO_4^- \rightarrow H^+ + HPO_4^{2-}$
$HPO_4^{2-} \rightarrow H^+ + PO_4^{3-}$
$KOH \rightarrow K^+ + OH^-$
전하균형식 : 양전하의 합＝음전하의 합
∴ $[K^+]+[H^+]=[OH^-]+[H_2PO_4^-]+2[HPO_4^{2-}]+3[PO_4^{3-}]$

35 0.020M Na_2SO_4와 0.010M KBr 용액의 이온 세기(Ionic Strength)는 얼마인가?

① 0.010 ② 0.030
③ 0.060 ④ 0.070

> 해설

$Na_2SO_4 \rightleftarrows 2Na^+ + SO_4^{2-}$
$\mu = \frac{1}{2}[2\times 0.02\times 1^2 + 0.02\times(-2)^2] = 0.06$
$KBr \rightleftarrows K^+ + Br^-$
$\mu = \frac{1}{2}[0.01\times 1^2 + 0.01\times(-1)^2] = 0.01$
∴ $0.06+0.01=0.07$

36 $A+B \rightleftarrows C+D$ 반응의 평형상수는 1.0×10^3이다. 반응물과 생성물의 농도가 [A]＝0.010M, [B]＝0.10M, [C]＝1.0M, [D]＝10.0M로 변했다면 평형에 도달하기 위해서는 반응은 어느 방향으로 진행되겠는가?

① 왼쪽으로 반응이 진행된다.
② 오른쪽으로 반응이 진행된다.
③ 이미 평형에 도달했으므로 정지 상태가 된다.
④ 온도를 올려주면 오른쪽으로 반응이 진행된다.

> 해설

$A+B \rightleftarrows C+D$
$K=\frac{[C][D]}{[A][B]}=1.0\times 10^3$
$Q=\frac{[C][D]}{[A][B]}=\frac{(1.0)(10.0)}{(0.010)(0.10)}=10,000=10^4$
$Q>K$이므로 반응이 왼쪽으로 진행된다(역반응).
※ $Q=K$: 평형상태
  $Q<K$: 반응이 오른쪽으로 진행된다(정반응).

37 $PbI_2(s) \rightleftarrows Pb^{2+}(aq)+2I^-(aq)$와 같은 용해반응을 나타내고, K_{sp}는 7.9×10^{-9}일 때 다음 평형반응의 평형상수 값은?

$$Pb(aq)+2I(aq) \rightleftarrows PbI_2(s)$$

① 7.9×10^{-9}
② $1/(7.9\times 10^{-9})$
③ $(7.9\times 10^{-9})\times (1.0\times 10^{-4})$
④ $(1.0\times 10^{-14})/(7.9\times 10^{-9})$

> 해설

$K_{sp}=[Pb^{2+}][I^-]^2=7.9\times 10^{-9}$
∴ $K=\frac{1}{[Pb^{2+}][I^-]^2}=\frac{1}{7.9\times 10^{-9}}$

38 0.050M Fe^{2+} 100.0mL를 0.100M Ce^{4+}로 산화 환원 적정한다고 가정하자. $V_{Ce^{4+}}=50.0$mL일 때 당량점에 도달한다면 36.0mL를 가했을 때의 전지 전압은? (단, $E^\circ_{+(Fe^{3+}/Fe^{2+})}=0.767V$, $E^\circ_{-calomel}=0.241V$)

적정 반응 : $Fe^{2+} + Ce^{4+} \rightleftarrows Fe^{3+} + Ce^{3+}$

① 0.526V ② 0.550V
③ 0.626V ④ 0.650V

정답 34 ① 35 ④ 36 ① 37 ② 38 ②

해설

0.050M Fe^{2+} 100.0mL + 0.100M Ce^{4+} 36mL

$E = E_+ - E_-$

$= \left(0.767 - 0.05916 \log \frac{[Fe^{2+}]}{[Fe^{3+}]}\right) - 0.241$

$[Fe^{2+}] = \frac{(0.050M \times 100mL - 0.100M \times 36mL)}{136mL}$

$= 0.0103M$

$[Fe^{3+}] = \frac{0.100M \times 36mL}{136mL} = 0.0265M$

$\therefore E = \left(0.767 - 0.05916 \log \frac{0.0103}{0.0265}\right) - 0.241$

$= 0.550V$

39 시료를 잘못 취하거나 침전물이 과도하거나 또는 불충분한 세척, 적절하지 못한 온도에서 침전물의 생성 및 가열 등과 같은 원인 때문에 발생하는 오차에 해당하는 것으로 가장 적합한 것은?

① 방법오차   ② 계통오차
③ 개인오차   ④ 조작오차

해설

계통오차
- 기기오차 : 측정기기의 오차
- 개인오차 : 측정하는 사람에 의한 오차
- 조작오차 : 시료 채취 시의 실수, 과도한 침전물, 충분하지 않은 세척, 온도의 변화에 따른 침전물의 생성 및 가온 등과 같은 대부분의 실험조작의 실수로 인한 오차
- 방법오차 : 반응의 미완결, 침전물의 용해도, 공침, 무게 측정 시 검체의 휘발성 또는 흡습성에 의한 부반응, 부정확 또는 유발반응 등과 같이 분석과정의 화학반응이 원인이 되는 오차

40 시료를 반복 측정하여 이래의 결과를 얻었다. 이 결과에 대한 95% 신뢰구간을 올바르게 계산한 것은?(단, One Side Student의 t값은 90% 신뢰구간 : 1.533, 95% 신뢰구간 : 2.132이다.)

12.6, 11.9, 13.0, 12.7, 12.5

① 12.5 ± 0.04   ② 12.5 ± 0.4
③ 12.5 ± 0.02   ④ 12.5 ± 0.2

해설

$\bar{x} = \frac{12.6 + 11.9 + 13.0 + 12.7 + 12.5}{5} = 12.54 = 12.5$

$s = \sqrt{\frac{(12.6-12.54)^2 + (11.9-12.54)^2 + (13-12.54)^2 + (12.7-12.54)^2 + (12.5-12.54)^2}{5-1}}$

$= 0.4037$

95% 신뢰구간 $= \bar{x} + \frac{ts}{\sqrt{n}}$

$= 12.5 \pm \frac{2.132 \times 0.4037}{\sqrt{5}}$

$= 12.5 \pm 0.4$

※ 계산기 모드를 이용하여 구할 수 있다.

3과목 화학물질 특성분석

41 역상(Reverse Phase) 액체 크로마토그래피에서 용질의 극성이 A>B>C 순으로 감소할 때, 용질의 용출 순서를 빠른 것부터 바르게 나열한 것은?

① A-B-C   ② C-B-A
③ A-C-B   ④ B-C-A

해설

역상 크로마토그래피
이동상이 극성, 고정상이 비극성이므로 극성이 큰 물질이 먼저 용리된다.

42 머무름시간이 630초인 용질의 봉우리 너비를 변곡점을 지나는 접선과 바탕선이 만나는 지점에서 측정해 보니 12초였다. 다음의 봉우리는 652초에 용리되었고 너비는 16초였다. 두 성분의 분리도는?

① 0.19   ② 0.36
③ 0.79   ④ 1.57

정답 39 ④ 40 ② 41 ① 42 ④

해설

분리도(R_s)
두 가지 분석물을 분리할 수 있는 관의 능력을 정량적으로 나타낸 척도

$$R_s = \frac{2\{(t_R)_B - (t_R)_A\}}{W_A + W_B}$$

여기서, $(t_R)_A$, $(t_R)_B$: 봉우리 A, B의 머무름시간
W_A, W_B : 봉우리 A, B의 너비

$$\therefore R_s = \frac{2(652-630)}{12+16} = 1.57$$

43 다음 질량분석법 중 시료의 분자량 측정에 이용하기에 가장 부적당한 이온화 방법은?

① 빠른 원자 충격법(FAB)
② 전자충격 이온화법(EI)
③ 장 탈착법(FD)
④ 장 이온화법(FI)

해설

전자충격 이온화법
시료가 높은 에너지의 전자빔에 부딪혀 이온화되므로 토막내기 반응이 잘 일어나 분자이온 봉우리가 거의 나타나지 않는다.

44 다음 중 질량분석기로 사용되지 않는 것은?

① 단일 극자 질량분석기
② 이중 초점 질량분석기
③ 이온 포착 질량분석기
④ 비행 – 시간 질량분석기

해설

질량분석기의 종류
- 부채꼴 자기장 질량분석기
- 사중 극자 질량분석기
- 이중 초점 질량분석기
- 비행 – 시간 질량분석기
- 이온 포획 질량분석기
- Fourier 변환(FT) 질량분석기

45 폴라로그래피법으로 수용액 중의 금속 양이온을 분석하고자 한다. 가장 적합한 작업전극은?

① 적하수은전극
② 매달린 수은전극
③ 백금흑전극
④ 유기질 탄소전극

해설

폴라로그래피법
작업전극으로 적하수은전극을 사용하는 전압전류법

46 기체 크로마토그래피법에서 시료주입법에 대한 설명으로 가장 옳은 것은?

① 분할 주입법은 고농도 시료나 기체 시료에 좋으며, 정량성도 매우 좋다.
② 분할 주입법은 분리도가 떨어지며, 불순물이 많은 시료를 다룰 수 있다.
③ 비분할 주입법은 희석된 용액에 적합하고 주입되는 동안 휘발성 화합물이 손실되므로 정량분석으로 좋지 않다.
④ On – column 주입법은 정량분석에 가장 적합하고 분리도가 높으나, 열에 민감한 화합물에는 좋지 않다.

해설

기체 크로마토그래피의 시료주입법
- 분할 주입법 : 고농도 시료나 기체 시료에 적합하고 분리도가 높으나, 정량성은 좋지 않다.
- 비분할 주입법 : 농도가 낮은 희석된 용액에 적합하고 분리도가 높으나, 정량분석으로 좋지 않다.
- 칼럼 내 주입법(On – column) : 칼럼에 직접 주입하며, 정량분석에 적합하고 분리도가 낮다.

47 열분석법인 DTA(시차열분석)와 DSC(시차주사열량법)에서 물리·화학적 변화로서 흡열 봉우리가 나타나지 않는 경우는?

① 녹음이나 용융
② 탈착이나 탈수
③ 증발이나 기화
④ 산소의 존재하에서 중합반응

정답 43 ② 44 ① 45 ① 46 ③ 47 ④

해설
산소 존재하에서 중합반응은 발열 봉우리가 나타난다.
- 시차주사열량법(DSC) : 에너지(열량) 차이를 측정

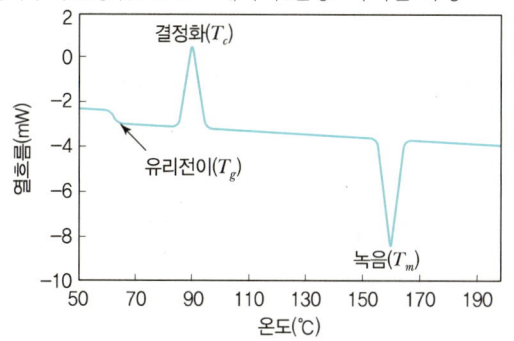

- 시차열분석법(DTA) : 온도 차이를 측정

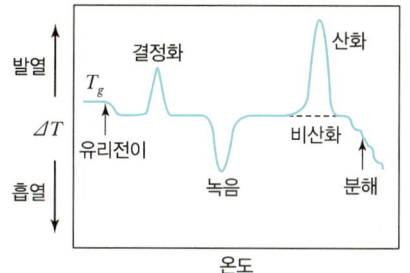

48 기체 크로마토그래피 분리법에서 사용되는 운반기체로 부적당한 것은?

① He ② N_2
③ Ar ④ Cl_2

해설
GC에서는 운반기체로 불활성 기체(He, Ne, Ar, N_2)를 사용한다.

49 고성능 액체 크로마토그래피에서 분리효능을 높이기 위하여 사용하는 방법으로 극성이 다른 2~3가지 용매를 선택하여 그 조성을 연속적 혹은 단계적으로 변화하며 사용하는 방법은?

① 기울기 용리(Gradient Elution)
② 온도 프로그램(Temperature Programming)
③ 분배 크로마토그래피(Partition Chromatography)
④ 역상 크로마토그래피(Reversed-phase Chromatography)

해설
- 기울기 용리 : LC에서 머무름인자는 용리 중에 이동상의 조성을 단계적 또는 연속적으로 변화시키면서 사용한다.
- 온도 프로그래밍 : GC의 경우 온도를 변화시켜 머무름인자를 조절한다.

50 크로마토그래피에서 관의 분리능을 향상시키기 위한 방법으로 가장 거리가 먼 것은?

① 이론단의 수를 높인다.
② 선택인자를 크게 한다.
③ 용량인자를 크게 한다.
④ 이동상의 유속을 빠르게 한다.

해설
이동상의 유속은 Van Deemter 도시로부터 적절한 유속으로 한다.
관의 분리능(R_s, 분해능)
두 가지 용질을 분리할 수 있는 칼럼의 능력
$$R_s = \frac{\Delta Z}{W_A/2 + W_B/2} = \frac{2\Delta Z}{W_A + W_B} = \frac{2[(t_R)_B - (t_R)_A]}{W_A + W_B}$$
$$R_s = \frac{\sqrt{N}}{4}\left(\frac{\alpha-1}{\alpha}\right)\left(\frac{k}{1+k}\right)$$
여기서, N : 단수, α : 선택인자, k : 머무름인자(용량인자)
- k를 증가시키면 분해능이 높아지나, 용리시간이 길어진다.
- 관의 분리능 R_s는 $\sqrt{N}$에 비례한다.

51 고체 표면의 원소 성분을 정량하는 데 주로 사용되는 원자 질량분석법은?

① 양이온 검출법과 음이온 검출법
② 이차 이온 질량분석법과 글로우 방전 질량분석법
③ 레이저 마이크로 탐침 질량분석법과 글로우 방전 질량분석법
④ 이차 이온 질량분석법과 레이저 마이크로탐침 질량분석법

해설
고체 표면의 원소 성분 정량법
- 이차 이온 질량분석법
- 레이저 마이크로 탐침 질량분석법

정답 48 ④ 49 ① 50 ④ 51 ④

52 열분석은 물질의 특이한 물리적 성질을 온도의 함수로 측정하는 기술이다. 열분석 종류와 측정방법을 연결한 것 중 잘못된 것은?

① 시차주사열량법(DSC) – 열과 전이 및 반응온도
② 시차열분석(DTA) – 전이와 반응온도
③ 열무게(TGA) – 크기와 점도의 변화
④ 방출기체분석(EGA) – 열적으로 유도된 기체생성물의 양

> 해설

열분석법
- **열무게분석(TGA)** : 온도변화에 따른 시료의 질량변화를 측정
- **시차열분석(DTA)** : 시료물질과 기준물질의 온도 차이를 측정
- **시차주사열량법(DSC)** : 두 물질에 흘러 들어간 열입력(열량에너지) 차이를 측정

53 시차열분석법으로 벤조산 시료 측정 시 대기압에서 측정할 때와 200psi에서 측정할 때 봉우리가 일치하지 않은 이유를 가장 잘 설명한 것은?

① 높은 압력에서 시료가 파괴되었기 때문이다.
② 높은 압력에서 밀도의 차이가 생겼기 때문이다.
③ 높은 압력에서 끓는점이 영향을 받았기 때문이다.
④ 모세관법으로 측정하지 않았기 때문이다.

> 해설

- **시차열분석법(DTA)** : 유기화합물의 녹는점, 끓는점, 분해온도 등을 측정하는 간단하고 정확한 방법
- 끓는점은 압력에 따라 변하므로 대기압과 200psi에서 측정하면 봉우리가 일치하지 않는다.

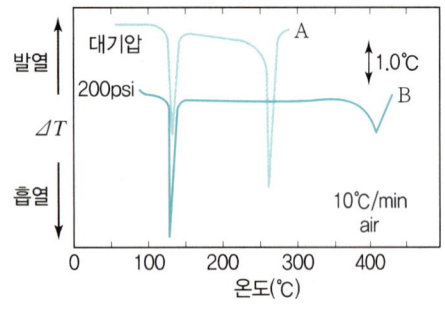

54 고성능 액체 크로마토그래피에 사용되는 검출기의 이상적인 특성이 아닌 것은?

① 짧은 시간에 감응해야 한다.
② 용리 띠가 빠르고 넓게 퍼져야 한다.
③ 분석물질의 낮은 농도에도 감도가 높아야 한다.
④ 넓은 범위에서 선형적인 감응을 나타내어야 한다.

> 해설

고성능 액체 크로마토그래피(HPLC)에 사용되는 검출기의 특성
- 적당한 감도
- 높은 안정성과 재현성
- 검출기 감응의 직선성
- 흐름 속도와 무관한 짧은 감응시간
- 높은 신뢰도, 사용의 편리성
- 시료를 파괴하지 않는 검출기
- 띠넓힘을 감소시키기 위해 내부 부피를 최소화해야 하고 액체흐름과 호환되어야 한다.

55 Van Deemter 도시로부터 얻을 수 있는 가장 유용한 정보는?

① 이동상의 적절한 유속(Flow Rate)
② 정지상의 적절한 온도(Temperature)
③ 분석물질의 머무름시간(Retention Time)
④ 선택계수(α, Selectivity Coefficient)

> 해설

- Van Deemter 식

$$H = A + \frac{B}{u} + C_S u + C_M u$$

여기서, H : 단높이, A : 다중흐름통로
B : 세로확산계수, u : 이동상의 선형속도
C : 질량이동계수

- Van Deemter 도시
H를 u에 대해 도시한 곡선으로 이동상의 적절한 유속을 알 수 있다.

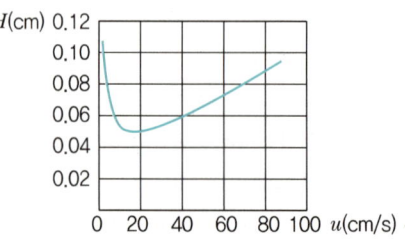

56 0.1M Cu^{2+}가 Cu(s)로 99.99% 환원되었을 때 필요한 환원전극전위는 몇 V인가?(단, $Cu^{2+} + 2e^- \rightleftharpoons Cu(s)$, $E° = 0.339V$)

① 0.043
② 0.19
③ 0.25
④ 0.28

해설

$[Cu^{2+}] = 0.1M \times \dfrac{100-99.99}{100} = 0.00001M$

$E = E° - \dfrac{0.0592}{n} \log Q$

$= E° - \dfrac{0.0592}{2} \log \dfrac{1}{[Cu^{2+}]}$

$= 0.339 - \dfrac{0.0592}{2} \log \dfrac{1}{0.00001}$

$= 0.19V$

57 액체 크로마토그래피에서 사용되는 검출기 중 특별하게 감도가 좋고, 단백질을 가수분해하여 생긴 아미노산을 검출하는 데 널리 사용되는 검출기는?

① 형광 검출기
② 굴절률 검출기
③ 적외선 검출기
④ UV/Vis 흡수 검출기

해설

형광검출기
- 형광을 발하는 화학종이나 Dansyl chloride(댄실염화물)과 같은 형광유도체 시약과 반응시켜 형광화합물을 만들어 검출한다.
- 댄실염화물은 1차 · 2차 아민, 아미노산 및 페놀과 반응하여 형광성 화합물을 만들기 때문에 단백질이 가수분해하여 생긴 아미노산을 검출하는 데 널리 사용된다.
- 감도가 좋다.

58 전압전류법에 이용되는 들뜸 전위신호가 아닌 것은?

① 선형 주사
② 시차 펄스
③ 네모파
④ 원형 주사

해설

전압전류법의 들뜸 전위신호

- 선형 주사
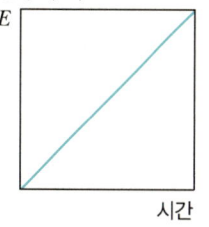

- 시차 펄스
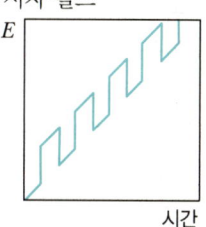

- 네모파(제곱파)
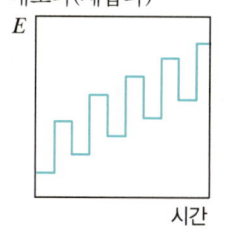

- 세모파
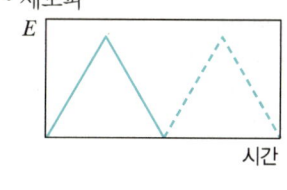

59 순환 전압전류법(Cyclic Voltammetry)에 의해 얻어진 순환 전압전류곡선의 해석에 대한 설명으로 틀린 것은?

① 산화전극과 환원전극의 형태가 대칭성에 가까울수록 전기화학적으로 가역적이다.
② 산화봉우리 전류와 환원봉우리 전류의 비가 1에 가까우면 전기화학반응은 가역적일 가능성이 높다.
③ 산화 및 환원전류가 Nernst 식을 만족하면 가역적이며 전기화학반응은 매우 빠르게 일어난다.
④ 산화봉우리 전압과 환원봉우리 전압의 차는 가능한 한 커야 전기화학반응이 가역적일 가능성이 높다.

해설

가역반응에서는 산화봉우리 전류와 환원봉우리 전류가 거의 같고, 산화봉우리 전압과 환원봉우리 전압의 차이는 $\dfrac{0.0592}{n}V$ 이다.

정답 56 ② 57 ① 58 ④ 59 ④

60 기체 크로마토그래피(GC)에서 통상적으로 사용되지 않는 검출기는?

① 열전도도 검출기(TCD)
② 불꽃이온화 검출기(FID)
③ 전자포착 검출기(ECD)
④ 자외선 검출기(UV Detector)

해설

GC에서 사용되는 검출기
- 불꽃이온화 검출기(FID)
- 열전도도 검출기(TCD)
- 전자포착 검출기(ECD)
- 열이온 검출기(TID), NPD
- 전해질전도도 검출기(Hall)
- 광이온화 검출기
- 원자방출 검출기(AED)
- 불꽃광도 검출기(FPD)
- 질량분석 검출기(MS)

4과목 화학물질 구조 및 표면분석

61 어떤 물질의 몰흡광계수는 440nm에서 $34,000M^{-1}cm^{-1}$이다. 0.2cm 셀에 들어 있는 $1.03 \times 10^{-4}M$ 용액의 퍼센트 투광도는 약 얼마인가?

① 15% ② 20%
③ 25% ④ 30%

해설

흡광도 $A = \varepsilon bc = -\log T$
$= 34,000M^{-1}cm^{-1} \times 0.2cm \times 1.03 \times 10^{-4}M$
$= 0.7$

투광도 $T = 10^{-A} = 10^{-0.7} = 0.20$

∴ 퍼센트 투광도 $= 0.2 \times 100\%$
$= 20\%$

---

62 X선 분광법은 특정 파장의 X선 복사선을 방출, 흡수, 회절에 이용하는 방법이다. X선 분광법 중 결정물질 중의 원자배열과 원자 간 거리에 대한 정보를 제공하며, 스테로이드, 비타민, 항생물질과 같은 복잡한 물질구조의 연구, 결정질 화합물의 확인에 주로 응용되고 있는 방법은?

① X선 형광분광법   ② X선 흡수분광법
③ X선 회절분광법   ④ X선 방출분광법

해설

X선 회절분광법
- 스테로이드, 비타민, 항생물질과 같은 복잡한 천연물질의 구조 연구에 이용된다.
- 결정성 물질의 원자배열과 원자 간 거리에 대한 정보를 제공한다.
- 고체시료에 들어 있는 화합물에 대한 정성 및 정량적인 정보를 제공한다.

---

63 양성자 NMR 분광법에서 표준물질로 사용되는 사메틸실란(TMS, Tetramethyl silane)에 대한 설명으로 틀린 것은?

① TMS의 가리움 상수가 대부분의 양성자보다 크다.
② TMS에 존재하는 수소는 한 종류이다.
③ TMS에 존재하는 모든 양성자는 같은 화학적 이동 값을 갖는다.
④ TMS는 휘발성이 적다.

해설

TMS(Tetramethyl silane)
- 구조식 : $CH_3-\underset{\underset{CH_3}{|}}{\overset{\overset{CH_3}{|}}{Si}}-CH_3$
- 휘발성이 커서 실험 후 혼합된 미량시료의 회수가 용이하다.

---

64 X선 형광법의 장점이 아닌 것은?

① 스펙트럼이 단순하여 방해효과가 적다.
② 비파괴 분석법이다.
③ 감도가 다른 분광법보다 아주 우수하다.
④ 실험 과정이 빠르고 간편하다.

정답 60 ④ 61 ② 62 ③ 63 ④ 64 ③

해설

X선 형광법

㉠ 장점
- 스펙트럼이 단순하여 스펙트럼선 방해가 적다.
- 비파괴 분석법이다.
- 실험과정이 빠르고 편리하다. → 수 분 내에 다중원소 분석이 가능하다.

㉡ 단점
- 감도가 우수하지 못하다.
- 가벼운 원소 측정이 어렵다.
- 기기가 비싸다.

65 전자기 복사선의 파장이 긴 것부터 짧아지는 순서대로 옳게 나열된 것은?

① 라디오파 > 적외선 > 가시광선 > 자외선 > X선 > 마이크로파
② 라디오파 > 적외선 > 가시광선 > 자외선 > 마이크로파 > X선
③ 마이크로파 > 적외선 > 가시광선 > 자외선 > 라디오파 > X선
④ 라디오파 > 마이크로파 > 적외선 > 가시광선 > 자외선 > X선

해설

| 파장이 길다 | | | | | | 파장이 짧다 |
| 에너지가 작다 | | | | | | 에너지가 크다 |

라디오파 마이크로파 적외선 가시광선 자외선 X선 γ선

66 자외선 – 가시광선(UV – Vis) 흡수분광법의 광원의 종류에 해당되지 않는 것은?

① 중수소 및 수소등
② 텅스텐 필라멘트등
③ 속빈음극등
④ 제논(Xe) 아크등

해설

속빈음극등
원자흡수분광법에서 주로 사용하는 선광원

67 이산화탄소 분자는 모두 몇 개의 기준 진동방식을 가지는가?

① 3 ② 4
③ 5 ④ 6

해설

CO_2는 선형 분자이므로
$3N-5 = (3 \times 3) - 5 = 4$

68 원자흡수법에서 사용되는 광원에 대한 설명으로 틀린 것은?

① 다양한 원소를 하나의 광원으로 분석이 가능하다.
② 흡수선 너비가 좁기 때문에 분자흡수에서는 볼 수 없는 측정상의 문제가 발생할 수 있다.
③ 원자 흡수 봉우리의 제한된 너비 때문에 생기는 문제는 흡수 봉우리보다 더 좁은 띠너비를 갖는 선광원을 사용함으로써 해결할 수 있다.
④ 원자흡수선이 좁고, 전자전이에너지가 각 원소마다 독특하기 때문에 높은 선택성을 갖는다.

해설

원자마다 흡수하는 파장이 다르므로 원소별로 광원이 필요하다.

69 다음 중 형광을 발생하는 화합물은?

① Pyridine ② Furan
③ Pyrrole   ④ Quinoline

해설

형광을 발생하는 화합물

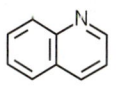
Quinoline

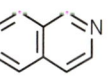
Isoquinoline

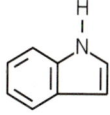
Indole

Pyridine, Furan, Pyrrole과 같은 간단한 헤테로 고리화합물은 형광을 내지 못한다.
접합고리화합물은 형광을 낸다.

정답 65 ④ 66 ③ 67 ② 68 ① 69 ④

70 유도결합플라스마(ICP) 방출분광법의 특징에 대한 설명으로 틀린 것은?

① 고분해능
② 높은 세기의 미광 복사선
③ 정밀한 세기 읽기
④ 빠른 신호 획득과 회복

해설
유도결합플라스마(ICP) 방출분광법은 미량분석에 대한 감도 및 정확성이 우수하다.
※ 미광 복사선은 띠너비 범위 밖에 있는 파장의 빛으로 세기가 낮아야 한다.

71 몰흡광계수(Molar Absorptivity)의 값이 $300 M^{-1} cm^{-1}$인 0.005M 용액이 1.0cm 시료용기에서 측정되는 흡광도(Absorbance)와 투광도(Transmittance)는?

① 흡광도=1.5, 투광도=0.0316%
② 흡광도=1.5, 투광도=3.16%
③ 흡광도=15, 투광도=3.16%
④ 흡광도=15, 투광도=0.0316%

해설
흡광도 $A = \varepsilon bc = -\log T$
$= (300 M^{-1} cm^{-1})(1.0 cm)(0.005 M)$
$= 1.5$
투광도 $T = 10^{-A}$
$= 10^{-1.5}$
$= 0.0316 (3.16\%)$

72 적외선 흡수스펙트럼에서 흡수 봉우리의 파수는 화학결합에 대한 힘상수의 세기와 유효 질량에 의존한다. 다음 중 흡수 파수가 가장 클 것으로 예상되는 신축 진동은?

① $\equiv C-H$
② $=C-H$
③ $-C-H$
④ $-C\equiv C-$

해설
적외선 흡수 봉우리의 파수
$\bar{\nu} = \frac{1}{2\pi c}\sqrt{\frac{k}{\mu}}$

여기서, k : 결합의 힘상수
μ : 유효질량, $\frac{m_1 m_2}{m_1 + m_2}$

k : $C\equiv C > C=C > C-C$
μ : $C-H < C-C < C-O < C-Cl$
∴ 파수는 k가 클수록, μ가 작을수록 커진다.

73 원자흡수분광법을 이용하여 특별하게 수은(Hg)을 정량하는 데 사용되는 가장 적합한 방법은?

① 찬 증기 원자화법
② 불꽃원자화 장치법
③ 흑연로 원자화 장치법
④ 금속 수소화물 발생법

해설
찬 증기 원자화법
수은은 실온에서 상당한 증기압을 갖는 유일한 원소로 찬 증기 원자화법은 수은 정량에만 이용하는 원자화 방법이다.

74 불꽃을 사용하는 원자화 장치에서 공기-아세틸렌 가스 대신 산화이질소-아세틸렌 가스를 사용하게 되면 주로 어떤 효과가 기대되는가?

① 불꽃의 온도가 감소한다.
② 불꽃의 온도가 증가한다.
③ 가스 연료의 비용이 줄어든다.
④ 시료의 분무 효율이 증가한다.

해설
공기-아세틸렌보다 산화이질소-아세틸렌이 더 높은 온도로 불꽃의 온도가 증가한다.

연료	산화제	온도(℃)
천연가스	공기	1,700~1,900
	산소	2,700~2,800
수소	공기	2,000~2,100
	산소	2,550~2,700
아세틸렌	공기	2,100~2,400
	산소	3,050~3,150
	산화이질소(N_2O)	2,600~2,800

정답 70 ② 71 ② 72 ① 73 ① 74 ②

75 원자분광법의 시료 도입방법 중 고체시료에 전처리 없이 직접 사용할 수 있는 방법은?

① 기체 분무화법
② 수소화물 생성법
③ 레이저 증발법
④ 초음파 분무화법

해설

원자분광법의 시료 도입방법
㉠ 고체시료를 도입하는 방법
  • 직접 시료 도입
  • 전열 증기화
  • 레이저 증발
  • 아크와 스파크 증발(전도성 고체)
  • 글로우 방전(전도성 고체)
㉡ 용액시료를 도입하는 방법
  • 기체 분무기
  • 초음파 분무기
  • 전열 증기화
  • 수소화물 생성법

76 적외선 흡수분광법에서 지문영역은?

① $600 \sim 1,200 cm^{-1}$
② $1,200 \sim 1,800 cm^{-1}$
③ $1,800 \sim 2,800 cm^{-1}$
④ $2,800 \sim 3,600 cm^{-1}$

해설

적외선 흡수분광법에서 지문영역 : $600 \sim 1,200 cm^{-1}$

77 단색 X선 빛살의 광자가 K껍질 및 L껍질의 내부 전자를 방출시켜 스펙트럼을 얻음으로써 시료원자의 구성에 대한 정보와 시료 구성 성분의 구조와 산화상태에 대한 정보를 동시에 얻을 수 있는 전자스펙트럼법은?

① Auger 전자 분광법(AES)
② X선 광전자 분광법(XPS)
③ 전자에너지 손실 분광법(EELS)
④ 레이저 마이크로탐침 질량분석법(LMMS)

해설

X선 광전자 분광법(XPS)
X선을 물질에 조사하면 광전자가 물질 밖으로 방출된다. 이때의 운동에너지를 측정하여 그 물질의 원자조성과 전자의 결합상태 등을 분석하는 방법이다.

78 Rayleigh 산란에 대하여 가장 바르게 나타낸 것은?

① 콜로이드 입자에 의한 산란
② 굴절률이 다른 두 매질 사이의 반사 현상
③ 산란복사선의 일부가 양자화된 진동수만큼 변화를 받을 때의 산란
④ 복사선의 파장보다 대단히 작은 분자들에 의한 산란

해설

Rayleigh 산란
복사선의 파장보다 더 작은 분자들에 의한 산란
예 하늘의 푸른빛

79 수은은 실온에서 증기압을 갖는 유일한 금속원소이다. 다음 원자화 방법 중 수은 정량에 응용 가능한 것은?

① 전열원자화
② 찬 증기 원자화
③ 글로우 방전 원자화
④ 수소화물 생성 원자화

해설

찬 증기 원자화법
실온에서 상당한 증기압을 갖는 금속인 수은의 정량에 이용하는 원자화 방법이다.

80 고분해능 NMR을 이용한 $CH_3\underline{CH_2}CH_2Cl$의 스펙트럼에서 밑줄 친 $-CH_2$기의 이론상 갈라지는 흡수 봉우리(다중선)의 수는?

① 4
② 6
③ 12
④ 24

해설

$$H-\underset{\underset{H}{|}}{\overset{\overset{H}{|}}{C}}-\underset{\underset{\boxed{H}}{|}}{\overset{\overset{\boxed{H}}{|}}{C}}-\underset{\underset{H}{|}}{\overset{\overset{H}{|}}{C}}-Cl$$

$(3+1)(2+1) = 12$개의 봉우리

정답 75 ③ 76 ① 77 ② 78 ④ 79 ② 80 ③

2023년 제2회 복원기출문제

1과목 화학의 이해와 환경·안전관리

01 돌턴(Dalton)의 원자론에 의하여 설명될 수 없는 것은?
① 화학평형의 법칙 ② 질량보존의 법칙
③ 배수비례의 법칙 ④ 일정성분비의 법칙

해설
돌턴의 원자론
돌턴은 질량보존의 법칙과 일정성분비의 법칙을 바탕으로 원자설을 제시하였다. → 기체반응의 법칙을 설명하는 데 한계를 보인다.

02 화합물 한 쌍을 같은 몰수로 혼합하는 다음 4가지 경우 중 염기성 용액이 되는 경우는 모두 몇 가지인가?

(A) NaOH(K_b=아주 큼)+HBr(K_a=아주 큼)
(B) NaOH(K_b=아주 큼)+HNO$_3$(K_a=아주 큼)
(C) NH$_3$(K_b=1.8×10^{-5})+HBr(K_a=아주 큼)
(D) NaOH(K_b=아주 큼)+CH$_3$CO$_2$H(K_a=1.8×10^{-5})

① 1 ② 2
③ 3 ④ 4

해설
약산+강염기 → 염(염기성)+H$_2$O   (D)
강산+약염기 → 염(산성)+H$_2$O   (C)
강산+강염기 → 염(중성)+H$_2$O   (A) (B)

03 기하이성질체가 가능한 화합물은?
① (CH$_3$)$_2$C=CCl$_2$
② (CH$_3$)$_3$CCCl$_3$
③ CH$_3$ClC=CCH$_3$Cl
④ (CH$_3$)$_2$ClCCCH$_3$Cl$_2$

해설

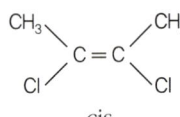

cis   trans

04 물에 대한 용해도가 가장 높은 두 물질로 짝지어진 것은?

CH$_3$CH$_2$OH, CH$_3$CH$_2$CH$_3$, CHCl$_3$, CCl$_4$

① CH$_3$CH$_2$OH, CHCl$_3$
② CH$_3$CH$_2$OH, CCl$_4$
③ CH$_3$CH$_2$CH$_3$, CHCl$_3$
④ CH$_3$CH$_2$CH$_3$, CCl$_4$

해설
• 물에 대한 용해도가 높은 물질 : 극성이 강한 물질
• CCl$_4$, CH$_3$CH$_2$CH$_3$: 무극성

05 표면분석장치 중 1차살과 2차살 모두 전자를 이용하는 것은?
① Auger 전자 분광법
② X선 광전자 분광법
③ 이차 이온 질량분석법
④ 전자 미세 탐침 미량분석법

해설
Auger 전자 분광법(AES)
㉠ 표면분석장치에서 1차살, 2차살 모두 전자를 이용하는 분석법
㉡ 시료 표면에 빛을 쬐어 나오는 전자의 에너지를 분석함으로써 고체 표면의 원소 조성을 확인하는 분광법

정답 01 ① 02 ① 03 ③ 04 ① 05 ①

ⓒ 1차살과 2차살
- 1차살 : X선 혹은 전자빔을 사용하여 들뜬 이온을 형성
- 2차살 : 이완과정에서 내어 놓는 에너지가 운동에너지를 가진 Auger 전자를 방출

06 화학반응에 대한 설명 중 틀린 것은?

① 정촉매는 반응속도를 빠르게 하여 활성화에너지를 감소시키며, 부촉매는 반응속도를 느리게 하고 활성화에너지를 증가시킨다.
② 어떤 화학반응의 평형상수는 화학평형에서 정반응과 역반응의 속도가 같을 때로 정의할 수 있다.
③ 르 샤틀리에의 원리란 가역반응이 평형에 있을 때 외부에서 온도, 농도, 압력의 조건을 변화시키면 그 조건을 감소시키는 방향으로 새로운 평형이 이동한다는 법칙이다.
④ 온도를 올리면 화학평형의 이동방향은 발열반응 쪽으로 향한다.

해설

화학반응에서 온도를 올리면, 화학평형의 이동방향은 흡열반응 쪽으로 향한다.

07 기기분석법에서 분석방법에 대한 설명으로 가장 옳은 것은?

① 표준물첨가법은 미지의 시료에 분석하고자 하는 표준물질을 일정량 첨가해서 미지물질의 농도를 구한다.
② 내부표준법은 시료에 원하는 물질을 첨가하여 표준검량선을 이용하여 정량한다.
③ 정성분석 시 검량선 작성은 필수적이다.
④ 정량분석은 반드시 기기분석으로만 할 수 있다.

해설

표준물첨가법
- 미지시료에 분석물 표준용액(이미 알고 있는 양의 분석물질)을 각각 일정량씩 첨가한 용액을 만들어 증가된 신호세기로부터 원래 분석물질의 양을 알아내는 방법이다.
- 시료의 조성이 잘 알려져 있지 않거나 매트릭스 효과가 있는 시료의 분석에 유용하다.

내부표준물법
- 모든 시료, 바탕 검정표준물에 동일량의 내부표준물을 첨가하여 분석물질의 신호와 내부표준물의 신호를 비교하여 분석물질의 양을 알아내는 방법이다.
- 시험분석 절차, 기기 또는 시스템의 변동으로 발생하는 오차를 보정하기 위해 사용한다.

08 0.10M KNO₃ 용액에 관한 설명으로 옳은 것은?

① 이 용액 0.10L에는 6.02×10^{22}의 K^+이온들이 존재한다.
② 이 용액 0.10L에는 6.02×10^{23}의 K^+이온들이 존재한다.
③ 이 용액 0.10L에는 0.010몰의 K^+이온들이 존재한다.
④ 이 용액 0.10L에는 1.0몰의 K^+이온들이 존재한다.

해설

$$\frac{0.1\text{mol}}{1\text{L}} \times 0.1\text{L} = 0.01\text{mol}$$

∴ 용액 0.10L에는 0.01mol = 6.02×10^{21}개의 K^+이온이 존재한다.

09 혼성궤도함수(Hybrid Orbital)에 대한 설명으로 틀린 것은?

① 탄소원자의 한 개의 s 궤도함수와 세 개의 p 궤도함수가 혼성하여 네 개의 새로운 궤도함수를 형성하는 것을 sp^3 혼성궤도함수라 한다.
② sp^3 혼성궤도함수를 이루는 메테인은 C−H 결합각이 109.5°인 정사면체 구조이다.
③ 벤젠(C_6H_6)을 분자궤도함수로 나타내면 각 탄소는 sp^2 혼성궤도함수를 이루며 평면구조를 나타낸다.
④ 사이클로헥세인(C_6H_{12})을 분자궤도함수로 나타내면 각 탄소는 sp 혼성궤도함수를 이룬다.

해설

사이클로헥세인은 sp^3 혼성오비탈을 이룬다.

10 다음 중 기기잡음이 아닌 것은?

① 열적잡음(Johnson Noise)
② 산탄잡음(Shot Noise)
③ 습도잡음(Humidity Noise)
④ 깜빡이 잡음(Flicker Noise)

> 해설

기기잡음의 종류
- 열적잡음(Johnson 잡음, 백색잡음)
- 산탄잡음(Shot 잡음)
- 플리커 잡음(깜빡이 잡음, Flicker 잡음) : $\frac{1}{f}$잡음
- 환경잡음

11 다음은 질산을 생성하는 Ostwald 공정을 나타낸 화학반응식이다. 균형이 맞추어진 화학반응식의 반응물과 생성물의 계수 a, b, c, d가 옳게 나열된 것은?

$$aNH_3 + bO_2 \rightarrow cNO + dH_2O$$

① $a=2$, $b=3$, $c=2$, $d=3$
② $a=6$, $b=4$, $c=5$, $d=6$
③ $a=4$, $b=5$, $c=4$, $d=6$
④ $a=1$, $b=1$, $c=1$, $d=1$

> 해설

- N : $a=c$, $a=c=1$
- H : $3a=2d$, $d=\frac{3}{2}$
- O : $c+d=2b$, $b=\frac{5}{4}$

$NH_3 + \frac{5}{4}O_2 \rightarrow NO + \frac{3}{2}H_2O$

각 항에 ×4를 하면
$4NH_3 + 5O_2 \rightarrow 4NO + 6H_2O$

12 다음과 같은 가역반응이 일어난다고 가정할 때 평형을 오른쪽으로 이동시킬 수 있는 변화는?

$$4HCl(g) + O_2(g) + heat \rightleftharpoons 2Cl_2(g) + 2H_2O(g)$$

① Cl_2의 농도 증가
② HCl의 농도 감소
③ 반응온도 감소
④ 압력의 증가

> 해설

평형의 이동
- 반응물의 농도 증가 → 농도가 감소하는 방향으로 이동
- 압력 증가 → 농도가 감소하는 방향으로 이동
- 온도 증가 → 흡열반응이면 정반응으로 이동

13 다음 중 짝산-짝염기의 관계로 옳은 것은?

① $HCl - OCl^-$
② $H_2SO_4 - SO_4^{2-}$
③ $NH_4^+ - NH_3$
④ $H_3O^+ - OH^-$

> 해설

$NH_4^+ + OH^- \rightleftharpoons NH_3 + H_2O$
짝산　　　　　　짝염기

14 산, 염기에 대한 설명으로 틀린 것은?

① Brønsted-Lowry 산은 양성자 주개(Proton Donor)이다.
② 염기는 물에서 수산화이온을 생성한다.
③ 강산(Strong Acid)은 물에서 완전히 또는 거의 완전히 이온화되는 산이다.
④ Lewis 산은 비공유 전자쌍을 줄 수 있는 물질이다.

> 해설

산·염기의 정의

구분	산	염기
Arrhenius	H^+를 내는 물질	OH^-를 내는 물질
Brønsted-Lowry	H^+(양성자) 주개	H^+(양성자) 받개
Lewis	전자쌍을 받는 물질	전자쌍을 주는 물질

15 S_8 분자 6.41g과 같은 개수의 분자를 가지는 P_4 분자의 질량은?(단, S 원자량은 32.07, P 원자량은 30.97이다.)

① 3.10g
② 3.81g
③ 6.19g
④ 6.41g

> 정답　10 ③　11 ③　12 ④　13 ③　14 ④　15 ①

> [해설]

$S_8\ 6.41g \times \dfrac{1mol}{32.07 \times 8g} = 0.025mol$

$P_4\ 0.025mol \times \dfrac{30.97 \times 4g}{1mol} = 3.1g$

같은 몰수의 분자(입자) 안에는 같은 개수의 분자(입자)가 들어 있다.

16 $H_2C_2O_4$에서 C의 산화수는?

① +1 ② +2
③ +3 ④ +4

> [해설]

$H_2C_2O_4$
$1 \times 2 + 2 \times C + (-2 \times 4) = 0$
∴ C = +3

17 다음 물질의 명명으로 옳지 않은 것은?

① $KMnO_4$: 과망간산칼륨
② $HClO_3$: 염소산
③ $NaClO_4$: 과염소산나트륨
④ $KClO_2$: 차아염소산칼륨

> [해설]

- $KClO_2$: 아염소산칼륨
- $KClO$: 차아염소산칼륨

18 Na의 중성자수는?

① 11 ② 23
③ 12 ④ 10

> [해설]

$^{23}_{11}Na$
양성자수 = 전자수 = 11
질량수 = 양성자수 + 중성자수
23 = 11 + 중성자수
∴ 중성자수 = 12

19 B급 화재에 해당하는 것은?

① 일반화재 ② 전기화재
③ 유류화재 ④ 금속화재

> [해설]

구분	적응화재
A급 화재	일반화재
B급 화재	유류화재, 가스화재
C급 화재	전기화재
D급 화재	금속화재

20 산업안전보건법령상 물질안전보건자료 작성 시 포함되어 있는 주요 작성항목이 아닌 것은?

① 응급조치 요령 ② 법적 규제 현황
③ 폐기 시 주의사항 ④ 생산책임자 성명

> [해설]

MSDS 구성항목
1. 화학제품과 회사에 관한 정보
2. 유해성 · 위험성
3. 구성성분의 명칭 및 함유량
4. 응급조치 요령
5. 폭발 · 화재 시 대처방법
6. 누출사고 시 대처방법
7. 취급 및 저장방법
8. 노출방지 및 개인보호구
9. 물리 · 화학적 특성
10. 안정성 및 반응성
11. 독성에 관한 정보
12. 환경에 미치는 영향
13. 폐기 시 주의사항
14. 운송에 필요한 정보
15. 법적 규제 현황
16. 기타 참고사항

정답 16 ③ 17 ④ 18 ③ 19 ③ 20 ④

2과목 분석계획 수립과 분석화학 기초

21 EDTA를 이용한 착물 형성 적정법에 대한 설명 중 틀린 것은?

① 여러 자리 리간드(Multidentate Ligand)인 EDTA는 적정분석에서 많이 사용되는 시약이다.
② 금속과 리간드의 반응에 대한 평형상수를 형성상수 (Formation Constant)라 한다.
③ EDTA는 H_6Y^{2+}로 표시되는 사양성자계이다.
④ EDTA는 대부분의 금속이온과 전하와는 무관하게 1 : 1 비율로 착물을 형성한다.

해설

EDTA(Ethylene Diamine Tetraacetic Acid)

- 여섯 자리 리간드
- 1가 양이온(Li^+, Na^+, K^+)을 제외한 모든 금속이온과 1 : 1 착물을 형성한다.
- H_6Y^{2+}로 표시되는 육양성자계이다.
- EDTA 착물 형성반응에 관여하는 화학종은 Y^{4-}이다.
- 금속과 리간드의 반응에 대한 평형상수를 형성상수라 한다.

22 전이에 필요한 에너지가 가장 큰 것은?

① 분자 회전
② 결합 전자
③ 내부 전자
④ 자기장 내에서 핵스핀

해설

에너지 증가 / 파장 감소 ────────→ 에너지 감소 / 파장 증가

γ선 X선 자외선(UV) 가시광선(Vis) 적외선(IR) 마이크로파 라디오파

전자기파	유발전이	분광법
라디오파	핵스핀 전이	NMR 분광법
마이크로파	전자스핀 전이	
적외선	분자의 진동·회전 전이	IR 분광법(2.5~50μm)
가시광선 자외선	최외각전자·결합전자 전이	UV-Vis 흡수분광법 (180~780nm)
X선	내각전자 전이	X선 분광법(0.1~25Å)

23 원자흡수분광법(AAS)에서 주로 사용되는 연료가스는 천연가스, 수소, 아세틸렌이다. 또한 산화제로서 공기, 산소, 산화이질소가 사용된다. 가장 높은 불꽃온도를 내는 연료가스와 산화제의 조합은?

① 수소 – 산소
② 천연가스 – 공기
③ 아세틸렌 – 산화이질소
④ 아세틸렌 – 산소

해설

연료	산화제	온도(℃)
천연가스	공기	1,700~1,900
	산소	2,700~2,800
수소	공기	2,000~2,100
	산소	2,550~2,700
아세틸렌	공기	2,100~2,400
	산소	3,050~3,150
	산화이질소(N_2O)	2,600~2,800

24 요오드산바륨($Ba(IO_3)_2$)이 녹아 있는 25℃의 수용액에서 바륨이온(Ba^{2+})의 농도가 7.32×10^{-4}M일 때, 요오드산바륨의 용해도곱 상수는?

① 3.92×10^{-10}
② 7.84×10^{-10}
③ 1.57×10^{-9}
④ 5.36×10^{-7}

해설

$Ba(IO_3)_2(s) \rightarrow Ba^{2+}(aq) + 2IO_3^-(aq)$
$\quad\quad\quad\quad\quad 7.32 \times 10^{-4}M \quad 2 \times 7.32 \times 10^{-4}M$

$K_{sp} = [Ba^{2+}][IO_3^-]^2$
$= (7.32 \times 10^{-4})(2 \times 7.32 \times 10^{-4})^2 = 1.57 \times 10^{-9}$

정답 21 ③ 22 ③ 23 ④ 24 ③

25 어떤 온도에서 다음 반응의 평형상수(K_c)는 50이다. 같은 온도에서 x몰의 $H_2(g)$와 2.5몰의 $I_2(g)$를 반응시켜 평형에 이르렀을 때 4몰의 $HI(g)$가 되었고, 0.5몰의 $I_2(g)$가 남아 있었다면, x의 값은?(단, 반응이 일어나는 동안 온도와 부피는 일정하게 유지되었다.)

$$H_2(g) + I_2(g) \rightleftarrows 2HI(g)$$

① 1.64 ② 2.64
③ 3.64 ④ 4.64

해설

	H_2	+	I_2	⇌	2HI
	x		2.5		0
	-2		-2		$+4$
평형:	$x-2$		0.5		4

$$K = \frac{[HI]^2}{[H_2][I_2]} = \frac{4^2}{(x-2)0.5} = \frac{32}{x-2} = 50$$

$\therefore x = 2.64$

26 X선 분광법에 대한 설명으로 틀린 것은?

① 방사성 광원은 X선 분광법의 광원으로 사용될 수 있다.
② X선 광원은 연속스펙트럼과 선스펙트럼을 발생시킨다.
③ X선의 선스펙트럼은 내부 껍질 원자궤도함수와 관련된 전자전이로부터 얻어진다.
④ X선의 선스펙트럼은 최외각 원자궤도함수와 관련된 전자전이로부터 얻어진다.

해설

X선 분광법
• X선 : 고에너지 전자의 감속 또는 원자의 내부 전자들의 전자전이에 의해 생성된 짧은 파장의 전자기 복사선
• X선 파장범위 : 0.1~25Å

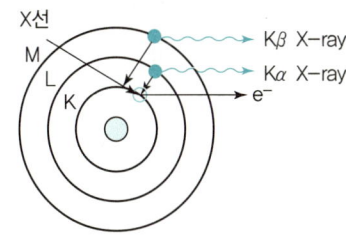

27 원자흡수분광법의 광원으로 가장 적합한 것은?

① 수은등(Mercury Lamp)
② 전극등(Electron Lamp)
③ 방전등(Discharge Lamp)
④ 속빈음극등(Hollow Cathode Lamp)

해설

복사선 광원
㉠ 속빈음극등(HCL : Hollow Cathode Lamp)
• 1~5torr의 압력을 갖는 네온 또는 아르곤이 채워진 유리관에 텅스텐 양극과 원통형 음극으로 구성된다.
• 원통형의 음극은 스펙트럼이 요구하는 금속으로 구성되거나 그 금속의 층이 피복되어 있다.
• 두 전극 사이에 가해진 300V 정도의 전압에 의해 비활성 기체가 이온화되고 5~15mA의 전류가 발생한다.
㉡ 무전극방전등(EDL)
• 원자선 스펙트럼을 내는 유용한 광원
• 속빈음극등보다 10~100배의 더 큰 복사선의 세기를 얻을 수 있다.
• 전극 대신 강력한 라디오 주파수 또는 마이크로파 복사선에 의해 에너지가 공급된다.
• Se, As, Sb는 EDL 방법이 속빈음극등보다 좋은 검출한계를 나타낸다.
㉢ 광원 변조
전형적인 원자흡수기기에서는 불꽃 자체에서 방출하는 복사선에 의한 간섭을 제거할 필요가 있다. 이런 종류의 방출복사선은 단색화 장치에 의해 대부분 제거된다. 그러나 분석물질 원자와 불꽃 자체 화학종의 복사선의 파장이 단색화 장치에 설정된 파장과 동일할 경우의 파장이 존재하게 된다. 이러한 불꽃 방출선의 영향을 없애기 위해 광원의 출력을 일정한 주파수로 변화시키도록 출력을 변조할 필요가 있다.

28 pH 10.00인 100mL 완충용액을 만들려면 $NaHCO_3$ (FW 84.01) 4.00g과 몇 g의 Na_2CO_3 (FW 105.99)를 섞어야 하는가?(단, FW는 Formular Weight를 의미한다.)

$H_2CO_3 \rightleftarrows HCO_3^- + H^+$	$pK_{a1} = 6.352$
$HCO_3^- \rightleftarrows CO_3^{2-} + H^+$	$pK_{a2} = 10.329$

① 1.32 ② 2.09
③ 2.36 ④ 2.96

정답 25 ② 26 ④ 27 ④ 28 ③

해설

$$[\text{HCO}_3^-] = 4.00\text{g NaHCO}_3 \times \frac{1\text{mol NaHCO}_3}{84.01\text{g NaHCO}_3}$$
$$\times \frac{1\text{mol HCO}_3^-}{1\text{mol NaHCO}_3} \times \frac{1}{0.100\text{L}}$$
$$= 0.476\text{M}$$

$$\text{pH} = \text{p}K_{a2} + \log\frac{[\text{CO}_3^{2-}]}{[\text{HCO}_3^-]}$$
$$= 10.329 + \log\frac{[\text{CO}_3^{2-}]}{0.476} = 10$$

$$\therefore [\text{CO}_3^{2-}] = 0.223\text{M}$$

$$\text{Na}_2\text{CO}_3 = \frac{0.223\text{mol CO}_3^{2-}}{\text{L}} \times \frac{1\text{mol Na}_2\text{CO}_3}{1\text{mol CO}_3^{2-}}$$
$$\times \frac{105.99\text{g Na}_2\text{CO}_3}{1\text{mol Na}_2\text{CO}_3} \times 0.100\text{L}$$
$$= 2.36\text{g}$$

29 약산을 강염기로 적정하는 실험에 대한 설명으로 틀린 것은?

① 약산의 농도가 클수록 당량점 근처에서 pH 변화폭이 크다.
② 당량점에서 pH는 7보다 크다.
③ 약산의 해리상수가 클수록 당량점 근처에서 pH 변화폭이 크다.
④ 약산의 해리상수가 작을수록 적정 반응의 완결도가 높다.

해설

해리상수가 작으면 H^+이 적으므로 적정이 잘되지 않아 반응 완결도가 낮다.

30 옥살산은 뜨거운 산성 용액에서 과망간산이온과 아래와 같이 반응한다. 이 반응에서 지시약 역할을 하는 것은?

$$5H_2C_2O_4 + 2MnO_4^- + 6H^+ \rightarrow 10CO_2 + 2Mn^{2+} + 8H_2O$$

① $H_2C_2O_4$ ② MnO_4^-
③ CO_2 ④ H_2O

해설

$$5H_2C_2O_4 + \underset{\text{자주색}}{2MnO_4^-} + 6H^+ \rightarrow 10CO_2 + \underset{\text{무색}}{2Mn^{2+}} + 8H_2O$$

31 어떤 유기산 10.0g을 녹여 100mL 용액을 만들면, 이 용액에서 유기산의 해리도는 2.50%이다. 유기산은 일양성자산이며, 유기산의 K_a가 5.00×10^{-4}이었다면, 유기산의 화학식량은?

① 6.40g/mol ② 12.8g/mol
③ 64.0g/mol ④ 128g/mol

해설

	HA	→	H^+	+	A^-
초기	x		0		0
반응	$-0.025x$		$+0.025x$		$+0.025x$
최종	$0.975x$		$0.025x$		$0.025x$

$$K_a = \frac{[H^+][A^-]}{[HA]} = \frac{(0.025x)^2}{0.975x}$$
$$= 5.00 \times 10^{-4}$$

$\therefore x = 0.78\text{mol/L(M)}$

몰수 $= 0.78\text{mol/L} \times 0.1\text{L} = 0.078\text{mol}$

$\therefore$ 유기산의 화학식량 $= \dfrac{10\text{g}}{0.078\text{mol}}$
$= 128.5\text{g/mol}$

32 7.22g의 고체 철(몰질량=55.85)을 산성 용액 속에서 완전히 반응시키는 데 미지농도의 $KMnO_4$ 용액 187mL가 필요하였다. $KMnO_4$ 용액의 몰농도(M)는?(단, 이때 미반응 완결반응식은 $H^+(aq) + Fe(s) + MnO_4^-(aq) \rightarrow Fe^{3+}(aq) + Mn^{2+}(aq) + H_2O(l)$이다.)

① 0.41 ② 0.68
③ 0.82 ④ 1.23

정답 29 ④ 30 ② 31 ④ 32 ①

> 해설

$$\text{Fe} + \text{MnO}_4^- \rightarrow \text{Fe}^{3+} + \text{Mn}^{2+}$$

(+3)×5, +7 → +2, (−5)×3

$$24\text{H}^+ + 5\text{Fe} + 3\text{MnO}_4^- \rightarrow 5\text{Fe}^{3+} + 3\text{Mn}^{2+} + 12\text{H}_2\text{O}$$

5 × 55.85g   3mol
7.22g x mol

$x = 0.077$ mol

$\therefore M = \dfrac{0.077 \text{mol}}{0.187 \text{L}} = 0.41\text{M}$

33 활동도는 용액 중에서 그 화학종이 실제로 작용하는 반응능력을 말한다. 이에 비해 활동도 계수는 이온들이 이상적 행동으로부터 벗어나는 정도를 나타낸다. 활동도 계수에 대한 설명으로 가장 옳은 것은?

① 활동도 계수는 무한히 묽은 용액에서 무한히 작아진다.
② 활동도 계수는 공존하는 화학종의 종류보다는 용액의 이온 세기에 따라 결정된다.
③ 이온의 전하가 커지면 활동도 계수가 1로부터 벗어나는 정도가 작아진다.
④ 전하를 갖지 않는 중성 분자의 활동도 계수는 이온 세기와는 무관하게 0이다.

> 해설

활동도
- 활동도는 용액 중에 녹아 있는 화학종의 실제 농도를 나타낸다.
- 전해질의 영향은 전해질의 종류나 화학적 성질에는 무관하고 이온의 세기에만 의존하므로 활동도 계수도 전해질의 성질에 무관하고 이온 세기에만 의존한다.
- 이상용액의 활동도 계수는 1이다.

34 분석물질이 EDTA를 가하기 전에 침전물을 형성하거나 적정조건에서 EDTA와 느리게 반응하거나, 지시약을 가로막는 분석물에 적합한 EDTA 적정법은?

① 직접적정   ② 치환적정
③ 간접적정   ④ 역적정

> 해설

역적정을 사용해야 하는 경우
- 분석물질이 EDTA를 가하기 전에 음이온과 침전물을 형성하는 경우
- 적정조건에서 EDTA와 너무 느리게 반응하는 경우
- 만족할 만한 지시약이 없는 경우

35 13.58g의 tris(hydroxymethyl)aminomethane (분자량=121.14)과 5.03g의 tris hydrochloride(분자량=157.60)를 혼합한 수용액 100L에 1.00M 염산 10.0mL를 첨가하였을 때의 pH는 약 얼마인가?(단, tris 짝산의 $pK_a = 8.072$이다.)

① 7.43   ② 7.85
③ 8.46   ④ 9.27

> 해설

tris(hydroxymethyl)aminomethane

$$\text{HOCH}_2 - \underset{\underset{\text{CH}_2\text{OH}}{|}}{\overset{\overset{\text{CH}_2\text{OH}}{|}}{\text{C}}} - \text{NH}_2$$

- tris의 몰수 = $\dfrac{13.58\text{g}}{121.14\text{g/mol}} = 0.112$ mol
- tris·H$^+$의 몰수 = $\dfrac{5.03\text{g}}{157.6\text{g/mol}} = 0.032$ mol
- HCl의 몰수 = 1.00M × 0.01L = 0.01 mol

	tris	+ H$^+$	⇌ tris·H$^+$
초기	0.112	0.01	0.032
반응	−0.01	−0.01	+0.01
나중	0.102	0	0.042

Henderson−Hasselbalch 식

$$pH = pK_a + \log\dfrac{[\text{B}]}{[\text{BH}^+]} = 8.072 + \log\left(\dfrac{0.102}{0.042}\right) = 8.46$$

36 EDTA 적정에 사용되는 Xylenol Orange와 같은 금속이온 지시약의 일반적인 특징이 아닌 것은?

① pH에 따라 색이 다소 변한다.
② 산화−환원제로서 전위(Potential)에 따라 색이 다르다.
③ 지시약은 EDTA 보다 약하게 금속과 결합해야만 한다.
④ 금속이온과 결합하면 색깔이 변해야 한다.

정답 33 ②   34 ④   35 ③   36 ②

해설

산화환원 적정에 사용되는 산화·환원 지시약 전위에 따라 색이 변하며, 금속이온 지시약은 수소이온의 농도 변화에 따라 색이 변한다.

37 0.1M KNO_3와 0.05M Na_2SO_4의 혼합용액의 이온 세기는 얼마인가?

① 0.2
② 0.25
③ 0.3
④ 0.35

해설

0.1M KNO_3 + 0.05M Na_2SO_4

이온 세기 $\mu = \dfrac{1}{2}[\{0.1\times(+1)^2\times 1\}+\{0.1\times(-1)^2\times 1\}$
$+\{0.05\times(+1)^2\times 2\}+\{0.05\times(-2)^2\}]$
$= 0.25$

38 다음의 설명에 해당하는 시험법은?

> 대부분의 실용분석에서는 분석값이 어느 범위 내에서 서로 비슷하게 될 때까지 실험을 되풀이한다. 이때 얻어지는 처음의 분석값은 조작에 익숙하지 못하여 흔히 오차가 크게 나타나므로 그 결과를 버리는 경우가 많다. 때로는 그 결과에 따라 시험량과 시액 농도 등을 보다 합리적으로 개선할 수 있으므로 일종의 예비 시험에 해당한다.

① Blank Test
② Control Test
③ Recovery Test
④ Blind Test

해설

오차를 줄이기 위한 시험법
㉠ 공시험(Blank Test)
 • 실제 분석대상 시료를 사용하지 않고, 다른 모든 조건을 시료분석법과 같은 방법으로 실험하는 것이다.
 • 지시약오차, 불순물로 인한 오차 등 계통오차의 대부분을 효과적으로 확인할 수 있다.
㉡ 조절시험(Control Test)
 시료와 가급적 같은 성분을 함유한 대조시료를 만들어 시료분석법과 같은 방법으로 여러 번 실험한 다음 기지함량값과 실제로 얻은 분석값의 차만큼 시료분석값을 보정한다.
㉢ 회수시험(Recovery Test)
 시료와 같은 공존물질을 함유하는 기지농도의 대조시료를 분석함으로써 공존물질의 방해작용 등으로 인한 분석값의 회수율을 검토하는 방법이다.
㉣ 맹시험(Blind Test)
 • 처음 분석값은 조작에 익숙하지 못하여 오차가 크게 나타나므로 맹시험이라 하며 버리는 경우가 많다.
 • 예비시험에 해당된다.
㉤ 평행시험(Parallel Test)
 • 같은 시료를 같은 방법으로 여러 번 되풀이하는 시험이다.
 • 우연오차가 있는 측정값으로부터 그 평균값과 표준편차 등을 얻기 위한 수단이다.

39 인증표준물질(CRM)을 이용하여 투과율을 8회 반복 측정한 결과와 T-table을 활용하여, 이 실험의 측정 신뢰도가 95%일 때 우연불확도로 옳은 것은?

| 18.32%, 18.33%, 18.33%, 18.35% |
| 18.33%, 18.32%, 18.31%, 18.34% |

▼ T-table

degree of freedom	amount of area in one tail		
	0.1	0.05	0.025
6	1.440	1.943	2.447
7	1.415	1.895	2.365
8	1.397	1.860	2.306
9	1.383	1.833	2.262
10	1.372	1.812	2.228

① $U = 0.00016 \times \dfrac{\sqrt{8}}{2.306}$
② $U = 0.00016 \times \dfrac{1.895}{8}$
③ $U = 0.012 \times \dfrac{2.365}{\sqrt{8}}$
④ $U = 0.012 \times \dfrac{\sqrt{8}}{2.306}$

해설

우연불확도 $U = s \times \dfrac{t}{\sqrt{n}}$

$= \dfrac{0.012 \times 2.365}{\sqrt{8}}$

$n = 8$
$\bar{x} = 18.329$
s(표준편차) $= 0.012$

정답 37 ② 38 ④ 39 ③

95%에서 한쪽 고리의 면적 $= \dfrac{1-0.95}{2} = 0.025$

자유도 $= 8 - 1 = 7$

$\therefore t = 2.365$

40 밸리데이션의 시험방법을 개발하는 단계에서 고려되어야 하는 평가항목이며 분석조건을 의도적으로 변동시켰을 때의 시험방법의 신뢰성을 나타내는 척도로서 사용되는 평가항목은?

① 정량한계 ② 정밀성
③ 완건성 ④ 정확성

해설

완건성(Robustness)
시험방법 중 일부조건이 작지만, 의도된 변화에 의해 영향을 받지 않고 유지될 수 있는 능력의 척도

3과목 화학물질 특성분석

41 HPLC에 이용되는 검출기 중 가장 널리 사용되는 검출기의 종류는?

① 형광 검출기
② 굴절률 검출기
③ 자외선 – 가시선 흡수검출기
④ 증발 광산란 검출기

해설

HPLC에 이용되는 검출기
- 자외선 – 가시선 흡수검출기 : 가장 널리 사용
- 적외선 흡수검출기
- 형광 검출기
- 굴절률 검출기
- 전기화학 검출기

42 시차주사열량법(DSC)이 갖는 시차열분석법(DTA)과의 근본적인 차이는 무엇인가?

① 온도 차이를 기록 ② 에너지 차이를 기록
③ 밀도 차이를 기록 ④ 시간 차이를 기록

해설

- 시차주사열량법(DSC) : 온도에 따른 기준물질과 시료물질 사이의 에너지 차이를 측정
- 시차열분석법(DTA) : 시료와 기준물질 사이의 온도 차이를 측정

43 기체 크로마토그래피에서 사용되는 검출기 중 할로겐 물질에 대해 검출한계가 가장 좋은 검출기는?

① 불꽃이온화 검출기(FID)
② 열전도도 검출기(TCD)
③ 전자포획 검출기(ECD)
④ 불꽃광도 검출기(FPD)

해설

㉠ 불꽃이온화 검출기(FID)
  - 가장 널리 사용된다.
  - 탄소원자의 수에 비례하여 감응한다.
  - 유기시료 분석에 사용된다.
  - 감도가 높고 선형 감응범위가 넓다.
  - 시료가 파괴된다.
㉡ 열전도도 검출기(TCD)
  - 운반기체(이동상 기체)와 시료의 열전도 차이에 감응하여 변하는 전위를 측정한다.
  - 유기·무기 화학종에 모두 감응한다.
  - 감도가 낮다.
  - 시료가 파괴되지 않는다.
㉢ 전자포획 검출기(ECD)
  - 살충제와 같은 유기화합물에 함유된 할로겐 원소에 선택적으로 감응한다.
  - 감도가 매우 좋다.
  - 시료를 크게 변화시키지 않는다.
㉣ 열이온 검출기(TID) : 인·질소 화합물에 적용한다.
㉤ 불꽃광도 검출기(FPD)
  - 공기와 물의 오염물질. 살충제 및 석탄의 수소화생성물 등을 분석하는데 널리 이용된다.
  - 황과 인을 포함하는 화합물에 감응하는 선택성 검출기이다.
  - 수소 – 공기 불꽃으로 들어가서 인의 일부가 HPO 화학종으로 변하게 된다.

정답 40 ③ 41 ③ 42 ② 43 ③

44 20.0cm 관으로 물질 A와 B를 분리한 결과 A의 머무름시간은 15.0분, B의 머무름시간은 17.0분이었고, A와 B의 봉우리 밑 너비는 각각 0.75분, 1.25분이었다면 이 관의 분리능은 얼마인가?

① 1.0 ② 2.0
③ 3.5 ④ 4.5

해설

분리능 $R_s = \dfrac{2[(t_R)_B - (t_R)_A]}{W_A + W_B}$

여기서, $(t_R)_A$: 봉우리 A의 머무름시간
$(t_R)_B$: 봉우리 B의 머무름시간
W_A, W_B : 봉우리 A, B의 너비

$R_s = \dfrac{2(17.0 - 15.0)}{0.75 + 1.25} = 2$

45 유리전극으로 pH를 측정할 때 영향을 주는 오차 요인으로 가장 거리가 먼 것은?

① 산 오차 ② 알칼리 오차
③ 탈수 ④ 높은 이온 세기

해설

유리전극으로 pH를 측정할 때의 오차
- 알칼리 오차
- 산 오차
- 탈수
- 낮은 이온 세기
- 접촉전위의 변화
- 표준완충용액의 불확정성
- 온도변화에 따른 오차
- 전극의 세척 불량

46 HPLC 펌프장치의 필요요건이 아닌 것은?

① 펄스 충격 없는 출력
② 3,000psi까지의 압력 발생
③ 0.1~10mL/min 범위의 흐름 속도
④ 흐름 속도 재현성의 상대 오차를 0.5% 이하로 유지

해설

HPLC 펌프장치의 필요조건
- 압력은 40MPa(6,000psi, 414bar) 이상이어야 한다.
- 이동상의 흐름에 펄스가 없어야 한다.
- 이동상의 흐름 속도는 0.1~10mL/min 정도이어야 한다.
- 흐름 속도는 0.5% 이하의 상대표준편차로 재현성이 있어야 한다.
- 잘 부식되지 않는 재질(스테인리스 스틸, 테프론)로 만들어야 한다.

47 불꽃이온화 검출기(FID)에 대한 설명으로 틀린 것은?

① 버너를 가지고 있다.
② 사용 가스는 질소와 공기이다.
③ 불꽃을 통해 전기를 운반할 수 있는 전자와 이온을 만든다.
④ 유기화합물은 이온성 중간체가 된다.

해설

불꽃이온화 검출기(FID)
- 가장 널리 사용된다.
- 대부분의 유기화합물들이 공기-수소 불꽃온도에서 열분해되어 전자와 이온들이 만들어진다.
- 전하를 띤 물질들을 수집할 때 발생하는 전류를 측정하여 검출한다.
- 단위시간당 들어가는 탄소원자의 수에 감응한다.
- 카르보닐, 알코올, 할로겐, 아민과 같은 작용기는 불꽃에 의해 이온화하지 않는다.
- H_2O, CO_2, SO_2, 비활성 기체, NOx와 같이 연소하지 않는 기체에 대해서는 감응하지 않는다.
- 유기시료를 분석한다.
- 감도가 높고 선형 감응범위가 넓다.
- 시료가 파괴된다.

48 크로마토그래피에서 봉우리 넓힘에 기여하는 요인에 대한 설명으로 틀린 것은?

① 충전입자의 크기는 다중 통로 넓힘에 영향을 준다.
② 이동상에서의 확산계수가 증가할수록 봉우리 넓힘이 증가한다.
③ 세로확산은 이동상의 속도에 비례한다.
④ 충전입자의 크기는 질량이동계수에 영향을 미친다.

정답 44 ② 45 ④ 46 ② 47 ② 48 ③

> 해설

띠넓힘에 기여하는 요인
- 이동상의 선형 속도
- 이동상에서 용질의 확산계수
- 정지상에서 용질의 확산계수
- 머무름인자
- 충전물 입자의 지름
- 정지상의 액체막의 두께
- Van Deemer 식

$$H = A + \frac{B}{u} + Cu$$

여기서, A : 다중흐름통로
$\frac{B}{u}$: 세로확산
Cu : 질량이동항

49 Polarogram으로부터 얻을 수 있는 정보에 대한 설명으로 틀린 것은?

① 확산전류는 분석물질의 농도와 비례한다.
② 반파전위는 금속의 리간드의 영향을 받지 않는다.
③ 확산전류는 한계전류와 잔류전류의 차이를 말한다.
④ 반파전위는 금속이온과 착화제의 종류에 따라 다르다.

> 해설

폴라로그래피
적하수은전극을 이용한 전압전류법

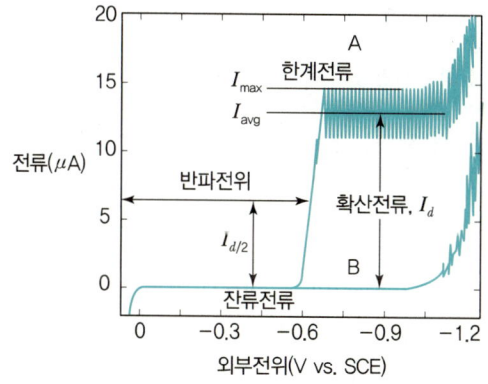

㉠ 확산전류
- 한계전류와 잔류전류의 차이이다.
- 분석물의 농도에 비례하므로 정량분석이 가능하다.
㉡ 반파전위
- 한계전류의 절반에 도달했을 때의 전위이다.

- 정성적 정보를 얻을 수 있다.
- 반파전위는 금속이온과 착화제(리간드)의 종류에 따라 다르다.

50 상온에서 다음 전극계의 전극전위는 약 얼마인가? (단, 각 이온의 농도는 $[Cr^{3+}] = 2.00 \times 10^{-4}$M, $[Cr^{2+}] = 1.00 \times 10^{-3}$M, $[Pb^{2+}] = 6.50 \times 10^{-2}$M이다.)

$$\text{Pt} \mid Cr^{3+}, Cr^{2+} \parallel Pb^{2+} \mid Pb$$
$$Cr^{3+} + e^- \leftrightarrow Cr^{2+} \quad E° = -0.408V$$
$$Pb^{2+} + 2e^- \leftrightarrow Pb(s) \quad E° = -0.126V$$

① $-0.255V$
② $-0.288V$
③ $0.255V$
④ $0.288V$

> 해설

$$E = -0.126 - (-0.408) - \frac{0.05916}{2} \log \frac{[Cr^{3+}]^2}{[Pb^{2+}][Cr^{2+}]^2}$$
$$= 0.282 - \frac{0.05916}{2} \log \frac{(2.00 \times 10^{-4})^2}{(6.50 \times 10^{-2})(1.00 \times 10^{-3})^2}$$
$$= 0.288V$$

51 초임계유체 크로마토그래피에 대한 설명으로 틀린 것은?

① 초임계유체에서는 비휘발성 분자가 잘 용해되는 장점이 있다.
② 비교적 높은 온도를 사용하므로 분석물들의 회수가 어렵다.
③ 이산화탄소가 초임계유체로 널리 사용된다.
④ 초임계유체 크로마토그래피는 기체와 액체 크로마토그래피의 혼성방법이다.

> 해설

초임계유체 추출법
- GC와 LC의 혼합된 방법으로 기존의 GC와 LC를 이용하여 분석하기 어려운 화학종들을 분리, 측정할 수 있다.
- CO_2가 초임계유체로 사용된다.
- 분자량이 큰 비휘발성 분자를 잘 용해할 수 있다.
- 분석물질을 쉽게 회수할 수 있다.
- 추출시간이 빠르다.

정답 49 ② 50 ④ 51 ②

52 적하수은전극(Dropping Mercury Electrode)을 사용하는 폴라로그래피(Polarography)에 대한 설명으로 옳지 않은 것은?

① 확산전류(Diffusion Current)는 농도에 비례한다.
② 수은이 항상 새로운 표면을 만들어 내어 재현성이 크다.
③ 수은의 특성상 환원반응보다 산화반응의 연구에 유용하다.
④ 반파 전위(Half-wave Potential)로부터 정성적 정보를 얻을 수 있다.

해설

수은이 쉽게 산화되므로 산화전극으로 사용하기 곤란하다.

53 질량분석기로서 알 수 없는 것은?

① 시료물질의 원소의 조성
② 구성원자의 동위원소의 비
③ 생화학 분자의 분자량
④ 분자의 흡광계수

해설

질량분석법으로 알 수 있는 사실
- 시료를 이루는 물질의 화학식
- 무기·유기·바이오 분자들의 구조
- 복잡한 화합물 화학조성의 정성 및 정량
- 고체 표면의 구조 및 화학조성
- 시료를 구성하는 원소의 동위원소비에 대한 정보

54 전기분해 효율이 100%인 전기분해전지가 있다. 산화전극에서는 산소 기체가, 환원전극에서는 구리가 석출되도록 0.5A의 일정 전류를 10분 동안 흘렸다. 석출된 구리의 무게는 약 얼마인가?(단, 구리의 몰질량은 63.5g/mol이다.)

① 0.05g
② 0.10g
③ 0.20g
④ 0.40g

해설

$$Q(C) = I(A) \times t(s)$$
$$= 0.5A \times 10min \times \frac{60s}{1min} = 300C$$
$$Cu = 300C \times \frac{1mol}{96,500C} \times \frac{1mol\ Cu}{2mol\ e^-} \times \frac{63.5g\ Cu}{1mol\ Cu}$$
$$= 0.099g ≒ 0.10g$$

55 전기화학반응에서 일어나는 편극의 종류에 해당하지 않는 것은?

① 농도 편극
② 결정화 편극
③ 전하이동 편극
④ 전압강화 편극

해설

편극의 원인
㉠ 농도 편극
  - 반응 화학종이 전극 표면으로 이동하는 속도가 요구되는 전류를 유지하기에 충분하지 않을 때 일어난다. 농도 편극이 일어나기 시작하면 물질이동 과전압이 나타난다.
  - 반응물 농도가 높을수록, 전해질 농도가 낮을수록, 전극의 표면적이 클수록, 온도가 높을수록, 잘 저어줄수록 농도편극이 감소한다.
㉡ 반응 편극
  반쪽전지반응은 중간체가 생기는 화학과정을 통해 이루어지는데, 중간체의 생성 또는 분해속도가 전류를 제한하는 경우 반응편극이 발생한다.
㉢ 전하이동 편극
  반응 화학종과 전극 사이의 전자 이동속도가 느려 전극에서 산화환원반응의 속도 감소로 인해 편극이 발생한다.
㉣ 흡착·탈착·결정화 편극
  흡착·탈착 또는 결정화와 같은 물리적 변화과정의 속도가 전류를 제한할 때 발생한다.

56 시차주사열량법(DSC)에서 발열(Exothermic) 봉우리를 나타내는 물리적 변화는?

① 결정화(Crystallization)
② 승화(Sublimation)
③ 증발(Vaporization)
④ 용해(Melting)

해설

시차주사열량법(DSC)

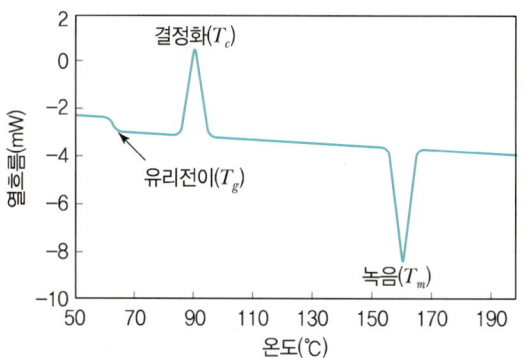

57 이온선택성 막전극의 종류 중 비결정질 막전극이 아닌 것은?

① 단일결정
② 유리
③ 액체
④ 강전해질 고분자에 고정된 측정용 액체

해설

이온선택성 막전극의 종류
- 결정질 막전극 : 단일결정, 다결정질 또는 혼합결정
- 비결정질 막전극 : 유리, 액체, 강체질 고분자에 고정된 측정용 액체

58 얇은 층 크로마토그래피(TLC)에 대한 설명으로 틀린 것은?

① 얇은 층 크로마토그래피(TLC)의 응용법은 기체 크로마토그래피와 유사하다.
② 시료의 점적법은 정량 측정을 할 경우 중요한 요인이다.
③ 최고의 분리효율을 얻기 위해서는 점적의 지름이 작아야 한다.
④ 묽은 시료인 경우는 건조시켜 가면서 3~4회 반복 점적한다.

해설

얇은 층 크로마토그래피(TLC)는 이동상을 액체로 사용하므로 액체 크로마토그래피와 유사하다.

59 질량분석기로 $C_2H_4^+$(MW=28.0313)와 CO^+(MW=27.9949)의 봉우리를 분리하는 데 필요한 분리능은 약 얼마인가?

① 770
② 1,170
③ 1,570
④ 1,970

해설

분리능 $R = \dfrac{m}{\Delta m}$

$m = \dfrac{28.0313 + 27.9949}{2} = 28.0131$

$\therefore R = \dfrac{28.0131}{28.0313 - 27.9949} ≒ 770$

60 벗김 분석(Stripping Method)이 감도가 좋은 이유는?

① 전극으로 커다란 수은방울을 사용하기 때문이다.
② 농축단계에서 사전에 전극에 금속이온을 농축하기 때문이다.
③ 전극에 높은 전위를 가하기 때문이다.
④ 전극의 전위를 빠른 속도로 주사하기 때문이다.

해설

벗김법
- 극미량 분석에 유용하다.
- 예비농축과정이 있어 감도가 좋고 검출한계가 아주 낮다.
- 매달린 수은방울 전극이 주로 사용된다.

4과목 화학물질 구조 및 표면분석

61 유도결합플라스마 광원인 토치(Torch)의 불꽃에서 온도 분포를 적절하게 나타낸 것은?

① 유도코일 근처에서 온도가 가장 낮다.
② 불꽃의 제일 앞쪽에서 온도가 가장 높다.
③ 불꽃의 앞 끝으로부터 유도코일로 갈수록 온도가 높아진다.
④ 불꽃의 제일 앞 끝과 유도코일의 중간지점 근처에서 온도가 가장 높다.

해설
토치의 온도 분포
불꽃의 앞 끝에서 유도코일로 갈수록 온도가 높아진다.

62 ^{13}C-NMR의 특징에 대한 설명으로 틀린 것은?

① H-NMR보다 검출이 매우 용이하다.
② 분자골격에 대한 정보를 얻을 수 있다.
③ 화학적 이동이 넓어서 봉우리의 겹침이 적다.
④ 탄소들 사이의 짝지음이 잘 일어나지 않는다.

해설
^{13}C-NMR
- H-NMR보다 감도가 낮아 검출이 어렵다.
- 분자골격에 대한 정보를 얻을 수 있다.
- 탄소원자 사이의 스핀-스핀 짝지음의 거의 없다.
- 화학적 이동이 넓어 봉우리 겹침이 적다.
- ^{13}C와 ^{1}H 핵 간의 스핀-스핀 짝지음이 일어난다.
- ^{13}C 원자와 양성자 사이의 짝풀림이 일어난다.

63 X선 형광법의 장점이 아닌 것은?

① 비파괴분석법이다.
② 스펙트럼이 비교적 단순하다.
③ 가벼운 원소에 대하여 감도가 우수하다.
④ 수분 내에 다중원소의 분석이 가능하다.

해설
㉠ X선 형광법의 장점
- 비파괴분석법이다.
- 스펙트럼이 단순하여 방해효과가 작다.
- 다중원소의 분석이 가능하다.
- 실험과정이 수분 이내로 빠르고 간편하다.

㉡ X선 형광법의 단점
- 감도가 좋지 않다.
- 원자번호가 작은 원소에 적당하지 않다.
- 기기가 비싸다.

64 복사선 에너지를 전기신호로 변환시키는 변환기와 관련이 가장 적은 것은?

① 섬광 계수기
② 속빈음극등
③ 반도체 변환기
④ 기체-충전 변환기

해설
속빈음극등
원자흡수분광법에서 사용되는 선광원

65 전도성 고체를 원자분광기에 도입하여 사용하기에 가장 적합한 방법은?

① 전열 증기화
② 레이저 증발법
③ 초음파 분무법
④ 스파크 증발법

해설
원자분광법의 시료 도입방법
㉠ 고체시료 도입방법
- 직접 시료 도입
- 전열 증기화
- 레이저 증발
- 아크와 스파크 증발(전도성 고체)
- 글로우 방전(전도성 고체)

㉡ 용액시료 도입방법
- 기체 분무기
- 초음파 분무기
- 전열 증기화
- 수소화물 생성법

정답 61 ③ 62 ① 63 ③ 64 ② 65 ④

66 Bragg 식에 의하면 X선이 시료에 입사되면 입사각과 시료의 내부 결정구조에 따라 회절현상이 발생한다. 파장이 1.315Å인 X선을 사용하여 구리 시료로부터 1차 Bragg 회절 Peak를 측정한 결과 2θ는 50.5°이다. 구리 금속 내부의 회절면 사이의 거리는 얼마인가?

① 0.771 Å
② 0.852 Å
③ 1.541 Å
④ 3.082 Å

해설

Bragg 식
$n\lambda = 2d\sin\theta$
여기서, n : 회절차수
λ : X선의 파장
d : 결정 격자간격
θ : 입사각

$1 \times 1.315 = 2 \times d \times \sin\left(\dfrac{50.5°}{2}\right)$

$\therefore d = 1.541\,\text{Å}$

67 1.50cm의 셀에 들어 있는 3.75mg/100mL A(분자량 220g/mol) 용액은 480nm에서 39.6%의 투광도를 나타내었다. A의 몰흡광계수는?

① 1.57×10^2
② 1.57×10^3
③ 1.57×10^4
④ 1.57×10^5

해설

$A = \varepsilon bc = -\log T = -\log 0.369 = 0.4023$

$C = \dfrac{3.75\,\text{mg}}{100\,\text{mL}} \times \dfrac{1\,\text{mol}}{220\,\text{g}} \times \dfrac{\text{g/L}}{\text{mg/mL}}$

$= 1.705 \times 10^{-4}\,\text{mol/L}$

$A = 0.4023 = \varepsilon \times 1.50\,\text{cm} \times 1.705 \times 10^{-4}\,\text{mol/L}\,(M)$

$\therefore \varepsilon = 1.57 \times 10^3\,M^{-1}\text{cm}^{-1}$

68 자외선-가시광선 흡수분광법에서 흡수 봉우리의 세기와 위치에 영향을 주는 요소로 가장 거리가 먼 것은?

① 용매효과(Solvent Effect)
② 입체효과(Stereo Effect)
③ 도플러 효과(Doppler Effect)
④ 콘주게이션 효과(Conjugation Effect)

해설

흡수 봉우리의 세기와 위치에 영향을 주는 요소
- 용매효과
- 콘주게이션 효과
- 입체효과

※ 도플러 효과 : 복사선의 파장은 원자의 움직임이 검출기 쪽을 향하면 감소하고 검출기로부터 멀어지면 증가한다.

69 원자흡수분광법에서 바탕보정을 위해 사용하는 방법이 아닌 것은?

① Zeeman 효과 사용 바탕보정법
② 광원 자체 반전(Self-reversal) 사용 바탕보정법
③ 연속광원(D_2 Lamp) 사용 바탕보정법
④ 선형 회귀(Linear Regression) 사용 바탕보정법

해설

원자분광법에서 사용하는 바탕보정법
- Zeeman 효과에 의한 바탕보정법 : 원자 증기에 센 자기장을 걸어 원자의 전자에너지 준위의 분리가 일어나는 현상을 이용하는 바탕보정법
- 연속광원보정법 : 중수소(D_2) 등에서 나오는 연속광원의 세기의 감소를 매트릭스에 의한 흡수로 보고 연속광원의 흡광도를 시료빛살의 흡광도에서 빼주어 보정하는 방법
- 두선보정법 : 시료를 통과하고 나온 기준선의 세기 감소를 매트릭스 방해로 보고 기준선의 흡광도를 시료빛살의 흡광도에서 빼주어 보정하는 방법
- 광원 자체 반전에 의한 바탕보정법 : 높은 전류가 흐를 때 속빈 캐소드 램프에서 방출되는 복사선의 자체 반전 또는 자체 흡수 현상을 이용하는 바탕보정법

정답 66 ③ 67 ② 68 ③ 69 ④

70 레이저 발생 메커니즘에 대한 설명 중 옳은 것은?

① 레이저를 발생하게 하는 데 필요한 펌핑은 레이저 활성 화학종이 전기방전, 센 복사선의 쪼임 등과 같은 방법에 의해 전자의 에너지 준위를 바닥 상태로 전이시키는 과정이다.
② 레이저 발생의 바탕이 되는 유도방출은 들뜬 레이저 매질의 입자가 자발 방출하는 광자와 정확하게 똑같은 에너지를 갖는 광자에 의하여 충격을 받는 경우이다.
③ 레이저에서 빛살증폭이 일어나기 위해서는 유도방출로 생긴 광자수가 흡수로 잃은 광자수보다 적어야 한다.
④ 3단계 또는 4단계 준위 레이저 발생계는 레이저가 발생하는 데 필요한 분포상태반전(Population Inversion)을 달성하기 어렵기 때문에 빛살증폭이 일어나기 어렵다.

해설

레이저 발생 메커니즘
펌핑 → 자발방출 → 유도방출 → 흡수
① 레이저를 발생하게 하는 데 필요한 펌핑은 레이저 활성 화학종이 전기방전, 센 복사선의 쪼임 등과 같은 방법에 의해 전자를 들뜨게 하는 과정이다.
③ 레이저에서 빛살증폭이 일어나기 위해서는 유도방출로 생긴 광자수가 흡수로 잃은 광자수보다 많아야 한다.
④ 4단계 준위 레이저 발생계는 3단계 발생계보다 분포상태반전이 더 쉽게 달성되어 빛살증폭이 잘 일어난다.

71 광자변환기(Photon Transducer)의 종류가 아닌 것은?

① 광전압전지
② 광전증배관
③ 규소다이오드 검출기
④ 볼로미터(Bolometer)

해설

광자변환기의 종류
- 광전압전지
- 광전증배관
- 규소다이오드 검출기
- 진공광전관
※ 볼로미터 : 열검출기의 일종으로 백금이나 니켈과 같은 금속이나 반도체로 만들어진 저항 온도계의 한 종류

72 다음 분자 중 적외선 흡수분광법으로 정량분석이 불가능한 것은?

① CO_2
② NH_3
③ O_2
④ NO_2

해설

적외선을 흡수하기 위해서는 진동이나 회전운동으로 인한 쌍극자 모멘트의 알짜변화가 일어나야 하는데, O_2, N_2와 같은 동종 이원자분자들은 알짜변화가 일어나지 않는다.

73 불꽃원자화와 비교한 유도결합플라스마 원자화에 대한 설명으로 옳은 것은?

① 이온화가 적게 일어나서 감도가 더 높다.
② 자체 흡수 효과가 많이 일어나서 감도가 더 높다.
③ 자체 반전 효과가 많이 일어나서 감도가 더 높다.
④ 고체상태의 시료를 그대로 분석할 수 있다.

해설

유도결합플라스마(ICP) 원자화 방법
- 플라스마 광원의 온도가 매우 높아 원자화 효율이 좋고 화학적 방해도 거의 없다.
- 플라스마 단면의 온도 분포가 균일하여 자체 흡수나 자체 반전이 나타나지 않는다.
- 아르곤의 이온화로 인한 전자밀도가 높아서 시료의 이온화에 의한 방해가 거의 없다.
- 높은 온도에서 잘 분해되지 않는 산화물(내화성 산화물)을 형성하는 텅스텐(W), 우라늄(U), 지르코늄(Zr) 등의 원자화가 용이하다.
- 많은 원소의 스펙트럼을 동시에 측정할 수 있으므로 다원소 분석이 가능하다.

74 원자분광법에서 원자선 너비는 여러 가지 요인들에 의해서 넓힘이 일어난다. 선 넓힘의 원인이 아닌 것은?

① 불확정성 효과
② 지만(Zeeman) 효과
③ 도플러(Doppler) 효과
④ 원자들과의 충돌에 의한 압력효과

정답 70 ② 71 ④ 72 ③ 73 ① 74 ②

> 해설

선 넓힘의 원인
- 불확정성 효과
- 도플러 효과
- 압력효과
- 전기장과 자기장의 효과

75 0.5nm/mm의 역선 분산능을 갖는 회절발 단색화 장치를 사용하여 480.2nm와 480.6nm의 스펙트럼선을 분리하려면 이론상 필요한 슬릿 너비는 얼마인가?

① 0.2mm ② 0.4mm
③ 0.6mm ④ 0.8mm

> 해설

$$\Delta\lambda_{유효} = \frac{1}{2}(480.6 - 480.2) = 0.2$$

$$W = \frac{\Delta\lambda_{유효}}{D^{-1}} = \frac{0.2\text{nm}}{0.5\text{nm/mm}} = 0.4\text{mm}$$

여기서, W : 슬릿 너비

76 Beer의 법칙에 대한 실질적인 한계를 나타내는 항목이 아닌 것은?

① 단색의 복사선
② 매질의 굴절률
③ 전해질의 해리
④ 큰 농도에서 분자 간의 상호작용

> 해설

Beer 법칙의 한계
- 매질의 굴절률 : 몰흡광계수는 굴절률에 따라 달라지는데, 농도가 굴절률을 크게 변화시키면 몰흡광계수의 변화로 편차가 나타난다.
- 전해질의 해리 : 흡수 화학종에 이온이 가까이 접근하여 정전기적 상호작용을 일으켜 흡수 화학종의 몰흡광계수가 변화되어 편차가 나타난다.
- 큰 농도에서 분자 간의 상호작용 : 농도가 크면 분자 간 거리가 가까워져 이웃 분자의 전하 분포에 영향을 주게 된다.
- 다색 복사선에 대한 겉보기 기기 편차 : Beer의 법칙은 단색 복사선에서 확실히 적용된다.

77 적외선 흡수분광법에서 적외선을 가장 잘 흡수할 수 있는 화학종은?

① O_2 ② HCl
③ N_2 ④ Cl_2

> 해설

분자가 진동, 회전운동을 할 때 쌍극자 모멘트의 변화가 있어야 적외선을 흡수할 수 있다. 그런데 O_2, N_2, Cl_2와 같은 동종화합물은 진동, 회전 시 쌍극자 모멘트의 알짜 변화가 없어 적외선을 흡수할 수 없다.

78 불꽃원자화(Flame Atomizer) 방법과 비교한 전열원자화(Electrothermal Atomizer) 방법의 특징에 대한 설명으로 틀린 것은?

① 감도가 불꽃원자화에 비하여 뛰어나다.
② 적은 양의 액체시료로도 측정이 가능하다.
③ 고체시료의 직접 분석이 가능하다.
④ 측정농도 범위가 10^6 정도로서 아주 넓고 정밀도가 우수하다.

> 해설

㉠ 불꽃원자화
- 재현성은 있으나 시료효율(감도)이 좋지 않다.
- 시료의 많은 부분이 폐기통으로 빠져나가고 불꽃의 광학경로에 머무르는 원자들의 체류시간이 짧아(10^{-4}s 정도) 시료효율이 낮다.

㉡ 전열원자화
- 전체 시료가 짧은 시간에 원자화되고, 원자가 빛 진로에 평균적으로 머무는 시간이 1초 이상이다.
- 감도가 높다.

79 매트릭스 효과가 있을 가능성이 있는 복잡한 시료를 분석하는 데 특히 유용한 분석법은?

① 내부표준법
② 외부표준법
③ 표준물첨가법
④ 표준검정곡선 분석법

정답 ▶ 75 ② 76 ① 77 ② 78 ④ 79 ③

해설

㉠ 표준물첨가법
- 미지시료에 분석물 표준용액을 각각 일정량씩 첨가한 용액을 만들어 증가된 신호 세기로부터 원래 분석물질의 양을 알아내는 방법
- 시료의 조성이 잘 알려져 있지 않거나 복잡할 때, 매트릭스 효과가 있는 시료의 분석에 유용

㉡ 외부표준물법(표준검정곡선법)
정확한 농도의 분석물을 포함하고 있는 몇 개의 표준용액을 만들어 농도 증가에 따른 신호의 세기 변화에 대한 검정곡선을 얻어 분석물질의 양을 알아내는 방법

㉢ 내부표준물법
- 모든 시료, 바탕 검정표준물에 동일량의 내부표준물을 첨가하여 분석물질의 신호와 내부표준물의 신호를 비교하여 분석물질의 양을 알아내는 방법
- 시험분석 절차, 기기 또는 시스템의 변동으로 발생하는 오차를 보정하기 위해 사용하는 방법

80 원자흡수분광법에서의 방해 중 스펙트럼 방해는 화학종의 흡수띠 또는 방출선이 분석선에 가까이 있거나 겹쳐서 발생한다. 스펙트럼 방해에 대한 설명으로 틀린 것은?

① 넓은 흡수띠를 갖는 연소생성물 또는 빛을 산란시키는 입자생성물이 존재할 때 발생한다.
② 시료 매트릭스에 의해 흡수 또는 산란될 때 발생한다.
③ 낮은 휘발성 화합물 생성, 해리반응, 이온화와 같은 평형상태에서 발생한다.
④ 스펙트럼 방해를 보정하는 방법에는 두선보정법, 연속광원보정법, Zeeman 효과에 의한 바탕보정 등이 있다.

해설

(1) 스펙트럼 방해
 ㉠ 방해 화학종의 흡수선 또는 방출선이 분석선에 너무 가까이 있거나 겹쳐져서 단색화 장치에 의해 분리가 불가능한 경우에 발생한다.
 ㉡ 보정법
  - 연속광원보정법
  - 두선보정법
  - Zeeman 효과에 의한 바탕보정
  - 광원 자체 반전에 의한 바탕보정

(2) 화학적 방해
 ㉠ 낮은 휘발성 화합물 생성
 ㉡ 해리평형
 ㉢ 이온화 평형

정답 80 ③

2023년 제4회 복원기출문제

1과목 화학의 이해와 환경·안전관리

01 노르말 알케인(Normal Alkane)의 일반식은?
① C_nH_{2n+1}
② C_nH_{2n}
③ C_nH_{2n+2}
④ C_nH_{2n-2}

해설
- alkane : C_nH_{2n+2}
- alkene : C_nH_{2n}
- alkyne : C_nH_{2n-2}

02 전자가 오비탈에 채워질 때 쌍을 이루지 않는 홀전자수가 많은 전자배치일수록 안정하다. 이와 관련된 원리는?

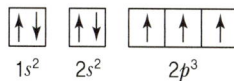

① 쌓음원리
② 파울리의 배타원리
③ 훈트의 규칙
④ 르 샤틀리에 원리

해설
훈트의 규칙
에너지 준위가 같은 여러 개의 오비탈에 전자가 채워질 때 쌍을 이루지 않는 홀전자수가 많은 전자배치일수록 안정하다.

03 순도가 96wt%인 진한 황산 용액의 몰랄농도는 약 몇 m인가?(단, 황산의 분자량은 98이다.)
① 20
② 135
③ 200
④ 245

해설
96wt% 진한 황산 용액 100g 중 ┌ 용질 96g
└ 용매 4g

$$몰랄농도(m) = \frac{용질의 \text{ mol수}}{용매 \text{ 1kg}}$$

$$= \frac{96g \times \frac{1mol}{98g}}{4g \times \frac{1kg}{1,000g}}$$

$$= 244.8m ≒ 245m$$

04 수소이온농도 0.0001M의 pH는?
① 3
② 4
③ 5
④ 6

해설
$pH = -\log[H^+] = -\log(10^{-4}) = 4$

05 할론소화약제의 명명법 중 틀린 것은?
① CF_2ClBr - Halon 1211
② CF_3Br - Halon 1301
③ $C_2F_4Br_2$ - Halon 2402
④ $CClBr$ - Halon 1011

해설
- Halon 1011
  CH_2ClBr
- Halon
  $C-F-Cl-Br$의 수

정답 01 ③ 02 ③ 03 ④ 04 ② 05 ④

06 다음 중 산의 세기가 가장 강한 것은?

① HClO
② HF
③ CH$_3$COOH
④ HCl

해설

- 강산 : HCl, HNO$_3$, H$_2$SO$_4$, HClO$_4$
- 약산 : CH$_3$COOH, HF, HClO

07 HF보다 HCl이 강산인 원리는?

① 분자구조
② 수소결합
③ 원자의 크기
④ 완충용량

해설

산의 세기
HF < HCl < HBr < HI
원자의 크기가 증가하면 결합력이 작아져 강산이 된다.

08 C, H, O로 이루어진 화합물이 있다. 이 화합물 1.543g을 완전 연소시켰더니 CO$_2$ 2.952g, H$_2$O 1.812g이 생겼다. 이 화합물의 실험식에 해당하는 것은?

① CH$_3$O
② CH$_5$O
③ C$_2$H$_5$O
④ C$_2$H$_6$O

해설

- C의 질량 : $2.952\text{g CO}_2 \times \dfrac{12\text{g C}}{44\text{g CO}_2} = 0.8051\text{g}$
- H의 질량 : $1.812\text{g H}_2\text{O} \times \dfrac{2\text{g H}}{18\text{g H}_2\text{O}} = 0.2013\text{g}$
- O의 질량 : $1.543\text{g} - (0.8051 + 0.2013)\text{g} = 0.5366\text{g}$

$\therefore$ C : H : O $= \dfrac{0.8051}{12} : \dfrac{0.2013}{1} : \dfrac{0.5366}{16}$
$= 0.0671 : 0.2013 : 0.0335$
$= 2 : 6 : 1$

09 Kjeldahl 법에 의한 질소의 정량에서, 비료 1.325g의 시료로부터 암모니아를 증류해서 0.2030N H$_2$SO$_4$ 50mL에 흡수시키고, 과량의 산을 0.1908N NaOH로 역적정하였더니 25.32mL가 소비되었다. 시료 속의 질소의 함량(%)은?

① 2.6
② 3.6
③ 4.6
④ 5.6

해설

$\dfrac{(0.2030\text{N} \times 0.05\text{L} - 0.1908\text{N} \times 0.02532\text{L})}{1.325\text{g}}$
$\times 14\text{g/mol} \times 100\% = 5.62\%$

10 다음 화학식의 명명법이 틀린 것은?

① N$_2$O$_5$ - 오산화이질소
② N$_2$O$_4$ - 사산화이질소
③ N$_2$O$_3$ - 삼산화이질소
④ N$_2$O - 이산화질소

해설

N$_2$O - 산화이질소

11 특정 온도에서 기체 혼합물의 평형농도는 H$_2$ 0.13M, I$_2$ 0.70M, HI 2.1M이다. 같은 온도에서 500.00mL 빈 용기에 0.20mol의 HI를 주입하여 평형에 도달하였다면 평형 혼합물 속의 HI의 농도는 몇 M인가?

① 0.045
② 0.090
③ 0.31
④ 0.52

해설

H$_2$ + I$_2$ $\rightleftarrows$ 2HI

$K = \dfrac{[\text{HI}]^2}{[\text{H}_2][\text{I}_2]} = \dfrac{2.1^2}{0.13 \times 0.70} = 48.46$

	H$_2$	+	I$_2$	$\rightleftarrows$	2HI
초기					0.20mol
반응	$+x$		$+x$		$-2x$
최종	x		x		$0.20-2x$

$K = \dfrac{(0.20-2x)^2}{x^2} = 48.46$

$44.46x^2 + 0.8x - 0.04 = 0$

$\therefore x = \dfrac{-0.8 \pm \sqrt{0.8^2 + 4(44.46)(0.04)}}{2 \times 44.46} = 0.0223$

$\therefore [\text{HI}] = \dfrac{0.2 - 2 \times 0.0223\text{mol}}{0.5\text{L}}$
$= 0.31\text{mol/L (M)}$

정답 06 ④ 07 ③ 08 ④ 09 ④ 10 ④ 11 ③

12 연구실안전법령상 안전점검의 종류와 실시시기에 대한 설명으로 옳은 것은?

① 일상점검 : 연구개발활동에 사용되는 기계·기구·전기·약품·병원체 등의 보관상태 및 보호장비의 관리실태 등을 육안으로 실시하는 점검
② 정기점검 : 6개월에 1회 이상 실시
③ 특별안전점검 : 연구개발활동에 사용되는 기계·기구·전기·약품·병원체 등의 보관상태 및 보호장비의 관리실태 등을 안전점검기기를 이용하여 실시하는 세부적인 점검
④ 특별안전점검 : 저위험연구실 및 안전관리우수연구실에 종사하는 연구활동종사자가 필요하다고 인정하는 경우에 실시

해설

안전점검의 실시
- 일상점검 : 연구활동에 사용되는 기계·기구·전기·약품·병원체 등의 보관상태 및 보호장비의 관리실태 등을 직접 눈으로 확인하는 점검으로서 연구활동시작 전에 매일 1회 실시한다. 다만, 저위험연구실의 경우에는 매주 1회 이상 실시해야 한다.
- 정기점검 : 연구활동에 사용되는 기계, 기구, 전기, 약품, 병원체 등의 보관상태 및 보호장비의 관리실태 등을 안전점검기기를 이용하여 실시하는 세부적인 점검으로서 매년 1회 이상 실시한다. 다만, 저위험연구실, 안전관리우수연구실을 인증받은 연구실은 정기점검을 면제한다.
- 특별안전점검 : 폭발사고, 화재사고 등 연구활동조사자의 안전에 치명적인 위험을 야기할 가능성이 있을 것으로 예상되는 경우에 실시하는 점검으로서 연구주체의 장이 필요하다고 인정하는 경우에 실시한다.

13 염이 녹은 수용액의 액성을 나타낸 것 중 틀린 것은?

① $NaNO_3$: 중성
② Na_2CO_3 : 염기성
③ NH_4Cl : 산성
④ $NaCN$: 산성

해설

$HCN + NaOH \rightarrow NaCN + H_2O$
약산   강염기   염(염기성)
NaCN은 약산과 강염기의 염이므로 염기성이 된다.

14 주기율표에서의 일반적인 경향으로 옳은 것은?

① 원자 반지름은 같은 족에서는 위로 올라갈수록 증가한다.
② 원자 반지름은 같은 주기에서는 오른쪽으로 갈수록 감소한다.
③ 금속성은 같은 주기에서는 오른쪽으로 갈수록 증가한다.
④ 18족(0족)에서는 금속성 물질만 존재한다.

해설

주기율표상에서 왼쪽으로 갈수록, 아래로 갈수록 반지름과 금속성이 커진다.

반지름 ↑
금속성 ↑

※ 18족(0족) 원소는 비활성 기체이다.

15 O^{2-}, F, F^-를 지름이 작은 것부터 큰 순서로 옳게 나열한 것은?

① $O^{2-} < F < F^-$
② $F < F^- < O^{2-}$
③ $O^{2-} < F^- < F$
④ $F^- < O^{2-} < F$

해설

- 음이온은 전자를 많이 받을수록 서로 반발하여 크기가 커진다.
  $F < F^-$, $O < O^{2-}$, $F^- < O^{2-}$
- 같은 주기에서는 원자번호가 작을수록 크기가 크다.
  $O > F$
∴ $F < F^- < O^{2-}$

16 sp^3 혼성궤도함수가 참여한 결합을 가진 물질은?

① C_6H_6
② C_2H_2
③ CH_4
④ C_2H_4

해설

sp^3	sp^2	sp
단일결합	이중결합	삼중결합
CH_4	C_2H_4	C_2H_2

17 산화, 환원에 대한 설명 중 틀린 것은?
① 다른 물질을 산화시키고 자신은 환원되는 물질을 산화제라고 한다.
② 산화되는 물질은 전자를 잃는다.
③ 환원되는 물질은 산화수가 증가한다.
④ 산소와 결합하는 것은 산화반응이다.

> 해설

구분	산화	환원
산소	+	−
수소	−	+
전자	−	+
산화수	+	−

18 MnO_4^- 이온에서 망간(Mn)의 산화수는 얼마인가?
① −1 ② +4
③ +6 ④ +7

> 해설

MnO_4^-
$x + (-2) \times 4 = -1$ ∴ $x = +7$

19 어떤 염의 물에 대한 용해도가 70℃에서 60g, 30℃에서 20g일 때, 다음 설명 중 옳은 것은?
① 70℃에서 포화 용액 100g에 녹아 있는 염의 양은 60g이다.
② 30℃에서 포화 용액 100g에 녹아 있는 염의 양은 20g이다.
③ 70℃에서 포화 용액 30℃로 식힐 때 불포화 용액이 형성된다.
④ 70℃에서 포화 용액 100g을 30℃로 식힐 때 석출되는 염의 양은 25g이다.

> 해설

① 70℃에서 용해도 60 : 70℃에서 물(용매) 100g에 염 60g이 녹으면 포화가 된다.
$$100g\ 포화\ 용액 \times \frac{60g\ 용질(염)}{160g\ 포화\ 용액} = 37.5g\ 용질(염)$$

② 30℃에서 용해도 20 : 30℃에서 물(용매) 100g에 염 20g이 녹으면 포화가 된다.
$$100g\ 포화\ 용액 \times \frac{20g\ 용질(염)}{120g\ 포화\ 용액} = 16.67g\ 용질(염)$$

③ 70℃ 포화 용액 → 30℃로 냉각

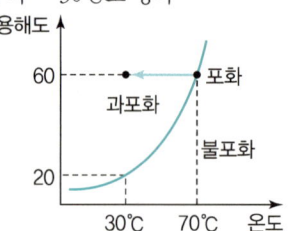

④ 100g 포화 용액을 70℃ → 30℃로 냉각
$160g : 40g = 100g : x$
∴ $x = 25g$

20 산화−환원 지시약에 대한 설명으로 틀린 것은?
① 메틸렌블루는 산−염기 지시약으로도 사용되며, 환원형은 푸른색을 띤다.
② 디페닐아민술폰산의 산화형은 붉은 보라색이며, 환원형은 무색이다.
③ 페로인(Ferroin)의 환원형은 붉은색을 띤다.
④ 페로인(Ferroin)의 변색은 표준수소전극에 대해 대략 1.1∼1.2V 범위에서 일어난다.

> 해설

메틸렌블루
• 산화−환원 지시약
• 산화형은 푸른색, 환원형은 무색

페로인
• $Fe(C_{12}H_8N_2)_3^{3+} + e^- \rightleftarrows Fe(C_{12}H_8N_2)_3^{2+}$
　　산화형　　　　　　환원형
　　연한 푸른색　　　　붉은색
• 변색 전위 : 1.1∼1.2V

2과목 분석계획 수립과 분석화학 기초

21 10atm L/mol K을 J/mol K으로 나타내면?
① 101.3 J/mol K
② 1,013 J/mol K
③ 1,000 J/mol K
④ 10,000 J/mol K

해설

$$\frac{10\text{atm L}}{\text{mol K}} \times \frac{101.3 \times 10^3 \text{N/m}^2}{1\text{atm}} \times \frac{1\text{m}^3}{1,000\text{L}} \times \frac{\text{J}}{\text{N m}}$$
$$= 1,013 \text{J/mol K}$$

22 밸리데이션의 시험방법을 개발하는 단계에서 고려되어야 하는 평가항목이며 분석조건을 의도적으로 변동시켰을 때의 시험방법의 신뢰성을 나타내는 척도로서 사용되는 평가항목은?
① 정량한계
② 정밀성
③ 완건성
④ 정확성

해설

완건성(Robustness)
- 시험결과가 절차상에 제시된 시험조건(예 온도, pH, 시약농도, 유속 등)의 작은 변화에 영향을 받지 않는 수준을 나타낸 것이다.
- 계획된 시험방법 조건들의 작은 변화가 결과에 미치는 영향을 측정하여 파악할 수 있다.

23 밀도가 1.84g/cm³이고, 95wt%인 황산 수용액의 몰농도를 구하는 식으로 옳은 것은?(단, 황산의 분자량은 98.1이다.)
① $1.84 \times 0.95 \times (1/98.1) \times 10^3$
② $1.84 \times 0.95 \times (1/98.1)$
③ $1.84 \times 0.95 \times 98.1 \times 10^2$
④ $1.84 \times 0.95 \times 98.1$

해설

$$\frac{1.84\text{g}}{\text{cm}^3} \times \frac{1\text{mol}}{98.1\text{g}} \times \frac{1,000\text{cm}^3}{1\text{L}} \times 0.95 = 17.81 \text{mol/L}$$

24 바탕시료와 관련이 없는 것은?
① 오염 여부의 확인
② 반드시 정제수를 사용
③ 분석의 이상 유무 확인
④ 측정항목이 포함되지 않은 시료

해설

바탕시료 : 분석물을 제외한 모든 시약과 용매가 들어 있는 용액

25 이양성자산(H_2A)의 pK_{a1}이 4이고 pK_{a2}는 8이다. 1.0M의 이양성자산(H_2A)의 pH는?
① 1.0
② 2.0
③ 4.0
④ 6.0

해설

$H_2A \rightarrow H^+ + HA^-$ $K_{a1} = 10^{-4}$
$HA^- \rightarrow H^+ + A^{2-}$ $K_{a2} = 10^{-8}$

$K_{a1} \gg K_{a2}$이므로 K_{a1}만 고려한다.

$$K_a = \frac{[H^+][HA^-]}{[H_2A]} = \frac{x^2}{1.0-x} = 10^{-4}$$

$1.0 - x ≒ 1.0$이라 하면
$x = [H^+] = 10^{-2}$
∴ $pH = -\log[H^+] = -\log(10^{-2}) = 2$

26 HCl 용액을 표준화하기 위해 사용한 Na_2CO_3가 완전히 건조되지 않아서 물이 포함되어 있다면 이것을 사용하여 제조된 HCl 표준용액의 농도는?
① 참값보다 높아진다.
② 참값보다 낮아진다.
③ 참값과 같아진다.
④ 참값의 1/2이 된다.

해설

$MV = M'V'$에서 Na_2CO_3가 참값인 경우보다 더 많은 부피가 소모되므로 HCl은 같은 부피에서 참값보다 높은 농도가 된다.

정답 21 ② 22 ③ 23 ① 24 ② 25 ② 26 ①

27 과망간산칼륨 5.00g을 물에 녹이고 500mL로 묽혀 과망간산칼륨 용액을 준비하였다. Fe_2O_3를 24.5% 포함하는 광석 0.500g 속에 든 철은 몇 mL의 $KMnO_4$ 용액과 반응하는가?(단, $KMnO_4$의 분자량은 158.04g/mol, Fe_2O_3의 분자량은 159.69g/mol이다.)

① 2.43   ② 4.86
③ 12.2   ④ 24.3

해설

$5Fe^{2+} + MnO_4^- + 8H^+ \rightleftarrows 5Fe^{3+} + Mn^{2+} + 4H_2O$

$[MnO_4^-] = 5g \times \dfrac{1mol}{158.04g} \times \dfrac{1}{0.5L} = 0.063M$

철의 mol수 $= 0.5g$ 광석 $\times \dfrac{24.5g\ Fe_2O_3}{100g\ 광석}$

$\times \dfrac{1mol\ Fe_2O_3}{159.69g\ Fe_2O_3} \times \dfrac{2mol\ Fe}{1mol\ Fe_2O_3}$

$= 0.00153mol = 1.53 \times 10^{-3}mol$

철 : 과망간산 $= 5 : 1$이므로

$0.063 \times V = 1.53 \times 10^{-3}mol \times \dfrac{1}{5}$

$\therefore V = 0.00486L = 4.86mL$

28 다음 중 $KMnO_4$와 H_2O_2의 산화환원 반응식을 바르게 나타낸 것은?

① $MnO_4^- + 2H_2O_2 + 4H^+ \rightarrow MnO_2 + 4H_2O + O_2$
② $2MnO_4^- + 2H_2O_2 \rightarrow 2MnO + 2H_2O + 2O_2$
③ $2MnO_4^- + 5H_2O_2 + 6H^+ \rightarrow 2Mn^{2+} + 8H_2O + 5O_2$
④ $2MnO_4^- + 5H_2O_2 \rightarrow 2Mn^{2+} + 5H_2O + 13/2O_2$

해설

```
              (+2)×5
         ┌───────────────┐
         │               ▼
         -2              0
MnO₄⁻ + H₂O₂ + H⁺ ──→ Mn²⁺ + H₂O + O₂
  +7                    +2
         ▲               │
         └───────────────┘
              (-5)×2
```

$2MnO_4^- + 5H_2O_2 + 6H^+ \rightarrow 2Mn^{2+} + 8H_2O + 5O_2$

29 $CuN_3(s) \rightleftarrows Cu^+(aq) + N_3^-(aq)$의 평형상수가 K_1이고, $HN_3(aq) \rightleftarrows H^+(aq) + N_3^-(aq)$의 평형상수가 K_2일 때, $Cu^+(aq) + HN_3(aq) \rightleftarrows H^+(aq) + CuN_3(s)$의 평형상수를 옳게 나타낸 것은?

① $\dfrac{K_2}{K_1}$ ② $\dfrac{K_1}{K_2}$

③ $K_1 \times K_2$ ④ $\dfrac{1}{K_1 + K_2}$

해설

$HN_3(aq) \rightleftarrows H^+(aq) + N_3^-(aq)$ $K_2 = \dfrac{[H^+][N_3^-]}{[HN_3]}$

$-) CuN_3(s) \rightleftarrows Cu^{2+}(aq) + N_3^-(aq)$ $K_1 = [Cu^{2+}][N_3^-]$

$Cu^{2+}(aq) + HN_3(aq) \rightleftarrows H^+(aq) + CuN_3(s)$

$K = \dfrac{[H^+]}{[Cu^{2+}][HN_3]} = \dfrac{K_2}{K_1}$

30 다음 반응식의 반응열로 옳은 것은?

$2N_2 + 6H_2O \rightarrow 3O_2 + 4NH_3$

| $N_2 + 3H_2 \rightarrow 2NH_3$ | $\Delta H = -92kJ$ |
| $2H_2 + O_2 \rightarrow 2H_2O$ | $\Delta H = -572kJ$ |

① 480kJ   ② 756kJ
③ 1,532kJ   ④ 1,624kJ

해설

$2N_2 + 6H_2 \rightarrow 4NH_3$ $\Delta H = -92 \times 2kJ$

$+) 6H_2O \rightarrow 6H_2 + 3O_2$ $\Delta H = 572 \times 3kJ$

$2N_2 + 6H_2O \rightarrow 3O_2 + 4NH_3$ $\Delta H = 1,532kJ$

정답 27 ②   28 ③   29 ①   30 ③

31 EDTA(etylenediaminetetraacetic acid, H_4Y)를 이용한 금속(M^{n+}) 적정 시 조건형성상수(Conditional Formation Constant) K_f'에 대한 설명으로 틀린 것은?(단, K는 형성상수이고 [EDTA]는 용액 중의 EDTA 전체 농도이다.)

① EDTA(H_4Y) 화학종 중 (Y^{4-})의 농도 분율을 $\alpha_{Y^{4-}}$로 나타내면, $\alpha_{Y^{4-}} = [Y^{4-}]/[EDTA]$ 이고 $K_f' = \alpha_{Y^{4-}} K_f$이다.
② K_f'는 특정한 pH에서 형성되는 MY^{n-4}의 양에 관련되는 지표이다.
③ K_f'는 pH가 높을수록 큰 값을 갖는다.
④ K_f를 이용하면 해리된 EDTA의 각각의 이온 농도를 계산할 수 있다.

해설

$\alpha_{Y^{4-}} = \dfrac{[Y^{4-}]}{[EDTA]} \to$ pH가 클수록 $\alpha_{Y^{4-}}$가 크다.

조건형성상수 $K_f' = \alpha_{Y^{4-}} K_f$

32 무게분석을 위하여 침전된 옥살산칼슘(CaC_2O_4)을 무게를 아는 거름도가니로 침전물을 거르고, 건조시킨 다음 붉은 불꽃으로 강열한다면 도가니에 남는 고체성분은 무엇인가?

① CaC_2O_4 ② $CaCO_2$
③ CaO ④ Ca

해설

$CaC_2O_4 \to CaCO_3 + CO$
$CaCO_3 \to CaO + CO_2$
↳ 고체 CaO가 남는다.

33 25℃에서 0.050M 트리메틸아민(Trimethylamine) 수용액의 pH는 얼마인가?(단, 25℃에서 $(CH_3)_3NH^+$의 K_a 값은 1.58×10^{-10}이다.)

① 5.55 ② 7.55
③ 9.25 ④ 11.25

해설

$(CH_3)_3N + H_2O \rightleftarrows (CH_3)_3NH^+ + OH^-$
약염기 용액에서의 $[OH^-]$
$[OH^-] = \sqrt{C_B K_b}$
여기서, K_b : 염기의 해리상수
C_B : 염기의 농도

$K_b = \dfrac{K_w}{K_a} = \dfrac{1 \times 10^{-14}}{1.58 \times 10^{-10}} = 6.329 \times 10^{-5}$

$[OH^-] = \sqrt{(0.050M)(6.329 \times 10^{-5})}$
$= 1.779 \times 10^{-3}$

$pOH = -\log[OH^-] = 2.75$
∴ $pH = 14 - pOH = 14 - 2.75 = 11.25$

34 1.0M 황산 용액에 녹아 있는 0.05M Fe^{2+} 50.0mL를 0.1M Ce^{4+}로 적정할 때 당량점까지 소비되는 Ce^{4+}의 양(mL)과 당량점에서의 전위(V)는?

[1.0M 황산 용액에서의 환원전위]
$Ce^{4+} + e^- \rightleftarrows Ce^{3+}$ $E° = 1.44V$
$Fe^{3+} + e^- \rightleftarrows Fe^{2+}$ $E° = 0.68V$

① 25.0, 2.12 ② 25.0, 1.06
③ 50.0, 2.12 ④ 50.0, 1.06

해설

$Ce^{4+} + e^- \rightleftarrows Ce^{3+}$ $E° = 1.44V$
$Fe^{3+} + e^- \rightleftarrows Fe^{2+}$ $E° = 0.68V$
$0.05M \times 50mL = 0.1M \times V$
∴ $V = 25.0mL$

$E_+ = 1.44V - \dfrac{0.05916}{1} \log \dfrac{[Ce^{3+}]}{[Ce^{4+}]}$

$+) \ E_- = 0.68V - \dfrac{0.05916}{1} \log \dfrac{[Fe^{2+}]}{[Fe^{3+}]}$

$2E = (1.44 + 0.68) - \dfrac{0.05916}{1} \log \dfrac{[Ce^{3+}][Fe^{2+}]}{[Ce^{4+}][Fe^{3+}]}$

$[Fe^{3+}] = [Ce^{3+}]$, $[Ce^{4+}] = [Fe^{2+}]$
∴ $E = \dfrac{1.44 + 0.68}{2} = 1.06V$

정답 31 ④ 32 ③ 33 ④ 34 ②

35 EDTA 적정에 사용되는 금속이온 지시약으로만 되어 있는 것은?

① 페놀프탈레인, 메틸오렌지
② 페놀프탈레인, EBT(Eriochrome Black T)
③ EBT(Eriochrome Black T), 크실레놀 오렌지(Xylenol Orange)
④ 크실레놀 오렌지(Xylenol Orange), 메틸오렌지

해설

㉠ 산 · 염기 지시약
 • 페놀프탈레인
 • 메틸오렌지
㉡ 금속이온 지시약
 • EBT(Eriochrome Black T)
 • 크실레놀 오렌지(Xylenol Orange)

36 다음 화학평형식에 대한 설명으로 틀린 것은?

$$Hg_2Cl_2(s) \rightleftharpoons Hg_2^{2+}(aq) + Cl^-(aq)$$

① 이 반응을 나타내는 평형상수는 K_{sp}라고 하며 용해도 상수 또는 용해도곱 상수라고도 한다.
② 이 용액에 Cl^- 이온을 첨가하면 용해도는 감소한다.
③ 온도를 증가시키면 K_{sp}는 변한다.
④ 이 용액에 Cl^- 이온을 첨가하면 K_{sp}는 감소한다.

해설

Cl^-를 첨가하면 르 샤틀리에 원리에 의해 평형이 왼쪽으로 이동하여 용해도는 감소한다. 그러나 K_{sp}는 평형상수로 온도에 의해서만 변하므로 K_{sp}가 증가하거나 감소하지 않는다.

37 40.00mL의 0.1000M I^-를 0.2000M Pb^{2+}로 적정하고자 한다. Pb^{2+}를 5.00mL 첨가하였을 때, 이 용액 속에서 I^-의 농도는 몇 M인가?(단, $PbI_2(s) \rightleftharpoons Pb^{2+}(aq) + 2I^-(aq)$, $K_{sp} = 7.9 \times 10^{-9}$이다.)

① 0.0444
② 0.0500
③ 0.0667
④ 0.1000

해설

I^-의 몰수 $= 40.00\text{mL} \times \dfrac{1\text{L}}{1,000\text{mL}} \times 0.1000\text{M}$
$= 4.00 \times 10^{-3}\text{mol}$

Pb^{2+}의 몰수 $= 0.2000\text{M} \times 5\text{mL} \times \dfrac{1\text{L}}{1,000\text{mL}}$
$= 1.00 \times 10^{-3}\text{mol}$

	PbI_2	→	Pb^{2+}	+	$2I^-$
초기농도	0		1.00×10^{-3}		4.00×10^{-3}
반응농도	1.00×10^{-3}		-1.00×10^{-3}		-2.00×10^{-3}
최종농도	1.00×10^{-3}		0		2.00×10^{-3}

∴ I^-의 농도 $= \dfrac{2.00 \times 10^{-3}\text{mol}}{0.04\text{L} + 0.005\text{L}} = 0.0444\text{M}$

38 Cd^{2+} 이온이 4분자의 암모니아(NH_3)와 반응하는 경우와 2분자의 에틸렌디아민($H_2NCH_2CH_2NH_2$)과 반응하는 경우에 대한 설명으로 옳은 것은?

① 엔탈피 변화는 두 경우 모두 비슷하다.
② 엔트로피 변화는 두 경우 모두 비슷하다.
③ 자유에너지 변화는 두 경우 모두 비슷하다.
④ 암모니아와 반응하는 경우가 더 안정한 금속착물을 형성한다.

해설

① 두 반응의 ΔH(엔탈피 변화)는 비슷하다.
② ΔS(엔트로피 변화)는 $Cd^{2+} + 4NH_3$가

$$\left[\begin{array}{c} NH_3 \\ NH_3 \end{array} Cd \begin{array}{c} NH_3 \\ NH_3 \end{array}\right]^{2+}$$

로서 분자수가 크게 감소하므로 ΔS가 크게 감소한다.
③ $\Delta G = \Delta H - T\Delta S$
ΔH는 비슷하나 ΔS가 차이가 나므로 ΔG(깁스자유에너지 변화)도 차이가 난다.
④ 엔트로피 감소가 적은 에틸렌디아민과 반응하는 경우 더 안정한 금속착물을 형성한다.

정답 35 ③ 36 ④ 37 ① 38 ①

39 다음 중 화학평형에 대한 설명으로 옳은 것은?

① 화학평형상수는 단위가 없으며, 보통 K로 표시하고 K가 1보다 크면 정반응이 유리하다고 정의하며, 이때 Gibbs 자유에너지는 양의 값을 가진다.
② 평형상수는 표준상태에서의 물질의 평형을 나타내는 값으로 항상 양의 값이며, 온도에 관계없이 일정하다.
③ 평형상수의 크기는 반응속도와는 상관이 없다. 즉 평형상수가 크다고 해서 반응이 빠름을 뜻하지 않는다.
④ 물질의 용해도곱(Solubility Product)은 고체염이 용액 내에서 녹아 성분 이온으로 나뉘는 반응에 대한 평형상수로 흡열반응은 용해도곱이 작고, 발열반응은 용해도곱이 크다.

해설

평형상수
㉠ $a\text{A} + b\text{B} \rightarrow c\text{C} + d\text{D}$
  평형상수 $K = \dfrac{[\text{C}]^c[\text{D}]^d}{[\text{A}]^a[\text{B}]^b}$
㉡ $\Delta G° = -RT\ln K$
  $K > 1,\ \Delta G° < 0$: 정반응
㉢ K는 온도만의 함수
  • 흡열반응 : 온도↑ → K↑
  • 발열반응 : 온도↑ → K↓

40 밸리데이션 항목에 대한 설명 중 틀린 것은?

① 정확성 : 측정값이 일반적인 참값 또는 표준값에 근접한 정도
② 정밀성 : 균일한 검체로부터 여러 번 채취하여 얻은 시료를 정해진 조건에 따라 측정하였을 때 각각의 측정값들 사이의 분산 정도
③ 완건성 : 시험방법 중 일부 매개변수가 의도적으로 변경되었을 때 측정값이 영향을 받지 않는지에 대한 척도
④ 검출한계 : 검체 중에 존재하는 분석대상물질의 함유량으로 정확한 값으로 정량되는 검출 가능 최소량

해설

밸리데이션 대상 평가항목
㉠ 특이성(Specificity)
  측정대상물질, 불순물, 분해물, 배합성분 등이 혼재된 상태에서 분석대상물질을 선택적이고 정확하게 측정할 수 있는 정도를 말한다.
㉡ 정확성(Accuracy)
  분석결과가 이미 알고 있는 참값이나 표준값에 근접한 정도를 말한다.
㉢ 정밀성(Precision)
  균질한 검체에서 반복적으로 채취한 검체를 정해진 절차에 따라 측정했을 때 각각의 측정값들 사이의 근접성(분산정도)을 말한다.
㉣ 검출한계(DL : Detection Limit)
  검체 중에 함유된 대상물질의 검출이 가능한 최소 농도이다.
㉤ 정량한계(QL : Quantitation Limit)
  • 기준에 적합한 정밀성과 정확성이 확보된 정량값으로 나타낼 수 있는 검체 중 대상물질의 최소농도를 의미한다.
  • 분석대상물질을 소량으로 함유하는 검체의 정량시험이나 분해생성물, 불순물 분석에 사용되는 정량시험의 밸리데이션 평가지표이다.
㉥ 직선성(Linearity)
  검체 중 분석대상물질의 양(또는 농도)에 비례하여 일정범위 내에 직선적인 측정값을 얻어낼 수 있는 능력이다.
㉦ 범위(Range)
  적절한 정밀성, 정확성, 직선성을 충분히 제시할 수 있는 검체 중 분석대상물질의 양(또는 농도)의 하한값~상한값 사이의 영역이다.
㉧ 완건성(Robustness)
  시험법의 조건 중 일부가 변경되었을 때 측정값이 영향을 받지 않는지에 대한 지표를 말한다. → 분석조건을 고의로 변동시켰을 때 분석법의 신뢰성을 나타낸다.

정답 39 ③ 40 ④

3과목 화학물질 특성분석

41 Van Deemter 식과 각 항의 의미가 아래와 같을 때, 다음 설명 중 틀린 것은?

$$H = A + \frac{B}{u} + Cu = A + \frac{B}{u} + (C_S + C_M)u$$

여기서, u : 이동상의 속도
하첨자 S : 고정상
M : 이동상

① A는 다중이동 통로에 대한 영향을 말한다.
② B/u는 세로확산에 대한 영향을 말한다.
③ Cu 물질이동에 의한 영향을 말한다.
④ H는 분리단의 수를 나타내는 항이다.

[해설]
- A : 다중경로항
- B : 세로확산계수
- C : 질량이동계수
- H : 단높이

42 정상(Normal Phase) 액체 크로마토그래피에서 용질의 극성이 A>B>C 순으로 감소할 때 용질의 용출 순서를 빠른 것부터 옳게 나열한 것은?

① A-B-C
② C-B-A
③ A-C-B
④ B-C-A

[해설]
정상 크로마토그래피
이동상이 비극성이고, 고정상이 극성이므로 극성이 작은 물질이 먼저 용리된다.

43 기체 크로마토그래피법에서의 시료의 주입방법은 크게 분할주입과 비분할주입으로 나뉜다. 다음 중 분할주입(Split Injection)에 대한 설명이 아닌 것은?

① 열적으로 안정하다.
② 기체시료에 적합하다.
③ 고농도 분석물질에 적합하다.
④ 불순물이 많은 시료를 다룰 수 있다.

[해설]
㉠ 분할주입
- 고농도 분석물질에 적합하다.
- 기체시료에 적합분리도가 높다.
- 불순물을 흡착할 수 있는 흡착제가 들어 있는 관을 통과하면 불순물이 많은 시료를 다룰 수 있다.
- 열적으로 불안정하다.

㉡ 비분할주입
- 주입구 온도는 분할주입보다 낮다.
- 적은 양의 시료가 서서히 주입되므로 띠넓힘이 크게 일어날 수 있다.

44 HPLC 분석칼럼 ODS $4.6 \times 150mm$, $3\mu m$를 사용하였다. 각 수치가 의미하는 것으로 알맞은 것은?

① 지름 : 4.6mm, 길이 : 150mm, 입자의 크기 : $3\mu m$
② 지름 : $3\mu m$, 길이 : 150mm, 입자의 크기 : $4.6\mu m$
③ 지름 : 150mm, 길이 : 4.6mm, 입자의 크기 : $3\mu m$
④ 지름 : 4.6mm, 길이 : $3\mu m$, 입자의 크기 : 150mm

[해설]
HPLC 칼럼
- 분석칼럼의 내부 지름은 약 3~5mm이다.
- 대부분의 LC 칼럼의 길이는 10~15cm이다.
- 입자의 크기는 3~5μm이다.

45 어떤 시료의 얇은 층 크로마토그램에서 용매가 이동한 거리가 8cm이고, 시료가 이동한 거리가 4cm일 때, 이 시료의 지연인자 R_f 값은?

① 0.4
② 0.5
③ 0.8
④ 1.2

[해설]
지연인자(R_f)

$$R_f = \frac{시료가\ 이동한\ 거리}{용매가\ 이동한\ 거리} = \frac{d_R}{d_M} = \frac{4}{8} = 0.5$$

정답 41 ④ 42 ② 43 ① 44 ① 45 ②

46 전자포획검출기(ECD)에 대한 설명 중 틀린 것은?

① 살충제와 폴리클로로바이페닐 분석이 용이하다.
② 칼럼에서 용출된 시료가 방사성 방출기를 통과한다.
③ 방출기에서 발생한 전자는 시료를 이온화하고 전자 다발을 만든다.
④ 아민, 알코올, 탄화수소 화합물에는 감도가 낮다.

해설

전자포획검출기(ECD)
- 살충제와 같은 유기화합물에 함유된 할로겐 원소에 선택적으로 감응하기 때문에 환경시료에 널리 사용되는 검출기이다.
- 칼럼에서 용출되어 나오는 시료기체는 보통 니켈-63과 같은 β-방사선 방출기 위를 통과한다.
- 방출기에서 나오는 전자는 운반기체(보통 질소)를 이온화시켜 많은 수의 전자를 생성한다.
- 유기화학종이 없을 경우 이온화 과정으로 인해 한 쌍의 전극 사이에는 일정한 전류가 흐르고 전기음성도가 큰(전자를 잘 포획할 수 있는) 작용기를 가지는 유기분자들이 통과하면 전류는 급속히 감소된다.
- 선택적인 감응을 한다. → 할로겐화물, 과산화물, 퀴논, 나이트로화합물들은 높은 감도로 검출된다. 아민, 알코올, 탄화수소에는 감응하지 않는다(염소화합물 형태의 살충제의 검출 및 정량에 이용).

47 크로마토그래피의 분해능(R_s)을 나타내는 식으로 옳은 것은?

① $R_s = \dfrac{\Delta Z}{W_A + W_B}$

② $R_s = \dfrac{(t_R)_B - (t_R)_A}{W_A + W_B}$

③ $R_s = \dfrac{2[(t_R)_B - (t_R)_A]}{W_A + W_B}$

④ $R_s = \dfrac{2\Delta Z}{W_A/2 + W_B/2}$

해설

분해능(R_s, 분리능, Resolution)
두 가지 용질을 분리할 수 있는 칼럼의 능력

$$R_s = \dfrac{\Delta Z}{W_A/2 + W_B/2} = \dfrac{2\Delta Z}{W_A + W_B} = \dfrac{2[(t_R)_B - (t_R)_A]}{W_A + W_B}$$

- $R_s = 0.75$: 분리가 되지 않음
- $R_s = 1$: A와 B가 약 4% 겹침
- $R_s = 1.5$: A와 B가 약 0.3% 정도 겹치므로 분리가 잘된 것임

48 질량분석법에 대한 설명으로 틀린 것은?

① 분자 이온 봉우리가 미지시료의 분자량을 알려 주기 때문에 구조 결정에 중요하다.
② 가상의 분자 ABCD에서 BCD^+는 딸-이온(Daughter Ion)이다.
③ 질량 스펙트럼에서 가장 큰 봉우리의 크기를 임의로 100으로 정한 것이 기준 봉우리이다.
④ 질량 스펙트럼에서 분자 이온보다 질량수가 큰 봉우리는 생기지 않는다.

해설

분자이온 형성 $ABCD + e^- \rightarrow ABCD^{\cdot +} + 2e^-$
토막내기 $ABCD^{\cdot +} \rightarrow A^+ + BCD^\cdot$
$\rightarrow A^\cdot + BCD^+ \rightarrow BC^+ + D$
$\rightarrow CD^\cdot + AB^+ \begin{cases} B + A^+ \\ A + B^+ \end{cases}$
$\rightarrow AB^\cdot + CD^+ \begin{cases} D + C^+ \\ C + D^+ \end{cases}$

토막 낸 후 재결합 $ABCD^{\cdot +} \rightarrow ADBC^{\cdot +} \begin{cases} BC^\cdot + AD^+ \\ AD^\cdot + BC^+ \end{cases}$

토막 난 후 충돌 $ABCD^{\cdot +} + ABCD \rightarrow (ABCD)_2^{\cdot +}$
$\rightarrow BCD^\cdot + ABCDA^+$

49 다음 중 질량분석계(Mass Spectrometer)의 이온화 방법이 아닌 것은?

① 화학적 이온화(CI)
② 비행시간(Time of Flight)법
③ 전자충격(EI)
④ 빠른 원자 충격(FAB)법

해설

비행시간(TOF)법 : 질량분석기

질량분석계의 이온화 방법
㉠ 기체상
  - 전자충격 이온화(EI)
  - 화학적 이온화(CI)
  - 장 이온화(FI)

정답 ▶ 46 ③ 47 ③ 48 ④ 49 ②

ⓛ 탈착식
- 장 탈착(FD)
- 전기분무 이온화(ESI)
- 매트릭스 지원 탈착 이온화(MALDI)
- 빠른 원자 충격(FAB)

50 열무게측정(TG : Thermogravimetry)법에 사용되는 전기로에서 시료가 산화되는 것을 막기 위해 전기로에 넣어 주는 기체는?

① 산소 ② 질소
③ 이산화탄소 ④ 수소

해설
Ar, N_2를 넣어 준다.

51 벗김법(Stripping Method)이 다른 전압전류법보다 감도가 좋은 가장 큰 이유는?

① 매우 빠른 속도로 측정할 수 있으므로
② 전위를 변화시키면서 전류를 측정하므로
③ 전기분해 과정을 통해 분석물이 농축되므로
④ 적하전극에서 일반적인 작용기들이 산화나 환원되기 때문에

해설
- 벗김법에는 분석물을 전기화학적으로 예비 농축시키는 단계인 석출단계가 있다. 이 단계의 미소전극 내부 표면에서의 분석물 농도는 벌크 용액에서의 농도보다 훨씬 크다.
- 벗김법은 전압전류법 중 검출한계가 가장 낮고, 감도가 좋다.

52 음극벗김분석에 대한 설명으로 옳지 않은 것은?

① 유기물의 정량분석에 가장 많이 사용된다.
② 시료물질을 수은전극에 석출시키고 산화시켜 정량분석한다.
③ 표준물첨가법 등을 적용하여 시료물질의 정량분석에 이용된다.
④ 얻어진 전류 – 전압 그림의 봉우리 면적은 시료물질의 농도에 비례한다.

해설
음극벗김법
- 전극 표면 위에 산화반응을 통해 반응물을 석출시킨 후 환원이 일어날 수 있는 전압을 전극에 가해 분석물이 전극 표면으로부터 원래 형태의 용액으로 돌아가는 벗김 과정에서 음극(환원전극)으로 작용한다.
- 벗김법은 수용액에 존재하는 극미량의 금속이온을 검출하는 데 선택성이 좋고 재현성이 우수하다.

53 시차주사열량법(DSC)에서 발열(Exothermic) 봉우리를 나타내는 물리적 변화는?

① 결정화(Crystallization) ② 승화(Sublimation)
③ 증발(Vaporization) ④ 용해(Melting)

해설
시차주사열량법(DSC)

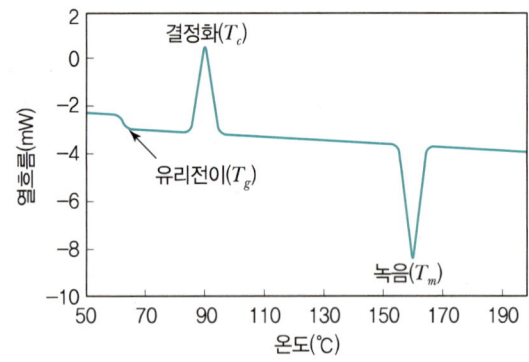

54 다음 중 열분석법에 해당되지 않는 것은?

① 열무게분석(TGA)
② 시차열분석(DTA)
③ 시차주사열량법(DSC)
④ X선 회절(XRD)

해설
열분석법
- 열무게분석(TGA) : 온도변화에 따른 시료의 질량변화를 측정
- 시차열분석(DTA) : 시료물질과 기준물질의 온도 차이를 측정
- 시차주사열량법(DSC) : 두 물질에 흘러 들어간 열량(에너지) 차이를 측정

정답 50 ② 51 ③ 52 ① 53 ① 54 ④

55 비활성 기체 분위기에서의 CaC$_2$O$_4$ · H$_2$O를 실온부터 980℃까지 분당 60℃ 속도로 가열한 열분해곡선(Thermogram)이 다음과 같을 때, 다음 설명 중 옳은 것은?

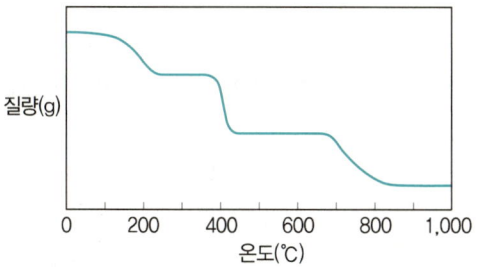

① CaCO$_3$의 직선 범위는 220℃부터 350℃이고 CaO는 420℃부터 660℃이기 때문에 CaO가 열적 안정성이 높다.
② 840℃의 반응은 흡열반응으로 분자 내부에 결합되어 있던 H$_2$O를 방출시키는 반응이다.
③ 360℃에서의 반응은 CaC$_2$O$_4$ → CaCO$_3$ + CO로 나타낼 수 있다.
④ 약 13분 정도를 가열하면 무수옥살산칼슘을 얻을 수 있다.

해설

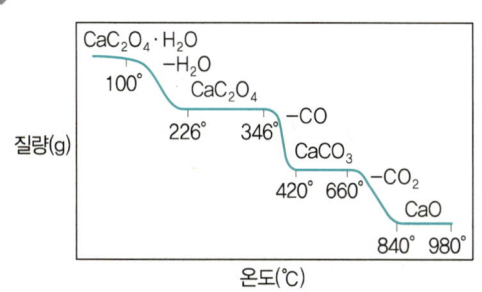

- CaCO$_3$는 420~660℃에서 열적 안정성이 높고, CaO는 840~980℃에서 열적 안정성이 높다.
- 3분×60℃/분＋20℃(실온)＝200℃에서 무수옥살산칼슘을 얻을 수 있다.

56 열분석법인 DTA(시차열분석)와 DSC(시차주사열량법)에서 물리·화학적 변화로서 흡열 봉우리가 나타나지 않는 경우는?

① 녹음이나 용융
② 탈착이나 탈수
③ 증발이나 기화
④ 산소의 존재하에서 중합반응

해설

산소 존재하에서 중합반응은 발열 봉우리가 나타난다.
- 시차주사열량법(DSC) : 에너지(열량) 차이를 측정

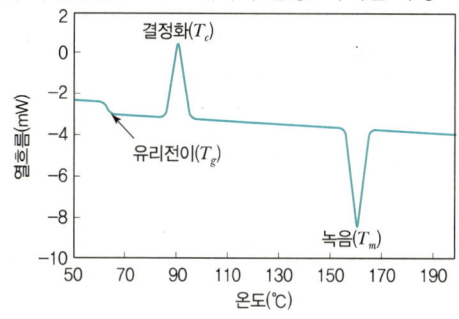

- 시차열분석법(DTA) : 온도 차이를 측정

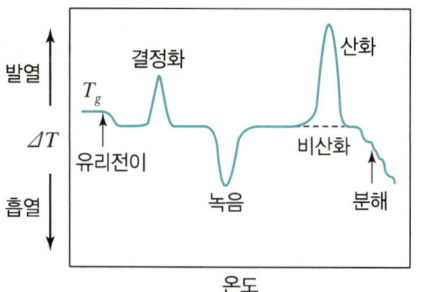

57 공기 중에서 파장 500nm, 진동수 6.0×10^{14}Hz, 속도 3.0×10^8m/s, 광자(Photon)의 에너지 4.0×10^{-19}인 빛이 굴절률 1.5인 투명한 액체 속을 통과할 때의 설명으로 옳지 않은 것은?

① 파장은 500nm이다.
② 속도는 2.0×10^8m/s이다.
③ 진동수는 6.0×10^{14}Hz이다.
④ 광자의 에너지는 4.0×10^{-19}J이다.

정답 55 ③ 56 ④ 57 ①

해설

① $n = \dfrac{\lambda_1}{\lambda_2}$

$1.5 = \dfrac{500\text{nm}}{\lambda}$ ∴ $\lambda = 333.3\text{nm}$

② $n_{12} = \dfrac{n_2}{n_1} = \dfrac{v_1}{v_2} = \dfrac{\lambda_1}{\lambda_2}$, $n = \dfrac{c}{v}$

$1.5 = \dfrac{c}{v} = \dfrac{3.0 \times 10^8 \text{m/s}}{v}$ ∴ $v = 2.0 \times 10^8 \text{m/s}$

③ 진동수는 매질에 상관없이 일정하므로 6.0×10^{14}Hz이다.

④ 광자의 에너지 $E = h\nu$에서 h는 플랑크 상수이고 진동수는 매질에 상관없이 일정하므로 에너지도 일정하다.

58 선행이온 스펙트럼에서 주어진 생성이온을 검출하기 위한 m/z 값에 2차 질량분석기를 고정시키고, 1차 질량분석기를 주사하면서 스펙트럼을 얻는 방법은?

① GC-MS
② LC-MS
③ ICP-MS
④ MS-MS

해설

탄뎀 질량분석(MS-MS)
- 연성 이온화원은 이온과 조각이온을 만든다.
- 이들은 첫 번째 질량분석기로 들어가고 여기서 선행이온이 선택되어 상호작용 셀로 보내진다.
- 선행이온들이 자발적으로 분해되거나, 충돌기체와 반응하거나, 강한 세기의 레이저와 반응하여 생성이온이라고 부르는 조각을 만든다.
- 이 이온들은 두 번째 질량분석기에 의해 분석되고 이온검출기에 의해 검출된다.

59 비행시간 질량분석계에 대한 설명으로 틀린 것은?

① 기기장치가 비교적 간단한 편이다.
② 가장 널리 사용되는 질량분석계이다.
③ 검출할 수 있는 질량범위가 거의 무제한이다.
④ 가벼운 이온이 무거운 이온보다 먼저 검출기에 도달한다.

해설

비행시간 질량분석계
- 비행시간형(TOF) 기기는 양이온이 이온원에서 검출로 이동하는 시간을 측정한다.
- 무거운 이온은 늦게 이동하고, 가벼운 이온은 빨리 이동한다.
- 무제한의 질량범위를 가진다.
- 단순하고 고장이 적다.
- 제한된 분해능과 감도를 갖는다는 단점이 있다.
- 널리 사용되지는 않는다.

60 다음 중 전위차법에 사용하는 이상적인 기준전극의 조건이 아닌 것은?

① 시간이 지나도 일정한 전위를 나타내어야 한다.
② 반응이 비가역적이어야 한다.
③ 온도가 주기적으로 변해도 과민반응을 나타내지 않아야 한다.
④ 작은 전류가 흐른 뒤에도 원래의 전위로 되돌아와야 한다.

해설

기준전극의 조건
- 분석물 용액에 감응하지 않는다.
- 표준수소전극에 대해 일정한 전위를 갖는다.
- 작은 전류를 흘려도 일정한 전위를 유지해야 한다.
- 반응이 가역적이고 Nernst 식을 따라야 한다.
- 온도가 주기적으로 변해도 과민반응을 나타내지 않아야 한다.
- 전극은 간단하고 만들기 쉬워야 한다.

4과목 화학물질 구조 및 표면분석

61 고온의 불꽃이나 플라스마를 이용하여 원자를 들뜨게 하여 다른 열원 없이 최외각전자를 전이하는 방법은?

① 원자흡수분광법
② 원자방출분광법
③ 형광분광법
④ X선 분광법

해설

ICP(유도결합플라스마) 원자방출분광법
고온의 아르곤 플라스마로 원자를 들뜨게 하여 각 원자들은 빠른 이완으로 자외선-가시광선 스펙트럼을 방출하는데, 이 방출스펙트럼의 파장 및 세기를 측정하여 특정 원소를 정량·정성분석하는 방법

정답 58 ④ 59 ② 60 ② 61 ②

62 복사선 에너지를 전기신호로 변환시키는 변환기와 관련이 가장 적은 것은?

① 섬광 계수기
② 속빈음극등
③ 반도체 변환기
④ 기체-충전 변환기

해설

속빈음극등
원자흡수분광법에서 사용되는 선광원

63 다음 중 자외선 시료용기에 해당하는 것은?

① 석영 또는 용융실리카
② 유리
③ 플라스틱
④ 금속

해설

자외선	석영, 용융실리카
가시광선	플라스틱, 유리
적외선	NaCl, KBr

64 원자흡수분광법에서 바탕보정을 위해 사용하는 방법이 아닌 것은?

① Zeeman 효과 사용 바탕보정법
② 광원 자체 반전(Self-reversal) 사용 바탕보정법
③ 연속광원(D_2 Lamp) 사용 바탕보정법
④ 선형 회귀(Linear Regression) 사용 바탕보정법

해설

원자분광법에서 사용하는 바탕보정법
- Zeeman 효과에 의한 바탕보정법 : 원자 증기에 센 자기장을 걸어 원자의 전자에너지 준위의 분리가 일어나는 현상을 이용하는 바탕보정법
- 연속광원보정법 : 중수소(D_2) 등에서 나오는 연속광원의 세기의 감소를 매트릭스에 의한 흡수로 보고 연속광원의 흡광도를 시료빛살의 흡광도에서 빼주어 보정하는 방법
- 두선보정법 : 시료를 통과하고 나온 기준선의 세기 감소를 매트릭스 방해로 보고 기준선의 흡광도를 시료빛살의 흡광도에서 빼주어 보정하는 방법
- 광원 자체 반전에 의한 바탕보정법 : 높은 전류가 흐를 때 속빈 캐소드 램프에서 방출되는 복사선의 자체 반전 또는 자체 흡수 현상을 이용하는 바탕보정법

65 적외선(IR) 흡수분광법에서의 진동 짝지음에 대한 설명으로 틀린 것은?

① 두 신축진동에서 두 원자가 각각 단독으로 존재할 때 신축진동 사이에 센 짝지음이 일어난다.
② 짝지음 진동들이 각각 대략 같은 에너지를 가질 때 상호작용이 크게 일어난다.
③ 두 개 이상의 결합에 의해 떨어져 진동할 때 상호작용은 거의 일어나지 않는다.
④ 짝지음은 같은 대칭성 화학종에서 진동할 때 일어난다.

해설

진동 짝지음
- 한 원자를 공유하며 생기는 두 신축진동 사이에는 센 짝지음이 일어난다.
- 굽힘진동 사이에서 상호작용이 일어나려면 진동하는 결합 사이에 공통인 결합이 필요하다.
- 신축결합이 굽힘진동이 변하는 각의 한쪽을 이루면 신축진동과 굽힘진동 사이에서 짝지음이 일어난다.
- 각각 대략 같은 에너지를 갖는 짝지음 진동들의 상호작용은 크게 일어난다.
- 두 개 이상의 결합에 의해 떨어져 진동할 때 상호작용은 전혀 또는 거의 일어나지 않는다.
- 짝지음은 같은 대칭성 화학종에서 진동할 때 일어난다.

66 원자분광법의 선넓힘 원인이 아닌 것은?

① 불확정성 효과
② 지만(Zeeman) 효과
③ 도플러(Doppler) 효과
④ 원자들과의 충돌에 의한 압력효과

해설

선넓힘의 원인
㉠ 불확정성 효과 : 하이젠베르그의 불확정성 원리
전이와 관련된 높은 에너지 상태와 낮은 에너지 상태의 수명이 한정되어 있고, 이로 인해 각 상태의 에너지에 불확정성과 선넓힘이 일어난다.
㉡ 도플러 효과
복사선의 파장은 원자의 움직임이 검출기 쪽으로 향하면 감소하고, 원자들이 검출기로부터 멀어지면 증가한다.
㉢ 압력효과 : 충돌넓힘

정답 62 ② 63 ① 64 ④ 65 ① 66 ②

ㄹ 전기장과 자기장 효과
  센 자기장에서는 원자의 전자에너지가 여러 상태로 분리되므로(Zeeman 효과) 이들 사이에서 전이가 일어나면 선너비가 넓어진다.

67 $^{13}C-NMR$의 특징에 대한 설명으로 틀린 것은?

① H−NMR보다 검출이 매우 용이하다.
② 분자골격에 대한 정보를 얻을 수 있다.
③ 화학적 이동이 넓어서 봉우리의 겹침이 적다.
④ 탄소들 사이의 짝지음이 잘 일어나지 않는다.

> 해설
>
> $^{13}C-NMR$
> • H−NMR보다 감도가 낮아 검출이 어렵다.
> • 분자골격에 대한 정보를 얻을 수 있다.
> • 탄소원자 사이의 스핀−스핀 짝지음의 거의 없다.
> • 화학적 이동이 넓어서 봉우리 겹침이 적다.
> • ^{13}C와 ^1H 핵 간의 스핀−스핀 짝지음이 일어난다.
> • ^{13}C 원자와 양성자 사이의 짝풀림이 일어난다.

68 분자의 형광 및 인광에 대한 설명으로 틀린 것은?

① 형광은 들뜬 단일항 상태에서 바닥의 단일항 상태에로의 전이이다.
② 인광은 들뜬 삼중항 상태에서 바닥의 단일항 상태에로의 전이이다.
③ 인광은 일어날 가능성이 낮고 들뜬 삼중항 상태의 수명은 꽤 길다.
④ 인광에서 스핀이 짝을 이루지 않으면 분자는 들뜬 단일항 상태로 있다.

> 해설
>
>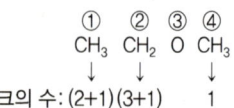
>
> • 형광 : 들뜬 단일항 상태 → 단일항 바닥 상태(수명이 짧다.)
> • 인광 : 들뜬 삼중항 상태 → 단일항 바닥 상태(수명이 길다.)

69 핵자기공명분광법(NMR)으로 다음과 같은 스펙트럼을 얻었다. 이 물질에 해당되는 것은?

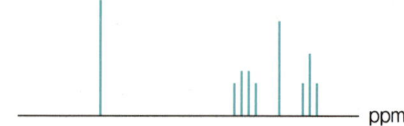

① Methylethyl ether
② Propyl ether
③ Aceton
④ Ethanol

> 해설
>
> ```
>    ①    ②  ③  ④
>   CH₃  CH₂  O  CH₃
>    ↓    ↓      ↓
> ```
> 피크의 수: (2+1)(3+1)   1

70 화합물 $OH-CH_2-CH_2Cl$의 적외선 스펙트럼에서 관찰되지 않는 봉우리의 영역은?

① $800 cm^{-1}$
② $1,700 cm^{-1}$
③ $2,900 \sim 3,000 cm^{-1}$
④ $3,200 cm^{-1}$

> 해설
>
> $HO-CH_2-CH_2-Cl$
> • O−H : $3,200 \sim 3,600 cm^{-1}$
> • C−H : $2,850 \sim 2,970 cm^{-1}$, $1,340 \sim 1,470 cm^{-1}$
> • C−Cl : $800 cm^{-1}$

71 분석기기에서 발생하는 잡음 중 열적 잡음(Thermal Noise)에 대한 설명으로 틀린 것은?

① 저항이 커지면 증가한다.
② 주파수를 낮추면 감소한다.
③ 온도가 올라가면 증가한다.
④ 백색잡음(White Noise)이라고도 한다.

정답 67 ① 68 ④ 69 ① 70 ② 71 ②

해설

열적 잡음(Johnson 잡음, 백색잡음)
- 띠너비를 줄이면 감소하나, 띠너비가 줄면 기기는 신호 변화에 느리게 감응하여 측정하는 데 시간이 오래 걸린다.
- 주파수와 무관하므로 백색잡음이라 한다.
- $\overline{V_{rms}} = \sqrt{4kTR\Delta f}$

  여기서, $\overline{V_{rms}}$: 근평균제곱잡음전압
  k : Boltzmann 상수($= 1.38 \times 10^{-23}$J/K)
  T : 절대온도(K)
  R : 저항성 소자의 저항값(Ω)
  $\Delta f : \dfrac{1}{3t_R}$

72 FT-IR 기기와 관련 없는 장치는?

① 광원장치 ② 단색화 장치
③ 빛살분할기 ④ 간섭계

해설

단색화 장치는 IR에 사용한다.

FT-IR 기기장치
- 광원
- 광검출기
- 미켈슨 간섭계 ─ 빛살분할기
  ├ 고정거울
  └ 이동거울

73 다이아몬드 기구에 의해 많은 수의 평행하고 조밀한 간격의 홈을 가지도록 만든 단단하고, 광학적으로 평평하고, 깨끗한 표면으로 구성된 장치는?

① 간섭필터 ② 회절발
③ 간섭쐐기 ④ 광선증배관

해설

회절발
- 복사선을 그의 성분파장으로 분산시키는 장치
- 금속 또는 유리평면에 다이아몬드로 조밀하고 평행한 홈을 새긴 것이다.

74 전자가 보어 모델(Bohr Model)의 $n=5$ 궤도에서 $n=2$ 궤도로 전이할 때 수소원자에서 방출되는 빛의 파장(nm)은?(단, 뤼드베리 상수는 1.9678×10^{-2}nm^{-1}이다.)

① 242 ② 481
③ 715 ④ 954

해설

$\dfrac{1}{\lambda} = R\left(\dfrac{1}{n^2} - \dfrac{1}{m^2}\right)$

$\dfrac{1}{\lambda} = 1.9678 \times 10^{-2}\text{nm}^{-1}\left(\dfrac{1}{2^2} - \dfrac{1}{5^2}\right)$

$\therefore \lambda = 242$nm

75 NMR에서 흡수 봉우리를 관찰해보면 벤젠이나 에틸렌은 δ값이 상당히 큰 값이고 아세틸렌은 작은 쪽에서 나타남을 알 수 있다. 이러한 현상을 설명해주는 인자는?

① 용매효과
② 입체효과
③ 자기 이방성 효과
④ McLafferty 이전반응 효과

해설

자기 비등방성 효과(자기 이방성 효과)
화학적 이동에 영향을 주는 다중결합의 효과는 다중결합 화학종의 자기 비등방성 효과로 설명할 수 있다.
- 아세틸렌은 전자가 결합축을 중심으로 회전한다. 이때 생긴 자기장은 양성자를 가리워주므로 더 높은 자기장, 즉 δ값이 작은 쪽으로 이동된다.
- 벤젠, 에틸렌이나 카르보닐 이중결합은 이중결합의 축에 수직으로 자기장이 가해지면 결합의 위와 아래에서 회전한다. 이때 생긴 자기장은 가해준 자기장과 같은 방향으로 양성자에 작용하므로 낮은 자기장, 즉 δ값이 큰 쪽으로 이동된다.

정답 72 ② 73 ② 74 ① 75 ③

76 다음 중 전하량에 대한 설명으로 옳지 않은 것은?

① 단위는 C(쿨롱)을 사용하며 1C=1A×1s이다.
② 전자 약 $6.25×10^{18}$개가 1C의 전하량을 가진다.
③ 전자 1개의 전하량은 $1.60×10^{-19}$C이다.
④ 1F는 전자 1mol이 지닌 전하량으로 96C이다.

해설

1F(패러데이 상수)
전자 1몰이 지닌 전하량으로 96,485C이다.

77 원자흡수분광법과 원자형광분광법에서 기기의 부분장치 배열에서의 가장 큰 차이는?

① 원자흡수분광법은 광원 다음에 시료가 나오고 원자형광분광법은 그 반대이다.
② 원자흡수분광법은 파장선택기가 광원보다 먼저 나오고 원자형광분광법은 그 반대이다.
③ 원자흡수분광법과는 다르게 원자형광분광법에서는 입사광원과 직각방향에서 형광선을 검출한다.
④ 원자흡수분광법은 레이저광원을 사용할 수 없으나 원자형광분광법에서는 사용 가능하다.

해설

흡수법

원자흡수분광법

형광법
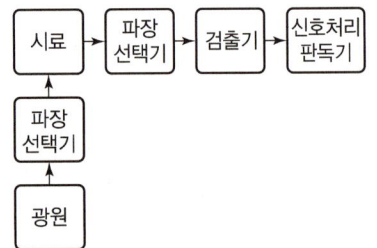

방출법
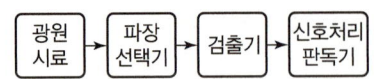

78 다음 중 기기잡음이 아닌 것은?

① 열적잡음(Johnson Noise)
② 산탄잡음(Shot Noise)
③ 습도잡음(Humidity Noise)
④ 깜빡이 잡음(Flicker Noise)

해설

기기잡음의 종류
- 열적잡음(Johnson 잡음, 백색잡음)
- 산탄잡음(Shot 잡음)
- 플리커 잡음(깜빡이 잡음, Flicker 잡음) : $\frac{1}{f}$ 잡음
- 환경잡음

79 Beer의 법칙에 대한 설명으로 옳은 것은?

① 흡광도는 색깔 세기의 척도가 된다.
② 몰흡광계수는 특정 파장에서 통과한 빛의 양을 의미한다.
③ 농도가 2배로 증가하면 흡광도는 1/4로 감소한다.
④ 흡광도는 시료의 농도와 통로 길이의 단위를 묶어서 % 단위로 표시한다.

해설

Beer의 법칙
- $A = \varepsilon bc$
  C(농도)가 2배 증가하면 A(흡광도)도 2배 증가한다.
- 우리가 보는 색상은 물질이 흡수한 빛의 보색을 보는 것이므로 흡광도는 색깔 세기의 척도가 된다.

정답 76 ④ 77 ③ 78 ③ 79 ①

80 분자질량분석법의 이온화 방법 중 사용하기 편리하고 이온 전류를 발생시키므로 매우 예민한 방법이지만, 열적으로 불안정하고 분자량이 큰 바이오 물질들의 이온화원에는 부적당한 방법은?

① Electron Ionization(EI)
② Electro Spray Ionization(ESI)
③ Fast Atom Bombardment(FAB)
④ Matrix – Assisted Laser Desorption Ionization(MALDI)

> **해설**

이온화 방법
㉠ 전자 이온화원(EI)
  - 토막내기 과정으로 스펙트럼이 복잡하다.
  - 분자이온이 검출되지 않는 경우가 있다.
  - 시료가 대체로 휘발성이어야 하며 분자량이 매우 큰 바이오 분자에는 적합하지 않다.
㉡ 전기분무 이온화(ESI)
  작은 에너지를 사용하므로 분자량이 100,000Da 부근인 열적으로 불안정한 생체물질의 정확한 분자량을 분석할 수 있다.
㉢ 빠른 원자 충격 이온화(FAB)
  글리세롤 용액 매트릭스와 응축된 시료 Xe, Ar의 빠른 원자로 충격하여 이온화시키는 방법으로, 분자량이 크고 극성인 화학종을 이온화시킨다.
㉣ 매트릭스 지원 레이저 탈착 이온화(MALDI)
  - 레이저를 강하게 흡수하는 매트릭스에 분석물질을 분산시킨 후, 레이저로 탈착 및 이온화시킨다.
  - $10^3 \sim 10^5 Da$의 분자량을 갖는 극성 생화학 고분자화합물의 정확한 분자량을 알 수 있다.
  - 비행시간(TOF) 질량분석기와 함께 사용된다.

정답 80 ①

2024년 제1회 복원기출문제

1과목 　화학의 이해와 환경·안전관리

01 산화환원반응에서 전자를 받아들이는 화학종을 무엇이라고 하는가?

① 산화제　　　　　② 환원제
③ 촉매제　　　　　④ 용해제

해설

- 산화제 : 자신은 환원되면서 다른 물질을 산화시키는 물질
- 환원제 : 자신은 산화되면서 다른 물질을 환원시키는 물질

구분	산화	환원
산소	얻음	잃음
산화수	증가	감소
전자	잃음	얻음
수소	잃음	얻음

02 0.10M KNO_3 용액에 관한 설명으로 옳은 것은?

① 이 용액 0.10L에는 6.0×10^{23}개의 K^+ 이온들이 존재한다.
② 이 용액 0.10L에는 1.0몰의 K^+ 이온들이 존재한다.
③ 이 용액 0.10L에는 0.010몰의 K^+ 이온들이 존재한다.
④ 이 용액 0.10L에는 6.0×10^{22}개의 K^+ 이온들이 존재한다.

해설

$KNO_3 \rightarrow K^+ + NO_3^-$

- K^+의 mol수 : $\dfrac{0.1\text{mol}}{1\text{L}} \times 0.1\text{L} = 0.01\text{mol}$
- K^+의 개수 : $0.01\text{mol} \times \dfrac{6.02 \times 10^{23}개}{1\text{mol}} = 6.02 \times 10^{21}$개

03 C_4H_8의 모든 이성질체의 개수는 몇 개인가?

① 4　　　　　② 5
③ 6　　　　　④ 7

해설

C_4H_8 : C_nH_{2n}이므로 alkene 또는 cycloalkane이다.

∴ 6개

04 물 90.0g에 포도당($C_6H_{12}O_6$) 4.80g이 녹아 있는 용액에서 포도당의 몰랄농도를 구하면?

① 0.0296m　　　　② 0.296m
③ 2.96m　　　　　④ 29.6m

해설

몰랄농도
용매 1kg에 녹아 있는 용질의 몰수(mol/kg용매)

$4.8\text{g } C_6H_{12}O_6 \times \dfrac{1\text{mol}}{180\text{g}} = 0.0267\text{mol}$

$m = \dfrac{0.0267\text{mol}}{90\text{g} \times \dfrac{1\text{kg}}{1,000\text{g}}} = 0.296\text{m}$

정답 01 ①　02 ③　03 ③　04 ②

05 중성의 염소(Cl)원자는 17의 원자번호를 가지며 37의 질량수를 가진다. 중성 염소원자의 양성자, 중성자, 전자의 개수를 옳게 나열한 것은?

① 양성자 : 37, 중성자 : 0, 전자 : 37
② 양성자 : 17, 중성자 : 0, 전자 : 17
③ 양성자 : 17, 중성자 : 20, 전자 : 37
④ 양성자 : 17, 중성자 : 20, 전자 : 17

해설

원자번호 = 전자수 = 양성자수
질량수 = 양성자수 + 중성자수
37 = 17 + 중성자수
∴ 중성자수 = 20
　 양성자수 = 전자수 = 17

06 다음 물질을 녹이고자 할 때, 물(H_2O)과 사염화탄소(CCl_4) 중에서 물(H_2O)에 더욱 잘 녹을 것이라고 예상되는 물질을 모두 나타낸 것은?

(a) CO_2	(b) CH_3COOH
(c) NH_4NO_3	(d) $CH_2CH_2CH_2CH_2CH_3$

① (a), (b)
② (b), (c)
③ (a), (b), (c)
④ (b), (c), (d)

해설

극성 물질(CH_3COOH, NH_4NO_3)은 극성 용매(H_2O)에 잘 녹고 비극성 물질(CO_2, $CH_2CH_2CH_2CH_2CH_3$)은 비극성 용매(CCl_4)에 잘 녹는다.

07 다음과 같은 가역반응이 일어난다고 가정할 때 평형을 오른쪽으로 이동시킬 수 있는 변화는?

$$4HCl(g) + O_2(g) + heat \rightleftarrows 2Cl_2(g) + 2H_2O(g)$$

① Cl_2의 농도 증가
② HCl의 농도 감소
③ 반응온도 감소
④ 압력의 증가

해설

$$\underset{5mol}{4HCl(g) + O_2(g)} + heat \rightleftarrows \underset{4mol}{2Cl_2(g) + 2H_2O(g)}$$

압력을 증가시키면 르 샤틀리에 원리에 의해 몰수가 적은 오른쪽으로 평형이 이동된다.

08 산과 염기에 대한 설명 중 틀린 것은?

① 아레니우스 염기는 물에 녹으면 해리되어 수산화이온을 내놓는 물질이다.
② 아레니우스 산은 물에 녹으면 해리되어 수소이온을 내놓는 물질이다.
③ 염기는 리트머스의 색깔을 파란색에서 빨간색으로 변화시킨다.
④ 산은 마그네슘, 아연 등의 금속과 반응하여 수소기체를 발생시킨다.

해설

• 아레니우스 산 : 수소이온(H^+)을 내놓는 물질
　아레니우스 염기 : 수산화이온(OH^-)을 내놓는 물질
• 산 : 푸른색 리트머스 → 빨간색
　염기 : 붉은색 리트머스 → 파란색
• $Zn + 2HCl \rightarrow ZnCl_2 + H_2 \uparrow$
　$Mg + 2HCl \rightarrow MgCl_2 + H_2 \uparrow$

09 수용액에서 약간 용해하는 이온화합물 $Ag_2CO_3(s)$의 용해도곱 평형상수(K_{sp}) 식이 맞는 것은?

① $K_{sp} = [Ag^+]^2[CO_3^{2-}]$
② $K_{sp} = [Ag_2^+][CO_3^-]$
③ $K_{sp} = \dfrac{2[Ag^+]^2[CO_3^{2-}]}{[Ag_2CO_3]}$
④ $K_{sp} = \dfrac{[Ag_2^+][CO_3^-]}{[Ag_2CO_3]}$

해설

$Ag_2CO_3(s) \rightleftarrows 2Ag^+(aq) + CO_3^{2-}(aq)$
∴ $K_{sp} = [Ag^+]^2[CO_3^{2-}]$

정답 05 ④　06 ②　07 ④　08 ③　09 ①

10 다음 두 반응의 평형상수 K는 온도가 증가하면 어떻게 되는가?

> (a) $N_2O_4(g) \rightarrow 2NO_2(g)$, $\Delta H° = 58kJ$
> (b) $2SO_2(g) + O_2(g) \rightarrow 2SO_3(g)$, $\Delta H° = -198kJ$

① (a), (b) 모두 증가
② (a), (b) 모두 감소
③ (a) 증가, (b) 감소
④ (a) 감소, (b) 증가

해설

(a)는 흡열반응이므로 온도가 증가하면 평형상수 K는 증가하고, (b)는 발열반응이므로 온도가 증가하면 평형상수 K는 감소한다.

11 다음 중에서 격자에너지(Lattice Energy)가 가장 작은 것은?

① LiF
② KF
③ CsI
④ NaBr

해설

격자에너지
- 고체상태에서 이온이 서로를 얼마나 강하게 끌어당기고 있는지를 나타낸다.
- 분리된 기체 이온들이 밀착하여 이온성 고체를 형성할 때 일어나는 에너지 변화이다.
- 격자에너지는 이온 결합력이 클수록 커지며 이온 결합력은 쿨롱의 법칙을 따른다.

쿨롱의 법칙은 전하의 크기에 비례하고 거리의 제곱에 반비례하므로 이온의 크기가 가장 큰 CsI의 격자에너지가 가장 작다.

12 기체에 대한 설명 중 틀린 것은?

① 동일한 온도 조건에서는 이상기체의 압력과 부피의 곱이 일정하게 유지되며 이를 Boyle의 법칙이라 한다.
② 기체분자운동론에 의해 기체의 절대온도는 기체 입자의 평균 운동에너지의 척도로 나타낼 수 있다.
③ Van der Waals는 보정된 압력과 보정된 부피를 이용하여 이상기체 방정식을 수정, 이상기체 법칙을 정확히 따르지 않는 실제 기체에 대한 방정식을 유도하였다.
④ 기체의 분출(Effusion) 속도는 입자 질량의 제곱근에 정비례하며 이를 Graham의 확산법칙이라 한다.

해설

Graham의 법칙
- 같은 온도와 압력에서 기체의 분출속도는 분자량의 제곱근(밀도의 제곱근)에 반비례한다.
$$\frac{V_A}{V_B} = \sqrt{\frac{M_B}{M_A}} = \sqrt{\frac{d_B}{d_A}}$$
- 같은 온도에서 기체분자의 운동에너지는 종류와 관계없이 일정하므로 가벼운 분자는 빨리 움직이고, 무거운 분자는 느리게 움직인다.
→ 온도가 같으면 분자의 평균 운동에너지는 같다.
$$E_k = \frac{3}{2}kT$$
여기서, k : 볼츠만 상수

Boyle의 법칙
온도가 일정할 때 이상기체의 압력과 부피의 곱은 일정하다.
$PV = C(T = \text{const})$

기체분자운동론
기체분자의 평균운동에너지는 절대온도에 비례하며 분자의 크기, 모양, 종류에 무관하다.

Van der Waals식 : 실제 기체에 대한 방정식
$$\left(P + \frac{n^2}{V^2}a\right)(V - nb) = nRT$$
↳ 분자의 크기 보정
↳ 인력에 대한 보정

13 산화성 가스를 나타내는 그림문자는?

①
②
③
④

해설

① 경고
② 인화성, 자연발화성, 자기발열성, 물 반응성
③ 금속 부식성, 피부 부식성/자극성, 심한 눈 손상/자극성
④ 산화성

정답 10 ③ 11 ③ 12 ④ 13 ④

14 섭씨 100도, 1기압에서 산소 1L와 수소 1L를 온도와 압력이 유지되는 용기에서 반응시켰다. 반응이 끝난 후 생성된 수증기의 부피와 용기 속에 포함된 기체의 총 부피는 각각 몇 L인가?

① 1, 1.5
② 1.5, 2
③ 2, 2.5
④ 2.5, 3

해설

$2H_2 + O_2 \rightarrow 2H_2O$
1L   1L   0
−1L −0.5L +1L
0   0.5L 1L

∴ 수증기 1L + 산소 0.5L = 1.5L

---

15 O^{2-}, F, F^-를 지름이 작은 것부터 큰 순서로 옳게 나열한 것은?

① $O^{2-} < F < F^-$
② $F < F^- < O^{2-}$
③ $O^{2-} < F^- < F$
④ $F^- < O^{2-} < F$

해설

- 음이온은 전자를 많이 받을수록 서로 반발하여 크기가 커진다.
  $F < F^-$, $O < O^{2-}$, $F^- < O^{2-}$
- 같은 주기에서는 원자번호가 작을수록 크기가 크다.
  $O > F$

∴ $F < F^- < O^{2-}$

---

16 어떤 염의 물에 대한 용해도가 섭씨 70도에서 60, 섭씨 30도에서 20이다. 섭씨 70도의 포화 용액 100g을 섭씨 30도로 식힐 때 나타나는 현상으로 옳은 것은?

① 섭씨 70도에서 포화 용액 100g에 녹아 있는 염의 양은 60g이다.
② 섭씨 30도에서 포화 용액 100g에 녹아 있는 염의 양은 20g이다.
③ 섭씨 70도에서 포화 용액을 섭씨 30도로 식힐 때 불포화 용액이 형성된다.
④ 섭씨 70도의 포화 용액을 섭씨 30도로 식힐 때 석출되는 염의 양은 25g이다.

해설

- 용해도 : 용매 100g에 녹아 있는 용질의 g수
- 70℃에서 용해도 60 : 70℃에서 물 100g에 60g의 염이 녹아 있다.
- 30℃에서 용해도 20 : 30℃에서 물 100g에 20g의 염이 녹아 있다.

70℃에서 30℃로 냉각하면 60 − 20 = 40g의 염이 석출되며, 70℃에서 용액은 100g 물 + 60g 염 = 160g이다.
160 : 40 = 100 : x
∴ $x = 25g$ 석출

---

17 화학평형에 대한 다음 설명 중 옳은 것은?

① 화학평형이란 더 이상의 반응이 없음을 의미한다.
② 반응물과 생성물의 양이 같다는 것을 의미한다.
③ 정반응과 역반응의 속도가 같다는 것을 의미한다.
④ 정반응과 역반응이 동시에 진행되는 비가역반응이다.

해설

화학평형
- 가역반응에서 정반응속도 = 역반응속도
- 외관상 반응이 정지된 것처럼 보이지만, 동적 평형을 이루고 있다.
- 반응물과 생성물의 양은 평형상수에 의해 결정된다.

---

18 다음 유기화합물의 명명이 잘못된 것은?

① $CH_3CHClCH_3$: 2−chloropropane
② $CH_3−CH(OH)−CH_3$: 2−propanol
③ $CH_3−O−CH_2CH_3$: methoxyethane
④ $CH_3−CH_2−COOH$: propanone

해설

$CH_3−CH_2−COOH$: 프로판산 = 프로피온산(Propionic Acid)

프로판온 : $CH_3−\overset{\overset{O}{\|}}{C}−CH_3$
아세톤(다이메틸케톤)

19 주기율표상에서 나트륨(Na)부터 염소(Cl)에 이르는 3주기 원소들의 경향성을 옳게 설명한 것은?

① Na로부터 Cl로 갈수록 전자친화력은 약해진다.
② Na로부터 Cl로 갈수록 1차 이온화에너지는 커진다.
③ Na로부터 Cl로 갈수록 원자반경은 커진다.
④ Na로부터 Cl로 갈수록 금속성이 증가한다.

> **해설**
>
> 3주기 원소
> Na Mg Al Si P S Cl
> 오른쪽으로 갈수록 비금속성↑, 원자 반지름↓
> 　　　　　　　　이온화에너지↑, 전자친화도↑

20 소화기에 "A2", "B3" 등으로 표기된 문자 중 숫자가 의미하는 것은?

① 소화기의 제조번호
② 소화기의 능력단위
③ 소화기의 소요단위
④ 소화기의 사용순위

> **해설**
>
> A2 ┬→ 능력단위
> 　 └→ 화재의 종류
>
> 화재의 종류
>
> | 구분 | 적응화재 | 소화기 표시색상 |
> |---|---|---|
> | A급 화재 | 일반화재 | 백색 |
> | B급 화재 | 유류화재 | 황색 |
> | C급 화재 | 전기화재 | 청색 |
> | D급 화재 | 금속화재 | 무색 |
>
> 능력단위 : 불을 끌 수 있는 소화기 능력

2과목　분석계획 수립과 분석화학 기초

21 물(H_2O)에 관한 일반적인 설명으로 맞는 것은?

① 물의 pH가 낮으면 염기성을 나타낸다.
② 물의 pH가 낮으면 [H^+]가 [OH^-]보다 적게 존재한다.
③ 물속에서 H^+는 H_3O^+로 존재한다.
④ 물은 4℃에서 가장 가볍다.

> **해설**
>
> | pH 작음 | 7 | pH 큼 |
> |---|---|---|
> | 산성 | 중성 | 염기성 |
>
> 물은 4℃에서 가장 밀도가 크다. → 가장 무겁다.

22 다음 전기화학의 기본 개념과 관련한 설명 중 틀린 것은?

① 1줄의 에너지는 1암페어의 전류가 전위차가 1볼트인 점들 사이를 이동할 때 얻거나 잃는 양이다.
② 산화환원 반응(Redox Reaction)은 전자가 한 화학종에서 다른 화학종으로 옮겨가는 것을 의미한다.
③ 전지 전압은 전기화학 반응에 대한 자유에너지 변화에 비례한다.
④ 전류는 전기화학 반응의 반응속도에 비례한다.

> **해설**
>
> $1J = 1V \times 1C = 1V \times 1A \times 1s$
> 　　$= 1J/C \times 1C$

23 25℃에서 0.050M KCl 수용액의 H^+의 활동도는 얼마인가?(단, H^+와 OH^-의 활동도 계수는 이온 세기가 0.05M일 때는 각각 0.86과 0.81이고, 이온 세기가 0.10M일 때는 각각 0.83과 0.76이다.)

① 1.03×10^{-7}
② 1.05×10^{-7}
③ 1.15×10^{-7}
④ 1.20×10^{-7}

정답 19 ② 20 ② 21 ③ 22 ① 23 ①

> **해설**

μ(이온 세기)$=\frac{1}{2}(C_1Z_1^2+C_2Z_2^2+\cdots)$

여기서, C_1, C_2 : 농도
Z_1, Z_2 : 전하량

활동도 $a_A = \gamma_A[A]$
↳ 활동도 계수

$\mu = \frac{1}{2}(0.05 \times 1^2 + 0.05 \times (-1)^2) = 0.05$

$\gamma_{H^+} = 0.86$, $\gamma_{OH^-} = 0.81$

$K_w = [H^+][OH^-] = 1 \times 10^{-14}$

$K_w = a_{H^+} a_{OH^-} = \gamma_{H^+}[H^+] \gamma_{OH^-}[OH^-]$
$= 0.86[H^+]0.81[OH^-] = 10^{-14}$

$0.86 \times 0.81[H^+]^2 = 10^{-14}$

$[H^+] = 1.2 \times 10^{-7}$

$a_{H^+} = \gamma_{H^+}[H^+]$
$= (0.86)(1.2 \times 10^{-7})$
$= 1.03 \times 10^{-7}$

24 0.05M Fe^{2+} 100mL를 0.1M Ce^{4+}로 적정하며, Pt 전극과 Calomel 전극(SCE)을 이용하여 전위차를 측정하였다. 당량점에서의 두 전극의 전위차는?

$Ce^{4+} + e^- \to Ce^{3+}$	$E° = 1.70V$
$Fe^{3+} + e^- \to Fe^{2+}$	$E° = 0.76V$
$Hg_2Cl_2(s) + 2e^- \to 2Hg(l) + 2Cl^-$	$E° = 0.241V$

① 0.69V ② 0.99V
③ 1.23V ④ 1.47V

> **해설**

$E = \frac{1.70 \times 1 + 0.767 \times 1}{2} = 1.23V$

∴ $\Delta E = 1.23V - 0.241V = 0.99V$

[별해]

$Ce^{4+} + e^- \to Ce^{3+}$

$E_{eq} = 1.70V - \frac{0.05916}{1}\log\frac{[Ce^{3+}]}{[Ce^{4+}]}$ ㆍㆍㆍㆍㆍㆍㆍㆍㆍㆍ ㉠

$Fe^{3+} + e^- \to Fe^{2+}$

$E_{eq} = 0.76V - \frac{0.05916}{1}\log\frac{[Fe^{2+}]}{[Fe^{3+}]}$ ㆍㆍㆍㆍㆍㆍㆍㆍㆍㆍ ㉡

㉠ + ㉡을 하면

$2E_{eq} = 2.46V - \frac{0.05916}{1}\log\frac{[Ce^{3+}][Fe^{2+}]}{[Ce^{4+}][Fe^{3+}]}$ ㆍㆍㆍㆍㆍㆍㆍㆍㆍ ㉢

	Fe^{2+}	+	Ce^{4+}	→	Fe^{3+}	+	Ce^{3+}
	0.005M		0.005M				
	$-x$		$-x$		$+x$		$+x$
	$0.005-x$		$0.005-x$		x		x

당량점에서 $[Ce^{4+}] = [Fe^{2+}]$, $[Ce^{3+}] = [Fe^{3+}]$이므로 ㉢식은
$E_{eq} = 1.23V$

∴ $\Delta E_{eq} = 1.23V - 0.241V = 0.99V$

25 과망간산칼륨 5.00g을 물에 녹이고 500mL로 묽혀 과망간산칼륨 용액을 준비하였다. Fe_2O_3를 24.5% 포함하는 광석 0.500g 속에 든 철은 몇 mL의 $KMnO_4$ 용액과 반응하는가?(단, $KMnO_4$의 분자량은 158.04g/mol, Fe_2O_3의 분자량은 159.69g/mol이다.)

① 2.43 ② 4.86
③ 12.2 ④ 24.3

> **해설**

$KMnO_4 = 5g/0.5L$

$Fe_2O_3 = 0.5g \times 0.245 = 0.1225g$

Fe^{2+}의 몰수 $= 0.1225g\,Fe_2O_3 \times \frac{2mol\,Fe}{159.69g\,Fe_2O_3}$
$= 1.534 \times 10^{-3} mol$

$[MnO_4^-] = \frac{5g\,KMnO_4}{0.5L} \times \frac{1}{158.04g/mol}$
$= 0.0633M$

$5Fe^{2+} + MnO_4^- + 8H^+ \rightleftarrows 5Fe^{3+} + Mn^{2+} + 4H_2O$
  5 : 1
$1.534 \times 10^{-3} : x$

$x = 3.068 \times 10^{-4} mol$
$= MV$
$= 0.0633M \times V$

∴ $V = 4.85 \times 10^{-3}L = 4.85mL$

정답 24 ② 25 ②

26 다음 염(Salt)들 중에서 물에 녹았을 때, 염기성 수용액을 만드는 염을 모두 나타낸 것은?

> NaBr, CH₃COONa, NH₄Cl, K₃PO₄, NaCl, NaNO₃

① CH₃COONa, K₃PO₄
② CH₃COONa
③ NaBr, CH₃COONa, NH₄Cl
④ NH₄Cl, K₃PO₄, NaCl, NaNO₃

해설
- 약산 + 강염기 → 염기성염 예 CH₃COONa, K₃PO₄
- 강산 + 약염기 → 산성염 예 NH₄Cl
- 강산 + 강염기 → 중성염 예 NaBr, NaCl, NaNO₃

27 산-염기 적정에서 사용하는 지시약이 용액 속에서 다음과 같이 해리한다고 한다. 만일 이 용액에 산을 첨가하여 용액의 액성을 산성이 되게 했다면 용액의 색깔은 어느 쪽으로 변화하는가?

> HR(무색) ⇌ H⁺ + R⁻(적색)

① 적색
② 무색
③ 적색과 무색이 번갈아 나타난다.
④ 알 수 없다.

해설
H^+가 증가하면 역반응이 진행되므로 적색 → 무색이 된다.

28 pH 10.00인 10.00mL의 0.0200M Ca^{2+}를 0.0400M EDTA로 적정하고자 한다. 7.00mL EDTA가 첨가되었을 때 Ca^{2+}의 농도는 약 얼마인가?(단, $Ca^{2+} + EDTA \rightleftharpoons CaY^{2-}$, $K_f = 1.8 \times 10^{10}$이다.)

① 1.40×10^{-10}M
② 5.6×10^{-11}M
③ 7.4×10^{-13}M
④ 0.0200M

해설
$MV = M'V'$
$0.02M \times 10mL = 0.04M \times V'$
∴ $V' = 5mL$ EDTA
7.00mL EDTA가 첨가 → 당량점 이후

$[CaY^{2-}] = \dfrac{(0.02 \times 10)mmol}{17mL} = \dfrac{0.2}{17}M = 0.012M$

$[EDTA] = \dfrac{(0.04 \times 2)mmol}{17mL} = \dfrac{0.08}{17}M = 0.0047M$

	Ca^{2+}	+ EDTA	⇌ CaY^{2-}
초기농도	0	0.0047	0.012
반응농도	$+x$	$+x$	$-x$
최종농도	x	$0.0047 + x$	$0.012 - x$

$K_f = \dfrac{[CaY^{2-}]}{[Ca^{2+}][EDTA]}$

$1.8 \times 10^{10} = \dfrac{0.012 - x}{x(0.0047 + x)}$

∴ $x = [Ca^{2+}] = 1.4 \times 10^{-10}$M

29 다음 중 화학평형에 대한 설명으로 옳은 것은?

① 화학평형상수는 단위가 없으며, 보통 K로 표시하고 K가 1보다 크면 정반응이 유리하다고 정의하며, 이때 Gibbs 자유에너지는 양의 값을 가진다.
② 평형상수는 표준상태에서의 물질의 평형을 나타내는 값으로 항상 양의 값이며, 온도에 관계없이 일정하다.
③ 평형상수의 크기는 반응속도와는 상관이 없다. 즉 평형상수가 크다고 해서 반응이 빠름을 뜻하지 않는다.
④ 물질의 용해도곱(Solubility Product)은 고체염이 용액 내에서 녹아 성분 이온으로 나뉘는 반응에 대한 평형상수로 흡열반응은 용해도곱이 작고, 발열반응은 용해도곱이 크다.

해설
평형상수
㉠ $aA + bB \rightarrow cC + dD$
   평형상수 $K = \dfrac{[C]^c[D]^d}{[A]^a[B]^b}$

정답 26 ① 27 ② 28 ① 29 ③

ⓒ $\Delta G° = -RT \ln K$
　　$K > 1$, $\Delta G° < 0$: 정반응
ⓒ K는 온도만의 함수
　• 흡열반응 : 온도↑ → K↑
　• 발열반응 : 온도↑ → K↓

30 다음 중 전지를 선 표시법으로 가장 옳게 나타낸 것은?

① $Cd(s) \mid Cd(NO_3)_2(aq) \parallel AgNO_3(aq) \mid Ag(s)$
② $Cd(s), Cd(NO_3)_2(aq) \parallel AgNO_3(aq), Ag(s)$
③ $Cd(s) \mid Cd(NO_3)_2(aq), AgNO_3(aq) \mid Ag(s)$
④ $Cd(s), Cd(NO_3)_2(aq) \mid AgNO_3(aq), Ag(s)$

해설

전지의 표시
산화전극 | 산화전지의 전해액 ‖ 환원전지의 전해액 | 환원전극
　　　　　　　　　　　　↑
　　　　　　　　　　　염다리

31 0.10M KNO_3와 0.1M Na_2SO_4 혼합용액의 이온 세기는 얼마인가?

① 0.40　　② 0.35
③ 0.30　　④ 0.25

해설

이온 세기 $\mu = \frac{1}{2} \sum mz^2$
　여기서, m : 이온의 농도
　　　　 z : 전하

∴ $\mu = \frac{1}{2}[(0.1 \times 1^2) + (0.1 \times (-1)^2)$
　　　　$+ (0.1 \times 2 \times 1^2) + (0.1 \times (-2)^2)]$
　　= 0.4

32 활동도 계수의 특성에 대한 다음 설명 중 틀린 것은?

① 너무 진하지 않은 용액에서 주어진 화학종의 활동도 계수는 전해질의 성질에 의존한다.
② 대단히 묽은 용액에서는 활동도 계수는 1이 된다. 이러한 경우에 활동도와 농도는 같다.
③ 주어진 이온 세기에서 이온의 활동도 계수는 이온 화학종의 전하가 증가함에 따라 1에서 벗어나게 된다.
④ 한 화학종의 활동도 계수는 화학종이 포함된 평형에서 그 화학종이 평형에 미치는 영향의 척도이다.

해설

활동도 계수
• 이온 세기가 0에 접근하면 활동도 계수는 1에 접근한다.
• 농도가 매우 진한 용액을 제외하고, 주어진 화학종의 활동도 계수는 전해질의 성질에 무관하고 이온 세기에만 의존한다.
• 대단히 묽은 용액에서 활동도 계수는 1이 된다.
• 이온 세기↑ → 활동도 계수↓
• 이온 전하↑ → 활동도 계수↓
• 이온 크기↓ → 활동도 계수↓

33 0.1000M HCl 용액 25.00mL를 0.1000M NaOH 용액으로 적정하고 있다. NaOH 용액 25.10mL가 첨가되었을 때의 용액의 pH는 얼마인가?

① 11.60　　② 10.30
③ 3.70　　④ 2.40

해설

0.1M HCl 25mL + 0.1M NaOH 25.10mL
$[OH^-] = \dfrac{0.1M \times 0.1mL}{(25+25.1)mL} = 2 \times 10^{-4}M$
$pH = -\log[H^+]$
　　$= 14 - pOH$
　　$= 14 - \{-\log[OH^-]\}$
　　$= 14 - \{-\log(2 \times 10^{-4})\}$
　　$= 10.30$

34 다음 중 부피 및 질량 적정법에서 기준물질로 사용되는 일차표준물질(Primary Standard)의 필수 조건으로 가장 거리가 먼 것은?

① 대기 중에서 안정해야 한다.
② 적정매질에서 용해도가 작아야 한다.
③ 가급적 큰 몰질량을 가져야 한다.
④ 수화된 물이 없어야 한다.

정답 30 ① 31 ① 32 ① 33 ② 34 ②

> **해설**

일차표준물질
- 용해도가 커야 한다.
- 몰질량을 크게 하여 측량 오차를 감소시킨다.
- 반응이 정량적으로 일어나야 한다.
- 가급적 결정수가 없어야 한다.
- 오랫동안 보관하여도 안정해야 한다.

35 플루오르화칼슘(CaF_2)의 용해도곱은 3.9×10^{-11}이다. 이 염의 포화 용액에서 칼슘이온의 몰농도는 몇 M인가?

① 2.1×10^{-4} ② 3.3×10^{-4}
③ 6.2×10^{-6} ④ 3.9×10^{-11}

> **해설**

$CaF_2 \rightleftarrows Ca^{2+} + 2F^-$
$K_{sp} = [Ca^{2+}][F^-]^2$
$\quad\quad = (x)(2x)^2 = 3.9 \times 10^{-11}$
$\therefore x = [Ca^{2+}] = 2.1 \times 10^{-4} M$

36 KH_2PO_4와 KOH로 구성된 혼합용액의 전하균형식으로 옳은 것은?

① $[H^+]+[K^+]=[OH^-]+[H_2PO_4^-]+2[HPO_4^{2-}]+3[PO_4^{3-}]$
② $2[H^+]+[K^+]=[OH^-]+[H_2PO_4^-]+2[HPO_4^{2-}]+3[PO_4^{3-}]$
③ $[H^+]+[K^+]=[OH^-]+[H_2PO_4^-]+[HPO_4^{2-}]+3[PO_4^{3-}]$
④ $2[H^+]+[K^+]=[PO_4^{3-}]$

> **해설**

$KH_2PO_4 \rightarrow K^+ + H_2PO_4^-$
$H_2PO_4^- \rightarrow H^+ + HPO_4^{2-}$
$HPO_4^{2-} \rightarrow H^+ + PO_4^{3-}$
$KOH \rightarrow K^+ + OH^-$
전하균형식 : 양전하의 합=음전하의 합
$\therefore [K^+]+[H^+]=[OH^-]+[H_2PO_4^-]+2[HPO_4^{2-}]+3[PO_4^{3-}]$

37 요오드화 반응에 대한 설명 중 틀린 것은?

① 요오드를 적정액으로 사용한다는 것은 I_2에 과량의 I^-가 첨가된 용액을 사용함을 의미한다.
② 요오드화 적정의 지시약으로 녹말지시약을 사용할 수 있다.
③ 간접 요오드 적정법은 환원성 분석물질을 미량의 I^-에 가하여 요오드를 생성시킨 다음 이것을 적정한다.
④ 환원성 분석물질이 요오드로 직접 측정되었을 때, 이 방법을 직접 요오드 적정법이라 한다.

> **해설**

간접 요오드 적정법
산화성 분석물질에 I^-를 가하여 요오드(I_2)를 생성시킨 다음 티오황산나트륨($Na_2S_2O_3$)으로 적정하는 방법

38 시험법 밸리데이션 과정에 일반적으로 요구되는 방법 검증 항목을 모두 고른 것은?

A. 검정곡선의 직선성	B. 특이성
C. 정확도 및 정밀도	D. 정량한계 및 검출한계
E. 안정성	

① A, B, C, D, E ② A, C, D, E
③ A, B, C, D   ④ A, B, C

> **해설**

시험법 밸리데이션 평가항목
- 특이성
- 정확성
- 정밀성
- 검출한계
- 정량한계
- 직선성
- 범위
- 완건성(안정성)

39 분석을 시작하기 전 매트릭스가 혼재되어 있을 때 보조적인 시험방법을 추가로 고려해야 하는지의 여부를 결정짓는 특성은?

① 정확성 ② 견뢰성
③ 완건성 ④ 특이성

> **해설**

특이성 : 측정대상물질, 불순물 등이 혼재된 상태에서 분석대상물질을 선택적이고 정확하게 측정할 수 있는 정도

정답 35 ① 36 ① 37 ③ 38 ① 39 ④

40 단백질이 포함된 탄수화물 함량을 5회 측정한 결과가 다음과 같을 때, 탄수화물 함량에 대한 90% 신뢰구간은?(단, 자유도 4일 때 t값은 2.132이다.)

(단위 : wt%(g 탄수화물/100g 단백질))

| 12.6 | 11.9 | 13.0 | 12.7 | 12.5 |

① 12.54 ± 0.28wt%
② 12.54 ± 0.38wt%
③ 12.54 ± 0.48wt%
④ 12.54 ± 0.58wt%

해설

$\overline{x} = 12.54$
$s = 0.404$
90% 신뢰구간 $= \overline{x} \pm t \dfrac{s}{\sqrt{n}}$
$= 12.54 \pm 2.132 \times \dfrac{0.404}{\sqrt{5}}$
$= 12.54 \pm 0.38$

3과목   화학물질 특성분석

41 카드뮴 전극이 1.0M Cd^{2+} (반쪽전위 $E° = -0.40V$) 용액에 담겨진 반쪽전위의 전위는 얼마인가?

① -0.2V
② -0.4V
③ -2.0V
④ -4.0V

해설

$Cd^{2+} + 2e^- \rightleftarrows Cd(s)$ $E° = -0.4V$
Nernst 식
$E = E° - \dfrac{0.05916}{n} \log \dfrac{1}{[Cd^{2+}]}$
$= -0.4 - \dfrac{0.05916}{2} \log \dfrac{1}{1.0}$
$= -0.4V$

42 유리전극에 대한 설명으로 틀린 것은?

① 이온 선택성 전극의 한 종류이다.
② 수소이온에 선택적으로 감응하는 특성이 있다.
③ 복합전극은 두 개의 기준전극이 필요하다.
④ 선택계수가 클수록 성능이 우수한 전극이다.

해설

선택계수
분석물 이온(A)의 감응도에 대한 같은 전하를 가진 다른 이온(X)의 상대적 감응도를 나타낸 것으로 선택계수가 작을수록 다른 이온의 방해가 작아 성능이 우수한 전극이다.
유리전극의 선택계수 $K_{H^+, X} = \dfrac{X에 \; 대한 \; 감응}{H^+에 \; 대한 \; 감응}$

43 질량분석기에서 사용되는 시료 도입장치가 아닌 것은?

① 직접 도입장치
② 배치식 도입장치
③ 펠렛식 도입장치
④ 크로마토그래피 도입장치

해설

질량분석기의 시료 도입장치
- 직접 도입장치
- 배치식 도입장치
- 크로마토그래피/모세관 전기이동 도입장치

※ 펠렛식 도입장치 : 적외선(IR) 흡수분광법에서 고체시료를 도입하는 장치

44 HPLC의 검출기에 대한 설명으로 옳은 것은?

① UV 흡수 검출기는 254nm의 파장만을 사용한다.
② 굴절률 검출기는 대부분의 용질에 대해 감응하나 온도에 매우 민감하다.
③ 형광 검출기는 대부분의 화학종에 대해 사용이 가능하나 감도가 낮다.
④ 모든 HPLC 검출기는 용액의 물리적 변화만을 감응한다.

정답 ▶ 40 ②   41 ②   42 ④   43 ③   44 ②

해설

HPLC의 검출기
- 굴절률 검출기
- 흡수 검출기(UV/Vis, 적외선)
- 형광 검출기
- 전기화학 검출기

㉠ 굴절률 검출기
- 거의 모든 용질에 감응한다.
- 온도에 매우 민감하므로 0.01℃ 이내로 온도를 유지해야 한다.
- 감도가 낮아 미량분석에는 사용되지 않는다.
- 기울기 용리에 사용할 수 없다.

㉡ UV 흡수 검출기 : 254nm 이외에 250, 313, 334, 365nm 파장을 선택하여 사용한다.

㉢ 형광 검출기 : 형광을 발생하는 화학종에 대해 사용이 가능하며, 감도가 높다.

45 머무름시간이 630초인 용질의 봉우리 너비를 변곡점을 지나는 접선과 바탕선이 만나는 지점에서 측정해 보니 12초였다. 다음의 봉우리는 652초에 용리되었고 너비는 16초였다. 두 성분의 분리도는?

① 0.19 ② 0.36
③ 0.79 ④ 1.57

해설

분리도(R_s)
두 가지 분석물을 분리할 수 있는 관의 능력을 정량적으로 나타낸 척도

$$R_s = \frac{2\{(t_R)_B - (t_R)_A\}}{W_A + W_B}$$

여기서, $(t_R)_A, (t_R)_B$: 봉우리 A, B의 머무름시간
W_A, W_B : 봉우리 A, B의 너비

$$\therefore R_s = \frac{2(652-630)}{12+16} = 1.57$$

46 다음 중 질량분석기로 사용되지 않는 것은?

① 단일 극자 질량분석기
② 이중 초점 질량분석기
③ 이온 포착 질량분석기
④ 비행-시간 질량분석기

해설

질량분석기의 종류
- 부채꼴 자기장 질량분석기
- 사중 극자 질량분석기
- 이중 초점 질량분석기
- 비행-시간 질량분석기
- 이온 포획 질량분석기
- Fourier 변환(FT) 질량분석기

47 질량분석법에서 기체상태 이온화법이 아닌 것은?

① 장 이온화법
② 화학적 이온화법
③ 전자충격 이온화법
④ 빠른 원자 충격 이온화법

해설

질량분석법에서 이온화법
㉠ 기체상
- 전자충격 이온화법(EI)
- 화학적 이온화법(CI)
- 장 이온화법(FI)

㉡ 탈착식
- 장 탈착법(FD)
- 전기분무 이온화법(ESI)
- 매트릭스 지원 레이저 탈착 이온화법(MALDI)
- 빠른 원자 충격법(FAB)

48 폴라로그래피법으로 수용액 중의 금속 양이온을 분석하고자 한다. 가장 적합한 작업전극은?

① 적하수은전극
② 매달린 수은전극
③ 백금흑전극
④ 유기질 탄소전극

해설

폴라로그래피법
작업전극으로 적하수은전극을 사용하는 전압전류법

49 전압전류법의 전압전류곡선으로부터 얻을 수 있는 정보가 아닌 것은?

① 정량 및 정성분석
② 전극반응의 가역성
③ 금속착물의 안정도 상수 및 배위수
④ 전류밀도

정답 45 ④ 46 ① 47 ④ 48 ① 49 ④

> 해설

선형주사 전압전류곡선

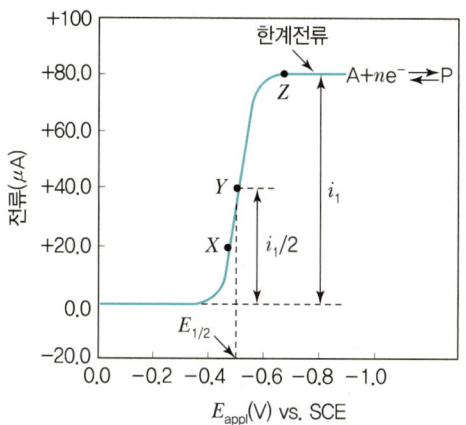

- 확산전류(i_1)는 분석물 농도에 비례하고 정량분석에 사용된다.
- 반파전위($E_{1/2}$)는 반쪽반응에 대한 표준전위와 관련되어 있으며, 정성분석에 사용된다.
※ 전류밀도는 단위면적당 흐르는 전류의 세기이므로 전압전류곡선으로부터 알 수 있는 정보가 아니다.

50 HPLC에서 GC에서의 온도 프로그래밍을 이용하여 얻은 효과와 유사한 효과를 얻을 수 있는 방법은?

① 기울기 용리 ② 등용매 용리
③ 선형 용리 ④ 지수적 용리

> 해설

GC에서 온도 프로그래밍
- 분리가 진행되는 동안 온도를 단계적으로 또는 계속적으로 올려주는 것
- 다양한 끓는점의 화합물을 포함하는 시료의 분리효율을 높이고 분리시간을 단축시킨다.
- HPLC에서의 기울기 용리와 같다

기울기 용리
- 극성이 다른 2~3가지 용매를 선택하여 이동상의 조성을 연속적 혹은 단계적으로 변화하며 사용하는 방법
- 분리효율을 높이고 분리시간을 단축시키기 위해 사용한다.
- GC의 온도 프로그래밍과 유사하다.

51 다음 표를 참고하여 $C_{12}H_{24}$(분자량 M=168)에 대해 M^+에 대한 $(M+1)^+$ 봉우리 높이의 비($(M+1)^+/M^+$)는 얼마인가?

원소	가장 많은 동위원소	가장 많은 동위원소에 대한 존재 백분율(%)
탄소	^1H	^2H 0.015
수소	^{12}C	^{13}C 1.08

① 13.32% ② 14.25%
③ 16.73% ④ 18.59%

> 해설

$\dfrac{(M+1)^+}{M^+}$ 확률 $= (12 \times 1.08) + (24 \times 0.015) = 13.32\%$

52 분배 크로마토그래피에 대한 설명으로 틀린 것은?

① 정상 크로마토그래피는 낮은 극성의 이동상을 사용한다.
② 역상 크로마토그래피는 높은 극성의 이동상을 주로 사용한다.
③ 결합상 충전물에 결합된 피막이 비극성 성질을 가지고 있으면 역상으로 분류한다.
④ 정상 분리의 주된 장점은 물을 이동상으로 사용할 수 있다는 것이다.

> 해설

- 역상 : 이동상이 극성, 정지상이 비극성
- 정상 : 이동상이 비극성, 정지상이 극성

53 전자포획검출기(ECD)로 검출할 수 있는 화합물은?

① 메틸아민 ② 에틸알코올
③ 헥산 ④ 디클로로메탄

> 해설

전자포획검출기(ECD)
- 기체 크로마토그래피 검출기
- 할로겐 원소(F, Cl, Br, I)와 같이 전기음성도가 큰 작용기를 가진 분자에 선택성을 갖는 검출기

정답 50 ① 51 ① 52 ④ 53 ④

54 전기분석법에서 전류흐름을 위한 전지에서의 질량이동 과정에 해당하지 않는 것은?

① 접촉(Junction)
② 대류(Convection)
③ 확산(Diffusion)
④ 이동(Migration)

> 해설

질량이동 메커니즘
- 확산 : 진한 영역에서 묽은 영역으로 분자나 이온이 이동하는 과정
- 전기이동 : 정전기장의 영향 아래에서 이온이 이동하는 과정
- 대류 : 기계적인 방법이나 온도, 밀도차에 의한 용액의 움직임에 의해 분자나 이온이 이동하는 과정

55 비행시간 질량분석계에 대한 설명으로 틀린 것은?

① 기기장치가 비교적 간단한 편이다.
② 가장 널리 사용되는 질량분석계이다.
③ 검출할 수 있는 질량범위가 거의 무제한이다.
④ 가벼운 이온이 무거운 이온보다 먼저 검출기에 도달한다.

> 해설

비행시간 질량분석계
- 비행시간형(TOF) 기기는 양이온이 이온원에서 검출기로 이동하는 시간을 측정한다.
- 무거운 이온은 늦게 이동하고, 가벼운 이온은 빨리 이동한다.
- 무제한의 질량범위를 가진다.
- 단순하고 고장이 적다.
- 제한된 분해능과 감도를 갖는다는 단점이 있다.
- 널리 사용되지는 않는다.

56 시료물질과 기준물질을 조절된 온도 프로그램으로 가열하면서 이 두 물질에 흘러 들어간 열량(열흐름)의 차이를 시료온도의 함수로 측정하는 열분석법은?

① 습식 회화법
② 열무게측정(TG)법
③ 시차열법분석(DTA)법
④ 시차주사열량(DSC)법

> 해설

② 열무게(TGA)법
시료의 온도를 증가시키면서 질량변화를 측정한다.
③ 시차열분석(DTA, 시차열법분석)법
시료와 기준물질을 가열하면서 두 물질의 온도 차이를 온도의 함수로 측정한다.
④ 시차주사열량(DSC)법
시료물질과 기준물질 사이의 온도제어 프로그램으로 가열되면서 시료와 기준물질 사이의 온도를 동일하게 유지시키는 데 필요한 열입력(열량의 차이, 열흐름의 차이, 에너지 차이)을 시료온도의 함수로 측정한다.

57 다음 그림은 메틸브로마이드(CH_3Br)의 질량스펙트럼이다(최고 분해능 $m/z = 1$). M 피크는 $^{12}CH_3^{79}Br$ 화학종에 해당한다. 다음 설명 중 옳은 것은?

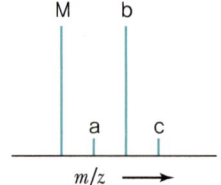

① 피크 a는 큰 피크 M의 위성피크로서, M 피크의 간섭 잡음 때문에 생긴 것이다.
② 피크가 4개인 것은 브로민의 동위원소가 4개이기 때문이다.
③ 피크 c는 M+3 피크라 불린다. 동위원소 중 가장 큰 것들의 기여로 나타난다.
④ M과 b의 크기가 같은 것은 탄소와 브로민 중 동위원소인 ^{13}C와 ^{81}Br 함량이 각각 1/2씩 되기 때문이다.

> 해설

$^{12}CH_3^{79}Br \rightarrow M$
$^{13}CH_3^{79}Br \rightarrow M+1, a$
$^{12}CH_3^{81}Br \rightarrow M+2, b$
$^{13}CH_3^{81}Br \rightarrow M+3, c$

$^{12}C : ^{13}C = 100 : 1.08 ≒ 99 : 1$
$^{79}Br : ^{81}Br = 100 : 98 ≒ 1 : 1$
∴ a와 c는 ^{13}C의 기여로 피크의 크기가 작다.

58 이온선택성 전극의 장점에 대한 설명 중 틀린 것은?

① 파괴성
② 짧은 감응시간
③ 직선적 감응의 넓은 범위
④ 색깔이나 혼탁도에 영향을 비교적 받지 않음

해설

이온선택성 전극의 장점
- 비파괴성
- 비오염성
- 직선적 감응의 넓은 범위
- 짧은 감응시간
- 색이나 혼탁도에 영향을 받지 않음

59 크로마토그래피에서 봉우리의 띠넓힘을 줄이는 방법으로 가장 적합한 것은?

① 지름이 큰 충진관을 사용한다.
② 이동상인 액체의 온도를 높인다.
③ 액체 정지상의 막 두께를 줄인다.
④ 고체 충진제의 입자 크기를 크게 한다.

해설

띠넓힘을 줄이는 방법
- 지름이 작은 충진관을 사용한다. → 질량이동계수를 줄이는 효과
- 이동상의 온도를 낮춘다. → 세로확산을 줄이는 효과
- 고체 충진제의 입자 크기를 작게 한다. → 소용돌이 확산을 줄이는 효과
- 액체 정지상의 막 두께를 줄인다. → 질량이동계수를 줄이는 효과

60 벗김 분석(Stripping Method)이 감도가 좋은 이유는?

① 전극으로 커다란 수은방울을 사용하기 때문이다.
② 농축단계에서 사전에 전극에 금속이온을 농축하기 때문이다.
③ 전극에 높은 전위를 가하기 때문이다.
④ 전극의 전위를 빠른 속도로 주사하기 때문이다.

해설

벗김법
- 극미량 분석에 유용하다.
- 예비농축과정이 있어 감도가 좋고 검출한계가 아주 낮다.
- 매달린 수은방울 전극이 주로 사용된다.

4과목 화학물질 구조 및 표면분석

61 모든 종류의 분석방법은 측정된 분석신호와 분석농도를 연관 짓는 과정으로 검정이 필요하다. 일반적으로 사용되는 방법과 이에 대한 설명을 연결한 것 중 잘못된 것은?

① 검정곡선 – 정확한 농도의 분석물을 포함하고 있는 몇 개의 표준용액을 넣고 검정곡선을 얻어 사용한다.
② 표준물 첨가법 – 매트릭스 효과가 있을 가능성이 상당히 있는 복잡한 시료분석에 특히 유용하다.
③ 내부표준물법 – 모든 시료, 바탕용액과 검정표준물에 일정량의 내부표준물을 첨가하는 방식이다.
④ 표준물 첨가법 – 대부분 형태의 표준물 첨가법에서 시료 매트릭스는 각 표준물을 첨가한 후에 변화한다.

해설

- **표준물 첨가법** : 매트릭스 효과가 있거나, 시료의 조성이 잘 알려져 있지 않거나, 복잡한 시료를 분석할 수 있는 방법
- **내부표준물법** : 시험분석 절차, 기기 변동으로 발생하는 오차를 보정하기 위해 사용하는 방법

62 원자흡수분광법(AAS)에서 주로 사용되는 연료가스는 천연가스, 수소, 아세틸렌이다. 또한 산화제로서 공기, 산소, 산화이질소가 사용된다. 가장 높은 불꽃온도를 내는 연료가스와 산화제의 조합은?

① 천연가스 – 공기
② 수소 – 산소
③ 아세틸렌 – 산화이질소
④ 아세틸렌 – 산소

정답 58 ① 59 ③ 60 ② 61 ④ 62 ④

> 해설

천연가스, 수소, 아세틸렌 순으로 온도가 증가하며 연료가 같은 경우 산소가 공기보다 더 높은 온도를 낼 수 있다.

연료	산화제	온도(℃)
천연가스	공기	1,700~1,900
	산소	2,700~2,800
수소	공기	2,000~2,100
	산소	2,550~2,700
아세틸렌	공기	2,100~2,400
	산소	3,050~3,150
	산화이질소(N_2O)	2,600~2,800

63 분석기기에서 발생하는 잡음 중 열적 잡음(Thermal Noise)에 대한 설명으로 틀린 것은?

① 저항이 커지면 증가한다.
② 주파수를 낮추면 감소한다.
③ 온도가 올라가면 증가한다.
④ 백색잡음(White Noise)이라고도 한다.

> 해설

열적 잡음(Johnson 잡음, 백색잡음)
- 띠너비를 줄이면 감소하나, 띠너비가 줄면 기기는 신호 변화에 느리게 감응하여 측정하는 데 시간이 오래 걸린다.
- 주파수와 무관하므로 백색잡음이라 한다.
- $\overline{V}_{rms} = \sqrt{4kTR\Delta f}$
  여기서, $\overline{V}_{rms}$: 근평균제곱잡음전압
  k : Boltzmann 상수($= 1.38 \times 10^{-23}$ J/K)
  T : 절대온도(K)
  R : 저항성 소자의 저항값(Ω)
  $\Delta f : \dfrac{1}{3t_R}$

64 형광과 인광에 영향을 주는 변수로서 가장 거리가 먼 것은?

① pH
② 온도
③ 압력
④ 분자구조

> 해설

형광·인광에 영향을 주는 인자
- 양자 효율
- 분자의 구조
- 온도와 용매
- 전이 형태
- 구조적 단단하기
- pH

65 $n \to \pi^*$ 전이의 경우 흡수 봉우리는 용매의 극성 증가에 따라 파장이 어느 쪽으로 이동하는지와 이동의 명칭을 옳게 나타낸 것은?

① 짧은 파장 쪽, 적색 이동
② 짧은 파장 쪽, 청색 이동
③ 긴 파장 쪽, 적색 이동
④ 긴 파장 쪽, 청색 이동

> 해설

$n \to \pi^*$ 전이에서 용매의 극성이 증가하면 n오비탈의 에너지 준위가 낮아져서 에너지 준위의 차이가 커지므로 짧은 파장 쪽으로 이동(청색 이동)한다.

66 다음 중 선 광원(Line Sources)에 해당하는 것은?

① Nernst 백열등
② 니크롬선
③ 글로바
④ 속빈음극등

> 해설

- 선광원 : 속빈음극등, 전극 없는 방전등
- 연속광원 : Nernst 백열등

67 X선 형광법의 장점이 아닌 것은?

① 비파괴분석법이다.
② 스펙트럼이 비교적 단순하다.
③ 가벼운 원소에 대하여 감도가 우수하다.
④ 수분 내에 다중원소의 분석이 가능하다.

> 해설

㉠ X선 형광법의 장점
- 비파괴분석법이다.
- 스펙트럼이 단순하여 방해효과가 작다.
- 다중원소의 분석이 가능하다.
- 실험과정이 수분 이내로 빠르고 간편하다.

정답 63 ② 64 ③ 65 ② 66 ④ 67 ③

ⓛ X선 형광법의 단점
- 감도가 좋지 않다.
- 원자번호가 작은 원소에 적당하지 않다.
- 기기가 비싸다.

68 이산화탄소 분자는 모두 몇 개의 기준 진동방식을 가지는가?

① 3
② 4
③ 5
④ 6

해설

CO_2는 선형 분자이므로
$3N-5 = (3 \times 3) - 5 = 4$

69 적외선(IR) 흡수분광법에 대한 설명으로 틀린 것은?

① 에너지 전이에 필요한 에너지 크기의 순서는 $E_{회전전이} < E_{진동전이} < E_{전자전이}$이다.
② IR에서는 주로 분자의 진동(Vibration)운동을 관찰한다.
③ CO_2 분자는 IR Peak를 나타내지 않는다.
④ 정성 및 정량, 유기물 및 무기물에 모두 이용된다.

해설

CO_2 분자는 쌍극자 모멘트가 존재하므로 비대칭 신축진동과 굽힘진동에 의한 IR Peak가 나타난다.

70 몰흡광계수(Molar Absorptivity)의 값이 $300M^{-1}cm^{-1}$인 $0.005M$ 용액이 $1.0cm$ 시료용기에서 측정되는 흡광도(Absorbance)와 투광도(Transmittance)는?

① 흡광도=1.5, 투광도=0.0316%
② 흡광도=1.5, 투광도=3.16%
③ 흡광도=15, 투광도=3.16%
④ 흡광도=15, 투광도=0.0316%

해설

흡광도 $A = \varepsilon bc = -\log T$
$= (300M^{-1}cm^{-1})(1.0cm)(0.005M) = 1.5$
투광도 $T = 10^{-A} = 10^{-1.5}$
$= 0.0316(3.16\%)$

71 푸리에(Fourier) 변환 적외선 기기가 분산형 적외선 기기보다 좋은 점이 아닌 것은?

① 산출량(Throughput)
② 정밀한 파장 선택
③ 더 간단한 기계적 설계
④ IR 방출의 제거를 하지 않음

해설

푸리에 변환 적외선 기기의 특징
- 측정시간이 빠르다.
- 감도가 우수하다.
- 주파수의 정밀도가 우수하다.
- 신호 대 잡음비를 개선시킨다.
- 기기가 간단하다.

※ IR 방출은 검출기 주변의 여러 물체에서 방출되는 IR 복사선으로 분산형 기기, FT 변환기기에서 모두 제거해야 한다.

72 분자의 형광 및 인광에 대한 설명으로 틀린 것은?

① 형광은 들뜬 단일항 상태에서 바닥의 단일항 상태로의 전이이다.
② 인광은 들뜬 삼중항 상태에서 바닥의 단일항 상태로의 전이이다.
③ 인광은 일어날 가능성이 낮고 들뜬 삼중항 상태의 수명은 꽤 길다.
④ 인광에서 스핀이 짝을 이루지 않으면 분자는 들뜬 단일항 상태로 있다.

해설

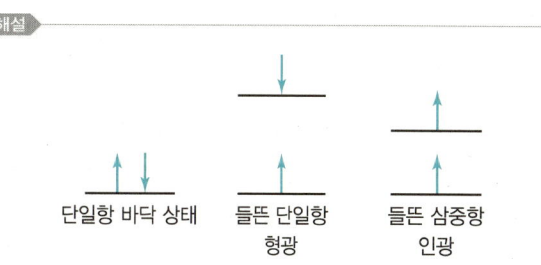

- 형광 : 들뜬 단일항 상태 → 단일항 바닥 상태(수명이 짧다.)
- 인광 : 들뜬 삼중항 상태 → 단일항 바닥 상태(수명이 길다.)

정답 68 ② 69 ③ 70 ② 71 ④ 72 ④

73 ICP(유도결합플라스마) 분광법에서 통상 사용되는 토치는 보통 3가지의 도입이 일어나는 관으로 구성된다. 다음 중 그 구성이 아닌 것은?

① 산화제 도입구
② 냉각 기체 도입구
③ 플라스마 기체 도입구
④ 시료 에어로졸 도입구

해설
산화제 도입구는 불꽃원자화 장치에서 필요하다.

74 X선 회절기기에서 토파즈(격자간격 $d=1.356\text{Å}$)가 회절 결정으로 사용되는 경우 Ag의 $K_{\alpha 1}$선인 0.497Å을 관찰하기 위해서는 측각기(Goniometer) 각도를 몇 도에 맞추어야 하는가?(단, 2θ 값을 계산한다.)

① 10.6
② 14.2
③ 21.1
④ 28.4

해설
Bragg 법칙
$n\lambda = 2d\sin\theta$
여기서, n : 회절차수
λ : X선의 파장
d : 결정의 층 간 거리
θ : 입사각
$1 \times 0.497\text{Å} = 2 \times 1.356\text{Å} \times \sin\theta$
$\theta = 10.5°$
$2\theta = 21.1°$

75 분자발광분광법에서 사용되는 용어에 대한 설명 중 틀린 것은?

① 내부전환 – 들뜬 전자가 복사선을 방출하지 않고 더 낮은 에너지의 전자 상태로 전이하는 분자 내부의 과정
② 계간전이 – 다른 다중성의 전자 상태 사이에서 교차가 일어나는 과정
③ 형광 – 들뜬 전자가 계간전이를 거쳐 삼중항 상태에서 바닥 상태로 떨어지면서 발광
④ 외부전환 – 들뜬 분자와 용매 또는 다른 용질 사이에서의 에너지 전이

해설
• 형광 : 들뜬 단일항 상태 → 바닥 단일항 상태
• 인광 : 들뜬 삼중항 상태 → 바닥 단일항 상태

이완과정(비활성화 과정)
들뜬 분자가 복사선을 방출하지 않고 바닥 상태로 돌아가는 과정
• 진동이완 : 분자는 전자 들뜸 과정에서 여러 진동 준위 중 하나로 들뜰 수 있다. 들뜬 분자가 용매 분자와의 충돌로 인해 빠른 에너지 전이를 유발하여 복사선 방출이 없다.
• 내부전환 : 들뜬 분자가 복사선을 방출하지 않고 더 낮은 에너지의 전자 상태로 전이하는 분자 내부의 과정
• 외부전환 : 들뜬 분자와 용매 또는 다른 용질 사이의 상호작용(충돌)으로 인한 에너지 전이과정
• 계간전이 : 서로 다른 다중성의 전자 상태 사이에서 교차가 있는 과정이다.

76 단색 X선 빛살의 광자가 K껍질 및 L껍질의 내부 전자를 방출시켜 스펙트럼을 얻음으로써 시료원자의 구성에 대한 정보와 시료 구성 성분의 구조와 산화상태에 대한 정보를 동시에 얻을 수 있는 전자스펙트럼법은?

① Auger 전자 분광법(AES)
② X선 광전자 분광법(XPS)
③ 전자에너지 손실 분광법(EELS)
④ 레이저 마이크로탐침 질량분석법(LMMS)

해설
X선 광전자 분광법(XPS)
X선을 물질에 조사하면 광전자가 물질 밖으로 방출된다. 이때의 운동에너지를 측정하여 그 물질의 원자조성과 전자의 결합상태 등을 분석하는 방법이다.

77 자외선–가시광선 흡수분광법에서 흡수 봉우리의 세기와 위치에 영향을 주는 요소로 가장 거리가 먼 것은?

① 용매효과(Solvent Effect)
② 입체효과(Stereo Effect)
③ 도플러 효과(Doppler Effect)
④ 콘주게이션 효과(Conjugation Effect)

정답 73 ① 74 ③ 75 ③ 76 ② 77 ③

해설

흡수 봉우리의 세기와 위치에 영향을 주는 요소
- 용매효과
- 콘주게이션 효과
- 입체효과

※ 도플러 효과 : 복사선의 파장은 원자의 움직임이 검출기 쪽을 향하면 감소하고 검출기로부터 멀어지면 증가한다.

78 레이저 발생 메커니즘에 대한 설명 중 옳은 것은?

① 레이저를 발생하게 하는 데 필요한 펌핑은 레이저 활성 화학종이 전기방전, 센 복사선의 쪼임 등과 같은 방법에 의해 전자의 에너지 준위를 바닥 상태로 전이시키는 과정이다.
② 레이저 발생의 바탕이 되는 유도방출은 들뜬 레이저 매질의 입자가 자발 방출하는 광자와 정확하게 똑같은 에너지를 갖는 광자에 의하여 충격을 받는 경우이다.
③ 레이저에서 빛살증폭이 일어나기 위해서는 유도방출로 생긴 광자수가 흡수로 잃은 광자수보다 적어야 한다.
④ 3단계 또는 4단계 준위 레이저 발생계는 레이저가 발생하는 데 필요한 분포상태반전(Population Inversion)을 달성하기 어렵기 때문에 빛살증폭이 일어나기 어렵다.

해설

레이저 발생 메커니즘
펌핑 → 자발방출 → 유도방출 → 흡수
① 레이저를 발생하게 하는 데 필요한 펌핑은 레이저 활성 화학종이 전기방전, 센 복사선의 쪼임 등과 같은 방법에 의해 전자를 들뜨게 하는 과정이다.
③ 레이저에서 빛살증폭이 일어나기 위해서는 유도방출로 생긴 광자수가 흡수로 잃은 광자수보다 많아야 한다.
④ 4단계 준위 레이저 발생계는 3단계 발생계보다 분포상태반전이 더 쉽게 달성되어 빛살증폭이 잘 일어난다.

79 IR 변환기의 종류가 아닌 것은?

① Thermocouple
② Pyroelectric Detector
③ Photodiode Array(PDA)
④ Photoconducing Detector

해설

IR 변환기
㉠ 파이로 전기변환기(Pyroelectric Transducer)
㉡ 광전도 변환기(Photoconducing Transducer)
㉢ 열변환기(Thermal Transducer)
- 열전기쌍(Thermocouple)
- 볼로미터(Bolometer)

80 다음 ^{1}H-핵자기공명(NMR) 스펙트럼의 화학적 이동(Chemical Shift)에 대한 설명 중 옳지 않은 것은?

① 외부 자기장 세기가 클수록 화학적 이동(δ, ppm)은 커진다.
② 가리움이 적을수록 낮은 자기장에서 봉우리가 나타난다.
③ 300MHz NMR로 얻은 화학적 이동(Hz)은 200MHz NMR로 얻은 화학적 이동(Hz)보다 크다.
④ 화학적 이동은 편재 반자기 전류효과 때문에 나타난다.

해설

화학적 이동
- 외부 자기장 세기가 클수록 화학적 이동(Hz)은 커진다.
  단, δ, ppm 값은 일정하다.
- 가리움이 클수록 높은 자기장에서 봉우리가 나타난다.

정답 78 ② 79 ③ 80 ①

2024년 제2회 복원기출문제

1과목 화학의 이해와 환경·안전관리

01 다음 화합물의 이름은?

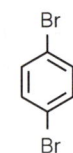

① ortho – dibromohexane
② para – dibromobenzene
③ meta – dibromobenzene
④ para – dibromohexane

해설

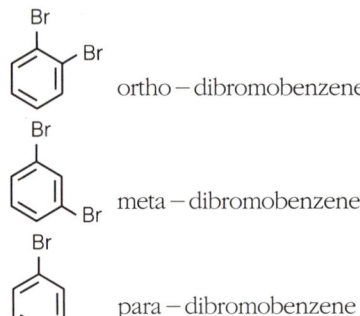

ortho – dibromobenzene

meta – dibromobenzene

para – dibromobenzene

02 산과 염기의 정의에 대한 설명 중 틀린 것은?
① 아레니우스 염기는 물에서 해리하여 수산화이온을 내놓는 물질이다.
② 브뢴스테드–로우리 산은 수소이온 주개로 정의한다.
③ 브뢴스테드–로우리 염기는 양성자 주개로 정의한다.
④ 아레니우스 산은 물에서 이온화되어 수소이온을 생성하는 물질이다.

해설
산·염기의 정의

구분	산	염기
아레니우스	H^+를 내놓는 물질	OH^-를 내놓는 물질
브뢴스테드–로우리	H^+(양성자) 주개	H^+(양성자) 받개
루이스	비공유전자쌍 받개	비공유전자쌍 주개

03 sp^3 혼성궤도함수가 참여한 결합을 가진 물질은?
① C_6H_6
② C_2H_2
③ CH_4
④ C_2H_4

해설

sp^3	sp^2	sp
단일결합	이중결합	삼중결합
CH_4	C_2H_4	C_2H_2

04 0.195M H_2SO_4 용액 15.5L를 만들기 위해 18.0M H_2SO_4 용액 얼마를 물로 희석시켜야 하는가?
① 0.336mL
② 92.3mL
③ 168mL
④ 226mL

해설
$M_1 V_1 = M_2 V_2$
$0.195M \times 15.5L = 18.0M \times V_2$
$\therefore V_2 = 0.168L = 168mL$

05 부탄(C_4H_{10}) 1몰을 완전 연소시킬 때 발생하는 이산화탄소와 물의 질량비에 가장 가까운 것은?
① 2.77 : 1
② 1 : 2.77
③ 1.96 : 1
④ 1 : 1.96

정답 01 ② 02 ③ 03 ③ 04 ③ 05 ③

해설

$$C_4H_{10} + \frac{13}{2}O_2 \rightarrow 4CO_2 + 5H_2O$$
$$4 \times 44 : 5 \times 18$$
$$= 176 : 90$$
$$= 1.96 : 1$$

06 물은 비슷한 분자량을 갖는 메탄 분자에 비해 끓는점이 훨씬 높다. 다음 중 이러한 물의 특성과 가장 관련이 깊은 것은?

① 수소결합　　② 배위결합
③ 공유결합　　④ 이온결합

해설

수소결합
H가 전기음성도가 큰 F, O, N에 결합되어 있는 분자 사이에는 강한 정전기적 인력이 작용하여 비슷한 분자량의 다른 물질에 비해 끓는점이 높게 된다. 예 H_2O, HF, NH_3

07 "액체 속에 들어 있는 기체의 용해도는 용액에 가해지는 기체의 압력에 비례한다."는 어떤 법칙인가?

① Hess의 법칙　　② Raoult의 법칙
③ Henry의 법칙　　④ Nernst의 법칙

해설

- Henry의 법칙 : 기체의 용해도는 기체의 분압에 비례한다.
- Raoult의 법칙 : 비휘발성 용액에서 용매의 증기압은 용매의 몰분율에 비례한다($p_A = P_A^\circ x_A$).
- Hess의 법칙 : 화학반응에서 방출되거나 흡수되는 열량은 그 반응의 처음 상태와 마지막 상태만 같으면 경로에 상관없이 같다.
- Nernst 법칙 : $E = E^\circ - \frac{0.0592}{n}\log Q$

08 지방족 탄화수소에 대한 설명 중 틀린 것은?

① 알케인(alkane)은 불포화 탄화수소이다.
② 알켄(alkene)은 불포화 탄화수소이다.
③ 알카인(alkyne)은 불포화 탄화수소이다.
④ 알킨(alkyne)은 삼중결합을 갖고 있다.

해설

㉠ 포화 탄화수소
- alkane : C_nH_{2n+2}, 단일결합
- cycloalkane : C_nH_{2n}, 고리모양 단일결합

㉡ 불포화 탄화수소
- alkene : C_nH_{2n}, 이중결합
- alkyne : C_nH_{2n-2}, 삼중결합
- 방향족

09 다음 표의 ㉠, ㉡, ㉢에 들어갈 숫자를 순서대로 나열한 것은?

기호	양성자수	중성자수	전자수	전하
$^{238}_{92}U$	(㉠)			0
$^{40}_{20}Ca^{2+}$		(㉡)		2+
$^{51}_{23}V^{3+}$			(㉢)	3+

① 238, 20, 20　　② 92, 20, 20
③ 92, 40, 23　　④ 238, 40, 23

해설

㉠ 원자번호=양성자수=전자수=92
㉡ 질량수=양성자수+중성자수
∴ 중성자수=질량수-양성자수=40-20=20
㉢ 전자수=원자번호=23이나, +3가로 전자 3개를 잃었으므로 전자의 수는 20이다.

10 암모니아의 염기 이온화 상수 K_b값은 1.8×10^{-5}이다. K_b값을 나타내는 화학반응식은?

① $NH_4^+ \rightleftarrows NH_3 + H^+$
② $NH_3 \rightleftarrows NH_2^- + H^+$
③ $NH_4^+ + H_2O \rightleftarrows NH_3 + H_3O^+$
④ $NH_3 + H_2O \rightleftarrows NH_4^+ + OH^-$

해설

염기의 일반식
$B(aq) + H_2O(l) \rightleftarrows BH^+(aq) + OH^-(aq)$
$NH_3 + H_2O \rightleftarrows NH_4^+ + OH^-$

정답 06 ① 07 ③ 08 ① 09 ② 10 ④

11 주어진 온도에서 $N_2O_4(g) \rightleftarrows 2NO_2(g)$의 계가 평형상태에 있다. 이때 계의 압력을 증가시키면 반응이 어떻게 진행되겠는가?
① 정반응과 역반응의 속도가 함께 빨라져서 변함없다.
② 평형이 깨어지므로 반응이 멈춘다.
③ 정반응으로 진행된다.
④ 역반응으로 진행된다.

해설
$N_2O_4(g) \rightleftarrows 2NO_2(g)$
르 샤틀리에 원리에 의해 압력을 증가시키면 압력이 감소되는 방향으로 반응이 진행되므로 몰수가 감소하는 역방향으로 진행된다.

12 다음 반응에서 1.5몰 Al과 3.0몰 Cl_2를 섞어 반응시켰을 때 $AlCl_3$ 몇 몰을 생성하는가?

$$2Al(s) + 3Cl_2(g) \rightarrow 2AlCl_3$$

① 2.3몰 ② 2.0몰
③ 1.5몰 ④ 1.0몰

해설
$2Al(s) + 3Cl_2(g) \rightarrow 2AlCl_3$
2 : 3 : 2
1.5mol : 2.25mol : 1.5mol

13 Li, Ba, C, F의 원자 반지름(pm)이 72, 77, 152, 222 중 각각 어느 한가지씩의 값에 대응한다고 할 때 그 값이 옳게 연결된 것은?
① Ba - 72pm   ② Li - 152pm
③ F - 77pm   ④ C - 222pm

해설

∴ F < C < Li < Ba
72 < 77 < 152 < 222

14 탄소와 수소로만 이루어진 탄화수소 중 탄소의 질량 백분율이 85.6%인 화합물의 실험식은?
① CH   ② CH_2
③ CH_3 ④ C_2H_3

해설
$C_{\frac{85.6}{12}} H_{\frac{14.4}{1}} = C_{7.13}H_{14.4} = CH_2$

15 적정 실험에서 0.5468g의 KHP(프탈산수소칼륨, $KHC_8H_4O_4$. 몰질량 : 204.2g)를 완전히 중화하기 위해서 23.48mL의 NaOH 용액이 소모되었다. NaOH 용액의 농도는 얼마인가?
① 0.3042M   ② 0.2141M
③ 0.1141M   ④ 0.0722M

해설
H^+의 몰수 = OH^-의 몰수
몰수$(n) = \dfrac{질량}{몰질량}$
$n = MV$
  여기서, M : 몰농도
  V : 부피
$\dfrac{0.5468g}{204.2g/mol} = M \times 23.48mL \times \dfrac{1L}{1,000mL}$
∴ $M = 0.1141M$

16 MnO_4^-에서 Mn의 산화수는 얼마인가?
① +2   ② +3
③ +5   ④ +7

해설
MnO_4^-
$Mn + (-2) \times 4 = -1$
∴ $Mn = +7$

정답 11 ④ 12 ③ 13 ② 14 ② 15 ③ 16 ④

17 입체 이성질체의 대표적인 2가지 형태 중 하나에 해당하는 것은?

① 배위 이성질체　② 기하 이성질체
③ 결합 이성질체　④ 이온화 이성질체

해설

입체 이성질체
- 기하 이성질체

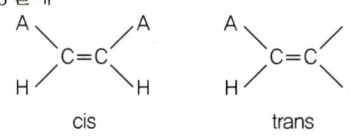

- 광학 이성질체(거울상 이성질체)

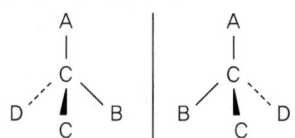

18 농약의 유독성·유해성 분류와 분류기준이 잘못 연결된 것은?

① 급성독성 물질 – 입이나 피부를 통해 1회 또는 12시간 내에 수회로 나누어 투여하거나 6시간 동안 흡입 노출 되었을 때 유해한 영향을 일으키는 물질
② 눈 자극성 물질 – 눈 앞쪽 표면에 접촉시켰을 때 21일 이내에 완전히 회복 가능한 어떤 변화를 눈에 일으키는 물질
③ 발암성 물질 – 암을 일으키거나 암의 발생을 증가시키는 물질
④ 생식독성 물질 – 생식 기능, 생식 능력 또는 태아 발육에 유해한 영향을 일으키는 물질

해설

급성독성 물질
입이나 피부를 통해 1회 또는 24시간 내에 수회로 나누어 투여하거나 4시간 동안 흡입 노출되었을 때 유해한 영향을 일으키는 물질

19 실험실 내의 모든 위험물질은 안전보건표지를 설치·부착하여야 하며, 표지의 색채는 산업안전보건법령상 규정되어 있다. 다음 중 안전보건표지의 분류와 관련 색채의 연결이 옳은 것을 모두 고른 것은?

구분	종류	색채	
		바탕색	기본 모형색
A	사용금지	흰색	빨간색
B	급성독성 물질 경고	노란색	검은색
C	세안장치	녹색	흰색
D	안전복 착용	흰색	녹색

① A, B, D　② A, C, D
③ A, C　④ A, B

해설

종류	색	
	바탕색	기본 모형색
사용금지	흰색	빨간색
급성독성 물질 경고	흰색	빨간색
세안장치	녹색	흰색
안전복 착용	파란색	흰색

20 산업안전보건법령상 물질안전보건자료 작성 시 포함되어 있는 주요 작성항목이 아닌 것은?

① 응급조치 요령　② 법적 규제 현황
③ 폐기 시 주의사항　④ 생산책임자 성명

해설

MSDS 구성항목
1. 화학제품과 회사에 관한 정보　2. 유해성·위험성
3. 구성성분의 명칭 및 함유량　4. 응급조치 요령
5. 폭발·화재 시 대처방법　6. 누출사고 시 대처방법
7. 취급 및 저장방법　8. 노출방지 및 개인보호구
9. 물리·화학적 특성　10. 안정성 및 반응성
11. 독성에 관한 정보　12. 환경에 미치는 영향
13. 폐기 시 주의사항　14. 운송에 필요한 정보
15. 법적 규제 현황　16. 기타 참고사항

정답　17 ②　18 ①　19 ③　20 ④

2과목 분석계획 수립과 분석화학 기초

21 일정 온도에서 1.0mol의 SO_3를 1.0L 반응용기에 담았다. 반응이 평형에 도달하여 다음과 같은 평형을 유지할 때, SO_2의 mol수가 0.60mol로 측정되었다. 평형상수 값은 얼마인가?

$$2SO_3(g) \leftrightarrow 2SO_2(g) + O_2(g)$$

① 0.36 ② 0.45
③ 0.54 ④ 0.68

해설

	$2SO_3(g)$	$\rightleftharpoons$	$2SO_2(g)$	+	$O_2(g)$
초기농도	1mol		0		0
반응농도	$-2x$		$2x$		x
최종농도	$1-2x$		$2x$		x

$2x = 0.6$

$$K = \frac{[SO_2]^2[O_2]}{[SO_3]^2} = \frac{2x \cdot x}{(1-2x)^2}$$
$$= \frac{(0.6)^2(0.3)}{0.4^2} = 0.68$$

22 0.1M의 Fe^{2+} 50mL를 0.1M의 Tl^{3+}로 적정한다. 반응식과 각각의 표준환원전위가 다음과 같을 때 당량점에서 전위(V)는 얼마인가?

$$2Fe^{2+} + Tl^{3+} \rightarrow 2Fe^{3+} + Tl^+$$
$$Fe^{3+} + e^- \rightarrow Fe^{2+} \quad E° = 0.77V$$
$$Tl^{3+} + 2e^- \rightarrow Tl^+ \quad E° = 1.28V$$

① 0.94 ② 1.02
③ 1.11 ④ 1.20

해설

(1) $Fe^{3+} + e^- \rightarrow Fe^{2+}$ $\quad E° = 0.77V$
$\quad Tl^{3+} + 2e^- \rightarrow Tl^+$ $\quad E° = 1.28V$

$$E = \frac{nE_n° + mE_m°}{n+m}$$
$$= \frac{0.77 \times 1 + 1.28 \times 2}{1+2} = 1.11$$

(2) Nernst 식

$$E_{eq} = E° - \frac{0.05916}{n} \log \frac{[Red]}{[Ox]}$$

$$E_{eq} = 0.77 - \frac{0.05916}{1} \log \frac{[Fe^{2+}]}{[Fe^{3+}]} \quad \cdots\cdots ㉠$$

$$E_{eq} = 1.28 - \frac{0.05916}{2} \log \frac{[Tl^+]}{[Tl^{3+}]} \quad \cdots\cdots ㉡$$

$2Fe^{2+} + Tl^{3+} \rightarrow 2Fe^{3+} + Tl^+$

당량점에서 $2[Tl^+] = [Fe^{3+}]$, $2[Tl^{3+}] = [Fe^{2+}]$

㉠식에서 $E_{eq} = 0.77 - \frac{0.05916}{1} \log \frac{[Fe^{2+}]}{[Fe^{3+}]}$
$\qquad = 0.77 - \frac{0.05916}{1} \log \frac{2[Tl^{3+}]}{2[Tl^+]} \quad \cdots\cdots ㉢$

㉡식×2는 $2E_{eq} = 1.28 \times 2 - 0.05916 \log \frac{[Tl^+]}{[Tl^{3+}]} \quad \cdots\cdots ㉣$

㉢ + ㉣을 하면

$3E_{eq} = 3.33 - 0.05916 \log \frac{2[Tl^+][Tl^{3+}]}{2[Tl^{3+}][Tl^+]}$
$\qquad \log 1 = 0$

∴ $E_{eq} = 1.11V$

23 40.00mL의 0.1000M I^-를 0.2000M Pb^{2+}로 적정하고자 한다. Pb^{2+}를 5.00mL 첨가하였을 때, 이 용액 속에서 I^-의 농도는 몇 M인가?(단, $PbI_2(s) \rightleftharpoons Pb^{2+}(aq) + 2I^-(aq)$, $K_{sp} = 7.9 \times 10^{-9}$이다.)

① 0.0444 ② 0.0500
③ 0.0667 ④ 0.1000

해설

I^-의 몰수 $= 40.00\text{mL} \times \frac{1L}{1,000\text{mL}} \times 0.1000M$
$\qquad = 4.00 \times 10^{-3}\text{mol}$

Pb^{2+}의 몰수 $= 0.2000M \times 5\text{mL} \times \frac{1L}{1,000\text{mL}}$
$\qquad = 1.00 \times 10^{-3}\text{mol}$

	PbI$_2$	→	Pb^{2+}	+	2I$^-$
초기농도			0		1.00×10^{-3}	4.00×10^{-3}
반응농도	1.00×10^{-3}		-1.00×10^{-3}		-2.00×10^{-3}
최종농도	1.00×10^{-3}		0		2.00×10^{-3}

$\therefore$ I$^-$의 농도 $= \dfrac{2.00 \times 10^{-3} \text{mol}}{0.04\text{L} + 0.005\text{L}} = 0.0444\text{M}$

24 탄산($pK_{a1} = 6.4$, $pK_{a2} = 10.3$) 용액을 수산화나트륨 용액으로 적정할 때, 첫 번째 종말점의 pH에 가장 가까운 것은?

① 6
② 7
③ 8
④ 10

해설

$H_2CO_3 \rightleftharpoons H^+ + HCO_3^-$ $pK_{a1} = 6.4$
$HCO_3^- \rightleftharpoons H^+ + CO_3^{2-}$ $pK_{a2} = 10.3$

첫 번째 종말점의 pH $= \dfrac{1}{2}(pK_{a1} + pK_{a2})$
$= \dfrac{1}{2}(6.4 + 10.3) = 8.35$

25 측정값 – 유효숫자 개수를 짝지은 것 중 틀린 것은?

① 12.9840g – 유효숫자 6개
② 1,830.3m – 유효숫자 5개
③ 0.0012g – 유효숫자 4개
④ 1.005L – 유효숫자 4개

해설

0.0012g
유효숫자 2개

26 EDTA에 대한 설명으로 틀린 것은?

① EDTA는 이양성자계이다.
② EDTA는 널리 사용하는 킬레이트제이다.
③ EDTA 1몰은 금속이온 1몰과 반응한다.
④ 주기율표상의 대부분의 원소를 EDTA를 이용하여 분석할 수 있다.

해설

EDTA
- H_6Y^{2+}(육양성자계)

HOOCCH$_2$ CH$_2$COOH
        $\overset{+}{N}HCH_2CH_2\overset{+}{N}H$
HOOCCH$_2$ CH$_2$COOH

- 알칼리금속이온(Li$^+$, Na$^+$, K$^+$)을 제외한 모든 금속이온과 1 : 1 착물을 형성한다.

27 산, 염기에 대한 설명으로 틀린 것은?

① Brønsted-Lowry 산은 양성자 주개(Proton Donor)이다.
② 염기는 물에서 수산화이온을 생성한다.
③ 강산(Strong Acid)은 물에서 완전히 또는 거의 완전히 이온화되는 산이다.
④ Lewis 산은 비공유 전자쌍을 줄 수 있는 물질이다.

해설

산·염기의 정의

구분	산	염기
Arrhenius	H$^+$를 내는 물질	OH$^-$를 내는 물질
Brønsted-Lowry	H$^+$(양성자) 주개	H$^+$(양성자) 받개
Lewis	전자쌍을 받는 물질	전자쌍을 주는 물질

28 어떤 용액에 다음과 같은 5종의 이온들이 존재한다면 이 용액의 Charge Balance를 옳게 나타낸 것은?

$$H^+,\ OH^-,\ K^+,\ HSO_4^-,\ SO_4^{2-}$$

① $[K^+] = [HSO_4^-] + [SO_4^{2-}]$
② $[K^+] = [HSO_4^-] + 2[SO_4^{2-}]$
③ $[H^+] + [K^+] = [OH^-] + [HSO_4^-] + [SO_4^{2-}]$
④ $[H^+] + [K^+] = [OH^-] + [HSO_4^-] + 2[SO_4^{2-}]$

해설

양전하의 합 = 음전하의 합
$[H^+] + [K^+] = [OH^-] + [HSO_4^-] + 2[SO_4^{2-}]$

정답 24 ③   25 ③   26 ①   27 ④   28 ④

29 산화-환원 지시약에 대한 설명으로 틀린 것은?

① 메틸렌블루는 산-염기 지시약으로도 사용되며, 환원형은 푸른색을 띤다.
② 디페닐아민술폰산의 산화형은 붉은 보라색이며, 환원형은 무색이다.
③ 페로인(Ferroin)의 환원형은 붉은색을 띤다.
④ 페로인(Ferroin)의 변색은 표준수소전극에 대해 대략 1.1~1.2V 범위에서 일어난다.

해설

메틸렌블루
- 산화-환원 지시약
- 산화형은 푸른색, 환원형은 무색

페로인
- $Fe(C_{12}H_8N_2)_3^{3+} + e^- \rightleftarrows Fe(C_{12}H_8N_2)_3^{2+}$
  산화형 　　　　　　　　　환원형
  연한 푸른색　　　　　　　붉은색
- 변색 전위 : 1.1~1.2V

30 산화전극(Anode)에서 일어나는 반응이 아닌 것은?

① $Ag^+ + e^- \rightarrow Ag(s)$
② $Fe^{2+} \rightarrow Fe^{3+} + e^-$
③ $Fe(CN)_6^{4-} \rightarrow Fe(CN)_6^{3-} + e^-$
④ $Ru(NH_3)_6^{2+} \rightarrow Ru(NH_3)_6^{3+} + e^-$

해설

- 산화전극 : 산화반응 Anode 전극, (-)극
- 환원전극 : 환원반응 Cathode 전극, (+)극

31 활동도 및 활동도 계수에 대한 설명으로 옳은 것은?

① 활동도는 농도나 온도에 관계없이 일정하다.
② 이온 세기가 매우 작은 묽은 용액에서 활동도 계수는 1에 가까운 값을 갖는다.
③ 활동도는 활동도 계수를 농도의 제곱으로 나눈 값이다.
④ 이온의 활동도 계수는 전하량과 이온 세기에 비례한다.

해설

- 활동도 = 활동도 계수 × 농도
- 활동도는 농도와 온도의 함수이다.
- 이온의 활동도 계수는 전해질의 종류, 성질에는 무관하고 이온의 세기가 클수록, 이온의 전하수가 클수록, 이온의 수화 반지름이 작을수록 활동도 계수가 감소한다.

32 아래 측정값의 평균(A), 표준편차(B), 분산(C), 변동계수(D), 범위(E)는?

(단위 : ppm)

0.752, 0.756, 0.752, 0.751, 0.760

① A : 0.754, B : 0.004, C : 1.4×10^{-5}, D : 0.5%, E : 0.009
② A : 0.754, B : 0.003, C : 1.4×10^{-5}, D : 0.1%, E : 0.09
③ A : 0.754, B : 0.004, C : 1.4×10^{-6}, D : 0.5%, E : 0.09
④ A : 0.754, B : 0.003, C : 1.4×10^{-6}, D : 0.1%, E : 0.009

해설

- A : 평균 = $\dfrac{0.752+0.756+0.751+0.760}{4} = 0.754$
- B : 표준편차 = $\sqrt{\dfrac{(0.752-0.754)^2+(0.756-0.754)^2+(0.751-0.754)^2+(0.760-0.754)^2}{4-1}}$
  $= 0.00376 ≒ 0.004$
- C : 분산 = 표준편차$^2 = 1.4 \times 10^{-5}$
- D : 변동계수 = $\dfrac{표준편차}{평균} \times 100\% = \dfrac{0.004}{0.754} \times 100 = 0.53\%$
- E : 범위 = $0.760 - 0.751 = 0.009$

정답 29 ① 30 ① 31 ② 32 ①

33 검량곡선을 작성할 때에 대한 설명으로 옳은 내용을 모두 고른 것은?

> A. 검출한계 및 정량한계를 얻을 수 있다.
> B. 검정감도는 농도에 따라 변하지 않으나 분석감도는 농도에 따라 다를 수 있다.
> C. 검정농도 직선 범위보다 벗어나면, Extrapolate하여 정량한다.
> D. 검량곡선에서 감도와 선택성을 얻을 수 있다.

① A, B
② A, D
③ A, B, C
④ A, C, D

해설

- 검출한계 $= 3.3 \times \dfrac{\sigma}{S}$

  여기서, σ : 표준편차
  S : 검량선의 기울기

- 정량한계 $= 10 \times \dfrac{\sigma}{S}$
- 선택성 : 방해물질이 있음에도 분석물질을 선택적으로 분석할 수 있는 능력
- 감도 : 검량선의 기울기가 클수록 감도가 좋다.

34 다음 중 부피분석에 해당하지 않는 것은?

① 겔 투과에 의한 단백질 분석
② EDTA를 사용하는 납이온 분석
③ 요오드에 의한 아스코브산의 정량
④ 과망간산칼륨에 의한 옥살산의 정량

해설

부피분석
분석물질과 반응하는 데 필요한 시약의 부피를 측정하여 정량히는 방법
예 • 산-염기 적정
- 산화환원 적정
- 킬레이트 적정
- 침전 적정
- 요오드 적정

※ 겔 투과에 의한 단백질 분석은 분리분석에 해당한다.

35 킬레이트 적정법에서 사용하는 금속지시약이 가져야 할 조건이 아닌 것은?

① 금속지시약은 금속이온과 반응하여 킬레이트 화합물을 형성할 수 있어야 한다.
② 금속지시약이 금속이온과 반응하여 형성하는 킬레이트 화합물의 안정도 상수는 킬레이트 표준용액이 금속지시약과 반응하여 형성하는 킬레이트 화합물의 안정도 상수보다 작아야 한다.
③ 적정에 사용하는 금속지시약의 농도는 가능한 한 진하게 해야 하고, 금속이온의 농도는 작게 해야 한다.
④ 금속지시약과 금속이온이 만드는 킬레이트 화합물은 분명하게 특이한 색깔을 띠어야 한다.

해설

금속지시약
- 금속이온의 농도에 따라 색이 변한다.
- 지시약이 금속이온과 반응하여 킬레이트 화합물을 형성할 수 있어야 한다.
- 지시약은 EDTA보다 약하게 금속과 결합해야 한다.

36 질소와 수소로부터 암모니아를 만드는 반응에서 평형을 이동시켜 암모니아의 수득률을 높이는 방법이 아닌 것은?

$$N_2(g) + 3H_2 \rightleftarrows 2NH_3(g) + 22\text{kcal}$$

① 압력을 높인다.
② 질소의 농도를 증가시킨다.
③ 수소의 농도를 증가시킨다.
④ 암모니아의 농도를 증가시킨다.

해설

$N_2(g) + 3H_2(g) \rightleftarrows 2NH_3(g) + 22\text{kcal}$
- 압력↑ : 정반응(→)으로 진행
- 온도↑ : 역반응(←)으로 진행
- 질소와 수소의 농도를 높이면 몰수가 감소하는 방향으로 이동시키므로 정반응(→) 방향으로 이동한다.

정답 33 ① 34 ① 35 ③ 36 ④

37 옥살산($H_2C_2O_4$)은 뜨거운 산성 용액에서 과망간산 이온(MnO_4^-)과 다음과 같이 반응한다. 이 반응에서 지시약 역할을 하는 것은?

$$5H_2C_2O_4 + 2MnO_4^- + 6H^+ \rightarrow 10CO_2 + 2Mn^{2+} + 8H_2O$$

① $H_2C_2O_4$ ② MnO_4^-
③ CO_2 ④ H_2O

해설

$$5H_2C_2O_4 + 2MnO_4^- + 6H^+ \rightarrow 10CO_2 + 2Mn^{2+} + 8H_2O$$
　　　　　　자주색　　　　　　　　　무색

38 산화환원 적정 시 MnO_4^-와 Mn^{2+} 또는 Fe^{2+}와 Fe^{3+}가 용액 중에 함께 존재하는 경우와 같이 때로는 분석물질을 적정하기 전에 산화상태를 조절할 필요가 있다. 산화상태를 조절하는 방법이 아닌 것은?

① Jones 환원관을 이용한 예비 환원
② Walden 환원관을 이용한 예비 환원
③ 과황산이온($S_2O_8^{2-}$)을 이용한 예비 산화
④ 센 산 또는 센 염기를 이용한 예비 산화/환원

해설

분석물질의 산화상태 조절방법
(1) 예비 산화제
　㉠ 과황산암모늄((NH_4)$_2S_2O_8$)
　㉡ 산화은(Ⅱ)(AgO)
　㉢ 비스무트산나트륨($NaBiO_3$)
　㉣ 과산화수소(H_2O_2)
(2) 예비 환원제
　㉠ 금속(Zn, Al, Cd, Pb, Ni)
　　• 분석물 용액에 직접 넣어줌
　　• Jones 환원관
　　• Walden 환원관
　㉡ 염화주석($SnCl_2$)
　㉢ 염화크롬(Ⅱ)($CrCl_2$)
　㉣ SO_2, H_2S

39 염산의 표준화를 위하여 사용하는 탄산나트륨을 완전히 건조하지 않았다면 표준화된 염산의 농도는 완전히 건조한 (무수)탄산나트륨을 사용하여 표준화했을 때 $E°$의 염산 농도에 비해 어떻게 되는가?

① 높게 된다.
② 낮게 된다.
③ 같은 농도를 갖는다.
④ 탄산나트륨에 있는 물의 양과 무관하다.

해설

$NV = N'V'$
무수 Na_2CO_3보다 건조하지 않은 Na_2CO_3는 물이 포함되어 있으므로 V'은 높아진다.
그러므로 HCl 표준용액의 농도가 높아진다.

40 메틸아민(Methylamine)은 약한 염기로, 염해리상수(K_b) 값은 다음과 같은 평형식에서 구할 수 있다. 메틸아민의 쪽산인 메틸암모늄이온(Methylammonium Ion)의 산해리상수(K_a)를 구하기 위한 화학평형식으로 옳은 것은?

$$CH_3NH_2 + H_2O \rightleftarrows CH_3NH_3^+ + OH^-, \quad K_b = 4.4 \times 10^{-4}$$

① $CH_3NH_2 \rightleftarrows CH_3NH_3^+ + H^+$
② $CH_3NH_3^+ \rightleftarrows CH_3NH_2 + H^+$
③ $CH_3NH_3^+ + OH^- \rightleftarrows CH_3NH_2 + H_2O$
④ $CH_3NH_2 + OH^- \rightleftarrows CH_3N^-H + H_2O$

해설

$$K_b = \frac{[CH_3NH_3^+][OH^-]}{[CH_3NH_2]} = 4.4 \times 10^{-4}$$

$$K_a = \frac{K_w}{K_b} = \frac{[H^+][OH^-][CH_3NH_2]}{[CH_3NH_3^+][OH^-]}$$

$$= \frac{[H^+][CH_3NH_2]}{[CH_3NH_3^+]}$$

∴ $CH_3NH_3^+ \rightleftarrows CH_3NH_2 + H^+$

정답 37 ②　38 ④　39 ①　40 ②

3과목 화학물질 특성분석

41 동일한 조건하에서 액체 크로마토그래피로 측정한 화합물 A, B, C의 머무름시간 측정결과가 아래와 같을 때, 보기 중 틀린 것은?(단, C는 칼럼 충진물과의 상호작용이 전혀 없다고 가정한다.)

- A : 2.35min • B : 5.86min • C : 0.50min

① A의 조정된 머무름시간은 1.85min이다.
② B의 조정된 머무름시간은 5.36min이다.
③ B의 A에 대한 머무름비는 2.49이다.
④ 머무름비는 상대머무름값이라고도 한다.

해설

- 보정머무름시간

$$t'_A = t_{RA} - t_M$$
$$= 2.35\text{min} - 0.50\text{min} = 1.85\text{min}$$
$$t'_B = t_{RB} - t_M$$
$$= 5.86\text{min} - 0.50\text{min} = 5.36\text{min}$$

- 선택인자, 선택계수, 상대머무름인자, 머무름비

$$\alpha = \frac{K_B}{K_A} = \frac{k_B}{k_A} = \frac{t_{RB} - t_M}{t_{RA} - t_M} = \frac{5.36\text{min}}{1.85\text{min}} = 2.897$$

42 Gas Chromatography(GC)에서 사용되는 검출기와 선택적인 화합물의 연결이 잘못된 것은?

① FID – 무기 계통 기체 화합물
② NPD – 질소(N), 인(P) 포함 화합물
③ ECD – 전자 포획 인자 포함 화합물
④ TCD – 운반 기체와 열전도도 차이가 있는 화합물

해설

GC(가스 크로마토그래피) 검출기

검출기	검출시료
불꽃이온화검출기(FID)	탄소화합물
열전도도검출기(TCD)	일반검출기
전자포획검출기(ECD)	할로겐화합물
질량분석검출기(MS)	어떤 화학종에도 적용
NPD(질소인검출기)/열이온검출기(TID)	인·질소를 함유하는 유기화합물
Hall 전해질전도도 검출기	할로겐, 황, 질소를 포함하는 화합물
광이온화검출기	UV빛에 의한 이온화 화합물
원자방출검출기(AED)	알코올, MTBE
불꽃광도검출기(FPD)	황·인을 포함하는 화합물, 할로겐 원소, 질소 그리고 주석, 크롬, 셀레늄, 게르마늄과 같은 금속
Fourier 변환(FTIR)	유기화합물

43 전기량법에 관한 설명 중 옳은 것은?

① 전기량의 단위로 F(Faraday)가 사용되는데 1F는 96,485 C/mole e⁻이며 1C은 1V × 1A이다.
② 전기량법 적정은 전해전지를 구성한 분석용액에 뷰렛으로 표준용액을 가하면서 전류의 변화를 읽어서 종말점을 구한다.
③ 조절 – 전위 전기량법에서 전지는 기준전극(Reference Electrode), 상대전극(Counter Electrode), 작업전극(Working Electrode)으로 구성되는데 기준전극과 상대전극 사이의 전위를 조정한다.
④ 구리의 전기분해 전지에서 전위를 일정하게 놓고 전기분해를 하면 시간에 따라 전류가 감소하는데 이는 구리이온의 농도가 감소하고 환원전극 농도 편극의 증가가 일어나기 때문이다.

해설

전기량법 분석

- 조절 – 전위 전기량법 : 작업전극(분석물질의 반응이 일어나는 전극)의 전위를 일정하게 유지시켜 시료 또는 용매 중에서 반응성이 덜한 화학종은 반응하지 않고 분석물질만 정량적으로 산화나 환원이 일어나게 한다.
- 조절 – 전류 전기량법 : 분석물질이 완전히 반응할 때까지 일정 전류를 유지시켜 준다. 반응이 완결되는 종말점에 도달할 때까지 사용되는 전기량은 전류의 크기와 반응시간으로 계산한다. → 전기량법 적정
- 1F = 96,485C/mol, 1C = 1A · s

정답 41 ③ 42 ① 43 ④

44 기체 크로마토그래피/질량분석법(GC/MS)의 이동상으로 가장 적절한 것은?

① He ② N_2
③ Ar ④ Kr

해설

GC/MS의 이동상 – H_2, He, N_2

종류	특성
H_2(수소)	감도는 좋으나 위험성이 있다.
N_2(질소)	감도가 높지 않다.
He(헬륨)	가장 많이 사용하며, 칼럼효율 및 분리감도가 좋다.

45 분자질량분석법의 이온화 방법 중 사용하기 편리하고 이온 전류를 발생시키므로 매우 예민한 방법이지만, 열적으로 불안정하고 분자량이 큰 바이오 물질들의 이온화원에는 부적당한 방법은?

① Electron Ionization(EI)
② Electro Spray Ionization(ESI)
③ Fast Atom Bombardment(FAB)
④ Matrix – Assisted Laser Desorption Ionization(MALDI)

해설

전자 이온화원(EI)
- 토막내기 과정으로 스펙트럼이 복잡하다.
- 분자이온이 검출되지 않는 경우가 있다.
- 시료가 대체로 휘발성이어야 하며 분자량이 매우 큰 바이오 분자에는 적합하지 않다.

전기분무 이온화(ESI)
작은 에너지를 사용하므로 분자량이 100,000Da 부근인 열적으로 불안정한 생체물질의 정확한 분자량을 분석할 수 있다.

빠른 원자 충격 이온화(FAB)
글리세롤 용액 매트릭스와 응축된 시료 Xe, Ar의 빠른 원자로 충격하여 이온화시키는 방법으로, 분자량이 크고 극성인 화학종을 이온화시킨다.

매트릭스 지원 레이저 탈착 이온화(MALDI)
- 레이저를 강하게 흡수하는 매트릭스에 분석물질을 분산시킨 후, 레이저로 탈착 및 이온화시킨다.
- $10^3 \sim 10^5$Da의 분자량을 갖는 극성 생화학 고분자화합물의 정확한 분자량을 알 수 있다.
- 비행시간(TOF) 질량분석기와 함께 사용된다.

46 HPLC에서 역상(Reversed – phase) 크로마토그래피 시스템을 가장 잘 설명한 것은?

① 정지상이 극성이고 이동상이 비극성인 시스템
② 이동상이 극성이고 정지상이 비극성인 시스템
③ 분석 물질이 극성이고 정지상이 비극성인 시스템
④ 정지상이 극성이고 분석 물질이 비극성인 시스템

해설

구분	정상 크로마토그래피	역상 크로마토그래피
이동상	비극성	극성
정지상	극성	비극성

47 시료와 기준물질의 온도를 프로그램하여 변화시킬 때, 두 물질 간의 온도차(ΔT)를 측정하여 분석하는 열분석법은?

① Thermal Gravimetric Analysis(TGA)
② Differential Thermal Analysis(DTA)
③ Differential Scanning Calorimetry(DSC)
④ Isothermal DSC

해설

열분석법
- **열무게법(TGA)**
  시료의 온도를 증가시키면서 질량변화를 측정한다.
- **시차열분석법(DTA)**
  시료와 기준물질을 가열하면서 두 물질의 온도 차이를 온도의 함수로 측정한다.
- **시차주사열량법(DSC)**
  시료물질과 기준물질을 조절된 온도 프로그램으로 가열하면서 시료와 기준물질 사이의 온도를 동일하게 유지시키는 데 필요한 에너지 차이를 시료온도의 함수로 측정한다.

정답 44 ① 45 ① 46 ② 47 ②

48 칼럼의 길이가 30cm인 크로마토그래피를 사용하여 혼합물 시료로부터 성분 A를 분리하였다. 분리된 성분 A의 머무름시간은 12분이었으며, 분리된 봉우리 밑변의 너비가 2.4분이었다면 이 칼럼의 단높이(cm)는?

① 7.5×10^{-2}
② 14×10^{-2}
③ 2.5
④ 12.5

해설

단수 $N = 16\left(\dfrac{t_R}{W}\right)^2 = 16\left(\dfrac{12}{2.4}\right)^2 = 400$

단높이 $H = \dfrac{L}{N} = \dfrac{30\text{cm}}{400} = 0.075\text{cm}$

49 유리 지시전극을 사용하여 용액의 pH를 측정할 때에 대한 설명으로 가장 적절하지 않은 것은?

① 선택계수(K_{AB})는 1이어야 한다.
② 1개의 기준전극이 포함되어 있다.
③ 높은 pH에서는 알칼리 오차가 생길 수 있다.
④ 내부 용액의 수소이온농도를 정확히 알고 있어야 한다.

해설

선택계수
이온 A를 측정하는 전극이 이온 B에도 감응할 때 그 비를 선택계수라고 한다.

$K_{AB} = \dfrac{\text{B에 대한 감응도}}{\text{A에 대한 감응도}}$

• $K_{AB} = 1$: 분석물이온과 방해이온이 동등하게 감응
• $K_{AB} = 0$: 방해 없음

50 일반적인 질량분석기의 이온화 장치와 다르게 상압에서 작동하는 이온화원은?

① 화학 이온화(CI)
② 탈착 이온화(DI)
③ 전기분무 이온화(ESI)
④ 이차 이온 질량분석(SIMS)

해설

대기압 이온화
• 전기분무 이온화(ESI)
• 대기압 화학 이온화(APCI)
• 대기압 광이온화(APPI)

51 비활성 기체 분위기에서의 $CaC_2O_4 \cdot H_2O$를 실온부터 980℃까지 분당 60℃ 속도로 가열한 열분해곡선(Thermogram)이 다음과 같을 때, 다음 설명 중 옳은 것은?

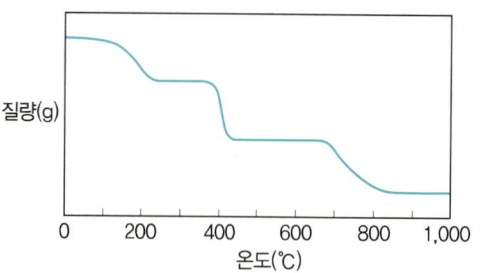

① $CaCO_3$의 직선 범위는 220℃부터 350℃이고 CaO는 420℃부터 660℃이기 때문에 CaO가 열적 안정성이 높다.
② 840℃의 반응은 흡열반응으로 분자 내부에 결합되어 있던 H_2O를 방출시키는 반응이다.
③ 360℃에서의 반응은 $CaC_2O_4 \rightarrow CaCO_3 + CO$로 나타낼 수 있다.
④ 약 13분 정도를 가열하면 무수옥살산칼슘을 얻을 수 있다.

해설

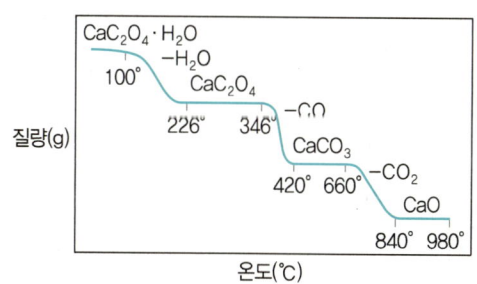

• $CaCO_3$는 420~660℃에서 열적 안정성이 높고, CaO는 840~980℃에서 열적 안정성이 높다.
• 3분 × 60℃/분 + 20℃(실온) = 200℃에서 무수옥살산칼슘을 얻을 수 있다.

정답 48 ① 49 ① 50 ③ 51 ③

52 고성능 액체 크로마토그래피(HPLC)에서 사용되는 펌프시스템에서 요구되는 사항이 아닌 것은?

① 펄스 충격이 없는 출력을 내야 한다.
② 흐름 속도의 재현성이 0.5% 또는 더 좋아야 한다.
③ 다양한 용매에 의한 부식을 방지할 수 있어야 한다.
④ 사용하는 칼럼의 길이가 길지 않으므로 펌핑 압력은 그리 크지 않아도 된다.

> **해설**
>
> 고성능 액체 크로마토그래피(HPLC) 펌프장치의 조건
> - 압력은 40MPa 이상이어야 한다.
> - 이동상의 흐름에 펄스가 없어야 한다.
> - 이동상의 흐름 속도는 0.1~10mL/분 정도이어야 한다.
> - 흐름 속도는 0.5% 이하의 상대표준편차로 재현성이 있어야 한다.
> - 잘 부식되지 않는 재질(스테인리스 스틸, 테프론)로 만들어야 한다.

53 역상 크로마토그래피에서 메탄올을 이동상으로 하여 3가지 물질을 분리하고자 한다. 각 물질의 극성이 아래의 표와 같을 때, 머무름지수가 가장 클 것으로 예측되는 물질은?

물질	A	B	C
극성	큼	중간	작음

① A
② B
③ C
④ 극성과 무관하여 예측할 수 없다.

> **해설**
>
> 역상 크로마토그래피
> - 이동상 : 극성
> - 정지상 : 비극성
> - 극성 물질일수록 빨리 용리된다.
>
> 머무름지수
> 용질의 극성이 정지상의 극성과 비슷할수록 머무름지수가 크다.

54 Van Deemter 식에서 정지상과 이동상 사이에 용질의 평형시간과 관련된 항을 모두 고른 것은?(단, Van Deemter 식은 $H = A + B/u + Cu$이며 H는 단높이, u는 흐름 속도, A, B, C는 칼럼, 정지상, 이동상 및 온도에 의해 결정되는 상수이다.)

① A
② Cu
③ B/u, Cu
④ A, B/u

> **해설**
>
> Van Deemter 식
>
> $$H = A + \frac{B}{u} + Cu$$
>
>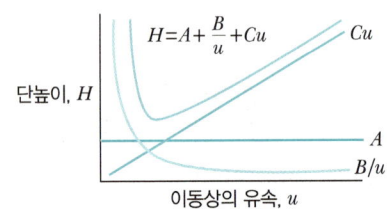
>
> - A : 소용돌이 확산계수(다중통로항)
>
>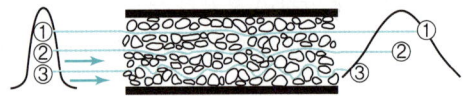
>
> - B : 세로방향 확산계수
>
>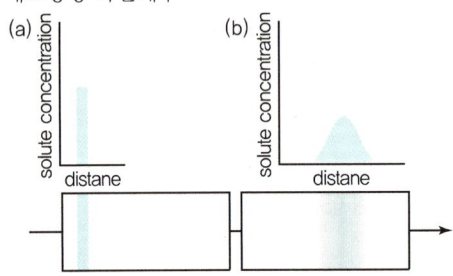
>
> - C : 질량이동계수
>
>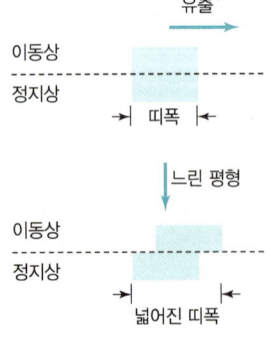

정답 52 ④ 53 ③ 54 ②

55 적외선 분광법(IR Spectroscopy)에서 카르보닐(C=O)기의 신축진동에 영향을 주는 인자가 아닌 것은?

① 고리 크기 효과(Ring Size Effect)
② 콘주게이션 효과(Conjugation Effect)
③ 수소결합 효과(Hydrogen Bond Effect)
④ 자기 이방성 효과(Magnetic Anisotropic Effect)

해설

① 고리 크기 효과 : 고리 크기가 감소하면 C=O 흡수 진동수는 증가한다.
② 콘주게이션 효과
  - 이중결합(또는 삼중결합)과 단일결합이 번갈아가며 나타나는 상태이다.
  - π전자의 비편재화로 공명구조를 갖게 되어 단일결합은 짧아지고 이중결합은 길어져서 이중결합의 힘상수(K)가 작아져 C=O 흡수 진동수는 감소한다.
③ 수소결합 효과 : C=O 결합길이가 늘어나 힘상수(K)가 작아지므로 C=O 흡수 진동수는 감소한다.

56 메탄분자의 일반적인 시료분자(M)가 CH_5^+ 또는 $C_2H_5^+$와 충돌로 인하여 질량스펙트럼상에서 볼 수 없는 이온의 종류는?

① $(M+H)^+$
② $(MH-H)^+$
③ $(MH+29)^+$
④ $(MH+12)^+$

해설

화학 이온화(CI)
㉠ 과량의 시약기체 이온과 분석물질의 기체분자를 충돌시켜 이온화시키는 방법
㉡ 시약기체(CH_4, C_3H_8, isobutane, NH_3)의 이온화
  $CH_4 \rightarrow CH_4^+, CH_3^+, CH_2^+$
  $CH_4^+ + CH_4 \rightarrow CH_5^+ + CH_3$
  $CH_3^+ + CH_4 \rightarrow C_2H_5^+ + H_2$
㉢ 분석물질의 이온화
  - Proton Transfer
    $CH_5^+ + M \rightarrow (M+H)^+ + CH_4$
    $C_2H_5^+ + M \rightarrow (M+H)^+ + C_2H_4$
  - Hydride Abstraction
    $C_2H_5^+ + MH \rightarrow M^+ + C_2H_6$
  - Adducton Formation
    $C_2H_5^+ + M \rightarrow (M+C_2H_5)^+ = (M+29)^+$
㉣ 양성자 이동으로 $(M+H)^+$ 이온, 수소화 이온의 이동으로 $(MH-H)^+$ 이온, 이온결합으로 $(MH+29)^+$ 이온이 생긴다.

57 분자 질량 분석기기의 탈착 이온화(Desorption Ionization)에 적용되는 시료에 대한 설명으로 틀린 것은?

① 비휘발성 시료에 적용이 가능하다.
② 열에 예민한 생화학적 물질에 적용할 수 있다.
③ 액체시료를 증발시키지 않고 직접 이온화시킨다.
④ 분자량이 1,000,000Da 이하 화학종의 질량스펙트럼을 얻기 위해 사용된다.

해설

탈착 이온화원
㉠ 비휘발성이나 열적으로 불안정한 시료에 사용될 수 있다.
㉡ 열에 예민한 생화학적 물질과 분자량이 100,000Da(돌턴)보다 더 큰 화학종의 질량스펙트럼을 얻기 위해 사용되고 있다.
㉢ 에너지를 고체나 액체시료에 가해서 직접적으로 기체이온을 형성시킨다.
㉣ 종류
  - 장 탈착법(FD)
  - 매트릭스 지원 레이저 탈착 이온화법(MALDI)
  - 빠른 원자 충격법(FAB)
  - 이차 이온 질량분석법(SIMS)

58 적하수은전극에서 아래의 산화환원반응이 가역적으로 일어나며 pH 2.5인 완충용액에서 반파전위($E_{1/2}$)가 −0.35V라면, pH 7.0인 용액에서의 반파전위($E_{1/2}$, V)는?

$$Ox + 4H^+ + 4e^- \rightleftarrows Red$$

① −0.284
② −0.416
③ −0.615
④ −0.763

정답 55 ④ 56 ④ 57 ④ 58 ③

해설

$$E = E° - \frac{0.05916}{4} \log \frac{[Red]}{[Ox][H^+]^4}$$
$$= E° - \frac{0.05916}{4}\left(\log \frac{[Red]}{[Ox]} - 4\log[H^+]\right)$$
$$= E° - \frac{0.05916}{4}\log \frac{[Red]}{[Ox]} - 0.05916 pH$$
$$-0.35 = E° - \frac{0.05916}{4}\log \frac{[Red]}{[Ox]} - 0.05916 \times 2.5$$
$$E° - \frac{0.05916}{4}\log \frac{[Red]}{[Ox]} = -0.202V$$
$$\therefore E = E° - \frac{0.05916}{4}\log \frac{[Red]}{[Ox]} - 0.05916 pH$$
$$= -0.202V - 0.05916 \times 7.0$$
$$= -0.616V$$

59 중합체 시료를 기준물질과 함께 가열하면서 두 물질의 온도 차이를 나타낸 다음의 시차열분석도에 대한 설명이 옳은 것으로만 나열된 것은?

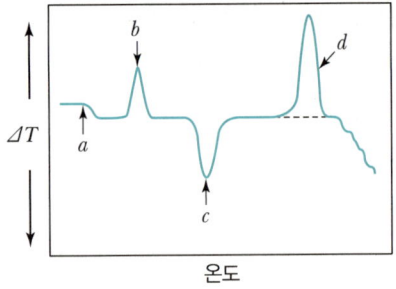

㉠ a에서 유리질 무정형 중합체가 고무처럼 말랑말랑해지는 특성인 유리전이 현상이 일어난다.
㉡ b, d에서는 흡열반응이, 그리고 c에서는 발열반응이 일어난다.
㉢ b는 분석물이 결정화되는 반응을 나타내고, c에서는 분석물이 녹는 반응을 나타낸다.

---

① ㉠, ㉡
② ㉡, ㉢
③ ㉠, ㉢
④ ㉠, ㉡, ㉢

해설

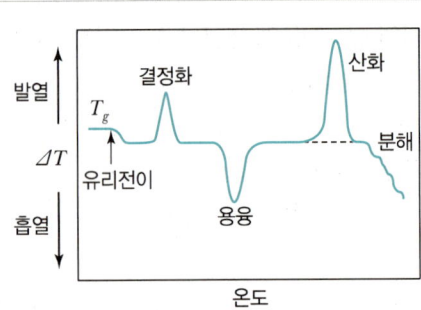

60 폴라로그래피에서 시료의 정성분석에 사용되는 파라미터는?

① 확산전류
② 반파전위
③ 잔류전류
④ 한계전류

해설

폴라로그램

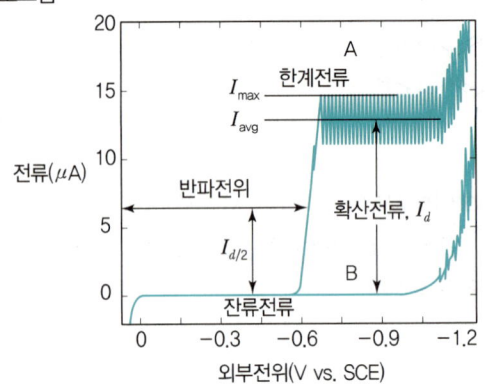

① 확산전류 = 한계전류 - 잔류전류
확산전류는 분석물의 농도에 비례하므로 정량분석이 가능하다.
② 반파전위
 • 확산전류의 절반이 되는 전위
 • 분석하는 화학종의 특성에 따라 달라지므로 정성정보를 얻을 수 있다.
③ 잔류전류 : 산화환원반응이 생기는 원인 이외의 원인에 의해 나타나는 전류
④ 한계전류 : 미소전극 주위 이온이 모두 전해되었을 때 나타나는 전류

정답 59 ③ 60 ②

4과목 화학물질 구조 및 표면분석

61 FT-IR 기기와 관련 없는 장치는?
① 광원장치
② 단색화 장치
③ 빛살분할기
④ 간섭계

해설
단색화 장치는 IR에 사용한다.

FT-IR 기기장치
- 광원
- 광검출기
- 미켈슨 간섭계 ─ 빛살분할기
   ─ 고정거울
   ─ 이동거울

62 수은은 실온에서 증기압을 갖는 유일한 금속원소이다. 다음 원자화 방법 중 수은 정량에 응용 가능한 것은?
① 전열원자화
② 찬 증기 원자화
③ 글로우 방전 원자화
④ 수소화물 생성 원자화

해설
찬 증기 원자화법
실온에서 상당한 증기압을 갖는 금속인 수은의 정량에 이용하는 원자화 방법이다.

63 광학기기의 구성이 각 분광법과 바르게 짝지어진 것은?
① 흡수분광법 : 시료 → 파장선택기 → 검출기 → 기록계 → 광원
② 형광분광법 : 광원 → 시료 → 파장선택기 → 검출기 → 기록계
③ 인광분광법 : 광원 → 시료 → 파장선택기 → 검출기 → 기록계
④ 화학발광법 : 광원과 시료 → 파장선택기 → 검출기 → 기록계

해설
흡수법
- 일반적인 배치

- 원자흡수분광법

형광 · 인광법

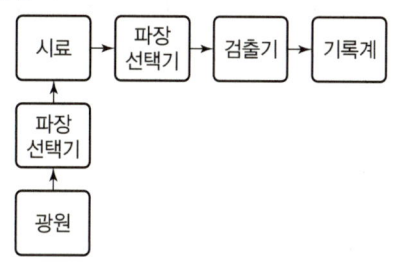

방출법 · 화학발광분광법

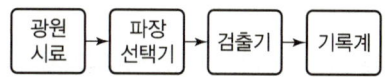

64 Rayleigh 산란에 대하여 가장 바르게 나타낸 것은?
① 콜로이드 입자에 의한 산란
② 굴절률이 다른 두 매질 사이의 반사 현상
③ 산란복사선의 일부가 양자화된 진동수만큼 변화를 받을 때의 산란
④ 복사선의 파장보다 대단히 작은 분자들에 의한 산란

해설
Rayleigh 산란
복사선의 파장보다 더 작은 분자들에 의한 산란
예 하늘의 푸른빛

정답 61 ② 62 ② 63 ④ 64 ④

65 물(H_2O) 분자의 진동(Vibration) 방식(Mode)과 적외선 흡수스펙트럼에 대한 설명으로 옳은 것은?

① 진동 방식은 3가지이고 적외선 스펙트럼의 흡수대는 2개가 나타난다.
② 진동 방식은 3가지이고 적외선 스펙트럼의 흡수대는 3개가 나타난다.
③ 진동 방식은 4가지이고 적외선 스펙트럼의 흡수대는 3개가 나타난다.
④ 진동 방식은 4가지이고 적외선 스펙트럼의 흡수대는 4개가 나타난다.

해설

진동 방식의 수
- 비직선형 다원자 분자 : $3n-6$
- 직선형 다원자 분자 : $3n-5$

$H_2O = 3 \times 3 - 6 = 3$
흡수대도 3개가 나타난다.

66 분자흡수분광법의 가시광선 영역에서 주로 사용되는 복사선의 광원은?

① 중수소등
② 니크롬선등
③ 속빈음극등
④ 텅스텐 필라멘트등

해설

분자흡수분광법의 광원
- 중수소와 수소등 : UV영역
- 텅스텐 필라멘트등 : 가시광선, 근적외선
- 광-방출다이오드(LEDs)
- 제논 아크등 : 200~1,000nm
※ 속빈음극등 : 가시광선 영역의 원자흡수분광법에서 사용되는 선광원

67 분석기기에서 발생하는 잡음 중 열적 잡음(Thermal Noise)에 대한 설명으로 틀린 것은?

① 저항이 커지면 증가한다.
② 주파수를 낮추면 감소한다.
③ 온도가 올라가면 증가한다.
④ 백색잡음(White Noise)이라고도 한다.

해설

열적 잡음(Johnson 잡음, 백색잡음)
- 띠너비를 줄이면 감소하나, 띠너비가 줄면 기기는 신호 변화에 느리게 감응하여 측정하는 데 시간이 오래 걸린다.
- 주파수와 무관하므로 백색잡음이라 한다.
- $\overline{V}_{rms} = \sqrt{4kTR\Delta f}$
  여기서, $\overline{V}_{rms}$: 근평균제곱잡음전압
  k : Boltzmann 상수($=1.38 \times 10^{-23}$ J/K)
  T : 절대온도(K)
  R : 저항성 소자의 저항값(Ω)
  $\Delta f : \dfrac{1}{3t_R}$

68 어떤 회절발의 분리능은 5,000이다. 이 회절발로 분리할 수 있는 1,000cm^{-1}에 가장 인접한 선의 파수의 차이는 얼마인가?

① 0.1cm^{-1} ② 0.2cm^{-1}
③ 0.5cm^{-1} ④ 5.0cm^{-1}

해설

회절발의 분리능(R)
$R = \dfrac{\lambda}{\Delta\lambda} = \dfrac{\overline{\nu}}{\Delta\overline{\nu}}$
여기서, λ : 두 상의 평균 파장
$\Delta\lambda$: 두 상의 파장 차이
$\overline{\nu}$: 두 상의 평균 파수
$\Delta\overline{\nu}$: 두 상의 파수 차이

$5,000 = \dfrac{1,000 \text{cm}^{-1}}{\Delta\overline{\nu}}$

$\therefore \Delta\overline{\nu} = 0.2 \text{cm}^{-1}$

정답 65 ② 66 ④ 67 ② 68 ②

69 플라스마 광원의 방출분광법에는 3가지 형태의 높은 온도 플라스마가 있다. 그 종류가 아닌 것은?

① 흑연전기로(GFA)
② 유도쌍 플라스마(ICP)
③ 직류 플라스마(DCP)
④ 마이크로파 유도 플라스마(MIP)

해설

플라스마 광원의 방출분광법
- 유도쌍 플라스마(ICP)
- 직류 플라스마(DCP)
- 마이크로파 유도 플라스마(MIP)

70 전도성 고체를 원자분광기에 도입하여 사용하기에 가장 적합한 방법은?

① 전열 증기화
② 레이저 증발법
③ 초음파 분무법
④ 스파크 증발법

해설

원자분광법의 시료 도입방법
㉠ 고체시료 도입방법
  - 직접 시료 도입
  - 전열 증기화
  - 레이저 증발
  - 아크와 스파크 증발(전도성 고체)
  - 글로우 방전(전도성 고체)
㉡ 용액시료 도입방법
  - 기체 분무기
  - 초음파 분무기
  - 전열 증기화
  - 수소화물 생성법

71 X선 형광법의 장점이 아닌 것은?

① 비파괴분석법이다.
② 스펙트럼이 비교적 단순하다.
③ 가벼운 원소에 대하여 감도가 우수하다.
④ 수분 내에 다중원소의 분석이 가능하다.

해설

㉠ X선 형광법의 장점
  - 비파괴분석법이다.
  - 스펙트럼이 단순하여 방해효과가 작다.
  - 다중원소의 분석이 가능하다.
  - 실험과정이 수분 이내로 빠르고 간편하다.
㉡ X선 형광법의 단점
  - 감도가 좋지 않다.
  - 원자번호가 작은 원소에 적당하지 않다.
  - 기기가 비싸다.

72 자외선-가시광선 흡수분광법에서 흡수 봉우리의 세기와 위치에 영향을 주는 요소로 가장 거리가 먼 것은?

① 용매효과(Solvent Effect)
② 입체효과(Stereo Effect)
③ 도플러 효과(Doppler Effect)
④ 콘주게이션 효과(Conjugation Effect)

해설

흡수 봉우리의 세기와 위치에 영향을 주는 요소
- 용매효과
- 콘주게이션 효과
- 입체효과

※ 도플러 효과 : 복사선의 파장은 원자의 움직임이 검출기 쪽을 향하면 감소하고 검출기로부터 멀어지면 증가한다.

73 유기분자 $CH_3COOCH_2\equiv CH$의 적외선 흡수스펙트럼을 얻은 후 관찰 결과에 대한 설명으로 틀린 것은?

① $3,300\sim2,900cm^{-1}$ 영역의 흡수대는 $C\equiv C-H$ 구조의 존재를 나타낸다.
② $3,000\sim2,700cm^{-1}$ 영역의 흡수대는 $-CH_3$, $-CH_2-$ 구조의 존재를 암시한다.
③ $2,400\sim2,100cm^{-1}$ 영역의 흡수대는 $-C-O-$ 구조의 존재를 암시한다.
④ $1,900\sim1,650cm^{-1}$ 영역의 흡수대는 $C=O$ 구조의 존재를 나타낸다.

정답 69 ① 70 ④ 71 ③ 72 ③ 73 ③

해설

적외선 분광법에서의 작용기 주파수

주파수(cm^{-1})	작용기
1,050~1,300	C−O
1,400~1,500	C−H(alkane) 굽힘
1,500~1,600	C=C(벤젠)
1,600~1,800	C=C : 1,610~1,680 C=O : 1,690~1,760
2,100~2,280	C≡C, C≡N
2,850~3,300	C−H(alkane) : 2,850~3,000 신축 C−H(alkene) : 3,000~3,100 C−H(alkyne) : 3,300
3,200~3,650	O−H : 3,500~3,650 ※ hydrogen bonded 　carboxylic : 2,500~2,700 　alcohol, phenol : 3,200~3,600

74 고분해능 NMR을 이용한 $CH_3\underline{CH_2}CH_2Cl$의 스펙트럼에서 밑줄 친 $-CH_2$기의 이론상 갈라지는 흡수 봉우리(다중선)의 수는?

① 4　　　　② 6
③ 12　　　④ 24

해설

```
    H   H   H
    |   |   |
H − C − C − C − Cl
    |   |   |
    H   H   H
```
(3+1)(2+1) = 12개의 봉우리

75 원자흡수분광법에서 바탕보정을 위해 사용하는 방법이 아닌 것은?

① Zeeman 효과 사용 바탕보정법
② 광원 자체 반전(Self−reversal) 사용 바탕보정법
③ 연속광원(D₂ Lamp) 사용 바탕보정법
④ 선형 회귀(Linear Regression) 사용 바탕보정법

해설

원자분광법에서 사용하는 바탕보정법
- Zeeman 효과에 의한 바탕보정법 : 원자 증기에 센 자기장을 걸어 원자의 전자에너지 준위의 분리가 일어나는 현상을 이용하는 바탕보정법
- 연속광원보정법 : 중수소(D_2) 등에서 나오는 연속광원의 세기의 감소를 매트릭스에 의한 흡수로 보고 연속광원의 흡광도를 시료빛살의 흡광도에서 빼주어 보정하는 방법
- 두선보정법 : 시료를 통과하고 나온 기준선의 세기 감소를 매트릭스 방해로 보고 기준선의 흡광도를 시료빛살의 흡광도에서 빼주어 보정하는 방법
- 광원 자체 반전에 의한 바탕보정법 : 높은 전류가 흐를 때 속빈 캐소드 램프에서 방출되는 복사선의 자체 반전 또는 자체 흡수 현상을 이용하는 바탕보정법

76 500nm의 가시광선의 광자 에너지는 약 몇 J인가?(단, Plank 상수는 6.63×10^{-34} J·s, 빛의 속도는 3.00×10^8 m/s이다.)

① 1.00×10^{-19}　　② 1.00×10^{-10}
③ 4.00×10^{-19}　　④ 4.00×10^{-10}

해설

$$E = h\nu = \frac{hc}{\lambda}$$
$$= \frac{(6.63 \times 10^{-34} \text{J} \cdot \text{s})(3.00 \times 10^8 \text{m/s})}{500\text{nm} \times 1\text{m}/10^9 \text{nm}}$$
$$= 4.00 \times 10^{-19} \text{J}$$

77 가시광선이나 자외선 영역에서 주로 사용되는 시료 용기의 재질은?

① Quartz(석영)　　② NaCl(염화나트륨)
③ KBr(브로민화칼륨)　④ TlI(아이오딘화탈륨)

해설

자외선	가시광선	적외선
용융실리카, 석영	플라스틱, 유리	NaCl, KBr

정답 74 ③　75 ④　76 ③　77 ①

78 불꽃원자흡수분광법에서 $N_2O-C_2H_2$ 불꽃으로 몰리브덴을 분석하고자 할 때 칼슘염의 화학적 방해를 제거하기 위해 사용되는 해방제는?

① Al
② Sr
③ La
④ EDTA

해설

해방제 : 원자흡수분광법 화학적 방해에서 방해물질과 우선적으로 반응하여 분석물질과 작용하는 것을 막는 시약이다.
예 Mg 정량 : Al을 막기 위해 Sr을 사용
　　　　　 칼슘염을 막기 위해 Al을 사용
　Ca 정량 : Sr, La 이온은 인산이온의 방해를 막기 위해 사용

79 형광(Fluorescence)에 대한 설명으로 가장 옳은 것은?

① $\sigma^* \to \sigma$ 전이에서 주로 발생한다.
② Pyridine, Furan 등 간단한 헤테로 고리화합물은 접합 고리구조를 갖는 화합물보다 형광을 더 잘 발생한다.
③ 전형적으로 형광은 수명이 약 $10^{-10} \sim 10^{-5}$s 정도이다.
④ 250nm 이하의 자외선을 흡수하는 경우에 형광을 방출한다.

해설

① $\sigma^* \to \sigma$ 전이에서 형광은 드물게 나타난다.
　⇒ 형광은 $\pi^* \to \pi$, $\pi^* \to n$ 과정에서 나타난다.
② Pyridine, Furan, Thiophene, Pyrrole과 같은 간단한 헤테로 화합물은 형광을 발생하지 않지만, Quinoline, Isoquinoline, Indole과 같은 접합고리구조를 갖는 화합물은 일반적으로 형광을 발생한다.
③ 형광은 수명이 약 $10^{-10} \sim 10^{-5}$s 정도이다.
④ 250nm보다 짧은 파장의 UV복사선을 흡수할 때 형광은 거의 발생하지 않는다.

80 표면분석장치 중 1차살과 2차살 모두 전자를 이용하는 것은?

① Auger 전자 분광법
② X선 광전자 분광법
③ 이차 이온 질량분석법
④ 전자 미세 탐침 미량분석법

해설

Auger 전자 분광법(AES)
㉠ 표면분석장치에서 1차살, 2차살 모두 전자를 이용하는 분석법
㉡ 시료 표면에 빛을 쬐어 나오는 전자의 에너지를 분석함으로써 고체 표면의 원소 조성을 확인하는 분광법
㉢ 1차살과 2차살
　• 1차살 : X선 혹은 전자빔을 사용하여 들뜬 이온을 형성
　• 2차살 : 이완과정에서 내어 놓는 에너지가 운동에너지를 가진 Auger 전자를 방출

정답　78 ①　79 ③　80 ①

2024년 제3회 복원기출문제

1과목 화학의 이해와 환경·안전관리

01 돌턴(Dalton)의 원자론에 의하여 설명될 수 없는 것은?

① 화학평형의 법칙 ② 질량보존의 법칙
③ 배수비례의 법칙 ④ 일정성분비의 법칙

해설

돌턴의 원자론
돌턴은 질량보존의 법칙과 일정성분비의 법칙을 바탕으로 원자설을 제시하였다. → 기체반응의 법칙을 설명하는 데 한계를 보인다.
- 물질은 더 이상 쪼갤 수 없는 매우 작은 입자로 되어 있다. → 현대 과학에서는 쪼갤 수 있다.
- 같은 원소의 원자들은 크기, 질량, 화학적 성질이 같고 다른 원소의 원자들은 다르다. → 동위원소가 발견되었다.
- 화학변화에 의해 원자는 서로 생성되거나 소멸되지 않는다.
- 화합물이 이루어질 때 각 원소의 원자는 간단한 정수비로 결합한다.

02 기하이성질체가 가능한 화합물은?

① $(CH_3)_2C=CCl_2$
② $(CH_3)_3CCCl_3$
③ $CH_3ClC=CCH_3Cl$
④ $(CH_3)_2ClCCCH_3Cl_2$

해설

기하이성질체

A\C=C/A (cis)
H/   \H

H\C=C/A (trans)
A/   \H

CH_3\C=C/CH_3 (cis)
Cl/   \Cl

CH_3\C=C/Cl (trans)
Cl/   \CH_3

03 Kjeldahl 법에 의한 질소의 정량에서, 비료 1.325g의 시료로부터 암모니아를 증류해서 0.2030N H_2SO_4 50mL에 흡수시키고, 과량의 산을 0.1908N NaOH로 역적정하였더니 25.32mL가 소비되었다. 시료 속의 질소의 함량(%)은?

① 2.6 ② 3.6
③ 4.6 ④ 5.6

해설

$$\frac{(0.2030N \times 0.05L - 0.1908N \times 0.02532L)}{1.325g}$$
$\times 14g/mol \times 100\% = 5.62\%$

04 다음 설명에 가장 관련 깊은 것은?

> 원자궤도함수의 크기 및 에너지와 관련 있고, n값이 커질수록 궤도함수가 커진다.

① 주양자수
② 부양자수(각운동량 양자수)
③ 자기양자수
④ 스핀양자수

해설

- **주양자수**(n) : 전자껍질의 수, 에너지의 대부분을 결정
- **부양자수**(l) : 궤도함수의 모양($0 \sim n-1$)
  $l=0:s, l=1:p, l=2:d, l=3:f$
- **자기양자수**(m_l) : 배향성 $m_l = 2l+1$
  $-l, \cdots, 0, \cdots, +l$
- **스핀양자수**(m_s) : 전자의 배열상태 $m_s = +\frac{1}{2}, -\frac{1}{2}$

정답 01 ① 02 ③ 03 ④ 04 ①

05 이황화탄소(CS_2) 100.0g에 33.0g의 황을 녹여 만든 용액의 끓는점이 49.2℃일 때, 황의 분자량은 몇 g/mol인가?(단, 이황화탄소의 끓는점은 46.2℃이고, 끓는점 오름상수(K_b)는 2.35℃/m이다.)

① 161.5
② 193.5
③ 226.5
④ 258.5

해설

$\Delta T_b = K_b m i$

여기서, K_b : 끓는점 오름상수
  m : 몰랄농도
  i : 반트호프인자(여기서 $i = 1$)

$(49.2 - 46.2)℃ = 2.35℃/(mol/kg) \times \dfrac{\dfrac{33g}{M_w}}{0.1kg}$

∴ $M_w = 258.6 g/mol$

06 1.87g의 아연금속으로부터 얻을 수 있는 산화아연의 질량(g)은?(단, Zn 분자량 : 65g/mol, 산화아연의 생성반응식 : $2Zn(s) + O_2(g) \rightarrow 2ZnO(s)$이다.)

① 1.17
② 1.50
③ 2.33
④ 4.66

해설

$2Zn(s) + O_2(g) \rightarrow 2ZnO(s)$
2×65 : 2×81
1.87 : x
∴ $x = 2.33g$

07 원소 및 원소의 주기적 특성에 대한 설명으로 옳은 것은?

① Mg의 1차 이온화에너지는 3주기 원소들 중에 가장 작다.
② Cl이 염화이온(Cl^-)이 될 때 같은 주기 원소 중 가장 많은 에너지를 흡수한다.
③ Na가 소듐이온(Na^+)이 되면 반지름이 증가한다.
④ K의 원자 반지름은 Ca의 원자 반지름보다 크다.

해설

주기율표상에서 특징

← 반지름 ↑

↑ 이온화에너지 ↑
  전자친화도 ↑
  전기음성도 ↑

08 보기의 물질을 물과 사염화탄소로 용해시키려 할 때 물에 더욱 잘 녹을 것이라고 예상되는 물질을 모두 나타낸 것은?

| (a) CO_2 | (b) CH_3COOH |
| (c) NH_4NO_3 | (d) $CH_3CH_2CH_2CH_2CH_3$ |

① (a), (b)
② (b), (c)
③ (a), (b), (c)
④ (b), (c), (d)

해설

물은 극성이므로 극성 물질을 잘 용해시키고, 사염화탄소는 무극성이므로 무극성 물질을 잘 용해시킨다.
• 극성 : CH_3COOH, NH_4NO_3
• 무극성 : CO_2, $CH_3CH_2CH_2CH_2CH_3$

09 어떤 화합물의 질량백분율 성분비를 분석했더니, 탄소 58.5%, 수소 4.1%, 질소 11.4%, 산소 26.0%와 같았다. 이 화합물의 실험식은?(단, 원자량은 C 12, H 1, N 14, O 16이다.)

① $C_2H_5NO_2$
② $C_3H_7NO_2$
③ $C_5H_5NO_2$
④ $C_6H_5NO_2$

해설

$C : H : N : O = \dfrac{0.585}{12} : \dfrac{0.041}{1} : \dfrac{0.114}{14} : \dfrac{0.260}{16}$
$= 6 : 5 : 1 : 2$

실험식 : $C_6H_5NO_2$

정답 05 ④ 06 ③ 07 ④ 08 ② 09 ④

10 H₂ 4g과 N₂ 10g, O₂ 40g으로 구성된 혼합가스가 있다. 이 가스가 25℃, 10L의 용기에 들어 있을 때 용기가 받는 압력(atm)은?

① 7.39 ② 8.82
③ 89.41 ④ 213.72

해설

$n_{H_2} = \dfrac{4g}{2g/mol} = 2mol$

$n_{N_2} = \dfrac{10g}{28g/mol} = 0.357mol$

$n_{O_2} = \dfrac{40g}{32g/mol} = 1.25mol$

$\therefore n_T = 2 + 0.357 + 1.25 = 3.607mol$

$P = \dfrac{nRT}{V} = \dfrac{3.607mol \times 0.082L \cdot atm/mol \cdot K \times 298.15K}{10L}$

$= 8.82atm$

11 전자가 보어모델(Bohr Model)의 $n=5$ 궤도에서 $n=3$ 궤도로 전이할 때 수소원자의 방출되는 빛의 파장(nm)은?(단, 뤼드베리 상수는 $1.9678 \times 10^{-2} nm^{-1}$이다.)

① 434.5 ② 486.1
③ 714.6 ④ 954.6

해설

$\dfrac{1}{\lambda} = R\left(\dfrac{1}{n^2} - \dfrac{1}{m^2}\right)$

$\dfrac{1}{\lambda} = 1.9678 \times 10^{-2} nm^{-1} \left(\dfrac{1}{3^2} - \dfrac{1}{5^2}\right)$

$\therefore \lambda = 714.8nm$

12 Co의 바닥 상태 전자배치로 옳은 것은?(단, 코발트(Co)의 원자번호는 27이다.)

① $1s^2 2s^2 2p^6 3s^2 3p^6 3d^9$
② $1s^2 1p^6 2s^2 2p^6 3s^2 3p^6 3d^3$
③ $1s^2 2s^2 3s^2 2p^6 3p^6 3d^9$
④ $1s^2 2s^2 2p^6 3s^2 3p^6 4s^2 3d^7$

해설

$_{27}Co : 1s^2 2s^2 2p^6 3s^2 3p^6 4s^2 3d^7$

13 다음 화합물의 올바른 IUPAC 이름은?

① 2,2,4-트리메틸-7-프로필노네인
 (2,2,4-trimethyl-7-propylnonane)
② 7-에틸-2,2,4-트리메틸데케인
 (7-ethyl-2,2,4-trimethyldecane)
③ 3-프로필-6,8,8-트리메틸노네인
 (3-propyl-6,8,8-trimethylnonane)
④ 4-에틸-7,9,9-트리메틸데케인
 (4-ethyl-7,9,9-trimethyldecane)

해설

2,2-dimethyl, 4-methyl, 7-ethyl, decane(탄소수 10)이므로 정리하면 7-ethyl-2,2,4-trimethyldecane이다.

14 다음과 같은 가역반응이 일어난다고 가정할 때 평형을 오른쪽으로 이동시킬 수 있는 변화는?

$4HCl(g) + O_2(g) + heat \rightleftarrows 2Cl_2(g) + 2H_2O(g)$

① Cl₂의 농도 증가 ② HCl의 농도 감소
③ 반응온도 감소 ④ 압력의 증가

정답 10 ② 11 ③ 12 ④ 13 ② 14 ④

해설

$$4HCl(g) + O_2(g) + heat \rightleftarrows 2Cl_2(g) + 2H_2O(g)$$
$$5mol4mol$$

압력을 증가시키면 르 샤틀리에 원리에 의해 몰수가 적은 오른쪽으로 평형이 이동된다.

15 27℃ 실험실에서 빈 게이뤼삭 비중병의 질량이 10.885g, 5mL 피펫으로 비중병에 물을 가득 채웠을 때 질량이 61.135g이었다면, 비중병에 담겨 있는 물의 부피(mL)는?(단, 27℃에서 공기의 부력을 보정한 물 1g의 부피는 1.0046mL이다.)

① 49.791　　　　② 50.020
③ 50.481　　　　④ 50.250

해설

빈 비중병 : 10.885g
비중병+물 : 61.135g
물의 질량 = 61.135g − 10.885g = 50.25g

부피 = $\dfrac{질량}{밀도}$ = $\dfrac{50.25g}{1g/1.0046mL}$ = 50.481mL

16 우라늄(U) 동위원소의 핵분열반응이 아래와 같을 때, M에 해당되는 입자는?

$$^{1}_{0}n + ^{235}_{92}U \rightarrow ^{139}_{56}Ba + ^{94}_{36}Kr + 3M$$

① $^{1}_{0}n$　　　　② $^{1}_{1}P$
③ $^{0}_{1}\beta$　　　　④ $^{0}_{-1}\beta$

해설

$^{1}_{0}n + ^{235}_{92}U \rightarrow ^{139}_{56}Ba + ^{94}_{36}Kr + 3M$
$^{236}_{92}X = ^{233}_{92}Y + 3M$
∴ $M = ^{1}_{0}n$

17 C_4H_8의 모든 이성질체 개수는?

① 4　　　　② 5
③ 6　　　　④ 7

해설

C_nH_{2n} : 알켄 또는 시클로알칸

㉠ $CH_2 = CH - CH_2 - CH_3$

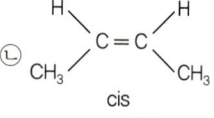
㉡ cis

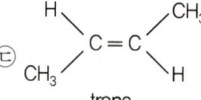
㉢ trans

㉣ $CH_2 = C\begin{smallmatrix}CH_3\\CH_3\end{smallmatrix}$

㉤ $\begin{smallmatrix}CH_2-CH_2\\||\\CH_2-CH_2\end{smallmatrix}$

㉥ $\begin{smallmatrix}CH_3\\|\\CH\\/\backslash\\CH_2-CH_2\end{smallmatrix}$

∴ 이성질체의 개수는 6개이다.

18 아세틸화칼슘(CaC_2) 100g에 충분한 양의 물을 가하여 녹였더니 수산화칼슘과 아세틸렌 28.3g이 생성되었다. 이 반응의 아세틸렌 수득률(%)은?(단, Ca의 원자량은 40amu이다.)

① 28.3%　　　　② 44.1%
③ 64.1%　　　　④ 69.7%

해설

$CaC_2 + 2H_2O \rightarrow Ca(OH)_2 + \underset{아세틸렌}{C_2H_2}$

아세틸렌 수득량 = 100g $CaC_2 \times \dfrac{1mol\ CaC_2}{64g\ CaC_2}$
$\times \dfrac{1mol\ C_2H_2}{1mol\ CaC_2} \times \dfrac{26g}{1mol\ C_2H_2}$
= 40.625g

∴ 아세틸렌 수득률(%) = $\dfrac{28.3g}{40.625g} \times 100 = 69.7\%$

정답　15 ③　16 ①　17 ③　18 ④

19 B급 화재에 해당하는 것은?

① 일반화재 ② 전기화재
③ 유류화재 ④ 금속화재

> 해설

구분	적응화재
A급 화재	일반화재
B급 화재	유류화재, 가스화재
C급 화재	전기화재
D급 화재	금속화재

20 연구실 일상점검표상 화공안전에 관한 점검 내용으로 가장 거리가 먼 것은?

① MSDS 비치, 화학물질 성상별 분류 및 시약장 보관상태
② 실험 폐액 및 폐기물 관리상태
③ 실험실 구역 관계자 외 출입금지 구분 및 손소독기 등 세척시설 설치 여부
④ 발암물질, 독성물질 등 유해화학물질의 격리 보관 및 시건장치 사용 여부

> 해설

화공안전 안전점검표
- 유해인자 취급 및 관리대장, MSDS 비치
- 화학물질의 성상별 분류 및 시약장 등 안전한 장소에 보관 여부
- 소량을 덜어서 사용하는 통, 화학물질의 보관함, 보관용기에 경고표시 부착 여부
- 실험폐액 및 폐기물 관리의 상태(폐액분류표시, 적정 용기 사용, 폐액용기덮개 체결상태 등)
- 발암물질, 독성물질 등 유해화학물질의 격리 보관 및 시건장치 사용 여부

2과목 분석계획 수립과 분석화학 기초

21 시료 전처리의 오차를 줄이기 위한 시험방법에 대한 설명으로 틀린 것은?

① 공시험(Blank Test)은 시료를 사용하지 않고 기타 모든 조건을 시료분석법과 같은 방법으로 실험하는 것이며 계통오차를 효과적으로 줄일 수 있다.
② 회수시험(Recovery Test)은 시료와 같은 공존물질을 함유하는 기지농도의 대조 시료를 분석함으로써 공존물질의 방해 작용 등으로 인한 분석값의 회수율을 검토하는 방법이다.
③ 맹시험(Blind Test)은 분석값이 어느 범위 내에서 서로 비슷하게 될 때까지 실험을 되풀이하는 것이 보통이며 일종의 예비시험에 해당한다.
④ 평행시험(Parallel Test)은 같은 시료를 각기 다른 방법으로 여러 번 되풀이하는 시험으로서 계통오차를 제거하는 방법이다.

> 해설

오차를 줄이기 위한 시험법
㉠ 공시험(Blank Test)
- 실제 분석대상 시료를 사용하지 않고, 다른 모든 조건을 시료분석법과 같은 방법으로 실험하는 것이다.
- 지시약오차, 불순물로 인한 오차 등 계통오차의 대부분을 효과적으로 확인할 수 있다.

㉡ 조절시험(Control Test)
시료와 가급적 같은 성분을 함유한 대조시료를 만들어 시료분석법과 같은 방법으로 여러 번 실험한 다음 기지함량값과 실제로 얻은 분석값의 차만큼 시료분석값을 보정한다.

㉢ 회수시험(Recovery Test)
시료와 같은 공존물질을 함유하는 기지농도의 대조시료를 분석함으로써 공존물질의 방해작용 등으로 인한 분석값의 회수율을 검토하는 방법이다.

㉣ 맹시험(Blind Test)
- 처음 분석값은 조작에 익숙하지 못하여 오차가 크게 나타나므로 맹시험이라 하며 버리는 경우가 많다.
- 예비시험에 해당된다.

㉤ 평행시험(Parallel Test)
- 같은 시료를 같은 방법으로 여러 번 되풀이하는 시험이다.
- 우연오차가 있는 측정값으로부터 그 평균값과 표준편차 등을 얻기 위한 수단이다.

정답 19 ③ 20 ③ 21 ④

22 분석물질의 확인시험, 순도시험 및 정량시험 밸리데이션에서 중요하게 평가되어야 하는 항목은?

① 범위
② 특이성
③ 정확성
④ 직선성

> 해설

밸리데이션 대상 평가항목
㉠ 특이성(Specificity)
 측정대상물질, 불순물, 분해물, 배합성분 등이 혼재된 상태에서 분석대상물질을 선택적이고 정확하게 측정할 수 있는 정도를 말한다.
㉡ 정확성(Accuracy)
 분석결과가 이미 알고 있는 참값이나 표준값에 근접한 정도를 말한다.
㉢ 정밀성(Precision)
 균질한 검체에서 반복적으로 채취한 검체를 정해진 절차에 따라 측정했을 때 각각의 측정값들 사이의 근접성(분산정도)을 말한다.
㉣ 검출한계(DL : Detection Limit)
 검체 중에 함유된 대상물질의 검출이 가능한 최소 농도이다.
㉤ 정량한계(QL : Quantitation Limit)
 • 기준에 적합한 정밀성과 정확성이 확보된 정량값으로 나타낼 수 있는 검체 중 대상물질의 최소농도를 의미한다.
 • 분석대상물질을 소량으로 함유하는 검체의 정량시험이나 분해생성물, 불순물 분석에 사용되는 정량시험의 밸리데이션 평가지표이다.
㉥ 직선성(Linearity)
 검체 중 분석대상물질의 양(또는 농도)에 비례하여 일정범위 내에 직선적인 측정값을 얻어낼 수 있는 능력이다.
㉦ 범위(Range)
 적절한 정밀성, 정확성, 직선성을 충분히 제시할 수 있는 검체 중 분석대상물질의 양(또는 농도)의 하한값~상한값 사이의 영역이다.
㉧ 완건성(Robustness)
 시험법의 조건 중 일부가 변경되었을 때 측정값이 영향을 받지 않는지에 대한 지표를 말한다. → 분석조건을 고의로 변농시켰을 때 분석법의 신뢰성을 나타낸다.

23 다음 수치에 대한 변동계수(CV%)는?

621, 628, 635, 625

① 0.74
② 0.84
③ 0.94
④ 1.94

> 해설

$$\bar{x} = \frac{621+628+635+625}{4} = 627.25$$

$$s = \sqrt{\frac{(621-627.25)^2+(628-627.25)^2+(635-627.25)^2+(625-627.25)^2}{4-1}} = 5.91$$

$$\therefore CV = \frac{s}{\bar{x}} \times 100\% = \frac{5.91}{627.25} \times 100 = 0.94\%$$

24 요오드화 반응에 대한 설명 중 틀린 것은?

① 요오드를 적정액으로 사용한다는 것은 I_2에 과량의 I^-가 첨가된 용액을 사용함을 의미한다.
② 요오드화 적정의 지시약으로 녹말지시약을 사용할 수 있다.
③ 간접 요오드 적정법은 환원성 분석물질을 미량의 I^-에 가하여 요오드를 생성시킨 다음 이것을 적정한다.
④ 환원성 분석물질이 요오드로 직접 측정되었을 때, 이 방법을 직접 요오드 적정법이라 한다.

> 해설

간접 요오드 적정법
산화성 분석물질에 I^-를 가하여 요오드(I_2)를 생성시킨 다음 티오황산나트륨($Na_2S_2O_3$)으로 적정하는 방법

25 다음 수용액들의 농도는 모두 0.1M이다. 이온 세기(Ionic Strength)가 가장 큰 것은?

① NaCl
② Na_2SO_4
③ $Al(NO_3)_3$
④ $MgSO_4$

> 해설

이온 세기 $\mu = \frac{1}{2}(C_1Z_1^2 + C_2Z_2^2 + \cdots)$

 여기서, C_1, C_2 : 이온의 몰농도
     Z_1, Z_2 : 이온의 전하

① NaCl → $Na^+ + Cl^-$
 $\mu = \frac{1}{2}[(0.1 \times 1^2) + (0.1 \times (-1)^2)] = 0.1$
② Na_2SO_4 → $2Na^+ + SO_4^{2-}$
 $\mu = \frac{1}{2}[(2 \times 0.1 \times 1^2) + (0.1 \times (-2)^2)] = 0.3$

정답 22 ② 23 ③ 24 ③ 25 ③

③ $Al(NO_3)_3 \rightarrow Al^{3+} + 3NO_3^-$
$\mu = \frac{1}{2}[(0.1 \times 3^2) + (3 \times 0.1 \times (-1)^2)] = 0.6$

④ $MgSO_4 \rightarrow Mg^{2+} + SO_4^{2-}$
$\mu = \frac{1}{2}[(0.1 \times 2^2) + (0.1 \times (-2)^2)] = 0.4$

26 25℃에서 0.050M 트리메틸아민(Trimethylamine) 수용액의 pH는 얼마인가?(단, 25℃에서 $(CH_3)_3NH^+$의 K_a 값은 1.58×10^{-10}이다.)

① 5.55 ② 7.55
③ 9.25 ④ 11.25

해설

$(CH_3)_3N + H_2O \rightleftharpoons (CH_3)_3NH^+ + OH^-$
약염기 용액에서의 $[OH^-]$
$[OH^-] = \sqrt{C_B K_b}$
　여기서, K_b : 염기의 해리상수
　　　　 C_B : 염기의 농도
$K_b = \frac{K_w}{K_a} = \frac{1 \times 10^{-14}}{1.58 \times 10^{-10}} = 6.329 \times 10^{-5}$
$[OH^-] = \sqrt{(0.050M)(6.329 \times 10^{-5})}$
　　　 $= 1.779 \times 10^{-3}$
$pOH = -\log[OH^-] = 2.75$
∴ $pH = 14 - pOH = 14 - 2.75 = 11.25$

27 활동도 계수의 특성에 대한 설명으로 가장 거리가 먼 것은?

① 용액이 무한히 묽어짐에 따라 주어진 화학종의 활동도 계수는 1로 수렴한다.
② 농도가 높지 않은 용액에서 주어진 화학종의 활동도 계수는 전해질의 종류에 따라서만 달라진다.
③ 주어진 이온 세기에서 같은 전하를 가진 이온들의 활동도 계수는 거의 같다.
④ 전하를 띠지 않는 분자의 활동도 계수는 이온 세기에 관계없이 대략 1이다.

해설

활동도 계수는 전해질의 종류, 성질에 무관하고 이온 세기, 이온의 전하, 이온의 크기에 관계한다.

28 pH 10인 완충용액에서 0.0360M Ca^{2+} 용액 50.0mL를 0.0720M EDTA로 적정할 경우에 당량점에서의 칼슘이온의 농도 $[Ca^{2+}]$는 얼마인가?(단, 조건형성상수 (Conditional Formation Constant) K_f'값은 1.34×10^{10}이다.)

① 0.0240M ② 1.34×10^{-6}M
③ 1.64×10^{-6}M ④ 1.79×10^{-12}M

해설

Ca^{2+}의 몰수 $= \frac{0.0360 mol}{L} \times 0.05L = 1.8 \times 10^{-3} mol$
당량점에서 EDTA의 부피 $MV = M'V'$
$1.8 \times 10^{-3} = 0.072M \times V'$
∴ $V' = 0.025L$
당량점에서 CaY^{2-}의 몰농도
$\frac{1.8 \times 10^{-3} mol}{(0.05 + 0.025)L} = 0.024 mol/L (M)$

	Ca^{2+}	+	EDTA	$\rightleftharpoons$	CaY^{2-}
초기	0		0		0.024
해리	$+x$		$+x$		$-x$
평형	x		x		$0.024 - x$

$K_f' = \frac{[CaY^{2-}]}{[Ca^{2+}][EDTA]} = 1.34 \times 10^{10}$
$\frac{0.024 - x}{x^2} ≒ \frac{0.024}{x^2} = 1.34 \times 10^{10}$
∴ $x = [Ca^{2+}] = 1.34 \times 10^{-6}$M

29 강산이나 강염기로만 되어 있는 것은?

① HCl, HNO_3, NH_3
② CH_3COOH, HF, KOH
③ H_2SO_4, HCl, KOH
④ CH_3COOH, NH_3, HF

해설

• 강산 : HCl, H_2SO_4, HNO_3　• 약산 : CH_3COOH, HF
• 강염기 : KOH　• 약염기 : NH_4OH

정답 26 ④ 27 ② 28 ② 29 ③

30 F^-는 Al^{3+}에는 가리움제(Masking Agent)로 작용하지만 Mg^{2+}에는 반응하지 않는다. 어떤 미지시료에 Mg^{2+}와 Al^{3+}가 혼합되어 있다. 이 미지시료 20.0mL를 0.0800M EDTA로 적정하였을 때 50.0mL가 소모되었다. 같은 미지시료를 새로 20.0mL 취하여 충분한 농도의 KF를 5.00mL 가한 후 0.0800M EDTA로 적정하였을 때는 30.0mL가 소모되었다. 미지시료 중의 Al^{3+} 농도는?

① 0.080M ② 0.096M
③ 0.104M ④ 0.120M

해설

처음 EDTA의 몰수 $= 0.08M \times 0.05L$
$= 4 \times 10^{-3} mol$
KF를 가한 후 EDTA의 몰수 $= 0.08M \times 0.03L$
$= 2.4 \times 10^{-3} mol$
미지시료 20mL에 들어 있는 Al^{3+}의 몰수
$= 4 \times 10^{-3} mol - 2.4 \times 10^{-3} mol = 1.6 \times 10^{-3} mol$
$[Al^{3+}] = \dfrac{1.6 \times 10^{-3} mol}{0.02L} = 8 \times 10^{-2} = 0.08M$

31 우리가 흔히 먹는 식초는 아세트산(Acetic Acid, CH_3COOH)을 4~8% 정도 함유하고 있다. 다음 완충용액의 pH 값은 얼마인가?(단, CH_3COOH의 $K_a = 1.8 \times 10^{-5}$, $pK_a = 4.74$, 완충용액은 0.50M CH_3COOH/0.25M CH_3COONa이다.)

① 4.04 ② 4.44
③ 4.74 ④ 5.04

해설

$pH = pK_a + \log\dfrac{[CH_3COO^-]}{[CH_3COOH]}$
$= 4.74 + \log\dfrac{0.25}{0.5} = 4.44$

32 부피법에 의한 적정분석에 대한 설명으로 틀린 것은?

① 표준용액 또는 표준적정시약은 알려진 농도를 갖고 있는 시약으로서 부피 분석을 수행하는 데 사용된다.
② 종말점이란 적정에 있어 분석물의 양과 정확히 일치하는 양의 표준시약이 가해진 지점이다.
③ 역적정은 분석물과 표준시약 사이의 반응속도가 느리거나 표준시약이 불안정할 때 자주 사용한다.
④ 부피분석은 화학조성과 순도가 정확하게 알려진 일차 표준물질에 근거한다.

해설

- 당량점 : 분석물의 양과 정확히 일치하는 양의 표준시약이 가해진 지점
- 종말점 : 적정이 끝나는 지점으로서 실험자가 적정이 완료되었다고 판단하고 적정을 멈추는 지점

33 Fe^{2+} 이온을 Ce^{4+}로 적정하는 반응에 대한 설명으로 틀린 것은?

① 적정반응은 $Ce^{4+} + Fe^{2+} \rightarrow Ce^{3+} + Fe^{3+}$이다.
② 전위차법을 이용한 적정에서는 반당량점에서의 전위는 당량점의 전위(V_e)의 약 1/2이다.
③ 당량점에서 $[Ce^{3+}] = [Fe^{3+}]$, $[Fe^{2+}] = [Ce^{4+}]$이다.
④ 당량점 부근에서 측정된 전위의 변화는 미세하여 정확한 측정을 위해 산화-환원 지시약을 사용해야 한다.

해설

Fe^{2+} 이온을 Ce^{4+}로 적정하는 반응의 전위 변화는 당량점 부근에서 급격하게 변화하므로 정확한 측정을 위해 산화-환원 지시약을 사용해야 한다.

34 무게분석을 위하여 침전된 옥살산칼슘(CaC_2O_4)을 무게를 아는 거름도가니로 침전물을 거르고, 건조시킨 다음 붉은 불꽃으로 강열한다면 도가니에 남는 고체성분은 무엇인가?

① CaC_2O_4 ② $CaCO_2$
③ CaO ④ Ca

정답 30 ① 31 ② 32 ② 33 ④ 34 ③

해설
$CaC_2O_4 \rightarrow CaCO_3 + CO$
$CaCO_3 \rightarrow CaO + CO_2$
　　　↳ 고체 CaO가 남는다.

35 산화환원 적정에서 과망간산칼륨($KMnO_4$)은 산화제로 작용하며 센 산성 용액(pH 1 이하)에서 다음과 같은 반응이 일어난다. 과망간산칼륨을 산화제로 사용하는 산화환원 적정에서 종말점을 구하기 위한 지시약으로서 가장 적절한 것은?

$$MnO_4^- + 8H^+ + 5e^- \rightleftharpoons Mn^{2+} + 4H_2O \quad E° = 1.507V$$

① 페로인
② 메틸렌블루
③ 과망간산칼륨
④ 다이페닐아민 설폰산

해설
$MnO_4^- + 8H^+ + 5e^- \rightleftharpoons Mn^{2+} + 4H_2O$
적자색(자주색)　　　　무색

36 0.10M NaCl 용액 속에 PbI_2가 용해되어 생성된 Pb^{2+}(원자량 207.0g/mol) 농도는 약 얼마인가?(단, PbI_2의 용해도곱 상수는 7.9×10^{-9}이고 이온 세기가 0.10M일 때 Pb^{2+}와 I^-의 활동도 계수는 각각 0.36과 0.75이다.)

① 33.4mg/L
② 114.0mg/L
③ 253.0mg/L
④ 443.0mg/L

해설
$PbI_2 \rightleftharpoons Pb^{2+} + 2I^-$
　　　　　　x　：$2x$
$K_{sp} = [Pb^{2+}][I^-]^2 = (x \times 0.36)(2x \times 0.75)^2 = 7.9 \times 10^{-9}$
∴ $x = 2.14 \times 10^{-3}$
$[Pb^{2+}] = 2.14 \times 10^{-3} mol/L \times \dfrac{207.0g}{1mol} \times \dfrac{1,000mg}{1g}$
　　　$= 443 mg/L$

37 25℃에서 0.028M의 NaCN 수용액의 pH는 얼마인가?(단, HCN의 $K_a = 4.9 \times 10^{-10}$이다.)

① 10.9
② 9.3
③ 3.1
④ 2.8

해설
$NaCN \rightarrow Na^+ + CN^-$
$CN^- + H_2O \rightleftharpoons HCN + OH^-$
약염기 용액에서 $[OH^-] = \sqrt{K_b C_B}$
　여기서, K_b : 염기의 해리상수
　　　　C_B : 염기의 농도
$K_b = \dfrac{K_w}{K_a} = \dfrac{1 \times 10^{-14}}{4.9 \times 10^{-10}} = 2.04 \times 10^{-5}$
$[OH^-] = \sqrt{(2.04 \times 10^{-5})(0.028)} = 7.558 \times 10^{-4}$
$pOH = -\log[OH^-]$
　　　$= -\log(7.558 \times 10^{-4}) = 3.12$
∴ $pH = 14 - pOH$
　　　$= 14 - 3.12 = 10.88$

38 25℃ 0.10M KCl 용액의 계산된 pH 값에 가장 근접한 값은?(단, 이 용액에서의 H^+와 OH^-의 활동도 계수는 각각 0.83과 0.76이다.)

① 6.98
② 7.28
③ 7.58
④ 7.88

해설
$K_w = K_a \times K_b$
　　$= [H^+] \times 0.83 \times [OH^-] \times 0.76 = 10^{-14}$
$[H^+] = [OH^-]$
$[H^+]^2 = \dfrac{10^{-14}}{0.83 \times 0.76}$
$[H^+] = 1.26 \times 10^{-7}$
∴ $pH = -\log[H^+]$
　　　$= -\log(1.26 \times 10^{-7} \times 0.83) = 6.98$

정답　35 ③　36 ④　37 ①　38 ①

39 산-염기 적정에 대한 설명으로 옳은 것은?

① 산-염기 적정에서 당량점의 pH는 항상 14.00이다.
② 적정 그래프에서 당량점은 기울기가 최소인 변곡점으로 나타난다.
③ 다양성자산(Multiprotic Acid)의 당량점은 1개이다.
④ 다양성자산의 pK_a 값들이 매우 비슷하거나, 적정하는 pH가 매우 낮으면 당량점을 뚜렷하게 관찰하기 힘들다.

해설

㉠ 산-염기 적정에서 당량점의 pH
- 약염기+강산으로 적정 : pH < 7
- 강산+강염기로 적정 : pH = 7
- 약산+강염기로 적정 : pH > 7

㉡ 적정 그래프에서 당량점은 기울기가 최대인 변곡점으로 나타낸다.
㉢ 다양성자산의 당량점은 여러 개이다.

40 갈바니전지(Galvanic Cell)에 대한 설명으로 틀린 것은?

① 볼타전지는 갈바니전지의 일종이다.
② 전기에너지를 화학에너지로 바꾼다.
③ 한 반응물은 산화되어야 하고, 다른 반응물은 환원되어야 한다.
④ 연료전지는 전기를 발생하기 위해 반응물을 소모하는 갈바니전지이다.

해설

갈바니전지
자발적인 화학반응으로부터 화학에너지를 전기에너지로 바꾸는 전지

3과목 화학물질 특성분석

41 시료의 분해반응 및 산화반응과 같은 물리적 변화 측정에 알맞은 열분석법은?

① DSC
② DTA
③ TMA
④ TGA

해설

시료의 분해반응 및 산화반응은 질량이 변화하므로 온도를 증가시키면서 온도나 시간의 함수로써 질량감소를 측정하는 TGA(열무게법)가 가장 알맞다.

① DSC(시차주사열량법)
에너지 차이를 측정하는 열량 측정방법이다.
② DTA(시차열분석법)
시료물질과 기준물질이 온도제어 프로그램으로 가열되면서 시료와 기준물질 사이의 온도 차이를 온도의 함수로 측정하는 방법이다.
③ TMA(미세열분석)
열적 분석에 현미경법을 결합한 것으로 표면의 열적 특성을 온도의 함수로 측정하여 열영상을 얻는 데 사용되는 주사열 현미경법이다.
④ TGA(열무게법)
온도변화에 대한 시료의 질량(무게)을 측정한다.

42 1차 이온화 과정에서 생성된 이온들 중에서 한 분자 이온을 선택한 후 2차 이온화시킴으로써 화학구조 분석, 화학반응 연구, 대사체 규명 등에 가장 유용하게 활용되는 연결(Hyphenated) 질량분석법은?

① GC/MS
② ICP/MS
③ LC/MS
④ MS/MS

해설

탄뎀 질량분석(MS/MS)
- 질량분석(MS)-질량분석(MS)
- 조각이온의 스펙트럼을 얻는 방법

43 적하수은전극(Dropping Mercury Electrode)을 사용하는 폴라로그래피(Polarography)에 대한 설명으로 옳지 않은 것은?

① 확산전류(Diffusion Current)는 농도에 비례한다.
② 수은이 항상 새로운 표면을 만들어 내는 재현성이 크다.
③ 수은의 특성상 환원반응보다 산화반응의 연구에 유용하다.
④ 반파전위(Half-wave Potential)로부터 정성적 정보를 얻을 수 있다.

해설

폴라로그래피
- 적하수은전극으로 수행된 전압전류법
- 수소이온의 환원에 대한 과전압이 크다. → 수소기체의 발생으로 인한 방해가 적다.
- 새로운 수은전극 표면이 계속적으로 생성된다.
- 재현성이 있는 평균전류에 도달한다.
- 수은은 쉽게 산화되어 산화전극으로 사용할 수 없으므로 환원반응의 연구에 유용하다.
- 확산전류는 분석물의 농도에 비례하므로 정량분석이 가능하다.
- 반파전위로부터 정성적 정보를 얻을 수 있다.

44 이상적인 기준전극이 가지는 성질로 틀린 것은?

① 비가역적이고 Nernst 식에 따라야 한다.
② 온도가 주기적으로 변해도 과민반응을 나타내지 않아야 한다.
③ 시간이 지나도 일정 전위를 유지해야 한다.
④ 작은 전류 후에도 원래 전위로 되돌아와야 한다.

해설

기준전극의 조건
- 분석물 용액에 감응하지 않는다.
- 표준수소전극에 대해 일정한 전위를 갖는다.
- 작은 전류를 흘려도 일정한 전위를 유지해야 한다.
- 반응이 가역적이고, Nernst 식에 따라야 한다.
- 온도가 주기적으로 변해도 과민반응을 나타내지 않아야 한다.
- 전극은 간단하고 만들기 쉬워야 한다.

45 시차열분석법으로 벤조산 시료 측정 시 대기압에서 측정할 때와 200psi에서 측정할 때 봉우리가 일치하지 않은 이유를 가장 잘 설명한 것은?

① 높은 압력에서 시료가 파괴되었기 때문이다.
② 높은 압력에서 밀도의 차이가 생겼기 때문이다.
③ 높은 압력에서 끓는점이 영향을 받았기 때문이다.
④ 모세관법으로 측정하지 않았기 때문이다.

해설

- 시차열분석법(DTA) : 유기화합물의 녹는점, 끓는점, 분해온도 등을 측정하는 간단하고 정확한 방법
- 끓는점은 압력에 따라 변하므로 대기압과 200psi에서 측정하면 봉우리가 일치하지 않는다.

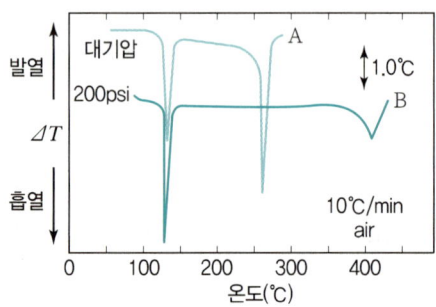

46 다음 기체 크로마토그래피의 검출기 중 비파괴 검출기는?

① 열이온 검출기(TID)
② 원자방출 검출기(AED)
③ 열전도도 검출기(TCD)
④ 불꽃이온화 검출기(FID)

해설

열전도도 검출기(TCD)
- 운반기체와 시료의 열전도 차이에 감응하여 변하는 전위를 측정한다.
- 장치가 간단하고 선형 감응범위가 크다.
- 유기, 무기 화학종 모두에 감응한다.
- 감도가 낮다.
- 시료가 파괴되지 않는 비파괴 검출기이다.

※ GC(기체 크로마토그래피)의 검출기
- 불꽃이온화 검출기(FID)
- 열전도도 검출기(TCD)
- 전자포획 검출기(ECD)
- 열이온 검출기(TID)
- 전해질전도도 검출기(Hall)
- 광이온화 검출기
- 원자방출 검출기(AED)
- 불꽃광도 검출기(FPD)
- 질량분석 검출기(MS)

47 질량분석법의 특징에 대한 설명으로 틀린 것은?

① 시료의 원소 조성에 관한 정보
② 시료 분자의 구조에 대한 정보
③ 시료의 열적 안정성에 관한 정보
④ 시료에 존재하는 동위원소의 존재비에 대한 정보

해설

질량분석법으로부터 알 수 있는 정보
- 시료를 이루는 물질의 화학식
- 무기, 유기, 바이오 분자들의 구조
- 복잡한 혼합물 화학조성의 정성 및 정량
- 고체 표면의 구조 및 화학조성
- 시료를 구성하는 원소의 동위원소비에 대한 정보

48 Van Deemter 도시로부터 얻을 수 있는 가장 유용한 정보는?

① 이동상의 적절한 유속(Flow Rate)
② 정지상의 적절한 온도(Temperature)
③ 분석물질의 머무름시간(Retention Time)
④ 선택계수(α, Selectivity Coefficient)

해설

- Van Deemter 식

$$H = A + \frac{B}{u} + C_S u + C_M u$$

여기서, H : 단높이
A : 다중흐름통로
B : 세로확산계수
u : 이동상의 선형속도
C : 질량이동계수

- Van Deemter 도시
H를 u에 대해 도시한 곡선으로 이동상의 적절한 유속을 알 수 있다.

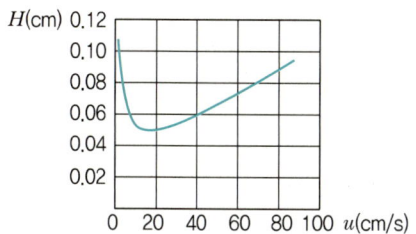

49 크로마토그래피의 분리능에 영향을 미치는 인자로서 가장 거리가 먼 것은?

① 머무름인자
② 정지상의 속도
③ 충전물 입자의 지름
④ 정지상 표면에 입힌 액체막 두께

해설

칼럼의 효율에 영향을 미치는 요소
- 소용돌이확산, 다중흐름통로
- 세로확산
- 이동상의 속도
- 질량이동속도
- 충전물 입자의 지름
- 정지상 액체막의 두께
- 모세관 직경
- 머무름인자

50 열무게분석법 기기장치에서 필요하지 않은 것은?

① 분석저울 ② 전기로
③ 기체주입장치 ④ 회절발

해설

열무게분석법의 기기장치
- 열저울
- 전기로 : 시료를 가열하는 장치
- 시료 받침대
- 기체주입장치 : 비활성 환경기체를 넣어주기 위한 장치
- 온도제어 및 데이터 처리 장치

정답 47 ③ 48 ① 49 ② 50 ④

51 이온선택성 전극의 장점에 대한 설명 중 틀린 것은?

① 파괴성
② 짧은 감응시간
③ 직선적 감응의 넓은 범위
④ 색깔이나 혼탁도에 영향을 비교적 받지 않음

해설

이온선택성 전극의 장점
- 비파괴성
- 비오염성
- 직선적 감응의 넓은 범위
- 짧은 감응시간
- 색이나 혼탁도에 영향을 받지 않음

52 비행시간 질량분석계에 대한 설명으로 틀린 것은?

① 기기장치가 비교적 간단한 편이다.
② 가장 널리 사용되는 질량분석계이다.
③ 검출할 수 있는 질량범위가 거의 무제한이다.
④ 가벼운 이온이 무거운 이온보다 먼저 검출기에 도달한다.

해설

비행시간 질량분석계
- 비행시간형(TOF) 기기는 양이온이 이온원에서 검출기로 이동하는 시간을 측정한다.
- 무거운 이온은 늦게 이동하고, 가벼운 이온은 빨리 이동한다.
- 무제한의 질량범위를 가진다.
- 단순하고 고장이 적다.
- 제한된 분해능과 감도를 갖는다는 단점이 있다.
- 널리 사용되지는 않는다.

53 기체 크로마토그래피법에서의 시료의 주입방법은 크게 분할주입과 비분할주입으로 나뉜다. 다음 중 분할주입(Split Injection)에 대한 설명이 아닌 것은?

① 열적으로 안정하다.
② 기체시료에 적합하다.
③ 고농도 분석물질에 적합하다.
④ 불순물이 많은 시료를 다룰 수 있다.

해설

㉠ 분할주입
- 고농도 분석물질에 적합하다.
- 기체시료에 적합분리도가 높다.
- 불순물을 흡착할 수 있는 흡착제가 들어 있는 관을 통과하면 불순물이 많은 시료를 다룰 수 있다.
- 열적으로 불안정하다.

㉡ 비분할주입
- 주입구 온도는 분할주입보다 낮다.
- 적은 양의 시료가 서서히 주입되므로 띠넓힘이 크게 일어날 수 있다.

54 벗김 분석(Stripping Method)이 감도가 좋은 이유는?

① 전극으로 커다란 수은방울을 사용하기 때문이다.
② 농축단계에서 사전에 전극에 금속이온을 농축하기 때문이다.
③ 전극에 높은 전위를 가하기 때문이다.
④ 전극의 전위를 빠른 속도로 주사하기 때문이다.

해설

벗김법
- 극미량 분석에 유용하다.
- 예비농축과정이 있어 감도가 좋고 검출한계가 아주 낮다.
- 매달린 수은방울 전극이 주로 사용된다.

55 분자량이 50.00과 50.01인 물질을 질량분석기에서 분리하기 위하여 최소한 어느 정도의 분리능을 가진 질량분석기를 사용해야 하는가?

① 100.5
② 1,000.5
③ 5,000.5
④ 10,000.5

해설

분리능

$$R = \frac{m}{\Delta m} = \frac{\frac{50.01+50.00}{2}}{50.01-50.00} = 5,000.5$$

여기서, m : 분자량의 평균
Δm : 분자량의 차이

정답 51 ① 52 ② 53 ① 54 ② 55 ③

56 질량분석기기의 이온화 방법에 대한 설명 중 틀린 것은?

① 전자충격 이온화 방법은 토막내기가 잘 일어나므로 분자량의 결정이 어렵다.
② 전자충격 이온화 방법에서 분자 양이온의 생성 반응이 매우 효율적이다.
③ 화학 이온화 방법에 의해 얻어진 스펙트럼은 전자충격 이온화 방법에 비해 매우 단순한 편이다.
④ 전자충격 이온화 방법의 단점은 반드시 시료를 기화시켜야 하므로 분자량이 1,000보다 큰 물질의 분석에는 불리하다.

해설

전자충격 이온화 방법 : 센 이온원으로 토막내기가 잘 일어나므로 분자이온이 존재하지 않으므로 분자량 결정이 어렵다.

57 이온선택성 막전극의 종류 중 비결정질 막전극이 아닌 것은?

① 단일결정
② 유리
③ 액체
④ 강전해질 고분자에 고정된 측정용 액체

해설

이온선택성 막전극의 종류
- 결정질 막전극 : 단일결정, 다결정질 또는 혼합결정
- 비결정질 막전극 : 유리, 액체, 강체질 고분자에 고정된 측정용 액체

58 시차주사열량법(DSC)에 대한 설명 중 틀린 것은?

① 측정속도가 빠르고 쉽게 사용할 수 있다.
② DSC는 정량분석을 하는 데 이용된다.
③ 전력보상 DSC에서는 시료의 온도를 일정한 속도로 변화시키면서 시료와 기준으로 흘러 들어오는 열흐름의 차이를 측정한다.
④ 결정성 물질의 용융열과 결정화 정도를 결정하는 데 응용된다.

해설

시차주사열량법(DSC)
㉠ 측정속도가 빠르고 쉽게 사용할 수 있으므로 널리 사용된다.
㉡ DSC는 에너지 차이를 측정하는 열량 측정방법이다.
㉢ DSC는 재료의 특성을 분석하는 데 사용된다.
㉣ 유리전이온도(T_g)를 측정한다.

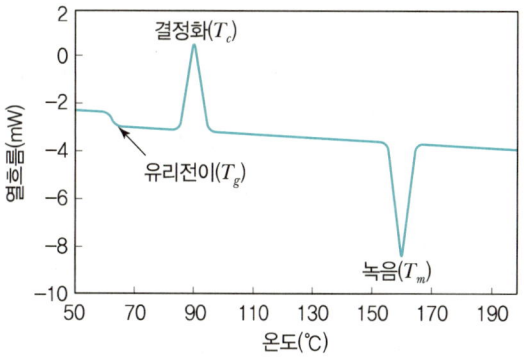

㉤ 기기
- 전력보상 DSC : 시료와 기준물질 사이의 온도를 동일하게 유지시키는 데 필요한 전력을 측정한다.
- 열흐름 DSC : 시료온도를 일정한 속도로 변화시키면서 시료와 기준물질로 흘러 들어오는 열흐름의 차이를 측정한다.
- 변조 DSC
  - 열흐름 DSC와 동일한 방법과 기기장치를 사용한다.
  - 온도 프로그램에 sine파 함수가 중첩되어 미세한 가열 및 냉각 주기를 생성한다.
  - Fourier 변환을 통하여 가역적 열흐름과 비가역적 열흐름으로 분리한다.

59 기체 크로마토그래피에서 사용되는 검출기 중 할로겐 물질에 대해 검출한계가 가장 좋은 검출기는?

① 불꽃이온화 검출기(FID)
② 열전도도 검출기(TCD)
③ 전자포획 검출기(ECD)
④ 불꽃광도 검출기(FPD)

정답 56 ② 57 ① 58 ③ 59 ③

해설

㉠ 불꽃이온화 검출기(FID)
- 가장 널리 사용된다.
- 탄소원자의 수에 비례하여 감응한다.
- 유기시료 분석에 사용된다.
- 감도가 높고 선형 감응범위가 넓다.
- 시료가 파괴된다.

㉡ 열전도도 검출기(TCD)
- 운반기체(이동상 기체)와 시료의 열전도 차이에 감응하여 변하는 전위를 측정한다.
- 유기·무기 화학종에 모두 감응한다.
- 감도가 낮다.
- 시료가 파괴되지 않는다.

㉢ 전자포획 검출기(ECD)
- 살충제와 같은 유기화합물에 함유된 할로겐 원소에 선택적으로 감응한다.
- 감도가 매우 좋다.
- 시료를 크게 변화시키지 않는다.

㉣ 열이온 검출기(TID) : 인·질소 화합물에 적용한다.

㉤ 불꽃광도 검출기(FPD)
- 공기와 물의 오염물질, 살충제 및 석탄의 수소화생성물 등을 분석하는데 널리 이용된다.
- 황과 인을 포함하는 화합물에 감응하는 선택성 검출기이다.
- 수소-공기 불꽃으로 들어가서 인의 일부가 HPO 화학종으로 변하게 된다.

60 유리전극으로 pH를 측정할 때 영향을 주는 오차 요인으로 가장 거리가 먼 것은?

① 산 오차
② 알칼리 오차
③ 탈수
④ 높은 이온 세기

해설

유리전극으로 pH를 측정할 때의 오차
- 알칼리 오차
- 산 오차
- 탈수
- 낮은 이온 세기
- 접촉전위의 변화
- 표준완충용액의 불확정성
- 온도변화에 따른 오차
- 전극의 세척 불량

4과목 화학물질 구조 및 표면분석

61 양성자 NMR 기기는 4.69T의 자기장 세기를 갖는 자석을 사용한다. 이 자기장에서 수소핵이 흡수하는 주파수는 몇 MHz인가?(단, 양성자의 자기회전비는 2.68×10^8 radian $T^{-1}s^{-1}$이다.)

① 60
② 100
③ 120
④ 200

해설

자기장에서의 에너지 준위

$$E = \frac{\gamma h}{2\pi} B_o = h\nu_o$$

여기서, ν_o : 복사선의 주파수
γ : 양성자의 자기회전비율
B_o : 자석의 세기

$$\nu_o = \frac{(2.68 \times 10^8)(4.69)}{2\pi}$$
$$= 2 \times 10^8 Hz$$
$$= 200MHz$$

62 일반적으로 사용되는 원자화 방법(Atomization)이 아닌 것은?

① 불꽃원자화(Flame Atomization)
② 초음파 원자화(Ultrasonic Atomization)
③ 유도쌍 플라스마(ICP : Inductively Coupled Plasma)
④ 전열증발화(Electrothermal Vaporization)

해설

원자화 방법
- 불꽃원자화
- 전열원자화
- 글로우 방전 원자화
- 수소화물 생성 원자화
- 찬 증기 원자화 : Hg 정량
- 유도쌍 플라스마(ICP)

정답 60 ④ 61 ④ 62 ②

63 자외선-가시선 흡수 분광계에서 자외선 영역의 연속적인 파장의 빛을 발생시키기 위해서 널리 쓰이는 광원은?

① 중수소등
② 텅스텐 필라멘트등
③ 아르곤 레이저
④ 크세논 아크등

해설
- 중수소 램프 : 자외선 영역
- 텅스텐 필라멘트 램프 : 가시광선, 근적외선 영역

64 2×10^{-5}M KMnO$_4$ 용액을 1.5cm의 셀에 넣고 520nm에서 투광도를 측정하였더니 0.60을 보였다. 이때 KMnO$_4$의 몰흡광계수는 약 몇 L/cm·mol인가?

① 1.35×10^{-4}
② 5.0×10^{-4}
③ 7,395
④ 20,000

해설
$A = -\log T = \varepsilon bc$
여기서, A : 흡광도
T : 투광도
ε : 몰흡광계수
b : 셀의 길이
c : 분석물의 농도
$-\log 0.6 = \varepsilon (1.5 \text{cm})(2 \times 10^{-5} \text{M})$
∴ $\varepsilon = 7,394.96$ L/mol·cm

65 NMR에서 흡수 봉우리를 관찰해보면 벤젠이나 에틸렌은 δ값이 상당히 큰 값이고 아세틸렌은 작은 쪽에서 나타남을 알 수 있다. 이러한 현상을 설명해주는 인자는?

① 용매효과
② 입체효과
③ 자기 이방성 효과
④ McLafferty 이전반응 효과

해설
자기 비등방성 효과(자기 이방성 효과)
화학적 이동에 영향을 주는 다중결합의 효과는 다중결합 화학종의 자기 비등방성 효과로 설명할 수 있다.
- 아세틸렌은 전자가 결합축을 중심으로 회전한다. 이때 생긴 자기장은 양성자를 가리워주므로 더 높은 자기장, 즉 δ값이 작은 쪽으로 이동된다.
- 벤젠, 에틸렌이나 카르보닐 이중결합은 이중결합의 축에 수직으로 자기장이 가해지면 결합의 위와 아래에서 회전한다. 이때 생긴 자기장은 가해준 자기장과 같은 방향으로 양성자에 작용하므로 낮은 자기장, 즉 δ값이 큰 쪽으로 이동된다.

66 원자흡수분광법에서 전열원자화 장치가 불꽃원자화 장치보다 원소 검출 능력이 우수한 주된 이유는?

① 시료를 분해하는 능력이 우수하다.
② 원자화 장치 자체가 매우 정밀하다.
③ 전체 시료가 원자화 장치에 도입된다.
④ 시료를 탈용매화시키는 능력이 우수하다.

해설
전열원자화 장치
- 전체 시료가 짧은 시간에 원자화되고, 원자가 빛 진로에 평균적으로 머무는 시간이 길다. → 감도가 높다.
- 재현성은 낮다.

67 수은은 실온에서 증기압을 갖는 유일한 금속원소이다. 다음 원자화 방법 중 수은 정량에 응용 가능한 것은?

① 전열원자화
② 찬 증기 원자화
③ 글로우 방전 원자화
④ 수소화물 생성 원자화

해설
찬 증기 원자화법
실온에서 상당한 증기압을 갖는 금속인 수은의 정량에 이용하는 원자화 방법이다.

정답 63 ① 64 ③ 65 ③ 66 ③ 67 ②

68 10Å의 파장을 갖는 X선 광자 에너지 값은 약 몇 eV인가?(단, Plank 상수는 $6.63 \times 10^{-34} J \cdot s$, $1J = 6.24 \times 10^{18} eV$이다.)

① 12.50 ② 125
③ 1,250 ④ 12,500

해설

$E = h\nu = h\dfrac{c}{\lambda}$

여기서, h : 플랑크 상수($6.63 \times 10^{-34} J \cdot s$)
c : 빛의 속도(3×10^{8}m/s)
ν : 진동수($10 Å = 10^{-9}$m)
λ : 파장

$\therefore E = 6.63 \times 10^{-34} J \cdot s \times \dfrac{3 \times 10^{8} \text{m/s}}{10^{-9}\text{m}} \times \dfrac{6.24 \times 10^{18} \text{eV}}{1J}$

$\doteqdot 1,250 \text{eV}$

69 FTIR(Fourier Transform Infrared : FT 적외선) 분광기기를 사용하여 측정한 흡광도 스펙트럼의 신호 대 잡음비(Signal-to-Noise)가 4이었다. 신호 대 잡음비를 20으로 증가시키려면 스펙트럼을 몇 번 측정하여 평균해야 하는가?

① 400 ② 80
③ 25   ④ 20

해설

$S/N \propto \sqrt{n}$
$4 : \sqrt{1} = 20 : \sqrt{n}$
$\therefore n = 25$회

70 인광이 발생하는 조건으로 가장 옳은 것은?

① 들뜬 단일항 상태에서 바닥 상태로 되돌아올 때
② 바닥 단일항 상태에서 들뜬 바닥 상태로 되돌아올 때
③ 바닥 삼중항 상태에서 들뜬 단일항 상태로 되돌아올 때
④ 들뜬 삼중항 상태에서 바닥 단일항 상태로 되돌아올 때

해설

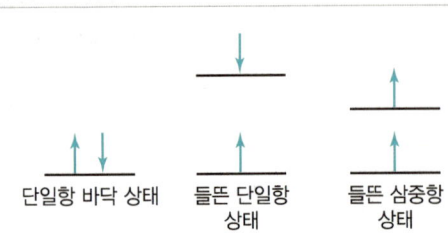

- 형광 : 들뜬 단일항 상태 → 단일항 바닥 상태
- 인광 : 들뜬 삼중항 상태 → 단일항 바닥 상태

71 X선을 발생시키는 방법이 아닌 것은?

① 글로우 방전등에서 이온화된 아르곤이온의 충돌에 의해서
② 일차 X선에 물질을 노출시켜서 방사성 동위원소의 붕괴과정에 의해서
③ 방사성 동위원소의 붕괴과정에 의해서
④ 고에너지 전자살로 금속 과녁을 충돌시켜서

해설

X선을 발생시키는 방법
- X선 물질을 1차 X선 빛살에 노출하여 2차 형광 X선을 발생시킨다.
- 붕괴과정에서 X선을 방출하는 방사성 광원을 이용한다.
- 고에너지 전자살로 금속 과녁을 충돌시킨다.
※ 글로우 방전등은 원자방출분광법의 광원으로 이온화된 아르곤이온의 충돌에 의해 고체시료의 원자가 방출되고 높은 에너지의 전자와 충돌하여 들뜨게 되므로 자외선-가시광선을 발생시킨다.

72 적외선(IR) 흡수분광법에서의 진동 짝지음에 대한 설명으로 틀린 것은?

① 두 신축진동에서 두 원자가 각각 단독으로 존재할 때 신축진동 사이에 센 짝지음이 일어난다.
② 짝지음 진동들이 각각 대략 같은 에너지를 가질 때 상호작용이 크게 일어난다.
③ 두 개 이상의 결합에 의해 떨어져 진동할 때 상호작용은 거의 일어나지 않는다.
④ 짝지음은 같은 대칭성 화학종에서 진동할 때 일어난다.

정답 68 ③ 69 ③ 70 ④ 71 ① 72 ①

> **해설**

진동 짝지음
- 한 원자를 공유하며 생기는 두 신축진동 사이에는 센 짝지음이 일어난다.
- 굽힘진동 사이에서 상호작용이 일어나려면 진동하는 결합 사이에 공통인 결합이 필요하다.
- 신축결합이 굽힘진동이 변하는 각의 한쪽을 이루면 신축진동과 굽힘진동 사이에서 짝지음이 일어난다.
- 각각 대략 같은 에너지를 갖는 짝지음 진동들의 상호작용은 크게 일어난다.
- 두 개 이상의 결합에 의해 떨어져 진동할 때 상호작용은 전혀 또는 거의 일어나지 않는다.
- 짝지음은 같은 대칭성 화학종에서 진동할 때 일어난다.

73 ㉠ 직경이 5.0cm이고 초점거리가 15.0인 렌즈 A의 스피드(F-number)와 ㉡ 직경이 30.0cm이고 초점거리가 15.0cm인 렌즈 B의 스피드를 계산하고, ㉢ 이 둘의 집광력을 옳게 비교한 것은?

① ㉠ $F_A = 0.3$, ㉡ $F_B = 2$, ㉢ A가 B보다 6.7배 집광력이 좋다.
② ㉠ $F_A = 0.3$, ㉡ $F_B = 2$, ㉢ B가 A보다 6.7배 집광력이 좋다.
③ ㉠ $F_A = 3.0$, ㉡ $F_B = 0.5$, ㉢ A가 B보다 36배 집광력이 좋다.
④ ㉠ $F_A = 3.0$, ㉡ $F_B = 0.5$, ㉢ B가 A보다 36배 집광력이 좋다.

> **해설**

- F-number : 광학계의 밝기를 나타내는 척도이다.
  $$F\text{-number} = \frac{\text{초점거리}}{\text{렌즈의 직경}}$$
- 집광력 : 렌즈의 빛을 모으는 성능을 나타내는 수치로, 집광력은 렌즈 직경의 제곱에 비례한다.
  $$F_A = \frac{15.0\text{cm}}{5.0\text{cm}} = 3.0$$
  $$F_B = \frac{15.0\text{cm}}{30.0\text{cm}} = 0.5$$
- ∴ 렌즈 B의 직경이 A 직경의 6배이므로 집광력은 $6^2 = 36$배이다.

74 얇은 층 크로마토그래피(TLC)에서 지연인자(R_f)에 대한 설명으로 틀린 것은?

① 단위가 없다.
② 0~1 사이의 값을 갖는다.
③ $\dfrac{\text{용질의 이동거리}}{\text{용매선의 이동거리}}$ 로 나타낸다.
④ R_f 값은 용매와 온도에 따라 같은 값을 가진다.

> **해설**

지연인자(R_f)
$$R_f = \frac{d_R}{d_M} = \frac{\text{용질의 이동거리}}{\text{용매의 이동거리}}$$

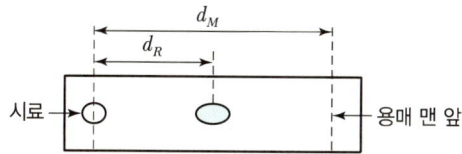

75 다음 중 전자전이가 일어나지 않는 것은?

① $\sigma - \sigma^*$
② $\pi - \pi^*$
③ $n - \pi^*$
④ $\sigma - \pi^*$

> **해설**

분자 내 전자전이의 에너지 크기 순서
$n - \pi^* < \pi - \pi^* < n - \sigma^* < \sigma - \sigma^*$

76 적외선(IR) 흡수 분광법에서 분자의 진동은 신축과 굽힘의 기본범주로 구분된다. 다음 중 굽힘진동의 종류가 아닌 것은?

① 가위질(Scissoring)
② 꼬임(Twisting)
③ 시프팅(Shifting)
④ 앞뒤 흔듦(Wagging)

> **해설**

굽힘진동의 종류
- 가위질(Scissoring)
- 앞뒤 흔듦(Wagging)
- 좌우 흔듦(Rocking)
- 꼬임(Twisting)

정답 73 ④ 74 ④ 75 ④ 76 ③

77 Fourier 변환 적외선 흡수분광기의 장점이 아닌 것은?

① 신호 대 잡음비 개선
② 일정한 스펙트럼
③ 빠른 분석속도
④ 바탕보정 불필요

> **해설**
>
> Fourier 변환 분광법의 장점
> - 산출량이 크고 신호 대 잡음비가 증가한다.
> - 빠른 시간 내에 측정된다.
> - 주파수가 더 정확하다.
> - 일정한 스펙트럼을 얻을 수 있다.
> - 기계적 설계가 간단하다.

78 ^{13}C NMR의 장점이 아닌 것은?

① 분자의 골격에 대한 정보를 제공한다.
② 봉우리의 겹침이 적다.
③ 탄소 간 동종핵의 스핀 – 스핀 짝지음이 관측되지 않는다.
④ 스핀 – 격자 이완시간이 길다.

> **해설**
>
> ^{13}C NMR의 장점
> - 분자골격에 대한 정보를 제공한다.
> - 탄소원자 사이에 스핀 – 스핀 짝지음이 거의 없다.
> - 화학적 이동이 넓어 봉우리 겹침이 적다.
> - ^{13}C NMR은 동위원소의 자연존재비가 낮고 자기회전비율이 작아 신호 세기가 작다.

79 원자흡수분광법에서 휘발성이 적은 화합물 생성 등으로 인하여 화학적 방해가 발생한다. 이러한 방해를 방지하는 방법에 해당되지 않는 것은?

① 높은 온도의 불꽃 이용
② 보호제(Protective Agent)의 사용
③ 해방제(Releasing Agent)의 사용
④ 이온화 활성제의 사용

> **해설**
>
> 화학적 방해를 방지하는 방법
> - 가능한 한 높은 온도의 불꽃을 사용한다.
> - 해방제 사용 : 방해물질과 우선적으로 반응하여 방해물질이 분석물질과 작용하는 것을 막을 수 있다.
> - 보호제 사용 : 분석물과 반응하여 안정하고 휘발성 있는 화합물을 형성하여 방해물질로부터 분석물을 보호한다.
> - 이온화 억제제를 사용한다.

80 유도쌍 플라스마 광원(ICP)의 특징이 아닌 것은?

① 원자가 빛살 진로에 머무르는 시간이 짧다.
② ICPMS의 광원이 될 수 있으므로 충분한 이온화가 생긴다.
③ 광원의 온도가 높기 때문에 원소 상호 간에 방해가 적다.
④ 넓은 농도범위에 걸쳐 검정곡선이 성립한다.

> **해설**
>
> 유도결합플라스마(ICP) 원자화 방법
> - 플라스마 광원의 온도가 매우 높아 원자화 효율이 좋고 화학적 방해도 거의 없다.
> - 플라스마 단면의 온도 분포가 균일하여 자체 흡수나 자체 반전이 나타나지 않는다.
> - 아르곤의 이온화로 인한 전자밀도가 높아서 시료의 이온화에 의한 방해가 거의 없다.
> - 높은 온도에서 잘 분해되지 않는 산화물(내화성 산화물)을 형성하는 텅스텐(W), 우라늄(U), 지르코늄(Zr) 등의 원자화가 용이하다.
> - 많은 원소의 스펙트럼을 동시에 측정할 수 있으므로 다원소 분석이 가능하다.

정답 77 ④ 78 ④ 79 ④ 80 ①

2025년 제1회 복원기출문제

1과목 화학의 이해와 환경·안전관리

01 돌턴(Dalton)의 원자론에 의하여 설명될 수 없는 것은?

① 화학평형의 법칙
② 질량보존의 법칙
③ 배수비례의 법칙
④ 일정성분비의 법칙

해설

돌턴의 원자론

돌턴은 질량보존의 법칙과 일정성분비의 법칙을 바탕으로 원자설을 제시하였다. → 기체반응의 법칙을 설명하는 데 한계를 보인다.
- 물질은 더 이상 쪼갤 수 없는 매우 작은 입자로 되어 있다. → 현대 과학에서는 쪼갤 수 있다.
- 같은 원소의 원자들은 크기, 질량, 화학적 성질이 같고 다른 원소의 원자들은 다르다. → 동위원소가 발견되었다.
- 화학변화에 의해 원자는 서로 생성되거나 소멸되지 않는다.
- 화합물이 이루어질 때 각 원소의 원자는 간단한 정수비로 결합한다.

02 $^{37}_{17}Cl$의 양성자, 중성자, 전자의 개수를 옳게 나열한 것은?

① 양성자 : 37, 중성자 : 0, 전자 : 37
② 양성자 : 17, 중성자 : 0, 전자 : 17
③ 양성자 : 17, 중성자 : 20, 전자 : 37
④ 양성자 : 17, 중성자 : 20, 전자 : 17

해설

$^{37}_{17}Cl$
원자번호 = 양성자수 = 전자수 = 17
질량수 = 양성자수 + 중성자수
37 = 17 + 중성자수
∴ 중성자수 = 20

03 화합물 한 쌍을 같은 몰수로 혼합하는 다음 4가지 경우 중 염기성 용액이 되는 경우는 모두 몇 가지인가?

(A) NaOH(K_b=아주 큼)+HBr(K_a=아주 큼)
(B) NaOH(K_b=아주 큼)+HNO$_3$(K_a=아주 큼)
(C) NH$_3$(K_b=1.8×10^{-5})+HBr(K_a=아주 큼)
(D) NaOH(K_b=아주 큼)+CH$_3$CO$_2$H(K_a=1.8×10^{-5})

① 1
② 2
③ 3
④ 4

해설

약산+강염기 → 염/염기성 + H$_2$O (D)

강산+약염기 → 염/산성 + H$_2$O (C)

강산+강염기 → 염/중성 + H$_2$O (A)(B)

04 Kjeldahl 법에 의한 질소의 정량에서, 비료 1.325g의 시료로부터 암모니아를 증류해서 0.2030N H$_2$SO$_4$ 50mL에 흡수시키고, 과량의 산을 0.1908N NaOH로 역적정하였더니 25.32mL가 소비되었다. 시료 속의 질소의 함량(%)은?

① 2.6
② 3.6
③ 4.6
④ 5.6

해설

$$\frac{(0.2030N \times 0.05L - 0.1908N \times 0.02532L)}{1.325g}$$
$\times 14g/mol \times 100\% = 5.62\%$

정답 01 ① 02 ④ 03 ① 04 ④

05 고분자의 생성 메커니즘(축합, 중합)이 나머지 셋과 다른 하나는?

① 나일론(Nylon)　　② PVC(Polyvinyl Chloride)
③ 폴리에스터(Polyester)　　④ 단백질(Protein)

해설

- 나일론, 폴리에스터, 단백질 : 축합중합
- PVC : 첨가중합

06 기체에 대한 설명 중 틀린 것은?

① 동일한 온도 조건에서는 이상기체의 압력과 부피의 곱이 일정하게 유지되면 이를 Boyle의 법칙이라고 한다.
② 기체분자운동론에 의해 기체의 절대온도는 기체 입자의 평균운동에너지의 척도로 나타낼 수 있다.
③ Van der Waals는 보정된 압력과 보정된 부피를 이용하여 이상기체 방정식을 수정, 이상기체 법칙을 정확히 따르지 않는 실제 기체에 대한 방정식을 유도하였다.
④ 기체의 분출(Effusion) 속도는 입자 질량의 제곱근에 정비례하며 이를 Graham의 확산법칙이라고 한다.

해설

Graham(그레이엄)의 확산법칙

$$\frac{v_2}{v_1} = \sqrt{\frac{M_1}{M_2}}$$

같은 온도, 압력에서 기체의 분출속도는 분자량의 제곱근에 반비례한다.

기체분자운동론

평균운동에너지 $= \frac{3}{2}kT$

여기서, k : 볼츠만 상수 ($k = \frac{R}{N}$)
　　　　T : 절대온도

07 0.120mol의 $HC_2H_3O_2$와 0.140mol의 $NaC_2H_3O_2$가 들어 있는 1.00L 용액의 pH는?(단, $HC_2H_3O_2$의 $K_a = 1.8 \times 10^{-5}$이다.)

① 3.81　　② 4.81
③ 5.81　　④ 6.81

해설

$$pH = pK_a + \log\frac{[A^-]}{[HA]}$$
$$= -\log(1.8 \times 10^{-5}) + \log\frac{0.140}{0.120} = 4.81$$

08 이온 반지름의 크기를 잘못 비교한 것은?

① $Mg^{2+} > Ca^{2+}$　　② $F^- < O^{2-}$
③ $Al^{3+} < Mg^{2+}$　　④ $O^{2-} < S^{2-}$

해설

이온 반지름은 원자껍질이 많을수록, 원자번호가 작을수록 크다.
$Mg^{2+} < Ca^{2+}$

09 어떤 화합물의 질량백분율 성분비를 분석했더니, 탄소 58.5%, 수소 4.1%, 질소 11.4%, 산소 26.0%와 같았다. 이 화합물의 실험식은?(단, 원자량은 C 12, H 1, N 14, O 16이다.)

① $C_2H_5NO_2$　　② $C_3H_7NO_2$
③ $C_5H_5NO_2$　　④ $C_6H_5NO_2$

해설

$$C : H : N : O = \frac{0.585}{12} : \frac{0.041}{1} : \frac{0.114}{14} : \frac{0.260}{16}$$
$$= 6 : 5 : 1 : 2$$

실험식 : $C_6H_5NO_2$

10 일반적인 화학적 성질에 대한 설명 중 틀린 것은?

① 열역학적 개념 중에 엔트로피는 특정 물질을 이루고 있는 입자의 무질서한 운동을 나타내는 특성이다.
② 빛을 금속 표면에 쪼였을 때 전자가 방출되는 현상을 광전효과라 하며, Albert Einstein이 발견하였다.
③ 기체상태의 원자에 전자 하나를 더하는 데 필요한 에너지를 이온화에너지라 한다.
④ 같은 주기에서 원자의 반지름은 원자번호가 증가할수록 감소한다.

정답 05 ②　06 ④　07 ②　08 ①　09 ④　10 ③

> 해설

전자친화도
기체상태의 중성원자가 전자 하나를 받아들여 음이온이 될 때 방출하거나 흡수하는 에너지

이온화에너지
기체상태의 중성원자에서 전자 하나를 제거하는 데 필요한 최소의 에너지

11 다음 설명 중 틀린 것은?

① 훈트의 규칙에 따라 $_7$N에 존재하는 홀전자의 수는 3개이다.
② 스핀양자수는 자전하는 전자의 자전에너지를 결정하는 것으로, $-\frac{1}{2}$, 0, $+\frac{1}{2}$ 의 값으로 존재한다.
③ $n=3$인 전자껍질에 들어갈 수 있는 총전자수는 18개이다.
④ $_{12}$Mg의 원자가전자의 수는 2개이다.

> 해설

① 훈트의 규칙 : 에너지 준위가 같은 여러 개의 오비탈에 전자가 채워질 때 쌍을 이루지 않는 홀전자의 수가 많은 전자배치일수록 안정하다.

$1s^2$ $2s^2$ $2p^3$

② 스핀양자수 : $+\frac{1}{2}, -\frac{1}{2}$
③ $n=3$인 전자껍질에 들어갈 수 있는 총전자수 :
   $2n^2 = 2 \times 3^2 = 18$개
④ $_{12}$Mg의 원자가전자수 : 2족 원소이므로 2개이다.

12 전자가 보어모델(Bohr Model)의 $n=5$ 궤도에서 $n=3$ 궤도로 전이할 때 수소원자의 방출되는 빛의 파장(nm)은?(단, 뤼드베리 상수는 1.9678×10^{-2}nm^{-1}이다.)

① 434.5 ② 486.1
③ 714.6 ④ 954.6

> 해설

$$\frac{1}{\lambda} = R\left(\frac{1}{n^2} - \frac{1}{m^2}\right) = 1.9678 \times 10^{-2} \text{nm}^{-1} \left(\frac{1}{3^2} - \frac{1}{5^2}\right)$$
$$\therefore \lambda = 714.8\text{nm}$$

13 16g의 메탄과 16g의 산소가 연소하여 생성된 가스 중 초기 공급가스 과잉분의 비율(mol%)은?(단, 공급된 가스는 완전 연소하며, 생성된 수분은 응축되지 않았다고 가정한다.)

① 13 ② 25
③ 50 ④ 75

> 해설

$16\text{g CH}_4 \times \frac{1\text{mol}}{16\text{g}} = 1\text{mol}$

$16\text{g O}_2 \times \frac{1\text{mol}}{32\text{g}} = 0.5\text{mol}$

$\text{CH}_4(g) + 2\text{O}_2(g) \rightarrow \text{CO}_2(g) + 2\text{H}_2\text{O}(g)$
1 : 2 : 1 : 2
1 0.5 0 0
−0.25 −2×0.25 0.25 2×0.25
0.75 0 0.25 0.5

$\frac{0.75}{0.25 + 0.5 + 0.75} \times 100 = 50\%$

14 헥세인(hexane)이 가질 수 있는 구조이성질체의 수는?

① 3개 ② 4개
③ 5개 ④ 6개

> 해설

C$_6$H$_{14}$(헥세인)

㉠ C−C−C−C−C−C

㉡ C−C−C−C−C
       |
       C

㉢ C−C−C−C−C
       |
       C

㉣ C−C−C−C
     | |
     C C

㉤ C−C−C−C
     |
     C
     |
     C

∴ 5개의 이성질체가 있다.

정답 11 ② 12 ③ 13 ③ 14 ③

15 할로겐화합물의 소화약제 중에서 할론 2402의 화학식은?

① CBr_2F_2 ② $CBrClF_2$
③ $CBrF_3$ ④ $C_2Br_2F_4$

해설

C – F – Cl – Br
- 할론 1301 : CF_3Br
- 할론 1211 : CF_2BrCl
- 할론 2402 : $C_2Br_2F_4$

16 27℃ 실험실에서 빈 게이뤼삭 비중병의 질량이 10.885g, 5mL 피펫으로 비중병에 물을 가득 채웠을 때 질량이 61.135g이었다면, 비중병에 담겨 있는 물의 부피(mL)는?(단, 27℃에서 공기의 부력을 보정한 물 1g의 부피는 1.0046mL이다.)

① 49.791 ② 50.020
③ 50.481 ④ 50.250

해설

빈 비중병 : 10.885g
비중병+물 : 61.135g
물의 질량 = 61.135g − 10.885g = 50.25g

$$부피 = \frac{질량}{밀도} = \frac{50.25g}{1g/1.0046mL} = 50.481mL$$

17 우라늄(U) 동위원소의 핵분열반응이 아래와 같을 때, M에 해당되는 입자는?

$$_0^1n + _{92}^{235}U \rightarrow _{56}^{139}Ba + _{36}^{94}Kr + 3M$$

① $_0^1n$ ② $_1^1P$
③ $_1^0\beta$ ④ $_{-1}^0\beta$

해설

$_0^1n + _{92}^{235}U \rightarrow _{56}^{139}Ba + _{36}^{94}Kr + 3M$

$_{92}^{236}X = _{92}^{233}Y + 3M$

∴ $M = _0^1n$

18 다음 유기화합물을 옳게 명명한 것은?

① 2,4-클로로페닐아세트산
② 1,3-디클로로벤젠아세트산
③ 2,4-디클로로페녹시아세트산
④ 1-옥시아세트산-2,4-클로로벤젠

해설

2,4-dichloropenoxy acetic acid

19 실험실 내의 모든 위험물질은 안전보건표지를 설치·부착하여야 하며, 표지의 색채는 산업안전보건법령상 규정되어 있다. 다음 중 안전보건표지의 분류와 관련 색채의 연결이 옳은 것을 모두 고른 것은?

구분	종류	색채	
		바탕색	기본 모형색
A	사용금지	흰색	빨간색
B	급성독성 물질 경고	노란색	검은색
C	세안장치	녹색	흰색
D	안전복 착용	흰색	녹색

① A, B, D ② A, C, D
③ A, C ④ A, B

해설

종류	색	
	바탕색	기본 모형색
사용금지	흰색	빨간색
급성독성 물질 경고	흰색	빨간색
세안장치	녹색	흰색
안전복 착용	파란색	흰색

정답 15 ④ 16 ③ 17 ① 18 ③ 19 ③

20 화학물질 및 물리적 인자의 노출기준에 대한 설명 중 틀린 것은?

① 단시간노출기준(STEL)은 15분간의 시간가중평균노출값으로서 근로자가 STEL 이하로 유해인자에 노출되기 위해선 1회 노출 지속시간이 15분 미만이어야 하고, 1일 4회 이하로 발생해야 하며, 각 노출의 간격은 60분 이하이어야 한다.

② 최고노출기준(C)은 근로자가 1일 작업 시간 동안 잠시라도 노출되어서는 아니 되는 기준을 말하며, 노출기준 앞에 C를 붙여 표시한다.

③ 시간가중평균노출기준(TWA)은 1일 8시간 작업을 기준으로 하여 유해 인자의 측정치에 발생 시간을 곱하여 8시간으로 나눈 값을 말한다.

④ 특정 유해인자의 노출기준이 규정되지 않았을 경우 ACGIH의 TLVs를 준용한다.

> 해설

단시간노출기준(STEL)
15분간의 시간가중평균노출값으로서 근로자가 STEL 이하로 유해인자에 노출되기 위해선 1회 노출 지속시간이 15분 미만이어야 하고, 1일 4회 이하로 발생해야 하며, 각 노출의 간격은 60분 이상이어야 한다.

임계값노출기준(TLVs)
작업자가 건강에 악영향 없이 노출될 수 있는 물질의 농도기준

2과목 분석계획 수립과 분석화학 기초

21 25℃ 0.01M NaCl 용액의 pOH는?(단, 25℃에서 이온 세기가 0.01M인 용액의 활동도 계수는 $\gamma_{H^+} = 0.83$, $\gamma_{OH^-} = 0.76$이고, $K_w = 1.0 \times 10^{-14}$이다.)

① 7.02　　② 7.00
③ 6.98　　④ 6.96

> 해설

활동도=활동도 계수×농도

$\mu = \frac{1}{2}[0.01 \times (+1)^2 + 0.01 \times (-1)^2] = 0.01$

$K_w = a_{H^+} \times a_{OH^-} = 0.83[H^+] \times 0.76[OH^-] = 1.0 \times 10^{-14}$

$[H^+] = [OH^-]$

$[OH^-] = \sqrt{\frac{1.0 \times 10^{-14}}{0.83 \times 0.76}} = 1.26 \times 10^{-7} M$

$pOH = -\log[OH^-]$
$= -\log(0.76 \times 1.26 \times 10^{-7})$
$= 7.02$

22 0.10M KNO_3와 0.10M Na_2SO_4 혼합용액의 이온세기(M)는?

① 0.40　　② 0.35
③ 0.30　　④ 0.25

> 해설

$\mu = \frac{1}{2} \sum C_i Z_i^2$
$= \frac{1}{2}[0.1 \times (+1)^2 + 0.1 \times (-1)^2 + 2 \times 0.1 \times (+1)^2 + 0.1 \times (-2)^2]$
$= 0.4$

23 EDTA(etylenediaminetetraacetic acid, H_4Y)를 이용한 금속(M^{n+}) 적정 시 조건형성상수(Conditional Formation Constant) K_f'에 대한 설명으로 틀린 것은?(단, K는 형성상수이고 [EDTA]는 용액 중의 EDTA 전체 농도이다.)

① EDTA(H_4Y) 화학종 중 (Y^{4-})의 농도 분율을 $\alpha_{Y^{4-}}$로 나타내면, $\alpha_{Y^{4-}} = [Y^{4-}]/[EDTA]$이고 $K_f' = \alpha_{Y^{4-}} K_f$이다.

② K_f'는 특정한 pH에서 형성되는 MY^{n-4}의 양에 관련되는 지표이다.

③ K_f'는 pH가 높을수록 큰 값을 갖는다.

④ K_f를 이용하면 해리된 EDTA의 각각의 이온 농도를 계산할 수 있다.

정답　20 ①　21 ①　22 ①　23 ④

해설

$$\alpha_{Y^{4-}} = \frac{[Y^{4-}]}{[EDTA]} \rightarrow \text{pH가 클수록 } \alpha_{Y^{4-}}\text{가 크다.}$$

조건형성상수 $K_f' = \alpha_{Y^{4-}} \cdot K_f$

$$K_f' = \frac{[MY^{n-4}]}{[M^{n+}][EDTA]}$$

24 시료를 반복 측정하여 아래의 결과를 얻었다. 이 결과에 대한 95% 신뢰구간을 올바르게 계산한 것은?(단, One Side Student의 t값은 90% 신뢰구간 : 1.533, 95% 신뢰구간 : 2.132이다.)

> 12.6, 11.9, 13.0, 12.7, 12.5

① 12.5 ± 0.04 ② 12.5 ± 0.4
③ 12.5 ± 0.02 ④ 12.5 ± 0.2

해설

$$\bar{x} = \frac{12.6+11.9+13.0+12.7+12.5}{5} = 12.54 = 12.5$$

$$s = \sqrt{\frac{(12.6-12.54)^2+(11.9-12.54)^2+(13-12.54)^2+(12.7-12.54)^2+(12.5-12.54)^2}{5-1}}$$

$$= 0.4037$$

95% 신뢰구간 $= \bar{x} + \frac{ts}{\sqrt{n}} = 12.5 \pm \frac{2.132 \times 0.4037}{\sqrt{5}}$

$$= 12.5 \pm 0.4$$

※ 계산기 모드를 이용하여 구할 수 있다.

25 다음 표준환원전위를 고려할 때 가장 강한 산화제는?

> $Cu^{2+} + 2e^- \rightleftarrows Cu(s)$ $E° = 0.337V$
> $Cd^{2+} + 2e^- \rightleftarrows Cd(s)$ $E° = -0.402V$

① Cu^{2+} ② $Cu(s)$
③ Cd^{2+} ④ $Cd(s)$

해설

가장 강한 산화제=가장 환원이 잘되는 물질=표준환원전위가 큰 물질=Cu^{2+}

26 유효숫자 계산이 정확한 것만 고른 것은?

> 가. $\log(3.2) = 0.51$
> 나. $10^{4.37} = 2.3 \times 10^4$
> 다. $3.260 \times 10^{-5} \times 1.78 = 5.80 \times 10^{-5}$
> 라. $34.60 \div 2.463 = 14.05$

① 가, 나 ② 다, 라
③ 가, 다, 라 ④ 가, 나, 다, 라

해설

가. $\log(\underline{3.2}) = 0.\underline{51}$ 유효숫자 2개
나. $10^{4.37} = \underline{2.3} \times 10^4$ 유효숫자 2개
다. $3.260 \times 10^{-5} \times \underline{1.78} = \underline{5.80} \times 10^{-5}$ 유효숫자 3개
유효숫자가 작은 것에 맞춘다.
라. $\underline{34.60} \div \underline{2.463} = \underline{14.05}$ 유효숫자 4개

27 약산(HA)과 이의 나트륨염(NaA)으로 이루어진 완충용액에 대한 설명으로 틀린 것은?

① 완충용액의 $pH = pK_a + \log\frac{[A^-]}{[HA]}$ 이다.
② 완충용액을 희석하여도 pH 변화가 거의 없다.
③ 완충용액의 완충용량은 약산(HA)과 소듐염(NaA)의 농도에 무관하다.
④ 완충용액의 완충용량은 $\left|\log\frac{[A^-]}{[HA]}\right|$ 이 작을수록 크다.

해설

완충용액
- 외부로부터 어느 정도의 산이나 염기를 가했을 때 영향을 크게 받지 않고 수소이온농도를 일정하게 유지하는 용액
- 약산과 그 약산의 염의 혼합용액 또는 약염기와 그 약염기의 염의 혼합용액이 완충작용을 한다.
  예 아세트산+아세트산나트륨
- 헨더슨−하셀바흐 식을 사용한다.

$$pH = pK_a + \log\frac{[A^-]}{[HA]}$$

정답 24 ② 25 ① 26 ④ 27 ③

28 pH=0.3인 완충용액에서 0.02M Fe^{3+} 용액 10.0mL를 0.010M 아스코브산 용액으로 적정할 때 당량점에서의 전지 전압은 약 몇 V인가?(단, DAA : 디하이드로아스코브산, AA : 아스코브산의 약자이며, 전위는 백금 전극과 포화 칼로멜 전극으로 측정하였으며, 포화 칼로멜 전극의 $E=0.241V$이다.)

$DAA+2H^++2e^- \rightleftarrows AA+H_2O$	$E°=0.390V$
$Fe^{3+}+e^- \rightleftarrows Fe^{2+}$	$E°=0.732V$

① 0.251V ② 0.295V
③ 0.342V ④ 0.492V

해설

당량점에서 $[Fe^{3+}]=2[AA]$, $[Fe^{2+}]=2[DAA]$

$E_{eq}=E_{DAA}°-\dfrac{0.05916}{2}\log\dfrac{[AA]}{[DAA][H^+]^2}$

$+\quad E_{eq}=E_{Fe}°-\dfrac{0.05916}{1}\log\dfrac{[Fe^{2+}]}{[Fe^{3+}]}$

$3E_{eq}=2E_{DAA}°+E_{Fe}°-0.05916\log\dfrac{[AA][Fe^{2+}]}{[DAA][Fe^{3+}][H^+]^2}$

$E_{eq}=\dfrac{2E_{DAA}°+E_{Fe}°}{3}-\dfrac{0.05916}{3}\log\dfrac{1}{[H^+]^2}$

$=\dfrac{2E_{DAA}°+E_{Fe}°}{3}-\dfrac{0.05916}{3}\times 2\times pH$

$=\dfrac{2\times 0.390+0.732}{3}-\dfrac{0.05916}{3}\times 2\times 0.3$

$=0.504-0.0118$

$\therefore E=0.492-0.241=0.251V$

29 $4HCl(g)+O_2(g)+heat \rightleftarrows 2Cl_2(g)+2H_2O(g)$ 반응이 평형상태에 있을 때, 정반응이 우세하게 일어나게 하는 변화로 옳은 것은?

① Cl_2의 농도 증가 ② HCl의 농도 감소
③ 반응온도 감소 ④ 압력의 증가

해설

$4HCl(g)+O_2(g)+heat \rightleftarrows 2Cl_2(g)+2H_2O(g)$
- 흡열반응이므로 온도를 올리면 정반응이 우세하다.
- 반응물(HCl, O_2)의 농도를 증가시키면 정반응이 우세하다.
- 압력을 증가시키면 정반응이 우세하다.

30 25℃, 0.100M KCl 수용액의 활동도 계수를 고려한 pH는?(단, 25℃에서 H^+와 OH^-의 활동도 계수는 각각 0.830, 0.760이며, 물의 이온화 상수는 1.00×10^{-14}이다.)

① 6.82 ② 6.90
③ 6.98 ④ 7.00

해설

$K_w=a_{H^+}\times a_{OH^-}=0.83[H^+]\times 0.76[OH^-]$
$=0.63[H^+]^2=1.0\times 10^{-14}$

$[H^+]=\sqrt{\dfrac{1.0\times 10^{-14}}{0.63}}=1.26\times 10^{-7}M$

$\therefore pH=-\log a_{H^+}$
$=-\log(0.83\times 1.26\times 10^{-7})=6.98$

31 NH_4^+의 $K_a=5.69\times 10^{-10}$일 때 NH_3의 염기 해리상수(K_b)는?(단, $K_w=1.00\times 10^{-14}$이다.)

① 5.69×10^{-7} ② 1.76×10^{-7}
③ 5.69×10^{-5} ④ 1.76×10^{-5}

해설

$K_w=K_a\times K_b$
$1.00\times 10^{-14}=5.69\times 10^{-10}\times K_b$
$\therefore K_b=1.76\times 10^{-5}$

32 시료 중 칼슘을 정량하기 위해 시료 3.00g을 전처리하여 EDTA로 칼슘을 적정하였더니 15.20mL의 EDTA가 소요되었다. 아연금속 0.50g을 산에 녹인 후 1.00L로 묽혀서 만든 용액 10.00mL로 EDTA를 표정하였고, 이때 EDTA는 12.50mL가 소요되었다. 시료 중 칼슘의 농도(ppm)는?(단, 아연과 칼슘의 원자량은 각각 65.37g/mol, 40.08g/mol이다.)

① 12.426 ② 124.26
③ 1,242.6 ④ 12,426

정답 28 ① 29 ④ 30 ③ 31 ④ 32 ③

해설

$$\frac{0.5\text{g Zn}}{1\text{L}} \times \frac{1\text{mol Zn}}{65.37\text{g Zn}} \times 10.00\text{mL} = M_{\text{EDTA}} \times 12.5\text{mL}$$

$$\therefore M_{\text{EDTA}} = 0.00612\text{M}$$

$$\frac{0.00612\text{mol EDTA}}{1\text{L}} \times 0.01520\text{L} \times \frac{1\text{mol Ca}}{1\text{mol EDTA}} \times \frac{40.08\text{g Ca}}{1\text{mol Ca}}$$
$$= 0.003728\text{g Ca}$$

$$\frac{0.003728\text{g Ca}}{3.00\text{g 시료}} = 0.00124267 \times 10^6 = 1{,}242.67\text{ppm}$$

33 활동도 계수(Activity Coefficient)에 대한 설명으로 옳은 것은?

① 이온의 전하가 같을 때 이온 크기가 증가하면 활동도 계수는 증가한다.
② 이온의 크기가 같을 때 이온의 세기가 증가하면 활동도 계수는 증가한다.
③ 이온의 크기가 같을 때 이온의 전하가 증가하면 활동도 계수는 증가한다.
④ 이온의 농도가 묽은 용액일수록 활동도 계수는 1보다 커진다.

해설

- 묽은 용액일수록 활동도 계수는 1에 수렴한다.
- 이온 세기가 클수록, 이온의 전하가 클수록, 수화반경이 작을수록 활동도 계수는 감소한다.

34 다음 중 부피 및 질량 적정법에서 기준물질로 사용되는 일차표준물질(Primary Standard)의 필수 조건으로 가장 거리가 먼 것은?

① 대기 중에서 안정해야 한다.
② 적정매질에서 용해도가 작아야 한다.
③ 가급적 큰 몰질량을 가져야 한다.
④ 수화된 물이 없어야 한다.

해설

일차표준물질
- 용해도가 커야 한다.
- 몰질량을 크게 하여 측량 오차를 감소시킨다.
- 반응이 정량적으로 일어나야 한다.
- 가급적 결정수가 없어야 한다.
- 오랫동안 보관하여도 안정해야 한다.

35 $Cu(s) + 2Fe^{3+} \rightleftarrows 2Fe^{2+} + Cu^{2+}$ 반응의 25℃에서 평형상수는?(단, $E°$는 25℃에서의 표준환원전위이다.)

$$2Fe^{3+}(aq) + 2e^- \rightleftarrows 2Fe^{2+}(aq) \quad E° = 0.771\text{V}$$
$$Cu^{2+}(aq) + 2e^- \rightleftarrows Cu(s) \quad E° = 0.339\text{V}$$

① 1×10^{14} ② 2×10^{14}
③ 3×10^{14} ④ 4×10^{14}

해설

$$\Delta G° = -RT\ln K = -nFE°$$

$$\ln K = \frac{nF}{RT}E°$$

$$\therefore K = \exp\left(\frac{nFE°}{RT}\right)$$
$$= \exp\left(\frac{2 \times 96{,}485\text{C/mol} \times (0.771 - 0.339)\text{V}}{8.314\text{J/mol} \cdot \text{K} \times 298.15\text{K}}\right)$$
$$= 4 \times 10^{14}$$

36 0.10M I^- 용액 50mL를 0.20M Ag^+ 용액으로 적정하고자 한다. Ag^+ 용액 25mL를 첨가하였을 때, I^-의 농도(mol/L)를 나타내는 식은?(단, K_{sp}는 용해도곱 상수를 의미한다.)

$$AgI(s) \rightleftarrows Ag^+(aq) + I^-(aq) \quad K_{sp} = 8.3 \times 10^{-17}$$

① $\sqrt{8.3 \times 10^{-17}}$ ② $\dfrac{0.10 \times 0.05}{50.00 + 25.00}$

③ $\dfrac{\sqrt{8.3 \times 10^{-17}}}{50.00 + 25.00}$ ④ $\sqrt{\dfrac{0.10 \times 8.3 \times 10^{-17}}{50.00 + 25.00}}$

해설

| | Ag^+ | $+$ | I^- | $\rightleftarrows$ | AgI |

$0.2\text{M} \times 25\text{mL}$ $0.1\text{M} \times 50\text{mL}$
$= 5\text{mmol}$ $= 5\text{mmol}$

$K_{sp} = [Ag^+][I^-]$
$8.3 \times 10^{-17} = x^2$
$\therefore x = [I^-] = \sqrt{8.3 \times 10^{-17}}$

정답 33 ① 34 ② 35 ④ 36 ①

37 NaF와 NaClO$_4$가 0.050M 녹아 있는 두 수용액에서 불화칼슘(CaF$_2$)을 포화 용액으로 만들었다. 각 용액에 녹은 칼슘이온(Ca^{2+})의 몰농도의 비율 $\left(\dfrac{[\text{Ca}^{2+}]_{\text{NaClO}_4}}{[\text{Ca}^{2+}]_{\text{NaF}}}\right)$ 은?(단, 용액의 이온 세기가 0.050M일 때, Ca^{2+}와 F$^-$의 활동도 계수는 각각 0.485, 0.81이고, CaF$_2$의 용해도곱 상수는 3.9×10^{-11}이다.)

① 28 ② 123
③ 1,568 ④ 6,383

해설

㉠ NaF 용액에서

$$\begin{array}{cccc} \text{CaF}_2 & \rightarrow & \text{Ca}^{2+} & + & 2\text{F}^- \\ & & 0 & & 0.05 \\ & & +x & & +2x \\ \hline & & x & & 0.05+2x \approx 0.05 \end{array}$$

$K_{sp} = [\text{Ca}^{2+}][\text{F}^-]^2$

$3.9 \times 10^{-11} = (0.485x)(0.81 \times 0.05)^2$

∴ $x = [\text{Ca}^{2+}] = 4.9 \times 10^{-8}$M

㉡ NaClO$_4$ 용액에서

$$\begin{array}{cccc} \text{CaF}_2 & \rightarrow & \text{Ca}^{2+} & + & 2\text{F}^- \\ & & 0 & & 0 \\ & & +y & & +2y \\ \hline & & y & & 2y \end{array}$$

$K_{sp} = [\text{Ca}^{2+}][\text{F}^-]^2$

$3.9 \times 10^{-11} = (0.485y)(0.81 \times 2y)^2$

$y^3 = 3.06 \times 10^{-11}$

∴ $y = [\text{Ca}^{2+}] = 3.13 \times 10^{-4}$M

∴ $\dfrac{[\text{Ca}^{2+}]_{\text{NaClO}_4}}{[\text{Ca}^{2+}]_{\text{NaF}}} = \dfrac{y}{x} = \dfrac{3.13 \times 10^{-4}}{4.9 \times 10^{-8}} = 6,387.75$

38 밸리데이션 항목에 대한 설명 중 틀린 것은?

① 정확성 : 측정값이 일반적인 참값 또는 표준값에 근접한 정도
② 정밀성 : 균일한 검체로부터 여러 번 채취하여 얻은 시료를 정해진 조건에 따라 측정하였을 때 각각의 측정값들 사이의 분산 정도
③ 완건성 : 시험방법 중 일부 매개변수가 의도적으로 변경되었을 때 측정값이 영향을 받지 않는지에 대한 척도
④ 검출한계 : 검체 중에 존재하는 분석대상물질의 함유량으로 정확한 값으로 정량되는 검출 가능 최소량

해설

밸리데이션 대상 평가항목
㉠ 특이성(Specificity)
측정대상물질, 불순물, 분해물, 배합성분 등이 혼재된 상태에서 분석대상물질을 선택적이고 정확하게 측정할 수 있는 정도를 말한다.
㉡ 정확성(Accuracy)
분석결과가 이미 알고 있는 참값이나 표준값에 근접한 정도를 말한다.
㉢ 정밀성(Precision)
균질한 검체에서 반복적으로 채취한 검체를 정해진 절차에 따라 측정했을 때 각각의 측정값들 사이의 근접성(분산정도)을 말한다.
㉣ 검출한계(DL : Detection Limit)
검체 중에 함유된 대상물질의 검출이 가능한 최소 농도이다.
㉤ 정량한계(QL : Quantitation Limit)
- 기준에 적합한 정밀성과 정확성이 확보된 정량값으로 나타낼 수 있는 검체 중 대상물질의 최소농도를 의미한다.
- 분석대상물질을 소량으로 함유하는 검체의 정량시험이나 분해생성물, 불순물 분석에 사용되는 정량시험의 밸리데이션 평가지표이다.
㉥ 직선성(Linearity)
검체 중 분석대상물질의 양(또는 농도)에 비례하여 일정범위 내에 직선적인 측정값을 얻어낼 수 있는 능력이다.
㉦ 범위(Range)
적절한 정밀성, 정확성, 직선성을 충분히 제시할 수 있는 검체 중 분석대상물질의 양(또는 농도)의 하한값~상한값 사이의 영역이다.
㉧ 완건성(Robustness)
시험법의 조건 중 일부가 변경되었을 때 측정값이 영향을 받지 않는지에 대한 지표를 말한다. → 분석조건을 고의로 변동시켰을 때 분석법의 신뢰성을 나타낸다.

39 0.0100($\pm$0.0001)mol의 NaOH를 녹여 1.000($\pm$0.001)L로 만든 수용액의 pH 오차 범위는?(단, $K_w = 1 \times 10^{-14}$는 완전수이다.)

① $\pm$0.013 ② $\pm$0.024
③ $\pm$0.0043 ④ $\pm$0.0048

> 해설

$$[OH^-] = \frac{(0.0100 \pm 0.0001)\,\text{mol}}{(1.000 \pm 0.001)\,\text{L}} = 0.0100 + e$$

$$불확정도 = \frac{e_y}{y} = \sqrt{\left(\frac{e_{x_1}}{x_1}\right)^2 + \left(\frac{e_{x_2}}{x_2}\right)^2}$$

$$e_y = 0.010 \times \sqrt{\left(\frac{0.0001}{0.0100}\right)^2 + \left(\frac{0.001}{1.000}\right)^2} = 0.0001$$

$$pOH = -\log(0.0100 \pm 0.0001) = 2 \pm e$$

$$\therefore e_y = \frac{1}{\ln 10} \times \frac{e_x}{x}$$
$$= \frac{1}{\ln 10} \times \frac{0.0001}{0.0100} = 0.0043$$

40 전처리 과정에서 발생 가능한 오차를 줄이기 위한 시험법 중 시료를 사용하지 않고 기타 모든 조건을 시료분석법과 같은 방법으로 실험하는 방법은?

① 맹시험 ② 공시험
③ 조절시험 ④ 회수시험

> 해설

오차를 줄이기 위한 시험법

㉠ 공시험(Blank Test)
  - 실제 분석대상 시료를 사용하지 않고, 다른 모든 조건을 시료분석법과 같은 방법으로 실험하는 것이다.
  - 지시약오차, 불순물로 인한 오차 등 계통오차의 대부분을 효과적으로 확인할 수 있다.

㉡ 조절시험(Control Test) : 시료와 가급적 같은 성분을 함유한 대조시료를 만들어 시료분석법과 같은 방법으로 여러 번 실험한 다음 기지함량값과 실제로 얻은 분석값의 차만큼 시료분석값을 보정한다.

㉢ 회수시험(Recovery Test) : 시료와 같은 공존물질을 함유하는 기지농도의 대조시료를 분석함으로써 공존물질의 방해작용 등으로 인한 분석값의 회수율을 검토하는 방법이다.

㉣ 맹시험(Blind Test)
  - 처음 분석값은 조작에 익숙하지 못하여 오차가 크게 나타나므로 맹시험이라 하며 버리는 경우가 많다.
  - 예비시험에 해당된다.

㉤ 평행시험(Parallel Test)
  - 같은 시료를 같은 방법으로 여러 번 되풀이하는 시험이다.
  - 우연오차가 있는 측정값으로부터 그 평균값과 표준편차 등을 얻기 위한 수단이다.

3과목 화학물질 특성분석

41 질량분석법의 특징이 아닌 것은?

① 여러 원소에 대한 정보를 얻을 수 있다.
② 원자의 동위원소비에 대한 정보를 제공한다.
③ 같은 분자식을 지닌 이성질체를 구별할 수 있다.
④ 같은 분자량을 지닌 화합물은 분석할 수 없다.

> 해설

질량분석법

시료를 기체상태로 이온화한 다음 자기장, 전기장을 통해 각 이온을 질량 대 전하비(m/z)에 따라 분리하여 질량스펙트럼을 얻는 방법이다. 질량분석기를 이용하여 다음의 정보를 얻을 수 있다.
- 시료를 이루는 물질의 화학식
- 무기·유기 바이오 분자들의 구조
- 복잡한 혼합물 화학조성의 정성 및 정량
- 고체 표면의 구조 및 화학조성
- 시료를 구성하는 원소의 동위원소비

42 분리분석에서 칼럼 효율에 미치는 변수로 가장 거리가 먼 것은?

① 머무름인자
② 정지상 부피
③ 이동상의 선형속도
④ 정지상 액체막 두께

> 해설

- 머무름인자 : 칼럼에 오래 머무르면, 머무름인자가 크며 띠넓힘이 나타난다.
- 이동상의 선형속도 : 단높이가 최소가 되도록 적절한 이동속도로 한다.
- 정지상 액체막 두께 : 정지상의 두께가 얇을수록 띠넓힘이 감소한다.
- 단높이가 작을수록, 단수가 클수록, 관의 길이가 길수록 관의 효율은 증가한다.

정답 40 ② 41 ④ 42 ②

43 동일한 조건하에서 액체 크로마토그래피로 측정한 화합물 A, B, C의 머무름시간 측정결과가 아래와 같을 때, 보기 중 틀린 것은?(단, C는 칼럼 충진물과의 상호작용이 전혀 없다고 가정한다.)

| • A : 2.35min | • B : 5.86min | • C : 0.50min |

① A의 조정된 머무름시간은 1.85min이다.
② B의 조정된 머무름시간은 5.36min이다.
③ B의 A에 대한 머무름비는 2.49이다.
④ 머무름비는 상대머무름값이라고도 한다.

해설
- 보정머무름시간
$$t'_A = t_{RA} - t_M$$
$$= 2.35min - 0.50min = 1.85min$$
$$t'_B = t_{RB} - t_M$$
$$= 5.86min - 0.50min = 5.36min$$
- 선택인자, 선택계수, 상대머무름인자, 머무름비
$$\alpha = \frac{K_B}{K_A} = \frac{k_B}{k_A} = \frac{t_{RB} - t_M}{t_{RA} - t_M} = \frac{5.36min}{1.85min} = 2.897$$

44 전위차법에서 S^{2-} 이온의 농도를 측정하기 위하여 주로 사용하는 지시전극은?
① 액체 막전극
② 결정성 막전극
③ 1차 금속지시전극
④ 3차 금속지시전극

해설
이온선택성 막전극
㉠ 결정성 막전극
  • 단일결정 예 F^-
  • 다결정 또는 혼합결정 예 S^{2-}, Ag^+
㉡ 비결정성 막전극
  • 유리 예 Na^+, H^+
  • 액체 예 Ca^{2+}, K^+
  • 단단한 고분자에 고정된 액체

45 HPLC에서 역상(Reversed-phase) 크로마토그래피 시스템을 가장 잘 설명한 것은?
① 정지상이 극성이고 이동상이 비극성인 시스템
② 이동상이 극성이고 정지상이 비극성인 시스템
③ 분석 물질이 극성이고 정지상이 비극성인 시스템
④ 정지상이 극성이고 분석 물질이 비극성인 시스템

해설

구분	정상 크로마토그래피	역상 크로마토그래피
이동상	비극성	극성
정지상	극성	비극성

46 Van Deemter 식에서 정지상과 이동상 사이에 용질의 평형시간과 관련된 항을 모두 고른 것은?(단, Van Deemter 식은 $H = A + B/u + Cu$이며 H는 단높이, u는 흐름 속도, A, B, C는 칼럼, 정지상, 이동상 및 온도에 의해 결정되는 상수이다.)
① A
② Cu
③ B/u, Cu
④ A, B/u

해설
Van Deemter 식
$$H = A + \frac{B}{u} + Cu$$
여기서, A : 다중흐름통로 → 용질이 지나가는 통로가 다양하기 때문에 띠넓힘이 나타난다.
$\frac{B}{u}$: 세로확산 → 농도가 진한 띠의 중앙부분에서 농도가 묽은 띠의 위아래로 용질이 이동하는 현상으로 띠넓힘이 나타난다.
Cu : 질량이동항 → 용질이 비교적 느린 비평형 상태로 이동상과 정지상 사이에서 이동하므로 띠넓힘이 나타난다.

47 메탄분자의 일반적인 시료분자(M)가 CH_5^+ 또는 $C_2H_5^+$와 충돌로 인하여 질량스펙트럼상에서 볼 수 없는 이온의 종류는?
① $(M+H)^+$
② $(MH-H)^+$
③ $(MH+29)^+$
④ $(MH+12)^+$

정답 43 ③ 44 ② 45 ② 46 ② 47 ④

▶해설

화학 이온화(CI)
㉠ 과량의 시약기체 이온과 분석물질의 기체분자를 충돌시켜 이온화시키는 방법
㉡ 시약기체(CH_4, C_3H_8, isobutane, NH_3)의 이온화
  $CH_4 \rightarrow CH_4^+, CH_3^+, CH_2^+$
  $CH_4^+ + CH_4 \rightarrow CH_5^+ + CH_3$
  $CH_3^+ + CH_4 \rightarrow C_2H_5^+ + H_2$
㉢ 분석물질의 이온화
  • Proton Transfer
    $CH_5^+ + M \rightarrow (M+H)^+ + CH_4$
    $C_2H_5^+ + M \rightarrow (M+H)^+ + C_2H_4$
  • Hydride Abstraction
    $C_2H_5^+ + MH \rightarrow M^+ + C_2H_6$
  • Adducton Formation
    $C_2H_5^+ + M \rightarrow (M+C_2H_5)^+ = (M+29)^+$

48 무정형 벤조산(Benzoic Acid) 가루 시료의 시차열분석곡선(Differential Thermogram)이 아래와 같을 때, 다음 설명 중 옳은 것은?(단, A는 대기압, B는 200psi 조건에서 측정한 결과이다.)

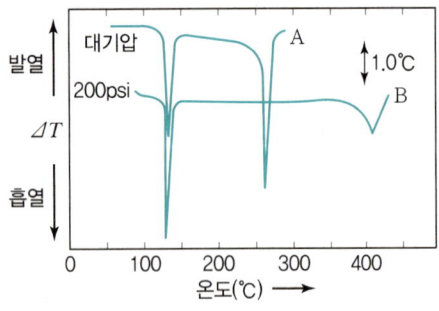

① 대기압에서 벤조산의 용융점은 140℃이다.
② 대기압에서 벤조산은 255℃에서 분해된다.
③ 벤조산은 압력이 높을수록 분해되는 온도가 높아진다.
④ 압력과 관계없이 시료가 분석 Cell에 흡착했음을 알 수 있다.

▶해설
② 대기압에서 벤조산은 255℃에서 끓는다.
③ 벤조산은 압력이 높을수록 끓는 온도가 높아진다.

49 질량분석법을 응용한 2차 이온 질량분석법(SIMS)에 대한 설명으로 틀린 것은?
① 고체 표면의 원자와 분자 조성을 결정하는 데 유용하다.
② 동적 SIMS는 표면 아래 깊이에 따른 조성 정보를 얻기 위하여 사용된다.
③ 통상적으로 사용되는 SIMS를 위한 변환기는 전자증배기, 패러데이컵 또는 영상검출기이다.
④ 양이온 측정은 가능하나 음이온 측정이 불가능한 분석법이다.

▶해설
2차 이온 질량분석법(SIMS)
• 고체 표면의 원자와 분자 조성 모두를 결정하는 데 유용하다.
• Ar^+ 이온이 사용되나 Cs^+, N_2^+, O_2^+도 사용된다.
• SIMS는 양이온, 음이온 모두 측정이 가능하다.
• 정적 SIMS : 표면의 아단일층의 원소 분석에 사용
  동적 SIMS : 표면의 깊이 분석에 사용
  주사 SIMS : 표면의 공간 영상 제공
• 변환기 : 전자증배관, Faraday컵, 영상검출기

50 고성능 액체 크로마토그래피(HPLC)에서 사용되는 펌프시스템에서 요구되는 사항이 아닌 것은?
① 펄스 충격이 없는 출력을 내야 한다.
② 흐름 속도의 재현성이 0.5% 또는 더 좋아야 한다.
③ 다양한 용매에 의한 부식을 방지할 수 있어야 한다.
④ 사용하는 칼럼의 길이가 길지 않으므로 펌핑 압력은 그리 크지 않아도 된다.

▶해설
고성능 액체 크로마토그래피(HPLC) 펌프장치의 조건
• 압력은 40MPa 이상이어야 한다.
• 이동상의 흐름에 펄스가 없어야 한다.
• 이동상의 흐름 속도는 0.1~10mL/분 정도이어야 한다.
• 흐름 속도는 0.5% 이하의 상대표준편차로 재현성이 있어야 한다.
• 잘 부식되지 않는 재질(스테인리스 스틸, 테프론)로 만들어야 한다.

▶정답 48 ① 49 ④ 50 ④

51 전자포획검출기(ECD)에 대한 설명 중 틀린 것은?

① 살충제와 폴리클로로바이페닐 분석이 용이하다.
② 칼럼에서 용출된 시료가 방사성 방출기를 통과한다.
③ 방출기에서 발생한 전자는 시료를 이온화하고 전자 다발을 만든다.
④ 아민, 알코올, 탄화수소 화합물에는 감도가 낮다.

해설

전자포획검출기(ECD)
- 살충제와 같은 유기화합물에 함유된 할로겐 원소에 선택적으로 감응하기 때문에 환경시료에 널리 사용되는 검출기이다.
- 칼럼에서 용출되어 나오는 시료기체는 보통 니켈-63과 같은 β-방사선 방출기 위를 통과한다.
- 방출기에서 나오는 전자는 운반기체(보통 질소)를 이온화시켜 많은 수의 전자를 생성한다.
- 유기화학종이 없을 경우 이온화 과정으로 인해 한 쌍의 전극 사이에는 일정한 전류가 흐르고 전기음성도가 큰(전자를 잘 포획할 수 있는) 작용기를 가지는 유기분자들이 통과하면 전류는 급속히 감소된다.
- 선택적인 감응을 한다. → 할로겐화물, 과산화물, 퀴논, 나이트로화합물들은 높은 감도로 검출된다. 아민, 알코올, 탄화수소에는 감응하지 않는다(염소화합물 형태의 살충제의 검출 및 정량에 이용).

52 $FeCl_3 \cdot 6H_2O$ 25.0mg을 0℃부터 340℃까지 가열하였을 때 얻은 열분해곡선(Thermogram)을 예측하고자 한다. 100℃와 320℃에서 시료의 질량으로 가장 타당한 것은?(단, $FeCl_3$의 열적 특성은 아래 표와 같다.)

화합물	화학식량	용융점
$FeCl_3 \cdot 6H_2O$	270	37℃
$FeCl_3 \cdot 5/2H_2O$	207	56℃
$FeCl_3$	162	306℃

① 100℃ - 9.8mg, 320℃ - 0.0mg
② 100℃ - 12.6mg, 320℃ - 0.0mg
③ 100℃ - 15.0mg, 320℃ - 15.0mg
④ 100℃ - 20.2mg, 320℃ - 20.2mg

해설

100~320℃에서 주화합물은 $FeCl_3$이다.

$$FeCl_3 \cdot 6H_2O\ 25mg \times \frac{162mg\ FeCl_3}{270mg\ FeCl_3 \cdot 6H_2O} = 15mg\ FeCl_3$$

53 순환전압전류법(Cyclic Voltammetry : CV)은 특정 성분의 전기화학적인 특성을 조사하는 데 기본적으로 사용된다. 순환전압전류법에 대한 설명으로 옳은 것은?

① 지지전해질의 농도는 측정시료의 농도와 비슷하게 맞추어 조절한다.
② 한 번의 실험에는 한 종류의 성분만을 측정한다.
③ 전위를 한쪽 방향으로만 주사한다.
④ 특정 성분의 정량 및 정성이 가능하다.

해설

순환전압전류법(CV)
- 젓지 않은 용액에 들어 있는 작은 정지전극에 삼각파 전위신호를 걸어주어 전류를 흐르게 한다.
- 작업전극에서는 전위주사가 (+)방향이면 산화전류, (-)방향이면 환원전류를 관찰할 수 있다.
- 가역전극반응에서
  i_{pc}(환원피크전류) = i_{pa}(산화피크전류)
  $$\Delta E_p = |E_{pa} - E_{pc}| = \frac{0.0592}{n}$$
- 전기전도성을 높이기 위해 바탕 전해질 농도를 크게 한다.
- 한 번의 실험에 반응중간체 등 여러 성분을 측정할 수 있다.
- 정성·정량분석이 가능하다.

54 pH를 측정하는 데는 주로 유리전극이 사용된다. 유리전극 오차 원인으로 가장 거리가 먼 것은?

① 산에 의한 오차
② 탈수에 의한 오차
③ 압력에 의한 오차
④ 알칼리에 의한 오차

해설

pH를 측정할 때 유리전극 사용 시 오차
- 알칼리 오차
- 산 오차
- 탈수
- 낮은 이온 세기의 용액
- 접촉전위의 변화
- 표준완충용액의 불확정성
- 온도변화에 따른 오차
- 전극의 세척 불량

정답 51 ③ 52 ③ 53 ④ 54 ③

55 질량 이동(Mass Transfer) 메커니즘 중 전지 내의 벌크 용액에서 질량 이동이 일어나는 주된 과정으로서 정전기장 영향 아래에서 이온이 이동하는 과정을 무엇이라고 하는가?

① 확산(Diffusion)   ② 대류(Convection)
③ 전도(Conduction) ④ 전기이동(Migration)

> 해설

질량 이동 메커니즘 : 전기이동, 확산, 대류
- 전기이동 : 정전기장의 영향 아래에서 이온과 전극 사이의 정전기적 인력에 의해 이온이 이동
- 확산 : 농도 차이에 의해 이온이 이동
- 대류 : 기계적 방법, 온도, 밀도차에 의해 이온이 이동

56 적하수은전극(Dropping Mercury Electrode)을 사용하는 폴라로그래피(Polarography)에 대한 설명으로 옳지 않은 것은?

① 확산전류(Diffusion Current)는 농도에 비례한다.
② 수은이 항상 새로운 표면을 만들어 내는 재현성이 크다.
③ 수은의 특성상 환원반응보다 산화반응의 연구에 유용하다.
④ 반파전위(Half-wave Potential)로부터 정성적 정보를 얻을 수 있다.

> 해설

폴라로그래피
- 적하수은전극으로 수행된 전압전류법
- 수소이온의 환원에 대한 과전압이 크다. → 수소기체의 발생으로 인한 방해가 적다.
- 새로운 수은전극 표면이 계속적으로 생성된다.
- 재현성이 있는 평균전류에 도달한다.
- 수은은 쉽게 산화되어 산화전극으로 사용할 수 없으므로 환원반응의 연구에 유용하다.
- 확산전류는 분석물의 농도에 비례하므로 정량분석이 가능하다.
- 반파전위로부터 정성적 정보를 얻을 수 있다.

57 시차주사열량법(DSC)에서 발열(Exothermic) 봉우리를 나타내는 물리적 변화는?

① 결정화(Crystallization)
② 승화(Sublimation)
③ 증발(Vaporization)
④ 용해(Melting)

> 해설

시차주사열량법(DSC)

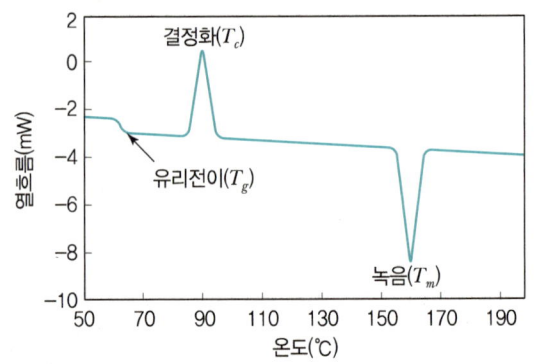

58 전기분해 효율이 100%인 전기분해전지가 있다. 산화전극에서는 산소 기체가, 환원전극에서는 구리가 석출되도록 0.5A의 일정 전류를 10분 동안 흘렸다. 석출된 구리의 무게는 약 얼마인가?(단, 구리의 몰질량은 63.5g/mol이다.)

① 0.05g   ② 0.10g
③ 0.20g   ④ 0.40g

> 해설

$Q(C) = I(A) \times t(s)$
$= 0.5A \times 10min \times \dfrac{60s}{1min} = 300C$

$Cu = 300C \times \dfrac{1mol}{96,500C} \times \dfrac{1mol\ Cu}{2mol\ e^-} \times \dfrac{63.5g\ Cu}{1mol\ Cu}$
$= 0.099g ≒ 0.10g$

정답 55 ④ 56 ③ 57 ① 58 ②

59 전기화학반응에서 일어나는 편극의 종류에 해당하지 않는 것은?

① 농도 편극
② 결정화 편극
③ 전하이동 편극
④ 전압강화 편극

해설

편극의 원인
㉠ 농도 편극
- 반응 화학종이 전극 표면으로 이동하는 속도가 요구되는 전류를 유지하기에 충분하지 않을 때 일어난다. 농도 편극이 일어나기 시작하면 물질이동 과전압이 나타난다.
- 반응물 농도가 높을수록, 전해질 농도가 낮을수록, 전극의 표면적이 클수록, 온도가 높을수록, 잘 저어줄수록 농도편극이 감소한다.

㉡ 반응 편극
반쪽전지반응은 중간체가 생기는 화학과정을 통해 이루어지는데, 중간체의 생성 또는 분해속도가 전류를 제한하는 경우 반응편극이 발생한다.

㉢ 전하이동 편극
반응 화학종과 전극 사이의 전자 이동속도가 느려 전극에서 산화환원반응의 속도 감소로 인해 편극이 발생한다.

㉣ 흡착·탈착·결정화 편극
흡착·탈착 또는 결정화와 같은 물리적 변화과정의 속도가 전류를 제한할 때 발생한다.

60 질량분석기로 $C_2H_4^+$(MW=28.0313)와 CO^+(MW=27.9949)의 봉우리를 분리하는 데 필요한 분리능은 약 얼마인가?

① 770
② 1,170
③ 1,570
④ 1,970

해설

분리능 $R = \dfrac{m}{\Delta m}$

$m = \dfrac{28.0313 + 27.9949}{2} = 28.0131$

∴ $R = \dfrac{28.0131}{28.0313 - 27.9949} ≒ 770$

4과목 화학물질 구조 및 표면분석

61 원자흡수분광법에서 바탕보정을 위해 사용하는 방법이 아닌 것은?

① Zeeman 효과 사용 바탕보정법
② 광원 자체 반전(Self-reversal) 사용 바탕보정법
③ 연속광원(D_2 Lamp) 사용 바탕보정법
④ 선형 회귀(Linear Regression) 사용 바탕보정법

해설

원자분광법에서 사용하는 바탕보정법
- Zeeman 효과에 의한 바탕보정 : 원자 증기에 센 자기장을 걸어 원자의 전자에너지 준위의 분리가 일어나는 현상을 이용하는 바탕보정법
- 연속광원보정법 : 중수소(D_2) 등에서 나오는 연속광원의 세기의 감소를 매트릭스에 의한 흡수로 보고 연속광원의 흡광도를 시료빛살의 흡광도에서 빼주어 보정하는 방법
- 두선보정법 : 시료를 통과하고 나온 기준선의 세기 감소를 매트릭스 방해로 보고 기준선의 흡광도를 시료빛살의 흡광도에서 빼주어 보정하는 방법
- 광원 자체 반전에 의한 바탕보정법 : 높은 전류가 흐를 때 속빈 캐소드 램프에서 방출되는 복사선의 자체 반전 또는 자체 흡수 현상을 이용하는 바탕보정법

62 전도성 고체를 원자분광기에 도입하여 사용하기에 가장 적합한 방법은?

① 전열 증기화
② 레이저 증발법
③ 초음파 분무법
④ 스파크 증발법

해설

원자분광법의 시료 도입방법
㉠ 고체시료 도입방법
- 직접 시료 도입
- 전열 증기화
- 레이저 증발
- 아크와 스파크 증발(전도성 고체)
- 글로우 방전(전도성 고체)

㉡ 용액시료 도입방법
- 기체 분무기
- 초음파 분무기
- 전열 증기화
- 수소화물 생성법

정답 59 ④ 60 ① 61 ④ 62 ④

63 불꽃원자화와 비교한 유도결합플라스마 원자화에 대한 설명으로 옳은 것은?

① 이온화가 적게 일어나서 감도가 더 높다.
② 자체 흡수 효과가 많이 일어나서 감도가 더 높다.
③ 자체 반전 효과가 많이 일어나서 감도가 더 높다.
④ 고체상태의 시료를 그대로 분석할 수 있다.

해설

유도결합플라스마(ICP) 원자화 방법
- 플라스마 광원의 온도가 매우 높아 원자화 효율이 좋고 화학적 방해도 거의 없다.
- 플라스마 단면의 온도 분포가 균일하여 자체 흡수나 자체 반전이 나타나지 않는다.
- 아르곤의 이온화로 인한 전자밀도가 높아서 시료의 이온화에 의한 방해가 거의 없다.
- 높은 온도에서 잘 분해되지 않는 산화물(내화성 산화물)을 형성하는 텅스텐(W), 우라늄(U), 지르코늄(Zr) 등의 원자화가 용이하다.
- 많은 원소의 스펙트럼을 동시에 측정할 수 있으므로 다원소 분석이 가능하다.

64 1.50cm의 셀에 들어 있는 3.75mg/100mL A(분자량 220g/mol) 용액은 480nm에서 39.6%의 투광도를 나타내었다. A의 몰흡광계수는?

① 1.57×10^2
② 1.57×10^3
③ 1.57×10^4
④ 1.57×10^5

해설

$A = \varepsilon bc = -\log T = -\log 0.369 = 0.4023$

$C = \dfrac{3.75\text{mg}}{100\text{mL}} \times \dfrac{1\text{mol}}{220\text{g}} \times \dfrac{\text{g/L}}{\text{mg/mL}}$

$\quad = 1.705 \times 10^{-4} \text{mol/L}$

$A = 0.4023 = \varepsilon \times 1.50\text{cm} \times 1.705 \times 10^{-4}\text{mol/L(M)}$

$\therefore \varepsilon = 1.57 \times 10^3 \text{M}^{-1}\text{cm}^{-1}$

65 X선 형광법의 장점이 아닌 것은?

① 비파괴분석법이다.
② 스펙트럼이 비교적 단순하다.
③ 가벼운 원소에 대하여 감도가 우수하다.
④ 수분 내에 다중원소의 분석이 가능하다.

해설

㉠ X선 형광법의 장점
- 비파괴분석법이다.
- 스펙트럼이 단순하여 방해효과가 작다.
- 다중원소의 분석이 가능하다.
- 실험과정이 수분 이내로 빠르고 간편하다.

㉡ X선 형광법의 단점
- 감도가 좋지 않다.
- 원자번호가 작은 원소에 적당하지 않다.
- 기기가 비싸다.

66 원자분광법에서 원자선 너비는 여러 가지 요인들에 의해서 넓힘이 일어난다. 선 넓힘의 원인이 아닌 것은?

① 불확정성 효과
② 지만(Zeeman) 효과
③ 도플러(Doppler) 효과
④ 원자들과의 충돌에 의한 압력효과

해설

선 넓힘의 원인
- 불확정성 효과
- 도플러 효과
- 압력효과
- 전기장과 자기장의 효과

67 원자흡수분광법에서의 방해 중 스펙트럼 방해는 화학종의 흡수띠 또는 방출선이 분석선에 가까이 있거나 겹쳐서 발생한다. 스펙트럼 방해에 대한 설명으로 틀린 것은?

① 넓은 흡수띠를 갖는 연소생성물 또는 빛을 산란시키는 입자생성물이 존재할 때 발생한다.
② 시료 매트릭스에 의해 흡수 또는 산란될 때 발생한다.
③ 낮은 휘발성 화합물 생성, 해리반응, 이온화와 같은 평형상태에서 발생한다.
④ 스펙트럼 방해를 보정하는 방법에는 두선보정법, 연속 광원보정법, Zeeman 효과에 의한 바탕보정 등이 있다.

정답 63 ① 64 ② 65 ③ 66 ② 67 ③

해설

(1) 스펙트럼 방해
  ㉠ 방해 화학종의 흡수선 또는 방출선이 분석선에 너무 가까이 있거나 겹쳐져서 단색화 장치에 의해 분리가 불가능한 경우에 발생한다.
  ㉡ 보정법
    • 연속광원보정법
    • 두선보정법
    • Zeeman 효과에 의한 바탕보정
    • 광원 자체 반전에 의한 바탕보정
(2) 화학적 방해
  ㉠ 낮은 휘발성 화합물 생성
  ㉡ 해리평형
  ㉢ 이온화 평형

68 핵자기공명분광법(Nuclear Magnetic Resonance : NMR) 스펙트럼의 특징으로 틀린 것은?

① 짝지음 상수(J)의 단위는 Hz 단위로 나타낸다.
② 화학적 이동 파라미터 δ값은 단위가 없으나 ppm 단위로 상대적인 이동을 나타낸다.
③ 60MHz와 100MHz NMR 기기에서 각각의 δ와 J값은 다르다.
④ Tetramethylsilane을 내부표준물질로 사용한다.

해설

$$\delta(\text{ppm}) = \frac{\text{공명진동수 차이}(\text{Hz})}{\text{분광기 진동수}(\text{MHz})} \times 10^6 \text{ppm}$$

69 매트릭스 효과가 있을 가능성이 있는 복잡한 시료를 분석하는 데 특히 유용한 분석법은?

① 내부표준법　　　② 외부표준법
③ 표준물첨가법　　④ 표준검정곡선 분석법

해설

㉠ 표준물첨가법
  • 미지시료에 분석물 표준용액을 각각 일정량씩 첨가한 용액을 만들어 증가된 신호 세기로부터 원래 분석물질의 양을 알아내는 방법
  • 시료의 조성이 잘 알려져 있지 않거나 복잡할 때, 매트릭스 효과가 있는 시료의 분석에 유용

㉡ 외부표준물법(표준검정곡선법)
  정확한 농도의 분석물을 포함하고 있는 몇 개의 표준용액을 만들어 농도 증가에 따른 신호의 세기 변화에 대한 검정곡선을 얻어 분석물질의 양을 알아내는 방법
㉢ 내부표준물법
  • 모든 시료, 바탕 검정표준물에 동일량의 내부표준물을 첨가하여 분석물질의 신호와 내부표준물의 신호를 비교하여 분석물질의 양을 알아내는 방법
  • 시험분석 절차, 기기 또는 시스템의 변동으로 발생하는 오차를 보정하기 위해 사용하는 방법

70 UV-Vis 흡수분광법에 관한 설명 중 틀린 것은?

① 유기화합물의 UV-Vis 흡수는 n 또는 π 궤도에 있는 전자가 π^* 궤도로 전이하는 것에 기초로 두고 있다.
② $n \rightarrow \pi^*$ 전이에 해당하는 몰흡광계수는 비교적 작은 값을 갖는다.
③ $\pi \rightarrow \pi^*$ 전이에 해당하는 몰흡광계수는 대부분 큰 값을 갖는다.
④ 용매의 극성이 증가하면 $n \rightarrow \pi^*$ 전이에 해당하는 흡수 봉우리는 장파장 쪽으로 이동한다.

해설

$n \rightarrow \pi^*$ 전이
용매의 극성이 증가하면, 흡수 봉우리는 단파장 쪽으로 이동한다.

71 원자흡수분광기의 불꽃원자화기에 공급하는 공기 - 아세틸렌 가스를 아산화질소 - 아세틸렌 가스로 대체하는 주된 목적은?

① 불꽃의 온도를 올리기 위해서
② 불꽃의 온도를 내리기 위해서
③ 가스 연료의 비용을 줄이기 위해서
④ 시료의 분무 효율을 올리기 위해서

해설

• 아세틸렌 + 공기 : 2,100 ~ 2,400℃
• 아세틸렌 + 아산화질소 : 2,600 ~ 2,800℃
• 아세틸렌 + 아산화질소를 사용하면 온도가 높아지므로 연소 속도가 증가한다.

정답 ▶ 68 ③　69 ③　70 ④　71 ①

72 XRF의 특징에 대한 설명 중 틀린 것은?

① 비파괴분석법이다.
② 다중원소의 분석이 가능하다.
③ Auger 방출로 인한 증강효과로 감도가 높다.
④ 스펙트럼이 비교적 간단하여 스펙트럼선 방해가 적다.

해설

XRF(X선 형광분광법)
㉠ 장점
- 스펙트럼이 비교적 단순하여 스펙트럼선 방해 가능성이 작다.
- 비파괴분석법이다.
- 분석과정이 빠르다.

㉡ 단점
- 감도가 좋지 않다.
- 원자번호가 작은 원소에 대한 분석이 어렵다.
- 부분적으로 Auger 방출이라고 하는 경쟁과정이 형광 세기를 감소시키므로 가벼운 원소 측정 시 X선 형광법을 이용하지 않는다.

73 유기재료의 화학 특성을 분석하기 위한 분석기기로 거리가 먼 것은?

① HPLC(High Performance Liquid Chromatograph)
② LC/MS(Liquid Chromatograph/Mass Spectrometer)
③ GC/MS(Gas Chromatograph/Mass Spectrometer)
④ GF－AAS(Graphite Furnace－Atomic Absorption Spectrophotometer)

해설

GF－AAS(흑연로 원자흡수분광법)는 미량의 금속원소(무기물)를 분석한다.

74 레이저 발생과정에서 간섭성인 것은?

① 펌핑
② 흡수
③ 자극방출
④ 자발방출

해설

레이저 광원
㉠ 레이저 : 빛의 유도방출에 의한 빛의 증폭
㉡ 펌핑 → 자발방출 → 유도방출 → 흡수
- **펌핑** : 레이저 활성 화학종이 전기방전, 센 복사선의 쪼여줌과 같은 방법에 의해 전자의 에너지 준위를 들뜬 상태로 전이시키는 과정
- **자발방출** : 들뜬 상태의 화학종이 빛의 형태로 에너지를 방출하며, 바닥 상태로 되돌아오는 현상 → 간섭성이 없어서 증폭되지 않는다.
- **유도방출(자극방출)** : 들뜬 상태에 있는 레이저 매질의 화학종이 자발방출하는 빛과 정확하게 같은 에너지를 갖는 빛에 의해 자극을 받으면 들뜬 화학종은 낮은 에너지 상태로 전이된다. → 이때 방출되는 복사선은 간섭성을 가져 증폭된다.
- **흡수** : 유도방출과 경쟁하는 관계에 있으며, 낮은 에너지 상태의 화학종이 자발방출하는 빛에 의해 들뜨게 하는 과정

75 폭이 매우 좁은 KBr 셀만을 적외선 분광기에 걸고 적외선 스펙트럼을 얻었다. 시료가 없기 때문에 적외선 흡수 밴드는 보이지 않고, 그림과 같이 파도 모양의 간섭파를 스펙트럼에 얻었다. 이 셀의 폭(mm)으로 가장 알맞은 것은?

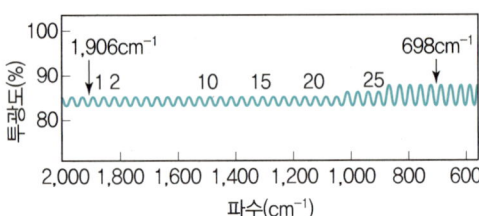

① 0.1242
② 12.42
③ 24.82
④ 248.4

해설

셀의 폭 $b = \dfrac{\Delta N}{2(\overline{\nu_1} - \overline{\nu_2})}$

$= \dfrac{30}{2(1,906 - 698)}$

$= 0.01242\,cm = 0.1242\,mm$

정답 72 ③ 73 ④ 74 ③ 75 ①

76 표면분석에 있어서 자주 접하게 되는 문제는 시료 표면의 오염 문제이다. 이러한 시료를 깨끗이 하는 방법을 설명한 것으로 틀린 것은?

① 높은 온도에서 시료를 구움
② 전자총에서 생긴 활성 기체를 시료에 쪼여줌
③ 여러 용매 속에 시료를 넣어 초음파를 사용하여 씻음
④ 연마제를 사용하여 시료 표면을 기계적으로 깎거나 닦아줌

해설

표면 환경 개선방법
- 고온에서 시료를 굽는 것
- 전자총으로부터 생성된 비활성 기체 이온살로 시료를 스퍼터하는 것
- 연마재로 시료 표면을 긁어내거나 연마하는 것
- 여러 용매로 표면을 초음파 세척하는 것
- 산화물을 제거하기 위해 환원대기에서 시료를 씻기는 것

77 분자의 쌍극자 모멘트의 알짜 변화를 주로 이용하는 분석은?

① 적외선 흡수
② X선 흡수
③ 자외선 흡수
④ 가시광선 흡수

해설

적외선(IR) 흡수분광법
진동운동과 회전운동에 의한 쌍극자 모멘트의 알짜 변화가 있는 경우 적외선 흡수가 일어난다.

78 단색 X선 빛살의 광자가 K껍질 및 L껍질의 내부전자를 방출시켜 방출된 전자의 운동에너지를 측정하여 시료원자의 산화상태와 결합상태에 대한 정보를 동시에 얻을 수 있는 전자 분광법은?

① Auger 전자 분광법(AES)
② X선 광전자 분광법(XPS)
③ 전자에너지 손실 분광법(EELS)
④ 레이저 마이크로탐침 질량분석법(LMMS)

해설

X선 광전자 분광법(XPS)
X선을 시료에 쬐면 광전자들이 방출되는데, 방출된 전자의 운동에너지를 측정하여, 그 물질의 원자조성과 전자의 결합상태 등을 분석하는 방법

79 표면분석장치 중 1차살과 2차살 모두 전자를 이용하는 것은?

① Auger 전자 분광법
② X선 광전자 분광법
③ 이차 이온 질량분석법
④ 전자 미세 탐침 미량분석법

해설

Auger 전자 분광법(AES)
㉠ 표면분석장치에서 1차살, 2차살 모두 전자를 이용하는 분석법
㉡ 시료 표면에 빛을 쬐어 나오는 전자의 에너지를 분석함으로써 고체 표면의 원소 조성을 확인하는 분광법
㉢ 1차살과 2차살
- 1차살 : X선 혹은 전자빔을 사용하여 들뜬 이온을 형성
- 2차살 : 이완과정에서 내어 놓는 에너지가 운동에너지를 가진 Auger 전자를 방출

80 고체 표면의 원소 성분을 정량하는 데 주로 사용되는 원자 질량분석법은?

① 양이온 검출법과 음이온 검출법
② 이차 이온 질량분석법과 글로우 방전 질량분석법
③ 레이저 마이크로 탐침 질량분석법과 글로우 방전 질량분석법
④ 이차 이온 질량분석법과 레이저 마이크로 탐침 질량분석법

해설

- 이차 이온 질량분석법(SIMS) : 고체 표면의 원자와 분자 조성 모두를 결정하는 데 유용
- 레이저 마이크로 탐침 질량분석법 : 고체 표면의 원소 성분 정량

정답 76 ② 77 ① 78 ② 79 ① 80 ④

2025년 제2회 복원기출문제

1과목 화학의 이해와 환경·안전관리

01 다음 표의 ㉠, ㉡, ㉢ 에 들어갈 숫자를 순서대로 나열한 것은?

기호	양성자수	중성자수	전자수	전하
$^{238}_{92}U$	(㉠)			0
$^{40}_{20}Ca^{2+}$		(㉡)		2+
$^{51}_{23}V^{3+}$			(㉢)	3+

	㉠	㉡	㉢
①	92	20	20
②	92	40	23
③	238	20	20
④	238	40	23

해설

$^{238}_{92}U$: 양성자수 = 92

$^{40}_{20}Ca^{2+}$: 질량수 = 양성자수 + 중성자수
  40 = 20 + 중성자수
  ∴ 중성자수 = 20

$^{51}_{23}V^{3+}$: 전자수 = 23 − 3 = 20

02 브뢴스테드에 의한 산·염기의 정의에 따라 아래 반응을 바르게 설명하지 못한 것은?

$$CH_3COOH + H_2O \rightarrow H_3O^+ + CH_3COO^-$$

① 정반응에서 아세트산은 양성자를 잃으므로 산에 속한다.
② 정반응에서 물은 양성자를 받아들이므로 염기에 속한다.
③ 역반응에서 하이드로늄이온은 양성자를 잃으므로 산에 속한다.
④ 역반응에서 아세트산이온은 양성자를 받아들이므로 산에 속한다.

해설

브뢴스테드 – 로우리의 산·염기
- 산 : 양성자 주개
- 염기 : 양성자 받개

$$CH_3COOH + H_2O \rightarrow H_3O^+ + CH_3COO^-$$
산   염기   짝산   짝염기

03 2.9g 뷰테인의 완전 연소 반응으로 생성되는 이산화탄소의 부피(L at STP)는?

① 0.72 ② 0.96
③ 4.48 ④ 8.96

해설

$$C_4H_{10} + \frac{13}{2}O_2 \rightarrow 4CO_2 + 5H_2O$$

58g : 4 × 22.4L
2.9g : x

∴ $x = \frac{2.9}{58} \times 4 \times 22.4L = 4.48L$

04 11.99g의 염산이 녹아 있는 5.48M 염산 용액의 부피(mL)는?(단, Cl의 원자량은 35.45g/mol이다.)

① 12.5 ② 17.8
③ 30.4 ④ 60.0

해설

$$\frac{11.99g \times \frac{1mol}{36.45g}}{V(L)} = 5.48M$$

∴ $V = 0.06L = 60mL$

정답 01 ① 02 ④ 03 ③ 04 ④

05 주기율표상에서 나트륨(Na)부터 염소(Cl)에 이르는 3주기 원소들의 경향성을 옳게 설명한 것은?

① Na로부터 Cl로 갈수록 전자친화력은 약해진다.
② Na로부터 Cl로 갈수록 1차 이온화에너지는 커진다.
③ Na로부터 Cl로 갈수록 원자반경은 커진다.
④ Na로부터 Cl로 갈수록 금속성이 증가한다.

해설

이온화에너지
- 기체상태의 원자나 이온의 바닥 상태로부터 전자 하나를 제거하는 데 필요한 최소의 에너지
  $M(g) + E \to M^+ + e^-$
- 이온화에너지는 같은 족에서는 원자번호가 작아질수록 증가한다.
- 이온화에너지는 같은 주기에서는 원자번호가 커질수록 증가한다.

06 우라늄 – 233이 알파 입자와 감마선을 내놓으며 붕괴되는 핵화학반응에서 생성되는 물질은?

① 토륨(원자번호 90, 질량수 229)
② 라듐(원자번호 88, 질량수 228)
③ 납(원자번호 82, 질량수 205)
④ 악티늄(원자번호 89, 질량수 228)

해설

$^{233}_{92}U \to \,^{229}_{90}Th + \,^{4}_{2}He$

07 Rutherford의 알파입자 산란실험을 통하여 발견한 것은?

① 전자
② 전하
③ 양성자
④ 원자핵

해설

Rutherford의 알파입자 산란실험
- 금속박막으로 된 얇은 판을 향해 α입자를 발사하여 원자의 중심에 밀도가 매우 크고 양전하를 띠는 원자핵이 존재한다는 것을 밝혔다.
- 대부분의 α입자가 그대로 통과하므로 원자 내부는 비어 있다.

08 카르보닐(carbonyl)기를 가지고 있지 않은 것은?

① 알데히드(aldehyde)
② 아미드(amide)
③ 에스터(ester)
④ 아민(amine)

해설

카르보닐기 : $\text{C}=\text{O}$
① 알데히드 : RCHO
② 아미드 : CONH
③ 에스터 : RCOOR′
④ 아민 : RNH_2

09 어떤 염의 물에 대한 용해도가 70℃에서 60g, 30℃에서 20g일 때, 다음 설명 중 옳은 것은?

① 70℃에서 포화 용액 100g에 녹아 있는 염의 양은 60g이다.
② 30℃에서 포화 용액 100g에 녹아 있는 염의 양은 20g이다.
③ 70℃에서 포화 용액 30℃로 식힐 때 불포화 용액이 형성된다.
④ 70℃에서 포화 용액 100g을 30℃로 식힐 때 석출되는 염의 양은 25g이다.

해설

① 70℃에서 용해도 60 : 70℃에서 물(용매) 100g에 염 60g이 녹으면 포화가 된다.
  $100g\ 포화\ 용액 \times \dfrac{60g\ 용질(염)}{160g\ 포화\ 용액} = 37.5g\ 용질(염)$

② 30℃에서 용해도 20 : 30℃에서 물(용매) 100g에 염 20g이 녹으면 포화가 된다.
  $100g\ 포화\ 용액 \times \dfrac{20g\ 용질(염)}{120g\ 포화\ 용액} = 16.67g\ 용질(염)$

③ 70℃ 포화 용액 → 30℃로 냉각

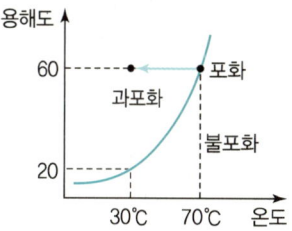

④ 100g 포화 용액을 70℃ → 30℃로 냉각
  $160g : 40g = 100g : x$
  $\therefore x = 25g$

정답 05 ② 06 ① 07 ④ 08 ④ 09 ④

10 다음 물질을 전해질의 세기가 강한 것부터 약해지는 순서로 나열한 것은?

$$NaCl, \ NH_3, \ CH_3COCH_3$$

① $NaCl > CH_3COCH_3 > NH_3$
② $NaCl > NH_3 > CH_3COCH_3$
③ $CH_3COCH_3 > NH_3 > NaCl$
④ $CH_3COCH_3 > NaCl > NH_3$

해설

NaCl : 강전해질
CH_3COCH_3 : 비전해질
∴ $NaCl > NH_3 > CH_3COCH_3$

11 유기화합물에 대한 설명으로 틀린 것은?

① 벤젠은 방향족 탄화수소이다.
② 포화 탄화수소는 다중 결합이 없는 탄화수소를 말한다.
③ 알데히드는 알코올을 산화시켜 얻을 수 있다.
④ 물과는 달리 알코올은 수소결합을 하지 못한다.

해설

수소결합
H 원자가 F, O, N과 같이 전기음성도가 큰 원자와 결합할 때, 강한 쌍극자에 의한 정전기적 인력이 작용하는 분자 사이의 힘으로 H_2O(물), ROH(알코올) 등이 수소결합을 한다.

※ 1차 알코올 $\underset{환원}{\overset{산화}{\rightleftarrows}}$ 알데히드 $\underset{환원}{\overset{산화}{\rightleftarrows}}$ 아세트산

12 다음 중 질량이 가장 큰 것은?

① 273K, 1atm에서 이상기체인 He 0.224L
② 탄소원자 0.01몰
③ 산소 원자 0.01몰
④ 이산화탄소 분자 0.01몰 내에 들어 있는 총 산소 원자

해설

① 273K 1atm He $0.224L \times \dfrac{1mol}{22.4L} \times \dfrac{4g}{1mol} = 0.04g$

② C $0.01mol \times \dfrac{12g}{1mol} = 0.12g$

③ O $0.01mol \times \dfrac{16g}{1mol} = 0.16g$

④ CO_2 $0.01mol \times \dfrac{2mol \ O}{1mol \ CO_2} \times \dfrac{16g \ O}{1mol \ O} = 0.32g$

13 갈바니전지에 대한 설명 중 틀린 것은?

① 갈바니전지에서는 산화·환원반응이 모두 일어난다.
② 염다리를 사용할 수 있다.
③ 자발적인 화학반응이 전기를 생성한다.
④ 자발적 반응이 일어나는 경우 일반적으로 전위차 값을 음수로 나타낸다.

해설

갈바니전지에서 자발적 반응
$\Delta G < 0$, $E > 0$
$\Delta G = -nFE$

14 암모니아의 염기 이온화 상수 K_b값은 1.8×10^{-5}이다. K_b값을 나타내는 화학반응식은?

① $NH_4^+ \rightleftarrows NH_3 + H^+$
② $NH_3 \rightleftarrows NH_2^- + H^+$
③ $NH_4^+ + H_2O \rightleftarrows NH_3 + H_3O^+$
④ $NH_3 + H_2O \rightleftarrows NH_4^+ + OH^-$

해설

염기의 일반식
$B(aq) + H_2O(l) \rightleftarrows BH^+(aq) + OH^-(aq)$
$NH_3 + H_2O \rightleftarrows NH_4^+ + OH^-$

15 인산(H_3PO_4)은 $P_4O_{10}(s)$과 $H_2O(l)$를 섞어서 만든다. $P_4O_{10}(s)$ 142g과 $H_2O(l)$ 180g이었을 때 생성되는 인산은 몇 g인가?(단, P_4O_{10}, H_2O, H_3PO_4의 분자량은 각각 284, 18, 98이다. 다음 화학반응식의 반응계수는 맞추어지지 않은 상태이다.)

$$P_4O_{10}(s) + H_2O(l) \rightarrow H_3PO_4(aq)$$

① 98　　② 196
③ 980　　④ 1,960

정답 10 ② 11 ④ 12 ④ 13 ④ 14 ④ 15 ②

> 해설

$142g\ P_4O_{10} : 142g \times \dfrac{1mol}{284g} = 0.5mol$

$180g\ H_2O : 180g \times \dfrac{1mol}{18g} = 10mol$

$P_4O_{10}(s) + 6H_2O(l) \rightarrow 4H_3PO_4(aq)$
$\quad 1\ :\ 6\ :\ 4$
$\quad 0.5\ :\ 3\ :\ 2$

$\therefore H_3PO_4\ 2mol \times \dfrac{98g}{1mol} = 196g$

16 브롬화이염화벤젠(Bromodichlorobenzene)이 가질 수 있는 구조이성질체의 수는?

① 3개 ② 4개
③ 5개 ④ 6개

> 해설

염소(2,3) (2,4) (2,5)
(2,6) (3,4) (3,5)

∴ 6개의 구조이성질체를 가진다.

17 화학물질의 분류·표시 및 물질안전보건자료에 관한 기준상 화학물질의 정의는?

① 원소와 원소 간의 화학반응에 의하여 생성된 물질을 말한다.
② 두 가지 이상의 화학물질로 구성된 물질 또는 용액을 말한다.
③ 순물질과 혼합물을 말한다.
④ 동소체를 말한다.

> 해설

- **화학물질** : 원소·화합물 및 그에 인위적인 반응을 일으켜 얻어진 물질과 자연상태에서 존재하는 물질을 화학적으로 변형시키거나 추출 또는 정제한 것을 말한다.
- **동소체** : 동일한 원소의 물질이지만, 원자의 배열이 달라 서로 다른 물질
  예 C 동소체 : 흑연, 다이아몬드, 플로렌
  　 O 동소체 : 산소(O_2), 오존(O_3)

18 농약의 유독성·유해성 분류와 분류기준이 잘못 연결된 것은?

① 급성독성 물질 – 입이나 피부를 통해 1회 또는 12시간 내에 수회로 나누어 투여하거나 6시간 동안 흡입 노출되었을 때 유해한 영향을 일으키는 물질
② 눈 자극성 물질 – 눈 앞쪽 표면에 접촉시켰을 때 21일 이내에 완전히 회복 가능한 어떤 변화를 눈에 일으키는 물질
③ 발암성 물질 – 암을 일으키거나 암의 발생을 증가시키는 물질
④ 생식독성 물질 – 생식 기능, 생식 능력 또는 태아 발육에 유해한 영향을 일으키는 물질

> 해설

급성독성 물질
입이나 피부를 통해 1회 또는 24시간 내에 수회로 나누어 투여하거나 4시간 동안 흡입 노출되었을 때 유해한 영향을 일으키는 물질

19 MFPA Hazard Class의 가~라에 해당하는 유해성 정보를 짝지은 것 중 틀린 것은?

① 가 – 화재위험성
② 나 – 건강위험성
③ 다 – 질식위험성
④ 라 – 특수위험성

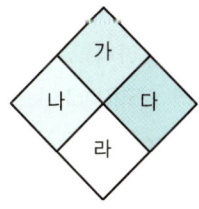

> 해설

- 가 : 화재위험성(적색)
- 나 : 건강위험성(청색)
- 다 : 반응위험성(황색)
- 라 : 특수위험성(백색)

정답 ▶ 16 ④　17 ①　18 ①　19 ③

20 산·알칼리류를 다룰 때의 취급요령을 바르게 나타낸 것은?

① 과염소산은 유기화합물 및 무기화합물과 반응하여 폭발할 수 있으므로 주의한다.
② 산과 알칼리류는 부식성이 있으므로 유리용기에 저장한다.
③ 산과 알칼리류를 희석할 때 소량의 물을 가하여 희석한다.
④ 산이 눈이나 피부에 묻었을 때 즉시 염기로 중화시킨 후 흐르는 물에 씻어낸다.

[해설]

산·알칼리류 취급요령
- 화상에 주의한다.
- 강산과 강염기는 공기 중의 수분과 반응하여 치명적인 증기를 생성하므로 사용하지 않을 때는 뚜껑을 닫아 놓는다.
- 희석용액을 제조할 때는 반드시 물에 소량의 산 또는 알칼리를 조금씩 첨가하여 희석한다. ⇒ 반대 방법 금지
- 강한 부식성이 있으므로 금속성 용기에 저장을 금하며, 내산성이 있는 적합한 보호구를 반드시 착용한다.
- 산이나 염기가 눈이나 피부에 묻었을 때는 즉시 흐르는 물에 15분 이상 씻어내고 도움을 요청한다.

[2과목] 분석계획 수립과 분석화학 기초

21 금속 킬레이트에 대한 설명으로 옳은 것은?

① 금속은 루이스(Lewis) 염기이다.
② 리간드는 루이스(Lewis) 산이다.
③ 한 자리(Monodentate) 리간드인 EDTA는 6개의 금속과 반응한다.
④ 여러 자리(Multidentate) 리간드가 한 자리(Monodentate) 리간드보다 금속과 강하게 결합한다.

[해설]

금속 킬레이트
- 중심금속에 여러 자리 리간드가 배위결합하여 생성된 착화합물을 말한다.
- 금속은 리간드로부터 비공유전자쌍을 받으므로 루이스 산이 되고, 리간드는 비공유전자쌍을 제공하므로 루이스 염기가 된다.
- EDTA는 1개의 금속이온과 1 : 1 비율로 결합하여 매우 안정한 구조를 갖는다.
- 여러 자리 리간드가 한 자리 리간드보다 금속과 강하게 결합한다.

22 다음의 두 평형에서 전하균형식(Charge Balance Equation)을 옳게 표현한 것은?

$$HA^-(aq) \rightleftharpoons H^+(aq) + A^{2-}(aq)$$
$$HA^-(aq) + H_2O(l) \rightleftharpoons H_2A(aq) + OH^-(aq)$$

① $[H^+]=[HA^-]+[A^{2-}]+[OH^-]$
② $[H^+]=[HA^-]+2[A^{2-}]+[OH^-]$
③ $[H^+]=[HA^-]+4[A^{2-}]+[OH^-]$
④ $[H^+]=2[HA^-]+[A^{2-}]+[OH^-]$

[해설]

전하균형식
용액 내 양전하의 합 = 음전하의 합
$[H^+]=[HA^-]+2[A^{2-}]+[OH^-]$

23 0.08364M 피리딘 25.00mL를 0.1067M HCl로 적정하는 실험에서 HCl 4.63mL를 했을 때 용액의 pH는?(단, 피리딘의 $K_b=1.59\times10^{-9}$이고, $K_w=1.00\times10^{-14}$이다.)

① 8.29
② 5.71
③ 5.20
④ 4.75

정답 20 ① 21 ④ 22 ② 23 ②

> **해설**

$$\begin{array}{cccc} & B & + & H^+ & \rightleftharpoons & BH^+ & + & H_2O \\ & 0.08364M \times 25mL & & 0.1067M \times 4.63mL & & & & \\ & = 2.091 mmol & & = 0.494 mmol & & 0 & & \\ & -0.494 mmol & & -0.494 mmol & & +0.494 mmol & & \\ \hline & 1.597 mmol & & 0 & & 0.494 mmol & & \end{array}$$

$$pH = pK_a + \log\frac{[B]}{[BH^+]}$$

$$= -\log\frac{1.00 \times 10^{-14}}{1.59 \times 10^{-9}} + \log\frac{1.597 mmol/29.63 mL}{0.494 mmol/29.63 mL}$$

$$= 5.71$$

24 다음 중 1차 표준물질이 되기 위한 조건이 아닌 것은?

① 정제하기 쉬워야 한다.
② 흡수, 풍화, 공기 산화 등의 성질이 없어야 한다.
③ 반응이 정량적으로 진행되어야 한다.
④ 당량 중량이 적어서 측정 오차를 줄일 수 있어야 한다.

> **해설**

일차표준물의 조건
- 정제하기 쉬워야 한다.
- 흡수, 풍화, 공기 산화 등의 성질이 없고, 오랫동안 보관하여도 변질되지 않아야 한다(공기 중에서 안정).
- 고순도(99.9%)이어야 한다.
- 용해도가 적당해야 한다.
- 상대습도의 변화에 의해 조성이 불변하고, 수화된 물이 없어야 한다.

25 $CuN_3(s) \rightleftharpoons Cu^+(aq) + N_3^-(aq)$의 평형상수가 K_1이고, $HN_3(aq) \rightleftharpoons H^+(aq) + N_3^-(aq)$의 평형상수가 K_2일 때, $Cu^+(aq) + HN_3(aq) \rightleftharpoons H^+(aq) + CuN_3(s)$의 평형상수를 옳게 나타낸 것은?

① $\dfrac{K_2}{K_1}$ ② $\dfrac{K_1}{K_2}$

③ $K_1 \times K_2$ ④ $\dfrac{1}{K_1 + K_2}$

> **해설**

$$HN_3(aq) \rightleftharpoons H^+(aq) + N_3^-(aq) \quad K_2 = \frac{[H^+][N_3^-]}{[HN_3]}$$

$$-) CuN_3(s) \rightleftharpoons Cu^{2+}(aq) + N_3^-(aq) \quad K_1 = [Cu^{2+}][N_3^-]$$

$$\overline{Cu^{2+}(aq) + HN_3(aq) \rightleftharpoons H^+(aq) + CuN_3(s)}$$

$$K = \frac{[H^+]}{[Cu^{2+}][HN_3]} = \frac{K_2}{K_1}$$

26 0.1M의 Fe^{2+} 50mL를 0.1M의 Tl^{3+}로 적정한다. 반응식과 각각의 표준환원전위가 다음과 같을 때 당량점에서 전위(V)는 얼마인가?

$2Fe^{2+} + Tl^{3+} \rightarrow 2Fe^{3+} + Tl^+$
$Fe^{3+} + e^- \rightarrow Fe^{2+}$ $E° = 0.77V$
$Tl^{3+} + 2e^- \rightarrow Tl^+$ $E° = 1.28V$

① 0.94 ② 1.02
③ 1.11 ④ 1.20

> **해설**

(1) $Fe^{3+} + e^- \rightarrow Fe^{2+}$ $E° = 0.77V$
  $Tl^{3+} + 2e^- \rightarrow Tl^+$ $E° = 1.28V$

$$E = \frac{nE_n° + mE_m°}{n+m}$$

$$= \frac{0.77 \times 1 + 1.28 \times 2}{1+2} = 1.11$$

(2) Nernst 식

$$E_{eq} = E° - \frac{0.05916}{n}\log\frac{[Red]}{[Ox]}$$

$$E_{eq} = 0.77 - \frac{0.05916}{1}\log\frac{[Fe^{2+}]}{[Fe^{3+}]} \quad \cdots\cdots ㉠$$

$$E_{eq} = 1.28 - \frac{0.05916}{2}\log\frac{[Tl^+]}{[Tl^{3+}]} \quad \cdots\cdots ㉡$$

$2Fe^{2+} + Tl^{3+} \rightarrow 2Fe^{3+} + Tl^+$

당량점에서 $2[Tl^+] = [Fe^{3+}]$, $2[Tl^{3+}] = [Fe^{2+}]$

㉠식에서 $E_{eq} = 0.77 - \dfrac{0.05916}{1}\log\dfrac{[Fe^{2+}]}{[Fe^{3+}]}$

$$= 0.77 - \frac{0.05916}{1}\log\frac{2[Tl^{3+}]}{2[Tl^+]} \quad \cdots\cdots ㉢$$

㉡식 $\times 2$는 $2E_{eq} = 1.28 \times 2 - 0.05916\log\dfrac{[Tl^+]}{[Tl^{3+}]} \quad \cdots\cdots ㉣$

정답 24 ④ 25 ① 26 ③

ⓒ+ⓓ을 하면

$$3E_{eq} = 3.33 - 0.05916 \log \frac{2[Tl^+][Tl^{3+}]}{2[Tl^{3+}][Tl^+]}$$

$$\log 1 = 0$$

$$\therefore E_{eq} = 1.11V$$

27 활동도 계수의 특성에 대한 다음 설명 중 틀린 것은?

① 너무 진하지 않은 용액에서 주어진 화학종의 활동도 계수는 전해질의 성질에 의존한다.
② 대단히 묽은 용액에서는 활동도 계수는 1이 된다. 이러한 경우에 활동도와 농도는 같다.
③ 주어진 이온 세기에서 이온의 활동도 계수는 이온 화학종의 전하가 증가함에 따라 1에서 벗어나게 된다.
④ 한 화학종의 활동도 계수는 화학종이 포함된 평형에서 그 화학종이 평형에 미치는 영향의 척도이다.

해설

활동도 계수
- 이온 세기가 0에 접근하면 활동도 계수는 1에 접근한다.
- 농도가 매우 진한 용액을 제외하고, 주어진 화학종의 활동도 계수는 전해질의 성질에 무관하고 이온 세기에만 의존한다.
- 대단히 묽은 용액에서 활동도 계수는 1이 된다.
- 이온 세기↑ → 활동도 계수↓
- 이온 전하↑ → 활동도 계수↓
- 이온 크기↓ → 활동도 계수↓

28 분석물질이 EDTA를 가하기 전에 침전물을 형성하거나 적정조건에서 EDTA와 느리게 반응하거나, 지시약을 가로막는 분석물에 적합한 EDTA 적정법은?

① 직접적정 ② 치환적정
③ 간접적정 ④ 역적정

해설

역적정을 사용해야 하는 경우
- 분석물질이 EDTA를 가하기 전에 음이온과 침전물을 형성하는 경우
- 적정조건에서 EDTA와 너무 느리게 반응하는 경우
- 만족할 만한 지시약이 없는 경우

29 0.10M NaCl 용액 속에 PbI_2가 용해되어 생성된 Pb^{2+}(원자량 207.0g/mol) 농도는 약 얼마인가?(단, PbI_2의 용해도곱 상수는 7.9×10^{-9}이고 이온 세기가 0.10M일 때 Pb^{2+}와 I^-의 활동도 계수는 각각 0.36과 0.75이다.)

① 33.4mg/L ② 114.0mg/L
③ 253.0mg/L ④ 443.0mg/L

해설

$PbI_2 \rightleftharpoons Pb^{2+} + 2I^-$
$\quad\quad\quad x \quad : 2x$

$K_{sp} = [Pb^{2+}][I^-]^2 = (x \times 0.36)(2x \times 0.75)^2 = 7.9 \times 10^{-9}$

$\therefore x = 2.14 \times 10^{-3}$

$[Pb^{2+}] = 2.14 \times 10^{-3} \text{mol/L} \times \frac{207.0g}{1mol} \times \frac{1,000mg}{1g}$

$\quad\quad = 443 mg/L$

30 pH 10.00인 100mL 완충용액을 만들려면 $NaHCO_3$(FW 84.01) 4.00g과 몇 g의 Na_2CO_3(FW 105.99)를 섞어야 하는가?(단, FW는 Formular Weight를 의미한다.)

| $H_2CO_3 \rightleftharpoons HCO_3^- + H^+$ | $pK_{a1} = 6.352$ |
| $HCO_3^- \rightleftharpoons CO_3^{2-} + H^+$ | $pK_{a2} = 10.329$ |

① 1.32 ② 2.09
③ 2.36 ④ 2.96

해설

$[HCO_3^-] = 4.00g\ NaHCO_3 \times \frac{1mol\ NaHCO_3}{84.01g\ NaHCO_3}$

$\quad\quad \times \frac{1mol\ HCO_3^-}{1mol\ NaHCO_3} \times \frac{1}{0.100L}$

$\quad\quad = 0.476M$

$pH = pK_{a2} + \log \frac{[CO_3^{2-}]}{[HCO_3^-]}$

$\quad\quad = 10.329 + \log \frac{[CO_3^{2-}]}{0.476} = 10$

$\therefore [CO_3^{2-}] = 0.223M$

정답 27 ① 28 ④ 29 ④ 30 ③

$$\text{Na}_2\text{CO}_3 = \frac{0.223 \text{mol CO}_3^{2-}}{\text{L}} \times \frac{1 \text{mol Na}_2\text{CO}_3}{1 \text{mol CO}_3^{2-}}$$
$$\times \frac{105.99 \text{g Na}_2\text{CO}_3}{1 \text{mol Na}_2\text{CO}_3} \times 0.100 \text{L}$$
$$= 2.36 \text{g}$$

31 7.22g의 고체 철(몰질량=55.85)을 산성 용액 속에서 완전히 반응시키는 데 미지농도의 $KMnO_4$ 용액 187mL가 필요하였다. $KMnO_4$ 용액의 몰농도(M)는?(단, 이때 미반응 완결반응식은 $H^+(aq) + Fe(s) + MnO_4^-(aq) \rightarrow Fe^{3+}(aq) + Mn^{2+}(aq) + H_2O(l)$이다.)

① 0.41　　② 0.68
③ 0.82　　④ 1.23

해설

$$\underset{+7}{Fe} + \underset{}{MnO_4^-} \xrightarrow{(+3)\times 5} \underset{}{Fe^{3+}} + \underset{+2}{Mn^{2+}}$$
$(-5)\times 3$

$24H^+ + 5Fe + 3MnO_4^- \rightarrow 5Fe^{3+} + 3Mn^{2+} + 12H_2O$
　　　　$5\times 55.85g$　3mol
　　　　$7.22g$　　$x\text{ mol}$
$x = 0.077 \text{mol}$

$\therefore M = \dfrac{0.077 \text{mol}}{0.187 \text{L}} = 0.41M$

32 전지의 두 전극에서 반응이 자발적으로 진행되려는 경향을 갖고 있어 외부 도체를 통하여 산화전극에서 환원전극으로 전자가 흐르는 전지, 즉 자발적인 화학반응으로부터 전기를 발생시키는 전지를 무슨 전지라 하는가?

① 전해전지　　② 표준전지
③ 자발전지　　④ 갈바니전지

해설

갈바니전지 : 자발적인 화학반응으로부터 전기를 발생
(산화) $Zn \rightarrow Zn^{2+} + 2e^-$: $-$극
(환원) $Cu^{2+} + e^- \rightarrow Cu$: $+$극

33 온도가 증가할 때, 아래 두 반응의 평형상수 변화는?

(a) $N_2O_4(g) \rightleftarrows 2NO_2(g) + 58kJ$
(b) $2SO_2(g) + O_2(g) \rightleftarrows 2SO_3(g) - 198kJ$

① (a), (b) 모두 증가　　② (a), (b) 모두 감소
③ (a) 증가, (b) 감소　　④ (a) 감소, (b) 증가

해설

- (a) : 발열반응이므로 온도를 올리면 역반응 쪽으로 이동하여 평형상수는 감소한다.
- (b) : 흡열반응이므로 온도를 올리면 정반응 쪽으로 이동하여 평형상수는 증가한다.

34 산-염기 적정에서 사용하는 지시약의 반응과 지시약의 형태에 따른 색상이 아래와 같다. 중성인 용액에 지시약과 산을 첨가하였을 때 혼합용액의 색깔은?

$HR(무색) \rightleftarrows H^+ + R^-(적색)$

① 적색
② 무색
③ 알 수 없다.
④ 적색과 무색이 번갈아 나타난다.

해설

지시약+산 → HR(무색)

35 옥살산($H_2C_2O_4$)은 뜨거운 산성 용액에서 과망간산이온(MnO_4^-)과 다음과 같이 반응한다. 이 반응에서 지시약 역할을 하는 것은?

$5H_2C_2O_4 + 2MnO_4^- + 6H^+ \rightarrow 10CO_2 + 2Mn^{2+} + 8H_2O$

① $H_2C_2O_4$　　② MnO_4^-
③ CO_2　　④ H_2O

해설

$5H_2C_2O_4 + 2MnO_4^- + 6H^+ \rightarrow 10CO_2 + 2Mn^{2+} + 8H_2O$
　　　　　　자주색　　　　　　　　　　무색

정답 31 ①　32 ④　33 ④　34 ②　35 ②

36 F^-는 Al^{3+}에는 가리움제(Masking Agent)로 작용하지만 Mg^{2+}에는 반응하지 않는다. 어떤 미지시료에 Mg^{2+}와 Al^{3+}가 혼합되어 있다. 이 미지시료 20.0mL를 0.0800M EDTA로 적정하였을 때 50.0mL가 소모되었다. 같은 미지시료를 새로 20.0mL 취하여 충분한 농도의 KF를 5.00mL 가한 후 0.0800M EDTA로 적정하였을 때는 30.0mL가 소모되었다. 미지시료 중의 Al^{3+} 농도는?

① 0.080M
② 0.096M
③ 0.104M
④ 0.120M

해설

처음 EDTA의 몰수 $= 0.08M \times 0.05L = 4 \times 10^{-3}$ mol
KF를 가한 후 EDTA의 몰수 $= 0.08M \times 0.03L = 2.4 \times 10^{-3}$ mol
미지시료 20mL에 들어 있는 Al^{3+}의 몰수
$= 4 \times 10^{-3}$ mol $- 2.4 \times 10^{-3}$ mol $= 1.6 \times 10^{-3}$ mol
$[Al^{3+}] = \dfrac{1.6 \times 10^{-3} \text{mol}}{0.02L} = 8 \times 10^{-2} = 0.08M$

37 밸리데이션의 시험방법을 개발하는 단계에서 고려되어야 하는 평가항목이며 분석조건을 의도적으로 변동시켰을 때의 시험방법의 신뢰성을 나타내는 척도로서 사용되는 평가항목은?

① 정량한계
② 정밀성
③ 완건성
④ 정확성

해설

완건성(Robustness)
- 계획된 시험방법 조건들의 작은 변화가 결과에 미치는 영향을 측정하여 파악할 수 있다.
- 분석조건을 고의로 변동시켰을 때 분석법의 신뢰성을 나타낸다.

38 어떤 산의 pH가 5.53 ± 0.02이라 할 때 이 산의 수소이온의 농도(M)와 불확정도는?

① $(2.7 \pm 0.3) \times 10^{-6}$
② $(2.8 \pm 0.2) \times 10^{-6}$
③ $(3.0 \pm 0.1) \times 10^{-6}$
④ $(2.8 \pm 0.2) \times 10^{-7}$

해설

$e_y = y(\ln 10)e_x = (2.95 \times 10^{-6}) \times \ln 10 \times 0.02 = 0.13 \times 10^{-6}$
$pH = -\log[H^+]$
$\therefore [H^+] = 10^{-pH} = 10^{-(5.53 \pm 0.02)} = 2.95 \times 10^{-6} \pm e_y$
$= 2.95 \times 10^{-6} \pm 0.13 \times 10^{-6}$
$= 3.0 \times 10^{-6} \pm 0.1 \times 10^{-6}$

39 인증표준물질(CRM)을 이용하여 투과율을 8회 반복 측정한 결과와 T-table을 활용하여, 이 실험의 측정 신뢰도가 95%일 때 우연불확도로 옳은 것은?

| 18.32%, 18.33%, 18.33%, 18.35% |
| 18.33%, 18.32%, 18.31%, 18.34% |

▼ T-table

degree of freedom	amount of area in one tail		
	0.1	0.05	0.025
6	1.440	1.943	2.447
7	1.415	1.895	2.365
8	1.397	1.860	2.306
9	1.383	1.833	2.262
10	1.372	1.812	2.228

① $U = 0.00016 \times \dfrac{\sqrt{8}}{2.306}$
② $U = 0.00016 \times \dfrac{1.895}{8}$
③ $U = 0.012 \times \dfrac{2.365}{\sqrt{8}}$
④ $U = 0.012 \times \dfrac{\sqrt{8}}{2.306}$

해설

우연불확도 $U = s \times \dfrac{t}{\sqrt{n}}$
$= \dfrac{0.012 \times 2.365}{\sqrt{8}}$

$n = 8$
$\bar{x} = 18.329$
s(표준편차) $= 0.012$
95%에서 한쪽 고리의 면적 $= \dfrac{1-0.95}{2} = 0.025$
자유도 $= 8 - 1 = 7$
$\therefore t = 2.365$

정답 36 ① 37 ③ 38 ③ 39 ③

40 식수 속 한 오염물질의 실제(참) 농도는 허용치보다 높은데, 오염물질의 농도 측정결과가 허용치보다 낮다면 이 측정결과에 대한 해석으로 옳은 것은?

① 양성(Positive) 결과이다.
② 가음성(False Negative) 결과이다.
③ 음성(Negative) 결과이다.
④ 가양성(False Positive) 결과이다.

> 해설
- 가양성(False Positive)
  실제 농도는 허용치 미만이지만, 측정농도는 허용치 초과인 것
- 가음성(False Negative)
  실제 농도는 허용치 초과이지만, 측정농도는 허용치 미만인 것

3과목 화학물질 특성분석

41 분리분석에서 칼럼 효율에 미치는 변수로 가장 거리가 먼 것은?

① 머무름인자
② 정지상 부피
③ 이동상의 선형속도
④ 정지상 액체막 두께

> 해설
- 머무름인자 : 칼럼에 오래 머무르면, 머무름인자가 크며 띠넓힘이 나타난다.
- 이동상의 선형속도 : 단높이가 최소가 되도록 적절한 이동속도로 한다.
- 정지상 액체막 두께 : 정지상의 두께가 얇을수록 띠넓힘이 감소한다.
- 단높이가 작을수록, 단수가 클수록, 관의 길이가 길수록 관의 효율은 증가한다.

42 온도변화에 따른 시료의 무게 감량을 측정하는 분석법은?

① FT-IR
② TGA
③ GPC
④ GC/MS

> 해설
열분석법
- 열무게법(TGA)
  시료의 온도를 증가시키면서 질량변화를 측정한다.
- 시차열분석법(DTA)
  시료와 기준물질을 가열하면서 두 물질의 온도 차이를 온도의 함수로 측정한다.
- 시차주사열량법(DSC)
  시료물질과 기준물질을 조절된 온도 프로그램으로 가열하면서 시료와 기준물질 사이의 온도를 동일하게 유지시키는 데 필요한 에너지 차이를 시료온도의 함수로 측정한다.

43 $Cd\ |\ Cd^{2+}\ \|\ Cu^{2+}\ |\ Cu$ 전지에서 Cd^{2+}의 농도가 0.0100M, Cu^{2+}의 농도가 0.0100M이고 Cu 전극전위는 0.278V, Cd 전극전위는 -0.462V이다. 이 전지의 저항이 3.00Ω이라 할 때, 0.100A를 생성하기 위한 전위(V)는?

① 0.440
② 0.550
③ 0.660
④ 0.770

> 해설
$$Cd(s) + Cu^{2+}(0.0100M) \rightarrow Cd^{2+}(0.0100M) + Cu(s)$$
$$E_{Cu} = E° - \frac{0.05916}{2}\log\frac{1}{0.0100M}$$
$$= 0.278$$
$$E_{Cd} = E° - \frac{0.05916}{2}\log\frac{1}{0.0100M}$$
$$= -0.462$$
$$\therefore E = E_{Cu} - E_{Cd} - IR$$
$$= 0.278 - (-0.462) - 0.100 \times 3.00 = 0.44V$$

44 분자질량분석법의 이온화 방법 중 사용하기 편리하고 이온 전류를 발생시키므로 매우 예민한 방법이지만, 열적으로 불안정하고 분자량이 큰 바이오 물질들의 이온화원에는 부적당한 방법은?

① Electron Ionization(EI)
② Electro Spray Ionization(ESI)
③ Fast Atom Bombardment(FAB)
④ Matrix-Assisted Laser Desorption Ionization(MALDI)

정답 40 ② 41 ② 42 ② 43 ① 44 ①

해설

전자 이온화원(EI)
- 토막내기 과정으로 스펙트럼이 복잡하다.
- 분자이온이 검출되지 않는 경우가 있다.
- 시료가 대체로 휘발성이어야 하며 분자량이 매우 큰 바이오 분자에는 적합하지 않다.

전기분무 이온화(ESI)
작은 에너지를 사용하므로 분자량이 100,000Da 부근인 열적으로 불안정한 생체물질의 정확한 분자량을 분석할 수 있다.

빠른 원자 충격 이온화(FAB)
글리세롤 용액 매트릭스와 응축된 시료 Xe, Ar의 빠른 원자로 충격하여 이온화시키는 방법으로, 분자량이 크고 극성인 화학종을 이온화시킨다.

매트릭스 지원 레이저 탈착 이온화(MALDI)
- 레이저를 강하게 흡수하는 매트릭스에 분석물질을 분산시킨 후, 레이저로 탈착 및 이온화시킨다.
- $10^3 \sim 10^5$Da의 분자량을 갖는 극성 생화학 고분자화합물의 정확한 분자량을 알 수 있다.
- 비행시간(TOF) 질량분석기와 함께 사용된다.

45 비활성 기체 분위기에서의 $CaC_2O_4 \cdot H_2O$를 실온부터 980℃까지 분당 60℃ 속도로 가열한 열분해곡선(Thermogram)이 다음과 같을 때, 다음 설명 중 옳은 것은?

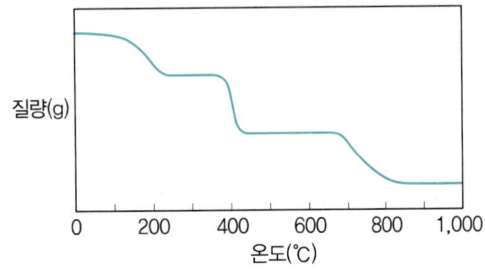

① $CaCO_3$의 직선 범위는 220℃부터 350℃이고 CaO는 420℃부터 660℃이기 때문에 CaO가 열적 안정성이 높다.
② 840℃의 반응은 흡열반응으로 분자 내부에 결합되어 있던 H_2O를 방출시키는 반응이다.
③ 360℃에서의 반응은 $CaC_2O_4 \rightarrow CaCO_3 + CO$로 나타낼 수 있다.
④ 약 13분 정도를 가열하면 무수옥살산칼슘을 얻을 수 있다.

해설

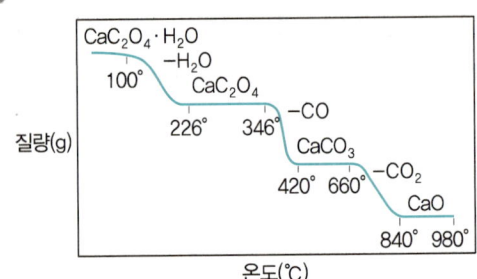

- $CaCO_3$는 420~660℃에서 열적 안정성이 높고, CaO는 840~980℃에서 열적 안정성이 높다.
- 3분×60℃/분+20℃(실온)=200℃에서 무수옥살산칼슘을 얻을 수 있다.

46 전기량법에 관한 설명 중 옳은 것은?

① 전기량의 단위로 F(Faraday)가 사용되는데 1F는 96,485 C/mole e^-이며 1C은 1V×1A이다.
② 전기량법 적정은 전해전지를 구성한 분석용액에 뷰렛으로 표준용액을 가하면서 전류의 변화를 읽어서 종말점을 구한다.
③ 조절 – 전위 전기량법에서 전지는 기준전극(Reference Electrode), 상대전극(Counter Electrode), 작업전극(Working Electrode)으로 구성되는데 기준전극과 상대전극 사이의 전위를 조정한다.
④ 구리의 전기분해 전지에서 전위를 일정하게 놓고 전기분해를 하면 시간에 따라 전류가 감소하는데 이는 구리이온의 농도가 감소하고 환원전극 농도 편극의 증가가 일어나기 때문이다.

해설

전기량법 분석
- 조절 – 전위 전기량법 : 작업전극(분석물질의 반응이 일어나는 전극)의 전위를 일정하게 유지시켜 시료 또는 용매 중에서 반응성이 덜한 화학종은 반응하지 않고 분석물질만 정량적으로 산화나 환원이 일어나게 한다.
- 조절 – 전류 전기량법 : 분석물질이 완전히 반응할 때까지 일정 전류를 유지시켜 준다. 반응이 완결되는 종말점에 도달할 때까지 사용되는 전기량은 전류의 크기와 반응시간으로 계산한다. → 전기량법 적정
- 1F = 96,485C/mol, 1C = 1A · s

정답 45 ③ 46 ④

47 역상 크로마토그래피에서 메탄올을 이동상으로 하여 3가지 물질을 분리하고자 한다. 각 물질의 극성이 아래의 표와 같을 때, 머무름지수가 가장 클 것으로 예측되는 물질은?

물질	A	B	C
극성	큼	중간	작음

① A
② B
③ C
④ 극성과 무관하여 예측할 수 없다.

해설

역상 크로마토그래피
- 이동상 : 극성
- 정지상 : 비극성
- 극성 물질일수록 빨리 용리된다.

머무름지수
용질의 극성이 정지상의 극성과 비슷할수록 머무름지수가 크다.

48 액체 크로마토그래피(LC)에서 주로 이용되는 기울기 용리(Gradient Elution)에 대한 설명으로 틀린 것은?

① 용매의 혼합비를 분석 시 연속적으로 변화시킬 수 있다.
② 분리시간을 단축시킬 수 있다.
③ 극성이 다른 용매는 사용할 수 없다.
④ 기체 크로마토그래피의 온도 프로그래밍과 유사하다.

해설

기울기 용리법
- 고성능 액체 크로마토그래피에서 분리효율을 높이기 위해 사용한다.
- 극성이 다른 2~3가지 용매를 선택하여 조성의 비율을 단계적으로 변화시켜 사용하는 방법이다.
- GC에서 온도 프로그래밍과 유사하다.
- 분석시간을 단축시킬 수 있다.

49 Gas Chromatography(GC)에서 사용되는 검출기와 선택적인 화합물의 연결이 잘못된 것은?

① FID – 무기 계통 기체 화합물
② NPD – 질소(N), 인(P) 포함 화합물
③ ECD – 전자 포획 인자 포함 화합물
④ TCD – 운반 기체와 열전도도 차이가 있는 화합물

해설

GC(가스 크로마토그래피) 검출기

검출기	검출시료
불꽃이온화검출기(FID)	탄소화합물
열전도도검출기(TCD)	일반검출기
전자포획검출기(ECD)	할로겐화합물
질량분석검출기(MS)	어떤 화학종에도 적용
NPD(질소인검출기)/열이온검출기(TID)	인·질소를 함유하는 유기화합물
Hall 전해질전도도 검출기	할로겐, 황, 질소를 포함하는 화합물
광이온화검출기	UV빛에 의한 이온화 화합물
원자방출검출기(AED)	알코올, MTBE
불꽃광도검출기(FPD)	황·인을 포함하는 화합물, 할로겐 원소, 질소 그리고 주석, 크롬, 셀레늄, 게르마늄과 같은 금속
Fourier 변환(FTIR)	유기화합물

50 벗김 분석(Stripping Method)이 감도가 좋은 이유는?

① 전극으로 커다란 수은방울을 사용하기 때문이다.
② 농축단계에서 사전에 전극에 금속이온을 농축하기 때문이다.
③ 전극에 높은 전위를 가하기 때문이다.
④ 전극의 전위를 빠른 속도로 주사하기 때문이다.

해설

벗김법
- 극미량 분석에 유용하다.
- 예비농축과정이 있어 감도가 좋고 검출한계가 아주 낮다.
- 매달린 수은방울 전극이 주로 사용된다.

정답 47 ③ 48 ③ 49 ① 50 ②

51 Polarogram으로부터 얻을 수 있는 정보에 대한 설명으로 틀린 것은?

① 확산전류는 분석물질의 농도와 비례한다.
② 반파전위는 금속의 리간드의 영향을 받지 않는다.
③ 확산전류는 한계전류와 잔류전류의 차이를 말한다.
④ 반파전위는 금속이온과 착화제의 종류에 따라 다르다.

해설

폴라로그래피
적하수은전극을 이용한 전압전류법

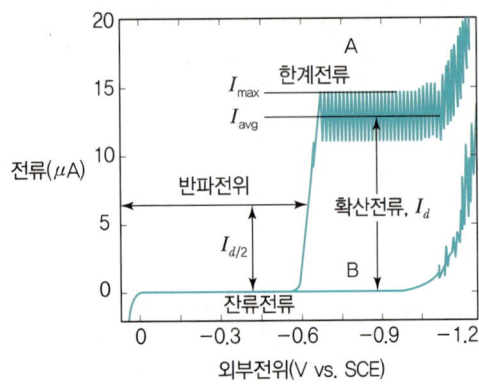

㉠ 확산전류
 • 한계전류와 잔류전류의 차이이다.
 • 분석물의 농도에 비례하므로 정량분석이 가능하다.
㉡ 반파전위
 • 한계전류의 절반에 도달했을 때의 전위이다.
 • 정성적 정보를 얻을 수 있다.
 • 반파전위는 금속이온과 착화제(리간드)의 종류에 따라 다르다.

52 분자 질량 분석기기의 탈착 이온화(Desorption Ionization)에 적용되는 시료에 대한 설명으로 틀린 것은?

① 비휘발성 시료에 적용이 가능하다.
② 열에 예민한 생화학적 물질에 적용할 수 있다.
③ 액체시료를 증발시키지 않고 직접 이온화시킨다.
④ 분자량이 1,000,000Da 이하 화학종의 질량스펙트럼을 얻기 위해 사용된다.

해설

탈착 이온화원
㉠ 비휘발성이나 열적으로 불안정한 시료에 사용될 수 있다.
㉡ 열에 예민한 생화학적 물질과 분자량이 100,000Da(돌턴)보다 더 큰 화학종의 질량스펙트럼을 얻기 위해 사용되고 있다.
㉢ 에너지를 고체나 액체시료에 가해서 직접적으로 기체이온을 형성시킨다.
㉣ 종류
 • 장 탈착법(FD)
 • 매트릭스 지원 레이저 탈착 이온화법(MALDI)
 • 빠른 원자 충격법(FAB)
 • 이차 이온 질량분석법(SIMS)

53 화학실험실 실험기구 및 장치의 안전 사용에 대한 설명으로 가장 거리가 먼 것은?

① 모든 플라스크류는 감압조작에 사용할 수 있다.
② 비커류에 용매를 넣을 때 크리프 현상을 주의하여야 한다.
③ 실험장치는 온도변화에 따라 기계적 강도가 변할 수 있다.
④ 실험장치는 사용하는 약품에 따라 기계적 강도가 변할 수 있다.

해설

• 크리프(Creep) : 소재에 일정한 하중이 가해진 상태에서 시간의 경과에 따라 소재의 변형이 계속되는 현상
• 경질유리 플라스크는 압력 및 변형에 약하여 직화에 의한 가열이나 감압조작에서는 사용하면 안 된다.

54 열무게분석장치에서 필요하지 않은 것은?

① 분석저울
② 전기로
③ 기체주입장치
④ 회절발

해설

열무게분석장치
• 열저울
• 전기로
• 기체주입장치
• 온도제어 및 데이터 처리 장치

정답 51 ② 52 ④ 53 ① 54 ④

55 유리 지시전극을 사용하여 용액의 pH를 측정할 때에 대한 설명으로 가장 적절하지 않은 것은?

① 선택계수(K_{AB})는 1이어야 한다.
② 1개의 기준전극이 포함되어 있다.
③ 높은 pH에서는 알칼리 오차가 생길 수 있다.
④ 내부 용액의 수소이온농도를 정확히 알고 있어야 한다.

해설

선택계수
이온 A를 측정하는 전극이 이온 B에도 감응할 때 그 비를 선택계수라고 한다.

$$K_{AB} = \frac{B에 \ 대한 \ 감응도}{A에 \ 대한 \ 감응도}$$

- $K_{AB} = 1$: 분석물이온과 방해이온이 동등하게 감응
- $K_{AB} = 0$: 방해 없음

56 시차주사열계량법(DSC : Differential Scanning Calorimetry)에 대한 설명으로 틀린 것은?

① 시료물질과 기준물질을 조절된 온도 프로그램에서 가열하면서 두 물질의 온도 차이를 온도의 함수로서 측정한다.
② 전력보상 DSC와 열흐름 DSC에서 제공하는 정보는 같으나 기기장치는 근본적으로 다르다.
③ 폴리에틸렌의 DSC 자료에서 발열 피크의 면적은 결정화 정도를 측정하는 데 이용된다.
④ DSC 단독 사용 시 물질종의 확인은 어려우나, 물질의 순도는 확인할 수 있다.

해설

시차주사열량계법(DSC)
시료물질과 기준물질을 조절된 온도 프로그램으로 가열하면서 시료와 기준물질 사이의 온도를 동일하게 유지시키는 데 필요한 에너지 차이를 시료온도의 함수로 측정한다.

㉠ 전력보상 DSC 기기
- 시료의 온도를 기준물질의 온도와 동일하게 유지하기 위해 필요한 전력이 측정된다.
- 시료받침대와 가열장치, 백금저항온도계를 사용한다.
- 열흐름 DSC보다 감도는 낮지만 감응시간은 더 빠르고, 분별능력도 더 높다.

㉡ 열흐름 DSC 기기
- 시료온도가 일정한 속도로 변경되는 동안 시료와 기준물질로 흘러 들어오는 열흐름의 차이가 측정된다.
- 시료와 기준물질 모두 하나의 가열장치로 가열된다.

57 크로마토그래피에서 띠넓힘에 기여하는 요인에 대한 설명으로 틀린 것은?

① 세로확산은 이동상의 속도에 비례한다.
② 충전입자의 크기는 다중경로넓힘에 영향을 준다.
③ 이동상에서의 확산계수가 증가할수록 띠넓힘이 증가한다.
④ 충전입자의 크기는 질량이동계수에 영향을 미친다.

해설

크로마토그래피에서 봉우리의 띠넓힘에 영향을 주는 요인
- 이동상 흐름 속도(u)
- 이동상에서 용질의 확산계수(D_M)
- 정지상에서 용질의 확산계수(D_S)
- 머무름인자(k_A)
- 충전물 입자의 지름(d_p)
- 정지상 액체막의 두께(d_r)

※ Van Deemter 식

$$H = A + \frac{B}{u} + C_S u + C_M u$$

여기서, H : 단높이
A : 다중흐름통로계수
B : 세로확산계수
C_S : 정지상에 대한 질량이동계수
C_M : 이동상에 대한 질량이동계수

이동상의 속도가 커지면 확산시간 부족으로 세로확산이 감소된다.

58 기체 크로마토그래피/질량분석법(GC/MS)의 이동상으로 가장 적절한 것은?

① He
② N_2
③ Ar
④ Kr

정답 55 ① 56 ① 57 ① 58 ①

> 해설

GC/MS의 이동상 – H_2, He, N_2

종류	특성
H_2(수소)	감도는 좋으나 위험성이 있다.
N_2(질소)	감도가 높지 않다.
He (헬륨)	가장 많이 사용하며, 칼럼효율 및 분리감도가 좋다.

59 다음의 질량분석계 중 일반적으로 분해능이 가장 낮은 것은?

① 자기장 질량분석계
② 사중극자 질량분석계
③ 이중초점 질량분석계
④ 비행시간 질량분석계

> 해설

비행시간(TOF) 분석기
㉠ 장점
 • 고장이 적고 이온화원과 연결이 쉽다.
 • 질량범위가 넓다.
㉡ 단점
 제한된 분해능과 감도를 가진다.

60 질량분석법에서 시료의 이온화 과정은 매우 중요하다. 전기장으로 가속시킨 전자 또는 음으로 하전된 이온을 시료분자에 충격하면 시료분자의 양이온을 얻을 수 있다. 2가로 하전된 이온(질량 3.32×10^{-23}kg)을 10^4V의 전기장으로 가속시켜 시료분자에 충격하려 할 때, 다음 설명 중 틀린 것은?(단, 전자의 전하는 1.6×10^{-19}C 이다.)

① 이 이온의 운동에너지는 3.2×10^{-15}J이다.
② 이 이온의 속도는 1.39×10^4m/sec이다.
③ 질량이 6.64×10^{-23}kg인 이온을 이용하면 운동에너지는 2배가 된다.
④ 같은 양의 운동에너지를 갖는다면 가장 큰 질량을 가진 이온이 가장 느린 속도를 갖는다.

> 해설

㉠ $KE = zeV$(질량에 무관)
 여기서, z : 이온의 전하수
  e : 전자의 전하(1.6×10^{-19}C)
  V : 가속전압
 $KE = 2 \times 1.6 \times 10^{-19}\text{C} \times 10^4\text{V} = 3.2 \times 10^{-15}\text{J}$
㉡ $KE = \frac{1}{2}mv^2$
 여기서, m : 이온의 질량
  v : 이온의 속도
 $3.2 \times 10^{-15}\text{J} = \frac{1}{2} \times (3.32 \times 10^{-23}\text{kg}) \times v^2$
 ∴ $v = 1.39 \times 10^4$m/s
㉢ 질량이 2배가 되면 속도는 작아지고 운동에너지는 같다.

4과목 화학물질 구조 및 표면분석

61 원자흡수분광법에서 휘발성이 적은 화합물 생성 등으로 인하여 화학적 방해가 발생한다. 이러한 방해를 방지하는 방법에 해당되지 않는 것은?

① 높은 온도의 불꽃 이용
② 보호제(Protective Agent)의 사용
③ 해방제(Releasing Agent)의 사용
④ 이온화 활성제의 사용

> 해설

화학적 방해를 방지하는 방법
• 가능한 한 높은 온도의 불꽃을 사용한다.
• 해방제 사용 : 방해물질과 우선적으로 반응하여 방해물질이 분석물질과 작용하는 것을 막을 수 있다.
• 보호제 사용 : 분석물과 반응하여 안정하고 휘발성 있는 화합물을 형성하여 방해물질로부터 분석물을 보호한다.
• 이온화 억제제를 사용한다.

62 분자흡수분광법의 가시광선 영역에서 주로 사용되는 복사선의 광원은?

① 중수소등
② 니크롬선등
③ 속빈음극등
④ 텅스텐 필라멘트등

정답 59 ④ 60 ③ 61 ④ 62 ④

> 해설

UV-Vis 분자흡수분광법의 광원
- 중수소와 수소램프 : 자외선
- 텅스텐 필라멘트 램프 : 가시광선, 근적외선
- 광-방출 다이오드
- 제논 아크 램프

63 광학기기의 구성이 각 분광법과 바르게 짝지어진 것은?

① 흡수분광법 : 시료 → 파장선택기 → 검출기 → 기록계 → 광원
② 형광분광법 : 광원 → 시료 → 파장선택기 → 검출기 → 기록계
③ 인광분광법 : 광원 → 시료 → 파장선택기 → 검출기 → 기록계
④ 화학발광법 : 광원과 시료 → 파장선택기 → 검출기 → 기록계

> 해설

흡수분광법
- 일반적인 배치

- 원자흡수분광법

형광분광법(형광·인광)

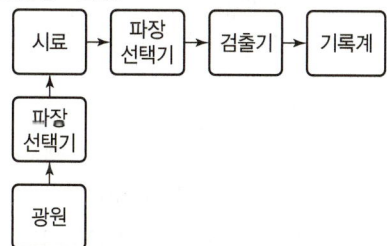

화학발광분광법·방출분광법

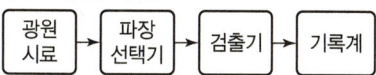

64 전이에 필요한 에너지가 가장 큰 것은?

① 분자 회전 ② 결합 전자
③ 내부 전자 ④ 자기장 내에서 핵스핀

> 해설

에너지 증가 / 파장 감소 ←→ 에너지 감소 / 파장 증가

γ선 X선 자외선(UV) 가시광선(Vis) 적외선(IR) 마이크로파 라디오파

전자기파	유발전이	분광법
라디오파	핵스핀 전이	NMR 분광법
마이크로파	전자스핀 전이	
적외선	분자의 진동·회전 전이	IR 분광법(2.5~50μm)
가시광선 자외선	최외각전자·결합전자 전이	UV-Vis 흡수분광법 (180~780nm)
X선	내각전자 전이	X선 분광법(0.1~25Å)

65 적외선 분광법(IR Spectroscopy)에서 카르보닐(C=O)기의 신축진동에 영향을 주는 인자가 아닌 것은?

① 고리 크기 효과(Ring Size Effect)
② 콘주게이션 효과(Conjugation Effect)
③ 수소결합 효과(Hydrogen Bond Effect)
④ 자기 이방성 효과(Magnetic Anisotropic Effect)

> 해설

① 고리 크기 효과 : 고리 크기가 감소하면 C=O 흡수 진동수는 증가한다.
② 콘주게이션 효과
- 이중결합(또는 삼중결합)과 단일결합이 번갈아가며 나타나는 상태이다.
- π전자의 비편재화로 공명구조를 갖게 되어 단일결합은 짧아지고 이중결합은 길어져서 이중결합의 힘상수(K)가 작아져 C=O 흡수 진동수는 감소한다.
③ 수소결합 효과 : C=O 결합길이가 늘어나 힘상수(K)가 작아지므로 C=O 흡수 진동수는 감소한다.

66 적외선 분광법에서 한 분자의 구조와 조성에서의 작은 차이는 스펙트럼에서 흡수 봉우리의 분포에 영향을 준다. 분자의 성분과 구조에서 특정 기능기에 따라 고유 흡수 파장을 나타내는 영역을 무엇이라 하는가?

① 그룹 영역(Group Region)
② 원적외선 영역(Far IR Region)
③ 지문 영역(Fingerprint Region)
④ 근적외선 영역(Near IR Region)

해설
지문 영역 : 1,200~600cm^{-1}

67 N개의 원자로 이루어진 분자가 적외선(IR) 흡수분광법에서 나타내는 진동방식(Vibrational Mode)은 선형 분자의 경우 $3N-5$인데, 비선형 분자의 경우 $3N-6$이다. 이렇게 차이가 나는 주된 이유는?

① 선형 분자의 경우 자신의 축을 중심으로 회전하는 운동에서 위치 변화가 없기 때문에
② 선형 분자의 경우 양끝에서 당기는 운동에 관해서 쌍극자의 변화가 없기 때문에
③ 선형 분자의 경우 원자들이 동일한 방향으로 병진 운동하기 때문에
④ 선형 분자의 경우 에너지 준위 사이의 차이가 작기 때문에

해설
㉠ 다원자 분자의 운동 = 진동 + 병진 + 회전
 • 선형 분자 : $3N-5$(병진3 + 회전2)
 • 비선형 분자 : $3N-6$(병진3 + 회전3)
㉡ 진동방식에 차이가 나는 이유는 선형 분자의 경우 자신의 축을 중심으로 회전하는 운동에서 위치 변화가 없기 때문이다.

68 고체시료 분석 시 시료를 전처리 없이 직접 원자화 장치에 도입하는 방법이 아닌 것은?

① 전열 증기화법   ② 수소화물 생성법
③ 레이저 증발법   ④ 글로우 방전법

해설

고체시료의 도입	용액시료의 도입
• 직접 도입 • 전열 증기화 • 레이저 증발 • 아크와 스파크 증발(전도성 고체) • 글로우 방전법(전도성 고체)	• 기체 분무기 • 초음파 분무기 • 전열 증기화 • 수소화물생성법

69 핵자기공명분광법(Nuclear Magnetic Resonance : NMR)에서 화학적 이동을 보이는 이유에 대한 설명으로 틀린 것은?

① 외부에서 걸어주는 자기장을 다르게 느끼기 때문에
② 핵 주위의 전자밀도와 이의 공간적 분포의 차이 때문에
③ 핵 주위를 돌고 있는 전자들에 의해 생성되는 작은 자기장 때문에
④ 한 핵의 자기 모멘트가 바로 인접한 핵의 자기 모멘트와 작용하기 때문에

해설
NMR(핵자기공명분광법)에서 화학적 이동의 원인
• 핵 주위를 순환하는 전자에 의해 생성되는 작은 자기장에 의해 발생한다(자기장은 외부 자기장과 일반적으로 반대이다).
• 핵이 노출된 유효 자기장은 외부 자기장보다 작다.
 $B_0 = B - \sigma B$
 여기서, B_0 : 핵의 공명을 일으키는 자기장의 세기
  B : 외부 자기장의 세기
  σ : 전자밀도와 핵 주변 전자의 공간적 분포에 의해 결정되는 가리움 상수
• 전자밀도는 핵이 포함된 화합물의 구조에 의해 결정된다.

70 FT-NMR에서 스캔수(N)가 10일 때 어떤 피크의 신호 대 잡음비(S/N Ratio)를 계산하였더니 40이었다. 스캔수(N)가 40일 때, 같은 피크의 S/N Ratio는?

① 160   ② 80
③ 40   ④ 10

정답 66 ③ 67 ① 68 ② 69 ④ 70 ②

해설

$$\left(\frac{S}{N}\right)_n = \left(\frac{S}{N}\right)\sqrt{n}$$

$$40 : \sqrt{10} = \left(\frac{S}{N}\right) : \sqrt{40}$$

$$\therefore \left(\frac{S}{N}\right) = 80$$

71 X선을 발생시키는 방법이 아닌 것은?

① 글로우 방전등에서 이온화된 아르곤이온의 충돌에 의해서
② 일차 X선에 물질을 노출시켜서 방사성 동위원소의 붕괴과정에 의해서
③ 방사성 동위원소의 붕괴과정에 의해서
④ 고에너지 전자살로 금속 과녁을 충돌시켜서

해설

X선을 발생시키는 방법
• X선 물질을 1차 X선 빛살에 노출하여 2차 형광 X선을 발생시킨다.
• 붕괴과정에서 X선을 방출하는 방사성 광원을 이용한다.
• 고에너지 전자살로 금속 과녁을 충돌시킨다.
※ 글로우 방전등은 원자방출분광법의 광원으로 이온화된 아르곤이온의 충돌에 의해 고체시료의 원자가 방출되고 높은 에너지의 전자와 충돌하여 들뜨게 되므로 자외선-가시광선을 발생시킨다.

72 불꽃원자흡수분광법(Flame Atomic Absorption Spectroscopy)에 비해 유도결합플라스마(ICP) 원자방출분광법의 장점이 아닌 것은?

① 불꽃보다 ICP이 온도가 높아져 시료가 안전하게 원자화된다.
② 불꽃보다 ICP의 온도가 높아져 이온화가 많이 일어난다.
③ 광원이 필요 없고 다원소(Multielement) 분석이 가능하다.
④ 불꽃보다 ICP의 온도가 균일하므로 자체 흡수(Self-absoption)가 적다.

해설

ICP(유도결합플라스마) 원자방출분광법의 장점
• 플라스마 광원의 온도가 매우 높아 원자화 효율이 좋고 화학적 방해도 거의 없다.
• 플라스마 단면의 온도 분포가 균일하여 자체 흡수나 자체 반전이 나타나지 않는다.
• 아르곤의 이온화로 인한 전자밀도가 높아서 시료의 이온화에 의한 방해가 거의 없다.
• 높은 온도에서 잘 분해되지 않는 내화성 산화물을 형성하는 텅스텐(W), 우라늄(U), 지르코늄(Zr) 등의 원자화가 용이하다.
• 광원이 필요 없고 하나의 들뜸 조건에서 동시에 여러 원소의 스펙트럼을 얻을 수 있으므로 다원소 분석이 가능하다.
• 화학적으로 비활성인 환경에서 원자화가 일어나므로 분석물의 산화물이 형성되지 않아 원자의 수명이 늘어난다.

73 Beer의 법칙에 대한 실질적인 한계를 나타내는 항목이 아닌 것은?

① 단색의 복사선
② 매질의 굴절률
③ 전해질의 해리
④ 큰 농도에서 분자 간의 상호작용

해설

Beer 법칙의 한계
• 매질의 굴절률 : 몰흡광계수는 굴절률에 따라 달라지는데, 농도가 굴절률을 크게 변화시키면 몰흡광계수의 변화로 편차가 나타난다.
• 전해질의 해리 : 흡수 화학종에 이온이 가까이 접근하여 정전기적 상호작용을 일으켜 흡수 화학종의 몰흡광계수가 변화되어 편차가 나타난다.
• 큰 농도에서 분자 간의 상호작용 : 농도가 크면 분자 간 거리가 가까워져 이웃 분자의 전하 분포에 영향을 주게 된다.
• 다색 복사선에 대한 겉보기 기기 편차 : Beer의 법칙은 단색 복사선에서 확실히 적용된다.

74 IR 변환기의 종류가 아닌 것은?

① Thermocouple
② Pyroelectric Detector
③ Photodiode Array(PDA)
④ Photoconducing Detector

정답 71 ① 72 ② 73 ① 74 ③

> 해설

IR 변환기
㉠ 파이로 전기변환기(Pyroelectric Transducer)
㉡ 광전도 변환기(Photoconducting Transducer)
㉢ 열변환기(Thermal Transducer)
  • 열전기쌍(Thermocouple)
  • 볼로미터(Bolometer)

75 분자발광분광법에서 사용되는 용어에 대한 설명 중 틀린 것은?

① 내부전환 – 들뜬 전자가 복사선을 방출하지 않고 더 낮은 에너지의 전자 상태로 전이하는 분자 내부의 과정
② 계간전이 – 다른 다중성의 전자 상태 사이에서 교차가 일어나는 과정
③ 형광 – 들뜬 전자가 계간전이를 거쳐 삼중항 상태에서 바닥 상태로 떨어지면서 발광
④ 외부전환 – 들뜬 분자와 용매 또는 다른 용질 사이에서의 에너지 전이

> 해설

• 형광 : 들뜬 단일항 상태 → 바닥 단일항 상태
• 인광 : 들뜬 삼중항 상태 → 바닥 단일항 상태

이완과정(비활성화 과정)
들뜬 분자가 복사선을 방출하지 않고 바닥 상태로 돌아가는 과정
• 진동이완 : 분자는 전자 들뜸 과정에서 여러 진동 준위 중 하나로 들뜰 수 있다. 들뜬 분자가 용매 분자와의 충돌로 인해 빠른 에너지 전이를 유발하여 복사선 방출이 없다.
• 내부전환 : 들뜬 분자가 복사선을 방출하지 않고 더 낮은 에너지의 전자 상태로 전이하는 분자 내부의 과정
• 외부전환 : 들뜬 분자와 용매 또는 다른 용질 사이의 상호작용(충돌)으로 인한 에너지 전이과정
• 계간전이 : 서로 다른 다중성의 전자 상태 사이에서 교차가 있는 과정이다.

76 자외선 – 가시광선 흡수분광법에서 흡수 봉우리의 세기와 위치에 영향을 주는 요소로 가장 거리가 먼 것은?

① 용매효과(Solvent Effect)
② 입체효과(Stereo Effect)
③ 도플러 효과(Doppler Effect)
④ 콘주게이션 효과(Conjugation Effect)

> 해설

흡수 봉우리의 세기와 위치에 영향을 주는 요소
• 용매효과
• 콘주게이션 효과
• 입체효과
※ 도플러 효과 : 복사선의 파장은 원자의 움직임이 검출기 쪽을 향하면 감소하고 검출기로부터 멀어지면 증가한다.

77 X선 회절기기에서 토파즈(격자간격 $d=1.356$ Å)가 회절 결정으로 사용되는 경우 Ag의 $K_{\alpha1}$선인 0.497 Å을 관찰하기 위해서는 측각기(Goniometer) 각도를 몇 도에 맞추어야 하는가?(단, 2θ 값을 계산한다.)

① 10.6 ② 14.2
③ 21.1 ④ 28.4

> 해설

Bragg 법칙
$n\lambda = 2d\sin\theta$
  여기서, n : 회절차수
    λ : X선의 파장
    d : 결정의 층 간 거리
    θ : 입사각
1×0.497 Å $= 2 \times 1.356$ Å $\times \sin\theta$
$\theta = 10.5°$
$2\theta = 21.1°$

78 단색 X선 빛살의 광자가 K껍질 및 L껍질의 내부 전자를 방출시켜 스펙트럼을 얻음으로써 시료원자의 구성에 대한 정보와 시료 구성 성분의 구조와 산화상태에 대한 정보를 동시에 얻을 수 있는 전자스펙트럼법은?

① Auger 전자 분광법(AES)
② X선 광전자 분광법(XPS)
③ 전자에너지 손실 분광법(EELS)
④ 레이저 마이크로탐침 질량분석법(LMMS)

> 해설

X선 광전자 분광법(XPS)
X선을 물질에 조사하면 광전자가 물질 밖으로 방출된다. 이때의 운동에너지를 측정하여 그 물질의 원자조성과 전자의 결합 상태 등을 분석하는 방법이다.

정답 75 ③ 76 ③ 77 ③ 78 ②

79 원자흡수분광법(AAS)에서 주로 사용되는 연료가스는 천연가스, 수소, 아세틸렌이다. 또한 산화제로서 공기, 산소, 산화이질소가 사용된다. 가장 높은 불꽃온도를 내는 연료가스와 산화제의 조합은?

① 천연가스 – 공기
② 수소 – 산소
③ 아세틸렌 – 산화이질소
④ 아세틸렌 – 산소

> **해설**
>
> 천연가스, 수소, 아세틸렌 순으로 온도가 증가하며 연료가 같은 경우 산소가 공기보다 더 높은 온도를 낼 수 있다.
>
> | 연료 | 산화제 | 온도(℃) |
> |---|---|---|
> | 천연가스 | 공기 | 1,700~1,900 |
> | | 산소 | 2,700~2,800 |
> | 수소 | 공기 | 2,000~2,100 |
> | | 산소 | 2,550~2,700 |
> | 아세틸렌 | 공기 | 2,100~2,400 |
> | | 산소 | 3,050~3,150 |
> | | 산화이질소(N_2O) | 2,600~2,800 |

80 다음 중 자외선 시료용기에 해당하는 것은?

① 석영 또는 용융실리카
② 유리
③ 플라스틱
④ 금속

> **해설**
>
> | 자외선 | 석영, 용융실리카 |
> |---|---|
> | 가시광선 | 플라스틱, 유리 |
> | 적외선 | NaCl, KBr |

정답 79 ④ 80 ①

MEMO

MEMO

MEMO

화학분석기사 필기

발행일 | 2024. 1. 10 초판 발행
2024. 2. 10 초판 2쇄
2025. 1. 10 개정 1판1쇄
2025. 3. 10 개정 1판2쇄
2026. 1. 20 개정 2판1쇄

저 자 | 정나나
발행인 | 정용수
발행처 | 예문사

주 소 | 경기도 파주시 직지길 460(출판도시) 도서출판 예문사
T E L | 031) 955-0550
F A X | 031) 955-0660
등록번호 | 11-76호

- 이 책의 어느 부분도 저작권자나 발행인의 승인 없이 무단 복제하여 이용할 수 없습니다.
- 파본 및 낙장은 구입하신 서점에서 교환하여 드립니다.
- 예문사 홈페이지 http://www.yeamoonsa.com

정가 : 39,000원
ISBN 978-89-274-5926-2 13570